JN250047

河合塾
SERIES

2022 大学入学

共通テスト 過去問レビュー

数学 I・A, II・B

河合出版

はじめに

初めての大学入学共通テスト（以下、共通テスト）は、「新型コロナウイルス感染症の影響に伴う学業の遅れに対応できる選択肢を確保する」（大学入試センターによる）ため、2021年１月16日・17日（第１日程）に加え、１月30日・31日（第２日程）と、２回の本試験が実施されました。

その出題内容は、大学入試センターから提示されていた、問題作成の基本的な考え方、各教科・科目の出題方針に概ね則したものでした。

共通テストでは、大学入試センター試験（以下、センター試験）に比べて、身につけた知識や解法を様々な場面で活用できるか ― 思考力や判断力を用いて解けるか ― を問われる傾向が強くなっていました。また、読み取る資料の量が増加し、試験時間をより意識して取り組む必要もありました。

こうした出題方針は、これからも引き継がれていくことでしょう。

一方で、センター試験での出題形式を踏襲した問題も見られました。

近年のセンター試験自体、「思考力・判断力・表現力」を求める問題が少しずつ増えていて、それが共通テストに引き継がれたのは、とても自然なことでした。

センター試験の過去問を練習することは、共通テスト対策の道筋が見えることになるとも言えましょう。

本書に収録された問題とその解説を十分に活用してください。みなさんの共通テスト対策が充実したものになることを願っています。

本書の構成・もくじ

▶解答・解説編◀

2022年度　実施日程、教科等

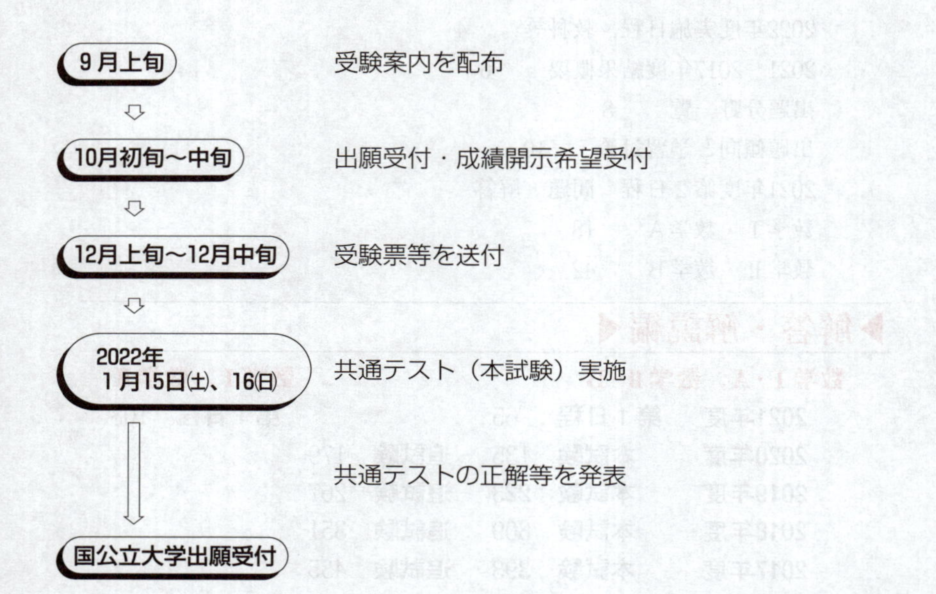

「実施日程」は、本書発行時には未発表であるため2021年度の日程に基づいて作成してあります。また、「2022年度出題教科・科目等」の内容についても2021年3月1日現在大学入試センターが発表している内容に基づいて作成してあります。2022年度の詳しい内容は大学入試センターホームページや2022年度「受験案内」で確認して下さい。

2022年度出題教科・科目等

大学入学共通テストを利用する大学は、大学入学共通テストの出題教科・科目の中から、入学志願者に解答させる教科・科目及びその利用方法を定めています。入学志願者は、各大学の学生募集要項等により、出題教科・科目を確認の上、大学入学共通テストを受験することになります。

2022年度大学入学共通テストにおいては、次表にあるように6教科30科目が出題されます。

<table>
<tr><th>教　科</th><th colspan="2">グループ・科目</th><th>時間・配点</th><th colspan="2">出　題　方　法　等</th></tr>
<tr><td>国語</td><td colspan="2">『国語』</td><td>80分
200点</td><td colspan="2">「国語総合」の内容を出題範囲とし、近代以降の文章、古典(古文、漢文)を出題する。</td></tr>
<tr><td>地理歴史</td><td>「世界史Ａ」
「世界史Ｂ」
「日本史Ａ」
「日本史Ｂ」
「地理Ａ」
「地理Ｂ」</td><td rowspan="2">10科目のうちから最大２科目を選択・解答。
同一名称を含む科目の組合せで２科目を選択することはできない。
受験する科目数は出願時に申し出ること。</td><td rowspan="2">１科目選択
60分
100点

２科目選択
130分
(うち解答時間120分)
200点</td><td rowspan="2">『倫理,政治・経済』は、「倫理」と「政治・経済」を総合した出題範囲とする。</td><td rowspan="2">「同一名称を含む科目の組合せ」とは、「世界史Ａ」と「世界史Ｂ」、「日本史Ａ」と「日本史Ｂ」、「地理Ａ」と「地理Ｂ」、「倫理」と『倫理,政治・経済』及び「政治・経済」と『倫理,政治・経済』の組合せをいう。</td></tr>
<tr><td>公民</td><td>「現代社会」
「倫理」
「政治・経済」
『倫理,政治・経済』</td></tr>
<tr><td rowspan="2">数学</td><td colspan="2">数学①
「数学Ⅰ」
『数学Ⅰ・数学Ａ』
２科目のうちから１科目を選択・解答。</td><td>70分
100点</td><td colspan="2">『数学Ⅰ・数学Ａ』は、「数学Ⅰ」と「数学Ａ」を総合した出題範囲とする。ただし、次に記す「数学Ａ」の３項目の内容のうち、２項目以上を学習した者に対応した出題とし、問題を選択解答させる。
(場合の数と確率、整数の性質、図形の性質)</td></tr>
<tr><td colspan="2">数学②
「数学Ⅱ」
『数学Ⅱ・数学Ｂ』
『簿記・会計』
『情報関係基礎』
４科目のうちから１科目を選択・解答。
科目選択に当たり、『簿記・会計』及び『情報関係基礎』の問題冊子の配付を希望する場合は、出願時に申し出ること。</td><td>60分
100点</td><td colspan="2">『数学Ⅱ・数学Ｂ』は、「数学Ⅱ」と「数学Ｂ」を総合した出題範囲とする。ただし、次に記す「数学Ｂ」の３項目の内容のうち、２項目以上を学習した者に対応した出題とし、問題を選択解答させる。
(数列、ベクトル、確率分布と統計的な推測)
『簿記・会計』は、「簿記」及び「財務会計Ⅰ」を総合した出題範囲とし、「財務会計Ⅰ」については、株式会社の会計の基礎的事項を含め、財務会計の基礎を出題範囲とする。
『情報関係基礎』は、専門教育を主とする農業、工業、商業、水産、家庭、看護、情報及び福祉の８教科に設定されている情報に関する基礎的科目を出題範囲とする。</td></tr>
<tr><td rowspan="2">理科</td><td>理科①
「物理基礎」
「化学基礎」
「生物基礎」
「地学基礎」</td><td rowspan="2">８科目のうちから下記のいずれかの選択方法により科目を選択・解答。
Ａ　理科①から２科目
Ｂ　理科②から１科目
Ｃ　理科①から２科目及び理科②から１科目
Ｄ　理科②から２科目
受験する科目の選択方法は出願時に申し出ること。</td><td>２科目選択
60分
100点</td><td colspan="2">理科①については、１科目のみの受験は認めない。</td></tr>
<tr><td>理科②
「物　理」
「化　学」
「生　物」
「地　学」</td><td>１科目選択
60分
100点
２科目選択
130分(うち解答時間120分)
200点</td><td colspan="2"></td></tr>
<tr><td rowspan="2">外国語</td><td colspan="2" rowspan="2">『英語』『ドイツ語』
『フランス語』『中国語』
『韓国語』
５科目のうちから１科目を選択・解答。
科目選択に当たり、『ドイツ語』、『フランス語』、『中国語』及び『韓国語』の問題冊子の配付を希望する場合は、出願時に申し出ること。</td><td rowspan="2">『英語』
【リーディング】
80分
100点
【リスニング】
60分(うち解答時間30分)
100点
『ドイツ語』
『フランス語』
『中国語』
『韓国語』
【筆記】
80分
200点</td><td colspan="2">『英語』は、「コミュニケーション英語Ⅰ」に加えて「コミュニケーション英語Ⅱ」及び「英語表現Ⅰ」を出題範囲とし、【リーディング】と【リスニング】を出題する。
なお、【リスニング】には、聞き取る英語の音声を２回流す問題と、１回流す問題がある。</td></tr>
<tr><td colspan="2">リスニングは、音声問題を用い30分間で解答を行うが、解答開始前に受験者に配付したICプレーヤーの作動確認・音量調節を受験者本人が行うために必要な時間を加えた時間を試験時間とする。</td></tr>
</table>

1．「　」で記載されている科目は、高等学校学習指導要領上設定されている科目を表し、『　』はそれ以外の科目を表す。
2．地理歴史及び公民並びに理科②の試験時間において２科目を選択する場合は、解答順に第１解答科目及び第２解答科目に区分し各60分間で解答を行うが、第１解答科目及び第２解答科目の間に答案回収等を行うために必要な時間を加えた時間を試験時間とする。
3．外国語において『英語』を選択する受験者は、原則として、リーディングとリスニングの双方を解答する。

2021～2017年度結果概要

本試験科目別平均点の推移

（注）2021年度は第１日程のデータを掲載

科目名（配点）	2021年度	2020年度	2019年度	2018年度	2017年度
国語（200）	117.51	119.33	121.55	104.68	106.96
世界史Ａ（100）	46.14	51.16	47.57	39.58	42.83
世界史Ｂ（100）	63.49	62.97	65.36	67.97	65.44
日本史Ａ（100）	49.57	44.59	50.60	46.19	37.47
日本史Ｂ（100）	64.26	65.45	63.54	62.19	59.29
地理Ａ（100）	59.98	54.51	57.11	50.03	57.08
地理Ｂ（100）	60.06	66.35	62.03	67.99	62.34
現代社会（100）	58.40	57.30	56.76	58.22	57.41
倫理（100）	71.96	65.37	62.25	67.78	54.66
政治・経済（100）	57.03	53.75	56.24	56.39	63.01
倫理，政治・経済（100）	69.26	66.51	64.22	73.08	66.63
数学Ⅰ（100）	39.11	35.93	36.71	33.82	34.02
数学Ⅰ・数学Ａ（100）	57.68	51.88	59.68	61.91	61.12
数学Ⅱ（100）	39.51	28.38	30.00	25.97	25.11
数学Ⅱ・数学Ｂ（100）	59.93	49.03	53.21	51.07	52.07
物理基礎（50）	37.55	33.29	30.58	31.32	29.69
化学基礎（50）	24.65	28.20	31.22	30.42	28.59
生物基礎（50）	29.17	32.10	30.99	35.62	39.47
地学基礎（50）	33.52	27.03	29.62	34.13	32.50
物理（100）	62.36	60.68	56.94	62.42	62.88
化学（100）	57.59	54.79	54.67	60.57	51.94
生物（100）	72.64	57.56	62.89	61.36	68.97
地学（100）	46.65	39.51	46.34	48.58	53.77
英語［リーディング］（100）	58.80	－	－	－	－
英語［筆記］（200）	－	116.31	123.30	123.75	123.73
英語［リスニング］（100）	56.16	－	－	－	－
英語［リスニング］（50）	－	28.78	31.42	22.67	28.11

※2021年度は得点調整後の数値

本試験科目別受験者数の推移

（注）2021年度は第１日程のデータを掲載

科目名	2021年度	2020年度	2019年度	2018年度	2017年度
国語	457,305	498,200	516,858	524,724	519,129
世界史Ａ	1,544	1,765	1,346	1,186	1,329
世界史Ｂ	85,690	91,609	93,230	92,753	87,564
日本史Ａ	2,363	2,429	2,359	2,746	2,559
日本史Ｂ	143,363	160,425	169,613	170,673	167,514
地理Ａ	1,952	2,240	2,100	2,315	1,901
地理Ｂ	138,615	143,036	146,229	147,026	150,723
現代社会	68,983	73,276	75,824	80,407	76,490
倫理	19,955	21,202	21,585	20,429	22,022
政治・経済	45,324	50,398	52,977	57,253	54,243
倫理，政治・経済	42,948	48,341	50,886	49,709	50,486
数学Ⅰ	5,750	5,584	5,362	5,877	6,156
数学Ⅰ・数学Ａ	356,493	382,151	392,486	396,479	394,557
数学Ⅱ	5,198	5,094	5,378	5,764	5,971
数学Ⅱ・数学Ｂ	319,697	339,925	349,405	353,423	353,836
物理基礎	19,094	20,437	20,179	20,941	19,406
化学基礎	103,074	110,955	113,801	114,863	109,795
生物基礎	127,924	137,469	141,242	140,620	136,170
地学基礎	44,320	48,758	49,745	48,336	47,506
物理	146,041	153,140	156,568	157,196	156,719
化学	182,359	193,476	201,332	204,543	209,400
生物	57,878	64,623	67,614	71,567	74,676
地学	1,356	1,684	1,936	2,011	1,660
英語［リーディング］	476,174	518,401	537,663	546,712	540,029
英語［リスニング］	474,484	512,007	531,245	540,388	532,627

志願者・受験者の推移

区分		2021年度	2020年度	2019年度	2018年度	2017年度
志願者数		535,245	557,699	576,830	582,671	575,967
内訳	高等学校等卒業見込者	449,795	452,235	464,950	473,570	471,842
	高等学校卒業者	81,007	100,376	106,682	103,948	99,118
	その他	4,443	5,088	5,198	5,153	5,007
受験者数		484,114	527,072	546,198	554,212	547,892
内訳	本試験のみ	(注1) 482,624	526,833	545,588	553,762	547,391
	追試験のみ	(注2) 1,021	171	491	320	299
	本試験＋追試験	(注2) 407	59	102	94	80
欠席者数		51,131	30,627	30,632	28,459	28,075

（注１）2021年度の本試験は、第１日程及び第２日程の合計人数を掲載

（注２）2021年度の追試験は、第２日程の人数を掲載

出題分野一覧

＜数学Ⅰ・A＞

	旧課程科目	'11		'12		'13		'14		'15		'16		'17		'18		'19		'20		'21
		本試	追試	本試	追試	本試	追試	本試	追試	本試	追試	本試	追試	本試	追試	本試	追試	本試	追試	本試	追試	第1
(数学Ⅰ) 数と式																						
1次不等式	Ⅰ	●	●	●		●	●				●	●			●		●		●	**●**	●	●
解の公式	Ⅰ			●	**●**	**●**			●	**●**				**●**		**●**		**●**	●			●
展開・因数分解	Ⅰ	**●**	●	**●**	**●**	**●**	●	●	●	**●**	●	●	●	●		●		●		●	●	●
実数	Ⅰ	●	●	**●**	●	●		●	**●**		**●**	●	●		●		●					●
整数	★	**●**	**●**	●					**●**	●	●		●		●			●	●	●	**●**	●
集合と命題	A	●	●	●	●	●	●	●	●	●	●	●	●		●	●	●	●	●	●	●	**●**
(数学Ⅰ) 2次関数																						
2次関数のグラフ	Ⅰ	●	●	●	●	●	●	●	●	●	●		●	●	●	●	●	●	**●**	●		**●**
最大・最小	Ⅰ	●	●	●	●	●	●	●	●	●	●	●		●		●	●	●	**●**	**●**	●	●
2次方程式・不等式	Ⅰ	●	●	●		●	●	●	●	●	●	●	●	**●**	●	●	●	**●**	●	●	**●**	●
(数学Ⅰ) 図形と計量																						
相互関係・三角比	Ⅰ	●	●	●	●		●	●	**●**	●	●	●		**●**	●	●	**●**	●	●	●	●	●
正弦定理・余弦定理	Ⅰ	●	●	●	●	●	●	●	●	●	●	●	●	●	●	●	●	●	●	●	●	●
面積(比)計算	Ⅰ	●	●	●	●	●		●	●	**●**	●	●	●	●	●	●	●	●	**●**	●	**●**	●
図形の計量	Ⅰ	**●**	**●**		**●**				●		**●**									**●**	**●**	
(数学Ⅰ) データの分析 (＊注)																						
平均,分散,標準偏差	B	●	●	●	●	●	●	●	●			●	●	●	●	●	●	●	●	●	●	
四分位数，箱ひげ図	−									●	●	●	●	●	●	●	●	●	●	●	●	●
共分散，相関係数	B		●	●	●	●	●	●	●	●		●	●	●	●	●	●	●	●		●	●
散布図,ヒストグラムなど	B	●	●	●	●	●	●	●	●	●	●	●	●	●	●	●	●	●	●	●	●	●
(数学A) 場合の数と確率																						
順列	A					●				●							●					
組合せ	A	●	●	●	●	●	●	●													●	
確率	A	●	●	●	●	●	●	●	●			●	●	●	●	●	●	●		●	●	
独立試行(反復試行)	A	●							●		●		●		●	●			●	●		●
条件付き確率	C											●	●	●	●	●	●	●	●	●	●	●
(数学A) 整数の性質(新課程)																						
約数・倍数	−									●	●		●	●		●		●	●			
余りによる分類	−																	●	●		●	
不定方程式	−									●	●	●	●		●	●	●	●	●		●	●
位取り記数法	−											●		●			●			●		
(数学A) 図形の性質																						
相似・合同・比	A	●	●	●	●	●	●			●	●	●			●					●		●
三角形の五心	A		●	●		●		●	●	●	●	●	●	●		●		●				●
円の性質	A	●	●	●	●	●	●	●	●	●	●	●	●	●	●	●	●	●	●	●	●	●
基本的な定理	A	●	●	●	●	●				●	●	●	●	●	●	●	●	●	●	●	●	●

★旧課程では，「整数の性質」は教科書の学習内容としては位置づけられていなかったが，「方程式と不等式」の応用として出題されていた。また，新課程においても，中学校レベルの整数の知識は数学Ⅰの問題で扱われている。

●は「数学Ⅰ」専用問題のみで扱われた部分。

(＊注) 旧課程初年度の2006年度から2014年度ではデータの分析と内容的に重なりの大きい「統計とコンピュータ」が『数学Ⅱ・数学B』に出題されていた。

＜数学Ⅱ・B＞

	旧課程科目	'11		'12		'13		'14		'15		'16		'17		'18		'19		'20		'21
		本試	追試	本試	追試	本試	追試	本試	追試	本試	追試	本試	追試	本試	追試	本試	追試	本試	追試	本試	追試	第1
(数学Ⅱ) いろいろな式																						
整式の割り算	Ⅱ	**●**	**●**	**●**	**●**	**●**	**●**	**●**			**●**	**●**	**●**	**●**		**●**		**●**	**●**	**●**	**●**	**●**
展開・二項定理	I/A													**●**			**●**		**●**			
分数式	Ⅱ																**●**			**●**		
恒等式	Ⅱ			**●**					**●**						**●**		**●**					**●**
相加・相乗など	Ⅱ		●	**●**			●			●	●		●	**●**			**●**					●
解と係数の関係	Ⅱ	**●**	**●**		**●**	**●**	**●**	**●**	**●**	**●**	**●**	**●**		●	**●**			**●**	**●**			
剰余定理・因数定理	Ⅱ	**●**	**●**	**●**	**●**	**●**	**●**	**●**		**●**	**●**	**●**	**●**	**●**		**●**		**●**	**●**	**●**	**●**	**●**
高次方程式	Ⅱ	**●**	**●**	**●**	**●**	**●**	**●**	**●**	**●**	**●**	**●**	**●**	**●**	**●**	**●**	**●**	**●**	**●**	**●**	**●**		
(数学Ⅱ) 図形と方程式																						
点・直線・距離	Ⅱ	**●**	**●**	**●**	**●**	●		●		**●**	●	**●**	●	**●**	**●**	**●**	**●**	**●**	●	**●**	**●**	**●**
円，円と直線	Ⅱ	**●**	**●**		**●**	●	●	●	**●**	**●**	●	**●**	●	**●**		**●**	**●**	**●**	●	**●**	**●**	**●**
放物線と直線	Ⅱ										●											
軌跡	Ⅱ				**●**		●			**●**			●	**●**		**●**		**●**				**●**
不等式と領域	Ⅱ						●								**●**		**●**					
(数学Ⅱ) 三角関数																						
加法定理・倍角公式	Ⅱ	●	●	●	●	**●**	●	**●**	●	●	**●**	●	**●**	●	●	●	●	●	**●**	●	●	
三角関数の合成	Ⅱ	●			●		●	**●**	●		**●**				●	●		●		●	●	●
グラフ	Ⅱ							**●**			**●**											
融合問題	Ⅱ	●	●	●	●					●		●	**●**	●			●		**●**	●	●	
(数学Ⅱ) 指数・対数																						
指数・対数の計算	Ⅱ							●	●			●	●	●	●	●	●	●	●	●	●	●
方程式・不等式	Ⅱ	●	●	●	●	●		●	●	●	●		●	●	●	●	●	●	●	●	●	●
桁数	Ⅱ																					
融合問題	Ⅱ	●	●	●	●		**●**	●		●		●	●	●		●	●		●	●		●
(数学Ⅱ) 微積分																						
極限値	Ⅱ									●												
接線	Ⅱ	●	●	●	●	●	●	●		●	●			●	●	●	●	●	●	●	●	●
極値・最大最小	Ⅱ	●		●	●	●		●	●	●	●	●	●	●	●	●		●		●	●	●
方程式への応用	Ⅱ		●	●											●							
面積	Ⅱ	●	●	●	●	●	●	●	●	●	●	●	●	●	●	●	●	●	●	●	●	●
積分(面積を除く)	Ⅱ											●				●						
(数学B) 数列																						
等差数列・等比数列	B	●		●	●	●	●	●		●		●		●	●	●	●	●			●	●
階差数列	B	●			●			●			●				●	●		●	●	●		
いろいろな和	B	●	●	●	●	●	●	●	●	●		●	●	●	●	●	●	●	●	●	●	
漸化式	B	●	●	●	●	●		●	●	●	●				●		●	●	●	●	●	●
その他	B	●	●	●		●			●	●	●	●	●	●		●				●	●	
(数学B) ベクトル																						
平面ベクトル	B				●	●			●	●	●		●	●		●					●	●
空間ベクトル	B	●	●	●			●	●				●			●		●	●	●	●		●
(数学B) 確率分布																						
確率変数の期待値，分散	C									●	●	●	●	●	●	●	●	●	●	●	●	●
二項分布，正規分布	C									●	●	●	●	●	●	●	●	●	●	●	●	●
推定	C									●	●	●	●		●	●	●	●	●	●	●	●

●は「数学Ⅱ」専用問題のみで扱われた部分。

出題傾向と学習対策

出題傾向

〈数学Ⅰ・A〉

(1)　**数と式**

1次方程式・不等式，2次方程式・不等式，対称式の計算，無理数の計算，高次式の値，絶対値を含む方程式・不等式などについての出題が予想される。無理数の計算では，有理化や無理数の整数部分・小数部分などの出題も注意が必要。

集合と論理も重要である。ド・モルガンの法則，命題の反例，命題の逆・対偶などをはじめ，必要条件・十分条件を判断する問題も十分に演習を積んでおこう。

(2)　**2次関数**

2次関数のグラフの平行移動・対称移動，2次関数の決定問題，頂点の座標を求める問題をはじめ，最大値および最小値を放物線の軸の位置によって場合分けを行い求める問題や置き換えを行う問題をまず勉強しておこう。また，放物線と x 軸との位置関係を利用する2次方程式・不等式との融合問題にも注意が必要である。

そして，**日常の事象（速さ，利益など）を題材とした文章題や図形と計量の分野と融合した問題**を中心にしっかり演習しておこう。

(3)　**図形と計量**

三角比の相互関係，$180^\circ-\theta$ の三角比，正弦定理，余弦定理，面積公式に加えて，中学校で学習した円の性質，平行線の性質，相似比と面積比・体積比の関係などを用いた測量の出題が考えられる。また，定理や性質などの証明の問題および角や辺の大小関係の問題も出題されるので演習が必要である。さらに，2次関数との融合問題も気をつけておきたい。

(4)　**データの分析**

平均値，分散，標準偏差，四分位数，相関係数などの統計量を求めることができるようにしっかり練習しておこう。ヒストグラム，箱ひげ図，散布図などの読み取りも重要である。さらに，変量の変換に関する問題も出題されているから，しっかり演習を積んでおこう。また，図から情報を引き出す練習を十分にしておきたい。演習のための題材が少ないが，模擬試験や参考書などを活用しよう。

(5)　**場合の数と確率**

過去には，問題文が長く，読み取るのに時間がかかる問題が多かったが，共通テストではさらに読み取るのに時間がかかると思われる。したがって，設定を読み間違えると正しい答えが得られないので，文章を正確に捉えられるように国語力の養成をしておくことも必要である。

また，文字の並べ方，サイコロ，カード・球の取り出し方，くじ引き，経路など，扱われるテーマは多岐にわたるので，幅広く練習しておこう。

さらに，確率の基本性質を使う問題や反復試行の確率はもちろんだが，条件付き確率は特に力を入れて学習しておこう。

(6) 整数の性質

まずは，不定方程式 $ax+by=c$ の解法を理解しよう。x，y の組を１つ求めるためにはユークリッドの互除法も有効である。

他に，倍数の判定法，最大公約数・最小公倍数，余りによる整数の分類，n 進法なども重要であり，年々レベルがUPしている。記述レベルの問題まで演習しておこう。

(7) 図形の性質

相似，三角形の重心・内心・外心，円の性質，角の二等分線の性質など基本的な内容を理解して使いこなせるようにしておきたい。特に，方べきの定理，チェバ・メネラウスの定理などを使う問題は十分に演習を積み重ねてもらいたい。また，定理や性質の証明および図形と計量の分野との融合や作図にも気をつけておこう。

〈数学Ⅱ・B〉

2021年から従来のセンター試験に代わって共通テストが行われる。共通テストの試行調査や，2021年の共通テストを見る限りでは，共通テストにはセンター試験ではあまり見られなかったいくつかの特徴がある。

・数学の日常現象への応用。
・会話文の読み取り。
・問題文で２個の方針を提示して，いずれかの方針に沿って問題を解く。
・間違いの発見。
・選択肢を選ぶ問題の増加。

等である。これらによって，問題文が従来のセンター試験よりも長くなる傾向にあるため，短時間で正確に文章を読む訓練が必要となる。また，解法を丸暗記するだけでは通用しない論理的な思考力も従来以上に要求される。

以上のことも踏まえて，センター試験の過去問もしっかり研究しよう。

以下に過去のセンター試験の特徴を記す。

過去のセンター試験の特徴として，

①　60分の試験時間に対して問題量が多い

②　ほとんど全分野から偏りなく出題される

という２点が挙げられる。②の特徴のため，学習すべき範囲が多く，受験生にとって負担であり，①の特徴のため，数学を得意とする受験生でもこの科目が思わぬ落とし穴になる場合がある。また，

③　出題が特定のテーマに集中しないように，出題が多様化している

という特徴も目立ってきた。過去問では扱われていないようなテーマの問題にも注意を払う必要がある。分野ごとに過去の出題傾向と今後の出題予想，注意点を見ていこう。

(1) いろいろな式

この単元は，過去の『数学Ⅱ・数学B』の試験においては単独では出題されてこなかった。今後もこの傾向は続くものと思われる。ただし，2008年度，2015年度，2021年度の試験では，指数関数・対数関数との融合問題として，「相加平均と相乗平均の大小関係」が出題されている。一通りのことを学習しておきたい。

(2) 図形と方程式

過去においては，微分法・積分法との融合問題が多かった。2013年と2014年の本試においては，第1問にこの単元単独の問題が出題されているので，この分野の学習も怠らないようにすべきである。

(3) 指数関数・対数関数

指数・対数に関する基本的理解力を問う問題が過去の問題の主流であるが，2次関数や数と式の知識を必要とする融合問題も出題されているので要注意である。

(4) 三角関数

加法定理，2倍角の公式，合成の公式などの種々の公式の運用力を問う典型問題が出題の中心である。$\sin\alpha=\frac{1}{5}$ のように明示的に書き表せないような角を用いた問題も出題されている。

(5) 微分・積分の考え

接線，微分して増減や極値を調べる問題をはじめとして，図形と方程式の内容に絡めて面積を計算する問題などが出題されるだろう。この単元の問題は，これまで30点の配点であったが，今後も出題の中心となる可能性が高いので，問題演習を積み重ねてもらいたい。

(6) 数列

等差数列・等比数列の一般項や和，$\sum$記号による和の計算，階差数列，漸化式，群数列，数学的帰納法など内容が多く，計算力が必要である。見かけが少々複雑で，いくつかのテーマを融合した問題もよく出題されている。この分野は特に出題者の意図する誘導にうまく乗ることが必要となる。

(7) ベクトル

過去10年間，空間と平面の違いはあっても，内積を含むベクトルの計算が出題されてきた。空間ベクトルが出題される場合は，平面と直線の垂直条件が出題されることもある。また，空間座標の問題も出題されており，計算量が多い年もある。

共通テスト向けの問題集を解き，苦手意識を払拭しよう。

(8) 確率分布と統計的な推測

平均（期待値）と分散，二項分布，正規分布，推定など多様なテーマのある単元である。数列やベクトルが苦手であるという理由でこの単元を選択するのはお勧めできない。選択するのであれば，かなりの学習が必要である。

学習対策

〈数学Ⅰ・A〉

① まずは，基本公式・定理を正しく使えるようにしよう。特に，正弦定理，余弦定理，方べきの定理，チェバ・メネラウスの定理などは素早く的確に使えるように十分な演習を積んでおきたい。

② 不得意分野については，設問全体の半分くらいでよいので，**得点しやすい部分をきちんと取る**ように努力しよう。この辺りの粘りが大きな差を生むことになる。

③ 得意分野については，正確に，しかも速く解けるように心がけよう。もちろん，**正確**であることの方が大切である。余力があれば，少し面倒な計算にも挑戦しよう。

④ 問題文の長さに慣れよう。読み取るのに時間がかかる反面，**問題文の中に多くのヒント**が隠されている。図形問題や確率などでは文章が長いものが多いが，設問の流れを読み取り，出題者が意図した誘導に乗ることができれば，スムーズに解答することが可能である。ただ，配点の割には時間を消費してしまうような最後の設問部分には気をつけたい。場合によっては後回しにしてもよいだろう。

⑤ 上手に時間配分ができるようになろう。まず，**易しい問題**から手をつけたい。

⑥ 日常の事象を題材とした問題などは計算が煩雑なことが多いので，日頃から計算用紙の使い方，書き方を意識しながら**計算の工夫**をする練習をしておこう。

以下は問題における取り組み方について述べる。

場合分けを丁寧に

2次関数の最大・最小の問題や，確率の問題では，面倒がらずに場合分けをすれば解ける問題が多い。また，確率では，個数の少ない場合やある特定の場合を具体的に考えると，よいアイデアが浮かぶことが多い。

計算とグラフ・図・表の連携で解こう

計算式を連ねるだけでは，途中で行き詰まることが多い。といって，図だけでは正確な数値は求めにくい。両方の長所を使って，互いに補い合うような解き方を目指そう。時間的にとても忙しい試験であるから，正確さと速さの両方を追求するにはこれしかない。

2次関数でのグラフの利用，三角形・四角形・円などの図の利用，確率での表の利用などはとても有効である。

図を正確に描く練習をしておこう

数学Ⅰの「図形と計量」と数学Aの「図形の性質」では図形を正確に描かないと問題が解けないことがしばしばある。2018年度本試では線分の長さの大小から図形の形状を読み取る問題が2題も出題された。日頃から意識して正しい図を描く練習をしておこう。

定形部分は手早くこなそう

公式を当てはめるだけ，代入するだけ，係数を比較するだけのような，決まりきった形の設問は時間をかけずにこなせるようになろう。そこで余裕を生じさせ，考えなければいけない部分にはじっくり時間をかけて取り組もう。易しい部分は速く，難しい部分はゆっくりというように強弱をつけ，より効率的に時間を活用できるようにしよう。

問題の流れをつかもう

⑴，⑵，⑶，…と順に積み上げていく問題では，たとえば，それまでに求めた値，長さ，角度，面積などがヒントとなる場合が多いので注意しよう。（2019年本試第4問整数の性質，2021年本試第1日程第5問図形の性質の問題を参照しておこう）

一方，⑴と⑵で設定が変わる問題もあるので注意しなければならない。このような問題では，⑴が解けなくても⑵が解けることもある。

文章題の問題をたくさん解いておこう

共通テストでは文章題の出題が多いのが特徴であるから，日頃から少しずつ解いておくことが大切である。

証明の練習もしておこう

図形の問題では証明が出題される可能性が高いので，少なくとも教科書に載っている証明は必ず手を動かして証明しておこう。

解答時間を変えてみよう

最初は時間を気にせず最後まで解くようにしよう。まずは，内容の理解が大切である。

また，制限時間内に解くためには，大問1題に15分強くらいしか割り当てることができない。ある程度の練習をこなした後は，きちんと時間を測って，短い時間の中ですべて解けるように頑張ってみよう。

選択問題に気をつけよう

『数学Ⅰ・数学A』の試験においては，「場合の数と確率」「整数の性質」「図形の性質」の3題から2題を選択する。試験場ですべての問題を解いてからどの問題にするかを決めるのでは時間が足りなくなるので，あらかじめどの問題を解答するか決めておくとよいが，難易度にバラつきがあるので注意しておこう。

いずれにしても，きちんと目標をもって問題演習をこなすことが，実力アップへの早道である。計画的に毎日コツコツと努力を重ねよう。

〈数学Ⅱ・B〉

⑴　分野に偏らない演習

『数学Ⅱ・数学B』の試験では，試験範囲のほとんど全分野から出題される。しかも，出題内容も多様化の傾向が見られるので，特定の分野やテーマに偏って(いわゆる「ヤマをかけて」)学習するのは避けるべきである。

教科書の章末問題を利用して，基本的な定理や公式を確認し整理した上で，分野ごとに問題を並べた問題集を利用するとよいだろう。典型問題を繰り返し解くことで，粘り強い計算力としっかりとした思考力を身につけることができるはずである。

(2) 実戦的な練習

60分で実質４題の問題を解かなければならない。問題の文章が長いものも多く，効率よく解かなければならない。共通テストで高得点を得るためには，分野ごとの演習に加えて共通テスト向けの問題を60分という時間の中で解答する訓練が必要である。なお，正解をマークするのにもある程度の時間はかかるので，演習の際は注意が必要である。

(3) 融合問題に慣れる

「出題傾向」でも述べたように，過去においては複数分野の融合問題が少なからず出題されている。数多くの問題を１つの問題に盛り込もうとした結果，このような出題形式になったとも考えられる。今後もこの傾向は続くだろう。

これは，分野ごとに学習を進めた場合，見落としがちな部分である。本書には様々な融合問題が含まれているので，本書の学習を終えた後に，再度融合問題だけを採り上げて研究してもよいだろう。

(4) 図形問題の練習

センター試験の成績を分析すると，図形的な判断力を要する設問で得点差が開いていることが多い。これは，図形と方程式やベクトルに限ったことではない。他の分野でも図形的要素を含む設問で同様の傾向が見られる。図形問題を苦手とする受験生は多いが，共通テストにおいても避けることのできない分野である。きちんと練習して対処の仕方を身につけてほしい。

2021 第2日程

数学Ⅰ・数学A
数学Ⅱ・数学B

（2021年1月実施）

	受験者数	平均点
数学Ⅰ・数学A	1,354	39.62
数学Ⅱ・数学B	1,238	37.40

数学Ⅰ・数学A

問　題	選　択　方　法
第1問	必　　答
第2問	必　　答
第3問	いずれか2問を選択し，解答しなさい。
第4問	
第5問	

（注）この科目には，選択問題があります。（２ページ参照。）

第１問（必答問題）（配点　30）

〔1〕 a，b を定数とするとき，x についての不等式

$$|ax-b-7|<3 \quad \cdots\cdots\cdots\cdots\cdots\cdots ①$$

を考える。

(1) $a=-3$，$b=-2$ とする。① を満たす整数全体の集合を P とする。この集合 P を，要素を書き並べて表すと

$$P=\{\ \boxed{\text{アイ}},\ \boxed{\text{ウエ}}\ \}$$

となる。ただし，$\boxed{\text{アイ}}$，$\boxed{\text{ウエ}}$ の解答の順序は問わない。

(2) $a=\dfrac{1}{\sqrt{2}}$ とする。

(i) $b=1$ のとき，① を満たす整数は全部で $\boxed{\text{オ}}$ 個である。

(ii) ① を満たす整数が全部で $\left(\boxed{\text{オ}}+1\right)$ 個であるような正の整数 b のうち，最小のものは $\boxed{\text{カ}}$ である。

（数学Ⅰ・数学Ａ第１問は次ページに続く。）

〔2〕　平面上に2点A，Bがあり，AB＝8である。直線AB上にない点Pをとり，△ABPをつくり，その外接円の半径をRとする。

太郎さんは，図1のように，コンピュータソフトを使って点Pをいろいろな位置にとった。

図1は，点Pをいろいろな位置にとったときの△ABPの外接円をかいたものである。

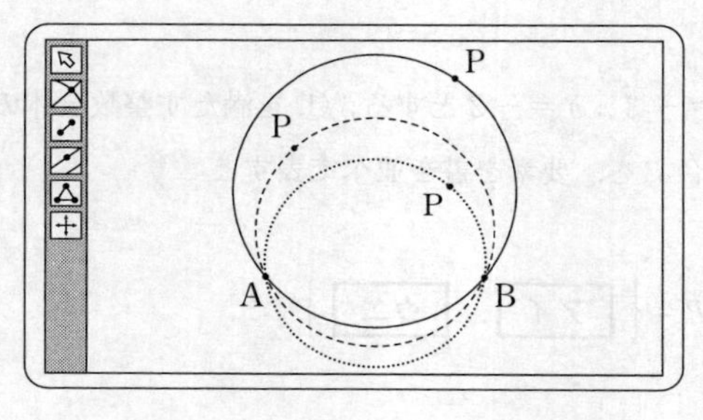

図　1

(1)　太郎さんは，点Pのとり方によって外接円の半径が異なることに気づき，次の**問題1**を考えることにした。

> **問題1**　点Pをいろいろな位置にとるとき，外接円の半径Rが最小となる△ABPはどのような三角形か。

正弦定理により，$2R = \dfrac{\boxed{\text{キ}}}{\sin \angle \text{APB}}$ である。よって，Rが最小となるのは∠APB＝$\boxed{\text{クケ}}^\circ$ の三角形である。このとき，$R = \boxed{\text{コ}}$ である。

（数学Ⅰ・数学A第1問は次ページに続く。）

(2)　太郎さんは，図2のように，**問題1**の点Pのとり方に条件を付けて，次の**問題2**を考えた。

> **問題2**　直線ABに平行な直線をℓとし，直線ℓ上で点Pをいろいろな位置にとる。このとき，外接円の半径Rが最小となる△ABPはどのような三角形か。

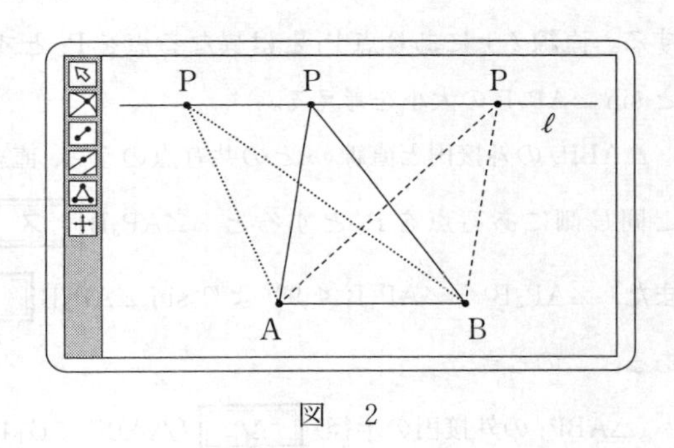

図　2

太郎さんは，この問題を解決するために，次の構想を立てた。

問題2の解決の構想

> **問題1**の考察から，線分ABを直径とする円をCとし，円Cに着目する。直線ℓは，その位置によって，円Cと共有点をもつ場合ともたない場合があるので，それぞれの場合に分けて考える。

直線ABと直線ℓとの距離をhとする。直線ℓが円Cと共有点をもつ場合は，$h \leqq$ **サ** のときであり，共有点をもたない場合は，$h >$ サ のときである。

（数学Ⅰ・数学A第1問は次ページに続く。）

(i) $h \leqq$ [サ] のとき

直線 ℓ が円Cと共有点をもつので，R が最小となる△ABPは，$h <$ [サ] のとき [シ] であり，$h =$ [サ] のとき直角二等辺三角形である。

(ii) $h >$ [サ] のとき

線分ABの垂直二等分線を m とし，直線 m と直線 ℓ との交点を P_1 とする。直線 ℓ 上にあり点 P_1 とは異なる点を P_2 とするとき $\sin \angle AP_1B$ と $\sin \angle AP_2B$ の大小を考える。

$\triangle ABP_2$ の外接円と直線 m との共有点のうち，直線ABに関して点 P_2 と同じ側にある点を P_3 とすると，$\angle AP_3B$ [ス] $\angle AP_2B$ である。

また，$\angle AP_3B < \angle AP_1B < 90^\circ$ より $\sin \angle AP_3B$ [セ] $\sin \angle AP_1B$ である。このとき

($\triangle ABP_1$ の外接円の半径) [ソ] ($\triangle ABP_2$ の外接円の半径)

であり，R が最小となる△ABPは [タ] である。

[シ]，[タ] については，最も適当なものを，次の⓪～④のうちから一つずつ選べ。ただし，同じものを繰り返し選んでもよい。

⓪ 鈍角三角形	① 直角三角形	② 正三角形
③ 二等辺三角形	④ 直角二等辺三角形	

[ス] ～ [ソ] の解答群(同じものを繰り返し選んでもよい。)

⓪ $<$	① $=$	② $>$

(数学Ⅰ・数学A第1問は次ページに続く。)

(3) **問題2**の考察を振り返って，$h = 8$ のとき，△ABPの外接円の半径 R が最小である場合について考える。このとき，$\sin \angle \mathrm{APB} = \dfrac{\boxed{\text{チ}}}{\boxed{\text{ツ}}}$ であり，$R = \boxed{\text{テ}}$ である。

第２問（必答問題）（配点　30）

〔1〕 花子さんと太郎さんのクラスでは，文化祭でたこ焼き店を出店することになった。二人は１皿あたりの価格をいくらにするかを検討している。次の表は，過去の文化祭でのたこ焼き店の売り上げデータから，１皿あたりの価格と売り上げ数の関係をまとめたものである。

１皿あたりの価格(円)	200	250	300
売り上げ数(皿)	200	150	100

(1) まず，二人は，上の表から，１皿あたりの価格が 50 円上がると売り上げ数が 50 皿減ると考えて，売り上げ数が１皿あたりの価格の１次関数で表されると仮定した。このとき，１皿あたりの価格を x 円とおくと，売り上げ数は

$$\boxed{\text{アイウ}} - x \quad \cdots\cdots\cdots ①$$

と表される。

(2) 次に，二人は，利益の求め方について考えた。

花子：利益は，売り上げ金額から必要な経費を引けば求められるよ。
太郎：売り上げ金額は，１皿あたりの価格と売り上げ数の積で求まるね。
花子：必要な経費は，たこ焼き用器具の賃貸料と材料費の合計だね。
材料費は，売り上げ数と１皿あたりの材料費の積になるね。

（数学Ⅰ・数学Ａ第２問は次ページに続く。）

二人は，次の三つの条件のもとで，1皿あたりの価格 x を用いて利益を表すことにした。

（条件1）　1皿あたりの価格が x 円のときの売り上げ数として ① を用いる。

（条件2）　材料は，① により得られる売り上げ数に必要な分量だけ仕入れる。

（条件3）　1皿あたりの材料費は160円である。たこ焼き用器具の賃貸料は6000円である。材料費とたこ焼き用器具の賃貸料以外の経費はない。

利益を y 円とおく。y を x の式で表すと

$$y = -x^2 + \boxed{\text{エオカ}}\,x - \boxed{\text{キ}} \times 10000 \quad \cdots\cdots\cdots\cdots ②$$

である。

(3)　太郎さんは利益を最大にしたいと考えた。② を用いて考えると，利益が最大になるのは1皿あたりの価格が $\boxed{\text{クケコ}}$ 円のときであり，そのときの利益は $\boxed{\text{サシスセ}}$ 円である。

(4)　花子さんは，利益を7500円以上となるようにしつつ，できるだけ安い価格で提供したいと考えた。② を用いて考えると，利益が7500円以上となる1皿あたりの価格のうち，最も安い価格は $\boxed{\text{ソタチ}}$ 円となる。

（数学Ⅰ・数学A第2問は次ページに続く。）

〔2〕 総務省が実施している国勢調査では都道府県ごとの総人口が調べられており，その内訳として日本人人口と外国人人口が公表されている。また，外務省では旅券（パスポート）を取得した人数を都道府県ごとに公表している。加えて，文部科学省では都道府県ごとの小学校に在籍する児童数を公表している。

そこで，47 都道府県の，人口 1 万人あたりの外国人人口（以下，外国人数），人口 1 万人あたりの小学校児童数（以下，小学生数），また，日本人 1 万人あたりの旅券を取得した人数（以下，旅券取得者数）を，それぞれ計算した。

（数学Ⅰ・数学A第 2 問は次ページに続く。）

(1)　図1は，2010年における47都道府県の，旅券取得者数(横軸)と小学生数(縦軸)の関係を黒丸で，また，旅券取得者数(横軸)と外国人数(縦軸)の関係を白丸で表した散布図である。

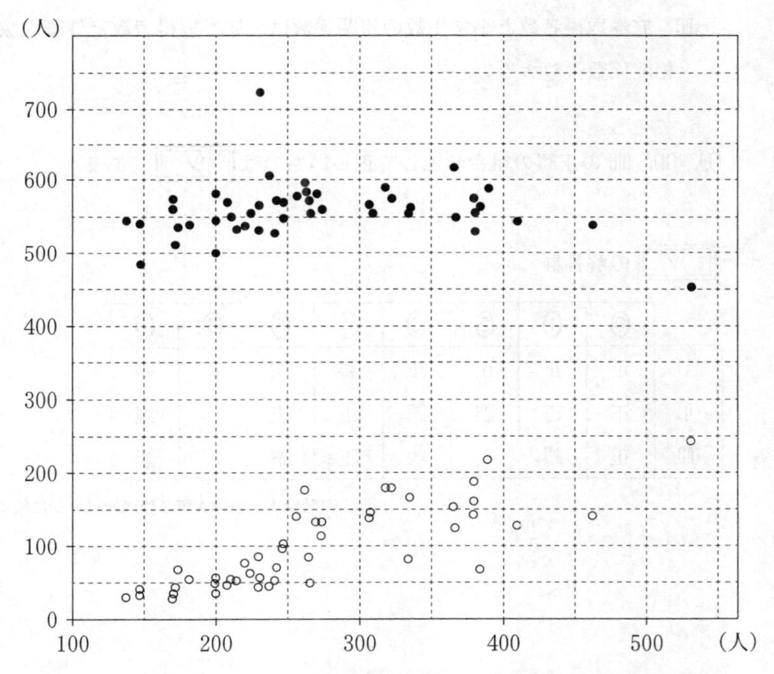

図1　2010年における，旅券取得者数と小学生数の散布図(黒丸)，
旅券取得者数と外国人数の散布図(白丸)

(出典：外務省，文部科学省および総務省のWebページにより作成)

(数学Ⅰ・数学A第2問は次ページに続く。)

次の(I)，(II)，(III)は図1の散布図に関する記述である。

(I) 小学生数の四分位範囲は，外国人数の四分位範囲より大きい。

(II) 旅券取得者数の範囲は，外国人数の範囲より大きい。

(III) 旅券取得者数と小学生数の相関係数は，旅券取得者数と外国人数の相関係数より大きい。

(I)，(II)，(III)の正誤の組合せとして正しいものは ツ である。

ツ の解答群

	⓪	①	②	③	④	⑤	⑥	⑦
(I)	正	正	正	正	誤	誤	誤	誤
(II)	正	正	誤	誤	正	正	誤	誤
(III)	正	誤	正	誤	正	誤	正	誤

（数学I・数学A第2問は次ページに続く。）

(2) 一般に，度数分布表

階級値	x_1	x_2	x_3	x_4	$\cdots$	x_k	計
度数	f_1	f_2	f_3	f_4	$\cdots$	f_k	n

が与えられていて，各階級に含まれるデータの値がすべてその階級値に等しいと仮定すると，平均値 $\bar{x}$ は

$$\bar{x} = \frac{1}{n}(x_1f_1 + x_2f_2 + x_3f_3 + x_4f_4 + \cdots + x_kf_k)$$

で求めることができる。さらに階級の幅が一定で，その値が h のときは

$$x_2 = x_1 + h,\ x_3 = x_1 + 2h,\ x_4 = x_1 + 3h,\ \cdots,\ x_k = x_1 + (k-1)h$$

に注意すると

$$\bar{x} = \boxed{テ}$$

と変形できる。

テ については，最も適当なものを，次の⓪～④のうちから一つ選べ。

⓪ $\dfrac{x_1}{n}(f_1 + f_2 + f_3 + f_4 + \cdots + f_k)$

① $\dfrac{h}{n}(f_1 + 2f_2 + 3f_3 + 4f_4 + \cdots + kf_k)$

② $x_1 + \dfrac{h}{n}(f_2 + f_3 + f_4 + \cdots + f_k)$

③ $x_1 + \dfrac{h}{n}\{f_2 + 2f_3 + 3f_4 + \cdots + (k-1)f_k\}$

④ $\dfrac{1}{2}(f_1 + f_k)x_1 - \dfrac{1}{2}(f_1 + kf_k)$

(数学Ⅰ・数学A第2問は次ページに続く。)

図2は，2008年における47都道府県の旅券取得者数のヒストグラムである。なお，ヒストグラムの各階級の区間は，左側の数値を含み，右側の数値を含まない。

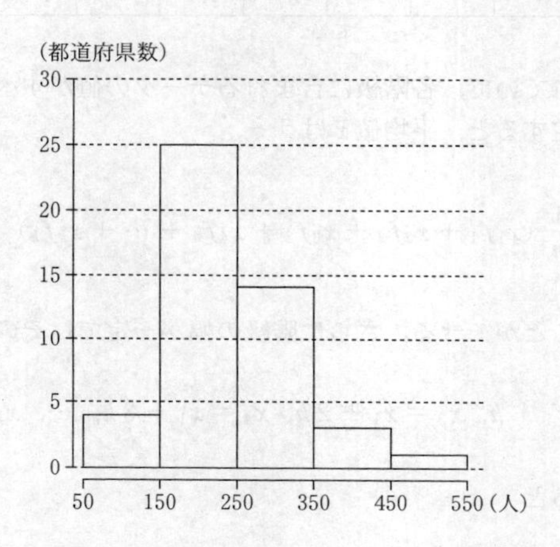

図2　2008年における旅券取得者数のヒストグラム

(出典：外務省のWebページにより作成)

図2のヒストグラムに関して，各階級に含まれるデータの値がすべてその階級値に等しいと仮定する。このとき，平均値 $\bar{x}$ は小数第1位を四捨五入すると **トナニ** である。

(数学Ⅰ・数学A第2問は次ページに続く。)

(3)　一般に，度数分布表

階級値	x_1	x_2	…	x_k	計
度数	f_1	f_2	…	f_k	n

が与えられていて，各階級に含まれるデータの値がすべてその階級値に等しいと仮定すると，分散 s^2 は

$$s^2 = \frac{1}{n}\left\{(x_1 - \overline{x})^2 f_1 + (x_2 - \overline{x})^2 f_2 + \cdots + (x_k - \overline{x})^2 f_k\right\}$$

で求めることができる。さらに s^2 は

$$s^2 = \frac{1}{n}\left\{(x_1{}^2 f_1 + x_2{}^2 f_2 + \cdots + x_k{}^2 f_k) - 2\overline{x} \times \boxed{ヌ} + (\overline{x})^2 \times \boxed{ネ}\right\}$$

と変形できるので

$$s^2 = \frac{1}{n}(x_1{}^2 f_1 + x_2{}^2 f_2 + \cdots + x_k{}^2 f_k) - \boxed{ノ} \quad \cdots\cdots\cdots\cdots\cdots\cdots ①$$

である。

ヌ ～ ノ の解答群（同じものを繰り返し選んでもよい。）

⓪ n	① n^2	② $\overline{x}$	③ $n\overline{x}$	④ $2n\overline{x}$
⑤ $n^2\overline{x}$	⑥ $(\overline{x})^2$	⑦ $n(\overline{x})^2$	⑧ $2n(\overline{x})^2$	⑨ $3n(\overline{x})^2$

（数学Ⅰ・数学A第2問は次ページに続く。）

図 3 は，図 2 を再掲したヒストグラムである。

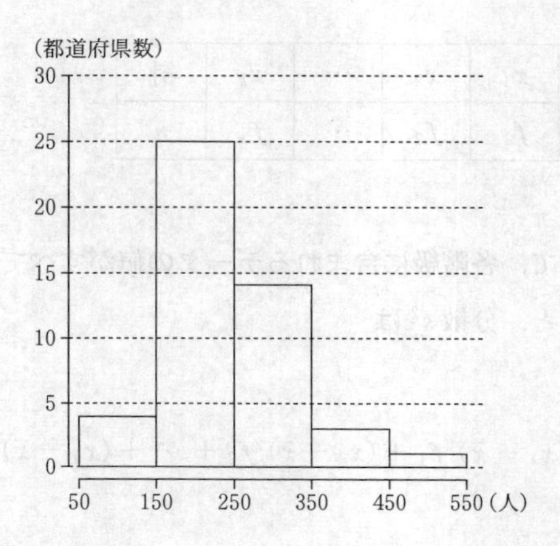

図 3　2008 年における旅券取得者数のヒストグラム

(出典：外務省の Web ページにより作成)

図 3 のヒストグラムに関して，各階級に含まれるデータの値がすべてその階級値に等しいと仮定すると，平均値 $\bar{x}$ は(2)で求めた［トナニ］である。［トナニ］の値と式 ① を用いると，分散 s^2 は［ハ］である。

［ハ］については，最も近いものを，次の⓪～⑦のうちから一つ選べ。

⓪　3900	①　4900	②　5900	③　6900
④　7900	⑤　8900	⑥　9900	⑦　10900

第3問～第5問は，いずれか2問を選択し，解答しなさい。

第3問 （選択問題）（配点 20）

二つの袋A，Bと一つの箱がある。Aの袋には赤球2個と白球1個が入っており，Bの袋には赤球3個と白球1個が入っている。また，箱には何も入っていない。

(1) A，Bの袋から球をそれぞれ1個ずつ同時に取り出し，球の色を調べずに箱に入れる。

(i) 箱の中の2個の球のうち少なくとも1個が赤球である確率は $\frac{\boxed{\text{アイ}}}{\boxed{\text{ウエ}}}$ である。

(ii) 箱の中をよくかき混ぜてから球を1個取り出すとき，取り出した球が赤球である確率は $\frac{\boxed{\text{オカ}}}{\boxed{\text{キク}}}$ であり，取り出した球が赤球であったときに，それがBの袋に入っていたものである条件付き確率は $\frac{\boxed{\text{ケ}}}{\boxed{\text{コサ}}}$ である。

（数学Ⅰ・数学A第3問は次ページに続く。）

(2) A，Bの袋から球をそれぞれ2個ずつ同時に取り出し，球の色を調べずに箱に入れる。

(i) 箱の中の4個の球のうち，ちょうど2個が赤球である確率は $\frac{\boxed{シ}}{\boxed{ス}}$ である。また，箱の中の4個の球のうち，ちょうど3個が赤球である確率は $\frac{\boxed{セ}}{\boxed{ソ}}$ である。

(ii) 箱の中をよくかき混ぜてから球を2個同時に取り出すとき，どちらの球も赤球である確率は $\frac{\boxed{タチ}}{\boxed{ツテ}}$ である。また，取り出した2個の球がどちらも赤球であったときに，それらのうちの1個のみがBの袋に入っていたものである条件付き確率は $\frac{\boxed{トナ}}{\boxed{ニヌ}}$ である。

第3問～第5問は，いずれか2問を選択し，解答しなさい。

第4問　（選択問題）（配点　20）

正の整数 m に対して

$$a^2+b^2+c^2+d^2=m,\ a \geqq b \geqq c \geqq d \geqq 0 \quad \cdots\cdots ①$$

を満たす整数 a，b，c，d の組がいくつあるかを考える。

(1)　$m=14$ のとき，① を満たす整数 a，b，c，d の組 $(a,\ b,\ c,\ d)$ は

$$\left(\boxed{\text{ア}},\ \boxed{\text{イ}},\ \boxed{\text{ウ}},\ \boxed{\text{エ}}\right)$$

のただ一つである。

　また，$m=28$ のとき，① を満たす整数 a，b，c，d の組の個数は $\boxed{\text{オ}}$ 個である。

(2)　a が奇数のとき，整数 n を用いて $a=2n+1$ と表すことができる。このとき，$n(n+1)$ は偶数であるから，次の条件がすべての奇数 a で成り立つような正の整数 h のうち，最大のものは $h=\boxed{\text{カ}}$ である。

条件：a^2-1 は h の倍数である。

よって，a が奇数のとき，a^2 を $\boxed{\text{カ}}$ で割ったときの余りは1である。

　また，a が偶数のとき，a^2 を $\boxed{\text{カ}}$ で割ったときの余りは，0または4のいずれかである。

（数学Ⅰ・数学A第4問は次ページに続く。）

(3) (2)により，$a^2+b^2+c^2+d^2$が［カ］の倍数ならば，整数a，b，c，dのうち，偶数であるものの個数は［キ］個である。

(4) (3)を用いることにより，mが［カ］の倍数であるとき，①を満たす整数a，b，c，dが求めやすくなる。

例えば，$m=224$のとき，①を満たす整数a，b，c，dの組(a, b, c, d)は

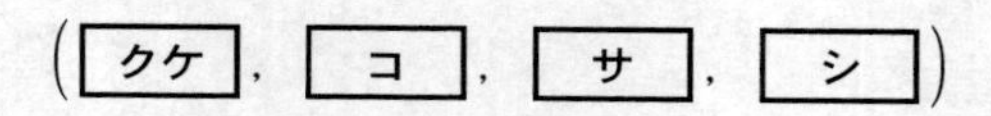
(［クケ］，［コ］，［サ］，［シ］)

のただ一つであることがわかる。

(5) 7の倍数で896の約数である正の整数mのうち，①を満たす整数a，b，c，dの組の個数が［オ］個であるものの個数は［ス］個であり，そのうち最大のものは$m=$［セソタ］である。

第3問～第5問は，いずれか2問を選択し，解答しなさい。

第5問 （選択問題）（配点 20）

点Zを端点とする半直線ZXと半直線ZYがあり，$0° < \angle XZY < 90°$とする。また，$0° < \angle SZX < \angle XZY$かつ$0° < \angle SZY < \angle XZY$を満たす点Sをとる。点Sを通り，半直線ZXと半直線ZYの両方に接する円を作図したい。

円Oを，次の(Step 1)～(Step 5)の手順で作図する。

手順

(Step 1)　$\angle XZY$の二等分線ℓ上に点Cをとり，下図のように半直線ZXと半直線ZYの両方に接する円Cを作図する。また，円Cと半直線ZXとの接点をD，半直線ZYとの接点をEとする。

(Step 2)　円Cと直線ZSとの交点の一つをGとする。

(Step 3)　半直線ZX上に点HをDG//HSを満たすようにとる。

(Step 4)　点Hを通り，半直線ZXに垂直な直線を引き，ℓとの交点をOとする。

(Step 5)　点Oを中心とする半径OHの円Oをかく。

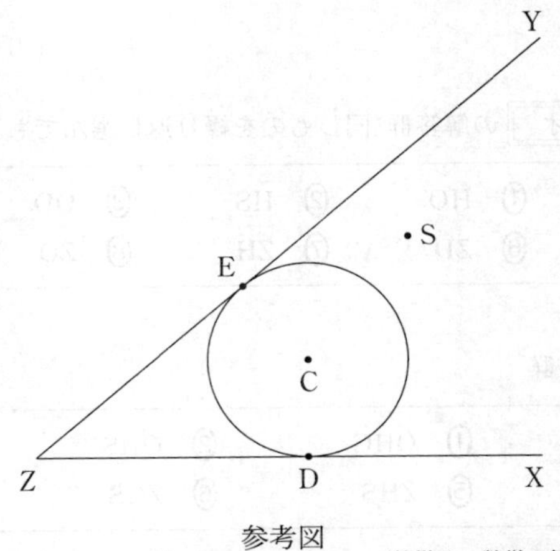

参考図

（数学Ⅰ・数学A第5問は次ページに続く。）

(1)　(Step 1)～(Step 5)の**手順**で作図した円Oが求める円であることは，次の**構想**に基づいて下のように説明できる。

構想

円Oが点Sを通り，半直線ZXと半直線ZYの両方に接する円であることを示すには，OH＝［ア］が成り立つことを示せばよい。

作図の**手順**より，△ZDGと△ZHSとの関係，および△ZDCと△ZHOとの関係に着目すると

DG：［イ］＝［ウ］：［エ］
DC：［オ］＝［ウ］：［エ］

であるから，DG：［イ］＝DC：［オ］となる。

ここで，3点S，O，Hが一直線上にない場合は，∠CDG＝∠［カ］であるので，△CDGと△［カ］との関係に着目すると，CD＝CGよりOH＝［ア］であることがわかる。

なお，3点S，O，Hが一直線上にある場合は，DG＝［キ］DCとなり，DG：［イ］＝DC：［オ］よりOH＝［ア］であることがわかる。

［ア］～［オ］の解答群(同じものを繰り返し選んでもよい。)

⓪ DH	① HO	② HS	③ OD	④ OG
⑤ OS	⑥ ZD	⑦ ZH	⑧ ZO	⑨ ZS

［カ］の解答群

⓪ OHD	① OHG	② OHS	③ ZDS
④ ZHG	⑤ ZHS	⑥ ZOS	⑦ ZCG

(数学Ⅰ・数学A第5問は次ページに続く。)

(2) 点Sを通り，半直線ZXと半直線ZYの両方に接する円は二つ作図できる。特に，点Sが∠XZYの二等分線ℓ上にある場合を考える。半径が大きい方の円の中心をO_1とし，半径が小さい方の円の中心をO_2とする。また，円O_2と半直線ZYが接する点をIとする。円O_1と半直線ZYが接する点をJとし，円O_1と半直線ZXが接する点をKとする。

作図をした結果，円O_1の半径は5，円O_2の半径は3であったとする。このとき，IJ＝ ク $\sqrt{\boxed{\text{ケコ}}}$ である。さらに，円O_1と円O_2の接点Sにおける共通接線と半直線ZYとの交点をLとし，直線LKと円O_1との交点で点Kとは異なる点をMとすると

$$\mathrm{LM} \cdot \mathrm{LK} = \boxed{\text{サシ}}$$

である。

また，ZI＝ ス $\sqrt{\boxed{\text{セソ}}}$ であるので，直線LKと直線ℓとの交点をNとすると

$$\frac{\mathrm{LN}}{\mathrm{NK}} = \frac{\boxed{\text{タ}}}{\boxed{\text{チ}}}, \quad \mathrm{SN} = \frac{\boxed{\text{ツ}}}{\boxed{\text{テ}}}$$

である。

数学Ⅰ・数学A

解答・採点基準

(100点満点)

問題番号(配点)	解答記号	正解	配点	自己採点
第1問(30)	アイ，ウエ	-2，-1 (解答の順序は問わない)	3	
	オ	8	3	
	カ	3	4	
	キ	8	2	
	クケ	90	2	
	コ	4	2	
	サ	4	2	
	シ	①	2	
	ス	①	1	
	セ	⓪	1	
	ソ	⓪	2	
	タ	③	2	
	$\frac{チ}{ツ}$	$\frac{4}{5}$	2	
	テ	5	2	
第1問　自己採点小計				
第2問(30)	アイウ$-x$	$400-x$	3	
	エオカ，キ	560，7	3	
	クケコ	280	3	
	サシスセ	8400	3	
	ソタチ	250	3	
	ツ	⑤	4	
	テ	③	3	
	トナニ	240	2	
	ヌ，ネ	③，⓪	2	
	ノ	⑥	2	
	ハ	③	2	
第2問　自己採点小計				

問題番号(配点)	解答記号	正解	配点	自己採点
第3問(20)	$\frac{アイ}{ウエ}$	$\frac{11}{12}$	2	
	$\frac{オカ}{キク}$	$\frac{17}{24}$	2	
	$\frac{ケ}{コサ}$	$\frac{9}{17}$	3	
	$\frac{シ}{ス}$	$\frac{1}{3}$	3	
	$\frac{セ}{ソ}$	$\frac{1}{2}$	3	
	$\frac{タチ}{ツテ}$	$\frac{17}{36}$	3	
	$\frac{トナ}{ニヌ}$	$\frac{12}{17}$	4	
第3問　自己採点小計				
第4問(20)	ア，イ，ウ，エ	3，2，1，0	3	
	オ	3	3	
	カ	8	3	
	キ	4	3	
	クケ，コ，サ，シ	12，8，4，0	4	
	ス	3	2	
	セソタ	448	2	
第4問　自己採点小計				
第5問(20)	ア	⑤	2	
	イ，ウ，エ	②，⑥，⑦	2	
	オ	①	1	
	カ	②	2	
	キ	②	1	
	ク$\sqrt{ケコ}$	$2\sqrt{15}$	2	
	サシ	15	3	
	ス$\sqrt{セソ}$	$3\sqrt{15}$	2	
	$\frac{タ}{チ}$	$\frac{4}{5}$	2	
	$\frac{ツ}{テ}$	$\frac{5}{3}$	3	
第5問　自己採点小計				
自己採点合計				

(注)

第1問，第2問は必答。

第3問～第5問のうちから2問選択。計4問を解答。

MEMO

数学Ⅱ・数学B

問　題	選　択　方　法
第1問	必　　答
第2問	必　　答
第3問	いずれか2問を選択し，解答しなさい。
第4問	
第5問	

（注）この科目には，選択問題があります。（26ページ参照。）

第１問 （必答問題）（配点　30）

〔１〕

(1) $\log_{10} 10 =$ [ア] である。また，$\log_{10} 5$，$\log_{10} 15$ をそれぞれ $\log_{10} 2$ と $\log_{10} 3$ を用いて表すと

$$\log_{10} 5 = \boxed{\text{イ}} \log_{10} 2 + \boxed{\text{ウ}}$$

$$\log_{10} 15 = \boxed{\text{エ}} \log_{10} 2 + \log_{10} 3 + \boxed{\text{オ}}$$

となる。

（数学Ⅱ・数学Ｂ第１問は次ページに続く。）

(2) 太郎さんと花子さんは，15^{20} について話している。

以下では，$\log_{10} 2 = 0.3010$，$\log_{10} 3 = 0.4771$ とする。

太郎：15^{20} は何桁の数だろう。

花子：15 の 20 乗を求めるのは大変だね。$\log_{10} 15^{20}$ の整数部分に着目してみようよ。

$\log_{10} 15^{20}$ は

$$\boxed{\text{カキ}} < \log_{10} 15^{20} < \boxed{\text{カキ}} + 1$$

を満たす。よって，15^{20} は $\boxed{\text{クケ}}$ 桁の数である。

太郎：15^{20} の最高位の数字も知りたいね。だけど，$\log_{10} 15^{20}$ の整数部分にだけ着目してもわからないな。

花子：$N \cdot 10^{\boxed{\text{カキ}}} < 15^{20} < (N+1) \cdot 10^{\boxed{\text{カキ}}}$ を満たすような正の整数 N に着目してみたらどうかな。

$\log_{10} 15^{20}$ の小数部分は $\log_{10} 15^{20} - \boxed{\text{カキ}}$ であり

$$\log_{10} \boxed{\text{コ}} < \log_{10} 15^{20} - \boxed{\text{カキ}} < \log_{10}\left(\boxed{\text{コ}} + 1\right)$$

が成り立つので，15^{20} の最高位の数字は $\boxed{\text{サ}}$ である。

（数学Ⅱ・数学B第1問は次ページに続く。）

〔2〕 座標平面上の原点を中心とする半径1の円周上に3点 P$(\cos\theta,\ \sin\theta)$，Q$(\cos\alpha,\ \sin\alpha)$，R$(\cos\beta,\ \sin\beta)$がある。ただし，$0 \leqq \theta < \alpha < \beta < 2\pi$ とする。このとき，s と t を次のように定める。

$$s = \cos\theta + \cos\alpha + \cos\beta, \quad t = \sin\theta + \sin\alpha + \sin\beta$$

(1) △PQR が正三角形や二等辺三角形のときの s と t の値について考察しよう。

考察 1

△PQR が正三角形である場合を考える。

この場合，α，β を θ で表すと

$$\alpha = \theta + \frac{\boxed{\text{シ}}}{3}\pi, \quad \beta = \theta + \frac{\boxed{\text{ス}}}{3}\pi$$

であり，加法定理により

$$\cos\alpha = \boxed{\text{セ}}, \quad \sin\alpha = \boxed{\text{ソ}}$$

である。同様に，$\cos\beta$ および $\sin\beta$ を，$\sin\theta$ と $\cos\theta$ を用いて表すことができる。

これらのことから，$s = t = \boxed{\text{タ}}$ である。

$\boxed{\text{セ}}$，$\boxed{\text{ソ}}$ の解答群（同じものを繰り返し選んでもよい。）

⓪ $\frac{1}{2}\sin\theta + \frac{\sqrt{3}}{2}\cos\theta$	① $\frac{\sqrt{3}}{2}\sin\theta + \frac{1}{2}\cos\theta$
② $\frac{1}{2}\sin\theta - \frac{\sqrt{3}}{2}\cos\theta$	③ $\frac{\sqrt{3}}{2}\sin\theta - \frac{1}{2}\cos\theta$
④ $-\frac{1}{2}\sin\theta + \frac{\sqrt{3}}{2}\cos\theta$	⑤ $-\frac{\sqrt{3}}{2}\sin\theta + \frac{1}{2}\cos\theta$
⑥ $-\frac{1}{2}\sin\theta - \frac{\sqrt{3}}{2}\cos\theta$	⑦ $-\frac{\sqrt{3}}{2}\sin\theta - \frac{1}{2}\cos\theta$

（数学Ⅱ・数学B第1問は次ページに続く。）

考察 2

△PQR が PQ = PR となる二等辺三角形である場合を考える。

例えば，点 P が直線 $y = x$ 上にあり，点 Q，R が直線 $y = x$ に関して対称であるときを考える。このとき，$\theta = \dfrac{\pi}{4}$ である。また，α は $\alpha < \dfrac{5}{4}\pi$，β は $\dfrac{5}{4}\pi < \beta$ を満たし，点 Q，R の座標について，$\sin\beta = \cos\alpha$，$\cos\beta = \sin\alpha$ が成り立つ。よって

$$s = t = \frac{\sqrt{\boxed{\text{チ}}}}{\boxed{\text{ツ}}} + \sin\alpha + \cos\alpha$$

である。

ここで，三角関数の合成により

$$\sin\alpha + \cos\alpha = \sqrt{\boxed{\text{テ}}}\sin\left(\alpha + \frac{\pi}{\boxed{\text{ト}}}\right)$$

である。したがって

$$\alpha = \frac{\boxed{\text{ナニ}}}{12}\pi,\ \beta = \frac{\boxed{\text{ヌネ}}}{12}\pi$$

のとき，$s = t = 0$ である。

（数学Ⅱ・数学B第1問は次ページに続く。）

(2) 次に，s と t の値を定めたときの θ，α，β の関係について考察しよう。

考察 3

$s = t = 0$ の場合を考える。

この場合，$\sin^2\theta + \cos^2\theta = 1$ により，α と β について考えると

$$\cos\alpha\cos\beta + \sin\alpha\sin\beta = \frac{\boxed{\text{ノハ}}}{\boxed{\text{ヒ}}}$$

である。

同様に，θ と α について考えると

$$\cos\theta\cos\alpha + \sin\theta\sin\alpha = \frac{\boxed{\text{ノハ}}}{\boxed{\text{ヒ}}}$$

であるから，θ，α，β の範囲に注意すると

$$\beta - \alpha = \alpha - \theta = \frac{\boxed{\text{フ}}}{\boxed{\text{ヘ}}}\pi$$

という関係が得られる。

（数学Ⅱ・数学B第１問は次ページに続く。）

(3)　これまでの考察を振り返ると，次の⓪～③のうち，正しいものは [ホ] であることがわかる。

[ホ] の解答群

⓪　△PQR が正三角形ならば $s = t = 0$ であり，$s = t = 0$ ならば △PQR は正三角形である。

①　△PQR が正三角形ならば $s = t = 0$ であるが，$s = t = 0$ であっても △PQR が正三角形でない場合がある。

②　△PQR が正三角形であっても $s = t = 0$ でない場合があるが，$s = t = 0$ ならば △PQR は正三角形である。

③　△PQR が正三角形であっても $s = t = 0$ でない場合があり，$s = t = 0$ であっても △PQR が正三角形でない場合がある。

第2問 （必答問題）（配点　30）

〔1〕 aを実数とし，$f(x)=(x-a)(x-2)$とおく。また，$F(x)=\int_0^x f(t)\,dt$とする。

(1) $a=1$のとき，$F(x)$は$x=$ [ア] で極小になる。

(2) $a=$ [イ] のとき，$F(x)$はつねに増加する。また，$F(0)=$ [ウ] であるから，$a=$ [イ] のとき，$F(2)$の値は [エ] である。

[エ] の解答群

⓪ 0	① 正	② 負

（数学Ⅱ・数学B第2問は次ページに続く。）

(3) $a >$ イ とする。

b を実数とし，$G(x)=\int_{b}^{x} f(t)\,dt$ とおく。

関数 $y=G(x)$ のグラフは，$y=F(x)$ のグラフを オ 方向に カ だけ平行移動したものと一致する。また，$G(x)$ は $x=$ キ で極大になり，$x=$ ク で極小になる。

$G(b)=$ ケ であるから，$b=$ キ のとき，曲線 $y=G(x)$ と x 軸との共有点の個数は コ 個である。

オ の解答群

⓪ x 軸	① y 軸

カ の解答群

⓪ b	① $-b$	② $F(b)$
③ $-F(b)$	④ $F(-b)$	⑤ $-F(-b)$

(数学Ⅱ・数学B第2問は次ページに続く。)

〔2〕 $g(x) = |x|(x+1)$ とおく。

点P$(-1,\ 0)$を通り，傾きが c の直線を ℓ とする。$g'(-1) =$ サ であるから，$0 < c <$ サ のとき，曲線 $y = g(x)$ と直線 ℓ は3点で交わる。そのうちの1点はPであり，残りの2点を点Pに近い方から順にQ，Rとすると，点Qの x 座標は シス であり，点Rの x 座標は セ である。

（数学Ⅱ・数学B第2問は次ページに続く。）

また，$0 < c <$ [サ] のとき，線分 PQ と曲線 $y = g(x)$ で囲まれた図形の面積を S とし，線分 QR と曲線 $y = g(x)$ で囲まれた図形の面積を T とすると

$$S = \frac{\boxed{ソ}\,c^3 + \boxed{タ}\,c^2 - \boxed{チ}\,c + 1}{\boxed{ツ}}$$

$$T = c^{\boxed{テ}}$$

である。

第3問～第5問は，いずれか2問を選択し，解答しなさい。

第3問 (選択問題) (配点　20)

以下の問題を解答するにあたっては，必要に応じて40ページの正規分布表を用いてもよい。

ある大学には，多くの留学生が在籍している。この大学の留学生に対して学習や生活を支援する留学生センターでは，留学生の日本語の学習状況について関心を寄せている。

(1) この大学では，留学生に対する授業として，以下に示す三つの日本語学習コースがある。

初級コース：1週間に10時間の日本語の授業を行う

中級コース：1週間に8時間の日本語の授業を行う

上級コース：1週間に6時間の日本語の授業を行う

すべての留学生が三つのコースのうち，いずれか一つのコースのみに登録することになっている。留学生全体における各コースに登録した留学生の割合は，それぞれ

初級コース：20 %，中級コース：35 %，上級コース：［アイ］%

であった。ただし，数値はすべて正確な値であり，四捨五入されていないものとする。

この留学生の集団において，一人を無作為に抽出したとき，その留学生が1週間に受講する日本語学習コースの授業の時間数を表す確率変数をXとする。Xの平均(期待値)は$\dfrac{\boxed{\text{ウエ}}}{2}$であり，$X$の分散は$\dfrac{\boxed{\text{オカ}}}{20}$である。

(数学Ⅱ・数学B第3問は次ページに続く。)

次に，留学生全体を母集団とし，a 人を無作為に抽出したとき，初級コースに登録した人数を表す確率変数を Y とすると，Y は二項分布に従う。このとき，Y の平均 $E(Y)$ は

$$E(Y)=\frac{\boxed{\text{キ}}}{\boxed{\text{ク}}}$$

である。

また，上級コースに登録した人数を表す確率変数を Z とすると，Z は二項分布に従う。Y，Z の標準偏差をそれぞれ $\sigma(Y)$，$\sigma(Z)$ とすると

$$\frac{\sigma(Z)}{\sigma(Y)}=\frac{\boxed{\text{ケ}}\sqrt{\boxed{\text{コサ}}}}{\boxed{\text{シ}}}$$

である。

ここで，$a=100$ としたとき，無作為に抽出された留学生のうち，初級コースに登録した留学生が 28 人以上となる確率を p とする。$a=100$ は十分大きいので，Y は近似的に正規分布に従う。このことを用いて p の近似値を求めると，$p=$ $\boxed{\text{ス}}$ である。

$\boxed{\text{ス}}$ については，最も適当なものを，次の⓪～⑤のうちから一つ選べ。

⓪ 0.002	① 0.023	② 0.228
③ 0.477	④ 0.480	⑤ 0.977

（数学Ⅱ・数学B第3問は次ページに続く。）

(2) 40人の留学生を無作為に抽出し，ある1週間における留学生の日本語学習コース以外の日本語の学習時間(分)を調査した。ただし，日本語の学習時間は母平均 m，母分散 σ^2 の分布に従うものとする。

母分散 σ^2 を640と仮定すると，標本平均の標準偏差は [セ] となる。調査の結果，40人の学習時間の平均値は120であった。標本平均が近似的に正規分布に従うとして，母平均 m に対する信頼度95％の信頼区間を $C_1 \leqq m \leqq C_2$ とすると

$$C_1 = \boxed{ソタチ}.\boxed{ツテ},\ C_2 = \boxed{トナニ}.\boxed{ヌネ}$$

である。

(3) (2)の調査とは別に，日本語の学習時間を再度調査することになった。そこで，50人の留学生を無作為に抽出し，調査した結果，学習時間の平均値は120であった。

母分散 σ^2 を640と仮定したとき，母平均 m に対する信頼度95％の信頼区間を $D_1 \leqq m \leqq D_2$ とすると，[ノ] が成り立つ。

一方，母分散 σ^2 を960と仮定したとき，母平均 m に対する信頼度95％の信頼区間を $E_1 \leqq m \leqq E_2$ とする。このとき，$D_2 - D_1 = E_2 - E_1$ となるためには，標本の大きさを50の [ハ].[ヒ] 倍にする必要がある。

[ノ] の解答群

⓪ $D_1 < C_1$ かつ $D_2 < C_2$	① $D_1 < C_1$ かつ $D_2 > C_2$
② $D_1 > C_1$ かつ $D_2 < C_2$	③ $D_1 > C_1$ かつ $D_2 > C_2$

(数学Ⅱ・数学B第3問は次ページに続く。)

正 規 分 布 表

次の表は，標準正規分布の分布曲線における右図の灰色部分の面積の値をまとめたものである。

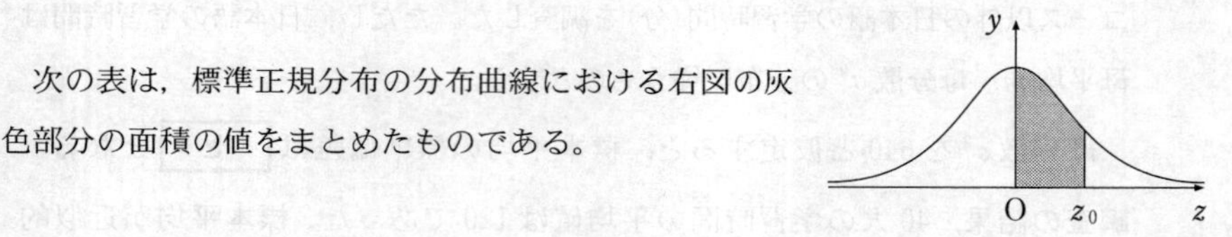

z_0	0.00	0.01	0.02	0.03	0.04	0.05	0.06	0.07	0.08	0.09
0.0	0.0000	0.0040	0.0080	0.0120	0.0160	0.0199	0.0239	0.0279	0.0319	0.0359
0.1	0.0398	0.0438	0.0478	0.0517	0.0557	0.0596	0.0636	0.0675	0.0714	0.0753
0.2	0.0793	0.0832	0.0871	0.0910	0.0948	0.0987	0.1026	0.1064	0.1103	0.1141
0.3	0.1179	0.1217	0.1255	0.1293	0.1331	0.1368	0.1406	0.1443	0.1480	0.1517
0.4	0.1554	0.1591	0.1628	0.1664	0.1700	0.1736	0.1772	0.1808	0.1844	0.1879
0.5	0.1915	0.1950	0.1985	0.2019	0.2054	0.2088	0.2123	0.2157	0.2190	0.2224
0.6	0.2257	0.2291	0.2324	0.2357	0.2389	0.2422	0.2454	0.2486	0.2517	0.2549
0.7	0.2580	0.2611	0.2642	0.2673	0.2704	0.2734	0.2764	0.2794	0.2823	0.2852
0.8	0.2881	0.2910	0.2939	0.2967	0.2995	0.3023	0.3051	0.3078	0.3106	0.3133
0.9	0.3159	0.3186	0.3212	0.3238	0.3264	0.3289	0.3315	0.3340	0.3365	0.3389
1.0	0.3413	0.3438	0.3461	0.3485	0.3508	0.3531	0.3554	0.3577	0.3599	0.3621
1.1	0.3643	0.3665	0.3686	0.3708	0.3729	0.3749	0.3770	0.3790	0.3810	0.3830
1.2	0.3849	0.3869	0.3888	0.3907	0.3925	0.3944	0.3962	0.3980	0.3997	0.4015
1.3	0.4032	0.4049	0.4066	0.4082	0.4099	0.4115	0.4131	0.4147	0.4162	0.4177
1.4	0.4192	0.4207	0.4222	0.4236	0.4251	0.4265	0.4279	0.4292	0.4306	0.4319
1.5	0.4332	0.4345	0.4357	0.4370	0.4382	0.4394	0.4406	0.4418	0.4429	0.4441
1.6	0.4452	0.4463	0.4474	0.4484	0.4495	0.4505	0.4515	0.4525	0.4535	0.4545
1.7	0.4554	0.4564	0.4573	0.4582	0.4591	0.4599	0.4608	0.4616	0.4625	0.4633
1.8	0.4641	0.4649	0.4656	0.4664	0.4671	0.4678	0.4686	0.4693	0.4699	0.4706
1.9	0.4713	0.4719	0.4726	0.4732	0.4738	0.4744	0.4750	0.4756	0.4761	0.4767
2.0	0.4772	0.4778	0.4783	0.4788	0.4793	0.4798	0.4803	0.4808	0.4812	0.4817
2.1	0.4821	0.4826	0.4830	0.4834	0.4838	0.4842	0.4846	0.4850	0.4854	0.4857
2.2	0.4861	0.4864	0.4868	0.4871	0.4875	0.4878	0.4881	0.4884	0.4887	0.4890
2.3	0.4893	0.4896	0.4898	0.4901	0.4904	0.4906	0.4909	0.4911	0.4913	0.4916
2.4	0.4918	0.4920	0.4922	0.4925	0.4927	0.4929	0.4931	0.4932	0.4934	0.4936
2.5	0.4938	0.4940	0.4941	0.4943	0.4945	0.4946	0.4948	0.4949	0.4951	0.4952
2.6	0.4953	0.4955	0.4956	0.4957	0.4959	0.4960	0.4961	0.4962	0.4963	0.4964
2.7	0.4965	0.4966	0.4967	0.4968	0.4969	0.4970	0.4971	0.4972	0.4973	0.4974
2.8	0.4974	0.4975	0.4976	0.4977	0.4977	0.4978	0.4979	0.4979	0.4980	0.4981
2.9	0.4981	0.4982	0.4982	0.4983	0.4984	0.4984	0.4985	0.4985	0.4986	0.4986
3.0	0.4987	0.4987	0.4987	0.4988	0.4988	0.4989	0.4989	0.4989	0.4990	0.4990

第3問～第5問は，いずれか2問を選択し，解答しなさい。

第4問　（選択問題）（配点　20）

〔1〕　自然数 n に対して，$S_n = 5^n - 1$ とする。さらに，数列 $\{a_n\}$ の初項から第 n 項までの和が S_n であるとする。このとき，$a_1 =$ [ア] である。また，$n \geqq 2$ のとき

$$a_n = \boxed{イ} \cdot \boxed{ウ}^{\,n-1}$$

である。この式は $n = 1$ のときにも成り立つ。

上で求めたことから，すべての自然数 n に対して

$$\sum_{k=1}^{n} \frac{1}{a_k} = \frac{\boxed{エ}}{\boxed{オカ}}\left(1 - \boxed{キ}^{\,-n}\right)$$

が成り立つことがわかる。

（数学Ⅱ・数学B第4問は次ページに続く。）

〔2〕 太郎さんは和室の畳を見て，畳の敷き方が何通りあるかに興味を持った。ちょうど手元にタイルがあったので，畳をタイルに置き換えて，数学的に考えることにした。

縦の長さが1，横の長さが2の長方形のタイルが多数ある。それらを縦か横の向きに，隙間も重なりもなく敷き詰めるとき，その敷き詰め方をタイルの「配置」と呼ぶ。

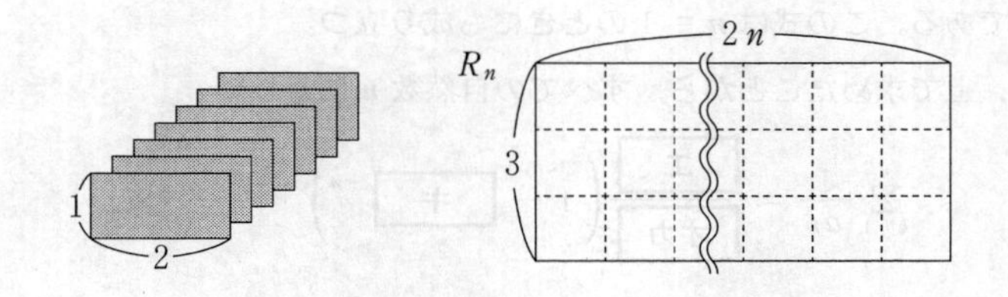

上の図のように，縦の長さが3，横の長さが2 n の長方形を R_n とする。3 n 枚のタイルを用いた R_n 内の配置の総数を r_n とする。

$n = 1$ のときは，下の図のように $r_1 = 3$ である。

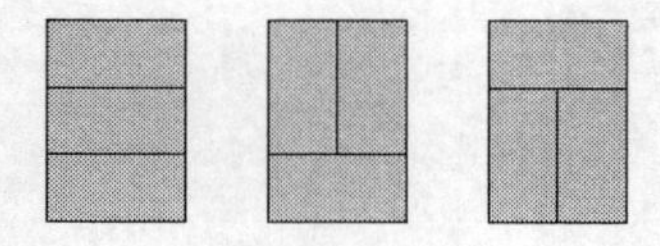

また，$n = 2$ のときは，下の図のように $r_2 = 11$ である。

（数学Ⅱ・数学B第4問は次ページに続く。）

(1)　太郎さんは次のような図形 T_n 内の配置を考えた。

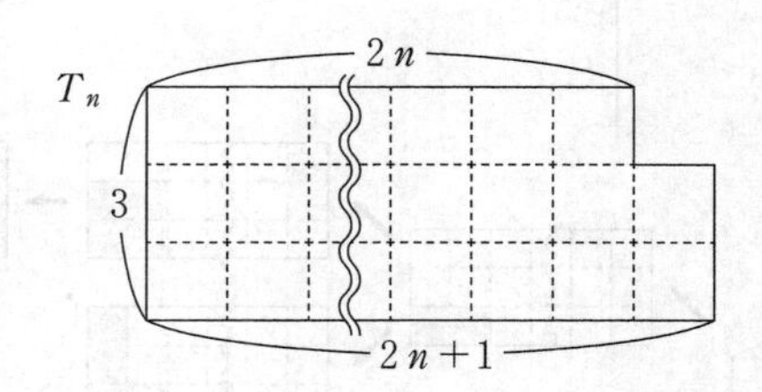

$(3n+1)$ 枚のタイルを用いた T_n 内の配置の総数を t_n とする。$n=1$ のときは，$t_1 =$ **ク** である。

さらに，太郎さんは T_n 内の配置について，右下隅(すみ)のタイルに注目して次のような図をかいて考えた。

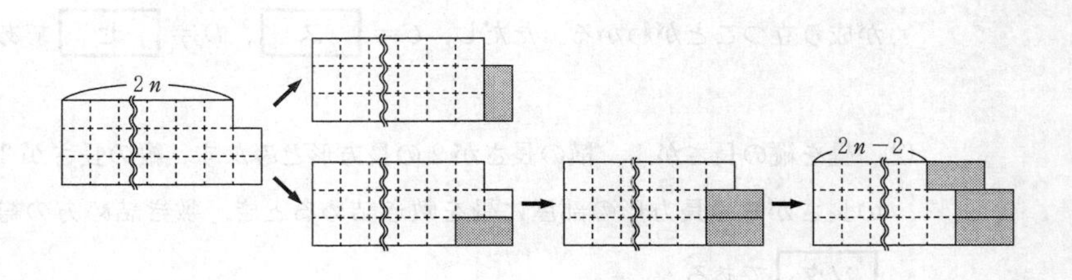

この図から，2以上の自然数 n に対して

$$t_n = Ar_n + Bt_{n-1}$$

が成り立つことがわかる。ただし，$A =$ **ケ** ，$B =$ **コ** である。

以上から，$t_2 =$ **サシ** であることがわかる。

(数学Ⅱ・数学B第4問は次ページに続く。)

同様に，R_n の右下隅のタイルに注目して次のような図をかいて考えた。

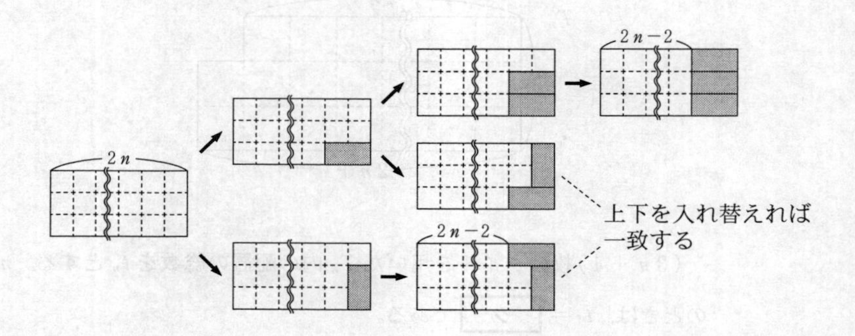

この図から，２以上の自然数 n に対して

$$r_n = Cr_{n-1} + Dt_{n-1}$$

が成り立つことがわかる。ただし，$C =$ ［ス］，$D =$ ［セ］ である。

⑵　畳を縦の長さが１，横の長さが２の長方形とみなす。縦の長さが３，横の長さが６の長方形の部屋に畳を敷き詰めるとき，敷き詰め方の総数は ［ソタ］ である。

また，縦の長さが３，横の長さが８の長方形の部屋に畳を敷き詰めるとき，敷き詰め方の総数は ［チツテ］ である。

第3問～第5問は，いずれか2問を選択し，解答しなさい。

第5問　（選択問題）（配点　20）

Oを原点とする座標空間に2点A$(-1, 2, 0)$，B$(2, p, q)$がある。ただし，$q>0$とする。線分ABの中点Cから直線OAに引いた垂線と直線OAの交点Dは，線分OAを$9:1$に内分するものとする。また，点Cから直線OBに引いた垂線と直線OBの交点Eは，線分OBを$3:2$に内分するものとする。

(1)　点Bの座標を求めよう。

$\left|\overrightarrow{\mathrm{OA}}\right|^2 = \boxed{\text{ア}}$ である。また，$\overrightarrow{\mathrm{OD}} = \dfrac{\boxed{\text{イ}}}{\boxed{\text{ウエ}}}\overrightarrow{\mathrm{OA}}$ であることにより，

$\overrightarrow{\mathrm{CD}} = \dfrac{\boxed{\text{オ}}}{\boxed{\text{カ}}}\overrightarrow{\mathrm{OA}} - \dfrac{\boxed{\text{キ}}}{\boxed{\text{ク}}}\overrightarrow{\mathrm{OB}}$ と表される。$\overrightarrow{\mathrm{OA}} \perp \overrightarrow{\mathrm{CD}}$ から

$$\overrightarrow{\mathrm{OA}} \cdot \overrightarrow{\mathrm{OB}} = \boxed{\text{ケ}} \quad \cdots\cdots\cdots\cdots ①$$

である。同様に，$\overrightarrow{\mathrm{CE}}$ を $\overrightarrow{\mathrm{OA}}$，$\overrightarrow{\mathrm{OB}}$ を用いて表すと，$\overrightarrow{\mathrm{OB}} \perp \overrightarrow{\mathrm{CE}}$ から

$$\left|\overrightarrow{\mathrm{OB}}\right|^2 = 20 \quad \cdots\cdots\cdots\cdots ②$$

を得る。

①と②，および$q>0$から，Bの座標は$\left(2,\ \boxed{\text{コ}},\ \sqrt{\boxed{\text{サ}}}\right)$である。

（数学Ⅱ・数学B第5問は次ページに続く。）

(2) 3点O，A，Bの定める平面をαとし，点$(4, 4, -\sqrt{7})$をGとする。また，α上に点Hを$\overrightarrow{GH} \perp \overrightarrow{OA}$と$\overrightarrow{GH} \perp \overrightarrow{OB}$が成り立つようにとる。$\overrightarrow{OH}$を$\overrightarrow{OA}$，$\overrightarrow{OB}$を用いて表そう。

Hがα上にあることから，実数s，tを用いて

$$\overrightarrow{OH} = s\overrightarrow{OA} + t\overrightarrow{OB}$$

と表される。よって

$$\overrightarrow{GH} = \boxed{シ}\,\overrightarrow{OG} + s\overrightarrow{OA} + t\overrightarrow{OB}$$

である。これと，$\overrightarrow{GH} \perp \overrightarrow{OA}$ および $\overrightarrow{GH} \perp \overrightarrow{OB}$ が成り立つことから，

$s = \dfrac{\boxed{ス}}{\boxed{セ}}$，$t = \dfrac{\boxed{ソ}}{\boxed{タチ}}$が得られる。ゆえに

$$\overrightarrow{OH} = \frac{\boxed{ス}}{\boxed{セ}}\overrightarrow{OA} + \frac{\boxed{ソ}}{\boxed{タチ}}\overrightarrow{OB}$$

となる。また，このことから，Hは$\boxed{ツ}$であることがわかる。

$\boxed{ツ}$の解答群

⓪ 三角形OACの内部の点
① 三角形OBCの内部の点
② 点O，Cと異なる，線分OC上の点
③ 三角形OABの周上の点
④ 三角形OABの内部にも周上にもない点

数学Ⅱ・数学B

解答・採点基準

(100点満点)

問題番号(配点)	解答記号	正解	配点	自己採点
第1問 (30)	ア	1	1	
	イ$\log_{10}2+$ウ	$-\log_{10}2+1$	2	
	エ$\log_{10}2+\log_{10}3+$オ	$-\log_{10}2+\log_{10}3+1$	2	
	カキ	23	2	
	クケ	24	2	
	$\log_{10}$コ	$\log_{10}3$	2	
	サ	3	2	
	シ	2	1	
	ス	4	1	
	セ	⑦	2	
	ソ	④	2	
	タ	0	1	
	$\frac{\sqrt{チ}}{ツ}$	$\frac{\sqrt{2}}{2}$	1	
	$\sqrt{テ}\sin\left(\alpha+\frac{\pi}{ト}\right)$	$\sqrt{2}\sin\left(\alpha+\frac{\pi}{4}\right)$	1	
	ナニ	11	2	
	ヌネ	19	1	
	$\frac{ノハ}{ヒ}$	$\frac{-1}{2}$	2	
	$\frac{フ}{ヘ}\pi$	$\frac{2}{3}\pi$	1	
	ホ	⓪	2	
	第1問　自己採点小計			

問題番号(配点)	解答記号	正解	配点	自己採点
第2問 (30)	ア	2	2	
	イ	2	2	
	ウ	0	1	
	エ	①	2	
	オ，カ	①，③	2	
	キ	2	2	
	ク	a	2	
	ケ	0	1	
	コ*	2	3	
	サ	1	3	
	シス	−c	2	
	セ	c	2	
	ソ，タ，チ，ツ	−，3，3，6	3	
	テ	2	3	
	第2問　自己採点小計			
第3問 (20)	アイ	45	2	
	ウエ	15	2	
	オカ	47	2	
	$\frac{キ}{ク}$	$\frac{a}{5}$	1	
	$\frac{ケ\sqrt{コサ}}{シ}$	$\frac{3\sqrt{11}}{8}$	3	
	ス	①	2	
	セ	4	2	
	ソタチ.ツテ	112.16	1	
	トナニ.ヌネ	127.84	1	
	ノ	②	2	
	ハ.ヒ	1.5	2	
	第3問　自己採点小計			

問題番号(配点)	解答記号	正　解	配点	自己採点
第4問 (20)	ア	4	1	
	イ・ウ$^{n-1}$	$4 \cdot 5^{n-1}$	2	
	$\frac{エ}{オカ}$	$\frac{5}{16}$	2	
	キ	5	1	
	ク	4	2	
	ケ，コ	1，1	3	
	サシ	15	2	
	ス，セ	1，2	3	
	ソタ	41	2	
	チツテ	153	2	
第4問　自己採点小計				
第5問 (20)	ア	5	2	
	$\frac{イ}{ウエ}$	$\frac{9}{10}$	2	
	$\frac{オ}{カ}$，$\frac{キ}{ク}$	$\frac{2}{5}$，$\frac{1}{2}$	2	
	ケ	4	2	
	コ，$\sqrt{サ}$	3，$\sqrt{7}$	2	
	シ	−	2	
	$\frac{ス}{セ}$	$\frac{1}{3}$	3	
	$\frac{ソ}{タチ}$	$\frac{7}{12}$	3	
	ツ	①	2	
第5問　自己採点小計				
自己採点合計				

(注)

第1問，第2問は必答。

第3問～第5問のうちから2問選択。計4問を解答。

＊第2問コでbと解答した場合，第2問キで2と解答しているときにのみ3点を与える。

数学Ⅰ・数学A
数学Ⅱ・数学B
数学Ⅰ
数学Ⅱ

（2021年1月実施）

	受験者数	平均点
数学Ⅰ・数学A	356,493	57.68
数学Ⅱ・数学B	319,697	59.93
数学Ⅰ	5,750	39.11
数学Ⅱ	5,198	39.51

数学Ⅰ・数学A

解答・採点基準

(100点満点)

問題番号(配点)	解答記号	正解	配点	自己採点
第1問 (30)	(アx＋イ)(x－ウ)	$(2x+5)(x-2)$	2	
	$\dfrac{-エ\pm\sqrt{オカ}}{キ}$	$\dfrac{-5\pm\sqrt{65}}{4}$	2	
	$\dfrac{ク+\sqrt{ケコ}}{サ}$	$\dfrac{5+\sqrt{65}}{2}$	2	
	シ	6	2	
	ス	3	2	
	$\dfrac{セ}{ソ}$	$\dfrac{4}{5}$	2	
	タチ	12	2	
	ツテ	12	2	
	ト	②	1	
	ナ	⓪	1	
	ニ	①	1	
	ヌ	③	3	
	ネ	②	2	
	ノ	②	2	
	ハ	⓪	2	
	ヒ	③	2	
第1問　自己採点小計				
第2問 (30)	ア	②	3	
	イウx＋$\dfrac{エオ}{5}$	$-2x+\dfrac{44}{5}$	3	
	カ.キク	2.00	2	
	ケ.コサ	2.20	3	
	シ.スセ	4.40	2	
	ソ	③	2	
	タとチ	①，③ (解答の順序は問わない)	4 (各2)	
	ツ	①	2	
	テ	④	3	
	ト	⑤	3	
	ナ	②	3	
第2問　自己採点小計				

問題番号(配点)	解答記号	正解	配点	自己採点
第3問 (20)	$\dfrac{ア}{イ}$	$\dfrac{3}{8}$	2	
	$\dfrac{ウ}{エ}$	$\dfrac{4}{9}$	3	
	$\dfrac{オカ}{キク}$	$\dfrac{27}{59}$	3	
	$\dfrac{ケコ}{サシ}$	$\dfrac{32}{59}$	2	
	ス	③	3	
	$\dfrac{セソタ}{チツテ}$	$\dfrac{216}{715}$	4	
	ト	⑧	3	
第3問　自己採点小計				
第4問 (20)	ア	2	1	
	イ	3	1	
	ウ，エ	3，5	3	
	オ	4	2	
	カ	4	2	
	キ	8	1	
	ク	1	2	
	ケ	4	2	
	コ	5	1	
	サ	③	2	
	シ	6	3	
第4問　自己採点小計				
第5問 (20)	$\dfrac{ア}{イ}$	$\dfrac{3}{2}$	2	
	$\dfrac{ウ\sqrt{エ}}{オ}$	$\dfrac{3\sqrt{5}}{2}$	2	
	カ$\sqrt{キ}$	$2\sqrt{5}$	2	
	$\sqrt{ク}r$	$\sqrt{5}r$	2	
	ケ－r	$5-r$	2	
	$\dfrac{コ}{サ}$	$\dfrac{5}{4}$	2	
	シ	1	2	
	$\sqrt{ス}$	$\sqrt{5}$	2	
	$\dfrac{セ}{ソ}$	$\dfrac{5}{2}$	2	
	タ	①	2	
第5問　自己採点小計				
自己採点合計				

(注)
第1問，第2問は必答。
第3問～第5問のうちから2問選択。計4問を解答。

第1問　数と式，2次関数，図形と計量

〔1〕 c は正の整数.

$$2x^2+(4c-3)x+2c^2-c-11=0. \quad \cdots ①$$

(1) $c=1$ のとき，① の左辺を因数分解すると，

$$(\text{左辺})=2x^2+x-10$$
$$=(\boxed{2}x+\boxed{5})(x-\boxed{2})$$

であるから，① の解は，

$$(2x+5)(x-2)=0$$
$$x=-\frac{5}{2},\ 2$$

である.

(2) $c=2$ のとき，① の解は，

$$2x^2+5x-5=0$$
$$x=\frac{-\boxed{5}\pm\sqrt{\boxed{65}}}{\boxed{4}}$$

であるから，大きい方の解 α は，

$$\alpha=\frac{-5+\sqrt{65}}{4}$$

である．これより，

$$\frac{5}{\alpha}=5\cdot\frac{4}{\sqrt{65}-5}$$
$$=\frac{20(\sqrt{65}+5)}{(\sqrt{65}-5)(\sqrt{65}+5)}$$
$$=\frac{20(\sqrt{65}+5)}{65-25}$$
$$=\frac{\boxed{5}+\sqrt{\boxed{65}}}{\boxed{2}}$$

である.

また，$8<\sqrt{65}<9$ より，

$$\left(\frac{13}{2}=\right)\frac{5+8}{2}<\frac{5+\sqrt{65}}{2}<\frac{5+9}{2}\ (=7)$$

すなわち，

$$6<\frac{5}{\alpha}<7$$

となるから，$m<\dfrac{5}{\alpha}<m+1$ を満たす整数 m は

$\boxed{6}$ である.

← **2次方程式の解の公式**

a，b，c は実数の定数 $(a\neq 0)$.
$ax^2+bx+c=0$ の解は，
$$x=\frac{-b\pm\sqrt{b^2-4ac}}{2a}.$$

← $$\frac{c}{\sqrt{a}-\sqrt{b}}=\frac{c(\sqrt{a}+\sqrt{b})}{(\sqrt{a}-\sqrt{b})(\sqrt{a}+\sqrt{b})}=\frac{c(\sqrt{a}+\sqrt{b})}{a-b}.$$

← $(8^2=)\ 64<65<81\ (=9^2)$ より，
$$8<\sqrt{65}<9.$$

(3) ① の判別式を D とすると,

$$D=(4c-3)^2-4\cdot2\cdot(2c^2-c-11)$$
$$=-16c+97$$

である.

① が異なる二つの有理数の解をもつには, ① が異なる二つの実数解をもつことが必要であるから,

$$D=-16c+97>0$$

であり, これを解くと,

$$c<\frac{97}{16}\left(=6+\frac{1}{16}\right)$$

である.

よって, ① の解が異なる二つの有理数であるための正の整数 c は,

$$c=1,\ 2,\ 3,\ 4,\ 5,\ 6$$

に限られる.

さらに, ① の解が有理数となるのは, D の値が平方数になるときであり, D の値を求めると次の表のようになる.

c	1	2	3	4	5	6
D	9^2	65	7^2	33	17	1^2

したがって, D の値が平方数になる c の値は,

$$1,\ 3,\ 6$$

であるから, ① の解が異なる二つの有理数であるような正の整数 c の個数は 3 個である.

← 2 次方程式の解の判別

実数係数の 2 次方程式

$$ax^2+bx+c=0$$

の判別式 $D=b^2-4ac$ について,

$D>0 \iff$ 異なる二つの実数解をもつ,

$D=0 \iff$ 重解をもつ,

$D<0 \iff$ 実数解をもたない.

← ① の解は,

$$x=\frac{-(4c-3)\pm\sqrt{D}}{4}$$

であるから, D の値が 1, 4, 9 のような平方数のとき, 根号が外れ, x は有理数になる.

〔2〕

(1)

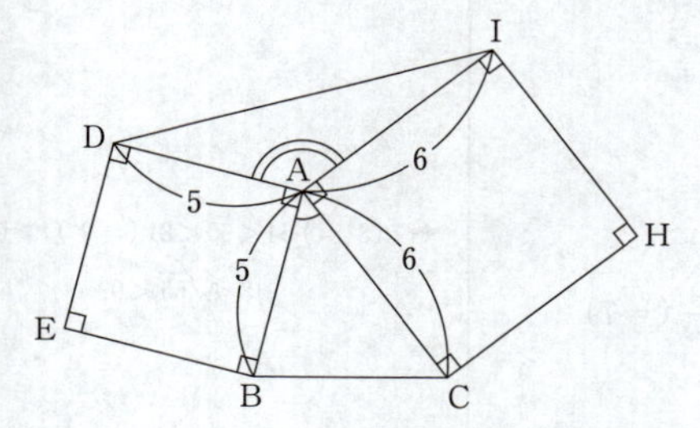

$0°<A<180°$ より, $\sin A>0$ であるから,

$$\sin A=\sqrt{1-\cos^2 A}$$
$$=\sqrt{1-\left(\frac{3}{5}\right)^2}$$

← $\cos A=\frac{3}{5}$.

$\angle\mathrm{DAI}=360°-90°-90°-A$
$=180°-A$.

← $0°\leqq\theta\leqq180°$ のとき,

$$\sin\theta=\sqrt{1-\cos^2\theta}.$$

$$=\frac{\boxed{4}}{\boxed{5}}$$

であり,

$$(\triangle \mathrm{ABC}\text{の面積})=\frac{1}{2}\mathrm{AB}\cdot\mathrm{AC}\sin A$$
$$=\frac{1}{2}\cdot5\cdot6\cdot\frac{4}{5}$$
$$=\boxed{12},$$
$$(\triangle \mathrm{AID}\text{の面積})=\frac{1}{2}\mathrm{AD}\cdot\mathrm{AI}\sin(180^\circ-A)$$
$$=\frac{1}{2}\mathrm{AB}\cdot\mathrm{AC}\sin A$$
$$=(\triangle \mathrm{ABC}\text{の面積})$$
$$=\boxed{12}$$

である.

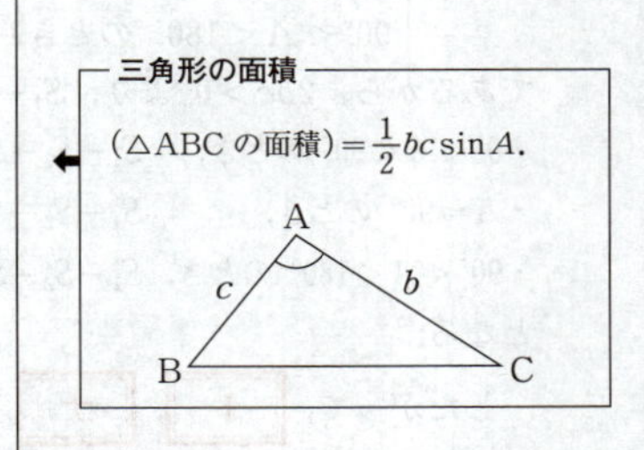
三角形の面積

$(\triangle \mathrm{ABC}\text{の面積})=\frac{1}{2}bc\sin A.$

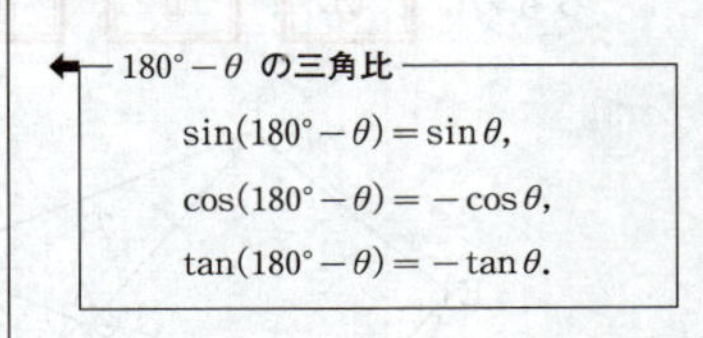
$180^\circ-\theta$ の三角比

$\sin(180^\circ-\theta)=\sin\theta,$

$\cos(180^\circ-\theta)=-\cos\theta,$

$\tan(180^\circ-\theta)=-\tan\theta.$

(2)

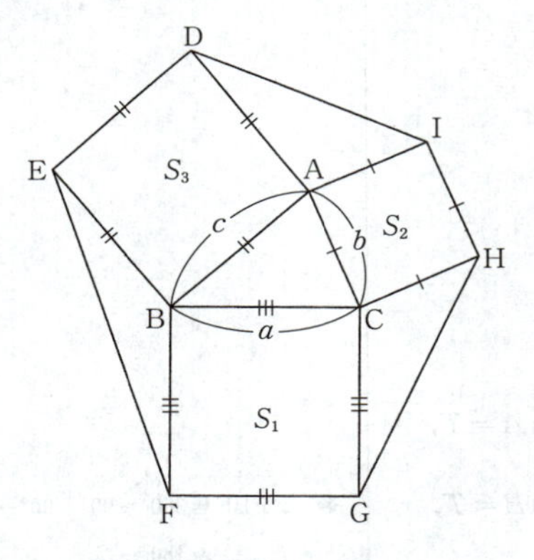

$\triangle \mathrm{ABC}$ に余弦定理を用いると,

$$a^2=b^2+c^2-2bc\cos A$$

であるから,

$$a^2-b^2-c^2=-2bc\cos A$$

である.

このことより,

$$S_1-S_2-S_3=a^2-b^2-c^2$$
$$=-2bc\cos A$$

となる.

ここで,

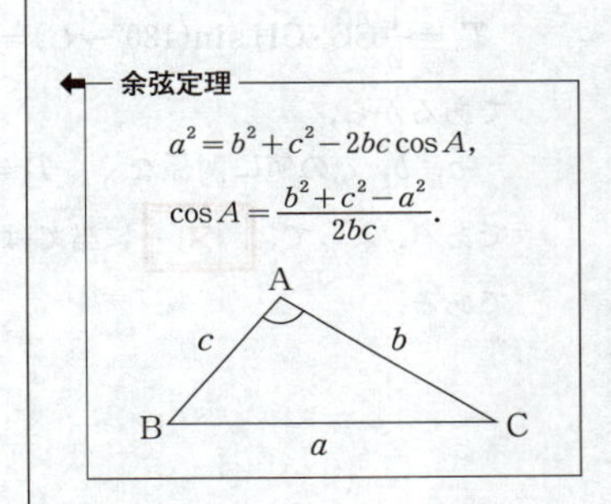
余弦定理

$a^2=b^2+c^2-2bc\cos A,$

$\cos A=\frac{b^2+c^2-a^2}{2bc}.$

$$\begin{cases} 0° < A < 90° \text{ のとき,} & \cos A > 0, \\ A = 90° \text{ のとき,} & \cos A = 0, \\ 90° < A < 180° \text{ のとき,} & \cos A < 0 \end{cases}$$

であるから，$2bc>0$ より，$S_1-S_2-S_3$ は，

・$0°<A<90°$ のとき，　$S_1-S_2-S_3<0$（負の値である），

・$A=90°$ のとき，　$S_1-S_2-S_3=0$（0 である），

・$90°<A<180°$ のとき，$S_1-S_2-S_3>0$（正の値である）

となる．

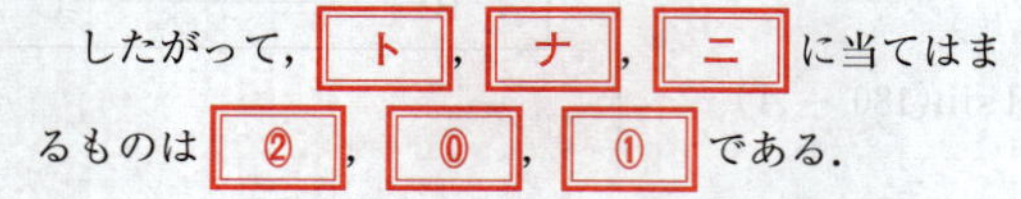

したがって，ト，ナ，ニ に当てはまるものは ②，⓪，① である．

(3)

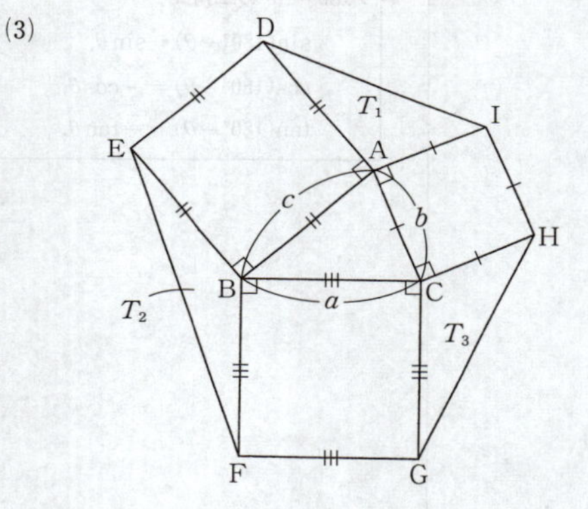

△ABC の面積を T とすると，

$$T_1=\frac{1}{2}\mathrm{AD}\cdot\mathrm{AI}\sin(180°-A)=\frac{1}{2}bc\sin A=T,$$

$$T_2=\frac{1}{2}\mathrm{BE}\cdot\mathrm{BF}\sin(180°-B)=\frac{1}{2}ca\sin B=T,$$

⬅ $\angle\mathrm{EBF}=360°-90°-90°-B$
$=180°-B.$

$$T_3=\frac{1}{2}\mathrm{CG}\cdot\mathrm{CH}\sin(180°-C)=\frac{1}{2}ab\sin C=T$$

⬅ $\angle\mathrm{GCH}=360°-90°-90°-C$
$=180°-C.$

であるから，

a，b，c の値に関係なく，$T_1=T_2=T_3\ (=T)$

である．よって，ヌ に当てはまるものは ③

である．

(4)

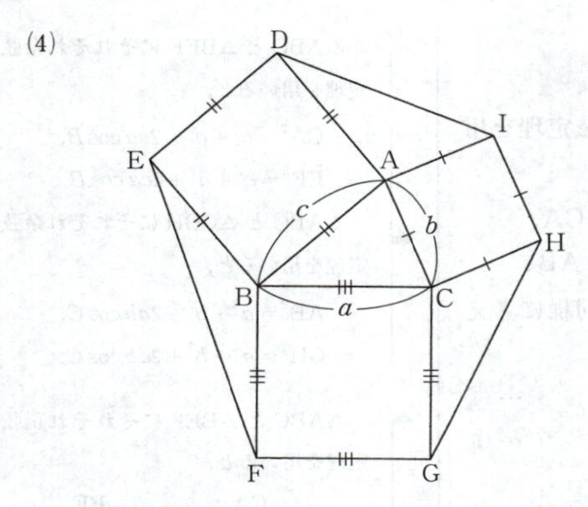

△ABC，△AID，△BEF，△CGH の外接円の半径をそれぞれ R，R_1，R_2，R_3 とする．

△ABC と △AID にそれぞれ余弦定理を用いると，

$$\mathrm{BC}^2=b^2+c^2-2bc\cos A,$$
$$\mathrm{ID}^2=b^2+c^2-2bc\cos(180^\circ-A)$$
$$=b^2+c^2+2bc\cos A$$

である．

$0^\circ<A<90^\circ$ のとき，$2bc\cos A>0$ であるから，

$$\mathrm{ID}^2>\mathrm{BC}^2$$

← $0^\circ<A<90^\circ$ のとき，$\cos A>0$.

← $b^2+c^2+2bc\cos A>b^2+c^2-2bc\cos A$

$\mathrm{ID}^2>\mathrm{BC}^2$.

すなわち，

$$\mathrm{ID}>\mathrm{BC} \quad \cdots②$$

である．よって，ネ に当てはまるものは ② である．

さらに，△ABC と △AID にそれぞれ正弦定理を用いると，

$$2R=\frac{\mathrm{BC}}{\sin A},$$
$$2R_1=\frac{\mathrm{ID}}{\sin(180^\circ-A)}=\frac{\mathrm{ID}}{\sin A}$$

である．

正弦定理

$$\frac{a}{\sin A}=\frac{b}{\sin B}=\frac{c}{\sin C}=2R.$$

(R は外接円の半径)

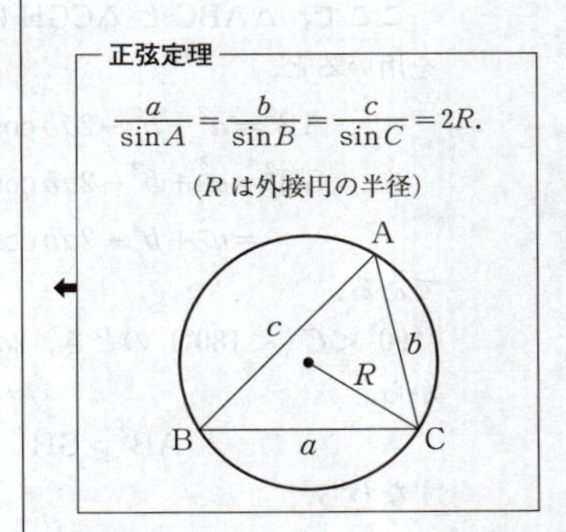

これらと ② より，

$$2R_1>2R$$

← ② より，

$$\frac{\mathrm{ID}}{\sin A}>\frac{\mathrm{BC}}{\sin A}$$
$$2R_1>2R.$$

すなわち，

$$R_1>R \quad \cdots③$$

である．よって，ノ に当てはまるものは ② である．

・$0° < A < B < C < 90°$ のときを調べる．

R_2 と R，R_3 と R の大小関係を求める．

$0° < B < 90°$，$0° < C < 90°$ より，余弦定理を用いて同様に考えると，

$$\begin{cases} EF^2 > CA^2, \\ GH^2 > AB^2 \end{cases} \quad すなわち \quad \begin{cases} EF > CA, \\ GH > AB \end{cases}$$

となり，このことと正弦定理とから，同様に考えると，

$$\begin{cases} 2R_2 > 2R, \\ 2R_3 > 2R \end{cases} \quad すなわち \quad \begin{cases} R_2 > R, & \cdots④ \\ R_3 > R & \cdots⑤ \end{cases}$$

である．

よって，③，④，⑤より，外接円の半径が最も小さい三角形は，

$$\triangle ABC$$

である．したがって，［ハ］に当てはまるものは［⓪］である．

・$0° < A < B < 90° < C$ のときを調べる．

$0° < A < 90°$，$0° < B < 90°$ より，③，④，すなわち，

$$R_1 > R, \quad R_2 > R \quad \cdots⑥$$

が成り立つ．

ここで，△ABC と △CGH にそれぞれ余弦定理を用いると，

$$AB^2 = a^2 + b^2 - 2ab\cos C,$$

$$GH^2 = a^2 + b^2 - 2ab\cos(180° - C)$$
$$= a^2 + b^2 + 2ab\cos C$$

である．

$90° < C\ (< 180°)$ のとき，$2ab\cos C < 0$ であるから，

$$AB^2 > GH^2$$

すなわち，

$$AB > GH \quad \cdots⑦$$

である．

さらに，△ABC と △CGH にそれぞれ正弦定理を用いると，

$$2R = \frac{AB}{\sin C},$$

$$2R_3 = \frac{GH}{\sin(180° - C)} = \frac{GH}{\sin C}$$

△ABC と △BEF にそれぞれ余弦定理を用いると，

$CA^2 = c^2 + a^2 - 2ca\cos B$,

$EF^2 = c^2 + a^2 + 2ca\cos B$.

△ABC と △CGH にそれぞれ余弦定理を用いると，

$AB^2 = a^2 + b^2 - 2ab\cos C$,

$GH^2 = a^2 + b^2 + 2ab\cos C$.

△ABC と △BEF にそれぞれ正弦定理を用いると，

$2R = \dfrac{CA}{\sin B}$，$2R_2 = \dfrac{EF}{\sin B}$.

△ABC と △CGH にそれぞれ正弦定理を用いると，

$2R = \dfrac{AB}{\sin C}$，$2R_3 = \dfrac{GH}{\sin C}$.

← $90° < C < 180°$ のとき，$\cos C < 0$.

← $a^2 + b^2 - \underbrace{2ab\cos C}_{\ominus} > a^2 + b^2 + \underbrace{2ab\cos C}_{\ominus}$

$AB^2 > GH^2$.

である．

これらと ⑦ より，

$$2R > 2R_3$$

すなわち，

$$R > R_3 \quad \cdots ⑧$$

である．

よって，⑥，⑧ より，外接円の半径が最も小さい三角形は，

$$\triangle \mathrm{CGH}$$

である．したがって，ヒ に当てはまるものは ③ である．

⬅ ⑦ より，

$$\frac{\mathrm{AB}}{\sin C} > \frac{\mathrm{GH}}{\sin C}$$

$$2R > 2R_3.$$

第2問　2次関数，データの分析

〔1〕

(1)　1秒あたりの進む距離，すなわち，平均速度は，

$$\frac{100\,(\mathrm{m})}{\text{タイム}\,(\text{秒})}$$

で求めることができる．

このことと与えられた条件より，

$$\frac{100\,(\mathrm{m})}{\text{タイム}(\text{秒})}=\frac{100\,(\mathrm{m})}{100\,\mathrm{m}\text{を走るのにかかった歩数}(\text{歩})}\times\frac{100\,\mathrm{m}\text{を走るのにかかった歩数}(\text{歩})}{\text{タイム}(\text{秒})}$$

すなわち，

(平均速度)＝ストライド(m/歩)×ピッチ(歩/秒)

が成り立つ．

よって，平均速度は，x と z を用いて，

$$(\text{平均速度})=xz\ (\mathrm{m}/\text{秒})$$

と表されるから，**ア** に当てはまるものは **②** である．

これより，タイムと，ストライド，ピッチとの関係は，

$$\text{タイム}=\frac{100}{xz} \quad \cdots ①$$

と表されるので，xz が最大になるときにタイムが最もよくなる．

← タイムがよくなるとは，「タイムの値が小さくなること」である．

(2)　太郎さんは，ストライドが0.05大きくなるとピッチが0.1小さくなるという関係があると考えて，ピッチがストライドの1次関数として表されると仮定したことより，ピッチ z はストライド x を用いて，

$$z=\frac{-0.1}{0.05}x+b,\ \text{すなわち，}\ z=-2x+b$$

とおける．

← 太郎さんが練習で100 m を3回走ったときのストライドとピッチのデータは次の表である．

	1回目	2回目	3回目
ストライド	2.05	2.10	2.15
ピッチ	4.70	4.60	4.50

ストライドが2.05のとき，ピッチは4.70であるから，

$$4.70=-2\times2.05+b$$
$$b=8.8=\frac{44}{5}$$

となる．

← ストライドが2.10のとき，ピッチは4.60であるから，これを用いて，

$$4.60=-2\times2.10+b$$
$$b=8.8=\frac{44}{5}$$

として求めてもよい．

よって，z は x を用いて，

$$z=\boxed{-2}\,x+\frac{\boxed{44}}{5} \quad \cdots ②$$

と表される．

②が太郎さんのストライドの最大値2.40とピッチの最大値4.80まで成り立つと仮定すると，不等式を用いて，

$$\begin{cases} x \leqq 2.40, \\ z \leqq 4.80 \end{cases} \quad \cdots ③$$

と表され，さらに，②を③に代入すると，

$$\begin{cases} x \leqq 2.40, \\ -2x + \dfrac{44}{5} \leqq 4.80 \end{cases}$$

すなわち，

$$\begin{cases} x \leqq 2.40, \\ 2.00 \leqq x \end{cases}$$

となるから，x の値の範囲は，

$$\boxed{2}.\boxed{00} \leqq x \leqq 2.40$$

である．

$y = xz \ (2.00 \leqq x \leqq 2.40)$ とおく．

②を $y = xz$ に代入することより，

$$\begin{aligned} y &= x\left(-2x + \frac{44}{5}\right) \\ &= -2x^2 + \frac{44}{5}x \\ &= -2\left(x - \frac{11}{5}\right)^2 + \frac{242}{25} \end{aligned}$$

と変形できる．

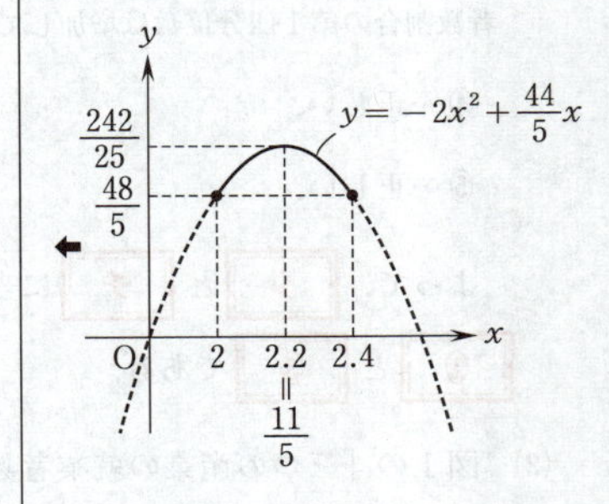

y の値が最大になるのは，$2.00 \leqq x \leqq 2.40$ より，

$$x = \frac{11}{5} = \boxed{2}.\boxed{20} \text{ のとき}$$

である．

よって，太郎さんのタイムが最もよくなるのは，ストライドが2.20のときであり，このとき，ピッチは $x = 2.20$ を②に代入して，

$$z = -2 \times 2.20 + \frac{44}{5} = \boxed{4}.\boxed{40}$$

である．また，このときの太郎さんのタイムは，①に $x = 2.20$，$z = 4.40$ を代入して，

$$\text{タイム} = \frac{100}{2.20 \times 4.40} = 10.3305\cdots$$

である．したがって，$\boxed{ソ}$ に当てはまるものは $\boxed{③}$ である．

〔2〕

(1)・⓪…正しい．

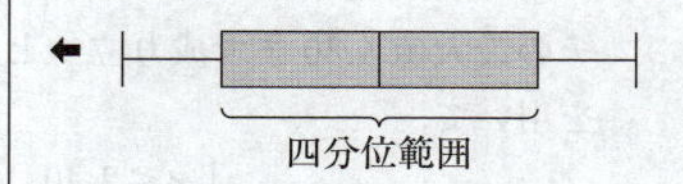

・①…正しくない．

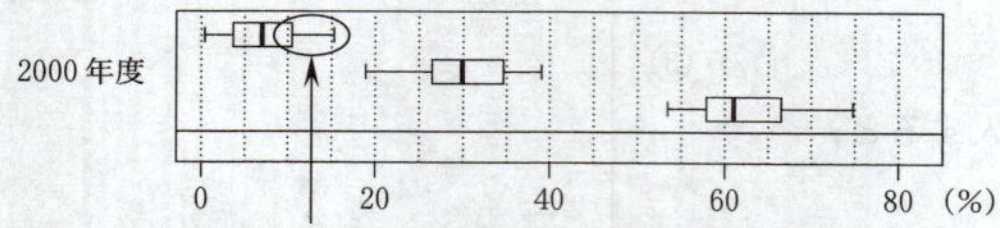

2000 年度は左側のひげの長さよりも右側のひげの方が長い．

← 1990 年度で考えてもよい．

・②…正しい．

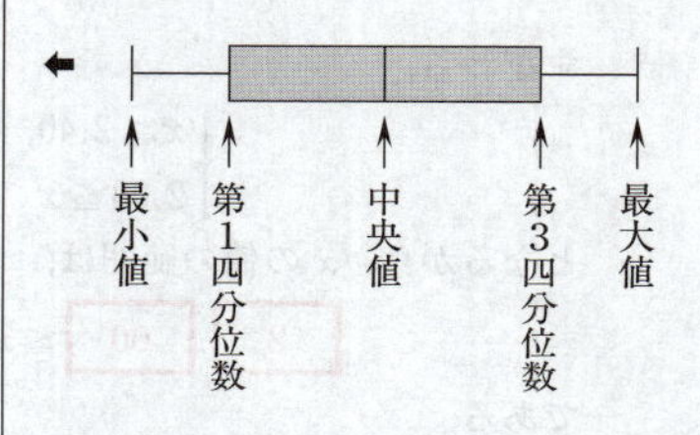

・③…正しくない．

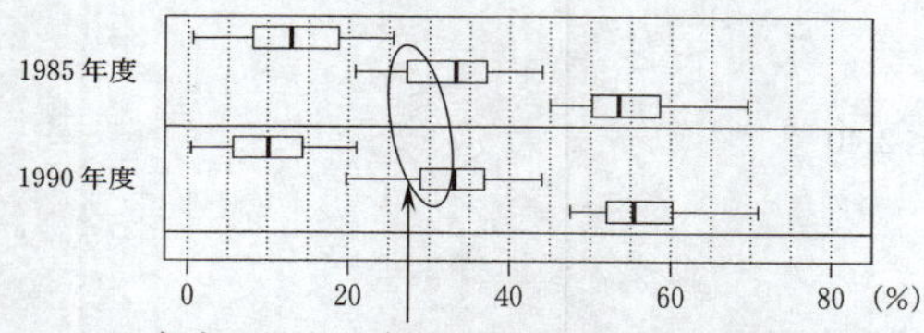

1985 年度から 1990 年度において，第 2 次産業の就業者数割合の第 1 四分位数は増加している．

← 1975 年度から 1980 年度で考えてもよい．

・④…正しい．

・⑤…正しい．

よって，**タ** と **チ** に当てはまるものは **①** と **③** である．

(2) 図 1 の「三つの産業の就業者数割合の箱ひげ図」から 1985 年度と 1995 年度の第 1 次産業，第 3 次産業の最小値，第 1 四分位数，中央値，第 3 四分位数，最大値は次のようになる．ただし，(　) は，データを小さい方から並べたときの順番を表す．

年度	産業	最小値 (1)	第 1 四分位数 (12)	中央値 (24)	第 3 四分位数 (36)	最大値 (47)
1985	第 1 次	0%以上 5%未満	5%以上 10%未満	10%以上 15%未満	15%以上 20%未満	25%以上 30%未満
	第 3 次	45%以上 50%未満	50%以上 55%未満	50%以上 55%未満	55%以上 60%未満	65%以上 70%未満
1995	第 1 次	0%以上 5%未満	5%以上 10%未満	5%以上 10%未満	10%以上 15%未満	15%以上 20%未満
	第 3 次	50%以上 55%未満	50%以上 55%未満	55%以上 60%未満	60%以上 65%未満	70%以上 75%未満

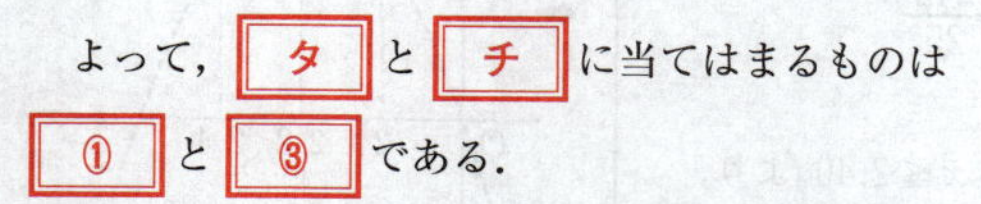

・1985年度におけるグラフは，第1次産業の最大値と第3次産業の最小値に注目すると，**ツ** に当てはまるものは **①** である．

← 第1次産業の最大値に注目すると，①か③に絞られる．

・1995年度におけるグラフは，第1次産業の最大値と第1四分位数，および第3次産業の第1四分位数に注目すると，**テ** に当てはまるものは **④** である．

← 第1次産業の最大値に注目すると，②か④に絞られる．

(3)・(Ⅰ)…誤．

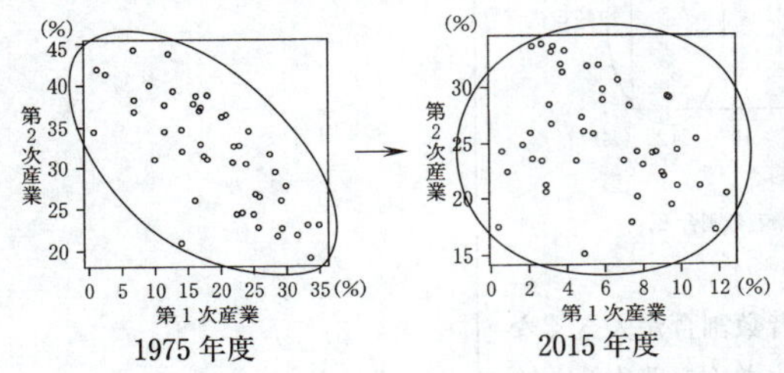

都道府県別の第1次産業の就業者数割合と第2次産業の就業者数割合の間の相関は弱くなった．

← 2つの変量の間に相関があるとき，散布図における点の分布の様子が1つの直線に接近しているほど相関が強いといい，散らばっているほど相関が弱いという．

これより，2015年度は1975年度を基準にすると，相関は弱くなっている．

・(Ⅱ)…正．

・(Ⅲ)…誤．

第1次産業
第3次産業
1975年度　　2015年度

← 2015年度は1975年度を基準にすると，相関は弱くなっている．

都道府県別の第3次産業の就業者数割合と第1次産業の就業者数割合の間の相関は弱くなった．

よって，**ト** に当てはまるものは **⑤** である．

(4)　各都道府県の，男性の就業者数と女性の就業者数を合計すると就業者数の全体になることに注意すると，

$$\begin{pmatrix}\text{男性の就業}\\\text{者数の割合}\end{pmatrix}+\begin{pmatrix}\text{女性の就業}\\\text{者数の割合}\end{pmatrix}=100\,(\%)\cdots(*)$$

である．

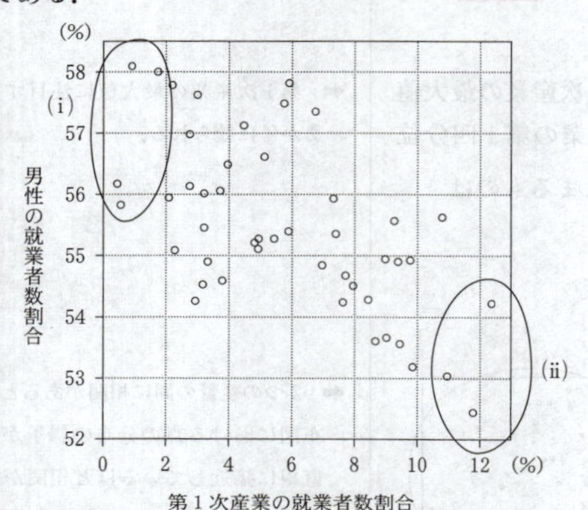

図４　都道府県別の，第１次産業の就業者数割合と，男性の就業者数割合の散布図

図４より，第１次産業の就業者数割合が大きくなるほど，男性の就業者数割合は小さくなるから，(＊)より，第１次産業の就業者数割合が大きくなるほど，女性の就業者数割合は大きくなっていく．このことと図４の２つの丸囲みと(＊)に注意すると，第１次産業の就業者数割合(横軸)と，女性の就業者数割合(縦軸)の散布図は②になる．

⬅ (＊)より，散布図の概形は，図４を上下反転した形になる．

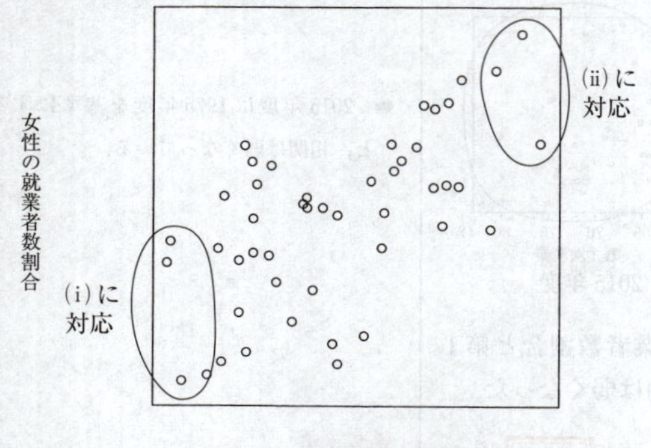

よって，ナ に当てはまるものは ② である．

第3問 場合の数・確率

(1)(i) 各箱で，くじを1本引いてはもとに戻す試行を3回繰り返す．

箱Aにおいて，3回中ちょうど1回当たる確率は，

$${}_3C_1\left(\frac{1}{2}\right)^1\left(1-\frac{1}{2}\right)^2=\frac{3}{8}, \quad \cdots ①$$

箱Bにおいて，3回中ちょうど1回当たる確率は，

$${}_3C_1\left(\frac{1}{3}\right)^1\left(1-\frac{1}{3}\right)^2=\frac{4}{9} \quad \cdots ②$$

である．

当たりくじを引くことを○，はずれくじを引くことを×で表すと，3回中ちょうど1回当たるのは次の場合がある．

1回目	2回目	3回目
○	×	×
×	○	×
×	×	○

反復試行の確率

1回の試行で事象 E が起こる確率を p とする．この試行を n 回繰り返し行うとき，事象 E がちょうど r 回起こる確率は，

$${}_nC_r p^r(1-p)^{n-r}.$$

(ii) A：箱Aが選ばれる事象，
B：箱Bが選ばれる事象，
W：3回中ちょうど1回当たる事象．

3回中ちょうど1回当たったとき，選んだ箱がAである条件付き確率 $P_W(A)$ は，

$$P_W(A)=\frac{P(A\cap W)}{P(W)}$$
$$=\frac{P(A\cap W)}{P(A\cap W)+P(B\cap W)}$$
$$=\frac{\frac{1}{2}\times\frac{3}{8}}{\frac{1}{2}\times\frac{3}{8}+\frac{1}{2}\times\frac{4}{9}}$$
$$=\frac{\frac{3}{8}}{\frac{3}{8}+\frac{4}{9}}$$
$$=\frac{27}{59}$$

となる．

条件付き確率

事象 E が起こったときの事象 F が起こる条件付き確率 $P_E(F)$ は，

$$P_E(F)=\frac{P(E\cap F)}{P(E)}.$$

また，条件付き確率 $P_W(B)$ は，

$$P_W(B)=1-P_W(A)$$
$$=1-\frac{27}{59}$$
$$=\frac{32}{59}$$

となる．

$P_W(A)+P_W(B)=1$ を利用した．

また，次のように求めてもよい．

$$P_W(B)=\frac{P(B\cap W)}{P(W)}$$
$$=\frac{P(B\cap W)}{P(A\cap W)+P(B\cap W)}$$
$$=\frac{\frac{1}{2}\times\frac{4}{9}}{\frac{1}{2}\times\frac{3}{8}+\frac{1}{2}\times\frac{4}{9}}$$
$$=\frac{\frac{4}{9}}{\frac{3}{8}+\frac{4}{9}}$$
$$=\frac{32}{59}.$$

(2)
$$\frac{P_W(A)}{P_W(B)}=\frac{\frac{27}{59}}{\frac{32}{59}}=\frac{27}{32}.$$

$$\frac{(\text{①の確率})}{(\text{②の確率})}=\frac{\frac{3}{8}}{\frac{4}{9}}=\frac{27}{32}$$

であるから，

事象(*)
$P_W(A)$ と $P_W(B)$ の比は，①の確率と②の確率の比に等しい．

よって，**ス** に当てはまるものは **③** である．

(注)　一般的に示すと次のようになる．

$$\frac{P_W(A)}{P_W(B)}=\frac{\frac{P(A\cap W)}{P(W)}}{\frac{P(B\cap W)}{P(W)}}$$
$$=\frac{P(A\cap W)}{P(B\cap W)}$$
$$=\frac{\frac{1}{2}\times(\text{①の確率})}{\frac{1}{2}\times(\text{②の確率})}$$
$$=\frac{(\text{①の確率})}{(\text{②の確率})}$$

となる．

(注終わり)

(3)　4つの事象 A，B，C，W を

A：箱Aが選ばれる事象，
B：箱Bが選ばれる事象，
C：箱Cが選ばれる事象，
W：3回中ちょうど1回当たる事象

とする．

箱Cにおいて，3回中ちょうど1回当たる確率は，

$${}_3C_1\left(\frac{1}{4}\right)^1\left(1-\frac{1}{4}\right)^2=\frac{27}{64}\qquad\cdots③$$

である．

3回中ちょうど1回当たったとき，選んだ箱がAである条件付き確率 $P_W(A)$ は，

$$P_W(A)=\frac{P(A\cap W)}{P(W)}$$

$$=\frac{P(A\cap W)}{P(A\cap W)+P(B\cap W)+P(C\cap W)}$$

$$=\frac{\frac{1}{3}\times(\text{①の確率})}{\frac{1}{3}\times(\text{①の確率})+\frac{1}{3}\times(\text{②の確率})+\frac{1}{3}\times(\text{③の確率})}$$

$$=\frac{(\text{①の確率})}{(\text{①の確率})+(\text{②の確率})+(\text{③の確率})}$$

← 分母，分子にそれぞれ3を掛けた.

$$=\frac{\frac{3}{8}}{\frac{3}{8}+\frac{4}{9}+\frac{27}{64}}$$

$$=\frac{\frac{2^3\cdot3^3}{2^6\cdot3^2}}{\frac{2^3\cdot3^3+2^8+3^5}{2^6\cdot3^2}}=\frac{\boxed{216}}{\boxed{715}}$$

となる.

(4) 5つの事象 A, B, C, D, W を

A：箱Aが選ばれる事象,
B：箱Bが選ばれる事象,
C：箱Cが選ばれる事象,
D：箱Dが選ばれる事象,
W：3回中ちょうど1回当たる事象

とする.

箱Dにおいて，3回中ちょうど1回当たる確率は,

$${}_3C_1\left(\frac{1}{5}\right)^1\left(1-\frac{1}{5}\right)^2=\frac{48}{125} \quad \cdots④$$

である.

ここで，箱X(X＝A, B, C, D)が選ばれる事象を X とすると，3回中ちょうど1回当たったとき，選んだ箱がXである条件付き確率 $P_W(X)$ は,

$$P_W(X)=\frac{P(X\cap W)}{P(W)}$$

$$=\frac{P(X\cap W)}{P(A\cap W)+P(B\cap W)+P(C\cap W)+P(D\cap W)}$$

$$=\frac{(\text{箱Xにおいて，3回中ちょうど1回当たる確率})}{(\text{①の確率})+(\text{②の確率})+(\text{③の確率})+(\text{④の確率})}$$

← 分母，分子にそれぞれ4を掛けた.

となる.

これより,

(①の確率)＋(②の確率)＋(③の確率)＋(④の確率)＝Q

とおくと,

$$P_W(A)=\frac{(①\text{の確率})}{Q},$$

$$P_W(B)=\frac{(②\text{の確率})}{Q},$$

$$P_W(C)=\frac{(③\text{の確率})}{Q},$$

$$P_W(D)=\frac{(④\text{の確率})}{Q}$$

となるから，$P_W(A)$，$P_W(B)$，$P_W(C)$，$P_W(D)$ の大小と(① の確率)，(② の確率)，(③ の確率)，(④ の確率)の大小は一致する．

← 分母 Q は一定であるから，分子が大きいほど分数は大きくなる．

このことと，

$$(①\text{の確率})=\frac{3}{8}=0.375,$$

$$(②\text{の確率})=\frac{4}{9}=0.444\cdots,$$

$$(③\text{の確率})=\frac{27}{64}=0.4218\cdots,$$

$$(④\text{の確率})=\frac{48}{125}=0.384$$

より，

(② の確率) > (③ の確率) > (④ の確率) > (① の確率)

となるから，

$$P_W(B)>P_W(C)>P_W(D)>P_W(A)$$

である．

よって，どの箱からくじを引いた可能性が高いかを高い方から順に並べると，

B，C，D，A

となる．したがって，ト に当てはまるものは ⑧ である．

第4問　整数の性質

与えられた条件を表にまとめると次のようになる．

目	偶数 (2, 4, 6)	奇数 (1, 3, 5)
移動	反時計回りに 5個先の点に移動	時計回りに 3個先の点に移動

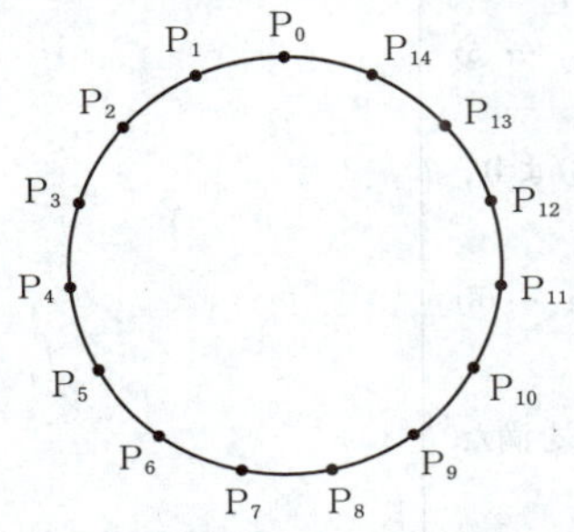

(1)　さいころを5回投げて，偶数の目および奇数の目が出た回数とそれに対応した石の位置は次の表のようになる．

偶数の目	0回	1回	2回	3回	4回	5回
奇数の目	5回	4回	3回	2回	1回	0回
石の位置	P_0	P_8	P_1	P_9	P_2	P_{10}

表より，さいころを5回投げて，偶数の目が **2** 回，奇数の目が **3** 回出れば，点 P_0 にある石を点 P_1 に移動させることができる．このとき，$x=2$, $y=3$ は不定方程式 $5x-3y=1$ の整数解になっているから，

$$5\cdot2-3\cdot3=1 \quad \cdots ⓪$$

が成り立つ．

(2)
$$5x-3y=8. \quad \cdots ①$$

⓪ の両辺に8を掛けると，

$$5(2\times8)-3(3\times8)=8 \quad \cdots ②$$

である．

①－② より，

$$5(x-2\times8)-3(y-3\times8)=0$$

すなわち，

$$5(x-2\times8)=3(y-3\times8) \quad \cdots ③$$

と変形できる．

5と3は互いに素より，

x と y についての不定方程式

$$ax+by=c$$

（a, b, c は整数の定数）

の整数解は，一組の解

$$(x,\ y)=(x_0,\ y_0)$$

を用いて，

$$a(x-x_0)=b(y_0-y)$$

と変形し，次の性質を用いて求める．

a と b が互いに素であるとき，

$$\begin{cases} x-x_0 \text{ は } b \text{ の倍数,} \\ y_0-y \text{ は } a \text{ の倍数} \end{cases}$$

である．

$x-2\times 8$ は3の倍数

であるから，cを整数として，

$$x-2\times 8=3c \quad \cdots④$$

と表せる．④を③に代入すると，

$$5\cdot 3c=3(y-3\times 8)$$

すなわち，

$$5c=y-3\times 8 \quad \cdots⑤$$

と表せる．

よって，①のすべての整数解 x，y は，④，⑤より，kを整数として，

$$x=2\times 8+\boxed{3}k,\quad y=3\times 8+\boxed{5}k \quad \cdots⑥$$

と表される．

ここで，①の整数解 x，y の中で，$0\leqq y<5$ を満たす整数 k を求めると，

$$0\leqq 3\times 8+5k<5$$

すなわち，

$$\left(-5+\frac{1}{5}=\right)-\frac{24}{5}\leqq k<-\frac{19}{5}\left(=-4+\frac{1}{5}\right)$$

となるから，

$$k=-4$$

である．

よって，①の整数解 x，y の中で，$0\leqq y<5$ を満たすものは，$k=-4$ を⑥に代入して，

$$x=\boxed{4},\quad y=\boxed{4}$$

である．

これは，偶数の目が出る回数を x 回（x は0以上の整数），奇数の目が出る回数を y 回（$y=0, 1, 2, 3, 4$）とし，反時計回りを $+$，時計回りを $-$ と定めて，点 P_0 にある石を点 P_8 に移動させることができる x，y の値である．

したがって，$x+y=4+4=8$ より，さいころを $\boxed{8}$ 回投げて，偶数の目が4回，奇数の目が4回出れば，点 P_0 にある石を点 P_8 に移動させることができる．

(3)

(*)　石を反時計回りまたは時計回りに15個先の点に移動させると元の点に戻る．

偶数の目が出る回数を x 回（x は0以上の整数），奇数の目が出る回数を y 回（y は0以上の整数）とすると，

(*)より，点 P_0 にある石を点 P_8 に移動させることができる x，y の値は，

$$(x,\ y)=(4+3m,\ 4+5n)$$

　（m は -1 以上の整数，n は 0 以上の整数）…⑦

である．

これより，さいころを投げる回数は，

$$x+y=(4+3m)+(4+5n)=3m+5n+8$$

であるから，8回より少ない回数だけ投げて，点 P_0 にある石を点 P_8 に移動させることができるのは，⑦より，

$$m=-1,\quad n=0$$

すなわち，

$$x=1,\quad y=4$$

のときである．

よって，偶数の目が 1 回，奇数の目が 4 回出れば，さいころを投げる回数が 5 回で，点 P_0 にある石を点 P_8 に移動させることができる．

← (*)に注意すると，

$(x,\ y)=(1,\ 4)$，$(4,\ 4)$，$(7,\ 4)$，$(10,\ 4)$，$(13,\ 4)$，…

のように x の値が3ずつ増えても石は点 P_8 に移動でき，また，

$(x,\ y)=(4,\ 4)$，$(4,\ 9)$，$(4,\ 14)$，$(4,\ 19)$，$(4,\ 24)$，…

のように y の値が5ずつ増えても石は点 P_8 に移動できる．

(4) 偶数の目が出る回数を x 回（x は0以上の整数），奇数の目が出る回数を y 回（y は0以上の整数）とおく．

(*)より，$x \geqq 3$ または $y \geqq 5$ のとき，点 P_0，P_1，P_2，…，P_{14} の中に，石が2回以上置かれる点が少なくとも1個存在する．ところで，いま，最小回数を考えるから，$x \leqq 2$ かつ $y \leqq 4$ のときの石が移動する点を調べてみると，次の表のようになる．

x＼y	0	1	2	3	4
0	P_0	P_{12}	P_9	P_6	P_3
1	P_5	P_2	P_{14}	P_{11}	P_8
2	P_{10}	P_7	P_4	P_1	P_{13}

表より，$x=0$，1，2，$y=0$，1，2，3，4 のとき，点 P_0 にある石は，点 P_0，P_1，P_2，…，P_{14} のすべての点に移動させることができる．

したがって，点 P_1，P_2，…，P_{14} のうち，この最小回数が最も大きいのは点 P_{13} であり，その最小回数は 6 回である．ゆえに，サ に当てはまるものは ③ である．

← $(x,\ y)=(2,\ 4)$ より，

$x+y=6$（回）．

第5問　図形の性質

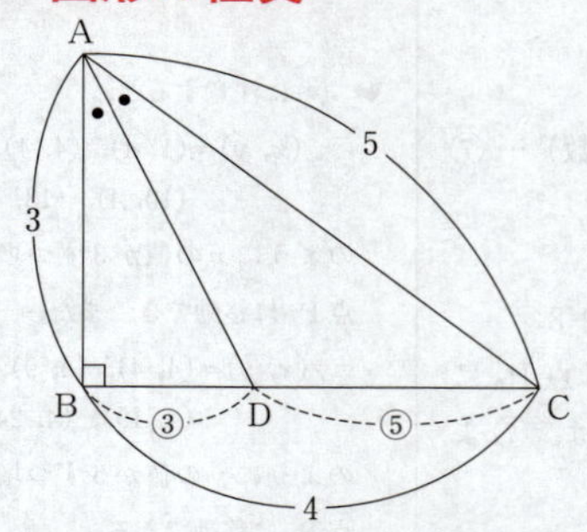

$3^2+4^2=5^2$，すなわち，$AB^2+BC^2=CA^2$ が成り立つから，

$$\angle ABC=90^\circ$$

である．

← 三平方の定理の逆を用いた．

また，角の二等分線の性質より，

$$BD:DC=AB:AC=3:5$$

が成り立つから，

$$BD=\frac{3}{3+5}BC=\frac{3}{8}\cdot 4=\frac{\boxed{3}}{\boxed{2}}$$

であり，直角三角形 ABD に三平方の定理を用いると，

$$AD=\sqrt{AB^2+BD^2}$$
$$=\sqrt{3^2+\left(\frac{3}{2}\right)^2}$$
$$=\frac{\boxed{3}\sqrt{\boxed{5}}}{\boxed{2}}$$

である．

← 角の二等分線の性質

$a:b=m:n.$

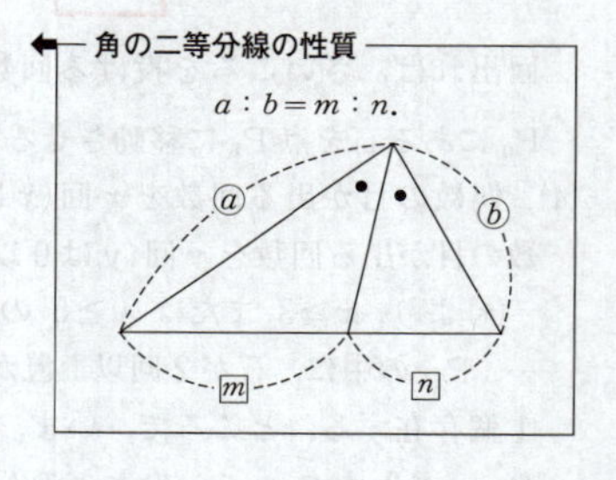

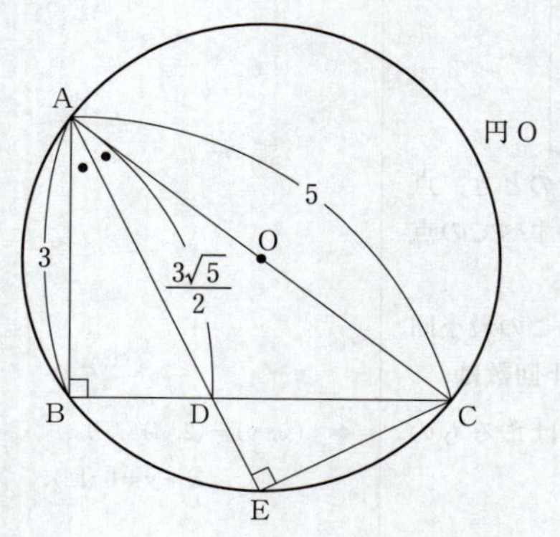

辺ACは△ABCの外接円Oの直径であるから，

$$\angle \mathrm{AEC}=90^\circ$$

である．

直角三角形AECに注目すると，

$\angle \mathrm{CAE}=\angle \mathrm{CAD}=\angle \mathrm{DAB}$ であるから，

$$\triangle \mathrm{ABD} \backsim \triangle \mathrm{AEC}$$

である．これより，線分AEの長さは，

$$\mathrm{AB}:\mathrm{AD}=\mathrm{AE}:\mathrm{AC}$$

$$3:\frac{3\sqrt{5}}{2}=\mathrm{AE}:5$$

$$\frac{3\sqrt{5}}{2}\mathrm{AE}=15$$

$$\mathrm{AE}=\boxed{2}\sqrt{\boxed{5}}$$

である．

← 線分ADは∠BACの二等分線．

← $\angle \mathrm{ABD}=\angle \mathrm{AEC}$，$\angle \mathrm{DAB}=\angle \mathrm{CAE}$ より，2組の角がそれぞれ等しいので，△ABDと△AECは相似である．

← 次のように求めてもよい．
直角三角形AECに着目すると，

$$\begin{aligned}\mathrm{AE}&=\mathrm{AC}\cos\angle \mathrm{CAE}\\&=\mathrm{AC}\cos\angle \mathrm{DAB}\\&=\mathrm{AC}\cdot\frac{\mathrm{AB}}{\mathrm{AD}}\\&=5\cdot\frac{3}{\frac{3\sqrt{5}}{2}}\\&=5\cdot\frac{2}{\sqrt{5}}\quad①\\&=2\sqrt{5}.\end{aligned}$$

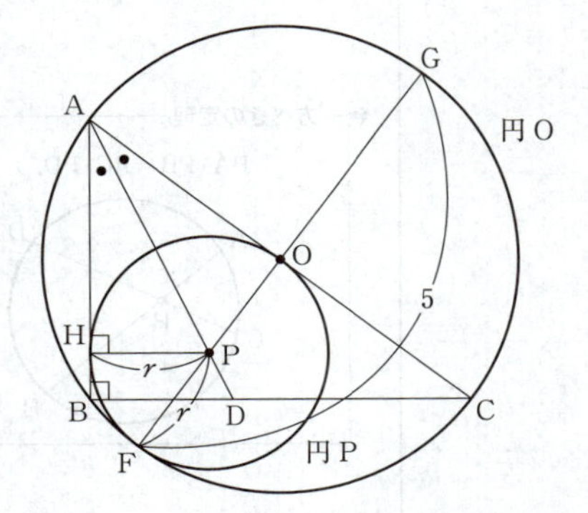

円Pは辺ABと辺ACの両方に接しているから，点Pは線分AD上にある．さらに，円Pは円Oに点Fで内接しているから，点Fで共通接線をもつので，点Oは直線FG上にあり，線分FGは円Oの直径である．円Pと辺ABとの接点をHとすると，

$$\triangle \mathrm{AHP} \backsim \triangle \mathrm{ABD}$$

である．

このことと $\mathrm{PH}=r$ より，

$$\mathrm{AP}:\mathrm{PH}=\mathrm{AD}:\mathrm{DB}$$

$$\mathrm{AP}:r=\frac{3\sqrt{5}}{2}:\frac{3}{2}$$

$$\frac{3}{2}\mathrm{AP}=\frac{3\sqrt{5}}{2}r$$

$$\mathrm{AP}=\sqrt{\boxed{5}}\,r$$

次のように求めてもよい．
直角三角形AHPに着目すると，

$$\sin\angle \mathrm{PAH}=\frac{\mathrm{PH}}{\mathrm{AP}}$$

$$\sin\angle \mathrm{DAB}=\frac{\mathrm{PH}}{\mathrm{AP}}$$

$$\sqrt{1-\cos^2\angle \mathrm{DAB}}=\frac{\mathrm{PH}}{\mathrm{AP}}$$

$$\sqrt{1-\left(\frac{2}{\sqrt{5}}\right)^2}=\frac{r}{\mathrm{AP}}\quad(①より)$$

$$\frac{1}{\sqrt{5}}=\frac{r}{\mathrm{AP}}\quad②$$

$$\mathrm{AP}=\sqrt{5}r.$$

であり，$PF=r$ より，

$$PG=FG-PF$$
$$=\boxed{5}-r$$

と表せる．

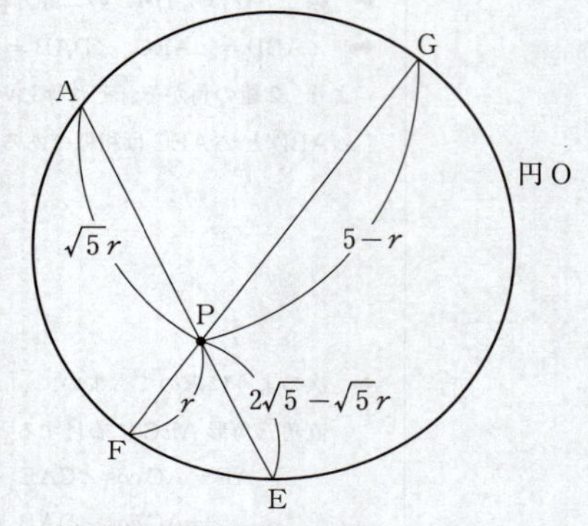

← $PE=AE-AP$
$=2\sqrt{5}-\sqrt{5}r$.

円 O に方べきの定理を用いると，

$$PA\cdot PE=PF\cdot PG$$
$$\sqrt{5}r(2\sqrt{5}-\sqrt{5}r)=r(5-r)$$
$$10r-5r^2=5r-r^2$$
$$r(4r-5)=0$$

であるから，$r>0$ より，

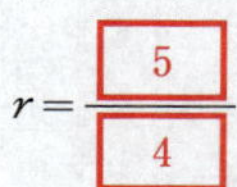

$$r=\frac{5}{4}$$

である．

← **方べきの定理**

$PA\cdot PB=PC\cdot PD$.

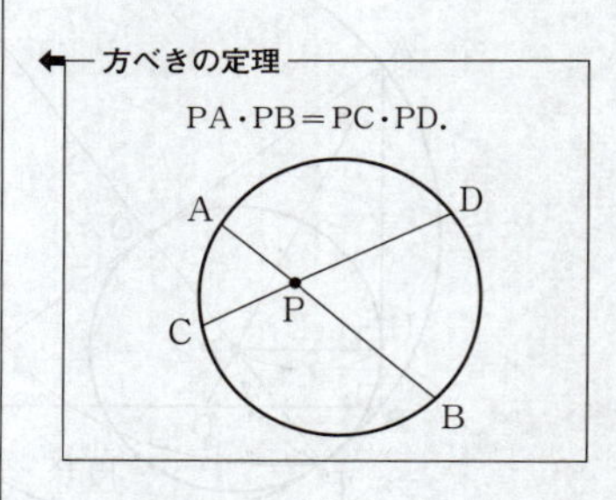

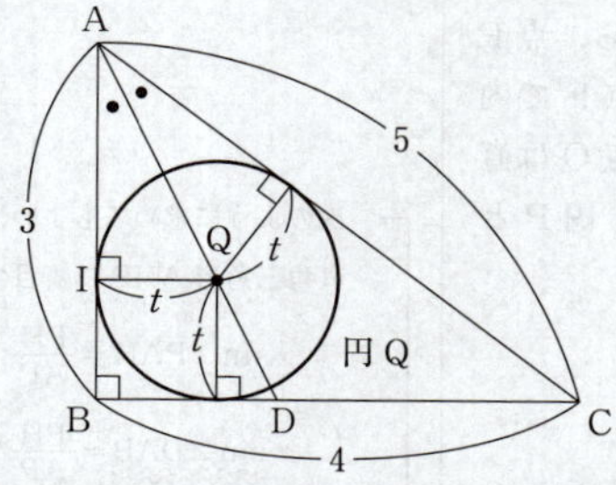

$\triangle ABC$ の内接円 Q の半径を t とし，$\triangle ABC$ の面積に注目すると，内接円 Q の半径は，

$$(\triangle ABC=)\ \frac{1}{2}t(3+4+5)=\frac{1}{2}\cdot4\cdot3$$
$$(QI=)\ t=\boxed{1}$$

である．

← **内接円の半径と面積**

$\triangle ABC$ の内接円の半径を t とすると，

$(\triangle ABC\text{ の面積})=\frac{1}{2}t(a+b+c)$.

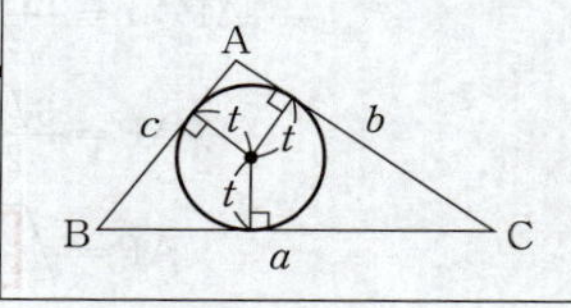

さらに，点Qは線分AD上にあるから，円Qと辺ABとの接点をIとすると，

$$\triangle \mathrm{AIQ} \backsim \triangle \mathrm{ABD}$$

である．これより，

$$\mathrm{AQ}:\mathrm{QI}=\mathrm{AD}:\mathrm{DB}$$

$$\mathrm{AQ}:1=\frac{3\sqrt{5}}{2}:\frac{3}{2}$$

$$\frac{3}{2}\mathrm{AQ}=\frac{3\sqrt{5}}{2}$$

$$\mathrm{AQ}=\sqrt{\boxed{5}}$$

である．

また，線分AHの長さは，直角三角形AHPに三平方の定理を用いると，$r=\frac{5}{4}$ より，

$$\begin{aligned}\mathrm{AH}&=\sqrt{\mathrm{AP}^2-\mathrm{PH}^2}\\&=\sqrt{(\sqrt{5}r)^2-r^2}\\&=\sqrt{4r^2}\\&=2r\ (r>0 より)\\&=2\cdot\frac{5}{4}\\&=\frac{\boxed{5}}{\boxed{2}}\end{aligned}$$

である．

(a), (b)の正誤について，「方べきの定理の逆」が成り立つかどうかで調べる．

・(a)について．

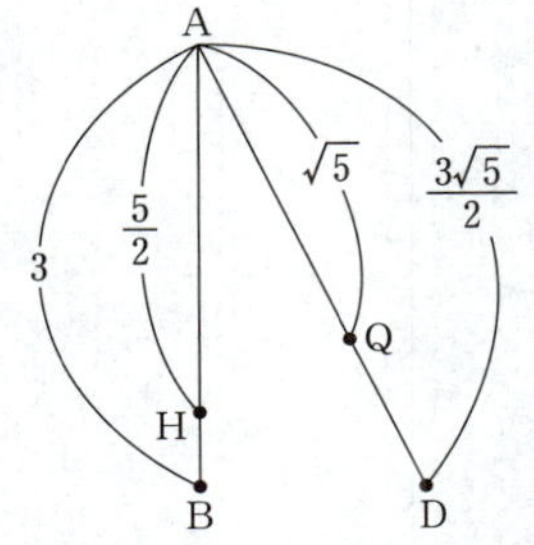

$$\mathrm{AH}\cdot\mathrm{AB}=\frac{5}{2}\cdot3=\frac{15}{2},\quad \mathrm{AQ}\cdot\mathrm{AD}=\sqrt{5}\cdot\frac{3\sqrt{5}}{2}=\frac{15}{2}$$

であるから，

$$\mathrm{AH}\cdot\mathrm{AB}=\mathrm{AQ}\cdot\mathrm{AD}$$

← 次のように求めてもよい．

直角三角形AIQに着目すると，

$$\sin\angle \mathrm{QAI}=\frac{\mathrm{QI}}{\mathrm{AQ}}$$

$$\sin\angle \mathrm{DAB}=\frac{\mathrm{QI}}{\mathrm{AQ}}$$

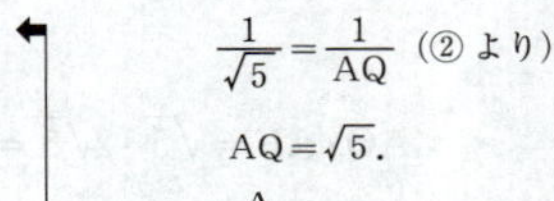

$$\frac{1}{\sqrt{5}}=\frac{1}{\mathrm{AQ}}\ (②より)$$

$$\mathrm{AQ}=\sqrt{5}.$$

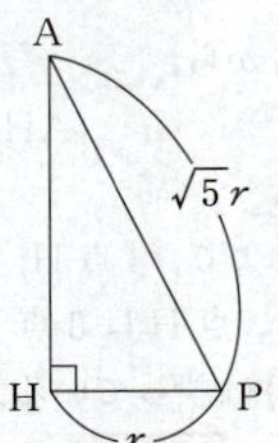

← **方べきの定理の逆**

2つの線分ABとCD，またはABの延長とCDの延長が点Pで交わるとき，PA・PB＝PC・PD が成り立つならば，4点A，B，C，Dは1つの円周上にある．

が成り立つ．

これより，4 点 H，B，D，Q は 1 つの円周上にある，つまり，点 H は 3 点 B，D，Q を通る円の周上にあるから，(a) は正しい．

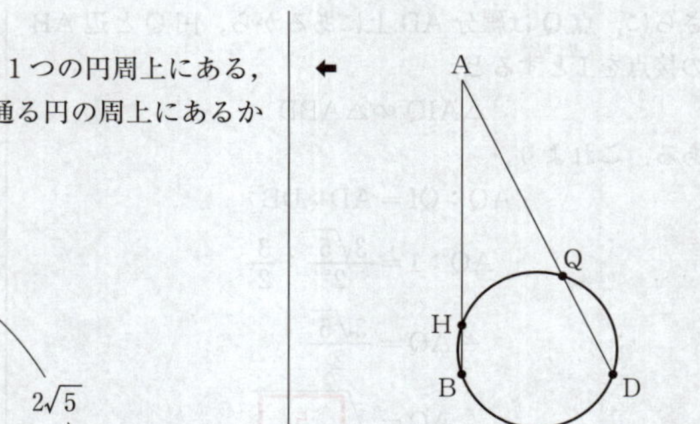

・(b) について．

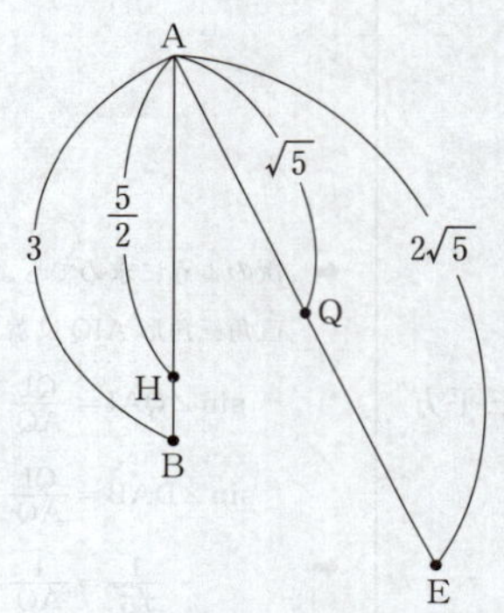

$$AQ \cdot AE = \sqrt{5} \cdot 2\sqrt{5} = 10 \left(\neq \frac{15}{2} \right)$$

であるから，

$$AH \cdot AB \neq AQ \cdot AE$$

である．

これより，4 点 H，B，E，Q は 1 つの円周上にない，つまり，点 H は 3 点 B，E，Q を通る円の周上にないから，(b) は誤っている．

よって，［タ］に当てはまるものは ［①］ である．

数学Ⅱ・数学B

解答・採点基準

(100点満点)

問題番号(配点)	解答記号	正解	配点	自己採点
第1問 (30)	$\sin\frac{\pi}{ア}$	$\sin\frac{\pi}{3}$	2	
	イ	2	2	
	$\frac{\pi}{ウ}$, エ	$\frac{\pi}{6}$, 2	2	
	$\frac{\pi}{オ}$, カ	$\frac{\pi}{2}$, 1	1	
	キ	⑨	2	
	ク	①	1	
	ケ	③	1	
	コ, サ	①, ⑨	2	
	シ, ス	②, ①	2	
	セ	1	1	
	ソ	0	1	
	タ	0	1	
	チ	1	1	
	$\log_2(\sqrt{ツ}-テ)$	$\log_2(\sqrt{5}-2)$	2	
	ト	⓪	1	
	ナ	③	1	
	ニ	1	2	
	ヌ	2	2	
	ネ	①	3	
第1問 自己採点小計				

問題番号(配点)	解答記号	正解	配点	自己採点
第2問 (30)	ア	3	1	
	イx＋ウ	$2x+3$	2	
	エ	④	2	
	オ	c	1	
	カx＋キ	$bx+c$	2	
	$\frac{クケ}{コ}$	$\frac{-c}{b}$	1	
	$\frac{ac^{サ}}{シb^{ス}}$	$\frac{ac^3}{3b^3}$	4	
	セ	⓪	3	
	ソ	5	1	
	タx＋チ	$3x+5$	2	
	ツ	d	1	
	テx＋ト	$cx+d$	2	
	ナ	②	3	
	$\frac{ニヌ}{ネ}$, ノ	$\frac{-b}{a}$, 0	2	
	$\frac{ハヒフ}{ヘホ}$	$\frac{-2b}{3a}$	3	
第2問 自己採点小計				
第3問 (20)	ア	③	2	
	イウ	50	2	
	エ	5	2	
	オ	①	2	
	カ	②	1	
	キクケ	408	2	
	コサ.シ	58.8	2	
	ス	③	2	
	セ	③	1	
	ソ, タ	②, ④ (解答の順序は問わない)	4 (各2)	
第3問 自己採点小計				

問題番号(配点)	解答記号	正　解	配点	自己採点
第4問 (20)	ア$+(n-1)p$	$3+(n-1)p$	1	
	イr^{n-1}	$3r^{n-1}$	1	
	ウ$a_{n+1}=r(a_n+$エ$)$	$2a_{n+1}=r(a_n+3)$	2	
	オ，カ，キ	2，6，6	2	
	ク	3	2	
	$\frac{ケ}{コ}n(n+サ)$	$\frac{3}{2}n(n+1)$	2	
	シ，ス	3，1	2	
	$\frac{セa_{n+1}}{a_n+ソ}c_n$	$\frac{4a_{n+1}}{a_n+3}c_n$	2	
	タ	②	2	
	$\frac{チ}{q}(d_n+u)$	$\frac{2}{q}(d_n+u)$	2	
	$q>$ツ	$q>2$	1	
	$u=$テ	$u=0$	1	
第4問　自己採点小計				
第5問 (20)	アイ	36	2	
	ウ	a	2	
	エ－オ	a－1	3	
	$\frac{カ+\sqrt{キ}}{ク}$	$\frac{3+\sqrt{5}}{2}$	2	
	$\frac{ケ-\sqrt{コ}}{サ}$	$\frac{1-\sqrt{5}}{4}$	3	
	シ	⑨	3	
	ス	⓪	3	
	セ	⓪	2	
第5問　自己採点小計				
自己採点合計				

(注)

第1問，第2問は必答。

第3問～第5問のうちから2問選択。計4問を解答。

第1問 三角関数，指数関数・対数関数

〔1〕

(1) 次の**問題A**について考える．

> **問題A** 関数 $y=\sin\theta+\sqrt{3}\cos\theta\ \left(0\leqq\theta\leqq\dfrac{\pi}{2}\right)$ の最大値を求めよ．

$$\sin\frac{\pi}{\boxed{3}}=\frac{\sqrt{3}}{2},\quad \cos\frac{\pi}{3}=\frac{1}{2}$$

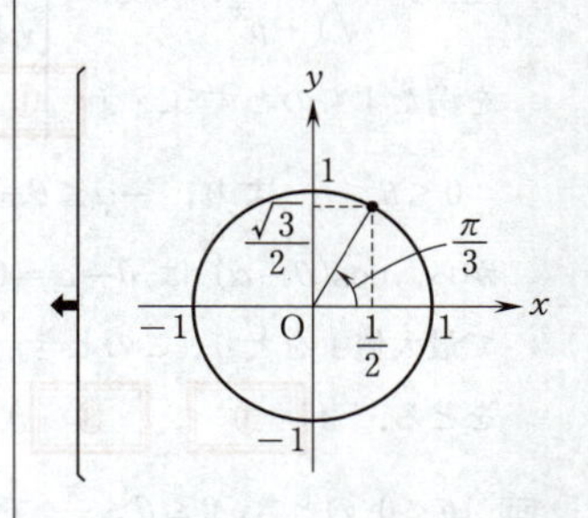

であるから，三角関数の合成により

$$\begin{aligned}
y&=\sin\theta+\sqrt{3}\cos\theta\\
&=2\left(\frac{1}{2}\sin\theta+\frac{\sqrt{3}}{2}\cos\theta\right)\\
&=2\left(\cos\frac{\pi}{3}\sin\theta+\sin\frac{\pi}{3}\cos\theta\right)\\
&=\boxed{2}\sin\left(\theta+\frac{\pi}{3}\right)
\end{aligned}$$

と変形できる．$0\leqq\theta\leqq\dfrac{\pi}{2}$ より，$\dfrac{\pi}{3}\leqq\theta+\dfrac{\pi}{3}\leqq\dfrac{5\pi}{6}$

であるから，$\sin\left(\theta+\dfrac{\pi}{3}\right)$ は $\theta+\dfrac{\pi}{3}=\dfrac{\pi}{2}$，すなわち

$\theta=\dfrac{\pi}{\boxed{6}}$ で最大値1をとり，このとき，y は最大

値 $\boxed{2}$ をとる．

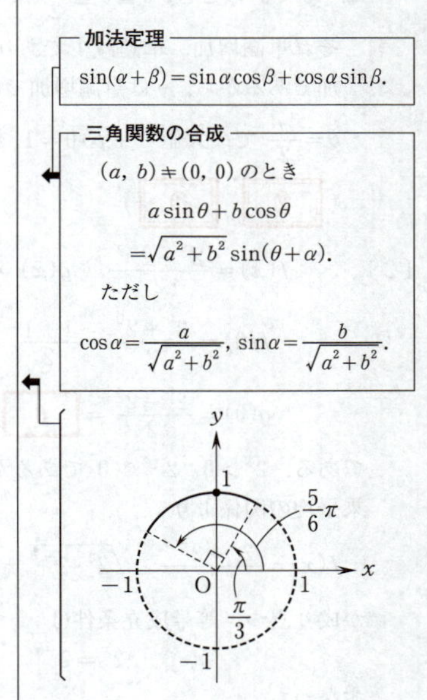

(2) p を定数とし，次の**問題B**について考える．

> **問題B** 関数 $y=\sin\theta+p\cos\theta\ \left(0\leqq\theta\leqq\dfrac{\pi}{2}\right)$ の最大値を求めよ．

(i) $p=0$ のとき，y は $y=\sin\theta$ となるから，

$\theta=\dfrac{\pi}{\boxed{2}}$ で最大値 $\boxed{1}$ をとる．

(ii) $p>0$ のときは，加法定理を用いると

$$\begin{aligned}
y&=\sin\theta+p\cos\theta\\
&=\sqrt{1+p^2}\left(\frac{1}{\sqrt{1+p^2}}\sin\theta+\frac{p}{\sqrt{1+p^2}}\cos\theta\right)\\
&=\sqrt{1+p^2}(\sin\alpha\sin\theta+\cos\alpha\cos\theta)
\end{aligned}$$

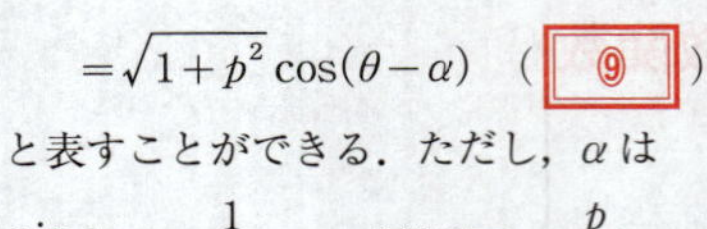

$=\sqrt{1+p^2}\cos(\theta-\alpha)$ （ ⑨ ）

と表すことができる．ただし，α は

$\sin\alpha=\dfrac{1}{\sqrt{1+p^2}}$，　$\cos\alpha=\dfrac{p}{\sqrt{1+p^2}}$，　$0<\alpha<\dfrac{\pi}{2}$

を満たすものとする．（ ① ， ③ ）

$0\leqq\theta\leqq\dfrac{\pi}{2}$ より，$-\alpha\leqq\theta-\alpha\leqq\dfrac{\pi}{2}-\alpha$ であるから，$\cos(\theta-\alpha)$ は $\theta-\alpha=0$，すなわち $\theta=\alpha$ で最大値 1 をとり，このとき，y は最大値 $\sqrt{1+p^2}$ をとる．（ ① ， ⑨ ）

(iii)　$p<0$ のとき，$0\leqq\theta\leqq\dfrac{\pi}{2}$ で $\sin\theta$，$\cos\theta$ はそれぞれ単調増加，単調減少であり，$p\cos\theta$ は単調増加であるから，y は単調増加である．よって，y は $\theta=\dfrac{\pi}{2}$ で最大値 $1+p\cdot0=1$ をとる．

（ ② ， ① ）

〔2〕　$f(x)=\dfrac{2^x+2^{-x}}{2}$，　$g(x)=\dfrac{2^x-2^{-x}}{2}$．

(1)　$f(0)=\dfrac{2^0+2^0}{2}=\dfrac{1+1}{2}=$ 1 ，

$g(0)=\dfrac{2^0-2^0}{2}=$ 0

である．$2^x>0$，$2^{-x}>0$ であるから，相加平均と相乗平均の関係より

$f(x)=\dfrac{2^x+2^{-x}}{2}\geqq\sqrt{2^x\cdot2^{-x}}=\sqrt{2^{x-x}}=\sqrt{2^0}=1$

が成り立つ．等号成立条件は

$$2^x=2^{-x}$$

すなわち

$$x=-x$$

より

$$x=0$$

である．よって，$f(x)$ は $x=$ 0 で最小値 1 をとる．

$$g(x)=-2$$

すなわち

$$2^x-2^{-x}=-4$$

加法定理

$\cos(\theta-\alpha)=\cos\theta\cos\alpha+\sin\theta\sin\alpha$．

← $p=\sqrt{3}$ のとき，$\alpha=\dfrac{\pi}{6}$．

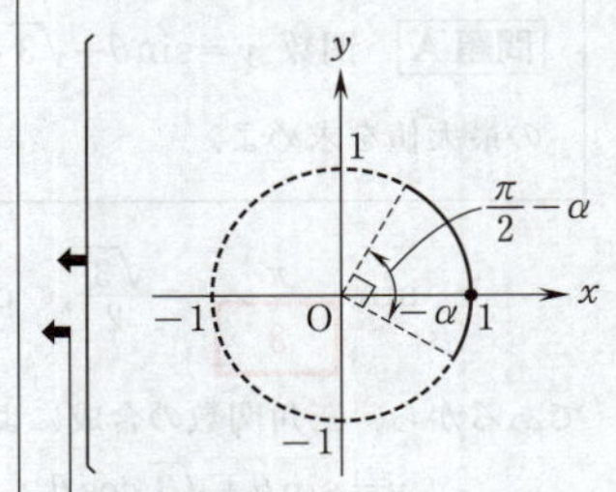

$p=\sqrt{3}$ のとき，**問題A** の答えと一致．

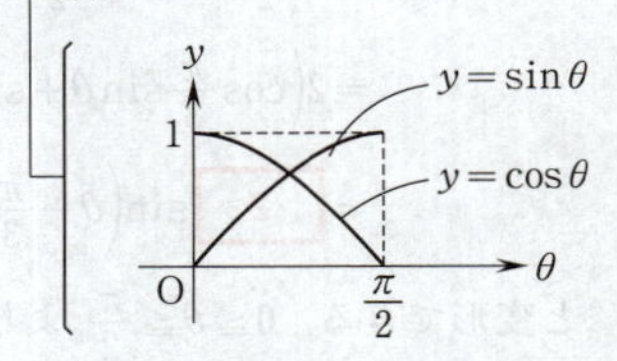

← $2^0=1$．

相加平均と相乗平均の関係

$x>0$，$y>0$ のとき

$\dfrac{x+y}{2}\geqq\sqrt{xy}$

が成り立つ．等号成立条件は

$x=y$．

$2^x\cdot2^{-x}=2^{x+(-x)}$．

の両辺に 2^x をかけると

$$(2^x)^2-1=-4\cdot 2^x$$

となり，$X=2^x$ とおくと

$$X^2-1=-4X$$

すなわち

$$X^2+4X-1=0$$

となる．$X=2^x>0$ であるから，これを満たす実数 X は

$$X=-2+\sqrt{5}$$

である．よって

$$2^x=\sqrt{5}-2$$

であるから，$g(x)=-2$ となる x の値は

$$\log_2(\sqrt{\boxed{5}}-\boxed{2})$$

である．

← $2^{-x}\cdot 2^x=2^{-x+x}=2^0=1.$

← **対数**
$a>0,\ a\neq 1,\ M>0$ のとき
$a^x=M \iff x=\log_a M.$

(2) $f(-x)=\dfrac{2^{-x}+2^x}{2}=f(x)$ $\cdots$ ① ($\boxed{⓪}$)

$g(-x)=\dfrac{2^{-x}-2^x}{2}=-g(x)$ $\cdots$ ② ($\boxed{③}$)

$$\{f(x)\}^2-\{g(x)\}^2$$

$$=\left(\frac{2^x+2^{-x}}{2}\right)^2-\left(\frac{2^x-2^{-x}}{2}\right)^2$$

$$=\frac{(2^x)^2+(2^{-x})^2+2\cdot 2^x\cdot 2^{-x}}{4}-\frac{(2^x)^2+(2^{-x})^2-2\cdot 2^x\cdot 2^{-x}}{4}$$

$$=\frac{4\cdot 2^x\cdot 2^{-x}}{4}$$

$$=\boxed{1} \qquad \cdots ③$$

$$g(2x)=\frac{2^{2x}-2^{-2x}}{2}$$

$$=\frac{(2^x)^2-(2^{-x})^2}{2}$$

$$=\frac{(2^x+2^{-x})(2^x-2^{-x})}{2}$$

$$=2\cdot\frac{2^x+2^{-x}}{2}\cdot\frac{2^x-2^{-x}}{2}$$

$$=\boxed{2}\,f(x)g(x) \qquad \cdots ④$$

← $2^{2x}=(2^x)^2.$

(3) $\beta=0$ とすると，(A)〜(D) はそれぞれ

$$f(\alpha)=f(\alpha)g(0)+g(\alpha)f(0)$$
$$f(\alpha)=f(\alpha)f(0)+g(\alpha)g(0)$$
$$g(\alpha)=f(\alpha)f(0)+g(\alpha)g(0)$$

$$g(\alpha)=f(\alpha)g(0)-g(\alpha)f(0)$$

となる．$f(0)=1$, $g(0)=0$ を代入すると，これらはそれぞれ

$$f(\alpha)=g(\alpha)$$
$$f(\alpha)=f(\alpha)$$
$$g(\alpha)=f(\alpha)$$
$$g(\alpha)=-g(\alpha)$$

となるから，(B) 以外の三つは成り立たないことがわかる．（ ① ）

また

$$f(\alpha)f(\beta)+g(\alpha)g(\beta)$$
$$=\frac{2^{\alpha}+2^{-\alpha}}{2}\cdot\frac{2^{\beta}+2^{-\beta}}{2}+\frac{2^{\alpha}-2^{-\alpha}}{2}\cdot\frac{2^{\beta}-2^{-\beta}}{2}$$
$$=\frac{2^{\alpha}\cdot 2^{\beta}+2^{-\alpha}\cdot 2^{-\beta}+2^{\alpha}\cdot 2^{-\beta}+2^{-\alpha}\cdot 2^{\beta}}{4}$$
$$+\frac{2^{\alpha}\cdot 2^{\beta}+2^{-\alpha}\cdot 2^{-\beta}-2^{\alpha}\cdot 2^{-\beta}-2^{-\alpha}\cdot 2^{\beta}}{4}$$
$$=\frac{2^{\alpha}\cdot 2^{\beta}+2^{-\alpha}\cdot 2^{-\beta}}{2}$$
$$=\frac{2^{\alpha+\beta}+2^{-(\alpha+\beta)}}{2}$$
$$=f(\alpha+\beta)$$

より，(B) は成り立つ．

⬅ $2^{\alpha}\cdot 2^{\beta}=2^{\alpha+\beta}$, $2^{-\alpha}\cdot 2^{-\beta}=2^{-\alpha-\beta}$.

第2問 微分法・積分法

(1) $y=3x^2+2x+3 \quad (y'=6x+2)$ …①

$y=2x^2+2x+3 \quad (y'=4x+2)$ …②

①，②はいずれも $x=0$ のとき，$y=3$，$y'=2$ であるから，①，②の2次関数のグラフには次の**共通点**がある．

共通点

・y 軸との交点の y 座標は $\boxed{3}$ である．

・y 軸との交点 $(0,\ 3)$ における接線の方程式は

$$y=\boxed{2}x+\boxed{3}$$

である．

導関数

$(x^n)'=nx^{n-1} \quad (n=1,\ 2,\ 3,\ \cdots)$，

$(c)'=0 \quad$ (c は定数)．

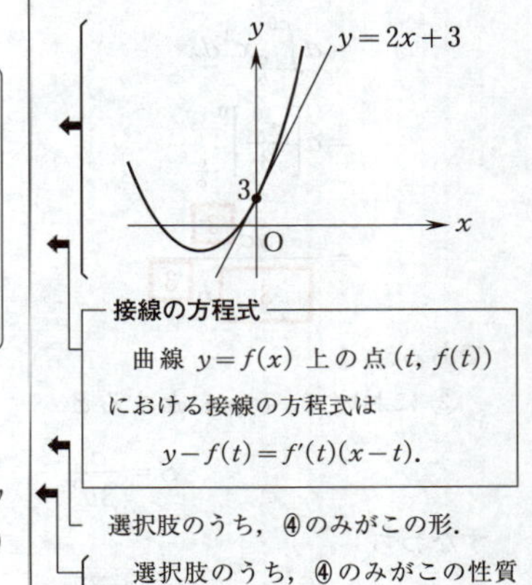

a を0でない実数とすると，2次関数

$$y=ax^2+2x+3 \quad (y'=2ax+2)$$

において，$x=0$ のとき，$y=3$，$y'=2$ であるから，y 軸との交点の y 座標は3であり，y 軸との交点 $(0,\ 3)$ における接線の方程式は $y=2x+3$ である．

接線の方程式

曲線 $y=f(x)$ 上の点 $(t,\ f(t))$ における接線の方程式は

$y-f(t)=f'(t)(x-t)$．

選択肢のうち，④のみがこの形．

選択肢のうち，④のみがこの性質を満たす．

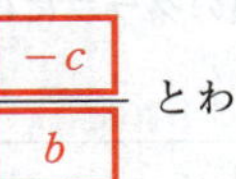
(④)

a，b，c を0でない実数とすると，2次関数

$$y=ax^2+bx+c \quad (y'=2ax+b)$$

において，$x=0$ のとき，$y=c$，$y'=b$ であるから，曲線 $y=ax^2+bx+c$ 上の点 $\left(0,\ \boxed{c}\right)$ における接線を ℓ とすると，その方程式は $y=\boxed{b}x+\boxed{c}$ である．この方程式において，$y=0$ とすることにより，接線 ℓ と x 軸との交点の x 座標は $\dfrac{\boxed{-c}}{\boxed{b}}$ とわかる．

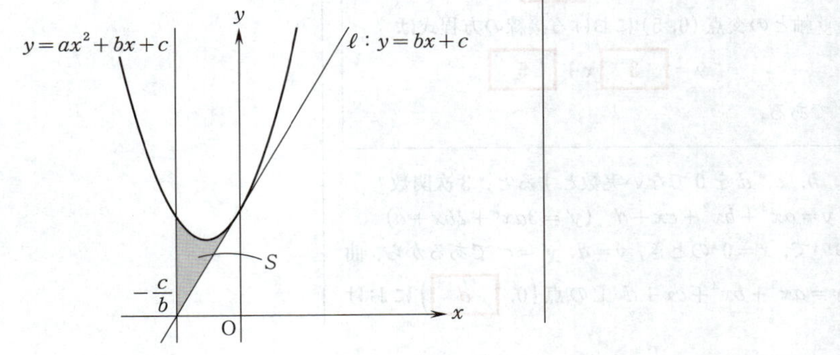

a, b, c が正の実数であるとき，曲線

$y=ax^2+bx+c$ と接線 ℓ および直線 $x=-\frac{c}{b}$ で囲まれた図形の面積 S は

$$S=\int_{-\frac{c}{b}}^{0}\{(ax^2+bx+c)-(bx+c)\}\,dx$$

$$=a\int_{-\frac{c}{b}}^{0}x^2\,dx$$

$$=a\left[\frac{x^3}{3}\right]_{-\frac{c}{b}}^{0}$$

$$=\frac{ac^{\boxed{3}}}{\boxed{3}\,b^{\boxed{3}}} \quad \cdots③$$

である．

③において，$a=1$ とすると

$$S=\frac{c^3}{3b^3}$$

すなわち

$$c=\sqrt[3]{3S}\,b$$

が成り立つから，S の値が一定となるように正の実数 b, c の値を変化させるとき，b と c の関係を表すグラフの概形は $\boxed{⓪}$ である．

(2)　$y=4x^3+2x^2+3x+5 \quad (y'=12x^2+4x+3) \quad \cdots④$

$y=-2x^3+7x^2+3x+5 \quad (y'=-6x^2+14x+3) \quad \cdots⑤$

$y=5x^3-x^2+3x+5 \quad (y'=15x^2-2x+3) \quad \cdots⑥$

④，⑤，⑥はいずれも $x=0$ のとき，$y=5$，$y'=3$ であるから，④，⑤，⑥の3次関数のグラフには次の**共通点**がある．

共通点

・y 軸との交点の y 座標は $\boxed{5}$ である．

・y 軸との交点 $(0,\ 5)$ における接線の方程式は

$$y=\boxed{3}\,x+\boxed{5}$$

である．

a, b, c, d を0でない実数とすると，3次関数

$$y=ax^3+bx^2+cx+d \quad (y'=3ax^2+2bx+c)$$

において，$x=0$ のとき，$y=d$，$y'=c$ であるから，曲線 $y=ax^3+bx^2+cx+d$ 上の点 $\left(0,\ \boxed{d}\right)$ におけ

面積

区間 $\alpha\leqq x\leqq\beta$ においてつねに $g(x)\leqq f(x)$ ならば2曲線 $y=f(x)$，$y=g(x)$ および直線 $x=\alpha$，$x=\beta$ で囲まれた部分の面積 S は

$$S=\int_{\alpha}^{\beta}\{f(x)-g(x)\}\,dx.$$

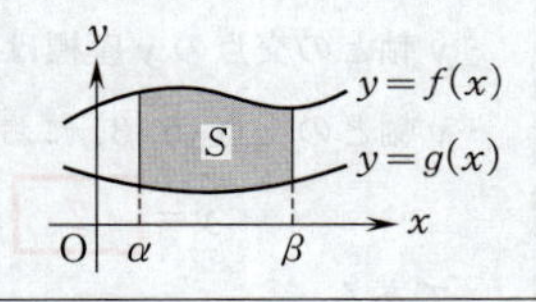

原始関数

$$\int x^n\,dx=\frac{1}{n+1}x^{n+1}+C$$

$(n=0,\ 1,\ 2,\ \cdots,\quad C$ は積分定数$)$

であり，$f(x)$ の原始関数の一つを $F(x)$ とすると

$$\int_{\alpha}^{\beta}f(x)\,dx=\Big[F(x)\Big]_{\alpha}^{\beta}=F(\beta)-F(\alpha).$$

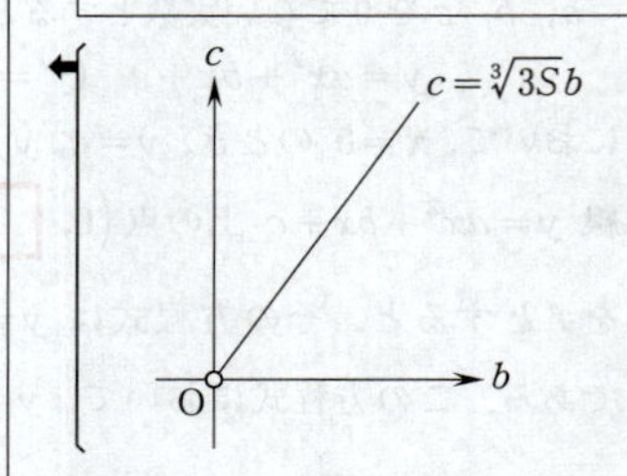

る接線の方程式は $y=$ c $x+$ d である.

$$f(x)=ax^3+bx^2+cx+d,\quad g(x)=cx+d$$

とし

$$\begin{aligned}h(x)&=f(x)-g(x)\\&=(ax^3+bx^2+cx+d)-(cx+d)\\&=ax^3+bx^2\end{aligned}$$

とすると，a，b，c，d が正の実数のとき

$$h'(x)=3ax^2+2bx=3ax\left(x+\frac{2b}{3a}\right)$$

より，$h(x)$ の増減表は次のようになる.

x	$\cdots$	$-\frac{2b}{3a}$	$\cdots$	0	$\cdots$
$h'(x)$	$+$	0	$-$	0	$+$
$h(x)$	↗		↘		↗

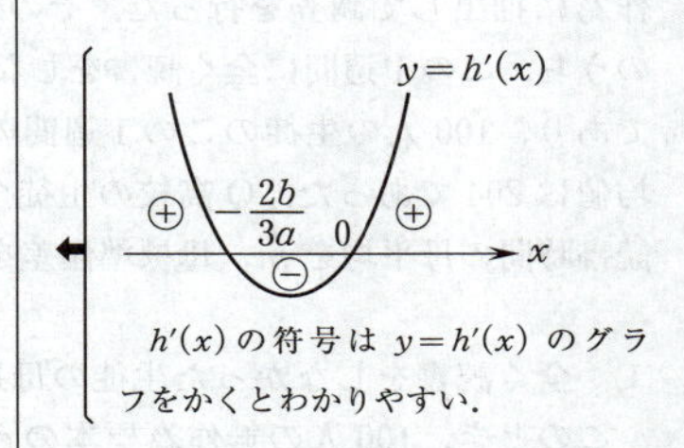

$h'(x)$ の符号は $y=h'(x)$ のグラフをかくとわかりやすい.

また

$$h(x)=0$$

すなわち

$$a\left(x+\frac{b}{a}\right)x^2=0$$

より，$y=h(x)$ のグラフと x 軸の共有点の x 座標は $-\frac{b}{a}$ と 0 である．以上より，$y=h(x)$ のグラフの概形は ② である.

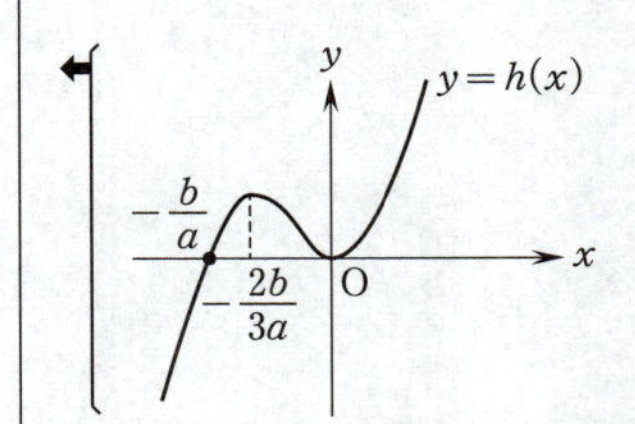

$y=f(x)$ のグラフと $y=g(x)$ のグラフの共有点の x 座標は

$$f(x)=g(x)$$

すなわち

$$h(x)=0$$

より $\frac{-b}{a}$ と 0 である．また，x が $-\frac{b}{a}$ と 0 の間を動くとき，$|f(x)-g(x)|$，すなわち，$|h(x)|$ の値が最大となるのは，$x=\frac{-2b}{3a}$ のときである.

第3問　確率分布・統計的推測

Q高校の校長先生は，ある日，新聞で高校生の読書に関する記事を読んだ．そこで，Q高校の生徒全員を対象に，直前の1週間の読書時間に関して，100人の生徒を無作為に抽出して調査を行った．その結果，100人の生徒のうち，この1週間に全く読書をしなかった生徒が36人であり，100人の生徒のこの1週間の読書時間(分)の平均値は204であった．Q高校の生徒全員のこの1週間の読書時間の母平均を m，母標準偏差を150とする．

(1)　全く読書をしなかった生徒の母比率が0.5である．このとき，100人の無作為標本のうちで全く読書をしなかった生徒の数を表す確率変数を X とすると，X は二項分布 $B(100,\ 0.5)$ に従う．（ ③ ）また，X の平均(期待値)は $100\cdot 0.5=$ 50 ，標準偏差は $\sqrt{100\cdot 0.5\cdot 0.5}=\sqrt{25}=$ 5 である．

二項分布

n を自然数とする．

確率変数 X のとり得る値が

$$0,\ 1,\ 2,\ \cdots,\ n$$

であり，X の確率分布が

$$P(X=r)={}_n\mathrm{C}_r p^r(1-p)^{n-r}$$
$$(r=0,\ 1,\ 2,\ \cdots,\ n)$$

であるとき，X の確率分布を二項分布といい，$B(n,\ p)$ で表す．

平均(期待値)，分散

確率変数 X のとり得る値を

$$x_1,\ x_2,\ \cdots,\ x_n$$

とし，X がこれらの値をとる確率をそれぞれ

$$p_1,\ p_2,\ \cdots,\ p_n$$

とすると，X の平均(期待値) $E(X)$ は

$$E(X)=\sum_{k=1}^{n}x_kp_k.$$

また，X の分散 $V(X)$ は $E(X)=m$ として

$$V(X)=\sum_{k=1}^{n}(x_k-m)^2p_k$$

または

$$V(X)=E(X^2)-\{E(X)\}^2.$$

$\sqrt{V(X)}$ を X の標準偏差という．

二項分布の平均(期待値)，分散

確率変数 X が二項分布 $B(n,\ p)$ に従うとき，$q=1-p$ とすると X の平均(期待値) $E(X)$ と分散 $V(X)$ は

$$E(X)=np$$
$$V(X)=npq$$

である．

(2) 標本の大きさ100は十分に大きいので，100人のうち全く読書をしなかった生徒の数は近似的に正規分布に従う．

全く読書をしなかった生徒の母比率を0.5とするとき，全く読書をしなかった生徒が36人以下となる確率がp_5である．$Z=\dfrac{X-50}{5}$とすると，確率変数Zは標準正規分布$N(0,\ 1)$に従うと考えられるから，p_5の近似値を求めると

$$\begin{aligned}&P(X \leqq 36)\\&=P\left(\frac{X-50}{5} \leqq \frac{36-50}{5}\right)\\&=P(Z \leqq -2.8)\\&=P(Z \geqq 2.8)\\&=0.5-P(0 \leqq Z \leqq 2.8)\\&=0.5-0.4974\\&=0.0026\end{aligned}$$

より，$p_5=0.003$である．（ ① ）

また，全く読書をしなかった生徒の母比率を0.4とするとき，(1)と同様に考えると，Xの平均(期待値)は$100\cdot 0.4=40$，標準偏差は$\sqrt{100\cdot 0.4\cdot 0.6}=\sqrt{24}$であり

$$\frac{36-40}{\sqrt{24}}=-\frac{4}{\sqrt{24}} \geqq -\frac{14}{\sqrt{25}}=\frac{36-50}{5}\ (=-2.8)$$

であるから，全く読書をしなかった生徒が36人以下となる確率p_4は

$$p_4>p_5$$

を満たす．（ ② ）

(3)
$$C_2=204+1.96\cdot\frac{150}{\sqrt{100}}=204+1.96\cdot 15$$

$$C_1=204-1.96\cdot\frac{150}{\sqrt{100}}=204-1.96\cdot 15$$

であるから

$$C_1+C_2=2\cdot 204=\boxed{408}$$

$$C_2-C_1=2\cdot 1.96\cdot 15=\boxed{58}.\boxed{8}$$

である．

また，母平均mに対する信頼度95%の信頼区間が$C_1 \leqq m \leqq C_2$であるとは，この区間にmの値が含まれることが，約95%の確からしさで期待できることであ

標準正規分布

平均0，標準偏差1の正規分布$N(0,\ 1)$を標準正規分布という．

正規分布表より
$P(0 \leqq Z \leqq 2.8)=0.4974$.

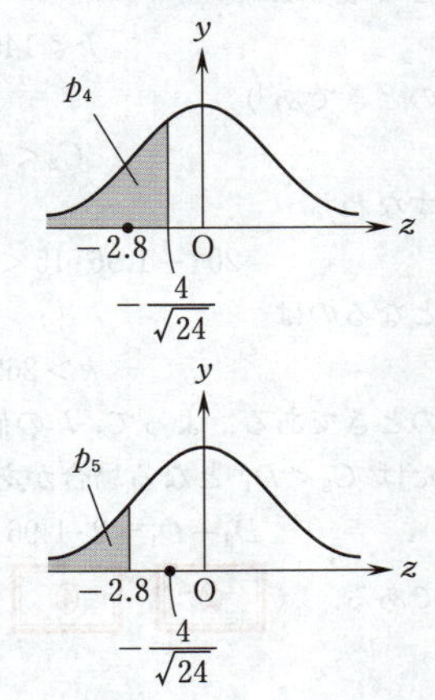

母平均の推定

標本平均を$\overline{X}$，母標準偏差をσとすると，標本の大きさnが大きいとき，母平均mに対する信頼度95%の信頼区間は

$$\left[\overline{X}-1.96\cdot\frac{\sigma}{\sqrt{n}},\ \overline{X}+1.96\cdot\frac{\sigma}{\sqrt{n}}\right].$$

る．よって，母平均 m と C_1，C_2 については，$C_1 \leqq m$ も $m \leqq C_2$ も成り立つとは限らない．（ ③ ）

(4) 図書委員会の調査における100人と校長先生の調査における100人は標本として一致するとは限らないから，n と36との大小はわからない．（ ③ ）

(5) (4)の図書委員会が行った調査結果において，1週間の読書時間の標本平均を k とすると

$$D_2 = k + 1.96 \cdot \frac{150}{\sqrt{100}} = k + 1.96 \cdot 15$$

$$D_1 = k - 1.96 \cdot \frac{150}{\sqrt{100}} = k - 1.96 \cdot 15$$

であるから

$$D_2 < C_1$$

すなわち

$$k + 1.96 \cdot 15 < 204 - 1.96 \cdot 15$$

となるのは

$$k < 145.2$$

のときであり

$$C_2 < D_1$$

すなわち

$$204 + 1.96 \cdot 15 < k - 1.96 \cdot 15$$

となるのは

$$k > 262.8$$

のときである．よって，k の値によっては，$D_2 < C_1$ または $C_2 < D_1$ となる場合がある．また

$$D_2 - D_1 = 2 \cdot 1.96 \cdot 15 = C_2 - C_1$$

である．（ ②，④ ）

⬅ $k \neq 204$ のとき，$C_1 \neq D_1$ かつ $C_2 \neq D_2$．
$k = 204$ のとき，$C_1 = D_1$ かつ $C_2 = D_2$．

第4問 数列

$$a_nb_{n+1}-2a_{n+1}b_n+3b_{n+1}=0 \quad (n=1,\ 2,\ 3,\ \cdots) \cdots ①$$

(1) 数列 $\{a_n\}$ は初項3，公差 p $(p\neq0)$ の等差数列であり，数列 $\{b_n\}$ は初項3，公比 r $(r\neq0)$ の等比数列であるから，自然数 n について，a_n，a_{n+1}，b_n はそれぞれ

$$a_n=\boxed{3}+(n-1)p \quad \cdots ②$$
$$a_{n+1}=3+np \quad \cdots ③$$
$$b_n=\boxed{3}\,r^{n-1}$$

と表される．$r\neq0$ により，すべての自然数 n について，$b_n\neq0$ となる．① の両辺を b_n で割ることにより

$$a_n\frac{b_{n+1}}{b_n}-2a_{n+1}+3\frac{b_{n+1}}{b_n}=0$$

を得る．$\dfrac{b_{n+1}}{b_n}=r$ であることから

$$a_nr-2a_{n+1}+3r=0$$

すなわち

$$\boxed{2}\,a_{n+1}=r\left(a_n+\boxed{3}\right) \quad \cdots ④$$

が成り立つことがわかる．④ に ② と ③ を代入すると

$$2(3+np)=r\{3+(n-1)p+3\}$$

すなわち

$$\left(r-\boxed{2}\right)pn=r\left(p-\boxed{6}\right)+\boxed{6} \quad \cdots ⑤$$

となる．⑤ がすべての n で成り立つことにより

$$(r-2)p=0 \quad \cdots ⑧$$
$$r(p-6)+6=0 \quad \cdots ⑨$$

が成り立つ．$p\neq0$ より，⑧ から

$$r-2=0$$

すなわち

$$r=2$$

を得る．これと ⑨ より

$$p=\boxed{3}$$

を得る．よって

$$a_n=3+(n-1)\cdot3=3n$$
$$b_n=3\cdot2^{n-1}$$

である．以上から，すべての自然数 n について，a_n と b_n が正であることもわかる．

等差数列の一般項

初項 a，公差 d の等差数列 $\{a_n\}$ の一般項は

$$a_n=a+(n-1)d.$$

等比数列の一般項

初項 a，公比 r の等比数列 $\{a_n\}$ の一般項は

$$a_n=ar^{n-1}.$$

(2)　$\{a_n\}$, $\{b_n\}$ の初項から第 n 項までの和は，それぞれ次の式で与えられる．

$$\sum_{k=1}^{n} a_k = \frac{1}{2}n(3+3n) = \frac{\boxed{3}}{\boxed{2}}n\left(n+\boxed{1}\right)$$

$$\sum_{k=1}^{n} b_k = \frac{3(2^n-1)}{2-1} = \boxed{3}\left(2^n-\boxed{1}\right)$$

(3)　数列 $\{a_n\}$ に対して，初項3の数列 $\{c_n\}$ が次を満たしている．

$$a_nc_{n+1}-4a_{n+1}c_n+3c_{n+1}=0 \quad (n=1,\ 2,\ 3,\ \cdots) \cdots ⑥$$

⑥ を変形すると

$$(a_n+3)c_{n+1}=4a_{n+1}c_n$$

となる．a_n が正であることから，これは

$$c_{n+1}=\frac{\boxed{4}\,a_{n+1}}{a_n+\boxed{3}}c_n$$

と変形できる．これと $a_n=3n$, $a_{n+1}=3(n+1)$ より

$$c_{n+1}=\frac{4\cdot 3(n+1)}{3n+3}c_n$$

すなわち

$$c_{n+1}=4c_n$$

が成り立つから，数列 $\{c_n\}$ は公比4の等比数列であることがわかる．（ ② ）

(4)　q, u は定数で，$q \neq 0$ である．数列 $\{b_n\}$ に対して，初項3の数列 $\{d_n\}$ が次を満たしている．

$$d_nb_{n+1}-qd_{n+1}b_n+ub_{n+1}=0 \quad (n=1,\ 2,\ 3,\ \cdots) \cdots ⑦$$

⑦ の両辺を b_n で割り，$\frac{b_{n+1}}{b_n}=2$ を用いると

$$2d_n-qd_{n+1}+2u=0$$

となり，これを変形して

$$d_{n+1}=\frac{\boxed{2}}{q}(d_n+u)$$

を得る．したがって，数列 $\{d_n\}$ が，公比が0より大きく1より小さい等比数列となるための必要十分条件は

$$0<\frac{2}{q}<1 \quad かつ \quad u=0$$

すなわち

$$q>\boxed{2} \quad かつ \quad u=\boxed{0}$$

である．

等差数列の和

初項 a の等差数列 $\{a_n\}$ の初項から第 n 項までの和 S_n は

$$S_n=\frac{n}{2}(a+a_n).$$

等比数列の和

初項 a，公比 r，項数 n の等比数列の和 S_n は，$r \neq 1$ のとき

$$S_n=\frac{a(r^n-1)}{r-1}.$$

← $\frac{b_{n+1}}{b_n}=r$, $r=2$.

← このとき，$d_{n+1}=\frac{2}{q}d_n \left(0<\frac{2}{q}<1\right)$.

第５問 空間ベクトル

(1) $\angle A_1C_1B_1 = \boxed{36}°$，$\angle C_1A_1A_2 = 36°$ となることから，$\overrightarrow{A_1A_2}$ と $\overrightarrow{B_1C_1}$ は平行である．ゆえに

$$\overrightarrow{A_1A_2} = \boxed{a}\,\overrightarrow{B_1C_1}$$

であるから

$$\overrightarrow{B_1C_1} = \frac{1}{a}\overrightarrow{A_1A_2} = \frac{1}{a}(\overrightarrow{OA_2} - \overrightarrow{OA_1})$$

また，$\overrightarrow{OA_1}$ と $\overrightarrow{A_2B_1}$ は平行で，さらに，$\overrightarrow{OA_2}$ と $\overrightarrow{A_1C_1}$ も平行であることから

$$\begin{aligned}\overrightarrow{B_1C_1} &= \overrightarrow{B_1A_2} + \overrightarrow{A_2O} + \overrightarrow{OA_1} + \overrightarrow{A_1C_1}\\ &= -a\overrightarrow{OA_1} - \overrightarrow{OA_2} + \overrightarrow{OA_1} + a\overrightarrow{OA_2}\\ &= \left(\boxed{a} - \boxed{1}\right)(\overrightarrow{OA_2} - \overrightarrow{OA_1})\end{aligned}$$

となる．したがって

$$\frac{1}{a} = a - 1$$

が成り立つ．両辺に a をかけると

$$1 = a^2 - a$$

すなわち

$$a^2 - a - 1 = 0 \quad (a^2 = a + 1) \qquad \cdots ①$$

である．$a > 0$ に注意してこれを解くと，$a = \dfrac{1+\sqrt{5}}{2}$ を得る．

(2) 面 $OA_1B_1C_1A_2$ に着目する．$\overrightarrow{OA_1}$ と $\overrightarrow{A_2B_1}$ が平行であることから

$$\overrightarrow{OB_1} = \overrightarrow{OA_2} + \overrightarrow{A_2B_1} = \overrightarrow{OA_2} + a\overrightarrow{OA_1}$$

である．また

$$\begin{aligned}|\overrightarrow{OA_2} - \overrightarrow{OA_1}|^2 &= |\overrightarrow{A_1A_2}|^2 = a^2 = a + 1\\ &= \frac{\boxed{3} + \sqrt{\boxed{5}}}{\boxed{2}}\end{aligned}$$

より

$$|\overrightarrow{OA_2}|^2 + |\overrightarrow{OA_1}|^2 - 2\overrightarrow{OA_2}\cdot\overrightarrow{OA_1} = a + 1$$

であり，１辺の長さが１であることから

$$1^2 + 1^2 - 2\overrightarrow{OA_2}\cdot\overrightarrow{OA_1} = a + 1$$

である．これより

$$\overrightarrow{OA_1}\cdot\overrightarrow{OA_2} = \frac{1-a}{2}$$

すなわち

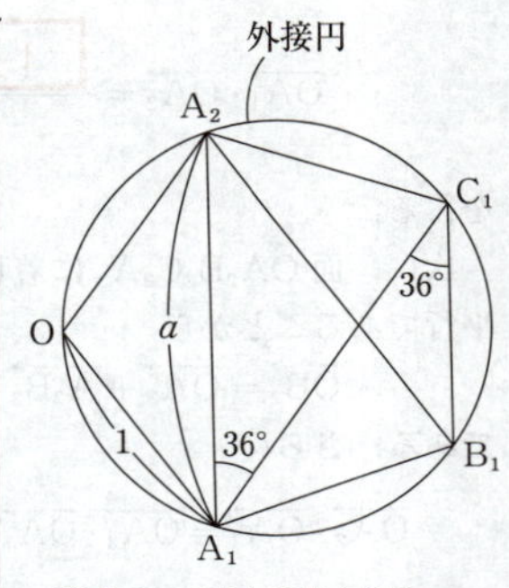

弧 A_1B_1 に対する中心角は $\dfrac{360°}{5} = 72°$．

円周角 $\angle A_1C_1B_1$ は $\dfrac{72°}{2} = 36°$．

$\angle C_1A_1A_2$ についても同様．

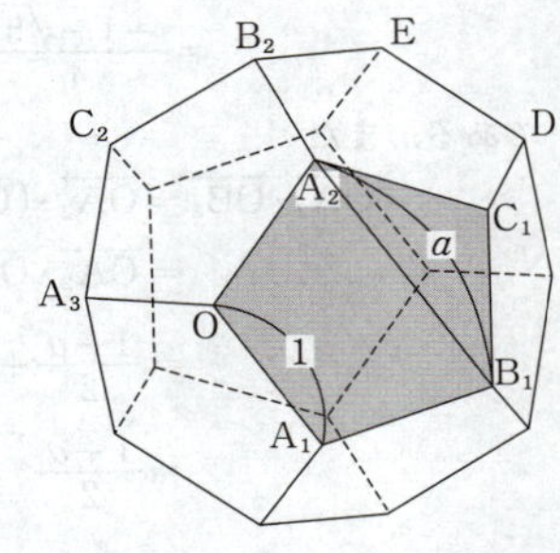

← ① を用いた．

← **内積**

$\vec{0}$ でない２つのベクトル $\vec{x}$ と $\vec{y}$ のなす角を $\theta\,(0° \leqq \theta \leqq 180°)$ とすると

$$\vec{x}\cdot\vec{y} = |\vec{x}||\vec{y}|\cos\theta.$$

特に

$$\vec{x}\cdot\vec{x} = |\vec{x}||\vec{x}|\cos 0° = |\vec{x}|^2.$$

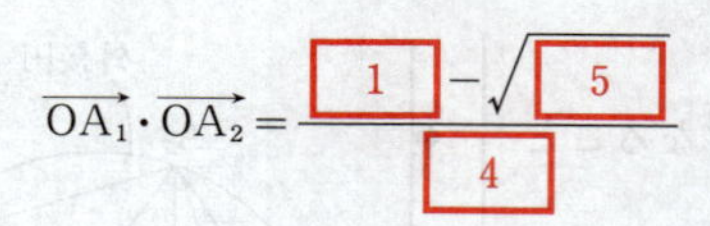

$$\overrightarrow{OA_1}\cdot\overrightarrow{OA_2}=\frac{\boxed{1}-\sqrt{\boxed{5}}}{\boxed{4}}$$

を得る．

← $a=\frac{1+\sqrt{5}}{2}$.

次に，面 $OA_2B_2C_2A_3$ に着目する．$\overrightarrow{OA_2}$ と $\overrightarrow{A_3B_2}$ が平行であることから

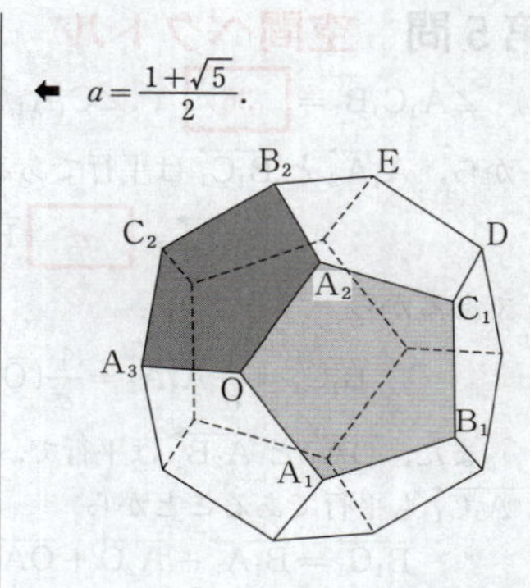

$$\overrightarrow{OB_2}=\overrightarrow{OA_3}+\overrightarrow{A_3B_2}=\overrightarrow{OA_3}+a\overrightarrow{OA_2}$$

である．さらに

$$\overrightarrow{OA_2}\cdot\overrightarrow{OA_3}=\overrightarrow{OA_3}\cdot\overrightarrow{OA_1}=\frac{1-a}{2}=\frac{1-\sqrt{5}}{4}$$

が成り立つことがわかる．ゆえに

$$\begin{aligned}\overrightarrow{OA_1}\cdot\overrightarrow{OB_2}&=\overrightarrow{OA_1}\cdot(\overrightarrow{OA_3}+a\overrightarrow{OA_2})\\&=\overrightarrow{OA_1}\cdot\overrightarrow{OA_3}+a\overrightarrow{OA_1}\cdot\overrightarrow{OA_2}\\&=\frac{1-a}{2}+a\cdot\frac{1-a}{2}\\&=\frac{1-a^2}{2}\\&=-\frac{a}{2}\qquad\cdots②\\&=\frac{-1-\sqrt{5}}{4}\quad(\boxed{⑨})\end{aligned}$$

← ①を用いた．

である．また

$$\begin{aligned}\overrightarrow{OA_2}\cdot\overrightarrow{OB_2}&=\overrightarrow{OA_2}\cdot(\overrightarrow{OA_3}+a\overrightarrow{OA_2})\\&=\overrightarrow{OA_2}\cdot\overrightarrow{OA_3}+a\left|\overrightarrow{OA_2}\right|^2\\&=\frac{1-a}{2}+a\cdot1^2\\&=\frac{1+a}{2}\\&=\frac{a^2}{2}\qquad\cdots③\end{aligned}$$

である．②，③より

$$\begin{aligned}&\overrightarrow{OB_1}\cdot\overrightarrow{OB_2}\\&=(\overrightarrow{OA_2}+a\overrightarrow{OA_1})\cdot\overrightarrow{OB_2}\\&=\overrightarrow{OA_2}\cdot\overrightarrow{OB_2}+a\overrightarrow{OA_1}\cdot\overrightarrow{OB_2}\\&=\frac{a^2}{2}+a\left(-\frac{a}{2}\right)\\&=0\quad(\boxed{⓪})\end{aligned}$$

である．よって，$\overrightarrow{OB_1}\perp\overrightarrow{OB_2}$ である．

最後に，面 $A_2C_1DEB_2$ に着目する．

$$\overrightarrow{B_2D}=a\overrightarrow{A_2C_1}=\overrightarrow{OB_1}$$

であることに注意すると，4 点 O，B_1，D，B_2 は同一平面上にあり，$\overrightarrow{OB_1}\perp\overrightarrow{OB_2}$，$\left|\overrightarrow{OB_1}\right|=\left|\overrightarrow{OB_2}\right|=a$ であるから，四角形 OB_1DB_2 は正方形であることがわかる．

()

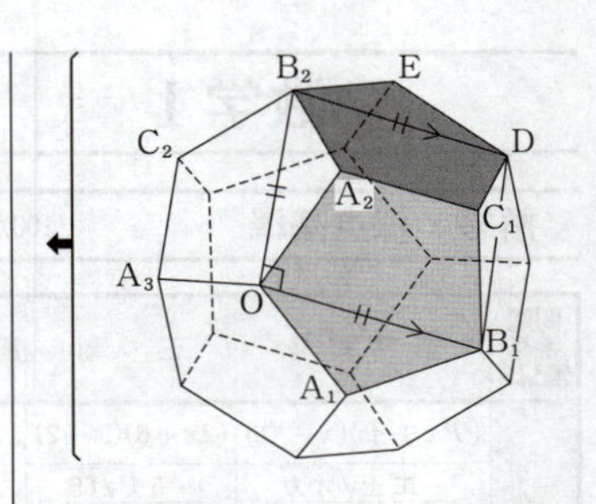

【③ の別解】

$$\overrightarrow{OA_2}\cdot\overrightarrow{OB_2}=\left|\overrightarrow{OA_2}\right|\left|\overrightarrow{OB_2}\right|\cos\angle A_2OB_2$$

$$=\left|\overrightarrow{OA_2}\right|\left|\overrightarrow{OB_2}\right|\cdot\frac{\dfrac{\left|\overrightarrow{OB_2}\right|}{2}}{\left|\overrightarrow{OA_2}\right|}$$

$$=\frac{\left|\overrightarrow{OB_2}\right|^2}{2}$$

$$=\frac{a^2}{2}.$$

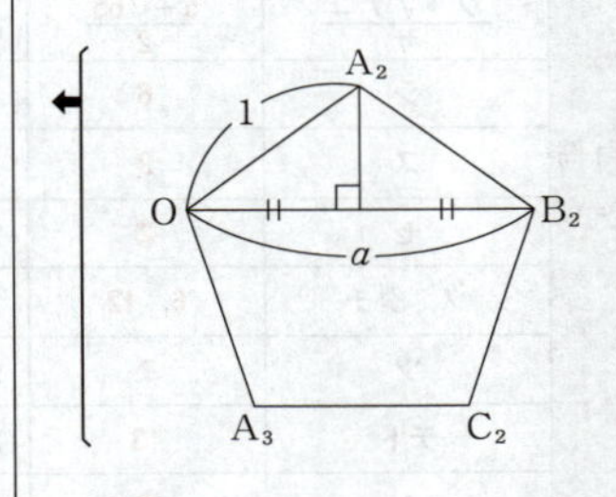

数学Ⅰ

解答・採点基準

（100点満点）

問題番号（配点）	解答記号	正解	配点	自己採点
第1問 (20)	$(\text{ア}x+\text{イ})(x-\text{ウ})$	$(2x+5)(x-2)$	2	
	$\dfrac{-\text{エ}\pm\sqrt{\text{オカ}}}{\text{キ}}$	$\dfrac{-5\pm\sqrt{65}}{4}$	2	
	$\dfrac{\text{ク}+\sqrt{\text{ケコ}}}{\text{サ}}$	$\dfrac{5+\sqrt{65}}{2}$	2	
	シ	6	2	
	ス	3	2	
	セ	②	2	
	ソ，タチ	6，12	2	
	ツ	7	2	
	テト	13	2	
	ナ	⓪	2	
第1問　自己採点小計				
第2問 (30)	$\dfrac{\text{ア}}{\text{イ}}$	$\dfrac{4}{5}$	2	
	ウエ	12	2	
	オカ	12	2	
	キク	25	3	
	ケ	②	1	
	コ	⓪	1	
	サ	①	1	
	シ	③	3	
	ス	①	3	
	セ	②	2	
	ソ	②	2	
	タ	⓪	2	
	チ	③	2	
	ツ	⓪	2	
	テ	③	2	
第2問　自己採点小計				

問題番号（配点）	解答記号	正解	配点	自己採点
第3問 (30)	（ア，イ）	（1，3）	3	
	$k>$ ウエ	$k>-3$	3	
	オ，カ	1，2	3	
	$\sqrt{\text{キク}(k+\text{ケ})}$	$\sqrt{-2(k+3)}$	3	
	コサシ	−11	2	
	スセ	−3	1	
	ソ	②	3	
	$\text{タチ}x+\dfrac{\text{ツテ}}{5}$	$-2x+\dfrac{44}{5}$	3	
	ト.ナニ	2.00	2	
	ヌ.ネノ	2.20	3	
	ハ.ヒフ	4.40	2	
	ヘ	③	2	
第3問　自己採点小計				
第4問 (20)	ア	③	1	
	イ	③	1	
	ウ	②	1	
	エ	⑤	1	
	オ	⑦	1	
	カとキ	①，③（解答の順序は問わない）	4（各2）	
	ク	①	2	
	ケ	④	3	
	コ	⑤	3	
	サ	②	3	
第4問　自己採点小計				
自己採点合計				

第1問　数と式，２次関数，集合と命題

〔1〕 数学Ⅰ・数学Aの**第1問**〔1〕の解答を参照．

〔2〕 U は全体集合で，A，B，C は U の部分集合である．

$$C=(A\cup B)\cap(\overline{A\cap B}).$$

(1)

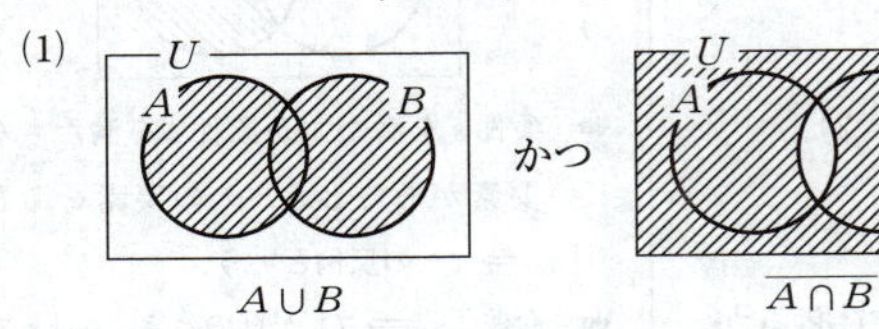

$A\cup B$　　　　$\overline{A\cap B}$

であるから，C は，次図の斜線部分である．

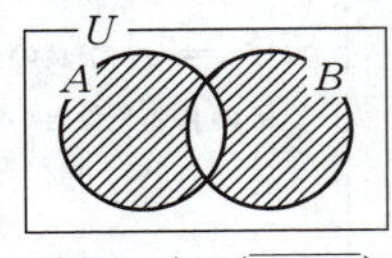

$(A\cup B)\cap(\overline{A\cap B})$

よって，**セ** に当てはまるものは **②** である．

← $\overline{A\cap B}$ は $A\cap B$ の補集合である．

U は全体集合で，E は U の部分集合とする．

このとき，U の要素であって E の要素ではないもの全体の集合を E の補集合といい，$\overline{E}$ で表す．

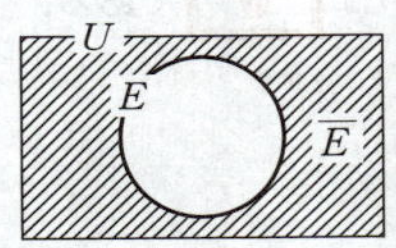

(2) $U=\{x\mid x$ は 15 以下の正の整数$\}$，
$A=\{x\mid x$ は 15 以下の正の整数で 3 の倍数$\}$，
$C=\{2,\ 3,\ 5,\ 7,\ 9,\ 11,\ 13,\ 15\}$

であるから，

$$A=\{3,\ 6,\ 9,\ 12,\ 15\},$$
$$\overline{C}=\{1,\ 4,\ 6,\ 8,\ 10,\ 12,\ 14\}$$

であり，$A\cap B=A\cap\overline{C}$ に注意すると次図を得る．

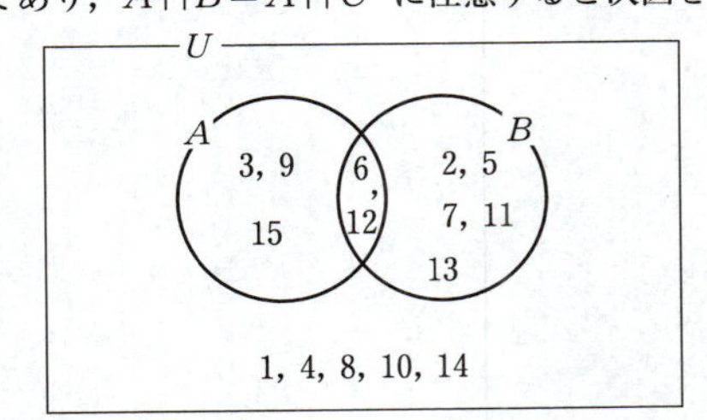

図より，

$$A\cap B=\{\ \mathbf{6}\ ,\ \mathbf{12}\ \}$$

である．また，B の要素は全部で **7** 個あり，そのうち，最大のものは **13** である．

U の要素 x について，条件 p，q は，

p：x は $\overline{A}\cap B$ の要素である

q：x は 5 以上かつ 15 以下の素数である．

q を満たす要素全体の集合を Q とすると，

$$\overline{A}\cap B=\{2,\ 5,\ 7,\ 11,\ 13\},$$

$$Q=\{5,\ 7,\ 11,\ 13\}$$

である．

$\overline{A}\cap B \not\subset Q$ より，

命題「$p \Longrightarrow q$」は偽である(反例 $x=2$)．

$Q\subset \overline{A}\cap B$ より，

命題「$q \Longrightarrow p$」は真である．

このとき，p は q であるための必要条件であるが，十分条件ではない．よって，ナ に当てはまるものは ⓪ である．

← $\overline{A}\cap B$ は次図の斜線部分．

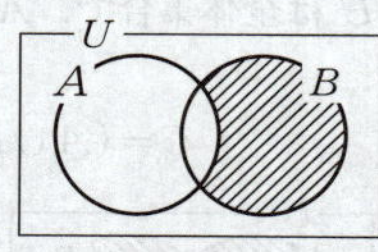

← 条件 s を満たすが条件 t を満たさない要素があるとき，その要素を命題「$s \Longrightarrow t$」の反例という．

← 命題「$s \Longrightarrow t$」が真のとき，s は t であるための十分条件といい，命題「$t \Longrightarrow s$」が真のとき，s は t であるための必要条件という．

第2問 図形と計量

(1)

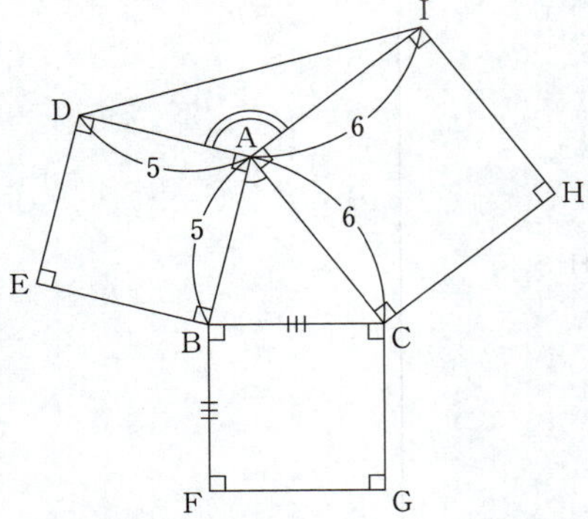

$0° < A < 180°$ より，$\sin A > 0$ であるから，

$$\sin A = \sqrt{1-\cos^2 A} = \sqrt{1-\left(\frac{3}{5}\right)^2} = \frac{\boxed{4}}{\boxed{5}}$$

← $\cos A = \frac{3}{5}$.

← $0° \leqq \theta \leqq 180°$ のとき，$\sin\theta = \sqrt{1-\cos^2\theta}$.

であり，

$$(\triangle\text{ABC の面積}) = \frac{1}{2}\text{AB}\cdot\text{AC}\sin A = \frac{1}{2}\cdot5\cdot6\cdot\frac{4}{5} = \boxed{12},$$

$$(\triangle\text{AID の面積}) = \frac{1}{2}\text{AD}\cdot\text{AI}\sin(180°-A) = \frac{1}{2}\text{AB}\cdot\text{AC}\sin A = (\triangle\text{ABC の面積}) = \boxed{12}$$

である．

← $\angle\text{DAI} = 360° - 90° - 90° - A = 180° - A$.

← **三角形の面積**

$(\triangle\text{ABC の面積}) = \frac{1}{2}bc\sin A$.

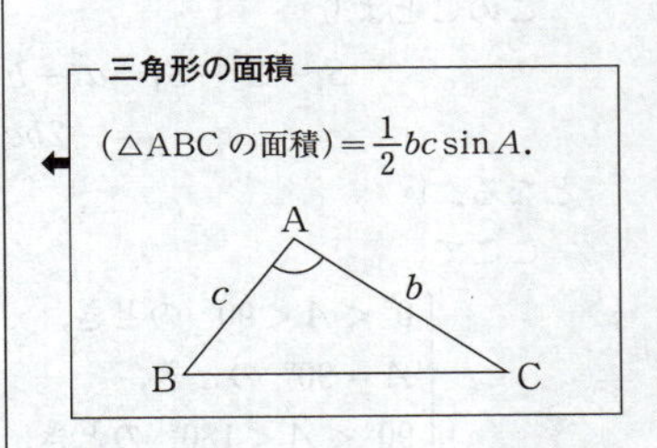

← **$180°-\theta$ の三角比**

$\sin(180°-\theta) = \sin\theta$,
$\cos(180°-\theta) = -\cos\theta$,
$\tan(180°-\theta) = -\tan\theta$.

また，△ABC に余弦定理を用いると，

$$\text{BC}^2 = \text{AB}^2 + \text{AC}^2 - 2\text{AB}\cdot\text{AC}\cos A = 5^2 + 6^2 - 2\cdot5\cdot6\cdot\frac{3}{5} = 25$$

であるから，

$$(\text{正方形 BFGC の面積}) = \text{BC}^2 = \boxed{25}$$

← **余弦定理**

$a^2 = b^2 + c^2 - 2bc\cos A$,

$\cos A = \frac{b^2+c^2-a^2}{2bc}$.

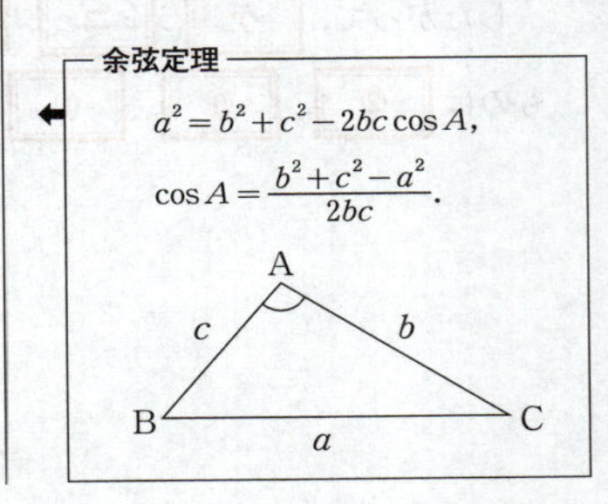

である.

(2)

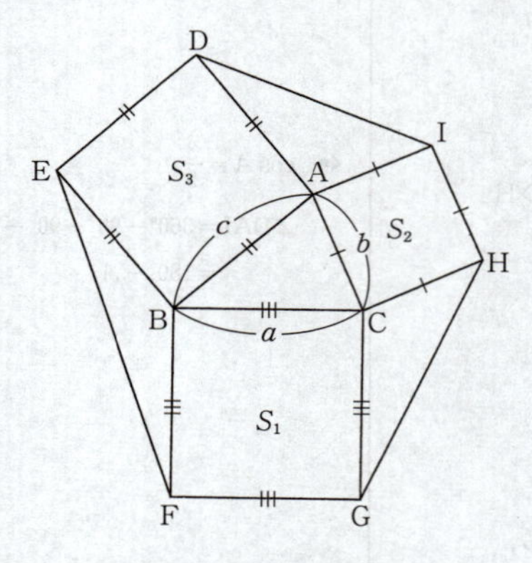

△ABC に余弦定理を用いると，

$$a^2=b^2+c^2-2bc\cos A$$

であるから，

$$a^2-b^2-c^2=-2bc\cos A$$

である.

このことより，

$$S_1-S_2-S_3=a^2-b^2-c^2$$
$$=-2bc\cos A$$

となる.

ここで，

$$\begin{cases} 0^\circ<A<90^\circ \text{ のとき，} & \cos A>0, \\ A=90^\circ \text{ のとき，} & \cos A=0, \\ 90^\circ<A<180^\circ \text{ のとき，} & \cos A<0 \end{cases}$$

であるから，$2bc>0$ より，$S_1-S_2-S_3$ は，

・$0^\circ<A<90^\circ$ のとき，　$S_1-S_2-S_3<0$（負の値である），

・$A=90^\circ$ のとき，　$S_1-S_2-S_3=0$（0 である），

・$90^\circ<A<180^\circ$ のとき，$S_1-S_2-S_3>0$（正の値である）

となる.

したがって，ケ，コ，サ に当てはまる

ものは ②，⓪，① である.

(3)

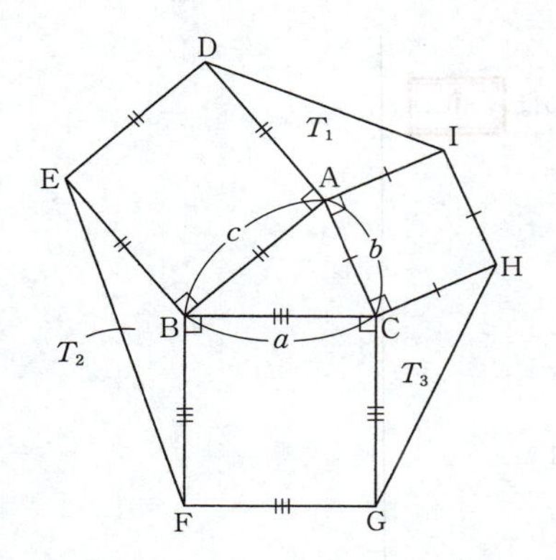

△ABC の面積を T とすると,

$T_1=\dfrac{1}{2}\mathrm{AD}\cdot\mathrm{AI}\sin(180°-A)=\dfrac{1}{2}bc\sin A=T,$

$T_2=\dfrac{1}{2}\mathrm{BE}\cdot\mathrm{BF}\sin(180°-B)=\dfrac{1}{2}ca\sin B=T,$ ← $\angle\mathrm{EBF}=360°-90°-90°-B=180°-B.$

$T_3=\dfrac{1}{2}\mathrm{CG}\cdot\mathrm{CH}\sin(180°-C)=\dfrac{1}{2}ab\sin C=T$ ← $\angle\mathrm{GCH}=360°-90°-90°-C=180°-C.$

であるから,

$a,\ b,\ c$ の値に関係なく, $T_1=T_2=T_3\ (=T)$ …①

である．よって, シ に当てはまるものは ③

である．

(4)

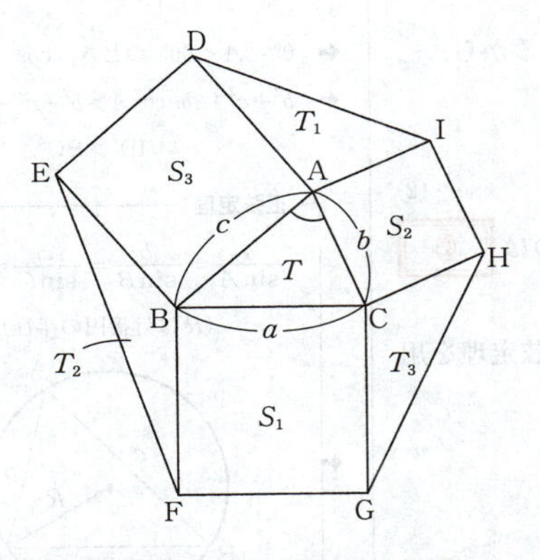

六角形 DEFGHI の面積を U とすると,

$U=S_1+S_2+S_3+T_1+T_2+T_3+T$

$=a^2+b^2+c^2+4T$ (①より)

$=(b^2+c^2-2bc\cos A)+b^2+c^2+4\left(\dfrac{1}{2}bc\sin A\right)$

$=2b^2+2c^2-2bc\cos A+2bc\sin A$

← △ABC に余弦定理を用いると, $a^2=b^2+c^2-2bc\cos A.$ △ABC の面積 T は, $T=\dfrac{1}{2}bc\sin A.$

$=2\{b^2+c^2+bc(\sin A-\cos A)\}$

と表せる．よって，**ス** に当てはまるものは **①**

である．

(5)

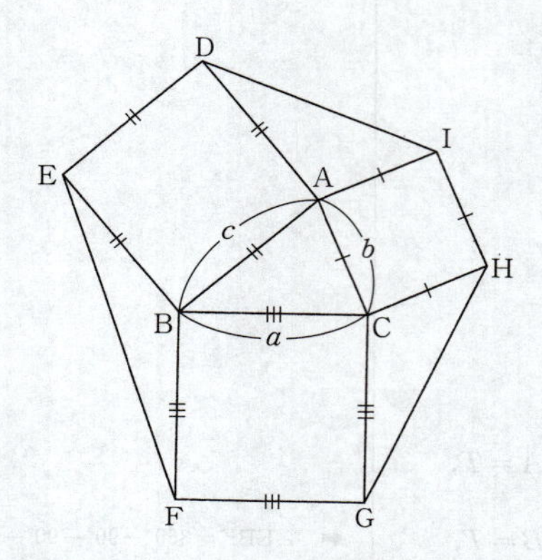

△ABC，△AID，△BEF，△CGH の外接円の半径をそれぞれ R，R_1，R_2，R_3 とする．

△ABC と △AID にそれぞれ余弦定理を用いると，

$$BC^2=b^2+c^2-2bc\cos A,$$

$$ID^2=b^2+c^2-2bc\cos(180°-A)$$
$$=b^2+c^2+2bc\cos A$$

である．

$0°<A<90°$ のとき，$2bc\cos A>0$ であるから，

$$ID^2>BC^2$$

すなわち，

$$ID>BC \quad \cdots②$$

である．よって，**セ** に当てはまるものは **②**

である．

さらに，△ABC と △AID にそれぞれ正弦定理を用いると，

$$2R=\frac{BC}{\sin A},$$

$$2R_1=\frac{ID}{\sin(180°-A)}=\frac{ID}{\sin A}$$

である．

これらと②より，

$$2R_1>2R$$

すなわち，

$$R_1>R \quad \cdots③$$

← $0°<A<90°$ のとき，$\cos A>0$．

← $b^2+c^2+2bc\cos A>b^2+c^2-2bc\cos A$
$ID^2>BC^2$.

正弦定理

$$\frac{a}{\sin A}=\frac{b}{\sin B}=\frac{c}{\sin C}=2R.$$

（R は外接円の半径）

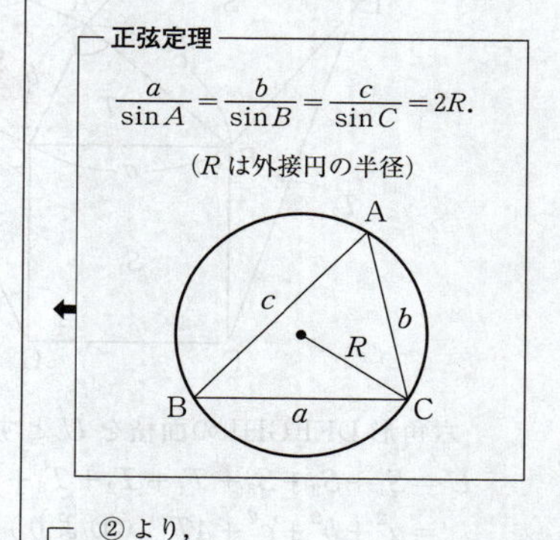

②より，

$$\frac{ID}{\sin A}>\frac{BC}{\sin A}$$
$$2R_1>2R.$$

である．よって，**ソ** に当てはまるものは **②** である．

・$0° < A < B < C < 90°$ のときを調べる．

R_2 と R，R_3 と R の大小関係を求める．

$0° < B < 90°$，$0° < C < 90°$ より，余弦定理を用いて同様に考えると，

$$\begin{cases} EF^2 > CA^2, \\ GH^2 > AB^2 \end{cases} \quad すなわち \quad \begin{cases} EF > CA, & \cdots ④ \\ GH > AB & \cdots ⑤ \end{cases}$$

となり，このことと正弦定理とから，同様に考えると，

$$\begin{cases} 2R_2 > 2R, \\ 2R_3 > 2R \end{cases} \quad すなわち \quad \begin{cases} R_2 > R, & \cdots ⑥ \\ R_3 > R & \cdots ⑦ \end{cases}$$

である．

よって，③，⑥，⑦ より，外接円の半径が最も小さい三角形は，

$$\triangle ABC$$

である．したがって，**タ** に当てはまるものは **⓪** である．

・$0° < A < B < 90° < C$ のときを調べる．

$0° < A < 90°$，$0° < B < 90°$ より，③，⑥，すなわち，

$$R_1 > R, \quad R_2 > R \qquad \cdots ⑧$$

が成り立つ．

ここで，$\triangle ABC$ と $\triangle CGH$ にそれぞれ余弦定理を用いると，

$$AB^2 = a^2 + b^2 - 2ab\cos C,$$
$$GH^2 = a^2 + b^2 - 2ab\cos(180° - C)$$
$$= a^2 + b^2 + 2ab\cos C$$

である．

$90° < C\ (< 180°)$ のとき，$2ab\cos C < 0$ であるから，

$$AB^2 > GH^2$$

すなわち，

$$AB > GH \qquad \cdots ⑨$$

である．

さらに，$\triangle ABC$ と $\triangle CGH$ にそれぞれ正弦定理を用いると，

← $\triangle ABC$ と $\triangle BEF$ にそれぞれ余弦定理を用いると，

$$CA^2 = c^2 + a^2 - 2ca\cos B,$$
$$EF^2 = c^2 + a^2 + 2ca\cos B.$$

$\triangle ABC$ と $\triangle CGH$ にそれぞれ余弦定理を用いると，

$$AB^2 = a^2 + b^2 - 2ab\cos C,$$
$$GH^2 = a^2 + b^2 + 2ab\cos C.$$

← $\triangle ABC$ と $\triangle BEF$ にそれぞれ正弦定理を用いると，

$$2R = \frac{CA}{\sin B}, \quad 2R_2 = \frac{EF}{\sin B}.$$

$\triangle ABC$ と $\triangle CGH$ にそれぞれ正弦定理を用いると，

$$2R = \frac{AB}{\sin C}, \quad 2R_3 = \frac{GH}{\sin C}.$$

← $90° < C < 180°$ のとき，$\cos C < 0$.

← $a^2 + b^2 - \underbrace{2ab\cos C}_{\ominus} > a^2 + b^2 + \underbrace{2ab\cos C}_{\ominus}$

$$AB^2 > GH^2.$$

$$2R=\frac{\mathrm{AB}}{\sin C},$$

$$2R_3=\frac{\mathrm{GH}}{\sin(180°-C)}=\frac{\mathrm{GH}}{\sin C}$$

である．

これらと⑨より，

$$2R>2R_3$$

すなわち，

$$R>R_3 \quad \cdots ⑩$$

である．

よって，⑧，⑩より，外接円の半径が最も小さい三角形は，

$$\triangle\mathrm{CGH}$$

である．したがって， チ に当てはまるものは ③ である．

⬅ ⑨より，

$$\frac{\mathrm{AB}}{\sin C}>\frac{\mathrm{GH}}{\sin C}$$
$$2R>2R_3.$$

(6) △ABC，△AID，△BEF，△CGH の内接円の半径をそれぞれ r，r_1，r_2，r_3 とすると，

$$T=\frac{1}{2}r(\mathrm{AB}+\mathrm{BC}+\mathrm{CA})=\frac{1}{2}r(a+b+c),$$

$$T_1=\frac{1}{2}r_1(\mathrm{AI}+\mathrm{ID}+\mathrm{DA})=\frac{1}{2}r_1(b+c+\mathrm{ID}),$$

$$T_2=\frac{1}{2}r_2(\mathrm{BE}+\mathrm{EF}+\mathrm{FB})=\frac{1}{2}r_2(c+a+\mathrm{EF}),$$

$$T_3=\frac{1}{2}r_3(\mathrm{CG}+\mathrm{GH}+\mathrm{HC})=\frac{1}{2}r_3(a+b+\mathrm{GH})$$

であるから，①より，

$$\left.\begin{aligned} r&=\frac{2T}{a+b+c},\\ r_1&=\frac{2T_1}{b+c+\mathrm{ID}}=\frac{2T}{b+c+\mathrm{ID}},\\ r_2&=\frac{2T_2}{c+a+\mathrm{EF}}=\frac{2T}{c+a+\mathrm{EF}},\\ r_3&=\frac{2T_3}{a+b+\mathrm{GH}}=\frac{2T}{a+b+\mathrm{GH}} \end{aligned}\right\}\cdots ⑪$$

となる．

⬅ **内接円の半径と面積**

△ABC の内接円の半径を r とすると，

$$(\triangle\mathrm{ABC}\text{ の面積})=\frac{1}{2}r(a+b+c).$$

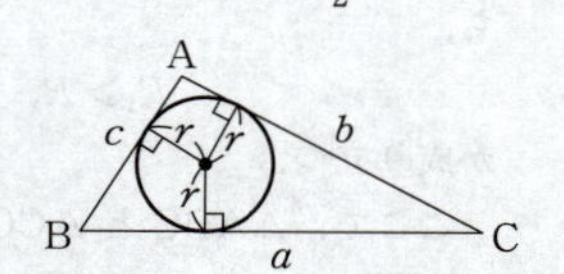

・$0°<A<B<C<90°$ のときを調べる．

$0°<A<90°$，$0°<B<90°$，$0°<C<90°$ より，②，④，⑤，つまり，

$$\begin{cases}\mathrm{ID}>\mathrm{BC}=a,\\ \mathrm{EF}>\mathrm{CA}=b,\\ \mathrm{GH}>\mathrm{AB}=c\end{cases}$$

が成り立つから,

$$\begin{cases} b+c+\mathrm{ID}>b+c+a, \\ c+a+\mathrm{EF}>c+a+b, \\ a+b+\mathrm{GH}>a+b+c \end{cases}$$

であり，これより,

$$\begin{cases} \dfrac{2T}{b+c+\mathrm{ID}}<\dfrac{2T}{a+b+c}, \\ \dfrac{2T}{c+a+\mathrm{EF}}<\dfrac{2T}{a+b+c}, \\ \dfrac{2T}{a+b+\mathrm{GH}}<\dfrac{2T}{a+b+c} \end{cases}$$

となる．このことと ⑪ から,

$$\begin{cases} r_1<r, \\ r_2<r, \\ r_3<r \end{cases}$$

である．

よって，内接円の半径が最も大きい三角形は,

$$\triangle\mathrm{ABC}$$

である．したがって，**ツ** に当てはまるものは **⓪** である．

・$0°<A<B<90°<C$ のときを調べる．

$0°<A<90°$，$0°<B<90°$，$90°<C\,(<180°)$

より，②，④，⑨，つまり,

$$\begin{cases} \mathrm{ID}>\mathrm{BC}=a, \\ \mathrm{EF}>\mathrm{CA}=b, \\ \mathrm{GH}<\mathrm{AB}=c \end{cases}$$

が成り立つから,

$$\begin{cases} b+c+\mathrm{ID}>b+c+a, \\ c+a+\mathrm{EF}>c+a+b, \\ a+b+\mathrm{GH}<a+b+c \end{cases}$$

であり，これより,

$$\begin{cases} \dfrac{2T}{b+c+\mathrm{ID}}<\dfrac{2T}{a+b+c}, \\ \dfrac{2T}{c+a+\mathrm{EF}}<\dfrac{2T}{a+b+c}, \\ \dfrac{2T}{a+b+\mathrm{GH}}>\dfrac{2T}{a+b+c} \end{cases}$$

となる．このことと ⑪ から,

$$\begin{cases} r_1 < r, \\ r_2 < r, \\ r_3 > r \end{cases} \quad \text{すなわち} \quad \begin{cases} r_1 < r < r_3, \\ r_2 < r < r_3 \end{cases}$$

である．

よって，内接円の半径が最も大きい三角形は，

△CGH

である．したがって，テ に当てはまるものは ③ である．

第3問　2次関数

〔1〕

$$y=2x^2-4x+5. \quad \cdots ①$$

G：① のグラフ，

H：G を y 軸方向に k だけ平行移動したグラフ．

(1)　① は，

$$y=2(x-1)^2+3$$

と変形できるから，グラフ G の頂点の座標は，

$$(\boxed{1},\ \boxed{3})$$

である．

← 2次関数 $y=a(x-p)^2+q$ のグラフの頂点の座標は，

$$(p,\ q).$$

(2)　グラフ H の頂点の座標は，条件より，

$$(1,\ 3+k)$$

である．

H は下に凸の放物線より，H が x 軸と共有点をもたない条件は，

$$(\text{頂点の } y \text{ 座標})>0$$

であるから，求める k の値の範囲は，

$$3+k>0$$

$$k>\boxed{-3}$$

である．

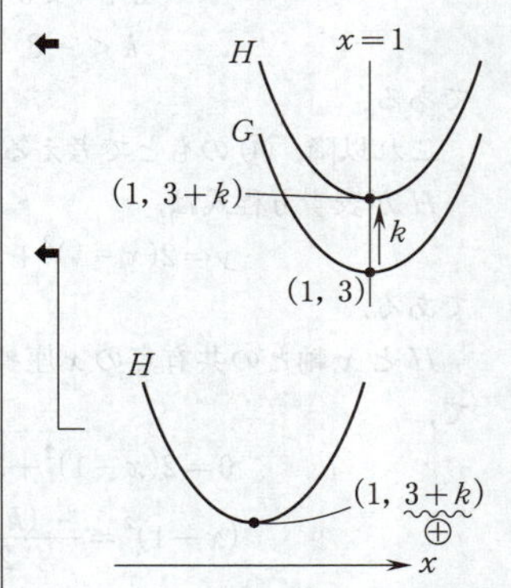

(3)　$k=-5$ のとき，グラフ H が表す放物線の方程式は，

$$y=2(x-1)^2-2 \quad \cdots ②$$

である．

← グラフ H の頂点の座標は，$(1,\ 3+k)$ に $k=-5$ を代入して，

$$(1,\ -2)$$

である．

② と x 軸との共有点の座標は，$y=0$ を代入すると，

$$0=2(x-1)^2-2$$

$$(x-1)^2=1$$

$$x-1=\pm1$$

$$x=0,\ 2$$

となるから，

$$(0,\ 0),\ (2,\ 0) \quad \cdots ③$$

である．

② を x 軸方向に1だけ平行移動したグラフを H_1 とすると，H_1 と x 軸との共有点の座標は，③ を x 軸方向に1だけ平行移動したものであるから，

$$(1,\ 0),\ (3,\ 0)$$

である．よって，H_1 は $2\leqq x\leqq 6$ の範囲で x 軸と $\boxed{1}$ 点で交わる．

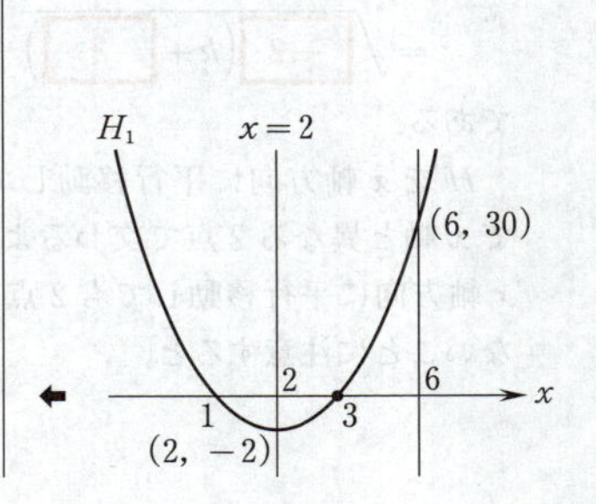

②をx軸方向に3だけ平行移動したグラフをH_2とすると，H_2とx軸との共有点の座標は，③をx軸方向に3だけ平行移動したものであるから，

$$(3,\ 0),\ (5,\ 0)$$

である．よって，H_2は$2 \leqq x \leqq 6$の範囲でx軸と **2** 点で交わる．

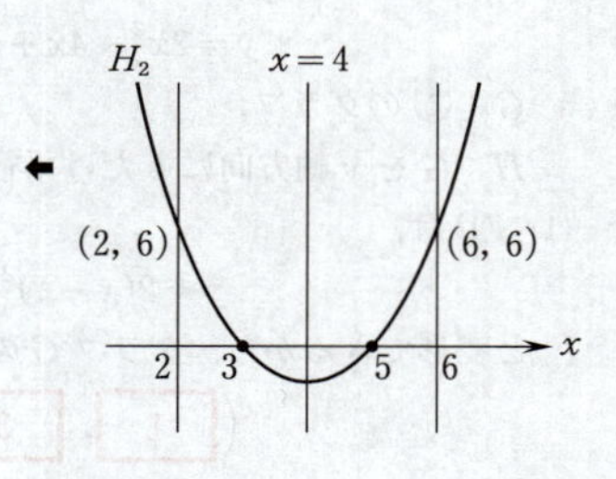

(4) グラフHがx軸と異なる2点で交わる条件は，(2)に注意すると，

$$(\text{頂点の } y \text{ 座標}) < 0$$

であるから，

$$3+k<0$$

$$k<-3 \qquad \cdots ④$$

である．

これ以降，④のもとで考える．

Hが表す方程式は，

$$y=2(x-1)^2+3+k$$

である．

← グラフHの頂点の座標は，$(1,\ 3+k)$．

Hとx軸との共有点のx座標は，$y=0$を代入して，

$$0=2(x-1)^2+3+k$$

$$(x-1)^2=\frac{-(k+3)}{2}$$

$$x-1=\pm\sqrt{\frac{-(k+3)}{2}}$$

$$x=1\pm\sqrt{\frac{-(k+3)}{2}}$$

である．

これより，その2点の間の距離は，

$$\left(1+\sqrt{\frac{-(k+3)}{2}}\right)-\left(1-\sqrt{\frac{-(k+3)}{2}}\right)$$

$$=2\sqrt{\frac{-(k+3)}{2}}$$

$$=\sqrt{\boxed{-2}\left(k+\boxed{3}\right)}$$

である．

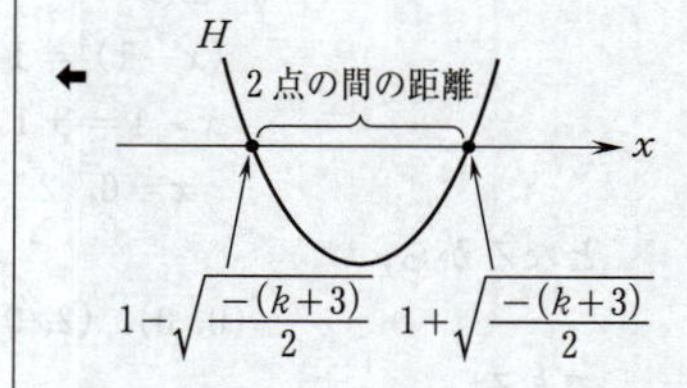

Hをx軸方向に平行移動して，$2 \leqq x \leqq 6$の範囲でx軸と異なる2点で交わるようにできる条件は，x軸方向に平行移動しても2点の間の距離は変わらないことに注意すると，

④ かつ $\sqrt{-2(k+3)} \leqq 4\ (=\sqrt{16})$

である．

これより，k のとり得る値の範囲は，

$$k < -3 \quad かつ \quad -2(k+3) \leqq 16$$

$$\boxed{-11} \leqq k < \boxed{-3}$$

である．

← H が x 軸と交わる2点の間の距離が4以下であれば，H を x 軸方向に平行移動したグラフにおいても x 軸と交わる2点の間の距離は4以下になるから，$2 \leqq x \leqq 6$ の範囲で x 軸と異なる2点で交わるようにできる．

〔2〕

(1) 1秒あたりの進む距離，すなわち，平均速度は，

$$\frac{100\ (\text{m})}{タイム(秒)}$$

で求めることができる．

このことと与えられた条件より，

$$\frac{100\,(\text{m})}{タイム(秒)} = \frac{100\,(\text{m})}{100\,\text{m}を走るのにかかった歩数(歩)} \times \frac{100\,\text{m}を走るのにかかった歩数(歩)}{タイム(秒)}$$

すなわち，

(平均速度)＝ストライド(m/歩)×ピッチ(歩/秒)

が成り立つ．

よって，平均速度は，x と z を用いて，

$$(平均速度) = xz\ (\text{m/秒})$$

と表されるから，$\boxed{ソ}$ に当てはまるものは

$\boxed{②}$ である．

これより，タイムと，ストライド，ピッチとの関係は，

$$タイム = \frac{100}{xz} \qquad \cdots ①$$

と表されるので，xz が最大になるときにタイムが最もよくなる．

← タイムがよくなるとは，「タイムの値が小さくなること」である．

(2) 太郎さんは，ストライドが0.05大きくなるとピッチが0.1小さくなるという関係があると考えて，ピッチがストライドの1次関数として表されると仮定したことより，ピッチ z はストライド x を用いて，

$$z = \frac{-0.1}{0.05}x + b，すなわち，z = -2x + b$$

とおける．

← 太郎さんが練習で100mを3回走ったときのストライドとピッチのデータは次の表である．

	1回目	2回目	3回目
ストライド	2.05	2.10	2.15
ピッチ	4.70	4.60	4.50

ストライドが2.05のとき，ピッチは4.70であるから，

$$4.70 = -2 \times 2.05 + b$$

$$b = 8.8 = \frac{44}{5}$$

← ストライドが2.10のとき，ピッチは4.60であるから，これを用いて，

$$4.60 = -2 \times 2.10 + b$$

$$b = 8.8 = \frac{44}{5}$$

として求めてもよい．

となる．

よって，z は x を用いて，

$$z = \boxed{-2}\,x + \frac{\boxed{44}}{5} \quad \cdots ②$$

と表される．

② が太郎さんのストライドの最大値 2.40 とピッチの最大値 4.80 まで成り立つと仮定すると，不等式を用いて，

$$\begin{cases} x \leqq 2.40, \\ z \leqq 4.80 \end{cases} \quad \cdots ③$$

と表され，さらに，② を ③ に代入すると，

$$\begin{cases} x \leqq 2.40, \\ -2x + \dfrac{44}{5} \leqq 4.80 \end{cases}$$

すなわち，

$$\begin{cases} x \leqq 2.40, \\ 2.00 \leqq x \end{cases}$$

となるから，x の値の範囲は，

$$\boxed{2}\,.\,\boxed{00} \leqq x \leqq 2.40$$

である．

$y = xz\ (2.00 \leqq x \leqq 2.40)$ とおく．

② を $y = xz$ に代入することより，

$$\begin{aligned} y &= x\left(-2x + \frac{44}{5}\right) \\ &= -2x^2 + \frac{44}{5}x \\ &= -2\left(x - \frac{11}{5}\right)^2 + \frac{242}{25} \end{aligned}$$

と変形できる．

y の値が最大になるのは，$2.00 \leqq x \leqq 2.40$ より，

$$x = \frac{11}{5} = \boxed{2}\,.\,\boxed{20} \text{ のとき}$$

である．

よって，太郎さんのタイムが最もよくなるのは，ストライドが 2.20 のときであり，このとき，ピッチは $x = 2.20$ を ② に代入して，

$$z = -2 \times 2.20 + \frac{44}{5} = \boxed{4}\,.\,\boxed{40}$$

である．また，このときの太郎さんのタイムは，① に $x = 2.20$，$z = 4.40$ を代入して，

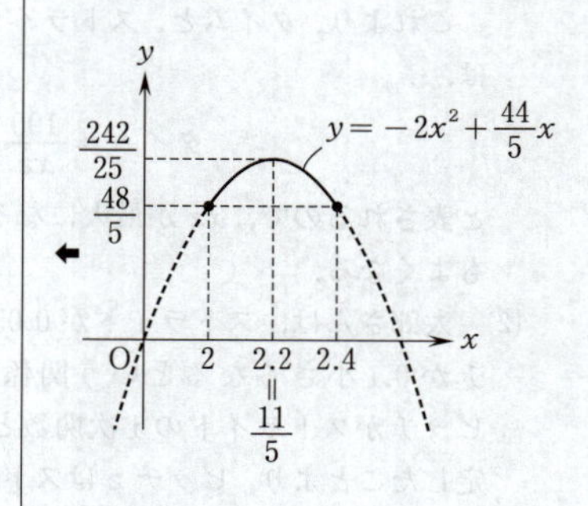

$$タイム = \frac{100}{2.20 \times 4.40} = 10.3305\cdots$$

である．したがって， ヘ に当てはまるものは

③ である．

第4問　データの分析

(1)　図1の「2015年度における都道府県別の第2次産業の就業者数割合のヒストグラム」を度数分布表にまとめると次のようになる．

階　級	度数	累積度数
15.0 以上 17.5 未満	3	3
17.5 以上 20.0 未満	2	5
20.0 以上 22.5 未満	9	14
22.5 以上 25.0 未満	11	25
25.0 以上 27.5 未満	6	31
27.5 以上 30.0 未満	6	37
30.0 以上 32.5 未満	5	42
32.5 以上 35.0 未満	5	47

⬅ 最初の階級からその階級までの度数を合計したものを累積度数という．

・最頻値とは，度数分布表において度数の最も大きい階級の階級値である．よって，最頻値は階級 22.5 以上 25.0 未満の階級値である．したがって，ア に当てはまるものは ③ である．

⬅ 最頻値とは，データにおいて最も個数の多い値のことであるが，度数分布表で与えられているときには度数の最も大きい階級の階級値である．

・中央値は小さい方から 24 番目の値である．よって，中央値が含まれる階級は 22.5 以上 25.0 未満の階級値である．したがって，イ に当てはまるものは ③ である．

・第1四分位数は小さい方から 12 番目の値である．よって，第1四分位数が含まれる階級は 20.0 以上 22.5 未満である．したがって，ウ に当てはまるものは ② である．

・第3四分位数は小さい方から 36 番目の値である．よって，第3四分位数が含まれる階級は 27.5 以上 30.0 未満である．したがって，エ に当てはまるものは ⑤ である．

・最大値は小さい方から 47 番目の値である．よって，最大値が含まれる階級は 32.5 以上 35.0 未満である．したがって，オ に当てはまるものは ⑦ である．

(2)・⓪…正しい．

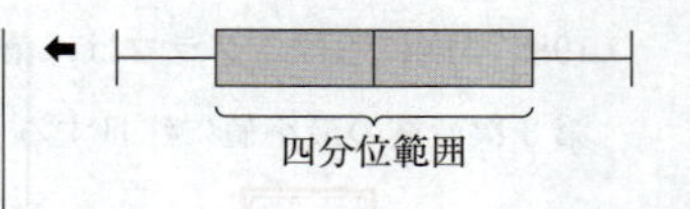

・①…正しくない．

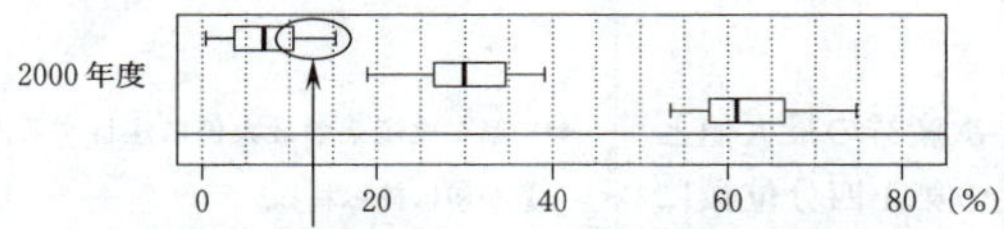

2000 年度は左側のひげの長さよりも右側のひげの方が長い．

← 1990 年度で考えてもよい．

・②…正しい．

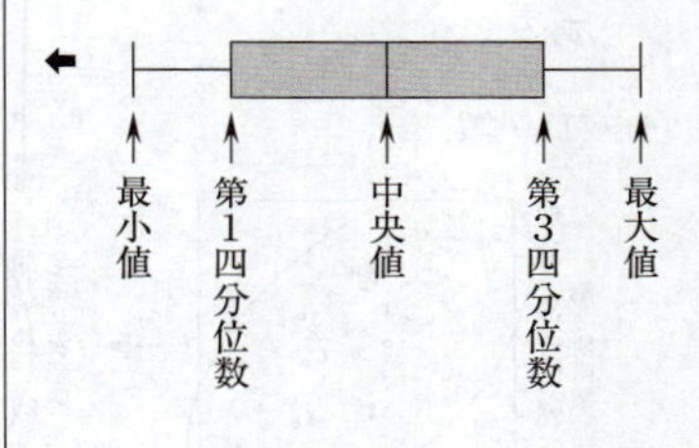

・③…正しくない．

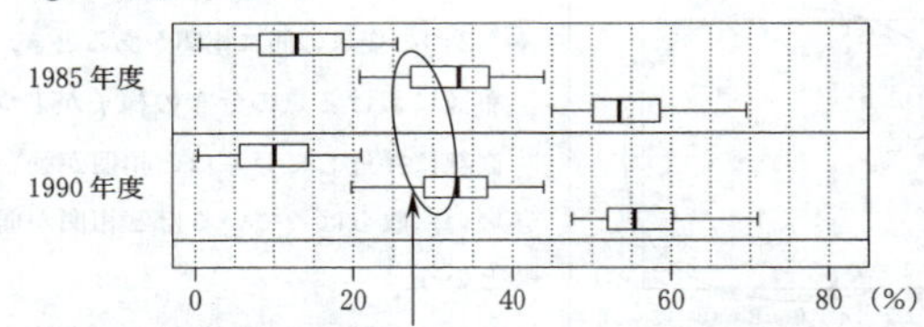

1985 年度から 1990 年度において，第 2 次産業の就業者数割合の第 1 四分位数は増加している．

← 1975 年度から 1980 年度で考えてもよい．

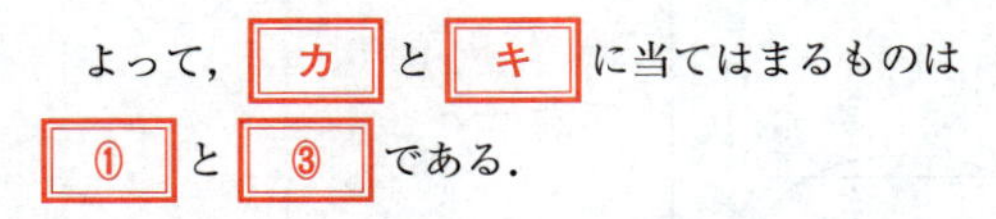

・④…正しい．

・⑤…正しい．

よって， カ と キ に当てはまるものは ① と ③ である．

(3) 図 2 の「三つの産業の就業者数割合の箱ひげ図」から 1985 年度と 1995 年度の第 1 次産業，第 3 次産業の最小値，第 1 四分位数，中央値，第 3 四分位数，最大値は次のようになる．ただし，(　)は，データを小さい方から並べたときの順番を表す．

年度	産業	最小値(1)	第1四分位数(12)	中央値(24)	第3四分位数(36)	最大値(47)
1985	第1次	0%以上 5%未満	5%以上 10%未満	10%以上 15%未満	15%以上 20%未満	25%以上 30%未満
	第3次	45%以上 50%未満	50%以上 55%未満	50%以上 55%未満	55%以上 60%未満	65%以上 70%未満
1995	第1次	0%以上 5%未満	5%以上 10%未満	5%以上 10%未満	10%以上 15%未満	15%以上 20%未満
	第3次	50%以上 55%未満	50%以上 55%未満	55%以上 60%未満	60%以上 65%未満	70%以上 75%未満

・1985 年度におけるグラフは，第 1 次産業の最大値と第 3 次産業の最小値に注目すると，［ク］に当てはまるものは［①］である．

・1995 年度におけるグラフは，第 1 次産業の最大値と第 1 四分位数，および第 3 次産業の第 1 四分位数に注目すると，［ケ］に当てはまるものは［④］である．

(4)・(Ⅰ)…誤．

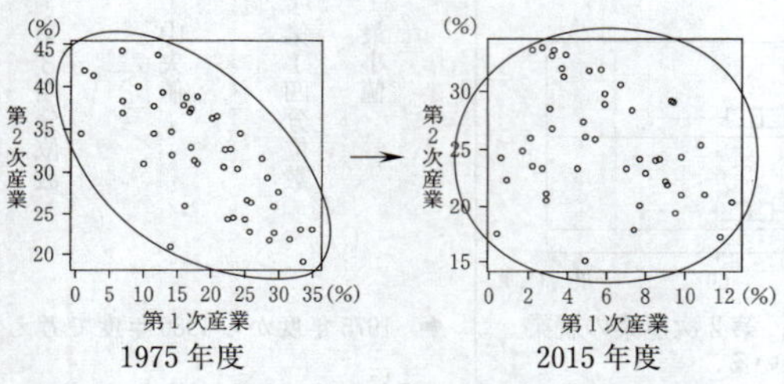

都道府県別の第 1 次産業の就業者数割合と第 2 次産業の就業者数割合の間の相関は弱くなった．

・(Ⅱ)…正．

・(Ⅲ)…誤．

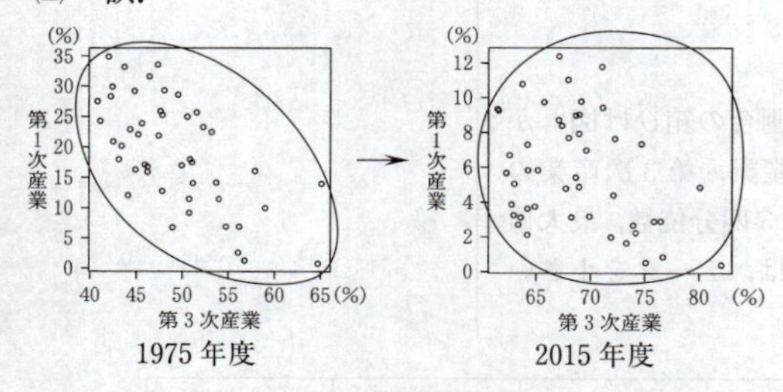

都道府県別の第 3 次産業の就業者数割合と第 1 次産業の就業者数割合の間の相関は弱くなった．

よって，［コ］に当てはまるものは［⑤］である．

⬅ 第 1 次産業の最大値に注目すると，①か③に絞られる．

⬅ 第 1 次産業の最大値に注目すると，②か④に絞られる．

⬅ 2 つの変量の間に相関があるとき，散布図における点の分布の様子が 1 つの直線に接近しているほど相関が強いといい，散らばっているほど相関が弱いという．

これより，2015 年度は 1975 年度を基準にすると，相関は弱くなっている．

⬅ 2015 年度は 1975 年度を基準にすると，相関は弱くなっている．

(5) 各都道府県の，男性の就業者数と女性の就業者数を合計すると就業者数の全体になることに注意すると，

$$\begin{pmatrix}\text{男性の就業}\\\text{者数の割合}\end{pmatrix}+\begin{pmatrix}\text{女性の就業}\\\text{者数の割合}\end{pmatrix}=100\ (\%)\quad\cdots(*)$$

である．

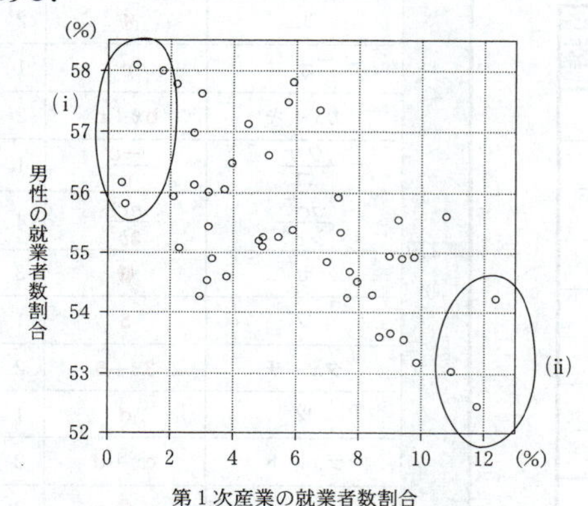

図5 都道府県別の，第1次産業の就業者数割合と，男性の就業者数割合の散布図

図5より，第1次産業の就業者数割合が大きくなるほど，男性の就業者数割合は小さくなるから，(*)より，第1次産業の就業者数割合が大きくなるほど，女性の就業者数割合は大きくなっていく．このことと図5の2つの丸囲みと(*)に注意すると，第1次産業の就業者数割合(横軸)と，女性の就業者数割合(縦軸)の散布図は②になる．

⬅ (*)より，散布図の概形は，図5を上下反転した形になる．

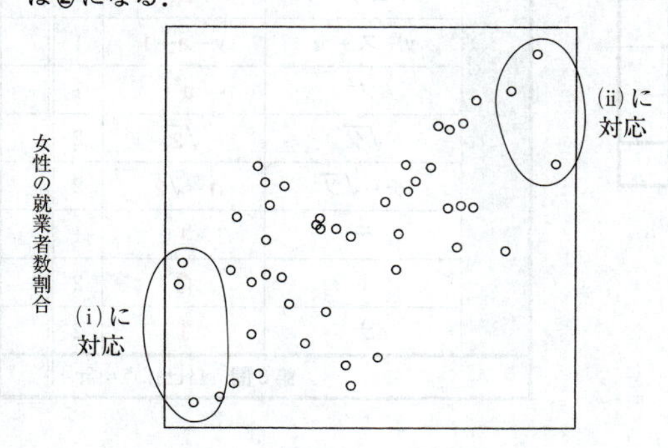

よって，サ に当てはまるものは ② である．

数学Ⅱ

解答・採点基準

（100点満点）

問題番号(配点)	解答記号	正解	配点	自己採点
第1問 (30)	$\sin\frac{\pi}{\text{ア}}$	$\sin\frac{\pi}{3}$	2	
	イ	2	2	
	$\frac{\pi}{\text{ウ}}$, エ	$\frac{\pi}{6}$, 2	2	
	$\frac{\pi}{\text{オ}}$, カ	$\frac{\pi}{2}$, 1	1	
	キ	⑨	2	
	ク	①	1	
	ケ	③	1	
	コ，サ	①，⑨	2	
	シ，ス	②，①	2	
	セ	1	1	
	ソ	0	1	
	タ	0	1	
	チ	1	1	
	$\log_2(\sqrt{\text{ツ}}-\text{テ})$	$\log_2(\sqrt{5}-2)$	2	
	ト	⓪	1	
	ナ	③	1	
	ニ	1	2	
	ヌ	2	2	
	ネ	①	3	
第1問　自己採点小計				

問題番号(配点)	解答記号	正解	配点	自己採点
第2問 (30)	ア	3	1	
	イx＋ウ	$2x+3$	2	
	エ	④	2	
	オ	c	1	
	カx＋キ	$bx+c$	2	
	$\frac{\text{クケ}}{\text{コ}}$	$\frac{-c}{b}$	1	
	$\frac{ac^{\text{サ}}}{\text{シ}b^{\text{ス}}}$	$\frac{ac^3}{3b^3}$	4	
	セ	⓪	3	
	ソ	5	1	
	タx＋チ	$3x+5$	2	
	ツ	d	1	
	テx＋ト	$cx+d$	2	
	ナ	②	3	
	$\frac{\text{ニヌ}}{\text{ネ}}$，ノ	$\frac{-b}{a}$，0	2	
	$\frac{\text{ハヒフ}}{\text{ヘホ}}$	$\frac{-2b}{3a}$	3	
第2問　自己採点小計				
第3問 (20)	ア－イ	$a-1$	2	
	$\frac{x+\text{ウエ}-\text{オ}}{\text{カ}}$	$\frac{x+2a-2}{a}$	3	
	$\frac{y-\text{キ}+\text{ク}}{\text{ケ}}$	$\frac{y-a+1}{a}$	3	
	x＋コサ－シ	$x+2a-2$	1	
	y－ス＋セ	$y-a+1$	1	
	ソ^2	a^2	1	
	$\sqrt{\text{タ}}$	$\sqrt{2}$	2	
	チ－$\sqrt{\text{ツ}}$	$1-\sqrt{2}$	2	
	テ	1	1	
	ト	②	2	
	ナ	①	2	
第3問　自己採点小計				

問題番号(配点)	解答記号	正解	配点	自己採点
第4問 (20)	ア	6	2	
	イ	0	3	
	ウ	2	3	
	エ$\pm\sqrt{\text{オ}}i$	$1\pm\sqrt{2}i$	3	
	x^2+カ$x+$キ	x^2+2x+3	3	
	ク	2	3	
	ケ	1	3	
第4問 自己採点小計				
自己採点合計				

第１問　三角関数，指数関数・対数関数

数学Ⅱ・数学Ｂ 第１日程の**第１問**に同じ。

第２問　微分法・積分法

数学Ⅱ・数学Ｂ 第１日程の**第２問**に同じ。

第3問 図形と方程式

a は $a>1$ を満たす定数である．また，座標平面上に点 M$(2,\ -1)$ がある．M と異なる点 P$(s,\ t)$ に対して，点 Q を，3点 M，P，Q がこの順に同一直線上に並び，線分 MQ の長さが線分 MP の長さの a 倍となるようにとる．

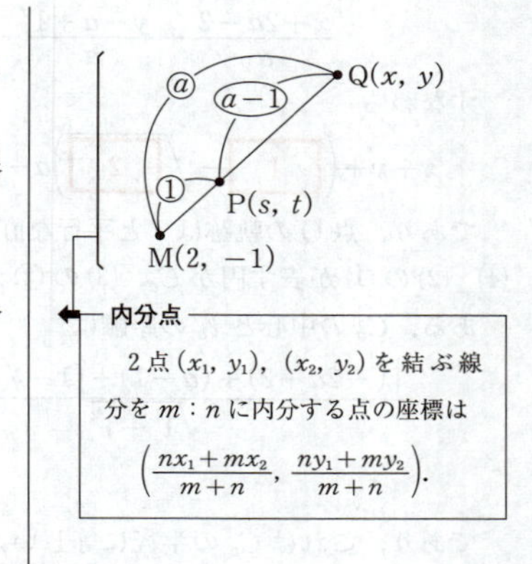

(1) 点 P は線分 MQ を $1:\left(\boxed{a}-\boxed{1}\right)$ に内分する．よって，点 Q の座標を $(x,\ y)$ とすると

$$s=\frac{(a-1)\cdot 2+1\cdot x}{1+(a-1)},\quad t=\frac{(a-1)(-1)+1\cdot y}{1+(a-1)}$$

すなわち

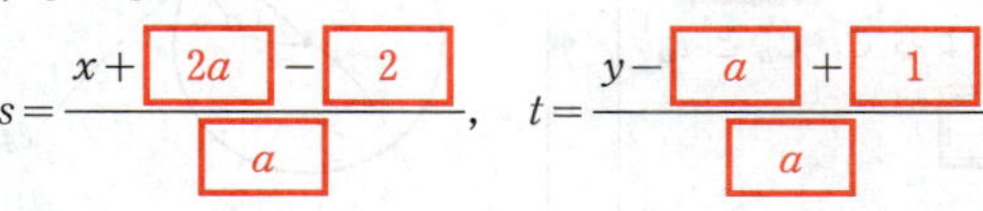

$$s=\frac{x+\boxed{2a}-\boxed{2}}{\boxed{a}},\quad t=\frac{y-\boxed{a}+\boxed{1}}{\boxed{a}}$$

である．

内分点

2点 $(x_1,\ y_1)$，$(x_2,\ y_2)$ を結ぶ線分を $m:n$ に内分する点の座標は

$$\left(\frac{nx_1+mx_2}{m+n},\ \frac{ny_1+my_2}{m+n}\right).$$

(2) 座標平面上に原点 O を中心とする半径 1 の円 C がある．点 P が C 上を動くとき，点 Q の軌跡を考える．

点 P が C 上にあるとき

$$s^2+t^2=1$$

が成り立つから，点 Q の座標を $(x,\ y)$ とすると，x，y は

$$\left(\frac{x+2a-2}{a}\right)^2+\left(\frac{y-a+1}{a}\right)^2=1$$

すなわち

$$\left(x+\boxed{2a}-\boxed{2}\right)^2+\left(y-\boxed{a}+\boxed{1}\right)^2=\boxed{a}^2 \quad \cdots①$$

を満たすので，点 Q は $(-2a+2,\ a-1)$ を中心とする半径 a の円上にある．

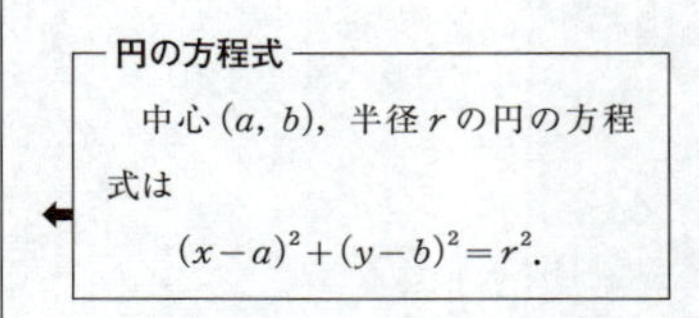

円の方程式

中心 $(a,\ b)$，半径 r の円の方程式は

$$(x-a)^2+(y-b)^2=r^2.$$

(3) k は正の定数であり，直線 $\ell: x+y-k=0$ と円 $C: x^2+y^2=1$ は接しているとする．このとき，C の中心 $(0,\ 0)$ から ℓ までの距離が C の半径 1 に等しいので

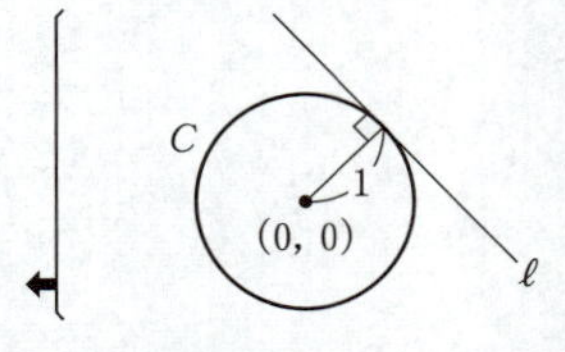

$$\frac{|0+0-k|}{\sqrt{1^2+1^2}}=1$$

が成り立つ．よって，$k=\sqrt{\boxed{2}}$ である．

点と直線の距離

点 $(x_0,\ y_0)$ と直線 $ax+by+c=0$ の距離は

$$\frac{|ax_0+by_0+c|}{\sqrt{a^2+b^2}}.$$

点 P が ℓ 上を動くとき

$$s+t-\sqrt{2}=0$$

が成り立つから，点 Q$(x,\ y)$ の軌跡の方程式は

← $\ell: x+y-\sqrt{2}=0.$

$$\frac{x+2a-2}{a}+\frac{y-a+1}{a}-\sqrt{2}=0$$

すなわち

$$x+y+\left(\boxed{1}-\sqrt{\boxed{2}}\right)a-\boxed{1}=0 \quad \cdots②$$

であり，点Qの軌跡はℓと平行な直線である．

(4)　(2)の①が表す円がC_a，(3)の②が表す直線がℓ_aである．C_aの中心とℓ_aの距離は

$$\frac{|(-2a+2)+(a-1)+(1-\sqrt{2})a-1|}{\sqrt{1^2+1^2}}=a$$

（ ② ）

であり，これはC_aの半径に等しい．よって，C_aとℓ_aはaの値によらず，接する．（ ① ）

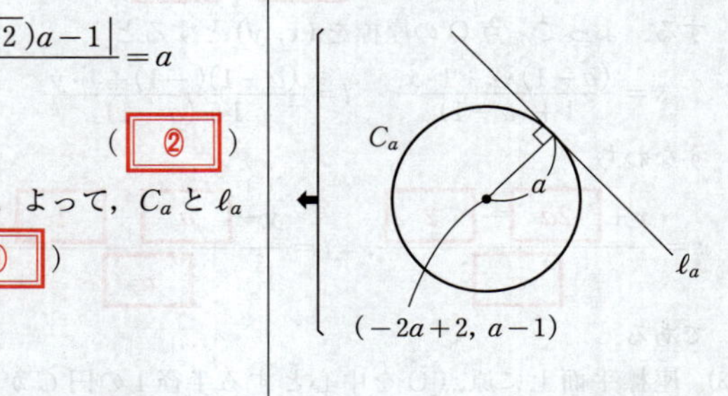

第4問 高次方程式

k は実数.

$$P(x)=x^4+(k-1)x^2+(6-2k)x+3k$$

(1) $k=0$ とする．このとき

$$P(x)=x^4-x^2+6x$$
$$=x\left(x^3-x+\boxed{6}\right)$$

である．また

$$P(-2)=-2\{(-2)^3-(-2)+6\}=\boxed{0}$$

である．これらのことにより，$P(x)$ は

$$P(x)=x\left(x+\boxed{2}\right)(x^2-2x+3)$$

と因数分解できる．

また，方程式 $P(x)=0$ の虚数解は

$$x^2-2x+3=0$$

の解 $\boxed{1}\pm\sqrt{\boxed{2}}\,i$ である．

(2) $k=3$ とすると，$P(x)$ を x^2-2x+3 で割ることにより

$$P(x)=\left(x^2+\boxed{2}\,x+\boxed{3}\right)(x^2-2x+3)$$

が成り立つことがわかる．

(3) (1), (2) の結果を踏まえると，次の**予想**が立てられる．

予想

k がどのような実数であっても，$P(x)$ は x^2-2x+3 で割り切れる．

この**予想**が正しいとすると，ある実数 m, n に対して

$$P(x)=(x^2+mx+n)(x^2-2x+3) \quad \cdots ①$$

すなわち

$$x^4+(k-1)x^2+(6-2k)x+3k$$
$$=x^4+(m-2)x^3+(3-2m+n)x^2+(3m-2n)x+3n \quad \cdots ②$$

が成り立つ．この式の x^3 の係数に着目とすると

$$0=m-2$$

より

$$m=\boxed{2}$$

が得られる．また，定数項に着目することにより，$n=k$ が得られる．

このとき，② は成り立つから，① も成り立ち，この

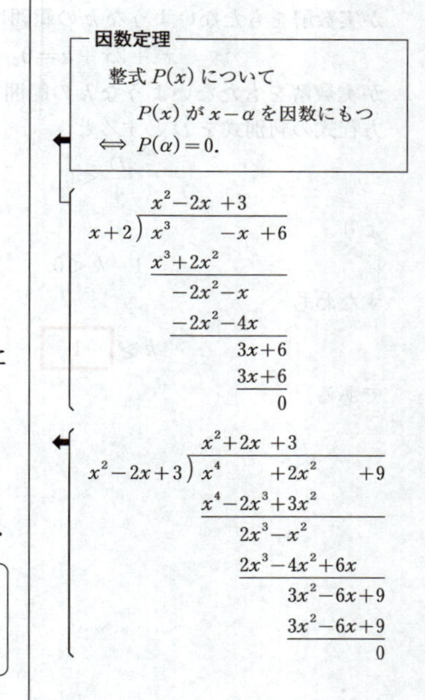

因数定理

整式 $P(x)$ について
$P(x)$ が $x-\alpha$ を因数にもつ
$\iff P(\alpha)=0$.

予想が正しいことがわかる．①は

$$P(x)=(x^2+2x+k)(x^2-2x+3)$$

となる．

⑷　方程式

$$P(x)=0$$

すなわち

$$(x^2+2x+k)(x^2-2x+3)=0$$

が実数解をもたないような k の範囲は，2 次方程式

$$x^2+2x+k=0$$

が実数解をもたないような k の範囲であるから，この方程式の判別式を D とすると

$$\frac{D}{4}<0$$

より

$$1-k<0$$

すなわち

$$k> \boxed{1}$$

である．

⬅ ①に $m=2$，$n=k$ を代入した．

⬅ $x^2-2x+3=0$ の解は $1\pm\sqrt{2}i$．

⬅ 2 次方程式の解の判別

実数係数の 2 次方程式

$$ax^2+bx+c=0$$

の判別式 $D=b^2-4ac$ について

$D>0 \iff$ 異なる二つの実数解をもつ，

$D=0 \iff$ 重解をもつ，

$D<0 \iff$ 異なる二つの虚数解をもつ．

数学Ⅰ・数学A
数学Ⅱ・数学B

(2020年1月実施)

	受験者数	平均点
数学Ⅰ・数学A	382,151	51.88
数学Ⅱ・数学B	339,925	49.03

数学Ⅰ・数学A

解答・採点基準

(100点満点)

問題番号(配点)	解答記号	正解	配点	自己採点
第1問 (30)	$\text{アイ} < a < \text{ウ}$	$-2 < a < 4$	3	
	$\text{エ} < a < \text{オ}$	$0 < a < 4$	2	
	カキ	-2	2	
	$\dfrac{\text{ク}\sqrt{\text{ケ}}-\text{コ}}{\text{サシ}}$	$\dfrac{5\sqrt{3}-6}{13}$	3	
	ス	②	2	
	セソ	12	2	
	タ	④	2	
	チ	③	2	
	$x^2-2(c+\text{ツ})x+c(c+\text{テ})$	$x^2-2(c+2)x+c(c+4)$	2	
	$-\text{ト} \leqq c \leqq \text{ナ}$	$-1 \leqq c \leqq 0$	2	
	$\text{ニ} \leqq c \leqq \text{ヌ}$	$2 \leqq c \leqq 3$	2	
	$\text{ネ}+\sqrt{\text{ノ}}$	$3+\sqrt{3}$	2	
	ハヒ	-4	2	
	$\text{フ}+\text{ヘ}\sqrt{\text{ホ}}$	$8+6\sqrt{3}$	2	
	第1問　自己採点小計			
第2問 (30)	ア	2	3	
	$\dfrac{\sqrt{\text{イウ}}}{\text{エ}}$	$\dfrac{\sqrt{14}}{4}$	3	
	$\sqrt{\text{オ}}$	$\sqrt{2}$	3	
	カ	1	3	
	$\dfrac{\text{キ}\sqrt{\text{ク}}}{\text{ケ}}$	$\dfrac{4\sqrt{7}}{7}$	3	
	コ，サ	③，⑤ (解答の順序は問わない)	6 (各3)	
	シ	⑥	3	
	ス	④	3	
	セ	③	3	
	第2問　自己採点小計			

問題番号(配点)	解答記号	正解	配点	自己採点
第3問 (20)	ア，イ	⓪，② (解答の順序は問わない)	4 (各2)	
	$\dfrac{\text{ウ}}{\text{エ}}$	$\dfrac{1}{4}$	2	
	$\dfrac{\text{オ}}{\text{カ}}$	$\dfrac{1}{2}$	2	
	キ	3	2	
	$\dfrac{\text{ク}}{\text{ケ}}$	$\dfrac{3}{8}$	3	
	$\dfrac{\text{コ}}{\text{サシ}}$	$\dfrac{7}{32}$	4	
	$\dfrac{\text{ス}}{\text{セ}}$	$\dfrac{4}{7}$	3	
	第3問　自己採点小計			
第4問 (20)	$\dfrac{\text{アイ}}{\text{ウエ}}$	$\dfrac{26}{11}$	3	
	$\dfrac{\text{オカ}+7\times a+b}{\text{キク}}$	$\dfrac{96+7\times a+b}{48}$	3	
	ケ	9	2	
	コサ	11	2	
	シス	36	3	
	セ，ソ	5，1	3	
	タ	6	4	
	第4問　自己採点小計			
第5問 (20)	ア	1	2	
	$\dfrac{\text{イ}}{\text{ウ}}$	$\dfrac{1}{8}$	2	
	$\dfrac{\text{エ}}{\text{オ}}$	$\dfrac{2}{7}$	2	
	$\dfrac{\text{カ}}{\text{キク}}$	$\dfrac{9}{56}$	4	
	ケコ	12	4	
	サシ	72	2	
	ス	②	4	
	第5問　自己採点小計			
	自己採点合計			

(注)

第1問，第2問は必答。

第3問～第5問のうちから2問選択。計4問を解答。

第1問　数と式・集合と命題・2次関数

〔1〕 aは定数.

(1)　直線ℓ：$y=(a^2-2a-8)x+a$.

ℓの傾き「a^2-2a-8」が負となるのは,

$$a^2-2a-8<0$$

のときであるから，求めるaの値の範囲は,

$$(a+2)(a-4)<0$$

$$\boxed{-2}<a<\boxed{4} \quad \cdots ①$$

である.

(2)　$a^2-2a-8\neq 0$, つまり, $a\neq -2$かつ$a\neq 4$のとき.

bは, (1)のℓとx軸との交点のx座標である.

$a>0$ の場合.

ℓのy切片(a)は正であるから, $b>0$ となるのは,

「ℓの傾きが負のとき」

である.

よって，①と $a>0$ より，aの値の範囲は,

$$\boxed{0}<a<\boxed{4}$$

である.

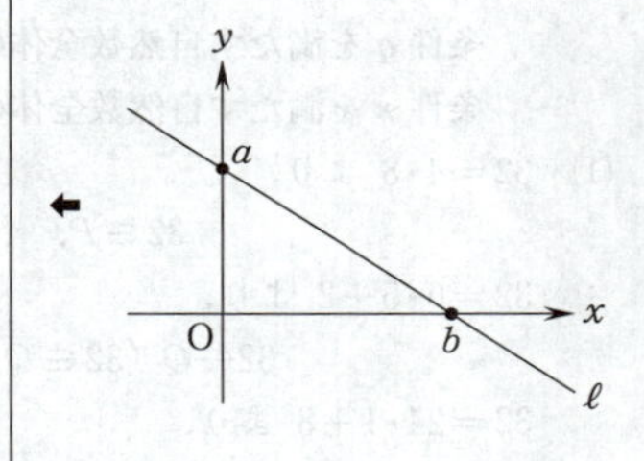

$a\leqq 0$ の場合.

ℓのy切片(a)は負または0であるから，$b>0$ となるのは,

「ℓの傾きが正のとき」

である.

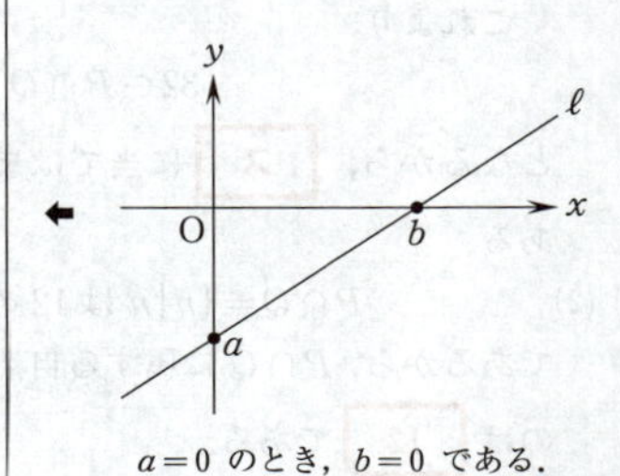

$a=0$ のとき，$b=0$ である.

これより,

$$a^2-2a-8>0$$
$$(a+2)(a-4)>0$$
$$a<-2,\quad 4<a$$

である.

よって，$a\leqq 0$ より，aの値の範囲は,

$$a<\boxed{-2}$$

である.

また，$a=\sqrt{3}$ のとき，ℓは,

$$y=-(5+2\sqrt{3})x+\sqrt{3}$$

である.

bの値は，$x=b$, $y=0$ を代入して,

$$0=-(5+2\sqrt{3})b+\sqrt{3}$$

$$b=\frac{\sqrt{3}}{5+2\sqrt{3}}$$

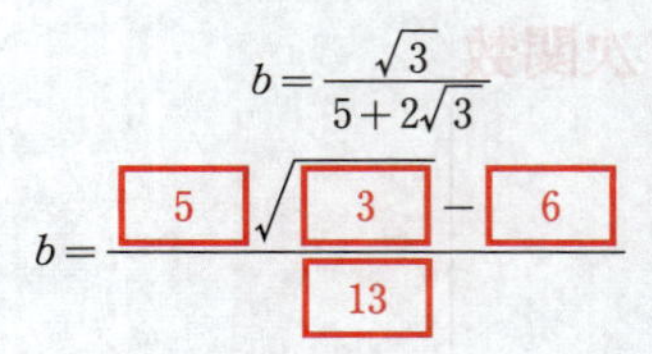

$$b=\frac{\boxed{5}\sqrt{\boxed{3}}-\boxed{6}}{\boxed{13}}$$

である．

← $b=\dfrac{\sqrt{3}(5-2\sqrt{3})}{(5+2\sqrt{3})(5-2\sqrt{3})}$
$=\dfrac{5\sqrt{3}-6}{13}$.

〔2〕 n は自然数．

p：n は 4 の倍数である，
q：n は 6 の倍数である，
r：n は 24 の倍数である．

条件 p を満たす自然数全体の集合を P，
条件 q を満たす自然数全体の集合を Q，
条件 r を満たす自然数全体の集合を R．

(1)　$32=4\cdot 8$ より，

$$32\in P.$$

$32=6\cdot 5+2$ より，

$$32\notin Q\ (32\in \overline{Q}).$$

$32=24\cdot 1+8$ より，

$$32\notin R\ (32\in \overline{R}).$$

これより，

$$32\in P\cap \overline{Q}$$

となるから，$\boxed{ス}$ に当てはまるものは $\boxed{②}$ である．

← a が集合 A の要素(集合を構成している1つ1つのもの)であるとき，a は集合 A に属するといい，

$$a\in A$$

と表し，b が集合 A の要素でないことを，

$$b\notin A$$

と表す．

← $A\cap B$ は A と B の共通部分．

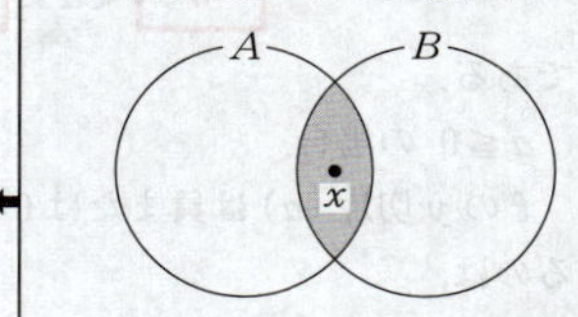

$A\cap B=\{x\,|\,x\in A$ かつ $x\in B\}$.

(2)　$P\cap Q=\{n\,|\,n$ は 12 の倍数$\}$

であるから，$P\cap Q$ に属する自然数のうち，最小のものは $\boxed{12}$ である．　…①

$12=24\cdot 0+12$ より，

$$12\notin R\ (12\in \overline{R})\qquad\cdots ②$$

であるから，$\boxed{タ}$ に当てはまるものは $\boxed{④}$ である．

← $P\cap Q$ は，n が 4 の倍数 かつ n が 6 の倍数の集合である．

(3)・12 は命題⓪，①の反例ではない．

② より，12 は結論である $\overline{r}$ を満たすから．

・12 は命題②の反例ではない．

② より，12 は仮定である r を満たさないから．

・12 は命題③の反例である．

① より，12 は仮定である p かつ q を満たし，② より，12 は結論である r を満たさないから．

よって，$\boxed{チ}$ に当てはまるものは $\boxed{③}$ であ

← 偽である命題「$s\Longrightarrow t$」において，仮定 s を満たすが，結論 t を満たさないものを，この命題の反例という．

る．

〔3〕 c は定数．

(1) G は，2次関数 $y=x^2$ のグラフを，2点 $(c, 0)$，$(c+4, 0)$ を通るように平行移動して得られるグラフであるから，G をグラフにもつ2次関数は，

$$y=(x-c)\{x-(c+4)\}$$

すなわち，

$$y=x^2-2\left(c+\boxed{2}\right)x+c\left(c+\boxed{4}\right)$$

と表せる．

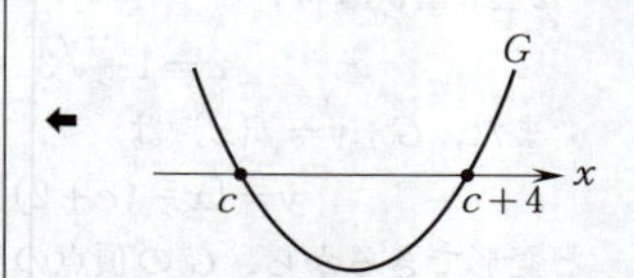

← 2次関数の x^2 の係数が a であるグラフが2点 $(p, 0)$，$(q, 0)$ を通るとき，そのグラフが表す2次関数は，

$$y=a(x-p)(x-q)\quad (a\neq 0)$$

と表せる．

ここで，

$$f(x)=x^2-2(c+2)x+c(c+4)$$

とおくと，2点 $(3, 0)$，$(3, -3)$ を両端とする線分と G が共有点をもつ条件は，

$$-3\leqq f(3)\leqq 0 \qquad \cdots①$$

である．

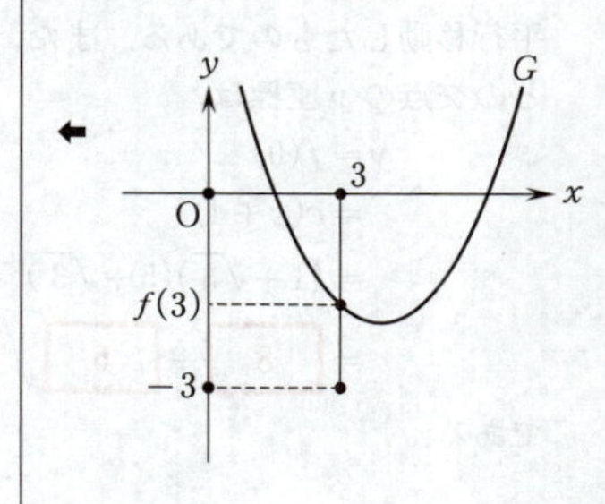

$$f(3)=3^2-2(c+2)\cdot 3+c(c+4)=c^2-2c-3$$

であるから，① は，

$$-3\leqq c^2-2c-3\leqq 0$$

すなわち，

$$\begin{cases} c^2-2c\geqq 0, & \cdots② \\ c^2-2c-3\leqq 0 & \cdots③ \end{cases}$$

となる．

② より，

$$c(c-2)\geqq 0$$
$$c\leqq 0,\quad 2\leqq c. \qquad \cdots②'$$

③ より，

$$(c+1)(c-3)\leqq 0$$
$$-1\leqq c\leqq 3. \qquad \cdots③'$$

よって，求める c の値の範囲は，②′ かつ ③′ より，

$$-\boxed{1}\leqq c\leqq \boxed{0},\quad \boxed{2}\leqq c\leqq \boxed{3}$$

である．

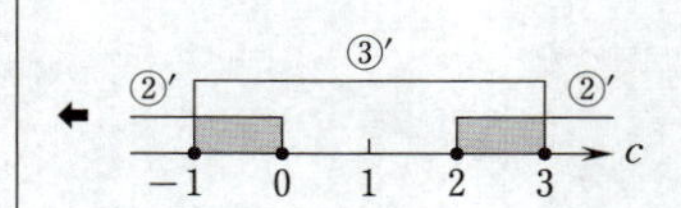

(2) $2\leqq c\leqq 3$ とする．

$G: y=f(x)$ が点 $(3, -1)$ を通るとき，

$$-1=f(3)$$

が成り立つから，

$$-1=c^2-2c-3$$
$$c^2-2c-2=0$$
$$c=1\pm\sqrt{3}.$$

$2 \leqq c \leqq 3$ より，

$$c=1+\sqrt{3}. \qquad \cdots ④$$

また，$G : y=f(x)$ は，

$$y=\{x-(c+2)\}^2-4$$

と変形できるから，G の頂点の座標は，

$$(c+2,\ -4)$$

であり，④ を代入すると，

$$(3+\sqrt{3},\ -4)$$

である．

よって，G は，2 次関数 $y=x^2$ のグラフを x 軸方向に $\boxed{3}+\sqrt{\boxed{3}}$，$y$ 軸方向に $\boxed{-4}$ だけ平行移動したものである．また，このとき G と y 軸との交点の y 座標は，

$$\begin{aligned} y&=f(0)\\ &=c(c+4)\\ &=(1+\sqrt{3})(5+\sqrt{3}) \quad (④ \text{より})\\ &=\boxed{8}+\boxed{6}\sqrt{\boxed{3}} \end{aligned}$$

である．

← 2 次関数

$$y=a(x-p)^2+q$$

のグラフの頂点の座標は，

$$(p,\ q).$$

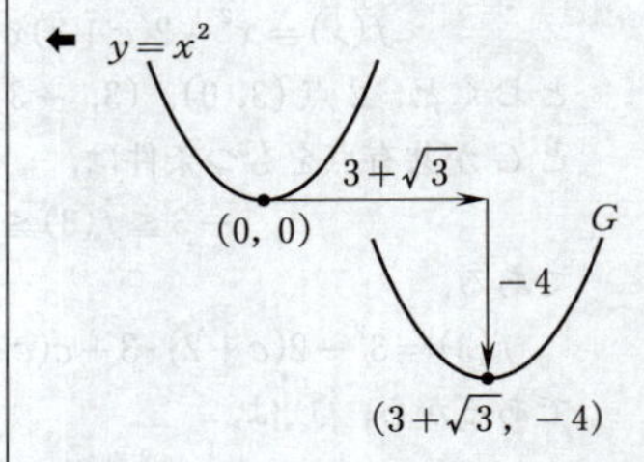

第2問　図形と計量・データの分析

〔1〕

△BCD に余弦定理を用いると，

← $\cos\angle \mathrm{BCD}=\dfrac{3}{4}$.

$$\mathrm{BD}^2=\mathrm{BC}^2+\mathrm{CD}^2-2\mathrm{BC}\cdot\mathrm{CD}\cos\angle\mathrm{BCD}$$
$$=(2\sqrt{2})^2+(\sqrt{2})^2-2\cdot2\sqrt{2}\cdot\sqrt{2}\cdot\frac{3}{4}$$
$$=4$$

余弦定理

$$c^2=a^2+b^2-2ab\cos C,$$
$$\cos C=\frac{a^2+b^2-c^2}{2ab}.$$

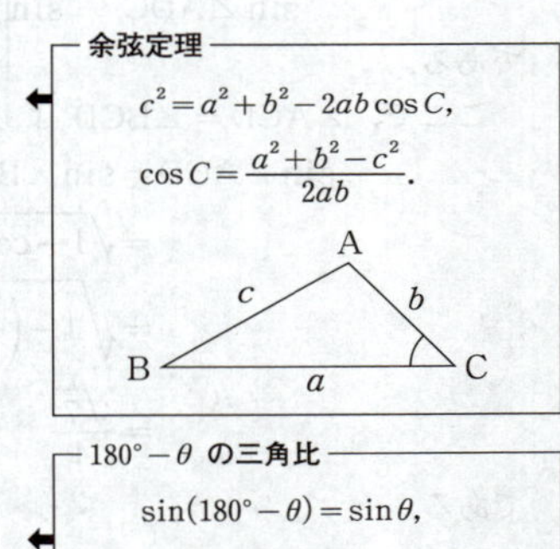

であるから，BD > 0 より，

$$\mathrm{BD}=\boxed{2}$$

である．

また，

$$\sin\angle\mathrm{ADC}=\sin(180^\circ-\angle\mathrm{BDC})$$
$$=\sin\angle\mathrm{BDC}$$
$$=\sqrt{1-\cos^2\angle\mathrm{BDC}} \qquad \cdots①$$

180° − θ の三角比

$$\sin(180^\circ-\theta)=\sin\theta,$$
$$\cos(180^\circ-\theta)=-\cos\theta,$$
$$\tan(180^\circ-\theta)=-\tan\theta.$$

0° ≦ θ ≦ 180° のとき，

$$\sin\theta=\sqrt{1-\cos^2\theta}.$$

であり，さらに，△BCD に余弦定理を用いると，

$$\cos\angle\mathrm{BDC}=\frac{\mathrm{BD}^2+\mathrm{CD}^2-\mathrm{BC}^2}{2\mathrm{BD}\cdot\mathrm{CD}}$$
$$=\frac{2^2+(\sqrt{2})^2-(2\sqrt{2})^2}{2\cdot2\cdot\sqrt{2}}$$
$$=-\frac{1}{2\sqrt{2}}=-\frac{\sqrt{2}}{4} \qquad \cdots②$$

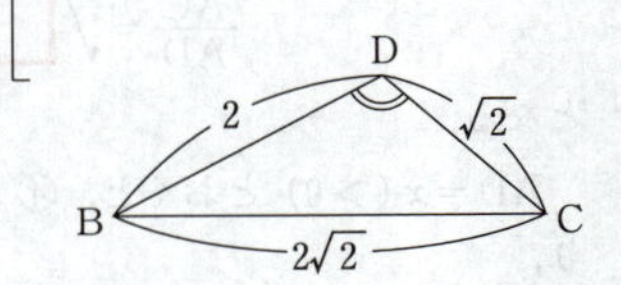

となるから，① に代入して，

$$\sin\angle\mathrm{ADC}=\sqrt{1-\left(-\frac{\sqrt{2}}{4}\right)^2}$$
$$=\frac{\sqrt{\boxed{14}}}{\boxed{4}}$$

である．

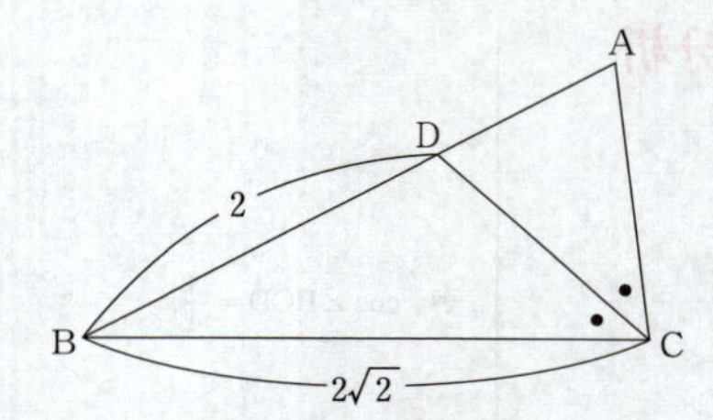

△ACD に正弦定理を用いると，

$$\frac{\mathrm{AC}}{\sin\angle\mathrm{ADC}}=\frac{\mathrm{AD}}{\sin\angle\mathrm{ACD}} \quad \cdots ③$$

である．

ここで，$\angle\mathrm{ACD}=\angle\mathrm{BCD}$ より，

$$\begin{aligned}\sin\angle\mathrm{ACD}&=\sin\angle\mathrm{BCD}\\&=\sqrt{1-\cos^2\angle\mathrm{BCD}}\\&=\sqrt{1-\left(\frac{3}{4}\right)^2}\\&=\frac{\sqrt{7}}{4}\end{aligned}$$

である．

よって，③より，

$$\frac{\mathrm{AC}}{\frac{\sqrt{14}}{4}}=\frac{\mathrm{AD}}{\frac{\sqrt{7}}{4}}$$

すなわち，

$$\frac{\mathrm{AC}}{\mathrm{AD}}=\sqrt{\boxed{2}} \quad \cdots ④$$

となる．

$\mathrm{AD}=x\ (>0)$ とおくと，④より，$\mathrm{AC}=\sqrt{2}x$ であり，

$$\begin{aligned}\cos\angle\mathrm{ADC}&=\cos(180^\circ-\angle\mathrm{BDC})\\&=-\cos\angle\mathrm{BDC}\\&=\frac{\sqrt{2}}{4}\quad(②より)\end{aligned}$$

であるから，△ACD に余弦定理を用いると，

$$\mathrm{AC}^2=\mathrm{AD}^2+\mathrm{CD}^2-2\mathrm{AD}\cdot\mathrm{CD}\cos\angle\mathrm{ADC}$$

$$(\sqrt{2}x)^2=x^2+(\sqrt{2})^2-2x\cdot\sqrt{2}\cdot\frac{\sqrt{2}}{4}$$

$$x^2+x-2=0$$

$$(x+2)(x-1)=0.$$

したがって，$x>0$ より，

$$\mathrm{AD}=x=\boxed{1}$$

正弦定理

$$\frac{a}{\sin A}=\frac{b}{\sin B}=\frac{c}{\sin C}=2R.$$

（R は外接円の半径）

A
c
b
R
B
a
C

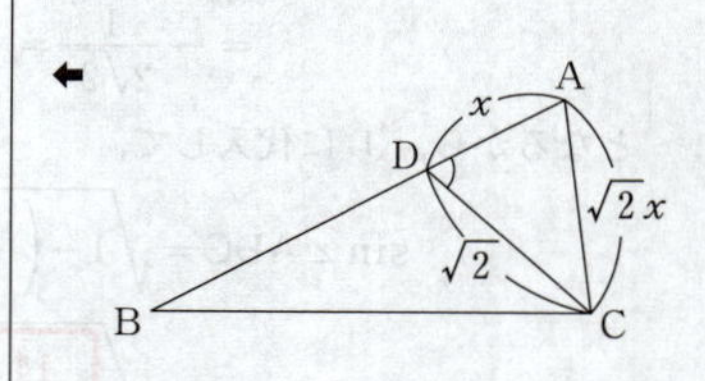

である．

これより，$AC=\sqrt{2}$ となるから，△ACD は $AC=CD$ の二等辺三角形である．

ゆえに，$\angle CAD=\angle ADC$ より，

$$\sin\angle CAB=\sin\angle CAD=\sin\angle ADC=\frac{\sqrt{14}}{4}$$

である．

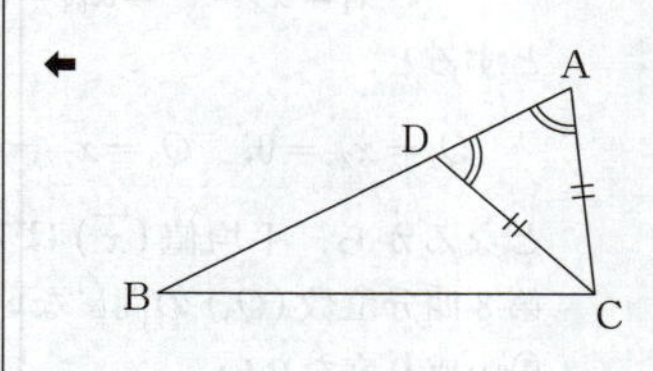

△ABC の外接円の半径を R とおき，△ABC に正弦定理を用いると，

$$2R=\frac{BC}{\sin\angle CAB}$$

$$2R=\frac{2\sqrt{2}}{\frac{\sqrt{14}}{4}}$$

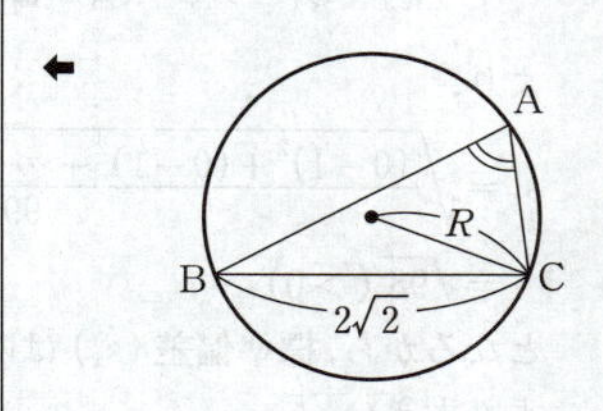

となるから，

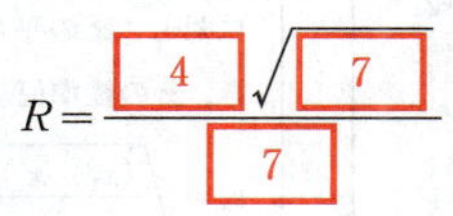

$$R=\frac{\boxed{4}\sqrt{\boxed{7}}}{\boxed{7}}$$

である．

【オ の別解】

数学 A で学習する「角の二等分線の性質」を用いて次のように求めてもよい．

△ABC において，線分 CD は ∠C の二等分線であるから，その性質より，

$$AC:BC=AD:DB$$

$$AC:2\sqrt{2}=AD:2$$

$$\frac{AC}{AD}=\sqrt{2}$$

となる．

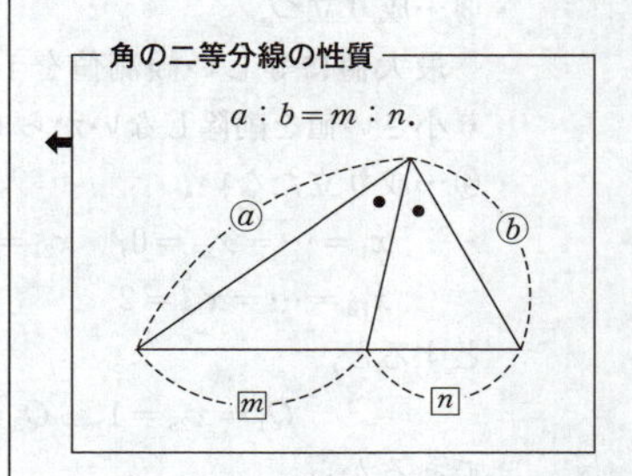

（別解終わり）

〔2〕

(1)　99 個の観測値を小さい方から順に並べたものを順に

$$x_1,\ x_2,\ x_3,\ \cdots,\ x_{99}$$

とし，この平均値を $\overline{x}$，標準偏差を s_x とする．

また，最小値を $m(x_1)$，第 1 四分位数を $Q_1(x_{25})$，中央値を $Q_2(x_{50})$，第 3 四分位数を $Q_3(x_{75})$，最大値を $M(x_{99})$ とする．

データを小さい方から順に並べたとき，中央の位置にくる値を中央値という．

中央の位置より，左半分のデータの中央値を第 1 四分位数，右半分のデータの中央値を第 3 四分位数という．

・⓪…成り立たない．

$$x_1=x_2=\cdots=x_{98}=0,\quad x_{99}=99$$

とすると，

$$Q_1=x_{25}=0,\quad Q_3=x_{75}=0,\quad \overline{x}=\frac{99}{99}=1$$

となるから，平均値 $(\overline{x})$ は第1四分位数 (Q_1) と第3四分位数 (Q_3) の間にない．

・①…成り立たない．

$$x_1=x_2=\cdots=x_{98}=0,\ x_{99}=99$$

とすると，

$$Q_3-Q_1=x_{75}-x_{25}=0,\quad \overline{x}=\frac{99}{99}=1$$

より，

$$s_x=\sqrt{\frac{(0-1)^2+(0-1)^2+\cdots+(0-1)^2+(99-1)^2}{99}}$$

$$=\sqrt{98}\ (>0)$$

となるから，標準偏差 (s_x) は四分位範囲 (Q_3-Q_1) より大きい．

・②…成り立たない．

$$x_1=x_2=\cdots=x_{48}=0,\quad x_{49}=x_{50}=\cdots=x_{99}=1$$

とすると，

$$Q_2=x_{50}=1$$

となり，中央値1より，小さい観測値の個数は48個である．

・③…成り立つ．

最大値に等しい観測値を1個削除しても Q_1 より小さい値を削除しないから Q_1 は変わらない．

・④…成り立たない．

$$x_1=\cdots=x_{23}=0,\quad x_{24}=\cdots=x_{75}=1,$$
$$x_{76}=\cdots=x_{99}=2$$

とすると，

$$Q_1=x_{25}=1,\quad Q_3=x_{75}=1$$

であるから，

第1四分位数 (Q_1) より小さい観測値は23個，
第3四分位数 (Q_3) より大きい観測値は24個

となる．

よって，第1四分位数より小さい観測値と，第3四分位数より大きい観測値とをすべて削除すると，残りの観測値の個数は，

$$99-23-24=52\ (個)$$

← **平均値**
変量 x に関するデータ
$$x_1,\ x_2,\ \cdots,\ x_n$$
に対し，x の平均値を $\overline{x}$ とすると，
$$\overline{x}=\frac{x_1+x_2+\cdots+x_n}{n}.$$

← $\begin{pmatrix}\text{四分位}\\\text{範囲}\end{pmatrix}=\begin{pmatrix}\text{第3四分}\\\text{位数}\end{pmatrix}-\begin{pmatrix}\text{第1四分}\\\text{位数}\end{pmatrix}$

← **標準偏差**
変量 x に関するデータ
$$x_1,\ x_2,\ \cdots,\ x_n$$
に対し，x の平均値を $\overline{x}$ とするとき，x の標準偏差 s_x は，
$$s_x=\sqrt{\frac{(x_1-\overline{x})^2+\cdots+(x_n-\overline{x})^2}{n}}.$$

← $x_1=x_2=\cdots=x_{48}=0.$

← 98個の観測値を小さい方から順に並べても第1四分位数は小さい方から25番目の値となり変わらない．

← $x_1=\cdots=x_{23}=0.$

← $x_{76}=\cdots=x_{99}=2.$

となる．

・⑤…成り立つ．

残りの観測値からなるデータにおいて，

$$(\text{最小値})=Q_1,\ (\text{最大値})=Q_3$$

となるから，範囲はもとの四分位範囲に等しい．

← (範囲)＝(最大値)－(最小値).

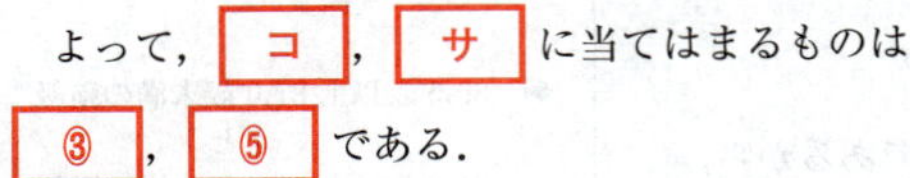

よって，コ，サ に当てはまるものは ③，⑤ である．

(2)(Ⅰ)…誤．

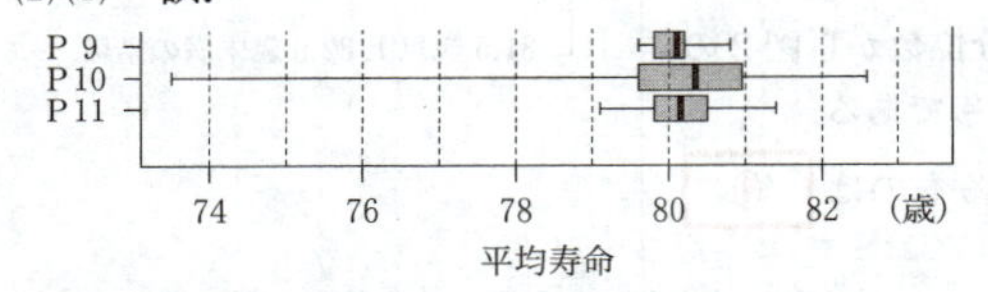

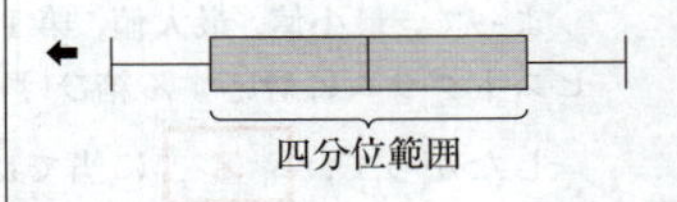

P 10 は，四分位範囲が 1 より大きい．

(Ⅱ)…誤．

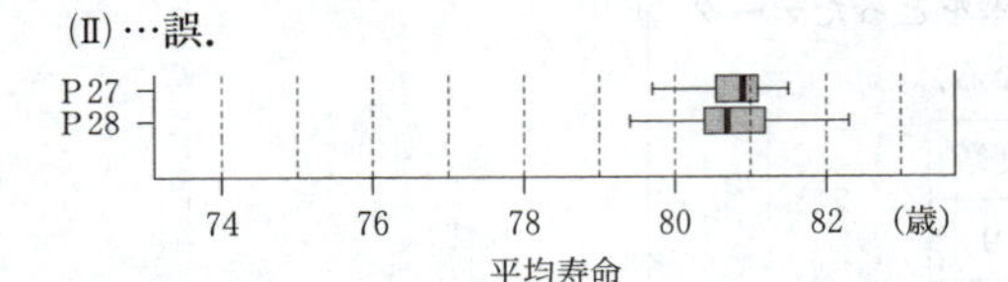

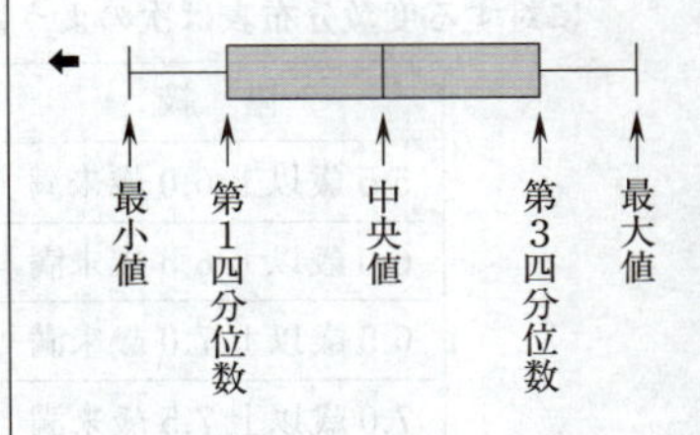

P 27 から P 28 において，中央値が大きい値から小さい値になっている．

(Ⅲ)…正．

よって， シ に当てはまるものは ⑥ である．

(3)　図 2 の「市区町村別平均寿命のヒストグラム」より，度数分布表は次のようになる．

← 最初の階級からその階級までの度数を合計したものを累積度数という．

階　級	度数	累積度数
79.5 歳以上 80.0 歳未満	2	2
80.0 歳以上 80.5 歳未満	4	6
80.5 歳以上 81.0 歳未満	9	15
81.0 歳以上 81.5 歳未満	3	18
81.5 歳以上 82.0 歳未満	2	20

最小値は小さい方から 1 番目の値であるから，

最小値は 79.75 歳．

← 79.5 歳以上 80.0 歳未満の階級．

第 1 四分位数は小さい方から 5 番目の値と 6 番目の値の平均値であるから，

第１四分位数は 80.25 歳.

← 80.0 歳以上 80.5 歳未満の階級.

中央値は小さい方から 10 番目の値と 11 番目の値の平均値であるから,

中央値は 80.75 歳.

← 80.5 歳以上 81.0 歳未満の階級.

第３四分位数は小さい方から 15 番目の値と 16 番目の値の平均値であるから,

第３四分位数は 81.0 歳.

← 80.5 歳以上 81.0 歳未満の階級 と 81.0 歳以上 81.5 歳未満の階級.

最大値は小さい方から 20 番目の値であるから,

最大値は 81.75 歳.

← 81.5 歳以上 82.0 歳未満の階級.

よって，最小値，最大値，第１四分位数から図２のヒストグラムに対応する箱ひげ図は④である.

したがって, ス に当てはまるものは ④ である.

(4) 図３の「男と女の都道府県別平均寿命の散布図」より，都道府県ごとに男女寿命の差をとったデータに対する度数分布表は次のようになる.

階　級	度数
5.5 歳以上 6.0 歳未満	9
6.0 歳以上 6.5 歳未満	22
6.5 歳以上 7.0 歳未満	13
7.0 歳以上 7.5 歳未満	3

これより，都道府県ごとに男女の平均寿命の差をとったデータに対するヒストグラムは，5.5 歳以上 6.0 歳未満の階級と 7.0 歳以上 7.5 歳未満の階級に注目して③である.

したがって, セ に当てはまるものは ③ である.

第3問　場合の数・確率

〔1〕

・⓪…正しい．

1回の試行において，1枚のコインを投げるとき，

表が出る確率は $\frac{1}{2}$，裏が出る確率は $\frac{1}{2}$

である．

1枚のコインを投げる試行を5回繰り返すとき，表が1回も出ない，つまり，裏が5回続けて出る確率は，

$$\left(\frac{1}{2}\right)^5=\frac{1}{32}$$

である．

よって，少なくとも1回は表が出る確率 p は，

$$p=1-\frac{1}{32}=\frac{31}{32}=0.968\cdots\ (>0.95)$$

である．

← 余事象の確率
$P(A)+P(\overline{A})=1.$

・①…正しくない．

袋の中に赤球が a 個（$a=0,\ 1,\ 2,\ \cdots,\ 8$）入っているとすると，1回の試行で赤球が出る確率は，

$$\frac{a}{8}\ (a=0,\ 1,\ 2,\ \cdots,\ 8)\left(\neq\frac{3}{5}\right)$$

である．

・②…正しい．

箱の中に，

「い」と書かれたカードが1枚，
「ろ」と書かれたカードが2枚，
「は」と書かれたカードが2枚

が入っている．

5枚のカードはすべて区別して考える．

5枚のカードの中から同時に2枚のカードを取り出す方法は全部で，

$${}_5\mathrm{C}_2 \text{ 通り}$$

あり，これらはすべて同様に確からしい．

書かれた文字が同じである取り出し方は，

・「ろ」と書かれたカードを2枚取り出すとき，
・「は」と書かれたカードを2枚取り出すとき

の2つの場合があるから，その確率は，

$$\frac{{}_2\mathrm{C}_2+{}_2\mathrm{C}_2}{{}_5\mathrm{C}_2}=\frac{1}{5}$$

である．

よって，書かれた文字が異なる確率は，

$$1-\frac{1}{5}=\frac{4}{5}$$

である．

・③…正しくない．

2体のロボットをA，Bとする．

2つの事象 E，F を，

E：1枚のコインを投げて表が出る，

F：2体のロボットA，Bが「オモテ」と発言する

と定める．

1枚のコインを投げて，出た面を見た2体が，ともに「オモテ」と発言したときに，実際に表が出ている条件付き確率 p は，

$$p=P_F(E)=\frac{P(E\cap F)}{P(F)}\quad\cdots①$$

として求めることができる．

$E\cap F$ は，

「コインの表が出て，ロボットA，Bがともに出た面に対して「オモテ」と正しく発言する事象」

であるから，

$$P(E\cap F)=\frac{1}{2}\times\frac{9}{10}\times\frac{9}{10}=\frac{81}{200}$$

である．

F は，

「コインの表が出て，ロボットA，Bがともに出た面に対して「オモテ」と正しく発言することと，コインの裏が出て，ロボットA，Bがともに出た面に対して「オモテ」と正しく発言しないことを合わせた事象」

であるから，

$$P(F)=\frac{1}{2}\times\frac{9}{10}\times\frac{9}{10}+\frac{1}{2}\times\frac{1}{10}\times\frac{1}{10}=\frac{82}{200}$$

である．

よって，これらを①に代入すると，

$$p=\frac{\frac{81}{200}}{\frac{82}{200}}=\frac{81}{82}=0.987\cdots\ (>0.9)$$

である．

よって，［ア］，［イ］に当てはまるものは

← ・「い」…1枚と「ろ」…1枚，
・「い」…1枚と「は」…1枚，
・「ろ」…1枚と「は」…1枚

と直接数え上げて，

$$\frac{{}_1C_1\times{}_2C_1+{}_1C_1\times{}_2C_1+{}_2C_1\times{}_2C_1}{{}_5C_2}$$

$$=\frac{4}{5}$$

と求めてもよい．

← **条件付き確率**

事象 C が起こったときの事象 D が起こる条件付き確率 $P_C(D)$ は，

$$P_C(D)=\frac{P(C\cap D)}{P(C)}.$$

← 出た面に対してロボットが正しく発言する確率は，

$$0.9=\frac{9}{10}.$$

← 出た面に対してロボットが正しく発言しない確率は，

$$0.1=\frac{1}{10}.$$

である．

【参考】

	E	$\overline{E}$
F	$\frac{1}{2}\times\frac{9}{10}\times\frac{9}{10}=\frac{81}{200}$	$\frac{1}{2}\times\frac{1}{10}\times\frac{1}{10}=\frac{1}{200}$
$\overline{F}$	$\frac{1}{2}\left(\frac{9}{10}\times\frac{1}{10}+\frac{1}{10}\times\frac{9}{10}+\frac{1}{10}\times\frac{1}{10}\right)$ $=\frac{19}{200}$	$\frac{1}{2}\left(\frac{1}{10}\times\frac{9}{10}+\frac{9}{10}\times\frac{1}{10}+\frac{9}{10}\times\frac{9}{10}\right)$ $=\frac{99}{200}$

⬅ $P(F)=P(E\cap F)+P(\overline{E}\cap F)$
$=\frac{82}{200}.$

〔2〕

1回の試行において，1枚のコインを投げるとき，

表が出る確率は $\frac{1}{2}$，裏が出る確率は $\frac{1}{2}$

である．

コインを3回投げたときの樹形図は次のようになる．(　)内の数は持ち点を表す．

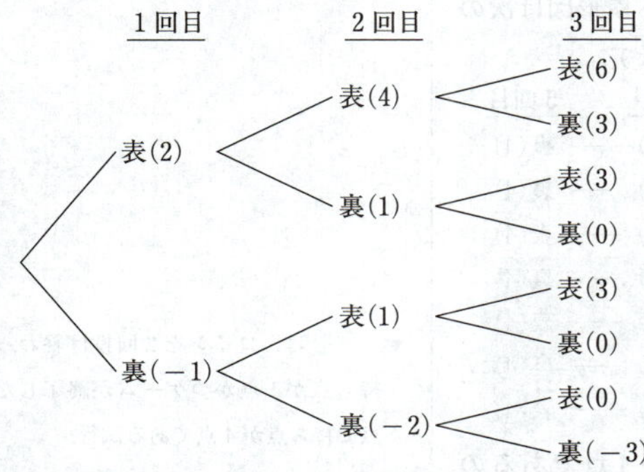

(1)　コインを2回投げ終わって持ち点が −2点であるのは樹形図より，1通りしかない．

⬅

1回目	2回目
裏	裏

よって，コインを2回投げ終わって持ち点が −2である確率は，

$$\left(\frac{1}{2}\right)^2\times 1=\frac{\boxed{1}}{\boxed{4}}$$

である．

また，コインを2回投げ終わって持ち点が1点であるのは樹形図より，2通りある．

⬅

1回目	2回目
表	裏
裏	表

よって，コインを2回投げ終わって持ち点が1点である確率は，

$$\left(\frac{1}{2}\right)^2\times 2=\frac{1}{2}$$

である．

(2)　持ち点が再び0点になることが起こるのは，樹形図より，コインを 3 回投げ終わったときである．

コインを3回投げ終わって持ち点が0点になるのは，樹形図より，3通りある．

よって，コインを3回投げ終わって持ち点が0点になる確率は，

$$\left(\frac{1}{2}\right)^3\times 3=\frac{3}{8}$$

である．

1回目	2回目	3回目
表	裏	裏
裏	表	裏
裏	裏	表

さらに，コインを5回投げ終わった時点でゲームを終了し，持ち点が4点になっている樹形図は次のようになる．(　)内の数は持ち点を表す．

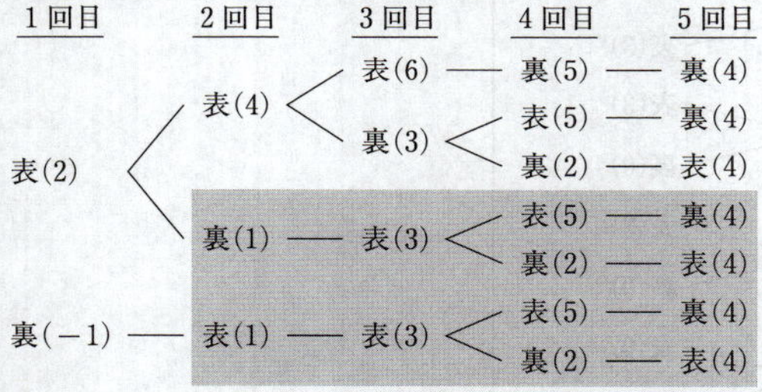

1回目	2回目	3回目	4回目	5回目
表(2)	表(4)	表(6)	裏(5)	裏(4)
		裏(3)	表(5)	裏(4)
			裏(2)	表(4)
	裏(1)	表(3)	表(5)	裏(4)
			裏(2)	表(4)
裏(−1)	表(1)	表(3)	表(5)	裏(4)
			裏(2)	表(4)

▒は，コインを2回投げ終わって持ち点が1点かつゲームが終了した時点で持ち点が4点である試行．

(3)　ゲームが終了した時点で持ち点が4点であるのは，樹形図より，7通りある．

よって，ゲームが終了した時点で持ち点が4点である確率は，

$$\left(\frac{1}{2}\right)^5\times 7=\frac{7}{32}\quad\cdots①$$

である．

(4)　ゲームが終了した時点で持ち点が4点であるとき，コインを2回投げ終わって持ち点が1点である条件付き確率は，

$$\frac{\left(\begin{array}{l}\text{コインを2回投げ終わって持ち点が1点}\\\text{かつゲームが終了した時点で持ち点が}\\\text{4点である確率}\end{array}\right)}{\left(\begin{array}{l}\text{ゲームが終了した時点で持ち点が4点}\\\text{である確率}\end{array}\right)}$$

$$=\frac{\left(\frac{1}{2}\right)^5\times 4}{\frac{7}{32}}$$ （①と樹形図より）

$$=\frac{\boxed{4}}{\boxed{7}}$$

である．

⬅ 分子の計算は次の表より得られる．

1回目	2回目	3回目	4回目	5回目
表	裏	表	表	裏
表	裏	表	裏	表
裏	表	表	表	裏
裏	表	表	裏	表

第4問　整数の性質

(1)　$x=2.\dot{3}\dot{6}$ とすると，このとき，

$$100\times x-x=236.\dot{3}\dot{6}-2.\dot{3}\dot{6}$$

であるから，x を分数で表すと，

$$99x=234$$

すなわち，

$$x=\frac{234}{99}=\frac{\boxed{26}}{\boxed{11}}$$

である．

← $100x=236.363636\cdots$
$-)\quad x=\ \ 2.363636\cdots$
$99x=234.000000\cdots.$

(2)　$y=2.\dot{a}\dot{b}_{(7)}$ とすると，このとき，

$$49y-y=2ab.\dot{a}\dot{b}_{(7)}-2.\dot{a}\dot{b}_{(7)}$$

であるから，

$$49y=2\times7^2+a\times7+b+a\times\frac{1}{7}+b\times\frac{1}{7^2}+\cdots$$
$$-)\quad y=\qquad 2+a\times\frac{1}{7}+b\times\frac{1}{7^2}+\cdots$$
$$48y=2\times7^2+a\times7+b-2$$

すなわち，

$$y=\frac{\boxed{96}+7\times a+b}{\boxed{48}}\quad\cdots①$$

（ただし，a，b は 0 以上 6 以下の異なる整数）

と表せる．

← ■ は 0 になる．

・n 進法で $pqr_{(n)}$ と表される整数を 10 進法で表すと，

$$p\times n^2+q\times n^1+r.$$

・n 進法で $0.pqr\cdots_{(n)}$ と表される小数を 10 進法で表すと，

$$p\times\frac{1}{n^1}+q\times\frac{1}{n^2}+r\times\frac{1}{n^3}+\cdots.$$

(i)　①は，

$$y=2+\frac{7a+b}{48}\left(\begin{array}{c}1\leqq 7a+b\leqq 47 \text{ より，}\\ 0<\dfrac{7a+b}{48}<1\end{array}\right)\cdots②$$

と変形できる．

← $a=0$，$b=1$ のとき，
$7a+b=1.$
$a=6$，$b=5$ のとき，
$7a+b=47.$

これより，y が，分子が奇数で分母が 4 である分数で表されるのは，

$$y=2+\frac{12}{48}\quad\text{または}\quad y=2+\frac{36}{48}\quad\cdots③$$

すなわち，

$$y=\frac{\boxed{9}}{4}\quad\text{または}\quad y=\frac{\boxed{11}}{4}$$

のときである．

← $y=2+\dfrac{24}{48}$ も考えられるが，

$$y=\frac{10}{4}$$

となり，条件を満たさない．

$y=\dfrac{11}{4}$ のときは，②，③より，$7a+b=\boxed{36}$

であるから，

$$a=\boxed{5},\quad b=\boxed{1}$$

である.

(ii)　② より,

$$y-2=\frac{7a+b}{48}$$

である.

$y-2$ は, 分子が 1 で分母が 2 以上の整数である分数で表されるとき,

$$7a+b=1,\ 2,\ 3,\ 4,\ 6,\ 8,\ 12,\ 16,\ 24$$

で表されることが必要である.

$7a+b=1$ のとき,　$(a,\ b)=(0,\ 1)$,
$7a+b=2$ のとき,　$(a,\ b)=(0,\ 2)$,
$7a+b=3$ のとき,　$(a,\ b)=(0,\ 3)$,
$7a+b=4$ のとき,　$(a,\ b)=(0,\ 4)$,
$7a+b=6$ のとき,　$(a,\ b)=(0,\ 6)$,
$7a+b=8$ のとき,　$(a,\ b)=(1,\ 1)$,
$7a+b=12$ のとき,　$(a,\ b)=(1,\ 5)$,
$7a+b=16$ のとき,　$(a,\ b)=(2,\ 2)$,
$7a+b=24$ のとき,　$(a,\ b)=(3,\ 3)$

であるから, $a\neq b$ より,

$$7a+b=1,\ 2,\ 3,\ 4,\ 6,\ 12$$

に限られる.

このとき, $y-2$ はそれぞれ

$$y-2=\frac{1}{48},\ \frac{1}{24},\ \frac{1}{16},\ \frac{1}{12},\ \frac{1}{8},\ \frac{1}{4}$$

となり, 条件を満たす.

よって,「$y-2$ は, 分子が 1 で分母が 2 以上の整数である分数で表される」ような y の個数は, 全部で $\boxed{6}$ 個である.

← $0\leqq b\leqq 6$ より,

$$30\leqq 7a\leqq 36$$

となるから,

$$a=5.$$

← 48 の正の約数のうち, 分母が 2 以上であるから, 48 の半分, つまり, 24 以下の正の約数を考えるとよい.

第5問　図形の性質

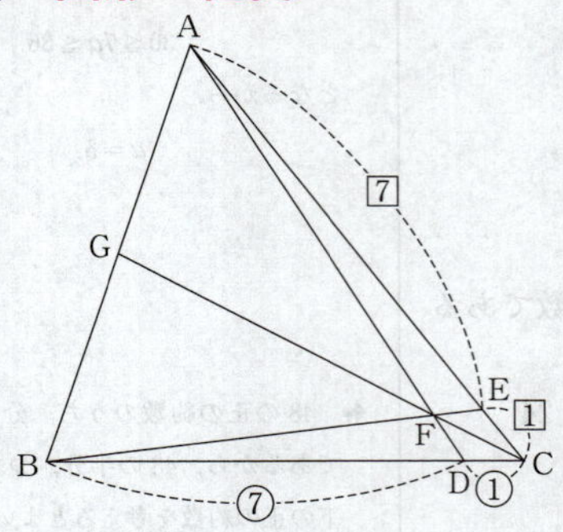

△ABC にチェバの定理を用いると,

$$\frac{BG}{GA}\times\frac{AE}{EC}\times\frac{CD}{DB}=1$$

であるから,

$$\frac{BG}{GA}\times\frac{7}{1}\times\frac{1}{7}=1$$

すなわち,

$$\frac{BG}{AG}=\boxed{1}$$

である.

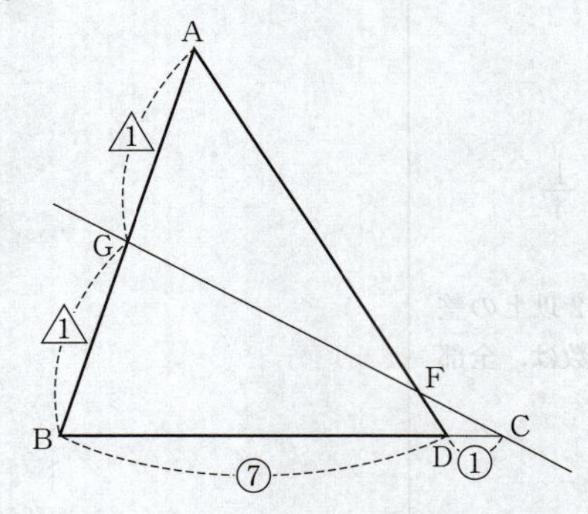

△ABD と直線 CG にメネラウスの定理を用いると,

$$\frac{DF}{FA}\times\frac{AG}{GB}\times\frac{BC}{CD}=1$$

であるから,

$$\frac{DF}{FA}\times\frac{1}{1}\times\frac{8}{1}=1$$

すなわち,

← チェバの定理

$$\frac{AL}{LB}\times\frac{BM}{MC}\times\frac{CN}{NA}=1.$$

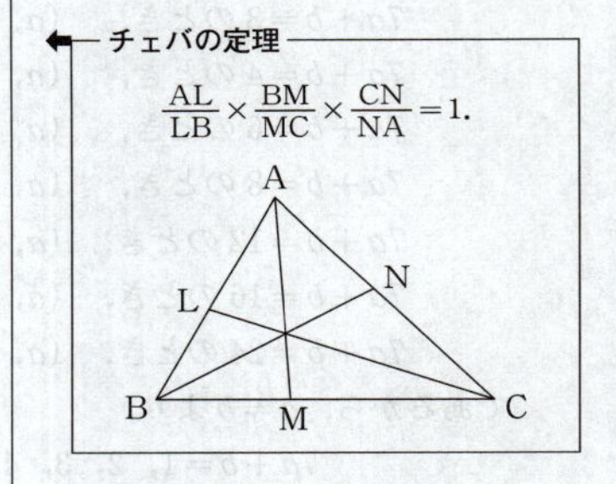

← メネラウスの定理

$$\frac{AL}{LB}\times\frac{BM}{MC}\times\frac{CN}{NA}=1.$$

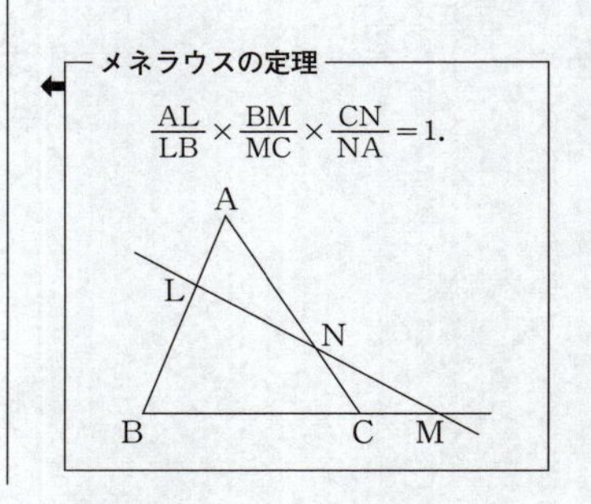

$$\frac{\mathrm{FD}}{\mathrm{AF}}=\frac{\boxed{1}}{\boxed{8}} \quad \cdots ①$$

である．

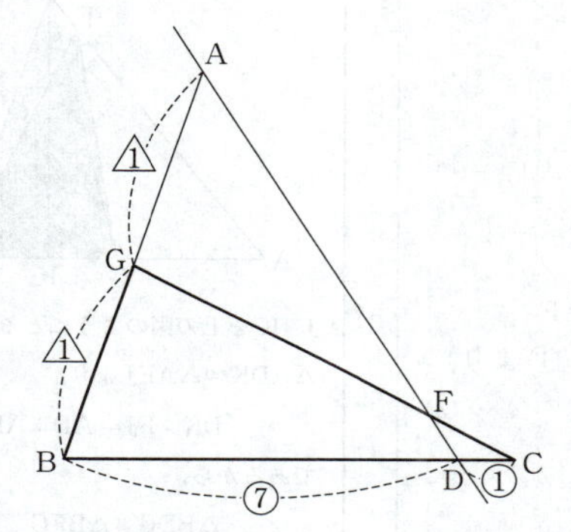

△BCG と直線 AD にメネラウスの定理を用いると,

$$\frac{\mathrm{CF}}{\mathrm{FG}}\times\frac{\mathrm{GA}}{\mathrm{AB}}\times\frac{\mathrm{BD}}{\mathrm{DC}}=1$$

であるから,

$$\frac{\mathrm{CF}}{\mathrm{FG}}\times\frac{1}{2}\times\frac{7}{1}=1$$

すなわち,

$$\frac{\mathrm{FC}}{\mathrm{GF}}=\frac{\boxed{2}}{\boxed{7}}$$

である．

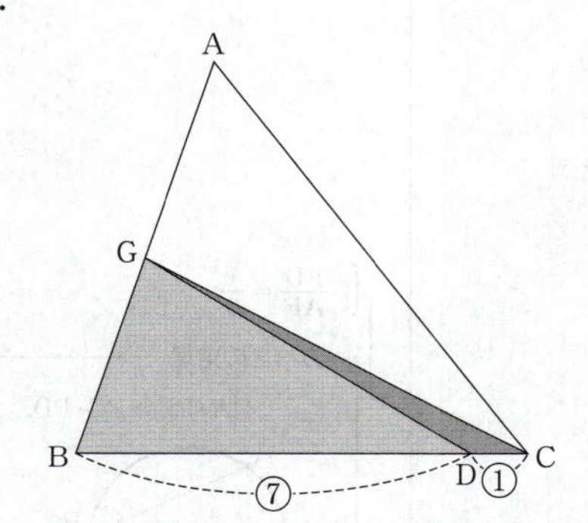

(△CDG の面積)：(△BDG の面積) = CD：BD

= 1：7

= 9：63　… ②

である．

さらに,

← △ACD と直線 BE にメネラウスの定理を用いて,

$$\frac{\mathrm{DF}}{\mathrm{FA}}\times\frac{\mathrm{AE}}{\mathrm{EC}}\times\frac{\mathrm{CB}}{\mathrm{BD}}=1$$

$$\frac{\mathrm{DF}}{\mathrm{FA}}\times\frac{7}{1}\times\frac{8}{7}=1$$

$$\frac{\mathrm{FD}}{\mathrm{AF}}=\frac{1}{8}$$

として求めてもよい．

←

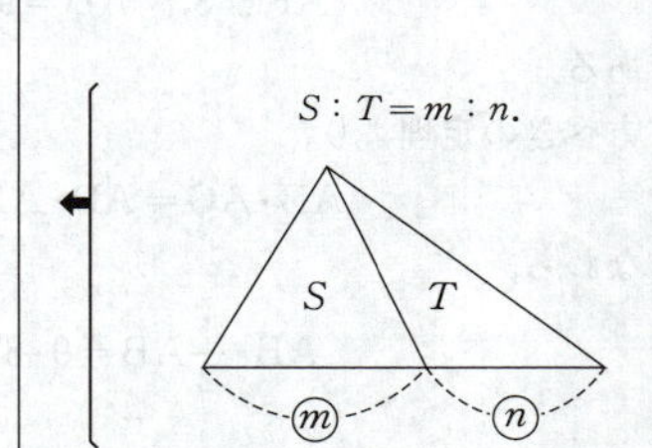

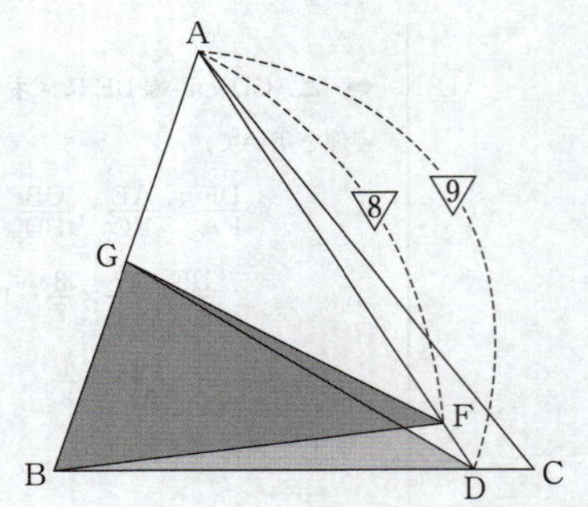

(△BDG の面積)：(△BFG の面積)＝AD：AF

＝9：8　(① より)

＝63：56　　… ③

である．

よって，②，③ より，

$$\frac{(\triangle \mathrm{CDG}\text{ の面積})}{(\triangle \mathrm{BFG}\text{ の面積})}=\frac{9}{56}$$

となる．

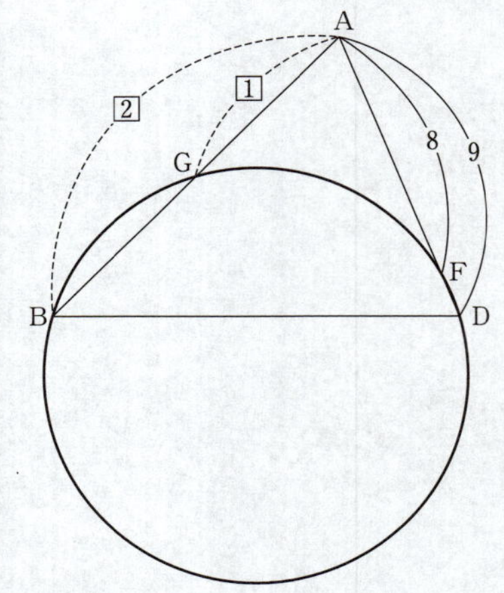

FD＝1 と ① より，

AF＝8,　AD＝9

である．

方べきの定理より，

AB・AG＝AD・AF

すなわち，

$$\mathrm{AB}\cdot\frac{1}{2}\mathrm{AB}=9\cdot 8$$

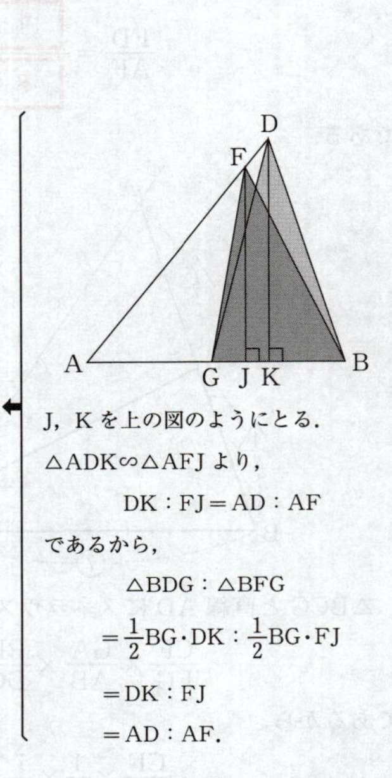

J，K を上の図のようにとる．

△ADK∽△AFJ より，

DK：FJ＝AD：AF

であるから，

△BDG：△BFG

$=\frac{1}{2}\mathrm{BG}\cdot\mathrm{DK}:\frac{1}{2}\mathrm{BG}\cdot\mathrm{FJ}$

＝DK：FJ

＝AD：AF.

$\frac{\mathrm{FD}}{\mathrm{AF}}=\frac{1}{8}$.　… ①

方べきの定理

PA・PB＝PC・PD.

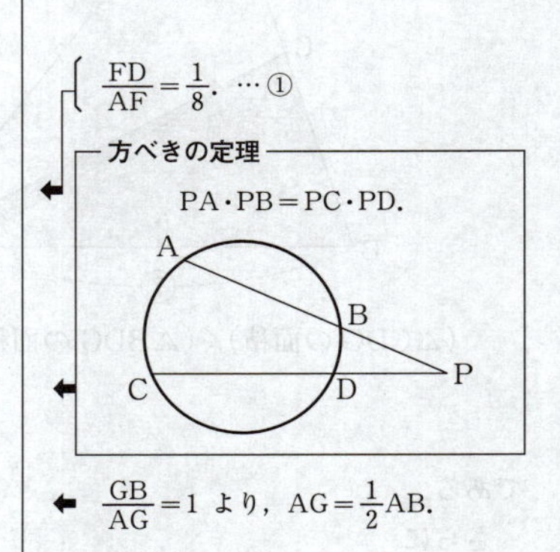

$\frac{\mathrm{GB}}{\mathrm{AG}}=1$ より，$\mathrm{AG}=\frac{1}{2}\mathrm{AB}$.

であるから，

$$AB^2=144$$

となる．

よって，$AB>0$ より，

$$AB=\boxed{12} \quad \cdots ④$$

である．

さらに，$AE=3\sqrt{7}$ と $AE:EC=7:1$ より，

$$AC=\frac{7+1}{7}AE=\frac{8}{7}\cdot 3\sqrt{7}=\frac{24}{\sqrt{7}}$$

であるから，

$$AE\cdot AC=3\sqrt{7}\cdot\frac{24}{\sqrt{7}}=\boxed{72} \quad \cdots ⑤$$

である．

$AG=\frac{1}{2}AB$ と ④ より，

$$AG=\frac{1}{2}\cdot 12=6$$

であるから，

$$AG\cdot AB=6\cdot 12=72 \quad \cdots ⑥$$

である．

したがって，⑤，⑥ より，

$$AE\cdot AC=AG\cdot AB$$

が成り立つから，方べきの定理の逆より，4 点 B，C，E，G は同一円周上にある．

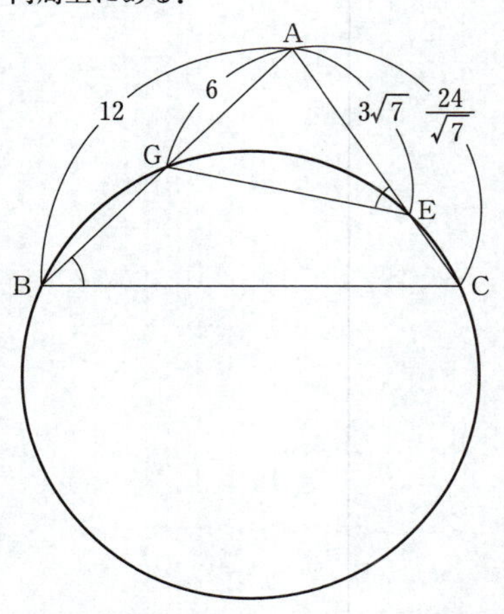

ゆえに，四角形 BCEG は円に内接しているから，その性質より，

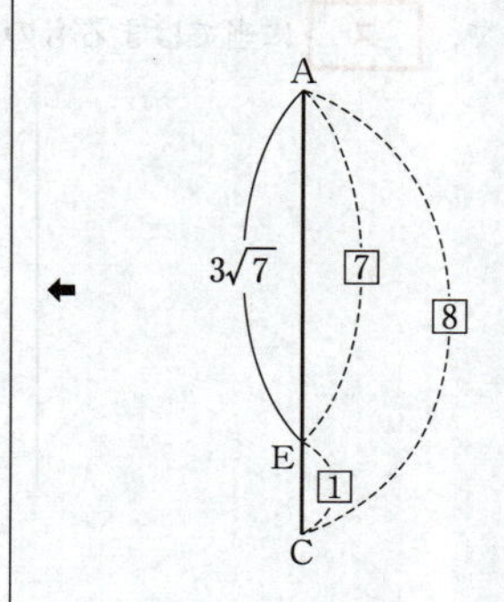

方べきの定理の逆

2 つの線分 AB と CD，または AB の延長と CD の延長が点 P で交わるとき，$PA\cdot PB=PC\cdot PD$ が成り立つならば，4 点 A，B，C，D は 1 つの円周上にある．

$$\angle AEG = \angle GBC = \angle ABC$$

である．

よって，[ス] に当てはまるものは [②] である．

← 円に内接する四角形の性質

・内角は，その対角の外角に等しい．

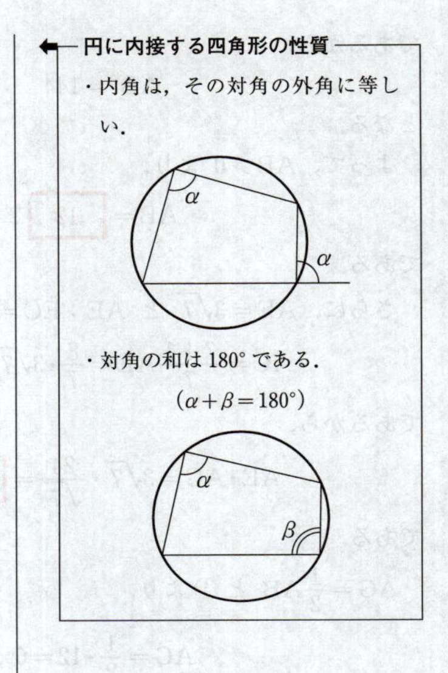

・対角の和は 180° である．

$(\alpha+\beta=180^\circ)$

MEMO

数学Ⅱ・数学B

解答・採点基準

（100点満点）

問題番号(配点)	解答記号	正解	配点	自己採点
第1問 (30)	$\frac{\sqrt{ア}}{イ}$, ウ	$\frac{\sqrt{3}}{2}$, 3	2	
	$\sin\left(\theta+\frac{\pi}{エ}\right)$	$\sin\left(\theta+\frac{\pi}{3}\right)$	2	
	$\frac{オ}{カ}$, $\frac{キ}{ク}$	$\frac{2}{3}$, $\frac{5}{3}$	3	
	ケコ	12	2	
	$\frac{サ}{シ}$	$\frac{4}{5}$	2	
	$\frac{ス}{セ}$	$\frac{3}{5}$	2	
	ソ	③	2	
	タチ	11	3	
	$\sqrt{ツテ}$	$\sqrt{13}$	2	
	トナニ	−36	2	
	ヌ$X+Y\leqq$ネノ	$2X+Y\leqq 10$	2	
	ハ$X-Y\geqq$ヒフ	$3X-Y\geqq -4$	2	
	ヘ	7	2	
	ホ	5	2	
第1問　自己採点小計				
第2問 (30)	ア$t+$イ	$2t+2$	2	
	ウ	1	2	
	エ$s-$オ$a+$カ	$2s-4a+2$	2	
	キa^2+ク	$4a^2+1$	2	
	ケ, コ	0, 2	3	
	サ$x+$シ	$2x+1$	2	
	ス	a	2	
	$\frac{a^{セ}}{ソ}$	$\frac{a^3}{3}$	3	
	タ	1	2	
	$\frac{チ}{ツ}$	$\frac{1}{3}$	3	
	テ, ト, ナ, $\frac{ニ}{ヌ}$	2, 4, 2, $\frac{1}{3}$	3	
	$\frac{ネ}{ノ}$	$\frac{2}{3}$	3	
	$\frac{ハ}{ヒフ}$	$\frac{2}{27}$	1	
第2問　自己採点小計				

問題番号(配点)	解答記号	正解	配点	自己採点
第3問 (20)	ア	6	2	
	イ	0	1	
	$\frac{ウ}{(n+エ)(n+オ)}$	$\frac{1}{(n+1)(n+2)}$	2	
	カ	3	1	
	キ	1	1	
	ク, ケ, コ	2, 1, 1	2	
	$\frac{サ}{シ}$, $\frac{ス}{セ}$	$\frac{1}{6}$, $\frac{1}{2}$	2	
	$\frac{n-ソ}{タ(n+チ)}$	$\frac{n-2}{3(n+1)}$	2	
	ツ, テ, ト	3, 1, 4	2	
	$\frac{(n+ナ)(n+ニ)}{ヌ}$	$\frac{(n+1)(n+2)}{2}$	2	
	ネ, ノ, ハ	1, 0, 0	1	
	ヒ	1	2	
第3問　自己採点小計				
第4問 (20)	ア$\sqrt{イ}$	$3\sqrt{6}$	2	
	ウ$\sqrt{エ}$	$4\sqrt{3}$	2	
	オカ	36	2	
	$\frac{キク}{ケ}$	$\frac{-2}{3}$	1	
	コ	1	1	
	サ$\sqrt{シ}$	$2\sqrt{6}$	2	
	(ス, セ, ソタ)	(2, 2, −4)	1	
	チ	③	2	
	ツテ	30	2	
	ト$+\frac{\sqrt{ナ}}{ニ}$, ヌ$-\frac{\sqrt{ネ}}{ノ}$	$1+\frac{\sqrt{2}}{2}$, $1-\frac{\sqrt{2}}{2}$	2	
	ハヒ	60	1	
	$\sqrt{フ}$	$\sqrt{3}$	1	
	ヘ$\sqrt{ホ}$	$4\sqrt{3}$	1	
第4問　自己採点小計				

問題番号(配点)	解答記号	正　解	配点	自己採点
第5問 (20)	$\frac{ア}{イ}$	$\frac{1}{4}$	2	
	$\frac{ウ}{エ}$	$\frac{1}{2}$	2	
	$\frac{\sqrt{オ}}{カ}$	$\frac{\sqrt{7}}{4}$	2	
	キクケ	240	2	
	コサ	12	2	
	0.シス	0.02	2	
	セ	2	2	
	$\sqrt{ソ}$	$\sqrt{6}$	2	
	タチ	60	1	
	ツテ	30	1	
	トナ.ニ	44.1	1	
	ヌネ.ノ	55.9	1	
第5問　自己採点小計				
自己採点合計				

(注)

第1問，第2問は必答。

第3問～第5問のうちから2問選択。計4問を解答。

第1問　三角関数，指数関数・対数関数

〔1〕

(1)　$0 \leqq \theta < 2\pi$ のとき

$$\sin\theta > \sqrt{3}\cos\left(\theta - \frac{\pi}{3}\right) \quad \cdots ①$$

となる θ の値の範囲を求める．

加法定理を用いると

$$\sqrt{3}\cos\left(\theta - \frac{\pi}{3}\right)$$

$$= \sqrt{3}\left(\cos\theta\cos\frac{\pi}{3} + \sin\theta\sin\frac{\pi}{3}\right)$$

$$= \sqrt{3}\left(\frac{1}{2}\cos\theta + \frac{\sqrt{3}}{2}\sin\theta\right)$$

$$= \frac{\sqrt{3}}{2}\cos\theta + \frac{3}{2}\sin\theta$$

加法定理

$\cos(\alpha+\beta) = \cos\alpha\cos\beta - \sin\alpha\sin\beta$,

$\cos(\alpha-\beta) = \cos\alpha\cos\beta + \sin\alpha\sin\beta$.

である．よって，三角関数の合成を用いると，① は

$$\sin\theta > \frac{\sqrt{3}}{2}\cos\theta + \frac{3}{2}\sin\theta$$

$$\frac{\sqrt{3}}{2}\cos\theta + \frac{1}{2}\sin\theta < 0$$

$$\sin\left(\theta + \frac{\pi}{3}\right) < 0$$

三角関数の合成

$(a, b) \neq (0, 0)$ のとき

$a\sin\theta + b\cos\theta = \sqrt{a^2+b^2}\sin(\theta+\alpha)$.

ただし，

$\cos\alpha = \dfrac{a}{\sqrt{a^2+b^2}}$, $\sin\alpha = \dfrac{b}{\sqrt{a^2+b^2}}$.

と変形できる．$0 \leqq \theta < 2\pi$ より，

$\dfrac{\pi}{3} \leqq \theta + \dfrac{\pi}{3} < 2\pi + \dfrac{\pi}{3}$ であるから

$$\pi < \theta + \frac{\pi}{3} < 2\pi$$

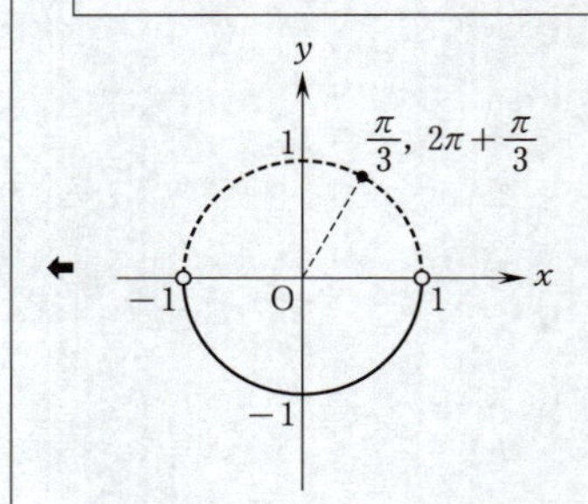

である．したがって，求める範囲は

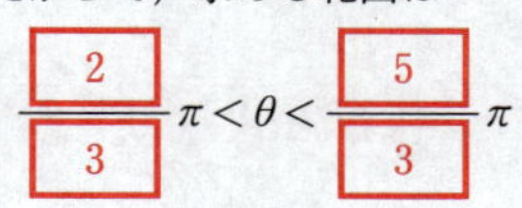

$$\frac{2}{3}\pi < \theta < \frac{5}{3}\pi$$

である．

(2)　$0 \leqq \theta \leqq \dfrac{\pi}{2}$ であり，k は実数である．$\sin\theta$ と $\cos\theta$ は x の2次方程式 $25x^2 - 35x + k = 0$ の解であるとする．このとき，解と係数の関係により

$$\sin\theta + \cos\theta = \frac{35}{25} = \frac{7}{5} \quad \cdots ⑥$$

$$\sin\theta\cos\theta = \frac{k}{25} \quad \cdots ⑦$$

解と係数の関係

2次方程式

$$ax^2 + bx + c = 0$$

の二つの解を α, β とすると

$$\begin{cases} \alpha + \beta = -\dfrac{b}{a}, \\ \alpha\beta = \dfrac{c}{a}. \end{cases}$$

が成り立つ．⑥ より

$$(\sin\theta+\cos\theta)^2=\left(\frac{7}{5}\right)^2$$

$$\sin^2\theta+\cos^2\theta+2\sin\theta\cos\theta=\frac{49}{25}$$

である．これと ⑦ より

$$1+\frac{2k}{25}=\frac{49}{25}$$

← $\sin^2\theta+\cos^2\theta=1.$

であるから

$$k=\boxed{12}$$

である．よって，$\sin\theta$ と $\cos\theta$ は

$$25x^2-35x+12=0$$

すなわち

$$(5x-4)(5x-3)=0$$

の解である．さらに，θ が $\sin\theta\geqq\cos\theta$ を満たすとすると

$$\sin\theta=\frac{\boxed{4}}{\boxed{5}},\quad \cos\theta=\frac{\boxed{3}}{\boxed{5}}$$

である．このとき

$$\sin\frac{\pi}{4}=\frac{\sqrt{2}}{2},\quad \sin\frac{\pi}{3}=\frac{\sqrt{3}}{2}$$

より

$$\sin\frac{\pi}{4}\leqq\sin\theta<\sin\frac{\pi}{3}$$

← $\left(\frac{\sqrt{2}}{2}\right)^2\leqq\left(\frac{4}{5}\right)^2<\left(\frac{\sqrt{3}}{2}\right)^2$ すなわち $\frac{50}{100}\leqq\frac{64}{100}<\frac{75}{100}.$

である．$0\leqq\theta\leqq\frac{\pi}{2}$ より，θ は

$$\frac{\pi}{4}\leqq\theta<\frac{\pi}{3}$$

←

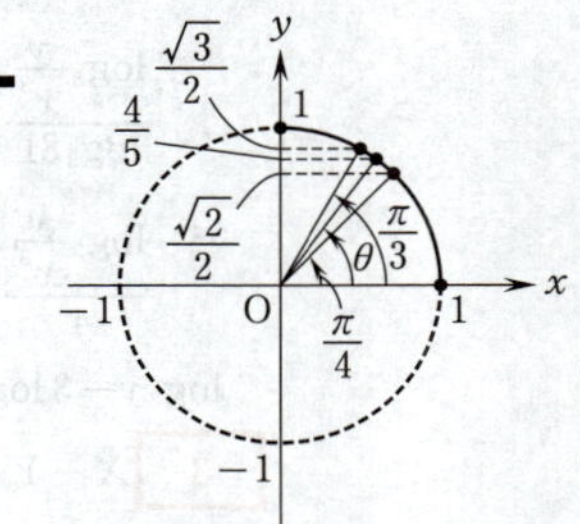

を満たす．よって，$\boxed{ソ}$ にあてはまるものは $\boxed{③}$ である．

〔2〕

(1)　$t^{\frac{1}{3}}-t^{-\frac{1}{3}}=-3\quad(t>0)$

より

$$\left(t^{\frac{1}{3}}-t^{-\frac{1}{3}}\right)^2=(-3)^2$$

$$t^{\frac{2}{3}}+t^{-\frac{2}{3}}-2t^{\frac{1}{3}}t^{-\frac{1}{3}}=9$$

← $\left(t^{\frac{1}{3}}\right)^2=t^{\frac{1}{3}\cdot 2}=t^{\frac{2}{3}}.$

$$t^{\frac{2}{3}}+t^{-\frac{2}{3}}-2=9$$

← $t^{\frac{1}{3}}t^{-\frac{1}{3}}=t^{\frac{1}{3}+\left(-\frac{1}{3}\right)}=t^0=1.$

$$t^{\frac{2}{3}}+t^{-\frac{2}{3}}=\boxed{11}$$

である．

$$\left(t^{\frac{1}{3}}+t^{-\frac{1}{3}}\right)^2=t^{\frac{2}{3}}+t^{-\frac{2}{3}}+2t^{\frac{1}{3}}t^{-\frac{1}{3}}$$
$$=11+2$$
$$=13$$

より

$$t^{\frac{1}{3}}+t^{-\frac{1}{3}}=\sqrt{\boxed{13}}$$

← $t^{\frac{1}{3}}>0$, $t^{-\frac{1}{3}}>0$.

である．

$$\left(t^{\frac{2}{3}}+t^{-\frac{2}{3}}\right)\left(t^{\frac{1}{3}}-t^{-\frac{1}{3}}\right)=11\cdot(-3)$$
$$t-t^{-1}-\left(t^{\frac{1}{3}}-t^{-\frac{1}{3}}\right)=-33$$
$$t-t^{-1}-(-3)=-33$$
$$t-t^{-1}=\boxed{-36}$$

である．

(2)　$x>0$, $y>0$.

$$\begin{cases}\log_3(x\sqrt{y})\leqq 5 & \cdots ② \\ \log_{81}\dfrac{y}{x^3}\leqq 1 & \cdots ③\end{cases}$$

← $\sqrt{y}=y^{\frac{1}{2}}$.

$X=\log_3 x$, $Y=\log_3 y$ とおくと，② は

$$\log_3 x+\log_3 y^{\frac{1}{2}}\leqq 5$$

← $a>0$, $a\neq 1$, $p>0$, $q>0$ のとき $\log_a pq=\log_a p+\log_a q$.

$$\log_3 x+\frac{1}{2}\log_3 y\leqq 5$$

← $a>0$, $a\neq 1$, $x>0$ のとき $\log_a x^p=p\log_a x$.

$$\boxed{2}X+Y\leqq\boxed{10} \quad \cdots ④$$

と変形でき，③ は

底の変換公式

a, b, c が正の数で，$a\neq 1$, $c\neq 1$ のとき

$$\log_a b=\frac{\log_c b}{\log_c a}.$$

$$\frac{\log_3\dfrac{y}{x^3}}{\log_3 81}\leqq 1$$

$$\frac{\log_3\dfrac{y}{x^3}}{4}\leqq 1$$

← $a>0$, $a\neq 1$, $x>0$ のとき $\log_a x=p \iff a^p=x$.

$$\log_3 y-3\log_3 x\leqq 4$$

← $a>0$, $a\neq 1$, $p>0$, $q>0$ のとき $\log_a\dfrac{q}{p}=\log_a q-\log_a p$.

$$\boxed{3}X-Y\geqq\boxed{-4} \quad \cdots ⑤$$

と変形できる．④×3＋⑤×(−2) より

$$5Y\leqq 38$$

すなわち

$$Y\leqq\frac{38}{5}\ (=7.6)$$

であるから，X と Y が ④ と ⑤ を満たすとき，Y のとり得る最大の整数の値は $\boxed{7}$ である．$Y=7$,

すなわち $\log_3 y=7$ のとき④，⑤は

$$2X \leqq 3,\quad 3X \geqq 3$$

となるから

$$1 \leqq X \leqq \frac{3}{2}$$

$$1 \leqq \log_3 x \leqq \frac{3}{2}$$

$$3^1 \leqq x \leqq 3^{\frac{3}{2}}$$

である．よって，x のとり得る最大の整数の値は

5 である．

$a>1$，$x>0$ のとき

$p \leqq \log_a x \leqq q \iff a^p \leqq x \leqq a^q$.

$5^2 < \left(3^{\frac{3}{2}}\right)^2 < 6^2$

すなわち

$25<27<36$.

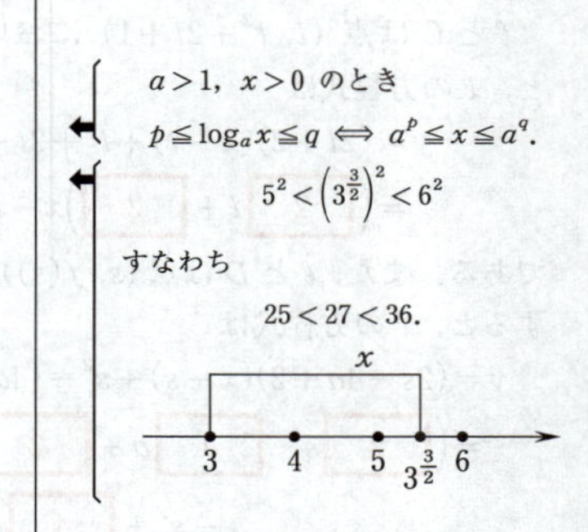

第2問　微分法・積分法

$f(x)=x^2-(4a-2)x+4a^2+1.$ ($a>0.$)

$C: y=x^2+2x+1.$ ($y'=2x+2.$)

$D: y=f(x).$ ($f'(x)=2x-(4a-2).$)

(1)　C と D の両方に接する直線 ℓ の方程式を求める．

ℓ と C は点 $(t,\ t^2+2t+1)$ において接するとすると，ℓ の方程式は

$$y=(2t+2)(x-t)+t^2+2t+1$$
$$=(\boxed{2}t+\boxed{2})x-t^2+\boxed{1}\quad\cdots①$$

である．また，ℓ と D は点 $(s,\ f(s))$ において接するとすると，ℓ の方程式は

$$y=(2s-4a+2)(x-s)+s^2-(4a-2)s+4a^2+1$$
$$=(\boxed{2}s-\boxed{4}a+\boxed{2})x$$
$$-s^2+\boxed{4}a^2+\boxed{1}\quad\cdots②$$

である．ここで，① と ② は同じ直線を表しているので

$$2t+2=2s-4a+2$$
$$-t^2+1=-s^2+4a^2+1$$

が成り立つ．これを t と s について解くと

$$t=\boxed{0},\quad s=\boxed{2}a$$

が成り立つ．したがって ℓ の方程式は

$$y=\boxed{2}x+\boxed{1}$$

である．

(2)　二つの放物線 C，D の交点の x 座標は

$$x^2+2x+1=x^2-(4a-2)x+4a^2+1$$

すなわち

$$4ax=4a^2$$

より

$$x=\boxed{a}$$

である．

C と直線 ℓ，および直線 $x=a$ で囲まれた図形の面積 S は

$$S=\int_0^a\{(x^2+2x+1)-(2x+1)\}\,dx$$
$$=\int_0^a x^2\,dx$$
$$=\left[\frac{1}{3}x^3\right]_0^a$$

導関数

$(x^n)'=nx^{n-1}$ ($n=1,\ 2,\ 3,\ \cdots$),

$(c)'=0$ (c は定数).

接線の方程式

曲線 $y=f(x)$ 上の点 $(t,\ f(t))$ における接線の方程式は

$y-f(t)=f'(t)(x-t).$

$t=s-2a.$

面積

区間 $\alpha\leqq x\leqq\beta$ においてつねに $g(x)\leqq f(x)$ ならば 2 曲線 $y=f(x)$，$y=g(x)$ および直線 $x=\alpha$，$x=\beta$ で囲まれた部分の面積は

$$S=\int_\alpha^\beta\{f(x)-g(x)\}\,dx.$$

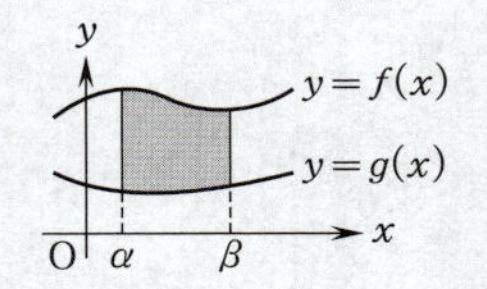

定積分

$$\int(x-\alpha)^n\,dx=\frac{1}{n+1}(x-\alpha)^{n+1}+C$$

($n=0,\ 1,\ 2,\ \cdots$，C は積分定数)

であり，$f(x)$ の原始関数の一つを $F(x)$ とすると

$$\int_\alpha^\beta f(x)\,dx=\Big[F(x)\Big]_\alpha^\beta$$
$$=F(\beta)-F(\alpha).$$

$$=\frac{a^{\boxed{3}}}{\boxed{3}}$$

である.

(3)　二つの放物線 C, D と直線 ℓ で囲まれた図形の中で $0 \leqq x \leqq 1$ を満たす部分の面積 T は, $a >$ $\boxed{1}$ のとき

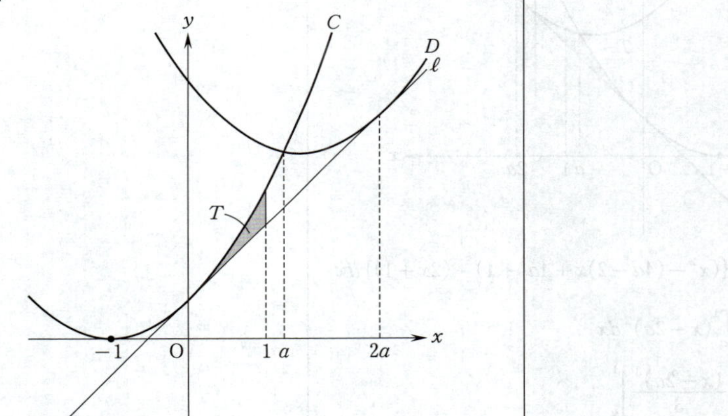

a の値によらず

$$T=\int_0^1\{(x^2+2x+1)-(2x+1)\}\,dx$$

$$=\int_0^1 x^2\,dx$$

$$=\left[\frac{1}{3}x^3\right]_0^1$$

$$=\frac{\boxed{1}}{\boxed{3}}$$

である.

$\frac{1}{2} \leqq a \leqq 1$ のとき

⬅ $a \leqq 1 \leqq 2a$.

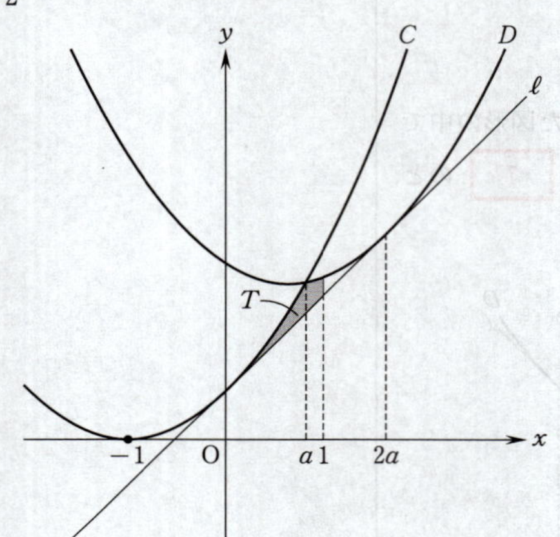

$$T = S + \int_a^1 \{(x^2 - (4a-2)x + 4a^2 + 1) - (2x+1)\}\, dx$$
$$= \frac{a^3}{3} + \int_a^1 (x-2a)^2\, dx$$
$$= \frac{a^3}{3} + \left[\frac{(x-2a)^3}{3}\right]_a^1$$
$$= \frac{2a^3 + (1-2a)^3}{3}$$
$$= -\boxed{2}\,a^3 + \boxed{4}\,a^2 - \boxed{2}\,a + \frac{\boxed{1}}{\boxed{3}}$$

である.

(4)　(2), (3) で定めた S, T に対して, $U = 2T - 3S$ とおくと, $\frac{1}{2} \leqq a \leqq 1$ のとき

$$U = 2\left(-2a^3 + 4a^2 - 2a + \frac{1}{3}\right) - 3 \cdot \frac{a^3}{3}$$
$$= -5a^3 + 8a^2 - 4a + \frac{2}{3}$$

であり

$$U' = -15a^2 + 16a - 4$$
$$= -(5a-2)(3a-2)$$

であるから, $\frac{1}{2} \leqq a \leqq 1$ における U の増減は次のようになる.

a	$\frac{1}{2}$	$\cdots$	$\frac{2}{3}$	$\cdots$	1
U'		$+$	0	$-$	
U		↗	$\frac{2}{27}$	↘	

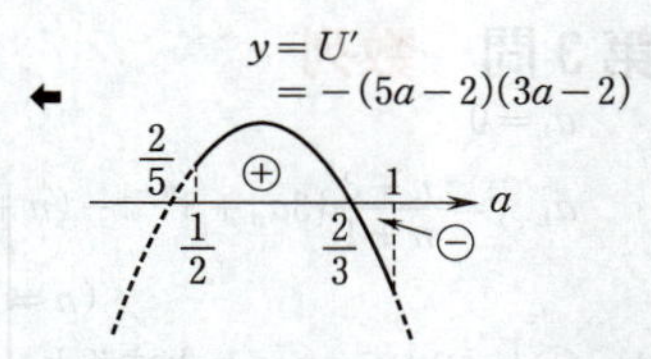

$y=U'$ のグラフを描くと U' の符号の変化がわかりやすい．

よって，a が $\frac{1}{2} \leqq a \leqq 1$ の範囲を動くとき，U は

$a=\frac{2}{3}$ で最大値 $\frac{2}{27}$ をとる．

第3問　数列

$$a_1=0$$

$$a_{n+1}=\frac{n+3}{n+1}\{3a_n+3^{n+1}-(n+1)(n+2)\}$$

$$(n=1,\ 2,\ 3,\ \cdots)\qquad \cdots①$$

(1)　① において，$n=1$ とすると

$$a_2=\frac{4}{2}(3a_1+3^2-2\cdot 3)$$
$$=\boxed{6}$$

である．

(2)

$$b_n=\frac{a_n}{3^n(n+1)(n+2)}$$

より

$$b_1=\frac{a_1}{3^1\cdot 2\cdot 3}=\boxed{0}$$

である．① の両辺を $3^{n+1}(n+2)(n+3)$ で割ると

$$\frac{a_{n+1}}{3^{n+1}(n+2)(n+3)}$$
$$=\frac{a_n}{3^n(n+1)(n+2)}+\frac{1}{(n+1)(n+2)}-\left(\frac{1}{3}\right)^{n+1}$$

となるから

$$b_{n+1}=b_n+\frac{\boxed{1}}{(n+\boxed{1})(n+\boxed{2})}-\left(\frac{1}{\boxed{3}}\right)^{n+1}$$

を得る．したがって

$$b_{n+1}-b_n=\left(\frac{\boxed{1}}{n+1}-\frac{1}{n+2}\right)-\left(\frac{1}{3}\right)^{n+1}$$

である．

⬅ $\frac{1}{n+1}-\frac{1}{n+2}=\frac{(n+2)-(n+1)}{(n+1)(n+2)}$
$=\frac{1}{(n+1)(n+2)}.$

n を 2 以上の自然数とするとき

$$\sum_{k=1}^{n-1}\left(\frac{1}{k+1}-\frac{1}{k+2}\right)$$
$$=\left(\frac{1}{2}-\frac{1}{3}\right)+\left(\frac{1}{3}-\frac{1}{4}\right)+\left(\frac{1}{4}-\frac{1}{5}\right)+\cdots+\left(\frac{1}{n}-\frac{1}{n+1}\right)$$
$$=\frac{1}{2}-\frac{1}{n+1}$$
$$=\frac{(n+1)-2}{2(n+1)}$$
$$=\frac{1}{\boxed{2}}\left(\frac{n-\boxed{1}}{n+\boxed{1}}\right)$$

であり

$$\sum_{k=1}^{n-1}\left(\frac{1}{3}\right)^{k+1}=\left(\frac{1}{3}\right)^2\cdot\frac{1-\left(\frac{1}{3}\right)^{n-1}}{1-\frac{1}{3}}$$

$$=\frac{\boxed{1}}{\boxed{6}}-\frac{\boxed{1}}{\boxed{2}}\left(\frac{1}{3}\right)^n$$

であるから，n が2以上の自然数のとき

$$b_n=b_1+\frac{1}{2}\left(\frac{n-1}{n+1}\right)-\frac{1}{6}+\frac{1}{2}\left(\frac{1}{3}\right)^n$$

$$=\frac{3(n-1)-(n+1)}{6(n+1)}+\frac{1}{2}\left(\frac{1}{3}\right)^n$$

$$=\frac{n-\boxed{2}}{\boxed{3}(n+\boxed{1})}+\frac{1}{2}\left(\frac{1}{3}\right)^n$$

が得られる．これは $n=1$ のときも成り立つ．

(3)　(2)により，$\{a_n\}$ の一般項は

$$a_n=3^n(n+1)(n+2)b_n$$

$$=\boxed{3}^{n-\boxed{1}}(n^2-\boxed{4})+\frac{(n+\boxed{1})(n+\boxed{2})}{2}$$

で与えられる．

このことから，すべての自然数 n について，a_n は整数となることがわかる．

(4)　n が2以上の整数のとき $3^{n-1}(n^2-4)$ は3で割り切れる．

k が自然数のとき，$\frac{(n+1)(n+2)}{2}$ は，$n=3k$, $3k+1$，$3k+2$ とするとそれぞれ

$$\frac{(3k+1)(3k+2)}{2}=\frac{9k^2+9k+2}{2}=9\cdot\frac{k(k+1)}{2}+1$$

$$\frac{(3k+2)(3k+3)}{2}=3\cdot\frac{(3k+2)(k+1)}{2}$$

$$\frac{(3k+3)(3k+4)}{2}=3\cdot\frac{(k+1)(3k+4)}{2}$$

となる．よって，a_{3k}，a_{3k+1}，a_{3k+2} を3で割った余りはそれぞれ $\boxed{1}$，$\boxed{0}$，$\boxed{0}$ である．したがって

$$a_{3k}=3m_{3k}+1,\quad a_{3k+1}=3m_{3k+1},\quad a_{3k+2}=3m_{3k+2}$$

（m_{3k}，m_{3k+1}，m_{3k+2} は整数）

←**等比数列の和**

初項 a，公比 r，項数 n の等比数列の和は，$r\neq1$ のとき

$$a\cdot\frac{(1-r^n)}{1-r}.$$

←**階差数列**

数列 $\{b_n\}$ に対して

$c_n=b_{n+1}-b_n$　$(n=1, 2, 3, \cdots)$

で定められる数列 $\{c_n\}$ を $\{b_n\}$ の階差数列という．

$$b_n=b_1+\sum_{k=1}^{n-1}c_k\quad(n\geqq2)$$

が成り立つ．

← n，$n+1$ は偶奇が異なるから $\frac{n(n+1)}{2}$ は整数．

← $3k+2$，$k+1$ は偶奇が異なるから $\frac{(3k+2)(k+1)}{2}$ は整数．

← $k+1$，$3k+4$ は偶奇が異なるから $\frac{(k+1)(3k+4)}{2}$ は整数．

とおくと

$$\sum_{k=1}^{2020} a_k = a_1 + a_2 + (a_3 + a_4 + a_5) + (a_6 + a_7 + a_8) + \cdots + (a_{3\cdot672} + a_{3\cdot672+1} + a_{3\cdot672+2}) + a_{2019} + a_{2020}$$

⬅ $3\cdot672+2=2018.$

$$= a_1 + a_2 + \sum_{k=1}^{672}(a_{3k} + a_{3k+1} + a_{3k+2}) + a_{2019} + a_{2020}$$

$$= 0 + 6 + \sum_{k=1}^{672}\{(3m_{3k}+1) + 3m_{3k+1} + 3m_{3k+2}\} + (3m_{2019}+1) + 3m_{2020}$$

⬅ $3\cdot673=2019,\ 3\cdot673+1=2020.$

$$= 3\cdot2 + 3\sum_{k=1}^{672}(m_{3k} + m_{3k+1} + m_{3k+2}) + \sum_{k=1}^{672}1 + 3(m_{2019} + m_{2020}) + 1$$

$$= 3\cdot2 + 3\sum_{k=1}^{672}(m_{3k} + m_{3k+1} + m_{3k+2}) + 3(m_{2019} + m_{2020}) + 3\cdot224 + 1$$

⬅ $\sum_{k=1}^{672}1 = 672 = 3\cdot224.$

と表せるから，$\{a_n\}$ の初項から第 2020 項までの和を 3 で割った余りは **1** である．

第4問　空間ベクトル

Oが原点.

$A(3,\ 3,\ -6),\quad B(2+2\sqrt{3},\ 2-2\sqrt{3},\ -4).$

3点O，A，Bの定める平面がα.

αに含まれる点Cは

$$\overrightarrow{OA}\perp\overrightarrow{OC},\ \overrightarrow{OB}\cdot\overrightarrow{OC}=24 \qquad \cdots ①$$

を満たす.

(1)　$|\overrightarrow{OA}|=3\sqrt{1^2+1^2+(-2)^2}=\boxed{3}\sqrt{\boxed{6}}$

$|\overrightarrow{OB}|=2\sqrt{(1+\sqrt{3})^2+(1-\sqrt{3})^2+(-2)^2}$

$=\boxed{4}\sqrt{\boxed{3}}$

であり

$\overrightarrow{OA}\cdot\overrightarrow{OB}=3\cdot 2\{1\cdot(1+\sqrt{3})+1\cdot(1-\sqrt{3})+(-2)(-2)\}$

$=\boxed{36}$

である.

← $\overrightarrow{OA}=3(1,\ 1,\ -2).$

← **内積**

$\vec{a}=(a_1,\ a_2,\ a_3)$, $\vec{b}=(b_1,\ b_2,\ b_3)$

のとき

$\vec{a}\cdot\vec{b}=a_1b_1+a_2b_2+a_3b_3.$

特に

$|\vec{a}|^2=\vec{a}\cdot\vec{a}=a_1{}^2+a_2{}^2+a_3{}^2.$

(2)　点Cは平面α上にあるので，実数s，tを用いて，

$$\overrightarrow{OC}=s\overrightarrow{OA}+t\overrightarrow{OB}$$

と表すことができる．①より

$$\overrightarrow{OA}\cdot\overrightarrow{OC}=0$$
$$\overrightarrow{OA}\cdot(s\overrightarrow{OA}+t\overrightarrow{OB})=0$$
$$s|\overrightarrow{OA}|^2+t\overrightarrow{OA}\cdot\overrightarrow{OB}=0$$
$$s(3\sqrt{6})^2+t\cdot 36=0$$
$$3s+2t=0 \qquad \cdots ②$$

が成り立つ．さらに，①より

$$\overrightarrow{OB}\cdot(s\overrightarrow{OA}+t\overrightarrow{OB})=24$$
$$s\overrightarrow{OA}\cdot\overrightarrow{OB}+t|\overrightarrow{OB}|^2=24$$
$$s\cdot 36+t\cdot(4\sqrt{3})^2=24$$
$$3s+4t=2 \qquad \cdots ③$$

が成り立つ．②，③より，$s=\dfrac{\boxed{-2}}{\boxed{3}}$，$t=\boxed{1}$ である．したがって

$\overrightarrow{OC}=-\dfrac{2}{3}\overrightarrow{OA}+\overrightarrow{OB}$

$=-\dfrac{2}{3}(3,\ 3,\ -6)+(2+2\sqrt{3},\ 2-2\sqrt{3},\ -4)$

$=2\sqrt{3}(1,\ -1,\ 0)$

であるから

← 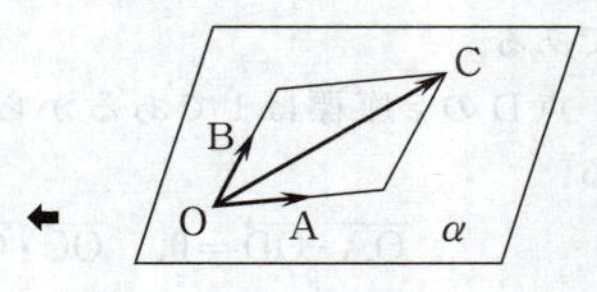

← **内積**

$\vec{0}$でない2つのベクトル$\vec{a}$と$\vec{b}$のなす角をθ $(0°\leqq\theta\leqq 180°)$とすると

$\vec{a}\cdot\vec{b}=|\vec{a}||\vec{b}|\cos\theta.$

特に，$\theta=90°$ のとき

$\vec{a}\cdot\vec{b}=|\vec{a}||\vec{b}|\cos 90°=0.$

$$|\overrightarrow{OC}|=2\sqrt{3}\sqrt{1^2+(-1)^2+0^2}=\boxed{2}\sqrt{\boxed{6}}$$

である．

(3) $\overrightarrow{CB}=\overrightarrow{OB}-\overrightarrow{OC}$

$$=(2+2\sqrt{3},\ 2-2\sqrt{3},\ -4)-2\sqrt{3}(1,\ -1,\ 0)$$

$$=(\boxed{2},\ \boxed{2},\ \boxed{-4})$$

$$=\frac{2}{3}\overrightarrow{OA}$$

である．よって，平面α上の四角形OABCは平行四辺形ではないが，台形である．したがって，$\boxed{チ}$にあてはまるものは$\boxed{③}$である．

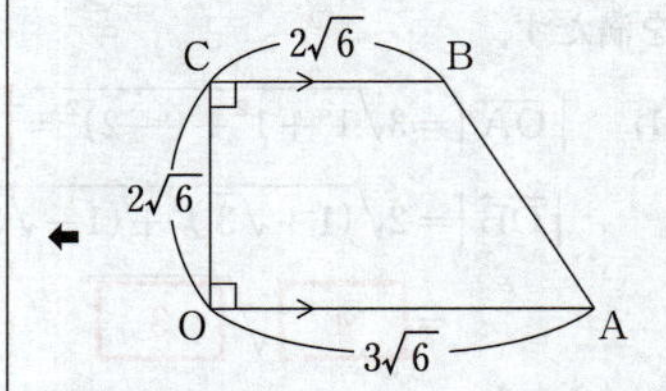

$\overrightarrow{OA}\perp\overrightarrow{OC}$であるので，四角形OABCの面積は

$$\frac{1}{2}(OA+CB)OC=\frac{1}{2}(3\sqrt{6}+2\sqrt{6})2\sqrt{6}=\boxed{30}$$

である．

(4) 点Dのz座標は1であるから，$D(x,\ y,\ 1)$とおける．

$$\overrightarrow{OA}\cdot\overrightarrow{OD}=0,\quad \overrightarrow{OC}\cdot\overrightarrow{OD}=2\sqrt{6}$$

⬅ $\overrightarrow{OA}\perp\overrightarrow{OD}$より$\overrightarrow{OA}\cdot\overrightarrow{OD}=0$.

より

$$1\cdot x+1\cdot y+(-2)\cdot 1=0,$$
$$2\sqrt{3}\cdot x+(-2\sqrt{3})\cdot y+0\cdot 1=2\sqrt{6}$$

すなわち

$$x+y=2,\quad x-y=\sqrt{2}$$

が成り立つ．これより

$$x=1+\frac{\sqrt{2}}{2},\quad y=1-\frac{\sqrt{2}}{2}$$

である．よって，点Dの座標は

$$\left(\boxed{1}+\frac{\sqrt{\boxed{2}}}{\boxed{2}},\ \boxed{1}-\frac{\sqrt{\boxed{2}}}{\boxed{2}},\ 1\right)$$

である．このとき

$$|\overrightarrow{OD}|=\sqrt{\left(1+\frac{\sqrt{2}}{2}\right)^2+\left(1-\frac{\sqrt{2}}{2}\right)^2+1^2}=2$$

である．

$$\overrightarrow{OC}\cdot\overrightarrow{OD}=2\sqrt{6}$$

より

$$|\overrightarrow{OC}||\overrightarrow{OD}|\cos\angle COD=2\sqrt{6}$$

すなわち

$$2\sqrt{6}\cdot 2\cos\angle\mathrm{COD}=2\sqrt{6}$$

であるから

$$\cos\angle\mathrm{COD}=\frac{1}{2}$$

である．よって

$$\angle\mathrm{COD}=\boxed{60}\,°$$

である．$\overrightarrow{\mathrm{OC}}$ に垂直で点Dを通る直線が直線OCと交点Hをもつとき

$$\mathrm{DH}=\mathrm{OD}\sin\angle\mathrm{COD}=2\sin 60°=\sqrt{3}$$

である．

3点O，C，Dの定める平面がβであり，$\overrightarrow{\mathrm{OA}}\perp\overrightarrow{\mathrm{OC}}$，$\overrightarrow{\mathrm{OA}}\perp\overrightarrow{\mathrm{OD}}$ であるから，$\overrightarrow{\mathrm{OA}}\perp$(平面$\beta$)である．よって，$\alpha$と$\beta$は垂直である．したがって，三角形ABCを底面とする四面体DABCの高さは，$\mathrm{DH}=\sqrt{\boxed{3}}$

である．

$$\triangle\mathrm{ABC}=\frac{1}{2}\mathrm{CB}\cdot\mathrm{OC}=\frac{1}{2}(2\sqrt{6})^2=12$$

であるから，四面体DABCの体積は

$$\frac{1}{3}\cdot\triangle\mathrm{ABC}\cdot\mathrm{DH}=\frac{1}{3}\cdot 12\cdot\sqrt{3}=\boxed{4}\sqrt{\boxed{3}}$$

である．

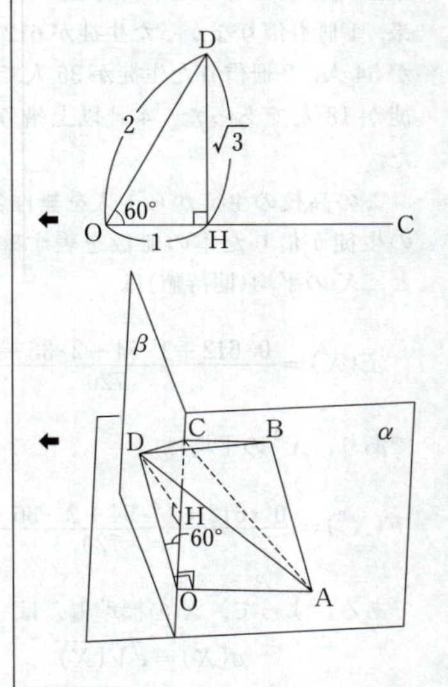

第5問 確率分布と統計的な推測

ある市立図書館の利用状況について調査を行った.

(1) ある高校の生徒720人全員を対象に，ある1週間に市立図書館で借りた本の冊数について調査を行った結果，1冊も借りなかった生徒が612人，1冊借りた生徒が54人，2冊借りた生徒が36人であり，3冊借りた生徒が18人であった．4冊以上借りた生徒はいなかった.

この高校の生徒から1人を無作為に選んだとき，その生徒が借りた本の冊数を表す確率変数を X とすると，X の平均(期待値)は

$$E(X)=\frac{0\cdot 612+1\cdot 54+2\cdot 36+3\cdot 18}{720}=\frac{\boxed{1}}{\boxed{4}}$$

であり，X^2 の平均は

$$E(X^2)=\frac{0^2\cdot 612+1^2\cdot 54+2^2\cdot 36+3^2\cdot 18}{720}=\frac{\boxed{1}}{\boxed{2}}$$

である．よって，X の標準偏差は

$$\begin{aligned}\sigma(X)&=\sqrt{V(X)}\\&=\sqrt{E(X^2)-\{E(X)\}^2}\\&=\sqrt{\frac{1}{2}-\left(\frac{1}{4}\right)^2}\\&=\frac{\sqrt{\boxed{7}}}{\boxed{4}}\end{aligned}$$

である.

(2) 市内の高校生全員を母集団とし，ある1週間に市立図書館を利用した生徒の割合(母比率)を p とする．この母集団から600人を無作為に選んだとき，その1週間に市立図書館を利用した生徒の数を確率変数 Y で表す．Y は二項分布 $B(600,\ p)$ に従う.

$p=0.4$ のとき，Y の平均は

$$E(Y)=600\cdot 0.4=\boxed{240}$$

になり，標準偏差は

$$\sigma(Y)=\sqrt{V(Y)}=\sqrt{600\cdot 0.4(1-0.4)}=\boxed{12}$$

になる．ここで，$Z=\dfrac{Y-240}{12}$ とおくと，標本数600は十分に大きいので，Z は近似的に標準正規分布に従

平均(期待値)，分散

確率変数 X のとり得る値を

$$x_1,\ x_2,\ \cdots,\ x_n$$

とし，X がこれらの値をとる確率をそれぞれ

$$p_1,\ p_2,\ \cdots,\ p_n$$

とすると，X の平均(期待値) $E(X)$ は

$$E(X)=\sum_{k=1}^{n}x_kp_k.$$

また，X の分散 $V(X)$ は $E(X)=m$ として

$$V(X)=\sum_{k=1}^{n}(x_k-m)^2p_k \quad \cdots(*)$$

または

$$V(X)=E(X^2)-\{E(X)\}^2. \cdots (**)$$

ここでは (**) を用いた.

$\sqrt{V(X)}$ を X の標準偏差という.

二項分布

n を自然数とする.

確率変数 X のとり得る値が

$$0,\ 1,\ 2,\ \cdots,\ n$$

であり，X の確率分布が

$$P(X=r)={}_n\mathrm{C}_r p^r(1-p)^{n-r}$$
$$(r=0,\ 1,\ 2,\ \cdots,\ n)$$

であるとき，X の確率分布を二項分布といい，$B(n,\ p)$ で表す.

二項分布の平均(期待値)，分散

確率変数 X が二項分布 $B(n,\ p)$ に従うとき，$q=1-p$ とすると X の平均(期待値) $E(X)$ と分散 $V(X)$ は

$$E(X)=np,$$
$$V(X)=npq$$

である.

標準正規分布

平均0，標準偏差1の正規分布を標準正規分布という.

う．このことを利用して，Y が215以下となる確率を求めると

$$P(Y \leqq 215) = P\left(\frac{Y-240}{12} \leqq \frac{215-240}{12}\right)$$
$$= P(Z \leqq -2.08)$$
$$= P(Z \geqq 2.08)$$
$$= 0.5 - P(0 \leqq Z \leqq 2.08)$$
$$= 0.5 - 0.4812$$
$$= 0.\boxed{02}$$

になる．

← 正規分布表より
$P(0 \leqq Z \leqq 2.08) = 0.4812.$

また，$p=0.2$ のとき Y の平均は

$$600 \cdot 0.2 = \frac{1}{2} \cdot 600 \cdot 0.4 = \frac{1}{2} \cdot 240$$

より，240 の $\dfrac{1}{\boxed{2}}$ 倍，標準偏差は

$$\sqrt{600 \cdot 0.2(1-0.2)} = \sqrt{\frac{1}{2} \cdot \frac{4}{3} \cdot 600 \cdot 0.4(1-0.4)}$$
$$= \frac{\sqrt{6}}{3} \cdot 12$$

より，12 の $\dfrac{\sqrt{\boxed{6}}}{3}$ 倍である．

(3)　市立図書館に利用者登録のある高校生全員を母集団とする．1回あたりの利用時間(分)を表す確率変数を W とし，W は母平均 m，母標準偏差30の分布に従うとする．この母集団から大きさ n の標本 W_1，W_2，…，W_n を無作為に抽出した．

利用時間が60分をどの程度超えるかについて調査するために

$$U_1 = W_1 - 60,\ U_2 = W_2 - 60,\ \cdots,\ U_n = W_n - 60$$

とおくと，確率変数 U_1，U_2，…，U_n の平均と標準偏差はそれぞれ

$$E(U_1) = E(U_2) = \cdots = E(U_n)$$
$$= E(W_1 - 60) = E(W_2 - 60) = \cdots = E(W_n - 60)$$
$$= m - \boxed{60}$$
$$\sigma(U_1) = \sigma(U_2) = \cdots = \sigma(U_n)$$
$$= \sigma(W_1 - 60) = \sigma(W_2 - 60) = \cdots = \sigma(W_n - 60)$$
$$= \boxed{30}$$

である．

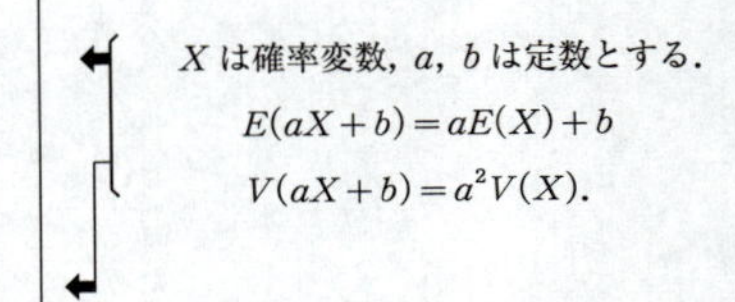

$t=m-60$ として，t に対する信頼度95%の信頼区間を求める．

この母集団から無作為抽出された100人の生徒に対して U_1，U_2，…，U_{100} の値を調べたところ，その標本平均の値が50分であった．標本数は十分大きいことを利用して，この信頼区間を求めると

$$50-1.96\cdot\frac{30}{\sqrt{100}}\leqq t\leqq 50+1.96\cdot\frac{30}{\sqrt{100}}$$

すなわち

$$\boxed{44}.\boxed{1}\leqq t\leqq\boxed{55}.\boxed{9}$$

になる．

←**母平均の推定**

標本平均を $\overline{X}$，母標準偏差を σ とすると，標本の大きさ n が大きいとき，母平均 m に対する信頼度95% の信頼区間は

$$\left[\overline{X}-1.96\cdot\frac{\sigma}{\sqrt{n}},\ \overline{X}+1.96\cdot\frac{\sigma}{\sqrt{n}}\right].$$

数学Ⅰ・数学A
数学Ⅱ・数学B

（2020年１月実施）

追試験
2020

数学Ⅰ・数学A

解答・採点基準

（100点満点）

問題番号(配点)	解答記号	正解	配点	自己採点
第1問 (30)	アイ	36	2	
	ウエ	38	1	
	オ	6	1	
	カキ	50	1	
	クケ	26	1	
	$\frac{コ\sqrt{サ}+\sqrt{シス}}{セ}$	$\frac{5\sqrt{2}+\sqrt{26}}{2}$	4	
	ソタ，チ	−4，6	2	
	ツ	3	3	
	テ	⓪	3	
	$\frac{トナ}{ニ}a^2+ヌa$	$\frac{-1}{4}a^2+2a$	3	
	ネ	2	3	
	ノ	8	3	
	ハヒa＋フヘ	$-2a+16$	3	
第1問　自己採点小計				
第2問 (30)	ア	4	3	
	イ	②	3	
	ウ，エ	9，5	3	
	$\frac{オカ\sqrt{キ}}{ク}$	$\frac{51\sqrt{2}}{8}$	3	
	ケコ	36	3	
	サ	③	2	
	シ	①	2	
	ス，セ	①，③	4	
	ソ	②	3	
	タ.チ	6.4	2	
	ツ	②	2	
第2問　自己採点小計				

問題番号(配点)	解答記号	正解	配点	自己採点
第3問 (20)	$\frac{ア}{イ}$	$\frac{1}{3}$	2	
	ウエオ	210	1	
	カキ	70	1	
	$\frac{ク}{ケ}$	$\frac{1}{3}$	2	
	$\frac{コ}{サ}$	$\frac{1}{3}$	2	
	$\frac{シス}{セソ}$	$\frac{37}{42}$	3	
	$\frac{タチ}{ツテ}$	$\frac{14}{37}$	3	
	$\frac{トナ}{ニヌネ}$	$\frac{53}{185}$	3	
	$\frac{ノ}{ハヒ}$	$\frac{1}{45}$	3	
第3問　自己採点小計				
第4問 (20)	ア，イ	9，2	3	
	ウエ，オ	31，7	2	
	カ，キ	3，4 (解答の順序は問わない)	3	
	ク，ケコ	9，16	2	
	サシス，セソタ	100，121	3	
	チツテト	1280	4	
	ナニヌ	527	3	
第4問　自己採点小計				
第5問 (20)	ア	4	3	
	イ	6	3	
	ウ$\sqrt{エ}$	$2\sqrt{6}$	3	
	$\frac{オカ}{キク}$	$\frac{19}{35}$	3	
	$\frac{ケコ}{サ}$	$\frac{19}{7}$	2	
	$\frac{シス}{セ}$	$\frac{19}{5}$	2	
	$\frac{ソ\sqrt{タ}}{チツ}$	$\frac{5\sqrt{6}}{12}$	4	
第5問　自己採点小計				
自己採点合計				

(注)
第1問，第2問は必答。第3問～第5問のうちから2問選択。計4問を解答。

第1問　数と式・集合と命題・2次関数

〔1〕

$$(19+5\sqrt{13})(19-5\sqrt{13})=19^2-(5\sqrt{13})^2$$
$$=361-325$$
$$=\boxed{36} \quad \cdots ①$$

であるから，$19+5\sqrt{13}>0$ より，$19-5\sqrt{13}$ は正の実数である．

α は $19+5\sqrt{13}$ の正の平方根，

β は $19-5\sqrt{13}$ の正の平方根

であるから，

$$\alpha^2=19+5\sqrt{13},\quad \beta^2=19-5\sqrt{13}$$

である．

これらと ① より，

$$\alpha^2+\beta^2=(19+5\sqrt{13})+(19-5\sqrt{13})=\boxed{38},$$

$$\alpha\beta=\sqrt{\alpha^2\beta^2}=\sqrt{36}=\boxed{6}$$

であり，

$$(\alpha+\beta)^2=(\alpha^2+\beta^2)+2\alpha\beta$$
$$=38+2\cdot 6$$
$$=\boxed{50}, \quad \cdots ②$$
$$(\alpha-\beta)^2=(\alpha+\beta)^2-4\alpha\beta$$
$$=50-4\cdot 6$$
$$=\boxed{26} \quad \cdots ③$$

である．

$\alpha>0$，$\beta>0$ より，$\alpha+\beta>0$ であることと $\alpha>\beta$ より，$\alpha-\beta>0$ であることから，②，③ より，

$$\begin{cases} \alpha+\beta=5\sqrt{2}, \\ \alpha-\beta=\sqrt{26} \end{cases}$$

である．

したがって，これを解いて，

$$\alpha=\frac{\boxed{5}\sqrt{\boxed{2}}+\sqrt{\boxed{26}}}{\boxed{2}},$$

$$\beta=\frac{5\sqrt{2}-\sqrt{26}}{2}$$

である．

← $(x+y)(x-y)=x^2-y^2$.

← $\alpha=\sqrt{19+5\sqrt{13}}$.

← $\beta=\sqrt{19-5\sqrt{13}}$.

← 次の等式はよく使われるので覚えておくとよい．

$$\alpha^2+\beta^2=(\alpha+\beta)^2-2\alpha\beta,$$
$$(\alpha-\beta)^2=(\alpha+\beta)^2-4\alpha\beta.$$

〔2〕

a は定数.

$$p：-1 \leqq x \leqq 3,$$
$$q：|x-a|>3.$$

(1)　不等式 $|x-a|>3$ を解くと,

$$x-a<-3,\quad 3<x-a$$
$$x<a-3,\quad a+3<x$$

であるから,

$$q：x<a-3,\quad a+3<x. \quad \cdots ①$$

← A を正の定数とするとき,
$|X|>A \iff X<-A,\ A<X.$

これより, 命題「$p \Longrightarrow q$」が真であるのは,

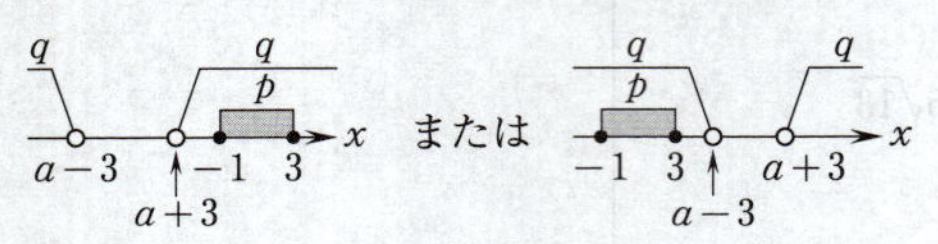

← 条件 p を満たす要素全体の集合を P, 条件 q を満たす要素全体の集合を Q とするとき, 命題「$p \Longrightarrow q$」が真となるのは,

$$P \subset Q$$

のときである.

すなわち,

$$a+3<-1 \quad \text{または} \quad 3<a-3$$

のときである.

よって, 求める a の値の範囲は,

$$a<\boxed{-4},\quad \boxed{6}<a$$

である.

(2)　$a=6$ のとき, ① に代入して,

$$q：x<3,\quad 9<x.$$

このとき, 命題「$p \Longrightarrow q$」は偽であり, $x=\boxed{3}$ は反例である($x=3$ は p を満たすが, q を満たさない).

← 条件 p を満たすが条件 q を満たさない要素があるとき, 命題「$p \Longrightarrow q$」は偽であり, その要素を反例という.

(3)

$$r：3<x \leqq 4.$$

$a=1$ のとき,

$$\overline{p}：x<-1,\quad 3<x,$$
$$\overline{q}：-2 \leqq x \leqq 4$$

← $a=1$ のとき, ① に代入して,
$q：x<-2,\ 4<x.$

であるから,

$$\overline{p} \text{ かつ } \overline{q}：-2 \leqq x<-1,\quad 3<x \leqq 4.$$

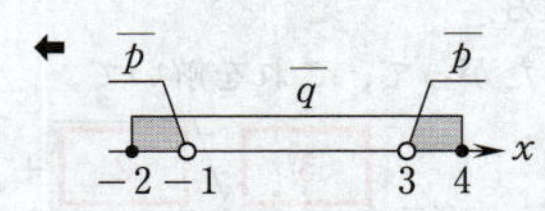

命題「($\overline{p}$ かつ $\overline{q}$) $\Longrightarrow r$」は偽 (反例 $x=-2$),

命題「$r \Longrightarrow$ ($\overline{p}$ かつ $\overline{q}$)」は真

である. よって, 条件「$\overline{p}$ かつ $\overline{q}$」は条件 r であるための必要条件であるが, 十分条件ではない. したがって, $\boxed{テ}$ に当てはまるものは $\boxed{⓪}$ である.

← 命題「$\ell \Longrightarrow m$」が真のとき, ℓ は m であるための十分条件という. また, 命題「$m \Longrightarrow \ell$」が真のとき, ℓ は m であるための必要条件という.

〔3〕

a は4以上の定数．

$$f(x)=(x-a)(x-4)+4$$
$$=x^2-(a+4)x+4a+4$$
$$=\left(x-\frac{a+4}{2}\right)^2-\left(\frac{a+4}{2}\right)^2+4a+4$$
$$=\left(x-\frac{a+4}{2}\right)^2-\frac{1}{4}a^2+2a$$

と変形できる．

$y=f(x)$ のグラフの軸の方程式は，

$$x=\frac{a+4}{2}\ (\geqq 4)$$

である．

⬅ 2次関数 $y=p(x-q)^2+r$ のグラフの軸の方程式は，

$$x=q.$$

(1)　2次関数 $y=f(x)$ の最小値は，

$$f\left(\frac{a+4}{2}\right)=\frac{\boxed{-1}}{\boxed{4}}a^2+\boxed{2}\,a$$

である．

⬅

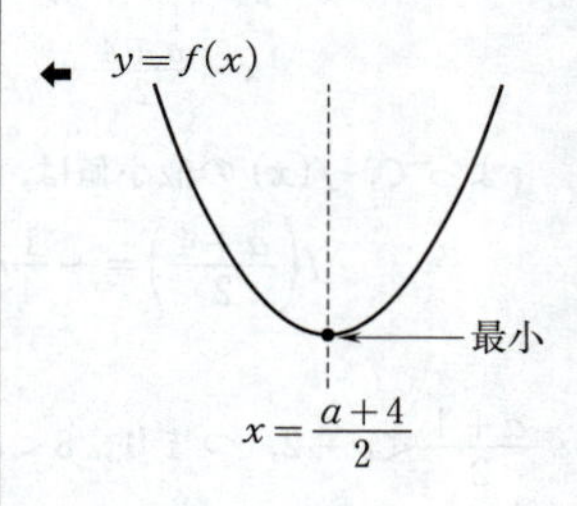

(2)　定義域「$a-2\leqq x\leqq a+2$」の中央である $x=a$ と軸：$x=\frac{a+4}{2}$ との大小関係を調べると，

$$a-\frac{a+4}{2}=\frac{a}{2}-2\geqq 0\ \ (a\geqq 4\ より)$$

であるから，

$$\frac{a+4}{2}\leqq a.$$

これより，2次関数 $y=f(x)$ $(a-2\leqq x\leqq a+2)$ のグラフは次のようになる

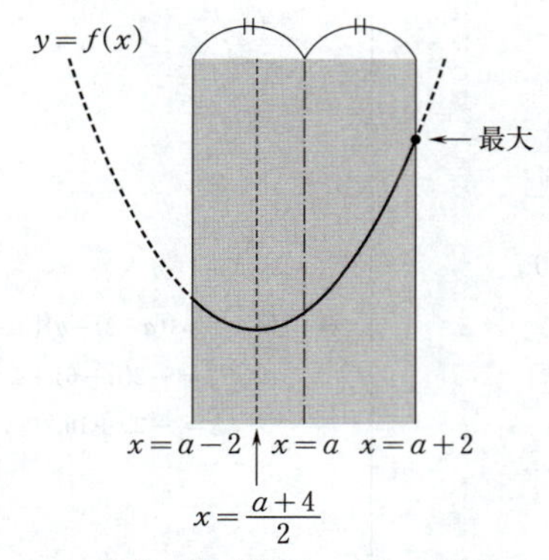

よって，$f(x)$ の最大値は，グラフより，

$$f(a+2)=\boxed{2}\,a$$

⬅
$$f(a+2)=\{(a+2)-a\}\{(a+2)-4\}+4$$
$$=2(a-2)+4$$
$$=2a.$$

である．

次に，2次関数 $y=f(x)$ の $a-2 \leqq x \leqq a+2$ における最小値を調べる．

・$a-2 \leqq \dfrac{a+4}{2} \leqq a+2$，つまり，$4 \leqq a \leqq$ 8 のとき．

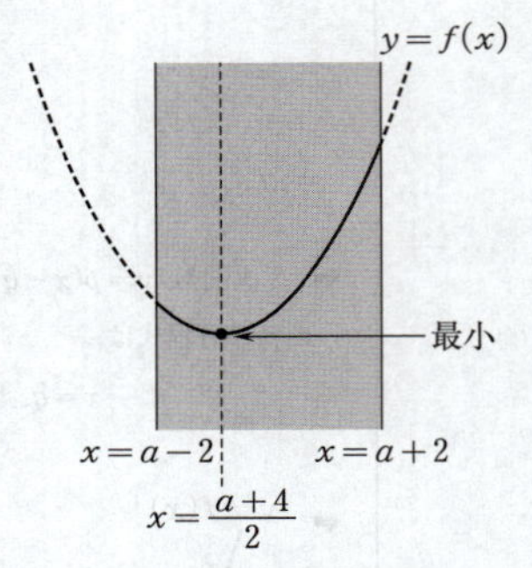

よって，$f(x)$ の最小値は，グラフより，

$$f\left(\frac{a+4}{2}\right)=-\frac{1}{4}a^2+2a.$$

⬅ $a \geqq 4$ より，$\dfrac{a+4}{2} \leqq a\,(<a+2)$ はつねに成り立つから，下図のような軸が定義域の右側にあるグラフは存在しない．よって，「軸が定義域に含まれるとき」と「軸が定義域の左側にあるとき」の2つの場合について調べるとよい．

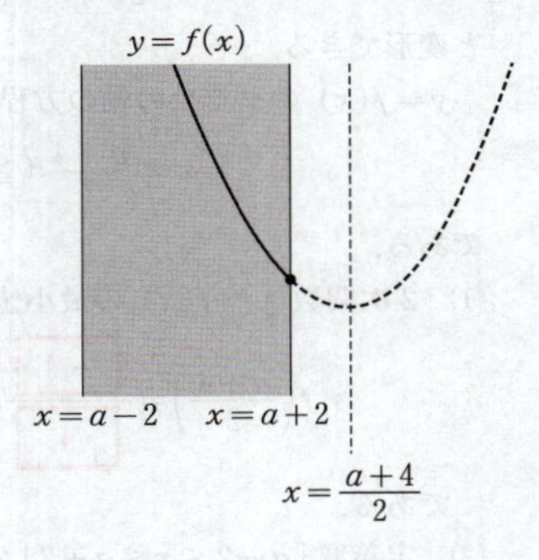

・$\dfrac{a+4}{2}<a-2$，つまり，$8<a$ のとき．

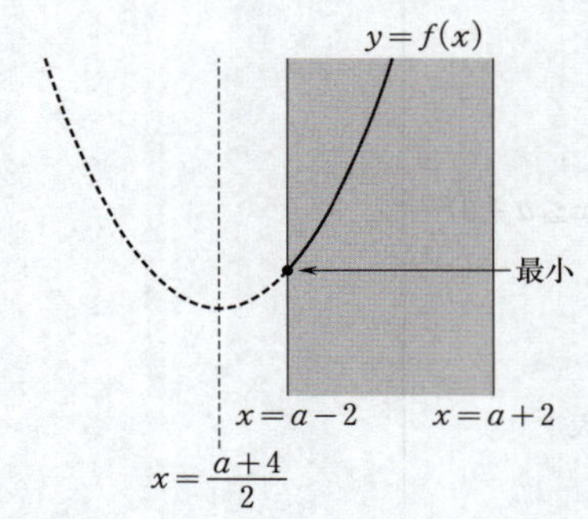

よって，$f(x)$ の最小値は，グラフより，

$$f(a-2)= \boxed{-2}\,a+\boxed{16}.$$

⬅ $f(a-2)=\{(a-2)-a\}\{(a-2)-4\}+4$
$=-2(a-6)+4$
$=-2a+16.$

第2問　図形と計量・データの分析

〔1〕

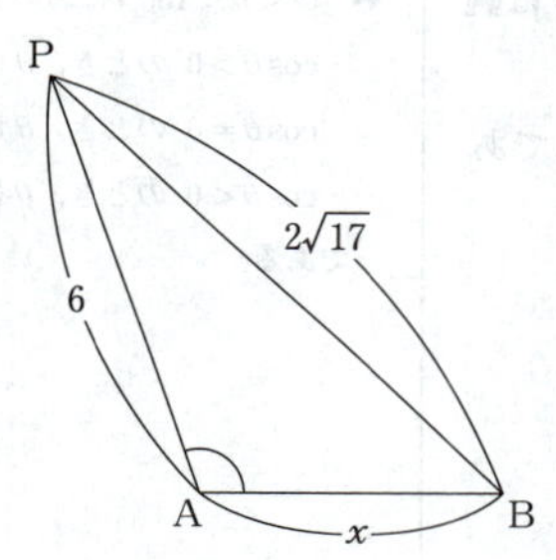

$\sin^2\angle\mathrm{PAB}+\cos^2\angle\mathrm{PAB}=1$ に $\sin\angle\mathrm{PAB}=\dfrac{2\sqrt{2}}{3}$ を代入すると，

$$\left(\frac{2\sqrt{2}}{3}\right)^2+\cos^2\angle\mathrm{PAB}=1$$

$$\cos^2\angle\mathrm{PAB}=\frac{1}{9}$$

$$\cos\angle\mathrm{PAB}=\pm\frac{1}{3}.$$

$\mathrm{AB}=x$ とおくと，$\mathrm{AB}<\mathrm{AP}$ より，$0<x<6$ である．

・$\cos\angle\mathrm{PAB}=\dfrac{1}{3}$ のとき．

余弦定理を用いると，

$$\mathrm{BP}^2=\mathrm{AB}^2+\mathrm{AP}^2-2\mathrm{AB}\cdot\mathrm{AP}\cos\angle\mathrm{PAB}$$

$$(2\sqrt{17})^2=x^2+6^2-2\cdot x\cdot 6\cdot\frac{1}{3}$$

$$x^2-4x-32=0$$

$$(x-8)(x+4)=0$$

$$x=8,\ -4.$$

$0<x<6$ より，適さない．

・$\cos\angle\mathrm{PAB}=-\dfrac{1}{3}$ のとき．

$$\mathrm{BP}^2=\mathrm{AB}^2+\mathrm{AP}^2-2\mathrm{AB}\cdot\mathrm{AP}\cos\angle\mathrm{PAB}$$

$$(2\sqrt{17})^2=x^2+6^2-2\cdot x\cdot 6\cdot\left(-\frac{1}{3}\right)$$

$$x^2+4x-32=0$$

$$(x+8)(x-4)=0$$

$$x=-8,\ 4.$$

$0<x<6$ より，

$$\mathrm{AB}=x=\boxed{4}$$

⬅ $\mathrm{AB}<\mathrm{AP}$.

⬅ $\sin\angle\mathrm{PAB}=\dfrac{2\sqrt{2}}{3}$.

⬅ **三角比の相互関係**

$$\sin^2\theta+\cos^2\theta=1,$$

$$\tan\theta=\frac{\sin\theta}{\cos\theta},$$

$$1+\tan^2\theta=\frac{1}{\cos^2\theta}.$$

⬅ **余弦定理**

$$a^2=b^2+c^2-2bc\cos A,$$

$$\cos A=\frac{b^2+c^2-a^2}{2bc}.$$

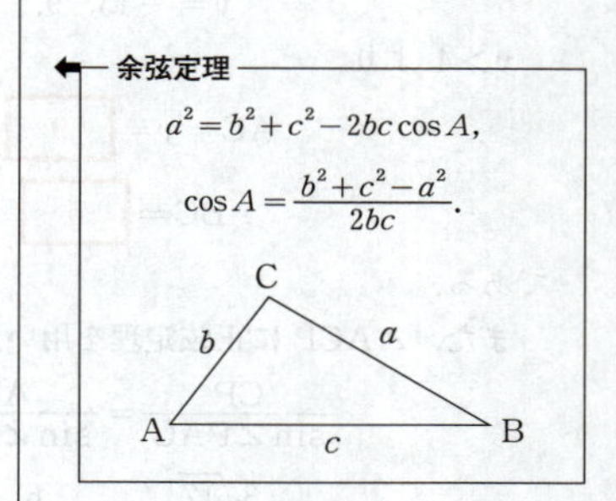

である．

さらに，$\cos\angle PAB<0$ であるから，$\angle PAB$ は鈍角である．

← $0^\circ<\theta<180^\circ$ において，
・$\cos\theta>0$ のとき，θ は鋭角，
・$\cos\theta=0$ のとき，θ は直角，
・$\cos\theta<0$ のとき，θ は鈍角
である．

よって，［イ］に当てはまるものは［②］である．

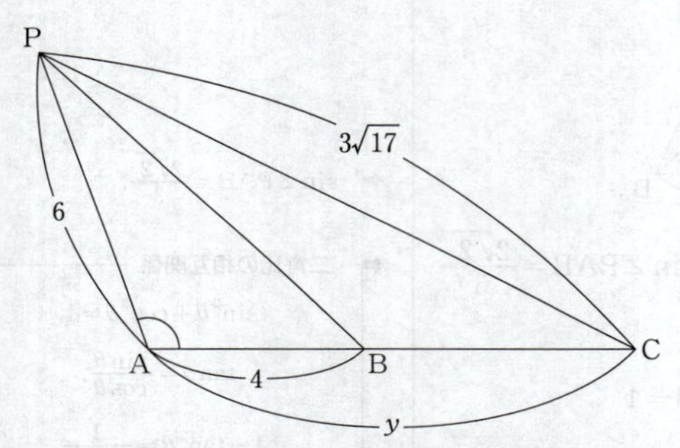

$AC=y\,(>4)$ とおき，$\triangle ACP$ に余弦定理を用いると，

$$CP^2=AC^2+AP^2-2AC\cdot AP\cos\angle PAC$$
$$(3\sqrt{17})^2=y^2+6^2-2\cdot y\cdot 6\cdot\left(-\frac{1}{3}\right)$$

← $\cos\angle PAC=\cos\angle PAB=-\frac{1}{3}$.

$$y^2+4y-117=0$$
$$(y+13)(y-9)=0$$
$$y=-13,\ 9.$$

$y>4$ より，

$$AC=y=\boxed{9},$$
$$BC=\boxed{5}$$

← $BC=AC-AB=9-4=5$.

である．

また，$\triangle ACP$ に正弦定理を用いると，

$$\frac{CP}{\sin\angle PAC}=\frac{AP}{\sin\angle ACP}$$
$$\frac{3\sqrt{17}}{\frac{2\sqrt{2}}{3}}=\frac{6}{\sin\angle BCP}$$
$$3\sqrt{17}\sin\angle BCP=6\cdot\frac{2\sqrt{2}}{3}$$
$$\sin\angle BCP=\frac{4\sqrt{2}}{3\sqrt{17}}$$

であり，さらに，$\triangle PBC$ に正弦定理を用いると，

正弦定理

← $$\frac{a}{\sin A}=\frac{b}{\sin B}=\frac{c}{\sin C}=2R.$$
（R は外接円の半径）

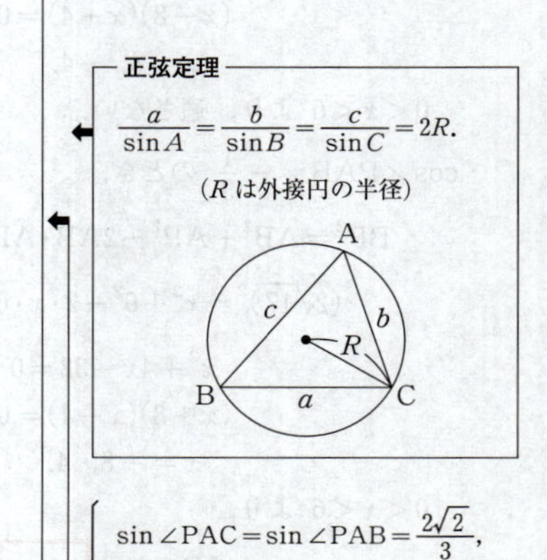

← $\sin\angle PAC=\sin\angle PAB=\frac{2\sqrt{2}}{3}$,
$\sin\angle ACP=\sin\angle BCP$.

$$2R=\frac{\mathrm{BP}}{\sin\angle\mathrm{BCP}}$$

であるから，

$$R=\frac{\mathrm{BP}}{2\sin\angle\mathrm{BCP}}$$
$$=\frac{2\sqrt{17}}{2\cdot\frac{4\sqrt{2}}{3\sqrt{17}}}$$
$$=\frac{\boxed{51}\sqrt{\boxed{2}}}{\boxed{8}}$$

である．

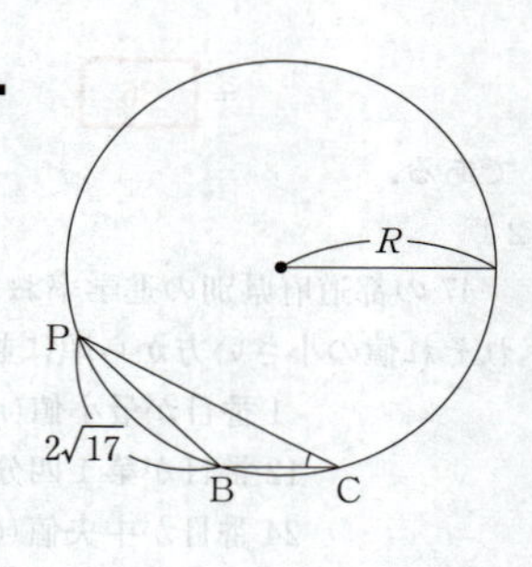

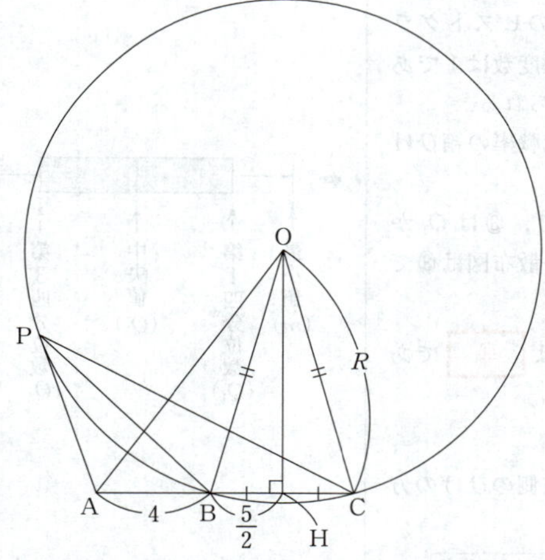

線分 BC の中点を H とすると，△OBC は OB＝OC（＝R）の二等辺三角形であるから，

$$\mathrm{OH}\perp\mathrm{BC},\quad \mathrm{BH}=\frac{1}{2}\mathrm{BC}=\frac{5}{2}$$

である．

← $\mathrm{BC}=5$.

これより，2つの直角三角形 OAH，OBH に三平方の定理を用いると，

$$\mathrm{AO}^2=\mathrm{AH}^2+\mathrm{OH}^2,\quad \mathrm{BO}^2=\mathrm{BH}^2+\mathrm{OH}^2$$

である．

よって，

$$\mathrm{AO}^2-R^2=\mathrm{AO}^2-\mathrm{BO}^2$$
$$=(\mathrm{AH}^2+\mathrm{OH}^2)-(\mathrm{BH}^2+\mathrm{OH}^2)$$
$$=\mathrm{AH}^2-\mathrm{BH}^2$$
$$=\left(\frac{13}{2}\right)^2-\left(\frac{5}{2}\right)^2$$

← $\mathrm{AH}=\mathrm{AB}+\mathrm{BH}=4+\frac{5}{2}=\frac{13}{2}$.

$=$ **36**

である．

〔２〕

47の都道府県別の進学率および就職率のデータをそれぞれ値の小さい方から順に並べたとき，

1番目が最小値(m)，
12番目が第1四分位数(Q_1)，
24番目が中央値(Q_2)，
36番目が第3四分位数(Q_3)，
47番目が最大値(M)

となる．

(1)　図1の「2016年度における進学率のヒストグラム」より，35%以上40%未満の階級の度数は1であり，これを満たす散布図は⓪か③に限られる．

次に，図2の「2016年度における就職率の箱ひげ図」より，Q_1は約17.5%である．

⓪はQ_1が20%以上25%未満であり，③はQ_1が15%以上20%未満であるから，求める散布図は③である．

よって，**サ** に当てはまるものは **③** である．

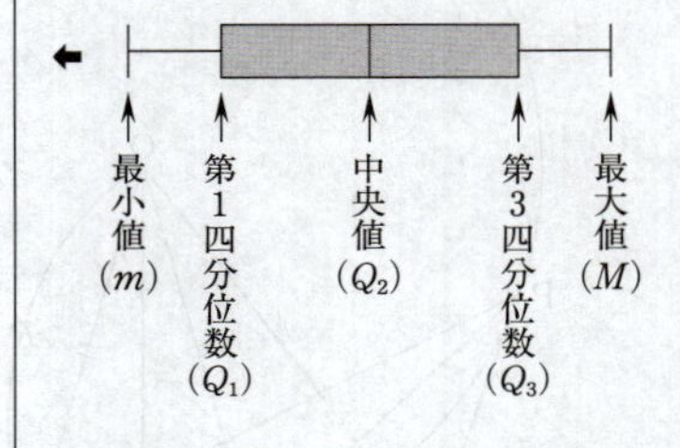

(2)・⓪…正しくない．

1998年度の進学率においては，左側のひげの方が長い．

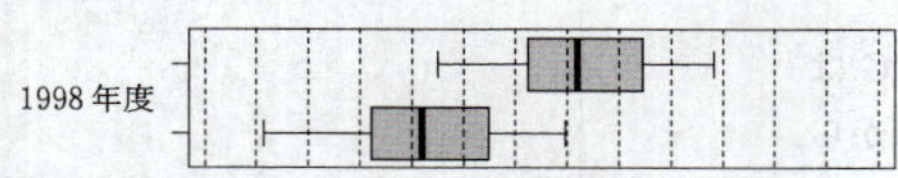

・①…正しい．

・②…正しくない．

2008年度は2003年度と比較して就職率の四分位範囲は増加している．

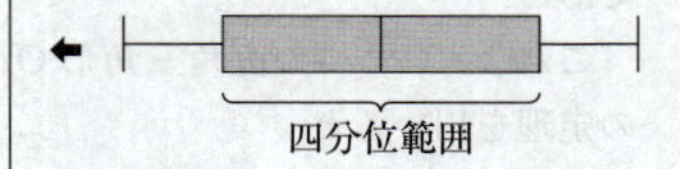

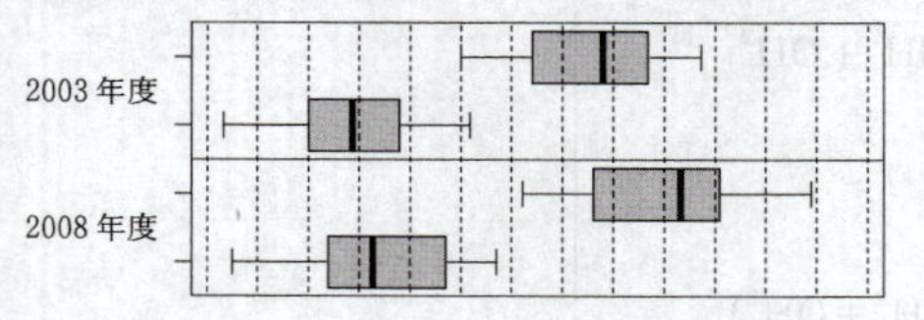

・③…正しくない．

1978 年度は就職率の四分位範囲よりも進学率の四分位範囲の方が大きい．

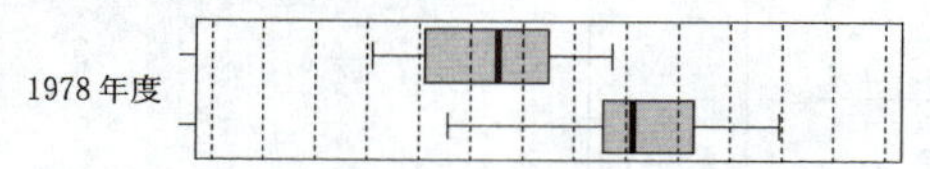

⬅ 進学率．

⬅ 就職率．

・④…正しくない．

1973 年度の就職率については，最大値は最小値の 2 倍未満である．（m は約 34%，M は約 66%）

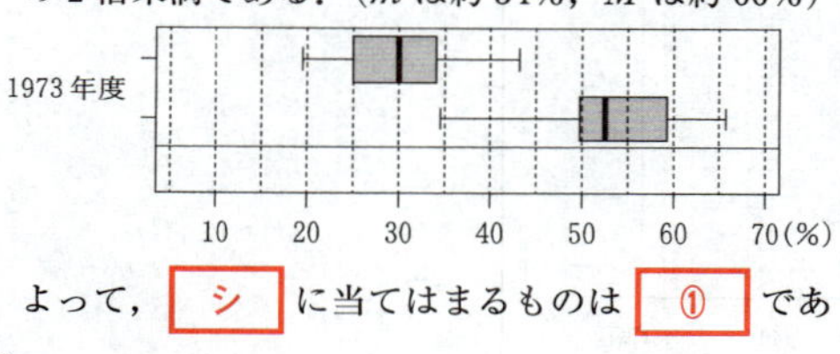

⬅ 就職率．

よって，［シ］に当てはまるものは［①］である．

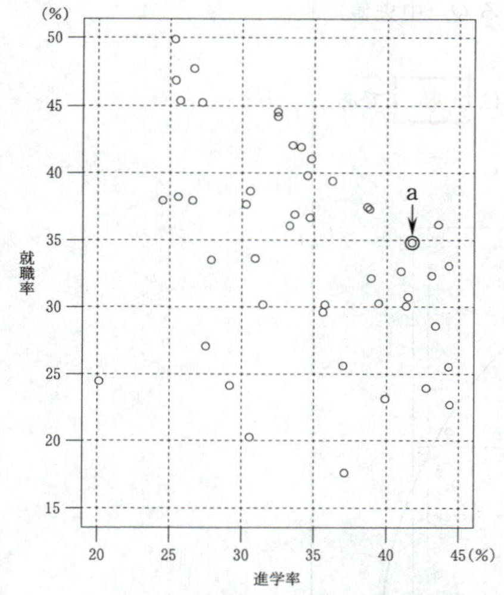

図 4　1993 年度における進学率と就職率の散布図

上図の a は就職率のデータにおいて，34.8% を表し，これは小さい方から 24 番目であるから，Q_2（中央値）である．

よって，［ス］に当てはまるものは［①］である．

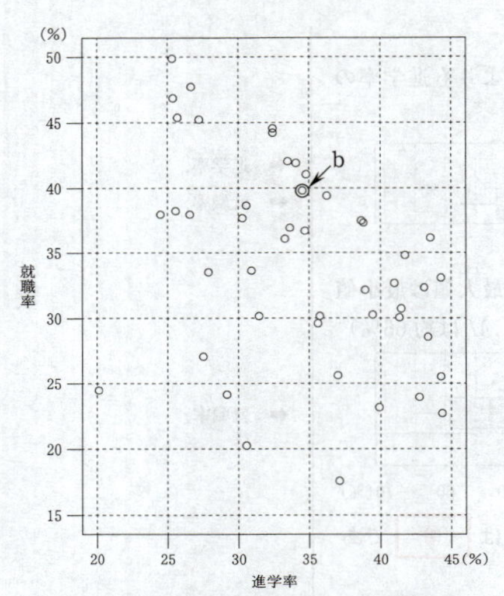

図4　1993年度における進学率と就職率の散布図

上図のbは進学率のデータにおける Q_2 (中央値) であり，約34.5%である．

よって，セ に当てはまるものは ③ である．

(4)

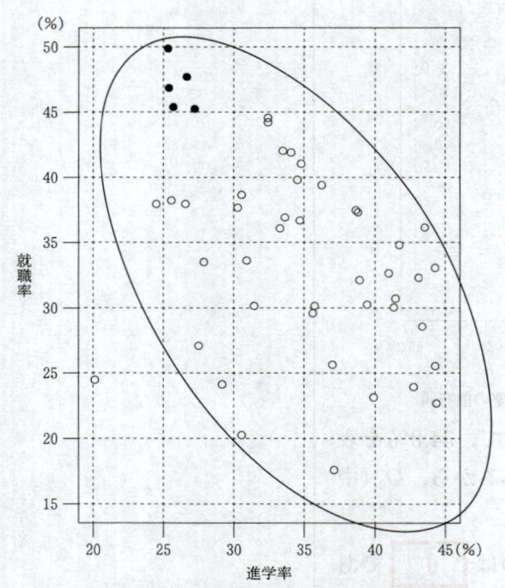

図5　1993年度における進学率と就職率の散布図

上図は，条件より，進学率と就職率の相関係数が -0.41 の散布図である．

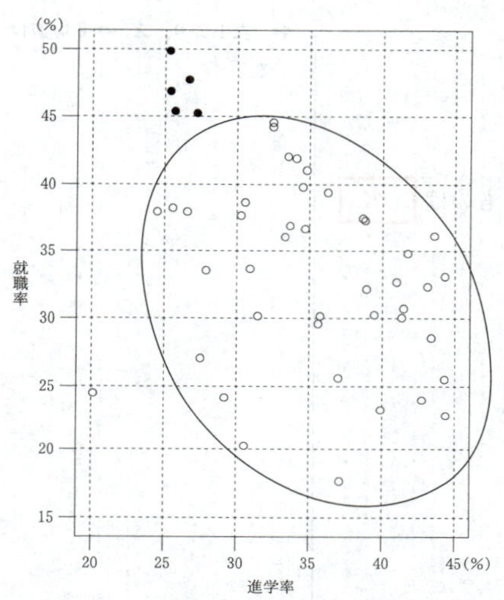

図5　1993年度における進学率と就職率の散布図

就職率が45%を超えている5都道府県を除外したときの進学率と就職率には負の相関が認められるが，5都道府県を除外する前と比較して負の相関が弱くなっている．

よって，5都道府県を除外したときの相関係数 r は $-0.41<r<0$ であるから，［ソ］に当てはまるものは［②］である．

(5)　X の標準偏差を s_x とすると，表1より，

$$-0.41=\frac{-20}{s_x\cdot 7.6}$$

が成り立つから，

$$s_x=\frac{-20}{-0.41\cdot 7.6}$$

$$=\frac{20}{3.116}$$

$$=6.418\cdots$$

となる．

よって，X の標準偏差 s_x は，小数第2位を四捨五入すると，［6］.［4］である．

また，X の平均値を $\overline{x}$ とすると，問題文に記載の等式より，

$$s_x{}^2=(X^2\text{ の平均値})-(\overline{x})^2$$

が成り立つから，

相関係数 r は $-1\leqq r\leqq 1$ を満たす実数で，相関関係の強さを表す指標である．$|r|$ が1に近いほど相関が強く，散布図上では点が直線状に分布する．

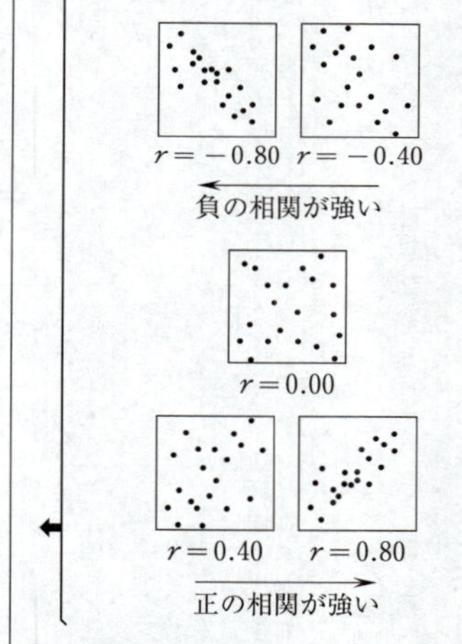

相関係数

2つの変量 x，y について，

x の標準偏差を s_x，

y の標準偏差を s_y，

x と y の共分散を s_{xy}

とするとき，x と y の相関係数 r は，

$$r=\frac{s_{xy}}{s_xs_y}.$$

表1より，Y の標準偏差は7.6，X と Y の共分散は -20，X と Y の相関係数は -0.41 である．

実数値のデータ u_1，u_2，$\cdots u_n$ に対して，平均値を $\overline{u}$，分散を s^2 とすると，

$$s^2=\frac{u_1{}^2+u_2{}^2+\cdots+u_n{}^2}{n}-(\overline{u})^2.$$

$$6.4^2 = 1223 - (\overline{x})^2$$

すなわち,

$$(\overline{x})^2 = 1182.04$$

である.

したがって, ツ に当てはまるものは ②

である.

← 表1より, X^2 の平均値は 1223 である.

第3問　場合の数・確率

つぼの中には，

赤玉6個，白玉4個

の合計10個の玉が入っている．

(1)　1回目と2回目に連続して赤玉が取り出される確率は，

$$\frac{6}{10}\times\frac{5}{9}=\frac{\boxed{1}}{\boxed{3}}$$

である．

← 2回目のとき，つぼの中には，

赤玉5個，白玉4個

の合計9個の玉が入っている．

(2)　同じ色の玉は区別しないものとして考える．

このとき，10個すべての玉の取り出し方は，

「赤玉6個と白玉4個を横一列に並べる並べ方の総数に等しい」

から，求める場合の数は，

$$\frac{10!}{6!4!}=\boxed{210}\ （通り）$$

← **同じものを含む順列**

n 個のもののうち，p 個は同じもの，q 個は別の同じもの，r 個はまた別の同じもの，…であるとき，この n 個のものを並べてできる順列の総数は，

$$\frac{n!}{p!q!r!\cdots}$$

$(n=p+q+r+\cdots)$．

である．それらのうち，8回目の取り出しを終えた時点で白玉がすべて取り出されている取り出し方は，

「1回目から8回目までは，赤玉4個と白玉4個を横一列に並べ，9回目と10回目は赤玉2個を横一列に並べる並べ方の総数に等しい」

から，求める場合の数は，

$$\frac{8!}{4!4!}\times\frac{2!}{2!}=\boxed{70}\ （通り）$$

である．

よって，p_9 の値は，

$$p_9=\frac{70}{210}=\frac{\boxed{1}}{\boxed{3}}$$

である．

← p_9 とは9回目と10回目に連続して赤玉が取り出される確率である．

また，3回目と4回目に連続して赤玉が取り出される取り出し方は，

「1回目と2回目および5回目から10回目までは赤玉4個と白玉4個を横一列に並べ，3回目と4回目は赤玉2個を横一列に並べる並べ方の総数に等しい」

から，

$$\frac{8!}{4!4!}\times\frac{2!}{2!}=70\ （通り）$$

である．

赤玉をⓇと表す．

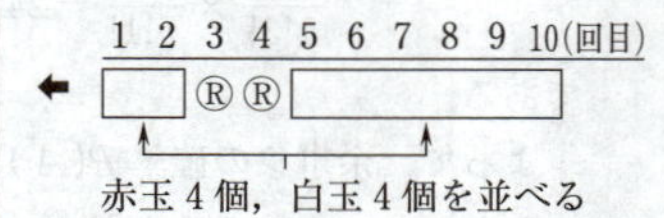

よって，p_3 の値は，

$$p_3=\frac{70}{210}=\frac{\boxed{1}}{\boxed{3}}$$

である．

(3)　(2)と同様に同じ色の玉は区別しないものとして考える．2つの事象 A，B を次のように定める．

A：4回目の取り出しを終えた時点で赤玉が2個以上取り出されている

B：1回目と2回目に連続して赤玉が取り出されている

まず，$P(A)$ を求める．

$\overline{A}$ は，

「4回目の取り出しを終えた時点で赤玉が1個以下しか取り出されていない事象」

であり，このような取り出し方は，

(i)　4回目の取り出しを終えた時点で赤玉がまったく取り出されていないとき

(ii)　4回目の取り出しを終えた時点で赤玉が1個取り出されているとき

の2つの場合がある．

(i)のとき．

1回目から4回目までは白玉4個を横一列に並べ，5回目から10回目までは赤玉6個を横一列に並べる並べ方の総数と等しいから，

$$\frac{4!}{4!}\times\frac{6!}{6!}=1\text{（通り）}$$

である．

← 赤玉をⓇ，白玉をⓌと表す．

1 2 3 4 5 6 7 8 9 10(回目)

ⓌⓌⓌⓌ を並べる　ⓇⓇⓇⓇⓇⓇ を並べる

(ii)のとき．

1回目から4回目までは赤玉1個と白玉3個を横一列に並べ，5回目から10回目までは赤玉5個と白玉1個を横一列に並べる並べ方の総数と等しいから，

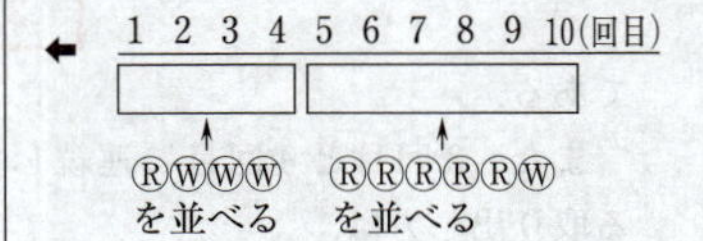

$$\frac{4!}{1!3!}\times\frac{6!}{5!1!}=24\text{（通り）}$$

である．

よって，余事象の確率 $P(\overline{A})$ は，(i)，(ii)より，

$$P(\overline{A})=\frac{1+24}{210}=\frac{25}{210}=\frac{5}{42}$$

である．

したがって，確率 $P(A)$ は，

$$P(A)=1-\frac{5}{42}=\frac{\boxed{37}}{\boxed{42}} \quad \cdots ①$$

である．

次に，事象 A が起こったとき，事象 B が起こる条件付き確率 $P_A(B)$ を求める．

$A\cap B$ について，$A\supset B$ が成り立つから，

$$A\cap B=B$$

である．よって，確率 $P(A\cap B)$ は(1)の結果より，

$$P(A\cap B)=P(B)=\frac{1}{3} \quad \cdots ②$$

である．

したがって，求める条件付き確率 $P_A(B)$ は，①，②より，

$$P_A(B)=\frac{P(A\cap B)}{P(A)}=\frac{\frac{1}{3}}{\frac{37}{42}}=\frac{\boxed{14}}{\boxed{37}}$$

である．

← 事象 A と余事象 $\overline{A}$ について，

$$P(A)+P(\overline{A})=1$$

が成り立つから，

$$P(A)=1-P(\overline{A})$$

である．

← 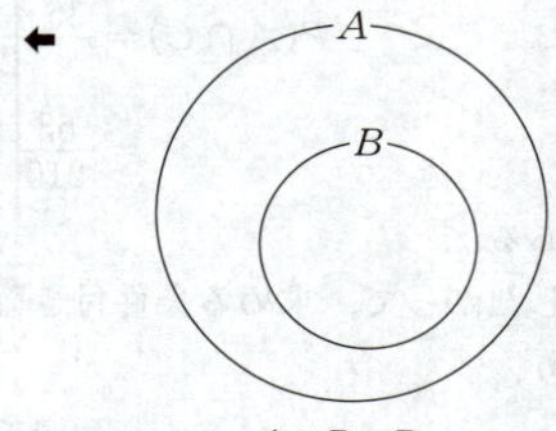

$A\cap B=B$.

← **条件付き確率**

事象 A が起こったときに事象 B が起こる条件付き確率は，

$$P_A(B)=\frac{P(A\cap B)}{P(A)}.$$

(4)　(2)と同様に同じ色の玉は区別しないものとして考える．事象 C を次のように定める．

C：9回目と10回目に連続して赤玉が取り出される

$A\cap C$ について，何回目から何回目の取り出しを終えた時点での赤玉と白玉の取り出し方は，3つの場合があり，表にまとめると次のようになる．

試行回数	1回目から4回目		5回目から8回目		9回目・10回目
玉の色	赤玉	白玉	赤玉	白玉	赤玉
(あ)	2個	2個	2個	2個	2個
(い)	3個	1個	1個	3個	2個
(う)	4個	0個	0個	4個	2個

(あ)のとき．

$$\frac{4!}{2!2!}\times\frac{4!}{2!2!}\times\frac{2!}{2!}=36\ (\text{通り}).$$

← 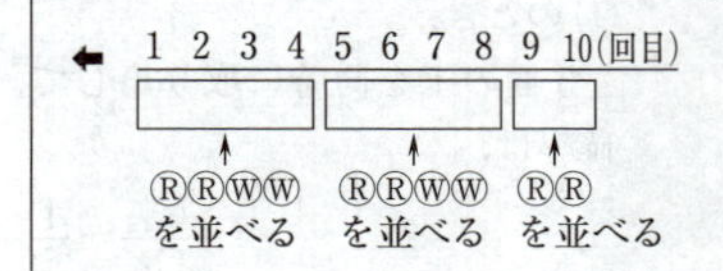

(い) のとき．

$$\frac{4!}{3!1!}\times\frac{4!}{1!3!}\times\frac{2!}{2!}=16\ (通り).$$

(う) のとき．

$$\frac{4!}{4!}\times\frac{4!}{4!}\times\frac{2!}{2!}=1\ (通り).$$

よって，確率 $P(A\cap C)$ は，(あ)，(い)，(う) より，

$$P(A\cap C)=\frac{36+16+1}{210}=\frac{53}{210}\quad\cdots③$$

である．

したがって，求める条件付き確率 $P_A(C)$ は，①，③ より，

$$P_A(C)=\frac{P(A\cap C)}{P(A)}=\frac{\frac{53}{210}}{\frac{37}{42}}=\frac{53}{185}$$

である．

← 1 2 3 4 5 6 7 8 9 10(回目)
ⓇⓇⓇⓌ を並べる　ⓇⓌⓌⓌ を並べる　Ⓡ'Ⓡ' を並べる

← 1 2 3 4 5 6 7 8 9 10(回目)
ⓇⓇⓇⓇ を並べる　ⓌⓌⓌⓌ を並べる　Ⓡ'Ⓡ' を並べる

← 次のように求めてもよい．

$$P_A(C)=\frac{n(A\cap C)}{n(A)}=\frac{53}{210-25}=\frac{53}{183}.$$

(5) つぼからまず 3 個の玉を同時に取り出して，玉の色は確認せずに印をつけてつぼに戻したのち，改めて玉を 1 個ずつ 10 個続けて取り出したとき，9 回目と 10 回目に連続して印のついた赤玉が取り出されるのは次の 2 つの場合がある．赤玉をⓇ，白玉をⓌ，印のついた赤玉をⓇ'，印のついた白玉をⓌ'と表す．

試行の種類	3 個の玉を同時に取り出す	1 個ずつ 10 回続けて取り出す	
		1 回目から 8 回目	9 回目・10 回目
(Ⅰ)	Ⓡを 3 個	Ⓡを 3 個，Ⓡ'を 1 個 Ⓦを 4 個	Ⓡ'を 2 個
(Ⅱ)	Ⓡを 2 個 Ⓦを 1 個	Ⓡを 4 個，Ⓦを 3 個 Ⓦ'を 1 個	Ⓡ'を 2 個

(Ⅰ) のとき．

3 個の玉を同時に取り出して，赤玉が 3 個である確率は，

$$\frac{{}_6C_3}{{}_{10}C_3}=\frac{1}{6}$$

である．

次に，1個ずつ10回続けて取り出して，9回目と10回目に連続して印のついた赤玉が取り出される確率は，

$$\frac{\frac{8!}{3!1!4!}\times\frac{2!}{2!}}{\frac{10!}{3!3!4!}}=\frac{8!3!}{10!}=\frac{1}{15}$$

である．

← 1回目から8回目までは，Ⓡを3個，®を1個，Ⓦを4個並べる．

← 印をつけた後のつぼの中には，Ⓡが3個，®が3個，Ⓦが4個入っており，これらを並べる．

よって，(Ⅰ)の確率は，

$$\frac{1}{6}\times\frac{1}{15}=\frac{1}{90}\qquad\cdots④$$

である．

(Ⅱ)のとき．

3個の玉を同時に取り出して，赤玉が2個，白玉が1個である確率は，

$$\frac{{}_6C_2\times{}_4C_1}{{}_{10}C_3}=\frac{1}{2}$$

である．

次に，1個ずつ10回続けて取り出して，9回目と10回目に連続して印のついた赤玉が取り出される確率は，

$$\frac{\frac{8!}{4!3!1!}\times\frac{2!}{2!}}{\frac{10!}{4!2!3!1!}}=\frac{8!2!}{10!}=\frac{1}{45}$$

である．

← 1回目から8回目までは，Ⓡを4個，Ⓦを3個，Ⓦを1個を並べる．

← 印をつけた後のつぼの中には，Ⓡが4個，®が2個，Ⓦが3個，Ⓦが1個入っており，これらを並べる．

よって，(Ⅱ)の確率は，

$$\frac{1}{2}\times\frac{1}{45}=\frac{1}{90}\qquad\cdots⑤$$

である．

したがって，求める確率は，(Ⅰ)と(Ⅱ)が排反より，④，⑤から，

$$\frac{1}{90}+\frac{1}{90}=\frac{\boxed{1}}{\boxed{45}}$$

である．

第4問　整数の性質

(1)
$$7x-31y=1 \quad \cdots ①$$
より，
$$7x=31y+1 \quad \cdots ①'$$
である．

$y=1$ のとき，①′ に代入すると，
$$7x=32，つまり，x=\frac{32}{7}$$
となり，x は自然数ではない．

$y=2$ のとき，①′ に代入すると，
$$7x=63，つまり，x=9$$
となり，x は自然数である．

①′ より，y が増加すると，$31y+1$ は増加していくから，$7x$ も増加していく．よって，① を満たす自然数 x，y の組の中で，y が最小のとき，x も最小となる．

したがって，不定方程式 ① を満たす自然数 x，y の組の中で，x が最小のものは，
$$x=\boxed{9}，\quad y=\boxed{2}$$
である．

← x に 1, 2, 3, …, 9 を順に代入して ① を満たす自然数 x，y の組の中で，x が最小のものを求めてもよい．

これより，
$$7\cdot9-31\cdot2=1 \quad \cdots ②$$
が成り立つ．

①−② より，
$$7(x-9)-31(y-2)=0$$
すなわち，
$$7(x-9)=31(y-2) \quad \cdots ③$$
と変形できる．

← x と y についての不定方程式
$$ax+by=c$$
（a，b，c は整数の定数）
の整数解は，一組の解
$$(x,\ y)=(x_0,\ y_0)$$
を用いて，
$$a(x-x_0)=b(y_0-y)$$
と変形し，次の性質を用いて求める．
a と b が互いに素であるとき，
$$\begin{cases} x-x_0 \text{ は } b \text{ の倍数,} \\ y_0-y \text{ は } a \text{ の倍数} \end{cases}$$
である．

7 と 31 は互いに素より，$x-9$ は 31 の倍数であるから，
$$x-9=31k \ (k は整数) \quad \cdots ④$$
と表せる．④ を ③ に代入すると，
$$7\cdot31k=31(y-2)$$
すなわち，
$$7k=y-2 \quad \cdots ⑤$$
となる．

よって，不定方程式 ① のすべての整数解は，k を整数として，④，⑤ より，
$$x=\boxed{31}k+9，\quad y=\boxed{7}k+2 \quad \cdots ⑥$$
と表せる．

(2)　自然数 n を，ℓ を 0 以上の整数として，

$7\ell,\ 7\ell+1,\ 7\ell+2,\ 7\ell+3,\ 7\ell+4,\ 7\ell+5,\ 7\ell+6$

に分類する．ただし，7ℓ の ℓ については 1 以上の整数とする．

← m を整数として，n を
$7m,\ 7m\pm1,\ 7m\pm2,\ 7m\pm3$
に分類してもよい．

$n=7\ell$ のとき，

$$n^2=(7\ell)^2=7(7\ell^2).$$

$n=7\ell+1$ のとき，

$$n^2=(7\ell+1)^2=7(7\ell^2+2\ell)+1.$$

$n=7\ell+2$ のとき，

$$n^2=(7\ell+2)^2=7(7\ell^2+4\ell)+4.$$

$n=7\ell+3$ のとき，

$$n^2=(7\ell+3)^2=7(7\ell^2+6\ell+1)+2.$$

$n=7\ell+4$ のとき，

$$n^2=(7\ell+4)^2=7(7\ell^2+8\ell+2)+2.$$

$n=7\ell+5$ のとき，

$$n^2=(7\ell+5)^2=7(7\ell^2+10\ell+3)+4.$$

$n=7\ell+6$ のとき，

$$n^2=(7\ell+6)^2=7(7\ell^2+12\ell+5)+1.$$

これより，n^2 を 7 で割った余りが 2 となるのは，

「n を 7 で割った余りが [3] または [4] のとき」

である．

(3)　不定方程式①の整数解 $y\ (=7k+2)$ のうち，ある自然数 n を用いて，$y=n^2$ と表せるものは，(2)の結果より，

「ℓ を 0 以上の整数として，n が
$n=7\ell+3,\quad n=7\ell+4$ のとき」　…⑦

である．

これより，$y=n^2$ と表せるものを小さい方から四つ並べると，$\ell=0,\ 1$ を⑦にそれぞれ代入して，

$n^2=(7\cdot0+3)^2=$ [9]，　← $n=3$.

$n^2=(7\cdot0+4)^2=$ [16]，　← $n=4$.

$n^2=(7\cdot1+3)^2=$ [100]，　← $n=10$.

$n^2=(7\cdot1+4)^2=$ [121]　← $n=11$.

である．

(4)　$\sqrt{31(7x-1)}\ (x\geqq1000)$ が整数となる条件は，

$$31(7x-1)=M^2\ (M\text{ は自然数})$$

となるときであり，さらに，31 は素数であるから，

$$7x-1=31N^2 \text{（}N\text{は自然数）} \quad \cdots ⑧$$

すなわち，

$$7x-31N^2=1$$

となるときである．

(1)の結果である ⑥ より，これを満たす自然数 x，N^2 は，k を整数として，

$$x=31k+9, \quad N^2=7k+2 \quad \cdots ⑥'$$

である．さらに，N^2 と表せるものは，(2)の結果より，

「L を 0 以上の整数として，N が
$N=7L+3$，$N=7L+4$ のとき」 $\cdots$ ⑦′

である．

ここで，$x \geqq 1000$ を満たす整数 k の値の範囲は，

$$31k+9 \geqq 1000$$

$$k \geqq \frac{991}{31}\left(=31+\frac{30}{31}\right)$$

となるから，

$$k \geqq 32$$

である．

このとき，N^2 の値の範囲は，⑥′ より，

$$N^2 \geqq 226$$

であるから，N の値の範囲は，

$$N \geqq 16 \quad \cdots ⑨$$

← $15^2=225$，$16^2=256$．

である．

$L=0$，1 を ⑦′ にそれぞれ代入すると，⑨ を満たさないから，$L=2$ を ⑦′ に代入すると，

$$N^2=(7\cdot2+3)^2=289\ (=7\cdot41+2), \quad \cdots ⑩$$

← $N=17$，$k=41$．

$$N^2=(7\cdot2+4)^2=324\ (=7\cdot46+2)$$

← $N=18$，$k=46$．

である．

よって，$\sqrt{31(7x-1)}$ が整数であるような自然数 x のうち，$x \geqq 1000$ を満たす最小のものは，$k=41$ のときであるから，⑥′ に代入して，

$$x=31\cdot41+9=\boxed{1280}$$

である．このとき，$\sqrt{31(7x-1)}$ の値は，⑧，⑩ より，

$$\begin{aligned}\sqrt{31(7x-1)}&=\sqrt{31\cdot31\cdot289}\\&=\sqrt{(31\cdot17)^2}\\&=\boxed{527}\end{aligned}$$

である．

第5問　図形の性質

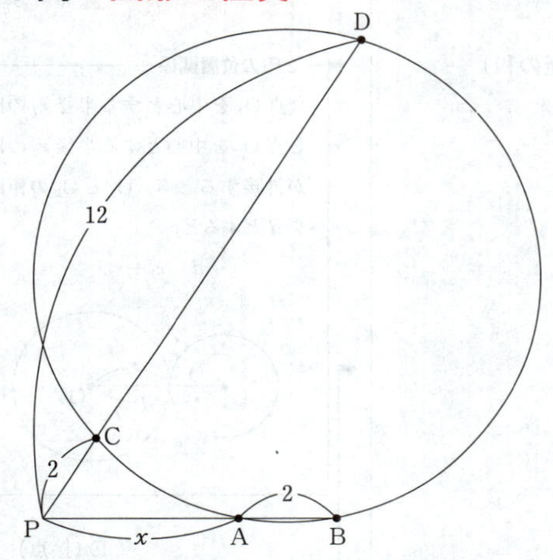

$\text{PA}=x\,(>0)$ とおくと，方べきの定理より，

$$\text{PA}\cdot\text{PB}=\text{PC}\cdot\text{PD}$$
$$x(x+2)=2\cdot12$$
$$x^2+2x-24=0$$
$$(x+6)(x-4)=0$$
$$x=-6,\ 4.$$

$x>0$ より，

$$\text{PA}=\boxed{4}$$

である．

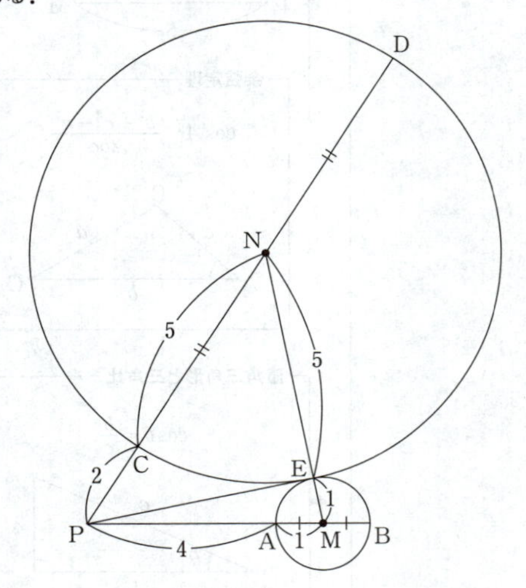

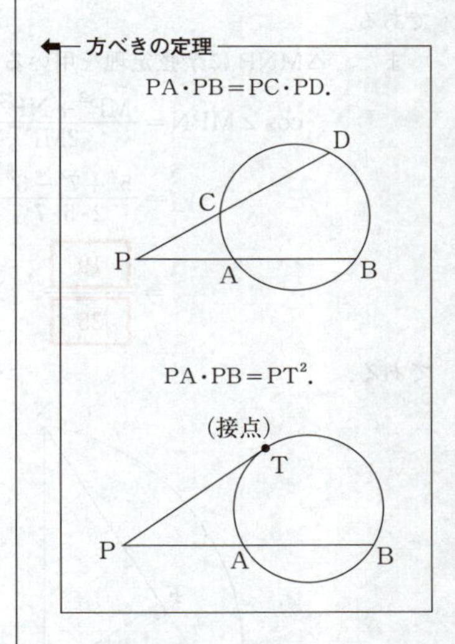

線分 AB を直径とする円と線分 CD を直径とする円は外接することにより，

(2 円の中心間の距離)＝(2 円の半径の和)

が成り立つから，

$$\mathrm{MN}=5+1$$

すなわち，

$$\mathrm{MN}=\boxed{6}$$

である．

さらに，方べきの定理を用いると，

$$\mathrm{PA}\cdot\mathrm{PB}=\mathrm{PE}^2$$
$$4\cdot(4+2)=\mathrm{PE}^2$$
$$\mathrm{PE}^2=24$$

であるから，PE＞0 より，

$$\mathrm{PE}=\boxed{2}\sqrt{\boxed{6}}$$

である．

また，△MNP に余弦定理を用いると，

$$\cos\angle\mathrm{MPN}=\frac{\mathrm{MP}^2+\mathrm{NP}^2-\mathrm{MN}^2}{2\mathrm{MP}\cdot\mathrm{NP}}$$
$$=\frac{5^2+7^2-6^2}{2\cdot5\cdot7}$$
$$=\frac{\boxed{19}}{\boxed{35}}$$

である．

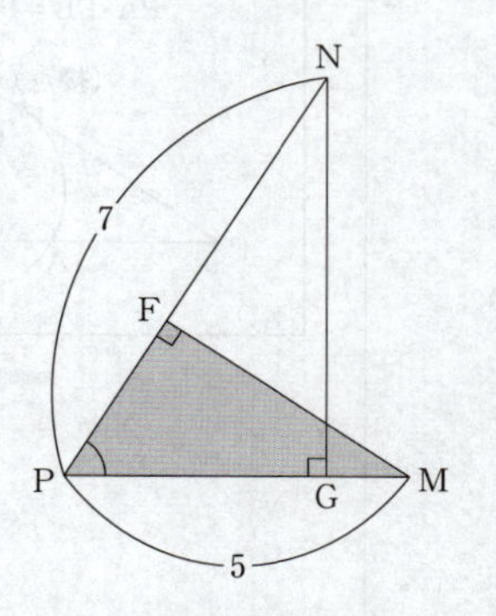

直角三角形 FMP に注目すると，

$$\cos\angle\mathrm{MPF}=\frac{\mathrm{PF}}{\mathrm{PM}}$$

であるから，PM＝5 より，

2 円の位置関係

点 O_1 を中心とする半径 r_1 の円と点 O_2 を中心とする半径 r_2 の円が外接するとき，O_1 と O_2 の距離を d とすると，

$$d=r_1+r_2.$$

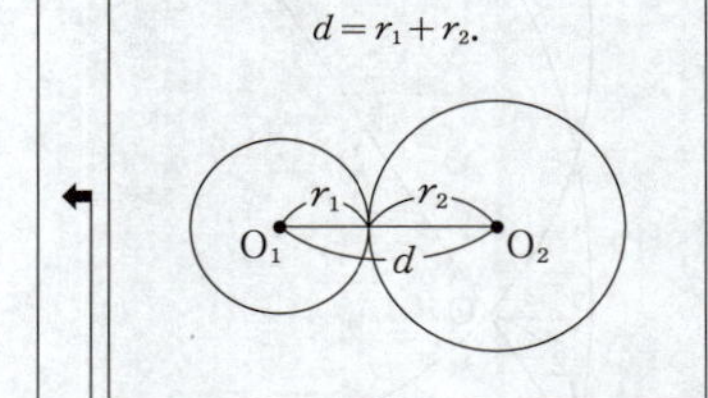

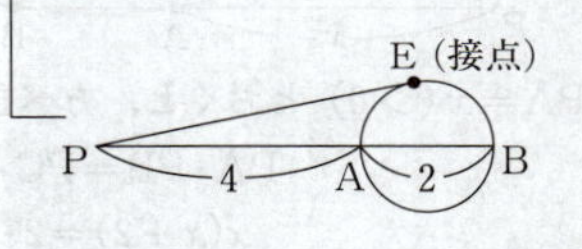

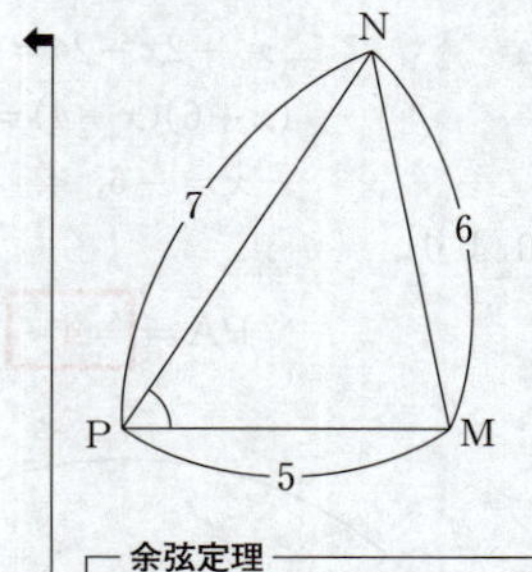

余弦定理

$$\cos A=\frac{b^2+c^2-a^2}{2bc}.$$

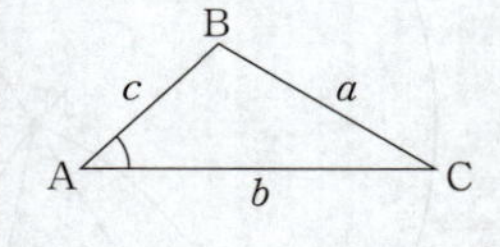

直角三角形と三角比

$$\cos\theta=\frac{b}{c}.$$

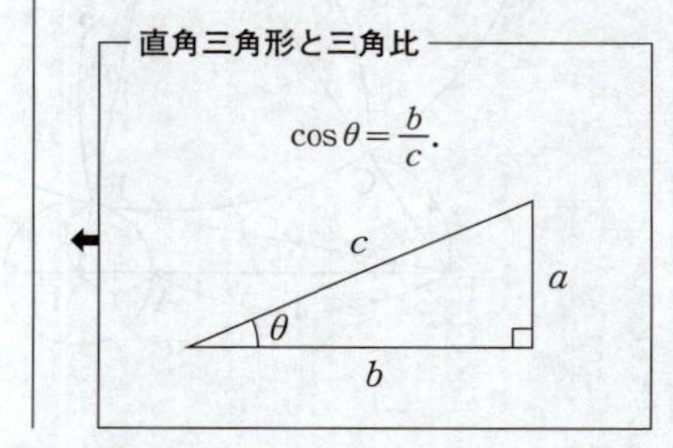

$$\mathrm{PF}=\mathrm{PM}\cos\angle\mathrm{MPF}$$
$$=5\cdot\frac{19}{35}$$
$$=\frac{\boxed{19}}{\boxed{7}}$$

← $\cos\angle\mathrm{MPF}=\cos\angle\mathrm{MPN}=\dfrac{19}{35}$.

である．また，直角三角形 GPN に注目すると，

$$\cos\angle\mathrm{GPN}=\frac{\mathrm{PG}}{\mathrm{PN}}$$

であるから，PN＝7 より，

$$\mathrm{PG}=\mathrm{PN}\cos\angle\mathrm{GPN}$$
$$=7\cdot\frac{19}{35}$$
$$=\frac{\boxed{19}}{\boxed{5}}$$

← $\cos\angle\mathrm{GPN}=\cos\angle\mathrm{MPN}=\dfrac{19}{35}$.

である．

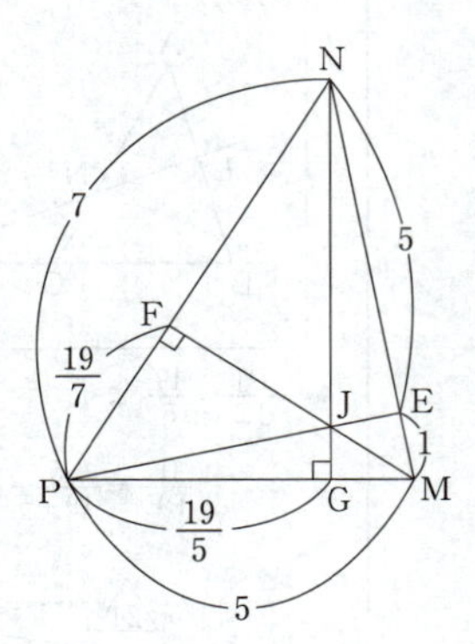

これより，

$$\mathrm{PG}:\mathrm{GM}=\frac{19}{5}:\left(5-\frac{19}{5}\right)=19:6,$$
$$\mathrm{ME}:\mathrm{EN}=1:5,$$
$$\mathrm{PF}:\mathrm{FN}=\frac{19}{7}:\left(7-\frac{19}{7}\right)=19:30$$

であるから，

$$\frac{\mathrm{PG}}{\mathrm{GM}}\times\frac{\mathrm{ME}}{\mathrm{EN}}\times\frac{\mathrm{NF}}{\mathrm{FP}}=\frac{19}{6}\times\frac{1}{5}\times\frac{30}{19}$$
$$=1$$

が成り立つ．

よって，チェバの定理の逆より，3 直線 MF，NG，PE は 1 点で交わる．これより，3 点 P，J，E はこの順に同

←

チェバの定理の逆

三角形 ABC の 3 辺 BC，CA，AB または延長上に，それぞれ点 P，Q，R をとり，この 3 点のうち，辺の延長上にある点の個数が 0 か 2 とする．このとき，AP と BQ が交わり，$\dfrac{\mathrm{AR}}{\mathrm{RB}}\times\dfrac{\mathrm{BP}}{\mathrm{PC}}\times\dfrac{\mathrm{CQ}}{\mathrm{QA}}=1$ が成り立てば，3 直線 AP，BQ，CR は 1 点で交わる．

一直線上にある．

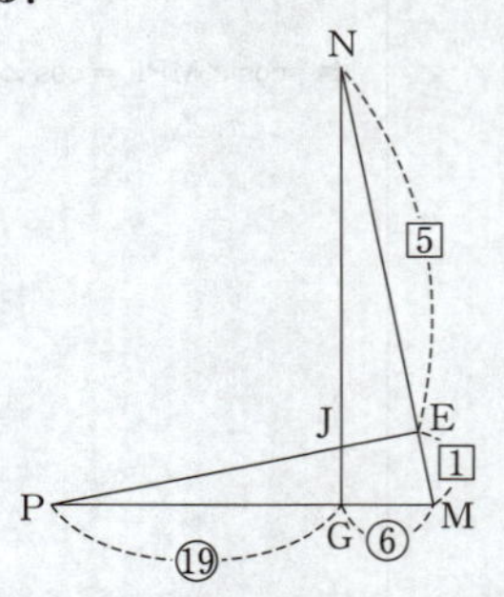

したがって，△EMP と直線 GN にメネラウスの定理を用いると，

$$\frac{PJ}{JE}\times\frac{EN}{NM}\times\frac{MG}{GP}=1$$

であるから，

$$\frac{PJ}{JE}\times\frac{5}{6}\times\frac{6}{19}=1$$

すなわち，

$$\frac{PJ}{JE}=\frac{19}{5}$$

である．

ゆえに，線分 JE の長さは，

$$JE=\frac{5}{24}PE$$

$$=\frac{5}{24}\cdot 2\sqrt{6}$$

$$=\frac{5\sqrt{6}}{12}$$

である．

←メネラウスの定理

$$\frac{AL}{LB}\times\frac{BM}{MC}\times\frac{CN}{NA}=1.$$

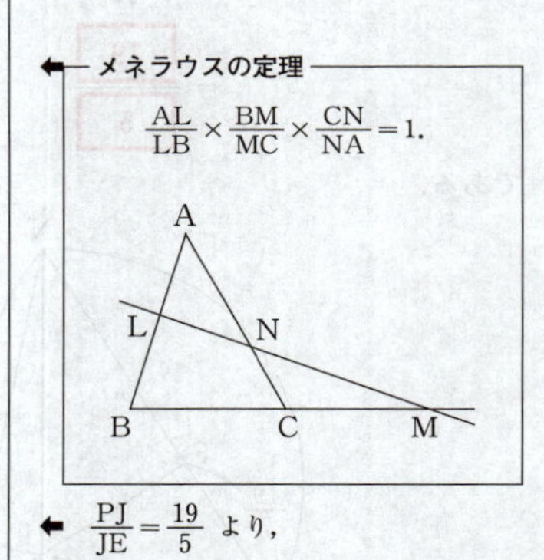

← $\frac{PJ}{JE}=\frac{19}{5}$ より，

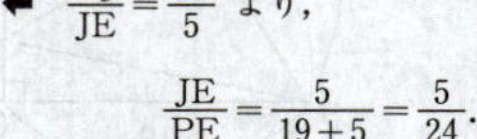

$$\frac{JE}{PE}=\frac{5}{19+5}=\frac{5}{24}.$$

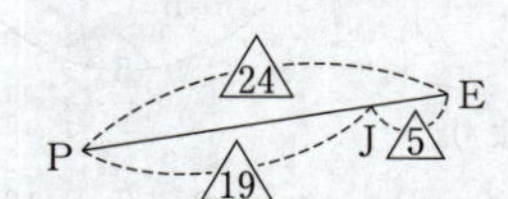

数学Ⅱ・数学B

解答・採点基準

（100点満点）

問題番号(配点)	解答記号	正解	配点	自己採点
第1問 (30)	ア$(t-$イ$)^2+$ウエ	$-(t-8)^2+16$	2	
	オカキ	-20	2	
	ク	3	1	
	ケコ	16	1	
	$\log_2$サシ	$\log_2 14$	3	
	ス	3	2	
	セ	2	1	
	ソ	⑥	3	
	$\frac{タ}{チ}$	$\frac{3}{2}$	2	
	ツ$\sqrt{テ}$	$3\sqrt{3}$	2	
	ト	3	1	
	$\frac{ナ}{ニ}$	$\frac{2}{3}$	2	
	ヌ	3	1	
	$\frac{ネ}{ノ}$	$\frac{2}{3}$	2	
	ハ	0	1	
	ヒ	3	1	
	フ	7	1	
	ヘ	6	1	
	ホ	3	1	
	第1問　自己採点小計			

問題番号(配点)	解答記号	正解	配点	自己採点
第2問 (30)	ア	3	2	
	イ$x+$ウ	$3x+1$	2	
	$\sqrt{エオ}$	$\sqrt{10}$	3	
	カ	3	2	
	キ	2	3	
	ク－ケ	$a-1$	3	
	$\frac{コサ}{シ}$	$\frac{-2}{3}$	2	
	$\frac{スセソ}{タチ}$	$\frac{-41}{27}$	2	
	ツ	2	2	
	テトナ	-11	2	
	ニ	③	4	
	ヌネ	-3	3	
	第2問　自己採点小計			
第3問 (20)	ア	1	1	
	イ	3	1	
	ウ	2	1	
	エ	3	1	
	オ	4	1	
	カ	7	1	
	キ	2	2	
	ク，ケ，コ	2，②，2	2	
	サ	1	1	
	シ	③	1	
	ス，セ	3，9	1	
	ソ，タ	6，3	1	
	チ	⓪	1	
	ツ	④	1	
	テ	⑧	1	
	ト	⑨	1	
	ナ	⑤	1	
	ニ	①	1	
	第3問　自己採点小計			

問題番号(配点)	解答記号	正解	配点	自己採点
第4問 (20)	アーイx	$2-2x$	2	
	ウエx＋オ	$-2x+1$	3	
	$\frac{カ-\sqrt{キ}}{ク}$	$\frac{1-\sqrt{5}}{4}$	3	
	$\frac{ケ+\sqrt{コ}}{サ}$	$\frac{1+\sqrt{5}}{2}$	1	
	$\frac{シ+\sqrt{ス}}{セ}$	$\frac{1+\sqrt{5}}{2}$	3	
	$\frac{ソタ+\sqrt{チ}}{ツ}$	$\frac{-1+\sqrt{5}}{2}$	1	
	$\frac{テ+\sqrt{ト}}{ナ}$	$\frac{1+\sqrt{5}}{2}$	2	
	ニ	1	2	
	$\frac{ヌ+\sqrt{ネ}}{ノハ}$	$\frac{5+\sqrt{5}}{10}$	3	
第4問　自己採点小計				
第5問 (20)	アイ	12	2	
	0.ウエ	0.60	2	
	0.オカ	0.55	2	
	0.キク	0.10	2	
	ケコ	90	2	
	サ.シ	9.0	2	
	0.スセ	0.05	2	
	ソ	⑤	2	
	タチツ	384	2	
	テ	①	2	
第5問　自己採点小計				
自己採点合計				

(注)
第1問，第2問は必答。
第3問～第5問のうちから2問選択。計4問を解答。

第1問　指数関数・対数関数，三角関数

〔1〕 $y=-2^{2x}+2^{x+4}-48.$

(1) $t=2^x$ とおき，y を t の式で表すと

$$y=-(2^x)^2+2^4\cdot 2^x-48$$
$$=-t^2+16t-48$$
$$=\boxed{-}\left(t-\boxed{8}\right)^2+\boxed{16}$$

となる．

← $2^{2x}=(2^x)^2$，$2^{x+4}=2^x\cdot 2^4$.

$x=1$ のとき，$t=2^1=2$ であるから

$$y=-(2-8)^2+16=\boxed{-20}$$

である．$x\geqq 1$ のとき，$t\geqq 2$ であるから，y は $t=8=2^3$，すなわち，$x=\boxed{3}$ で最大値 $\boxed{16}$ をとる．

(2) $k>1$ として，x が $1\leqq x\leqq k$ の範囲を動くとき，t は $2\leqq t\leqq 2^k$ の範囲を動くから，y の最小値が -20 であるような k の値の範囲は

$$2^1<2^k\leqq 14$$

より

$$1<k\leqq \log_2\boxed{14}$$

である．この範囲に含まれる最大の整数の値は

$$2^3<14<2^4$$

すなわち

$$\log_2 2^3<\log_2 14<\log_2 2^4$$
$$3<\log_2 14<4$$

より，$\boxed{3}$ である．

対数
$a>0$，$a\neq 1$，$x>0$ のとき
$\log_a x=p \iff a^p=x.$

$a>1$，$x>0$ のとき
$a^p\leqq x\leqq a^q \iff p\leqq \log_a x\leqq q.$

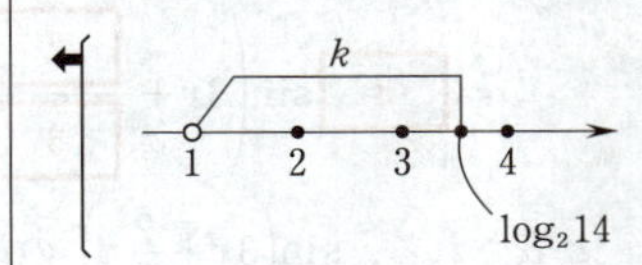

(3)
$$y=0$$

より

$$-(t-8)^2+16=0$$

であり，これを因数分解すると

$$\{(t-8)+4\}\{(t-8)-4\}=0$$

← $(t-8)^2-4^2=0.$

となるから

$$t=4,\ 12$$

すなわち

$$2^x=2^2,\ 12$$
$$x=2,\ \log_2 12$$

である．よって，$y=0$ を満たす x は二つあり，そのうち，小さい方は $\boxed{2}$ である．また，大きい方は

$$\log_2 12=\log_2 2^2\cdot 3$$

$$=2\log_2 2+\log_2 3$$
$$=2+\frac{\log_{10}3}{\log_{10}2}$$
$$=2+\frac{0.4771}{0.3010}$$
$$=3.585\cdots$$

より

$$3.5<x<3.6$$

を満たす．したがって，[ソ] に当てはまるものは [⑥] である．

〔2〕 $f(x)=\sqrt{3}\cos\left(3x+\frac{\pi}{3}\right)+\sqrt{3}\cos 3x.$

(1) 三角関数の加法定理および合成を用いると

$$f(x)=\sqrt{3}\left(\cos 3x\cos\frac{\pi}{3}-\sin 3x\sin\frac{\pi}{3}\right)+\sqrt{3}\cos 3x$$
$$=\sqrt{3}\left(\frac{1}{2}\cos 3x-\frac{\sqrt{3}}{2}\sin 3x\right)+\sqrt{3}\cos 3x$$
$$=-\frac{\boxed{3}}{\boxed{2}}\sin 3x+\frac{\boxed{3}\sqrt{\boxed{3}}}{2}\cos 3x$$
$$=\frac{3}{2}(-\sin 3x+\sqrt{3}\cos 3x)$$
$$=\frac{3}{2}\cdot 2\sin\left(3x+\frac{2}{3}\pi\right)$$
$$=\boxed{3}\sin\left(3x+\frac{\boxed{2}}{\boxed{3}}\pi\right)$$

と表される．$\sin\left(3x+\frac{2}{3}\pi\right)$ の最大値は1であるから，$f(x)$ の最大値は [3] である．

$$f(x)=3\sin\left(\frac{x+\frac{2}{9}\pi}{\frac{1}{3}}\right)$$

であるから，$f(x)$ の正の周期のうち最小のものは

$$\frac{1}{3}\cdot 2\pi=\frac{\boxed{2}}{\boxed{3}}\pi$$

である．

(2) $f(x)$ を $0\leqq x\leqq 2\pi$ の範囲で考えたとき，実数 t に対して $f(x)=t$ となる x の値の個数 N を調べよ

← $a>0,\ a\neq 1,\ p>0,\ q>0$ のとき
$\log_a pq=\log_a p+\log_a q.$

← $a>0,\ a\neq 1,\ x>0$ のとき
$\log_a x^p=p\log_a x.$

底の変換公式

$a,\ b,\ c$ が正の数で，$a\neq 1,\ c\neq 1$ のとき

$$\log_a b=\frac{\log_c b}{\log_c a}.$$

← **加法定理**

$\cos(\alpha+\beta)=\cos\alpha\cos\beta-\sin\alpha\sin\beta,$
$\cos(\alpha-\beta)=\cos\alpha\cos\beta+\sin\alpha\sin\beta.$

← **三角関数の合成**

$(a,\ b)\neq(0,\ 0)$ のとき
$a\sin\theta+b\cos\theta=\sqrt{a^2+b^2}\sin(\theta+\alpha).$
ただし，
$\cos\alpha=\frac{a}{\sqrt{a^2+b^2}},\ \sin\alpha=\frac{b}{\sqrt{a^2+b^2}}.$

← **平行移動，拡大(縮小)**

曲線 $y=f(x)$ を x 軸方向に a，y 軸方向に b だけ平行移動して得られる曲線の方程式は
$$y-b=f(x-a).$$
曲線 $y=f(x)$ を x 軸方向に a 倍，y 軸方向に b 倍拡大(縮小)して得られる曲線の方程式は
$$\frac{y}{b}=f\left(\frac{x}{a}\right).$$

← $\sin x$ の正の周期で最小のものは 2π.

う．$3x+\frac{2}{3}\pi$ のとり得る値の範囲は

$$\frac{2}{3}\pi \leqq 3x+\frac{2}{3}\pi \leqq 3\cdot 2\pi+\frac{2}{3}\pi$$

すなわち

$$\frac{2}{3}\pi \leqq 3x+\frac{2}{3}\pi \leqq 6\pi+\frac{2}{3}\pi$$

である．$X=3x+\frac{2}{3}\pi$ とおくと，$y=3\sin X$ と $y=t$ のグラフは次のようになる．

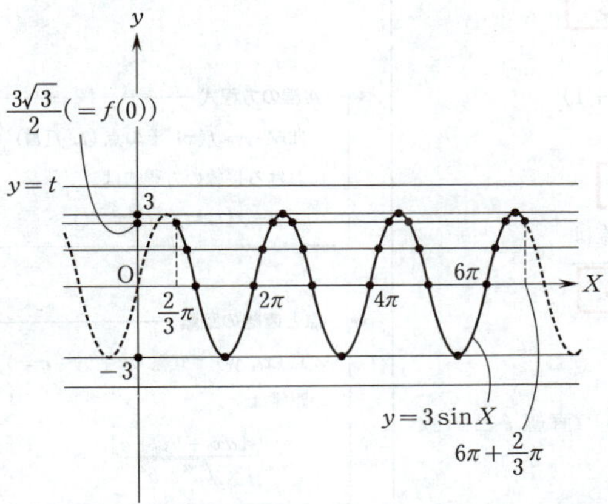

$y=3\sin X$ と $y=t$ のグラフの共有点の個数を調べると

$|t|>3$ のとき，$N=$ 0 である．

$t=3$ のとき，$N=$ 3 である．

$t=f(0)$ のとき，$N=$ 7 である．

$|t|<3$ かつ $t\neq f(0)$ のとき，$N=$ 6 である．

$t=-3$ のとき，$N=$ 3 である．

第2問　微分法・積分法

a, b, c は実数.

$f(x)=x^3-1$.　　　　$(f'(x)=3x^2.)$

$g(x)=x^3+ax^2+bx+c$.　$(g'(x)=3x^2+2ax+b.)$

$$C_1: y=f(x),\quad C_2: y=g(x).$$

C_2 は点 A$(-1,\ -2)$ を通り, C_2 の A における接線は C_1 の A における接線と一致する.

(1)　C_1 の点 A における接線を ℓ とする.

$$f'(-1)=3(-1)^2=\boxed{3}$$

により, ℓ の方程式は

$$y-f(-1)=f'(-1)(x+1)$$

すなわち

$$y=\boxed{3}\,x+\boxed{1}$$

である. また, 原点 O と直線 ℓ の距離は

$$\frac{|3\cdot0-0+1|}{\sqrt{3^2+(-1)^2}}=\frac{\sqrt{\boxed{10}}}{10}$$

である.

(2)　曲線 C_2 の点 A における接線は(1)の直線 ℓ と一致しているので

$$g'(-1)=\boxed{3}$$

すなわち

$$3-2a+b=3 \qquad \cdots ①$$

である. さらに, C_2 は A を通るから

$$g(-1)=-2$$

すなわち

$$-1+a-b+c=-2 \qquad \cdots ②$$

である. ①, ②より, b, c を a を用いて表すと

$$b=\boxed{2}\,a,\quad c=\boxed{a}-\boxed{1}$$

となる. よって

$$g(x)=x^3+ax^2+2ax+a-1$$
$$g'(x)=3x^2+2ax+2a$$

である.

(3)　$a=-2$ のとき

$$g(x)=x^3-2x^2-4x-3$$
$$g'(x)=3x^2-4x-4=(3x+2)(x-2)$$

であるから, $g(x)$ の増減は次のようになる.

←**導関数**

$(x^n)'=nx^{n-1}$ $(n=1,\ 2,\ 3,\ \cdots)$,

$(c)'=0$ (c は定数).

←**接線の方程式**

曲線 $y=f(x)$ 上の点 $(t,\ f(t))$ における接線の方程式は

$$y-f(t)=f'(t)(x-t).$$

←**点と直線の距離**

点 $(x_0,\ y_0)$ と直線 $ax+by+c=0$ の距離は

$$\frac{|ax_0+by_0+c|}{\sqrt{a^2+b^2}}.$$

← $b=2a$.

x	$\cdots$	$-\frac{2}{3}$	$\cdots$	2	$\cdots$
$g'(x)$	$+$	0	$-$	0	$+$
$g(x)$	$\nearrow$	$-\frac{41}{27}$	$\searrow$	-11	$\nearrow$

よって，関数 $g(x)$ は $x=\frac{-2}{3}$ で極大値 $\frac{-41}{27}$ をとり，$x=$ 2 で極小値 -11 をとる．

(4)　$a<0$ のとき

$$f(x)-g(x)=(x^3-1)-(x^3+ax^2+2ax+a-1)$$
$$=-a(x+1)^2\geqq 0$$

より

$$S=S_1+S_2$$
$$=\int_{-2}^{-1}\{f(x)-g(x)\}\,dx+\int_{-1}^{1}\{f(x)-g(x)\}\,dx$$
$$=\int_{-2}^{1}\{f(x)-g(x)\}\,dx$$
$$=-a\left[\frac{1}{3}(x+1)^3\right]_{-2}^{1}$$
$$=-\frac{a}{3}\{2^3-(-1)^3\}$$
$$=\boxed{-3}\,a$$

である．よって，$\boxed{ニ}$ に当てはまるものは $\boxed{③}$ である．

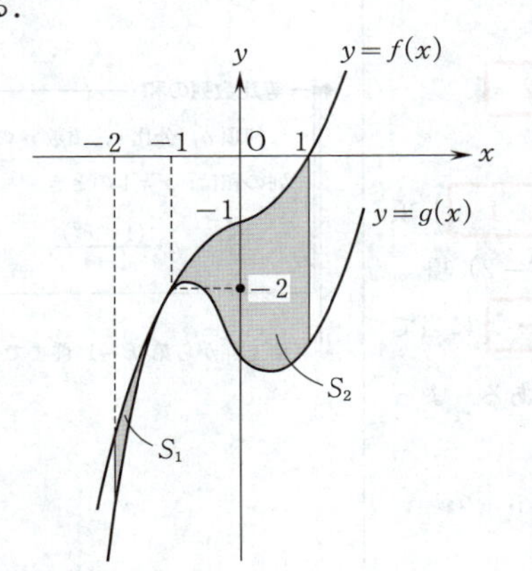

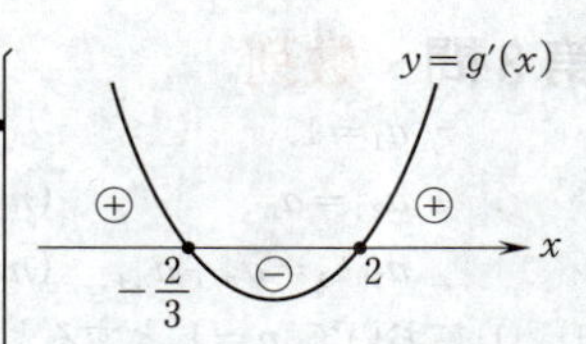

$y=g'(x)$ のグラフを描くと $g'(x)$ の符号の変化がわかりやすい．

面積

区間 $\alpha\leqq x\leqq\beta$ においてつねに $g(x)\leqq f(x)$ ならば2曲線 $y=f(x)$，$y=g(x)$ および直線 $x=\alpha$，$x=\beta$ で囲まれた部分の面積は

$$S=\int_{\alpha}^{\beta}\{f(x)-g(x)\}\,dx.$$

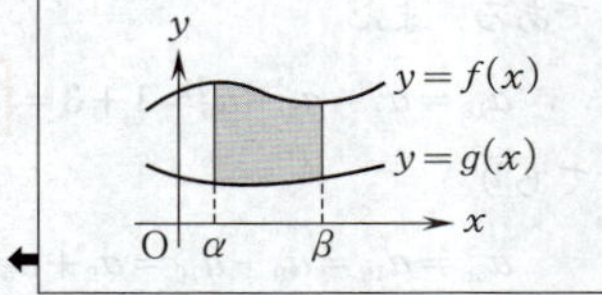

$$\int_{a}^{b}\{f(x)-g(x)\}\,dx+\int_{b}^{c}\{f(x)-g(x)\}\,dx$$
$$=\int_{a}^{c}\{f(x)-g(x)\}\,dx.$$

不定積分

$$\int(x+\alpha)^n\,dx=\frac{1}{n+1}(x+\alpha)^{n+1}+C$$

($n=0$, 1, 2, $\cdots$．C は積分定数)．

第3問　数列

$a_1=1$.

$a_{2n}=a_n \quad (n=1,\ 2,\ 3,\ \cdots) \quad \cdots①$

$a_{2n+1}=a_n+a_{n+1} \quad (n=1,\ 2,\ 3,\ \cdots) \quad \cdots②$

(1)　①において $n=1$ とすると，$a_2=a_1=1$ であり，②において $n=1$ とすると，$a_3=a_1+a_2=1+1=2$ である．同様に

$a_4=a_2=$ 1　← ①で $n=2$ とした．

$a_5=a_2+a_3=1+2=$ 3　← ②で $n=2$ とした．

$a_6=a_3=$ 2　← ①で $n=3$ とした．

$a_7=a_3+a_4=2+1=$ 3　← ②で $n=3$ とした．

である．また

$a_{18}=a_9=a_4+a_5=1+3=$ 4

であり

$a_{38}=a_{19}=a_9+a_{10}=a_9+a_5=4+3=$ 7

である．

(2)　k を自然数とすると，①より

$2=a_3=a_{2\cdot3}=a_{2^2\cdot3}=a_{2^3\cdot3}=\cdots=a_{2^{k-1}\cdot3}=a_{2^k\cdot3}$

であるから，$\{a_n\}$ の第 $3\cdot2^k$ 項は 2 である．

(3)　数列 $\{a_n\}$ の第3項以降が次のように群に分けられている．

第 k 群は 2^k 個の項からなる．

$a_3,\ a_4 | a_5,\ a_6,\ a_7,\ a_8 | a_9,\ \cdots,\ a_{16} | a_{17},\ \cdots$

2以上の自然数 k に対して

$\sum_{j=1}^{k-1}2^j=2\cdot\frac{2^{k-1}-1}{2-1}=$ 2 $^k-$ 2

← **等比数列の和**
初項 a，公比 r，項数 n の等比数列の和は，$r\neq1$ のとき
$a\cdot\frac{(1-r^n)}{1-r}$.

なので，第 k 群の最初の項は $\{a_n\}$ の第 $\{2+(2^k-2)+1\}$ 項，すなわち第 $\left(2^k+\right.$ 1 $\left.\right)$ 項であり，第 k 群の最後の項は，第 $2+(2^{k+1}-2)$ 項，すなわち，第 2^{k+1} 項である．ケ，シ に当てはまるものはそれぞれ ②，③ である．よって，第 k 群は

第1群から第 $k-1$ 群までの項数．

$a_{2^k+1},\quad a_{2^k+2},\quad a_{2^k+3},\quad a_{2^k+4},\quad \cdots,\quad a_{2^{k+1}-1},\quad a_{2^{k+1}}$

からなる．これは $k=1$ でも成り立つ．

第 k 群に含まれるすべての項の和が S_k,
第 k 群に含まれるすべての奇数番目の項の和が T_k,
第 k 群に含まれるすべての偶数番目の項の和が U_k

である．たとえば

$$S_1 = a_3 + a_4 = 2 + 1 = \boxed{3}$$

$$S_2 = a_5 + a_6 + a_7 + a_8 = 3 + 2 + 3 + 1 = \boxed{9}$$

⬅ ① より，$a_8 = a_4 = a_2 = a_1 = 1$.

$$T_2 = a_5 + a_7 = 3 + 3 = \boxed{6}$$

$$U_2 = a_6 + a_8 = 2 + 1 = \boxed{3}$$

である．

(4)　(3) で定めた数列 $\{S_k\}$, $\{T_k\}$, $\{U_k\}$ の一般項をそれぞれ求める．

第 k 群の偶数番目の項は

$$a_{2^k+2},\quad a_{2^k+4},\quad \cdots,\quad a_{2^{k+1}}$$

であるから

$$\begin{aligned} U_k &= a_{2^k+2} + a_{2^k+4} + \cdots + a_{2^{k+1}} \\ &= a_{2(2^{k-1}+1)} + a_{2(2^{k-1}+2)} + \cdots + a_{2\cdot 2^k} \end{aligned}$$

である．これと ① により

$$\begin{aligned} U_{k+1} &= a_{2(2^k+1)} + a_{2(2^k+2)} + \cdots + a_{2\cdot 2^{k+1}} \\ &= a_{2^k+1} + a_{2^k+2} + \cdots + a_{2^{k+1}} \\ &= S_k \end{aligned}$$

となる．よって，$\boxed{チ}$ に当てはまるものは $\boxed{⓪}$ である．

第 k 群の奇数番目の項は

$$a_{2^k+1},\quad a_{2^k+3},\quad \cdots,\quad a_{2^{k+1}-1}$$

であるから

$$\begin{aligned} T_k &= a_{2^k+1} + a_{2^k+3} + \cdots + a_{2^{k+1}-1} \\ &= a_{2\cdot 2^{k-1}+1} + a_{2(2^{k-1}+1)+1} + \cdots + a_{2\cdot(2^k-1)+1} \end{aligned}$$

である．これと ② と $\{a_n\}$ の第 2^k 項と第 2^{k+1} 項が等しいことより

⬅ ① より，$a_{2^{k+1}} = a_{2\cdot 2^k} = a_{2^k}$.

$$\begin{aligned} T_{k+1} &= a_{2\cdot 2^k+1} + a_{2(2^k+1)+1} + \cdots + a_{2(2^{k+1}-1)+1} \\ &= (a_{2^k} + a_{2^k+1}) + (a_{2^k+1} + a_{2^k+2}) + \cdots + (a_{2^{k+1}-1} + a_{2^{k+1}}) \\ &= (a_{2^{k+1}} + a_{2^k+1}) + (a_{2^k+1} + a_{2^k+2}) + \cdots + (a_{2^{k+1}-1} + a_{2^{k+1}}) \\ &= 2(a_{2^k+1} + a_{2^k+2} + \cdots + a_{2^{k+1}}) \\ &= 2S_k \end{aligned}$$

となる．よって，$\boxed{ツ}$ に当てはまるものは $\boxed{④}$ である．

したがって

$$S_{k+1}=T_{k+1}+U_{k+1}=2S_k+S_k=3S_k$$

が成り立つ．テ に当てはまるものは ⑧ である．よって，$\{S_k\}$ は公比 3，初項 $S_1=3$ の等比数列であるから，一般項は

$$S_k=3\cdot 3^{k-1}=3^k$$

である．よって

$$T_{k+1}=2S_k=2\cdot 3^k,\quad U_{k+1}=S_k=3^k$$

となるから

$$T_k=2\cdot 3^{k-1},\quad U_k=3^{k-1}$$

である．これは $k=1$ でも成り立つ．ト，ナ，ニ に当てはまるものはそれぞれ ⑨，⑤，① である．

等比数列の一般項

初項を a，公比を r とする等比数列 $\{a_n\}$ の一般項は

$$a_n=ar^{n-1}.$$

← k は自然数であるから

$k+1=2, 3, 4, \cdots$.

第4問　空間ベクトル

ひし形ABCDは1辺の長さが1で，∠BAD＞90°.

点Eは直線BC上にあり，点Cとは異なり，$\left|\overrightarrow{DE}\right|=1$.

$\overrightarrow{AB}=\vec{p}$，$\overrightarrow{AD}=\vec{q}$ とし，$\vec{p}\cdot\vec{q}=x$ とおく.

(1)

$$\begin{aligned}\left|\overrightarrow{BD}\right|^2&=\left|\overrightarrow{AD}-\overrightarrow{AB}\right|^2\\&=\left|\overrightarrow{AD}\right|^2+\left|\overrightarrow{AB}\right|^2-2\overrightarrow{AD}\cdot\overrightarrow{AB}\\&=1^2+1^2-2x\\&=\boxed{2}-\boxed{2}x\end{aligned}$$

である.

> **内積**
> $\vec{0}$ でない2つのベクトル $\vec{a}$ と $\vec{b}$ のなす角を θ ($0^\circ\leqq\theta\leqq180^\circ$) とすると
> $$\vec{a}\cdot\vec{b}=\left|\vec{a}\right|\left|\vec{b}\right|\cos\theta.$$
> 特に，$\theta=90^\circ$ のとき
> $$\vec{a}\cdot\vec{b}=\left|\vec{a}\right|\left|\vec{b}\right|\cos90^\circ=0.$$

← $\left|\overrightarrow{AB}\right|=\left|\vec{p}\right|=1$，$\left|\overrightarrow{AD}\right|=\left|\vec{q}\right|=1$.
$\overrightarrow{AB}\cdot\overrightarrow{AD}=\vec{p}\cdot\vec{q}=x$.

(2)　$\overrightarrow{AD}$ と $\overrightarrow{BE}$ は平行なので，実数 s を用いて

$$\overrightarrow{AE}=\vec{p}+s\vec{q}$$

と表すことができる.

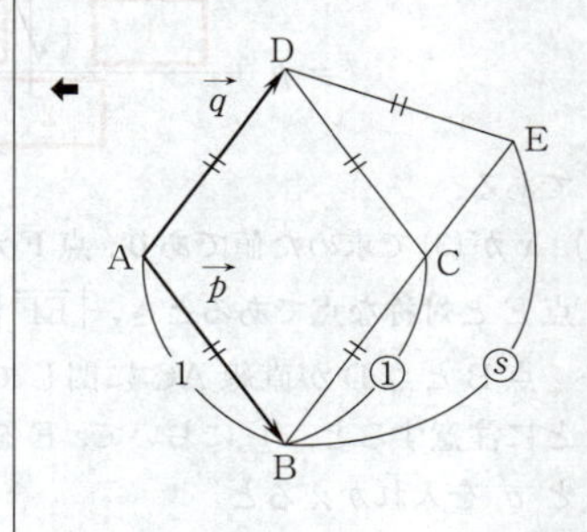

$$\left|\overrightarrow{DE}\right|^2=1$$

より

$$\begin{gathered}\left|\overrightarrow{AE}-\overrightarrow{AD}\right|^2=1\\\left|(\vec{p}+s\vec{q})-\vec{q}\right|^2=1\\\left|\vec{p}+(s-1)\vec{q}\right|^2=1\\\left|\vec{p}\right|^2+(s-1)^2\left|\vec{q}\right|^2+2(s-1)\vec{p}\cdot\vec{q}=1\\1+(s-1)^2+2(s-1)x=1\\(s-1)\{(s-1)+2x\}=0\end{gathered}$$

が成り立つが，点Eは点Cと異なる点であることより

$$s\neq1$$

← $s=1$ のとき，$\overrightarrow{AE}=\vec{p}+\vec{q}=\overrightarrow{AC}$.

であるから

$$(s-1)+2x=0$$

すなわち

$$s=\boxed{-2}x+\boxed{1}$$

である.

(3)

$$\left|\overrightarrow{BD}\right|=\left|\overrightarrow{BE}\right| \qquad\cdots②$$

を満たす x の値を求める. (2)により

$$\overrightarrow{AE}=\vec{p}+(-2x+1)\vec{q}$$

であるから

$$\begin{aligned}\overrightarrow{BE}&=\overrightarrow{AE}-\overrightarrow{AB}\\&=\vec{p}+(-2x+1)\vec{q}-\vec{p}\\&=(-2x+1)\vec{q}\qquad\cdots③\end{aligned}$$

である. これと(1)と②より

$$2-2x=(-2x+1)^2\left|\vec{q}\right|^2$$

$$2-2x=(-2x+1)^2$$
$$4x^2-2x-1=0 \qquad \cdots④$$

が成り立つ．$\angle BAD>90^\circ$ より，$x<0$ であるから

⬅ $x=\vec{p}\cdot\vec{q}=|\vec{p}||\vec{q}|\cos\angle BAD.$

$$x=\frac{1-\sqrt{5}}{4}$$

である．したがって

$$\overrightarrow{AE}=\vec{p}+(-2x+1)\vec{q}$$
$$=\vec{p}+\left(-2\cdot\frac{1-\sqrt{5}}{4}+1\right)\vec{q}$$
$$=\vec{p}+\frac{1+\sqrt{5}}{2}\vec{q} \qquad \cdots①$$

⬅ $-2x+1=\frac{1+\sqrt{5}}{2}.$

である．

(4)　x が (3) で求めた値であり，点 F が直線 AC に関して点 E と対称な点であるとき，$|\overrightarrow{EF}|$ を求める．

⬅ $x=\frac{1-\sqrt{5}}{4}.$

点 B と点 D が直線 AC に関して対称な点であることに注意すると，① において，E を F とし，さらに $\vec{p}$ と $\vec{q}$ を入れかえると

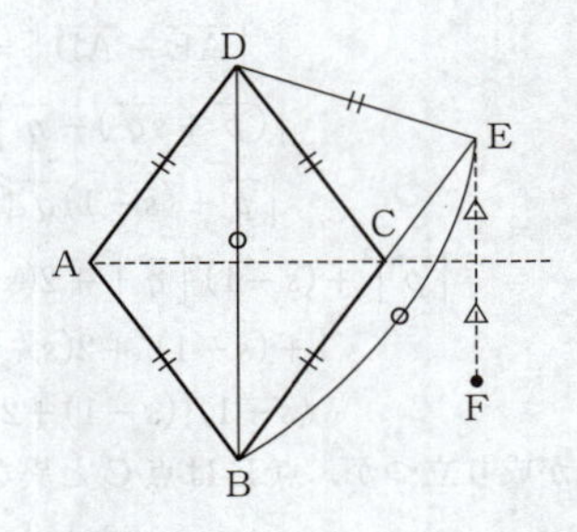

$$\overrightarrow{AF}=\frac{1+\sqrt{5}}{2}\vec{p}+\vec{q}$$

を得る．したがって

$$\overrightarrow{EF}=\overrightarrow{AF}-\overrightarrow{AE}$$
$$=\left(\frac{1+\sqrt{5}}{2}\vec{p}+\vec{q}\right)-\left(\vec{p}+\frac{1+\sqrt{5}}{2}\vec{q}\right)$$
$$=\frac{-1+\sqrt{5}}{2}(\vec{p}-\vec{q})$$
$$=\frac{-1+\sqrt{5}}{2}\overrightarrow{DB}$$

である．また，②，③ より

$$|\overrightarrow{BD}|=|\overrightarrow{BE}|$$
$$=|(-2x+1)\vec{q}|$$
$$=\frac{1+\sqrt{5}}{2}$$

である．ゆえに

$$|\overrightarrow{EF}|=\frac{-1+\sqrt{5}}{2}|\overrightarrow{DB}|$$

$$=\frac{-1+\sqrt{5}}{2}\cdot\frac{1+\sqrt{5}}{2}$$
$$=\frac{(\sqrt{5})^2-1^2}{2^2}$$
$$=\boxed{1}$$

である．

(5)　x が(3)で求めた値であり，点Rが△ABDの外接円の中心であるとき，$\overrightarrow{AR}$ を $\vec{p}$ と $\vec{q}$ を用いて表す．

△ABDは AB＝AD を満たす二等辺三角形であるから，点Rは直線AC上にある．点Fが(4)で定めた点であり，点Mが線分ADの中点であるとき，(4)の結果と ④ より

$$\begin{aligned}\overrightarrow{AD}\cdot\overrightarrow{FM}&=\overrightarrow{AD}\cdot(\overrightarrow{AM}-\overrightarrow{AF})\\&=\vec{q}\cdot\left\{\frac{1}{2}\vec{q}-(-2x+1)\vec{p}-\vec{q}\right\}\\&=-\vec{q}\cdot\left\{(-2x+1)\vec{p}+\frac{1}{2}\vec{q}\right\}\\&=-(-2x+1)\vec{p}\cdot\vec{q}-\frac{1}{2}|\vec{q}|^2\\&=-(-2x+1)x-\frac{1}{2}\\&=2x^2-x-\frac{1}{2}\\&=\frac{1}{2}(4x^2-2x-1)\\&=0\end{aligned}$$

が成り立つから，$\overrightarrow{AD}$ と $\overrightarrow{FM}$ は垂直であることが確かめられる．

よって，点Rは直線ACとFMの交点である．点Rが直線FM上にあることから，実数 t を用いて

$$\begin{aligned}\overrightarrow{AR}&=t\overrightarrow{AF}+(1-t)\overrightarrow{AM}\\&=t\{(-2x+1)\vec{p}+\vec{q}\}+\frac{1}{2}(1-t)\vec{q}\\&=t(-2x+1)\vec{p}+\frac{1}{2}(1+t)\vec{q}\qquad\cdots⑤\end{aligned}$$

と表すことができる．点Rは直線AC上の点でもあるから，実数 u を用いて

$$\begin{aligned}\overrightarrow{AR}&=u\overrightarrow{AC}\\&=u(\vec{p}+\vec{q})\qquad\cdots⑥\end{aligned}$$

と表すこともできる．$\vec{p}\neq\vec{0}$，$\vec{q}\neq\vec{0}$，$\vec{p}\not\parallel\vec{q}$ であるから，⑤，⑥ より

←直線のベクトル方程式

点Pが直線AB上にあるとき

$$\begin{aligned}\overrightarrow{OP}&=\overrightarrow{OA}+t\overrightarrow{AB}\\&=\overrightarrow{OA}+t(\overrightarrow{OB}-\overrightarrow{OA})\\&=(1-t)\overrightarrow{OA}+t\overrightarrow{OB}.\end{aligned}$$

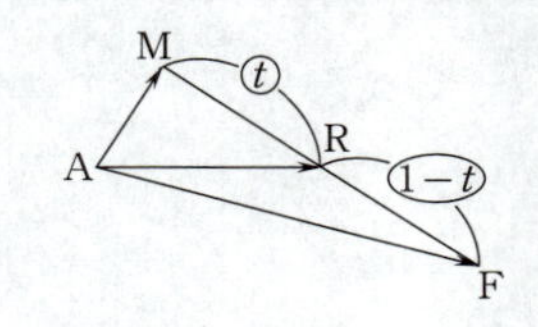

$$t(-2x+1)=u,\quad \frac{1}{2}(1+t)=u \qquad \cdots ⑦$$

が成り立つ．これらより，u を消去して

$$t(-2x+1)=\frac{1}{2}(1+t)$$

$$(-4x+1)t=1$$

が成り立つ．$x=\frac{1-\sqrt{5}}{4}$ であるから

$$t=\frac{1}{\sqrt{5}}$$

である．これと ⑦ より

$$u=\frac{5+\sqrt{5}}{10}$$

である．これを ⑥ に代入して

$$\overrightarrow{AR}=\frac{\boxed{5}+\sqrt{\boxed{5}}}{\boxed{10}}(\vec{p}+\vec{q})$$

が得られる．

*　五角形 ABFED は正五角形である．

←ベクトルの相等

$\vec{a}\neq\vec{0}$，$\vec{b}\neq\vec{0}$，$\vec{a}\not\parallel\vec{b}$ のとき

$$s\vec{a}+t\vec{b}=s'\vec{a}+t'\vec{b}$$

（s，t，s'，t' は実数）

が成り立つための条件は

$$\begin{cases} s=s' \\ t=t' \end{cases}$$

である．

←

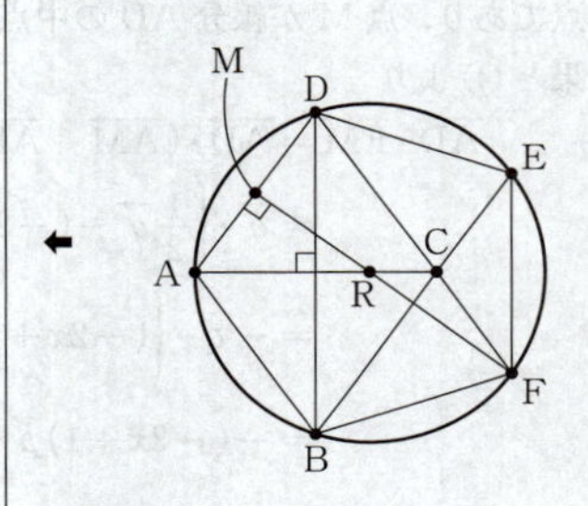

第5問　確率分布と統計的な推測

有権者数が1万人を超えるある地域で選挙が実施された．

(1)　今回実施された選挙の有権者全員を対象として，今回の選挙と前回の選挙のそれぞれについて，投票したか，棄権した(投票しなかった)かを調査した．今回の選挙については

今回投票，今回棄権

の2通りのどちらであるかを調べ，前回の選挙については，選挙権がなかった者が含まれているので

前回投票，前回棄権，前回選挙権なし

の3通りのいずれであるかを調べた．この調査の結果は下の表のようになった．たとえば，この有権者全体において，今回棄権かつ前回投票の人の割合は10% であること示している．

	前回投票	前回棄権	前回選挙権なし
今回投票	45%	a%	3%
今回棄権	10%	29%	1%

上の表より，

$$45+a+3+10+29+1=100$$

が成り立ち，これより

$$a=12$$

であるから，今回投票かつ前回棄権の人の割合は

12 % である．

この有権者全体から無作為に1人を選ぶとき，今回投票の人が選ばれる確率は

$$0.45+0.12+0.03=0.\boxed{60}$$

であり，前回投票の人が選ばれる確率は

$$0.45+0.10=0.\boxed{55}$$

である．

また，今回の有権者全体から，900 人を無作為に抽出したとき，その中で，今回棄権かつ前回投票の人数を表す確率変数を X とする．このとき，X は

$B\left(900,\ 0.\boxed{10}\right)$ に従うので，X の平均(期待値)は

$$900\cdot 0.10=\boxed{90}$$

であり，標準偏差は

$$\sqrt{900\cdot 0.10\cdot(1-0.10)}=\sqrt{90\cdot 0.90}=\boxed{9}.\boxed{0}$$

二項分布

n を自然数とする．

確率変数 X のとり得る値が

$$0,\ 1,\ 2,\ \cdots,\ n$$

であり，X の確率分布が

$$P(X=r)={}_n\mathrm{C}_r p^r(1-p)^{n-r}$$
$$(r=0,\ 1,\ 2,\ \cdots,\ n)$$

であるとき，X の確率分布を二項分布といい，$B(n,\ p)$ で表す．

平均(期待値)，分散

確率変数 X のとり得る値を

$$x_1,\ x_2,\ \cdots,\ x_n$$

とし，X がこれらの値をとる確率をそれぞれ

$$p_1,\ p_2,\ \cdots,\ p_n$$

とすると，X の平均(期待値) $E(X)$ は

$$E(X)=\sum_{k=1}^{n}x_kp_k.$$

また，X の分散 $V(X)$ は

$E(X)=m$ として

$$V(X)=\sum_{k=1}^{n}(x_k-m)^2p_k$$

または

$$V(X)=E(X^2)-\{E(X)\}^2.$$

二項分布の平均(期待値)，分散

確率変数 X が二項分布 $B(n,\ p)$ に従うとき，$q=1-p$ とすると，X の平均(期待値) $E(X)$ と分散 $V(X)$ は

$$E(X)=np,$$
$$V(X)=npq$$

である．

$\sqrt{V(X)}$ を X の標準偏差という．

である．

次に，X が 105 以上になる確率を求める．

$Z=\dfrac{X-90}{9.0}$ とおくと，標本数は十分に大きいので，Z は近似的に標準正規分布に従う．よって，この確率は

← 平均 0，標準偏差 1 の正規分布 $N(0,\ 1)$ を標準正規分布という．

$$P(X \geqq 105)=P\left(\frac{X-90}{9} \geqq \frac{105-90}{9}\right)$$
$$=P(Z \geqq 1.67)$$
$$=0.5-0.4525$$
$$=0.\boxed{05}$$

← 正規分布表より $P(0 \leqq Z \leqq 1.67)=0.4525$.

と求められる．

(2)　今回の有権者全体を母集団とし，支持する政党がある人の割合(母比率) p を推定したい．このとき，調査する有権者数について考える．

母集団から n 人を無作為に抽出したとき，その中で，支持する政党がある人の割合(標本比率)を確率変数 R で表すと，R は近似的に平均 p，標準偏差 $\sqrt{\dfrac{p(1-p)}{n}}$ の正規分布に従う．

実際に，n 人を無作為に抽出して得られた標本比率の値を r とすると，n が十分に大きいとすれば，標準偏差を $\sqrt{\dfrac{r(1-r)}{n}}$ で置き換えることにより，p に対する信頼度 95% の信頼区間 $C \leqq p \leqq D$ を求めることができる．信頼区間は

$$r-1.96\times\sqrt{\frac{r(1-r)}{n}} \leqq p \leqq r+1.96\times\sqrt{\frac{r(1-r)}{n}}$$

であり

$$C=r-1.96\times\sqrt{\frac{r(1-r)}{n}},$$
$$D=r+1.96\times\sqrt{\frac{r(1-r)}{n}}$$

← **母比率の推定**

標本比率を r とすると，標本の大きさ n が大きいとき，母比率 p に対する信頼度(信頼係数) 95% の信頼区間は

$$\left[r-1.96\sqrt{\frac{r(1-r)}{n}},\ r+1.96\sqrt{\frac{r(1-r)}{n}}\right].$$

であるから，その信頼区間の幅は

$$L=D-C=1.96\times2\sqrt{\frac{r(1-r)}{n}}$$

になる．よって，$\boxed{\text{ソ}}$ に当てはまるものは $\boxed{⑤}$ である．

過去の調査から，母比率はおよそ 50% と予想されることから，$r=0.5$ とする．このとき，$L=0.1$ になるような n の値を求めると

$$1.96\times2\sqrt{\frac{0.5(1-0.5)}{n}}=0.1$$

より

$$n=1.96^2\times2^2\times\frac{0.5^2}{0.1^2}=\boxed{384}$$

であり，この n の値は十分に大きいと考えられる．

384 人を調査して，p に対する信頼度 95% の信頼区間を求めると，この信頼区間の幅 L は

$$L=1.96\times2\sqrt{\frac{r(1-r)}{384}}=1.96\times2\sqrt{\frac{-\left(r-\frac{1}{2}\right)^2+\frac{1}{4}}{384}}$$

であるから，r の値によって変化して，$r=0.5$ のとき最大となる．よって，［テ］に当てはまるものは［①］である．

← $1.96^2=3.84$.

MEMO

数学Ⅰ・数学A
数学Ⅱ・数学B

（2019年１月実施）

	受験者数	平均点
数学Ⅰ・数学A	392,486	59.68
数学Ⅱ・数学B	349,405	53.21

数学Ⅰ・数学A

解答・採点基準

(100点満点)

問題番号(配点)	解答記号	正　解	配点	自己採点
第1問 (30)	(アa−イ)^2	$(3a-1)^2$	2	
	ウa＋エ	$4a+1$	2	
	オカa＋キ	$-2a+3$	2	
	ク	6	2	
	$\frac{ケコ}{サ}$	$\frac{-7}{3}$	2	
	シ	⓪	2	
	ス	②	2	
	セ	⓪	2	
	ソ	②	2	
	タ	③	2	
	$\frac{b}{チ}$	$\frac{b}{2}$	2	
	$-\frac{b^2}{ツ}+ab+テ$	$-\frac{b^2}{4}+ab+1$	2	
	ト，ナ	5，1	2	
	$\frac{ニ}{ヌ}$	$\frac{3}{2}$	2	
	$\frac{ネノ}{ハ}$	$\frac{-1}{4}$	2	
第1問　自己採点小計				
第2問 (30)	$\frac{アイ}{ウ}$，エ	$\frac{-1}{4}$，②	4	
	$\frac{\sqrt{オカ}}{キ}$	$\frac{\sqrt{15}}{4}$	3	
	$\frac{ク}{ケ}$	$\frac{1}{4}$	2	
	コ	4	3	
	$\frac{サ\sqrt{シス}}{セ}$	$\frac{7\sqrt{15}}{4}$	3	
	ソ	③	3	
	タ	④	3	
	チ，ツ	④，⑦ (解答の順序は問わない)	4 (各2)	
	テ	⓪	1	
	ト	⓪	1	
	ナ	①	1	
	ニ	②	2	
第2問　自己採点小計				

問題番号(配点)	解答記号	正　解	配点	自己採点
第3問 (20)	$\frac{ア}{イ}$	$\frac{4}{9}$	2	
	$\frac{ウ}{エ}$	$\frac{1}{6}$	2	
	$\frac{オ}{カキ}$	$\frac{7}{18}$	3	
	$\frac{ク}{ケ}$	$\frac{1}{6}$	2	
	$\frac{コサ}{シスセ}$	$\frac{43}{108}$	2	
	$\frac{ソタチ}{ツテト}$	$\frac{259}{648}$	3	
	$\frac{ナニ}{ヌネ}$	$\frac{21}{43}$	3	
	$\frac{ノハ}{ヒフヘ}$	$\frac{88}{259}$	3	
第3問　自己採点小計				
第4問 (20)	ア，イウ	8，17	3	
	エオ，カキ	23，49	2	
	ク，ケコ	8，17	3	
	サ，シス	7，15	3	
	セ	2	2	
	ソ	6	2	
	タ，チ，ツテ	3，2，23	2	
	トナニ	343	3	
第4問　自己採点小計				
第5問 (20)	$\frac{\sqrt{ア}}{イ}$	$\frac{\sqrt{6}}{2}$	4	
	ウ	1	3	
	$\frac{エ\sqrt{オカ}}{キ}$	$\frac{2\sqrt{15}}{5}$	3	
	$\frac{ク}{ケ}$	$\frac{3}{4}$	2	
	コ	3	2	
	$\frac{\sqrt{サ}}{シ}$	$\frac{\sqrt{6}}{2}$	3	
	$\frac{\sqrt{スセ}}{ソ}$	$\frac{\sqrt{15}}{5}$	3	
第5問　自己採点小計				
自己採点合計				

(注)

第1問，第2問は必答。

第3問〜第5問のうちから2問選択。計4問を解答。

第1問　数と式・集合と命題・2次関数

〔1〕

$$9a^2-6a+1=(\boxed{3}\,a-\boxed{1})^2$$

であるから，

$$A=\sqrt{9a^2-6a+1}+|a+2|$$

とおくと，

$$A=\sqrt{(3a-1)^2}+|a+2|$$
$$=|3a-1|+|a+2|$$

である．

⬅ $\sqrt{X^2}=|X|$.

・$a>\frac{1}{3}$ のとき．

$3a-1>0$，$a+2>0$ であるから，

$$A=(3a-1)+(a+2)$$
$$=\boxed{4}\,a+\boxed{1} \quad \cdots ①$$

である．

⬅ $|X|=\begin{cases} X & (X \geqq 0 \text{ のとき}), \\ -X & (X<0 \text{ のとき}). \end{cases}$

・$-2 \leqq a \leqq \frac{1}{3}$ のとき．

$3a-1 \leqq 0$，$a+2 \geqq 0$ であるから，

$$A=-(3a-1)+(a+2)$$
$$=\boxed{-2}\,a+\boxed{3} \quad \cdots ②$$

である．

・$a<-2$ のとき．

$3a-1<0$，$a+2<0$ であるから，

$$A=-(3a-1)-(a+2)$$
$$=-4a-1 \quad \cdots ③$$

である．

次に，$A=2a+13$ となる a の値を求める．

・$a>\frac{1}{3}$ のとき．

$A=2a+13$ となる a の値は，① より，

$$4a+1=2a+13$$
$$a=6.$$

これは $a>\frac{1}{3}$ を満たす．

・$-2 \leqq a \leqq \frac{1}{3}$ のとき．

$A=2a+13$ となる a の値は，② より，

$$-2a+3=2a+13$$
$$a=-\frac{5}{2}.$$

これは $-2 \leqq a \leqq \frac{1}{3}$ を満たさない．

・$a<-2$ のとき．

$A=2a+13$ となる a の値は，③ より，

$$-4a-1=2a+13$$

$$a=-\frac{7}{3}.$$

これは $a<-2$ を満たす．

以上から，$A=2a+13$ となる a の値は，

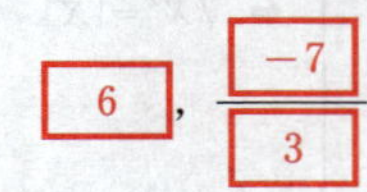

6，$\dfrac{-7}{3}$

である．

〔2〕

m，n は自然数．

p：m と n はともに奇数である，

q：$3mn$ は奇数である，

r：$m+5n$ は偶数である．

(1) $\overline{p}$：m は偶数または n は偶数である．

m，n が条件 $\overline{p}$ を満たすとき，

m が奇数ならば n は偶数である．

また，

m が偶数ならば n は偶数でも奇数でもよい．

したがって，シ，ス に当てはまるものは ⓪，② である．

(2) ・p は q であるための何条件かを求める．

命題「$p \Longrightarrow q$」は真

である．

命題「$q \Longrightarrow p$」は真

である．よって，p は q であるための必要十分条件である．したがって，セ に当てはまるものは ⓪ である．

・p は r であるための何条件かを求める．

命題「$p \Longrightarrow r$」は真

である．

命題「$r \Longrightarrow p$」は偽（反例 $m=n=2$ など）

である．よって，p は r であるための十分条件であるが，必要条件ではない．したがって，ソ

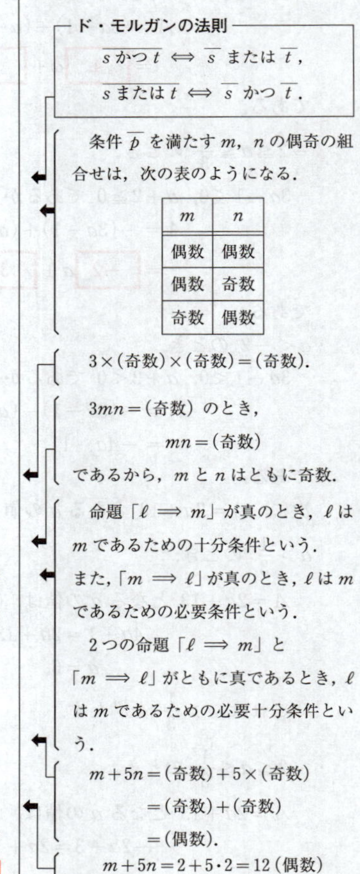

ド・モルガンの法則

$\overline{s \text{ かつ } t} \iff \overline{s}$ または $\overline{t}$，

$\overline{s \text{ または } t} \iff \overline{s}$ かつ $\overline{t}$．

条件 $\overline{p}$ を満たす m，n の偶奇の組合せは，次の表のようになる．

m	n
偶数	偶数
偶数	奇数
奇数	偶数

$3\times$(奇数)$\times$(奇数)$=$(奇数)．

$3mn=$(奇数) のとき，

$mn=$(奇数)

であるから，m と n はともに奇数．

命題「$\ell \Longrightarrow m$」が真のとき，ℓ は m であるための十分条件という．

また，「$m \Longrightarrow \ell$」が真のとき，ℓ は m であるための必要条件という．

2つの命題「$\ell \Longrightarrow m$」と「$m \Longrightarrow \ell$」がともに真であるとき，ℓ は m であるための必要十分条件という．

$m+5n=$(奇数)$+5\times$(奇数)

$=$(奇数)$+$(奇数)

$=$(偶数)．

$m+5n=2+5\cdot 2=12$（偶数）

となるが，m と n はともに偶数．

に当てはまるものは [②] である．

・$\overline{p}$ は r であるための何条件かを求める．

$\overline{r}$: $m+5n$ は奇数である．

命題「$\overline{p} \Longrightarrow r$」の対偶

「$\overline{r} \Longrightarrow p$」は偽（反例 $m=2$, $n=1$ など）

であるから，

命題「$\overline{p} \Longrightarrow r$」は偽

である．

命題「$r \Longrightarrow \overline{p}$」の対偶

「$p \Longrightarrow \overline{r}$」は偽（反例 $m=n=1$ など）

であるから，

命題「$r \Longrightarrow \overline{p}$」は偽

である．よって，$\overline{p}$ は r であるための必要条件でも十分条件でもない．したがって，[タ] に当てはまるものは [③] である．

〔3〕

$$f(x)=x^2+(2a-b)x+a^2+1 \quad (a>0,\ b>0)$$

とおくと，

$$f(x)=\left(x+\frac{2a-b}{2}\right)^2-\frac{(2a-b)^2}{4}+a^2+1$$

$$=\left\{x-\left(\frac{b}{2}-a\right)\right\}^2-\frac{b^2}{4}+ab+1$$

と変形できる．

(1)　グラフ $G: y=f(x)$ の頂点の座標は，

$$\left(\frac{b}{\boxed{2}}-a,\ -\frac{b^2}{\boxed{4}}+ab+\boxed{1}\right)$$

である．

(2)　グラフ G が点 $(-1, 6)$ を通るとき，

$$6=f(-1)$$

が成り立つから，

$$6=(-1)^2+(2a-b)(-1)+a^2+1$$

すなわち，

$$b=-a^2+2a+4$$

であり，

$$b=-(a-1)^2+5$$

と変形できる．

⬅ m が偶数，n が奇数のとき，
$m+5n=(\text{偶数})+5\times(\text{奇数})$
$=(\text{奇数})$
となるが，m と n はともに奇数ではない．

⬅ 命題の真偽と対偶の真偽は一致する．

⬅ $m+5n=(\text{奇数})+5\times(\text{奇数})$
$=(\text{奇数})+(\text{奇数})$
$=(\text{偶数})$.

⬅ 2次関数 $y=p(x-q)^2+r$ のグラフの頂点の座標は，
$(q,\ r)$.

$a>0$ より，b のとり得る値の最大値は，

$$\boxed{5}$$

であり，そのときの a の値は，

$$\boxed{1}$$

である．

$b=5$，$a=1$ のとき，グラフ G の頂点の座標は，(1) より，

$$\left(\frac{5}{2}-1,\ -\frac{5^2}{4}+1\cdot5+1\right)$$

すなわち，

$$\left(\frac{3}{2},\ -\frac{1}{4}\right)$$

である．

また，2 次関数 $y=x^2$ のグラフの頂点の座標は，

$$(0,\ 0)$$

である．

よって，グラフ G は 2 次関数 $y=x^2$ のグラフを x 軸方向に $\dfrac{\boxed{3}}{\boxed{2}}$，$y$ 軸方向に $\dfrac{\boxed{-1}}{\boxed{4}}$ だけ平行移動したものである．

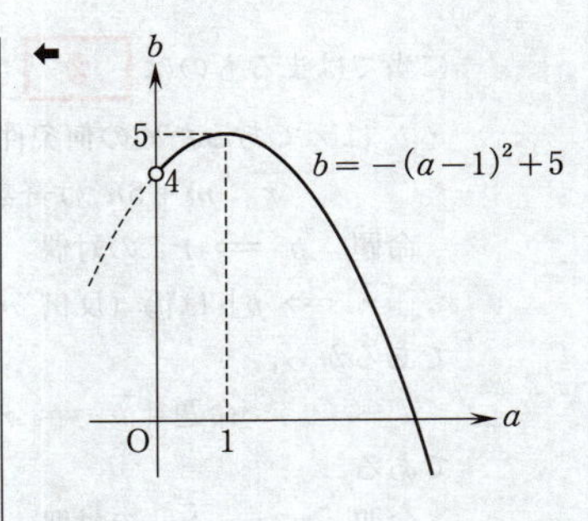

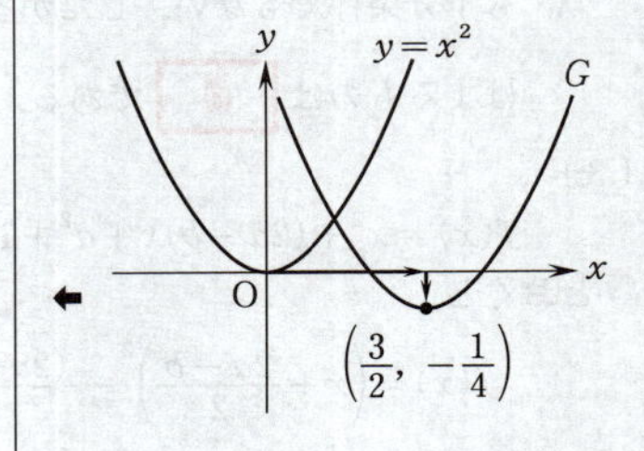

第2問　図形と計量・データの分析

〔1〕

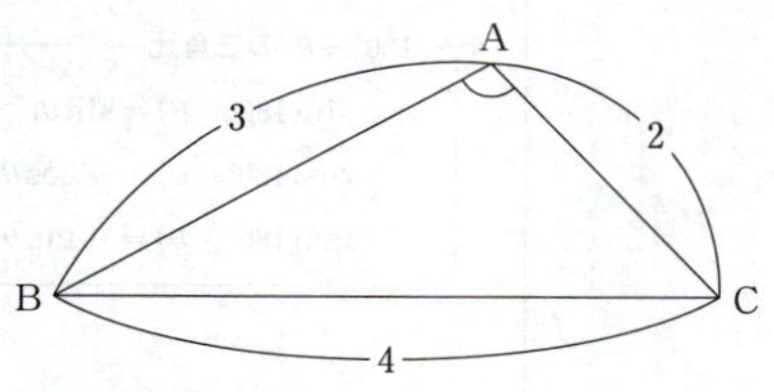

余弦定理を用いると，

$$\cos\angle BAC = \frac{AC^2 + AB^2 - BC^2}{2AC \cdot AB}$$
$$= \frac{2^2 + 3^2 - 4^2}{2 \cdot 2 \cdot 3}$$
$$= \frac{-1}{4}$$

であり，$\cos\angle BAC < 0$ であるから，$\angle BAC$ は鈍角である．

よって，エ に当てはまるものは ② である．

また，$0° < \angle BAC < 180°$ より，$\sin\angle BAC > 0$ であるから，

$$\sin\angle BAC = \sqrt{1 - \cos^2\angle BAC}$$
$$= \sqrt{1 - \left(-\frac{1}{4}\right)^2}$$
$$= \frac{\sqrt{15}}{4}$$

である．

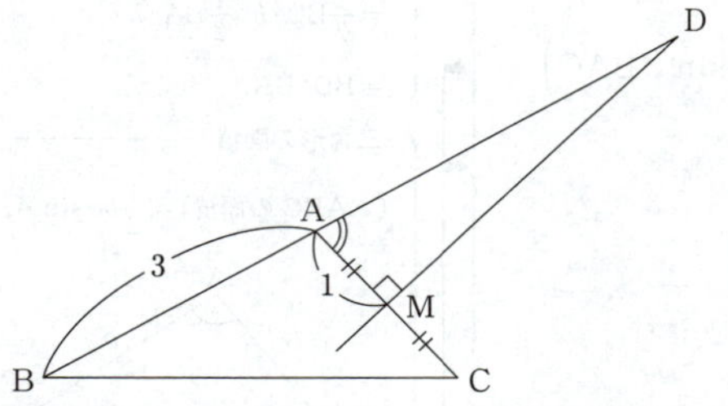

辺ACの中点をMとおくと，直線DMは条件より線分ACの垂直二等分線であるから，$\angle AMD = 90°$ であり，$AM = 1$ である．また，$\angle BAC$ は鈍角より，D は上図のように辺ABの端点Aの側の延長上にある．

余弦定理

$a^2 = b^2 + c^2 - 2bc\cos A$,

$\cos A = \frac{b^2 + c^2 - a^2}{2bc}$.

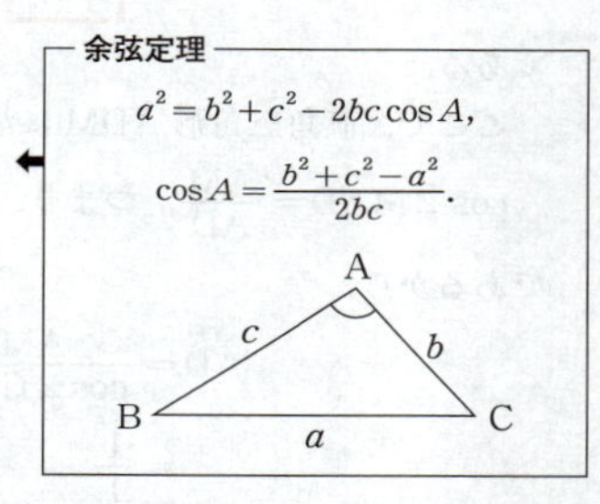

← $\cos\angle BAC < 0$ より，
$90° < \angle BAC < 180°$.

← $0° \leqq \theta \leqq 180°$ のとき，
$\sin\theta = \sqrt{1 - \cos^2\theta}$.

← $AM = \frac{1}{2}AC = \frac{1}{2} \cdot 2 = 1$.

$\angle BAC + \angle CAD = 180°$ であるから，

$$\cos\angle CAD = \cos(180° - \angle BAC) = -\cos\angle BAC = -\left(-\frac{1}{4}\right) = \frac{\boxed{1}}{\boxed{4}}$$

である．

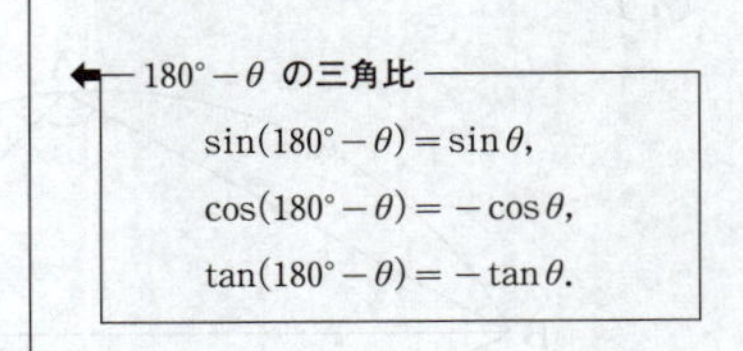

ここで，直角三角形 ADM に注目すると，

$\cos\angle MAD = \dfrac{AM}{AD}$，つまり，$\cos\angle CAD = \dfrac{AM}{AD}$

であるから，

$$AD = \frac{AM}{\cos\angle CAD} = \frac{1}{\frac{1}{4}} = \boxed{4}$$

である．

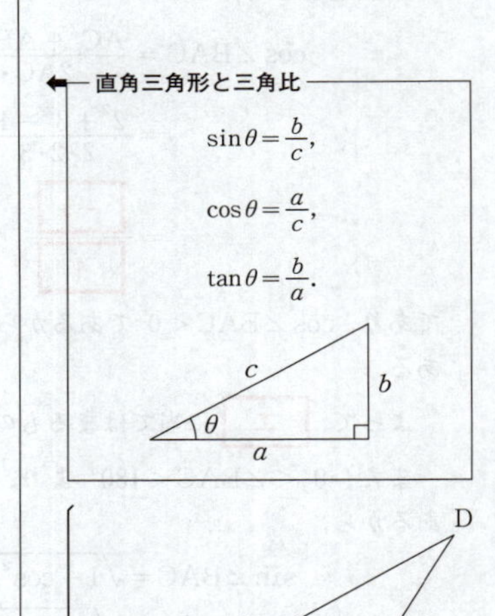

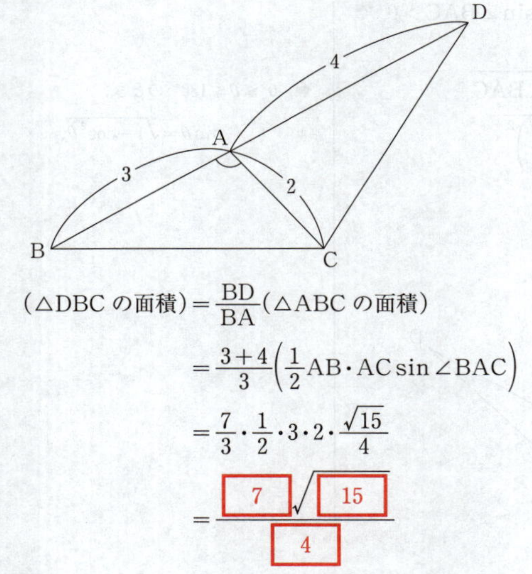

$$(\triangle DBC\text{ の面積}) = \frac{BD}{BA}(\triangle ABC\text{ の面積}) = \frac{3+4}{3}\left(\frac{1}{2}AB\cdot AC\sin\angle BAC\right) = \frac{7}{3}\cdot\frac{1}{2}\cdot 3\cdot 2\cdot\frac{\sqrt{15}}{4} = \frac{\boxed{7}\sqrt{\boxed{15}}}{\boxed{4}}$$

である．

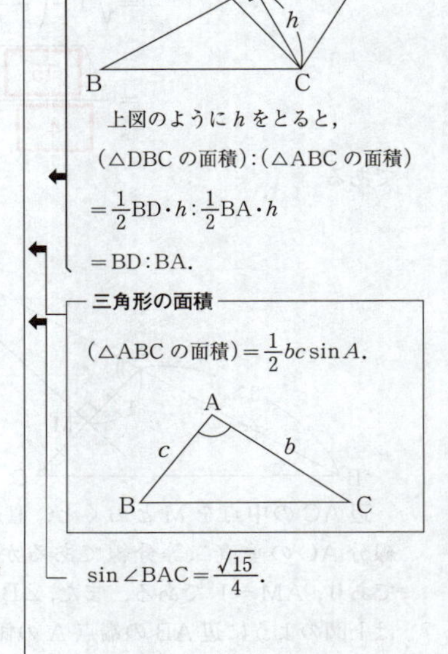

$\sin\angle BAC = \dfrac{\sqrt{15}}{4}$.

〔2〕

(1)　2013 年および 2017 年の最小値，第 1 四分位数，中央値，第 3 四分位数，最大値は，図 1 の箱ひげ図より次のようになる.

	最小値	第1四分位数	中央値	第3四分位数	最大値
2013年	約72	約77	約80	約89	約136
2017年	80	約89	約92.5	95	約122.5

図2の6個のヒストグラムにおいて最小値と最大値はそれぞれ次のようになる.

	最小値	最大値
⓪	80以上85未満	115以上120未満
①	80以上85未満	130以上135未満
②	75以上80未満	115以上120未満
③	70以上75未満	135以上140未満
④	80以上85未満	120以上125未満
⑤	75以上80未満	115以上120未満

よって，最小値と最大値に注目すると，

・2013年のヒストグラムは③である.

・2017年のヒストグラムは④である.

したがって，ソ，タ に当てはまるものは順に ③，④ である.

(2)　図3のモンシロチョウとツバメの初見日(2017年)の箱ひげ図より，最小値，第1四分位数，中央値，第3四分位数，最大値は次のようになる.

	最小値	第1四分位数	中央値	第3四分位数	最大値
モンシロチョウ	約69	約83	約93	約103	約121
ツバメ	約69	約88	約91	約97	約114

・⓪について.

　モンシロチョウの初見日の最小値(約69)はツバメの初見日の最小値(約69)と同じであるから，⓪は正しい.

・①について.

　モンシロチョウの初見日の最大値(約121)はツバメの初見日の最大値(約114)より大きいから，①は正しい.

← 箱ひげ図からは，次の5つの情報が得られる.

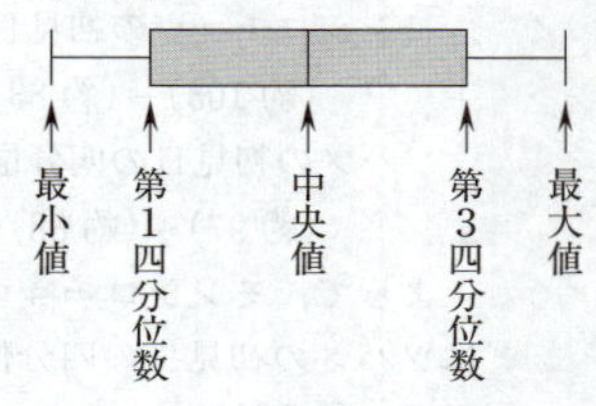

・②について.

モンシロチョウの初見日の中央値(約93)はツバメの初見日の中央値(約91)より大きいから，②は正しい.

・③について.

モンシロチョウの初見日の四分位範囲は，

(約103)−(約83)=(約20)(日).

ツバメの初見日の四分位範囲は，

(約97)−(約88)=(約9)(日).

よって，モンシロチョウの初見日の四分位範囲はツバメの初見日の四分位範囲の3倍より小さいから，③は正しい.

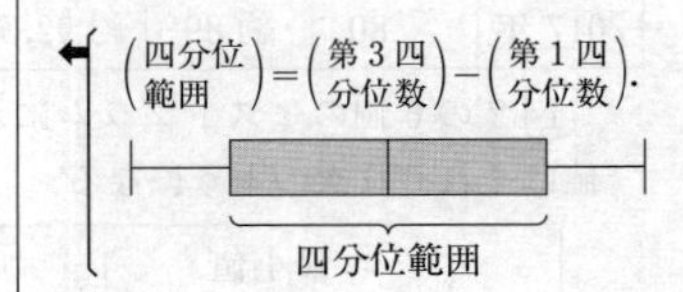

・④について.

モンシロチョウの初見日の四分位範囲(約20日)は15日以下ではないから，④は正しくない.

・⑤について.

ツバメの初見日の四分位範囲(約9日)は15日以下であるから，⑤は正しい.

・⑥について.

図4のモンシロチョウとツバメの初見日(2017年)の散布図において，原点を通り傾き1の直線(実線)上にある点は，モンシロチョウとツバメの初見日が同じである地点に対応している．これより，散布図の点には重なった点が2点あることに注意すると，モンシロチョウとツバメの初見日が同じ所が少なくとも4地点あるから，⑥は正しい.

← 原点を通り傾き1の直線(実線)上に点は4個あるから，初見日が同じ所が4地点，5地点，6地点のいずれかになる.

・⑦について.

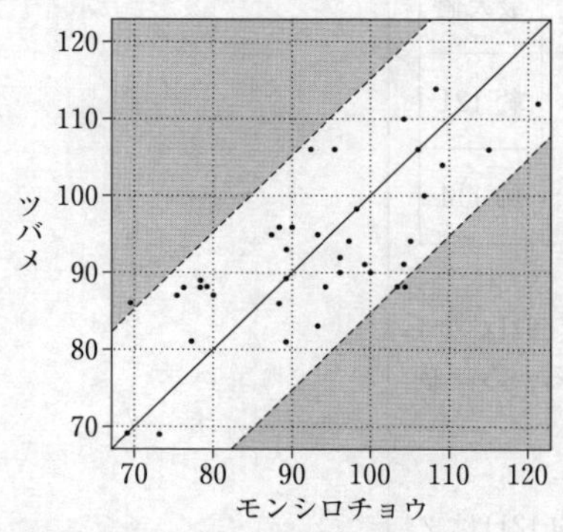

図4　モンシロチョウとツバメの初見日(2017年)の散布図

← 網掛部分に点は2個ある.

網掛部分(境界線は含まない)にある点は，同一地点でのモンシロチョウの初見日とツバメの初見日の差が15日より大きい地点に対応している．
よって，41地点における同一地点でのモンシロチョウの初見日とツバメの初見日の差が15日以下ではないから，⑦は正しくない．

したがって，図3，図4から読み取れることとして正しくないものは，④，⑦であるから，チ，ツ に当てはまるものは ④，⑦ である．

(3) $n\,(\geqq 2)$ 個の数値 x_1, x_2, …, x_n からなるデータ X について，

平均値は $\overline{x}$，分散は s^2，標準偏差は s $(s>0)$ であるから，

$$\overline{x}=\frac{x_1+x_2+\cdots+x_n}{n}, \quad \cdots ①$$

$$s=\sqrt{\frac{(x_1-\overline{x})^2+(x_2-\overline{x})^2+\cdots+(x_n-\overline{x})^2}{n}}. \quad \cdots ②$$

また，各 x_i に対して，

$$x'_i=\frac{x_i-\overline{x}}{s} \quad (i=1,\ 2,\ \cdots,\ n)$$

と変換した x'_1, x'_2, …, x'_n からなるデータ X' について，

平均値を $\overline{x'}$，分散を s'^2，標準偏差を s' $(s'>0)$ とおく．

・X の偏差 $x_1-\overline{x}$, $x_2-\overline{x}$, …, $x_n-\overline{x}$ の平均値について．

$$\frac{(x_1-\overline{x})+(x_2-\overline{x})+\cdots+(x_n-x)}{n}$$
$$=\frac{(x_1+x_2+\cdots+x_n)-n\overline{x}}{n}$$
$$=\frac{x_1+x_2+\cdots+x_n}{n}-\overline{x}$$
$$=\overline{x}-\overline{x} \quad (①\text{ より})$$
$$=0. \quad \cdots ③$$

よって，テ に当てはまるものは ⓪ である．

・X' の平均値について．

$$\overline{x'}=\frac{x'_1+x'_2+\cdots+x'_n}{n}$$

←平均値・標準偏差

変量 x に関するデータ

x_1, x_2, …, x_n

に対し，x の平均値を $\overline{x}$，標準偏差を s とすると，

$$\overline{x}=\frac{x_1+x_2+\cdots+x_n}{n},$$

$$s=\sqrt{\frac{(x_1-\overline{x})^2+\cdots+(x_n-\overline{x})^2}{n}}.$$

$$=\frac{1}{n}\left(\frac{x_1-\overline{x}}{s}+\frac{x_2-\overline{x}}{s}+\cdots+\frac{x_n-\overline{x}}{s}\right)$$

$$=\frac{1}{s}\cdot\frac{(x_1-\overline{x})+(x_2-\overline{x})+\cdots+(x_n-\overline{x})}{n}$$

$$=\frac{1}{s}\cdot 0 \quad (③より)$$

$$=0. \qquad \cdots ④$$

よって，[ト] に当てはまるものは [⓪] である．

・X' の標準偏差について．

$$s'=\sqrt{\frac{(x'_1-\overline{x'})^2+(x'_2-\overline{x'})^2+\cdots+(x'_n-\overline{x'})^2}{n}}$$

$$=\sqrt{\frac{{x'_1}^2+{x'_2}^2+\cdots+{x'_n}^2}{n}} \quad (④より) \qquad \cdots ⑤$$

$$=\sqrt{\frac{1}{n}\left\{\left(\frac{x_1-\overline{x}}{s}\right)^2+\left(\frac{x_2-\overline{x}}{s}\right)^2+\cdots+\left(\frac{x_n-\overline{x}}{s}\right)^2\right\}}$$

$$=\sqrt{\frac{1}{ns^2}\{(x_1-\overline{x})^2+(x_2-\overline{x})^2+\cdots+(x_n-\overline{x})^2\}}$$

$$=\frac{1}{s}\sqrt{\frac{(x_1-\overline{x})^2+(x_2-\overline{x})^2+\cdots+(x_n-\overline{x})^2}{n}}$$

$(s>0$ より$)$

$$=\frac{1}{s}\cdot s \quad (②より)$$

$$=1. \qquad \cdots ⑥$$

よって，[ナ] に当てはまるものは [①] である．

次に，変換後のモンシロチョウの初見日のデータ M' と変換後のツバメの初見日のデータ T' の散布図について調べる．以下，$n=41$ とする．
モンシロチョウの初見日のデータ M を $a_1, a_2, \cdots, a_n$，
ツバメの初見日のデータ T を $b_1, b_2, \cdots, b_n$
とし，さらに，

M の平均値を $\overline{a}$，標準偏差を s_a $(s_a>0)$，

T の平均値を $\overline{b}$，標準偏差を s_b $(s_b>0)$

とする．各 a_i，b_i に対して，

$$a'_i=\frac{a_i-\overline{a}}{s_a},\quad b'_i=\frac{b_i-\overline{b}}{s_b}\quad (i=1,\cdots,n) \cdots (*)$$

と変換した a'_1，a'_2，…，a'_n をデータ M'，b'_1，b'_2，…，b'_n をデータ T' とし，さらに，

← $a'_i=\frac{1}{s_a}a_i-\frac{\overline{a}}{s_a}$，$b'_i=\frac{1}{s_b}b_i-\frac{\overline{b}}{s_b}$.

　M' の平均値を $\overline{a'}$，標準偏差を $s_{a'}$ $(s_{a'}>0)$，

　T' の平均値を $\overline{b'}$，標準偏差を $s_{b'}$ $(s_{b'}>0)$

とする．

　先程と同様にして考えると，④，⑥より，

$$\begin{cases} \overline{a'}=\overline{b'}=0, & \cdots ⑦ \\ s_{a'}=s_{b'}=1 & \cdots ⑧ \end{cases}$$

である．

　また，2つのデータ M，T に関する n 組のデータ

$$(a_1,\ b_1),\ (a_2,\ b_2),\ \cdots,\ (a_n,\ b_n)$$

の共分散を s_{ab}，M と T の相関係数を r_{ab} とし，さらに，2つのデータ M'，T' に関する n 組のデータ

$$(a'_1,\ b'_1),\ (a'_2,\ b'_2),\ \cdots,\ (a'_n,\ b'_n)$$

の共分散を $s_{a'b'}$，M' と T' の相関係数を $r_{a'b'}$ とする．

　(*) より，

$$s_{a'b'}=\frac{1}{s_a}\cdot\frac{1}{s_b}s_{ab}=\frac{s_{ab}}{s_a s_b}$$

となるから，

$$\begin{aligned} r_{a'b'}&=\frac{s_{a'b'}}{s_{a'}s_{b'}} \\ &=\frac{\dfrac{s_{ab}}{s_a s_b}}{1\cdot 1} \quad (⑧より) \\ &=\frac{s_{ab}}{s_a s_b} \\ &=r_{ab} \end{aligned}$$

である．

　これより，M と T の散布図と M' と T' の散布図において，横軸と縦軸の目盛りを無視すれば，41個の点の位置は変化しないと考えてよい．よって，M' と T' の散布図は⓪か②のいずれかになる．

　次に，M' と T' の標準偏差の値について考える．

　$|a'_i|<1$，$|b'_i|<1$ $(i=1,\ 2,\ \cdots,\ n)$ と仮定すると，⑤，⑦より，

$$\begin{cases} s_{a'}=\sqrt{\dfrac{{a'_1}^2+{a'_2}^2+\cdots+{a'_n}^2}{n}}<\sqrt{\dfrac{1^2+1^2+\cdots+1^2}{n}}=\sqrt{\dfrac{n}{n}}=1, \\ s_{b'}=\sqrt{\dfrac{{b'_1}^2+{b'_2}^2+\cdots+{b'_n}^2}{n}}<\sqrt{\dfrac{1^2+1^2+\cdots+1^2}{n}}=\sqrt{\dfrac{n}{n}}=1 \end{cases}$$

となるから，⑧に対して矛盾が生じる．

　よって，$|a_i|\geqq 1$，$|b_i|\geqq 1$ となる i が少なくとも1

変量の変換

　2つの変量 x，y に対し，a，b，c，d を定数として新しい変量 X，Y を

$$X=ax+b,\quad Y=cy+d$$

$$(a\neq 0 \text{ かつ } c\neq 0)$$

と定めるとき，次が成り立つ．

(1)　平均値について，

$$\overline{X}=a\overline{x}+b,\quad \overline{Y}=c\overline{y}+d.$$

(2)　分散について，

$${s_X}^2=a^2{s_x}^2,\quad {s_Y}^2=c^2{s_y}^2.$$

(3)　標準偏差について，

$$s_X=|a|s_x,\quad s_Y=|c|s_y.$$

(4)　共分散について，

$$s_{XY}=acs_{xy}.$$

相関係数

　2つの変量 x，y について，

x の標準偏差を s_x，

y の標準偏差を s_y，

x と y の共分散を s_{xy}

とするとき，x と y の相関係数は，

$$\frac{s_{xy}}{s_x s_y}.$$

← 散布図①と③の点の位置と，図4の散布図の点の位置は異なる．

つは存在するから，散布図⓪のようになることはない．つまり，次の網掛部分以外のところに点が少なくとも1つ存在する．

← 散布図⓪はすべての点が網掛部分にあるから，⑧になることはない．

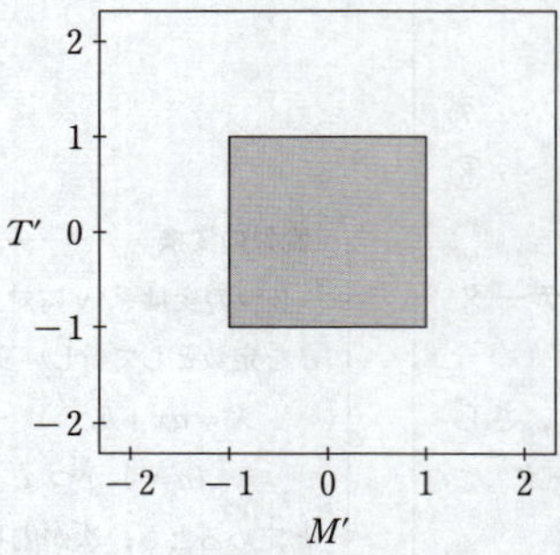

したがって，変換後のモンシロチョウの初見日のデータ M' と変換後のツバメの初見日のデータ T' の散布図は，M' と T' の標準偏差の値を考慮すると②であるから，ニ に当てはまるものは ② である．

第3問　場合の数・確率

赤い袋：赤球2個と白球1個,

白い袋：赤球1個と白球1個.

(1)　1回目の操作で，赤い袋が選ばれ赤球が取り出されるのは,

「さいころ1個を投げて，3の倍数以外の目が出て赤い袋を選び，赤い袋から赤球を1個取り出す」

ときである.

よって，赤い袋が選ばれ赤球が取り出される確率は,

$$\frac{4}{6}\times\frac{2}{3}=\frac{4}{9}$$

である.

1回目の操作で，白い袋が選ばれ赤球が取り出されるのは,

「さいころ1個を投げて，3の倍数の目が出て白い袋を選び，白い袋から赤球を1個取り出す」

ときである.

よって，白い袋が選ばれ赤球が取り出される確率は,

$$\frac{2}{6}\times\frac{1}{2}=\frac{1}{6}$$

である.

(2)　2回目の操作が白い袋で行われるのは,

「1回目の操作で，3の倍数の目が出て白い袋が選ばれ白球を取り出す

または

1回目の操作で，3の倍数以外の目が出て赤い袋が選ばれ白球を取り出す」

ときである.

よって，2回目の操作が白い袋で行われる確率は,

$$\frac{2}{6}\times\frac{1}{2}+\frac{4}{6}\times\frac{1}{3}=\frac{7}{18}\quad\cdots①$$

である.

(3)「1回目の操作で白球を取り出す」ことと「2回目の操作が白い袋で行われる」ことは同じである.

よって，1回目の操作で白球を取り出す確率 p は,

← 3の倍数以外の目は,
1, 2, 4, 5.

← 3の倍数の目は,
3, 6.

← 「2回目の操作が白い袋で行われる」という事象の余事象は,
「2回目の操作が赤い袋で行われる」
すなわち,
「1回目の操作で赤球が取り出される」
であるから，(1)の結果より,

$$1-\left(\frac{4}{9}+\frac{1}{6}\right)=\frac{7}{18}$$

として求めてもよい.

① より,

$$p=\frac{7}{18} \qquad \cdots ①'$$

である.

2 回目の操作で白球が取り出されるのは,

「1 回目の操作で白球を取り出し，2 回目の操作で白い袋から白球を取り出す

または

1 回目の操作で赤球を取り出し，2 回目の操作で赤い袋から白球を取り出す」

ときである.

← 「1 回目の操作で赤球を取り出す」という事象は,「1 回目の操作で白球を取り出す」という事象の余事象であるから，1 回目の操作で赤球を取り出す確率は,

$$1-p.$$

これより，2 回目の操作で白球が取り出される確率は,

$$p\times\frac{1}{2}+(1-p)\times\frac{1}{3}=\frac{\boxed{1}}{\boxed{6}}p+\frac{1}{3} \qquad \cdots ②$$

と表される.

よって，2 回目の操作で白球が取り出される確率は，①′ を ② に代入して,

$$\frac{1}{6}\cdot\frac{7}{18}+\frac{1}{3}=\frac{\boxed{43}}{\boxed{108}} \qquad \cdots ③$$

である.

2 回目の操作で白球を取り出す確率を q で表すと，③ より,

$$q=\frac{43}{108} \qquad \cdots ③'$$

である.

3 回目の操作で白球が取り出されるのは,

「2 回目の操作で白球を取り出し，3 回目の操作で白い袋から白球を取り出す

または

2 回目の操作で赤球を取り出し，3 回目の操作で赤い袋から白球を取り出す」

ときである.

← 「2 回目の操作で赤球を取り出す」という事象は,「2 回目の操作で白球を取り出す」という事象の余事象であるから，2 回目の操作で赤球を取り出す確率は,

$$1-q.$$

よって，3 回目の操作で白球が取り出される確率は,

$$q\times\frac{1}{2}+(1-q)\times\frac{1}{3}=\frac{1}{6}q+\frac{1}{3} \qquad \cdots ④$$

$$=\frac{1}{6}\cdot\frac{43}{108}+\frac{1}{3} \quad (③' \text{ より})$$

$$=\frac{\boxed{259}}{\boxed{648}} \qquad \cdots ④'$$

である．

(4)　2回目の操作で取り出した球が白球であったとき，その球を取り出した袋の色が白である条件付き確率は，

$$\frac{\left(\text{1回目の操作で白球を取り出し，2回目の操作で白い袋から白球を取り出す確率}\right)}{\text{(2回目の操作で白球が取り出される確率)}}$$

$$=\frac{p\times\frac{1}{2}}{\frac{1}{6}p+\frac{1}{3}} \quad (② より)$$

$$=\frac{\frac{7}{18}\cdot\frac{1}{2}}{\frac{43}{108}} \quad (①',\ ③ より)$$

$$=\frac{\boxed{21}}{\boxed{43}}$$

である．

3回目の操作で取り出した球が白球であったとき，はじめて白球が取り出されたのが3回目の操作である条件付き確率は，

$$\frac{\left(\text{1回目の操作で赤球を取り出し，2回目の操作で赤い袋から赤球を取り出し，3回目の操作で赤い袋から白球を取り出す確率}\right)}{\text{(3回目の操作で白球が取り出される確率)}}$$

$$=\frac{(1-p)\times\frac{2}{3}\times\frac{1}{3}}{\frac{1}{6}q+\frac{1}{3}} \quad (④ より)$$

$$=\frac{\frac{11}{18}\cdot\frac{2}{9}}{\frac{259}{648}} \quad (①',\ ④' より)$$

$$=\frac{\boxed{88}}{\boxed{259}}$$

である．

条件付き確率

事象 A が起こったときに事象 B が起こる条件付き確率 $P_A(B)$ は，

$$P_A(B)=\frac{P(A\cap B)}{P(A)}.$$

第4問　整数の性質

(1)　x, yは,

$$49x-23y=1 \quad \cdots ①$$

の解となる自然数である.

$$49=23\times 2+3, \quad \cdots ②$$
$$23=3\times 7+2, \quad \cdots ③$$
$$3=2\times 1+1. \quad \cdots ④$$

余りに注目して逆をたどっていくと,

$$\begin{aligned}1&=3-2\times 1 && (④より)\\ &=3-(23-3\times 7)\times 1 && (③より)\\ &=-23\times 1+3\times 8 &&\\ &=-23\times 1+(49-23\times 2)\times 8 && (②より)\\ &=49\times 8-23\times 17\end{aligned}$$

となるから,

$$49\times 8-23\times 17=1 \quad \cdots ⑤$$

である.

①−⑤より,

$$49(x-8)-23(y-17)=0$$

すなわち,

$$49(x-8)=23(y-17) \quad \cdots ⑥$$

と変形できる.

49と23は互いに素より, $x-8$ は23の倍数であるから,

$$x-8=23\ell \ (\ell は整数) \quad \cdots ⑦$$

と表せる. これを⑥に代入すると,

$$49\cdot 23\ell=23(y-17)$$

すなわち,

$$49\ell=y-17 \quad \cdots ⑧$$

となる.

よって, ①の整数解は, ⑦, ⑧より,

$$x=23\ell+8, \quad y=49\ell+17 \ (\ell は整数)$$

である.

①の解となる自然数x, yの中で, xの値が最小のものは, $\ell=0$ のときの解

$$x=\boxed{8}, \quad y=\boxed{17}$$

であり, すべての整数解は, kを整数として,

$$x=\boxed{23}k+8, \quad y=\boxed{49}k+17$$

と表せる.

(2)　49の倍数である自然数Aと23の倍数である自然数

⬅ xとyについての不定方程式

$$ax+by=c$$
$$(a,\ b,\ c は整数の定数)$$

の整数解は, 一組の解

$$(x,\ y)=(x_0,\ y_0)$$

を用いて,

$$a(x-x_0)=b(y_0-y)$$

と変形し, 次の性質を用いて求める.

aとbが互いに素であるとき,

$$\begin{cases}x-x_0 は b の倍数,\\ y_0-y は a の倍数\end{cases}$$

である.

⬅ $\begin{cases}x=23\cdot 0+8=8,\\ y=49\cdot 0+17=17.\end{cases}$

Bを

$$A=49x,\quad B=23y\quad (x,\ y\text{は自然数})$$

とおく．

・$|A-B|=1$ のとき．

$$A-B=1,\ -1$$

すなわち，

$$49x-23y=1,\ -1.$$

(i)　$49x-23y=1$ $(A-B=1)$ のとき．

Aが最小となる組$(A,\ B)$は，(1)の結果より，

$$(A,\ B)=(49\times8,\ 23\times17).$$

← $(A,\ B)=(392,\ 391)$.

(ii)　$49x-23y=-1$ $(A-B=-1)$ のとき．…⑨

⑨を満たす自然数x，yをまず求める．

⑤の両辺に-1を掛けて，

$$49\times(-8)-23\times(-17)=-1.\quad\cdots⑤'$$

⑨$-$⑤$'$より，

$$49(x+8)-23(y+17)=0$$

すなわち，

$$49(x+8)=23(y+17).$$

49と23は互いに素より，(1)と同様に考えると，⑨を満たす自然数x，yは，sを自然数として，

$$x+8=23s,\quad y+17=49s$$

すなわち，

$$x=23s-8,\quad y=49s-17$$

と表せる．

これより，xの値が最小となる組$(x,\ y)$は，$s=1$ のときの解

$$(x,\ y)=(15,\ 32).$$

よって，Aが最小となる組$(A,\ B)$は，

$$(A,\ B)=(49\times15,\ 23\times32).$$

← $(A,\ B)=(735,\ 736)$.

したがって，AとBの差の絶対値が1となる組$(A,\ B)$の中で，Aが最小になるのは，(i)，(ii)より，

$$(A,\ B)=\left(49\times\boxed{8},\ 23\times\boxed{17}\right)$$

である．

・$|A-B|=2$ のとき．

$$A-B=2,\ -2$$

すなわち，

$$49x-23y=2,\ -2.$$

(iii)　$49x-23y=2$ $(A-B=2)$ のとき．…⑩

⑩を満たす自然数x，yをまず求める．

⑤の両辺に2を掛けて，

$$49\times16-23\times34=2.\quad\cdots⑤''$$

⑩−⑤″より，

$$49(x-16)-23(y-34)=0$$

すなわち，

$$49(x-16)=23(y-34).$$

49と23は互いに素より，(1)と同様に考えると，⑩を満たす自然数 x, y は，t を0以上の整数として，

$$x-16=23t,\quad y-34=49t$$

すなわち，

$$x=23t+16,\quad y=49t+34$$

と表せる．

これより，x の値が最小となる組 (x, y) は，$t=0$ のときの解

$$(x, y)=(16, 34).$$

よって，A が最小となる組 (A, B) は，

$$(A, B)=(49\times16, 23\times34).$$

← $(A, B)=(784, 782)$.

(iv)　$49x-23y=-2$ $(A-B=-2)$ のとき．　…⑪

⑪を満たす自然数 x, y をまず求める．

⑤の両辺に -2 を掛けて，

$$49\times(-16)-23\times(-34)=-2.\quad\cdots⑤'''$$

⑪−⑤‴より，

$$49(x+16)-23(y+34)=0$$

すなわち，

$$49(x+16)=23(y+34).$$

49と23は互いに素より，(1)と同様に考えると，⑪を満たす自然数 x, y は，u を自然数として，

$$x+16=23u,\quad y+34=49u$$

すなわち，

$$x=23u-16,\quad y=49u-34$$

と表せる．

これより，x の値が最小となる組 (x, y) は，$u=1$ のときの解

$$(x, y)=(7, 15).$$

よって，A が最小となる組 (A, B) は，

$$(A, B)=(49\times7, 23\times15).$$

← $(A, B)=(343, 345)$.

したがって，A と B の差の絶対値が2となる組 (A, B) の中で，A が最小になるのは，(iii)，(iv)より，

$$(A, B)=\left(49\times\boxed{7}, 23\times\boxed{15}\right)$$

である．

(3)　連続する3つの自然数 a，$a+1$，$a+2$ において，

a と $a+1$ の最大公約数は1，

$a+1$ と $a+2$ の最大公約数は1

である．

a と $a+2$ の最大公約数を求める．

a と $a+2$ の最大公約数を g とおくと，a_1，a_2 を自然数として，

$$\begin{cases} a=ga_1 \\ a+2=ga_2 \end{cases}$$

と表せる．2式より，a を消去すると，

$$ga_1+2=ga_2$$

すなわち，

$$g(a_2-a_1)=2$$

と変形できる．

これより，g は2の正の約数であるから，

$$g=1,\ 2$$

である．

よって，a と $a+2$ の最大公約数は1または 2

である．

次に，条件「$a(a+1)(a+2)$ は m の倍数である」がすべての自然数 a で成り立つような自然数 m のうち，最大の m を求める．

a，$a+1$ のいずれか1つは2の倍数であるから，$a(a+1)$ は2の倍数である．また，a，$a+1$，$a+2$ のいずれか1つは3の倍数であるから，$a(a+1)(a+2)$ は3の倍数である．

よって，$a(a+1)(a+2)$ は2の倍数かつ3の倍数，すなわち，6の倍数である．

一方，$a=7p+1$（p は整数）のとき，$a(a+1)(a+2)$ は7の倍数ではないから，すべての自然数 a に対して，$a(a+1)(a+2)$ は7の倍数ではない．

したがって，条件がすべての自然数 a で成り立つような自然数 m のうち，最大のものは $m=$ 6 である．

(4)　6762を素因数分解すると，

$$6762=2\times 3 \times 7^{2} \times 23$$

← a と $a+1$ の最大公約数を g とおくと，a_1，a_2 を自然数として，

$$\begin{cases} a=ga_1, \\ a+1=ga_2 \end{cases}$$

と表せる．2式より，a を消去すると，

$$ga_1+1=ga_2$$

すなわち，

$$g(a_2-a_1)=1.$$

よって，g は1の正の約数であるから，

$$g=1.$$

$a+1$ と $a+2$ の最大公約数についても同様にして求めることができる．

← a が偶数のとき，

$a(a+1)$ は2の倍数．

a が奇数のとき，$a+1$ が偶数であるから，

$a(a+1)$ は2の倍数．

← a が3の倍数のとき，

$a(a+1)(a+2)$ は3の倍数．

a が3で割ると1余る数のとき，$a+2$ が3の倍数であるから，

$a(a+1)(a+2)$ は3の倍数．

a が3で割ると2余る数のとき，$a+1$ が3の倍数であるから，

$a(a+1)(a+2)$ は3の倍数．

← $a(a+1)(a+2)=(7p+1)(7p+2)(7p+3)$.

←
```
2)6762
3)3381
7)1127
7) 161
    23
```

である．

次に，$b(b+1)(b+2)$ が6762の倍数となる最小の自然数 b を求める．

$b(b+1)(b+2)=6762M$

$=(2\times3\times7^2\times23)\times M$（$M$ は整数）…⑫

とおく．

(3)より，b と $b+1$ の最大公約数は1，$b+1$ と $b+2$ の最大公約数は1，b と $b+2$ の最大公約数は1または2，さらに，すべての自然数 b で「$b(b+1)(b+2)$ は m の倍数である」が成り立つような最大の自然数 m は6であることと⑫より，b, $b+1$, $b+2$ のいずれかは 7^2 の倍数であり，その数を $A=49x$（x は自然数）とおき，また，b, $b+1$, $b+2$ のいずれかは23の倍数であり，その数を $B=23y$（y は自然数）とおく．

2つの数 A, B と3つの数 b, $b+1$, $b+2$ の組合せおよび b の値は(2)より次の表のようになる．

$A-B$	b	$b+1$	$b+2$	$(A,\ B)$	b
0	A, B			$(49\times23,\ 23\times49)$	1127
		A, B		$(49\times23,\ 23\times49)$	1126
			A, B	$(49\times23,\ 23\times49)$	1125
1	B	A		$(49\times8,\ 23\times17)$	391
		B	A	$(49\times8,\ 23\times17)$	390
-1	A	B		$(49\times15,\ 23\times32)$	735
		A	B	$(49\times15,\ 23\times32)$	734
2	B		A	$(49\times16,\ 23\times34)$	782
-2	A		B	$(49\times7,\ 23\times15)$	343

したがって，$b(b+1)(b+2)$ が6762の倍数となる最小の自然数 b は表より，$b=$ 343 である．

b, $b+1$, $b+2$ のうち，7の倍数が2つあることはない．

b, $b+1$, $b+2$ のうち，23の倍数が2つあることはない．

$b(b+1)(b+2)$ はつねに6の倍数，つまり，2の倍数かつ3の倍数であるから，b, $b+1$, $b+2$ のうち，どれが2の倍数なのかどれが3の倍数なのかを考えるよりも，b, $b+1$, $b+2$ のうち，どれが 7^2 の倍数なのか，どれが23の倍数なのかを考えた方が組合せが少なく，(2)が使える．

$A=B$ のとき，

$49x=23y.$

これを満たす自然数 x, y は，49と23は互いに素より，

$\begin{cases} x=23q, \\ y=49q \end{cases}$（$q$ は自然数）．

x の値が最小となる組 $(x,\ y)$ は $q=1$ のときの解

$(x,\ y)=(23,\ 49).$

よって，A が最小となる組 $(A,\ B)$ は，

$(A,\ B)=(49\times23,\ 23\times49).$

$b(b+1)(b+2)$

$=343\times344\times345$

$=7^3\times(2^3\times43)\times(3\times5\times23)$

$=(2\times3\times7^2\times23)\times(2^2\times5\times7\times43)$

$=(2\times3\times7^2\times23)\times M.$

第5問　図形の性質

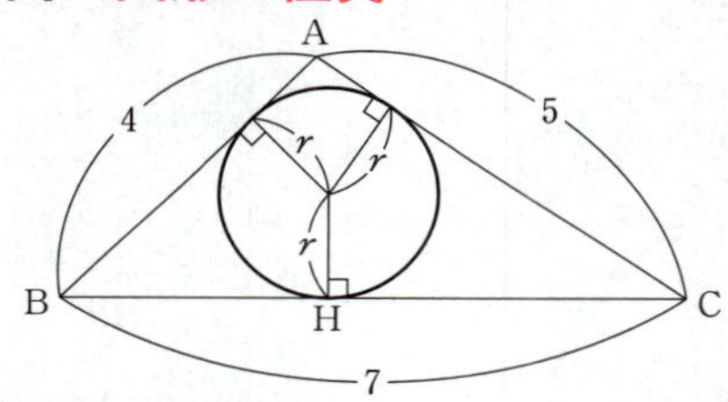

△ABC の内接円の半径を r とし，△ABC の面積に注目すると，

$$\frac{1}{2}r(7+5+4)=\frac{1}{2}\cdot 5\cdot 4\sin\angle\mathrm{BAC}$$

が成り立つから，

$$8r=4\sqrt{6}$$

すなわち，

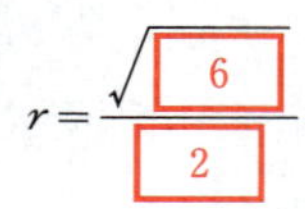

$$r=\frac{\sqrt{6}}{2}$$

である．

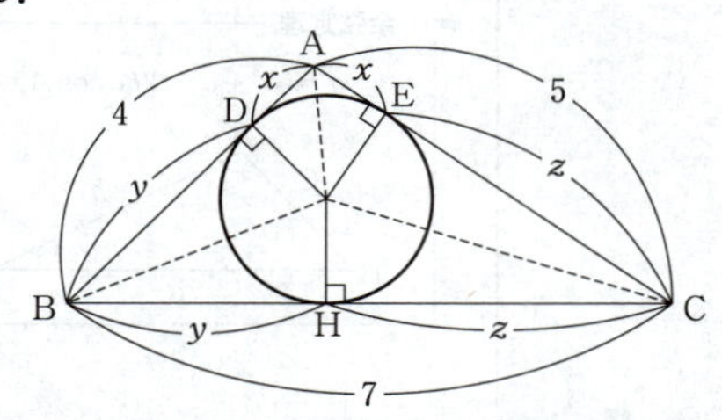

△ABC の内接円と辺 BC との接点を H とする．

辺 AB，辺 BC，辺 CA は △ABC の内接円に接するから，

$$\begin{cases}\mathrm{AD}=\mathrm{AE}=x,\\ \mathrm{BD}=\mathrm{BH}=y,\\ \mathrm{CE}=\mathrm{CH}=z\end{cases}$$

とおける．

このことと AB＝4，BC＝7，AC＝5 より，

$$\begin{cases}x+y=4, & \cdots ①\\ y+z=7, & \cdots ②\\ z+x=5 & \cdots ③\end{cases}$$

である．

$(①+②+③)\times\frac{1}{2}$ より，

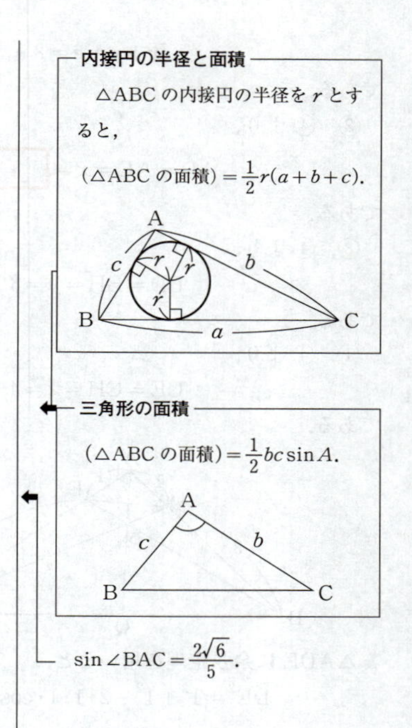

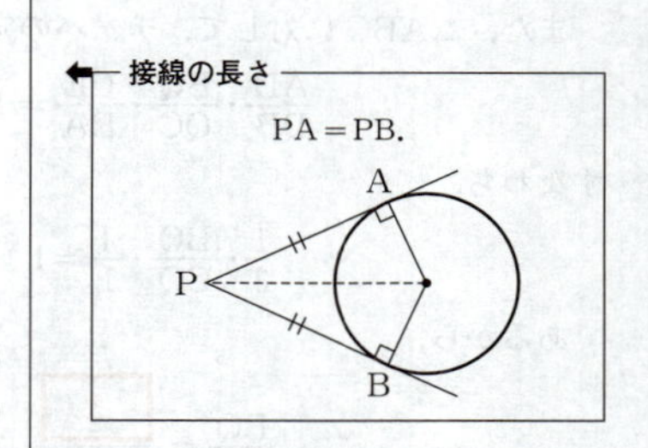

$$x+y+z=8 \quad \cdots ④$$

である．

②，④ より，

$$AD=AE=x=\boxed{1}$$

である．

③，④ より，

$$BD=BH=y=3 \quad \cdots ⑤$$

である．

①，④ より，

$$CE=CH=z=4$$

である．

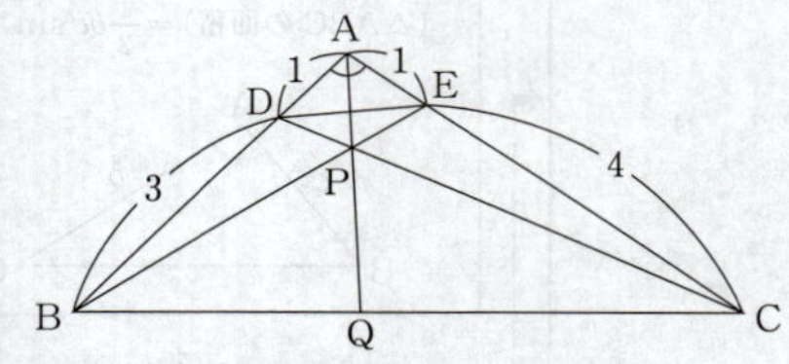

△ADE に余弦定理を用いると，

$$DE^2=1^2+1^2-2\cdot1\cdot1\cdot\cos\angle BAC$$
$$=2-2\left(-\frac{1}{5}\right)$$
$$=\frac{12}{5}$$

であるから，DE＞0 より，

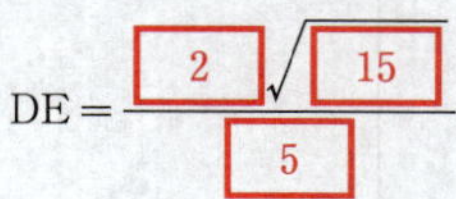
$$DE=\frac{\boxed{2}\sqrt{\boxed{15}}}{\boxed{5}}$$

である．

また，△ABC に対して，チェバの定理を用いると，

$$\frac{AD}{DB}\cdot\frac{BQ}{QC}\cdot\frac{CE}{EA}=1$$

すなわち，

$$\frac{1}{3}\cdot\frac{BQ}{CQ}\cdot\frac{4}{1}=1$$

であるから，

$$\frac{BQ}{CQ}=\frac{\boxed{3}}{\boxed{4}}$$

である．

これより，

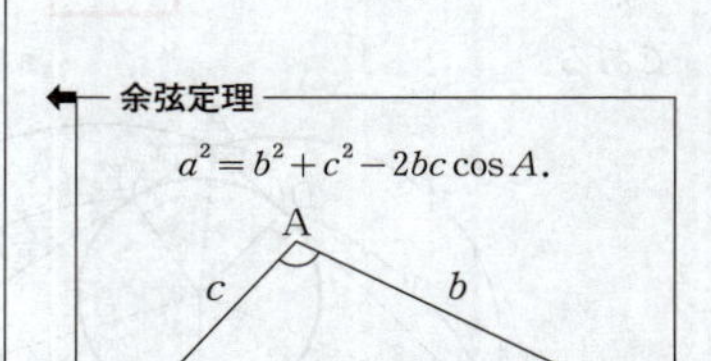

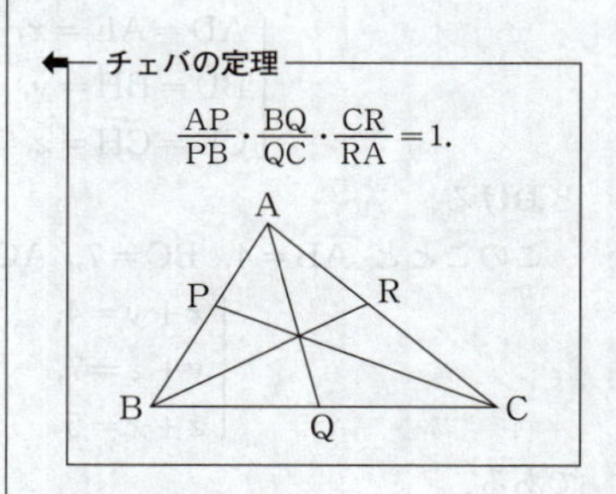

$$\mathrm{BQ}=\frac{\mathrm{BQ}}{\mathrm{BQ}+\mathrm{QC}}\mathrm{BC}$$

$$=\frac{3}{3+4}\cdot 7$$

$$=\boxed{3}$$

である．

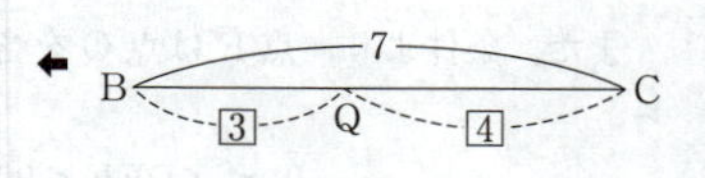

このことと ⑤ より，Q と H は一致するから，次図を得る．

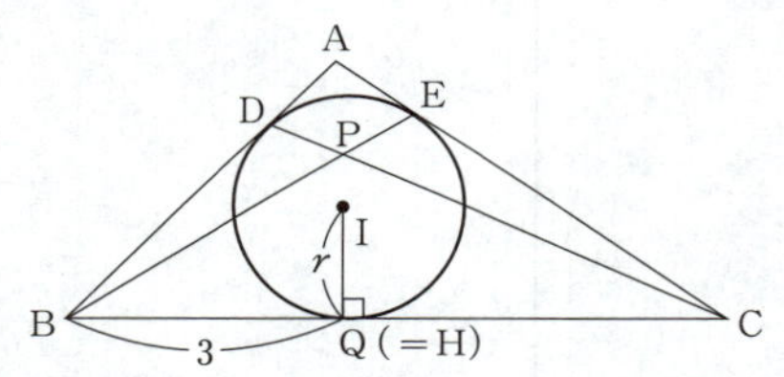

よって，線分 IQ は △ABC の内接円の半径となるから，

$$\mathrm{IQ}=r=\frac{\sqrt{\boxed{6}}}{\boxed{2}}$$

である．

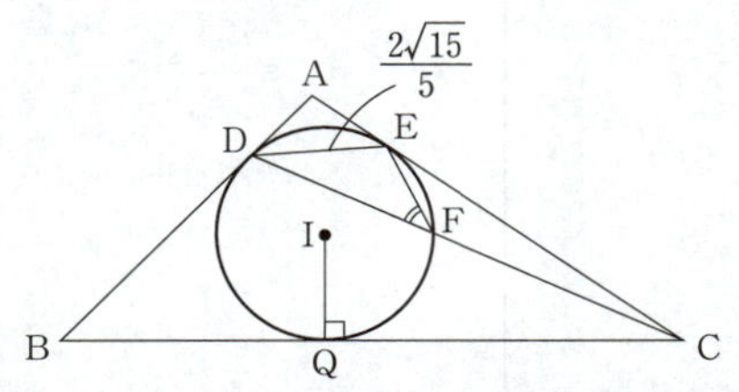

△DEF の外接円は，条件より △ABC の内接円であるから，△DEF に正弦定理を用いると，

$$2\mathrm{IQ}=\frac{\mathrm{DE}}{\sin\angle\mathrm{DFE}}$$

である．

よって，

$$\sin\angle\mathrm{DFE}=\frac{\mathrm{DE}}{2\mathrm{IQ}}$$

$$=\frac{\frac{2\sqrt{15}}{5}}{2\cdot\frac{\sqrt{6}}{2}}$$

$$=\frac{\sqrt{10}}{5}$$

である．

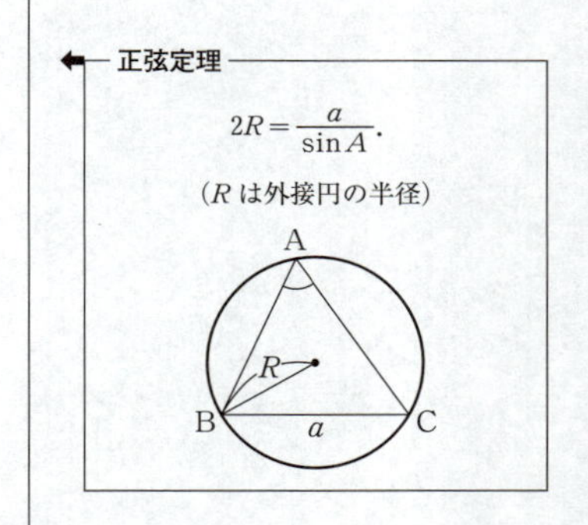

また，条件より，点 F は点 Q を含む弧 DE 上にあるから，

$$0^\circ < \angle DFE < 90^\circ$$

である．

よって，$\cos\angle DFE > 0$ より，

$$\cos\angle DFE = \sqrt{1-\sin^2\angle DFE}$$
$$= \sqrt{1-\left(\frac{\sqrt{10}}{5}\right)^2}$$
$$= \frac{\sqrt{\boxed{15}}}{\boxed{5}}$$

である．

← $0^\circ < \theta < 90^\circ$ のとき，
$\cos\theta = \sqrt{1-\sin^2\theta}$.

数学Ⅱ・数学B

解答・採点基準

(100点満点)

問題番号(配点)	解答記号	正解	配点	自己採点
第1問 (30)	アイ	-1	1	
	ウ$+\sqrt{}$エ	$2+\sqrt{3}$	2	
	$\dfrac{\cos 2\theta+\text{オ}}{\text{カ}}$	$\dfrac{\cos 2\theta+1}{2}$	2	
	キ，ク，ケ	2，2，1	3	
	コ，サ，シ	2，2，4	3	
	ス	3	2	
	$\dfrac{\pi}{\text{セ}}$，$\dfrac{\pi}{\text{ソ}}$	$\dfrac{\pi}{4}$，$\dfrac{\pi}{2}$	2	
	タ	②	2	
	チ	2	2	
	ツx＋テ	$2x+1$	2	
	t^2-トナ$t+$ニヌ	$t^2-11t+18$	2	
	ネ	0	1	
	ノ	9	1	
	ハ	2	1	
	$\log_3\dfrac{\text{ヒ}}{\text{フ}}$	$\log_3\dfrac{1}{2}$	2	
	$\log_3\dfrac{\text{ヘ}}{\text{ホ}}$	$\log_3\dfrac{3}{4}$	2	
第1問　自己採点小計				

問題番号(配点)	解答記号	正解	配点	自己採点
第2問 (30)	ア	0	1	
	イ	0	1	
	ウエ	-3	1	
	オ	1	2	
	カキ	-2	1	
	クケ	-2	2	
	$ka^{\text{コ}}$	ka^2	1	
	$\dfrac{\text{サ}}{\text{シ}}$	$\dfrac{a}{2}$	2	
	$\dfrac{k}{\text{ス}}a^{\text{セ}}$	$\dfrac{k}{3}a^3$	2	
	ソタ	12	2	
	$\dfrac{\text{チ}}{\text{ツ}}-$テ	$\dfrac{3}{a}-a$	3	
	ト$(b^2-$ナ$)x$	$3(b^2-1)x$	2	
	ニb^3	$2b^3$	1	
	$(x-$ヌ$)^2$	$(x-b)^2$	1	
	$x+$ネb	$x+2b$	2	
	$\dfrac{\text{ノハ}}{\text{ヒ}}$	$\dfrac{12}{5}$	3	
	$\dfrac{\text{フ}}{\text{ヘホ}}$	$\dfrac{3}{25}$	3	
第2問　自己採点小計				
第3問 (20)	アイ	15	2	
	ウ	2	2	
	エ，オ，カ	4，①，1	2	
	キ，ク，ケ，コ，サ	4，①，3，4，3	3	
	シス	-5	1	
	セT_n＋ソn＋タ	$4T_n+3n+3$	3	
	チb_n＋ツ	$4b_n+6$	2	
	テト，ナ，ニ	-3，⓪，2	2	
	ヌ，ネ，ノ，ハ，ヒ	$-$，9，8，8，3	3	
第3問　自己採点小計				

問題番号(配点)	解答記号	正解	配点	自己採点
第4問 (20)	アイ°	90°	1	
	$\frac{\sqrt{ウ}}{エ}$	$\frac{\sqrt{5}}{2}$	1	
	オカ	−1	1	
	$\sqrt{キ}$	$\sqrt{2}$	1	
	$\sqrt{ク}$	$\sqrt{2}$	1	
	ケコサ°	120°	1	
	シス°	60°	1	
	セ	2	1	
	$\vec{a}-ソ\vec{b}+タ\vec{c}$	$\vec{a}-2\vec{b}+2\vec{c}$	1	
	$\frac{チ\sqrt{ツ}}{テ}$	$\frac{3\sqrt{3}}{2}$	2	
	ト	0	1	
	ナ，$\frac{ニ}{ヌ}$	1，$\frac{3}{5}$	2	
	$\frac{\sqrt{ネ}}{ノ}$	$\frac{\sqrt{5}}{5}$	2	
	$\frac{ハ}{ヒ}$	$\frac{1}{6}$	1	
	フ	3	1	
	$\frac{\sqrt{ヘ}}{ホ}$	$\frac{\sqrt{3}}{3}$	2	
第4問　自己採点小計				
第5問 (20)	アイ	74	2	
	-7×10^{ウ}	-7×10^{3}	2	
	$5^{エ}\times10^{オ}$	$5^{2}\times10^{6}$	2	
	カ.キ	1.4	2	
	0.クケ	0.08	2	
	コ.サ	4.0	2	
	$\sqrt{シ.ス}$	$\sqrt{3.7}$	2	
	セ.ソ	0.6	2	
	0.タチ	0.90	2	
	ツ	②	2	
第5問　自己採点小計				
自己採点合計				

(注)

第1問，第2問は必答。

第3問～第5問のうちから2問選択。計4問を解答。

第1問　三角関数，指数関数・対数関数

〔1〕 $f(\theta)=3\sin^2\theta+4\sin\theta\cos\theta-\cos^2\theta$.

(1)
$$f(0)=3\cdot0+4\cdot0\cdot1-1^2$$
$$=\boxed{-1}$$

← $\sin 0=0,\ \cos 0=1.$

$$f\left(\frac{\pi}{3}\right)=3\left(\frac{\sqrt{3}}{2}\right)^2+4\cdot\frac{\sqrt{3}}{2}\cdot\frac{1}{2}-\left(\frac{1}{2}\right)^2$$
$$=\boxed{2}+\sqrt{\boxed{3}}$$

← $\sin\frac{\pi}{3}=\frac{\sqrt{3}}{2},\ \cos\frac{\pi}{3}=\frac{1}{2}.$

である．

(2) 2倍角の公式
$$\cos 2\theta=2\cos^2\theta-1$$
を用いて計算すると
$$\cos^2\theta=\frac{\cos 2\theta+\boxed{1}}{\boxed{2}}$$
となる．さらに，$\sin 2\theta$，$\cos 2\theta$ を用いて $f(\theta)$ を表すと

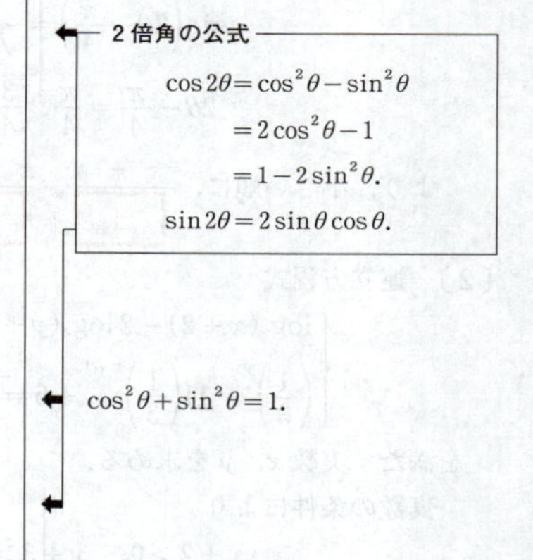

$$f(\theta)=3\sin^2\theta+4\sin\theta\cos\theta-\cos^2\theta$$
$$=3(1-\cos^2\theta)+4\sin\theta\cos\theta-\cos^2\theta$$
$$=3+2\cdot2\sin\theta\cos\theta-4\cos^2\theta$$
$$=3+2\sin 2\theta-4\cdot\frac{\cos 2\theta+1}{2}$$
$$=\boxed{2}\sin 2\theta-\boxed{2}\cos 2\theta+\boxed{1}\quad\cdots①$$
となる．

(3) θ が $0\leqq\theta\leqq\pi$ の範囲を動くとき，関数 $f(\theta)$ のとり得る最大の整数の値 m とそのときの θ の値を求める．

三角関数の合成を用いると，① は
$$f(\theta)=\boxed{2}\sqrt{\boxed{2}}\sin\left(2\theta-\frac{\pi}{\boxed{4}}\right)+1$$
と変形できる．θ が
$$0\leqq\theta\leqq\pi$$
の範囲を動くとき，$2\theta-\frac{\pi}{4}$ は
$$-\frac{\pi}{4}\leqq 2\theta-\frac{\pi}{4}\leqq 2\pi-\frac{\pi}{4}$$
の範囲を動くから，$\sin\left(2\theta-\frac{\pi}{4}\right)$ は
$$-1\leqq\sin\left(2\theta-\frac{\pi}{4}\right)\leqq 1$$

← 三角関数の合成

$(a,\ b)\neq(0,\ 0)$ のとき
$$a\sin\theta+b\cos\theta=\sqrt{a^2+b^2}\sin(\theta+\alpha).$$
ただし，
$$\cos\alpha=\frac{a}{\sqrt{a^2+b^2}},\ \sin\alpha=\frac{b}{\sqrt{a^2+b^2}}.$$

の範囲を動く．よって，関数 $f(\theta)$ のとり得る値の範囲は

$$-2\sqrt{2}+1 \leqq f(\theta) \leqq 2\sqrt{2}+1$$

である．したがって，$m=$ 3 である．

$-2=-2\cdot\frac{3}{2}+1<-2\sqrt{2}+1<-2\cdot1+1=-1.$

$3=2\cdot1+1<2\sqrt{2}+1<2\cdot\frac{3}{2}+1=4.$

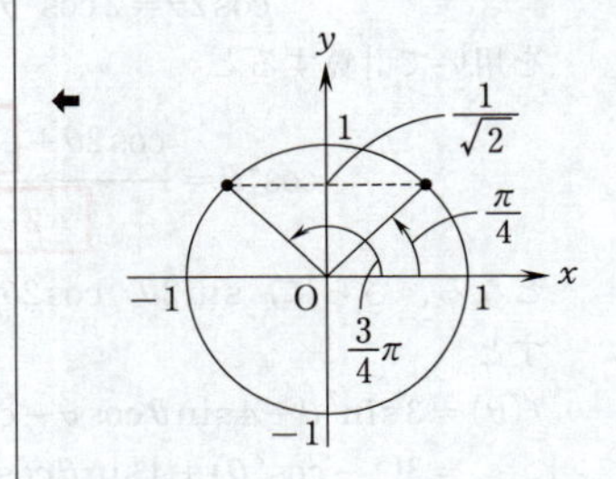

また，$0 \leqq \theta \leqq \pi$ において

$$f(\theta)=3$$

となる θ の値は

$$2\sqrt{2}\sin\left(2\theta-\frac{\pi}{4}\right)+1=3$$

$$\sin\left(2\theta-\frac{\pi}{4}\right)=\frac{1}{\sqrt{2}}$$

$$2\theta-\frac{\pi}{4}=\frac{\pi}{4},\ \frac{3}{4}\pi$$

より，小さい順に，$\frac{\pi}{4}$，$\frac{\pi}{2}$ である．

〔2〕 連立方程式

$$\begin{cases} \log_2(x+2)-2\log_4(y+3)=-1 & \cdots ② \\ \left(\frac{1}{3}\right)^y-11\left(\frac{1}{3}\right)^{x+1}+6=0 & \cdots ③ \end{cases}$$

を満たす実数 x，y を求める．

真数の条件により

$$x+2>0, \quad y+3>0$$

であるから，x，y のとり得る値の範囲は

$$x>-2, \quad y>-3$$

である．よって，タ に当てはまるものは ② である．

底の変換公式により

$$\log_4(y+3)=\frac{\log_2(y+3)}{\log_2 4}=\frac{\log_2(y+3)}{2}$$

である．よって，② から

$$\log_2(x+2)-2\cdot\frac{\log_2(y+3)}{2}=-\log_2 2$$

$$\log_2(x+2)+\log_2 2=\log_2(y+3)$$

$$\log_2 2(x+2)=\log_2(y+3)$$

$$2(x+2)=y+3$$

$$y=2x+1 \quad \cdots ④$$

が得られる．

次に，$t=\left(\frac{1}{3}\right)^x$ とおき，④ を用いて ③ を t の方程

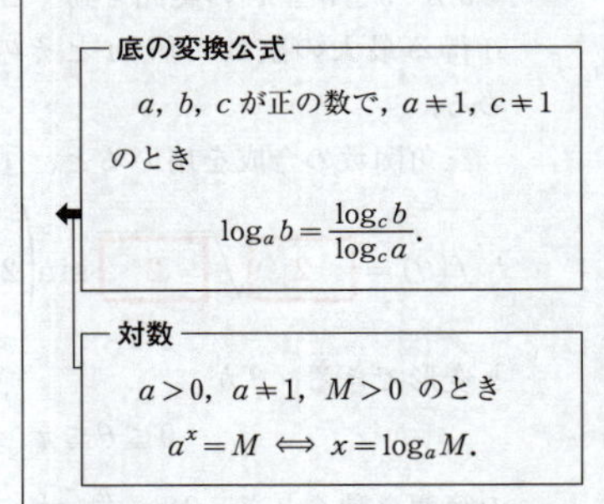

底の変換公式

a，b，c が正の数で，$a \neq 1$，$c \neq 1$ のとき

$$\log_a b=\frac{\log_c b}{\log_c a}.$$

対数

$a>0$，$a \neq 1$，$M>0$ のとき

$$a^x=M \iff x=\log_a M.$$

$a>0$，$a \neq 1$，$M>0$，$N>0$ のとき

$$\log_a M+\log_a N=\log_a MN.$$

式に書き直すと

$$\left(\frac{1}{3}\right)^{2x+1}-11\left(\frac{1}{3}\right)^{x+1}+6=0$$

$$\left\{\left(\frac{1}{3}\right)^{x}\right\}^{2}\cdot\frac{1}{3}-11\left(\frac{1}{3}\right)^{x}\cdot\frac{1}{3}+6=0$$

$$\frac{1}{3}t^{2}-\frac{11}{3}t+6=0$$

$$t^{2}-\boxed{11}\,t+\boxed{18}=0 \qquad \cdots ⑤$$

が得られる．また，x が $x>-2$ の範囲を動くとき，t のとり得る値の範囲は

$$0<t<\left(\frac{1}{3}\right)^{-2}$$

すなわち

$$\boxed{0}<t<\boxed{9} \qquad \cdots ⑥$$

である．

⑥ の範囲で方程式 ⑤ を解くと

$$(t-2)(t-9)=0$$

より

$$t=\boxed{2}$$

すなわち

$$\left(\frac{1}{3}\right)^{x}=2$$

となる．3 を底とする両辺の対数をとると

$$\log_3\left(\frac{1}{3}\right)^{x}=\log_3 2$$

$$x\log_3\frac{1}{3}=\log_3 2$$

$$x\log_3 3^{-1}=\log_3 2$$

$$-x=\log_3 2$$

$$x=-\log_3 2$$

$$x=\log_3 2^{-1}$$

$$x=\log_3\frac{1}{2}$$

を得る．これを ④ に代入すると

$$y=2\log_3\frac{1}{2}+1$$

$$=\log_3\left(\frac{1}{2}\right)^{2}+\log_3 3$$

$$=\log_3\left(\frac{1}{2}\right)^{2}\cdot 3$$

← $a>0$，x，y が実数のとき

$$a^{x+y}=a^{x}a^{y},$$

$$(a^{x})^{y}=a^{xy}.$$

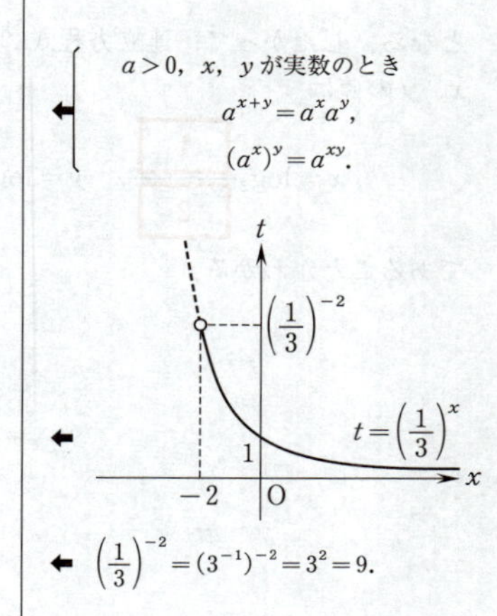

← $\left(\frac{1}{3}\right)^{-2}=(3^{-1})^{-2}=3^{2}=9.$

← $a>0$，$a\neq 1$，$p>0$ で，x が実数のとき

$$\log_a p^{x}=x\log_a p.$$

$$=\log_3\frac{3}{4}$$

となる．したがって，連立方程式 ②，③ を満たす実数 x，y の値は

$$x=\log_3\frac{\boxed{1}}{\boxed{2}},\quad y=\log_3\frac{\boxed{3}}{\boxed{4}}$$

であることがわかる．

第2問　微分法・積分法

p, q は実数．関数 $f(x)=x^3+px^2+qx$ は $x=-1$ で極値2をとる．

$C:y=f(x)$, $D:y=-kx^2$.

D 上の点 $(a, -ka^2)$ が A．$k>0$, $a>0$.

$$f'(x)=3x^2+2px+q.$$

導関数

$(x^n)'=nx^{n-1}$ $(n=1, 2, 3, \cdots)$,

$(c)'=0$ (c は定数)．

(1)　関数 $f(x)$ が $x=-1$ で極値をとるので

$$f'(-1)=\boxed{0}$$

すなわち

$$3-2p+q=0$$

であることが必要．これと

$$f(-1)=2$$

← $f(x)$ は $x=-1$ で極値2をとる．

すなわち

$$p-q-3=0$$

より

$$p=0,\quad q=-3$$

である．このとき

$$f(x)=x^3-3x$$

$$f'(x)=3x^2-3=3(x+1)(x-1)$$

となるから，$f(x)$ の増減は次の表のようになる．

x	$\cdots$	-1	$\cdots$	1	$\cdots$
$f'(x)$	$+$	0	$-$	0	$+$
$f(x)$	↗	2	↘	-2	↗

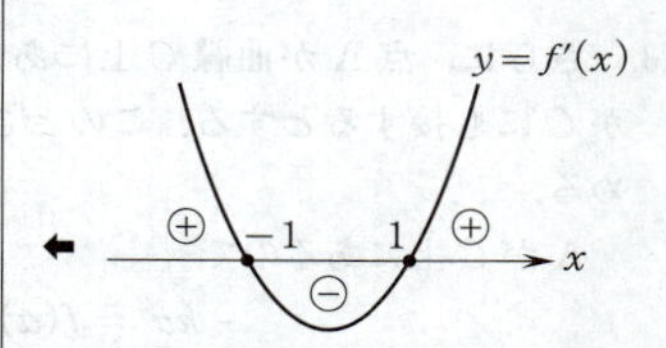

$y=f'(x)$ のグラフを描くと $f'(x)$ の符号の変化がわかりやすい．

よって，$p=\boxed{0}$，$q=\boxed{-3}$ であり，

$x=\boxed{1}$ で極小値 $\boxed{-2}$ をとる．

(2)　点Aにおける放物線 D の接線を ℓ とする．D と ℓ および x 軸で囲まれた図形の面積 S を a と k を用いて表す．

$$D:y=-kx^2$$

より

$$y'=-2kx$$

であるから，ℓ の方程式は

$$y=-2ka(x-a)-ka^2$$

接線の方程式

曲線 $y=f(x)$ 上の点 $(t, f(t))$ における接線の方程式は

$$y-f(t)=f'(t)(x-t).$$

すなわち

$$y=\boxed{-2}kax+ka^{\boxed{2}} \qquad \cdots①$$

と表せる．① において $y=0$ とすることにより，ℓ と

x 軸の交点の x 座標は $\dfrac{a}{2}$ であり，D と x 軸およ

び直線 $x=a$ で囲まれた図形の面積は

$$-\int_0^a(-kx^2)\,dx=\left[\frac{1}{3}kx^3\right]_0^a=\frac{k}{3}a^3$$

である．よって

$$S=\frac{k}{3}a^3-\frac{1}{2}\left(a-\frac{a}{2}\right)ka^2=\frac{k}{12}a^3$$

である．

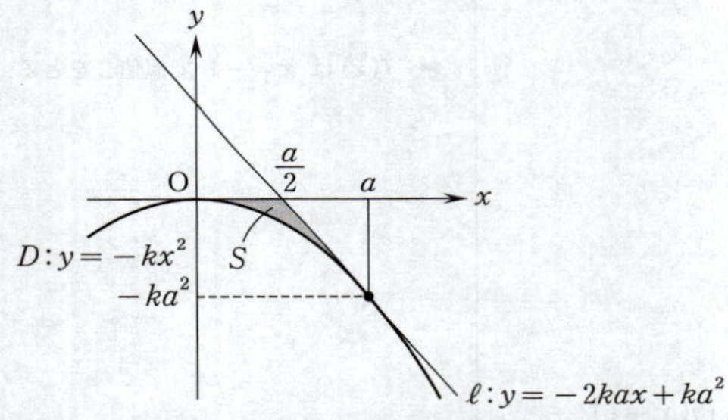

(3)　さらに，点Aが曲線 C 上にあり，かつ(2)の接線 ℓ が C にも接するとする．このときの(2)の S の値を求める．

Aが C 上にあるので

$$-ka^2=f(a)$$
$$-ka^2=a^3-3a$$
$$k=\frac{3}{a}-a$$

である．ℓ と C の接点の x 座標を b とすると，ℓ の方程式は b を用いて

$$y=f'(b)(x-b)+f(b)$$
$$y=3(b^2-1)(x-b)+b^3-3b$$
$$y=3(b^2-1)x-2b^3 \quad \cdots ②$$

と表される．② の右辺を $g(x)$ とおくと

$$\begin{aligned}f(x)-g(x)&=(x^3-3x)-\{3(b^2-1)x-2b^3\}\\&=x^3-3b^2x+2b^3\\&=(x-b)^2(x+2b)\end{aligned}$$

と因数分解されるので，$a=-2b$ となる．① と ② の表す直線の傾きを比較すると

面積

区間 $\alpha\leqq x\leqq\beta$ においてつねに $g(x)\leqq f(x)$ ならば2曲線 $y=f(x)$，$y=g(x)$ および直線 $x=\alpha$，$x=\beta$ で囲まれた部分の面積は

$$\int_\alpha^\beta\{f(x)-g(x)\}\,dx.$$

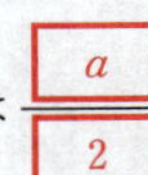

定積分

$$\int x^n\,dx=\frac{1}{n+1}x^{n+1}+C$$

(ただし $n=0,\ 1,\ 2,\ \cdots$，C は積分定数)

であり，$f(x)$ の原始関数の一つを $F(x)$ とすると

$$\int_\alpha^\beta f(x)\,dx=\Big[F(x)\Big]_\alpha^\beta=F(\beta)-F(\alpha).$$

$$-2ka = 3(b^2-1)$$

$$-2\left(\frac{3}{a}-a\right)a = 3\left\{\left(-\frac{a}{2}\right)^2-1\right\}$$

⬅ $k=\frac{3}{a}-a,\ a=-2b.$

$$a^2 = \frac{\boxed{12}}{\boxed{5}}$$

である．したがって，求める S の値は

$$S = \frac{k}{12}a^3$$

$$= \frac{1}{12}\left(\frac{3}{a}-a\right)a^3$$

$$= \frac{1}{12}(3-a^2)a^2$$

$$= \frac{1}{12}\left(3-\frac{12}{5}\right)\cdot\frac{12}{5}$$

$$= \frac{\boxed{3}}{\boxed{25}}$$

である．

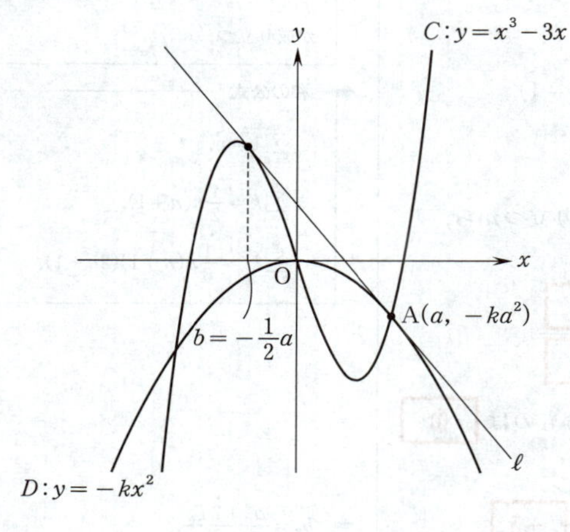

第3問　数列

初項が3，公比が4の等比数列の初項から第 n 項までの和が S_n．

初項が -1 であり，階差数列が $\{S_n\}$ であるような数列が $\{T_n\}$．

(1)
$$S_2=3+3\cdot 4=\boxed{15}$$
$$T_2=T_1+S_1=-1+3=\boxed{2}$$
である．

(2)　$\{S_n\}$ の一般項は
$$S_n=\frac{3(4^n-1)}{4-1}=\boxed{4}^n-\boxed{1}$$
である．よって，オ に当てはまるものは ① である．

$n\geqq 2$ のとき
$$T_n=T_1+\sum_{k=1}^{n-1}S_k$$
$$=-1+\sum_{k=1}^{n-1}(4^k-1)$$
$$=-1+\frac{4(4^{n-1}-1)}{4-1}-(n-1)$$
$$=\frac{4^n}{3}-n-\frac{4}{3}$$
であり，この結果は $n=1$ のときも成り立つから，$\{T_n\}$ の一般項は
$$T_n=\frac{\boxed{4}^n}{\boxed{3}}-n-\frac{\boxed{4}}{\boxed{3}}$$
である．よって，ク に当てはまるものは ① である．

(3)
$$b_1=\frac{a_1+2T_1}{1}=\frac{-3+2(-1)}{1}=\boxed{-5}$$
である．
$$T_{n+1}=\frac{4^{n+1}}{3}-(n+1)-\frac{4}{3}$$
$$=4\left(\frac{4^n}{3}-n-\frac{4}{3}\right)+3n+3$$
$$=4T_n+3n+3\quad(n=1,\ 2,\ 3,\ \cdots)$$
より，$\{T_n\}$ は漸化式

等比数列の一般項

初項を a，公比を r とする等比数列 $\{a_n\}$ の一般項は

$a_n=ar^{n-1}$ $(n=1,\ 2,\ 3,\ \cdots)$．

等比数列の和

初項 a，公比 r，項数 n の等比数列の和は，$r\neq 1$ のとき

$$\frac{a(r^n-1)}{r-1}.$$

階差数列

数列 $\{a_n\}$ に対して

$b_n=a_{n+1}-a_n$ $(n=1,\ 2,\ 3,\ \cdots)$

で定められる数列 $\{b_n\}$ を $\{a_n\}$ の階差数列という．

$$a_n=a_1+\sum_{k=1}^{n-1}b_k\ (n\geqq 2)$$

が成り立つ．

和の公式

$$\sum_{k=1}^{n}1=n,$$
$$\sum_{k=1}^{n}k=\frac{1}{2}n(n+1),$$
$$\sum_{k=1}^{n}k^2=\frac{1}{6}n(n+1)(2n+1).$$

← $b_n=\dfrac{a_n+2T_n}{n}$.

$$T_{n+1}=\boxed{4}T_n+\boxed{3}n+\boxed{3}$$
$$(n=1,\ 2,\ 3,\ \cdots)$$

を満たす．これと

$$na_{n+1}=4(n+1)a_n+8T_n\quad(n=1,\ 2,\ 3,\ \cdots)$$

より

$$\begin{aligned}b_{n+1}&=\frac{a_{n+1}+2T_{n+1}}{n+1}\\&=\frac{\frac{1}{n}\{4(n+1)a_n+8T_n\}+2(4T_n+3n+3)}{n+1}\\&=4\cdot\frac{a_n+2T_n}{n}+6\\&=4b_n+6\quad(n=1,\ 2,\ 3,\ \cdots)\end{aligned}$$

← $b_n=\dfrac{a_n+2T_n}{n}$.

が成り立つ．よって，$\{b_n\}$ は漸化式

$$b_{n+1}=\boxed{4}b_n+\boxed{6}\quad(n=1,\ 2,\ 3,\ \cdots)$$

を満たすことがわかる．これは

$$b_{n+1}+2=4(b_n+2)\quad(n=1,\ 2,\ 3,\ \cdots)$$

と変形できる．数列 $\{b_n+2\}$ は初項

$$b_1+2=-5+2=-3$$

公比 4 の等比数列であるから，一般項は

$$b_n+2=-3\cdot4^{n-1}$$

である．よって，$\{b_n\}$ の一般項は

$$b_n=\boxed{-3}\cdot4^{n-1}-\boxed{2}$$

← 漸化式
$$b_{n+1}=pb_n+q\quad(n=1,\ 2,\ 3,\ \cdots)$$
$(p,\ q$ は定数，$p\neq0,\ 1)$
は
$$\alpha=p\alpha+q$$
を満たす α を用いて
$$b_{n+1}-\alpha=p(b_n-\alpha)$$
と変形できる．

である．したがって，$\boxed{ナ}$ に当てはまるものは $\boxed{⓪}$ である．

以上より，$\{a_n\}$ の一般項は

$$\begin{aligned}a_n&=nb_n-2T_n\\&=n(-3\cdot4^{n-1}-2)-2\left(\frac{4^n}{3}-n-\frac{4}{3}\right)\\&=\frac{\boxed{-}(\boxed{9}n+\boxed{8})4^{n-1}+\boxed{8}}{\boxed{3}}\end{aligned}$$

← $b_n=\dfrac{a_n+2T_n}{n}$.

である．

第4問　空間ベクトル

四角錐 OABCD は四角形 ABCD を底面とする．

四角形 ABCD は辺 AD と辺 BC が平行で，AB＝CD，∠ABC＝∠BCD を満たす．

$$\overrightarrow{\mathrm{OA}}=\vec{a},\quad \overrightarrow{\mathrm{OB}}=\vec{b},\quad \overrightarrow{\mathrm{OC}}=\vec{c}$$

$$|\vec{a}|=1,\quad |\vec{b}|=\sqrt{3},\quad |\vec{c}|=\sqrt{5}$$

$$\vec{a}\cdot\vec{b}=1,\quad \vec{b}\cdot\vec{c}=3,\quad \vec{a}\cdot\vec{c}=0.$$

(1)
$$\vec{a}\cdot\vec{c}=|\vec{a}||\vec{c}|\cos\angle\mathrm{AOC}=0$$

より，∠AOC＝ 90 ° であるから，三角形 OAC の面積は

$$\frac{1}{2}|\vec{a}||\vec{c}|=\frac{1}{2}\cdot1\cdot\sqrt{5}=\frac{\sqrt{5}}{2}$$

である．

(2) $\overrightarrow{\mathrm{BA}}\cdot\overrightarrow{\mathrm{BC}}=(\vec{a}-\vec{b})\cdot(\vec{c}-\vec{b})$

$$=\vec{a}\cdot\vec{c}-\vec{a}\cdot\vec{b}-\vec{b}\cdot\vec{c}+|\vec{b}|^2$$
$$=0-1-3+3$$
$$=-1$$

である．

$$|\overrightarrow{\mathrm{BA}}|^2=|\vec{a}-\vec{b}|^2$$
$$=|\vec{a}|^2-2\vec{a}\cdot\vec{b}+|\vec{b}|^2$$
$$=1-2+3$$
$$=2$$

より

$$|\overrightarrow{\mathrm{BA}}|=\sqrt{2}$$

である．

$$|\overrightarrow{\mathrm{BC}}|^2=|\vec{c}-\vec{b}|^2$$
$$=|\vec{c}|^2-2\vec{c}\cdot\vec{b}+|\vec{b}|^2$$
$$=5-2\cdot3+3$$
$$=2$$

より

$$|\overrightarrow{\mathrm{BC}}|=\sqrt{2}$$

である．以上より

$$\overrightarrow{\mathrm{BA}}\cdot\overrightarrow{\mathrm{BC}}=-1$$

すなわち

内積

$\vec{0}$ でない2つのベクトル $\vec{a}$ と $\vec{b}$ のなす角を θ $(0°\leqq\theta\leqq180°)$ とすると

$$\vec{a}\cdot\vec{b}=|\vec{a}||\vec{b}|\cos\theta.$$

特に

$$\vec{a}\cdot\vec{a}=|\vec{a}||\vec{a}|\cos0°=|\vec{a}|^2.$$

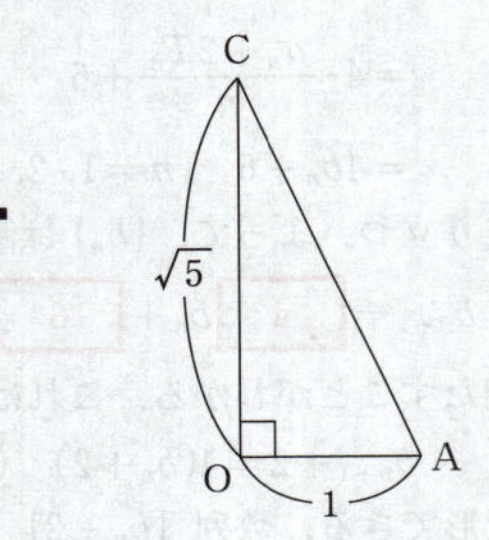

$$\left|\overrightarrow{BA}\right|\left|\overrightarrow{BC}\right|\cos\angle ABC=-1$$

は

$$\cos\angle ABC=-\frac{1}{2}$$

と変形できるから，$\angle ABC=$ 120 $^\circ$ である．さらに，辺ADと辺BCが平行であるから，

$\angle BAD=\angle ADC=$ 60 $^\circ$ である．よって，右図のように $\overrightarrow{AD}=$ 2 $\overrightarrow{BC}$ であり，これより

$$\overrightarrow{OD}-\vec{a}=2(\vec{c}-\vec{b})$$

$$\overrightarrow{OD}=\vec{a}-\boxed{2}\,\vec{b}+\boxed{2}\,\vec{c}$$

と表される．また，四角形ABCDの面積は

$$\frac{1}{2}(\sqrt{2}+2\sqrt{2})\cdot\frac{\sqrt{3}}{2}\cdot\sqrt{2}=\frac{\boxed{3}\sqrt{\boxed{3}}}{\boxed{2}}$$

である．

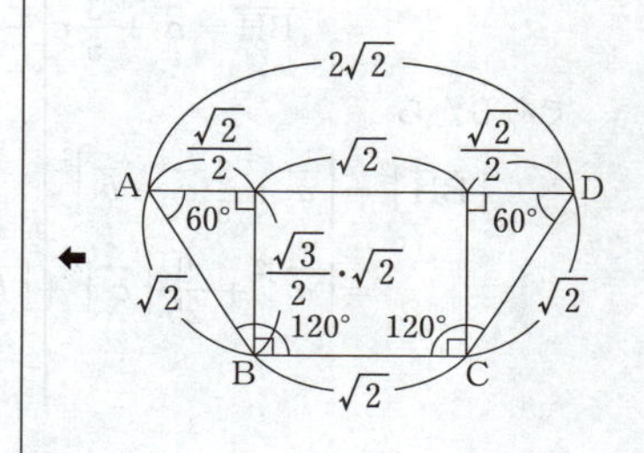

(3)　三角形OACを底面とする三角錐BOACの体積 V を求める．

3点O，A，Cの定める平面 α 上に，点Hを $\overrightarrow{BH}\perp\vec{a}$ と $\overrightarrow{BH}\perp\vec{c}$ が成り立つようにとると，$\left|\overrightarrow{BH}\right|$ は三角錐BOACの高さである．Hは α 上の点であるから，実数 s，t を用いて $\overrightarrow{OH}=s\vec{a}+t\vec{c}$ の形に表される．

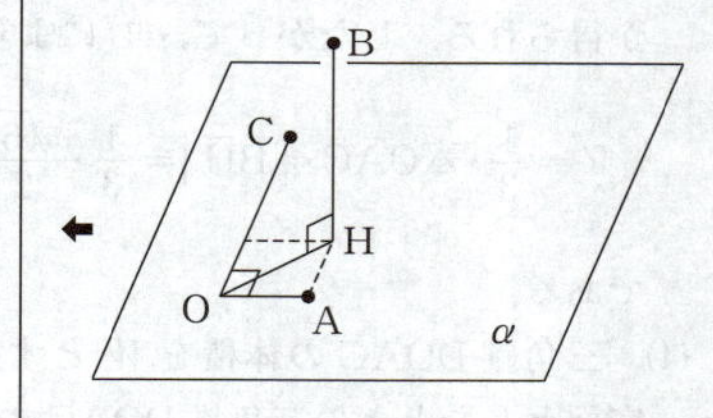

$$\overrightarrow{BH}\cdot\vec{a}=\boxed{0}$$

により

$$(\overrightarrow{OH}-\vec{b})\cdot\vec{a}=0$$

$$(s\vec{a}+t\vec{c}-\vec{b})\cdot\vec{a}=0$$

$$s\left|\vec{a}\right|^2+t\vec{c}\cdot\vec{a}-\vec{b}\cdot\vec{a}=0$$

$$s-1=0$$

$$s=\boxed{1}$$

である．

← $\overrightarrow{BH}=s\vec{a}+t\vec{c}-\vec{b}$.

$$\overrightarrow{BH}\cdot\vec{c}=0$$

により

$$(\overrightarrow{OH}-\vec{b})\cdot\vec{c}=0$$

$$(s\vec{a}+t\vec{c}-\vec{b})\cdot\vec{c}=0$$

$$s\vec{a}\cdot\vec{c}+t\left|\vec{c}\right|^2-\vec{b}\cdot\vec{c}=0$$

$$5t-3=0$$

$$t=\frac{\boxed{3}}{\boxed{5}}$$

である．以上より

$$\overrightarrow{\mathrm{BH}}=\vec{a}+\frac{3}{5}\vec{c}-\vec{b}$$

であるから

$$\left|\overrightarrow{\mathrm{BH}}\right|^2=\left|\vec{a}+\frac{3}{5}\vec{c}-\vec{b}\right|^2$$

$$=|\vec{a}|^2+\frac{9}{25}|\vec{c}|^2+|\vec{b}|^2+\frac{6}{5}\vec{a}\cdot\vec{c}$$

$$-\frac{6}{5}\vec{c}\cdot\vec{b}-2\vec{b}\cdot\vec{a}$$

$$=1+\frac{9}{25}\cdot5+3-\frac{6}{5}\cdot3-2\cdot1$$

$$=\frac{1}{5}$$

である．よって

$$\left|\overrightarrow{\mathrm{BH}}\right|=\frac{\sqrt{\boxed{5}}}{\boxed{5}}$$

が得られる．したがって，(1)により

$$V=\frac{1}{3}\cdot\triangle\mathrm{OAC}\cdot\left|\overrightarrow{\mathrm{BH}}\right|=\frac{1}{3}\cdot\frac{\sqrt{5}}{2}\cdot\frac{\sqrt{5}}{5}=\frac{\boxed{1}}{\boxed{6}}$$

である．

(4)　三角錐DOACの体積を W とする．三角形ADCを底面としたときの三角錐DOACの高さと三角形ABCを底面としたときの三角錐BOACの高さは同じであり，ADを底辺としたときの三角形ADCの高さとBCを底辺としたときの三角形ABCの高さは同じであるから

$$W:V=\triangle\mathrm{ADC}:\triangle\mathrm{ABC}=\mathrm{AD}:\mathrm{BC}=2:1$$

である．よって，四角錐OABCDの体積は

$$W+V=2V+V=\boxed{3}\,V$$

と表せる．さらに，四角形ABCDの面積を S，四角形ABCDを底面とする四角錐OABCDの高さを h とすると，四角錐OABCDの体積について

$$3V=\frac{1}{3}Sh$$

すなわち

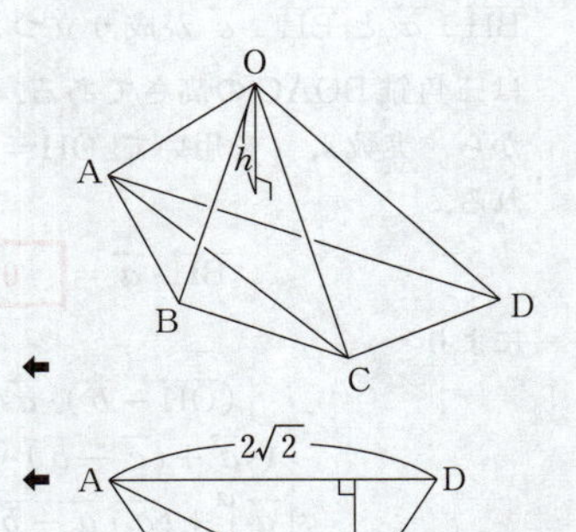

$$3\cdot\frac{1}{6}=\frac{1}{3}\cdot\frac{3\sqrt{3}}{2}\cdot h$$

が成り立つから

$$h=\frac{\sqrt{\boxed{3}}}{\boxed{3}}$$

である.

第5問　確率分布と統計的な推測

(1)　ある食品を摂取したときに，血液中の物質Aの量がどのように変化するか調べる．食品摂取前と摂取してから3時間後に，それぞれ一定量の血液に含まれる物質Aの量(単位はmg)を測定し，その変化量，すなわち摂取後の量から摂取前の量を引いた値を表す確率変数を X とする．X の期待値(平均)は $E(X)=-7$，標準偏差は $\sigma(X)=5$ とする．このとき

$$E(X^2)-\{E(X)\}^2=\{\sigma(X)\}^2$$

より

$$E(X^2)-(-7)^2=5^2$$

であるから

$$E(X^2)=\boxed{74}$$

である．

また，測定単位を変更して $W=1000X$ とすると，その期待値は

$$E(W)=E(1000X)=1000E(X)=-7\times 10^{\boxed{3}}$$

であり，分散は

$$V(W)=V(1000X)=1000^2V(X)=5^{\boxed{2}}\times 10^{\boxed{6}}$$

となる．

(2)　(1)の X が正規分布に従うとするとき，物質Aの量が減少しない確率 $P(X\geqq 0)$ を求める．この確率は $\dfrac{X-E(X)}{\sigma(X)}=\dfrac{X+7}{5}$ を用いると

$$P(X\geqq 0)=P\left(\frac{X+7}{5}\geqq \boxed{1}.\boxed{4}\right)$$

であるので，標準正規分布に従う確率変数を Z とすると，正規分布表から，次のように求められる．

$$\begin{aligned}P(Z\geqq 1.4)&=0.5-P(0\leqq Z\leqq 1.4)\\&=0.5-0.4192\\&=0.\boxed{08}\end{aligned}\quad\cdots①$$

無作為に抽出された50人がこの食品を摂取したときに，物質Aの量が減少するか，減少しないかを考え，物質Aの量が減少しない人数を表す確率変数を M とする．M は二項分布 $B(50,\ 0.08)$ に従うので，期待値は $E(M)=50\times 0.08=\boxed{4}.\boxed{0}$，標準偏差は

$\sigma(M)=\sqrt{4.0\times(1-0.08)}=\sqrt{\boxed{3}.\boxed{7}}$ となる．

(3)　(1)の食品摂取前と摂取してから3時間後に，それぞ

期待値(平均)，分散

確率変数 X のとり得る値を

$$x_1,\ x_2,\ \cdots,\ x_n$$

とし，X がこれらの値をとる確率をそれぞれ

$$p_1,\ p_2,\ \cdots,\ p_n$$

とすると，X の期待値(平均) $E(X)$ は

$$E(X)=\sum_{k=1}^{n}x_kp_k.$$

また，X の分散 $V(X)$ は $E(X)=m$ として

$$V(X)=\sum_{k=1}^{n}(x_k-m)^2p_k\quad\cdots(*)$$

または

$$V(X)=E(X^2)-\{E(X)\}^2.\cdots(**)$$

ここでは $(**)$ を用いた．

$\sqrt{V(X)}$ を X の標準偏差という．

X は確率変数，a，b は定数とする．

$$E(aX+b)=aE(X)+b,$$
$$V(aX+b)=a^2V(X).$$

標準正規分布

平均0，標準偏差1の正規分布 $N(0,\ 1)$ を標準正規分布という．

二項分布

n を自然数とする．

確率変数 X のとり得る値が

$$0,\ 1,\ 2,\ \cdots,\ n$$

であり，X の確率分布が

$$P(X=r)={}_n\mathrm{C}_rp^r(1-p)^{n-r}$$
$$(r=0,\ 1,\ 2,\ \cdots,\ n)$$

であるとき，X の確率分布を二項分布といい，$B(n,\ p)$ で表す．

二項分布の期待値(平均)，分散

確率変数 X が二項分布 $B(n,\ p)$ に従うとき，$q=1-p$ とすると X の期待値(平均) $E(X)$ と分散 $V(X)$ は

$$E(X)=np,$$
$$V(X)=npq$$

である．

れ一定量の血液に含まれる別の物質Bの量(単位はmg)を測定し，その変化量，すなわち摂取後の量から摂取前の量を引いた値を表す確率変数を Y とする．Y の母集団分布は母平均 m，母標準偏差 6 をもつとする．m を推定するため，母集団から無作為に抽出された 100 人に対して物質Bの変化量を測定したところ，標本平均 $\overline{Y}$ の値は -10.2 であった．

このとき，$\overline{Y}$ の期待値は $E(\overline{Y})=m$，標準偏差は

$$\sigma(\overline{Y})=\frac{6}{\sqrt{100}}=\boxed{0}.\boxed{6}$$

である．$\overline{Y}$ の分布が正規分布で近似できるとすれば，$Z=\dfrac{\overline{Y}-m}{0.6}$ は近似的に標準正規分布に従うとみなすことができる．

正規分布表を用いて $|Z|\leqq 1.64$ となる確率を求めると

$$0.4495\times 2=0.\boxed{90}$$

となる．このことを利用して，母平均 m に対する信頼度 90% の信頼区間，すなわち，90% の確率で m を含む信頼区間を求めると

$$-10.2-1.64\times 0.6\leqq m\leqq -10.2+1.64\times 0.6$$

すなわち

$$-11.184\leqq m\leqq -9.216$$

となる．よって，ツ に当てはまるものは ② である．

← 母平均 m，母標準偏差 σ の母集団から大きさ n の無作為標本を抽出するとき，標本平均の期待値(平均)と標準偏差はそれぞれ

$$m,\ \frac{\sigma}{\sqrt{n}}.$$

← **母平均の推定**

標本平均を $\overline{X}$，母標準偏差を σ とすると，標本の大きさ n が大きいとき，母平均 m に対する信頼度 90% の信頼区間は

$$\left[\overline{X}-1.64\cdot\frac{\sigma}{\sqrt{n}},\ \overline{X}+1.64\cdot\frac{\sigma}{\sqrt{n}}\right].$$

MEMO

数学Ⅰ・数学A
数学Ⅱ・数学B

（2019年１月実施）

追試験
2019

数学Ⅰ・数学A

解答・採点基準

（100点満点）

問題番号（配点）	解答記号	正　解	配点	自己採点
第1問（30）	アイ$\sqrt{ウ}$	$-2\sqrt{3}$	2	
	エ$\sqrt{オ}$＋カ$\sqrt{キ}$	$2\sqrt{3}+2\sqrt{6}$ 又は $2\sqrt{6}+2\sqrt{3}$	2	
	ク	6	2	
	ケ	6	2	
	$\sqrt{コ}$＋サ$\sqrt{シ}$	$\sqrt{6}+2\sqrt{3}$	2	
	ス	⑤	2	
	セ	②	2	
	ソ	4	2	
	タ	⓪	2	
	チ	①	2	
	$\frac{ツ}{テ}$	$\frac{4}{3}$	2	
	ト	2	2	
	ナ＜a＜ニ	$1<a<3$	2	
	ヌ	0	2	
	ネ	3	2	
第1問　自己採点小計				
第2問（30）	アイ	12	3	
	$\frac{ウ}{エ}$	$\frac{2}{3}$	3	
	オ	8	3	
	カキ	12	3	
	ク$\sqrt{ケコ}$	$2\sqrt{17}$	3	
	サ	③	3	
	シ	②	3	
	ス	⓪	3	
	セ	⓪	2	
	ソ	⑥	2	
	タ	⑦	2	
第2問　自己採点小計				

問題番号（配点）	解答記号	正　解	配点	自己採点
第3問（20）	$\frac{ア}{イウ}$	$\frac{1}{27}$	2	
	$\frac{エ}{オカ}$	$\frac{8}{27}$	2	
	$\frac{キ}{ク}$	$\frac{1}{3}$	2	
	$\frac{ケ}{コ}$	$\frac{2}{3}$	2	
	$\frac{サ}{シ}$	$\frac{2}{9}$	4	
	$\frac{ス}{セソ}$	$\frac{7}{27}$	4	
	$\frac{タ}{チツ}$	$\frac{7}{10}$	4	
第3問　自己採点小計				
第4問（20）	アイ	35	1	
	ウエ	43	1	
	オカ，キク	13，16	3	
	ケコ	16	2	
	サ	1	2	
	シス	13	2	
	セ，ソタ	0，64	4	
	チツ	12	3	
	テト，ナニヌ	24，144	2	
第4問　自己採点小計				
第5問（20）	ア	4	3	
	$\frac{イ\sqrt{ウ}}{エ}$	$\frac{2\sqrt{6}}{3}$	2	
	$\frac{オ}{カ}$	$\frac{2}{3}$	3	
	$\frac{\sqrt{キク}}{ケ}$	$\frac{\sqrt{51}}{3}$	3	
	$\frac{\sqrt{コサ}}{シ}$	$\frac{\sqrt{51}}{5}$	2	
	$\frac{\sqrt{スセ}}{ソタ}$	$\frac{\sqrt{51}}{51}$	2	
	チ	4	2	
	ツ$\sqrt{テ}$	$5\sqrt{2}$	3	
第5問　自己採点小計				
自己採点合計				

（注）

第1問，第2問は必答，第3問～第5問のうちから2問選択。計4問を解答。

第1問　数と式・集合と命題・2次関数

〔1〕

$$f(x)=(1+\sqrt{2})x-\sqrt{3}a.$$

(1)　$f(0)=(1+\sqrt{2})\cdot 0-\sqrt{3}a=-\sqrt{3}a$ より，$f(0)\leqq 6$ となるような a の値の範囲は，

$$-\sqrt{3}a\leqq 6$$

$$a\geqq -\frac{6}{\sqrt{3}}$$

すなわち，

$$a\geqq \boxed{-2}\sqrt{\boxed{3}} \quad \cdots ①$$

である．

⬅ $\dfrac{6}{\sqrt{3}}=\dfrac{6\sqrt{3}}{3}=2\sqrt{3}$.

$f(6)=(1+\sqrt{2})\cdot 6-\sqrt{3}a=-\sqrt{3}a+6(\sqrt{2}+1)$ より，$f(6)\geqq 0$ となるような a の値の範囲は，

$$-\sqrt{3}a+6(\sqrt{2}+1)\geqq 0$$

$$a\leqq \frac{6}{\sqrt{3}}(\sqrt{2}+1)$$

すなわち，

$$a\leqq \boxed{2}\sqrt{\boxed{6}}+\boxed{2}\sqrt{\boxed{3}} \quad \cdots ②$$

である．

⬅ $\dfrac{6}{\sqrt{3}}(\sqrt{2}+1)=2\sqrt{3}(\sqrt{2}+1)$
$=2\sqrt{6}+2\sqrt{3}$.

(2)　条件より，$\mathrm{P}(-2\sqrt{3})$，$\mathrm{Q}(2\sqrt{6}+2\sqrt{3})$ であるから，線分PQの中点に対応する実数は，

$$\frac{(-2\sqrt{3})+(2\sqrt{6}+2\sqrt{3})}{2}=\sqrt{\boxed{6}} \quad \cdots ③$$

である．

⬅ 数直線上の2点 $\mathrm{A}(a)$，$\mathrm{B}(b)$ に対して，線分ABの中点の座標は，
$\dfrac{a+b}{2}$.

(3)　$f(0)\leqq 6$ かつ $f(6)\geqq 0$ となるような a の値の範囲は，① かつ ② より，

$$-2\sqrt{3}\leqq a\leqq 2\sqrt{6}+2\sqrt{3} \quad \cdots ④$$

である．

ここで，④ の各辺から $\sqrt{6}$ を引くと，

$$-(\sqrt{6}+2\sqrt{3})\leqq a-\sqrt{6}\leqq \sqrt{6}+2\sqrt{3}$$

となるから，

$$\left|a-\sqrt{\boxed{6}}\right|\leqq \sqrt{\boxed{6}}+\boxed{2}\sqrt{\boxed{3}} \quad \cdots ⑤$$

となる．

⬅ 実数 u と，0以上の実数 r に対し
$|u|\leqq r \iff -r\leqq u\leqq r$
が成り立つことを用いた．

よって，$f(0)\leqq 0$ かつ $f(6)\geqq 0$ となる a の値の範囲は，⑤ を満たす a の値の範囲に一致する．

(注)　次図のような数直線をイメージすると，③ より ④

の各辺から $\sqrt{6}$ を引くという考え方が出てくる．また，⑤も考えやすくなる．

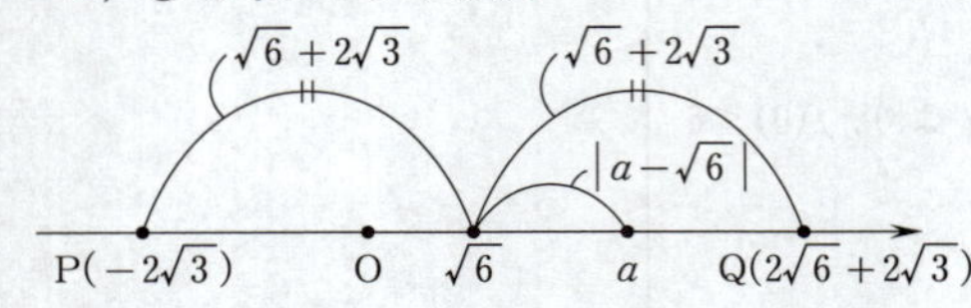

〔2〕

c は4以上の整数，n は整数．

$p : n^2-8n+15=0$，すなわち，$n=3,\ 5$，

$q : n>2$ かつ $n<c$，すなわち，$2<n<c$．

← $n^2-8n+15=0$ より，
$(n-3)(n-5)=0$
$n=3,\ 5.$

(1) 命題「$p \Longrightarrow q$」の逆は「$q \Longrightarrow p$」であるから，

$$(n>2 \text{ かつ } n<c) \Longrightarrow n^2-8n+15=0$$

である．よって， ス に当てはまるものは ⑤ である．

命題「$p \Longrightarrow q$」の対偶は，「$\overline{q} \Longrightarrow \overline{p}$」であるから，

$$(n \leqq 2 \text{ または } n \geqq c) \Longrightarrow n^2-8n+15 \neq 0$$

である．よって， セ に当てはまるものは ② である．

← ド・モルガンの法則
$\overline{s \text{かつ} t} \iff \overline{s}$ または $\overline{t}$，
$\overline{s \text{または} t} \iff \overline{s}$ かつ $\overline{t}$．

(2) c が5以上の整数のとき，$q : 2<n<c$ を満たす整数 n として，$n=4$ があるが，これは p を満たさない．

よって，整数 $n=$ 4 はつねに命題「$q \Longrightarrow p$」の反例となるから，整数 c が5以上のとき，p は q であるための必要条件ではない．

← 偽である命題「$s \Longrightarrow t$」において，仮定 s を満たすが，結論 t を満たさないものを，この命題の反例という．

← 命題「$s \Longrightarrow t$」が真のとき，t は s であるための必要条件という．

(3) $c=4$ のとき，$q : 2<n<4$ である．

p を満たす整数 $n=5$ は q を満たさないから，命題「$p \Longrightarrow q$」は偽である．よって，整数 c が $c=4$ を満たすとき，p は q であるための十分条件ではない．したがって， タ に当てはまるものは ⓪ である．

← 整数 c が6以上のとき，命題「$p \Longrightarrow q$」は真である．

← 命題「$s \Longrightarrow t$」が真のとき，s は t であるための十分条件という．

(4) 整数全体の集合を全体集合とし，その部分集合 A，B は，

$$A=\{k \mid k>2\},\quad B=\{k \mid k \geqq c\}.$$

これより，

$$\overline{A}=\{k \mid k \leqq 2\},\quad \overline{B}=\{k \mid k<c\}$$

であるから，c は4以上の整数より，

$$A\cap\overline{B}=\{k\mid 2<k<c\}.$$

よって，整数 n に関して，q と同値である条件は，

$$n\in A\cap\overline{B}$$

である．したがって，［チ］に当てはまるものは［①］である．

> ⬅ 2つの命題「$s \Longrightarrow t$」と「$t \Longrightarrow s$」がともに真であるとき，s は t であるための必要十分条件といい，このとき，s と t は互いに同値であるという．

〔3〕

$$bx^2+2(2a-b)x+b-4a+3=0\quad(a\neq0,\ b\neq0).\quad\cdots①$$

(1)　① の判別式を D とすると，

$$\frac{D}{4}=(2a-b)^2-b(b-4a+3)$$
$$=4a^2-3b.$$

> ⬅ 2次方程式 $ax^2+2b'x+c=0$ の判別式を D とすると，
> $$\frac{D}{4}=b'^2-ac.$$

① が異なる2つの実数解をもつ条件は，

$$D>0,\ \text{すなわち，}\ \frac{D}{4}>0$$

> ⬅ **2次方程式の解の判別**
> 2次方程式 $ax^2+bx+c=0$ の判別式を D とすると，
> $D>0 \iff$ 異なる2つの実数解をもつ，
> $D=0 \iff$ (実数の) 重解をもつ，
> $D<0 \iff$ 実数解をもたない．

であるから，① が異なる2つの実数解をもつのは，

$$4a^2-3b>0$$

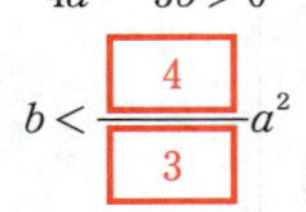

$$b<\frac{4}{3}a^2$$

のときである．このとき，2つの実数解は，

$$x=\frac{-(2a-b)\pm\sqrt{\dfrac{D}{4}}}{b}$$
$$=\frac{b-2a\pm\sqrt{4a^2-3b}}{b}$$

である．

(2)　$b=a^2$ より，① は，

$$a^2x^2-2(a^2-2a)x+a^2-4a+3=0\quad(a\neq0).$$

ここで，

$$f(x)=a^2x^2-2(a^2-2a)x+a^2-4a+3$$

とおくと，

$$f(x)=a^2\left(x-\frac{a^2-2a}{a^2}\right)^2-\frac{(a^2-2a)^2}{a^2}+a^2-4a+3$$
$$=a^2\left(x-\frac{a^2-2a}{a^2}\right)^2-1$$

① が異なる2つの実数解をもち，それらの一方が正の解で他方が負の解であることと，$y=f(x)$ のグラフが x 軸の正の部分と負の部分でそれぞれ1点で

交わることは同じであり，それを満たす条件は，

$$f(0)=a^2-4a+3<0$$

である．

よって，求める a の値の範囲は，

$$(a-1)(a-3)<0$$

$$\boxed{1}<a<\boxed{3}$$

である．

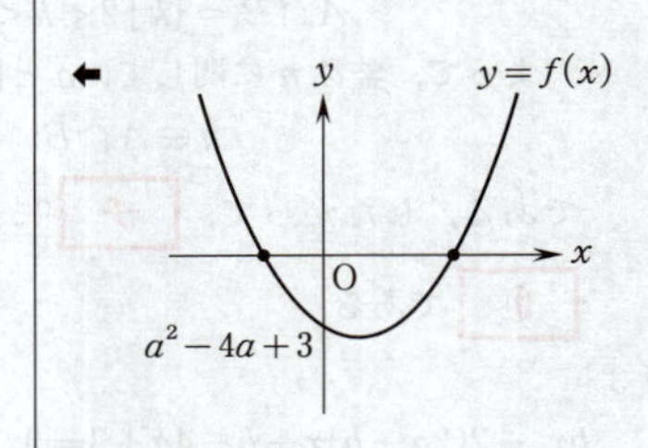

また，① が異なる 2 つの実数解をもち，それらがいずれも正の解であることと，$y=f(x)$ のグラフが x 軸の正の部分で異なる 2 点で交わることは同じであり，それを満たす条件は，頂点の y 座標（-1）が負であることに注意すると，

$$\begin{cases} 軸：x=\dfrac{a^2-2a}{a^2}>0, & \cdots ② \\ f(0)=a^2-4a+3>0 & \cdots ③ \end{cases}$$

である．

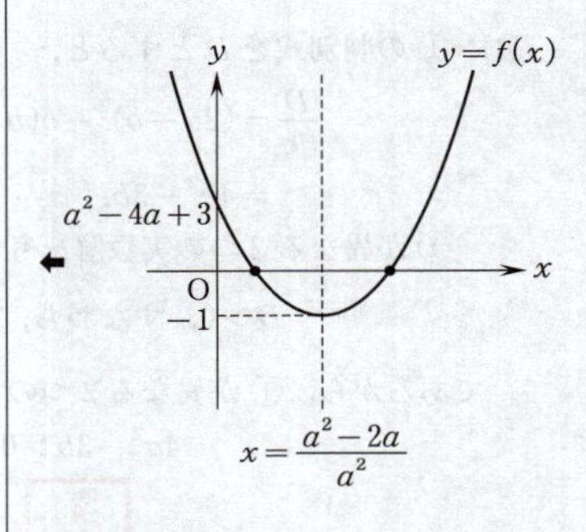

② と $a^2>0$ より，

$$a^2-2a>0$$

$$a(a-2)>0$$

$$a<0,\quad 2<a. \qquad \cdots ②'$$

③ より，

$$(a-1)(a-3)>0$$

$$a<1,\quad 3<a. \qquad \cdots ③'$$

よって，求める a の値の範囲は，②′ かつ ③′ より，

$$a<\boxed{0},\quad a>\boxed{3}$$

である．

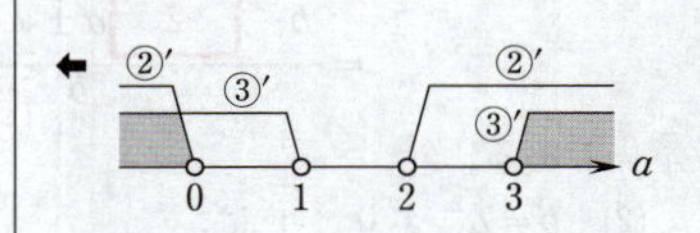

第2問　図形と計量，データの分析

〔1〕

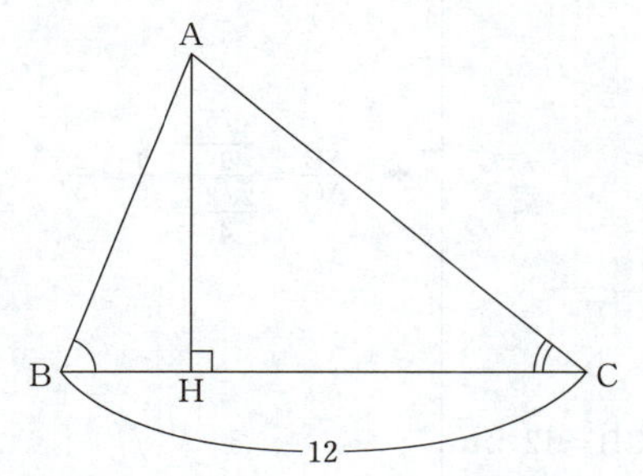

$\cos\angle ABC=\dfrac{1}{3}\ (>0)$，　$\cos\angle ACB=\dfrac{7}{9}\ (>0)$ より，$\angle ABC$ と $\angle ACB$ は鋭角である．これより，点Aから直線BCに下ろした垂線をHとすると，Hは辺BC上にある．

直角三角形ABHおよびACHに着目すると，

$$\begin{cases}\cos\angle ABH=\dfrac{BH}{AB}，\text{つまり，}BH=AB\cdot\cos\angle ABH\\ \cos\angle ACH=\dfrac{CH}{AC}，\text{つまり，}CH=AC\cdot\cos\angle ACH\end{cases}$$

である．

よって，

$$\begin{aligned}&AB\cdot\cos\angle ABC+AC\cdot\cos\angle ACB\\&=AB\cdot\cos\angle ABH+AC\cdot\cos\angle ACH\\&=BH+CH\\&=BC\\&=\boxed{12}\end{aligned}$$

である．

また，

$$\begin{aligned}&\sin\angle ABC\\&=\sqrt{1-\cos^2\angle ABC}\\&=\sqrt{1-\left(\frac{1}{3}\right)^2}\\&=\frac{2\sqrt{2}}{3}\end{aligned}\qquad,\qquad\begin{aligned}&\sin\angle ACB\\&=\sqrt{1-\cos^2\angle ACB}\\&=\sqrt{1-\left(\frac{7}{9}\right)^2}\\&=\frac{4\sqrt{2}}{9}\end{aligned}$$

であるから，$\triangle ABC$ に正弦定理を用いると，

$$\frac{AB}{\sin\angle ACB}=\frac{AC}{\sin\angle ABC}$$

すなわち，

直角三角形と三角比

$\sin\theta=\dfrac{b}{c}$，

$\cos\theta=\dfrac{a}{c}$，

$\tan\theta=\dfrac{b}{a}$．

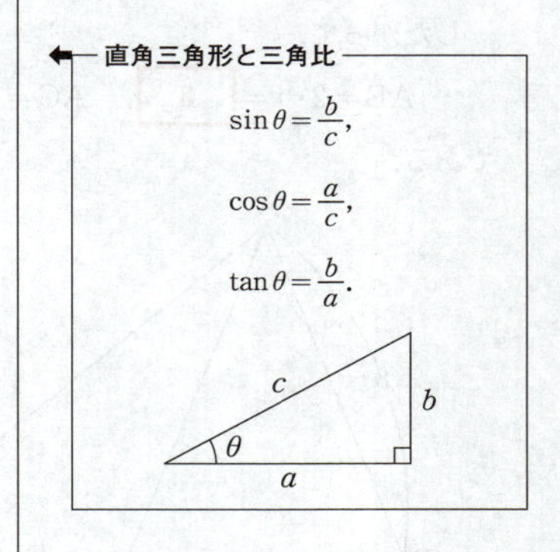

$0°\leqq\theta\leqq180°$ のとき，

$\sin\theta=\sqrt{1-\cos^2\theta}$．

正弦定理

$$\frac{a}{\sin A}=\frac{b}{\sin B}=\frac{c}{\sin C}.$$

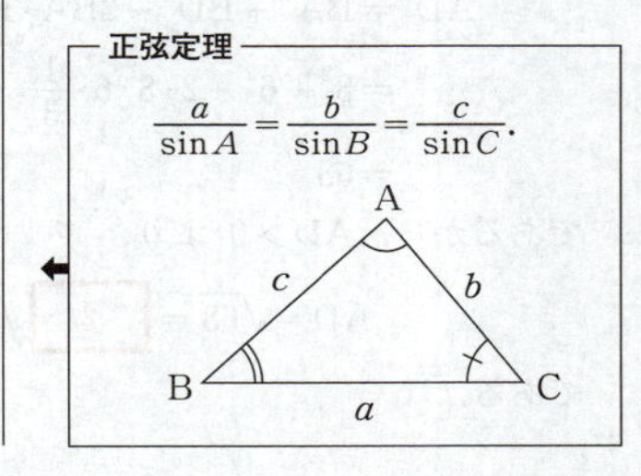

$$\frac{AB}{\frac{4\sqrt{2}}{9}}=\frac{AC}{\frac{2\sqrt{2}}{3}}.$$

よって，

$$\frac{AB}{AC}=\frac{\boxed{2}}{\boxed{3}}$$

である．

⬅ $\dfrac{AB}{AC}=\dfrac{\frac{4\sqrt{2}}{9}}{\frac{2\sqrt{2}}{3}}=\dfrac{4}{6}=\dfrac{2}{3}.$

これより，

$$AB=2x,\quad AC=3x\quad (x>0)$$

とおくと，$AB\cdot\cos\angle ABC+AC\cdot\cos\angle ACB=12$ から，

$$2x\cdot\frac{1}{3}+3x\cdot\frac{7}{9}=12$$
$$3x=12$$
$$x=4$$

となる．

したがって，

$$AB=2\cdot 4=\boxed{8},\quad AC=3\cdot 4=\boxed{12}$$

である．

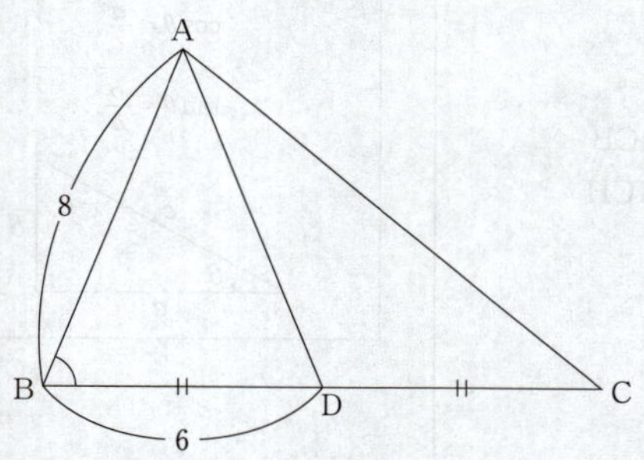

点Dは辺BCの中点より，

$$BD=\frac{1}{2}BC=\frac{1}{2}\cdot 12=6.$$

△ABDに余弦定理を用いると，

$$AD^2=BA^2+BD^2-2BA\cdot BD\cos\angle ABD$$
$$=8^2+6^2-2\cdot 8\cdot 6\cdot\frac{1}{3}$$
$$=68$$

であるから，$AD>0$ より，

$$AD=\sqrt{68}=\boxed{2}\sqrt{\boxed{17}}$$

である．

⬅ 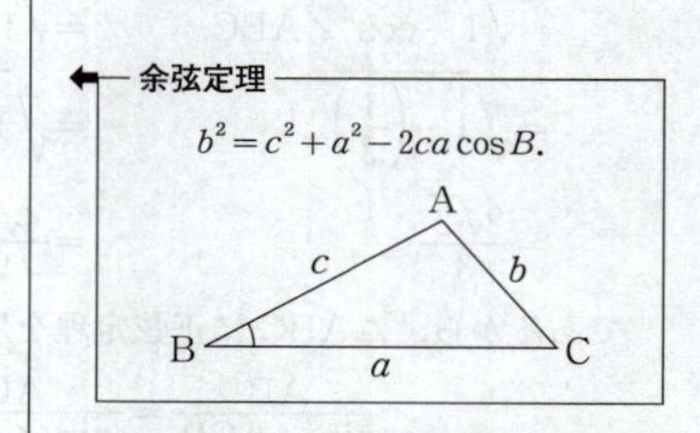

⬅ △ACDに余弦定理を用いて，ADの長さを求めてもよい．

〔2〕

(1)　疾病Aの検診の受診率はヒストグラム(図1)より，各階級の度数と累積度数は次のようになる．

階　級	度　数	累積度数
32%以上36%未満	1	1
36%以上40%未満	7	8
40%以上44%未満	16	24
44%以上48%未満	12	36
48%以上52%未満	8	44
52%以上56%未満	1	45
56%以上60%未満	2	47

⬅ 最初の階級からその階級までの度数を合計したものを累積度数という．

疾病Aの検診の受診率の中央値は，データを値の大きさの順に並べたときの24番目の値であり，それは上の表から40%以上44%未満の階級にある．

⬅ データを値の大きさの順に並べたとき，中央の位置にくる値を中央値という．

よって，矛盾しないのは43.4になるから，サ に当てはまるものは ③ である．

(2)　・(Ⅰ)は正しい

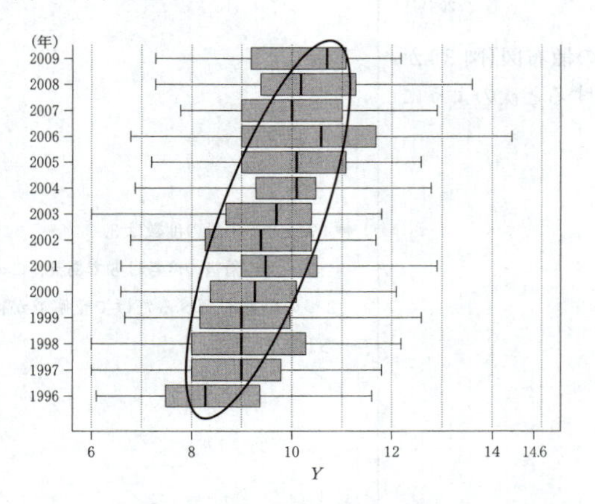

⬅
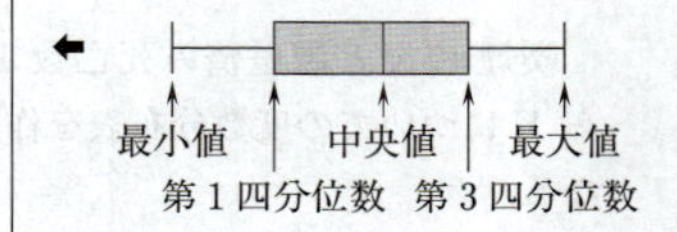

1996年から2009年までの間における各年の Y の中央値は，全体としては増加する傾向にある．

・(Ⅱ)は正しくない．

Y の最大値が最も大きい年は2011年で，その最大値は約15%．Y の最大値が最も小さい年は1996年で，その最大値は約11.6%．これら二つの年における最大値の差は2より大きい．

・(Ⅲ) は正しい．

1996 年において，$Y=9$ は中央値と第 3 四分位数の間にあるから，Y が 9 以下の都道府県数は 24 以上 35 以下である．2014 年において，$Y=9$ は最小値と第 1 四分位数の間にあるから，Y が 9 以下の都道府県数は 1 以上 11 以下である．よって，Y が 9 以下の都道府県数を比べると，2014 年は 1996 年の $\frac{1}{2}$ 以下である．

よって，シ に当てはまるものは ② である．

(3)

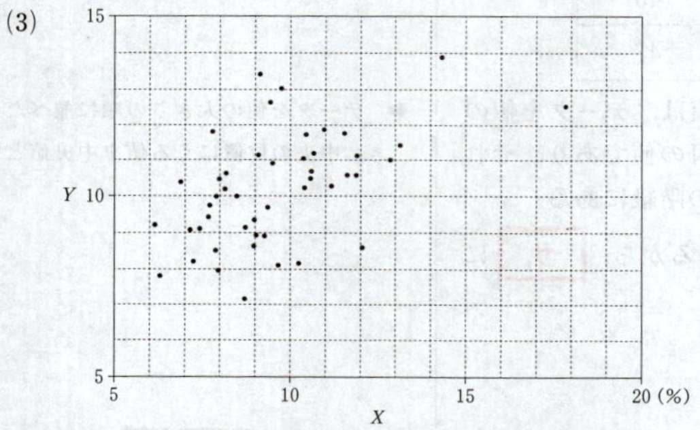

⬅ 喫煙率 X と調整済み死亡数 Y の散布図．

喫煙率 X と調整済み死亡数 Y の散布図(図 3)から Y についての度数分布表を作成すると次のようになる．

階　級	度　数
7 ～ 8	3
8 ～ 9	8
9 ～ 10	10
10 ～ 11	11
11 ～ 12	10
12 ～ 13	2
13 ～ 14	3

⬅ 7 ～ 8 の階級の度数は 3．
8 ～ 9 の階級の度数は 8 であり，この 2 つの階級を調べるだけで正解 ⓪ が得られる．

表より，Y のヒストグラムとして最も適切なものは ⓪ であるから，ス に当てはまるものは ⓪ である．

(4)

$$y-\overline{y}=\frac{s_{XY}}{s_X{}^2}(x-\overline{x}).\quad\cdots(*)$$

表1より，$\overline{x}=9.6$, $\overline{y}=10.2$, $s_X{}^2=4.8$, $s_{XY}=1.75$ であり，これらを(*)に代入すると，

$$y-10.2=\frac{1.75}{4.8}(x-9.6)$$

すなわち，

$$y \fallingdotseq 0.36x+6.7$$

となる．

よって，セ，ソ に当てはまるものは ⓪，⑥ である．

条件より，

$$y=0.36x+6.74 \quad (3 \leqq x \leqq 20) \qquad \cdots (*)'$$

と定める．

喫煙率が4%であるときの調整済み死亡数は，$x=4$ を(*)′に代入すると，

$$y=0.36\cdot 4+6.74=8.18$$

であるから，タ に当てはまるものは ⑦ である．

第3問　場合の数・確率

三つの机を机 1，机 2，机 3 と区別し，例えば，机 1，机 2，机 3 の上に置かれているカードの色が順に白，白，青のとき，(W, W, B) と表す．また，条件より，三つの机の上は状態 A か状態 B のいずれかになり，さらに，次の四つの状態 A_W，A_B，B_W，B_B を定める．

A_W：すべての机の上に白のカードが置かれている，
A_B：すべての机の上に青のカードが置かれている，
B_W：二つの机の上に白のカードが置かれ，残りの一つの机の上には青のカードが置かれている，
B_B：二つの机の上に青のカードが置かれ，残りの一つの机の上には白のカードが置かれている．

(1)　1 回目の終了時に，状態 A_W になるのは，

「三つの箱の中からすべて白のカードを取り出すとき」

であるから，求める確率は，

$$\frac{1}{3}\times\frac{1}{3}\times\frac{1}{3}=\frac{\boxed{1}}{\boxed{27}} \qquad \cdots ①$$

である．

← $A_W \longrightarrow A_W$ になる確率は，$\frac{1}{27}$.

また，1 回目の終了時に，状態 A_B になるのは，

「三つの箱の中からすべて青のカードを取り出すとき」

であるから，求める確率は，

$$\frac{2}{3}\times\frac{2}{3}\times\frac{2}{3}=\frac{\boxed{8}}{\boxed{27}} \qquad \cdots ②$$

である．

← $A_W \longrightarrow A_B$ になる確率は，$\frac{8}{27}$.

(2)　1 回目の終了時，状態 A になるのは，

「状態 A_W または 状態 A_B になるとき」

であり，これらは排反であるから，求める確率は，①，② より，

$$\frac{1}{27}+\frac{8}{27}=\frac{\boxed{1}}{\boxed{3}}$$

である．

← $A_W \longrightarrow A$ になる確率は，$\frac{1}{3}$.

また，1回目の終了時，状態 B になる確率は，

$$1-\left(\begin{array}{l}1\text{回目の終了時に}\\ \text{状態}A\text{になる確率}\end{array}\right)=1-\frac{1}{3}=\frac{\boxed{2}}{\boxed{3}}$$

である．

⇐ 次のように直接求めてもよい．

1回目の終了時，状態 B になるのは，次の6つの場合がある．

$(W,\ W,\ B)$，$(B,\ B,\ W)$，
$(W,\ B,\ W)$，$(B,\ W,\ B)$，
$(B,\ W,\ W)$，$(W,\ B,\ B)$．

よって，求める確率は，

$$\left(\frac{1}{3}\times\frac{1}{3}\times\frac{2}{3}\right)\times 3+\left(\frac{2}{3}\times\frac{2}{3}\times\frac{1}{3}\right)\times 3=\frac{2}{9}+\frac{4}{9}=\frac{2}{3}.$$

(3)　2つの事象 C，D を次のように定める．

C：1回目の終了時，状態 B_W になる．

D：2回目の終了時，状態 A になる．

このとき，求める条件付き確率は，

$$P_C(D)=\frac{P(C\cap D)}{P(C)}\qquad\cdots③$$

である．

⇐ $A_W\longrightarrow B$ になる確率は，$\dfrac{2}{3}$．

条件付き確率

事象 C が起こったときに事象 D が起こる条件付き確率 $P_C(D)$ は，

$$P_C(D)=\frac{P(C\cap D)}{P(C)}.$$

$P(C)$ を求める．事象 C は次の場合である．

初め		1回目終了時
	↗	$(W,\ W,\ B)$
$(W,\ W,\ W)$	→	$(W,\ B,\ W)$
	↘	$(B,\ W,\ W)$

よって，

$$P(C)=\left(\frac{1}{3}\times\frac{1}{3}\times\frac{2}{3}\right)\times 3=\frac{2}{9}\qquad\cdots④$$

である．

次に，$P(C\cap D)$ を求める．事象 $C\cap D$ は次の場合である．

初め		1回目終了時	2回目終了時
	(i) ↗	$(W,\ W,\ B)$	$(W,\ W,\ W)$
			$(B,\ B,\ B)$
$(W,\ W,\ W)$	(ii) →	$(W,\ B,\ W)$	$(W,\ W,\ W)$
			$(B,\ B,\ B)$
	(iii) ↘	$(B,\ W,\ W)$	$(W,\ W,\ W)$
			$(B,\ B,\ B)$

(i)の確率は，

$$\left(\frac{1}{3}\times\frac{1}{3}\times\frac{2}{3}\right)\times\left(\frac{1}{3}\times\frac{1}{3}\times\frac{2}{3}+\frac{2}{3}\times\frac{2}{3}\times\frac{1}{3}\right)=\frac{2}{27}\times\frac{2}{9}.$$

(ii)，(iii)の確率も同様に，$\dfrac{2}{27}\times\dfrac{2}{9}$ である．

これより，

$$P(C\cap D)=\left(\frac{2}{27}\times\frac{2}{9}\right)\times 3=\frac{4}{81}\qquad\cdots⑤$$

である．

⇐ (i)のとき，1回目の終了時の三つの箱に入っているカードの内訳は次の通り．

箱	机1	机2	机3
白	1枚	1枚	2枚
青	2枚	2枚	1枚

(ii)のとき，1回目の終了時の三つの箱に入っているカードの内訳は次の通り．

箱	机1	机2	机3
白	1枚	2枚	1枚
青	2枚	1枚	2枚

(iii)のとき，1回目の終了時の三つの箱に入っているカードの内訳は次の通り．

箱	机1	机2	机3
白	2枚	1枚	1枚
青	1枚	2枚	2枚

よって，求める条件付き確率は，④，⑤ を ③ に代入して，

$$P_C(D)=\frac{\frac{4}{81}}{\frac{2}{9}}=\frac{\boxed{2}}{\boxed{9}}$$ (→(注)参照)

である．

⬅ $B_W \longrightarrow A$ になる確率は，

$\frac{2}{9}$.

また，1回目の終了時に状態 B_B になったとき，2回目の終了時，状態 A になる条件付き確率は問題文により，

$$\frac{2}{9}$$

である．

⬅ $B_B \longrightarrow A$ になる確率は，

$\frac{2}{9}$.

(注)　次のように考えて条件付き確率を求めてもよい．

	1回目終了時		2回目終了時
(Ⅰ)	$(W,\ W,\ B)$	→	$(W,\ W,\ W)$
		→	$(B,\ B,\ B)$
(Ⅱ)	$(W,\ B,\ W)$	→	$(W,\ W,\ W)$
		→	$(B,\ B,\ B)$
(Ⅲ)	$(B,\ W,\ W)$	→	$(W,\ W,\ W)$
		→	$(B,\ B,\ B)$

(Ⅰ), (Ⅱ), (Ⅲ) のすべて確率が，

$$\frac{1}{3}\times\frac{1}{3}\times\frac{2}{3}+\frac{2}{3}\times\frac{2}{3}\times\frac{1}{3}=\frac{2}{9}$$

となるから，求める条件付き確率は，

$$\frac{2}{9}$$

である．

(4)　2回目の終了時に状態 A になる状態の推移とその確率は次のようになる．((　)内の数は確率を表す)

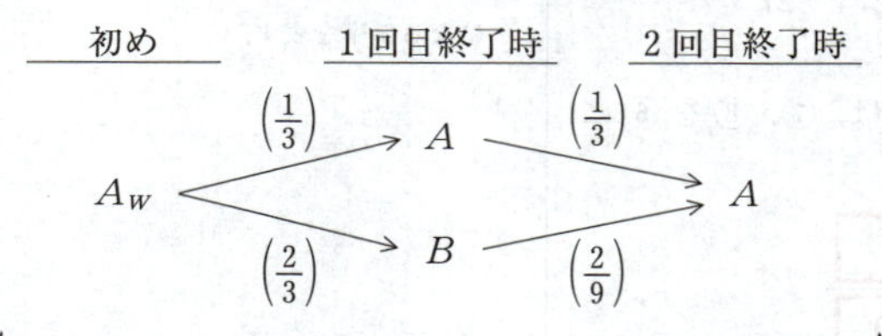

・$A_W \longrightarrow A$ になる確率と $A_B \longrightarrow A$ になる確率は，いずれも $\frac{1}{3}$ であるから，$A \longrightarrow A$ になる確率は，

$$\frac{1}{3}.$$

・$B_W \longrightarrow A$ になる確率と $B_B \longrightarrow A$ になる確率は，(3) より，いずれも $\frac{2}{9}$ であるから，$B \longrightarrow A$ になる確率は，

$$\frac{2}{9}.$$

⬅ 1回目の終了時において，

$(B,\ B,\ B)$

の状態から，2回目の終了時に状態 A になる確率は，1回目の終了時の三つの箱に入っているカードは，

箱	机1	机2	机3
白	2枚	2枚	2枚
青	1枚	1枚	1枚

のようになるから，

$$\left(\frac{1}{3}\right)^3+\left(\frac{2}{3}\right)^3=\frac{1}{3}.$$

よって，2回目の終了時に状態 A になる確率は，

$$\frac{1}{3}\times\frac{1}{3}+\frac{2}{3}\times\frac{2}{9}=\frac{\boxed{7}}{\boxed{27}}$$

である．

(5)　2つの事象 E，F を次のように定める．

E：2回目の終了時に，状態 B になる．

F：1回目の終了時に，状態 B になる．

このとき，求める条件付き確率は，

$$P_E(F)=\frac{P(E\cap F)}{P(E)} \qquad \cdots ⑥$$

である．

$P(E\cap F)$ を求める．事象 $E\cap F$ は次の場合である．((　)内の数は確率を表す)

初め		1回目終了時		2回目終了時
A_W	$\xrightarrow{\left(\frac{2}{3}\right)}$	B	$\xrightarrow{\left(\frac{7}{9}\right)}$	B

⬅ $B \longrightarrow B$ になる確率は，

$$1-\left(\begin{array}{c}B \longrightarrow A に\\ なる確率\end{array}\right)=1-\frac{2}{9}=\frac{7}{9}.$$

よって，

$$P(E\cap F)=\frac{2}{3}\times\frac{7}{9}=\frac{14}{27} \qquad \cdots ⑦$$

である．

次に，$P(E)$ を求める．(4) の結果より，

$$P(E)=1-P(\overline{E})=1-\frac{7}{27}=\frac{20}{27} \quad \cdots ⑧$$

← $P(\overline{E})$ は，2 回目の終了時に状態 A になる確率を表す．

である．

したがって，求める条件付き確率は，⑦，⑧ を ⑥ に代入して，

$$P_E(F)=\frac{\frac{14}{27}}{\frac{20}{27}}=\frac{\boxed{7}}{\boxed{10}}$$

である．

第4問　整数の性質

$$560=16\times\boxed{35} \quad \cdots①$$

である．また，

$$560=13\times\boxed{43}+1 \quad \cdots②$$

である．

←
$$\begin{array}{r} 43 \\ 13\overline{)560} \\ \underline{52} \\ 40 \\ \underline{39} \\ 1 \end{array}$$

(1)　① と ② より，

$$(560=)\,16\times35=13\times43+1 \quad \cdots③$$

であるから，$x=35$，$y=43$ は不定方程式

$$16x=13y+1$$

の一つの整数解となる．

不定方程式 $16x=13y+c$（c は整数）　$\cdots④$

の整数解を求める．

← x と y についての不定方程式

$$ax+by=c$$

（a，b，c は整数の定数）

の整数解は，一組の解

$$(x,\ y)=(x_0,\ y_0)$$

を用いて，

$$a(x-x_0)=b(y_0-y)$$

と変形し，次の性質を用いて求める．

a と b が互いに素であるとき，

$$\begin{cases} x-x_0 \text{ は } b \text{ の倍数,} \\ y_0-y \text{ は } a \text{ の倍数} \end{cases}$$

である．

③ の両辺に c を掛けて，

$$16\times35c=13\times43c+c. \quad \cdots③'$$

④－③′ より，

$$16(x-35c)=13(y-43c). \quad \cdots⑤$$

16 と 13 は互いに素より，

$$x-35c \text{ は } 13 \text{ の倍数}$$

であるから，s を整数として，

$$x-35c=13s \quad \cdots⑥$$

と表せる．⑥ を ⑤ に代入して，

$$16\cdot13s=13(y-43c)$$

すなわち，

$$16s=y-43c. \quad \cdots⑦$$

よって，④ のすべての整数解は，s を整数として，⑥，⑦ から，

$$x=\boxed{13}s+35c,\quad y=\boxed{16}s+43c$$

と表せる．

自然数 k に対して，

$$k=560^2+560q+r \quad \cdots(*)$$

（q，r は 0 以上の整数，ただし，k が 13 で割り切れるとき，$(q,\ r)\neq(0,\ 0)$）．

(2)　① より，(*) は，

$$\begin{aligned} k&=(16\times35)^2+(16\times35)\times q+r \\ &=16(16\cdot35^2+35q)+r \end{aligned}$$

と変形できる．

これより，k が 16 の倍数であるのは，

$$r \text{ が } \boxed{16} \text{ の倍数} \quad \cdots⑧$$

のときである.

また, ② より,

$$560^2=(13\times 43+1)^2$$
$$=13(13\cdot 43^2+2\cdot 43)+1$$

と変形できるから, 560^2 を 13 で割った余りは $\boxed{1}$

であり,

$$560^2=13L+1\ (L=13\cdot 43^2+2\cdot 43) \quad \cdots ⑨$$

とおく.

さらに, ②, ⑨ より, (*) は,

$$k=(13L+1)+(13\times 43+1)q+r$$
$$=13(L+43q)+(1+q+r)$$

と変形できる.

これより, k が 13 の倍数であるのは,

$$1+q+r \text{ が } \boxed{13} \text{ の倍数} \quad \cdots ⑩$$

のときである.

(3) k が 16 でも 13 でも割り切れる条件は, ⑧ かつ ⑩ より,

$$\begin{cases} r=16a\ (a\text{ は整数}), & \cdots ⑪ \\ 1+q+r=13b\ (b\text{ は整数}) & \cdots ⑫ \end{cases}$$

のときである.

ここで, 16 でも 13 でも割り切れる最小の k を考えるから, (*) において, r を定数とみなすと, k は q の 1 次関数で, q の係数が正であるから, $q=0$ のときを調べるとよい.

このとき, ⑫ は,

$$1+r=13b \quad \cdots ⑫'$$

となり, これに ⑪ を代入すると,

$$1+16a=13b$$

すなわち,

$$16a=13b-1.$$

この不定方程式を満たすすべての整数解は, (1) の結果より,

$$\begin{cases} a=13s-35, \\ b=16s-43. \end{cases} \quad \cdots ⑬$$

ところで,「q, r は 0 以上の整数, ただし, k が 13 で割り切れるとき, $(q,\ r)\neq(0,\ 0)$」であることと, ⑪, ⑫′ より, a は 1 以上の整数であり, b は 2 以上の整数であるから, ⑬ を満たす整数 s は,

← ⑪ より, r は 16 の倍数であるから, $r=0,\ 16,\ 32,\ 48,\ 64,\ \cdots$ を $1+r$ にそれぞれ代入し, $1+r$ が 13 の倍数になるときを考えてもよい.

$$s \geqq 3$$

である．

また，

$$k = 560^2 + 560 \cdot 0 + r$$
$$= 560^2 + 16a \quad (⑪ より)$$
$$= 560^2 + 16(13s - 35) \quad (⑬ より).$$

これより，16 でも 13 でも割り切れるような最小の k は，$s = 3$ のときで，このとき，a の値は，

$$a = 13 \cdot 3 - 35 = 4.$$

したがって，求める q，r の値は，⑪ より，

$$q = \boxed{0}, \quad r = 16 \cdot 4 = \boxed{64}$$

である．

← $a \geqq 1$，$b \geqq 2$ を解くと，
$$\begin{cases} s \geqq \dfrac{36}{13} = 2 + \dfrac{10}{13}, \\ s \geqq \dfrac{45}{16} = 2 + \dfrac{13}{16} \end{cases}$$
であり，s は整数より，
$$s \geqq 3.$$

← k は s の 1 次関数で，s の係数が正であるから，$s = 3$ のとき k は最小となる．

(4)　さらに，$\sqrt{k}$ が自然数となるとき，

$$k = (560 + m)^2 \ (m は 0 以上のある整数) \ \cdots (**)$$

と表せるから，

$$k = 560^2 + 560 \cdot 2m + m^2.$$

このとき，k が 16 でも 13 でも割り切れる条件は，⑧，⑩ より，

$$\begin{cases} m^2 = 16A \ (A は 0 以上の整数), \\ 1 + 2m + m^2 = 13B \ (B は 1 以上の整数) \end{cases}$$

すなわち，

$$\begin{cases} m^2 = 16A, \\ (m+1)^2 = 13B \end{cases}$$

のときである．

これより，

$$\begin{cases} m は 4 の倍数, \\ m+1 は 13 の倍数 \end{cases}$$

すなわち，

$$\begin{cases} m は 4 の倍数, \\ m は 12 の倍数 \end{cases}$$

となるから，

$$m は 12 の倍数 \quad \cdots ⑭$$

である．

ここで，16 でも 13 でも割り切れ，かつ $\sqrt{k}$ が自然数となる最小の k を考えるから，(*) において，k が 13 で割り切れるとき，$(q, r) \neq (0, 0)$ であることに注意すると，$m \geqq 1$ で，(**) は m の 2 次関数であるから，求める m の値は，⑭ より，

$$m = \boxed{12}$$

であり，このとき，

$$k = (560 + 12)^2$$
$$= 560^2 + 560 \cdot 24 + 144$$

となるから，求める q，r の値は，

$$q = \boxed{24}, \quad r = \boxed{144}$$

である．

第5問　図形の性質

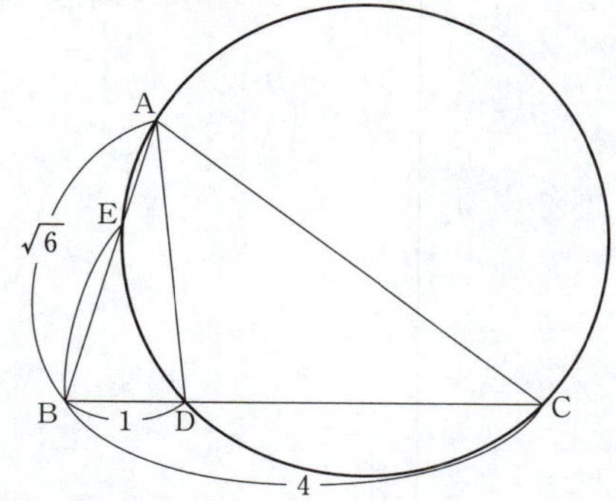

方べきの定理より,

$$BE \cdot BA = BD \cdot BC$$

であるから，これに，BD＝1，BC＝4 を代入して，

$$BE \cdot BA = 1 \cdot 4 = \boxed{4} \quad \cdots ①$$

である．

←**方べきの定理**

$PA \cdot PB = PC \cdot PD.$

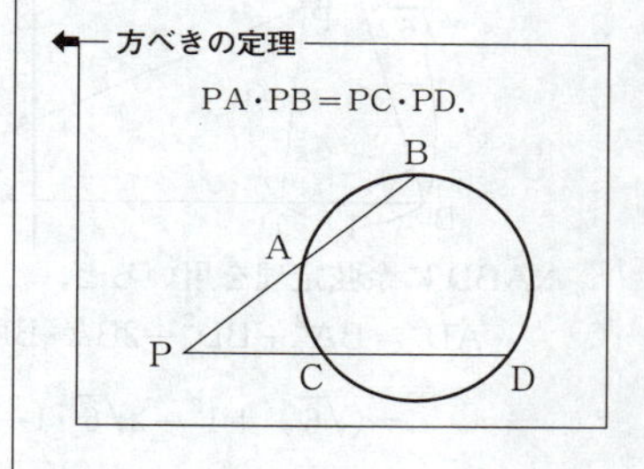

さらに，これに，AB＝$\sqrt{6}$ を代入して，

$$BE \cdot \sqrt{6} = 4$$

すなわち，

$$BE = \frac{4}{\sqrt{6}} = \frac{\boxed{2}\sqrt{\boxed{6}}}{\boxed{3}}$$

である．

← 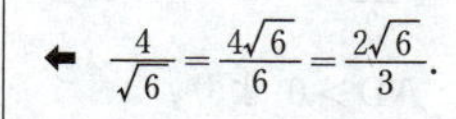
$\frac{4}{\sqrt{6}} = \frac{4\sqrt{6}}{6} = \frac{2\sqrt{6}}{3}.$

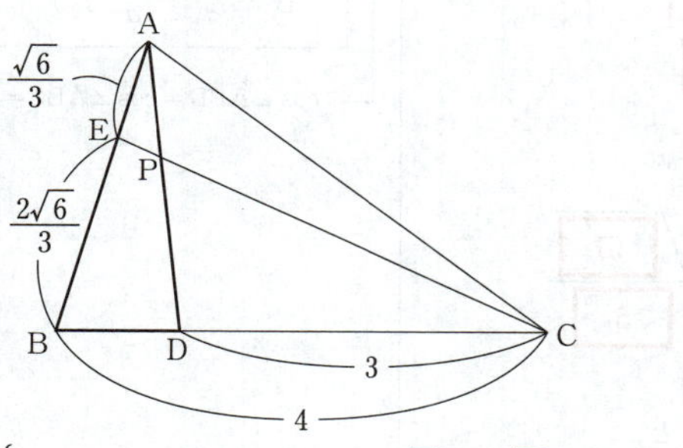

$$\begin{cases} AE = AB - BE = \sqrt{6} - \frac{2\sqrt{6}}{3} = \frac{\sqrt{6}}{3}, \\ CD = BC - BD = 4 - 1 = 3 \end{cases}$$

である．

△ABD と直線 CE にメネラウスの定理を用いると，

$$\frac{AP}{PD} \cdot \frac{DC}{CB} \cdot \frac{BE}{EA} = 1$$

←**メネラウスの定理**

$\frac{AM}{MC} \cdot \frac{CN}{NB} \cdot \frac{BL}{LA} = 1.$

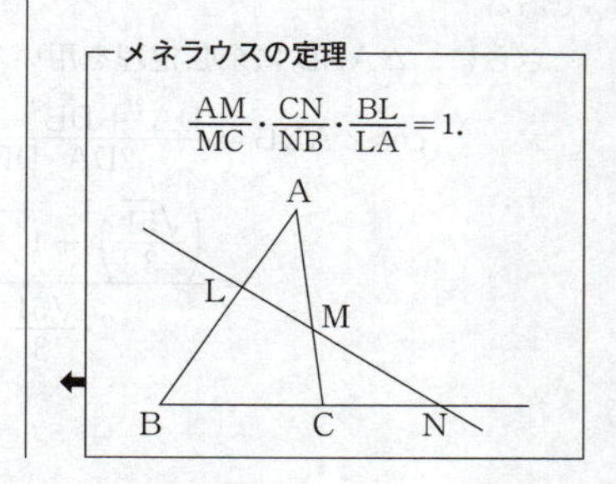

であるから，

$$\frac{\mathrm{AP}}{\mathrm{PD}}\cdot\frac{3}{4}\cdot\frac{\frac{2\sqrt{6}}{3}}{\frac{\sqrt{6}}{3}}=1$$

すなわち，

$$\frac{\mathrm{AP}}{\mathrm{PD}}=\frac{\boxed{2}}{\boxed{3}}$$

である．

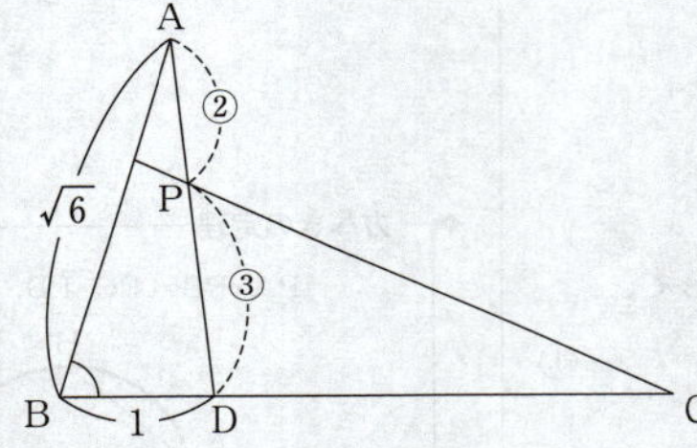

△ABD に余弦定理を用いると，

$$\begin{aligned}\mathrm{AD}^2&=\mathrm{BA}^2+\mathrm{BD}^2-2\mathrm{BA}\cdot\mathrm{BD}\cos\angle\mathrm{ABD}\\&=(\sqrt{6})^2+1^2-2\sqrt{6}\cdot1\cdot\frac{\sqrt{6}}{9}\\&=\frac{17}{3}\end{aligned}$$

であるから，AD＞0 より，

$$\mathrm{AD}=\sqrt{\frac{17}{3}}=\frac{\sqrt{\boxed{51}}}{\boxed{3}}$$

である．

これより，

$$\mathrm{PD}=\frac{3}{2+3}\mathrm{AD}=\frac{3}{5}\cdot\frac{\sqrt{51}}{3}=\frac{\sqrt{\boxed{51}}}{\boxed{5}}$$

である．

さらに，△ABD に余弦定理を用いると，

$$\begin{aligned}\cos\angle\mathrm{ADB}&=\frac{\mathrm{DA}^2+\mathrm{DB}^2-\mathrm{AB}^2}{2\mathrm{DA}\cdot\mathrm{DB}}\\&=\frac{\left(\frac{\sqrt{51}}{3}\right)^2+1^2-(\sqrt{6})^2}{2\cdot\frac{\sqrt{51}}{3}\cdot1}\end{aligned}$$

余弦定理

$$b^2=c^2+a^2-2ca\cos B,$$

$$\cos B=\frac{c^2+a^2-b^2}{2ca}.$$

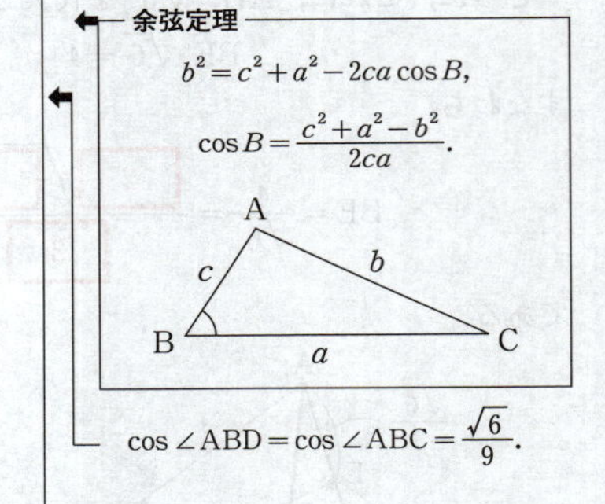

$$\cos\angle\mathrm{ABD}=\cos\angle\mathrm{ABC}=\frac{\sqrt{6}}{9}.$$

$=$ 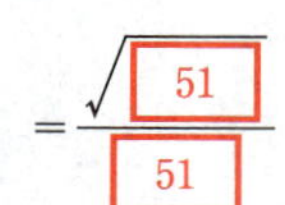 $\cdots$ ②

である．

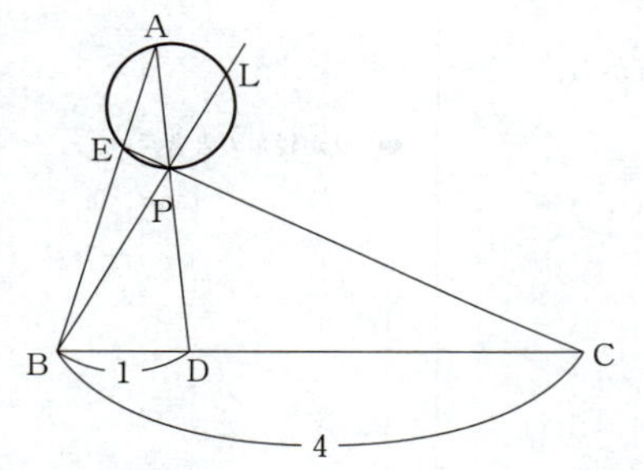

方べきの定理より，

$$\mathrm{BP} \cdot \mathrm{BL} = \mathrm{BE} \cdot \mathrm{BA}$$

であるから，① を代入して，

$$\mathrm{BP} \cdot \mathrm{BL} = \boxed{4} \qquad \cdots ③$$

← $\mathrm{BE} \cdot \mathrm{BA} = 4.$ $\cdots$ ①

である．

BD・BC＝4 であることと ③ より，

$$\mathrm{BP} \cdot \mathrm{BL} = \mathrm{BD} \cdot \mathrm{BC}$$

が成り立つから，方べきの定理の逆を用いると，

4 点 C，D，P，L は 1 つの円周上にある．

方べきの定理の逆

2 つの線分 AB と CD，または AB の延長と CD の延長が点 P で交わるとき，PA・PB＝PC・PD が成り立つならば，4 点 A，B，C，D は 1 つの円周上にある．

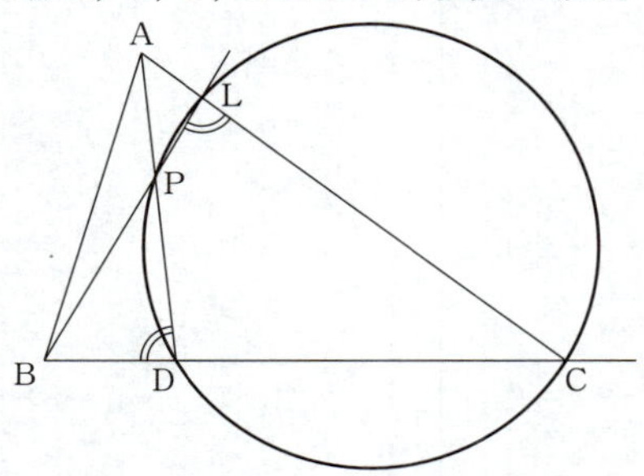

よって，四角形 CDPL は円に内接するから，

$$\angle \mathrm{BLC} = \angle \mathrm{PLC} = \angle \mathrm{PDB} = \angle \mathrm{ADB}$$

である．

円に内接する四角形の性質

$\alpha + \beta = 180°.$

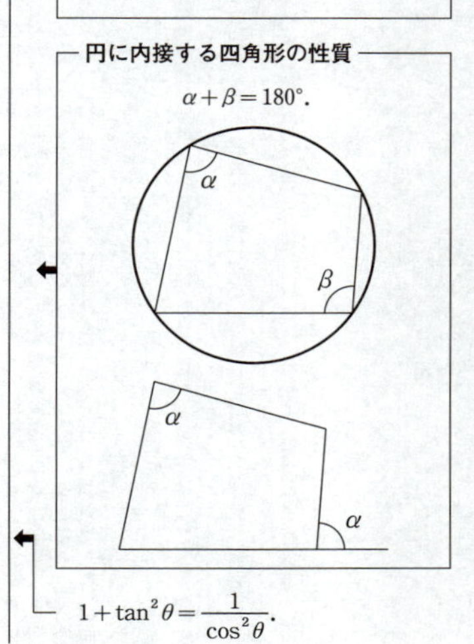

このことと ② より，

$$\cos \angle \mathrm{BLC} = \cos \angle \mathrm{ADB} = \frac{\sqrt{51}}{51}$$

であるから，これを $1 + \tan^2 \angle \mathrm{BLC} = \dfrac{1}{\cos^2 \angle \mathrm{BLC}}$ に代入すると，

← $1 + \tan^2 \theta = \dfrac{1}{\cos^2 \theta}.$

$$1+\tan^2\angle\mathrm{BLC}=\frac{1}{\left(\frac{\sqrt{51}}{51}\right)^2}$$

$$\tan^2\angle\mathrm{BLC}=50$$

$$\tan\angle\mathrm{BLC}=\pm5\sqrt{2}.$$

$\cos\angle\mathrm{BLC}>0$ より，$\angle\mathrm{BLC}$ は鋭角であるから，

$$\tan\angle\mathrm{BLC}=\boxed{5}\sqrt{\boxed{2}}$$

である．

⬅ θ が鋭角のとき，
$\tan\theta>0$.

数学Ⅱ・数学B

解答・採点基準

（100点満点）

問題番号(配点)	解答記号	正解	配点	自己採点
第1問 (30)	x^2+y^2-ア$x-$イ$y+$ウ	$x^2+y^2-6x-2y+9$	2	
	エ	0	1	
	$\frac{オ}{カ}$	$\frac{3}{4}$	2	
	$\frac{キク}{ケ}$	$\frac{-4}{3}$	2	
	コ	5	2	
	サ，シ，ス	2，6，8	4	
	$\frac{セ}{ソ}$	$\frac{1}{3}$	2	
	$\log_2$タ	$\log_2 1$	1	
	$\log_2$チ	$\log_2 2$	1	
	ツ	7	1	
	テ$r+$ト	$3r+1$	2	
	ナ	②	2	
	ニ	⓪	2	
	ヌ	0	1	
	ネ	④	2	
	ノ	3	1	
	ハヒ	11	2	
第1問　自己採点小計				

問題番号(配点)	解答記号	正解	配点	自己採点
第2問 (30)	ア	0	1	
	イウ	-3	2	
	エ，オ，カ	3，3，2	3	
	キ	0	2	
	クケ	-3	1	
	コサ	-1	2	
	シ	1	1	
	ス	3	1	
	セ	1	2	
	$\frac{ソ}{タ}$	$\frac{1}{3}$	2	
	チ，ツ，テ	3，1，3	3	
	ト	2	1	
	ナ，ニ，ヌ	6，2，3	3	
	$\frac{ネ}{ノ}$	$\frac{1}{3}$	3	
	$\sqrt{ハ}$	$\sqrt{3}$	3	
第2問　自己採点小計				
第3問 (20)	$\frac{アイ}{ウ}$	$\frac{-5}{2}$	2	
	エ，オ	4，2	2	
	カ	2	1	
	キ，ク，ケ	3，2，1	3	
	コ，サ，シ	7，4，2	2	
	スセソ	-34	1	
	タ，チ，ツテ	1，3，20	3	
	ト	6	1	
	ナニ	-2	3	
	ヌネノ	428	2	
第3問　自己採点小計				

問題番号(配点)	解答記号	正解	配点	自己採点
第4問 (20)	ア$\sqrt{イ}$	$3\sqrt{5}$	1	
	ウ$\sqrt{エ}$	$3\sqrt{5}$	1	
	(オ, カ, キク)	(6, 6, −3)	2	
	(2, ケコ, サ)	(2, −1, 2)	2	
	シ	0	1	
	ス	2	2	
	(セ, ソ, タチ)	(8, 2, −7)	2	
	ツ	6	2	
	テ	6	1	
	$\sqrt{トナ}$	$\sqrt{85}$	3	
	$\frac{ニ}{ヌ}$	$\frac{7}{6}$	1	
	ネノ, ハ, ヒフ, へホ	17, 3, 20, −7	2	
第4問　自己採点小計				
第5問 (20)	アイ	95	1	
	ウエ	20	1	
	オ.カキ	0.25	2	
	クケ%	40%	2	
	コ	①	2	
	サ.シ	1.9	2	
	ス.セソ	1.71	2	
	タ	②	2	
	チツ	95	1	
	テトナ	103	1	
	ニ	8	2	
	ヌ	6	2	
第5問　自己採点小計				
自己採点合計				

(注)

第1問，第2問は必答。

第3問～第5問のうちから2問選択。計4問を解答。

第1問　図形と方程式，指数関数・対数関数

〔1〕

(1)　C は点 $(3, 1)$ を中心とする半径1の円であるから，C の方程式は

$$(x-3)^2+(y-1)^2=1$$

であり，これを変形すると

$$x^2+y^2-\boxed{6}x-\boxed{2}y+\boxed{9}=0$$

である．

> **円の方程式**
> 中心 (a, b)，半径 r の円の方程式は
> $$(x-a)^2+(y-b)^2=r^2.$$

(2)　C の中心から直線 $\ell : y=ax$ までの距離を d とすると

$$d=\frac{|3a-1|}{\sqrt{a^2+(-1)^2}}$$

であり，円 C と直線 ℓ が接するのは，d が C の半径に等しいときであるから

$$d=1$$

すなわち

$$\frac{|3a-1|}{\sqrt{a^2+(-1)^2}}=1$$

のときである．これより

$$|3a-1|=\sqrt{a^2+1}$$

であり，これは両辺ともに正であるから，2乗すると

$$(3a-1)^2=a^2+1$$

となり，これを変形すると

$$8a^2-6a=0$$
$$a(4a-3)=0$$

となる．よって

$$a=\boxed{0},\ \frac{\boxed{3}}{\boxed{4}}$$

である．

> **点と直線の距離**
> 点 (x_0, y_0) と直線 $ax+by+c=0$ の距離は
> $$\frac{|ax_0+by_0+c|}{\sqrt{a^2+b^2}}.$$

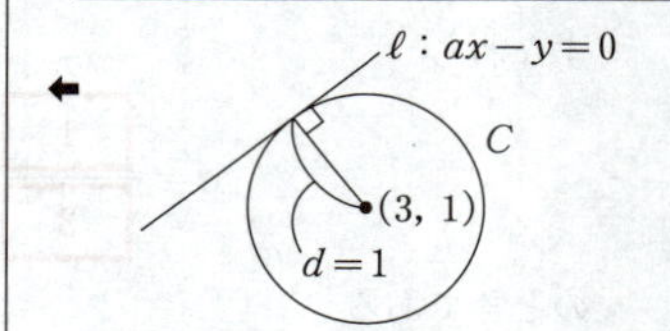

$a=\dfrac{3}{4}$ のとき，C と ℓ の接点を通り，ℓ に垂直な直線は，C の中心 $(3, 1)$ を通るから，その方程式は

$$y=-\frac{4}{3}(x-3)+1$$

すなわち

$$y=\frac{\boxed{-4}}{\boxed{3}}x+\boxed{5}$$

である．

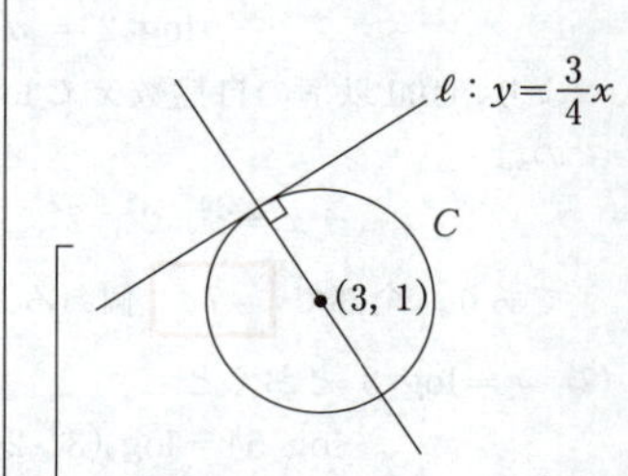

> **垂直条件**
> 傾き m の直線と，傾き m' の直線が直交するための条件は
> $$mm'=-1.$$

> **直線の方程式**
> 点 (a, b) を通り傾き m の直線の方程式は
> $$y=m(x-a)+b.$$

(3) 円 C と直線 ℓ が異なる2点A, Bで交わるとき，二つの交点を結ぶ線分ABの長さは，右図の直角三角形に三平方の定理を用いると

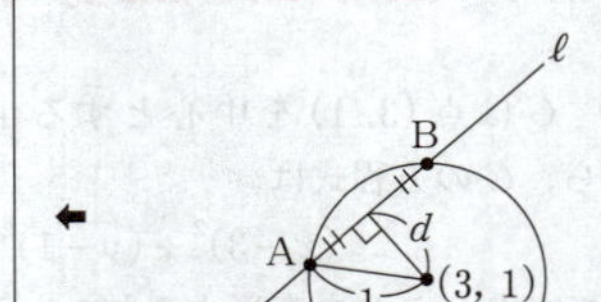

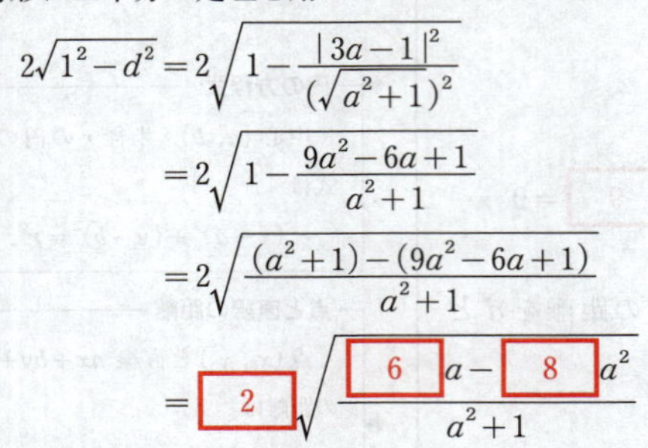

$$2\sqrt{1^2-d^2}=2\sqrt{1-\frac{|3a-1|^2}{(\sqrt{a^2+1})^2}}$$
$$=2\sqrt{1-\frac{9a^2-6a+1}{a^2+1}}$$
$$=2\sqrt{\frac{(a^2+1)-(9a^2-6a+1)}{a^2+1}}$$
$$=\boxed{2}\sqrt{\frac{\boxed{6}\,a-\boxed{8}\,a^2}{a^2+1}}$$

である．また，ABの長さが2となるのは

$$d=0$$

すなわち

$$a=\frac{\boxed{1}}{\boxed{3}}$$

のときである．

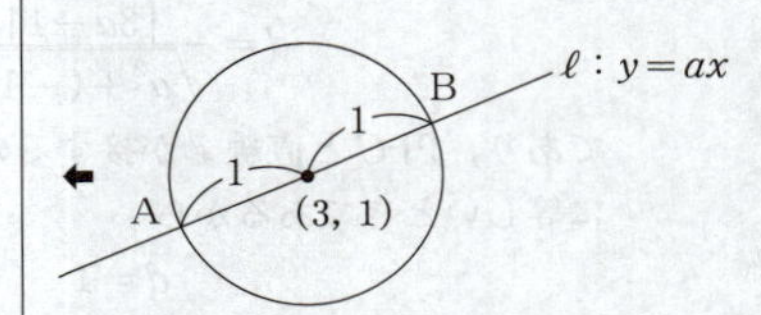

ℓ が点 (3, 1) を通ることから，a を求めてもよい．

〔2〕

(1) $\log_2\boxed{1}=0$, $\log_2\boxed{2}=1$ である．また

$$\log_2 2^n=n$$

より，100以下の自然数 x で $\log_2 x$ が整数になるものは

$$x=2^0,\ 2^1,\ 2^2,\ \cdots,\ 2^6$$

であり，全部で $\boxed{7}$ 個ある．

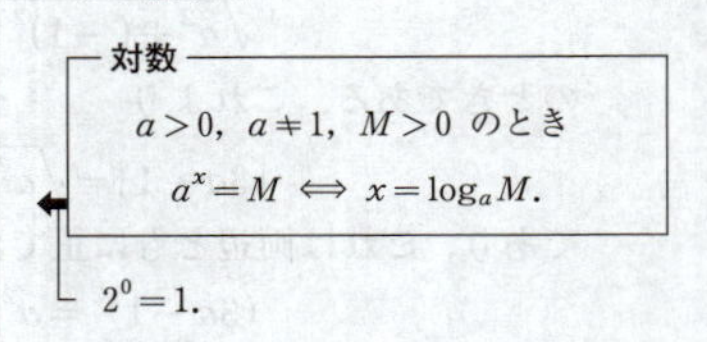

対数

$a>0$, $a\neq 1$, $M>0$ のとき

$a^x=M \iff x=\log_a M$.

$2^0=1$.

$2^6=64$, $2^7=128$.

(2) $r=\log_2 3$ とおくと

$$\log_2 54=\log_2(3^3\cdot 2)$$
$$=\log_2 3^3+\log_2 2$$
$$=3\log_2 3+1$$
$$=\boxed{3}\,r+\boxed{1}$$

となる．

$a>0$, $a\neq 1$, $M>0$, $N>0$ のとき

$\log_a MN=\log_a M+\log_a N$.

$a>0$, $a\neq 1$, $p>0$ で，x が実数のとき

$\log_a p^x=x\log_a p$.

$$\log_2 5=\frac{2\log_2 5}{2}=\frac{\log_2 5^2}{2}=\frac{\log_2 25}{2}$$

$$\frac{r+3}{2}=\frac{\log_2 3+\log_2 2^3}{2}=\frac{\log_2(3\cdot 2^3)}{2}=\frac{\log_2 24}{2}$$

より

$$\log_2 5>\frac{r+3}{2}$$

$a>1$, $M>0$, $N>0$ のとき

$M>N \iff \log_a M>\log_a N$.

である．よって，**ナ** に当てはまるものは

② である．

$$\log_{\frac{1}{2}}\frac{1}{\sqrt{3}}=\frac{\log_2\frac{1}{\sqrt{3}}}{\log_2\frac{1}{2}}=\frac{\log_2 3^{-\frac{1}{2}}}{\log_2 2^{-1}}=\frac{-\frac{1}{2}r}{-1}=\frac{r}{2}$$

より

$$\log_{\frac{1}{2}}\frac{1}{\sqrt{3}}<r$$

である．よって，**ニ** に当てはまるものは

⓪ である．

(3)　k を 3 以上の整数として，$\log_k 2$ の値を調べる．

$$n\leqq\log_k 2<n+1 \quad \cdots ①$$

より

$$k^n\leqq 2<k^{n+1} \quad \cdots ②$$

である．よって，① を満たす整数 n は **0** である．

また，整数 m について，不等式

$$\frac{m}{10}\leqq\log_k 2 \quad \cdots ③$$

は

$$m\leqq 10\log_k 2$$
$$m\leqq\log_k 2^{10}$$
$$k^m\leqq 2^{10} \quad \cdots ④$$

と書き直せることから，$\log_k 2$ を小数で表したときの小数第 1 位の数字を求めることができる．**ネ** に当てはまるものは **④** である．たとえば，

$k=7$ のとき

$$7^m\leqq 2^{10}$$

すなわち

$$7^m\leqq 1024$$

を満たす最大の整数 m は 3 であるから，③ より

$$\frac{3}{10}\leqq\log_7 2<\frac{4}{10}$$

が成り立つ．よって，$\log_7 2$ の小数第 1 位の数字は **3** である．

$m=2$ のとき

底の変換公式

a，b，c が正の数で，$a\neq 1$，$c\neq 1$ のとき

$$\log_a b=\frac{\log_c b}{\log_c a}.$$

$\sqrt{3}=3^{\frac{1}{2}}$.

⬅ $r=\log_2 3>0$.

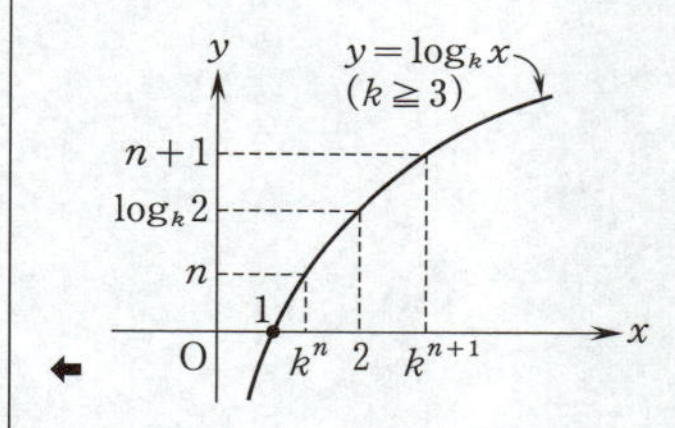

⬅ $n=0$ のとき，② は $1\leqq 2<k$.

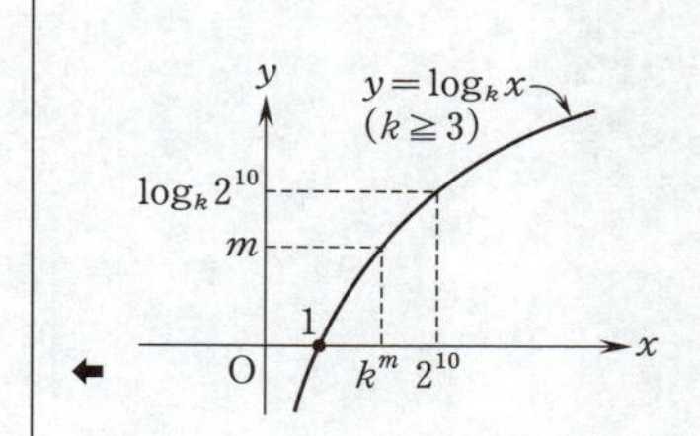

⬅ $7^3=343$，$7^4=2401$.

$$\frac{2}{10} \leqq \log_k 2 < \frac{3}{10}$$

は，④ より

$$k^2 \leqq 1024 < k^3$$

と書き直せる．これを満たす最小の整数 k は 11 であるから，$\log_k 2$ の小数第 1 位の数字が 2 となる k の値のうち最小のものは 11 であることがわかる．

← $11^2 = 121$，$11^3 = 1331$，
$10^2 = 100$，$10^3 = 1000$.

第2問　微分法・積分法

p，q，r は実数．$p>0$．関数 $f(x)=px^3+qx$ は $x=1$ で極値をとる．

$$C: y=f(x),\quad \ell: y=-x+r.$$

$$f'(x)=3px^2+q.$$

(1)　関数 $f(x)$ が $x=1$ で極値をとるので

$$f'(1)=\boxed{0}$$

すなわち

$$q=\boxed{-3}\,p$$

である．このとき

$$f(x)=px^3-3px,\quad f'(x)=3px^2-3p$$

である．また，点 $(s, f(s))$ における曲線 C の接線は

$$y-(ps^3-3ps)=(3ps^2-3p)(x-s)$$

すなわち

$$y=\left(\boxed{3}\,ps^2-\boxed{3}\,p\right)x-\boxed{2}\,ps^3 \quad\cdots①$$

と表せる．よって，C の接線の傾き $3ps^2-3p$ は，$s=\boxed{0}$ のとき最小値 $\boxed{-3}\,p$ をとる．

←**導関数**

$(x^n)'=nx^{n-1}$　$(n=1,\ 2,\ 3,\ \cdots)$，
$(c)'=0$　(c は定数)．

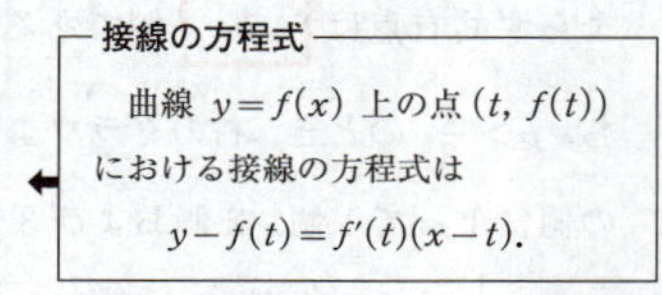

←**接線の方程式**

曲線 $y=f(x)$ 上の点 $(t,\ f(t))$ における接線の方程式は

$y-f(t)=f'(t)(x-t)$．

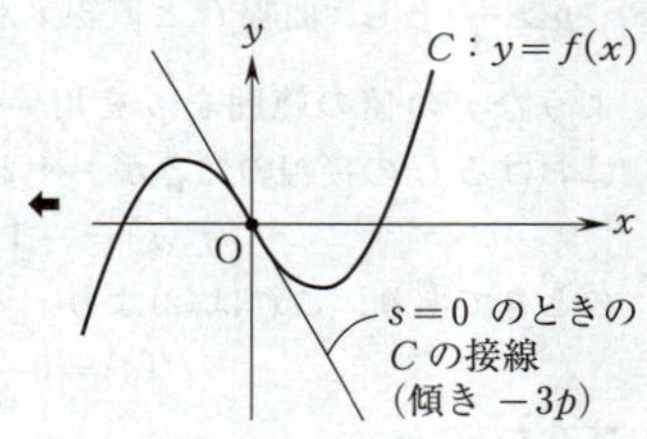

(2)　曲線 C と直線 $y=-x$ の共有点の個数を求める．

$$f(x)=-x$$

を変形すると

$$f(x)+x=0$$

となる．この左辺を $g(x)$ とする．$y=g(x)$ のグラフと x 軸の共有点の個数を求めればよい．

$$g'(x)=f'(x)+1=3px^2-(3p-1)$$

より，$3p-1\leqq 0$，すなわち，$-3p\geqq\boxed{-1}$ のとき

$$g'(x)\geqq 0$$

となり，$g(x)$ は単調増加となるから，右のグラフより，共有点は $\boxed{1}$ 個である．$3p-1>0$，すなわち，$-3p<-1$ のとき $g'(x)=0$ を満たす実数 x は $x=\pm\sqrt{\dfrac{3p-1}{3p}}$ であり，$g(x)$ の増減は次の表のようになる．

x	$\cdots$	$-\sqrt{\dfrac{3p-1}{3p}}$	$\cdots$	$\sqrt{\dfrac{3p-1}{3p}}$	$\cdots$
$g'(x)$	$+$	0	$-$	0	$+$
$g(x)$	↗		↘		↗

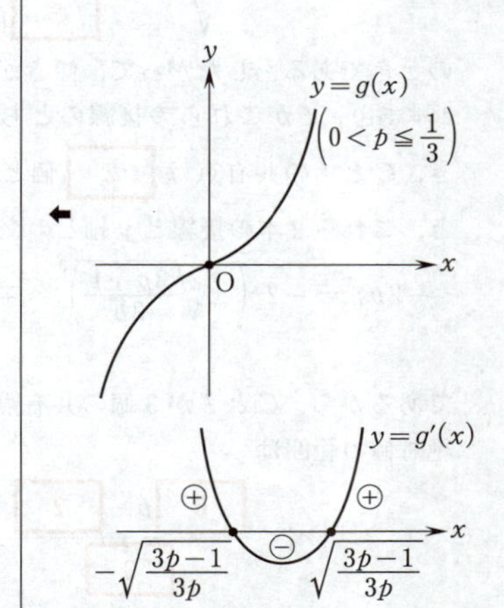

← $y=g'(x)$ のグラフを描くと $g'(x)$ の符号の変化がわかりやすい．

右のグラフより，共有点は $\boxed{3}$ 個である．

C と直線 ℓ の共有点の個数を調べる．

$$f(x)=-x+r$$

を変形すると

$$g(x)=r$$

となる．$y=g(x)$ のグラフと $y=r$ のグラフの共有点の個数を求めればよい．$3p-1\leqq 0$，すなわち，

$0<p\leqq\dfrac{\boxed{1}}{\boxed{3}}$ のときは，右のグラフより，r の値によらず共有点は $\boxed{1}$ 個である．$3p-1>0$，すなわち，$p>\dfrac{1}{3}$ のとき，右のグラフより，共有点の個数は r の値によって1個，2個および3個の場合がある．

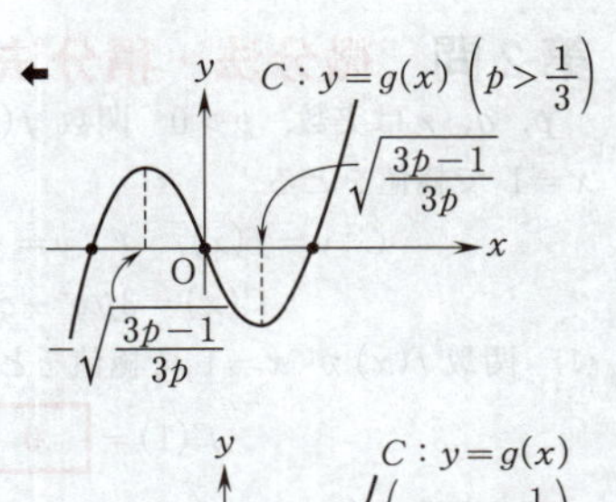

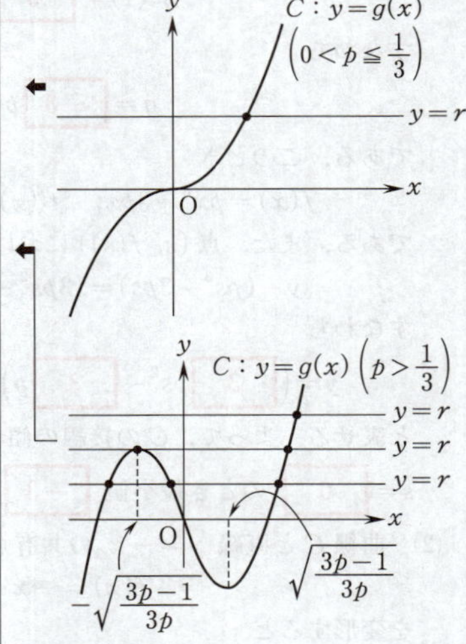

(3) $p>\dfrac{1}{3}$ とし，曲線 C と直線 ℓ が3個の共有点をもつような r の値の範囲を p を用いて表す．点 $(s,\ f(s))$ における C の接線の傾きが -1 となるのは

$$f'(s)=-1$$

のときであり，これは(2)より

$$g'(s)=0$$

すなわち

$$s=\pm\sqrt{\frac{\boxed{3}\,p-\boxed{1}}{\boxed{3}\,p}}$$

のときである．したがって，傾きが -1 となる接線は2本あり，ℓ がこれらの接線のどちらかと一致するとき，C と ℓ の共有点は $\boxed{2}$ 個となる．①を用いると，これら2本の接線と y 軸との交点の y 座標は

$$-2ps^3=-2p\left(\pm\sqrt{\frac{3p-1}{3p}}\right)^3=\mp\frac{6p-2}{3}\sqrt{\frac{3p-1}{3p}}$$

（複号同順）

であるから，C と ℓ が3個の共有点をもつような r の絶対値の範囲は

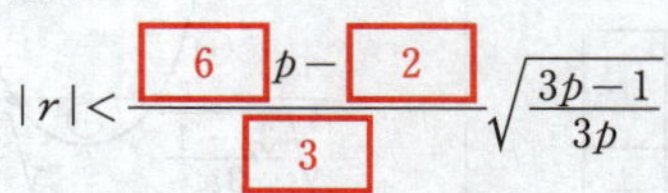

$$|r|<\frac{\boxed{6}\,p-\boxed{2}}{\boxed{3}}\sqrt{\frac{3p-1}{3p}}$$

であることがわかる．

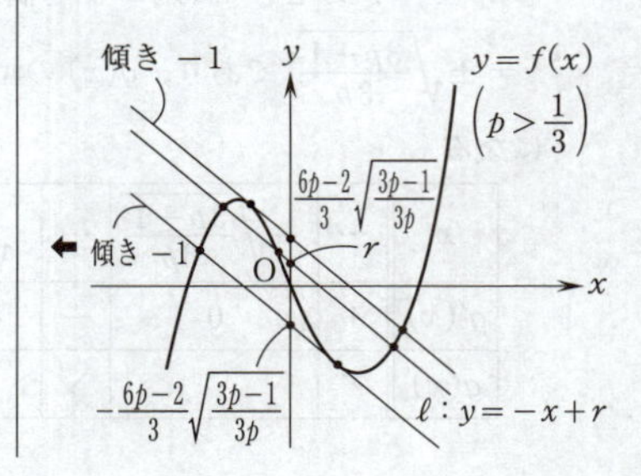

(4)　u は1以上の実数．t が $t>u$ の範囲を動くとき，曲線 $y=x^2-1$ と x 軸および2直線 $x=u$，$x=t$ で囲まれた図形の面積は

$$\int_u^t (x^2-1)\,dx=\left[\frac{x^3}{3}-x\right]_u^t=\left(\frac{t^3}{3}-t\right)-\left(\frac{u^3}{3}-u\right)$$

であり，これが $f(t)$ とつねに等しいとき

$$\left(\frac{t^3}{3}-t\right)-\left(\frac{u^3}{3}-u\right)=pt^3-3pt$$

は，t についての恒等式であるから，係数を比較すると

$$\frac{1}{3}=p,\quad -1=-3p,\quad \frac{u^3}{3}-u=0$$

すなわち

$$p=\frac{1}{3},\quad \frac{1}{3}u(u+\sqrt{3})(u-\sqrt{3})=0$$

である．よって，$p=\dfrac{\boxed{1}}{\boxed{3}}$，$u=\sqrt{\boxed{3}}\ (\geqq 1)$ となる．

【(4) の別解】

(4)　u は1以上の実数．t が $t>u$ の範囲を動くとき，曲線 $y=x^2-1$ と x 軸および2直線 $x=u$，$x=t$ で囲まれた図形の面積が $f(t)$ とつねに等しいとすると

$$\int_u^t (x^2-1)\,dx=f(t)\qquad \cdots ②$$

が成り立つ．両辺を t で微分すると

$$t^2-1=f'(t)$$
$$t^2-1=3pt^2-3p$$

より

$$3p=1$$

すなわち

$$p=\frac{1}{3}$$

である．このとき，② において，$t=u$ とすると

$$0=\frac{u^3}{3}-u.\ (\text{以下略})$$

面積

区間 $\alpha\leqq x\leqq\beta$ においてつねに $g(x)\leqq f(x)$ ならば2曲線 $y=f(x)$，$y=g(x)$ および直線 $x=\alpha$，$x=\beta$ で囲まれた部分の面積は

$$S=\int_\alpha^\beta \{f(x)-g(x)\}\,dx.$$

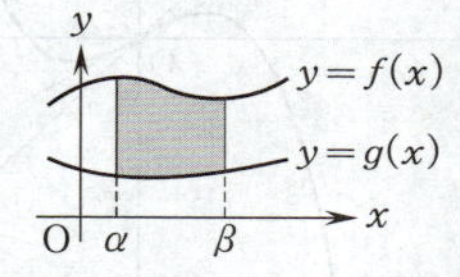

定積分

$$\int x^n\,dx=\frac{1}{n+1}x^{n+1}+C$$

（ただし $n=0, 1, 2, \cdots$，C は積分定数）

であり，$f(x)$ の原始関数の一つを $F(x)$ とすると

$$\int_\alpha^\beta f(x)\,dx=\Big[F(x)\Big]_\alpha^\beta=F(\beta)-F(\alpha).$$

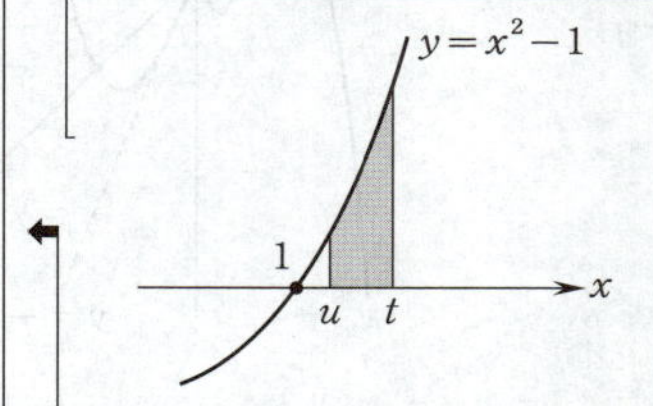

微分と積分の関係

関数 $f(x)$ と定数 a について

$$\frac{d}{dx}\int_a^x f(t)\,dt=f(x).$$

【参考】

$-3p \geqq -1$，すなわち，$0 < p \leqq \dfrac{1}{3}$ のとき

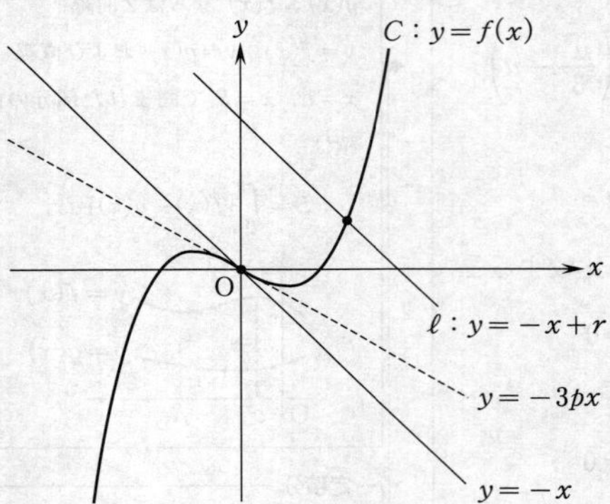

$p > \dfrac{1}{3}$ のとき

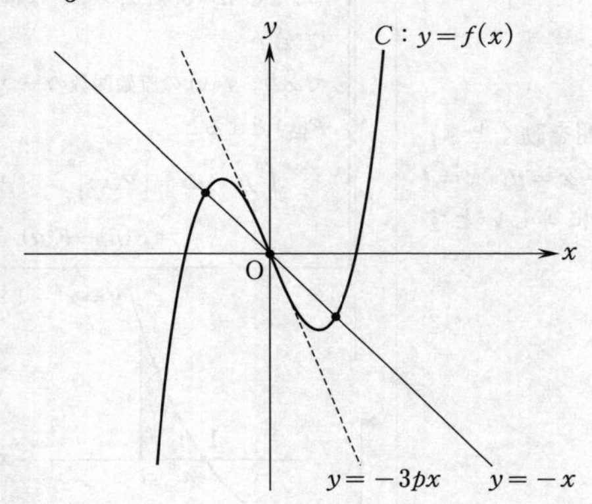

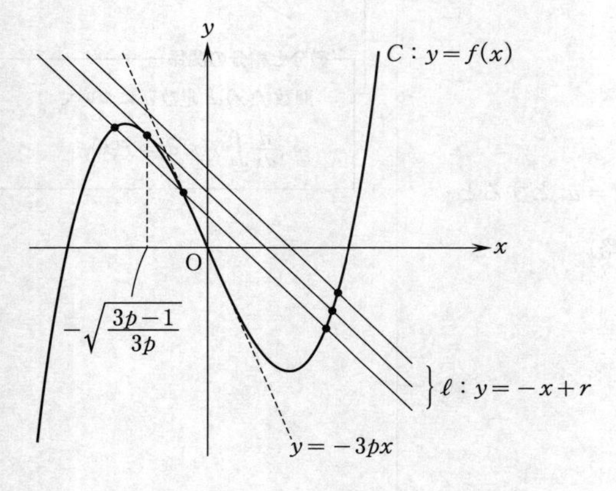

第3問　数列

数列 $\{a_n\}$ は次のように定められている．

$$a_1=-5$$

$$na_{n+1}=(n+2)a_n+4(n+1)\ (n=1,\ 2,\ 3,\ \cdots)\ \cdots(*)$$

(1)　$\{a_n\}$ の一般項を求める．

$$b_n=\frac{a_n}{n(n+1)}\ \text{とおくと，}\ b_1=\frac{a_1}{1(1+1)}=\frac{\boxed{-5}}{\boxed{2}}$$

である．さらに，(*)の両辺を $n(n+1)(n+2)$ で割ると

$$\frac{a_{n+1}}{(n+1)(n+2)}=\frac{a_n}{n(n+1)}+\frac{4}{n(n+2)}$$

となるから，b_n と b_{n+1} は関係式

$$b_{n+1}-b_n=\frac{\boxed{4}}{n\left(n+\boxed{2}\right)}$$

を満たす．

ここで，すべての自然数 k に対して

$$\frac{4}{k(k+2)}=\boxed{2}\left(\frac{1}{k}-\frac{1}{k+2}\right)$$

が成り立つから，2 以上の自然数 n に対して

$$\sum_{k=1}^{n-1}\frac{4}{k(k+2)}$$

$$=2\sum_{k=1}^{n-1}\left(\frac{1}{k}-\frac{1}{k+2}\right)$$

$$=2\left\{\left(\frac{1}{1}-\frac{1}{3}\right)+\left(\frac{1}{2}-\frac{1}{4}\right)+\left(\frac{1}{3}-\frac{1}{5}\right)+\left(\frac{1}{4}-\frac{1}{6}\right)+\right.$$

$$\left.\cdots+\left(\frac{1}{n-3}-\frac{1}{n-1}\right)+\left(\frac{1}{n-2}-\frac{1}{n}\right)+\left(\frac{1}{n-1}-\frac{1}{n+1}\right)\right\}$$

$$=2\left(1+\frac{1}{2}-\frac{1}{n}-\frac{1}{n+1}\right)$$

$$=\frac{\boxed{3}n^2-n-\boxed{2}}{n\left(n+\boxed{1}\right)}$$

である．これを用いて数列 $\{b_n\}$ の一般項を求めると，$n\geqq 2$ のとき

$$b_n=b_1+\sum_{k=1}^{n-1}\frac{4}{k(k+2)}$$

$$=-\frac{5}{2}+\frac{3n^2-n-2}{n(n+1)}$$

であり，この結果は $n=1$ でも成り立つ．よって

$$a_n=n(n+1)b_n$$

⬅ $2\left(\frac{1}{k}-\frac{1}{k+2}\right)=2\cdot\frac{(k+2)-k}{k(k+2)}$
$=\frac{4}{k(k+2)}.$

⬅ **階差数列**

数列 $\{b_n\}$ に対して，

$d_n=b_{n+1}-b_n\quad(n=1,\ 2,\ 3,\ \cdots)$

で定められる数列 $\{d_n\}$ を $\{b_n\}$ の階差数列という．

$$b_n=b_1+\sum_{k=1}^{n-1}d_k\quad(n\geqq 2)$$

が成り立つ．

$$=-\frac{5}{2}n(n+1)+3n^2-n-2$$

$$=\frac{n^2-\boxed{7}\,n-\boxed{4}}{\boxed{2}}$$

である．

(2)　数列 $\{c_n\}$ の初項から第 n 項までの和 S_n が

$$\begin{aligned}S_n&=n(2a_n-24)\\&=n\{(n^2-7n-4)-24\}\\&=n(n^2-7n-28)\\&=n^3-7n^2-28n\end{aligned}$$

で与えられるとき，$\{c_n\}$ の一般項と，c_1 から c_{10} までの各項の絶対値の和 $\sum_{n=1}^{10}|c_n|$ を求める．

$$c_1=S_1=1-7-28=\boxed{-34}$$

である．また，$n\geqq 2$ のとき

$$\begin{aligned}c_n&=S_n-S_{n-1}\\&=(n^3-7n^2-28n)-\{(n-1)^3-7(n-1)^2-28(n-1)\}\\&=(n^3-7n^2-28n)\\&\quad-\{(n^3-3n^2+3n-1)-7(n^2-2n+1)-28(n-1)\}\\&=3n^2-17n-20\\&=\left(n+\boxed{1}\right)\left(\boxed{3}\,n-\boxed{20}\right)\qquad\cdots①\end{aligned}$$

である．① は $n=1$ のときにも成り立つから，$\{c_n\}$ の一般項は ① である．

① から

$$c_n<0$$

となるのは

$$3n-20<0$$

すなわち

$$n<\frac{20}{3}=6.66\cdots\cdots$$

のときであり，n は自然数であるから

$$1\leqq n\leqq\boxed{6}$$

のときである．また，$n>6$ のとき，$c_n>0$ である．

よって

$$\begin{aligned}\sum_{n=1}^{10}|c_n|&=-\sum_{n=1}^{6}c_n+\sum_{n=7}^{10}c_n\\&=-\sum_{n=1}^{6}c_n+\left(\sum_{n=1}^{10}c_n-\sum_{n=1}^{6}c_n\right)\\&=\boxed{-2}\,S_6+S_{10}\end{aligned}$$

$$= -2 \cdot 6(6^2 - 7 \cdot 6 - 28) + 10(10^2 - 7 \cdot 10 - 28)$$

$$= \boxed{428}$$

である．

← $S_n = n(n^2 - 7n - 28)$.

第4問　空間ベクトル

P(0, 6, 3),　Q(4, −2, −5),　R(12, 0, −3).

3点O，P，Qの定める平面が α.

α 上の ∠POQ の二等分線が ℓ.

ℓ 上に点Aを，$\left|\overrightarrow{\mathrm{OA}}\right|=9$ かつ x 座標が正であるようにとる.

α 上に点Hを，$\overrightarrow{\mathrm{HR}}\perp\overrightarrow{\mathrm{OP}}$，$\overrightarrow{\mathrm{HR}}\perp\overrightarrow{\mathrm{OQ}}$ であるようにとる.

(1) $\left|\overrightarrow{\mathrm{OP}}\right|=\sqrt{0^2+6^2+3^2}=\boxed{3}\sqrt{\boxed{5}}$

$\left|\overrightarrow{\mathrm{OQ}}\right|=\sqrt{4^2+(-2)^2+(-5)^2}=\boxed{3}\sqrt{\boxed{5}}$

であるから，実数 a を用いて

$$\overrightarrow{\mathrm{OA}}=a(\overrightarrow{\mathrm{OP}}+\overrightarrow{\mathrm{OQ}})=a\{(0,\ 6,\ 3)+(4,\ -2,\ -5)\}$$
$$=2a(2,\ 2,\ -1)$$

と表せる．点Aの x 座標が正であるから $a>0$ である.

$$\left|\overrightarrow{\mathrm{OA}}\right|=2a\sqrt{2^2+2^2+(-1)^2}=6a$$

と $\left|\overrightarrow{\mathrm{OA}}\right|=9$ より，$a=\dfrac{3}{2}$ であるから，点Aの座標は

$$\left(\boxed{6},\ \boxed{6},\ \boxed{-3}\right)$$

である.

(2) 点Hの座標と線分HRの長さを求める.

$\vec{n}=(2,\ x,\ y)$ とすると，$\overrightarrow{\mathrm{OP}}\perp\vec{n}$，$\overrightarrow{\mathrm{OQ}}\perp\vec{n}$ より

$$\overrightarrow{\mathrm{OP}}\cdot\vec{n}=0,\quad \overrightarrow{\mathrm{OQ}}\cdot\vec{n}=0$$

であるから

$$0\cdot2+6x+3y=0,\quad 4\cdot2-2x-5y=0$$

である．これより

$$x=-1,\quad y=2$$

である．よって

$$\vec{n}=\left(2,\ \boxed{-1},\ \boxed{2}\right)$$

である．$\overrightarrow{\mathrm{HR}}=k\vec{n}$ とおくと $\overrightarrow{\mathrm{OH}}=\overrightarrow{\mathrm{OR}}-k\vec{n}$ である.

$\overrightarrow{\mathrm{OH}}\perp\vec{n}$ より，$\overrightarrow{\mathrm{OH}}\cdot\vec{n}=\boxed{0}$，すなわち

$$(\overrightarrow{\mathrm{OR}}-k\vec{n})\cdot\vec{n}=0$$
$$\overrightarrow{\mathrm{OR}}\cdot\vec{n}-k\left|\vec{n}\right|^2=0$$
$$12\cdot2+0\cdot(-1)+(-3)\cdot2-k\{2^2+(-1)^2+2^2\}=0$$
$$18-9k=0$$

であるから，$k=\boxed{2}$ である．したがって

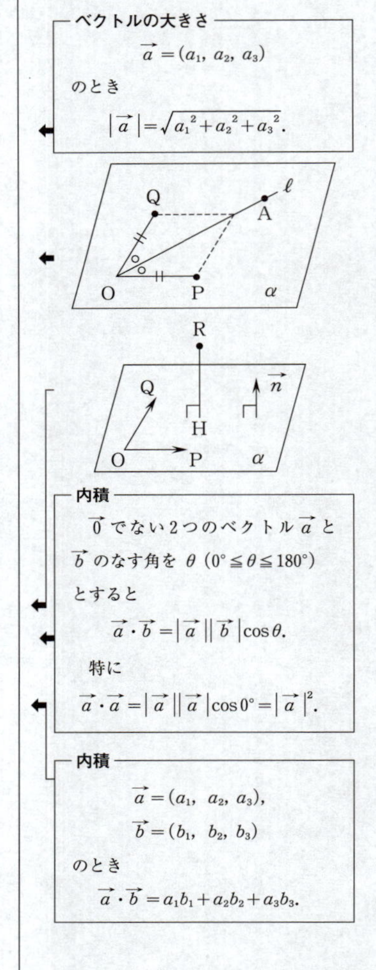

← $\left|\vec{n}\right|^2=2^2+(-1)^2+2^2=9$.

$$\overrightarrow{OH}=\overrightarrow{OR}-2\vec{n}$$
$$=(12,\ 0,\ -3)-2(2,\ -1,\ 2)$$
$$=(8,\ 2,\ -7)$$

より，Hの座標は $\left(\boxed{8},\ \boxed{2},\ \boxed{-7}\right)$ であり，

HRの長さは

$$2\left|\vec{n}\right|=2\cdot 3=\boxed{6}$$

である．

← $\overrightarrow{HR}=2\vec{n}$，$\left|\vec{n}\right|=3$.

(3)　平面 α 上で点Aを中心とする半径1の円 C を考える．点Bが C 上を動くとき，線分RBの長さの最大値と，そのときのBの座標を求める．

$$\overrightarrow{HA}=\overrightarrow{OA}-\overrightarrow{OH}=(6,\ 6,\ -3)-(8,\ 2,\ -7)$$
$$=(-2,\ 4,\ 4)$$

より，AとHの距離は

$$\sqrt{(-2)^2+4^2+4^2}=\boxed{6}$$

である．直線HAと円 C の2つの交点のうちHから遠い方を B_0 とおく．Bは平面 α 上にあるから，$\angle RHB=90°$ である．直角三角形RHBに三平方の定理を用いると

$$RB=\sqrt{HR^2+HB^2}$$
$$=\sqrt{6^2+HB^2}$$
$$\leqq\sqrt{6^2+{HB_0}^2}$$
$$=\sqrt{6^2+(HA+AB_0)^2}$$
$$=\sqrt{6^2+(6+1)^2}$$
$$=\sqrt{85}$$

←

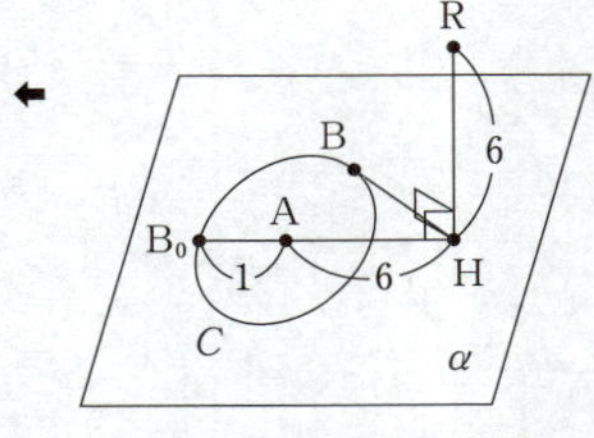

$HA=6>1=$（C の半径）

より，Hは C の外部にある．

が成り立つ．等号成立条件は，Bと B_0 が一致することであり，このとき，RBの長さは最大値 $\sqrt{\boxed{85}}$ をとる．また，RBの長さが最大となるBは

$$\overrightarrow{HB}=\overrightarrow{HB_0}=\frac{\boxed{7}}{\boxed{6}}\overrightarrow{HA}$$

を満たすから

$$\overrightarrow{OB}=\overrightarrow{OH}+\overrightarrow{HB}$$
$$=\overrightarrow{OH}+\frac{7}{6}\overrightarrow{HA}$$
$$=(8,\ 2,\ -7)+\frac{7}{6}(-2,\ 4,\ 4)$$
$$=\left(\frac{17}{3},\ \frac{20}{3},\ \frac{-7}{3}\right)$$

より，求める B の座標は

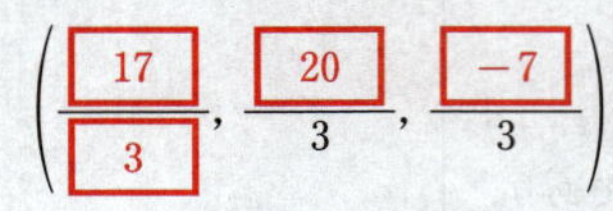

$$\left(\frac{17}{3},\ \frac{20}{3},\ \frac{-7}{3}\right)$$

である．

第5問　確率分布と統計的な推測

全国規模の検定試験が毎年度行われており，この試験の満点は200点で，点数が100点以上の人が合格となる．今年度行われた第1回目と第2回目の試験について考える．

(1)　第1回目の試験については，受験者全体での平均点が95点，標準偏差が20点であることだけが公表されている．受験者全体での点数の分布を正規分布とみなして，この試験の合格率を求める．試験の点数を表す確率変数を X としたとき，$Z=\dfrac{X-\boxed{95}}{\boxed{20}}$ が標準正規分布に従うことを利用すると，正規分布表より

$$P(X\geqq 100)=P\left(Z\geqq\frac{100-95}{20}\right)$$
$$=P\left(Z\geqq \boxed{0}.\boxed{25}\right)$$
$$=0.5-P(0\leqq Z\leqq 0.25)$$
$$=0.5-0.0987$$
$$=0.4013$$

により，合格率は $\boxed{40}$ % である．

また，正規分布表より

$$P(X\geqq 120.6)=P\left(\frac{X-95}{20}\geqq 1.28\right)$$
$$=P(Z\geqq 1.28)$$
$$=0.5-P(0\leqq Z\leqq 1.28)$$
$$=0.5-0.3997$$
$$=0.1003$$

であるから，点数が受験者全体の上位10% の中に入る受験者の最低点はおよそ121点である．よって，

$\boxed{コ}$ に当てはまるものは $\boxed{①}$ である．

(2)　第1回目の試験の受験者全体から無作為に19名を選んだとき，その中で点数が受験者全体の上位10% に入る人数を表す確率変数を Y とする．

Y の分布を二項分布 $B(19,\ 0.1)$ とみなすと，Y の期待値は

$$19\cdot 0.1=\boxed{1}.\boxed{9}$$

であり，分散は

$$1.9\cdot(1-0.1)=1.9\cdot 0.9=\boxed{1}.\boxed{71}$$

期待値(平均)，分散

確率変数 X のとり得る値を

$$x_1,\ x_2,\ \cdots,\ x_n$$

とし，X がこれらの値をとる確率をそれぞれ

$$p_1,\ p_2,\ \cdots,\ p_n$$

とすると，X の期待値(平均) $E(X)$ は

$$E(X)=\sum_{k=1}^{n}x_kp_k.$$

また，X の分散 $V(X)$ は $E(X)=m$ として

$$V(X)=\sum_{k=1}^{n}(x_k-m)^2p_k\quad\cdots(*)$$

または

$$V(X)=E(X^2)-\{E(X)\}^2.\cdots(**)$$

$\sqrt{V(X)}$ を X の標準偏差という．

標準正規分布

平均0，標準偏差1の正規分布 $N(0,\ 1)$ を標準正規分布という．

$$\frac{120.6-95}{20}=1.28.$$

二項分布

n を自然数とする．

確率変数 X のとり得る値が

$$0,\ 1,\ 2,\ \cdots,\ n$$

であり，X の確率分布が

$$P(X=r)={}_n\mathrm{C}_r\,p^r(1-p)^{n-r}$$
$$(r=0,\ 1,\ 2,\ \cdots,\ n)$$

であるとき，X の確率分布を二項分布といい，$B(n,\ p)$ で表す．

二項分布の期待値(平均)，分散

確率変数 X が二項分布 $B(n,\ p)$ に従うとき，$q=1-p$ とすると X の期待値(平均) $E(X)$ と分散 $V(X)$ は

$$E(X)=np,$$
$$V(X)=npq$$

である．

である．また，$Y=1$ となる確率を p_1，$Y=2$ となる確率を p_2 とする．このとき

$$\frac{p_1}{p_2}=\frac{{}_{19}\mathrm{C}_1\cdot0.1\cdot0.9^{18}}{{}_{19}\mathrm{C}_2\cdot0.1^2\cdot0.9^{17}}=\frac{19\cdot0.1\cdot0.9^{18}}{\frac{19\cdot18}{2}\cdot0.1^2\cdot0.9^{17}}=1$$

である．よって，[タ] に当てはまるものは [②] である．

(3)　第2回目の試験の受験者全体の平均点と標準偏差はまだ公表されていない．第2回目の試験の受験者全体を母集団としたときの母平均 m を推定するため，この受験者から無作為に抽出された96名の点数を調べたところ，標本平均の値は99点であった．

母標準偏差の値を第1回目の試験と同じ20点であるとすると，標本平均の分布が正規分布で近似できることを用いて，m に対する信頼度95%の信頼区間は $\sqrt{6}=2.45$ として

$$99-1.96\cdot\frac{20}{\sqrt{96}}\leqq m\leqq99+1.96\cdot\frac{20}{\sqrt{96}}$$

すなわち

$$\boxed{95}\leqq m\leqq\boxed{103}$$

となり，この信頼区間の幅は

$$103-95=\boxed{8}$$

である．

また母標準偏差の値が15点であるとすると，m に対する信頼度95%の信頼区間の幅は

$$8\cdot\frac{15}{20}=\boxed{6}$$

となる．

母平均の推定

標本平均を $\overline{X}$，母標準偏差を σ とすると，標本の大きさ n が大きいとき，母平均 m に対する信頼度95%の信頼区間は

$$\left[\overline{X}-1.96\cdot\frac{\sigma}{\sqrt{n}},\ \overline{X}+1.96\cdot\frac{\sigma}{\sqrt{n}}\right].$$

← $1.96\cdot\frac{20}{\sqrt{96}}=1.96\cdot\frac{20}{4\sqrt{6}}$

$=1.96\cdot\frac{20}{4\cdot2.45}=4.$

← $2\cdot1.96\cdot\frac{20}{\sqrt{96}}=8.$

← $2\cdot1.96\cdot\frac{15}{\sqrt{96}}=2\cdot1.96\cdot\frac{20}{\sqrt{96}}\cdot\frac{15}{20}$

$=8\cdot\frac{3}{4}=6.$

数学Ⅰ・数学A
数学Ⅱ・数学B

（2018年１月実施）

	受験者数	平均点
数学Ⅰ・数学A	396,479	61.91
数学Ⅱ・数学B	353,423	51.07

数学Ⅰ・数学A

解答・採点基準

（100点満点）

問題番号(配点)	解答記号	正　解	配点	自己採点
第1問 (30)	ア	5	2	
	イ，ウエ	6，14	4	
	オ	2	2	
	カ	8	2	
	キ	②	3	
	ク	⓪	3	
	ケ	②	2	
	コ	⓪	2	
	$サ+\frac{シ}{a}$	$1+\frac{3}{a}$	2	
	ス	1	2	
	セ	1	2	
	$\frac{ソ}{タ}$	$\frac{4}{5}$	2	
	$\frac{チ+\sqrt{ツテ}}{ト}$	$\frac{7+\sqrt{13}}{4}$	2	
第1問　自己採点小計				
第2問 (30)	$\frac{ア}{イ}$	$\frac{7}{9}$	3	
	$\frac{ウ\sqrt{エ}}{オ}$	$\frac{4\sqrt{2}}{9}$	3	
	カ，キ	⓪，④	5	
	$ク\sqrt{ケコ}$	$2\sqrt{33}$	4	
	サ，シ	①，⑥（解答の順序は問わない）	6（各3）	
	ス，セ	④，⑤（解答の順序は問わない）	6（各3）	
	ソ	②	3	
第2問　自己採点小計				

問題番号(配点)	解答記号	正　解	配点	自己採点
第3問 (20)	$\frac{ア}{イ}$	$\frac{1}{6}$	2	
	$\frac{ウ}{エ}$	$\frac{1}{6}$	2	
	$\frac{オ}{カ}$	$\frac{1}{9}$	2	
	$\frac{キ}{ク}$	$\frac{1}{4}$	2	
	$\frac{ケ}{コ}$	$\frac{1}{6}$	2	
	サ	①	2	
	シ	②	2	
	$\frac{ス}{セソタ}$	$\frac{1}{432}$	3	
	$\frac{チ}{ツテ}$	$\frac{1}{81}$	3	
第3問　自己採点小計				
第4問 (20)	ア，イ，ウ	4，3，2	3	
	エオ	15	3	
	カ	2	2	
	キク	41	2	
	ケ	7	2	
	コサシ	144	2	
	ス	2	3	
	セソ	23	3	
第4問　自己採点小計				
第5問 (20)	$\frac{ア\sqrt{イ}}{ウ}$	$\frac{2\sqrt{5}}{3}$	3	
	$\frac{エオ}{カ}$	$\frac{20}{9}$	3	
	$\frac{キク}{ケ}$	$\frac{10}{9}$	2	
	コ，サ	⓪，④	4	
	$\frac{シ}{ス}$	$\frac{5}{8}$	3	
	$\frac{セ}{ソ}$	$\frac{5}{3}$	2	
	タ	①	3	
第5問　自己採点小計				
自己採点合計				

（注）
第1問，第2問は必答。
第3問～第5問のうちから2問選択。計4問を解答。

第1問　数と式・集合と命題・2次関数

〔1〕

$$A=x(x+1)(x+2)(5-x)(6-x)(7-x). \quad \cdots ①$$

$$(x+n)(n+5-x)=nx+x(5-x)+n^2+n(5-x)$$
$$=x(5-x)+n^2+\boxed{5}\,n \quad \cdots ②$$

であり，$X=x(5-x)$ とおくと，② は，

$$(x+n)(n+5-x)=X+n^2+5n \quad \cdots ②'$$

となる．

$n=0,\ 1,\ 2$ を ②′ にそれぞれ代入すると，

$$\left.\begin{aligned} x(5-x)&=X, \\ (x+1)(6-x)&=X+6, \\ (x+2)(7-x)&=X+14 \end{aligned}\right\} \quad \cdots ③$$

である．

← $n=0$ のとき．
← $n=1$ のとき．
← $n=2$ のとき．

したがって，③ を ① に代入すると，

$$A=x(5-x)\cdot(x+1)(6-x)\cdot(x+2)(7-x)$$
$$=X\left(X+\boxed{6}\right)\left(X+\boxed{14}\right) \quad \cdots ①'$$

と表せる．

$x=\dfrac{5+\sqrt{17}}{2}$ のとき，

$$2x=5+\sqrt{17}$$
$$2x-5=\sqrt{17}$$
$$(2x-5)^2=(\sqrt{17})^2$$
$$20x-4x^2=8$$
$$4x(5-x)=8$$
$$4X=8$$
$$X=\boxed{2}$$

であり，これを ①′ に代入すると，

$$A=2(2+6)(2+14)$$
$$=2^1\cdot 2^3\cdot 2^4$$
$$=2^{\boxed{8}}$$

である．

← 次のように $x=\dfrac{5+\sqrt{17}}{2}$ を直接 X に代入して求めてもよい．

$$X=x(5-x)$$
$$=\frac{5+\sqrt{17}}{2}\left(5-\frac{5+\sqrt{17}}{2}\right)$$
$$=\frac{5+\sqrt{17}}{2}\cdot\frac{5-\sqrt{17}}{2}$$
$$=\frac{25-17}{4}$$
$$=2.$$

〔2〕

(1)
$$U=\{x \mid x \text{ は 20 以下の自然数}\},$$
$$A=\{x \mid x\in U \text{ かつ } x \text{ は 20 の約数}\},$$
$$B=\{x \mid x\in U \text{ かつ } x \text{ は 3 の倍数}\},$$
$$C=\{x \mid x\in U \text{ かつ } x \text{ は偶数}\}$$

より，次図を得る．

← $A=\{1,\ 2,\ 4,\ 5,\ 10,\ 20\}$.
← $B=\{3,\ 6,\ 9,\ 12,\ 15,\ 18\}$.
← $C=\{2,\ 4,\ 6,\ 8,\ 10,\ 12,\ 14,\ 16,\ 18,\ 20\}$.

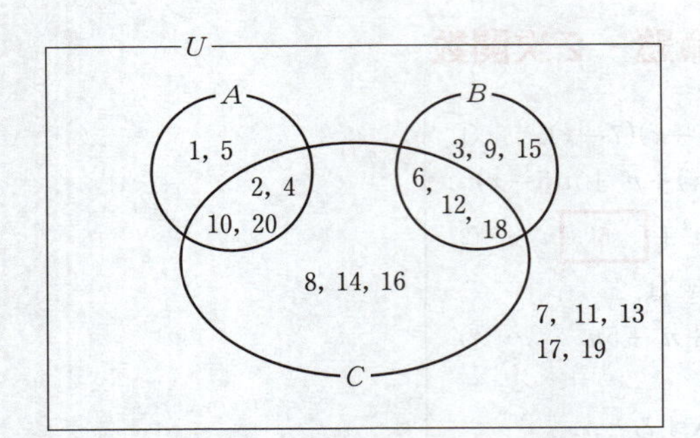

・(a)　$A \subset C$ について.

　$1 \in A$, $5 \in A$ であるが, $1 \notin C$, $5 \notin C$ より, A は C の部分集合ではない. よって, (a) は誤りである.

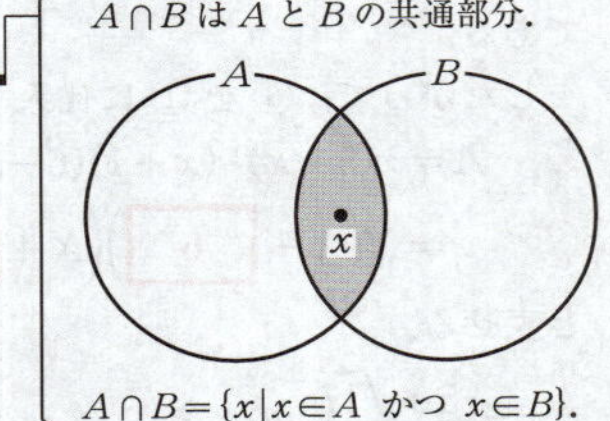

A は C の部分集合.

$x \in A$ ならば, $x \in C$.

・(b)　$A \cap B = \varnothing$ について.

　A と B のどちらにも属する要素が1つもないから, $A \cap B$ は空集合, つまり, $A \cap B = \varnothing$ より, (b) は正しい.

$A \cap B$ は A と B の共通部分.

$A \cap B = \{x \mid x \in A$ かつ $x \in B\}$.

　したがって, **キ** に当てはまるものは **②** である.

・(c)　$(A \cup C) \cap B = \{6, 12, 18\}$ について.

$A \cup C = \{1, 2, 4, 5, 6, 8, 10, 12, 14, 16, 18, 20\}$ であるから,

$$(A \cup C) \cap B = \{6, 12, 18\}$$

である. よって, (c) は正しい.

$A \cup C$ は A と C の和集合.

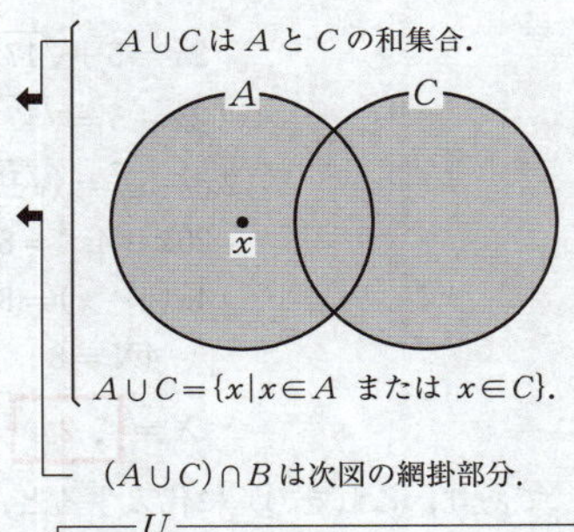

$A \cup C = \{x \mid x \in A$ または $x \in C\}$.

$(A \cup C) \cap B$ は次図の網掛部分.

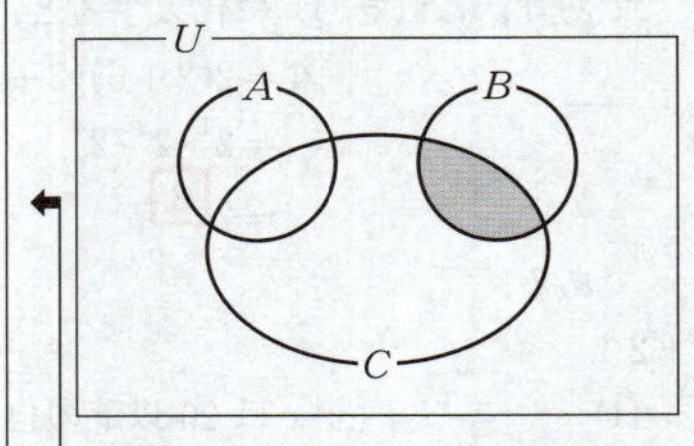

・(d)　$(\overline{A} \cap C) \cup B = \overline{A} \cap (B \cup C)$ について.

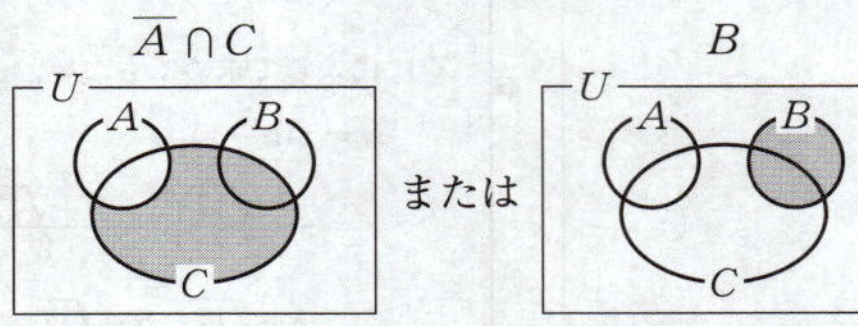

となるから, $(\overline{A} \cap C) \cup B$ を図示すると次のようになる.

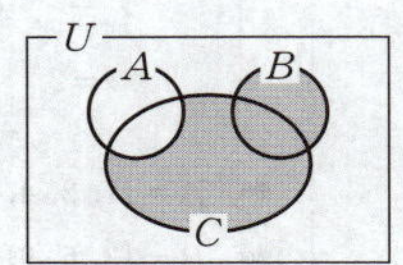

$\overline{A} \cap C = \{6, 8, 12, 14, 16, 18\}$,

$B = \{3, 6, 9, 12, 15, 18\}$

であるから,

$(\overline{A} \cap C) \cup B$

$= \{3, 6, 8, 9, 12, 14, 15, 16, 18\}$.

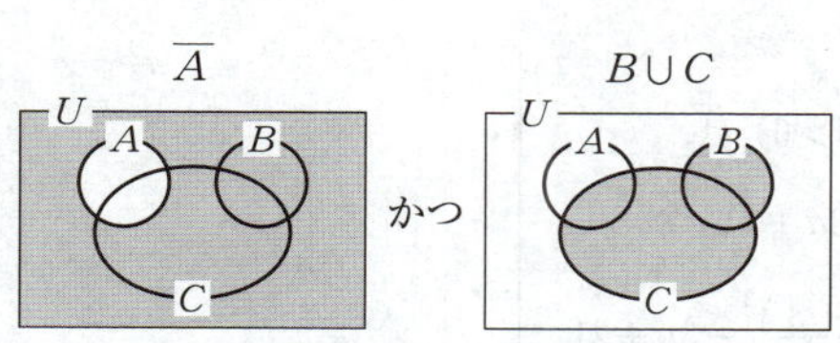

となるから，$\overline{A}\cap(B\cup C)$ を図示すると次のようになる．

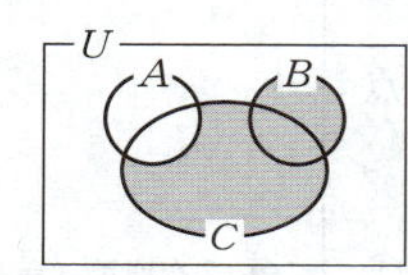

よって，$(\overline{A}\cap C)\cup B=\overline{A}\cap(B\cup C)$ となるから，(d)は正しい．

したがって，［ク］に当てはまるものは［⓪］である．

◆ $\overline{A}=\{3,6,7,8,9,11,12,13,14,15,16,17,18,19\}$，
$B\cup C=\{2,3,4,6,8,9,10,12,14,15,16,18,20\}$
であるから，
$\overline{A}\cap(B\cup C)$
$=\{3,6,8,9,12,14,15,16,18\}$．

(2)　$p:|x-2|>2$，つまり，($x<0$ または $4<x$)，
$q:x<0$，
$r:x>4$，
$s:\sqrt{x^2}>4$，つまり，($x<-4$ または $4<x$)．

◆ $|x-2|>2$ より，
$x-2<-2$，　$2<x-2$
$x<0$，　$4<x$．

◆ $\sqrt{x^2}=|x|$ であるから，
$|x|>4$
$x<-4$，　$4<x$．

・(q または r)であることは p であるための何条件かを求める．

(q または r)は，($x<0$ または $x>4$)である．

よって，

「(q または r) $\Longleftrightarrow$ p」

であるから，q または r であることは，p であるための必要十分条件である．したがって，［ケ］に当てはまるものは［②］である．

◆ 2つの命題「$\ell\Longrightarrow m$」と「$m\Longrightarrow\ell$」がともに真であるとき，つまり，「$\ell\Longleftrightarrow m$」が成り立つとき，$\ell$ は m であるための必要十分条件であるという．

・s は r であるための何条件かを求める．

「$s\Longrightarrow r$」は偽（反例 $x=-5$ など）

である．

「$r\Longrightarrow s$」は真

である．

◆

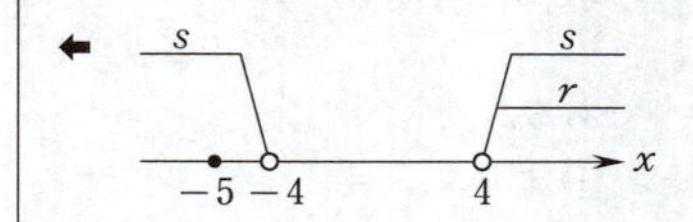

よって，s は r であるための必要条件であるが，十分条件ではない．したがって，［コ］に当てはまるものは［⓪］である．

◆ 命題「$\ell\Longrightarrow m$」が真のとき，ℓ は m であるための十分条件といい，「$m\Longrightarrow\ell$」が真のとき，ℓ は m であるための必要条件という．

〔3〕

$f(x)=ax^2-2(a+3)x-3a+21$ $(a>0)$ は,

$$f(x)=a\left\{x^2-\frac{2(a+3)}{a}x\right\}-3a+21$$
$$=a\left(x-\frac{a+3}{a}\right)^2-a\left(\frac{a+3}{a}\right)^2-3a+21$$
$$=a\left\{x-\left(1+\frac{3}{a}\right)\right\}^2-4a+15-\frac{9}{a}$$

と変形できるから, 2次関数 $y=f(x)$ のグラフの頂点の x 座標 p は,

$$p=\boxed{1}+\frac{\boxed{3}}{a} \quad \cdots ①$$

である.

⬅ 2次関数 $y=b(x-c)^2+d$ のグラフの頂点の座標は,
$(c,\ d)$.

2次関数 $y=f(x)$ のグラフは, 下に凸で軸が直線 $x=p$ の放物線であるから, $0 \leqq x \leqq 4$ における関数 $y=f(x)$ の最小値が $f(4)$ となるような p の値の範囲は,

$$4 \leqq p$$

である.

⬅

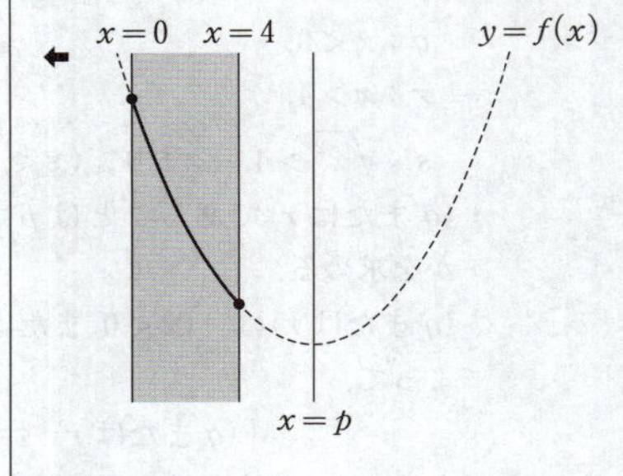

① より,

$$4 \leqq 1+\frac{3}{a}$$
$$3 \leqq \frac{3}{a}$$

であるから, 求める a の値の範囲は, $a>0$ に注意して,

$$0<a \leqq \boxed{1}$$

である.

また, $0 \leqq x \leqq 4$ における関数 $y=f(x)$ の最小値が $f(p)$ となるような p の値の範囲は,

$$0 \leqq p \leqq 4$$

である.

⬅

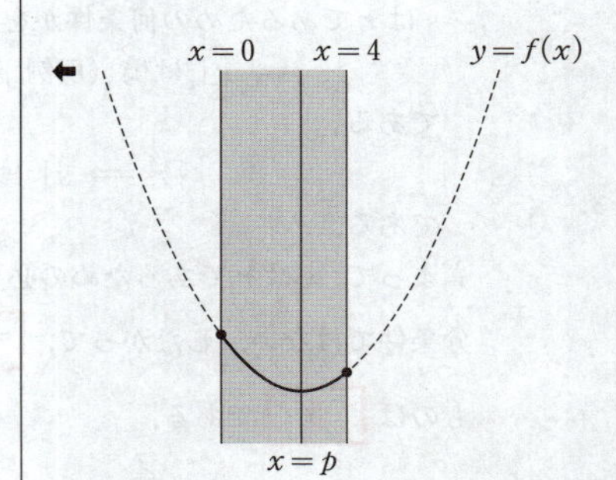

① より,

$$0 \leqq 1+\frac{3}{a} \leqq 4$$
$$-1 \leqq \frac{3}{a} \leqq 3$$

であるから, 求める a の値の範囲は, $a>0$ に注意して,

$$\boxed{1} \leqq a$$

である．

次に，$0 \leqq x \leqq 4$ における関数 $y=f(x)$ の最小値が1であるような a の値を求める．

・$0<a \leqq 1$ のとき．

最小値は，

$$f(4)=5a-3$$

であるから，これが1であるのは，

$$5a-3=1$$

$$a=\frac{4}{5} \quad (0<a \leqq 1 \text{ を満たす})$$

のときである．

・$1 \leqq a$ のとき．

最小値は，

$$f(p)=-4a+15-\frac{9}{a}$$

であるから，これが1であるのは，

$$-4a+15-\frac{9}{a}=1$$

$$4a^2-14a+9=0$$

$$a=\frac{7 \pm \sqrt{13}}{4}$$

より，$a \geqq 1$ に注意して，

$$a=\frac{7+\sqrt{13}}{4}$$

のときである．

← $3<\sqrt{13}<4$ より，

$$\begin{cases} 10<7+\sqrt{13}<11, \\ 3<7-\sqrt{13}<4 \end{cases}$$

であるから，

$$\begin{cases} \frac{10}{4}<\frac{7+\sqrt{13}}{4}<\frac{11}{4}, \\ \frac{3}{4}<\frac{7-\sqrt{13}}{4}<1 \end{cases}$$

である．

したがって，$0 \leqq x \leqq 4$ における関数 $y=f(x)$ の最小値が1であるのは，

$$a=\frac{\boxed{4}}{\boxed{5}} \quad \text{または} \quad a=\frac{\boxed{7}+\sqrt{\boxed{13}}}{\boxed{4}}$$

のときである．

第2問　図形と計量・データの分析

〔1〕

(1)

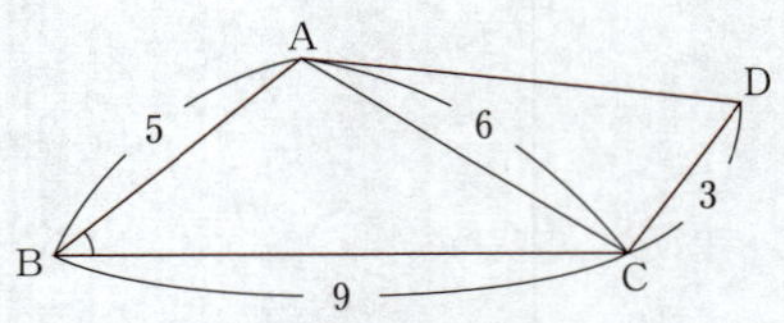

△ABC に余弦定理を用いると,

$$\cos\angle ABC = \frac{AB^2+BC^2-CA^2}{2AB\cdot BC}$$
$$= \frac{5^2+9^2-6^2}{2\cdot 5\cdot 9}$$
$$= \frac{\boxed{7}}{\boxed{9}}$$

であり, $0° < \angle ABC < 180°$ より, $\sin\angle ABC > 0$ であるから,

$$\sin\angle ABC = \sqrt{1-\cos^2\angle ABC}$$
$$= \sqrt{1-\left(\frac{7}{9}\right)^2}$$
$$= \frac{\boxed{4}\sqrt{\boxed{2}}}{\boxed{9}}$$

である.

$$CD = 3 = \frac{27}{9} = \frac{\sqrt{729}}{9},$$

$$AB\cdot\sin\angle ABC = 5\cdot\frac{4\sqrt{2}}{9} = \frac{20\sqrt{2}}{9} = \frac{\sqrt{800}}{9}$$

であるから, $\sqrt{729} < \sqrt{800}$ より,

$$CD < AB\cdot\sin\angle ABC$$

である.

よって, $\boxed{カ}$ に当てはまるものは $\boxed{⓪}$ である.

ところで, $\cos\angle ABC > 0$ であることと $0° < \angle ABC < 180°$ であることから, ∠ABC は鋭角であり, A から直線 BC に下ろした垂線の足を H とすると,

$$AH = AB\cdot\sin\angle ABC$$

である.

余弦定理

$$b^2 = c^2 + a^2 - 2ca\cos B.$$
$$\cos B = \frac{c^2+a^2-b^2}{2ca}.$$

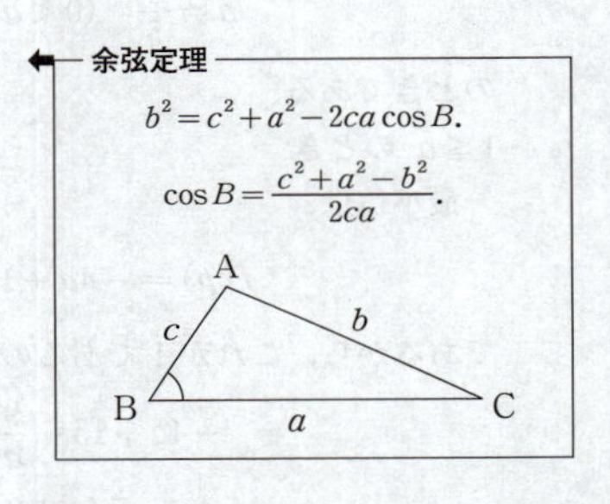

$0° \leqq \theta \leqq 180°$ のとき,

$$\sin\theta = \sqrt{1-\cos^2\theta}.$$

直角三角形と三角比

$$\sin\theta = \frac{b}{c},$$
$$\cos\theta = \frac{a}{c},$$
$$\tan\theta = \frac{b}{a}$$

より,

$$b = c\sin\theta,$$
$$a = c\cos\theta,$$
$$b = a\tan\theta.$$

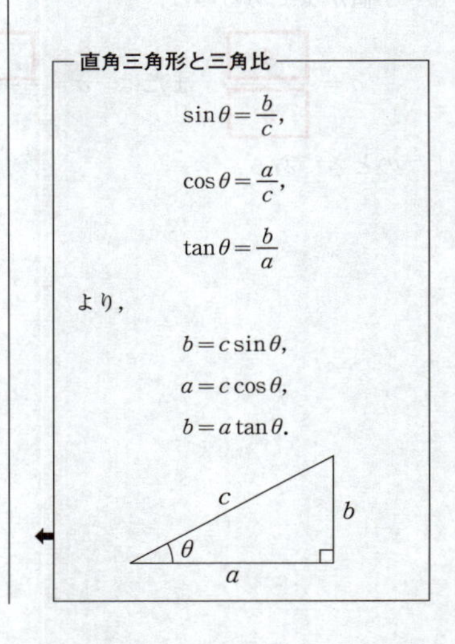

ここで，辺ADと辺BCが平行であるとすると，次図のようになり，CD＞3 となるから矛盾が生じる．

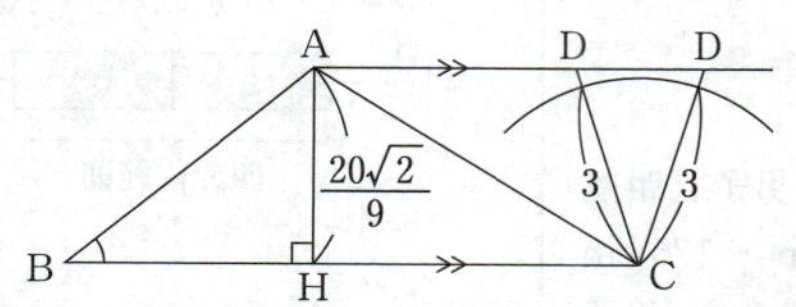

よって，CD＜AB・sin∠ABC であるから，辺ABと辺CDが平行である．したがって，キ に当てはまるものは ④ である．

ゆえに，台形ABCDは次図のようになる．

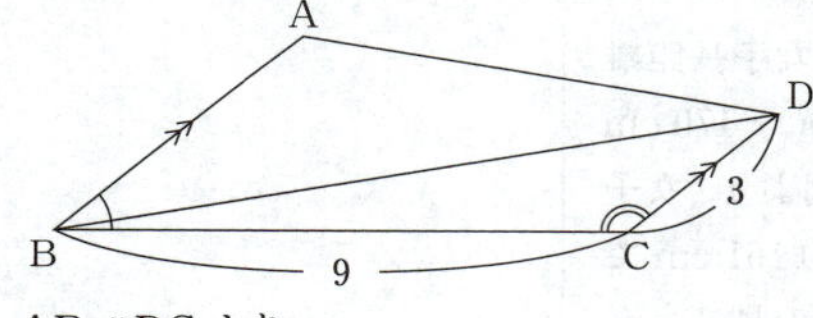

AB∥DC より，

$$\angle \mathrm{BCD}=180^\circ-\angle \mathrm{ABC}$$

であるから，

$$\begin{aligned}\cos\angle \mathrm{BCD}&=\cos(180^\circ-\angle \mathrm{ABC})\\&=-\cos\angle \mathrm{ABC}\\&=-\frac{7}{9}\end{aligned}$$

である．

したがって，△BCDに余弦定理を用いると，

$$\begin{aligned}\mathrm{BD}^2&=\mathrm{BC}^2+\mathrm{CD}^2-2\mathrm{BC}\cdot\mathrm{CD}\cos\angle \mathrm{BCD}\\&=9^2+3^2-2\cdot9\cdot3\cdot\left(-\frac{7}{9}\right)\\&=132\end{aligned}$$

であるから，BD＞0 より，

$$\mathrm{BD}=\boxed{2}\sqrt{\boxed{33}}$$

である．

〔2〕

(1)　・⓪について．

四つのグループのうち範囲が最も大きいのは，図2の身長の箱ひげ図より，女子短距離グループではなく男子短距離グループであるから，⓪は正しくない．

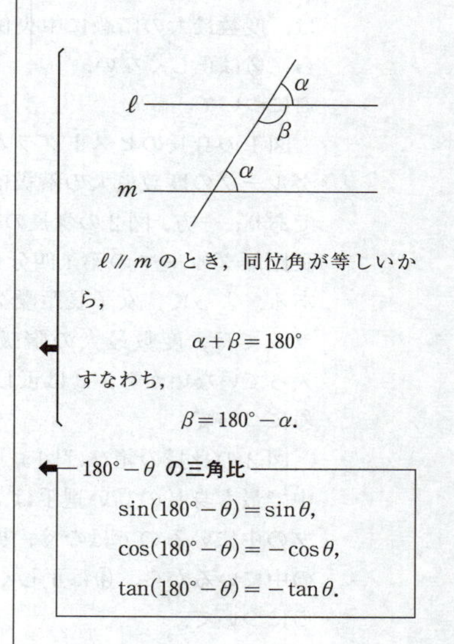

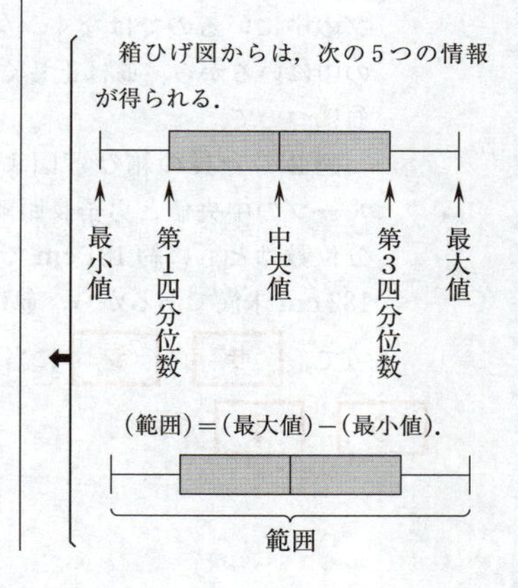

・①について．

図２の身長の箱ひげ図より，四つのグループのすべてにおいて，四分位範囲はすべて 12 未満であるから，①は正しい．

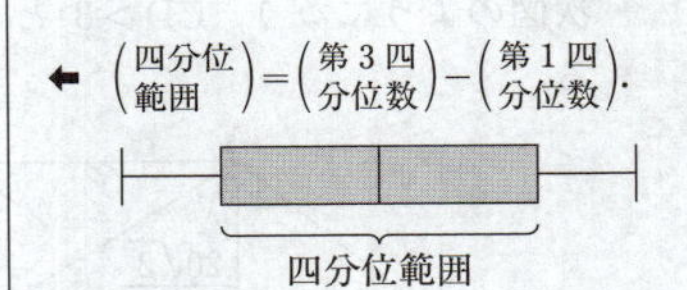

・②について．

図１の身長のヒストグラムより，男子長距離グループの度数最大の階級は 170 cm ～ 175 cm であり，一方，図２の身長の箱ひげ図より，男子長距離グループの中央値は 176 cm である．

よって，男子長距離グループのヒストグラムでは，度数最大の階級に中央値は入っていないから，②は正しくない．

・③について．

図１の身長のヒストグラムより，女子長距離グループの度数最大の階級は 165 cm ～ 170 cm であり，一方，図２の身長の箱ひげ図より，女子長距離グループの第１四分位数は約 161 cm である．よって，女子長距離グループのヒストグラムでは，度数最大の階級に第１四分位数は入っていないから，③は正しくない．

・④について．

図２の身長の箱ひげ図より，すべての選手の中で最も身長の高い選手は，男子長距離グループの中にいるのではなく，男子短距離グループの中にいるから，④は正しくない．

・⑤について．

図２の身長の箱ひげ図より，すべての選手の中で最も身長の低い選手は，女子長距離グループの中にいるのではなく，女子短距離グループの中にいるから，⑤は正しくない．

・⑥について．

図２の身長の箱ひげ図より，男子短距離グループの中央値と男子長距離グループの第３四分位数はともに約 181 cm であり，180 cm 以上 182 cm 未満であるから，⑥は正しい．

よって，［サ］，［シ］に当てはまるものは

［①］，［⑥］である．

(2)　$Z=\dfrac{W}{X}$ より，1つのデータに対する Z の値は，そのデータが表す点と原点を通る直線の傾きになる．また，直線 l_1，l_2，l_3，l_4 の傾きは順に15，20，25，30である．

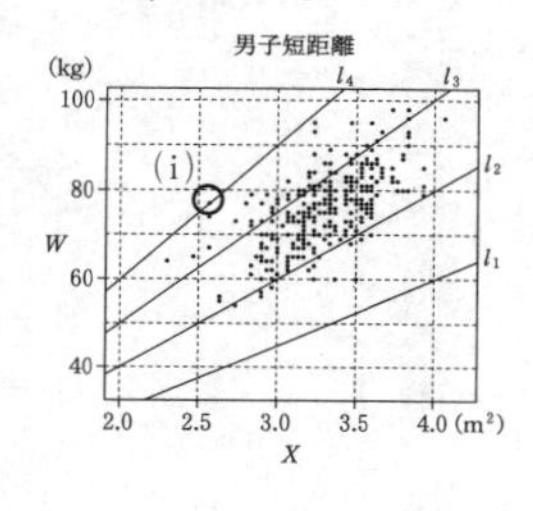

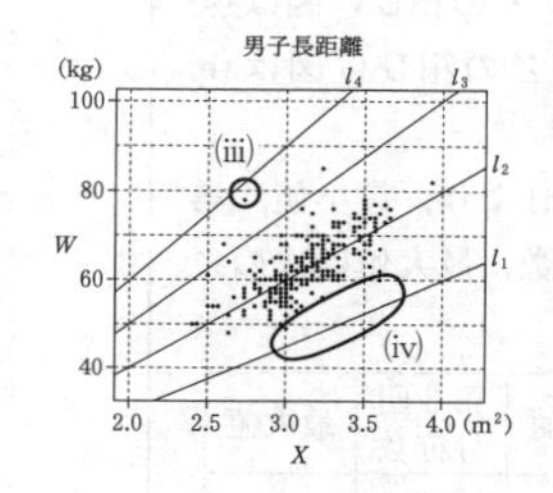

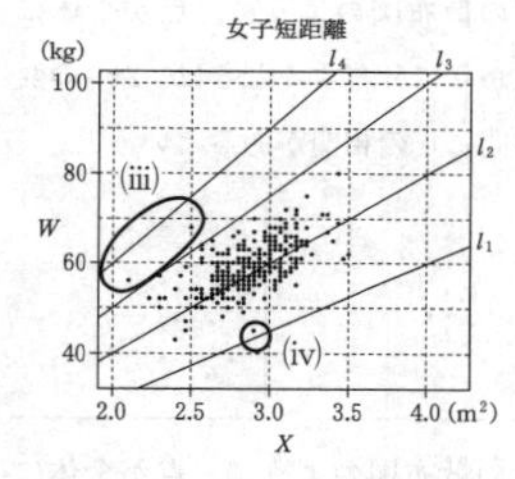

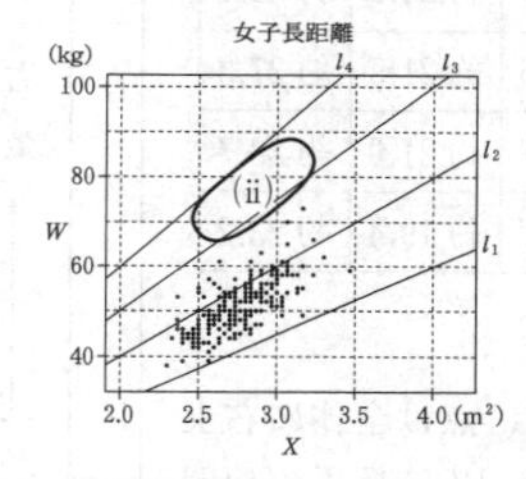

図3　X と W の散布図

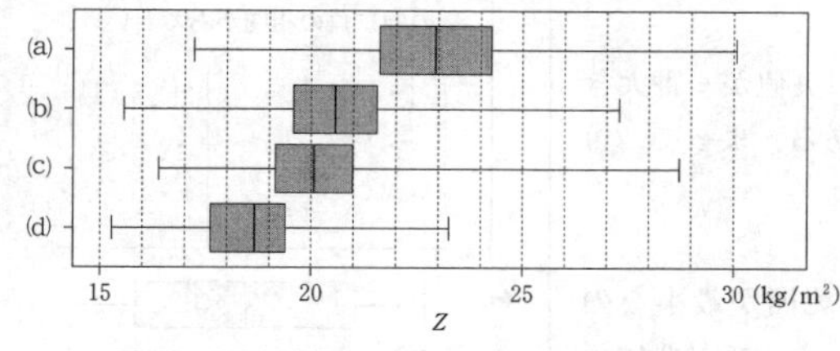

図4　Z の箱ひげ図

(i)より，男子短距離グループにおいて，Z の最大値は約30である．他の3つのグループの散布図において，Z の最大値が約30になるものはないから，男子短距離グループの Z の箱ひげ図は(a)である．

(ii)より，女子長距離グループにおいて，Z の最大値は25未満である．他の3つのグループの散布図において，Z の最大値は25以上であるから，女子長距離グループの Z の箱ひげ図は(d)である．

2つの(iii)より，男子長距離グループの最大値と女子短距離グループの最大値を比べると男子長距離グループの最大値の方がより 30 に近い．

さらに，2つの(iv)より，男子長距離グループの最小値と女子短距離グループの最小値を比べると女子短距離グループの最小値の方がより 15 に近い．

よって，男子長距離グループの Z の箱ひげ図は(c)であり，女子短距離グループの Z の箱ひげ図は(b)である．

また，箱ひげ図(a)，(b)，(c)，(d)より，最小値，第1四分位数，中央値，第3四分位数，最大値は次のようになる．

	最小値	第1四分位数	中央値	第3四分位数	最大値
(a)男子短距離	約 17.2	約 21.6	約 22.9	約 24.2	約 30.1
(b)女子短距離	約 15.5	約 19.6	約 20.6	約 21.5	約 27.3
(c)男子長距離	約 16.3	約 19.1	約 20.1	約 21.0	約 28.7
(d)女子長距離	約 15.2	約 17.6	約 18.7	約 19.4	約 23.2

・⓪について．

4つの散布図すべてにおいて，点は全体に右上がりに分布しているから，X と W には正の相関がある．よって，⓪は正しくない．

・①について．

4つのグループのうちで Z の中央値が一番大きいのは，男子短距離グループである．よって，①は正しくない．

・②について．

4つのグループのうちで Z の範囲が最小なのは，女子長距離グループである．よって，②は正しくない．

・③について．

4つのグループのうちで Z の四分位範囲が最大なのは，男子短距離グループである．よって，「Z の四分位範囲が最小なのは，男子短距離グループである」は誤りである．したがって，③は正しくない．

・④について．

正しい．

・⑤について．

正しい．

下の散布図のように，点が全体に右上がりに分布するときは，2つの変量の間に正の相関があるという．

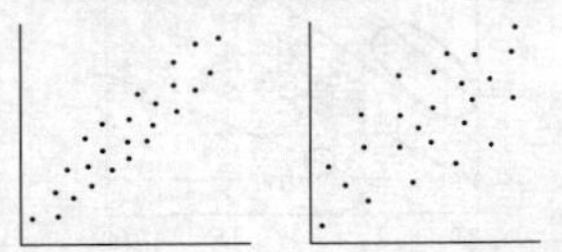

下の散布図のように，点が全体に右下がりに分布するときは，2つの変量の間に負の相関があるという．

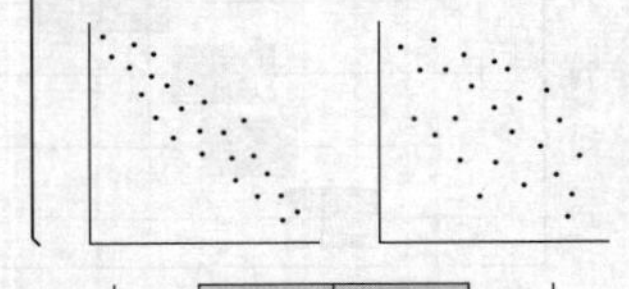

ここの長さが一番短いものをさがすとよい．

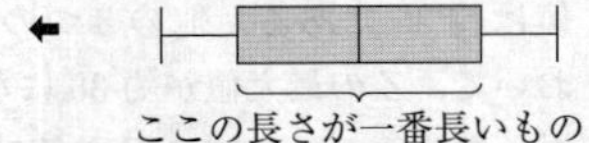

ここの長さが一番長いものをさがすとよい．

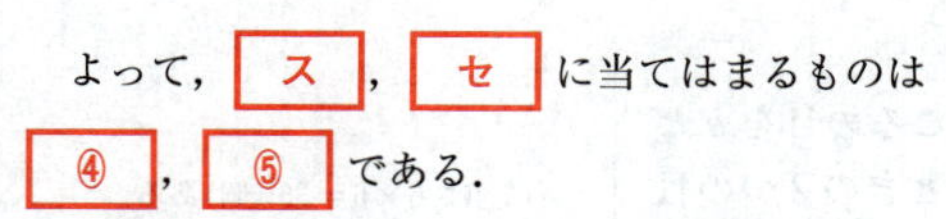

よって，ス，セに当てはまるものは

④，⑤である．

(3) $\overline{x}=\dfrac{x_1+x_2+\cdots+x_n}{n}$，　$\overline{w}=\dfrac{w_1+w_2+\cdots+w_n}{n}$

であるから，

$$x_1+x_2+\cdots+x_n=n\overline{x},\quad w_1+w_2+\cdots+w_n=n\overline{w}$$

である．

これより，偏差の積の和は，

$$(x_1-\overline{x})(w_1-\overline{w})+(x_2-\overline{x})(w_2-\overline{w})+\cdots+(x_n-\overline{x})(w_n-\overline{w})$$

$$=x_1w_1+x_2w_2+\cdots+x_nw_n$$

$$-(x_1+x_2+\cdots+x_n)\overline{w}-(w_1+w_2+\cdots+w_n)\overline{x}+n\overline{x}\,\overline{w}$$

← $i=1,\ 2,\ \cdots,\ n$ において，

$$(x_i-\overline{x})(w_i-\overline{w})$$

$$=x_iw_i-x_i\overline{w}-w_i\overline{x}+\overline{x}\,\overline{w}.$$

$$=x_1w_1+x_2w_2+\cdots+x_nw_n-n\overline{x}\cdot\overline{w}-n\overline{w}\cdot\overline{x}+n\overline{x}\,\overline{w}$$

$$=x_1w_1+x_2w_2+\cdots+x_nw_n-n\overline{x}\,\overline{w}$$

である．

よって，ソに当てはまるものは②である．

第3問　場合の数・確率

大きいさいころの目を a，小さいさいころの目を b とし，大小2個のさいころを同時に投げたときの2つの目を $(a,\ b)$ と記す．

大小2個のさいころを同時に投げたときの目の出方は，全部で

$$6\times6=36\ (\text{通り})$$

あり，どの場合も同様に確からしい．

(1)「大きいさいころについて，4の目が出る」という事象 A は，

$(a,\ b)=(4,\ 1),\ (4,\ 2),\ (4,\ 3),\ (4,\ 4),\ (4,\ 5),\ (4,\ 6)$

の6通りある．

よって，事象 A の確率は，

$$P(A)=\frac{6}{36}=\frac{1}{6}\quad\cdots①$$

である．

「2個のさいころの出た目の和が7である」という事象 B は，

$(a,\ b)=(1,\ 6),\ (2,\ 5),\ (3,\ 4),\ (4,\ 3),\ (5,\ 2),\ (6,\ 1)$

の6通りある．

よって，事象 B の確率は，

$$P(B)=\frac{6}{36}=\frac{1}{6}\quad\cdots②$$

である．

「2個のさいころの出た目の和が9である」という事象 C は，

$(a,\ b)=(3,\ 6),\ (4,\ 5),\ (5,\ 4),\ (6,\ 3)$

の4通りある．

よって，事象 C の確率は，

$$P(C)=\frac{4}{36}=\frac{1}{9}\quad\cdots③$$

である．

(2) 事象 C が起こったときの事象 A が起こる条件付き確率は，

$$P_C(A)=\frac{P(A\cap C)}{P(C)}\quad\cdots④$$

である．

□は $6\times6=36$（個）ある．

a＼b	1	2	3	4	5	6
1						
2						
3						
4						
5						
6						

事象 A は下の網掛部分．

a＼b	1	2	3	4	5	6
1						
2						
3						
4						
5						
6						

事象 B は下の網掛部分．
（□の中の数は $a+b$ の値）

a＼b	1	2	3	4	5	6
1	2	3	4	5	6	7
2	3	4	5	6	7	8
3	4	5	6	7	8	9
4	5	6	7	8	9	10
5	6	7	8	9	10	11
6	7	8	9	10	11	12

事象 C は下の網掛部分．
（□の中の数は $a+b$ の値）

a＼b	1	2	3	4	5	6
1	2	3	4	5	6	7
2	3	4	5	6	7	8
3	4	5	6	7	8	9
4	5	6	7	8	9	10
5	6	7	8	9	10	11
6	7	8	9	10	11	12

条件付き確率

事象 X が起こったときに事象 Y が起こる条件付き確率 $P_X(Y)$ は，

$$P_X(Y)=\frac{P(X\cap Y)}{P(X)}.$$

事象 $A\cap C$ は，

$$(a,\ b)=(4,\ 5)$$

の1通りあるから，

$$P(A\cap C)=\frac{1}{36} \quad \cdots ⑤$$

である．

よって，事象 C が起こったときの事象 A が起こる条件付き確率は，③，⑤ を ④ に代入して，

$$P_C(A)=\frac{\frac{1}{36}}{\frac{1}{9}}=\frac{\boxed{1}}{\boxed{4}}$$

であり，事象 A が起こったときの事象 C が起こる条件付き確率は，

$$P_A(C)=\frac{P(A\cap C)}{P(A)}$$

であるから，これに ①，⑤ を代入して，

$$P_A(C)=\frac{\frac{1}{36}}{\frac{1}{6}}=\frac{\boxed{1}}{\boxed{6}}$$

である．

⑶　$P(A\cap B)$ と $P(A)P(B)$ の大小について調べる．

事象 $A\cap B$ は，

$$(a,\ b)=(4,\ 3)$$

の1通りあるから，

$$P(A\cap B)=\frac{1}{36} \quad \cdots ⑥$$

である．

また，①，② より，

$$P(A)P(B)=\frac{1}{6}\times\frac{1}{6}=\frac{1}{36}$$

であるから，

$$P(A\cap B)=P(A)P(B)$$

である．よって， サ に当てはまるものは ① である．

次に，$P(A\cap C)$ と $P(A)P(C)$ の大小について調べる．

①，③ より，

$$P(A)P(C)=\frac{1}{6}\times\frac{1}{9}=\frac{1}{54}$$

であり，⑤ より，

⬅ 事象 $A\cap C$ は下の濃い網掛部分．

a＼b	1	2	3	4	5	6
1						
2						
3						
4						
5						
6						

⬅ 事象 $A\cap B$ は下の濃い網掛部分．

a＼b	1	2	3	4	5	6
1						
2						
3						
4						
5						
6						

$$P(A \cap C) > P(A)P(C)$$

である．よって，シ に当てはまるものは ② である．

(4) 全事象を U とすると，U, A, B, C について次の図が得られる．

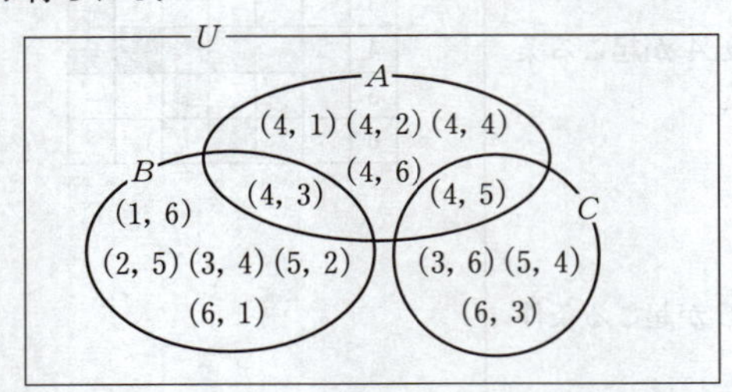

事象 $\overline{A} \cap C$ は，

$$(a,\ b) = (3,\ 6),\ (5,\ 4),\ (6,\ 3)$$

の3通りあるから，

$$P(\overline{A} \cap C) = \frac{3}{36} = \frac{1}{12} \quad \cdots ⑦$$

である．

よって，1回目に事象 $A \cap B$ が起こり，2回目に事象 $\overline{A} \cap C$ が起こる確率は，1回目の試行と2回目の試行は独立であるから，⑥，⑦より，

$$P(A \cap B)P(\overline{A} \cap C) = \frac{1}{36} \times \frac{1}{12} = \frac{1}{432} \quad \cdots ⑧$$

である．

独立な試行の確率

2つの独立な試行 S，T を行うとき，「S では事象 E が起こり，T では事象 F が起こる」という事象を G とすると，事象 G の確率は，

$$P(G) = P(E)P(F).$$

三つの事象 A, B, C がいずれもちょうど1回ずつ起こるのは，$B \cap C = \emptyset$ であることに注意すると，

	1回目	2回目
(i)	$A \cap B$	$\overline{A} \cap C$
	$\overline{A} \cap C$	$A \cap B$
(ii)	$A \cap C$	$\overline{A} \cap B$
	$\overline{A} \cap B$	$A \cap C$

の場合がある．

事象 $A \cap B$ と事象 $\overline{B} \cap C$ が1回ずつ起こる場合は適さない．なぜなら，$\overline{B} \cap C$ の部分集合として $A \cap C$ が存在し，A が2回起こってしまう場合を含むためである．

事象 $A \cap C$ と事象 $\overline{C} \cap B$ が1回ずつ起こる場合は適さない．なぜなら，$\overline{C} \cap B$ の部分集合として $A \cap B$ が存在し，A が2回起こってしまう場合を含むためである．

(i)のとき．

⑧より，

$$P(A \cap B)P(\overline{A} \cap C) + P(\overline{A} \cap C)P(A \cap B)$$
$$= \frac{1}{432} \times 2$$

$$=\frac{1}{216}$$

である．

(ii)のとき．

事象 $\overline{A}\cap B$ は，

$$(a,\ b)=(1,\ 6),\ (2,\ 5),\ (3,\ 4),\ (5,\ 2),\ (6,\ 1)$$

の5通りあるから，

$$P(\overline{A}\cap B)=\frac{5}{36} \quad \cdots ⑨$$

である．

よって，(ii)の確率は，⑤，⑨より，

$$P(A\cap C)P(\overline{A}\cap B)+P(\overline{A}\cap B)P(A\cap C)$$

$$=\left(\frac{1}{36}\times\frac{5}{36}\right)\times 2$$

$$=\frac{5}{648}$$

である．

したがって，三つの事象 A，B，C がいずれもちょうど1回ずつ起こる確率は，(i)，(ii)が互いに排反より，

$$\frac{1}{216}+\frac{5}{648}=\frac{\boxed{1}}{\boxed{81}}$$

である．

第4問　整数の性質

(1)　144 を素因数分解すると，

$$144 = 2^{\boxed{4}} \times \boxed{3}^{\boxed{2}}$$

であり，144 の正の約数の個数は，

$$(4+1)(2+1) = \boxed{15} \text{ 個}$$

である．

2) 144
2) 72
2) 36
2) 18
3) 9
　　3

$p^a q^b r^c \cdots$ と素因数分解される自然数の正の約数の個数は，

$(a+1)(b+1)(c+1)\cdots$ (個)．

(2)　$144x - 7y = 1$．　…①

①を満たす整数解 x, y の中で，x の絶対値が最小になるのが $x = \boxed{カ}$，つまり，0 以上 9 以下の整数となっているから，$x = 0, 1, 2, \cdots$ の順に①に代入して考えていく．

・$x=0$ のとき．

$144\cdot 0 - 7y = 1$，つまり，$y = -\dfrac{1}{7}$

となり，y は整数でないから適さない．

・$x=1$ のとき．

$144\cdot 1 - 7y = 1$，つまり，$y = \dfrac{143}{7}$

となり，y は整数でないから適さない．

・$x=2$ のとき．

$144\cdot 2 - 7y = 1$，つまり，$y = 41$

となり，y は整数であるから適する．

よって，①を満たす整数解 x, y の中で，x の絶対値が最小になるのは，

$$x = \boxed{2},\quad y = \boxed{41}$$

である．

これより，

$144\cdot 2 - 7\cdot 41 = 1$　…②

である．

①−②より，

$144(x-2) - 7(y-41) = 0$

すなわち

$144(x-2) = 7(y-41)$　…③

と変形できる．

144 と 7 は互いに素より，$x-2$ は 7 の倍数である．

よって，k を整数として，$x-2 = 7k$ とおける．

これを③に代入すると，

$144\cdot 7k = 7(y-41)$

x と y についての不定方程式

$ax + by = c$

の整数解は，1 組の解

$(x, y) = (x_0, y_0)$

を用いて，

$a(x - x_0) = b(y_0 - y)$

と変形し，次の性質を用いて求める．

a と b が互いに素であるとき，

$x - x_0$ は b の倍数，

$y_0 - y$ は a の倍数

である．

$$144k = y - 41$$

となる．

よって，① を満たすすべての整数解は，k を整数として，

$$\begin{cases} x = \boxed{7}\,k + 2 & \cdots ④ \\ y = \boxed{144}\,k + 41 \end{cases}$$

と表される．

(3) 144 の倍数で，7 で割ったら余りが 1 となる自然数を N とすると，N は 0 以上の整数 x，y を用いて，

$$N = 144x = 7y + 1 \quad \cdots ⑤$$

と表される．

これを満たす整数 x は ④ より，

$$x = 7k + 2 \ (k \text{ は 0 以上の整数})$$

と表されるから，⑤ に代入して，

$$N = 144(7k + 2)\,(= 7y + 1) \quad \cdots ⑥$$

である．

正の約数の個数が 18 個である N と正の約数の個数が 30 個である N の最小のものをそれぞれ求めるから，$k = 0,\ 1,\ 2,\ \cdots$ の順に ⑥ に代入して考えていく．

・$k = 0$ のとき．

$$N = 144 \times 2 = 2^5 \times 3^2$$

であるから，N の正の約数の個数は，

$$(5+1)(2+1) = 18 \ (\text{個})$$

であり，求めるものである．

・$k = 1$ のとき．

$$N = 144 \times 9 = 2^4 \times 3^4$$

であるから，N の正の約数の個数は，

$$(4+1)(4+1) = 25 \ (\text{個})$$

である．

・$k = 2$ のとき．

$$N = 144 \times 16 = 2^8 \times 3^2$$

であるから，N の正の約数の個数は，

$$(8+1)(2+1) = 27 \ (\text{個})$$

である．

・$k = 3$ のとき．

$$N = 144 \times 23 = 2^4 \times 3^2 \times 23$$

であるから，N の正の約数の個数は，

$$(4+1)(2+1)(1+1) = 30 \ (\text{個})$$

であり，求めるものである．

したがって，144 の倍数で，7 で割ったら余りが 1 となる自然数のうち，正の約数の個数が 18 個である最小のものは 144 × [2] であり，正の約数の個数が 30 個である最小のものは 144 × [23] である．

第5問　図形の性質

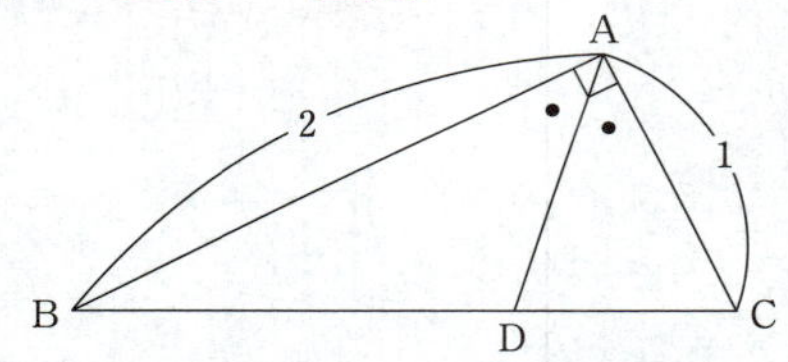

直角三角形 ABC に三平方の定理を用いて，

$$\begin{aligned} BC &= \sqrt{AB^2 + AC^2} \\ &= \sqrt{2^2 + 1^2} \\ &= \sqrt{5} \end{aligned}$$

である．

△ABC において，線分 AD は ∠A の二等分線であるから，その性質より，

$$BD : DC = AB : AC = 2 : 1 \qquad \cdots ①$$

である．

よって，線分 BD の長さは，

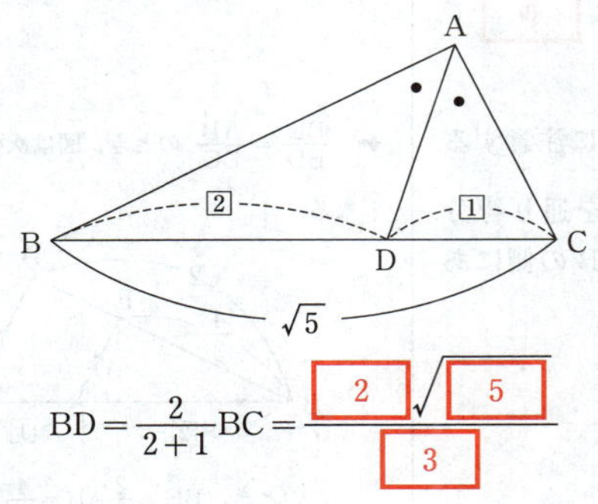

$$BD = \frac{2}{2+1}BC = \frac{\boxed{2}\sqrt{\boxed{5}}}{\boxed{3}}$$

である．

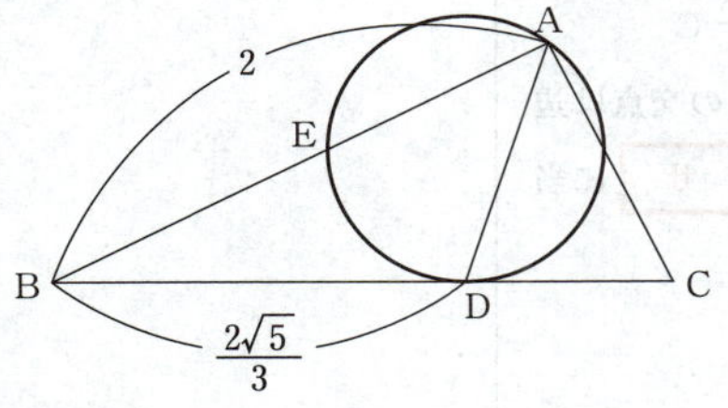

方べきの定理より，

$$BA \cdot BE = BD^2$$

であるから，

$$AB \cdot BE = \left(\frac{2\sqrt{5}}{3}\right)^2$$

角の二等分線の性質

$$a : b = m : n.$$

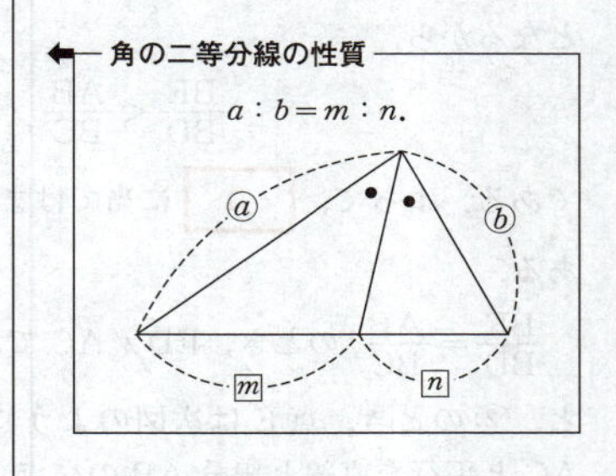

方べきの定理

$$PM \cdot PN = PT^2.$$

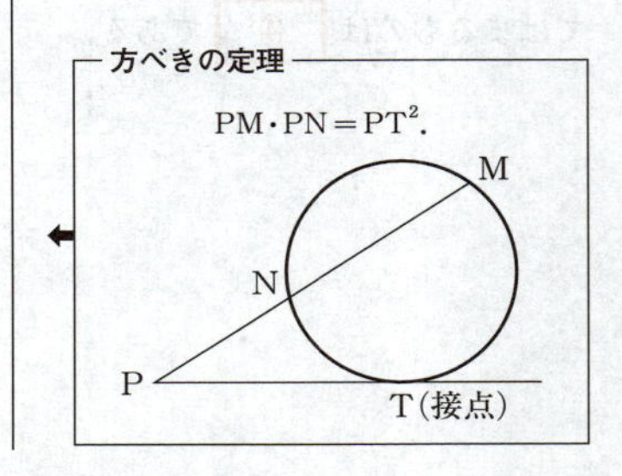

$$\mathrm{AB}\cdot\mathrm{BE}=\frac{\boxed{20}}{\boxed{9}}$$

であり，これに AB＝2 を代入して，

$$2\mathrm{BE}=\frac{20}{9}$$

$$\mathrm{BE}=\frac{\boxed{10}}{\boxed{9}}$$

である．

これより，

$$\frac{\mathrm{BE}}{\mathrm{BD}}=\frac{\frac{10}{9}}{\frac{2\sqrt{5}}{3}}=\frac{5}{3\sqrt{5}},\quad \frac{\mathrm{AB}}{\mathrm{BC}}=\frac{2}{\sqrt{5}}=\frac{6}{3\sqrt{5}}$$

となるから，

$$\frac{\mathrm{BE}}{\mathrm{BD}}<\frac{\mathrm{AB}}{\mathrm{BC}} \quad \cdots ②$$

である．よって，［コ］に当てはまるものは［⓪］である．

$\frac{\mathrm{BE}}{\mathrm{BD}}=\frac{\mathrm{AB}}{\mathrm{BC}}$ のとき，ED // AC であることに注意すると，② のとき，点 E は次図のように，点 D を通り線分 AC と平行な直線と線分 AB の交点より，点 B の側にある．

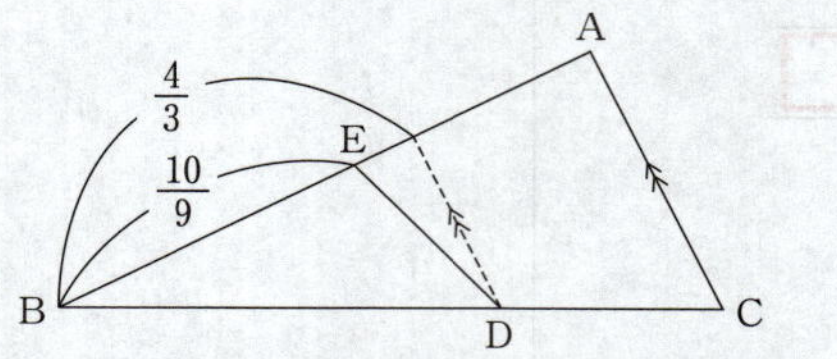

したがって，② より，直線 AC と直線 DE の交点は辺 AC の端点 C の側の延長上にある．ゆえに，［サ］に当てはまるものは［④］である．

⬅ $\frac{\mathrm{BE}}{\mathrm{BD}}=\frac{\mathrm{AB}}{\mathrm{BC}}$ のとき，図は次のようになる．

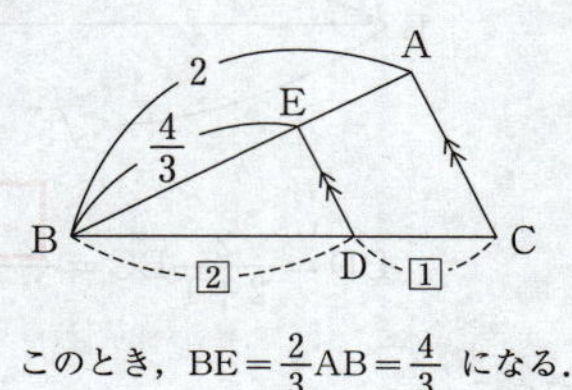

このとき，$\mathrm{BE}=\frac{2}{3}\mathrm{AB}=\frac{4}{3}$ になる．

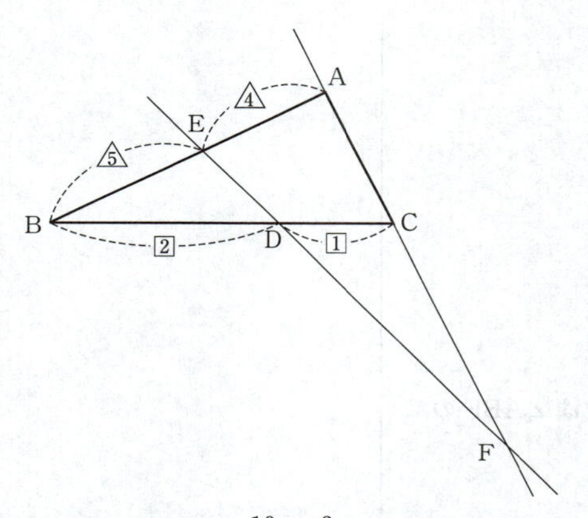

$AE = AB - BE = 2 - \dfrac{10}{9} = \dfrac{8}{9}$ であるから，

$$AE : EB = \frac{8}{9} : \frac{10}{9} = 4 : 5 \qquad \cdots ③$$

である．

△ABC と直線 EF に対して，メネラウスの定理を用いると，

$$\frac{CF}{FA} \cdot \frac{AE}{EB} \cdot \frac{BD}{DC} = 1$$

であるから，①，③ より，

$$\frac{CF}{FA} \cdot \frac{4}{5} \cdot \frac{2}{1} = 1$$

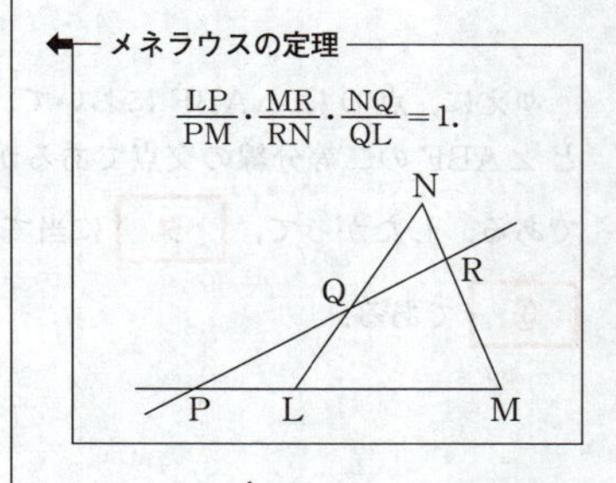

すなわち

$$\frac{CF}{AF} = \frac{5}{8}$$

である．

これより，AC : CF = 3 : 5 となるから，

$$CF = \frac{5}{3}AC = \frac{5}{3} \cdot 1 = \frac{5}{3}$$

であり，

$$AF = \frac{8}{3}AC = \frac{8}{3} \cdot 1 = \frac{8}{3}$$

である．

また，直角三角形 ABF に三平方の定理を用いると，

$$BF = \sqrt{AB^2 + AF^2}$$
$$= \sqrt{2^2 + \left(\frac{8}{3}\right)^2}$$

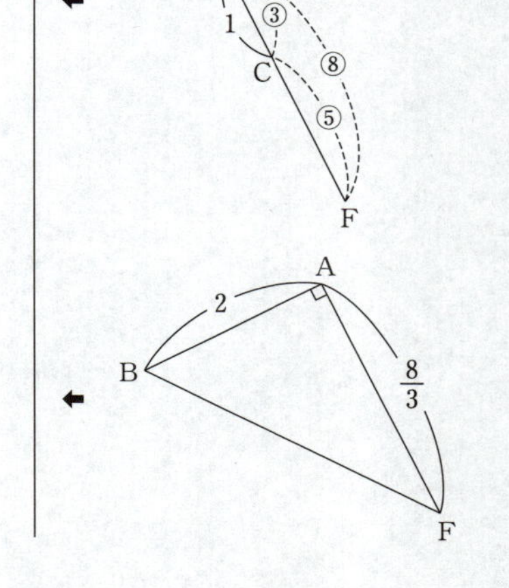

$$= \frac{10}{3}$$

であるから，

$$\frac{BF}{AB} = \frac{\frac{10}{3}}{2} = \frac{5}{3}$$

である．

したがって，

$$\frac{CF}{AC} = \frac{BF}{AB} = \frac{5}{3}$$

であるから，△ABF において，線分 BC は ∠ABF の二等分線となり，次図を得る．

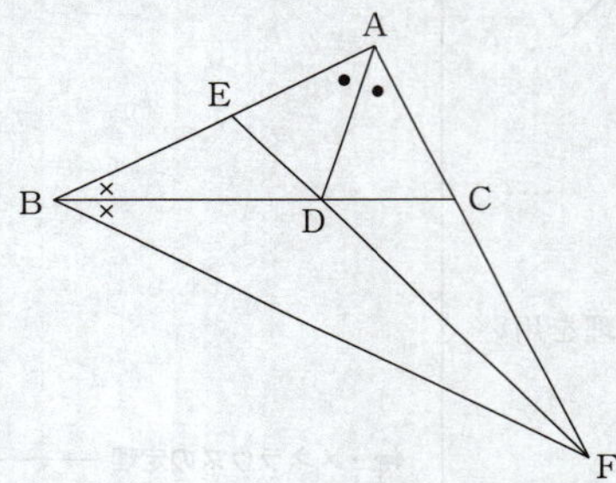

ゆえに，点 D は △ABF において，∠BAF の二等分線と ∠ABF の二等分線の交点であるから，△ABF の内心である．したがって， タ に当てはまるものは ① である．

三角形の内心

3つの内角のそれぞれの二等分線の交点 I を内心という．

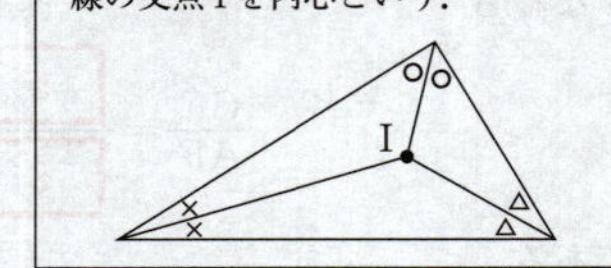

$$\begin{cases} FA : FB = \frac{8}{3} : \frac{10}{3} = 4 : 5, \\ AE : EB = 4 : 5 \end{cases}$$

より，

$$FA : FB = AE : EB.$$

よって，線分 EF は ∠AFB の二等分線である．

数学Ⅱ・数学B

解答・採点基準

(100点満点)

問題番号(配点)	解答記号	正解	配点	自己採点
第1問 (30)	ア	②	1	
	$\frac{イ}{ウ}\pi$	$\frac{4}{5}\pi$	2	
	エオカ°	345°	2	
	$\frac{\pi}{キ}$	$\frac{\pi}{6}$	2	
	$\sqrt{ク}$	$\sqrt{3}$	2	
	$\sin\left(x-\frac{\pi}{ケ}\right)=\frac{1}{コ}$	$\sin\left(x-\frac{\pi}{3}\right)=\frac{1}{2}$	3	
	$\frac{サシ}{スセ}\pi$	$\frac{29}{30}\pi$	3	
	$t^{ソ}-タt$	t^2-3t	3	
	$t\leqq$チ，$t\geqq$ツ	$t\leqq1$，$t\geqq2$	2	
	テ	0	1	
	$x\leqq$ト，$x\geqq$ナ	$x\leqq3$，$x\geqq9$	1	
	ニ	②	2	
	$\frac{ヌ}{ネ}$	$\frac{3}{4}$	3	
	$\sqrt[ノ]{ハヒ}$	$\sqrt[4]{27}$	3	
第1問　自己採点小計				
第2問 (30)	ア	2	1	
	イウp＋エ	$-2p+2$	2	
	オ	1	2	
	$\frac{p}{カ}(v^3-キv^2+クv-ケ)$	$\frac{p}{3}(v^3-3v^2+3v-1)$	4	
	コ	2	2	
	サ	3	3	
	$\frac{シ+\sqrt{ス}}{セ}$	$\frac{3+\sqrt{5}}{2}$	3	
	ソ	③	2	
	タチ	-1	3	
	ツ	⑦	1	
	テ	④	3	
	トナ$t^{ニ}$＋ヌ	$-6t^2+2$	4	
第2問　自己採点小計				

問題番号(配点)	解答記号	正解	配点	自己採点
第3問 (20)	アイ	-6	2	
	ウエ	12	2	
	オn^2－カキn	$6n^2-12n$	2	
	クケ	12	2	
	コ	3	2	
	サ(シ^n－ス)	$6(3^n-1)$	2	
	セ	⑤	2	
	ソ$n^2-2\cdot$タ$^{n+チ}$	$6n^2-2\cdot3^{n+2}$	2	
	ツテト	-18	1	
	ナn^3－ニn^2+n+ヌ, ネ	$2n^3-3n^2+n+9$, 2	3	
第3問　自己採点小計				
第4問 (20)	ア	②	1	
	イ$\vec{p}\cdot\vec{q}$	$2\vec{p}\cdot\vec{q}$	1	
	$\frac{ウ}{エ}\vec{p}+\frac{オ}{カ}\vec{q}$	$\frac{3}{4}\vec{p}+\frac{1}{4}\vec{q}$	2	
	キク$\vec{p}$＋ケ$s\vec{r}$	$-3\vec{p}+4s\vec{r}$	2	
	コ－サ，シ	$1-a$，a	4	
	スセ，ソ	$-a$，4	2	
	タチ	-3	2	
	ツ，テ	9，6	3	
	$\frac{トナ-ニ}{ヌ}$	$\frac{3a-2}{2}$	3	
第4問　自己採点小計				

問題番号(配点)	解答記号	正　解	配点	自己採点
第5問 (20)	$\frac{アイ}{}$ ア/イ	$\frac{1}{a}$	2	
	ウ	6	1	
	エ	8	1	
	オ	2	1	
	カ	8	1	
	0.キ	0.6	1	
	ク/ケ	$\frac{1}{6}$	2	
	コサ	30	1	
	シス	25	1	
	−セ.ソタ	−2.40	1	
	チ.ツテ	1.20	1	
	0.トナ	0.88	2	
	0.ニ	0.8	1	
	0.ヌネ	0.76	1	
	0.ノハ	0.84	1	
	ヒ	④	2	
第5問　自己採点小計				
自己採点合計				

(注)
第1問，第2問は必答。
第3問～第5問のうちから2問選択。計4問を解答。

第1問　三角関数，指数関数・対数関数

〔1〕

(1)　1ラジアンとは，半径が1，弧の長さが1の扇形の中心角の大きさであるから，[ア] に当てはまるものは [②] である．

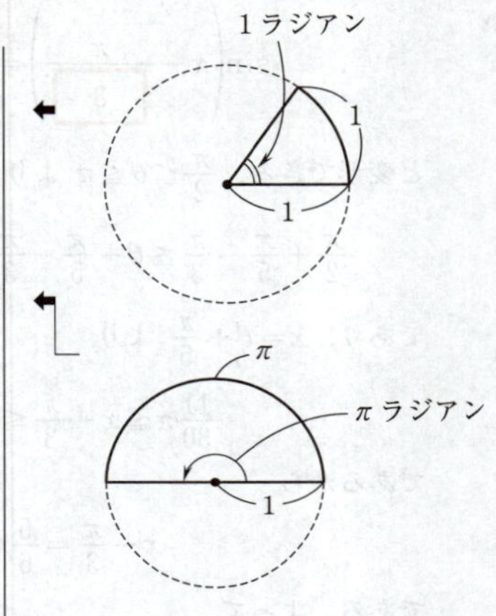

(2)　180° を弧度で表すと π ラジアンであるから，144° を弧度で表すと $\dfrac{144}{180}\times\pi=\dfrac{\boxed{4}}{\boxed{5}}\pi$ ラジアンである．また，$\dfrac{23}{12}\pi$ ラジアンを度で表すと

$\dfrac{23}{12}\times 180^\circ=\boxed{345}^\circ$ である．

(3)　$\dfrac{\pi}{2}\leqq\theta\leqq\pi$ の範囲で

$$2\sin\left(\theta+\frac{\pi}{5}\right)-2\cos\left(\theta+\frac{\pi}{30}\right)=1 \quad \cdots ①$$

を満たす θ の値を求める．

$x=\theta+\dfrac{\pi}{5}$ とおくと

$\theta+\dfrac{\pi}{30}=\theta+\dfrac{\pi}{5}-\dfrac{\pi}{6}=x-\dfrac{\pi}{6}$ より，① は

$$2\sin x-2\cos\left(x-\frac{\pi}{\boxed{6}}\right)=1$$

と表せる．加法定理を用いると

$$\cos\left(x-\frac{\pi}{6}\right)=\cos x\cos\frac{\pi}{6}+\sin x\sin\frac{\pi}{6}$$
$$=\frac{\sqrt{3}}{2}\cos x+\frac{1}{2}\sin x$$

と表せるから，① の左辺は

$$2\sin x-2\left(\frac{\sqrt{3}}{2}\cos x+\frac{1}{2}\sin x\right)$$
$$=\sin x-\sqrt{3}\cos x$$

となる．よって，① は

$$\sin x-\sqrt{\boxed{3}}\cos x=1$$

となる．さらに，三角関数の合成を用いると

$$2\sin\left(x-\frac{\pi}{3}\right)=1$$

すなわち

加法定理

$\cos(\alpha+\beta)=\cos\alpha\cos\beta-\sin\alpha\sin\beta,$
$\cos(\alpha-\beta)=\cos\alpha\cos\beta+\sin\alpha\sin\beta.$

三角関数の合成

$(a,\ b)\neq(0,\ 0)$ のとき
$a\sin\theta+b\cos\theta=\sqrt{a^2+b^2}\sin(\theta+\alpha).$
ただし，
$\cos\alpha=\dfrac{a}{\sqrt{a^2+b^2}},\ \sin\alpha=\dfrac{b}{\sqrt{a^2+b^2}}.$

$$\sin\left(x-\frac{\pi}{\boxed{3}}\right)=\frac{1}{\boxed{2}}$$

と変形できる．$\frac{\pi}{2}\leqq\theta\leqq\pi$ より

$$\frac{\pi}{2}+\frac{\pi}{5}-\frac{\pi}{3}\leqq\theta+\frac{\pi}{5}-\frac{\pi}{3}\leqq\pi+\frac{\pi}{5}-\frac{\pi}{3}$$

であり，$x=\theta+\frac{\pi}{5}$ より

$$\frac{11}{30}\pi\leqq x-\frac{\pi}{3}\leqq\frac{13}{15}\pi$$

であるから

$$x-\frac{\pi}{3}=\frac{5}{6}\pi$$

である．よって

$$\theta+\frac{\pi}{5}-\frac{\pi}{3}=\frac{5}{6}\pi$$

すなわち

$$\theta=\frac{\boxed{29}}{\boxed{30}}\pi$$

である．

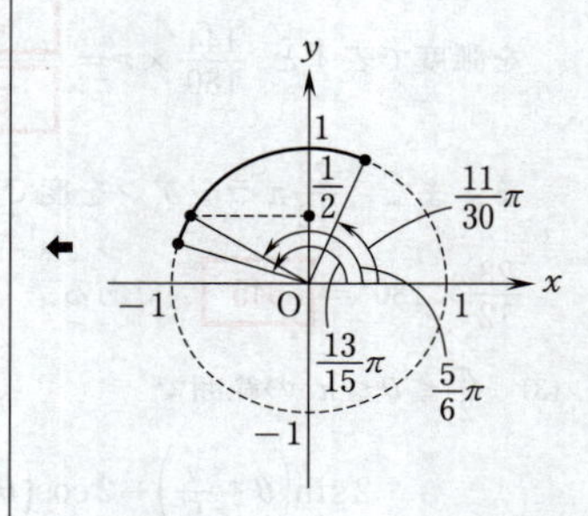

〔2〕

c は正の定数．

$$x^{\log_3 x}\geqq\left(\frac{x}{c}\right)^3. \qquad \cdots ②$$

3 を底とする ② の両辺の対数をとると

$$\log_3 x^{\log_3 x}\geqq\log_3\left(\frac{x}{c}\right)^3$$

$$(\log_3 x)(\log_3 x)\geqq 3\log_3\frac{x}{c}$$

$$(\log_3 x)^2\geqq 3(\log_3 x-\log_3 c)$$

と変形できる．$t=\log_3 x$ とおくと

$$t^2\geqq 3(t-\log_3 c)$$

$$t^{\boxed{2}}-\boxed{3}\,t+3\log_3 c\geqq 0 \qquad \cdots ③$$

となる．

$c=\sqrt[3]{9}$ のとき，② を満たす x の値の範囲を求める．

$$\log_3\sqrt[3]{9}=\log_3\sqrt[3]{3^2}=\log_3 3^{\frac{2}{3}}=\frac{2}{3}$$

より，③ は

$$t^2-3t+3\cdot\frac{2}{3}\geqq 0$$

$a>0$，$a\neq1$，$x>0$ で，p が実数のとき

$$\log_a x^p=p\log_a x.$$

$a>0$，$a\neq1$，$M>0$，$N>0$ のとき

$$\log_a\frac{M}{N}=\log_a M-\log_a N.$$

$a>0$，n が 2 以上の整数，m が整数のとき

$$\sqrt[n]{a^m}=a^{\frac{m}{n}}.$$

対数

$a>0$，$a\neq1$，$M>0$ のとき

$$x=\log_a M \iff a^x=M.$$

$$(t-1)(t-2) \geqq 0$$

と変形できるから

$$t \leqq \boxed{1}, \quad t \geqq \boxed{2}$$

である．$t=\log_3 x$ であるから

$$\log_3 x \leqq 1, \quad \log_3 x \geqq 2$$

すなわち

$$\log_3 x \leqq \log_3 3, \quad \log_3 x \geqq \log_3 9$$

である．さらに，真数は正であり，底 3 は 1 より大きいから

$$\boxed{0} < x \leqq \boxed{3}, \quad x \geqq \boxed{9}$$

である．

$a>1$，$M>0$，$N>0$ のとき

$\log_a M \leqq \log_a N \iff M \leqq N$.

次に ② が $x>0$ の範囲でつねに成り立つような c の値の範囲を求める．

x が $x>0$ の範囲を動くとき，$t=\log_3 x$ のとり得る値の範囲は実数全体である．よって，$\boxed{\text{ニ}}$ に当てはまるものは $\boxed{②}$ である．

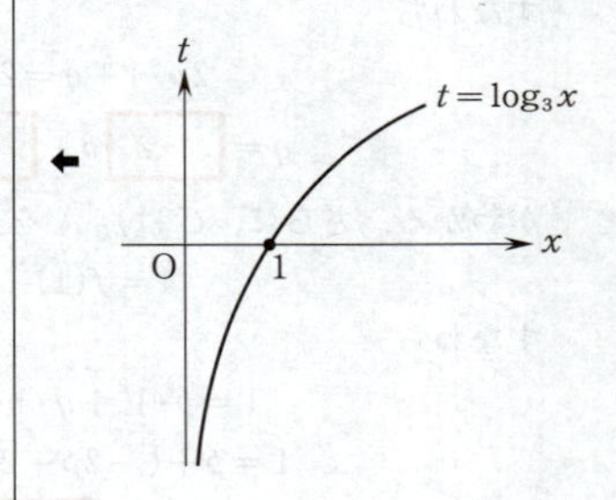

③ は

$$\left(t-\frac{3}{2}\right)^2-\frac{9}{4}+3\log_3 c \geqq 0$$

と変形できるから，実数全体の範囲の値をとる t に対して，③ がつねに成り立つための必要十分条件は

$$-\frac{9}{4}+3\log_3 c \geqq 0$$

である．これを変形すると

$$\log_3 c \geqq \frac{\boxed{3}}{\boxed{4}}$$

$$\log_3 c \geqq \log_3 3^{\frac{3}{4}}$$

となる．よって

$$c \geqq 3^{\frac{3}{4}} = (3^3)^{\frac{1}{4}} = 27^{\frac{1}{4}} = \sqrt[\boxed{4}]{\boxed{27}}$$

である．

第2問　微分法・積分法

〔1〕

$C: y=px^2+qx+r$，$\ell: y=2x-1$，A(1, 1)，$p>0$.
C は点 A において ℓ と接している.

$$f(x)=px^2+qx+r$$

とおくと

$$f'(x)=2px+q$$

である.

(1)　q と r を，p を用いて表す．放物線 C 上の点 A における接線 ℓ の傾きは 2 であることから

$$f'(1)=2$$

すなわち

$$2p\cdot 1+q=2$$

$$q=-2p+2$$

がわかる．さらに，C は点 A を通ることから

$$1=f(1)$$

すなわち

$$1=p\cdot 1^2+q\cdot 1+r$$

$$1=p+(-2p+2)+r$$

$$r=p-1$$

となる．よって

$$f(x)=px^2+(-2p+2)x+p-1$$

と表せる.

(2)

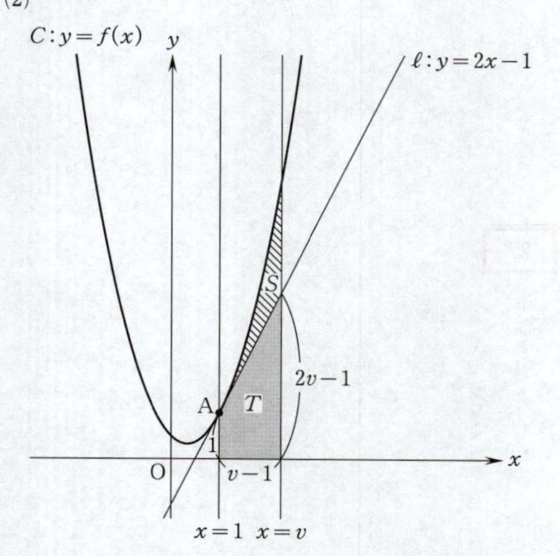

導関数

$(x^n)'=nx^{n-1}$ $(n=1, 2, 3, \cdots)$,
$(c)'=0$（c は定数）.

接線の方程式

曲線 $y=f(x)$ 上の点 $(t, f(t))$ における接線の方程式は

$$y-f(t)=f'(t)(x-t).$$

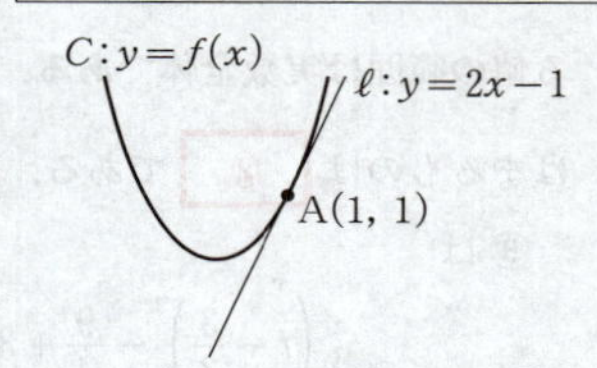

放物線 C と直線 ℓ および直線 $x=v$ $(v>1)$ で囲まれた図形の面積 S は

$$S=\int_1^v\{(px^2+(-2p+2)x+p-1)-(2x-1)\}\,dx$$
$$=p\int_1^v(x^2-2x+1)\,dx$$
$$=p\left[\frac{x^3}{3}-x^2+x\right]_1^v$$
$$=p\left\{\left(\frac{v^3}{3}-v^2+v\right)-\left(\frac{1}{3}-1+1\right)\right\}$$
$$=\frac{p}{\boxed{3}}\left(v^3-\boxed{3}\,v^2+\boxed{3}\,v-\boxed{1}\right)$$

である．

また，x 軸と ℓ および 2 直線 $x=1$，$x=v$ で囲まれた図形の面積 T は

$$T=\frac{1}{2}\{1+(2v-1)\}(v-1)$$
$$=v^{\boxed{2}}-v$$

である．

$$U=S-T$$
$$=\frac{p}{3}(v^3-3v^2+3v-1)-(v^2-v)$$

より

$$U'=\frac{p}{3}(3v^2-6v+3)-(2v-1)$$
$$=pv^2-2(p+1)v+(p+1)$$

である．U が $v=2$ で極値をとるとき

$$U'=0$$

すなわち

$$p\cdot2^2-2(p+1)\cdot2+(p+1)=0$$
$$p=3$$

であることが必要である．このとき

$$U'=3v^2-8v+4$$
$$=(3v-2)(v-2)$$

より，$v>1$ における U の増減は次の表のようになり，確かに $v=2$ で極値(極小値)をとる．よって，

$p=\boxed{3}$ である．

面積

区間 $\alpha\leqq x\leqq\beta$ においてつねに $g(x)\leqq f(x)$ ならば 2 曲線 $y=f(x)$，$y=g(x)$ および直線 $x=\alpha$，$x=\beta$ で囲まれた部分の面積は

$$\int_\alpha^\beta\{f(x)-g(x)\}\,dx.$$

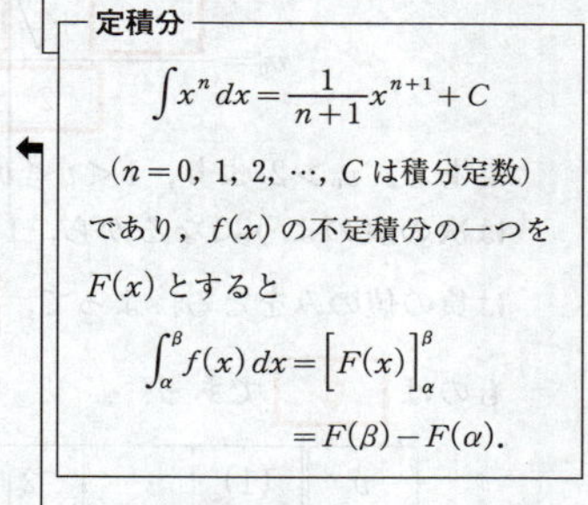

定積分

$$\int x^n\,dx=\frac{1}{n+1}x^{n+1}+C$$

($n=0, 1, 2, \cdots$, C は積分定数)

であり，$f(x)$ の不定積分の一つを $F(x)$ とすると

$$\int_\alpha^\beta f(x)\,dx=\Big[F(x)\Big]_\alpha^\beta$$
$$=F(\beta)-F(\alpha).$$

台形の面積の公式．

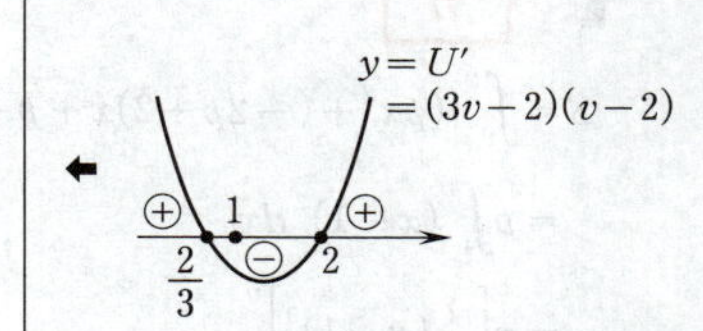

$y=U'$ のグラフを描くと U' の符号の変化がわかりやすい．

v	(1)	…	2	…
U'		−	0	+
U	(0)	↘	極小	↗

$p=3$ のとき

$$U=(v^3-3v^2+3v-1)-(v^2-v)$$
$$=(v-1)^3-(v-1)v$$
$$=(v-1)(v^2-3v+1)$$

であるから，$v>1$ の範囲で $U=0$ となる v の値 v_0 は

$$v^2-3v+1=0$$

の $v>1$ の解である．よって

$$v_0=\frac{\boxed{3}+\sqrt{\boxed{5}}}{\boxed{2}}$$

である．$v_0>2$ より，$1<v<v_0$ における U の増減は次の表のようになるから，$1<v<v_0$ の範囲で U は負の値のみをとる．よって，［ソ］に当てはまるものは［③］である．

← $\dfrac{3+\sqrt{5}}{2}>\dfrac{3+\sqrt{4}}{2}=\dfrac{5}{2}>2.$

v	(1)	…	2	…	(v_0)
U'		−	0	+	
U	(0)	↘	−1	↗	(0)

また，$v=2$ のとき，U は最小値

$$U=(2-1)(2^2-3\cdot2+1)$$
$$=\boxed{-1}$$

をとる．

← $U=(v-1)(v^2-3v+1).$

【$S=\dfrac{p}{\boxed{カ}}\left(v^3-\boxed{キ}v^2+\boxed{ク}v-\boxed{ケ}\right)$ の別解】

$$S=\int_1^v\{(px^2+(-2p+2)x+p-1)-(2x-1)\}\,dx$$
$$=p\int_1^v(x-1)^2\,dx$$
$$=p\left[\frac{1}{3}(x-1)^3\right]_1^v$$
$$=\frac{p}{3}(v-1)^3$$
$$=\frac{p}{3}(v^3-3v^2+3v-1).$$

← $\displaystyle\int(x-a)^n\,dx=\frac{1}{n+1}(x-a)^{n+1}+C.$
（a は定数，$n=0,\ 1,\ 2,\ \cdots$，C は積分定数）

〔2〕 $F(x)$ を $f(x)$ の不定積分とすると，一般に

$$F'(x)=f(x)$$

が成り立つ．$f(x)$ は $x\geqq 1$ の範囲でつねに $f(x)\leqq 0$ を満たすから，曲線 $y=f(x)$ と x 軸および2直線 $x=1$，$x=t$ $(t>1)$ で囲まれた図形の面積 W について

$$W=\int_1^t\{0-f(x)\}\,dx$$
$$=-\{F(t)-F(1)\}$$

が成り立つ．よって，ツ，テ に当てはまるものはそれぞれ ⑦，④ である．

t が $t>1$ の範囲を動くとき，W は，底辺の長さが $2t^2-2$，他の2辺の長さがそれぞれ t^2+1 の二等辺三角形の面積とつねに等しいから

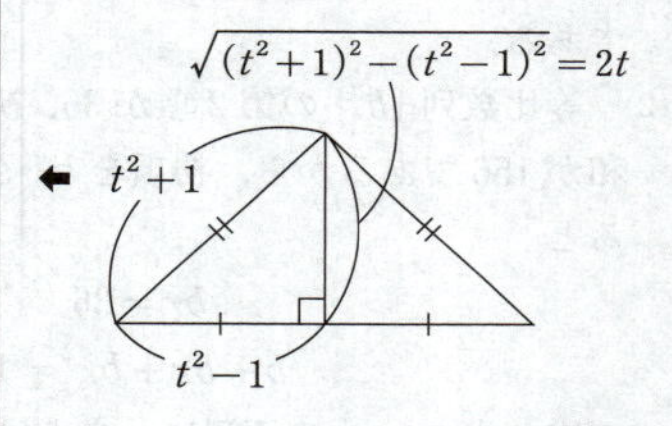

$$W=\frac{1}{2}\cdot 2t(2t^2-2)$$
$$=2t^3-2t$$

すなわち

$$-F(t)+F(1)=2t^3-2t$$

が成り立つ．両辺を t で微分すると

$$-f(t)=6t^2-2$$

となる．よって

$$f(t)=\boxed{-6}\,t^{\boxed{2}}+\boxed{2}$$

である．したがって，$x>1$ における $f(x)$ が

$$f(x)=-6x^2+2$$

であるとわかる．

微分と積分の関係

$$\int_a^t f(x)\,dx$$

を t で微分すると

$$f(t).$$

第3問　数列

(1)　等差数列 $\{a_n\}$ の第4項が30，初項から第8項までの和が288であるから，初項を a，公差を d とすると

$$a+3d=30$$
$$\frac{8}{2}(2a+7d)=288$$

が成り立つ．これらより，$\{a_n\}$ の初項 a は $\boxed{-6}$，公差 d は $\boxed{12}$ であり，初項から第 n 項までの和 S_n は

$$S_n=\frac{n}{2}\{2\cdot(-6)+(n-1)\cdot 12\}$$
$$=\boxed{6}\,n^2-\boxed{12}\,n$$

である．

(2)　等比数列 $\{b_n\}$ の第2項が36，初項から第3項までの和が156であるから，初項を b，公比を $r\ (>1)$ とすると

$$br=36 \qquad \cdots ①$$
$$b+br+br^2=156 \qquad \cdots ②$$

が成り立つ．② の両辺に r をかけて ① を用いると

$$br+br^2+br^3=156r$$
$$36(1+r+r^2)=156r$$

となるから，これを整理すると

$$3r^2-10r+3=0$$
$$(3r-1)(r-3)=0$$

が成り立つ．これと $r>1$ より

$$r=3$$

である．これを ① に代入すると

$$b=12$$

である．以上より，$\{b_n\}$ の初項 b は $\boxed{12}$，公比 r は $\boxed{3}$ であり，初項から第 n 項までの和 T_n は

$$T_n=\frac{12(3^n-1)}{3-1}$$
$$=\boxed{6}\left(\boxed{3}^n-\boxed{1}\right)$$

である．

(3)
$$c_n=\sum_{k=1}^{n}(n-k+1)(a_k-b_k)$$

より

$d_n=c_{n+1}-c_n$

等差数列の一般項

初項 a，公差 d の等差数列 $\{a_n\}$ の一般項 a_n は

$$a_n=a+(n-1)d.$$
$(n=1,\ 2,\ 3,\ \cdots)$

等差数列の和

初項 a の等差数列 $\{a_n\}$ の初項から第 n 項までの和 S_n は

$$S_n=\frac{n}{2}(a+a_n).$$

等比数列の一般項

初項を b，公比を r とする等比数列 $\{b_n\}$ の一般項は

$b_n=br^{n-1}$．$(n=1,\ 2,\ 3,\ \cdots)$

等比数列の和

初項 a，公比 r，項数 n の等比数列の和 S_n は，$r\neq 1$ のとき

$$S_n=\frac{a(r^n-1)}{r-1}.$$

$$=\sum_{k=1}^{n+1}\{(n+1)-k+1\}(a_k-b_k)-\sum_{k=1}^{n}(n-k+1)(a_k-b_k)$$

$$=\sum_{k=1}^{n+1}(n-k+2)(a_k-b_k)-\sum_{k=1}^{n}(n-k+1)(a_k-b_k)$$

$$=a_{n+1}-b_{n+1}+\sum_{k=1}^{n}(n-k+2)(a_k-b_k)-\sum_{k=1}^{n}(n-k+1)(a_k-b_k)$$

$$=a_{n+1}-b_{n+1}+\sum_{k=1}^{n}\{(n-k+2)-(n-k+1)\}(a_k-b_k)$$

$$=a_{n+1}-b_{n+1}+\sum_{k=1}^{n}(a_k-b_k)$$

$$=\sum_{k=1}^{n+1}(a_k-b_k)$$

$$=S_{n+1}-T_{n+1}$$

である．よって，セ に当てはまるものは ⑤ である．

← 問題文に与えられている c_2，c_3 を用いて $d_2=c_3-c_2$ を計算すると確かに $d_2=S_3-T_3$ が成り立っている．

したがって，(1) と (2) により

$$\begin{aligned}d_n&=S_{n+1}-T_{n+1}\\&=\{6(n+1)^2-12(n+1)\}-6(3^{n+1}-1)\\&=6(n+1)\{(n+1)-2\}-2\cdot3\cdot3^{n+1}+6\\&=6n^2-2\cdot3^{n+2}\end{aligned}$$

であり，$a_1=-6$，$b_1=12$ であるから

$$\begin{aligned}c_1&=\sum_{k=1}^{1}(1-k+1)(a_k-b_k)\\&=a_1-b_1\\&=-6-12\\&=-18\end{aligned}$$

である．よって，$n\geqq2$ のとき

$$\begin{aligned}c_n&=c_1+\sum_{k=1}^{n-1}d_k\\&=-18+\sum_{k=1}^{n-1}(6k^2-2\cdot3^{k+2})\\&=-18+6\cdot\frac{1}{6}(n-1)n(2n-1)-\frac{2\cdot3^{1+2}(3^{n-1}-1)}{3-1}\\&=-18+(n-1)n(2n-1)-3^{n+2}+27\\&=2n^3-3n^2+n+9-3^{n+2}\end{aligned}$$

である．この結果は $n=1$ のときも成り立つ．よって，$\{c_n\}$ の一般項は

$$c_n=2n^3-3n^2+n+9-3^{n+2}$$

である．

階差数列

数列 $\{c_n\}$ に対して，

$$d_n=c_{n+1}-c_n\ (n=1,\ 2,\ 3,\ \cdots)$$

で定められる数列 $\{d_n\}$ を $\{c_n\}$ の階差数列という．

$$c_n=c_1+\sum_{k=1}^{n-1}d_k\ (n\geqq2)$$

が成り立つ．

和の公式

$$\sum_{k=1}^{n}1=n,$$

$$\sum_{k=1}^{n}k=\frac{1}{2}n(n+1),$$

$$\sum_{k=1}^{n}k^2=\frac{1}{6}n(n+1)(2n+1).$$

第４問　平面ベクトル

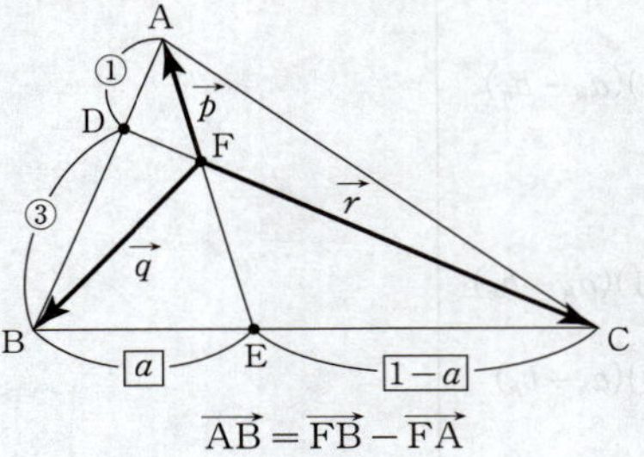

← $0<a<1$.

(1)
$$\overrightarrow{AB}=\overrightarrow{FB}-\overrightarrow{FA}$$
$$=\vec{q}-\vec{p}.$$

よって，［ア］に当てはまるものは［②］である．したがって

$$|\overrightarrow{AB}|^2=|\vec{q}-\vec{p}|^2$$
$$=(\vec{q}-\vec{p})\cdot(\vec{q}-\vec{p})$$
$$=\vec{q}\cdot\vec{q}-2\vec{p}\cdot\vec{q}+\vec{p}\cdot\vec{p}$$
$$=|\vec{p}|^2-\boxed{2}\,\vec{p}\cdot\vec{q}+|\vec{q}|^2 \quad \cdots ①$$

である．

内積

$\vec{0}$ でない２つのベクトル $\vec{a}$ と $\vec{b}$ のなす角を θ $(0^\circ \leqq \theta \leqq 180^\circ)$ とすると

$$\vec{a}\cdot\vec{b}=|\vec{a}||\vec{b}|\cos\theta.$$

特に

$$\vec{a}\cdot\vec{a}=|\vec{a}||\vec{a}|\cos 0^\circ=|\vec{a}|^2.$$

(2)　点Ｄは辺ABを1:3に内分するから

$$\overrightarrow{FD}=\frac{3}{4}\overrightarrow{FA}+\frac{1}{4}\overrightarrow{FB}$$
$$=\frac{\boxed{3}}{\boxed{4}}\vec{p}+\frac{\boxed{1}}{\boxed{4}}\vec{q} \quad \cdots ②$$

である．

分点公式

線分ABを $m:n$ に内分する点をＰとすると

$$\overrightarrow{OP}=\frac{n\overrightarrow{OA}+m\overrightarrow{OB}}{m+n}.$$

(3)　s，t はそれぞれ $\overrightarrow{FD}=s\vec{r}$，$\overrightarrow{FE}=t\vec{p}$ となる実数である．s と t を a を用いて表す．

$$\overrightarrow{FD}=s\vec{r}$$

であるから，② により

$$\frac{3}{4}\vec{p}+\frac{1}{4}\vec{q}=s\vec{r}$$

である．これを変形すると

$$\vec{q}=\boxed{-3}\,\vec{p}+\boxed{4}\,s\vec{r} \quad \cdots ③$$

である．また，点Ｅは辺BCを $a:(1-a)$ に内分するから

$$\overrightarrow{FE}=(1-a)\overrightarrow{FB}+a\overrightarrow{FC}$$
$$=(1-a)\vec{q}+a\vec{r}$$

であり

$$\overrightarrow{FE}=t\vec{p}$$

であるから

$$(1-a)\overrightarrow{q}+a\overrightarrow{r}=t\overrightarrow{p}$$

である．これを変形すると

$$\overrightarrow{q}=\frac{t}{\boxed{1}-\boxed{a}}\overrightarrow{p}-\frac{\boxed{a}}{1-a}\overrightarrow{r}\quad\cdots④$$

である．$\overrightarrow{p}\neq\overrightarrow{0}$，$\overrightarrow{r}\neq\overrightarrow{0}$，$\overrightarrow{p}\not\parallel\overrightarrow{r}$ であるから，③と④により

$$-3=\frac{t}{1-a},\quad 4s=-\frac{a}{1-a}$$

が成り立つ．これを s と t について解くと

$$s=\frac{\boxed{-a}}{\boxed{4}(1-a)},\quad t=\boxed{-3}(1-a)$$

である．

(4)　$|\overrightarrow{AB}|=|\overrightarrow{BE}|$，$|\overrightarrow{p}|=1$ のとき，$\overrightarrow{p}$ と $\overrightarrow{q}$ の内積を a を用いて表す．

①により

$$|\overrightarrow{AB}|^2=1-2\overrightarrow{p}\cdot\overrightarrow{q}+|\overrightarrow{q}|^2$$

である．また

$$\begin{aligned}|\overrightarrow{BE}|^2&=|\overrightarrow{FE}-\overrightarrow{FB}|^2\\&=|-3(1-a)\overrightarrow{p}-\overrightarrow{q}|^2\\&=9(1-a)^2|\overrightarrow{p}|^2+6(1-a)\overrightarrow{p}\cdot\overrightarrow{q}+|\overrightarrow{q}|^2\\&=\boxed{9}(1-a)^2+\boxed{6}(1-a)\overrightarrow{p}\cdot\overrightarrow{q}+|\overrightarrow{q}|^2\end{aligned}$$

である．したがって

$$|\overrightarrow{AB}|=|\overrightarrow{BE}|$$

より

$$1-2\overrightarrow{p}\cdot\overrightarrow{q}+|\overrightarrow{q}|^2=9(1-a)^2+6(1-a)\overrightarrow{p}\cdot\overrightarrow{q}+|\overrightarrow{q}|^2$$

が成り立つ．これを変形すると

$$\begin{aligned}(8-6a)\overrightarrow{p}\cdot\overrightarrow{q}&=1-9(1-a)^2\\2(4-3a)\overrightarrow{p}\cdot\overrightarrow{q}&=\{1+3(1-a)\}\{1-3(1-a)\}\\2(4-3a)\overrightarrow{p}\cdot\overrightarrow{q}&=(4-3a)(3a-2)\end{aligned}$$

となる．$0<a<1$ より，$4-3a\neq0$ であるから

$$\overrightarrow{p}\cdot\overrightarrow{q}=\frac{\boxed{3a}-\boxed{2}}{\boxed{2}}$$

である．

←ベクトルの相等

$\overrightarrow{a}\neq0$，$\overrightarrow{b}\neq0$，$\overrightarrow{a}\not\parallel\overrightarrow{b}$ のとき，実数 x，x'，y，y' に対して

$$x\overrightarrow{a}+y\overrightarrow{b}=x'\overrightarrow{a}+y'\overrightarrow{b}$$
$$\iff\begin{cases}x=x',\\y=y'.\end{cases}$$

← $\overrightarrow{FE}=t\overrightarrow{p}$，$t=-3(1-a)$.

第5問　確率分布と統計的な推測

(1)　a は正の整数であり，2, 4, 6, …, $2a$ の数字がそれぞれ一つずつ書かれた a 枚のカードが箱に入っている．この箱から1枚のカードを無作為に取り出すとき，そこに書かれた数字を表す確率変数が X である．このとき，カードの取り出し方の総数は a であり，$2a$ と書かれたカードの取り出し方は1通りであるから，

$X=2a$ となる確率は $\dfrac{1}{a}$ である．

$a=5$ のとき，$2a=10$ である．このとき，X の平均(期待値) $E(X)$ は

$$E(X)=\frac{1}{5}\cdot 2+\frac{1}{5}\cdot 4+\frac{1}{5}\cdot 6+\frac{1}{5}\cdot 8+\frac{1}{5}\cdot 10$$
$$=\frac{2}{5}(1+2+3+4+5)$$
$$=6 \quad \cdots ①$$

であり，X の分散 $V(X)$ は

$$V(X)=\frac{1}{5}(2-6)^2+\frac{1}{5}(4-6)^2+\frac{1}{5}(6-6)^2+\frac{1}{5}(8-6)^2+\frac{1}{5}(10-6)^2$$
$$=\frac{2}{5}(16+4)$$
$$=8 \quad \cdots ②$$

である．また，s, t は定数で $s>0$ のとき，$sX+t$ の平均 $E(sX+t)$ が20，分散 $V(sX+t)$ が32となるように s, t を定めると

$$E(sX+t)=20$$

より

$$sE(X)+t=20$$

が成り立つ．これと ① より

$$6s+t=20 \quad \cdots ③$$

が成り立つ．さらに

$$V(sX+t)=32$$

より

$$s^2V(X)=32$$

が成り立つ．これと ② より

$$8s^2=32 \quad \cdots ④$$

が成り立つ．③, ④, $s>0$ より

平均(期待値)，分散

確率変数 X のとり得る値を

$$x_1,\ x_2,\ \cdots,\ x_n$$

とし，X がこれらの値をとる確率をそれぞれ

$$p_1,\ p_2,\ \cdots,\ p_n$$

とすると，X の平均(期待値) $E(X)$ は

$$E(X)=\sum_{k=1}^{n}x_kp_k.$$

また，X の分散 $V(X)$ は $E(X)=m$ として

$$V(X)=\sum_{k=1}^{n}(x_k-m)^2p_k \quad \cdots (*)$$

または

$$V(X)=E(X^2)-\{E(X)\}^2. \cdots (**)$$

ここでは (*) を用いた．

平均(期待値)，分散の性質

X は確率変数，a, b は定数とする．

$$E(aX+b)=aE(X)+b$$
$$V(aX+b)=a^2V(X).$$

$$s = \boxed{2},\quad t = \boxed{8}$$

である．このとき，

$$sX + t = 2X + 8$$

であるから，$sX + t$ が 20 以上である確率は

$$2X + 8 \geqq 20$$

すなわち

$$X \geqq 6$$

である確率

$$\frac{3}{5} = 0.\boxed{6}$$

である．

← $X = 6,\ 8,\ 10$ の 3 通り．

(2)　(1)の箱のカードの枚数 a は 3 以上であり，この箱から 3 枚のカードを同時に取り出し，それらのカードを横 1 列に並べる．このような並べ方の総数は ${}_a\mathrm{P}_3$ である．

この試行において，カードの数字が左から小さい順に並んでいる事象を A とすると，事象 A の起こる場合の数は ${}_a\mathrm{C}_3$ であるから，事象 A の起こる確率は

$$\frac{{}_a\mathrm{C}_3}{{}_a\mathrm{P}_3} = \frac{\dfrac{a!}{3!(a-3)!}}{\dfrac{a!}{(a-3)!}} = \frac{1}{3!} = \frac{\boxed{1}}{\boxed{6}}$$

である．

この試行を 180 回繰り返すとき，事象 A が起こる回数を表す確率変数を Y とすると，Y は二項分布 $B\left(180,\ \dfrac{1}{6}\right)$ に従うから，Y の平均 m は

$$m = 180 \cdot \frac{1}{6} = \boxed{30}$$

であり，Y の分散 σ^2 は

$$\sigma^2 = 180 \cdot \frac{1}{6} \cdot \frac{5}{6} = \boxed{25}$$

である．

二項分布

n を自然数とする．

確率変数 X のとり得る値が

$$0,\ 1,\ 2,\ \cdots,\ n$$

であり，X の確率分布が

$$P(X = r) = {}_n\mathrm{C}_r\,p^r(1-p)^{n-r}$$
$$(r = 0,\ 1,\ 2,\ \cdots,\ n)$$

であるとき，X の確率分布を二項分布といい，$B(n,\ p)$ で表す．

二項分布の平均(期待値)，分散

確率変数 X が二項分布 $B(n,\ p)$ に従うとき，$q = 1 - p$ とすると X の平均(期待値) $E(X)$ と分散 $V(X)$ は

$$E(X) = np$$
$$V(X) = npq$$

である．

事象 A が 18 回以上 36 回以下起こる確率の近似値を次のように求める．

試行回数 180 は大きいことから，Y は近似的に平均 $m = 30$，標準偏差 $\sigma = \sqrt{25} = 5$ の正規分布に従うと考えられる．ここで，$Z = \dfrac{Y - m}{\sigma} = \dfrac{Y - 30}{5}$ とおくと，Z は近似的に標準正規分布に従うと考えられるから，求める確率の近似値は次のようになる．

← $\sqrt{V(X)}$ を X の標準偏差という．

標準正規分布

平均 0，標準偏差 1 の正規分布 $N(0,\ 1)$ を標準正規分布という．

$P(18 \leqq Y \leqq 36)$

$= P\left(\frac{18-30}{5} \leqq \frac{Y-30}{5} \leqq \frac{36-30}{5}\right)$

$= P(-$ 2 . 40 $\leqq Z \leqq$ 1 . 20 $)$

$= P(-2.40 \leqq Z \leqq 0) + P(0 \leqq Z \leqq 1.20)$

$= P(0 \leqq Z \leqq 2.40) + P(0 \leqq Z \leqq 1.20)$

$= 0.4918 + 0.3849$

$= 0.$ 88

正規分布表より
$P(0 \leqq Z \leqq 2.40) = 0.4918$,
$P(0 \leqq Z \leqq 1.20) = 0.3849$.

(3) ある都市での世論調査において，無作為に 400 人の有権者を選び，ある政策に対する賛否を調べたところ，320 人が賛成であったから，この調査での賛成者の比率(標本比率)は

$$\frac{320}{400} = 0.\ \boxed{8}$$

である．

母比率，標本比率

母集団全体の中で特性 A を持つ要素の割合を特性 A の母比率といい，標本の中で特性 A を持つ要素の割合を特性 A の標本比率という．

この都市の有権者全体のうち，この政策の賛成者の母比率 p に対する信頼度 95% の信頼区間を求める．標本の大きさが 400 と大きいので，二項分布の正規分布による近似を用いると，p に対する信頼度 95% の信頼区間は

$$0.8 - 1.96\sqrt{\frac{0.8(1-0.8)}{400}} \leqq p \leqq 0.8 + 1.96\sqrt{\frac{0.8(1-0.8)}{400}}$$

すなわち

$$0.\ \boxed{76} \leqq p \leqq 0.\ \boxed{84}$$

である．

母比率の推定

標本比率を r とすると，標本の大きさ n が大きいとき，母比率 p に対する信頼度(信頼係数) 95% の信頼区間は

$$\left[r - 1.96\sqrt{\frac{r(1-r)}{n}},\ r + 1.96\sqrt{\frac{r(1-r)}{n}}\right].$$

母比率 p に対する信頼区間 $A \leqq p \leqq B$ において，$B-A$ をこの信頼区間の幅とよぶ．R を標本比率として

上で求めた信頼区間の幅を L_1

標本の大きさが 400 の場合に $R=0.6$ が得られたときの信頼区間の幅を L_2

標本の大きさが 500 の場合に $R=0.8$ が得られたときの信頼区間の幅を L_3

とすると

$$L_1 = \left(0.8 + 1.96\sqrt{\frac{0.8(1-0.8)}{400}}\right) - \left(0.8 - 1.96\sqrt{\frac{0.8(1-0.8)}{400}}\right)$$

$$= 3.92\sqrt{\frac{0.8(1-0.8)}{400}}$$

であり，同様にして

$$L_2 = 3.92\sqrt{\frac{0.6(1-0.6)}{400}} = \sqrt{\frac{6\times 4}{8\times 2}}L_1 = \sqrt{\frac{3}{2}}L_1$$

$$L_3 = 3.92\sqrt{\frac{0.8(1-0.8)}{500}} = \sqrt{\frac{4}{5}}L_1$$

であるから

$$L_3 < L_1 < L_2$$

である．よって，ヒ に当てはまるものは ④ である．

MEMO

数学Ⅰ・数学A
数学Ⅱ・数学B

（2018年１月実施）

追試験
2018

数学Ⅰ・数学A

解答・採点基準

（100点満点）

問題番号(配点)	解答記号	正解	配点	自己採点
第1問 (30)	$\frac{\text{アイ}+\text{ウ}\sqrt{\text{エ}}}{\text{オ}}$	$\frac{16+4\sqrt{7}}{9}$	3	
	カ	0	2	
	キ	5	2	
	$\frac{\text{ク}}{\text{ケ}}$, $\frac{\text{コ}}{\text{サ}}$	$\frac{4}{3}$, $\frac{5}{3}$ (解答の順序は問わない)	3	
	シ	①	2	
	ス	③	2	
	$\frac{\text{セ}}{\text{ソ}}$	$\frac{3}{2}$	2	
	$\frac{\text{タ}}{\text{チ}}$	$\frac{7}{2}$	2	
	$\frac{\text{ツ}}{\text{テ}}$	$\frac{5}{4}$	2	
	$\frac{\text{ト}-\sqrt{\text{ナニ}}}{\text{ヌ}}$	$\frac{1-\sqrt{13}}{2}$	3	
	$\text{ネ} \leqq a \leqq \sqrt{\text{ノ}}$	$0 \leqq a \leqq \sqrt{3}$	3	
	$\frac{\text{ハヒ}+\sqrt{\text{フヘ}}}{\text{ホ}}$	$\frac{-1+\sqrt{13}}{2}$	4	
第1問　自己採点小計				
第2問 (30)	$\frac{\sqrt{\text{ア}}}{\text{イ}}$	$\frac{\sqrt{3}}{2}$	3	
	ウ	1	3	
	エ	2	3	
	$\frac{\text{オ}\sqrt{\text{カ}}}{\text{キ}}$	$\frac{4\sqrt{3}}{3}$	3	
	$\frac{\text{クケ}\sqrt{\text{コ}}}{\text{サ}}$	$\frac{22\sqrt{3}}{3}$	3	
	シ	⑤	3	
	ス，セ	④，⑤ (解答の順序は問わない)	6 (各3)	
	ソ	④	3	
	タ	⑤	3	
第2問　自己採点小計				

問題番号(配点)	解答記号	正解	配点	自己採点
第3問 (20)	アイウ	420	3	
	エオ	30	4	
	$\frac{\text{カ}}{\text{キク}}$	$\frac{5}{14}$	2	
	$\frac{\text{ケコ}}{\text{サシ}}$	$\frac{15}{28}$	2	
	$\frac{\text{ス}}{\text{セソ}}$	$\frac{3}{28}$	2	
	$\frac{\text{タ}}{\text{チツ}}$	$\frac{5}{28}$	2	
	$\frac{\text{テ}}{\text{トナ}}$	$\frac{1}{14}$	2	
	$\frac{\text{ニ}}{\text{ヌ}}$	$\frac{2}{7}$	3	
第3問　自己採点小計				
第4問 (20)	アイ，ウエ	23，17	4	
	オカ	15	4	
	キ	5	2	
	クケ	12	2	
	コサ	10	2	
	シ	2	1	
	$\frac{\text{ス}}{\text{セ}}$	$\frac{2}{3}$	2	
	ソタチ	101	3	
第4問　自己採点小計				
第5問 (20)	$\sqrt{\text{アイ}}x-\text{ウ}$	$\sqrt{10}x-1$	4	
	$\frac{\text{エ}\sqrt{\text{オカ}}}{\text{キ}}$	$\frac{2\sqrt{10}}{5}$	4	
	ク	2	2	
	ケコ	24	2	
	サシ	60	2	
	スセソ	120	2	
	タチ	32	2	
	ツ	5	2	
第5問　自己採点小計				
自己採点合計				

(注)

第1問，第2問は必答，第3問～第5問のうちから2問選択。計4問を解答。

第1問　数と式・集合と命題・2次関数

〔1〕

$$\alpha=\frac{4}{4-\sqrt{7}}$$
$$=\frac{4(4+\sqrt{7})}{(4-\sqrt{7})(4+\sqrt{7})}$$
$$=\frac{4(4+\sqrt{7})}{4^2-(\sqrt{7})^2}$$
$$=\frac{\boxed{16}+\boxed{4}\sqrt{\boxed{7}}}{\boxed{9}} \quad \cdots①$$

となる.

← $(a-b)(a+b)=a^2-b^2$.

(1)　有理数 p, q に対して,

$$p+q\sqrt{7}=0 \quad \cdots②$$

が成り立つとき, $q\neq0$ とすると,

$$\sqrt{7}=-\frac{p}{q}$$

であり, 左辺は無理数, 右辺は有理数であるから矛盾が生じる. よって, $q=0$ であり, ② より, $p=0$ である.

← $q=0$ であることを背理法で示す. つまり, $q\neq0$ と仮定して矛盾を導く.

また, $p=q=0$ のとき, ② は成り立つ.

よって,

$$p+q\sqrt{7}=0 \iff p=q=\boxed{0}$$

が成り立つ.

(2)　r は有理数.

$$\alpha-\beta=\frac{16+4\sqrt{7}}{9}-\frac{9-(r^2-3r)\sqrt{7}}{5} \quad (①より)$$
$$=\frac{5(16+4\sqrt{7})-9\{9-(r^2-3r)\sqrt{7}\}}{45}$$
$$=\frac{-1+(9r^2-27r+20)\sqrt{7}}{45} \quad \cdots③$$

である.

ここで, $\alpha-\beta=u$ (u は有理数) とおき, さらに,

$$X=\frac{9r^2-27r+20}{45} \quad \left(\begin{array}{l} r\text{ は有理数より} \\ X\text{ は有理数} \end{array}\right)$$

とすると, ③ は,

$$u=-\frac{1}{45}+X\sqrt{7}$$

すなわち,

$$u+\frac{1}{45}=X\sqrt{7}$$

となる．

ここで，$X \neq 0$ とすると，

$$\sqrt{7} = \frac{u + \frac{1}{45}}{X}$$

となり，左辺は無理数，右辺は有理数であるから矛盾が生じる．

⬅ u, X が有理数より，右辺は有理数になる．

よって，$X = 0$ より，

$$\frac{9r^2 - 27r}{45} + \frac{20}{45} = 0$$

⬅ $X = \frac{9r^2 - 27r + 20}{45}$.

すなわち，

$$\frac{4}{9} + \frac{r^2 - 3r}{\boxed{5}} = 0$$

を満たす．

このとき，

$$20 + 9(r^2 - 3r) = 0$$
$$9r^2 - 27r + 20 = 0$$
$$(3r - 4)(3r - 5) = 0$$

となるから，

$$r = \frac{\boxed{4}}{\boxed{3}} \quad \text{または} \quad r = \frac{\boxed{5}}{\boxed{3}}$$

である．

〔2〕

a は正の実数．

$p: |x - 1| \leqq a$,

$q: |x| \leqq \frac{5}{2}$, つまり，$-\frac{5}{2} \leqq x \leqq \frac{5}{2}$,

⬅ A が正の実数のとき，$|X| \leqq A \iff -A \leqq X \leqq A$.

$r: x^2 - 2x \leqq a$.

(1)・$a = 1$ のとき．

$p: |x - 1| \leqq 1$, つまり，$0 \leqq x \leqq 2$

である．

⬅ $|x-1| \leqq 1$ より，

$$-1 \leqq x - 1 \leqq 1$$
$$0 \leqq x \leqq 2.$$

これより，

「$p \Longrightarrow q$」は真

であり，

「$q \Longrightarrow p$」は偽　(反例　$x = -1$ など)

である．

⬅ 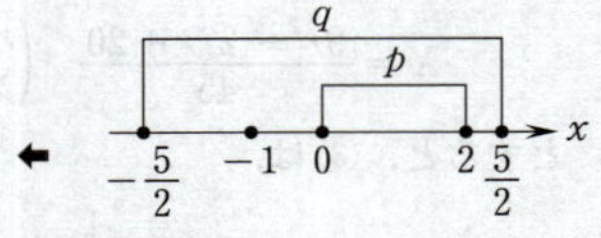

よって，p は q であるための十分条件であるが，必要条件ではない．したがって，$\boxed{シ}$ に当てはまるものは $\boxed{①}$ である．

⬅ 命題「$s \Longrightarrow t$」が真のとき，s は t であるための十分条件という．また，「$t \Longrightarrow s$」が真のとき，s は t であるための必要条件という．

・$a=3$ のとき．

$$p:|x-1|\leqq 3,\ \text{つまり},\ -2\leqq x\leqq 4$$

である．

これより，

「$p \Longrightarrow q$」は偽　（反例 $x=3$ など）

であり，

「$q \Longrightarrow p$」は偽　（反例 $x=-\frac{5}{2}$ など）

である．

よって，p は q であるための必要条件でも十分条件でもない．したがって，［ス］に当てはまるものは［③］である．

← $|x-1|\leqq 3$ より，
$-3\leqq x-1\leqq 3$
$-2\leqq x\leqq 4$.

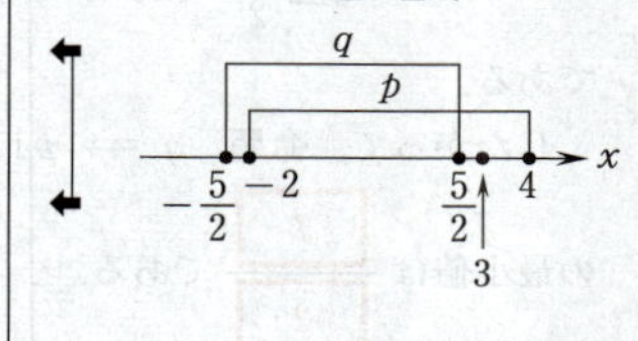

(2)　　$p:-a+1\leqq x\leqq a+1$.

← $|x-1|\leqq a$ より，
$-a\leqq x-1\leqq a$
$-a+1\leqq x\leqq a+1$.

命題「$p \Longrightarrow q$」が真となる条件は，

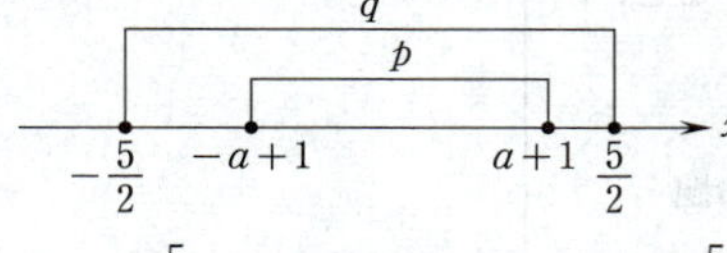

$$-\frac{5}{2}\leqq -a+1\quad \text{かつ}\quad a+1\leqq \frac{5}{2}$$

である．

よって，

$$a\leqq \frac{7}{2}\quad \text{かつ}\quad a\leqq \frac{3}{2}$$

であるから，$a>0$ より，

$$0<a\leqq \frac{3}{2}$$

である．

したがって，命題「$p \Longrightarrow q$」が真となるような a の最大値は $\frac{3}{2}$ である．

また，命題「$q \Longrightarrow p$」が真となる条件は，

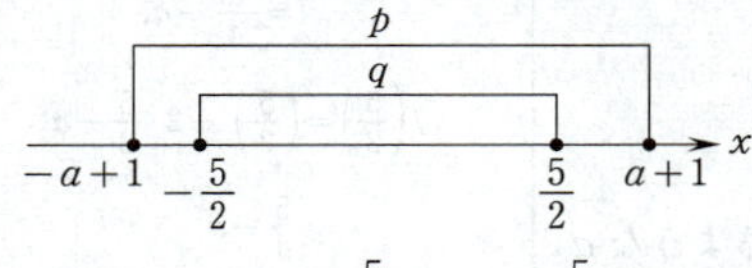

$$-a+1\leqq -\frac{5}{2}\quad \text{かつ}\quad \frac{5}{2}\leqq a+1$$

である．

よって，

$$\frac{7}{2} \leqq a \quad かつ \quad \frac{3}{2} \leqq a$$

であるから，

$$a \geqq \frac{7}{2} \quad (a>0 \text{ を満たす})$$

である．

したがって，命題「$q \Longrightarrow p$」が真となるような a の最小値は $\dfrac{7}{2}$ である．

(3)　$x^2-2x=a$ すなわち，$x^2-2x-a=0$ の判別式を D とすると，$a>0$ より，

$$D=(-2)^2-4\cdot1\cdot(-a)=4(a+1)>0$$

である．

よって，方程式 $x^2-2x-a=0$ は異なる2つの実数解をもち，その2解を α，β $(\alpha<\beta)$ とすると，

$$r: \alpha \leqq x \leqq \beta$$

である．

ここで，$f(x)=x^2-2x-a$ とおくと，命題「$r \Longrightarrow q$」が真となる条件は，

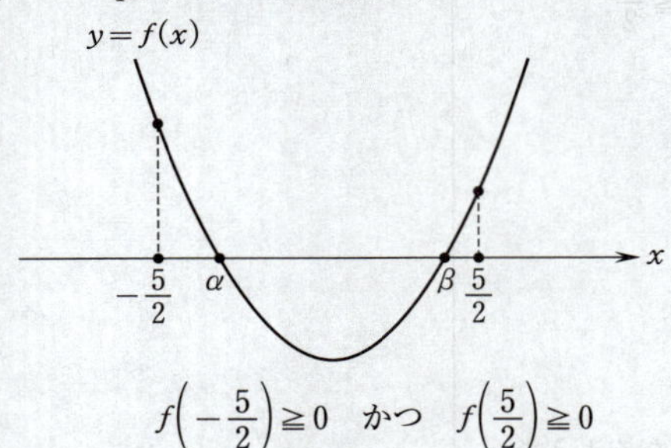

$$f\left(-\frac{5}{2}\right) \geqq 0 \quad かつ \quad f\left(\frac{5}{2}\right) \geqq 0$$

である．

よって，

$$\frac{45}{4}-a \geqq 0 \quad かつ \quad \frac{5}{4}-a \geqq 0$$

であるから，$a>0$ より，

$$0<a \leqq \frac{5}{4}$$

である．

したがって，命題「$r \Longrightarrow q$」が真となるような a の最大値は $\dfrac{5}{4}$ である．

← 命題「$r \Longrightarrow q$」が真となるのは次のようなときである．

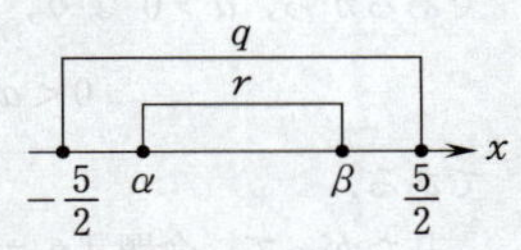

← $f\left(-\frac{5}{2}\right)=\left(-\frac{5}{2}\right)^2-2\left(-\frac{5}{2}\right)-a$
$=\frac{45}{4}-a.$

$f\left(\frac{5}{2}\right)=\left(\frac{5}{2}\right)^2-2\cdot\frac{5}{2}-a$
$=\frac{5}{4}-a.$

〔3〕

実数 a が $a^2-3<a$ を満たすとき，a のとり得る値の範囲は，$a^2-a-3<0$ より，

$$\frac{\boxed{1}-\sqrt{\boxed{13}}}{\boxed{2}}<a<\frac{1+\sqrt{13}}{2} \quad \cdots ①$$

である．

⬅ $3<\sqrt{13}<4$，$-4<-\sqrt{13}<-3$ より，

$$-\frac{3}{2}<\frac{1-\sqrt{13}}{2}<-1,$$

$$2<\frac{1+\sqrt{13}}{2}<\frac{5}{2}.$$

$f(x)=-x^2+1$ より，放物線 $y=f(x)$ の軸の方程式は，

$$x=0 \ (y\text{ 軸})$$

である．

$a^2-3\leqq x\leqq a$ における関数 $y=f(x)$ の最大値が 1 である条件は，

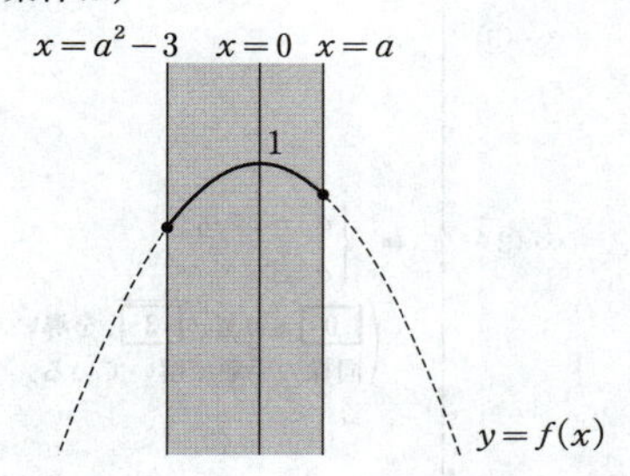

$$a^2-3\leqq 0\leqq a$$

である．

よって，求める a の値の範囲は，

$$-\sqrt{3}\leqq a\leqq\sqrt{3} \quad かつ \quad a\geqq 0$$

⬅ $\begin{cases} a^2-3\leqq 0, \\ a\geqq 0. \end{cases}$

であるから，① に注意して，

$$\boxed{0}\leqq a\leqq\sqrt{\boxed{3}}$$

である．

また，$a^2-3\leqq x\leqq a$ における関数 $y=f(x)$ の最大値が 1 で，最小値が $f(a)$ である条件は，定義域の中央の値が $\dfrac{(a^2-3)+a}{2}$ であることに注意すると，

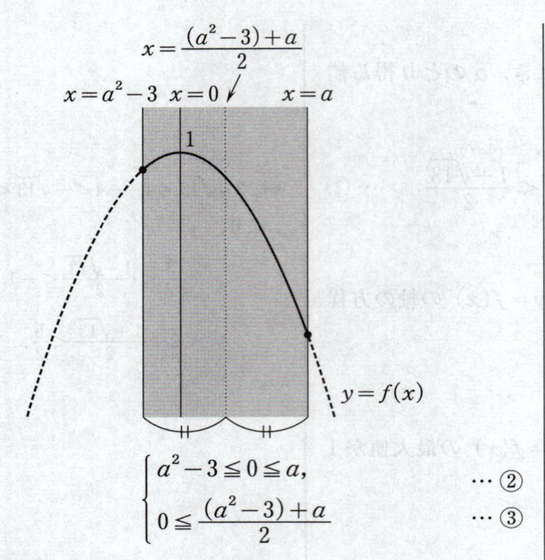

$$\begin{cases} a^2-3 \leqq 0 \leqq a, & \cdots ② \\ 0 \leqq \dfrac{(a^2-3)+a}{2} & \cdots ③ \end{cases}$$

である.

② より,

$$0 \leqq a \leqq \sqrt{3} \qquad \cdots ②'$$

⬅ $\begin{cases} a^2-3 \leqq 0, \\ a \geqq 0. \end{cases}$

（$\boxed{0} \leqq a \leqq \sqrt{\boxed{3}}$ を導いたときと同様の手順で解いている.）

である.

③ より,

$$a^2+a-3 \geqq 0$$

$$a \leqq \frac{-1-\sqrt{13}}{2}, \quad \frac{-1+\sqrt{13}}{2} \leqq a \qquad \cdots ③'$$

⬅ $3<\sqrt{13}<4$, $-4<-\sqrt{13}<-3$ より,

$$-\frac{5}{2}<\frac{-1-\sqrt{13}}{2}<-2,$$

$$1<\frac{-1+\sqrt{13}}{2}<\frac{3}{2}.$$

である.

よって, 求める a の値の範囲は, ① に注意して ②′, ③′ より,

$$\frac{\boxed{-1}+\sqrt{\boxed{13}}}{\boxed{2}} \leqq a \leqq \sqrt{3}$$

⬅

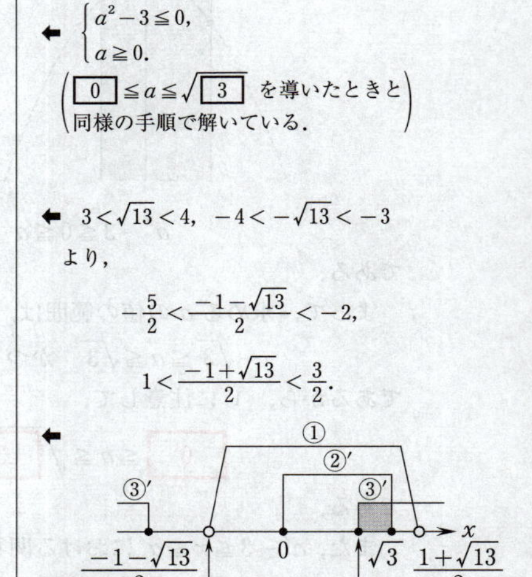

である.

第2問　図形と計量・データの分析

〔1〕

(1)

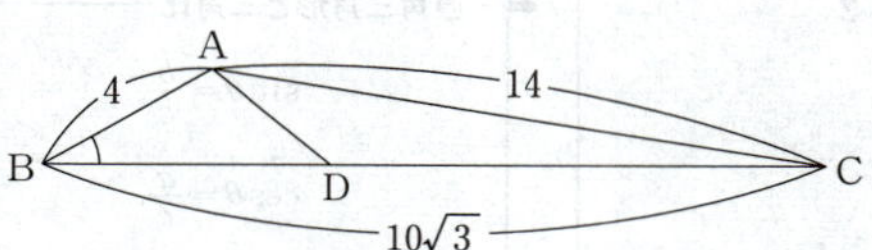

△ABC に余弦定理を用いると,

$$\cos\angle B=\frac{AB^2+BC^2-CA^2}{2AB\cdot BC}$$

$$=\frac{4^2+(10\sqrt{3})^2-14^2}{2\cdot4\cdot10\sqrt{3}}$$

$=$ 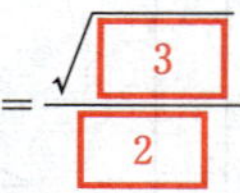

であるから, $0°<\angle B<180°$ より,

$$\angle B=30°$$

である.

△ABD に正弦定理を用いると,

$$2R=\frac{AD}{\sin 30°}$$

であるから,

$$\frac{AD}{R}=2\sin 30°$$

$$=2\cdot\frac{1}{2}$$

$$=\boxed{1} \qquad \cdots①$$

である.

よって, ① より,

$$R=AD$$

と変形できるから, R が最小となるのは,

線分 AD の長さが最小のとき

である.

ここで, 点 A から辺 BC に下ろした垂線と辺 BC との交点を H とすると, 点 D を点 B から点 C まで移動させるとき, 線分 AD の長さが最小となるのは, 図より, D＝H のときである.

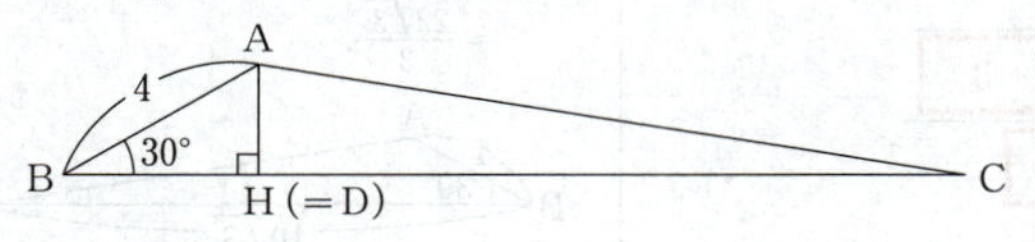

← **余弦定理**

$$b^2=c^2+a^2-2ca\cos B.$$

$$\cos B=\frac{c^2+a^2-b^2}{2ca}.$$

A
c
b
B
a
C

← **正弦定理**

$$\frac{a}{\sin A}=\frac{b}{\sin B}=\frac{c}{\sin C}=2R.$$

(R は外接円の半径)

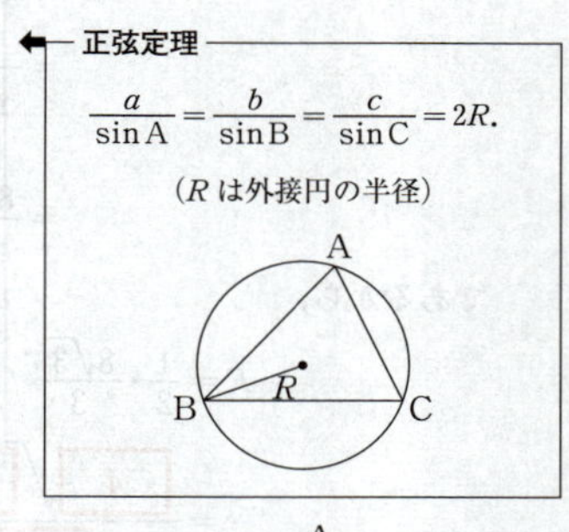

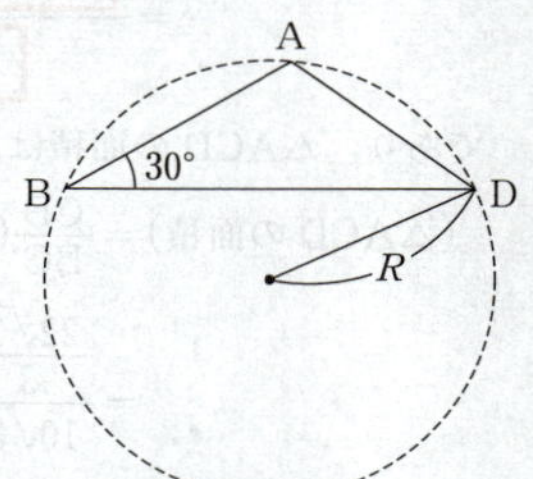

← 線分 AD の長さの最小値は,

AH.

直角三角形 ABH に注目すると，

$$AH = AB\sin 30^\circ = 4\cdot\frac{1}{2} = 2$$

であるから，R の最小値は，

$$\boxed{2}$$

である．

(2)　△ABD の外接円の中心が辺 BC 上にあるとき，

$$\angle BAD = 90^\circ$$

であり，

$$BD = 2R$$

である．

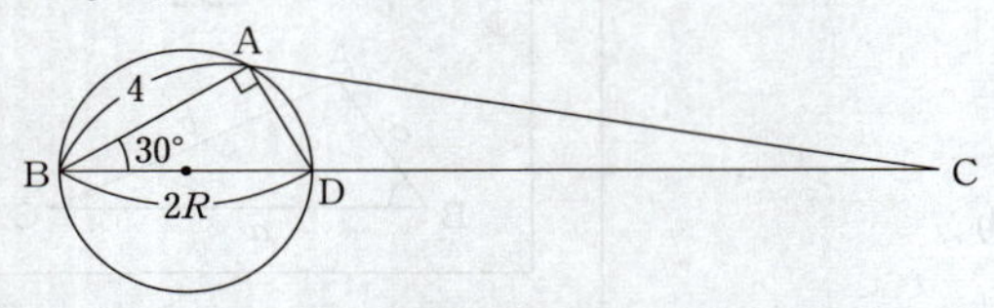

直角三角形 ABD に注目すると，

$$(2R=)\,BD = \frac{AB}{\cos 30^\circ} = \frac{4}{\frac{\sqrt{3}}{2}} = \frac{8\sqrt{3}}{3}$$

であるから，

$$R = \frac{1}{2}\cdot\frac{8\sqrt{3}}{3} = \frac{\boxed{4}\sqrt{\boxed{3}}}{\boxed{3}}$$

であり，△ACD の面積は，

$$(\triangle ACD\text{ の面積}) = \frac{CD}{BC}(\triangle ABC\text{ の面積}) = \frac{\frac{22\sqrt{3}}{3}}{10\sqrt{3}}\cdot\left(\frac{1}{2}\cdot 4\cdot 10\sqrt{3}\sin 30^\circ\right) = \frac{11}{15}\cdot 10\sqrt{3} = \frac{\boxed{22}\sqrt{\boxed{3}}}{\boxed{3}}$$

である．

直角三角形と三角比

$$\sin\theta = \frac{b}{c},\quad \cos\theta = \frac{a}{c},\quad \tan\theta = \frac{b}{a}$$

より，

$$b = c\sin\theta,\quad a = c\cos\theta,\quad b = a\tan\theta.$$

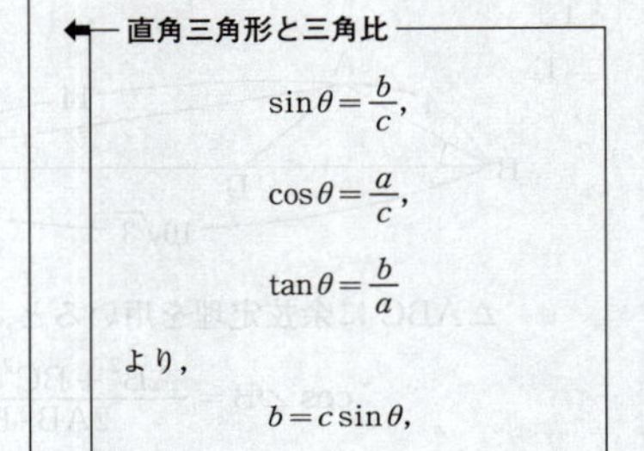

$AB = BD\cos 30^\circ$ より，

$$BD = \frac{AB}{\cos 30^\circ}.$$

$$CD = BC - BD = 10\sqrt{3} - \frac{8\sqrt{3}}{3} = \frac{22\sqrt{3}}{3}.$$

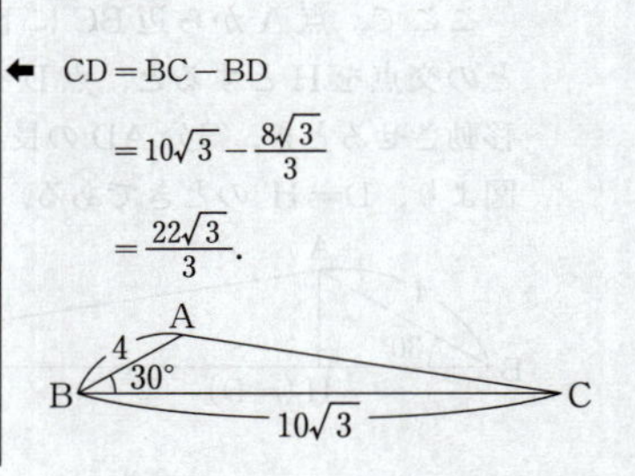

〔2〕

(1)　全期間において，X の標準偏差が 0.105，Y の標準偏差が 0.260，X と Y の共分散が 0.0263 であるから，X と Y の相関係数 r は，

$$r=\frac{0.0263}{0.105\times0.260}=\frac{263}{273}=0.963\cdots$$

である．よって，［シ］に当てはまるものは［⑤］である．

(2)・⓪について．

期間Aの最大値は約 3.2，期間Bの最大値は約 1.55 であるから，期間Aの最大値は，期間Bの最大値より大きい．よって，⓪は正しくない．

・①について．

期間Aにおける第1四分位数は，約 −0.25，期間Bにおける第1四分位数は約 −0.3 であるから，期間Aにおける第1四分位数は，期間Bにおける第1四分位数より大きい．よって，①は正しくない．

・②について．

期間Aにおける四分位範囲は，

(約 0.4)−(約 −0.25)=(約 0.65).

期間Bにおける四分位範囲は，

(約 0.35)−(約 −0.3)=(約 0.65).

よって，期間Aにおける四分位範囲と期間Bにおける四分位範囲の差は 0.2 より小さい．したがって，②は正しくない．

・③について．

期間Aにおける範囲は，

(約 3.2)−(約 −2.7)=(約 5.9).

期間Bにおける範囲は，

(約 1.55)−(約 −2.0)=(約 3.55).

よって，期間Aにおける範囲は，期間Bにおける範囲より大きい．したがって，③は正しくない．

・④について．

期間Aにおいて，中央値の絶対値の8倍は，

$$|0.0584|\times8=0.4672$$

であるから，

(期間Aにおける四分位範囲)=(約 0.65)>0.4672.

期間Bにおいて，中央値の絶対値の8倍は，

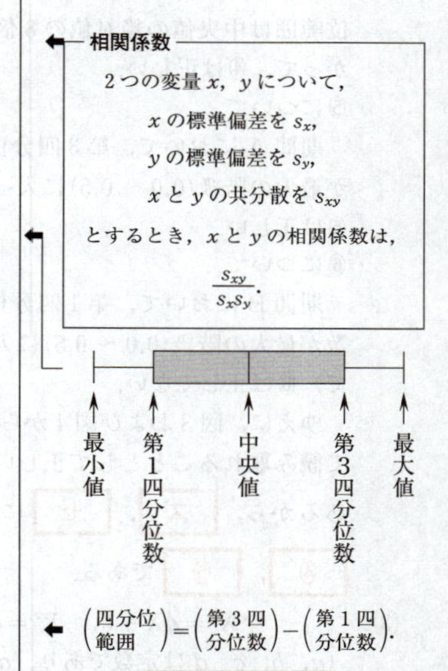

四分位範囲

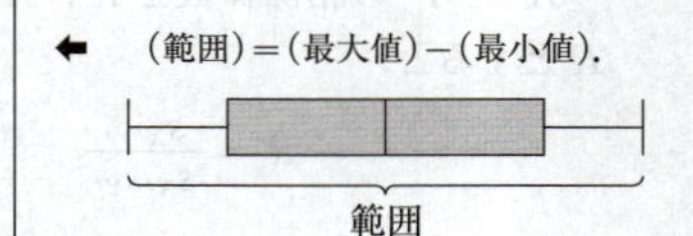

範囲

$$|0.0252|\times 8=0.2016$$

であるから，

(期間Bにおける四分位範囲)＝(約 0.65)＞0.2016.

よって，期間A，期間Bの両方において，四分位範囲は中央値の絶対値の8倍より大きい．したがって，④は正しい．

・⑤について．

期間Aにおいて，第3四分位数(約 0.4)は度数が最大の階級(0.0～0.5)に入っている．よって，⑤は正しい．

・⑥について．

期間Bにおいて，第1四分位数(約 −0.3)は度数が最大の階級(0.0～0.5)に入っていない．よって，⑥は正しくない．

ゆえに，図3および図4から U のデータについて読み取れることとして正しいものは，④と⑤であるから，［ス］，［セ］に当てはまるものは［④］，［⑤］である．

(3)　$X'=aX+b,\quad Y'=cY+d$

(a，b，c，d は定数であり，$a\neq 0$ かつ $c\neq 0$)

と定義されているとき，次が成り立つ．

平均値について：　$\overline{X'}=a\overline{X}+b,\ \overline{Y'}=c\overline{Y}+d,$

分散について：　${s_{X'}}^2=a^2s_X,\ {s_{Y'}}^2=c^2s_Y,$

標準偏差について：$s_{X'}=|a|s_X,\ s_{Y'}=|c|s_Y,$

共分散について：　$s_{X'Y'}=acs_{XY}.$

⬅ 覚えておいた方がよい．

X' と Y' の相関係数を R'，X と Y の相関係数を R とすると，

$$R'=\frac{s_{X'Y'}}{s_{X'}s_{Y'}}$$

$$=\frac{acs_{XY}}{|a|s_X\cdot|c|s_Y}$$

$$=\frac{ac}{|a||c|}\cdot\frac{s_{XY}}{s_Xs_Y}$$

$$=\frac{ac}{|ac|}R$$

となるから，X' と Y' の相関係数は，X と Y の相関係数の $\dfrac{ac}{|ac|}$ 倍である．よって，［ソ］に当てはまるものは［④］である．

(4)

散布図 1

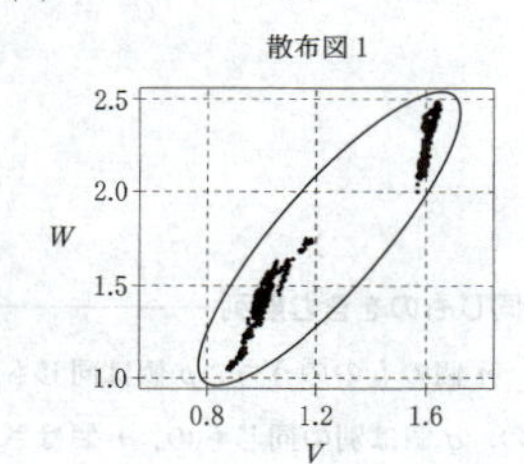

散布図 2

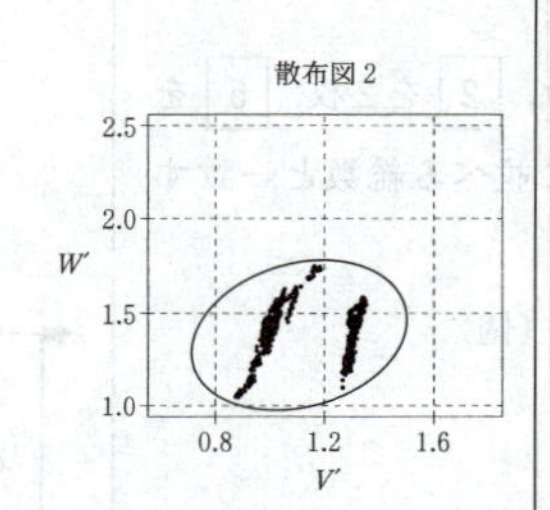

散布図 3

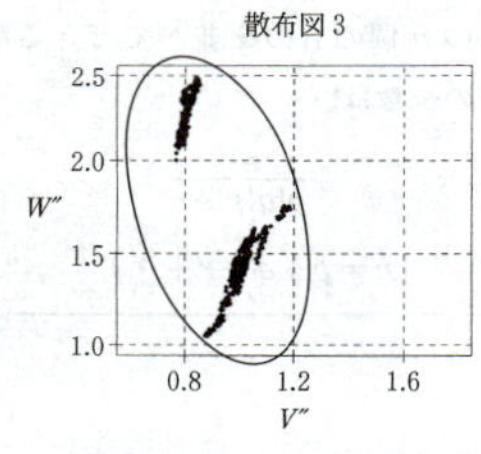

散布図 3 は点が右下がりの直線に沿って分布する傾向が強いから，散布図 3 で表される V'' と W'' の 2 種類のデータの相関係数 r_3 は負である．よって，条件から，$r_3 = -0.76$ である．

散布図 1 と散布図 2 は点が右上がりに分布しているから，散布図 1 で表される V と W の 2 種類のデータの相関係数 r_1 と散布図 2 で表される V' と W' の 2 種類のデータの相関係数 r_2 は正である．さらに，散布図 2 より散布図 1 の方が，点が右上がりの直線に沿って分布する傾向が強いから，条件より，$r_1 = 0.98$，$r_2 = 0.10$ である．

よって，r_1，r_2 および r_3 の値の組合せとして正しいものは⑤であるから，タ に当てはまるものは ⑤ である．

下の散布図のように，点が全体的に右上がりに分布するときは，2 つの変量の間に正の相関があるといい，相関係数は正となる．

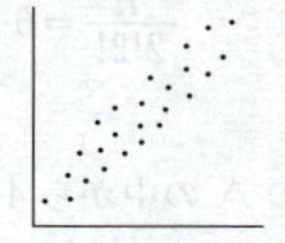

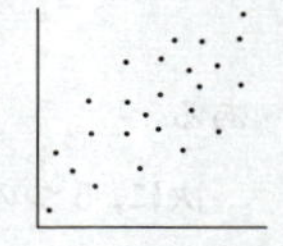

下の散布図のように，点が全体的に右下がりに分布するときは，2 つの変量の間に負の相関があるといい，相関係数は負となる．

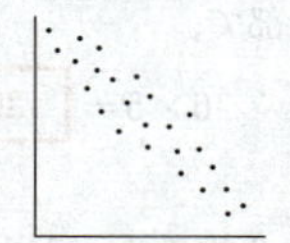

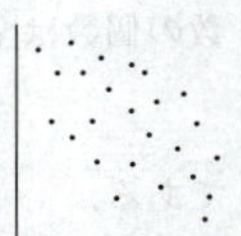

第3問　場合の数・確率

(1)　8桁の整数の個数は，1 を4枚，2 を2枚，5 を2枚の合計8枚のカードを一列に並べる総数と一致するから，全部で，

$$\frac{8!}{4!2!2!}=\boxed{420}\ (個)$$

である．

条件(*)が満たされるのは，

「まず，2 を2枚，5 を2枚の合計4枚を並べ，次に，下図の5つの ∧ の中から4つの ∧ を選んで 1 を1枚ずつ入れるとき」

である．

∧ □ ∧ □ ∧ □ ∧ □ ∧

2 を2枚，5 を2枚の合計4枚のカードを一列に並べる方法は，

$$\frac{4!}{2!2!}=6\ (通り)$$

ある．

次に，5つの ∧ の中から4つの ∧ を選んで 1 を1枚ずつ入れる方法は，

$${}_5C_4=5\ (通り)$$

ある．

よって，条件(*)が満たされるときにできる8桁の整数の個数は全部で，

$$6\times5=\boxed{30}\ (個)$$

である．

←**同じものを含む順列**

n 個のもののうち，p 個は同じもの，q 個は別の同じもの，r 個はさらに別の同じもの，… であるとき，この n 個のものを並べてできる順列の総数は，

$$\frac{n!}{p!q!r!\cdots}$$

$(n=p+q+r+\cdots)$.

(2)　試行 T_1：8枚のカードから3枚を取り出して袋に入れる，

試行 T_2：その3枚のカードが入った袋から1枚を取り出す，

事象 A_k：T_1 において，袋の中に 5 が k 枚 $(k=0,\ 1,\ 2)$ ある，

事象 B ：T_2 において，5 が取り出される．

A_0 が起こるのは，

「4枚の 1 と2枚の 2 の合計6枚の中から3枚のカードを取り出すとき」

であるから，

$$P(A_0)=\frac{{}_6C_3}{{}_8C_3}=\frac{5}{14}$$

である．

A_1 が起こるのは，

「2枚の 5 の中から1枚とその他の6枚の中から2枚のカードを取り出すとき」

であるから，

$$P(A_1)=\frac{{}_2C_1\times{}_6C_2}{{}_8C_3}=\frac{15}{28}$$

である．

A_2 が起こるのは，

「5 を2枚とその他の6枚の中から1枚のカードを取り出すとき」

であるから，

$$P(A_2)=\frac{{}_2C_2\times{}_6C_1}{{}_8C_3}=\frac{3}{28}$$

である．

$A_1\cap B$ が起こるのは，

「袋の中に 5 が1枚あり，さらに，3枚のカードの中から 5 を取り出すとき」

であるから，

$$P(A_1\cap B)=P(A_1)\times\frac{1}{3}=\frac{15}{28}\times\frac{1}{3}=\frac{5}{28}\quad\cdots ①$$

である．

$A_2\cap B$ が起こるのは，

「袋の中に 5 が2枚あり，さらに，3枚のカードの中から 5 を取り出すとき」

であるから，

$$P(A_2 \cap B) = P(A_2) \times \frac{2}{3}$$

$$= \frac{3}{28} \times \frac{2}{3}$$

$$= \frac{\boxed{1}}{\boxed{14}} \quad \cdots ②$$

である．

T_2 において $\boxed{5}$ が取り出されたとき，袋の中にもう 1 枚 $\boxed{5}$ が入っている条件付き確率は，

$$P_B(A_2) = \frac{P(A_2 \cap B)}{P(B)} \quad \cdots ③$$

として求めることができる．

ところで，確率 $P(B)$ は，

$$P(B) = P(A_1 \cap B) + P(A_2 \cap B)$$

であるから，①，② より，

$$P(B) = \frac{5}{28} + \frac{1}{14} = \frac{1}{4} \quad \cdots ④$$

である．

よって，②，④ を ③ に代入して，

$$P_B(A_2) = \frac{\frac{1}{14}}{\frac{1}{4}}$$

$$= \frac{\boxed{2}}{\boxed{7}}$$

である．

条件付き確率

事象 C が起こったという条件のもとで，事象 D が起こる条件付き確率 $P_C(D)$ は，

$$P_C(D) = \frac{P(C \cap D)}{P(C)}.$$

第4問　整数の性質

〔1〕

$$23x-31y=2. \quad \cdots ①$$
$$31=23\times 1+8 \quad \cdots ②$$
$$23=8\times 2+7 \quad \cdots ③$$
$$8=7\times 1+1 \quad \cdots ④$$

であるから，余りに注目して逆にたどると，

$$\begin{aligned} 1&=8-7\times 1 && (④ より) \\ &=8-(23-8\times 2)\times 1 && (③ より) \\ &=-23+8\times 3 \\ &=-23+(31-23\times 1)\times 3 && (② より) \\ &=-23\times 4+31\times 3 \end{aligned}$$

となる．

よって，

$$23\times(-4)-31\times(-3)=1$$

であるから，各辺に2を掛けて，

$$23\times(-8)-31\times(-6)=2 \quad \cdots ⑤$$

である．

①－⑤ より，

$$23(x+8)-31(y+6)=0$$

すなわち，

$$23(x+8)=31(y+6) \quad \cdots ⑥$$

と変形できる．

> x と y についての不定方程式
> $$ax+by=c$$
> の整数解は，一組の解
> $$(x,\ y)=(x_0,\ y_0)$$
> を用いて，
> $$a(x-x_0)=b(y_0-y)$$
> と変形し，次の性質を用いて求める．
> a と b が互いに素であるとき，
> $$\begin{cases} x-x_0 \text{ は } b \text{ の倍数}, \\ y_0-y \text{ は } a \text{ の倍数} \end{cases}$$
> である．

23 と 31 は互いに素より，$x+8$ は 31 の倍数であるから，

$$x+8=31k \ (k \text{ は整数})$$

とおける．

これを ⑥ に代入すると，

$$23\cdot 31k=31(y+6)$$
$$23k=y+6$$

となるから，① を満たす整数 x，y の組は，

$$x=31k-8, \quad y=23k-6 \ (k \text{ は整数})$$

である．

このうち，x，y が自然数となるような整数 k のとり得る値は，

$$31k-8>0 \quad かつ \quad 23k-6>0$$

より，

> $k>\frac{8}{31}$　かつ　$k>\frac{6}{23}$
> すなわち，
> $$k>\frac{6}{23}$$
> となるから，k は整数より，
> $$k\geqq 1.$$

$$k=1,\ 2,\ 3,\ \cdots$$

である．

よって，① の解となる自然数 x，y の組で，x が最小になるのは，$k=1$ のときより，

$$x=\boxed{23},\quad y=\boxed{17} \quad \cdots ⑦$$

である．

$n=31\times17$ とする．

⑦ より，

$$23\times23-31\times17=2$$

となるから，

$$n=23^2-2$$

である．

これより，

$$\begin{aligned} n^3&=(23^2-2)^3\\ &=23M-8\ (M \text{ は整数})\\ &=23(M-1)+15 \end{aligned}$$

と表せるから，自然数 n^3 を 23 で割ると余りは $\boxed{15}$ である．

← $x=31\cdot1-8=23$，$y=23\cdot1-6=17$．

← $(23^2-2)^3$
$=\underline{(23^2)^3-3(23^2)^2\cdot2+3\cdot23^2\cdot2^2}-8$
となり，〰〰の部分は 23 の倍数であるから，
$(23m-2)^3=23M-8$ （M は整数）
と表せる．

〔2〕

(1)　$x=0.\dot{5}$ とおくと，

$$10x-x=5$$

すなわち，

$$x=\frac{5}{9}$$

となる．

← $10x=5.555\cdots$
$-)\quad x=0.555\cdots$
$10x-x=5.$

よって，10 進法の分数 $\dfrac{\boxed{5}}{9}$ を 10 進法の小数で表すと循環小数 $0.\dot{5}$ となる．

また，

$$\begin{aligned} x&=5\times\frac{1}{9}\\ &=(3+2)\left(\frac{1}{3}\right)^2\\ &=1\times\frac{1}{3}+2\times\frac{1}{3^2} \end{aligned}$$

と変形できるから，10 進法の分数 $\dfrac{5}{9}$ を 3 進法の小数で表すと有限小数 $0.\boxed{12}_{(3)}$ となる．

← n 進法で $0.pqr\cdots_{(n)}$ と表される小数を 10 進法で表すと，
$$p\cdot\frac{1}{n}+q\cdot\frac{1}{n^2}+r\cdot\frac{1}{n^3}+\cdots.$$

(2)　有理数 x を 2 進法で表すと循環小数 $0.\dot{1}\dot{0}_{(2)}$ となるから，

$$x=1\times\frac{1}{2}+1\times\frac{1}{2^3}+1\times\frac{1}{2^5}+\cdots \quad \cdots ⑧$$

と表される．

これより，

$$4x=2^2\left(1\times\frac{1}{2}+1\times\frac{1}{2^3}+1\times\frac{1}{2^5}+\cdots\right)$$

すなわち，

$$4x=1\times 2+1\times\frac{1}{2}+1\times\frac{1}{2^3}+\cdots \quad \cdots ⑨$$

となるから，$4x$ を2進法で表すと，[10] $.\dot{1}\dot{0}_{(2)}$ となる．2進法の $10_{(2)}$ を10進法で表すと，1×2，すなわち，[2] となるので，$4x-x$ を10進法で表すと，⑨－⑧より，$4x-x=2$ となる．

したがって，x を10進法の分数で表すと，$3x=2$，すなわち，$x=\dfrac{[\ 2\ ]}{[\ 3\ ]}$ となる．

⬅ ⑨－⑧より，

$$\begin{array}{rl} 4x= & 1\times 2+1\times\frac{1}{2}+1\times\frac{1}{2^3}+\cdots \\ -)\quad x= & \qquad\quad 1\times\frac{1}{2}+1\times\frac{1}{2^3}+\cdots \\ \hline 4x-x= & 2. \end{array}$$

(3)　x は3進法で表すと小数第3位までで終わる有理数であることと，$x^2<\dfrac{1}{7}$ より $-1<x<1$ であること，および $x^2<\dfrac{1}{7}$ を満たす最大の x を求めることつまり $0<x<1$ であることから，x を，

$$0.abc_{(3)}$$

$$\left(\begin{array}{l} a,\ b,\ c\text{ は0以上2以下の整数.} \\ \text{ただし，}a^2+b^2+c^2\neq 0. \end{array}\right)$$

とおくことができ，さらに，10進法では，

$$x=a\times\frac{1}{3}+b\times\frac{1}{3^2}+c\times\frac{1}{3^3}$$

となる．

$x^2<\dfrac{1}{7}$ より，

$$\left(a\times\frac{1}{3}+b\times\frac{1}{3^2}+c\times\frac{1}{3^3}\right)^2<\frac{1}{7} \quad \cdots ⑩$$

を満たす整数 a，b，c について考える．

⑩より，

$$\left(\frac{9a+3b+c}{27}\right)^2<\frac{1}{7}$$

すなわち，

$$(9a+3b+c)^2<\frac{729}{7}\ (<104.2)$$

と変形できる．

これを満たす最大の整数 $9a+3b+c$ は，

$$9a+3b+c=10 \quad \cdots ⑪$$

である．

⬅ a，b，c は整数より，$9a+3b+c$ は整数．

$a \geqq 2$ とすると，⑪ は満たさないから，$a \leqq 1$ が必要である．

⬅ $9a+3b+c \geqq 9\cdot 2+3b+c \geqq 18$.

さらに，$a=1$，$b \geqq 1$ とすると，⑪ は満たさないから，$a=1$，$b=0$ が必要である．

⬅ $9a+3b+c \geqq 9\cdot 1+3\cdot 1+c \geqq 12$.

よって，⑪ を満たす a，b，c の値は，

$$a=1,\quad b=0,\quad c=1$$

である．

したがって，$x^2<\frac{1}{7}$ を満たす最大の x を3進法で表すと，$0.\boxed{101}_{(3)}$ となる．

第5問　図形の性質

〔1〕

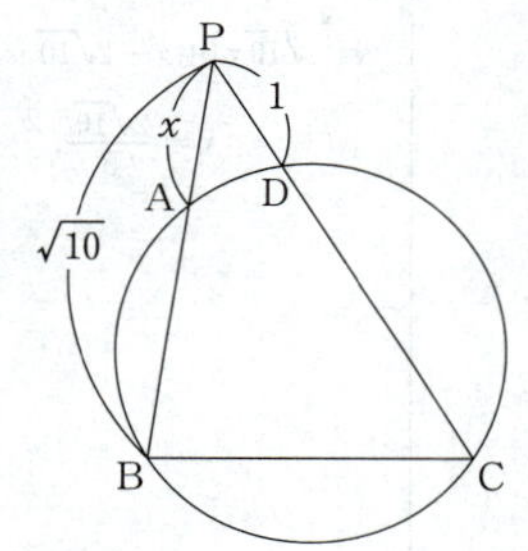

方べきの定理より，

$$PB \cdot PA = PC \cdot PD$$

すなわち，

$$PB \cdot PA = (PD + DC) \cdot PD$$

であるから，

$$\sqrt{10} \cdot x = (1 + CD) \cdot 1$$

より，

$$CD = \sqrt{\boxed{10}}\,x - \boxed{1}$$

である．

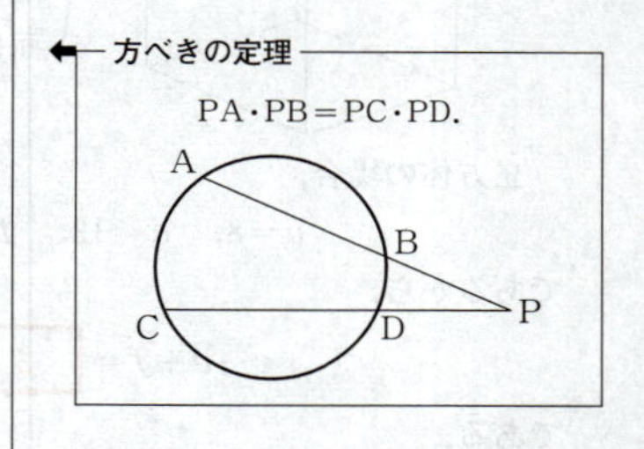

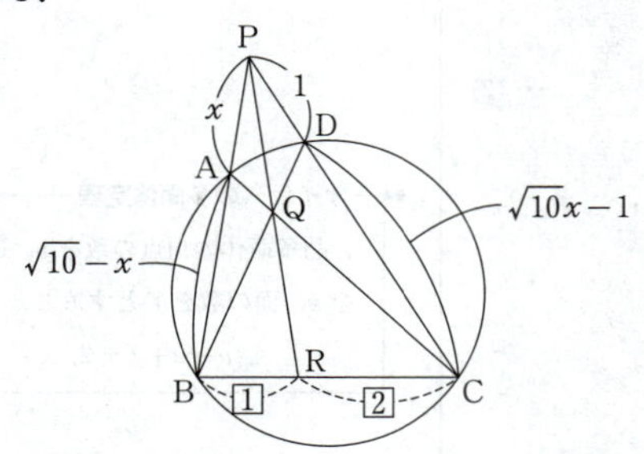

$\dfrac{RC}{BR} = 2$ のとき，$\triangle BCP$ にチェバの定理を用いると，

$$\frac{PA}{AB} \times \frac{BR}{RC} \times \frac{CD}{DP} = 1$$

であるから，

$$\frac{x}{\sqrt{10} - x} \times \frac{1}{2} \times \frac{\sqrt{10}x - 1}{1} = 1$$

となる．

よって，

$$x(\sqrt{10}x - 1) = 2(\sqrt{10} - x)$$

すなわち，

$$\sqrt{10}x^2 + x - 2\sqrt{10} = 0$$

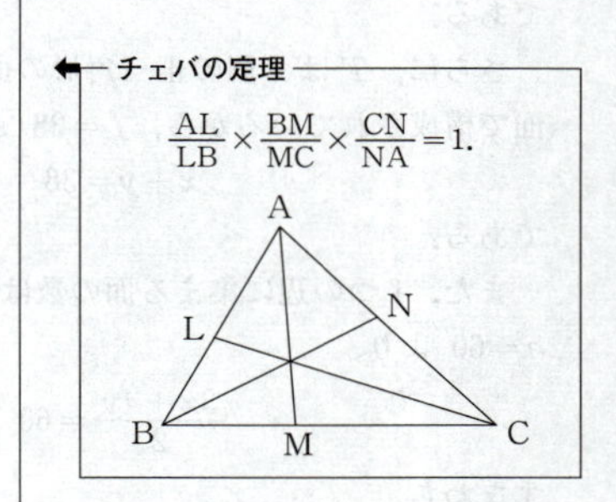

となるから，$x>0$ より，

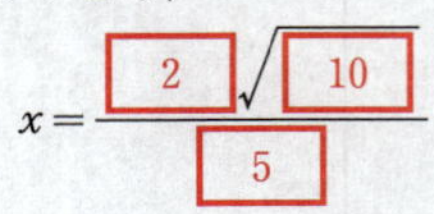

$$x=\frac{\boxed{2}\sqrt{\boxed{10}}}{\boxed{5}}$$

である．

〔2〕

凸多面体において，

v：頂点の数，e：辺の数，f：面の数．

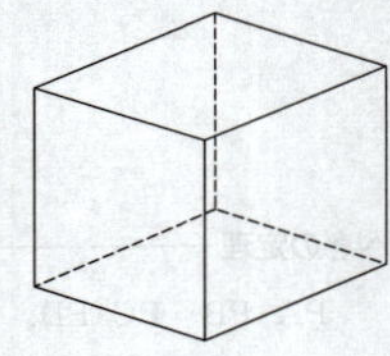

（頂点は 8 個，辺は 12 本，面は 6 面）

立方体の場合，

$$v=8,\quad e=12,\quad f=6$$

であるから，

$$v-e+f=\boxed{2} \quad \cdots ①$$

である．

題意の凸多面体を T とおく．

T について，$v:e=2:5$ より，

$$v=2k,\quad e=5k\ (k\text{ は自然数}) \quad \cdots ②$$

とおける．

オイラーの多面体定理 ① と $f=38$ より，

$$2k-5k+38=2$$

すなわち，

$$k=12$$

であるから，② に代入して，

$$v=\boxed{24},\quad e=\boxed{60}$$

である．

さらに，T は x 個の正三角形の面と y 個の正方形の面で構成されているから，$f=38$ より，

$$x+y=38 \quad \cdots ③$$

である．

また，1 つの辺に集まる面の数は 2 であるから，$e=60$ より，

$$\frac{3x+4y}{2}=60$$

すなわち，

⬅ $\sqrt{10}x^2+x-2\sqrt{10}=0$ を解くと，

$$x=\frac{2\sqrt{10}}{5},\quad -\frac{\sqrt{10}}{2}.$$

⬅ **オイラーの多面体定理**

凸多面体の頂点の数を v，辺の数を e，面の数を f とすると，

$$v-e+f=2.$$

⬅ 1 つの辺は正三角形の辺でもあり，正方形の辺でもあるから重複している．

$$3x+4y=\boxed{120} \quad \cdots ④$$

である．

　よって，③，④ より，

$$x=\boxed{32}, \quad y=6$$

である．

　さらに，各頂点に集まる辺の数はすべて同じ ℓ であり，1 つの辺には頂点の数は 2 であるから，$v=24$, $e=60$ より，

$$\frac{24}{2}\ell=60$$

すなわち，

$$\ell=\boxed{5}$$

である．

数学Ⅱ・数学B

解答・採点基準

（100点満点）

問題番号(配点)	解答記号	正　解	配点	自己採点
第1問 (30)	ア − イ$\cos 2\theta$	$2-2\cos 2\theta$	2	
	ウ − エ$\cos^2\theta$	$4-4\cos^2\theta$	3	
	オ − カ$\cos\theta$	$5-4\cos\theta$	3	
	キク $<\cos\theta\leqq\frac{\text{ケ}}{\text{コ}}$	$-1<\cos\theta\leqq\frac{1}{2}$	1	
	$\frac{\text{サ}}{\text{シ}}\pi$	$\frac{2}{3}\pi$	1	
	スセ	10	2	
	$\frac{\pi}{\text{ソ}}$	$\frac{\pi}{3}$	1	
	タ	6	2	
	チ	①	1	
	$2^{\text{ツテ}}X^2-2^{\text{ト}}X+a$	$2^{2a}X^2-2^{a}X+a$	2	
	ナ − ニa	$1-4a$	3	
	$\frac{\text{ヌネ}}{\text{ノ}}$	$\frac{-5}{4}$	3	
	ハ	③	2	
	ヒa − フ，ヘ	$-a-1$，1	4	
	第1問　自己採点小計			
第2問 (30)	(ア，イ$a^{\text{ウ}}$)	(a，$3a^2$)	2	
	エ，オ，カ	6，3，2	3	
	キ，ク	4，2	3	
	$\frac{\sqrt{\text{ケ}}}{\text{コ}}$	$\frac{\sqrt{6}}{3}$	2	
	サ	2	1	
	$\frac{\text{シ}\sqrt{\text{ス}}-\text{セ}}{\text{ソ}}a^{\text{タ}}$	$\frac{7\sqrt{6}-6}{9}a^3$	5	
	チ	3	2	
	ツテト	−24	2	
	ナ	0	1	
	ニヌネ	−28	3	
	ノ$\sqrt{\text{ハ}}$	$2\sqrt{6}$	3	
	(ヒフ，ヘホ)	(−1，26)	3	
	第2問　自己採点小計			

問題番号(配点)	解答記号	正　解	配点	自己採点
第3問 (20)	ア	2	1	
	イ	2	1	
	ウ	2	1	
	$\frac{\text{エ}}{\text{オ}}$	$\frac{1}{2}$	2	
	$\frac{\text{カ}}{n+\text{キ}}$	$\frac{2}{n+3}$	2	
	ク	3	1	
	ケ，コ，サ，シ	1，2，3，②	4	
	$\frac{\text{スセ}}{\text{ソ}}(\text{タ}^n-1)$	$\frac{27}{8}(9^n-1)$	3	
	チ(a_n-a_{n+1})＋ツ	$2(a_n-a_{n+1})+1$	2	
	テ，ト，ナ，ニ	①，4，③，1	3	
	第3問　自己採点小計			
第4問 (20)	$\sqrt{\text{ア}}$	$\sqrt{6}$	1	
	$\sqrt{\text{イ}}$	$\sqrt{2}$	1	
	ウエ°	90°	2	
	(1，オ，カ)	(1，1，1)	2	
	キ	6	1	
	ク	3	1	
	ケ	2	1	
	コ	2	1	
	サシ	−1	1	
	ス	3	2	
	(セ，ソタ，チツ)	(2，−5，−3)	2	
	テ	2	2	
	$\left(\frac{\text{ト}}{\text{ナ}},\ \frac{\text{ニヌ}}{\text{ネ}},\ \text{ノハ}\right)$	$\left(\frac{8}{5},\ \frac{-3}{5},\ -1\right)$	3	
	第4問　自己採点小計			

問題番号(配点)	解答記号	正　解	配点	自己採点
第5問 (20)	－ア.イ	－0.5	2	
	0.ウエ	0.31	2	
	－オ.カキ	－1.75	2	
	クケ.コ	50.7	2	
	サシス.セ	531.8	2	
	ソ.タ	1.2	2	
	$\frac{0.4}{チ}$	$\frac{0.4}{3}$	1	
	0.ツテ	0.07	2	
	50.トナ	50.06	1	
	50.ニヌ	50.14	1	
	ネ	⑤	3	
		第5問　自己採点小計		
		自己採点合計		

(注)

第1問，第2問は必答。

第3問～第5問のうちから2問選択。計4問を解答。

第1問　三角関数，指数関数・対数関数

〔1〕　$A(1,\ 0)$，$P(\cos 2\theta,\ \sin 2\theta)$，$Q(2\cos 3\theta,\ 2\sin 3\theta)$.

$$\frac{\pi}{3} \leqq \theta < \pi.$$

AP^2+PQ^2 の最大値と最小値を求める．

$$\begin{aligned} AP^2 &= (\cos 2\theta - 1)^2 + (\sin 2\theta - 0)^2 \\ &= \cos^2 2\theta + \sin^2 2\theta - 2\cos 2\theta + 1 \\ &= \boxed{2} - \boxed{2}\cos 2\theta \\ &= 2 - 2(2\cos^2\theta - 1) \\ &= \boxed{4} - \boxed{4}\cos^2\theta \end{aligned}$$

2点間の距離

2点 $P(x_1,\ y_1)$，$Q(x_2,\ y_2)$ 間の距離 PQ は

$$PQ = \sqrt{(x_2 - x_1)^2 + (y_2 - y_1)^2}.$$

$\cos^2\theta + \sin^2\theta = 1.$

2倍角の公式

$$\begin{aligned} \cos 2\theta &= \cos^2\theta - \sin^2\theta \\ &= 2\cos^2\theta - 1 \\ &= 1 - 2\sin^2\theta. \end{aligned}$$

である．また

$$\begin{aligned} PQ^2 &= (2\cos 3\theta - \cos 2\theta)^2 + (2\sin 3\theta - \sin 2\theta)^2 \\ &= 4(\cos^2 3\theta + \sin^2 3\theta) - 4(\cos 3\theta \cos 2\theta + \sin 3\theta \sin 2\theta) \\ &\qquad + \cos^2 2\theta + \sin^2 2\theta \\ &= 4 - 4\cos(3\theta - 2\theta) + 1 \\ &= \boxed{5} - \boxed{4}\cos\theta \end{aligned}$$

加法定理

$\cos(\alpha + \beta) = \cos\alpha\cos\beta - \sin\alpha\sin\beta,$

$\cos(\alpha - \beta) = \cos\alpha\cos\beta + \sin\alpha\sin\beta.$

である．よって，$t = \cos\theta$ とおくと

$$\begin{aligned} AP^2 + PQ^2 &= 4 - 4\cos^2\theta + 5 - 4\cos\theta \\ &= 4 - 4t^2 + 5 - 4t \\ &= -4\left(t + \frac{1}{2}\right)^2 + 10 \end{aligned}$$

と表せる．$\frac{\pi}{3} \leqq \theta < \pi$ であるから，

$\boxed{-1} < \cos\theta \leqq \dfrac{\boxed{1}}{\boxed{2}}$，すなわち $-1 < t \leqq \frac{1}{2}$ で

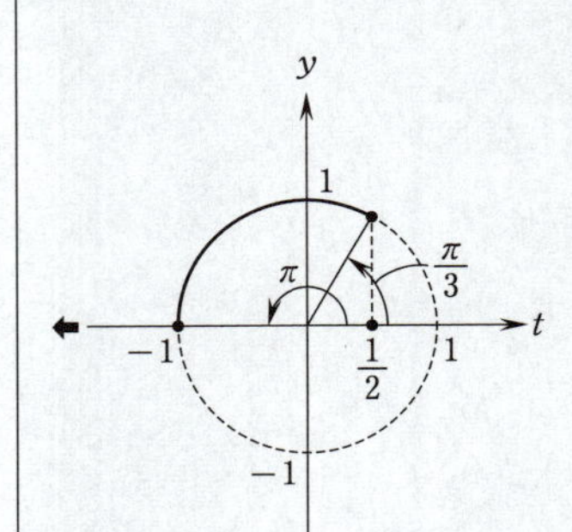

ある．したがって，AP^2+PQ^2 は $t = -\frac{1}{2}$，すなわち

$\theta = \dfrac{\boxed{2}}{\boxed{3}}\pi$ のとき最大値 $\boxed{10}$ をとり，$t = \frac{1}{2}$，

すなわち $\theta = \dfrac{\pi}{\boxed{3}}$ のとき最小値 $\boxed{6}$ をとる．

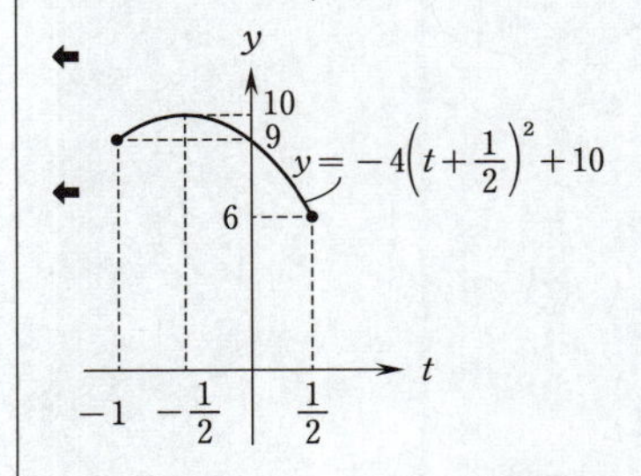

〔2〕　a を定数とし，x の方程式

$$4^{x+a} - 2^{x+a} + a = 0 \qquad \cdots ①$$

がただ一つの解をもつとき，その解を求める．

(1)　$X = 2^x$ とおくと，X のとり得る値の範囲は，

$X > 0$ である．

よって，$\boxed{チ}$ に当てはまるものは $\boxed{①}$ であ

る．

$$4^{x+a}=4^x\cdot4^a=(2^2)^x\cdot(2^2)^a=(2^x)^2\cdot2^{2a}$$
$$2^{x+a}=2^x\cdot2^a$$

より，① を X を用いて表すと，X の 2 次方程式

$$2^{\boxed{2a}}X^2-2^{\boxed{a}}X+a=0 \qquad \cdots②$$

となる．この 2 次方程式の判別式を D とすると

$$D=(2^a)^2-4\cdot2^{2a}\cdot a$$
$$=2^{2a}\left(\boxed{1}-\boxed{4}a\right) \qquad \cdots③$$

である．

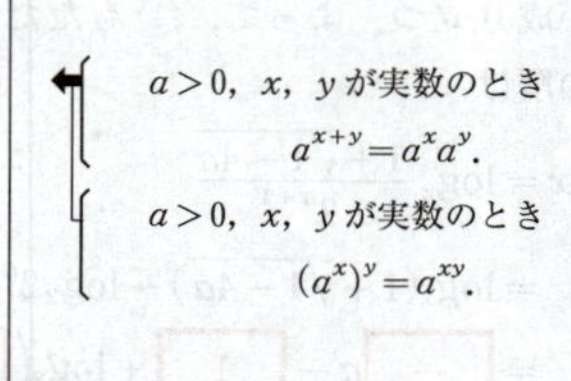

← $a>0$，x，y が実数のとき
$a^{x+y}=a^xa^y$.
$a>0$，x，y が実数のとき
$(a^x)^y=a^{xy}$.

(2)　$a=\frac{1}{4}$ のとき，② は

← このとき，③ より，$D=0$.

$$2^{\frac{1}{2}}X^2-2^{\frac{1}{4}}X+\frac{1}{4}=0$$

となり，2 次方程式の解の公式より，$X>0$ の範囲でただ一つの解

$$X=\frac{2^{\frac{1}{4}}}{2\cdot2^{\frac{1}{2}}}=2^{\frac{1}{4}}\cdot2^{-1}\cdot2^{-\frac{1}{2}}=2^{\frac{1}{4}-1-\frac{1}{2}}=2^{-\frac{5}{4}}$$

をもつ．よって

$$2^x=2^{-\frac{5}{4}}$$

が成り立つから，① もただ一つの解をもち，その解は

$$x=\frac{\boxed{-5}}{\boxed{4}}$$

である．

← 2 次方程式
$ax^2+bx+c=0\ (a\neq0)$
の解は
$$x=\frac{-b\pm\sqrt{b^2-4ac}}{2a}$$
であり，重解をもつ条件は
$$b^2-4ac=0$$
である．
$a>0$，x が実数のとき
$$\frac{1}{a^x}=a^{-x}.$$

(3)　$a\neq\frac{1}{4}$ のとき，② が $X>0$ の範囲でただ一つの解をもつための必要十分条件は，グラフより，$a\leqq0$ である．よって，$\boxed{ハ}$ に当てはまるものは $\boxed{③}$ である．$a\leqq0$ のとき，② の正の解は，2 次方程式の解の公式より

← このとき，③ より，$D\neq0$.

← $Y=2^{2a}X^2-2^aX+a$
$=2^{2a}\left(X-\frac{1}{2^{a+1}}\right)^2-\frac{1-4a}{4}$

Y
$\frac{1}{2^{a+1}}\,(>0)$
X
0
a

$$X=\frac{2^a+\sqrt{2^{2a}(1-4a)}}{2\cdot2^{2a}}=\frac{2^a(1+\sqrt{1-4a})}{2^{2a+1}}$$
$$=\frac{1+\sqrt{1-4a}}{2^{a+1}}$$

← $a\leqq0$ より，$1-4a>0$.

であるから

$$2^x=\frac{1+\sqrt{1-4a}}{2^{a+1}}$$

が成り立つ．よって，① もただ一つの解をもち，その解は

$$x=\log_2\frac{1+\sqrt{1-4a}}{2^{a+1}}$$

$$=\log_2(1+\sqrt{1-4a})-\log_2 2^{a+1}$$

$$=\boxed{-}\,a-\boxed{1}+\log_2\left(\boxed{1}+\sqrt{1-4a}\right)$$

である．

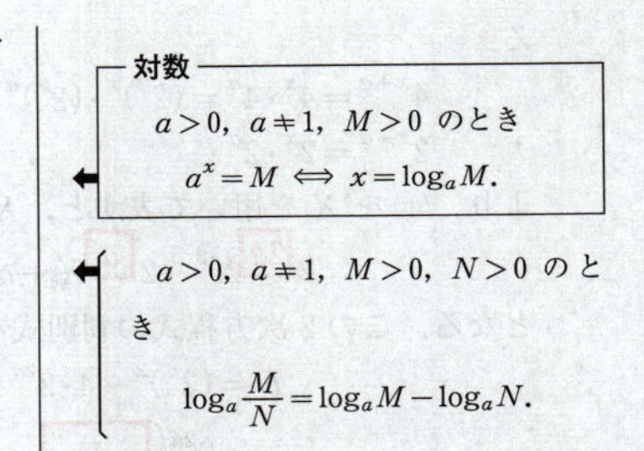

第2問　微分法・積分法

a は正の実数．

$C_1 : y=3x^2$．$(y'=6x)$

$C_2 : y=2x^2+a^2$．$(y'=4x)$

C_1 と C_2 の二つの共有点が x 座標の小さい順に A，B．

C_1 と C_2 の両方に第1象限で接する直線が ℓ．

(1)　C_1 と C_2 の二つの共有点の x 座標を求める．

$$3x^2=2x^2+a^2$$

より

$$x=\pm a$$

である．共有点の x 座標の大きい方がBであるから，

Bの座標を a を用いて表すと（ a ， 3 a^{2} ）

である．

← $\mathrm{A}(-a,\ 3a^2)$．

> **導関数**
>
> ← $(x^n)'=nx^{n-1}$ $(n=1,\ 2,\ 3,\ \cdots)$，
> $(c)'=0$（c は定数）．

直線 ℓ と二つの放物線 C_1，C_2 の接点の x 座標がそれぞれ s，t $(s>0,\ t>0)$ である．ℓ は $x=s$ で C_1 と接するので，ℓ の方程式は

← ℓ は C_1 と C_2 の両方に第1象限で接する．

$$y=6s(x-s)+3s^2$$

$$= 6\ sx- 3\ s^{2} \qquad \cdots ①$$

> **接線の方程式**
>
> 曲線 $y=f(x)$ 上の点 $(t,\ f(t))$ における接線の方程式は
> $y-f(t)=f'(t)(x-t)$．

と表せる．同様に，ℓ は $x=t$ で C_2 と接するので，ℓ の方程式は

$$y=4t(x-t)+2t^2+a^2$$

$$= 4\ tx- 2\ t^2+a^2 \qquad \cdots ②$$

とも表せる．これらにより

$$6s=4t,\quad -3s^2=-2t^2+a^2$$

が成り立つ．これを s，t について解くと

$$s=\frac{\sqrt{6}}{3}a,\quad t=\frac{\sqrt{6}}{2}a$$

← $s>0$，$t>0$．

である．これと①より，ℓ の方程式は

← ②を用いてもよい．

$$y=2\sqrt{6}\,ax-2a^2$$

である．

放物線 C_1 の $s\leqq x\leqq a$ の部分，放物線 C_2 の $a\leqq x\leqq t$ の部分，x 軸，および2直線 $x=s$，$x=t$ で囲まれた図形の面積は

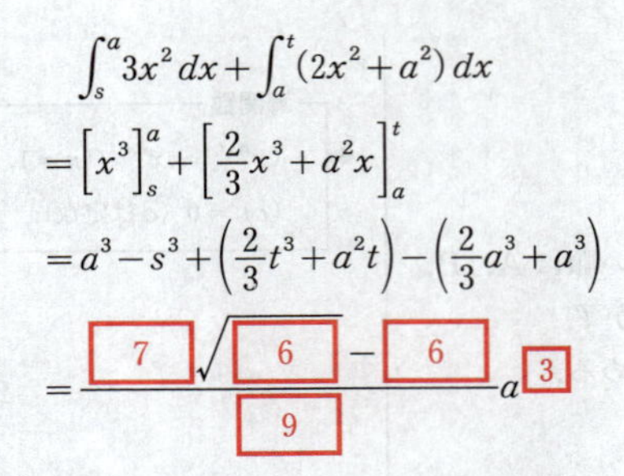

$$\int_s^a 3x^2\,dx+\int_a^t (2x^2+a^2)\,dx$$
$$=\Big[x^3\Big]_s^a+\Big[\frac{2}{3}x^3+a^2x\Big]_a^t$$
$$=a^3-s^3+\left(\frac{2}{3}t^3+a^2t\right)-\left(\frac{2}{3}a^3+a^3\right)$$
$$=\frac{\boxed{7}\sqrt{\boxed{6}}-\boxed{6}}{\boxed{9}}a^{\boxed{3}}$$

である．

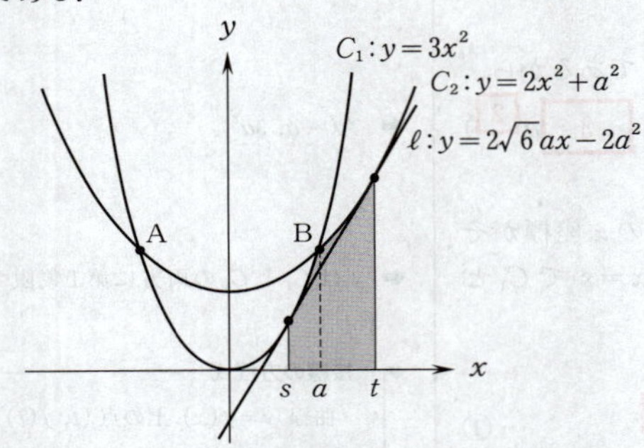

(2)　$f(x)=x^3+px^2+qx+r.$　($p,\ q,\ r$ は実数)

$f'(x)=3x^2+2px+q.$

$f(x)$ は $x=-4$ で極値をとるから

$$f'(-4)=0$$

すなわち，

$$48-8p+q=0 \qquad \cdots ③$$

であることが必要．また，曲線 $y=f(x)$ は点 A，B および原点を通るから

$$-a^3+pa^2-qa+r=3a^2,$$
$$a^3+pa^2+qa+r=3a^2,$$
$$r=0$$

すなわち，

$$-a^3+pa^2-qa=3a^2, \qquad \cdots ④$$
$$a^3+pa^2+qa=3a^2, \qquad \cdots ⑤$$
$$r=\boxed{0}$$

が成り立つ．③，④，⑤ より，$p=\boxed{3}$，

$q=\boxed{-24}$，$a=\boxed{2}\sqrt{\boxed{6}}$ である．このとき

$$f(x)=x^3+3x^2-24x,$$
$$f'(x)=3x^2+6x-24=3(x+4)(x-2)$$

面積

区間 $\alpha \leqq x \leqq \beta$ においてつねに $g(x) \leqq f(x)$ ならば 2 曲線 $y=f(x)$，$y=g(x)$ および直線 $x=\alpha$，$x=\beta$ で囲まれた部分の面積は

$$S=\int_\alpha^\beta \{f(x)-g(x)\}\,dx.$$

($y=f(x)$，$y=g(x)$，S，α，β，x の図)

定積分

$$\int x^n\,dx=\frac{1}{n+1}x^{n+1}+C$$

(ただし $n=0, 1, 2, \cdots$，C は積分定数)

であり，$f(x)$ の原始関数の一つを $F(x)$ とすると

$$\int_\alpha^\beta f(x)\,dx=\Big[F(x)\Big]_\alpha^\beta=F(\beta)-F(\alpha).$$

$s=\dfrac{\sqrt{6}}{3}a,\ t=\dfrac{\sqrt{6}}{2}a.$

$\mathrm{A}(-a,\ 3a^2)$，$\mathrm{B}(a^2,\ 3a^2)$．

④＋⑤ より

$$2pa^2=6a^2.$$

$a>0$ であるから

$$p=3.$$

これと③ より

$$q=-24.$$

これと ⑤－④ より

$$2a^3-48a=0.$$
$$a^2=24.$$
$$a=2\sqrt{6}\ \ (>0).$$

となるから，$f(x)$ の増減は次の表のようになり，

$x=-4$ で極大値をとり，$x=2$ で極小値 $\boxed{-28}$ をとる．

x	$\cdots$	-4	$\cdots$	2	$\cdots$
$f'(x)$	$+$	0	$-$	0	$+$
$f(x)$	↗	80	↘	-28	↗

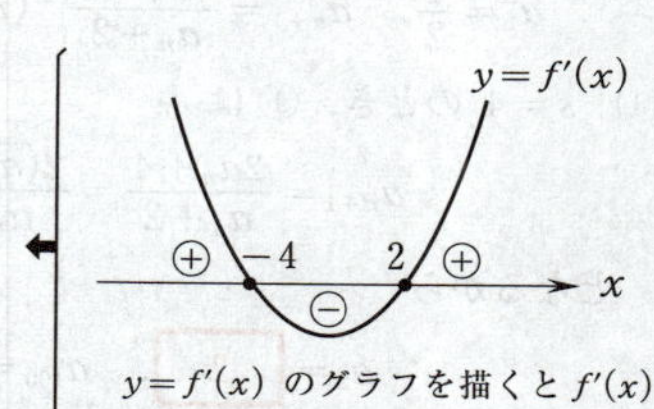

$y=f'(x)$ のグラフを描くと $f'(x)$ の符号の変化がわかりやすい．

曲線 $y=f(x)$ と放物線 C_2 の共有点の x 座標のうち，A，Bと異なる点をPとし，Pの座標を求める．

$$x^3+3x^2-24x=2x^2+24$$

を変形すると

$$x^3+x^2-24x-24=0$$
$$x^2(x+1)-24(x+1)=0$$
$$(x^2-24)(x+1)=0$$

となる．

$f(x)=x^3+3x^2-24x$.
$a=2\sqrt{6}$ より，$C_2: y=2x^2+24$.

$$x^2-24=0$$

の解

$$x=-2\sqrt{6},\ 2\sqrt{6}$$

はA，Bの x 座標であるから，Pの座標は

$$\left(\boxed{-1},\ \boxed{26}\right)$$

である．

$$x+1=0$$

より，Pの x 座標は

$$x=-1.$$

これと

$$C_2: y=2x^2+24$$

より，Pの y 座標は

$$y=26.$$

第3問　数列

$$a_1=\frac{1}{2},\quad a_{n+1}=\frac{2a_n+s}{a_n+2}\quad (n=1,\ 2,\ 3,\ \cdots)\ \cdots①$$

← $s\geqq 0$ のとき，$a_1=\frac{1}{2}$ と①より，帰納的に $a_n>0$ $(n=1,\ 2,\ 3,\ \cdots)$ であるから，$a_n+2\neq 0$, $a_n\neq 0$ $(n=1,\ 2,\ 3,\ \cdots)$ である．

(1)　$s=4$ のとき，①は

$$a_{n+1}=\frac{2a_n+4}{a_n+2}=\frac{2(a_n+2)}{a_n+2}=2$$

となるから

$$a_2=\boxed{2},\quad a_{100}=\boxed{2}$$

である．

(2)

$$b_1=\frac{1}{a_1}=\frac{1}{\frac{1}{2}}=\boxed{2}$$

← $b_n=\frac{1}{a_n}$.

である．$s=0$ のとき，①は

$$a_{n+1}=\frac{2a_n}{a_n+2}$$

となるから

$$\frac{1}{a_{n+1}}=\frac{a_n+2}{2a_n}$$

すなわち

$$\frac{1}{a_{n+1}}=\frac{1}{a_n}+\frac{1}{2}$$

が成り立つ．よって，b_n と b_{n+1} は関係式

$$b_{n+1}=b_n+\frac{\boxed{1}}{\boxed{2}}$$

← $b_n=\frac{1}{a_n}$.

を満たす．これより，数列 $\{b_n\}$ は初項 $b_1=2$，公差 $\frac{1}{2}$ の等差数列であるとわかるから，$\{b_n\}$ の一般項は

$$b_n=2+(n-1)\cdot\frac{1}{2}=\frac{n+3}{2}$$

← **等差数列の一般項**
初項 b，公差 d の等差数列 $\{b_n\}$ の一般項は
$$b_n=b+(n-1)d.$$

である．よって

$$\frac{1}{a_n}=\frac{n+3}{2}$$

である．したがって，$\{a_n\}$ の一般項は

$$a_n=\frac{\boxed{2}}{n+\boxed{3}}$$

である．

(3)　$s=1$ のとき，①は

$$a_{n+1}=\frac{2a_n+1}{a_n+2}\quad\cdots②$$

である．

$$c_1=\frac{1+a_1}{1-a_1}=\frac{1+\frac{1}{2}}{1-\frac{1}{2}}=\boxed{3}$$

である．さらに

$$\begin{aligned}c_{n+1}&=\frac{1+a_{n+1}}{1-a_{n+1}}\\&=\frac{1+\frac{2a_n+1}{a_n+2}}{1-\frac{2a_n+1}{a_n+2}}\quad(\text{②より})\\&=\frac{(a_n+2)+(2a_n+1)}{(a_n+2)-(2a_n+1)}\\&=3\cdot\frac{1+a_n}{1-a_n}\\&=3c_n\end{aligned}$$

が成り立つから，数列 $\{c_n\}$ は初項 $c_1=3$，公比 3 の等比数列であるとわかる．よって，$\{c_n\}$ の一般項は

$$c_n=3^n$$

である．

$$c_n=\frac{1+a_n}{1-a_n}$$

より

$$(1-a_n)c_n=1+a_n$$
$$(c_n+1)a_n=c_n-1$$

となる．よって，$\{a_n\}$ の一般項は

$$a_n=\frac{c_n-1}{c_n+1}=\frac{(c_n+1)-2}{c_n+1}=\boxed{1}-\frac{\boxed{2}}{\boxed{3}^n+1}$$

したがって，シ に当てはまるものは ② である．

(4)　(3) の数列 $\{c_n\}$ について

$$\begin{aligned}\sum_{k=1}^{n}c_kc_{k+1}&=\sum_{k=1}^{n}3^k\cdot3^{k+1}\\&=3\sum_{k=1}^{n}9^k\\&=3\cdot\frac{9(9^n-1)}{9-1}\\&=\frac{\boxed{27}}{\boxed{8}}\left(\boxed{9}^n-1\right)\end{aligned}$$

である．

← $c_n=\dfrac{1+a_n}{1-a_n}$.

← $a_{n+1}=1$.
$\iff \dfrac{2a_n+1}{a_n+2}=1$.　(② より)
$\iff 2a_n+1=a_n+2$.
$\iff a_n=1$.
であるが，$a_1=\dfrac{1}{2}$ と ② より，帰納的に $a_n\neq1$ $(n=1,2,3,\cdots)$ である．

← **等比数列の一般項**
初項 c，公比 r の等比数列 $\{c_n\}$ の一般項は
$$c_n=cr^{n-1}.$$

← $3^k\cdot3^{k+1}=3^{2k+1}=3\cdot3^{2k}=3\cdot(3^2)^k=3\cdot9^k$.

← **等比数列の和**
初項 a，公比 r，項数 n の等比数列の和は，$r\neq1$ のとき
$$\frac{a(r^n-1)}{r-1}.$$

次に(3)の数列 $\{a_n\}$ について，② を変形すると

$$a_{n+1}(a_n+2)=2a_n+1$$

$$a_na_{n+1}=\boxed{2}(a_n-a_{n+1})+\boxed{1}$$

である．ゆえに

$$\begin{aligned}\sum_{k=1}^{n}a_ka_{k+1}&=2\sum_{k=1}^{n}(a_k-a_{k+1})+\sum_{k=1}^{n}1\\&=2\{(a_1-a_2)+(a_2-a_3)+(a_3-a_4)+\\&\qquad\cdots+(a_n-a_{n+1})\}+n\\&=2(a_1-a_{n+1})+n\\&=2\left\{\frac{1}{2}-\left(1-\frac{2}{3^{n+1}+1}\right)\right\}+n\\&=n-1+\frac{\boxed{4}}{3^{n+1}+\boxed{1}}\end{aligned}$$

である．よって，$\boxed{テ}$ と $\boxed{ナ}$ に当てはまるものはそれぞれ $\boxed{①}$ と $\boxed{③}$ である．

和の公式

$$\sum_{k=1}^{n}1=n,$$

$$\sum_{k=1}^{n}k=\frac{1}{2}n(n+1),$$

$$\sum_{k=1}^{n}k^2=\frac{1}{6}n(n+1)(2n+1).$$

(3)より，$a_{n+1}=1-\dfrac{2}{3^{n+1}+1}$.

第4問　空間ベクトル

$\mathrm{A}(6,\ -1,\ 1)$，$\mathrm{B}(1,\ 6,\ 2)$，
$\mathrm{P}(2,\ -1,\ -1)$，$\mathrm{Q}(0,\ 1,\ -1)$．

$$\overrightarrow{\mathrm{OP}}=\vec{p},\quad \overrightarrow{\mathrm{OQ}}=\vec{q}.$$

3点O，P，Qを通る平面をαとし，平面α上に点Mをとり，$|\overrightarrow{\mathrm{AM}}|+|\overrightarrow{\mathrm{MB}}|$が最小となるときの点Mの座標を求める．

(1)
$$|\vec{p}|=\sqrt{2^2+(-1)^2+(-1)^2}=\sqrt{\boxed{6}} \quad \cdots ①$$
$$|\vec{q}|=\sqrt{0^2+1^2+(-1)^2}=\sqrt{\boxed{2}} \quad \cdots ②$$

である．

$$\vec{p}\cdot\vec{q}=2\cdot0+(-1)\cdot1+(-1)^2=0 \quad \cdots ③$$

より，$\vec{p}$と$\vec{q}$のなす角は$\boxed{90}$°である．

(2) $\vec{n}=(1,\ a,\ b)$とおくと，$\vec{n}$が$\vec{p}$および$\vec{q}$と垂直であることより

$$\vec{n}\cdot\vec{p}=0,\quad \vec{n}\cdot\vec{q}=0 \quad \cdots ④$$

すなわち

$$1\cdot2+a\cdot(-1)+b\cdot(-1)=0,$$
$$1\cdot0+a\cdot1+b\cdot(-1)=0$$

が成り立つ．よって

$$a=1,\quad b=1$$

である．したがって

$$\vec{n}=\left(1,\ \boxed{1},\ \boxed{1}\right)$$

である．

$\overrightarrow{\mathrm{OA}}$を実数$r$，$s$，$t$を用いて$\overrightarrow{\mathrm{OA}}=r\vec{n}+s\vec{p}+t\vec{q}$の形に表したときの$r$，$s$，$t$を求める．

$$\overrightarrow{\mathrm{OA}}\cdot\vec{n}=6\cdot1+(-1)\cdot1+1\cdot1=\boxed{6} \quad \cdots ⑤$$
$$\vec{n}\cdot\vec{n}=|\vec{n}|^2=1^2+1^2+1^2=\boxed{3} \quad \cdots ⑥$$

である．⑤より，

$$(r\vec{n}+s\vec{p}+t\vec{q})\cdot\vec{n}=6$$

であり，これを整理すると，④，⑥より

$$r|\vec{n}|^2+s\vec{p}\cdot\vec{n}+t\vec{q}\cdot\vec{n}=6$$
$$r\cdot3+s\cdot0+t\cdot0=6$$
$$r=\boxed{2}$$

である．また

$$\overrightarrow{\mathrm{OA}}\cdot\vec{p}=6\cdot2+(-1)\cdot(-1)+1\cdot(-1)=12$$

← $\vec{p}=(x,\ y,\ z)$の大きさは
$$|\vec{p}|=\sqrt{x^2+y^2+z^2}.$$

内積

$\vec{0}$でない2つのベクトル$\vec{a}$と$\vec{b}$のなす角をθ $(0°\leqq\theta\leqq180°)$とすると
$$\vec{a}\cdot\vec{b}=|\vec{a}||\vec{b}|\cos\theta.$$
特に，
$$\vec{a}\cdot\vec{a}=|\vec{a}||\vec{a}|\cos0°=|\vec{a}|^2.$$
$$\vec{a}\cdot\vec{b}=0 \iff \vec{a}\perp\vec{b}.$$

内積

$$\vec{a}=(a_1,\ a_2,\ a_3),$$
$$\vec{b}=(b_1,\ b_2,\ b_3)$$
のとき
$$\vec{a}\cdot\vec{b}=a_1b_1+a_2b_2+a_3b_3.$$

← $\overrightarrow{\mathrm{OA}}=(6,\ -1,\ 1)$，$\vec{n}=(1,\ 1,\ 1)$．

← $\overrightarrow{\mathrm{OA}}=r\vec{n}+s\vec{p}+t\vec{q}$．

← $\vec{p}=(2,\ -1,\ -1)$．

より

$$(r\vec{n}+s\vec{p}+t\vec{q})\cdot\vec{p}=12$$

であり，これを整理すると，①，③，④より

$$r\vec{n}\cdot\vec{p}+s|\vec{p}|^2+t\vec{q}\cdot\vec{p}=12$$

$$r\cdot 0+s\cdot 6+t\cdot 0=12$$

$$s=\boxed{2}$$

である．さらに

$$\overrightarrow{OA}\cdot\vec{q}=6\cdot 0+(-1)\cdot 1+1\cdot(-1)=-2$$

⬅ $\vec{q}=(0,\ 1,\ -1)$.

より

$$(r\vec{n}+s\vec{p}+t\vec{q})\cdot\vec{q}=-2$$

であり，これを整理すると，②，③，④より

$$r\vec{n}\cdot\vec{q}+s\vec{p}\cdot\vec{q}+t|\vec{q}|^2=-2$$

$$r\cdot 0+s\cdot 0+t\cdot 2=-2$$

$$t=\boxed{-1}$$

である．

$$\overrightarrow{OB}\cdot\vec{n}=1\cdot 1+6\cdot 1+2\cdot 1=9$$

⬅ $\overrightarrow{OB}=(1,\ 6,\ 2)$.

より

$$\overrightarrow{OB}=u\vec{n}+v\vec{p}+w\vec{q}\quad(u,\ v,\ w\text{ は実数})$$

と表すと

$$(u\vec{n}+v\vec{p}+w\vec{q})\cdot\vec{n}=9$$

であり，これを整理すると，④，⑥より，

$$u|\vec{n}|^2+v\vec{p}\cdot\vec{n}+w\vec{q}\cdot\vec{n}=9$$

$$u\cdot 3+v\cdot 0+w\cdot 0=9$$

$$u=\boxed{3}$$

である．このとき

$$\overrightarrow{OB}=3\vec{n}+v\vec{p}+w\vec{q}$$

である．

(3) $\overrightarrow{OC}=-2\vec{n}+2\vec{p}-\vec{q}$

⬅ $r=2,\ s=2,\ t=-1$.

$=-2(1,\ 1,\ 1)+2(2,\ -1,\ -1)-(0,\ 1,\ -1)$

$=(2,\ -5,\ -3)$

より，Cの座標は

$$(\boxed{2},\ \boxed{-5},\ \boxed{-3})$$

である．

線分BCを3:2に内分する点をDとすると

$\overrightarrow{OD}$

$=\dfrac{1}{5}(2\overrightarrow{OB}+3\overrightarrow{OC})$

⬅ **分点公式**
線分ABを $m:n$ に内分する点をPとすると

$$\overrightarrow{OP}=\frac{n\overrightarrow{OA}+m\overrightarrow{OB}}{m+n}.$$

$$=\frac{1}{5}\{2(3\vec{n}+v\vec{p}+w\vec{q})+3(-2\vec{n}+2\vec{p}-\vec{q})\}$$

$$=\frac{1}{5}\{(2v+6)\vec{p}+(2w-3)\vec{q}\}$$

であるから，点Dは平面α上にある．よって，線分BCと平面αの交点Dは，BCを3：**2** に内分する．また

$$\begin{aligned}&\overrightarrow{\mathrm{OD}}\\&=\frac{1}{5}(2\overrightarrow{\mathrm{OB}}+3\overrightarrow{\mathrm{OC}})\\&=\frac{1}{5}\{2(1,\ 6,\ 2)+3(2,\ -5,\ -3)\}\\&=\left(\frac{8}{5},\ -\frac{3}{5},\ -1\right)\end{aligned}$$

より，Dの座標は

$$\left(\frac{8}{5},\ -\frac{3}{5},\ -1\right)$$

である．

$$\begin{aligned}&\overrightarrow{\mathrm{AC}}\\&=\overrightarrow{\mathrm{OC}}-\overrightarrow{\mathrm{OA}}\\&=(-r\vec{n}+s\vec{p}+t\vec{q})-(r\vec{n}+s\vec{p}+t\vec{q})\\&=-2r\vec{n}\end{aligned}$$

と$\vec{n}\perp\vec{p}$，$\vec{n}\perp\vec{q}$ より，線分ACは平面αに垂直であり，線分ACの中点をEとすると

$$\begin{aligned}&\overrightarrow{\mathrm{OE}}\\&=\frac{1}{2}(\overrightarrow{\mathrm{OA}}+\overrightarrow{\mathrm{OC}})\\&=\frac{1}{2}\{(r\vec{n}+s\vec{p}+t\vec{q})+(-r\vec{n}+s\vec{p}+t\vec{q})\}\\&=s\vec{p}+t\vec{q}\end{aligned}$$

より，点Eは平面α上にある．よって，α上の点Mについて，$|\overrightarrow{\mathrm{AM}}|=|\overrightarrow{\mathrm{CM}}|$ が成り立つから，

$$\begin{aligned}&|\overrightarrow{\mathrm{AM}}|+|\overrightarrow{\mathrm{MB}}|\\&=|\overrightarrow{\mathrm{CM}}|+|\overrightarrow{\mathrm{MB}}|\\&\geqq|\overrightarrow{\mathrm{CB}}|\end{aligned}$$

が成り立つ．等号が成立するのは，Mが線分BC上にあるとき，すなわち，MとDが一致するときであり，このとき，$|\overrightarrow{\mathrm{AM}}|+|\overrightarrow{\mathrm{MB}}|$ は最小となる．したがって，求めるMの座標は，

平面上の点

同一直線上にない異なる3点O，P，Qについて，α，βを実数として

$$\overrightarrow{\mathrm{OD}}=\alpha\overrightarrow{\mathrm{OP}}+\beta\overrightarrow{\mathrm{OQ}}$$

が成り立つとき，点Dは3点O，P，Qを通る平面上にある．

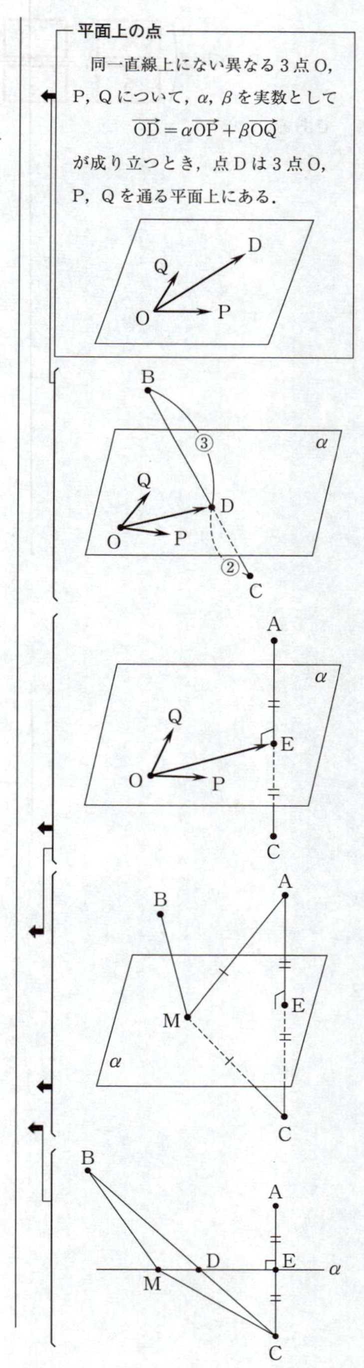

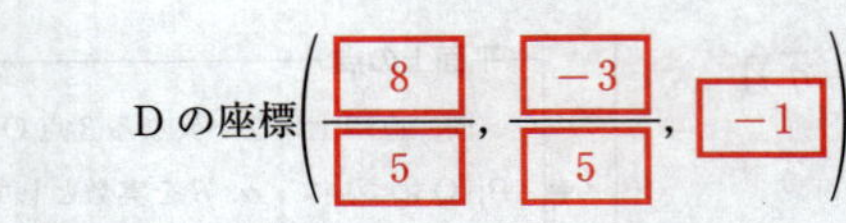

D の座標 $\left(\dfrac{8}{5},\ \dfrac{-3}{5},\ -1\right)$

である．

第5問　確率分布と統計的な推測

ある菓子工場で製造している菓子1個あたりの重さ(単位はg)を表す確率変数が X であり，X は平均 m，標準偏差 σ の正規分布 $N(m,\ \sigma^2)$ に従っている．

(1)　平均 m が50.2で，標準偏差 σ が0.4のとき，この菓子工場で製造される菓子1個あたりの重さが50g未満となる確率は，$Z=\dfrac{X-m}{\sigma}$ が標準正規分布に従うので

$$
\begin{aligned}
&P(X<50)\\
&=P\left(\frac{X-50.2}{0.4}<\frac{50-50.2}{0.4}\right)\\
&=P\left(Z<-\boxed{0}.\boxed{5}\right)\\
&=P(Z>0.5)\\
&=0.5-P(0\leqq Z\leqq 0.5)\\
&=0.5-0.1915\\
&=0.\boxed{31}
\end{aligned}
$$

である．

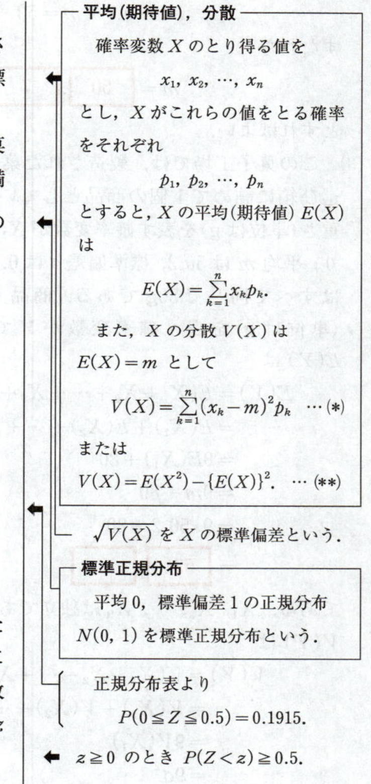

平均(期待値)，分散

確率変数 X のとり得る値を

$$x_1,\ x_2,\ \cdots,\ x_n$$

とし，X がこれらの値をとる確率をそれぞれ

$$p_1,\ p_2,\ \cdots,\ p_n$$

とすると，X の平均(期待値) $E(X)$ は

$$E(X)=\sum_{k=1}^{n}x_kp_k.$$

また，X の分散 $V(X)$ は $E(X)=m$ として

$$V(X)=\sum_{k=1}^{n}(x_k-m)^2p_k \quad \cdots(*)$$

または

$$V(X)=E(X^2)-\{E(X)\}^2. \quad \cdots(**)$$

$\sqrt{V(X)}$ を X の標準偏差という．

標準正規分布

平均0，標準偏差1の正規分布 $N(0,\ 1)$ を標準正規分布という．

正規分布表より

$$P(0\leqq Z\leqq 0.5)=0.1915.$$

$z\geqq 0$ のとき $P(Z<z)\geqq 0.5$.

(2)　標準偏差 σ が0.4のとき，製造される菓子1個あたりの重さが50g未満となる確率が0.04となるように m の値を定める．まず，標準正規分布に従う確率変数 Z について，$P(Z<z)$ が最も0.04に近い値をとる z を正規分布表から求める．$z<0$ より

$$P(Z<z)=P(Z>-z)=0.5-P(0\leqq Z\leqq -z)$$

であるから，

$$P(Z<z)=0.0401$$

は

$$0.5-P(0\leqq Z\leqq -z)=0.0401$$

すなわち

$$P(0\leqq Z\leqq -z)=0.4599$$

であり，正規分布表から，$z=-1.75$ である．よって

$$P\left(Z<-\boxed{1}.\boxed{75}\right)=0.0401$$

正規分布表より

$$P(0\leqq Z\leqq 1.75)=0.4599.$$

である．よって

$$
\begin{aligned}
P(Z<-1.75)&=P(X<50)\\
P\left(\frac{X-m}{0.4}<-1.75\right)&=P(X<50)\\
P(X<-1.75\cdot 0.4+m)&=P(X<50)\\
P(X<-0.7+m)&=P(X<50)
\end{aligned}
$$

と考えることにより

$$-0.7+m=50$$

すなわち

$$m=\boxed{50}.\boxed{7}$$

とすればよい.

(3)　この菓子工場では，製造された菓子を無作為に9個選び箱に詰めて1個の商品としている．9個の菓子の重さ(単位はg)を表す確率変数が $X_1, X_2, \cdots, X_9$ であり，平均 m は50.2，標準偏差 σ は0.4，また，箱の重さはすべて同じで80gである．商品1個あたりの重さ(単位はg)を表す確率変数が Y であり，Y の平均 $E(Y)$ は

$$\begin{aligned}E(Y)&=E(X_1+X_2+\cdots+X_9+80)\\&=E(X_1)+E(X_2)+\cdots+E(X_9)+80\\&=9E(X_1)+80\\&=9m+80\\&=9\cdot50.2+80\\&=\boxed{531}.\boxed{8}\end{aligned}$$

← 箱の重さが80g.

← X は確率変数，a，b は定数とする．
$E(aX+bY)=aE(X)+bE(Y)$.
$E(X_1)=E(X_2)=\cdots=E(X_9)$.

である．$X_1, X_2, \cdots, X_9$ は独立であるから，Y の分散 $V(Y)$ は

$$\begin{aligned}V(Y)&=V(X_1+X_2+\cdots+X_9+80)\\&=V(X_1)+V(X_2)+\cdots+V(X_9)\\&=9V(X_1)\\&=9\sigma^2\end{aligned}$$

← 確率変数 X と Y が互いに独立ならば
$V(X+Y)=V(X)+V(Y)$.

← $V(X_1)=V(X_2)=\cdots=V(X_9)$.

である，よって，Y の標準偏差は

$$3\sigma=3\cdot0.4=\boxed{1}.\boxed{2}$$

である.

$X_1, X_2, \cdots, X_9$ の標本平均 $\overline{X}$ が50未満である確率を求める.

標本平均の分布が正規分布であることを利用すると，$\overline{X}$ の標準偏差が $\dfrac{\sigma}{\sqrt{n}}=\dfrac{0.4}{\boxed{3}}$ であるので，

← 母平均 m，母標準偏差 σ の母集団から大きさ n の無作為標本を抽出するとき，標本平均の平均(期待値)と標準偏差はそれぞれ
$m,\ \dfrac{\sigma}{\sqrt{n}}$.

$Z=\dfrac{\overline{X}-50.2}{\frac{0.4}{3}}$ とおくと

$$\overline{X}<50$$

より

$$\frac{\overline{X}-50.2}{\frac{0.4}{3}}<\frac{50-50.2}{\frac{0.4}{3}}$$

すなわち

$$Z < -1.5$$

であるから

$$\begin{aligned} P(\overline{X} < 50) &= P(Z < -1.5) \\ &= P(Z > 1.5) \\ &= 0.5 - P(0 \leqq Z \leqq 1.5) \\ &= 0.5 - 0.4332 \\ &= 0.\boxed{07} \end{aligned}$$

である。

← 正規分布表より
$P(0 \leqq Z \leqq 1.5) = 0.4332.$

(4)　この菓子工場で導入した新しい機械について，標準偏差 σ は 0.2 であるが，平均 m はわかっていない．m を推定するために，この機械で 100 個の菓子を試験的に製造したところ，それらの菓子の重さの標本平均が 50.10g であった．このとき，m に対する信頼度 95% の信頼区間は

$$50.10 - 1.96 \cdot \frac{0.2}{\sqrt{100}} \leqq m \leqq 50.10 + 1.96 \cdot \frac{0.2}{\sqrt{100}}$$

すなわち

$$50.\boxed{06} \leqq m \leqq 50.\boxed{14}$$

である．

← 母平均の推定

標本平均を $\overline{X}$，母標準偏差を σ とすると，標本の大きさ n が大きいとき，母平均 m に対する信頼度 95% の信頼区間は

$$\left[\overline{X} - 1.96 \cdot \frac{\sigma}{\sqrt{n}},\ \overline{X} + 1.96 \cdot \frac{\sigma}{\sqrt{n}}\right].$$

平均 m に対する信頼区間 $A \leqq m \leqq B$ において，$B - A$ がこの信頼区間の幅である．信頼度と標準偏差 σ は変わらないものとして，上で求めた信頼区間の幅

$$\left(50.10 + 1.96 \cdot \frac{0.2}{\sqrt{100}}\right) - \left(50.10 - 1.96 \cdot \frac{0.2}{\sqrt{100}}\right) = 2 \cdot 1.96 \cdot \frac{0.2}{\sqrt{100}}$$

を半分にする標本の大きさ n を求める．

$$2 \cdot 1.96 \cdot \frac{0.2}{\sqrt{n}} = \frac{1}{2} \cdot 2 \cdot 1.96 \cdot \frac{0.2}{\sqrt{100}}$$

より

$$\frac{1}{\sqrt{n}} = \frac{1}{2} \cdot \frac{1}{\sqrt{100}}$$

すなわち

$$n = 400$$

である．よって，$\boxed{ネ}$ に当てはまるものは $\boxed{⑤}$ である．

MEMO

数学Ⅰ・数学A
数学Ⅱ・数学B

(2017年１月実施)

	受験者数	平均点
数学Ⅰ・数学A	394,557	61.12
数学Ⅱ・数学B	353,836	52.07

数学Ⅰ・数学A

解答・採点基準

(100点満点)

問題番号(配点)	解答記号	正解	配点	自己採点
第1問 (30)	アイ	13	3	
	ウ	2	1	
	エ$\sqrt{\text{オカ}}$	$7\sqrt{13}$	3	
	キク	73	3	
	ケ	⓪	1	
	コ	③	2	
	サ	③	2	
	シ	①	2	
	ス	②	3	
	セa^2＋ソa	$3a^2+5a$	2	
	タa^4＋チツa^2＋テト	$9a^4+24a^2+16$	2	
	$-\frac{\text{ナニ}}{\text{ヌネ}}$	$-\frac{25}{12}$	3	
	ノハ	16	3	
第1問　自己採点小計				
第2問 (30)	$\sqrt{\text{ア}}$	$\sqrt{6}$	3	
	$\sqrt{\text{イ}}$	$\sqrt{2}$	3	
	$\frac{\sqrt{\text{ウ}}+\sqrt{\text{エ}}}{\text{オ}}$	$\frac{\sqrt{2}+\sqrt{6}}{4}$ または $\frac{\sqrt{6}+\sqrt{2}}{4}$	3	
	$\frac{\text{カ}\sqrt{\text{キ}}-\text{ク}}{\text{ケ}}$	$\frac{2\sqrt{3}-2}{3}$	3	
	$\frac{\text{コ}}{\text{サ}}$	$\frac{2}{3}$	3	
	シ，ス，セ	①，④，⑥ (解答の順序は問わない)	6 (各2)	
	ソ	④	2	
	タ	③	2	
	チ	②	2	
	ツ	⓪	1	
	テ	①	2	
第2問　自己採点小計				

問題番号(配点)	解答記号	正解	配点	自己採点
第3問 (20)	$\frac{\text{ア}}{\text{イ}}$	$\frac{5}{6}$	2	
	ウ，エ，オ	①，③，⑤ (解答の順序は問わない)	3	
	$\frac{\text{カ}}{\text{キ}}$	$\frac{1}{2}$	2	
	$\frac{\text{ク}}{\text{ケ}}$	$\frac{3}{5}$	2	
	コ，サ，シ	⓪，③，⑤ (解答の順序は問わない)	3	
	$\frac{\text{ス}}{\text{セ}}$	$\frac{5}{6}$	2	
	$\frac{\text{ソ}}{\text{タ}}$	$\frac{5}{6}$	2	
	チ	⑥	4	
第3問　自己採点小計				
第4問 (20)	ア，イ	2，6 (解答の順序は問わない)	2 (各1)	
	ウ	3	2	
	b＝エ，c＝オ	$b=0$，$c=6$	2	
	b＝カ，c＝キ	$b=9$，$c=6$	2	
	b＝ク，c＝ケ，n＝コサ	$b=0$，$c=6$，$n=14$	3	
	シス	24	2	
	セソ	16	2	
	タ	8	2	
	チツ	24	3	
第4問　自己採点小計				
第5問 (20)	アイ	28	3	
	$\frac{\text{ウ}}{\text{エ}}$	$\frac{7}{2}$	3	
	$\frac{\text{オカ}}{\text{キ}}$	$\frac{12}{7}$	3	
	$\frac{\text{クケ}}{\text{コ}}$	$\frac{21}{5}$	3	
	サシ°	60°	2	
	$\frac{\text{ス}\sqrt{\text{セ}}}{\text{ソ}}$	$\frac{2\sqrt{3}}{3}$	3	
	$\frac{\text{タ}\sqrt{\text{チ}}}{\text{ツ}}$	$\frac{4\sqrt{3}}{3}$	3	
第5問　自己採点小計				
自己採点合計				

(注)

第1問，第2問は必答。

第3問～第5問のうちから2問選択。計4問を解答。

第1問　数と式・集合と命題・2次関数

〔1〕

$$x^2+\frac{4}{x^2}=9\ (x>0) \qquad \cdots①$$

$$\left(x+\frac{2}{x}\right)^2=x^2+2\cdot x\cdot\frac{2}{x}+\left(\frac{2}{x}\right)^2$$
$$=\left(x^2+\frac{4}{x^2}\right)+4$$
$$=9+4\quad (①より)$$
$$=\boxed{13}$$

であり，$x>0$ より，$x+\dfrac{2}{x}>0$ であるから，

$$x+\frac{2}{x}=\sqrt{13} \qquad \cdots②$$

である．

ここで，

$$x^3+\frac{8}{x^3}=\left(x+\frac{2}{x}\right)\left(x^2+\frac{4}{x^2}-a\right)$$

とおき，右辺を展開して整理すると，

$$x^3+\frac{8}{x^3}=x^3+(2-a)x+(4-2a)\cdot\frac{1}{x}+\frac{8}{x^3} \qquad \cdots③$$

となる．

よって，a の値は，③ の左辺と右辺の係数を比較して，

$$2-a=0 \quad かつ \quad 4-2a=0$$

すなわち

$$a=2$$

である．

したがって，

$$x^3+\frac{8}{x^3}=\left(x+\frac{2}{x}\right)\left(x^2+\frac{4}{x^2}-\boxed{2}\right)$$
$$=\sqrt{13}\cdot(9-2)\quad (①，②より)$$
$$=\boxed{7}\sqrt{\boxed{13}}$$

である．

← 数学Ⅱで学習する因数分解の公式

$$a^3+b^3=(a+b)(a^2-ab+b^2)$$

を用いて次のように求めてもよい．

$$x^3+\frac{8}{x^3}=x^3+\left(\frac{2}{x}\right)^3$$
$$=\left(x+\frac{2}{x}\right)\left\{x^2-x\cdot\frac{2}{x}+\left(\frac{2}{x}\right)^2\right\}$$
$$=\left(x+\frac{2}{x}\right)\left(x^2+\frac{4}{x^2}-2\right).$$

また，

$$\left(x^2+\frac{4}{x^2}\right)^2=x^4+2\cdot x^2\cdot\frac{4}{x^2}+\frac{16}{x^4}$$

であるから，

$$x^4+\frac{16}{x^4}=\left(x^2+\frac{4}{x^2}\right)^2-8$$

$=9^2-8$　（①より）

$=$ **73**

である．

〔2〕

実数 x に関する条件 p，q は，

$p : x=1$，

$q : x^2=1$，つまり，$x=\pm1$．

(1)・q は p であるための何条件かを求める．

「$q \Longrightarrow p$」の真偽を調べる．

「$q \Longrightarrow p$」は偽

である．

← 反例 $x=-1$．

「$p \Longrightarrow q$」の真偽を調べる．

「$p \Longrightarrow q$」は真　　　…①

である．

よって，q は p であるための必要条件だが十分条件でない．したがって，**ケ** にあてはまるものは **⓪** である．

← 命題「$s \Longrightarrow t$」が真のとき，s は t であるための十分条件といい，t は s であるための必要条件という．

・$\overline{p}$ は q であるための何条件かを求める．

$\overline{p} : x \neq 1$，つまり，$\overline{p} : x<1$，$1<x$．…②

「$\overline{p} \Longrightarrow q$」の真偽を調べる．

「$\overline{p} \Longrightarrow q$」は偽

である．

← 反例 $x=2$ など．

「$q \Longrightarrow \overline{p}$」の真偽を調べる．

「$q \Longrightarrow \overline{p}$」は偽

である．

← 反例 $x=1$．

よって，$\overline{p}$ は q であるための必要条件でも十分条件でもない．したがって，**コ** に当てはまるものは **③** である．

・(p または $\overline{q}$)は q であるための何条件かを求める．

$\overline{q} : x^2 \neq 1$，つまり，$\overline{q} : x \neq \pm1$

であるから，p または $\overline{q}$ は，

$x=1$ または $x \neq \pm1$，つまり，$x<-1$，$-1<x$

である．

「(p または $\overline{q}$) $\Longrightarrow q$」の真偽を調べる．

「(p または $\overline{q}$) $\Longrightarrow q$」は偽

である．

← 反例 $x=0$ など．

「$q \Longrightarrow$ (p または $\overline{q}$)」の真偽を調べる．

「$q \Longrightarrow (p$ または $\overline{q})$」は偽

である．

よって，$(p$ または $\overline{q})$ は q であるための必要条件でも十分条件でもない．したがって，サ に当てはまるものは ③ である．

← 反例 $x=-1$.

・$(\overline{p}$ かつ $q)$ は q であるための何条件かを求める．

② より，$\overline{p}$ かつ q は，

$(x<1,\ 1<x)$ かつ $x=\pm 1$，つまり，$x=-1$

である．

「$(\overline{p}$ かつ $q) \Longrightarrow q$」の真偽を調べる．

「$(\overline{p}$ かつ $q) \Longrightarrow q$」は真

である．

「$q \Longrightarrow (\overline{p}$ かつ $q)$」の真偽を調べる．

「$q \Longrightarrow (\overline{p}$ かつ $q)$」は偽

である．

← 反例 $x=1$.

よって，$(\overline{p}$ かつ $q)$ は q であるための十分条件だが必要条件でない．したがって，シ に当てはまるものは ① である．

(2)　実数 x に関する条件 r は，

$r : x>0.$

命題A：「$(p$ かつ $q) \Longrightarrow r$」の真偽を調べる．

← $p : x=1,\ q : x=\pm 1.$

p かつ q は，

$x=1$ かつ $x=\pm 1$，つまり，$x=1$

である．

よって，

A：「$(p$ かつ $q) \Longrightarrow r$」は真

である．

命題B：「$q \Longrightarrow r$」の真偽を調べる．

B：「$q \Longrightarrow r$」は偽

である．

← 反例 $x=-1$.

命題C：「$\overline{q} \Longrightarrow \overline{p}$」の真偽を調べる．

Cの対偶は，「$p \Longrightarrow q$」であり，① より，真であるから，

C：「$\overline{q} \Longrightarrow \overline{p}$」は真

である．

← 命題の真偽と対偶の真偽は一致する．

したがって，ス に当てはまるものは ② である．

〔3〕

$$g(x)=x^2-2(3a^2+5a)x+18a^4+30a^3+49a^2+16$$
$$=\{x-(3a^2+5a)\}^2-(3a^2+5a)^2+18a^4+30a^3+49a^2+16$$
$$=\{x-(3a^2+5a)\}^2+9a^4+24a^2+16$$

と変形できるから，2 次関数 $y=g(x)$ のグラフの頂点は，

$$\left(\boxed{3}\,a^2+\boxed{5}\,a,\ \boxed{9}\,a^4+\boxed{24}\,a^2+\boxed{16}\right)$$

である．

← 2 次関数 $y=p(x-q)^2+r$ のグラフの頂点の座標は，
$(q,\ r)$.

頂点の x 座標を X とすると，

$$X=3a^2+5a$$
$$=3\left(a+\frac{5}{6}\right)^2-\frac{25}{12}$$

と変形できるから，a が実数全体を動くとき，X の最小値は $-\dfrac{\boxed{25}}{\boxed{12}}$ である．

←

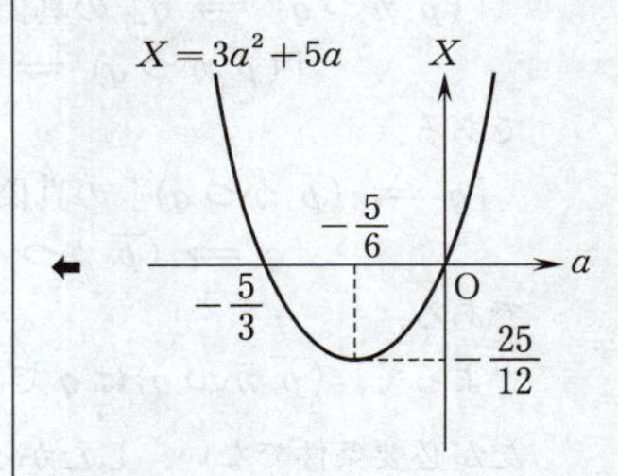

頂点の y 座標を Y とすると，

$$Y=9a^4+24a^2+16$$

であり，$t=a^2$ より，

$$Y=9t^2+24t+16$$
$$=9\left(t+\frac{4}{3}\right)^2$$

と変形できる．

a が実数全体を動くとき，t のとり得る値の範囲は，

$$t \geqq 0$$

← $(実数)^2 \geqq 0$.

であるから，Y は $t=0$（つまり $a=0$）のとき最小となり，最小値は $\boxed{16}$ である．

←

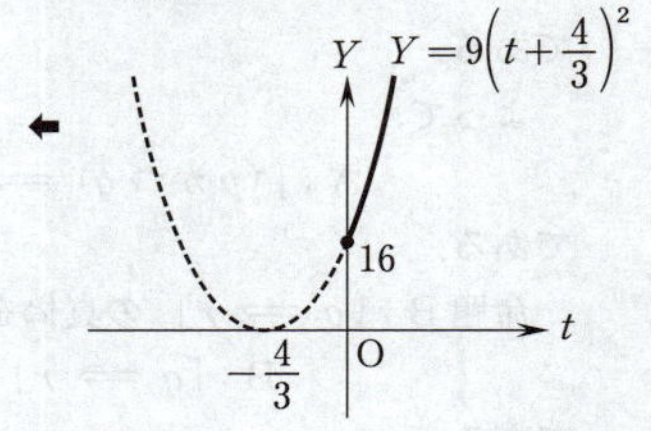

第2問　図形と計量・データの分析

〔1〕

(1)

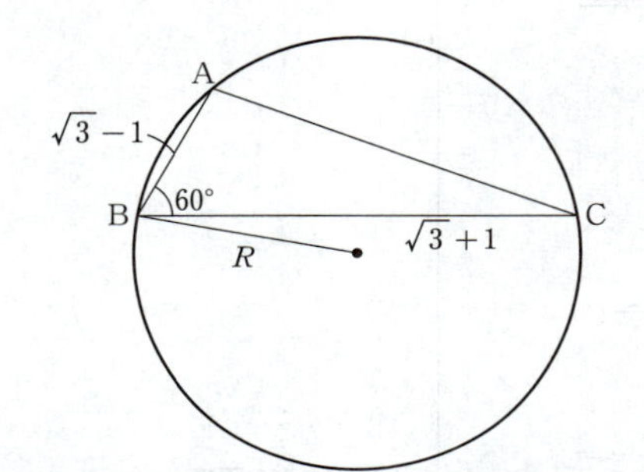

余弦定理を用いると，

$$AC^2 = AB^2 + BC^2 - 2\cdot AB\cdot BC\cos 60^\circ$$
$$= (\sqrt{3}-1)^2 + (\sqrt{3}+1)^2 - 2(\sqrt{3}-1)(\sqrt{3}+1)\cdot\frac{1}{2}$$
$$= 6$$

であるから，AC > 0 より，

$$AC = \sqrt{\boxed{6}}$$

である．

△ABC の外接円の半径を R とし，正弦定理を用いると，

$$2R = \frac{AC}{\sin 60^\circ}$$

であるから，

$$R = \frac{AC}{2\sin 60^\circ}$$
$$= \frac{\sqrt{6}}{2\cdot\frac{\sqrt{3}}{2}}$$
$$= \sqrt{\boxed{2}}$$

である．

さらに，正弦定理を用いると，

$$2R = \frac{BC}{\sin\angle BAC}$$

であるから，

$$\sin\angle BAC = \frac{BC}{2R}$$
$$= \frac{\sqrt{3}+1}{2\sqrt{2}}$$

←余弦定理

$$b^2 = c^2 + a^2 - 2ca\cos B.$$
$$\cos B = \frac{c^2+a^2-b^2}{2ca}.$$

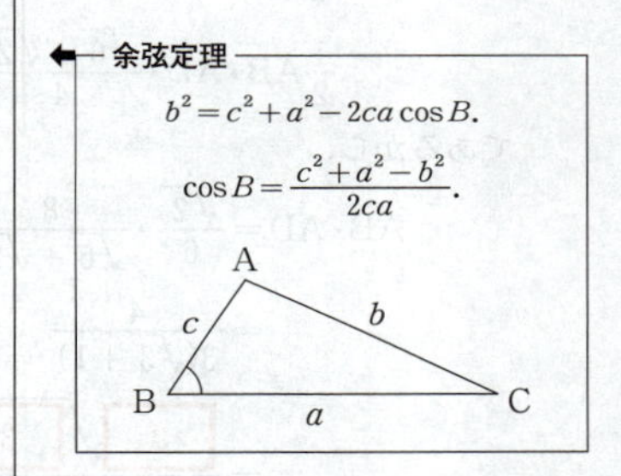

←正弦定理

$$\frac{a}{\sin A} = \frac{b}{\sin B} = \frac{c}{\sin C} = 2R.$$

（R は外接円の半径）

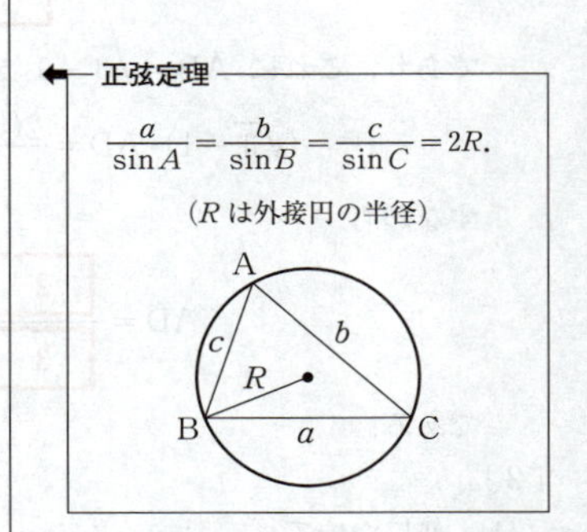

←

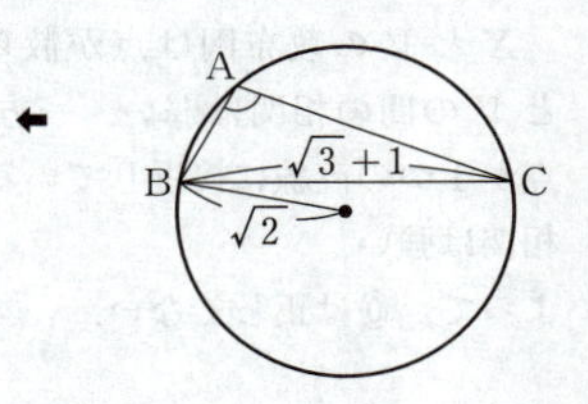

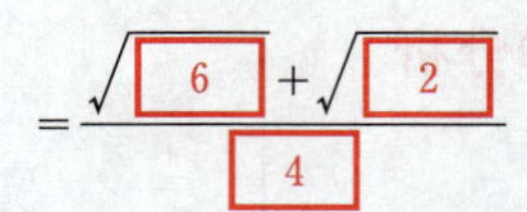

である．

(2)

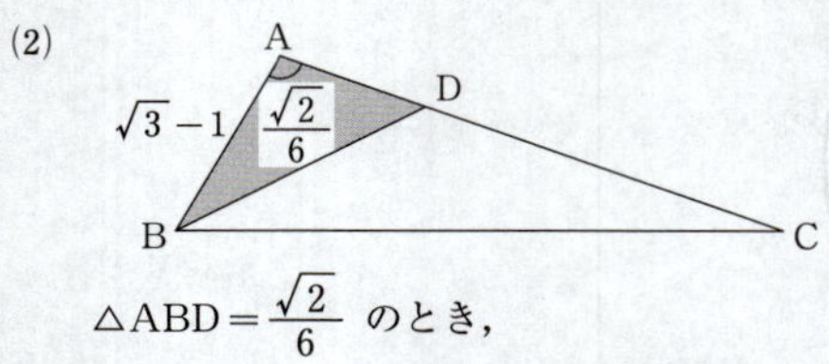

$\triangle ABD=\frac{\sqrt{2}}{6}$ のとき，

$$\frac{1}{2}AB\cdot AD\sin\angle BAC=\frac{\sqrt{2}}{6}$$

$$\frac{1}{2}AB\cdot AD\cdot\frac{\sqrt{6}+\sqrt{2}}{4}=\frac{\sqrt{2}}{6}$$

であるから，

$$AB\cdot AD=\frac{\sqrt{2}}{6}\cdot\frac{8}{\sqrt{6}+\sqrt{2}}$$

$$=\frac{4}{3(\sqrt{3}+1)}$$

$$=\frac{2\sqrt{3}-2}{3}$$

であり，これに $AB=\sqrt{3}-1$ を代入すると，

$$(\sqrt{3}-1)\cdot AD=\frac{2(\sqrt{3}-1)}{3}$$

すなわち

$$AD=\frac{2}{3}$$

である．

◀ **三角形の面積**

$$(\triangle ABC\text{ の面積})=\frac{1}{2}bc\sin A.$$

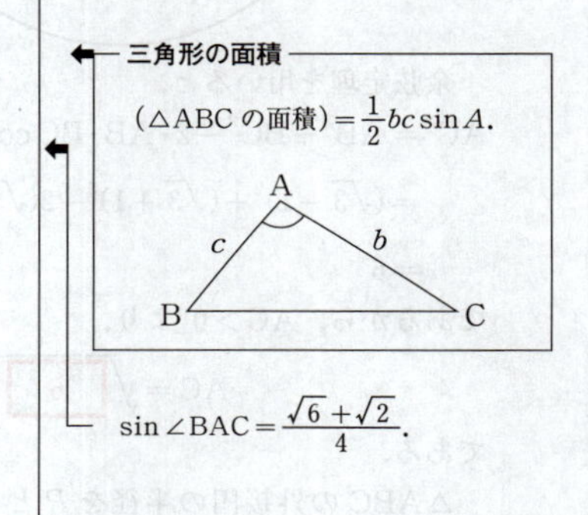

$$\sin\angle BAC=\frac{\sqrt{6}+\sqrt{2}}{4}.$$

〔2〕

(1)・⓪について．

X と V の散布図は点が散らばっているから，X と V の間の相関は弱い．一方，X と Y の散布図は点が1つの直線に接近しているから，X と Y の間の相関は強い．

よって，⓪は正しくない．

◀ 2つの変量の間に相関があるとき，散布図における点の分布の様子が1つの直線に接近しているほど相関が強いといい，散らばっているほど相関が弱いという．

・①について．

X と Y の散布図は，Y が増加するほど X も増加する傾向があるから，X と Y の間には正の相関がある．

よって，①は正しい．

・②について．

X の最大値は約87である．V が最大(約94.2)のとき，X は約59であるから最大ではない．

よって，②は正しくない．

・③について．

Y の最大値は約58.5である．V が最大(約94.2)のとき，Y は約51.5であるから最大ではない．

よって，③は正しくない．

・④について，

X の最小値は約53である．Y が最小(約50)のとき，X は約56であるから最小ではない．

よって，④は正しい．

・⑤について．

X が80以上のジャンプであっても Y が93未満のジャンプが1回存在する．

よって，⑤は正しくない．

・⑥について．

Y が55以上かつ V が94以上のジャンプはない．

よって，⑥は正しい．

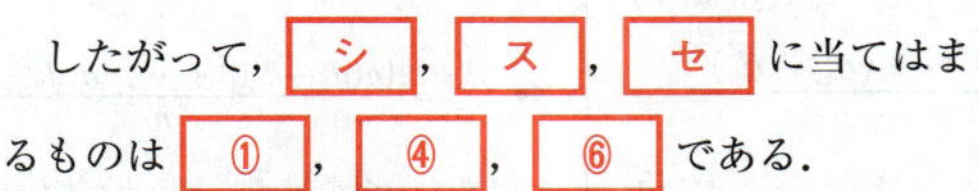

したがって，シ，ス，セ に当てはまるものは ①，④，⑥ である．

(2)　$X=1.80\times(D-125.0)+60.0=1.80\times D-165.0.$

$a=1.80$，$b=165.0$ とおくと，与えられた計算式は，

$$X=aD-b \qquad \cdots(*)$$

で表せる．

$n=58$ とし，D のデータを d_1，d_2，…，d_n，X のデータを x_1，x_2，…，x_n，Y のデータを y_1，y_2，…，y_n とする．さらに，D，X，Y について平均値をそれぞれ $\overline{d}$，$\overline{x}$，$\overline{y}$ とし，分散をそれぞれ $s_d{}^2$，$s_x{}^2$，$s_y{}^2$ とする．

・X の分散は，D の分散の何倍かを求める．

⬅ 2つの変量からなるデータにおいて，一方が増加すると他方も増加する傾向がみられるとき，2つの変量には正の相関があるという．また，一方が増加すると他方が減少する傾向がみられるとき，2つの変量には負の相関があるという．

⬅ この部分に点が存在しない．

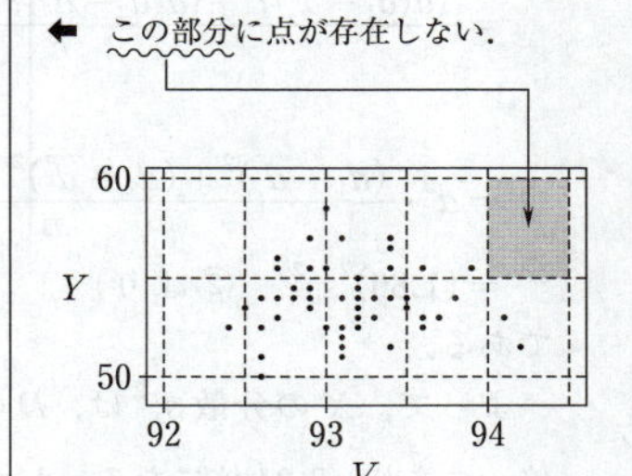

$$\begin{cases} \overline{d}=\dfrac{d_1+d_2+\cdots+d_n}{n}, & \cdots①\\ {s_d}^2=\dfrac{(d_1-\overline{d})^2+(d_2-\overline{d})^2+\cdots+(d_n-\overline{d})^2}{n} & \cdots② \end{cases}$$

である.

X の平均値は,

$$\overline{x}=\frac{x_1+x_2+\cdots+x_n}{n}$$

$$=\frac{(ad_1-b)+(ad_2-b)+\cdots+(ad_n-b)}{n}$$

$$=a\cdot\frac{d_1+d_2+\cdots+d_n}{n}-b$$

$$=a\overline{d}-b \quad (①より) \qquad \cdots③$$

である.

X の偏差は，③ より，

$$\left.\begin{aligned} x_1-\overline{x}&=(ad_1-b)-(a\overline{d}-b)=a(d_1-\overline{d}),\\ x_2-\overline{x}&=(ad_2-b)-(a\overline{d}-b)=a(d_2-\overline{d}),\\ &\vdots\\ x_n-\overline{x}&=(ad_n-b)-(a\overline{d}-b)=a(d_n-\overline{d}) \end{aligned}\right\} \cdots④$$

であるから，X の分散は,

$${s_x}^2=\frac{(x_1-\overline{x})^2+(x_2-\overline{x})^2+\cdots+(x_n-\overline{x})^2}{n}$$

$$=\frac{\{a(d_1-\overline{d})\}^2+\{a(d_2-\overline{d})\}^2+\cdots+\{a(d_n-\overline{d})\}^2}{n}$$

(④ より)

$$=a^2\cdot\frac{(d_1-\overline{d})^2+(d_2-\overline{d})^2+\cdots+(d_n-\overline{d})^2}{n}$$

$$=(1.80)^2{s_d}^2 \quad (②より) \qquad \cdots⑤$$

である.

よって，X の分散 ${s_x}^2$ は，D の分散 ${s_d}^2$ の $(1.80)^2$ 倍，つまり，3.24 倍になる．したがって，[ソ] に当てはまるものは [④] である.

・X と Y の共分散は，D と Y の共分散の何倍かを求める.

X と Y の共分散を s_{xy}，D と Y の共分散を s_{dy} とすると,

$$s_{dy}=\frac{(d_1-\overline{d})(y_1-\overline{y})+(d_2-\overline{d})(y_2-\overline{y})+\cdots+(d_n-\overline{d})(y_n-\overline{y})}{n} \qquad \cdots⑥$$

であり，④，⑥ より,

⬅ $\overline{x}=\dfrac{(ad_1-b)+\cdots+(ad_n-b)}{n}$
$=\dfrac{a(d_1+\cdots+d_n)-nb}{n}$
$=a\cdot\dfrac{d_1+\cdots+d_n}{n}-b.$

⬅ ${s_x}^2=\dfrac{\{a(d_1-\overline{d})\}^2+\cdots+\{a(d_n-\overline{d})\}^2}{n}$
$=\dfrac{a^2(d_1-\overline{d})^2+\cdots+a^2(d_n-\overline{d})^2}{n}$
$=a^2\cdot\dfrac{(d_1-\overline{d})^2+\cdots+(d_n-\overline{d})^2}{n}.$

$$s_{xy}=\frac{(x_1-\overline{x})(y_1-\overline{y})+(x_2-\overline{x})(y_2-\overline{y})+\cdots+(x_n-\overline{x})(y_n-\overline{y})}{n}$$

$$=\frac{a(d_1-\overline{d})(y_1-\overline{y})+a(d_2-\overline{d})(y_2-\overline{y})+\cdots+a(d_n-\overline{d})(y_n-\overline{y})}{n}$$

$$=a\cdot\frac{(d_1-\overline{d})(y_1-\overline{y})+(d_2-\overline{d})(y_2-\overline{y})+\cdots+(d_n-\overline{d})(y_n-\overline{y})}{n}$$

$$=1.80s_{dy} \quad \cdots ⑦$$

である．

よって，X と Y の共分散 s_{xy} は，D と Y の共分散 s_{dy} の 1.80 倍である．したがって，[タ] に当てはまるものは [③] である．

・X と Y の相関係数は，D と Y の相関係数の何倍かを求める．

X と Y の相関係数を r_{xy}，D と Y の相関係数を r_{dy} とすると，

$$r_{dy}=\frac{s_{dy}}{\sqrt{s_d{}^2}\sqrt{s_y{}^2}}$$

であり，⑤，⑦ より，

$$r_{xy}=\frac{s_{xy}}{\sqrt{s_x{}^2}\sqrt{s_y{}^2}}$$

$$=\frac{1.80s_{dy}}{\sqrt{(1.80)^2s_d{}^2}\sqrt{s_y{}^2}}$$

$$=\frac{s_{dy}}{\sqrt{s_d{}^2}\sqrt{s_y{}^2}}$$

$$=r_{dy}$$

である．

よって，X と Y の相関係数 r_{xy} は，D と Y の相関係数 r_{dy} の 1 倍である．したがって，[チ] に当てはまるものは [②] である．

(3)　1 回目の $X+Y$ の最小値が 108.0 より，1 回目の $X+Y$ の値に対するヒストグラムは A であり，箱ひげ図は a である．これより，2 回目の $X+Y$ の値に対するヒストグラムは B であり，箱ひげ図は b である．

したがって，[ツ] に当てはまるものは [⓪] である．

箱ひげ図 a，b より，最小値，第 1 四分位数，中央

← 箱ひげ図からは，次の 5 つの情報が得られる．

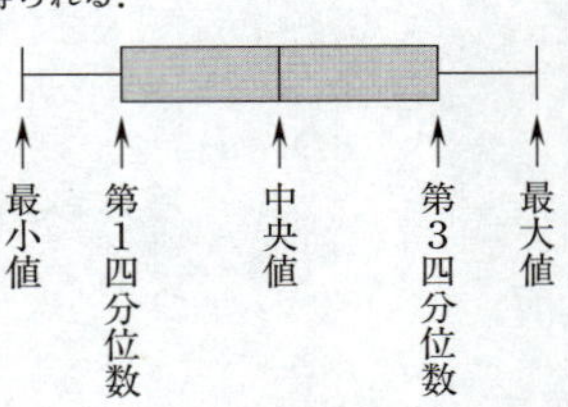

値，第３四分位数，最大値は次のようになる．

	最小値	第１四分位数	中央値	第３四分位数	最大値
a	約 108.0	約 115.5	約 124.0	約 129.5	約 143.5
b	約 103.5	約 109.5	約 114.0	約 125.0	約 141.5

⬅ aは１回目の $X+Y$ に対する箱ひげ図，bは２回目の $X+Y$ に対する箱ひげ図．

・⓪について．

１回目の $X+Y$ の四分位範囲は，

$$129.5-115.5=14.0.$$

２回目の $X+Y$ の四分位範囲は，

$$125.0-109.5=15.5.$$

⬅ (四分位範囲)＝(第３四分位数)－(第１四分位数).

よって，１回目の $X+Y$ の四分位範囲は，２回目の $X+Y$ の四分位範囲より小さいから，⓪は正しくない．

・①について．

１回目の $X+Y$ の中央値は，２回目の $X+Y$ の中央値より大きいから，①は正しい．

・②について．

１回目の $X+Y$ の最大値は，２回目の $X+Y$ の最大値より大きいから，②は正しくない．

・③について．

１回目の $X+Y$ の最小値は，２回目の $X+Y$ の最小値より大きいから，③は正しくない．

よって，［テ］に当てはまるものは［①］である．

第3問　場合の数・確率

あたりのくじを引くことを○，はずれのくじを引くことを×で表すことにする．

(1)　A，Bの少なくとも一方があたりのくじを引く事象 E_1 は，あたりが2本，はずれが2本であることに注意すると，

A	B	C
○	○	×
○	×	○
○	×	×
×	○	○
×	○	×

であり，余事象 $\overline{E_1}$ は次のようになる．

A	B	C
×	×	○

よって，確率 $P(\overline{E_1})$ は，

$$P(\overline{E_1})=\frac{2}{4}\times\frac{1}{3}\times\frac{2}{2}=\frac{1}{6}$$

である．

Aがくじを引くとき，くじは合計4本あり，はずれが2本ある．Bがくじを引くとき，くじは合計3本あり，はずれが1本ある．Cがくじを引くとき，くじは合計2本あり，あたりが2本ある．

したがって，求める確率 $P(E_1)$ は，

$$P(E_1)=1-P(\overline{E_1})$$
$$=1-\frac{1}{6}$$
$$=\frac{\boxed{5}}{\boxed{6}}$$

である．

事象 F の余事象を $\overline{F}$ とすると，

$$P(F)+P(\overline{F})=1$$

であるから，

$$P(F)=1-P(\overline{F})$$

である．

(2)　A，B，Cの3人で2本のあたりのくじを引く事象 E は，

A	B	C	
×	○	○	…①
○	×	○	…②
○	○	×	…③

であり，これらは互いに排反である．

2つの事象 A，B が同時には決して起こらないとき，つまり，$A\cap B=\varnothing$ のとき，2つの事象 A，B は互いに排反であるという．3つの事象について，その中のどの2つの事象も互いに排反であるとき，3つの事象は互いに排反であるという．

よって，E は，「Aだけがはずれのくじを引く事象」，「Bだけがはずれのくじを引く事象」，「Cだけがはずれのくじを引く事象」の和事象である．

したがって，ウ，エ，オ に当てはまる

ものは ①，③，⑤ である．

①の確率は，

$$\frac{2}{4}\times\frac{2}{3}\times\frac{1}{2}=\frac{1}{6}$$

である．

②の確率は，

$$\frac{2}{4}\times\frac{2}{3}\times\frac{1}{2}=\frac{1}{6}$$

である．

③の確率は，

$$\frac{2}{4}\times\frac{1}{3}\times\frac{2}{2}=\frac{1}{6}$$

である．

ゆえに，その和事象の確率，つまり，確率 $P(E)$ は，

$$P(E)=\frac{1}{6}+\frac{1}{6}+\frac{1}{6}$$

$$=\frac{1}{2}$$

である．

(3)　事象 E_1 が起こったときの事象 E の起こる条件付き確率は，

$$P_{E_1}(E)=\frac{P(E_1\cap E)}{P(E_1)}\quad\cdots④$$

である．

事象 $E_1\cap E$ は，

A	B	C
○	○	×
○	×	○
○	×	×
×	○	○
×	○	×

の網掛部分であるから，

$$E_1\cap E=E\quad\cdots⑤$$

である．

よって，求める確率 $P_{E_1}(E)$ は，⑤を④に代入して，

$$P_{E_1}(E)=\frac{P(E)}{P(E_1)}$$

Aがくじを引くとき，くじは合計4本あり，はずれが2本ある．Bがくじを引くとき，くじは合計3本あり，あたりが2本ある．Cがくじを引くとき，くじは合計2本あり，あたりが1本ある．

Aがくじを引くとき，くじは合計4本あり，あたりが2本ある．Bがくじを引くとき，くじは合計3本あり，はずれが2本ある．Cがくじを引くとき，くじは合計2本あり，あたりが1本ある．

Aがくじを引くとき，くじは合計4本あり，あたりが2本ある．Bがくじを引くとき，くじは合計3本あり，あたりが1本ある．Cがくじを引くとき，くじは合計2本あり，はずれが2本ある．

3つの事象 A，B，C が互いに排反であるとき，3つの事象のいずれかが起こる確率は，

$$P(A\cup B\cup C)=P(A)+P(B)+P(C)$$

である．

条件付き確率

事象 A が起こったときに事象 B が起こる条件付き確率は，

$$P_A(B)=\frac{P(A\cap B)}{P(A)}.$$

$$=\frac{\frac{1}{2}}{\frac{5}{6}}$$

$$=\frac{\boxed{3}}{\boxed{5}}$$

である．

← $P(E)=\frac{1}{2}$，$P(E_1)=\frac{5}{6}$．

(4)　B，C の少なくとも一方があたりのくじを引く事象 E_2 は，あたりが 2 本，はずれが 2 本であることに注意すると次のようになる．

A	B	C	
×	○	○	…⑥
○	○	×	…⑦
×	○	×	…⑧
○	×	○	…⑨
×	×	○	…⑩

← ×が1つだけついている事象，つまり，⑥，⑦，⑨ に注目して3つの和事象を考えるとよい．

A がはずれのくじを引く事象は　⑥，⑧，⑩，
B だけがはずれのくじを引く事象は　⑨，
C だけがはずれのくじを引く事象は　⑦

であり，これらは互いに排反である．また，この3つの事象以外の⓪～⑤において，E は3つの排反な事象の和事象で表せない．

よって，［コ］，［サ］，［シ］に当てはまるものは［⓪］，［③］，［⑤］である．

また，余事象 $\overline{E_2}$ は，

A	B	C
○	×	×

であるから，3つの排反な事象の和事象の確率，つまり，確率 $P(E_2)$ は，

$$P(E_2)=1-P(\overline{E_2})$$
$$=1-\frac{2}{4}\times\frac{2}{3}\times\frac{1}{2}$$
$$=\frac{\boxed{5}}{\boxed{6}}$$

である．

← $P(E_2)$
=(A がはずれのくじを引く事象の確率)
+(B だけがはずれのくじを引く事象の確率)
+(C だけがはずれのくじを引く事象の確率)
と考えて求めることもできる．

A，C の少なくとも一方があたりのくじを引く事象

E_3 は，あたりが 2 本，はずれが 2 本であることに注意すると，

A	B	C
○	×	○
○	○	×
○	×	×
×	○	○
×	×	○

であり，余事象 $\overline{E_3}$ は次のようになる．

A	B	C
×	○	×

よって，確率 $P(E_3)$ は，

$$P(E_3)=1-P(\overline{E_3})$$
$$=1-\frac{2}{4}\times\frac{2}{3}\times\frac{1}{2}$$
$$=\frac{5}{6}$$

である．

(5)　与えられた条件より，

$$\left.\begin{aligned} p_1&=P_{E_1}(E)=\frac{P(E_1\cap E)}{P(E_1)},\\ p_2&=P_{E_2}(E)=\frac{P(E_2\cap E)}{P(E_2)},\\ p_3&=P_{E_3}(E)=\frac{P(E_3\cap E)}{P(E_3)}\end{aligned}\right\}\quad\cdots ⑪$$

であり，(1)，(4) の結果より，

$$P(E_1)=P(E_2)=P(E_3)=\frac{5}{6}\quad\cdots ⑫$$

である．

また，事象 $E_2\cap E$ は，

A	B	C
×	○	○
○	○	×
×	○	×
○	×	○
×	×	○

の網掛部分であるから，

$$E_2 \cap E = E$$

である．

さらに，事象 $E_3 \cap E$ は，

A	B	C
○	×	○
○	○	×
○	×	×
×	○	○
×	×	○

の網掛部分であるから，

$$E_3 \cap E = E$$

である．

これらのことと ⑤ より，

$$P(E_1 \cap E) = P(E_2 \cap E) = P(E_3 \cap E) = P(E) \quad \cdots ⑬$$

である．

← $E_1 \cap E = E$.　…⑤

よって，⑫，⑬ を ⑪ に代入すると，

$$p_1 = p_2 = p_3 = \frac{P(E)}{\frac{5}{6}} = \frac{3}{5}$$

← $P(E) = \frac{1}{2}$.

が成り立つから，チ に当てはまるものは ⑥

である．

第4問　整数の性質

(1)　$37a$ が4で割り切れるのは,

下2桁である $7a$ が4の倍数

のときであり，そのような下2桁は,

72 と 76

である.

よって，$37a$ が4で割り切れるのは,

$a=$ 2 , 6

のときである.

←4の倍数の判定法
下2桁が4の倍数である.

(2)　$7b5c$ が4でも9でも割り切れるのは,

(下2桁である $5c$ が4の倍数)　…①

かつ

(各位の数の和である $7+b+5+c$, つまり，$b+c+12$ が9の倍数)　…②

のときである.

←9の倍数の判定法
各位の数の和が9の倍数である.

① を満たす下2桁は,

52 と 56

であるから,

$c=2,\ 6$

である.

$c=2$ のとき.

各位の数の和は $b+2+12$，つまり，$b+14$ であり，② を満たす b の値は,

$b=4$

である.

$c=6$ のとき.

各位の数の和は $b+6+12$，つまり，$b+18$ であり，② を満たす b の値は,

$b=0,\ 9$

である.

よって，$7b5c$ が4でも9でも割り切れる b, c の組は,

$(b,\ c)=(4,\ 2),\ (0,\ 6),\ (9,\ 6)$

であるから，全部で 3 個ある.

これより，$7b5c$ が4でも9でも割り切れる数は,

7452,　7056,　7956　…③

であるから，$7b5c$ の値が最小になるのは,

$b=$ 0 ,　$c=$ 6

のときで，$7b5c$ の値が最大になるのは，

$$b=\boxed{9},\quad c=\boxed{6}$$

のときである．

　また，$7b5c=(6\times n)^2=(4\times 9)\times n^2$ となるには，$7b5c$ が4でも9でも割り切れる数であることが必要であるから，③の3つの数に限られる．

　ここで，

$$7452=(4\times 9)\times 207,$$
$$7056=(4\times 9)\times 196,$$
$$7956=(4\times 9)\times 221$$

であり，$196=14^2$，$14^2<207<221<15^2$ であるから，条件を満たす $7b5c$ の値は7056である．

← $15^2=225$.

　したがって，$7b5c=(6\times n)^2$ となる b，c と自然数 n は，

$$b=\boxed{0},\quad c=\boxed{6},\quad n=\boxed{14}$$

である．

(3)　1188を素因数分解すると，

$$1188=2^2\times 3^3\times 11$$

であるから，正の約数は全部で

$$(2+1)(3+1)(1+1)=\boxed{24}\ (個)$$

ある．

← $p^aq^br^c\cdots$ と素因数分解される自然数の正の約数は，
$(a+1)(b+1)(c+1)\cdots$（個）
ある．

　これらのうち，2の倍数は，

$2^a\times 3^b\times 11^c$ $(a=1,\ 2,\ b=0,\ 1,\ 2,\ 3,\ c=0,\ 1)$

で表されるから，その個数は，

$$2\times 4\times 2=\boxed{16}\ (個)$$

あり，4の倍数は，

$2^2\times 3^b\times 11^c$ $(b=0,\ 1,\ 2,\ 3,\ c=0,\ 1)$

で表されるから，その個数は，

$$4\times 2=\boxed{8}\ (個)$$

ある．

　次に，1188のすべての正の約数の積を2進法で表すと，末尾には0が連続して何個並ぶかを求める．

　1188のすべての正の約数の積を N とし，N を素因数分解したときの素因数2の個数を調べる．

　4の倍数は素因数2を2個もつが，2の倍数として1個，4の倍数として1個数えればよい．

	1	2	3	2^2	5	$2\cdot3$	…	$2^2\cdot3$	…	$2\cdot3\cdot11$	…	$2^2\cdot3^3\cdot11$
2の倍数		○		○		○		○		○		○
4の倍数				◎				◎				◎

← ○は16個ある．

← ◎は8個ある．

1188のすべての正の約数のうち，

2の倍数の個数は16，4の倍数の個数は8

であるから，Nを素因数分解したときの素因数2の個数は，

$$16+8=24 \text{（個）}$$

ある．

これより，

$$N=2^{24}\times m \quad (m\text{は正の奇数}) \qquad \cdots④$$

と表せる．

← mは$3^r\times11^s$（r，sは正の整数）の形で表されるから，正の奇数である．

mは奇数より，2進法では2^0の位の数字が1である．このことに注意すると，

$$m=1\times2^{\ell}+a_{\ell-1}\times2^{\ell-1}+\cdots+a_1\times2^1+1\times2^0$$

（ℓは正の整数，a_1，…，$a_{\ell-1}$は0か1の数）

と表せるから，④に代入すると，

← mを2進法で表すと，
$1\ a_{\ell-1}\cdots a_1\ 1_{(2)}$
と表せる．

$$N=2^{24}\times(1\times2^{\ell}+a_{\ell-1}\times2^{\ell-1}+\cdots+a_1\times2^1+1\times2^0)$$
$$=1\times2^{\ell+24}+a_{\ell-1}\times2^{\ell+23}+\cdots+a_1\times2^{25}+1\times2^{24}$$

である．

← 2^{24}を2進法で表すと，
$1\underbrace{0\cdots0\,0}_{0\text{が}24\text{個並ぶ}}{}_{(2)}$
と表せる．

よって，Nの2進法による表示は，

$$1\ a_{\ell-1}\cdots a_1\ 1\underbrace{0\ 0\ 0\cdots0}_{0\text{が}24\text{個並ぶ}}{}_{(2)}$$

である．

← $1\times2^{\ell+24}+a_{\ell-1}\times2^{\ell+23}+\cdots+a_1\times2^{25}+1\times2^{24}+0\times2^{23}+0\times2^{22}+\cdots+0\times2^1+0\times2^0$．

したがって，1188のすべての正の約数の積を2進法で表すと，末尾には0が連続して **24** 個並ぶ．

第5問　図形の性質

(1)
$$CD = AC - AD = 7 - 3 = 4$$

である．

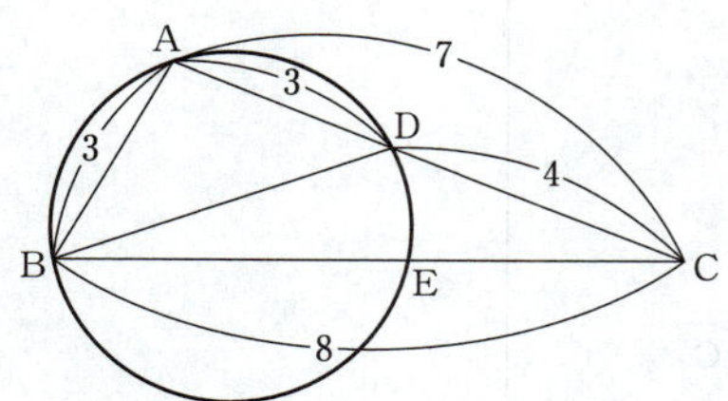

方べきの定理より，

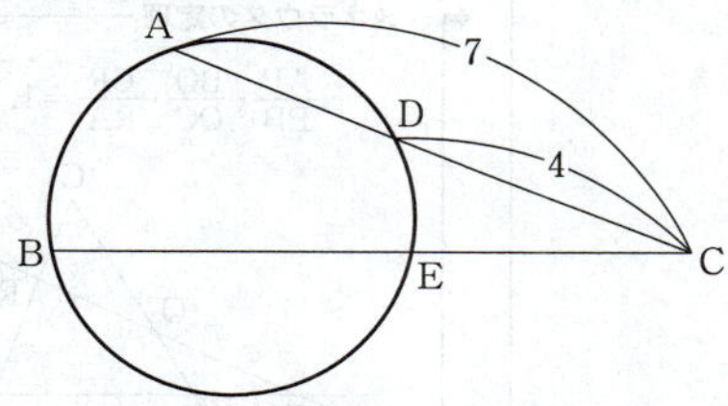

$$CB \cdot CE = CA \cdot CD$$

であるから，

$$BC \cdot CE = 7 \cdot 4$$
$$= \boxed{28}$$

である．

これに BC＝8 を代入して，

$$8 \cdot CE = 28$$

すなわち

$$CE = \frac{\boxed{7}}{\boxed{2}}$$

である．

これより，

$$BE = BC - CE = 8 - \frac{7}{2} = \frac{9}{2}$$

である．

△ABC と直線 EF に対して，メネラウスの定理を用いると，

方べきの定理

$$PA \cdot PB = PC \cdot PD.$$

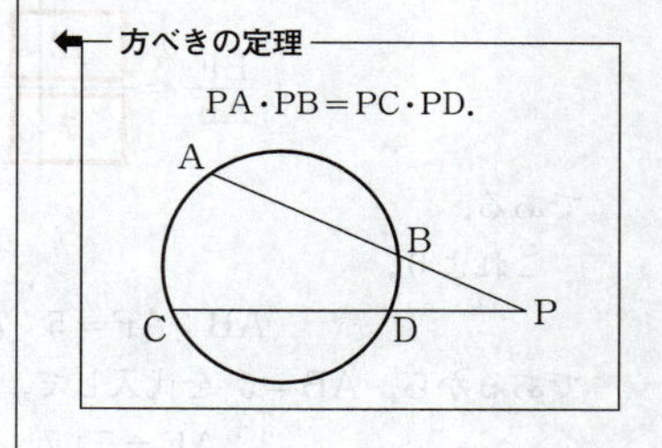

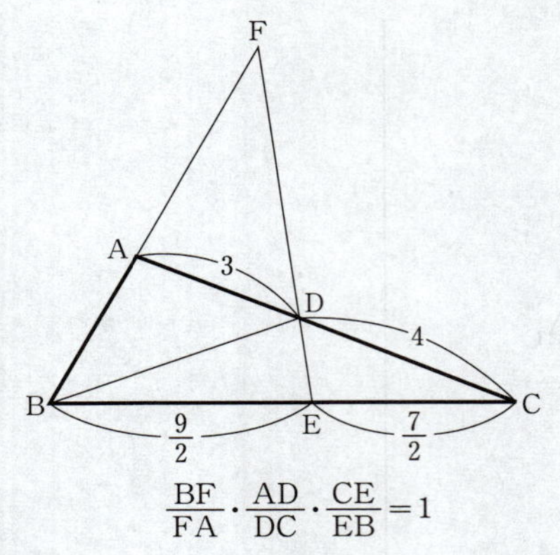

$$\frac{\mathrm{BF}}{\mathrm{FA}}\cdot\frac{\mathrm{AD}}{\mathrm{DC}}\cdot\frac{\mathrm{CE}}{\mathrm{EB}}=1$$

であるから，

$$\frac{\mathrm{BF}}{\mathrm{AF}}\cdot\frac{3}{4}\cdot\frac{\frac{7}{2}}{\frac{9}{2}}=1$$

すなわち

$$\frac{\mathrm{BF}}{\mathrm{AF}}=\frac{\boxed{12}}{\boxed{7}}$$

である．

これより，

$$\mathrm{AB}:\mathrm{AF}=5:7$$

であるから，AB＝3 を代入して，

$$3:\mathrm{AF}=5:7$$

$$5\mathrm{AF}=21$$

$$\mathrm{AF}=\frac{\boxed{21}}{\boxed{5}}$$

である．

(2)　△ABC に余弦定理を用いると，

$$\cos\angle\mathrm{ABC}=\frac{3^2+8^2-7^2}{2\cdot3\cdot8}=\frac{1}{2}$$

であるから，$0°<\angle\mathrm{ABC}<180°$ より，

$$\angle\mathrm{ABC}=\boxed{60}°$$

である．

△ABC の内接円の半径を r とし，△ABC の面積に注目すると，

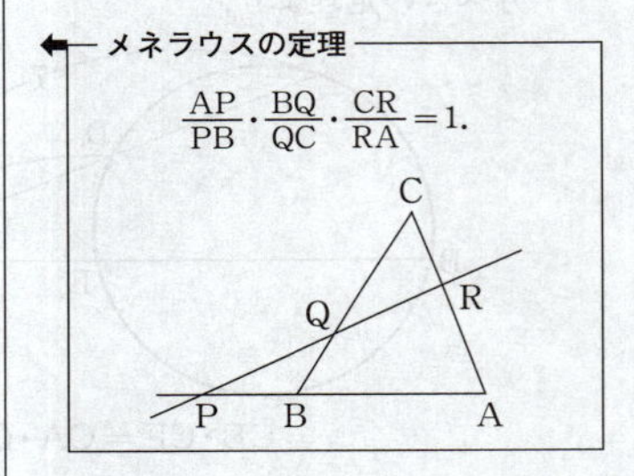

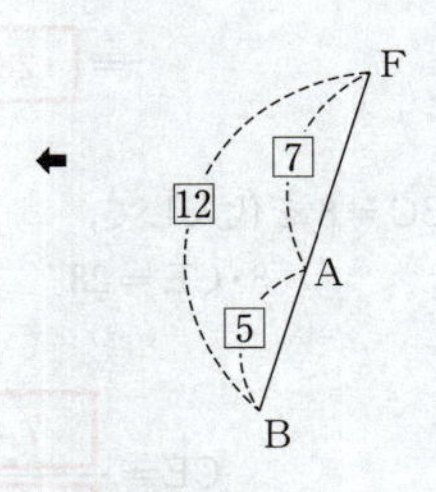

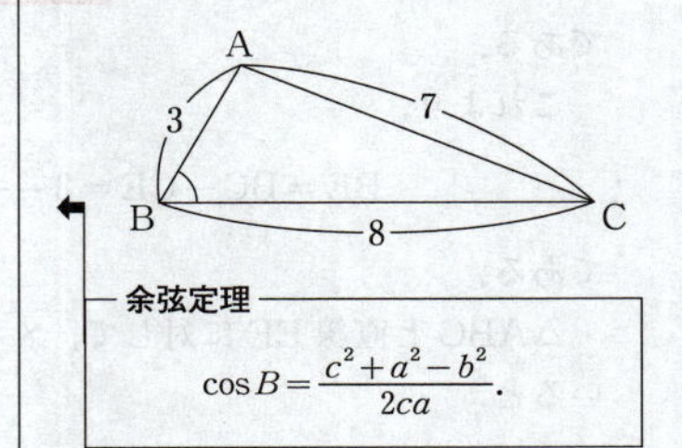

余弦定理

$$\cos B=\frac{c^2+a^2-b^2}{2ca}.$$

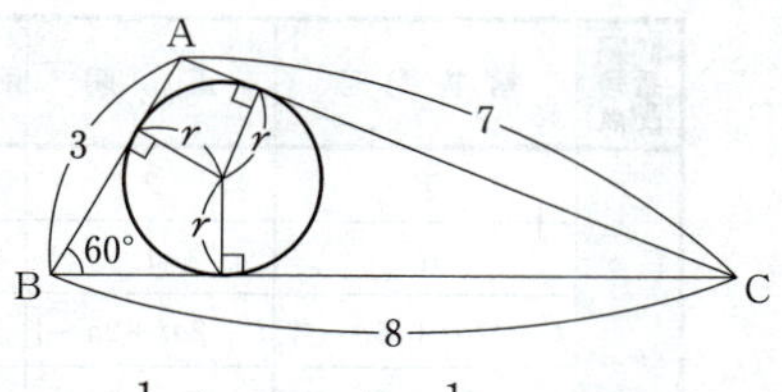

$$\frac{1}{2}r(8+7+3)=\frac{1}{2}\cdot 3\cdot 8\sin 60^\circ$$

が成り立つから，

$$9r=12\cdot\frac{\sqrt{3}}{2}$$

すなわち

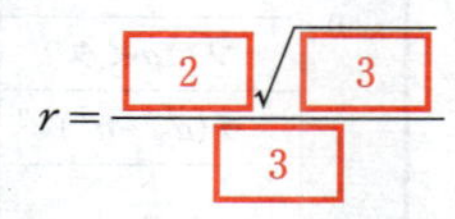

$$r=\frac{\boxed{2}\sqrt{\boxed{3}}}{\boxed{3}}$$

である．

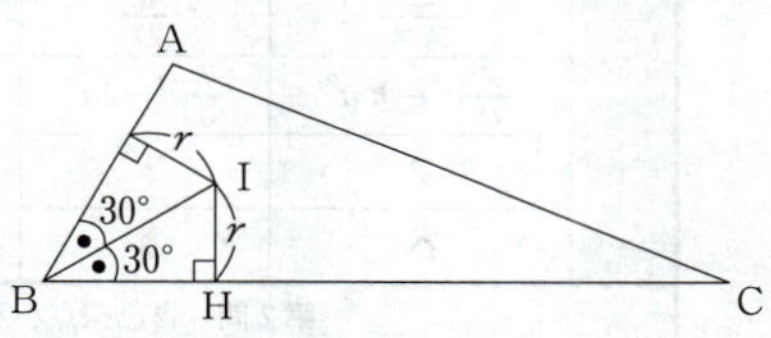

△ABC の内接円と辺 BC の接点を H とすると，I が △ABC の内心より，BI は ∠ABC の二等分線であるから，

$$\angle\mathrm{IBH}=\frac{1}{2}\angle\mathrm{ABC}=\frac{1}{2}\cdot 60^\circ=30^\circ$$

である．

よって，△BHI は，

$$\angle\mathrm{BHI}=90^\circ,\quad \angle\mathrm{IBH}=30^\circ,\quad \angle\mathrm{HIB}=60^\circ$$

の直角三角形であるから，

$$\mathrm{BI}:\mathrm{HI}=2:1,\ \text{つまり}\quad \mathrm{BI}:r=2:1$$

である．

したがって，

$$\begin{aligned}\mathrm{BI}&=2r\\&=2\cdot\frac{2\sqrt{3}}{3}\\&=\frac{\boxed{4}\sqrt{\boxed{3}}}{\boxed{3}}\end{aligned}$$

である．

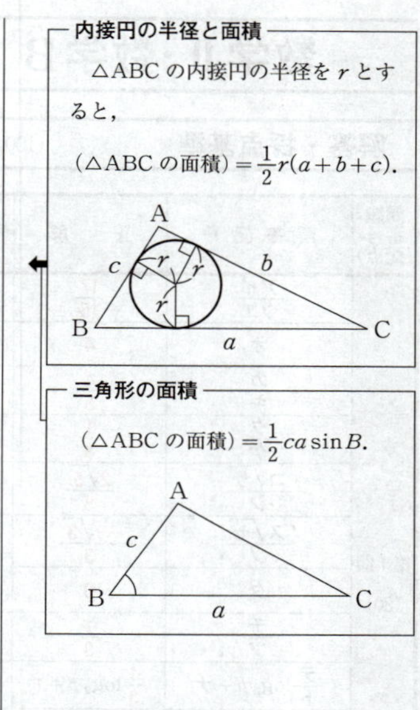

内接円の半径と面積

△ABC の内接円の半径を r とすると，

$$(\triangle\mathrm{ABC}\text{の面積})=\frac{1}{2}r(a+b+c).$$

三角形の面積

$$(\triangle\mathrm{ABC}\text{の面積})=\frac{1}{2}ca\sin B.$$

三角形の内心

3つの内角のそれぞれの二等分線の交点 I を内心という．

I

数学Ⅱ・数学B

解答・採点基準

(100点満点)

問題番号(配点)	解答記号	正解	配点	自己採点
第1問 (30)	$\frac{アイ}{ウエ}$	$\frac{17}{15}$	3	
	オ	4	2	
	$\frac{カ}{キ}$	$\frac{4}{5}$	3	
	$\frac{ク}{ケ}$	$\frac{1}{3}$	3	
	$\frac{コ\sqrt{サ}}{シ}$	$\frac{2\sqrt{5}}{5}$	2	
	$\frac{ス\sqrt{セ}}{ソ}$	$\frac{-\sqrt{3}}{3}$	2	
	タ	0	2	
	$\frac{チ}{ツ}$	$\frac{1}{3}$	2	
	$\frac{テ}{ト}\log_2 p+ナ$	$\frac{1}{3}\log_2 p+1$	2	
	$\frac{ニ}{ヌ}q^{ネ}$	$\frac{1}{8}q^3$	3	
	$ノ\sqrt{ハ}$	$6\sqrt{6}$	2	
	$ヒ\sqrt{フ}$	$2\sqrt{6}$	2	
	ヘ	⑥	2	
第1問　自己採点小計				

問題番号(配点)	解答記号	正解	配点	自己採点
第2問 (30)	ア	2	2	
	イ	1	1	
	$t^2-ウat+エa-オ$	$t^2-2at+2a-1$	2	
	$カa-キ$	$2a-1$	1	
	ク	1	1	
	ケ	1	1	
	$(コa-サ)x-シa^2+スa$	$(4a-2)x-4a^2+4a$	2	
	セ	2	2	
	$ソ<a<タ$	$0<a<1$	2	
	$チ(a^{ツ}-a^{テ})$	$2(a^2-a^3)$	3	
	$\frac{ト}{ナ}$	$\frac{2}{3}$	3	
	$\frac{ニ}{ヌネ}$	$\frac{8}{27}$	3	
	$\frac{ノ}{ハ}a^3-ヒa^2$	$\frac{7}{3}a^3-3a^2$	3	
	フ	a	1	
	ヘ	②	3	
第2問　自己採点小計				
第3問 (20)	ア	8	2	
	イ	7	2	
	ウ	a	2	
	$エr^2+(オ-カ)r+キ$	$ar^2+(a-b)r+a$	3	
	$クa^2+ケab-b^2$	$3a^2+2ab-b^2$	2	
	コ	4	2	
	サシ	16	2	
	ス，セ	1，1	2	
	$\frac{ソn+タ}{チ}$，ツ	$\frac{3n+2}{9}$，2	2	
	$\frac{テト}{ナ}$	$\frac{32}{9}$	1	
第3問　自己採点小計				

問題番号(配点)	解答記号	正　解	配点	自己採点
第4問 (20)	ア, $\sqrt{イ}$	1, $\sqrt{3}$	1	
	−ウ	−2	1	
	$-\frac{エ}{オ}$, $\frac{\sqrt{カ}}{キ}$	$-\frac{5}{2}$, $\frac{\sqrt{3}}{2}$	2	
	ク, $\sqrt{ケ}$	1, $\sqrt{3}$	2	
	$\frac{コ}{サ}$	$\frac{4}{3}$	2	
	$\frac{シ}{ス}$	$\frac{2}{3}$	2	
	$-\frac{セ}{ソ}$, $\frac{タ\sqrt{チ}}{ツ}$	$-\frac{4}{3}$, $\frac{2\sqrt{3}}{3}$	2	
	テ, ト＋$\sqrt{ナ}$	2, $a+\sqrt{3}$	2	
	$\frac{ニa^{ヌ}+ネ}{ノ}$, ハ	$\frac{-a^2+1}{2}$, a	3	
	$\pm\frac{ヒ}{フヘ}$	$\pm\frac{5}{12}$	3	
第4問　自己採点小計				
第5問 (20)	アイウ	152	3	
	$\frac{エ}{オカ}$	$\frac{8}{27}$	3	
	キ.クケ	1.25	3	
	0.コサ	0.89	3	
	$\frac{シ}{ス}$	$\frac{1}{8}$	2	
	$\frac{セ}{ソ}$	$\frac{a}{3}$	3	
	$\frac{タチ}{ツ}$	$\frac{2a}{3}$	2	
	テ	7	1	
第5問　自己採点小計				
自己採点合計				

(注)

第1問，第2問は必答。

第3問～第5問のうちから2問選択。計4問を解答。

第1問　三角関数，指数関数・対数関数

〔1〕　連立方程式

$$\begin{cases} \cos 2\alpha + \cos 2\beta = \dfrac{4}{15} & \cdots ① \\ \cos\alpha\cos\beta = -\dfrac{2\sqrt{15}}{15} & \cdots ② \end{cases}$$

を考える．ただし，$0 \leqq \alpha \leqq \pi$，$0 \leqq \beta \leqq \pi$ であり，$\alpha < \beta$ かつ

$$|\cos\alpha| \geqq |\cos\beta| \quad \cdots ③$$

とする．このとき，$\cos\alpha$ と $\cos\beta$ の値を求める．

⬅ ③ より，$\cos^2\alpha \geqq \cos^2\beta$.

2倍角の公式を用いると，① から

$$(2\cos^2\alpha - 1) + (2\cos^2\beta - 1) = \frac{4}{15}$$

$$\cos^2\alpha + \cos^2\beta = \frac{17}{15} \quad \cdots ⑦$$

⬅ **2倍角の公式**
$\cos 2\theta = 2\cos^2\theta - 1$.

が得られる．また，② から

$$\cos^2\alpha\cos^2\beta = \frac{4}{15} \quad \cdots ⑧$$

⬅ ② の両辺を2乗した．

である．⑦，⑧ より，$\cos^2\alpha$，$\cos^2\beta$ は x の方程式

$$x^2 - \frac{17}{15}x + \frac{4}{15} = 0$$

の2つの解である．これを変形すると

$$\left(x - \frac{4}{5}\right)\left(x - \frac{1}{3}\right) = 0$$

⬅ **解と係数の関係**
2次方程式
$$ax^2 + bx + c = 0$$
の二つの解を α，β とすると
$$\begin{cases} \alpha + \beta = -\dfrac{b}{a}, \\ \alpha\beta = \dfrac{c}{a} \end{cases}$$
が成り立つ．

であるから，③ とあわせると

$$\cos^2\alpha = \frac{4}{5},\ \cos^2\beta = \frac{1}{3}$$

⬅ $\cos\alpha = \pm\dfrac{2\sqrt{5}}{5}$，$\cos\beta = \pm\dfrac{\sqrt{3}}{3}$.

である．よって，② と条件 $0 \leqq \alpha \leqq \pi$，$0 \leqq \beta \leqq \pi$，$\alpha < \beta$ から

$$\cos\alpha = \frac{2\sqrt{5}}{5},$$

$$\cos\beta = \frac{-\sqrt{3}}{3}$$

である．

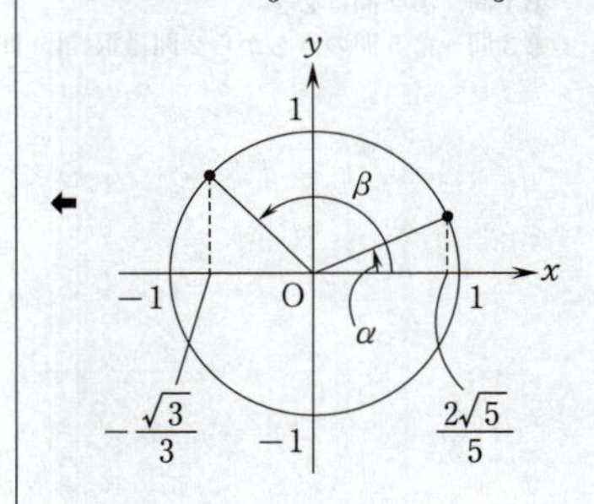

〔2〕 $A\left(0,\ \dfrac{3}{2}\right)$, $B(p,\ \log_2 p)$, $C(q,\ \log_2 q)$．線分 AB を 1：2 に内分する点が C であるとき，p，q の値を求める．

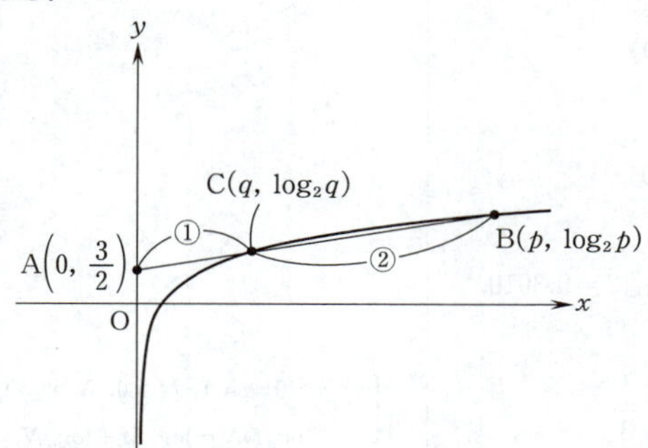

真数は正であるから，$p>$ [0]，$q>0$ である．

線分 AB を 1：2 に内分する点の座標は，p を用いて

$$\left(\frac{2\cdot 0+1\cdot p}{3},\ \frac{2\cdot\frac{3}{2}+1\cdot\log_2 p}{3}\right)$$

すなわち

$$\left(\frac{\boxed{1}}{\boxed{3}}p,\ \frac{\boxed{1}}{\boxed{3}}\log_2 p+\boxed{1}\right)$$

と表される．これが C の座標と一致するので

$$\begin{cases}\dfrac{1}{3}p=q & \cdots ④\\[2mm] \dfrac{1}{3}\log_2 p+1=\log_2 q & \cdots ⑤\end{cases}$$

が成り立つ．

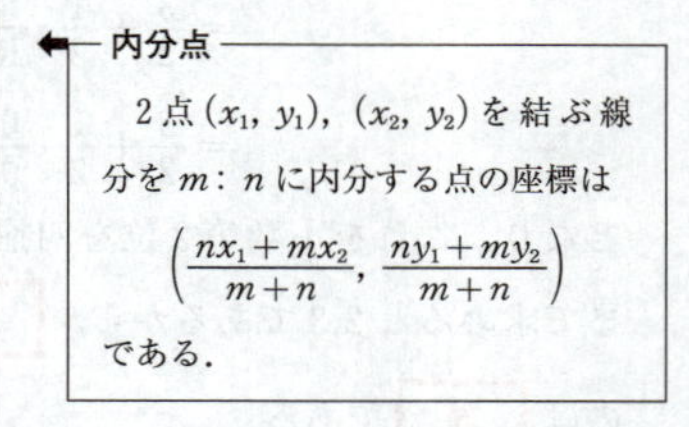

内分点

2 点 $(x_1,\ y_1)$，$(x_2,\ y_2)$ を結ぶ線分を m：n に内分する点の座標は

$$\left(\frac{nx_1+mx_2}{m+n},\ \frac{ny_1+my_2}{m+n}\right)$$

である．

⑤ は

$$\log_2 p=3(\log_2 q-1)$$

$$\log_2 p=3(\log_2 q-\log_2 2)$$

$$\log_2 p=3\log_2\frac{q}{2}$$

$$\log_2 p=\log_2\left(\frac{q}{2}\right)^3$$

$$p=\frac{\boxed{1}}{\boxed{8}}q^{\boxed{3}} \qquad\cdots ⑥$$

と変形できる．⑥ を ④ に代入し，$q>0$ に注意すると

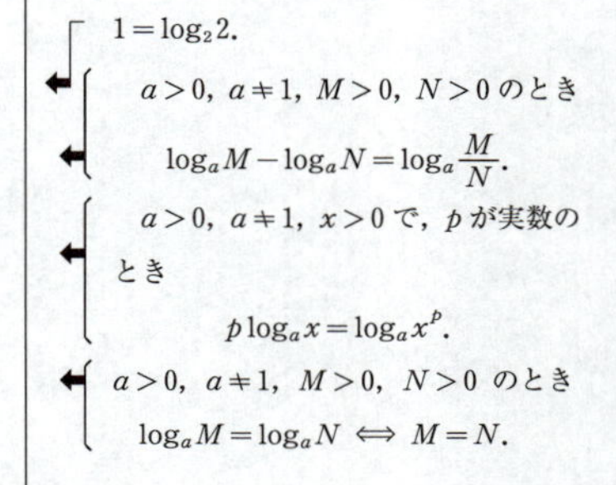

$1=\log_2 2$.

$a>0$，$a\neq 1$，$M>0$，$N>0$ のとき

$$\log_a M-\log_a N=\log_a\frac{M}{N}.$$

$a>0$，$a\neq 1$，$x>0$ で，p が実数のとき

$$p\log_a x=\log_a x^p.$$

$a>0$，$a\neq 1$，$M>0$，$N>0$ のとき

$$\log_a M=\log_a N \iff M=N.$$

$$\frac{1}{3}\cdot\frac{1}{8}q^3=q$$

$$q^3=24q$$

$$q^2=24$$

$$q=\boxed{2}\sqrt{\boxed{6}}\quad(>0)$$

であり，これを ④ に代入すると

$$p=\boxed{6}\sqrt{\boxed{6}}\quad(>0)$$

である．

また，C の y 座標 $\log_2(2\sqrt{6})$ は，$\log_{10}2=0.3010$，$\log_{10}3=0.4771$ より

$$\begin{aligned}\log_2 2\sqrt{6}&=\log_2(2\sqrt{2}\cdot\sqrt{3})\\&=\log_2 2\sqrt{2}+\log_2\sqrt{3}\\&=\log_2 2^{\frac{3}{2}}+\log_2 3^{\frac{1}{2}}\\&=\frac{3}{2}+\frac{1}{2}\log_2 3\\&=\frac{3}{2}+\frac{1}{2}\cdot\frac{\log_{10}3}{\log_{10}2}\\&=\frac{3}{2}+\frac{1}{2}\cdot\frac{0.4771}{0.3010}\end{aligned}$$

となり，これを小数第 2 位を四捨五入して小数第 1 位まで求めると 2.3 であるから，$\boxed{\text{へ}}$ に当てはまるものは $\boxed{⑥}$ である．

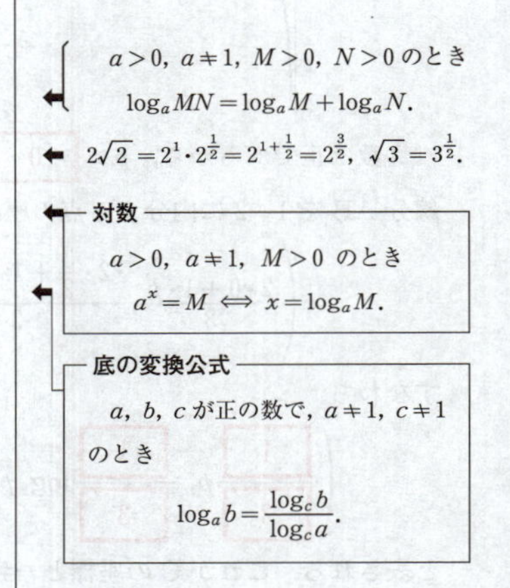

第2問　微分法・積分法

$C: y=x^2+1$, $\mathrm{P}(a,\ 2a)$.

(1)　点Pを通り，放物線Cに接する直線の方程式を求める．

　$y=x^2+1$ より $y'=2x$ であるから，C上の点$(t,\ t^2+1)$ におけるCの接線の方程式は

$$y=2t(x-t)+t^2+1$$
$$=\boxed{2}tx-t^2+\boxed{1} \quad \cdots ②$$

である．この直線がP$(a,\ 2a)$を通るとすると

$$2a=2ta-t^2+1$$

が成り立ち，これを変形すると，tは方程式

$$t^2-\boxed{2}at+\boxed{2}a-\boxed{1}=0$$

を満たすことがわかる．これを因数分解すると

$$(t-2a+1)(t-1)=0$$

となるから，$t=\boxed{2}a-\boxed{1}$，$\boxed{1}$ である．

よって，$a\neq\boxed{1}$ のとき，Pを通るCの接線は2本あり，それらの方程式は

$$y=(\boxed{4}a-\boxed{2})x-\boxed{4}a^2+\boxed{4}a \quad \cdots ①$$

と

$$y=\boxed{2}x$$

である．

(2)　ℓとy軸との交点Rのy座標rは

$$r=-4a^2+4a$$

であり，$r>0$ となるのは

$$-4a^2+4a>0$$
$$4a(a-1)<0$$

より $\boxed{0}<a<\boxed{1}$ のときであり，このとき，三角形OPRの面積Sは

$$S=\frac{1}{2}(\text{Pの}x\text{座標})\times(\text{Rの}y\text{座標})$$
$$=\frac{1}{2}a(-4a^2+4a)$$
$$=\boxed{2}\left(a^{\boxed{2}}-a^{\boxed{3}}\right)$$

となる．

導関数

$(x^n)'=nx^{n-1}$ $(n=1,\ 2,\ 3,\ \cdots)$,
$(c)'=0$ (cは定数).

接線の方程式

曲線 $y=f(x)$ 上の点$(t,\ f(t))$における接線の方程式は
$y-f(t)=f'(t)(x-t)$.

← $a\neq1$のとき，$2a-1\neq1$.

← $t=2a-1$ を②に代入した.

← $t=1$ を②に代入した.

← (1)の方程式①で表される直線がℓ.

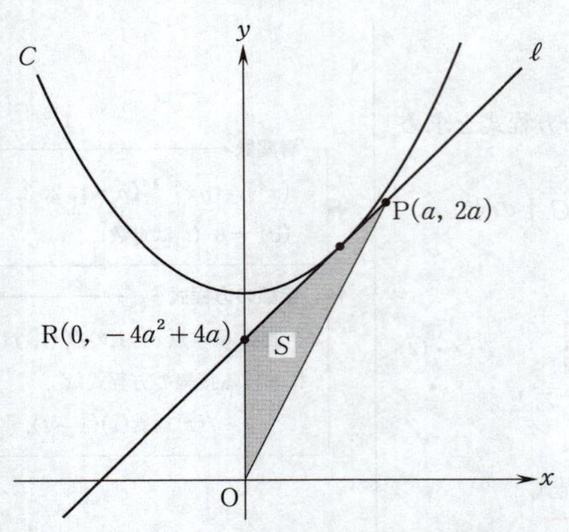

$$S'=2(2a-3a^2)=-2a(3a-2)$$

より，$0<a<1$ のとき，S の増減を調べると以下のようになる．

a	(0)	$\cdots$	$\frac{2}{3}$	$\cdots$	(1)
S'	(0)	$+$	0	$-$	
S		↗	$\frac{8}{27}$	↘	

$y=-2a(3a-2)$

$y=S'$ のグラフを描くと S' の符号の変化がわかりやすい．

よって，S は $a=\dfrac{2}{3}$ で最大値 $\dfrac{8}{27}$ をとることがわかる．

(3) $f(x)=x^2+1$ とする．また，点 $(a,\ 0)$ を A とし，三角形 OAP の面積を U とすると

$$U=\frac{1}{2}\cdot a\cdot 2a=a^2$$

である．$0<a<1$ のとき，放物線 C と (2) の直線 ℓ および 2 直線 $x=0,\ x=a$ で囲まれた図形の面積 T は

$$T=\int_0^a f(x)\,dx-S-U \quad \cdots ③$$

$$=\left[\frac{1}{3}x^3+x\right]_0^a-2(a^2-a^3)-a^2$$

$$=\left(\frac{1}{3}a^3+a\right)-2(a^2-a^3)-a^2$$

$$=\frac{7}{3}a^3-3a^2+a$$

である．

面積

区間 $\alpha\leqq x\leqq\beta$ においてつねに $f(x)\geqq 0$ ならば曲線 $y=f(x)$ と x 軸および直線 $x=\alpha,\ x=\beta$ で囲まれた部分の面積は

$$\int_\alpha^\beta f(x)\,dx.$$

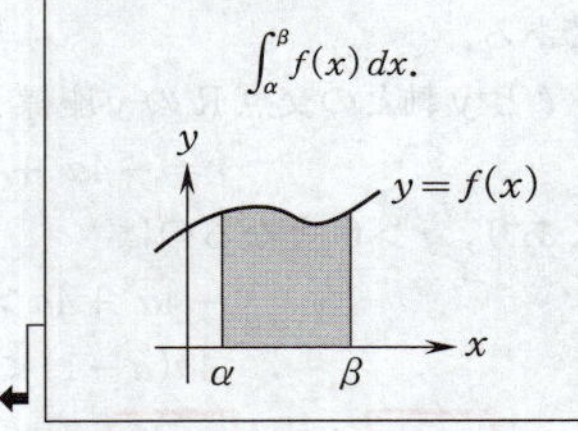

定積分

$$\int x^n\,dx=\frac{1}{n+1}x^{n+1}+C$$

（ただし $n=0,\ 1,\ 2,\ \cdots$，C は積分定数）

であり，$f(x)$ の原始関数の一つを $F(x)$ とすると

$$\int_\alpha^\beta f(x)\,dx=\Big[F(x)\Big]_\alpha^\beta=F(\beta)-F(\alpha).$$

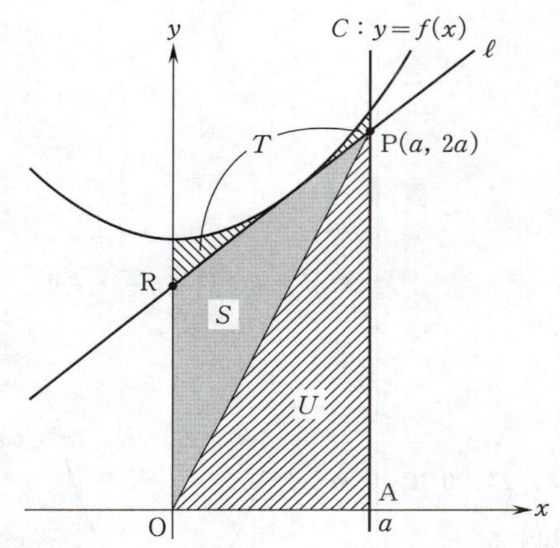

③の両辺を a で微分すると

$$\begin{aligned} T' &= f(a) - S' - 2a \\ &= (a^2+1) - S' - 2a \\ &= (a-1)^2 - S' \end{aligned}$$

である．$\dfrac{2}{3} \leqq a < 1$ のとき，$(a-1)^2 > 0$，$S' \leqq 0$ であるから，このとき，$T' > 0$ である．よって，$\dfrac{2}{3} \leqq a < 1$ の範囲において T は増加する．したがって，ヘ に当てはまるものは ② である．

【(3) の別解】

$f(x) = x^2 + 1$ とし，(1) の ① の右辺を $g(x)$ とする．$0 < a < 1$ のとき，放物線 C と (2) の直線 ℓ および 2 直線 $x=0$，$x=a$ で囲まれた図形の面積 T は

$$\begin{aligned} T &= \int_0^a \{f(x) - g(x)\}\,dx \\ &= \int_0^a \{x^2 - (4a-2)x + (4a^2-4a+1)\}\,dx \\ &= \left[\frac{1}{3}x^3 - (2a-1)x^2 + (4a^2-4a+1)x\right]_0^a \\ &= \frac{1}{3}a^3 - (2a-1)a^2 + (4a^2-4a+1)a \\ &= \frac{7}{3}a^3 - 3a^2 + a \end{aligned}$$

である．T を a で微分すると

$$T' = 7a^2 - 6a + 1$$

であり

$$T' = 0$$

微分と積分の関係

$$\int_b^a f(x)\,dx$$

を a で微分すると

$$f(a).$$

面積

区間 $\alpha \leqq x \leqq \beta$ においてつねに $g(x) \leqq f(x)$ ならば 2 曲線 $y=f(x)$，$y=g(x)$ および直線 $x=\alpha$，$x=\beta$ で囲まれた部分の面積は

$$\int_\alpha^\beta \{f(x) - g(x)\}\,dx.$$

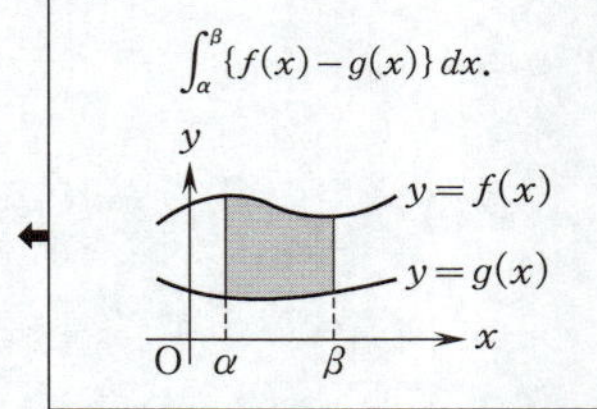

$$\begin{aligned} S &= \int_\alpha^\beta \{f(x) - g(x)\}\,dx \\ &= \int_0^a \{x - (2a-1)\}^2\,dx \\ &= \left[\frac{1}{3}\{x - (2a-1)\}^3\right]_0^a \\ &= \frac{1}{3}\{a - (2a-1)\}^3 - \frac{1}{3}\{0 - (2a-1)\}^3 \\ &= \frac{7}{3}a^3 - 3a^2 + a \end{aligned}$$

としてもよい．

すなわち

$$7a^2-6a+1=0$$

を解くと

$$a=\frac{3\pm\sqrt{2}}{7}$$

である．

$$\frac{2}{3}-\frac{3+\sqrt{2}}{7}=\frac{5-3\sqrt{2}}{21}>0$$

⬅ $5^2=25>(3\sqrt{2})^2=18$ より．

より

$$\frac{2}{3}>\frac{3+\sqrt{2}}{7}$$

であるから，$\frac{2}{3}\leqq a<1$ の範囲においては，$T'>0$ である．よって，この範囲において T は増加する．

⬅

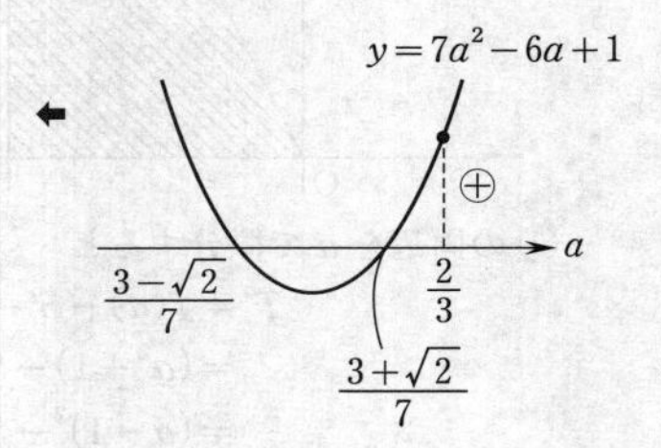

第3問　数列

(1)　等比数列 $\{s_n\}$ の初項が1，公比が2であるから

$$s_n = 2^{n-1}$$

と表される．よって

$$s_1 s_2 s_3 = 1\cdot 2\cdot 4 = \boxed{8}$$

$$s_1 + s_2 + s_3 = 1+2+4 = \boxed{7}$$

である．

> ← 等比数列の一般項
> 初項を a，公比を r とする等比数列 $\{a_n\}$ の一般項は
> $a_n = ar^{n-1}$ $(n=1,\ 2,\ 3,\ \cdots)$.

(2)　等比数列 $\{s_n\}$ の初項が x，公比が r であるから

$$s_n = xr^{n-1}$$

と表される．よって

$$s_1 s_2 s_3 = a^3 \quad \cdots ①$$

$$s_1 + s_2 + s_3 = b \quad \cdots ②$$

より

$$xr = \boxed{a} \quad \cdots ③$$

$$xr(1+r+r^2) = br$$

を得る．これらより x を消去すると

> ← $x\cdot xr\cdot xr^2 = a^3$，すなわち $x^3r^3 = a^3$ より．

> ← $x + xr + xr^2 = b$ の両辺に r をかけた．

$$a(1+r+r^2) = br$$

となる．これを r について整理すると

$$\boxed{a}\,r^2 + \left(\boxed{a} - \boxed{b}\right)r + \boxed{a} = 0 \quad \cdots ④$$

を得る．④を満たす実数 r が存在するので，r の方程式④の判別式を D とすると

$$D = (a-b)^2 - 4a^2 \geqq 0$$

すなわち

$$\boxed{3}\,a^2 + \boxed{2}\,ab - b^2 \leqq 0 \quad \cdots ⑤$$

である．

逆に，a，b が⑤を満たすとき，③，④を用いて r，x の値を求めることができる．

> ← 2次方程式の解の判別
> a，b，c を実数とし，$a \neq 0$ する．
> x の2次方程式
> $ax^2 + bx + c = 0$　$\cdots (*)$
> の判別式 $D = b^2 - 4ac$ において，
> $D > 0 \iff (*)$ が異なる二つの実数解をもつ，
> $D = 0 \iff (*)$ が実数の重解をもつ，
> $D < 0 \iff (*)$ が異なる二つの虚数解をもつ．

(3)　$a = 64$，$b = 336$ のとき，④は

$$64r^2 - 272r + 64 = 0$$

$$16(4r-1)(r-4) = 0$$

となる．公比 r が1より大きいことから

$$r = \boxed{4}$$

である．これと③より

$$x = \boxed{16}$$

である．よって

$$s_n=16\cdot4^{n-1}=4^{n+1}$$

である．このとき

$$t_n=s_n\log_4 s_n$$
$$=4^{n+1}\log_4 4^{n+1}$$
$$=\left(n+\boxed{1}\right)\cdot4^{n+\boxed{1}}$$

である．数列 $\{t_n\}$ の初項から第 n 項までの和 U_n を求める．U_n-4U_n を次のように計算すると，$n\geqq2$ のとき

$$\begin{array}{rl} U_n= & 2\cdot4^2+3\cdot4^3+4\cdot4^4+\cdots\cdots+n\cdot4^n+(n+1)\cdot4^{n+1} \\ 4U_n= & \qquad 2\cdot4^3+3\cdot4^4+4\cdot4^5+\cdots\cdots+n\cdot4^{n+1}+(n+1)\cdot4^{n+2} \\ \hline -3U_n= & 2\cdot4^2+(4^3+\ 4^4\ +4^5\cdots\cdots+4^{n+1})-(n+1)\cdot4^{n+2} \end{array}$$

$$-3U_n=2\cdot4^2+4^3\cdot\frac{4^{n-1}-1}{4-1}-(n+1)\cdot4^{n+2}$$
$$=2\cdot4^2+\frac{4^{n+2}-4\cdot4^2}{3}-(n+1)\cdot4^{n+2}$$
$$=\frac{2}{3}\cdot4^2-\left(n+\frac{2}{3}\right)\cdot4^{n+2}$$

となる．これは $n=1$ のときも成り立つ．よって

$$U_n=\frac{\boxed{3}\,n+\boxed{2}}{\boxed{9}}\cdot4^{n+\boxed{2}}-\frac{\boxed{32}}{\boxed{9}}$$

である．

⬅ $16\cdot4^{n-1}=4^2\cdot4^{n-1}=4^{2+(n-1)}$.

⬅ $\log_4 4^{n+1}=n+1$.

⬅ **等比数列の和**

初項 a，公比 r，項数 n の等比数列の和は，$r\neq1$ のとき

$$a\cdot\frac{r^n-1}{r-1}.$$

第4問　平面ベクトル

(1)　OB＝2，$\angle AOB = 60°$ より

$$B(2\cos 60°,\ 2\sin 60°)$$

すなわち

$$B\left(\boxed{1},\ \sqrt{\boxed{3}}\right)$$

である．同様にして，点C，E，Fの座標はそれぞれ $(-1,\ \sqrt{3})$，$(-1,\ -\sqrt{3})$，$(1,\ -\sqrt{3})$ である．また，点Dの座標は $\left(-\boxed{2},\ 0\right)$ である．

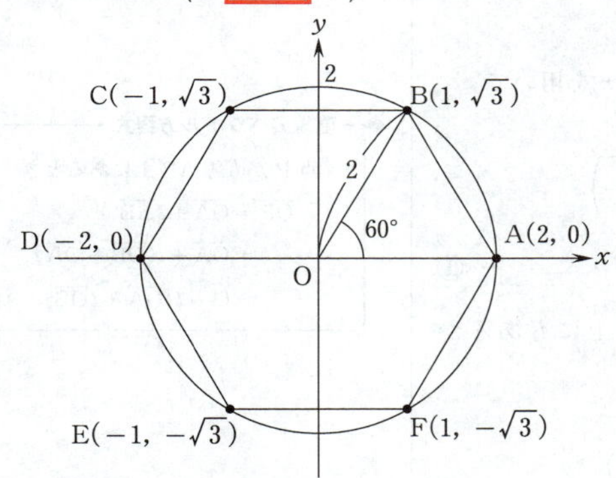

(2)　線分BDの中点がMであるから

$$\overrightarrow{OM} = \frac{1}{2}\overrightarrow{OB} + \frac{1}{2}\overrightarrow{OD}$$
$$= \frac{1}{2}(1,\ \sqrt{3}) + \frac{1}{2}(-2,\ 0)$$
$$= \frac{1}{2}(-1,\ \sqrt{3})$$

である．よって

$$\overrightarrow{AM} = \overrightarrow{OM} - \overrightarrow{OA}$$
$$= \frac{1}{2}(-1,\ \sqrt{3}) - (2,\ 0)$$
$$= \left(-\frac{\boxed{5}}{\boxed{2}},\ \frac{\sqrt{\boxed{3}}}{\boxed{2}}\right)$$

である．また

$$\overrightarrow{DC} = \overrightarrow{OC} - \overrightarrow{OD}$$
$$= (-1,\ \sqrt{3}) - (-2,\ 0)$$
$$= \left(\boxed{1},\ \sqrt{\boxed{3}}\right)$$

である．

分点公式

線分ABを $m:n$ に内分する点をPとすると

$$\overrightarrow{OP} = \frac{n\overrightarrow{OA} + m\overrightarrow{OB}}{m+n}.$$

上の図より，$\overrightarrow{DC} = \overrightarrow{OB} = (1,\ \sqrt{3})$ としてもよい．

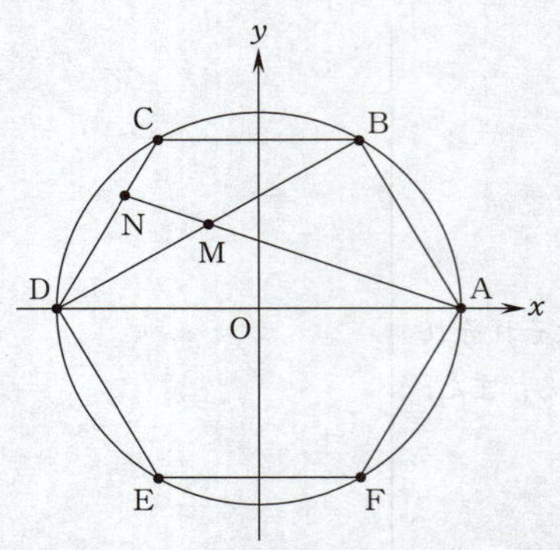

点Nは直線AM上にあるから，実数 r を用いて

$$\overrightarrow{ON}=\overrightarrow{OA}+r\overrightarrow{AM}$$
$$=(2,\ 0)+r\left(-\frac{5}{2},\ \frac{\sqrt{3}}{2}\right)$$
$$=\left(2-\frac{5}{2}r,\ \frac{\sqrt{3}}{2}r\right) \quad \cdots ①$$

と表される．さらに，点Nは直線CD上にもあるから，実数 s を用いて

$$\overrightarrow{ON}=\overrightarrow{OD}+s\overrightarrow{DC}$$
$$=(-2,\ 0)+s(1,\ \sqrt{3})$$
$$=(-2+s,\ \sqrt{3}s) \quad \cdots ②$$

と表される．①，② より

$$2-\frac{5}{2}r=-2+s, \quad \frac{\sqrt{3}}{2}r=\sqrt{3}s$$

が成り立つ．これらより

$$r=\frac{\boxed{4}}{\boxed{3}}, \quad s=\frac{\boxed{2}}{\boxed{3}}$$

である．これを ② に代入すると

$$\overrightarrow{ON}=\left(-\frac{\boxed{4}}{\boxed{3}},\ \frac{\boxed{2}\sqrt{\boxed{3}}}{\boxed{3}}\right)$$

である．

(3)　Pは線分BF上にあり，その y 座標は a であるから，P$(1,\ a)$ である．よって

$$\overrightarrow{EP}=\overrightarrow{OP}-\overrightarrow{OE}$$
$$=(1,\ a)-(-1,\ -\sqrt{3})$$
$$=\left(\boxed{2},\ \boxed{a}+\sqrt{\boxed{3}}\right)$$

← 直線のベクトル方程式

点Pが直線AB上にあるとき

$$\overrightarrow{OP}=\overrightarrow{OA}+t\overrightarrow{AB}$$
$$=\overrightarrow{OA}+t(\overrightarrow{OB}-\overrightarrow{OA})$$
$$=(1-t)\overrightarrow{OA}+t\overrightarrow{OB}.$$

← ① に代入してもよい．

と表される．

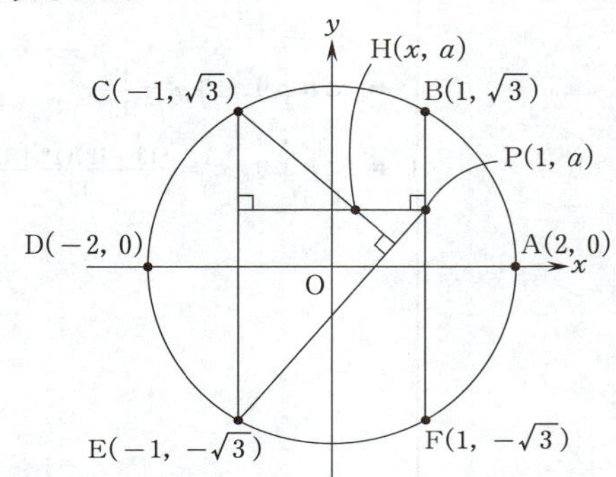

Hは点Pから直線CEに引いた垂線上にあるから，実数xを用いてH$(x,\ a)$と表される．よって

$$\begin{aligned}\overrightarrow{\mathrm{CH}}&=\overrightarrow{\mathrm{OH}}-\overrightarrow{\mathrm{OC}}\\&=(x,\ a)-(-1,\ \sqrt{3})\\&=(x+1,\ a-\sqrt{3})\end{aligned}$$

と表される．さらに，$\overrightarrow{\mathrm{CH}}\perp\overrightarrow{\mathrm{EP}}$であるから

$$\overrightarrow{\mathrm{CH}}\cdot\overrightarrow{\mathrm{EP}}=0$$

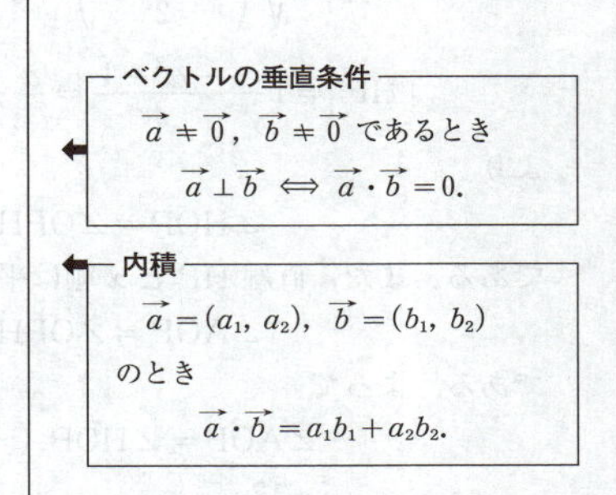

である．これを計算すると

$$(x+1)\cdot2+(a-\sqrt{3})(a+\sqrt{3})=0$$

$$2x+2+a^2-3=0$$

$$x=\frac{-a^2+1}{2}$$

を得る．これより，Hの座標をaを用いて表すと

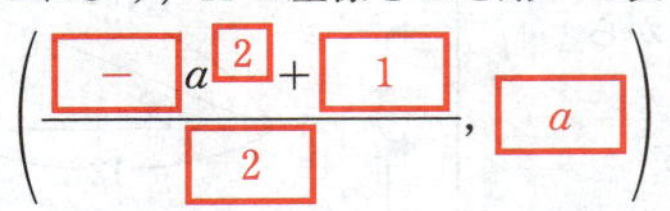

である．よって

$$\overrightarrow{\mathrm{OP}}\cdot\overrightarrow{\mathrm{OH}}=1\cdot\frac{-a^2+1}{2}+a\cdot a=\frac{a^2+1}{2}\quad\cdots③$$

である．また

$$|\overrightarrow{\mathrm{OH}}|=\sqrt{\left(\frac{-a^2+1}{2}\right)^2+a^2}=\frac{a^2+1}{2}$$

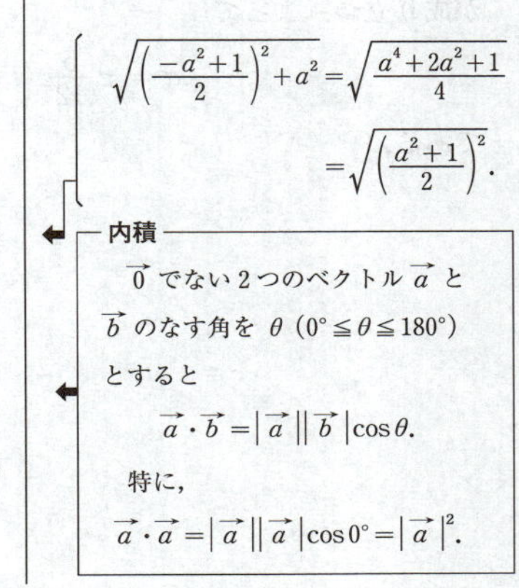

と $\cos\theta=\dfrac{12}{13}$ より

$$\begin{aligned}\overrightarrow{\mathrm{OP}}\cdot\overrightarrow{\mathrm{OH}}&=|\overrightarrow{\mathrm{OP}}||\overrightarrow{\mathrm{OH}}|\cos\theta\\&=\sqrt{1^2+a^2}\cdot\frac{a^2+1}{2}\cdot\frac{12}{13}\quad\cdots④\end{aligned}$$

である．③，④より

$$\frac{a^2+1}{2}=\sqrt{1^2+a^2}\cdot\frac{a^2+1}{2}\cdot\frac{12}{13}$$

$$1=\sqrt{1+a^2}\cdot\frac{12}{13}$$

← これより，$1+a^2=\dfrac{13^2}{12^2}$．

$$a^2=\frac{13^2-12^2}{12^2}$$

← これより，$a^2=\dfrac{(13-12)(13+12)}{12^2}$．

$$a^2=\frac{5^2}{12^2}$$

$$a=\pm\frac{\boxed{5}}{\boxed{12}}$$

である．

【 $a=\pm\dfrac{\boxed{ヒ}}{\boxed{フヘ}}$ の別解 】

$$|\overrightarrow{OH}|=\sqrt{\left(\frac{-a^2+1}{2}\right)^2+a^2}=\frac{a^2+1}{2}$$

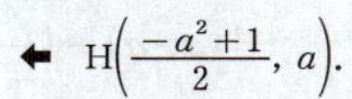

← $H\left(\dfrac{-a^2+1}{2},\ a\right)$．

$$|\overrightarrow{HP}|=1-\frac{-a^2+1}{2}=\frac{a^2+1}{2}$$

← $P(1,\ a)$．

より

$$\angle HOP=\angle OPH$$

←

である．また，直線 HP と x 軸は平行であるから

$$\angle AOP=\angle OPH$$

←

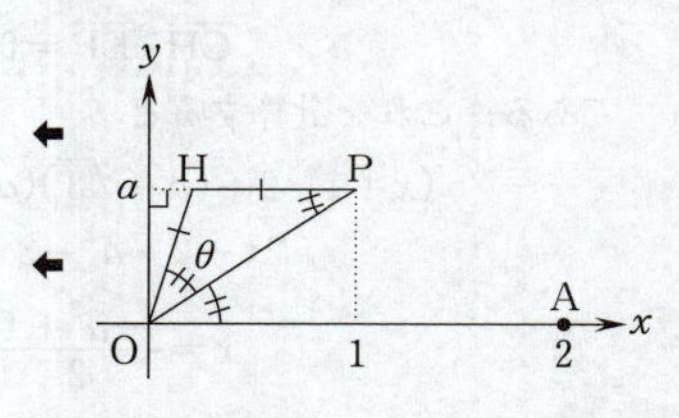

である．よって

$$\angle AOP=\angle HOP\ (=\theta)$$

である．$\cos\theta=\dfrac{12}{13}$ より $\tan\theta=\dfrac{5}{12}$ であるから

$$|a|=\frac{|a|}{1}=\tan\angle AOP=\tan\theta=\frac{5}{12}$$

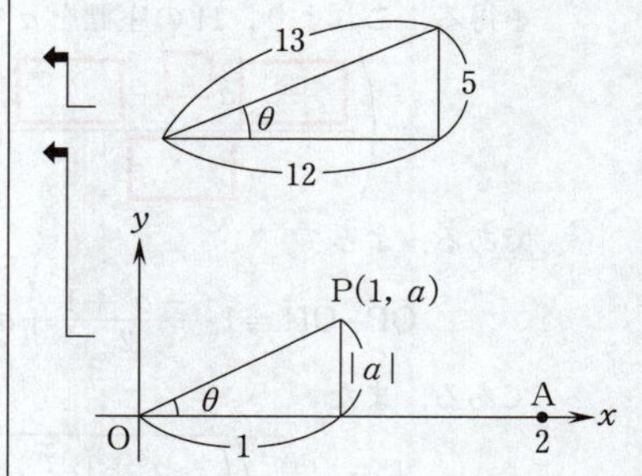

が成り立つ．よって

$$a=\pm\frac{5}{12}$$

である．

第5問　確率分布と統計的な推測

(1)　1回の試行において，事象 A の起こる確率が p，起こらない確率が $1-p$ であり，この試行を n 回繰り返すとき，事象 A の起こる回数が W である．確率変数 W の平均(期待値) m が $\dfrac{1216}{27}$，標準偏差 σ が $\dfrac{152}{27}$ であるとき

$$np=\frac{1216}{27} \quad \cdots ①$$

$$np(1-p)=\left(\frac{152}{27}\right)^2 \quad \cdots ②$$

が成り立つ．② を ① で割ると

$$1-p=\left(\frac{152}{27}\right)^2\cdot\frac{27}{152\cdot 8}$$

$$1-p=\frac{19\cdot 8}{27\cdot 8}$$

$$p=\frac{\boxed{8}}{\boxed{27}}$$

である．これを ① に代入して

$$n=\boxed{152}$$

である．

(2)　(1)の反復試行において，W が38以上となる確率の近似値を求める．

$$W\geqq 38$$

より

$$\frac{W-m}{\sigma}\geqq\frac{38-\frac{1216}{27}}{\frac{152}{27}}=\frac{38\cdot 27-1216}{152}$$

$$=\frac{-19\cdot 10}{19\cdot 8}$$

$$=-1.25$$

であるから

$$P(W\geqq 38)=P\left(\frac{W-m}{\sigma}\geqq -\boxed{1}.\boxed{25}\right)$$

と変形できる．ここで，$Z=\dfrac{W-m}{\sigma}$ とおき，W の分布を正規分布で近似すると，正規分布表から確率の近似値は

二項分布

n を自然数とする．

確率変数 X のとり得る値が

$$0,\ 1,\ 2,\ \cdots,\ n$$

であり，X の確率分布が

$$P\ (X=r)={}_n\mathrm{C}_r p^r(1-p)^{n-r}$$
$$(r=0,\ 1,\ 2,\ \cdots,\ n)$$

であるとき，X の確率分布を二項分布といい，$B(n,\ p)$ で表す．

平均(期待値)，分散

確率変数 X のとり得る値を

$$x_1,\ x_2,\ \cdots,\ x_n$$

とし，X がこれらの値をとる確率をそれぞれ

$$p_1,\ p_2,\ \cdots,\ p_n$$

とすると，X の平均(期待値) $E(X)$ は

$$E(X)=\sum_{k=1}^{n}x_k p_k.$$

また，X の分散 $V(X)$ は $E(X)=m$ として

$$V(X)=\sum_{k=1}^{n}(x_k-m)^2 p_k \quad \cdots (*)$$

または

$$V(X)=E(X^2)-\{E(X)\}^2. \cdots (**)$$

$\sqrt{V(X)}$ を X の標準偏差という．

二項分布の平均(期待値)，分散

確率変数 X が二項分布 $B(n,\ p)$ に従うとき，$q=1-p$ とすると X の平均(期待値) $E(X)$ と分散 $V(X)$ は

$$E(X)=np$$
$$V(X)=npq$$

である．

$1216=152\cdot 8.$

$152=19\cdot 8.$

$$P(Z \geqq -1.25) = P(Z \leqq 1.25)$$
$$= P(Z \leqq 0) + P(0 \leqq Z \leqq 1.25)$$
$$= 0.5 + 0.3944$$
$$= 0.\boxed{89}$$

である.

正規分布表より
$P(0 \leqq Z \leqq 1.25) = 0.3944.$
$P(Z \leqq 0) = 0.5.$

(3) 連続確率変数 X のとり得る値 x の範囲が $-a \leqq x \leqq 2a$ $(a>0)$ で，確率密度関数が

$$f(x) = \begin{cases} \dfrac{2}{3a^2}(x+a) & (-a \leqq x \leqq 0) \\ \dfrac{1}{3a^2}(2a-x) & (0 \leqq x \leqq 2a) \end{cases}$$

である．このとき，$a \leqq X \leqq \dfrac{3}{2}a$ となる確率は

$$\int_a^{\frac{3}{2}a} f(x)\,dx = \int_a^{\frac{3}{2}a} \frac{1}{3a^2}(2a-x)\,dx$$
$$= \frac{1}{3a^2}\left[2ax - \frac{1}{2}x^2\right]_a^{\frac{3}{2}a}$$
$$= \frac{1}{3a^2}\left\{2a\left(\frac{3}{2}a - a\right) - \frac{1}{2}\left(\left(\frac{3}{2}a\right)^2 - a^2\right)\right\}$$
$$= \frac{\boxed{1}}{\boxed{8}}$$

である．

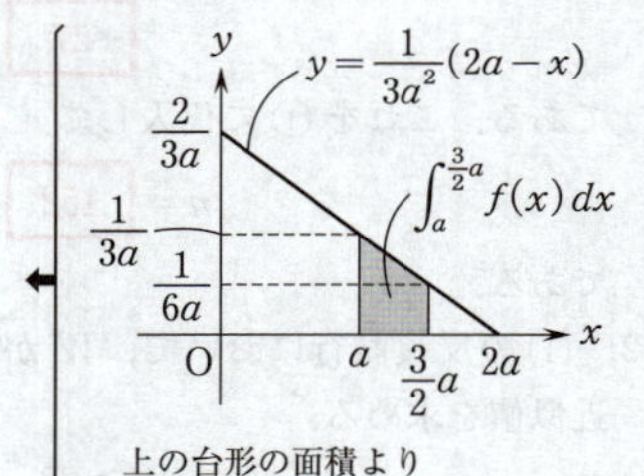

上の台形の面積より
$$\frac{1}{2}\cdot\left(\frac{1}{3a}+\frac{1}{6a}\right)\left(\frac{3}{2}a-a\right)=\frac{1}{8}$$
としてもよい．

また，X の平均 $E(X)$ は

$$\int_{-a}^{2a} xf(x)\,dx = \int_{-a}^{0} x\cdot\frac{2}{3a^2}(x+a)\,dx + \int_0^{2a} x\cdot\frac{1}{3a^2}(2a-x)\,dx$$
$$= \frac{2}{3a^2}\int_{-a}^{0}(x+a)x\,dx - \frac{1}{3a^2}\int_0^{2a} x(x-2a)\,dx$$
$$= -\frac{2}{3a^2}\cdot\frac{1}{6}(0+a)^3 + \frac{1}{3a^2}\cdot\frac{1}{6}(2a-0)^3$$
$$= \frac{\boxed{a}}{\boxed{3}}$$

$$\int_\alpha^\beta (x-\alpha)(x-\beta)\,dx = -\frac{1}{6}(\beta-\alpha)^3.$$

である．さらに，$Y=2X+7$ であるとき，Y の平均 $E(Y)$ は

$$E(Y) = E(2X+7)$$
$$= 2E(X)+7$$
$$= 2\cdot\frac{a}{3}+7$$

平均(期待値)の性質

X，Y の確率変数，a，b は定数とする．このとき
$$E(aX+b) = aE(X)+b$$
が成り立つ．

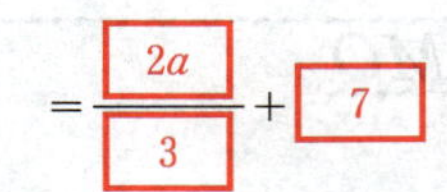

である．

MEMO

数学Ⅰ・数学A
数学Ⅱ・数学B

（2017年１月実施）

追試験
2017

数学Ⅰ・数学A

解答・採点基準

(100点満点)

問題番号(配点)	解答記号	正解	配点	自己採点
第1問 (30)	ア$\sqrt{イ}$−ウ	$3\sqrt{3}-3$	3	
	エ	2	2	
	オ$\sqrt{カ}$−キ, ク$\sqrt{ケ}$−コ	$3\sqrt{3}-3$, $9\sqrt{3}-9$	3	
	サ	4	2	
	シ	③	4	
	ス, セ	①, ③ (解答の順序は問わない)	6 (各3)	
	ソタ	−1	2	
	チツ, $\frac{テ}{ト}$	−1, $\frac{1}{3}$	3	
	$\pm\frac{ナ\sqrt{ニヌ}}{ネ}$	$\pm\frac{2\sqrt{21}}{3}$	3	
	ノ	2	2	
	第1問　自己採点小計			
第2問 (30)	$\sqrt{ア}$	$\sqrt{3}$	2	
	$\sqrt{イ}$	$\sqrt{7}$	2	
	$\frac{ウ}{エ}$	$\frac{1}{2}$	2	
	$\frac{\sqrt{オカ}}{キ}$	$\frac{\sqrt{21}}{3}$	3	
	$\frac{クケ}{コ}$	$\frac{-1}{2}$	3	
	$\frac{サ}{シ}$	$\frac{1}{2}$	3	
	ス	③	2	
	セ, ソ	①, ④ (解答の順序は問わない)	5	
	タ	①	3	
	チ	③	2	
	ツ	④	3	
	第2問　自己採点小計			

問題番号(配点)	解答記号	正解	配点	自己採点
第3問 (20)	$\frac{ア}{イウ}$	$\frac{1}{16}$	2	
	$\frac{エ}{オ}$	$\frac{1}{4}$	2	
	$\frac{カキ}{クケコ}$	$\frac{67}{256}$	4	
	$\frac{サ}{シス}$	$\frac{3}{32}$	4	
	$\frac{セ}{ソタ}$	$\frac{9}{58}$	4	
	$\frac{チ}{ツ}$	$\frac{1}{2}$	4	
	第3問　自己採点小計			
第4問 (20)	ア, イ	3, 4	2	
	ウエ, オカ	16, 21	2	
	キ, ク	2, 7	3	
	ケコ, サシ	−3, −1	2	
	ス, セ	7, 2	2	
	ソタチ, ツテ	−13, 32	3	
	トナニ, ヌネ	−17, 42	3	
	ノハヒ	412	3	
	第4問　自己採点小計			
第5問 (20)	$\frac{ア}{イ}$	$\frac{2}{3}$	2	
	$\frac{ウ}{エ}$	$\frac{2}{3}$	2	
	$\frac{オカ}{キ}$	$\frac{18}{5}$	2	
	$\frac{ク}{ケ}$	$\frac{1}{2}$	2	
	$\frac{コ}{サ}$	$\frac{4}{5}$	3	
	シ	②	3	
	$\frac{スセ}{ソ}$	$\frac{32}{5}$	3	
	$\frac{タ}{チツ}$	$\frac{9}{32}$	3	
	第5問　自己採点小計			
	自己採点合計			

(注)

第1問，第2問は必答，第3問～第5問のうちから2問選択。計4問を解答。

第1問　数と式・集合と命題・2次関数

〔1〕

(1)
$$k=\frac{6}{\sqrt{3}+1}$$
$$=\frac{6(\sqrt{3}-1)}{(\sqrt{3}+1)(\sqrt{3}-1)}$$
$$=\frac{6(\sqrt{3}-1)}{(\sqrt{3})^2-1^2}$$
$$=\boxed{3}\sqrt{\boxed{3}}-\boxed{3} \quad \cdots ①$$

となる．

← $(a+b)(a-b)=a^2-b^2$.

$25<27<36$ より $5<3\sqrt{3}<6$ であるから，
$$2<3\sqrt{3}-3<3 \quad \cdots ②$$
である．よって，k の整数部分は $\boxed{2}$ である．

← $25=5^2$，$36=6^2$，$27=(3\sqrt{3})^2$.

← 実数 x に対して，
$$m\leqq x<m+1$$
を満たす整数 m を x の整数部分という．

(2)　不等式
$$6\geqq|(\sqrt{3}+1)x-12|$$
を解くと，
$$-6\leqq(\sqrt{3}+1)x-12\leqq6$$
$$6\leqq(\sqrt{3}+1)x\leqq18$$
$$\frac{6}{\sqrt{3}+1}\leqq x\leqq3\cdot\frac{6}{\sqrt{3}+1}$$
$$3\sqrt{3}-3\leqq x\leqq3(3\sqrt{3}-3)\quad (① より)$$
$$\boxed{3}\sqrt{\boxed{3}}-\boxed{3}\leqq x \leqq \boxed{9}\sqrt{\boxed{3}}-\boxed{9} \quad \cdots ③$$
となる．

← $c>0$ とする．
不等式 $|X|\leqq c$ の解は，
$$-c\leqq X\leqq c.$$

$225<243<256$ より，$15<9\sqrt{3}<16$ であるから，
$$6<9\sqrt{3}-9<7 \quad \cdots ④$$
である．

← $225=15^2$，$256=16^2$，$243=(9\sqrt{3})^2$.

②，④ より，③ を満たす整数 x は，
$$3,\ 4,\ 5,\ 6$$
であるから，この不等式を満たす整数は全部で

$\boxed{4}$ 個ある．

←
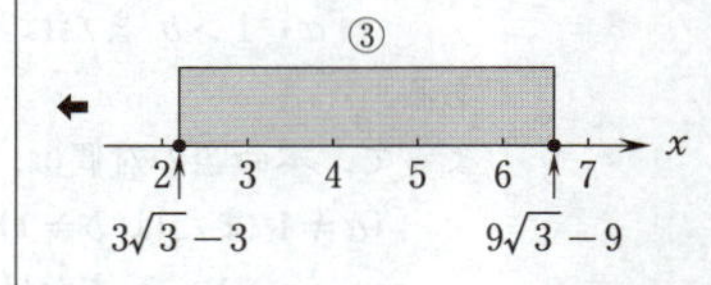

〔2〕

(1)　命題A「a が無理数で $1+a^2=b^2$ ならば，b は無理数である」は，偽 (反例 $a=\sqrt{3}$ など)である．

← $a=\sqrt{3}$ のとき，$b=\pm2$ となるから，b は有理数である．

命題B「a が有理数で $1+a^2=b^2$ ならば，b は有理数である」は，偽 (反例 $a=1$ など)である．

← $a=1$ のとき，$b=\pm\sqrt{2}$ となるから，b は無理数である．

よって，シ に当てはまるものは ③ である．

(2)　・⓪について．

命題「$a-1\leqq b\leqq a+1 \Longrightarrow a=b$」は，偽（反例 $a=0.5$，$b=1$ など）である．

よって，$a-1\leqq b\leqq a+1$ は $a=b$ であるための十分条件ではない．

← 命題「$s \Longrightarrow t$」が真のとき，s は t であるための十分条件という．

・①について．

命題「$a-1\leqq b\leqq a+1 \Longrightarrow a-2\leqq b\leqq a+2$」は，

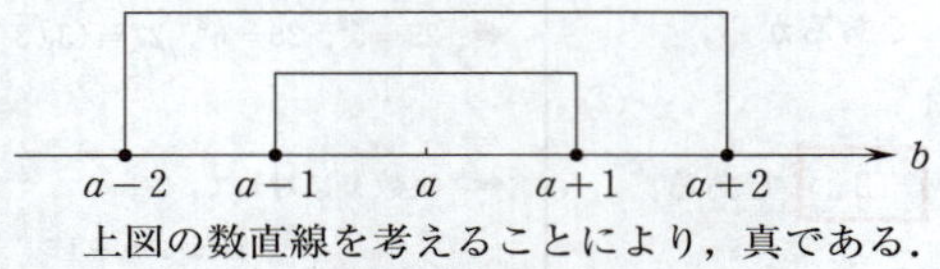

上図の数直線を考えることにより，真である．

よって，$a-2\leqq b\leqq a+2$ は，$a-1\leqq b\leqq a+1$ であるための必要条件である．

← 命題「$s \Longrightarrow t$」が真のとき，t は s であるための必要条件という．

・②について．

命題「$a-1\leqq b\leqq a+1 \Longrightarrow (a=1$ かつ $b=1)$」の逆は，

「$(a=1$ かつ $b=1) \Longrightarrow a-1\leqq b\leqq a+1$」

であるから，②は正しくない．

← 命題「$s \Longrightarrow t$」の逆は，「$t \Longrightarrow s$」である．

・③について．

命題「$a-1\leqq b\leqq a+1 \Longrightarrow (a=1$ かつ $b=1)$」の対偶を考える．

「$a=1$ かつ $b=1$」の否定は，

「$a\neq 1$ または $b\neq 1$」

である．

← ド・モルガンの法則
$\overline{p\text{ かつ }q} \Longleftrightarrow \overline{p}\text{ または }\overline{q}$，
$\overline{p\text{ または }q} \Longleftrightarrow \overline{p}\text{ かつ }\overline{q}$．

また，「$a-1\leqq b\leqq a+1$」，つまり「$a-1\leqq b$ かつ $b\leqq a+1$」の否定は，

「$a-1>b$ または $b>a+1$」

である．

よって，本命題の対偶は，

「$(a\neq 1$ または $b\neq 1)$
$\Longrightarrow (a-1>b$ または $b>a+1)$」

であるから，③は正しい．

← 命題「$s \Longrightarrow t$」の対偶は，「$\overline{t} \Longrightarrow \overline{s}$」である．

したがって，正しいものは①，③であるから，

ス，セ に当てはまるものは ①，③ である．

〔3〕

$$f(x)=(1-2a)x^2+2x-a-2,$$
$$g(x)=(a+1)x^2+ax-1$$

(1)　関数 $y=g(x)$ のグラフが直線になるのは，x^2 の係数が 0 のときであるから，

$$a+1=0$$

より，

$$a=\boxed{-1}$$

である．

← $a=-1$ のとき，$y=g(x)$ は，直線 $y=-x-1$ である．

このとき，$f(x)$ は，

$$f(x)=3x^2+2x-1$$

となるから，関数 $y=f(x)$ のグラフと x 軸との交点の x 座標は，$y=0$ を代入して，

$$3x^2+2x-1=0$$
$$(x+1)(3x-1)=0$$

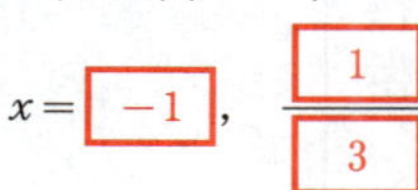

$$x=\boxed{-1},\ \frac{\boxed{1}}{\boxed{3}}$$

である．

(2)　方程式 $f(x)+g(x)=0$ は，

$$\{(1-2a)x^2+2x-a-2\}+\{(a+1)x^2+ax-1\}=0$$
$$(2-a)x^2+(a+2)x-a-3=0 \qquad \cdots(*)$$

となる．

(*)がただ 1 つの実数解をもつような a の値を $a=2$ のときと $a \neq 2$ のときで場合分けをして求める．

・$a=2$ のとき．

(*)は，

$$4x-5=0$$

となり，実数解 $x=\frac{5}{4}$ を 1 つもつ．

・$a \neq 2$ のとき．

(*)の判別式を D とすると，

$$D=(a+2)^2-4(2-a)(-a-3)$$
$$=-3a^2+28.$$

(*)がただ 1 つの実数解をもつ条件は，

$$D=0$$

であるから，

$$-3a^2+28=0$$

2 次方程式の解の判別

2 次方程式 $ax^2+bx+c=0$ について，b^2-4ac のことを判別式といい，ふつう D で表す．

← $D>0 \Leftrightarrow$ 異なる 2 つの実数解をもつ，
$D=0 \Leftrightarrow$ 1 つの実数解(重解)をもつ，
$D<0 \Leftrightarrow$ 実数解をもたない．

$$a^2 = \frac{28}{3}$$

$$a = \pm\frac{2\sqrt{21}}{3}$$

である．

よって，方程式 $f(x)+g(x)=0$ がただ1つの実数解をもつのは，a の値が，

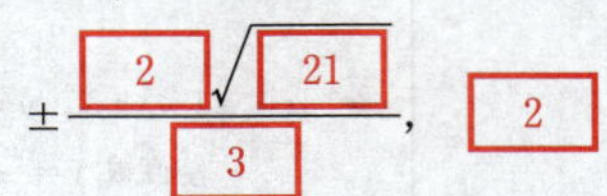

のときである．

第2問　図形と計量・データの分析

〔1〕

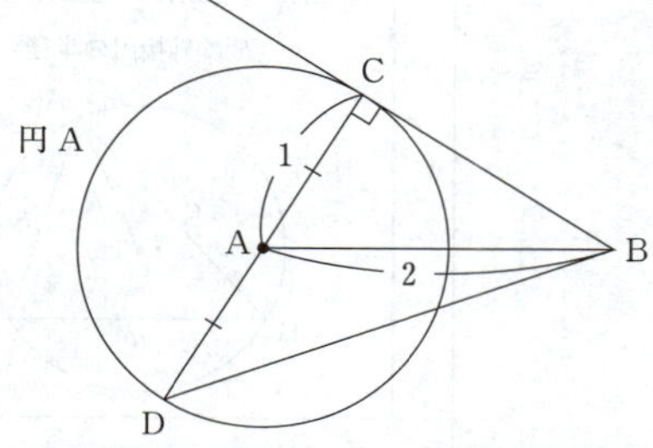

与えられた条件より，$\angle ACB = 90°$ である．

直角三角形 ABC に三平方の定理を用いると，

$$\begin{aligned} BC &= \sqrt{AB^2 - AC^2} \\ &= \sqrt{2^2 - 1^2} \\ &= \sqrt{\boxed{3}} \end{aligned}$$

であり，さらに，直角三角形 BCD にも三平方の定理を用いると，

$$\begin{aligned} BD &= \sqrt{BC^2 + CD^2} \\ &= \sqrt{(\sqrt{3})^2 + 2^2} \\ &= \sqrt{\boxed{7}} \end{aligned}$$

である．

また，直角三角形 ABC に注目すると，

$$\begin{aligned} \sin\angle ABC &= \frac{AC}{AB} \\ &= \frac{\boxed{1}}{\boxed{2}} \end{aligned} \quad \cdots ①$$

である．

与えられた条件より，$0° < \angle ABC < 90°$ であることと ① より，

$$\angle ABC = 30°$$

であるから，△ABC の外角 ∠BAD に注目すると，

$$\begin{aligned} \angle BAD &= \angle ACB + \angle ABC \\ &= 90° + 30° \\ &= 120° \end{aligned}$$

である．

ここで，△ABD の外接円の半径を R とし，正弦定理を用いると，

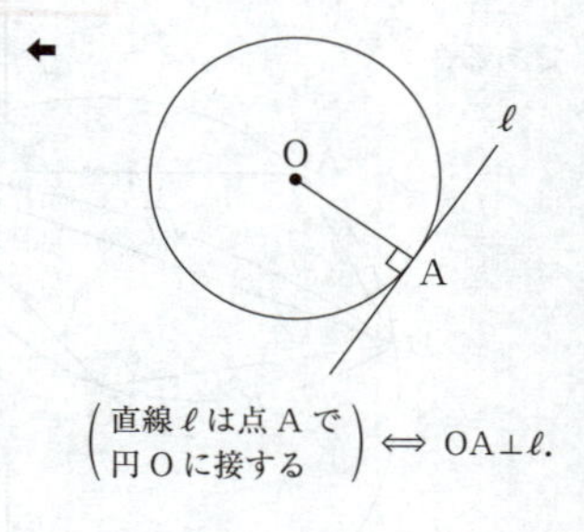

$\left(\begin{array}{l}\text{直線 } \ell \text{ は点 A で} \\ \text{円 O に接する}\end{array}\right) \iff OA \perp \ell.$

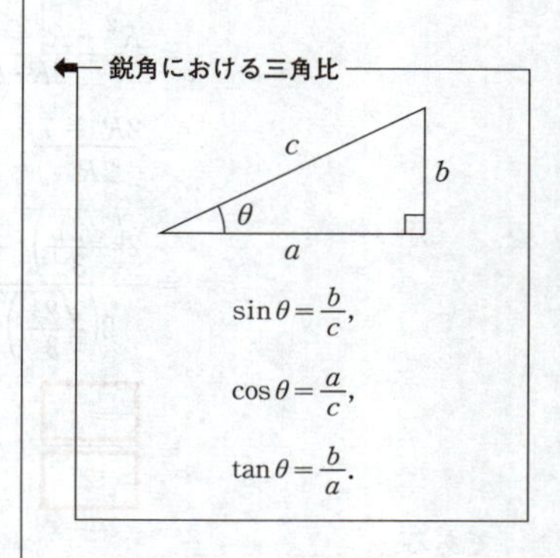

$$\sin\theta = \frac{b}{c},$$

$$\cos\theta = \frac{a}{c},$$

$$\tan\theta = \frac{b}{a}.$$

$$2R=\frac{\mathrm{BD}}{\sin\angle\mathrm{BAD}}$$

であるから，

$$R=\frac{\sqrt{7}}{2\sin 120^\circ}$$

$$=\frac{\sqrt{7}}{2\cdot\frac{\sqrt{3}}{2}}$$

$$=\frac{\sqrt{\boxed{21}}}{\boxed{3}}$$

である．

正弦定理

$$\frac{a}{\sin A}=\frac{b}{\sin B}=\frac{c}{\sin C}=2R.$$

（R は外接円の半径）

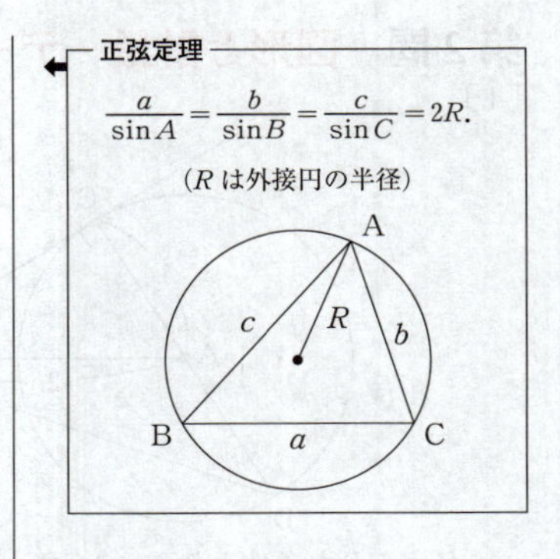

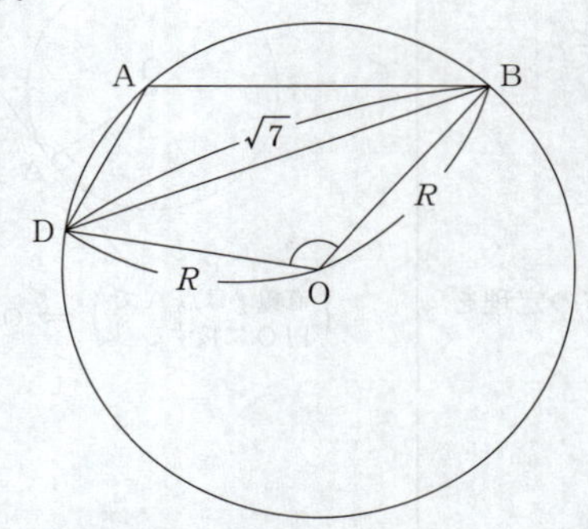

$\triangle$OBD に余弦定理を用いると，

$$\cos\angle\mathrm{BOD}=\frac{\mathrm{OB}^2+\mathrm{OD}^2-\mathrm{BD}^2}{2\mathrm{OB}\cdot\mathrm{OD}}$$

$$=\frac{R^2+R^2-(\sqrt{7})^2}{2R\cdot R}$$

$$=\frac{2R^2-7}{2R^2}$$

$$=\frac{2\left(\frac{\sqrt{21}}{3}\right)^2-7}{2\left(\frac{\sqrt{21}}{3}\right)^2}$$

$$=\frac{\boxed{-1}}{\boxed{2}}$$

である．

← OB，OD は $\triangle$ABD の外接円の半径．

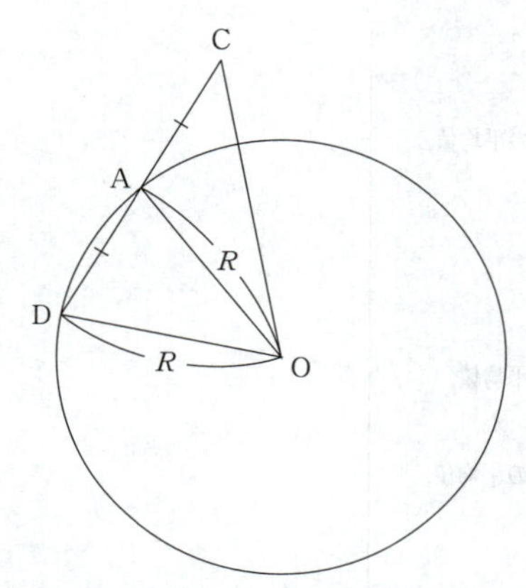

さらに，△AOC と △COD の面積に注目すると，

$$\frac{\triangle AOC}{\triangle COD}=\frac{\frac{1}{2}OA\cdot OC\sin\angle AOC}{\frac{1}{2}OC\cdot OD\sin\angle COD}$$

であるから，OA＝OD＝R より，

$$\frac{\sin\angle AOC}{\sin\angle COD}=\frac{\triangle AOC}{\triangle COD} \quad \cdots②$$

である．

一方，△AOC と △COD の底辺をそれぞれ CA，CD とみると，高さが共通であり，CA＝AD であるから，

$$\frac{\triangle AOC}{\triangle COD}=\frac{CA}{CD}=\frac{CA}{2CA}=\frac{1}{2}$$

である．

よって，② より，

$$\frac{\sin\angle AOC}{\sin\angle COD}=\frac{\boxed{1}}{\boxed{2}}$$

である．

〔2〕

(1)　1組から3組までのテストの得点のそれぞれのデータについて，

最小値を m，第1四分位数を Q_1，中央値を Q_2，第3四分位数を Q_3，最大値を M

とする．

1組については，

←三角形の面積公式

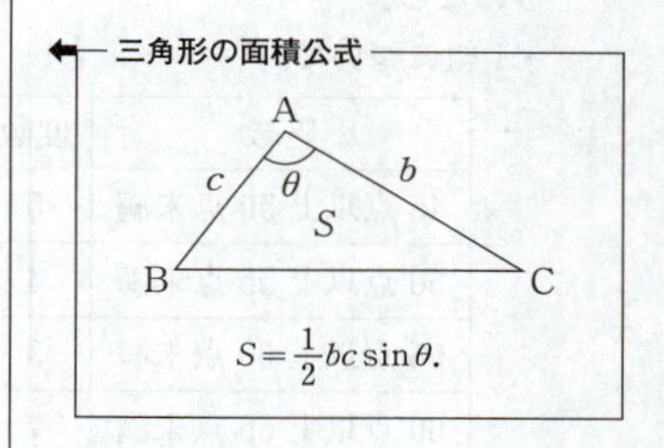

$$S=\frac{1}{2}bc\sin\theta.$$

←

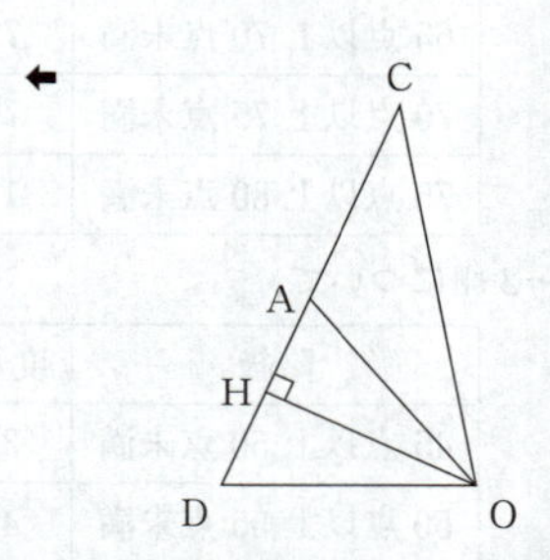

O から直線 CD に下ろした垂線の足を H とすると，

$$\frac{\triangle AOC}{\triangle COD}=\frac{\frac{1}{2}CA\cdot OH}{\frac{1}{2}CD\cdot OH}=\frac{CA}{CD}.$$

m は小さい方から 1 番目の値,
Q_1 は小さい方から 9 番目の値,
Q_2 は小さい方から 17 番目の値と 18 番目の値の平均値,
Q_3 は小さい方から 26 番目の値,
M は小さい方から 34 番目の値
であり, 2 組, 3 組については,
m は小さい方から 1番目の値,
Q_1 は小さい方から 8 番目の値と 9 番目の値の平均値,
Q_2 は小さい方から 17 番目の値,
Q_3 は小さい方から 25 番目の値と 26 番目の値の平均値,
M は小さい方から 33 番目の値
である.

度数分布表より, 各組の度数, 累積度数は次のようになる.

・1 組について.

階級	度数	累積度数
45 点以上 50 点未満	5	5
50 点以上 55 点未満	4	9
55 点以上 60 点未満	3	12
60 点以上 65 点未満	7	19
65 点以上 70 点未満	7	26
70 点以上 75 点未満	7	33
75 点以上 80 点未満	1	34

⬅ 最初の階級からその階級までの度数を合計したものを累積度数という.

・2 組について.

階級	度数	累積度数
45 点以上 50 点未満	3	3
50 点以上 55 点未満	4	7
55 点以上 60 点未満	5	12
60 点以上 65 点未満	1	13
65 点以上 70 点未満	13	26
70 点以上 75 点未満	6	32
75 点以上 80 点未満	1	33

・3組について．

階級	度数	累積度数
45点以上50点未満	4	4
50点以上55点未満	2	6
55点以上60点未満	10	16
60点以上65点未満	7	23
65点以上70点未満	4	27
70点以上75点未満	5	32
75点以上80点未満	1	33

各表の累積度数に注目すると，各組の m，Q_1，Q_2，Q_3，M は次の表のようになる．

表Ⅰ

	1組	2組	3組
m	45点以上50点未満	45点以上50点未満	45点以上50点未満
Q_1	50点以上55点未満	55点以上60点未満	55点以上60点未満
Q_2	60点以上65点未満	65点以上70点未満	60点以上65点未満
Q_3	65点以上70点未満	65点以上70点未満	65点以上70点未満
M	75点以上80点未満	75点以上80点未満	75点以上80点未満

また，箱ひげ図a，b，cから読み取れる最小値，第1四分位数，中央値，第3四分位数，最大値を表にまとめると次のようになる．

表Ⅱ

	a	b	c
最小値	約46点	約46点	約47点
第1四分位数	約56点	約54点	約56点
中央値	60点	約63点	65点
第3四分位数	約67点	約69点	約69点
最大値	約76点	約76点	約78点

表Ⅰと表Ⅱより，1組から3組の1回目のテストの結果と対応する箱ひげ図a，b，cの組合せは，

1組…b，2組…c，3組…a

であるから，[ス] に当てはまるものは [③] である．

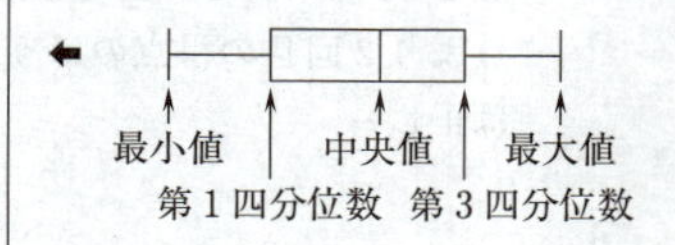

(2) ・⓪について．

四分位範囲は箱ひげ図における箱の長さである．図2の箱ひげ図において，1回目の箱の長さは2回目の箱の長さよりも長いから，四分位範囲は，2回目の得点のほうが小さい．よって，⓪は正しい．

・①について．

表2から1回目の得点と2回目の得点の相関係数は，

$$\frac{25.0}{8.4\times5.2}=\frac{25}{43.68}\fallingdotseq0.57\ (<0.65)$$

となるから，①は正しくない．

・②について．

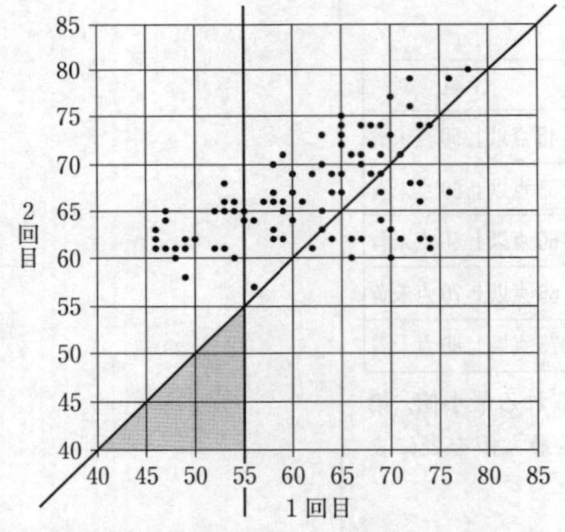

網掛部分に点が存在しないから，1回目の得点が55点未満であった生徒は全員，1回目の得点より2回目の得点のほうが高い．よって，②は正しい．

← $\begin{pmatrix}\text{四分位}\\\text{範囲}\end{pmatrix}=\begin{pmatrix}\text{第3四分}\\\text{位数}\end{pmatrix}-\begin{pmatrix}\text{第1四分}\\\text{位数}\end{pmatrix}$

四分位範囲

← 相関係数

2つの変量 x，y について，

x の標準偏差を s_x，

y の標準偏差を s_y，

x と y の共分散を s_{xy}

とするとき，x と y の相関係数は，

$$\frac{s_{xy}}{s_x s_y}.$$

←

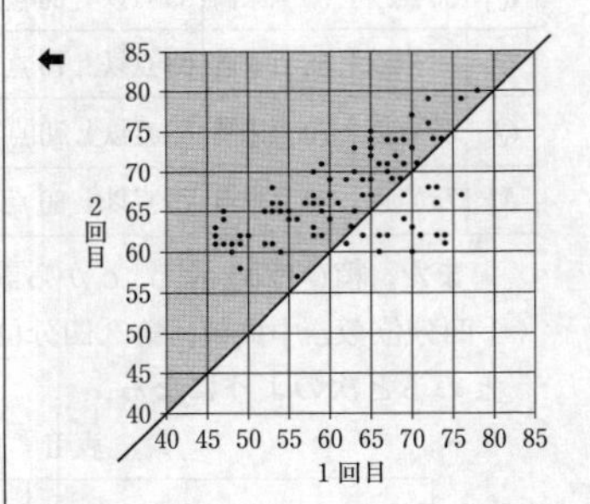

網掛部分にある点は，1回目の得点より2回目の得点のほうが高い生徒を表す．

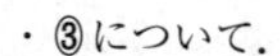

・③について．

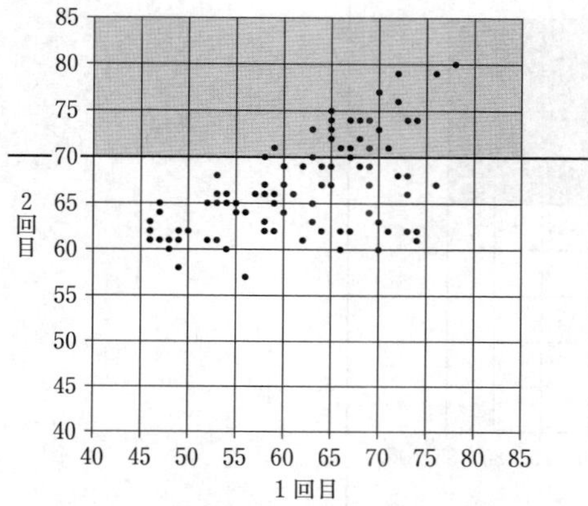

境界線も含めて網掛部分には点が25個ある．点が重なっていることもあることに注意すると，2回目の得点が70点以上であった生徒は，25人以上いる．よって，③は正しい．

・④について．

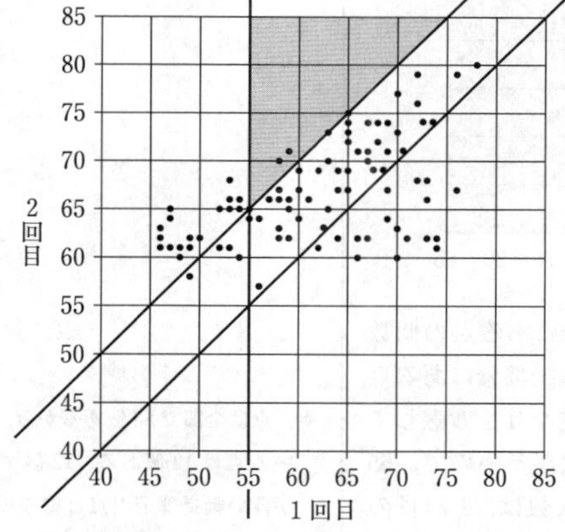

網掛部分に点が存在するから，2回目の得点が1回目の得点より10点以上高い生徒は全員，1回目の得点が55点未満とはいえない．よって，④は正しくない．

・⑤について．

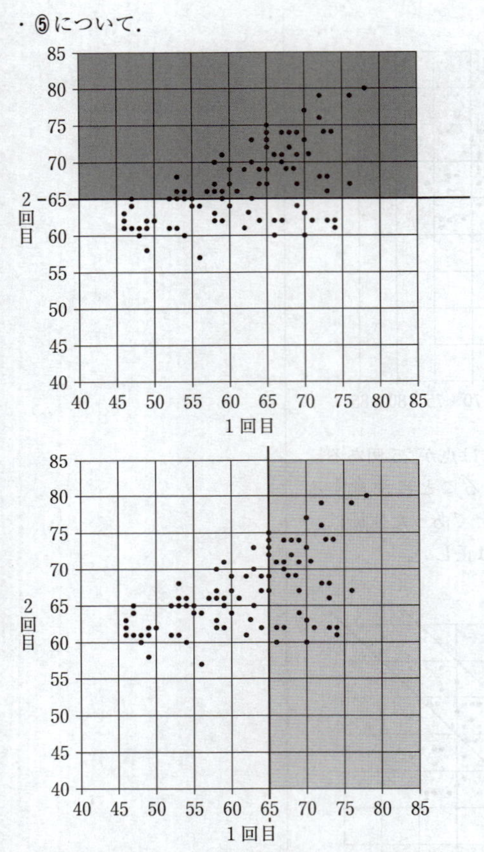

境界線も含めて濃い網掛部分にある点の個数は54個，境界線も含めて薄い網掛部分にある点の個数は40個あるから，点の重なりを考慮しても濃い網掛部分にある点の個数が多いので，65点以上の得点をとった生徒の人数は，1回目のテストより2回目のテストのほうが多い．よって，⑤は正しい．

⬅ 点は全部で88個あるから，重なっている点は12個ある．12個すべての点が薄い網掛部分の点と重なっていたとしても濃い網掛部分にある点の個数が多い．

したがって，表2および図2の散布図と箱ひげ図について述べた文として誤っているものは，①と④であるから，［セ］，［ソ］に当てはまるものは

［①］，［④］である．

(3)　　$(\text{新しい得点}) = 50 + 10 \times \dfrac{(\text{得点の偏差})}{(\text{標準偏差})}$． …(*)

$n=100$ とする.

生徒100人に1, 2, 3, …, n の生徒番号をつけ, $i=1, 2, 3, \cdots, n$ に対して生徒番号 i の1回目の得点を x_i, 3回目の得点を y_i とする. さらに, 生徒番号 i の1回目の得点を式(*)により換算した新しい得点を X_i, 3回目の得点を式(*)により換算した新しい得点を Y_i とする.

また, 1回目の得点の平均値を $\overline{x}$, 標準偏差を s_x, 3回目の得点の平均値を $\overline{y}$, 標準偏差を s_y とし, 1回目の得点と3回目の得点の共分散を s_{xy}, 相関係数を r とすると,

$$\overline{x}=\frac{1}{n}(x_1+x_2+\cdots+x_n)\ (=61.9),$$

$$\overline{y}=\frac{1}{n}(y_1+y_2+\cdots+y_n)\ (=133.3),$$

$$s_x=\sqrt{\frac{(x_1-\overline{x})^2+(x_2-\overline{x})^2+\cdots+(x_n-\overline{x})^2}{n}}$$

$$=\sqrt{\frac{{u_1}^2+{u_2}^2+\cdots+{u_n}^2}{n}}\ (=8.4)\ \left(\begin{array}{l}u_i=x_i-\overline{x}\\ \text{とおいた}\end{array}\right),$$

$$s_y=\sqrt{\frac{(y_1-\overline{y})^2+(y_2-\overline{y})^2+\cdots+(y_n-\overline{y})^2}{n}}$$

$$=\sqrt{\frac{{v_1}^2+{v_2}^2+\cdots+{v_n}^2}{n}}\ (=26.0)\ \left(\begin{array}{l}v_i=y_i-\overline{y}\\ \text{とおいた}\end{array}\right),$$

$$s_{xy}=\frac{(x_1-\overline{x})(y_1-\overline{y})+(x_2-\overline{x})(y_2-\overline{y})+\cdots+(x_n-\overline{x})(y_n-\overline{y})}{n}$$

$$=\frac{u_1v_1+u_2v_2+\cdots+u_nv_n}{n},$$

$$r=\frac{s_{xy}}{s_xs_y}$$

である.

次に, 1回目の得点を式(*)により換算した新しい得点の平均値を $\overline{X}$, 標準偏差を S_X, 3回目の得点を式(*)により換算した新しい得点の平均値を $\overline{Y}$, 標準偏差を S_Y とし, 1回目の得点を式(*)により換算した新しい得点と3回目の得点を式(*)により換算した新しい得点の共分散を S_{XY}, 相関係数を R とする.

$$X_i=50+10\times\frac{x_i-\overline{x}}{s_x}=50+\frac{10}{s_x}u_i\ \text{より},$$

$$\overline{X}=\frac{1}{n}(X_1+\cdots\cdots+X_n)$$

← 標準偏差

変量 x に関するデータ

$$x_1,\ x_2,\ x_3,\ \cdots,\ x_n$$

に対し, x の平均値を $\overline{x}$ とするとき, x の標準偏差 s_x は,

$$s_x=\sqrt{\frac{(x_1-\overline{x})^2+\cdots+(x_n-\overline{x})^2}{n}}.$$

← 共分散

2つの変量 x, y に関する n 組のデータ

$$(x_1,\ y_1),\ (x_2,\ y_2),\ \cdots,\ (x_n,\ y_n)$$

に対し, x, y の平均値をそれぞれ $\overline{x}$, $\overline{y}$ とするとき, x と y の共分散 s_{xy} は,

$$s_{xy}=\frac{(x_1-\overline{x})(y_1-\overline{y})+\cdots+(x_n-\overline{x})(y_n-\overline{y})}{n}.$$

$$=\frac{1}{n}\left\{\left(50+\frac{10}{s_x}u_1\right)+\cdots+\left(50+\frac{10}{s_x}u_n\right)\right\}$$
$$=\frac{1}{n}\left\{50n+\frac{10}{s_x}(u_1+\cdots+u_n)\right\}$$
$$=50+\frac{10}{s_x}\cdot\frac{u_1+\cdots+u_n}{n}$$
$$=50+\frac{10}{s_x}\cdot 0$$
$$=50$$

となるから，$\overline{Y}$ についても同様にして，

$$\overline{Y}=50$$

である．

$$S_X=\sqrt{\frac{(X_1-\overline{X})^2+\cdots\cdots+(X_n-\overline{X})^2}{n}}$$
$$=\sqrt{\frac{\left(\frac{10}{s_x}u_1\right)^2+\cdots+\left(\frac{10}{s_x}u_n\right)^2}{n}}$$
$$=\sqrt{\frac{10^2}{s_x{}^2}\cdot\frac{u_1{}^2+\cdots+u_n{}^2}{n}}$$
$$=\frac{10}{s_x}\sqrt{\frac{u_1{}^2+\cdots+u_n{}^2}{n}}\quad (s_x>0 \text{ より})$$
$$=\frac{10}{s_x}\cdot s_x$$
$$=10$$

となるから，S_Y についても同様にして，

$$S_Y=10$$

である．

さらに，

$$S_{XY}=\frac{(X_1-\overline{X})(Y_1-\overline{Y})+\cdots+(X_n-\overline{X})(Y_n-\overline{Y})}{n}$$
$$=\frac{\left(\frac{10}{s_x}u_1\right)\left(\frac{10}{s_y}v_1\right)+\cdots+\left(\frac{10}{s_x}u_n\right)\left(\frac{10}{s_y}v_n\right)}{n}$$
$$=\frac{10^2}{s_xs_y}\cdot\frac{u_1v_1+\cdots+u_nv_n}{n}$$
$$=\frac{100}{s_xs_y}s_{xy}$$

であるから，R と r について，

$$R=\frac{S_{XY}}{S_XS_Y}=\frac{\frac{100}{s_xs_y}s_{xy}}{10\cdot 10}=\frac{s_{xy}}{s_xs_y}=r$$

が成り立つ．

⬅ $$\frac{u_1+\cdots+u_n}{n}$$
$$=\frac{(x_1-\overline{x})+\cdots+(x_n-\overline{x})}{n}$$
$$=\frac{x_1+\cdots+x_n}{n}-\frac{n\overline{x}}{n}$$
$$=\overline{x}-\overline{x}$$
$$=0.$$

⬅ $$X_i-\overline{X}=\left(50+\frac{10}{s_x}u_i\right)-50$$
$$=\frac{10}{s_x}u_i\ (i=1,\ 2,\ \cdots,\ n).$$

⬅ $$\sqrt{\frac{u_1{}^2+\cdots+u_n{}^2}{n}}=s_x.$$

⬅ $$(X_i-\overline{X})(Y_i-\overline{Y})$$
$$=\left\{\left(50+\frac{10}{s_x}u_i\right)-50\right\}\left\{\left(50+\frac{10}{s_y}v_i\right)-50\right\}$$
$$=\left(\frac{10}{s_x}u_i\right)\left(\frac{10}{s_y}v_i\right)\ (i=1,2,\ \cdots,\ n).$$

⬅ $$\frac{u_1v_1+\cdots+u_nv_n}{n}=s_{xy}.$$

よって，図3の1回目の得点と3回目の得点の散布図において，単に横軸を拡大，縦軸を縮小させたものが1回目の得点を式(＊)により換算した得点と3回目の得点を式(＊)により換算した新しい得点の散布図になる．

したがって，求める散布図は①であるから，

タ に当てはまるものは ① である．

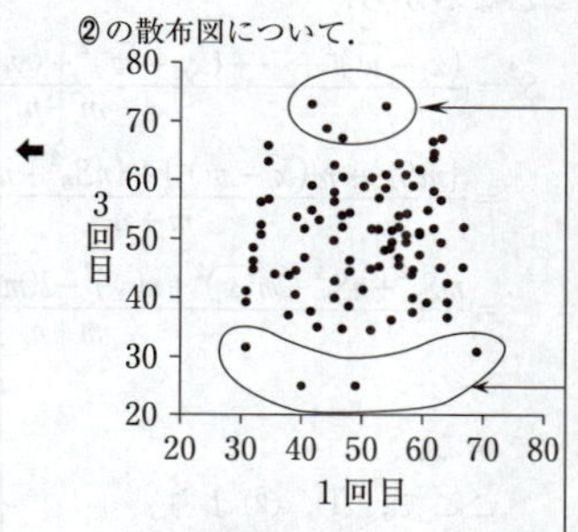

図3と比較して横軸に関する拡大のさせ方が異なる．

〔3〕

A組 m 人とB組 n 人の生徒に対して行ったテストの得点は，条件より，

A組：x_1，x_2，…，x_m，B組：y_1，y_2，…，y_n

である．

平均値，分散については，条件より次のようになる．

	A組	B組	A組とB組を合わせた $(m+n)$ 人
平均値	$\overline{x}$	$\overline{y}$	$\overline{w}$
分散	${S_A}^2$	${S_B}^2$	S^2

ただし，

$$\overline{x}=\frac{1}{m}(x_1+x_2+\cdots+x_m), \quad \cdots ①$$

$$\overline{y}=\frac{1}{n}(y_1+y_2+\cdots+y_n), \quad \cdots ②$$

$${S_A}^2=\frac{1}{m}({x_1}^2+{x_2}^2+\cdots+{x_m}^2)-(\overline{x})^2, \quad \cdots ③$$

$${S_B}^2=\frac{1}{n}({y_1}^2+{y_2}^2+\cdots+{y_n}^2)-(\overline{y})^2, \quad \cdots ④$$

$$\overline{w}=\frac{1}{m+n}(x_1+x_2+\cdots+x_m+y_1+y_2+\cdots+y_n) \quad \cdots ⑤$$

である．

分散

変量 x に関するデータ

x_1，x_2，x_3，…，x_n

に対し，x の平均値を $\overline{x}$ とするとき，x の分散 ${s_x}^2$ は，

$${s_x}^2=\frac{(x_1-\overline{x})^2+\cdots+(x_n-\overline{x})^2}{n}$$

$$=\frac{{x_1}^2+\cdots+{x_n}^2}{n}-(\overline{x})^2.$$

A組の得点と $\overline{w}$ の差の2乗の和は，

$$(x_1-\overline{w})^2+(x_2-\overline{w})^2+\cdots+(x_m-\overline{w})^2$$

$$=({x_1}^2+{x_2}^2+\cdots+{x_m}^2)-2(x_1+x_2+\cdots+x_m)\overline{w}+m(\overline{w})^2$$

$$=\{m{S_A}^2+m(\overline{x})^2\}-2\cdot m\overline{x}\cdot\overline{w}+m(\overline{w})^2 \ (①,\ ③\ より)$$

$$=m{S_A}^2+m\{(\overline{x})^2-2\overline{x}\cdot\overline{w}+(\overline{w})^2\}$$

$$=m{S_A}^2+m(\overline{x}-\overline{w})^2 \quad \cdots ⑥$$

と変形できるから， チ に当てはまるものは

③ である．

①より，

$m\overline{x}=x_1+x_2+\cdots+x_m$.

③より，

$m{S_A}^2=({x_1}^2+{x_2}^2+\cdots+{x_m}^2)-m(\overline{x})^2$

であるから，

$m{S_A}^2+m(\overline{x})^2={x_1}^2+{x_2}^2+\cdots+{x_m}^2$.

また，②，④を用いて同様に変形すると，

$$(y_1-\overline{w})^2+(y_2-\overline{w})^2+\cdots+(y_n-\overline{w})^2$$
$$=nS_B{}^2+n(\overline{y}-\overline{w})^2 \quad \cdots ⑦$$

となるから，

$$S^2=\frac{(x_1-\overline{w})^2+\cdots+(x_m-\overline{w})^2+(y_1-\overline{w})^2+\cdots+(y_n-\overline{w})^2}{m+n}$$
$$=\frac{\{mS_A{}^2+m(\overline{x}-\overline{w})^2\}+\{nS_B{}^2+n(\overline{y}-\overline{w})^2\}}{m+n} \quad (⑥, ⑦ より)$$
$$=\frac{mS_A{}^2+nS_B{}^2+m(\overline{x})^2+n(\overline{y})^2-2(m\overline{x}+n\overline{y})\overline{w}+(m+n)(\overline{w})^2}{m+n}. \quad \cdots ⑧$$

である．

ここで，①，② より，

$$x_1+x_2+\cdots+x_m=m\overline{x}, \quad y_1+y_2+\cdots+y_n=n\overline{y}$$

と変形できるから，⑤ に代入すると，

$$\overline{w}=\frac{1}{m+n}(m\overline{x}+n\overline{y})$$
$$m\overline{x}+n\overline{y}=(m+n)\overline{w}$$

である．

これを ⑧ に代入すると，

$$S^2=\frac{mS_A{}^2+nS_B{}^2+m(\overline{x})^2+n(\overline{y})^2-2\cdot(m+n)\overline{w}\cdot\overline{w}+(m+n)(\overline{w})^2}{m+n}$$
$$=\frac{mS_A{}^2+nS_B{}^2+m(\overline{x})^2+n(\overline{y})^2-(m+n)(\overline{w})^2}{m+n}$$

となるから，[ツ] に当てはまるものは [④] である．

第3問　場合の数・確率

〔1〕

(1)　1回の試行において，数字1が取り出される確率は，

$$\frac{1}{4} \quad \cdots ①$$

である．

よって，この試行を2回行うとき，2回続けて数字1が取り出される確率は，

$$\frac{1}{4} \times \frac{1}{4} = \frac{\boxed{1}}{\boxed{16}}$$

である．

1回の試行において，奇数の数字が取り出される確率は，

$$\frac{2}{4} = \frac{1}{2}$$

である．

⬅ 奇数の数字は1と3である．

よって，この試行を2回行うとき，2回続けて奇数の数字が取り出される確率は，

$$\frac{1}{2} \times \frac{1}{2} = \frac{\boxed{1}}{\boxed{4}}$$

である．

(2)　1回の試行において，数字1が取り出されない確率は，①より，

$$1 - \frac{1}{4} = \frac{3}{4}$$

である．

この試行を4回行うとき，数字1が少なくとも2回取り出される事象の余事象は，

(i)　4回すべて数字1が取り出されない

または

(ii)　4回のうち，数字1が1回だけ取り出される

であり，これらの事象は互いに排反である．

(i)の確率は，

$$\left(\frac{3}{4}\right)^4 = \frac{81}{256}$$

である．

(ii)の確率は，

$${}_4C_1\left(\frac{1}{4}\right)^1\left(\frac{3}{4}\right)^3=\frac{108}{256}$$

である．

よって，余事象の確率は，

$$\frac{81}{256}+\frac{108}{256}=\frac{189}{256}$$

である．

したがって，この試行を4回行うとき，数字1が少なくとも2回取り出される確率は，

$$1-\frac{189}{256}=\frac{\boxed{67}}{\boxed{256}}$$

である．

(3) 1回目から4回目までに取り出された数字に，1から4までのすべての数字が現れるのは，

数字1，数字2，数字3，数字4がそれぞれ1回ずつ取り出されるとき

である．

数字1，数字2，数字3，数字4の取り出し方は全部で

4! 通り

あり，そのそれぞれに対する確率はすべて

$$\left(\frac{1}{4}\right)^4$$

である．

よって，1回目から4回目までに取り出された数字に，1から4までのすべての数字が現れる確率は，

$$4!\times\left(\frac{1}{4}\right)^4=\frac{\boxed{3}}{\boxed{32}}\quad\cdots②$$

である．

また，この試行を5回行うとき，事象 A，B を

A：1回目から4回目までに取り出された数字に，1から4までのすべての数字が現れる

B：1回目から5回目までに取り出された数字に，1から4までのすべての数字が現れる

と定めると，4回繰り返してもどれかの数字が現れないという条件のもとで，更に，もう1度試行を行うと1から4までのすべての数字が現れる条件つき確率は，

$$P_{\overline{A}}(B)$$

← 数字1が取り出されることを○，取り出されないことを × で表すと取り出し方は次のようになる．

1回目	2回目	3回目	4回目
○	×	×	×
×	○	×	×
×	×	○	×
×	×	×	○

← **余事象の確率**

$P(A)+P(\overline{A})=1.$

← [1]，[2]，[3]，[4] の4枚のカードを横一列に並べる並べ方の総数となるから，4! 通りである．

← 数字1，数字2，数字3，数字4が取り出される確率はどれも $\frac{1}{4}$ である．

であるから，

$$P_{\overline{A}}(B)=\frac{P(\overline{A}\cap B)}{P(\overline{A})} \qquad \cdots ③$$

として求めることができる．

まず，$P(\overline{A})$ を求める．

$P(A)$ は，1回目から4回目までに取り出された数字に，1から4までのすべての数字が現れ，かつ5回目に取り出される数字は何でもよい確率であるから，② より，

$$P(A)=\frac{3}{32}\times1=\frac{3}{32}$$

であり，$P(\overline{A})$ はその余事象の確率であるから，

$$\begin{aligned}P(\overline{A})&=1-P(A)\\&=1-\frac{3}{32}\\&=\frac{29}{32} \qquad \cdots ④\end{aligned}$$

である．

次に，$P(\overline{A}\cap B)$，つまり，1回目から4回目までに取り出されなかった数字が5回目に取り出されて1から4までのすべての数字が現れる確率を求める．

1回目から4回目までに取り出されない1つの数字の選び方は，

$${}_4C_1 \text{ 通り}$$

である．さらに，1回目から4回目までに取り出される数字は3つあり，そのうち1つの数字は2回取り出される．その数字の選び方は，

$${}_3C_1 \text{ 通り}$$

である．

ここで，1回目から4回目までに取り出されない数字を4，1回目から4回目までに数字1が2回取り出される確率について考える．このようになるのは，

1回目から4回目までに数字1が2回，数字2が1回，数字3が1回取り出され，5回目は数字4が取り出されるときであるから，その確率は，

$$\left\{\frac{4!}{2!}\cdot\left(\frac{1}{4}\right)^2\cdot\frac{1}{4}\cdot\frac{1}{4}\right\}\times\frac{1}{4}=\frac{3}{4^4} \qquad \cdots ⑤$$

である．

その他の場合についての確率も ⑤ と同じになるから，確率 $P(\overline{A}\cap B)$ は，

←条件つき確率

事象 C が起こったという条件のもとで，事象 D が起こる条件つき確率 $P_C(D)$ は，

$$P_C(D)=\frac{P(C\cap D)}{P(C)}.$$

← 取り出すカードに書かれている数字の並べ方の総数は，

1，1，2，3

の順列を考えて，$\frac{4!}{2!}$ 通りある．

$$P(\overline{A}\cap B)=({}_4\mathrm{C}_1\cdot{}_3\mathrm{C}_1)\times\frac{3}{4^4}$$
$$=\frac{9}{64} \quad \cdots ⑥$$

である．

よって，求める確率 $P_{\overline{A}}(B)$ は，④，⑥ を ③ に代入して，

$$P_{\overline{A}}(B)=\frac{\frac{9}{64}}{\frac{29}{32}}$$
$$=\frac{9}{58}$$

である．

〔2〕

1から4までの数字が一つずつ書かれた4枚のカードが入っている2個の壺を A_1 型の壺，A_2 型の壺と区別する．

また，B型の壺には数字1の書かれたカード2枚，数字2，3の書かれたカードがそれぞれ1枚ずつ入っている．

2回反復したときの壺の選び方は，

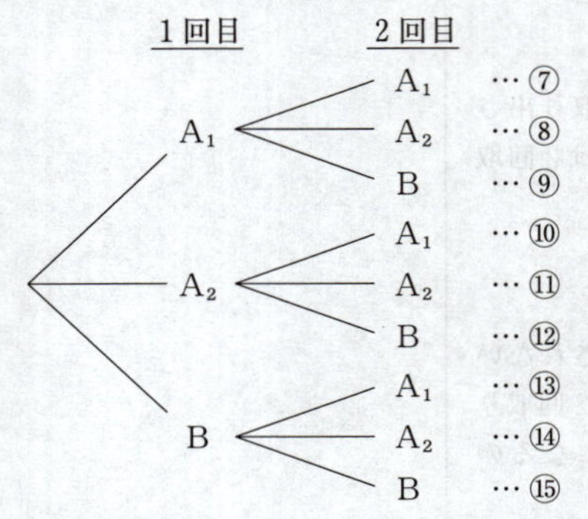

の場合がある．

⑦ から ⑮ において，取り出された数字が2回とも1である確率は，それぞれ次のようになる．

・⑦，⑧，⑩，⑪ は，

$$\left(\frac{1}{3}\times\frac{1}{4}\right)\times\left(\frac{1}{3}\times\frac{1}{4}\right)=\frac{1}{144}.$$

・⑨，⑫ は，

$$\left(\frac{1}{3}\times\frac{1}{4}\right)\times\left(\frac{1}{3}\times\frac{2}{4}\right)=\frac{1}{72}.$$

⑦ の確率について．

1回目に A_1 型の壺を選び，その壺から数字1のカードを取り出す確率は，

$$\frac{1}{3}\times\frac{1}{4}.$$

さらに，2回目に A_1 型の壺を選び，その壺から数字1のカードを取り出す確率は，

$$\frac{1}{3}\times\frac{1}{4}.$$

よって，⑦ の確率は，

$$\left(\frac{1}{3}\times\frac{1}{4}\right)\times\left(\frac{1}{3}\times\frac{1}{4}\right)=\frac{1}{144}.$$

⑨ の確率について．

1回目に A_1 型の壺を選び，その壺から数字1のカードを取り出す確率は，

$$\frac{1}{3}\times\frac{1}{4}$$

さらに，2回目にB型の壺を選び，その壺から数字1のカードを取り出す確率は，

$$\frac{1}{3}\times\frac{2}{4}.$$

よって，⑨ の確率は，

$$\left(\frac{1}{3}\times\frac{1}{4}\right)\times\left(\frac{1}{3}\times\frac{2}{4}\right)=\frac{1}{72}.$$

・⑬，⑭は，

$$\left(\frac{1}{3}\times\frac{2}{4}\right)\times\left(\frac{1}{3}\times\frac{1}{4}\right)=\frac{1}{72}.$$

・⑮は，

$$\left(\frac{1}{3}\times\frac{2}{4}\right)\times\left(\frac{1}{3}\times\frac{2}{4}\right)=\frac{1}{36}.$$

よって，取り出された数字が2回とも1である確率は，

$$\frac{1}{144}\times4+\frac{1}{72}\times2+\frac{1}{72}\times2+\frac{1}{36}=\frac{4}{36}$$

$$=\frac{1}{9}\quad\cdots⑯$$

である．

また，取り出された数字が2回とも1であったうち，1回目に選んだ壺がB型であるのは，

⑬，⑭，⑮

の3つの場合であり，その確率は，

$$\frac{1}{72}\times2+\frac{1}{36}=\frac{2}{36}$$

$$=\frac{1}{18}\quad\cdots⑰$$

である．

したがって，取り出された数字が2回とも1であるという条件のもとで，1回目に選んだ壺がB型であった条件つき確率は，⑯，⑰より，

$$\frac{\left(\text{取り出された数字が2回とも1である，かつ，1回目に選んだ壺がB型である確率}\right)}{\left(\text{取り出された数字が2回とも1である確率}\right)}=\frac{\frac{1}{18}}{\frac{1}{9}}$$

$$=\frac{\boxed{1}}{\boxed{2}}$$

である．

⑬の確率について．

1回目にB型の壺を選び，その壺から数字1のカードを取り出す確率は，

$$\frac{1}{3}\times\frac{2}{4}.$$

さらに，2回目にA_1型の壺を選び，その壺から数字1のカードを取り出す確率は，

$$\frac{1}{3}\times\frac{1}{4}.$$

よって，⑬の確率は，

$$\left(\frac{1}{3}\times\frac{2}{4}\right)\times\left(\frac{1}{3}\times\frac{1}{4}\right)=\frac{1}{72}.$$

⑮の確率について．

1回目にB型の壺を選び，その壺から数字1のカードを取り出す確率は，

$$\frac{1}{3}\times\frac{2}{4}.$$

さらに，2回目にB型の壺を選び，その壺から数字1のカードを取り出す確率は，

$$\frac{1}{3}\times\frac{2}{4}.$$

よって，⑮の確率は，

$$\left(\frac{1}{3}\times\frac{2}{4}\right)\times\left(\frac{1}{3}\times\frac{2}{4}\right)=\frac{1}{36}.$$

第4問　整数の性質

(1)
$$21x+13=16y+12, \quad \cdots①$$
$$16y+12=96z+28. \quad \cdots②$$

① より,
$$21x-16y=-1. \quad \cdots①'$$

ここで,
$$21\cdot3-16\cdot4=-1 \quad \cdots④$$
が成り立つから, ①′−④ より,
$$21(x-3)-16(y-4)=0$$
$$21(x-3)=16(y-4) \quad \cdots⑤$$
である.

21 と 16 は互いに素より, $x-3$ は 16 の倍数であるから, 整数 s を用いて,
$$x-3=16s \quad \cdots⑥$$
と表される.

⬅ p と q が互いに素である整数とする. a, b が整数のとき,
$$pa=qb$$
ならば,
$$\begin{cases} a \text{ は } q \text{ の倍数}, \\ b \text{ は } p \text{ の倍数} \end{cases}$$
である.

⑥ を ⑤ に代入すると,
$$21\cdot16s=16(y-4)$$
$$21s=y-4 \quad \cdots⑦$$
となるから, ⑥, ⑦ より,
$$\begin{cases} x=3+16s, \\ y=4+21s \end{cases} \quad \cdots⑧$$
である.

これより, $|x|$ が最小になるのは, $s=0$ のときである.

⬅

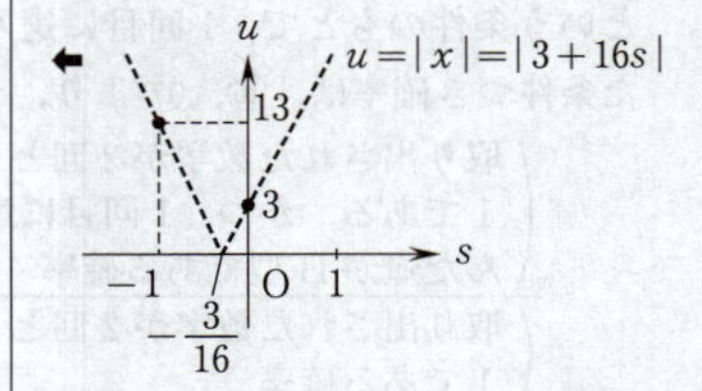

したがって, ① の整数解 x, y のうち, $|x|$ が最小になるのは, $s=0$ を ⑧ に代入すると,
$$x=\boxed{3}, \quad y=\boxed{4}$$
であり, ① のすべての解は s を整数として,
$$x=3+\boxed{16}s, \quad y=4+\boxed{21}s$$
と表される.

次にこれらのうち, ② を満たすものを求める.

② に $y=4+21s$ を代入すると,
$$16(4+21s)+12=96z+28$$
すなわち
$$\boxed{2}z-\boxed{7}s=1 \quad \cdots③$$
となる.

ここで,
$$2\cdot(-3)-7\cdot(-1)=1 \quad \cdots⑨$$

が成り立つから，③－⑨より，

$$2(z+3)-7(s+1)=0$$

$$2(z+3)=7(s+1) \quad \cdots ⑩$$

である．

2と7は互いに素より，$z+3$ は7の倍数であるから，整数 t を用いて，

$$z+3=7t \quad \cdots ⑪$$

と表される．

⑪を⑩に代入すると，

$$2\cdot 7t=7(s+1)$$

$$2t=s+1 \quad \cdots ⑫$$

となるから，⑪，⑫より，

$$\begin{cases} z=-3+7t, \\ s=-1+2t \end{cases} \quad \cdots ⑬$$

である．

これより，$|z|$ が最小になるのは，$t=0$ のときである．

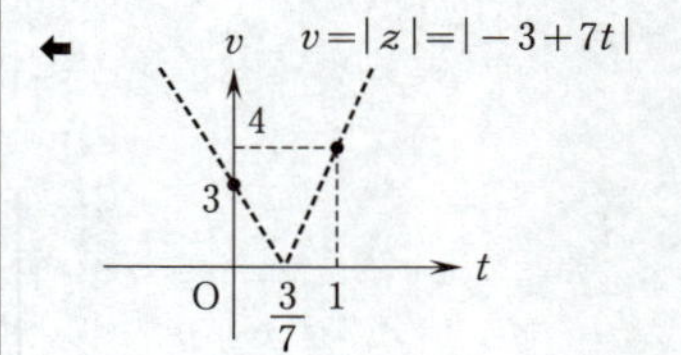

したがって，③の整数解 z，s のうち，$|z|$ が最小になるのは，$t=0$ を⑬に代入すると，

$$z=\boxed{-3},\quad s=\boxed{-1}$$

であり，③のすべての解は t を整数として，

$$z=-3+\boxed{7}\,t,\quad s=-1+\boxed{2}\,t$$

と表される．

よって，①，②の共通解は，$s=-1+2t$ を⑧に代入して，

$$\begin{cases} x=3+16(-1+2t), \\ y=4+21(-1+2t), \\ z=-3+7t \end{cases}$$

すなわち

$$\begin{cases} x=\boxed{-13}+\boxed{32}\,t \\ y=\boxed{-17}+\boxed{42}\,t \\ z=-3+7t \end{cases} \quad \cdots ⑭$$

である．

(2)　自然数 n は，21で割ると13余り，16で割ると12余り，96で割ると28余るから，x，y，z をそれぞれの商とすると，

$$n=21x+13=16y+12=96z+28$$

が成り立ち，これを満たす x，y，z は t を整数として，

⑭と表される．

これより，自然数 n は，$x=-13+32t$ を $n=21x+13$ に代入して，

$$n=21(-13+32t)+13$$

すなわち

$$n=-260+672t$$

と表される．

このような n のうち，最小のものは，n が自然数であることに注意すると，$t=1$ のときであるから

$$-260+672\cdot 1=\boxed{412}$$

である．

⬅ $y=-17+42t$ を $n=16y+12$ に代入すると，

$$\begin{aligned} n&=16(-17+42t)+12 \\ &=-260+672t \end{aligned}$$

であり，$z=-3+7t$ を $n=96z+28$ に代入すると，

$$\begin{aligned} n&=96(-3+7t)+28 \\ &=-260+672t \end{aligned}$$

であるから，x, y, z のどれかを代入して自然数 n を求めればよい．

第5問　図形の性質

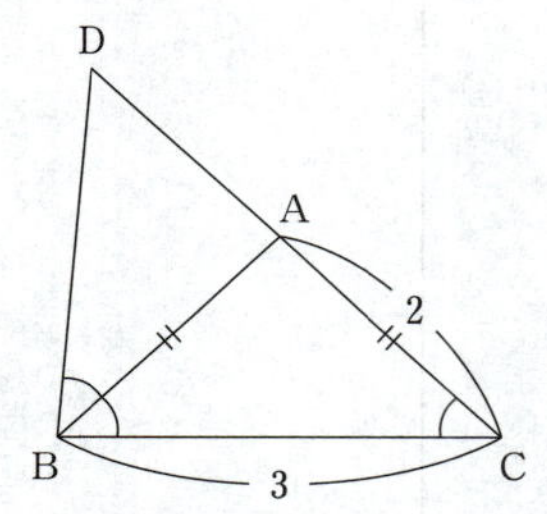

与えられた条件より，線分 AB は ∠CBD の二等分線であるから，

$$\mathrm{DA} : \mathrm{AC} = \mathrm{BD} : \mathrm{BC}$$
$$\mathrm{AD} : 2 = \mathrm{BD} : 3$$
$$3\mathrm{AD} = 2\mathrm{BD}$$

である．

よって，

$$\frac{\mathrm{AD}}{\mathrm{BD}} = \frac{\boxed{2}}{\boxed{3}} \quad \cdots ①$$

である．

← 内角の二等分線の性質

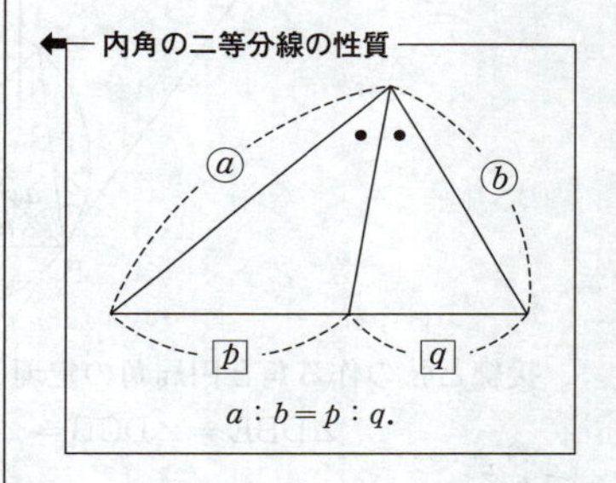

$a : b = p : q$.

さらに，△ABD と △BCD において，∠ABD＝∠BCD で，∠D は共通であるから，

$$\triangle \mathrm{ABD} \backsim \triangle \mathrm{BCD}$$

である．

← 2つの角がそれぞれ等しいから，△ABD と △BCD は相似である．

このことと ① より，

$$\frac{\mathrm{BD}}{\mathrm{CD}} = \frac{\mathrm{AD}}{\mathrm{BD}}$$
$$= \frac{\boxed{2}}{\boxed{3}} \quad \cdots ②$$

である．

$\dfrac{\mathrm{AD}}{\mathrm{CD}} = \dfrac{\mathrm{AD}}{\mathrm{BD}} \cdot \dfrac{\mathrm{BD}}{\mathrm{CD}}$ に着目して，①，② を代入すると，

$$\frac{\mathrm{AD}}{\mathrm{CD}} = \frac{2}{3} \cdot \frac{2}{3} = \frac{4}{9} \quad \cdots ③$$

となるから，

$$\frac{\mathrm{AC}}{\mathrm{CD}} = \frac{5}{9}$$

である．

←

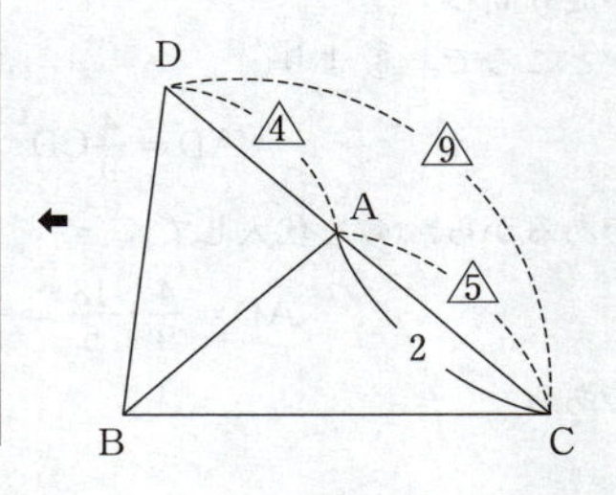

これに AC＝2 を代入して，

$$\frac{2}{\mathrm{CD}}=\frac{5}{9}$$

$$\mathrm{CD}=\frac{\boxed{18}}{\boxed{5}} \quad \cdots ④$$

である．

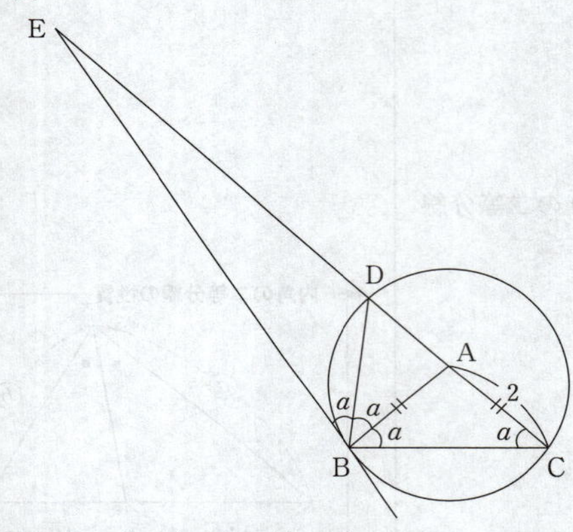

接線と弦の作る角と円周角の定理より，

$$\angle\mathrm{DBE}=\angle\mathrm{DCB}=\angle\mathrm{ACB}$$

である．

また，AB＝AC より，

$$\angle\mathrm{ACB}=\angle\mathrm{ABC}$$

であるから，∠ABC＝∠ABD と合わせて，

$$\angle\mathrm{DBE}=\angle\mathrm{ABD}=\angle\mathrm{ABC}=\angle\mathrm{ACB}(=a\text{ とおく}) \quad \cdots ⑤$$

である．

よって，

$$\angle\mathrm{DBE}=\frac{\boxed{1}}{\boxed{2}}\angle\mathrm{ABE} \quad \cdots ⑥$$

であるから，線分 BD は ∠ABE の二等分線であり，

$$\mathrm{AD}:\mathrm{DE}=\mathrm{BA}:\mathrm{BE} \quad \cdots ⑦$$

が成り立つ．

ところで，③ より，

$$\mathrm{AD}=\frac{4}{9}\mathrm{CD}$$

であるから，④ を代入して，

$$\mathrm{AD}=\frac{4}{9}\cdot\frac{18}{5}=\frac{8}{5} \quad \cdots ⑧$$

である．

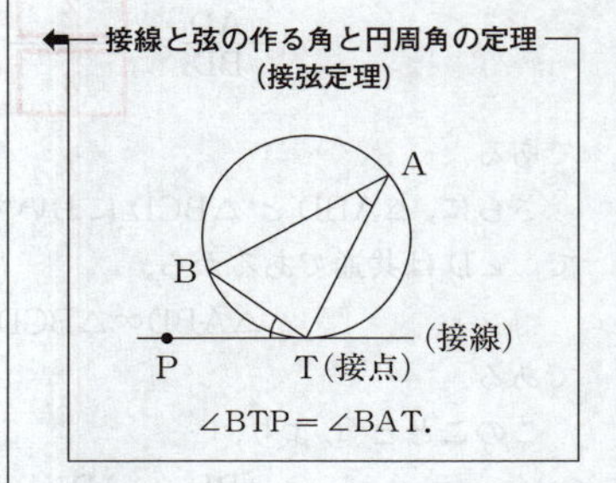

⑧と $AB=2$ を⑦に代入すると，

$$\frac{8}{5}:DE=2:BE$$

$$2DE=\frac{8}{5}BE$$

であるから，

$$\frac{DE}{BE}=\frac{\boxed{4}}{\boxed{5}} \quad \cdots ⑨$$

である．

また，△ABC において ∠A の外角∠EAB は，⑤より，

$$\angle EAB=\angle ABC+\angle ACB$$
$$=2a$$

であり，さらに，⑥より，

$$\angle ABE=2\angle DBE$$

すなわち

$$\angle EBA=2a$$

であるから，

$$\angle EAB=\angle EBA$$

である．

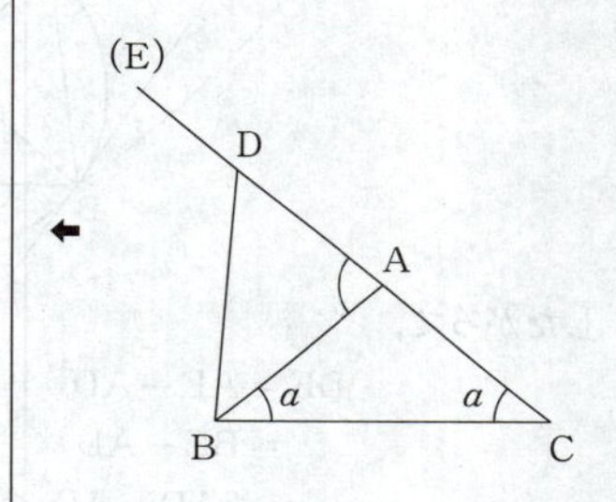

よって，△EAB は二等辺三角形になり，線分 BE は線分 AE と同じ長さであるから，シ に当てはまるものは ② である．

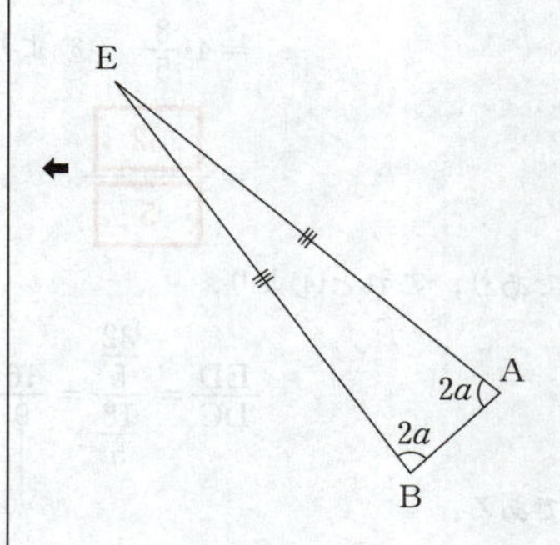

これより，

$$\frac{AD}{BE}=\frac{AE-DE}{BE}$$

$$=\frac{BE-\frac{4}{5}BE}{BE} \quad \left(\begin{array}{l}AE=BE\\ と⑨より\end{array}\right)$$

$$=\frac{1}{5}$$

となるから，

$$BE=5AD \quad \cdots ⑩$$

である．

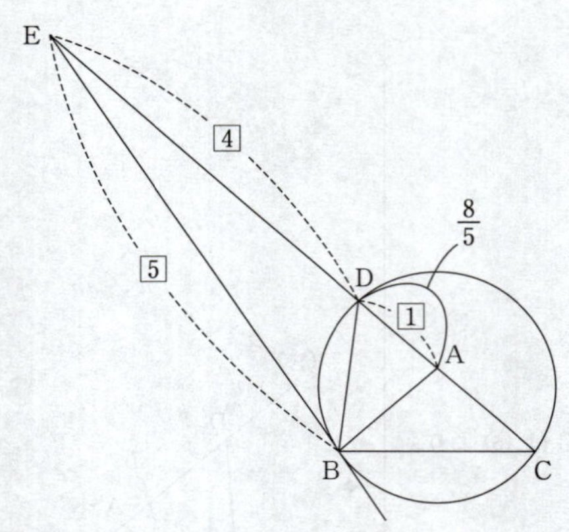

したがって，

$$\begin{aligned}DE &= AE - AD\\ &= BE - AD\\ &= 5AD - AD \quad (⑩\text{ より})\\ &= 4AD\\ &= 4\cdot\frac{8}{5} \quad (⑧\text{ より})\\ &= \frac{\boxed{32}}{\boxed{5}}\end{aligned}$$

であり，これと④より，

$$\frac{ED}{DC} = \frac{\frac{32}{5}}{\frac{18}{5}} = \frac{16}{9} \qquad \cdots ⑪$$

である．

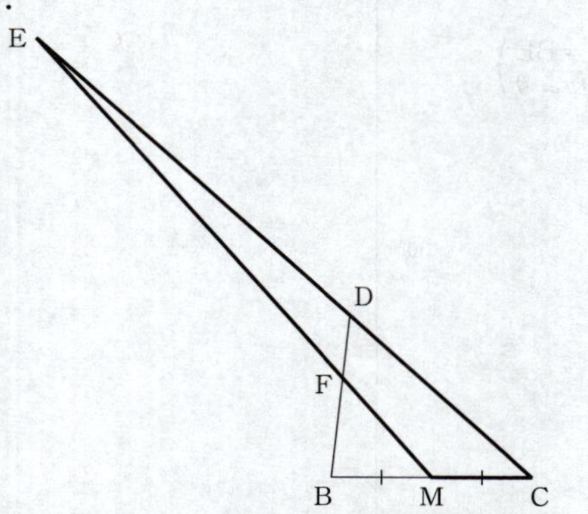

△CEM と直線 DF にメネラウスの定理を用いると，

$$\frac{MF}{FE}\cdot\frac{ED}{DC}\cdot\frac{CB}{BM} = 1$$

メネラウスの定理

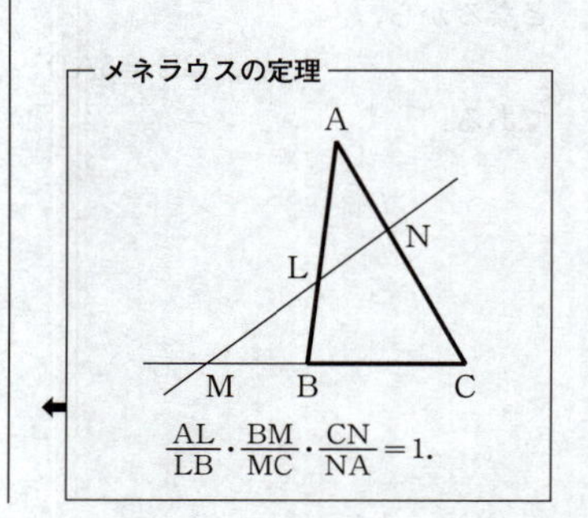

$$\frac{AL}{LB}\cdot\frac{BM}{MC}\cdot\frac{CN}{NA} = 1.$$

であるから，⑪ と点 M が辺 BC の中点より，

$$\frac{\mathrm{MF}}{\mathrm{FE}}\cdot\frac{16}{9}\cdot\frac{2}{1}=1$$

すなわち

$$\frac{\mathrm{FM}}{\mathrm{EF}}=\frac{\boxed{9}}{\boxed{32}}$$

である．

数学Ⅱ・数学B

解答・採点基準

（100点満点）

問題番号（配点）	解答記号	正解	配点	自己採点
第1問 (30)	$\dfrac{ア}{イ}$	$\dfrac{1}{2}$	2	
	$\dfrac{\pi}{ウ}$	$\dfrac{\pi}{6}$	2	
	エ，オ，カ$\sqrt{キ}$	3，6，$2\sqrt{3}$	2	
	$\dfrac{\pi}{ク}$	$\dfrac{\pi}{3}$	2	
	$\dfrac{\pi}{ケ}$	$\dfrac{\pi}{2}$	1	
	$\sqrt{コ}$，サ	$\sqrt{3}$，3	2	
	シ$\sqrt{ス}\sin\left(2\alpha-\dfrac{\pi}{セ}\right)$	$2\sqrt{3}\sin\left(2\alpha-\dfrac{\pi}{3}\right)$	2	
	$\dfrac{\pi}{ソタ}$	$\dfrac{\pi}{12}$	1	
	$\dfrac{\pi}{チ}$	$\dfrac{\pi}{4}$	1	
	ツ	0	1	
	テ，ト	⓪，②	2	
	ナ	⓪	2	
	$\log_3$ニ－ヌ$\log_3 2$＋ネ	$\log_3 5-2\log_3 2+1$	3	
	ノ＋$\sqrt{ハ}$	$2+\sqrt{5}$	3	
	$\dfrac{\log_3 ヒ}{フ}$	$\dfrac{\log_3 5}{2}$	4	
第1問　自己採点小計				

問題番号（配点）	解答記号	正解	配点	自己採点
第2問 (30)	アx^2－イウx＋エ	$3x^2-10x+3$	2	
	$\dfrac{オ}{カ}$	$\dfrac{1}{3}$	2	
	キ	3	2	
	クケコ	－13	3	
	サ	1	2	
	シx－ス	$3x-4$	2	
	セソa＋タ	$-2a+3$	2	
	$a^{チ}$－ツ	a^2-4	2	
	$a(a$＋テ$)(a$－ト$)^2$	$a(a+2)(a-2)^2$	1	
	ナニ＜a＜ヌ	$-2<a<0$	2	
	ネ，ノ	⓪，②	2	
	ハ	⑤	4	
	$\dfrac{ヒ-\sqrt{フヘ}}{ホ}$	$\dfrac{3-\sqrt{87}}{6}$	4	
第2問　自己採点小計				
第3問 (20)	アイ	12	2	
	ウ	2	2	
	エ	6	1	
	オ	4	1	
	カ$n^{キ}$	$2n^2$	2	
	ク	2	2	
	ケ	2	1	
	コ	5	1	
	サ，シ，ス，セ，ソ	5，2，①，2，2	4	
	タ，チ，ツ，テ，ト	5，2，②，3，5	4	
第3問　自己採点小計				

問題番号(配点)	解答記号	正　解	配点	自己採点
第4問 (20)	ア	⑧	2	
	イ	⓪	2	
	$\sqrt{ウ}$	$\sqrt{2}$	1	
	$\sqrt{エ}$	$\sqrt{2}$	1	
	オカ°	60°	1	
	キ	1	1	
	(ク，ケ，コ)	(2，1，1)	2	
	$\frac{サシ}{スセ}$	$\frac{13}{18}$	3	
	$ソt^2-タt+\frac{チ}{ツ}$	$2t^2-2t+\frac{3}{2}$	3	
	$t^2-\frac{テ}{ト}t+\frac{ナ}{ニヌ}$	$t^2-\frac{1}{9}t+\frac{1}{12}$	3	
	$\frac{ネ}{ノハ}$	$\frac{1}{18}$	1	
第4問　自己採点小計				
第5問 (20)	$\frac{アイ}{ウ}$	$\frac{12}{5}$	2	
	$\frac{エオ}{カキ}$	$\frac{24}{25}$	2	
	$クW-ケ$	$2W-4$	2	
	$\frac{コ}{サ}$	$\frac{4}{5}$	2	
	$\frac{シス}{セソ}$	$\frac{96}{25}$	2	
	$\frac{タ}{チツテ}$	$\frac{1}{210}$	2	
	$\frac{ト}{ナニ}$	$\frac{4}{35}$	2	
	$\frac{ヌネ}{ノ}$	$\frac{12}{5}$	2	
	0.ハ	0.5	2	
	ヒ.フ	0.8	2	
第5問　自己採点小計				
自己採点合計				

(注)

第1問，第2問は必答。

第3問～第5問のうちから2問選択。計4問を解答。

第1問　三角関数，指数関数・対数関数

〔1〕 $0 \leqq \alpha \leqq \frac{\pi}{2}$，$0 \leqq \beta \leqq \frac{\pi}{2}$ および関係式

$$2\cos^2(\beta-\alpha)=3\sin(\beta-\alpha) \quad \cdots ①$$

を満たす α，β に対して，$y=4\sin^2\beta-4\cos^2\alpha$ とおく．

(1) ①は

$$2\{1-\sin^2(\beta-\alpha)\}=3\sin(\beta-\alpha)$$

← $\sin^2\theta+\cos^2\theta=1$.

と変形できるから，$t=\sin(\beta-\alpha)$ とおくと

$$2(1-t^2)=3t$$
$$2t^2+3t-2=0$$
$$(2t-1)(t+2)=0$$

と変形できる．$-1 \leqq t \leqq 1$ であるから

←$-1 \leqq \sin\theta \leqq 1$.

$$t=\frac{\boxed{1}}{\boxed{2}}$$

すなわち

$$\sin(\beta-\alpha)=\frac{1}{2}$$

である．$0 \leqq \alpha \leqq \frac{\pi}{2}$，$0 \leqq \beta \leqq \frac{\pi}{2}$ より，

$-\frac{\pi}{2} \leqq \beta-\alpha \leqq \frac{\pi}{2}$ であるから

$$\beta-\alpha=\frac{\pi}{\boxed{6}}$$

←

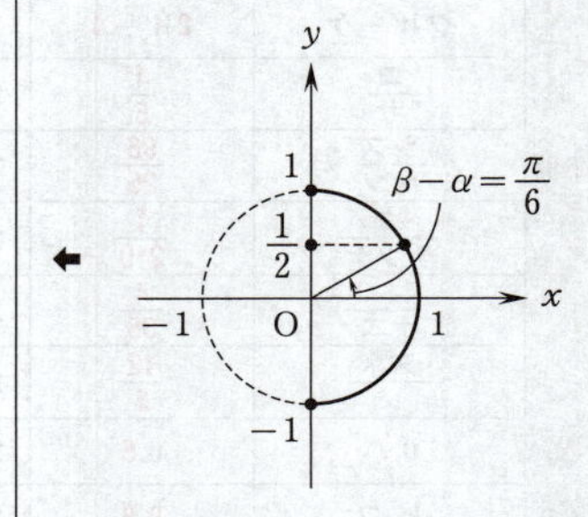

である．

(2) (1)により $\beta=\alpha+\frac{\pi}{6}$ であるから，加法定理を用いて，y を α で表すと

$$
\begin{aligned}
y&=4\sin^2\beta-4\cos^2\alpha\\
&=4\sin^2\left(\alpha+\frac{\pi}{6}\right)-4\cos^2\alpha\\
&=4\left(\sin\alpha\cos\frac{\pi}{6}+\cos\alpha\sin\frac{\pi}{6}\right)^2-4\cos^2\alpha\\
&=4\left\{(\sin\alpha)\cdot\frac{\sqrt{3}}{2}+(\cos\alpha)\cdot\frac{1}{2}\right\}^2-4\cos^2\alpha\\
&=(\sqrt{3}\sin\alpha+\cos\alpha)^2-4\cos^2\alpha\\
&=3\sin^2\alpha+2\sqrt{3}\sin\alpha\cos\alpha+\cos^2\alpha-4\cos^2\alpha\\
&=3(1-\cos^2\alpha)+2\sqrt{3}\sin\alpha\cos\alpha-3\cos^2\alpha\\
&=\boxed{3}-\boxed{6}\cos^2\alpha\\
&\qquad+\boxed{2}\sqrt{\boxed{3}}\sin\alpha\cos\alpha \quad \cdots ②
\end{aligned}
$$

← **加法定理**

$\sin(\alpha+\beta)=\sin\alpha\cos\beta+\cos\alpha\sin\beta$,

$\sin(\alpha-\beta)=\sin\alpha\cos\beta-\cos\alpha\sin\beta$.

となる．このことから，$y=3$ のとき

$$3-6\cos^2\alpha+2\sqrt{3}\sin\alpha\cos\alpha=3$$
$$\cos\alpha(\sin\alpha-\sqrt{3}\cos\alpha)=0$$
$$\cos\alpha=0\quad\text{または}\quad\sin\alpha=\sqrt{3}\cos\alpha$$

である．$\cos\alpha=0$ のとき，$0\leqq\alpha\leqq\dfrac{\pi}{2}$ より $\alpha=\dfrac{\pi}{2}$ であるが

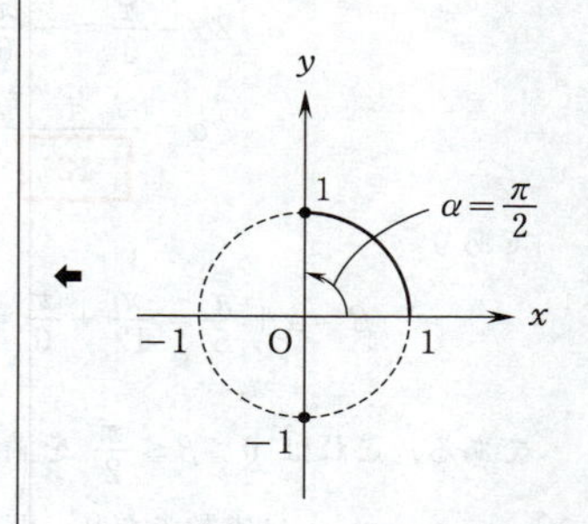

$$\beta=\alpha+\frac{\pi}{6}=\frac{\pi}{2}+\frac{\pi}{6}=\frac{2}{3}\pi$$

となり，$0\leqq\beta\leqq\dfrac{\pi}{2}$ に反し，不適．$\sin\alpha=\sqrt{3}\cos\alpha$ のとき，$\cos\alpha\neq0$ より

$$\frac{\sin\alpha}{\cos\alpha}=\sqrt{3}$$
$$\tan\alpha=\sqrt{3}$$

である．このとき，$0\leqq\alpha\leqq\dfrac{\pi}{2}$ より，$\alpha=\dfrac{\pi}{\boxed{3}}$

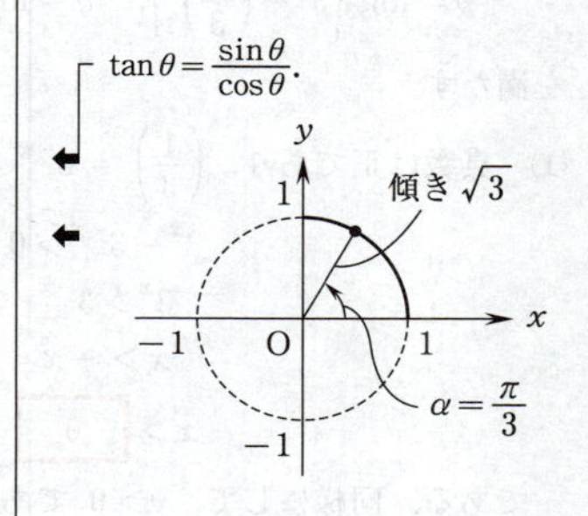

であり

$$\beta=\alpha+\frac{\pi}{6}=\frac{\pi}{3}+\frac{\pi}{6}=\frac{\pi}{\boxed{2}}$$

である．これは $0\leqq\beta\leqq\dfrac{\pi}{2}$ を満たす．

(3)　2倍角の公式を用いると，② は

$$\begin{aligned}y&=3-6\cos^2\alpha+2\sqrt{3}\sin\alpha\cos\alpha\\&=-3(2\cos^2\alpha-1)+\sqrt{3}\cdot2\sin\alpha\cos\alpha\\&=\sqrt{\boxed{3}}\sin2\alpha-\boxed{3}\cos2\alpha\end{aligned}$$

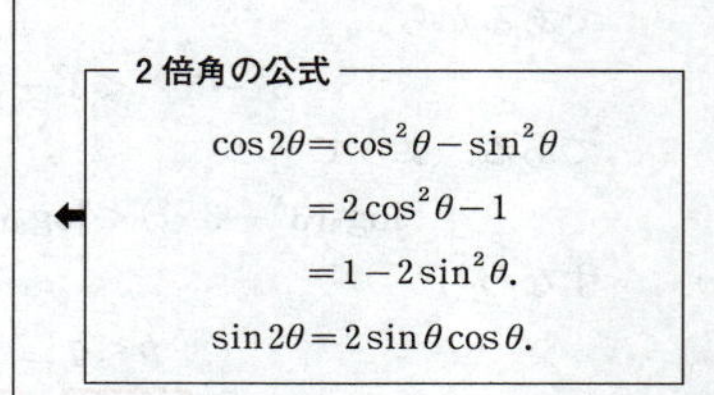
2倍角の公式

$$\begin{aligned}\cos2\theta&=\cos^2\theta-\sin^2\theta\\&=2\cos^2\theta-1\\&=1-2\sin^2\theta.\end{aligned}$$
$$\sin2\theta=2\sin\theta\cos\theta.$$

となる．さらに，三角関数の合成を用いると

$$\begin{aligned}y&=\sqrt{3}(\sin2\alpha-\sqrt{3}\cos2\alpha)\\&=\boxed{2}\sqrt{\boxed{3}}\sin\left(2\alpha-\frac{\pi}{\boxed{3}}\right)\end{aligned}$$

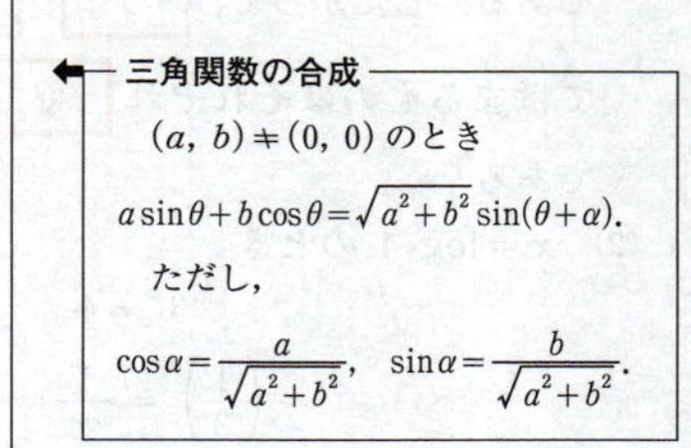
三角関数の合成

$(a,\ b)\neq(0,\ 0)$ のとき

$$a\sin\theta+b\cos\theta=\sqrt{a^2+b^2}\sin(\theta+\alpha).$$

ただし，

$$\cos\alpha=\frac{a}{\sqrt{a^2+b^2}},\quad\sin\alpha=\frac{b}{\sqrt{a^2+b^2}}.$$

と変形できる．このことから，$y=-\sqrt{3}$ のとき

$$2\sqrt{3}\sin\left(2\alpha-\frac{\pi}{3}\right)=-\sqrt{3}$$
$$\sin\left(2\alpha-\frac{\pi}{3}\right)=-\frac{1}{2}$$

である．$0\leqq\alpha\leqq\dfrac{\pi}{2}$ より $-\dfrac{\pi}{3}\leqq2\alpha-\dfrac{\pi}{3}\leqq\dfrac{2}{3}\pi$ であるから

$$2\alpha-\frac{\pi}{3}=-\frac{\pi}{6}$$

$$\alpha=\frac{\pi}{\boxed{12}}$$

であり

$$\beta=\alpha+\frac{\pi}{6}=\frac{\pi}{12}+\frac{\pi}{6}=\frac{\pi}{\boxed{4}}$$

である．これは $0\leqq\beta\leqq\frac{\pi}{2}$ を満たす．

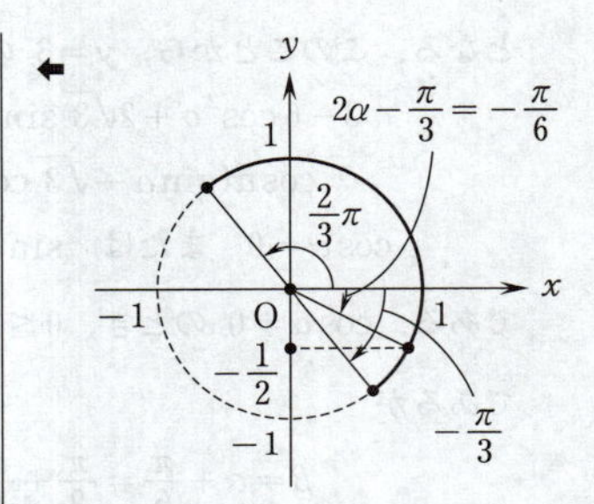

〔2〕 p，q，x，y は実数であり，関係式

$$p=\log_3\left\{3^x-\left(\frac{1}{3}\right)^x\right\},\quad q=\log_3\left\{3^y-\left(\frac{1}{3}\right)^y\right\}$$

を満たす．

(1) 真数は正であり，$\left(\frac{1}{3}\right)^x=3^{-x}$ であるから

$$3^x-3^{-x}>0$$
$$3^x>3^{-x}$$
$$x>-x$$
$$x>\boxed{0}$$

である．同様にして，$y>0$ である．また，$x<y$ であるとき

$$3^x<3^y,\quad 3^{-x}>3^{-y}$$

であるから

$$3^x-3^{-x}<3^y-3^{-y}$$

である．よって

$$\log_3(3^x-3^{-x})<\log_3(3^y-3^{-y})$$

すなわち

$$p<q$$

である．したがって，テ，ト，ナ に当てはまるものはそれぞれ ⓪，②，⓪ である．

(2) $x=\log_3 4$ のとき

$$3^x=4$$

$$\left(\frac{1}{3}\right)^x=\frac{1}{3^x}=\frac{1}{4}$$

であるから

$$p=\log_3\left\{3^x-\left(\frac{1}{3}\right)^x\right\}$$

← $a>0$ のとき $\left(\frac{1}{a}\right)^x=a^{-x}$.

← $a>1$ のとき $a^p>a^q \iff p>q$.

← $x<y$ より $-x>-y$.

← $a>1$，$M>0$，$N>0$ のとき $M<N \iff \log_a M<\log_a N$.

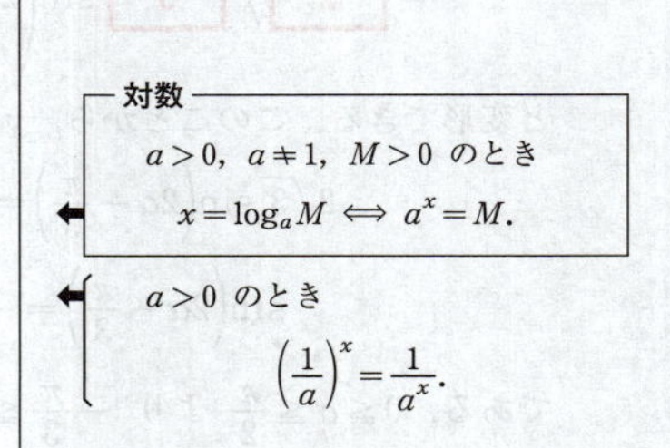

対数

$a>0$，$a\neq1$，$M>0$ のとき

← $x=\log_a M \iff a^x=M$.

← $a>0$ のとき $\left(\frac{1}{a}\right)^x=\frac{1}{a^x}$.

$$=\log_3\left(4-\frac{1}{4}\right)$$

$$=\log_3\frac{15}{4}$$

$$=\log_3\frac{3\cdot 5}{2^2}$$

$$=\log_3 3+\log_3 5-\log_3 2^2$$

$$=\log_3\boxed{5}-\boxed{2}\log_3 2+\boxed{1}$$

である．また，$p=\log_3 4$ のとき

$$\log_3 4=\log_3\left\{3^x-\left(\frac{1}{3}\right)^x\right\}$$

$$4=3^x-\left(\frac{1}{3}\right)^x$$

$$4\cdot 3^x=(3^x)^2-1$$

であり，これは，$X=3^x$ とすると

$$X^2-4X-1=0$$

となる．$X>0$ であるから

$$X=2+\sqrt{5}$$

すなわち

$$3^x=2+\sqrt{5}$$

$$x=\log_3\left(\boxed{2}+\sqrt{\boxed{5}}\right)$$

である．

(3)　関係式 $y=2x-1$，$q=2p-1$ が成り立つとき

$$q+1=2p$$

$$\log_3(3^y-3^{-y})+\log_3 3=2\log_3(3^x-3^{-x})$$

$$\log_3(3^y-3^{-y})\cdot 3=\log_3(3^x-3^{-x})^2$$

$$(3^y-3^{-y})\cdot 3=(3^x-3^{-x})^2$$

$$3^y\cdot 3-3^{-y}\cdot 3=(3^x)^2-2\cdot 3^x\cdot 3^{-x}+(3^{-x})^2$$

$$3^{y+1}-3^{-y+1}=3^{2x}-2+3^{-2x}$$

$$3^{2x}-3^{-2x+2}=3^{2x}-2+3^{-2x}$$

$$-3^{-2x+2}=-2+3^{-2x}$$

$$-3^2=-2\cdot 3^{2x}+1$$

$$3^{2x}=5$$

$$2x=\log_3 5$$

$$x=\frac{\log_3\boxed{5}}{\boxed{2}}$$

である．

⬅ $a>0$，$a\neq 1$，$M>0$，$N>0$ のとき
$\log_a M+\log_a N=\log_a MN$
$\log_a M-\log_a N=\log_a\dfrac{M}{N}$.

⬅ $a>0$，$a\neq 1$，$x>0$ で，p が実数のとき
$\log_a x^p=p\log_a x$.

⬅ $a>0$，$a\neq 1$ のとき
$\log_a a=1$.

⬅ $a>0$，$a\neq 1$，$M>0$，$N>0$ のとき
$\log_a M=\log_a N \iff M=N$.

⬅ 3^x をかけた．

⬅ $a>0$ のとき $a^x>0$.

⬅ $a>0$，x，y が実数のとき
$a^x a^y=a^{x+y}$，$(a^x)^y=a^{xy}$.

⬅ $y=2x-1$.

⬅ 3^{2x} をかけた．

第2問　微分法・積分法

$$f(x)=x^3-5x^2+3x-4.$$

(1) 関数 $f(x)$ の増減を調べる．$f(x)$ の導関数は

$$f'(x)=\boxed{3}x^2-\boxed{10}x+\boxed{3}$$
$$=(3x-1)(x-3)$$

であるから，$f(x)$ の増減は次の表のようになる．

x	$\cdots$	$\frac{1}{3}$	$\cdots$	3	$\cdots$
$f'(x)$	$+$	0	$-$	0	$+$
$f(x)$	$\nearrow$	$-\frac{95}{27}$	$\searrow$	-13	$\nearrow$

導関数

← $(x^n)'=nx^{n-1}$ $(n=1, 2, 3, \cdots)$,
$(c)'=0$ (c は定数).

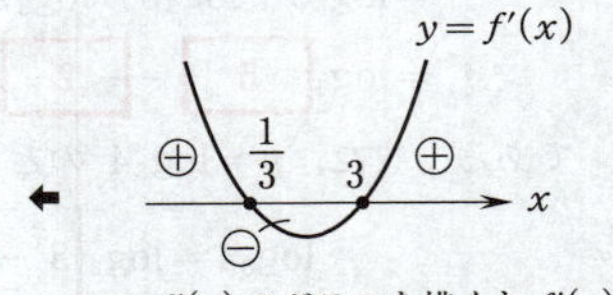

← $y=f'(x)$ のグラフを描くと $f'(x)$ の符号の変化がわかりやすい．

よって，$f(x)$ は $x=\frac{\boxed{1}}{\boxed{3}}$ で極大値 $-\frac{95}{27}$ をとり，$x=\boxed{3}$ で極小値 -13 をとる．さらに，$f(0)=-4$ であるから，$x\geqq 0$ の範囲における $f(x)$ の最小値は $\boxed{-13}$ である．

← $-13<-4$ より．

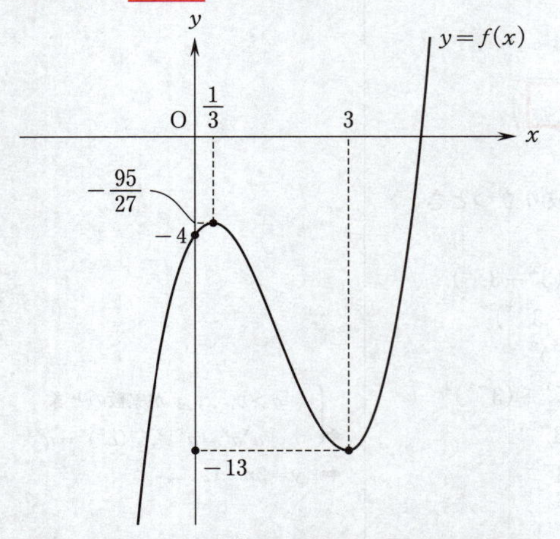

また，曲線 $y=f(x)$ と x 軸との共有点は1個であるから，方程式 $f(x)=0$ の異なる実数解の個数は $\boxed{1}$ 個である．

(2) 曲線 $y=f(x)$ 上の点 $(0, f(0))$ における接線を ℓ とすると，ℓ の方程式は

$$y=f'(0)(x-0)+f(0)$$

より

接線の方程式

← 曲線 $y=f(x)$ 上の点 $(t, f(t))$ における接線の方程式は
$$y-f(t)=f'(t)(x-t).$$

$$y = \boxed{3}\,x - \boxed{4}$$

である．また，放物線 $y=x^2+px+q$ を C とするとき，C が点 $(a,\ 3a-4)$ で ℓ と接している．このとき，

$$y' = 2x + p$$

より，点 $(a,\ 3a-4)$ における C の接線の方程式は

$$y = (2a+p)(x-a) + a^2 + pa + q$$
$$= (2a+p)x - a^2 + q$$

であり，これが ℓ と一致するから

$$2a+p=3,\quad -a^2+q=-4$$

すなわち

$$p = \boxed{-2}\,a + \boxed{3},\quad q = a^{\boxed{2}} - \boxed{4}$$

である．

← $f'(0)=3,\ f(0)=-4.$

← $C: y=x^2+px+q$

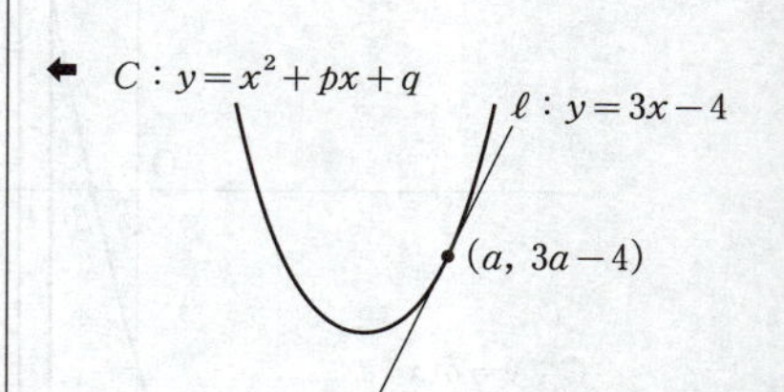

(3)

$$g(x) = x^2+px+q$$
$$= x^2 + (-2a+3)x + a^2 - 4.$$

← (2) より，$p=-2a+3,\ q=a^2-4.$

(2) の放物線 C が $0 \leqq x \leqq 1$ の範囲では，x 軸とただ1点 $(\beta,\ 0)$ $(0<\beta<1)$ で交わる．このとき

$$g(0) = a^2 - 4 = (a+2)(a-2)$$
$$g(1) = a^2 - 2a = a(a-2)$$

であり，$g(0)$ と $g(1)$ の符号は異なるから

$$g(0)g(1) = a\left(a+\boxed{2}\right)\left(a-\boxed{2}\right)^2 < 0$$

である．$(a-2)^2$ は負にならないので

$$a(a+2) < 0$$

である．これを満たす a の値の範囲は

$\boxed{-2} < a < \boxed{0}$ であり，このとき，$g(0)<0$，$g(1)>0$ である．よって，$\boxed{ネ}$ と $\boxed{ノ}$ に当てはまるものはそれぞれ $\boxed{⓪}$ と $\boxed{②}$ である．

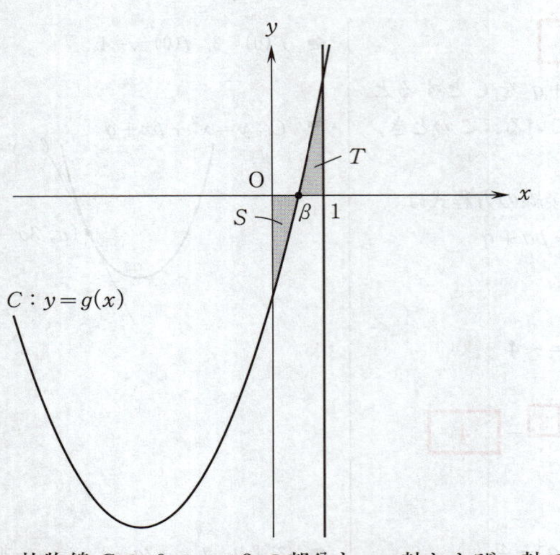

放物線 C の $0 \leqq x \leqq \beta$ の部分と，x 軸および y 軸で囲まれた図形の面積が S，C の $\beta \leqq x \leqq 1$ の部分と，x 軸および直線 $x=1$ で囲まれた図形の面積が T である．$0 \leqq x \leqq \beta$ のとき，$g(x) \leqq 0$ であるから

$$\int_0^\beta \{0-g(x)\}\,dx = S$$

すなわち

$$\int_0^\beta g(x)\,dx = -S$$

であり，$\beta \leqq x \leqq 1$ のとき $g(x) \geqq 0$ であるから

$$\int_\beta^1 \{g(x)-0\}\,dx = T$$

すなわち

$$\int_\beta^1 g(x)\,dx = T$$

である．これらより

$$\int_0^1 g(x)\,dx = \int_0^\beta g(x)\,dx + \int_\beta^1 g(x)\,dx$$
$$= -S+T$$

が成り立つ．よって， ハ に当てはまるものは ⑤ である．したがって

$$S=T$$

すなわち

$$T-S=0$$

となるのは

$$\int_0^1 g(x)\,dx = 0$$

面積

区間 $\alpha \leqq x \leqq \beta$ においてつねに $g(x) \leqq f(x)$ ならば2曲線 $y=f(x)$，$y=g(x)$ および直線 $x=\alpha$，$x=\beta$ で囲まれた部分の面積は

$$S=\int_\alpha^\beta \{f(x)-g(x)\}\,dx.$$

となるときであり，このとき

$$\int_0^1 \{x^2+(-2a+3)x+a^2-4\}\,dx$$

$$=\left[\frac{1}{3}x^3+\frac{-2a+3}{2}x^2+(a^2-4)x\right]_0^1$$

$$=\frac{1}{3}+\frac{-2a+3}{2}+a^2-4$$

$$=a^2-a-\frac{13}{6}$$

より

$$a^2-a-\frac{13}{6}=0$$

すなわち

$$6a^2-6a-13=0$$

が成り立つ．これと $-2<a<0$ より

$$a=\frac{\boxed{3}-\sqrt{\boxed{87}}}{\boxed{6}}$$

である．

定積分

$$\int x^n\,dx=\frac{1}{n+1}x^{n+1}+C$$

（ただし $n=0,1,2,\cdots$，C は積分定数）

であり，$f(x)$ の原始関数の一つを $F(x)$ とすると

$$\int_\alpha^\beta f(x)\,dx=\Big[F(x)\Big]_\alpha^\beta$$

$$=F(\beta)-F(\alpha).$$

$-\sqrt{100}<-\sqrt{87}<-\sqrt{81}$ より

$$\frac{3-\sqrt{100}}{6}<\frac{3-\sqrt{87}}{6}<\frac{3-\sqrt{81}}{6}$$

すなわち

$$-\frac{7}{6}<a<-1.$$

第3問　数列

(I)　$a_1=1,\ a_2=4$

(II)　$n=1,\ 2,\ 3,\ \cdots$ に対して

$$(n+1)a_{n+2}-(3n+2)a_{n+1}+2na_n=4n+2. \quad \cdots ①$$

(1)　① において，$n=1$ とし，(I) を用いると

$$2a_3-5a_2+2a_1=6$$
$$2a_3-5\cdot 4+2\cdot 1=6$$

となる．これより

$$a_3=\boxed{12}$$

である．

(2)　$\{a_n\}$ の一般項，および初項から第 n 項までの和 S_n を求める．

① の左辺は

$$\begin{aligned}&(n+1)a_{n+2}-(3n+2)a_{n+1}+2na_n\\&=(n+1)a_{n+2}-\{2(n+1)+n\}a_{n+1}+2na_n\\&=(n+1)(a_{n+2}-\boxed{2}\,a_{n+1})-n(a_{n+1}-2a_n)\end{aligned}$$

となる．よって

$$(n+1)(a_{n+2}-2a_{n+1})-n(a_{n+1}-2a_n)=4n+2$$

である．$b_n=n(a_{n+1}-2a_n)$ とおくと，これは

$$b_{n+1}-b_n=4n+2$$

と表されるから，$\{b_n\}$ の階差数列は

$$4n+2=6+(n-1)\cdot 4$$

であり，これは初項 $\boxed{6}$，公差 $\boxed{4}$ の等差数列である．また

$$b_1=1\cdot(a_2-2a_1)=4-2\cdot 1=2$$

であるから，$n\geqq 2$ のとき

$$\begin{aligned}b_n&=b_1+\sum_{k=1}^{n-1}(4k+2)\\&=2+\frac{n-1}{2}\{6+4(n-1)+2\}\\&=\boxed{2}\,n^{\boxed{2}}\end{aligned}$$

であり，この結果は $n=1$ のときも成り立つ．ゆえに

$$a_{n+1}-2a_n=\frac{1}{n}\cdot 2n^2=2n \quad \cdots ②$$

を得る．

$c_n=a_{n+1}-a_n$ とおくと，② から

$$\begin{aligned}c_{n+1}-2c_n&=(a_{n+2}-a_{n+1})-2(a_{n+1}-a_n)\\&=(a_{n+2}-2a_{n+1})-(a_{n+1}-2a_n)\end{aligned}$$

階差数列

数列 $\{a_n\}$ に対して，

$b_n=a_{n+1}-a_n$ $(n=1,\ 2,\ 3,\ \cdots)$

で定められる数列 $\{b_n\}$ を $\{a_n\}$ の階差数列という．

$$a_n=a_1+\sum_{k=1}^{n-1}b_k \quad (n\geqq 2)$$

が成り立つ．

等差数列の一般項

初項 a，公差 d の等差数列 $\{a_n\}$ の一般項 a_n は

$$a_n=a+(n-1)d.$$

等差数列の和

初項 a の等差数列 $\{a_n\}$ の初項から第 n 項までの和 S_n は

$$S_n=\frac{n}{2}(a+a_n).$$

← $n(a_{n+1}-2a_n)=b_n$.

$=2(n+1)-2n$

$=$ [2]

である．これを変形すると

$$c_{n+1}+\boxed{2}=2(c_n+2)$$

となるから，数列 $\{c_n+2\}$ は初項

$c_1+2=(a_2-a_1)+2=(4-1)+2=\boxed{5}$，公比 2 の等比数列である．よって

$$c_n+2=5\cdot 2^{n-1}$$

すなわち

$$c_n=5\cdot 2^{n-1}-2$$

である．$\{a_n\}$ の階差数列が $\{c_n\}$ であるから，$n \geqq 2$ のとき

$$a_n=a_1+\sum_{k=1}^{n-1}(5\cdot 2^{k-1}-2)$$

$$=1+5\cdot\frac{2^{n-1}-1}{2-1}-2(n-1)$$

$$=\boxed{5}\cdot\boxed{2}^{n-1}-\boxed{2}n-\boxed{2}$$

であり，この結果は $n=1$ のときも成り立つ．したがって，[ス] に当てはまるものは [①] である．

また，$\{a_n\}$ の初項から第 n 項までの和 S_n は

$$S_n=\sum_{k=1}^{n}(5\cdot 2^{k-1}-2k-2)$$

$$=5\cdot\frac{2^n-1}{2-1}-2\cdot\frac{1}{2}n(n+1)-2n$$

$$=\boxed{5}\cdot\boxed{2}^n-n^2-\boxed{3}n-\boxed{5}$$

である．したがって，[ツ] に当てはまるものは [②] である．

漸化式

$a_{n+1}=pa_n+q$ $(n=1,\ 2,\ 3,\ \cdots)$

(p，q は定数，$p \neq 0,\ 1$)

は

$$\alpha=p\alpha+q$$

を満たす α を用いて

$$a_{n+1}-\alpha=p(a_n-\alpha)$$

と変形できる．

等比数列の一般項

初項を a，公比を r とする等比数列 $\{a_n\}$ の一般項は

$a_n=ar^{n-1}$ $(n=1,\ 2,\ 3,\ \cdots)$．

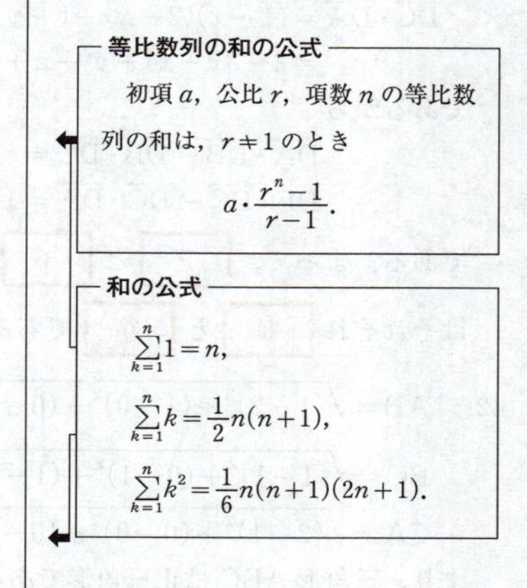

等比数列の和の公式

初項 a，公比 r，項数 n の等比数列の和は，$r \neq 1$ のとき

$$a\cdot\frac{r^n-1}{r-1}.$$

和の公式

$$\sum_{k=1}^{n}1=n,$$

$$\sum_{k=1}^{n}k=\frac{1}{2}n(n+1),$$

$$\sum_{k=1}^{n}k^2=\frac{1}{6}n(n+1)(2n+1).$$

第4問　空間ベクトル

A(2, 0, 0), B(1, 1, 0), C(1, 0, 1), D(x, y, z).

(1) $\overrightarrow{DA}=\overrightarrow{OA}-\overrightarrow{OD}=(2,\ 0,\ 0)-(x,\ y,\ z)$
$=(2-x,\ -y,\ -z)$

$\overrightarrow{DB}=\overrightarrow{OB}-\overrightarrow{OD}=(1,\ 1,\ 0)-(x,\ y,\ z)$
$=(1-x,\ 1-y,\ -z)$

$\overrightarrow{DC}=\overrightarrow{OC}-\overrightarrow{OD}=(1,\ 0,\ 1)-(x,\ y,\ z)$
$=(1-x,\ -y,\ 1-z)$

より

$\overrightarrow{DA}\cdot\overrightarrow{DB}=(2-x)(1-x)+(-y)(1-y)+(-z)^2$
$=2-3x+x^2-y+y^2+z^2$

$\overrightarrow{DB}\cdot\overrightarrow{DC}=(1-x)^2+(1-y)(-y)+(-z)(1-z)$
$=1-2x+x^2-y+y^2-z+z^2$

$\overrightarrow{DC}\cdot\overrightarrow{DA}=(1-x)(2-x)+(-y)^2+(1-z)(-z)$
$=2-3x+x^2+y^2-z+z^2$

であるから

$\overrightarrow{DA}\cdot\overrightarrow{DB}-\overrightarrow{DB}\cdot\overrightarrow{DC}=z-x+1$　…①

$\overrightarrow{DB}\cdot\overrightarrow{DC}-\overrightarrow{DC}\cdot\overrightarrow{DA}=x-y-1$　…②

である．よって，［ア］と［イ］に当てはまるものはそれぞれ［⑧］と［⓪］である．

内積
$\vec{a}=(a_1,\ a_2,\ a_3)$, $\vec{b}=(b_1,\ b_2,\ b_3)$ のとき
$\vec{a}\cdot\vec{b}=a_1b_1+a_2b_2+a_3b_3$.

(2) $AB=\sqrt{(1-2)^2+(1-0)^2+(0-0)^2}=\sqrt{[2]}$

$BC=\sqrt{(1-1)^2+(0-1)^2+(1-0)^2}=\sqrt{2}$

$CA=\sqrt{(2-1)^2+(0-0)^2+(0-1)^2}=\sqrt{2}$

2点間の距離
2点 $(x_1,\ y_1,\ z_1)$, $(x_2,\ y_2,\ z_2)$ 間の距離は
$\sqrt{(x_2-x_1)^2+(y_2-y_1)^2+(z_2-z_1)^2}$.

より，三角形ABCは正三角形である．4点A，B，C，Dが正四面体の四つの頂点になるときの x，y，z の値を求める．ただし，$x>1$ である．

4点A, B, C, Dは正四面体の四つの頂点．

ベクトル $\overrightarrow{DA}$，$\overrightarrow{DB}$，$\overrightarrow{DC}$ の大きさはいずれも $\sqrt{[2]}$ であり，どの二つのベクトルのなす角も［60］°である．よって

$\overrightarrow{DA}\cdot\overrightarrow{DB}=\overrightarrow{DB}\cdot\overrightarrow{DC}=\overrightarrow{DC}\cdot\overrightarrow{DA}$
$=(\sqrt{2})^2\cos 60^\circ=[1]$

内積
$\vec{0}$ でない2つのベクトル $\vec{a}$ と $\vec{b}$ のなす角を θ $(0^\circ\leqq\theta\leqq 180^\circ)$ とすると，
$\vec{a}\cdot\vec{b}=|\vec{a}||\vec{b}|\cos\theta$.
特に，
$\vec{a}\cdot\vec{a}=|\vec{a}||\vec{a}|\cos 0^\circ=|\vec{a}|^2$.

となる．このことと①，②より

$z-x+1=0$,　$x-y-1=0$

すなわち

$z=x-1$,　$y=x-1$

であり，さらに $|\overrightarrow{DA}|=|\overrightarrow{DB}|=|\overrightarrow{DC}|=\sqrt{2}$ より

$$(2-x)^2+y^2+z^2=2$$

である．これらより y, z を消去すると

$$(2-x)^2+(x-1)^2+(x-1)^2=2$$
$$3x^2-8x+4=0$$
$$(3x-2)(x-2)=0$$

が成り立つ．$x>1$ であるから

$$x=2$$

である．よって，

$(x,\ y,\ z)=(\boxed{2},\ \boxed{1},\ \boxed{1})$ である．

← $|\overrightarrow{DA}|^2=2$ より．

← $|\overrightarrow{DB}|^2=2$, $|\overrightarrow{DC}|^2=2$ から，y, z を消去しても同じ式を得る．

(3)　$(x,\ y,\ z)=(2,\ 1,\ 1)$，線分 AB の中点が P，線分 DA を 1:2 に内分する点が Q，線分 DC を $t:(1-t)$ $(0<t<1)$ に内分する点が R である．三角形 PQR の面積 S が最小となるときの t の値を求める．

$$\overrightarrow{OP}=\frac{1}{2}\overrightarrow{OA}+\frac{1}{2}\overrightarrow{OB}$$
$$=\frac{1}{2}(2,\ 0,\ 0)+\frac{1}{2}(1,\ 1,\ 0)=\left(\frac{3}{2},\ \frac{1}{2},\ 0\right)$$
$$\overrightarrow{OQ}=\frac{1}{3}\overrightarrow{OA}+\frac{2}{3}\overrightarrow{OD}$$
$$=\frac{1}{3}(2,\ 0,\ 0)+\frac{2}{3}(2,\ 1,\ 1)=\left(2,\ \frac{2}{3},\ \frac{2}{3}\right)$$

← **分点公式**

線分 AB を $m:n$ に内分する点を P とすると

$$\overrightarrow{OP}=\frac{n\overrightarrow{OA}+m\overrightarrow{OB}}{m+n}.$$

より

$$\overrightarrow{PQ}=\overrightarrow{OQ}-\overrightarrow{OP}$$
$$=\left(2,\ \frac{2}{3},\ \frac{2}{3}\right)-\left(\frac{3}{2},\ \frac{1}{2},\ 0\right)=\frac{1}{6}(3,\ 1,\ 4)$$

であるから

$$|\overrightarrow{PQ}|^2=\frac{1}{6^2}(3^2+1^2+4^2)=\frac{\boxed{13}}{\boxed{18}}$$

である．さらに

$$\overrightarrow{OR}=t\overrightarrow{OC}+(1-t)\overrightarrow{OD}$$
$$=t(1,\ 0,\ 1)+(1-t)(2,\ 1,\ 1)$$
$$=(2-t,\ 1-t,\ 1)$$

より

$$\overrightarrow{PR}=\overrightarrow{OR}-\overrightarrow{OP}=(2-t,\ 1-t,\ 1)-\left(\frac{3}{2},\ \frac{1}{2},\ 0\right)$$
$$=\left(\frac{1}{2}-t,\ \frac{1}{2}-t,\ 1\right)$$

であるから

$$|\overrightarrow{PR}|^2=2\left(\frac{1}{2}-t\right)^2+1^2$$

$$= \boxed{2}\,t^2 - \boxed{2}\,t + \frac{\boxed{3}}{\boxed{2}}$$

である．また，

$$\overrightarrow{PQ}\cdot\overrightarrow{PR} = \frac{1}{6}\left\{3\left(\frac{1}{2}-t\right)+1\cdot\left(\frac{1}{2}-t\right)+4\cdot 1\right\} = 1-\frac{2}{3}t$$

である．$\overrightarrow{PQ}$ と $\overrightarrow{PR}$ のなす角を θ とすると，

$$S = \frac{1}{2}|\overrightarrow{PQ}||\overrightarrow{PR}|\sin\theta$$

なので

$$\begin{aligned}
4S^2 &= |\overrightarrow{PQ}|^2|\overrightarrow{PR}|^2\sin^2\theta \\
&= |\overrightarrow{PQ}|^2|\overrightarrow{PR}|^2(1-\cos^2\theta) \\
&= |\overrightarrow{PQ}|^2|\overrightarrow{PR}|^2 - |\overrightarrow{PQ}|^2|\overrightarrow{PR}|^2\cos^2\theta \\
&= |\overrightarrow{PQ}|^2|\overrightarrow{PR}|^2 - (\overrightarrow{PQ}\cdot\overrightarrow{PR})^2 \\
&= \frac{13}{18}\left(2t^2-2t+\frac{3}{2}\right) - \left(1-\frac{2}{3}t\right)^2 \\
&= t^2 - \frac{\boxed{1}}{\boxed{9}}t + \frac{\boxed{1}}{\boxed{12}} \\
&= \left(t-\frac{1}{18}\right)^2 - \frac{1}{18^2} + \frac{1}{12}
\end{aligned}$$

である．よって，S は $t = \frac{\boxed{1}}{\boxed{18}}$ のとき最小になる．

第5問　確率分布，統計的推測

$0<p<1$ であり，袋の中に白球が p，赤球が $1-p$ の割合で，全部で m 個入っている．

(1)　$p=\dfrac{3}{5}$ のとき，この袋の中から1個の球を取り出し袋の中へ戻すという試行を4回繰り返す．このとき，白球の出る回数を表す確率変数を W とすると，W の平均(期待値)は

$$4\cdot\frac{3}{5}=\frac{\boxed{12}}{\boxed{5}}$$

であり，W の分散は

$$4\cdot\frac{3}{5}\cdot\frac{2}{5}=\frac{\boxed{24}}{\boxed{25}}$$

である．

さらに

$X=$(白球の出る回数)$-$(赤球の出る回数)

とするとき

$$X=W-(4-W)=\boxed{2}\,W-\boxed{4}$$

が成り立つ．このことを利用して，X の平均は

$$2\cdot\frac{12}{5}-4=\frac{\boxed{4}}{\boxed{5}}$$

であり，X の分散は

$$2^2\cdot\frac{24}{25}=\frac{\boxed{96}}{\boxed{25}}$$

であることがわかる．

(2)　$m=10$，$p=\dfrac{3}{5}$ のとき，この袋には白球が

$10\cdot\dfrac{3}{5}=6$ 個，赤球が $10-6=4$ 個入っている．この袋の中から同時に4個の球を取り出すとき，白球の個数を表す確率変数を Y とすると

$$P(Y=0)=\frac{{}_4\mathrm{C}_4}{{}_{10}\mathrm{C}_4}=\frac{1}{\frac{10!}{4!6!}}=\frac{\boxed{1}}{\boxed{210}}$$

$$P(Y=1)=\frac{{}_6\mathrm{C}_1\cdot{}_4\mathrm{C}_3}{{}_{10}\mathrm{C}_4}=\frac{6\cdot4}{210}=\frac{\boxed{4}}{\boxed{35}}$$

二項分布

n を自然数とする．

確率変数 X のとり得る値が

$0,\ 1,\ 2,\ \cdots,\ n$

であり，X の確率分布が

$P(X=r)={}_n\mathrm{C}_r p^r(1-p)^{n-r}$

$(r=0,\ 1,\ 2,\ \cdots,\ n)$

であるとき，X の確率分布を二項分布といい，$B(n,\ p)$ で表す．

平均(期待値)，分散

確率変数 X のとり得る値を

$x_1,\ x_2,\ \cdots,\ x_n$

とし，X がこれらの値をとる確率をそれぞれ

$p_1,\ p_2,\ \cdots,\ p_n$

とすると，X の平均(期待値) $E(X)$ は

$$E(X)=\sum_{k=1}^{n}x_kp_k.$$

また，X の分散 $V(X)$ は $E(X)=m$ として

$$V(X)=\sum_{k=1}^{n}(x_k-m)^2p_k$$

または

$$V(X)=E(X^2)-\{E(X)\}^2.$$

二項分布の平均(期待値)，分散

確率変数 X が二項分布 $B(n,\ p)$ に従うとき，$q=1-p$ とすると X の平均(期待値) $E(X)$ と分散 $V(X)$ は

$E(X)=np$

$V(X)=npq$

である．

X，Y は確率変数，a，b は定数とする．

$E(aX+b)=aE(X)+b,$

$V(aX+b)=a^2V(X).$

である．同様に Y のとり得る他の値に対する確率を求めると

$$P(Y=2)=\frac{{}_6C_2\cdot{}_4C_2}{{}_{10}C_4}=\frac{\frac{6!}{2!4!}\cdot\frac{4!}{2!2!}}{210}=\frac{90}{210}$$

$$P(Y=3)=\frac{{}_6C_3\cdot{}_4C_1}{{}_{10}C_4}=\frac{\frac{6!}{3!3!}\cdot 4}{210}=\frac{80}{210}$$

$$P(Y=4)=\frac{{}_6C_4}{{}_{10}C_4}=\frac{\frac{6!}{4!2!}}{210}=\frac{15}{210}$$

であるから，Y の平均を計算すると

$$0\cdot\frac{1}{210}+1\cdot\frac{24}{210}+2\cdot\frac{90}{210}+3\cdot\frac{80}{210}+4\cdot\frac{15}{210}$$

$$=\frac{504}{210}=\frac{\boxed{12}}{\boxed{5}}$$

であることがわかる．

(3)　n 回の復元抽出を行ったとき，白球の出る回数を確率変数 W で表し，W のとる値を w とし，$r=\frac{w}{n}$ とおくと，p に対する信頼度(信頼係数) 95% の信頼区間は

$$r-1.96\sqrt{\frac{r(1-r)}{n}}\leqq p\leqq r+1.96\sqrt{\frac{r(1-r)}{n}}$$

であるから，信頼区間の幅は，

$$\left(r+1.96\sqrt{\frac{r(1-r)}{n}}\right)-\left(r-1.96\sqrt{\frac{r(1-r)}{n}}\right)$$

$$=3.92\sqrt{\frac{r(1-r)}{n}}$$

である．これが最大となる r の値は

$$r(1-r)=-\left(r-\frac{1}{2}\right)^2+\frac{1}{4}$$

より，$r=0.\boxed{5}$ が得られたときである．このときの信頼区間の幅が L_1 であり，$r=0.8$ が得られたときの信頼区間の幅が L_2 であるから

$$\frac{L_2}{L_1}=\frac{3.92\sqrt{\frac{\frac{4}{5}\left(1-\frac{4}{5}\right)}{n}}}{3.92\sqrt{\frac{\frac{1}{2}\left(1-\frac{1}{2}\right)}{n}}}=\frac{\sqrt{\frac{4}{25}}}{\sqrt{\frac{1}{4}}}=\frac{4}{5}=\boxed{0}.\boxed{8}$$

である．

母比率，標本比率

母集団全体の中で特性Aをもつ要素の割合を特性Aの母比率といい，標本の中で特性Aをもつ要素の割合を特性Aの標本比率という．

母比率の推定

標本比率を r とすると，標本の大きさ n が大きいとき，母比率 p に対する信頼度(信頼係数) 95% の信頼区間は

$$\left[r-1.96\sqrt{\frac{r(1-r)}{n}},\ r+1.96\sqrt{\frac{r(1-r)}{n}}\right].$$

正規分布表より，$\frac{0.95}{2}$ すなわち 0.475 となる z_0 の値は 1.96 である．

数学Ⅰ・数学A
数学Ⅱ・数学B

（2016年１月実施）

	受験者数	平均点
数学Ⅰ・数学A	392,479	55.27
数学Ⅱ・数学B	353,423	47.92

2016
本試験

数学Ⅰ・数学A

解答・採点基準

（100点満点）

問題番号(配点)	解答記号	正解	配点	自己採点
第1問 (30)	$-$ア$a+$イ	$-3a+1$	2	
	ウ$a+$エ	$2a+1$	2	
	オ$a+$カ	$-a+2$	2	
	$\frac{キ}{ク}$	$\frac{1}{4}$	2	
	$\frac{ケ}{コ}$	$\frac{2}{5}$	2	
	サ，シ	③，⓪	2	
	ス，セ	⑤，④	2	
	ソ	①	3	
	タ	③	3	
	チツテ	-20	3	
	トナa，ニ$\leqq x$	$-4a$，$0\leqq x$	3	
	ヌ	5	4	
第1問　自己採点小計				
第2問 (30)	ア	7	3	
	イ$\sqrt{ウエ}$	$3\sqrt{21}$	3	
	オ$\sqrt{カ}$	$7\sqrt{3}$	3	
	キク	14	3	
	$\frac{ケコ\sqrt{サ}}{シ}$	$\frac{49\sqrt{3}}{2}$	3	
	ス，セ	⓪，③（解答の順序は問わない）	3	
	ソ	⑤	3	
	タ，チ	①，③（解答の順序は問わない）	3	
	ツ	⑨	2	
	テ	⑧	2	
	ト	⑦	2	
第2問　自己採点小計				

問題番号(配点)	解答記号	正解	配点	自己採点
第3問 (20)	$\frac{アイ}{ウエ}$	$\frac{28}{33}$	3	
	$\frac{オ}{カキ}$	$\frac{5}{33}$	3	
	$\frac{ク}{ケコ}$	$\frac{5}{11}$	3	
	$\frac{サ}{シス}$	$\frac{5}{44}$	3	
	$\frac{セ}{ソタ}$	$\frac{5}{12}$	4	
	$\frac{チ}{ツテ}$	$\frac{4}{11}$	4	
第3問　自己採点小計				
第4問 (20)	$x=$アイ	$x=15$	3	
	$y=$ウエ	$y=-7$	3	
	$x=$オカキ	$x=-47$	2	
	$y=$クケ	$y=22$	2	
	コサシ$_{(4)}$	$123_{(4)}$	4	
	ス，セ，ソ	⓪，③，⑤（解答の順序は問わない）	6	
第4問　自己採点小計				
第5問 (20)	ア	⓪	2	
	$\frac{EC}{AE}=\frac{イ}{ウ}$	$\frac{EC}{AE}=\frac{1}{2}$	3	
	$\frac{GC}{DG}=\frac{エ}{オ}$	$\frac{GC}{DG}=\frac{1}{3}$	3	
	BG＝カ	BG＝3	3	
	DC＝キ$\sqrt{ク}$	DC＝$2\sqrt{7}$	3	
	ケ	4	2	
	コサ°	30°	2	
	AH＝シ	AH＝2	2	
第5問　自己採点小計				
自己採点合計				

（注）

第1問，第2問は必答。

第3問～第5問のうちから2問選択。計4問を解答。

第1問　1次関数・集合と命題・2次関数

〔1〕

$f(x)=(1+2a)(1-x)+(2-a)x$ より,

$$f(x)=\left(-\boxed{3}\,a+\boxed{1}\right)x+2a+1$$

である.

$y=f(x)$ のグラフは，傾き $-3a+1$, y 切片 $2a+1$ の直線である.

(1)　$0 \leqq x \leqq 1$ における $f(x)$ の最小値は,

$a \leqq \dfrac{1}{3}$ のとき，$-3a+1 \geqq 0$ より，$y=f(x)$ のグラフは右上がりの直線もしくは x 軸に平行な直線となるから,

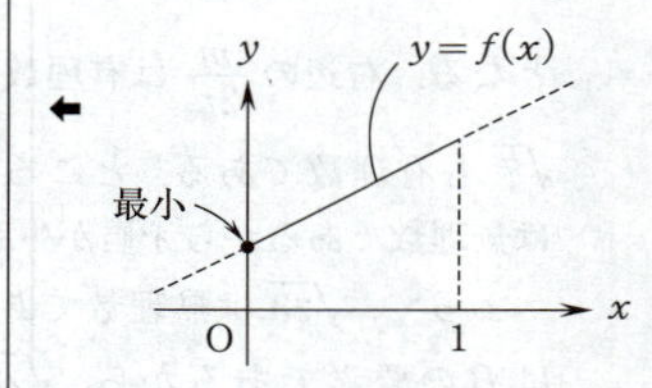

$$f(0)=\boxed{2}\,a+\boxed{1}$$

であり,

$a > \dfrac{1}{3}$ のとき，$-3a+1<0$ より，$y=f(x)$ のグラフは右下がりの直線となるから,

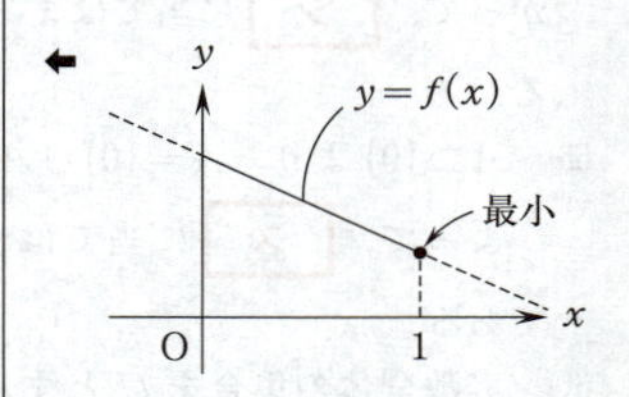

$$f(1)=\boxed{-}\,a+\boxed{2}$$

である.

(2)　$0 \leqq x \leqq 1$ において，常に $f(x) \geqq \dfrac{2(a+2)}{3}$ が成り立つ条件は,

$$f(0) \geqq \frac{2(a+2)}{3} \text{ かつ } f(1) \geqq \frac{2(a+2)}{3}$$

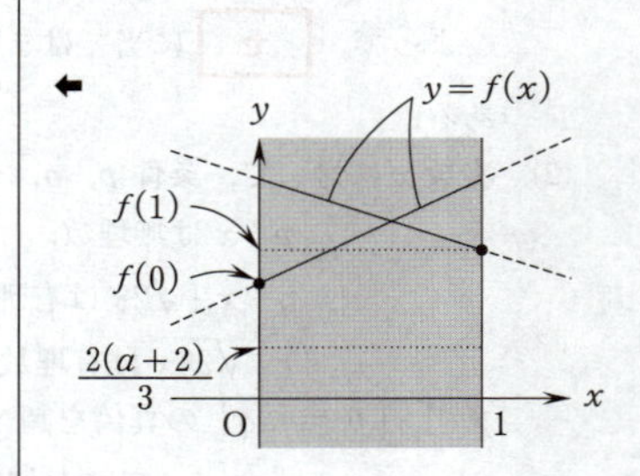

であるから,

$$2a+1 \geqq \frac{2(a+2)}{3} \text{ かつ } -a+2 \geqq \frac{2(a+2)}{3}$$

すなわち

$$a \geqq \frac{1}{4} \text{ かつ } a \leqq \frac{2}{5}$$

である.

よって，求める a の値の範囲は,

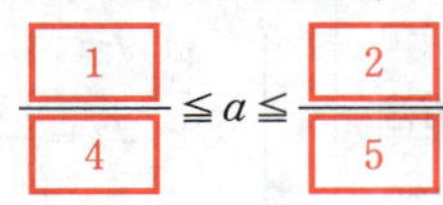

$$\frac{\boxed{1}}{\boxed{4}} \leqq a \leqq \frac{\boxed{2}}{\boxed{5}}$$

である.

〔2〕

(1)　A：有理数全体の集合，B：無理数全体の集合

(i)　0 は有理数より，集合 $\{0\}$ は A の部分集合である.

よって，$A \supset \{0\}$ となるから，$\boxed{サ}$ に当ては

まるものは ③ である.

(ii) $\sqrt{28}$ が有理数であると仮定し, $\sqrt{28}=\frac{m}{n}$ (m は整数, n は0でない整数)とおくと,

$$2\sqrt{7}=\frac{m}{n},\ つまり,\ \sqrt{7}=\frac{m}{2n}$$

となる. 右辺の $\frac{m}{2n}$ は有理数であるから, 左辺の $\sqrt{7}$ も有理数である. ところが, 問題文より $\sqrt{7}$ は無理数であるから矛盾が生じる.

よって, $\sqrt{28}$ は無理数である. これより, $\sqrt{28}$ は B の要素であるから, $\sqrt{28}\in B$ である. したがって, シ に当てはまるものは ⓪ である.

(iii) $A\supset\{0\}$ より, $A=\{0\}\cup A$ が成り立つ.

よって, ス に当てはまるものは, ⑤ である.

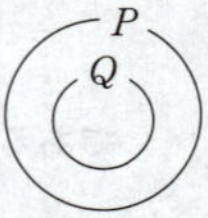

(iv) 実数全体の集合を U とすると, $\overline{A}=B$ であるから, $\varnothing=A\cap B$ が成り立つ.

よって, セ に当てはまるものは ④ である.

(2) 実数 x に対して, 条件 p, q, r は,

p : x は無理数,
q : $x+\sqrt{28}$ は有理数,
r : $\sqrt{28}x$ は有理数.

まず,「$p \Longrightarrow q$」の真偽を調べる.

「$p \Longrightarrow q$」は偽

である.

次に,「$q \Longrightarrow p$」の真偽を調べる.

$x+\sqrt{28}$ が有理数のとき, $x+\sqrt{28}=u$ (u は有理数) とすると, x は $u-\sqrt{28}$ の形をした無理数である.

これより,

「$q \Longrightarrow p$」は真

である.

よって, p は q であるための必要条件であるが, 十分条件でない. したがって, ソ に当てはまるものは ① である.

有理数とは, 整数 m と0でない整数 n を用いて分数 $\frac{m}{n}$ の形で表すことができる数のこと.

無理数とは, 実数のうち有理数でない数のこと.

2つの集合 P, Q について $P\supset Q$ ならば $P\cup Q=P$, $P\cap Q=Q$ である.

全体集合 U の部分集合 A について

$$A\cap\overline{A}=\varnothing,\ A\cup\overline{A}=U$$

である.

(空集合 $\varnothing$ とは, 要素が1つもない集合のこと.)

反例 $x=-\sqrt{7}$ など.
$x+\sqrt{28}=-\sqrt{7}+2\sqrt{7}=\sqrt{7}$ となり, $x+\sqrt{28}$ は無理数である.

$u-\sqrt{28}=v$ (v は有理数) と仮定すると, $\sqrt{7}=\frac{u-v}{2}$ となり, 右辺は有理数, 左辺は無理数なので矛盾が生じる. よって, $u-\sqrt{28}$ は無理数である. …(*)

命題「$s \Longrightarrow t$」が真のとき, s は t であるための十分条件, t は s であるための必要条件という.

まず，「$p \Longrightarrow r$」の真偽を調べる．

「$p \Longrightarrow r$」は偽

である．

◀ 反例 $x=\dfrac{\sqrt{7}+1}{2}$ など．

$\dfrac{\sqrt{7}+1}{2}=k$ （k は有理数）と仮定すると，$\sqrt{7}=2k-1$ となり，右辺は有理数，左辺は無理数なので矛盾が生じる．よって，$\dfrac{\sqrt{7}+1}{2}$ は無理数である．

このとき，

$$\sqrt{28}x=2\sqrt{7}\cdot\frac{\sqrt{7}+1}{2}$$
$$=7+\sqrt{7}$$

となり，(*) と同様にして考えると，$7+\sqrt{7}$ は無理数である．

次に，「$r \Longrightarrow p$」の真偽を調べる．

$\sqrt{28}x$ が有理数となる x の1つは0である．0は有理数であるから，

「$r \Longrightarrow p$」は偽

である．

よって，p は r であるための必要条件でも十分条件でもない．したがって，[タ] に当てはまるものは [③] である．

〔3〕

a は1以上の定数．

$$\begin{cases} x^2+(20-a^2)x-20a^2\leqq 0, & \cdots ① \\ x^2+4ax\geqq 0. & \cdots ② \end{cases}$$

① は，

$$(x+20)(x-a^2)\leqq 0$$

と変形でき，$a\geqq 1$ より，$a^2\geqq 1$ であるから，不等式 ① の解は，

◀
$$\begin{array}{ccccc} 1 & \times & 20 & \longrightarrow & 20 \\ 1 & & -a^2 & \longrightarrow & -a^2 \\ \hline & & & & 20-a^2 \end{array}$$

$$\boxed{-20}\leqq x\leqq a^2 \quad \cdots ①'$$

である．

また，② は，

$$x(x+4a)\geqq 0$$

と変形でき，$a\geqq 1$ より，$-4a\leqq -4$ であるから，不等式 ② の解は，

$$x\leqq \boxed{-4}\,a,\quad \boxed{0}\leqq x \quad \cdots ②'$$

である．

① かつ ② を満たす負の実数が存在する条件は，

「①′ と ②′ の共通範囲が負に存在すること」

であるから，

$$-20\leqq -4a$$
$$a\leqq 5$$

である．

◀
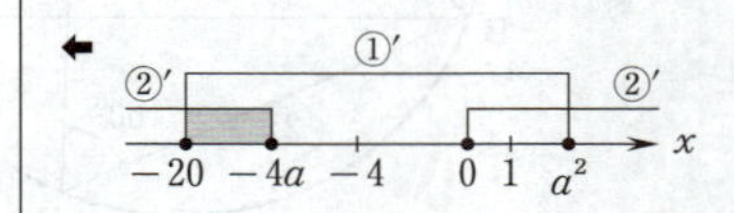

よって，求める a の値の範囲は，$a\geqq 1$ との共通範囲を考えて，

$$1\leqq a\leqq \boxed{5}$$

である．

第2問　図形と計量・データの分析

〔1〕

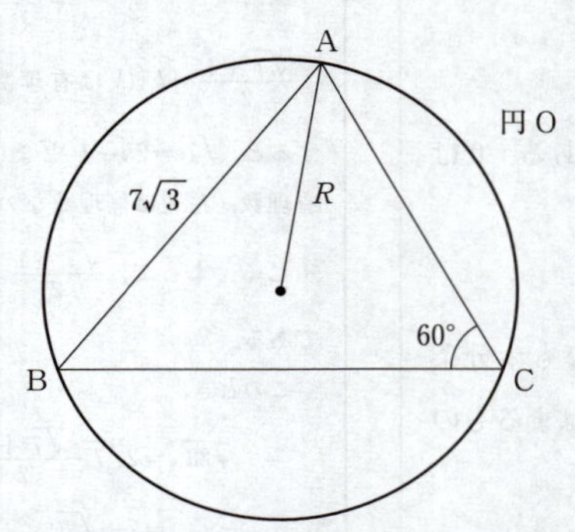

△ABC の外接円 O の半径を R とし，正弦定理を用いると，

$$2R=\frac{\mathrm{AB}}{\sin 60^\circ}$$

であるから，

$$R=\frac{\mathrm{AB}}{2\sin 60^\circ}=\frac{7\sqrt{3}}{2\cdot\frac{\sqrt{3}}{2}}=\boxed{7}$$

である．

← **正弦定理**

$$\frac{a}{\sin A}=\frac{b}{\sin B}=\frac{c}{\sin C}=2R.$$

(R は外接円の半径)

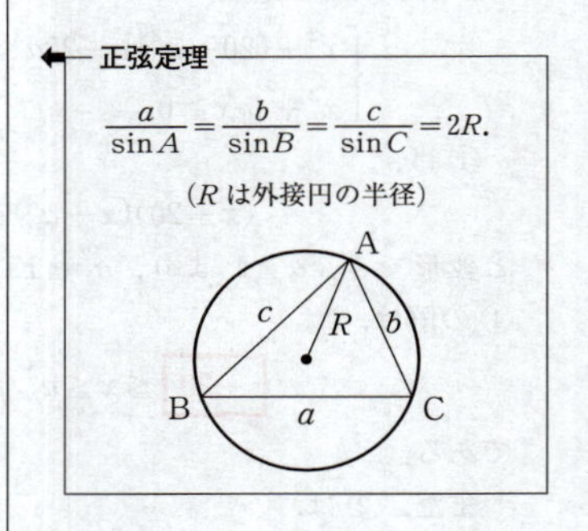

(1)　2PA＝3PB のとき，PA:PB＝3:2 となるから，$x>0$ として PA＝$3x$，PB＝$2x$ とおく．

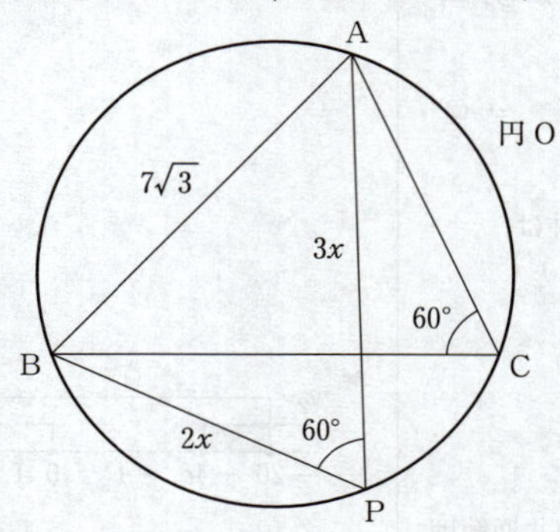

円周角の定理より，

$$\angle\mathrm{APB}=\angle\mathrm{ACB}=60^\circ$$

であるから，△ABP に余弦定理を用いると，

$$\mathrm{AB}^2=\mathrm{PA}^2+\mathrm{PB}^2-2\cdot\mathrm{PA}\cdot\mathrm{PB}\cos 60^\circ$$

$$(7\sqrt{3})^2=(3x)^2+(2x)^2-2\cdot 3x\cdot 2x\cdot\frac{1}{2}$$

$$7x^2=147$$

$$x^2=21$$

となり，$x>0$ から，

$$x=\sqrt{21}$$

である．

よって，2PA＝3PB となるのは，

$$\mathrm{PA}=3x=\boxed{3}\sqrt{\boxed{21}}$$

のときである．

← 余弦定理

$$c^2=a^2+b^2-2ab\cos C.$$

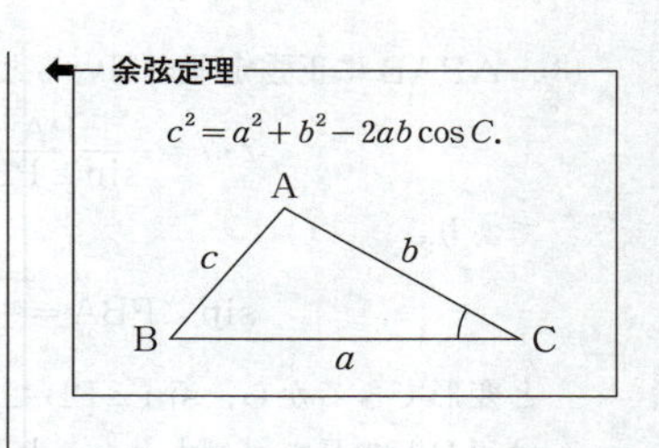

(2)　点Pから直線ABに下ろした垂線と直線ABの交点をHとすると，

$$(\triangle\mathrm{PAB}\text{の面積})=\frac{1}{2}\mathrm{AB}\cdot\mathrm{PH}$$

$$=\frac{7\sqrt{3}}{2}\mathrm{PH}$$

← $\mathrm{AB}=7\sqrt{3}$.

であるから，△PABの面積が最大となるのは線分PHの長さが最大となるときである．

←

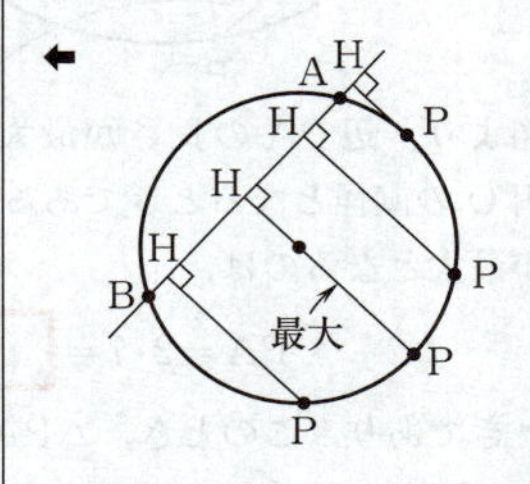

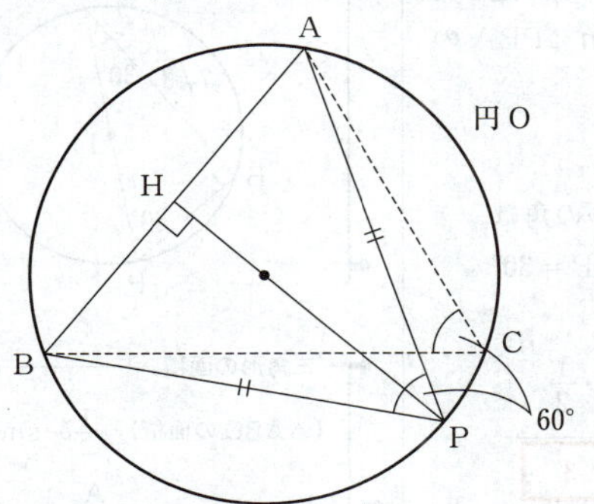

図より，線分PHの長さが最大となるのは線分PH上に円Oの中心があるときである．このとき，PA＝PB であり，∠APB＝60° であるから，△PABは正三角形である．

← △PAHと△PBHについて，
AH＝BH
PHは共通
∠PHA＝∠PHB(＝90°)
であるから，
△PAH≡△PBH
となり，
PA＝PB
である．

よって，△PABの面積が最大となるのは，

$$\mathrm{PA}=\mathrm{AB}=\boxed{7}\sqrt{\boxed{3}}$$

のときである．

(3)　△PAB に正弦定理を用いると,

$$2\cdot 7=\frac{\mathrm{PA}}{\sin\angle\mathrm{PBA}}$$

であり,

$$\sin\angle\mathrm{PBA}=\frac{\mathrm{PA}}{14}$$

と変形できるから，$\sin\angle\mathrm{PBA}$ の値が最大となるのは辺 PA の長さが最大となるときである.

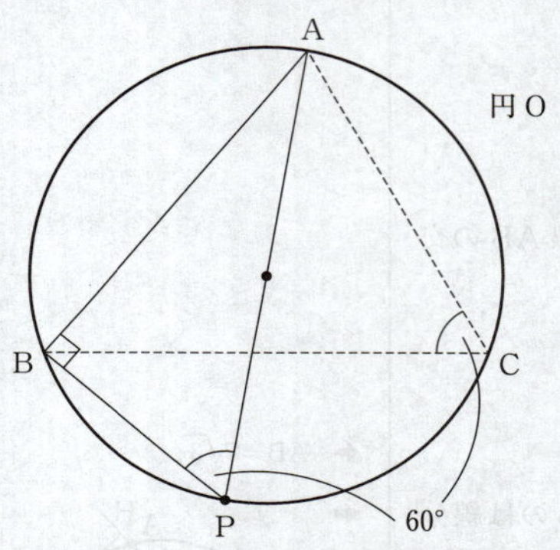

図より，辺 PA の長さが最大となるのは，辺 PA が円 O の直径となるときであるから，$\sin\angle\mathrm{PBA}$ の値が最大となるのは,

$$\mathrm{PA}=2\cdot 7=\boxed{14}$$

のときであり，このとき，△PAB の 3 つの角は,

$$\angle\mathrm{PBA}=90^\circ,\ \angle\mathrm{APB}=60^\circ,\ \angle\mathrm{BAP}=30^\circ$$

となるから，△PAB の面積は,

$$\frac{1}{2}\mathrm{AB}\cdot\mathrm{AP}\sin 30^\circ=\frac{1}{2}\cdot 7\sqrt{3}\cdot 14\cdot\frac{1}{2}$$

$$=\frac{\boxed{49}\sqrt{\boxed{3}}}{\boxed{2}}$$

である.

⬅ △ABC の外接円 O は △PAB の外接円でもあるから，△PAB の外接円の半径は $R=7$ である.

⬅

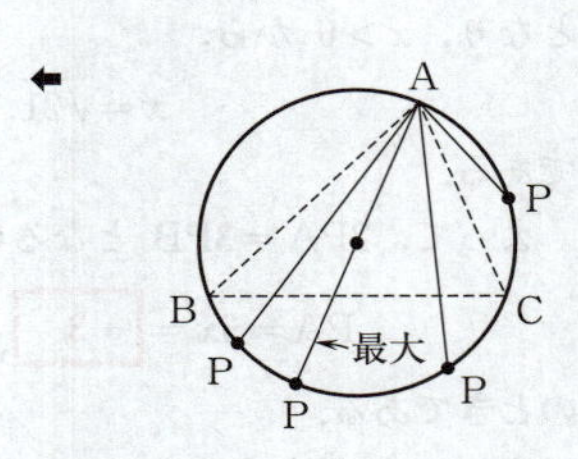

⬅

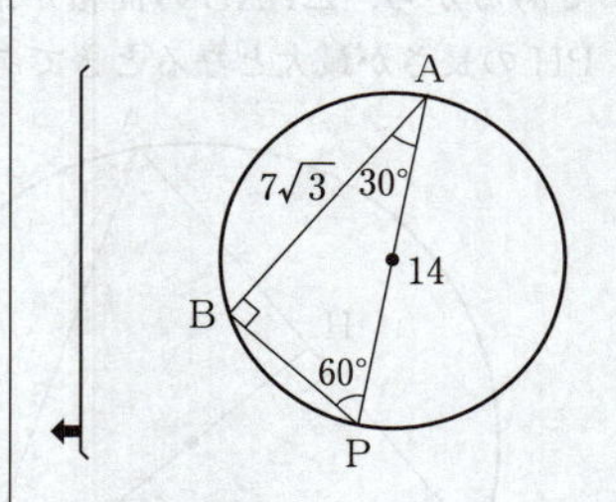

⬅ **三角形の面積**

$$(\triangle\mathrm{ABC}\ の面積)=\frac{1}{2}bc\sin A.$$

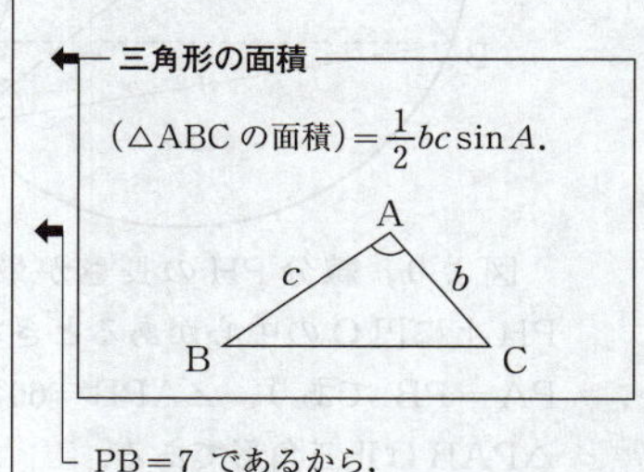

⬅ PB＝7 であるから,

$$\frac{1}{2}\cdot\mathrm{AB}\cdot\mathrm{BP}=\frac{1}{2}\cdot 7\sqrt{3}\cdot 7=\frac{49\sqrt{3}}{2}$$

としてもよい.

〔2〕

⓪は正しい．

1日あたり平均降水量が多くなっても購入額について10円前後から40円前後までの点が存在するから購入額が増加するとは言えない．よって，①は正しくない．

平均湿度が高くなっても購入額について10円前後から40～50円までの点が存在するから散らばりは小さくなる傾向にあるとは言えない．よって，②は正しくない．

③は正しい．

正の相関は，平均湿度と購入額の間以外に，平均最高気温と購入額の間にもあるから，④は正しくない．

← 2つの変量からなるデータにおいて，一方が増加すると他方も増加する傾向がみられるとき，2つの変量には正の相関があるという．また，一方が増加すると他方が減少する傾向がみられるとき，2つの変量には負の相関があるという．

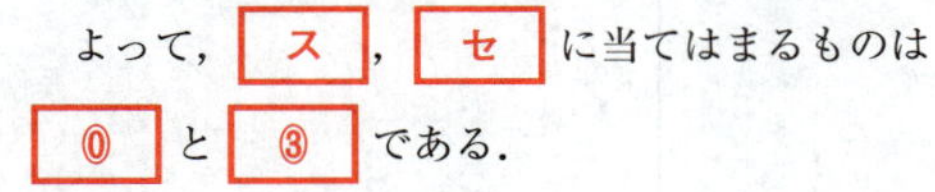

よって，［ス］，［セ］に当てはまるものは

［⓪］と［③］である．

〔3〕

(1)　東京，N市，M市の2013年の365日の各日の最高気温のデータをまとめたヒストグラムより，3つの都市の最大値と最小値は次のようになる．

	最大値	最小値
東京	35℃～40℃	0℃～5℃
N市	35℃～40℃	−10℃～−5℃
M市	40℃～45℃	5℃～10℃

また，a，b，cの箱ひげ図より，a，b，cの最大値と最小値は次のようになる．

	最大値	最小値
a	40℃～45℃	5℃～10℃
b	35℃～40℃	−10℃～−5℃
c	35℃～40℃	0℃～5℃

← 箱ひげ図からは，次の5つの情報が得られる．

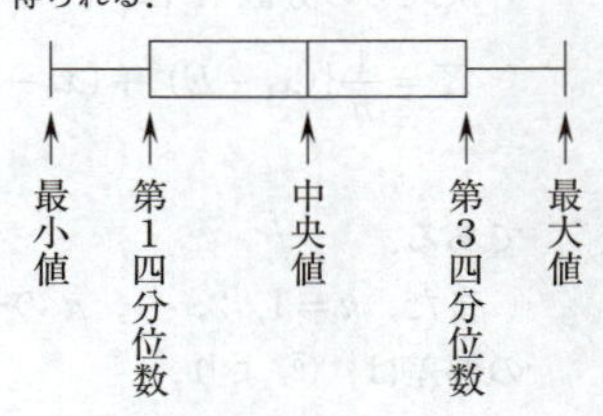

2つの表より，都市名と箱ひげ図の組合せは，

東京―c，　N市―b，　M市―a

である．

よって，［ソ］に当てはまるものは［⑤］である．

(2)　3つの散布図について，次のようなことが読み取れる．

・東京とO市の最高気温の間には正の相関がある.
・東京とN市の最高気温の間には正の相関がある.
・東京とM市の最高気温の間には負の相関がある.
・東京とO市の最高気温の間の正の相関の方が東京とN市の最高気温の間の正の相関より強い.

← 2つの変量の間に相関があるとき，散布図における点の分布の様子が1つの直線に接近しているほど相関が強いといい，散らばっているほど相関が弱いという.

よって，**タ**，**チ** に当てはまるものは **①** と **③** である.

(3) $n=365$ とし，N市の2013年の365日の各日の最高気温の摂氏(℃)のデータを $x_1,\ x_2,\ \cdots,\ x_n$，華氏(℉)のデータを $x_1',\ x_2',\ \cdots,\ x_n'$ とする．さらに，摂氏の平均値を E，華氏の平均値を E' とすると，

$$E=\frac{1}{n}(x_1+x_2+\cdots+x_n) \qquad \cdots ①$$

であり，

$$\begin{aligned}E'&=\frac{1}{n}(x_1'+x_2'+\cdots+x_n')\\&=\frac{1}{n}\left\{\left(\frac{9}{5}x_1+32\right)+\left(\frac{9}{5}x_2+32\right)+\cdots+\left(\frac{9}{5}x_n+32\right)\right\}\\&=\frac{1}{n}\left\{\frac{9}{5}(x_1+x_2+\cdots+x_n)+32n\right\}\\&=\frac{1}{n}\left(\frac{9}{5}En+32n\right)\quad(①\text{ より})\\&=\frac{9}{5}E+32 \qquad \cdots ②\end{aligned}$$

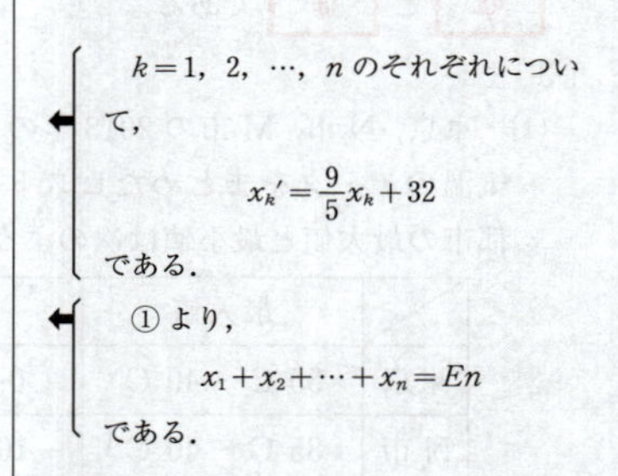

← $k=1,\ 2,\ \cdots,\ n$ のそれぞれについて，

$$x_k'=\frac{9}{5}x_k+32$$

である.

← ①より，

$$x_1+x_2+\cdots+x_n=En$$

である.

である.

まず，$\dfrac{Y}{X}$ について調べる.

摂氏での分散 X は，

$$X=\frac{1}{n}\{(x_1-E)^2+(x_2-E)^2+\cdots+(x_n-E)^2\} \qquad \cdots ③$$

である.

また，$k=1,\ 2,\ \cdots,\ n$ のそれぞれについて華氏での偏差は，②より，

$$\left.\begin{aligned}x_1'-E'&=\left(\frac{9}{5}x_1+32\right)-\left(\frac{9}{5}E+32\right)=\frac{9}{5}(x_1-E),\\x_2'-E'&=\left(\frac{9}{5}x_2+32\right)-\left(\frac{9}{5}E+32\right)=\frac{9}{5}(x_2-E),\\&\ \ \vdots\\x_n'-E'&=\left(\frac{9}{5}x_n+32\right)-\left(\frac{9}{5}E+32\right)=\frac{9}{5}(x_n-E)\end{aligned}\right\} \cdots ④$$

となるから，華氏での分散 Y は，

$$Y=\frac{1}{n}\{(x_1{}'-E')^2+(x_2{}'-E')^2+\cdots+(x_n{}'-E')^2\}$$

$$=\frac{1}{n}\left[\left\{\frac{9}{5}(x_1-E)\right\}^2+\left\{\frac{9}{5}(x_2-E)\right\}^2+\cdots+\left\{\frac{9}{5}(x_n-E)\right\}^2\right]$$

（④より）

$$=\frac{81}{25}\cdot\frac{1}{n}\{(x_1-E)^2+(x_2-E)^2+\cdots+(x_n-E)^2\}$$

となる．

これに③を代入すると，

$$Y=\frac{81}{25}X \quad つまり \quad \frac{Y}{X}=\frac{81}{25} \qquad \cdots⑤$$

となるから，[ツ] に当てはまるものは [⑨] である．

次に，$\frac{W}{Z}$ について調べる．

東京の摂氏でのデータを y_1, y_2, $\cdots$, y_n とし，その平均値を G とすると，東京(摂氏)とN市(摂氏)の共分散 Z は，

$$Z=\frac{1}{n}\{(y_1-G)(x_1-E)+(y_2-G)(x_2-E)+\cdots+(y_n-G)(x_n-E)\} \qquad \cdots⑥$$

である．

また，東京(摂氏)とN市(華氏)の共分散 W は，

$$W=\frac{1}{n}\{(y_1-G)(x_1{}'-E')+(y_2-G)(x_2{}'-E')+\cdots+(y_n-G)(x_n{}'-E')\}$$

$$=\frac{1}{n}\left\{(y_1-G)\cdot\frac{9}{5}(x_1-E)+(y_2-G)\cdot\frac{9}{5}(x_2-E)+\cdots+(y_n-G)\cdot\frac{9}{5}(x_n-E)\right\}$$

（④より）

$$=\frac{9}{5}\cdot\frac{1}{n}\{(y_1-G)(x_1-E)+(y_2-G)(x_2-E)+\cdots+(y_n-G)(x_n-E)\}$$

となる．

これに⑥を代入すると，

$$W=\frac{9}{5}Z \quad つまり \quad \frac{W}{Z}=\frac{9}{5} \qquad \cdots⑦$$

となるから，[テ] に当てはまるものは [⑧] である．

最後に，$\frac{V}{U}$ について調べる．

東京の摂氏での分散を H とすると，東京(摂氏)とN市(摂氏)の相関係数 U は，

$$U=\frac{Z}{\sqrt{H}\sqrt{X}}$$

← X はN市の摂氏での分散.

である.

また，東京(摂氏)とN市(華氏)の相関係数 V は，

$$V=\frac{W}{\sqrt{H}\sqrt{Y}}$$

← Y はN市の華氏での分散.

である.

よって，

$$\begin{aligned}\frac{V}{U}&=\frac{\frac{W}{\sqrt{H}\sqrt{Y}}}{\frac{Z}{\sqrt{H}\sqrt{X}}}\\&=\frac{W}{Z}\sqrt{\frac{X}{Y}}\\&=\frac{9}{5}\sqrt{\frac{25}{81}}\quad (⑤,\ ⑦\text{ より})\\&=1\end{aligned}$$

← $\frac{Y}{X}=\frac{81}{25}.$　…⑤

となるから，ト に当てはまるものは ⑦ である.

第3問　場合の数・確率

赤球4個，青球3個，白球5個，合計12個の球はすべて区別して考える．

(1)　AさんとBさんが取り出した2個の球のなかに，赤球か青球が少なくとも1個含まれる事象の余事象は，

「2個の球はともに白球」

であり，その余事象の確率は，Aさんが白球を取り出し，かつBさんも白球を取り出すから，

$$\frac{5}{12}\times\frac{4}{11}=\frac{5}{33} \quad \cdots ①$$

である．

よって，赤球か青球が少なくとも1個含まれている確率は，

$$1-\frac{5}{33}=\frac{\boxed{28}}{\boxed{33}}$$

である．

(2)　Aさんが赤球を取り出し，かつBさんが白球を取り出す確率は，

$$\frac{4}{12}\times\frac{5}{11}=\frac{\boxed{5}}{\boxed{33}} \quad \cdots ②$$

である．

これより，Aさんが取り出した球が赤球であったとき，Bさんが取り出した球が白球である条件付き確率は，

$$\frac{\begin{pmatrix}\text{Aさんが赤球を取り出し，かつ}\\ \text{Bさんが白球を取り出す確率}\end{pmatrix}}{(\text{Aさんが赤球を取り出す確率})}=\frac{\frac{5}{33}}{\frac{4}{12}}$$

$$=\frac{\boxed{5}}{\boxed{11}}$$

である．

(3)　Aさんが青球を取り出し，かつBさんが白球を取り出す確率は，

$$\frac{3}{12}\times\frac{5}{11}=\frac{\boxed{5}}{\boxed{44}} \quad \cdots ③$$

である．

Bさんが白球を取り出す状況は，

←　Aさんが白球を取り出す確率は，

$$\frac{5}{12}.$$

Bさんが白球を取り出す確率は，11個の球のなかに白球が4個入っているから，

$$\frac{4}{11}.$$

←　事象 A の余事象を $\overline{A}$ とすると，

$$P(A)+P(\overline{A})=1$$

であるから，

$$P(A)=1-P(\overline{A})$$

である．

←**条件付き確率**

事象 A が起こったときに事象 B が起こる条件付き確率 $P_A(B)$ は，

$$P_A(B)=\frac{P(A\cap B)}{P(A)}.$$

(i)　A さんが赤球を取り出し，かつ B さんが白球を取り出すとき

(ii)　A さんが青球を取り出し，かつ B さんが白球を取り出すとき

(iii)　A さんが白球を取り出し，かつ B さんが白球を取り出すとき

の 3 つの場合がある．

(i) の確率は，② より，$\frac{5}{33}$ である．

(ii) の確率は，③ より，$\frac{5}{44}$ である．

(iii) の確率は，① より，$\frac{5}{33}$ である．

これらの事象は互いに排反であるから，B さんが白球を取り出す確率は，

$$\frac{5}{33}+\frac{5}{44}+\frac{5}{33}=\frac{\boxed{5}}{\boxed{12}}$$

である．

よって，B さんが取り出した球が白球であることがわかったとき，A さんが取り出した球も白球であった条件付き確率は，

$$\frac{\left(\begin{array}{l}\text{A さんが白球を取り出し，かつ}\\\text{B さんが白球を取り出す確率}\end{array}\right)}{(\text{B さんが白球を取り出す確率})}=\frac{\frac{5}{33}}{\frac{5}{12}}$$

← 分子は，(iii) の確率である．

$$=\frac{\boxed{4}}{\boxed{11}}$$

である．

第4問　整数の性質

(1)　$92x+197y=1.$　…①

割り算を繰り返し用いると，

$197=92\times2+13,$　…②

$92=13\times7+1$　…③

であるから，197 と 92 の最大公約数は，13 と 1 の最大公約数と等しく，それは 1 である．

よって，197 と 92 は互いに素である．　…(*)

さらに，②，③ を

$197-92\times2=13,$　…②′

$92-13\times7=1$　…③′

と変形し，②′ を ③′ に代入すると，

$$92-(197-92\times2)\times7=1$$

すなわち，

$92\times15+197\times(-7)=1$　…④

である．

①−④ より，

$$92(x-15)+197(y+7)=0$$

すなわち，

$197(y+7)=92(15-x)$　…⑤

と変形できる．

(*) より，整数 k を用いて $15-x=197k$ とおける．これを ⑤ に代入すると，

$$197(y+7)=92\cdot197k$$

$$y+7=92k$$

となるから，① を満たす整数 x，y の組は，

$$x=-197k+15,\quad y=92k-7\ (k\text{ は整数})$$

である．

このうち，x の絶対値，つまり，$|-197k+15|$ が最小のものは，$k=0$ のときであるから，整数 x，y の値は，

$x=$ 15，　$y=$ −7

である．

$92x+197y=10.$　…⑥

④ の両辺を 10 倍すると，

$92\times150+197\times(-70)=10$　…⑦

である．

⑥−⑦ より，

$$92(x-150)+197(y+70)=0$$

← ユークリッドの互除法を用いて，197 と 92 の最大公約数を求めるとともに，① の整数解の1つを求める．

← a を b で割ったときの商を q，余りを r とする．すなわち，

$$a=bq+r,\ 0\leqq r<b$$

のとき，

$$\begin{pmatrix}a \text{ と } b \text{ の}\\ \text{最大公約数}\end{pmatrix}=\begin{pmatrix}b \text{ と } r \text{ の}\\ \text{最大公約数}\end{pmatrix}$$

である．

← x と y についての不定方程式

$$ax+by=c$$

の整数解は，一組の解

$$(x,\ y)=(x_0,\ y_0)$$

を用いて

$$a(x-x_0)=b(y_0-y)$$

と変形し，次の性質を用いて求める．

a と b が互いに素であるとき，

$x-x_0$ は b の倍数，

y_0-y は a の倍数

である．

← $u=|-197t+15|$ のグラフ．

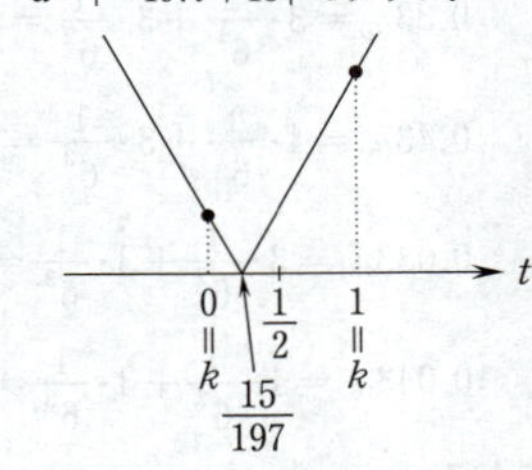

すなわち,

$$197(y+70)=92(150-x) \qquad \cdots ⑧$$

と変形できる.

(*)より，整数ℓを用いて $150-x=197\ell$ とおける.

これを⑧に代入すると,

$$197(y+70)=92\cdot 197\ell$$
$$y+70=92\ell$$

となるから，⑥を満たす整数x，yの組は,

$$x=-197\ell+150, \quad y=92\ell-70 \quad (\ell \text{は整数})$$

である.

このうち，xの絶対値，つまり，$|-197\ell+150|$ が最小のものは，$\ell=1$ のときであるから，整数x，yの値は,

$$x=\boxed{-47}, \quad y=\boxed{22}$$

である.

$u=|-197t+150|$ のグラフ.

0 = ℓ，$\frac{1}{2}$，1 = ℓ，$\frac{150}{197}$，t

(2)　2進法で $11011_{(2)}$ と表される数を10進法で表すと,

$$1\cdot 2^4+1\cdot 2^3+0\cdot 2^2+1\cdot 2^1+1\cdot 2^0$$

であり，これは,

$$1\cdot 2^4+(1\cdot 2+0)\cdot 2^2+(1\cdot 2+1)\cdot 2^0$$
$$=1\cdot 4^2+2\cdot 4^1+3\cdot 4^0$$

と変形できるから，$11011_{(2)}$ を4進法で表すと,

$$\boxed{123}_{(4)}$$

である.

$1\cdot 2^4+1\cdot 2^3+0\cdot 2^2+1\cdot 2^1+1\cdot 2^0=27$

であるから，10進数27を4進法で表すことを考えて，次のように求めてもよい.

	余り
4) 27	
4) 6	… 3
4) 1	… 2
0	… 1

よって，$123_{(4)}$ である.

次に，6個の6進法の小数を10進法で表すと,

$$0.3_{(6)}=3\cdot\frac{1}{6^1}=\frac{1}{2},$$

$$0.4_{(6)}=4\cdot\frac{1}{6^1}=\frac{2}{3},$$

$$0.33_{(6)}=3\cdot\frac{1}{6^1}+3\cdot\frac{1}{6^2}=\frac{7}{12}=\frac{7}{2^2\cdot 3},$$

$$0.43_{(6)}=4\cdot\frac{1}{6^1}+3\cdot\frac{1}{6^2}=\frac{3}{4}=\frac{3}{2^2},$$

$$0.033_{(6)}=3\cdot\frac{1}{6^2}+3\cdot\frac{1}{6^3}=\frac{7}{72}=\frac{7}{2^3\cdot 3^2},$$

$$0.043_{(6)}=4\cdot\frac{1}{6^2}+3\cdot\frac{1}{6^3}=\frac{1}{8}=\frac{1}{2^3}$$

である.

整数でない既約分数 $\frac{m}{n}$ について,

(分母nの素因数2, 5だけからなる)

$\Longleftrightarrow \left(\frac{m}{n}\text{は有限小数で表される}\right)$,

(分母nの素因数に2,5以外のものがある)

$\Longleftrightarrow \left(\frac{m}{n}\text{は循環小数で表される}\right)$.

有限小数で表される条件は，分母が素因数2または5のみで構成されているときであるから，6個のうち有

限小数として表せるのは，

$$0.3_{(6)},\quad 0.43_{(6)},\quad 0.043_{(6)}$$

である．よって，ス，セ，ソ に当てはまるものは ⓪，③，⑤ である．

第5問 図形の性質

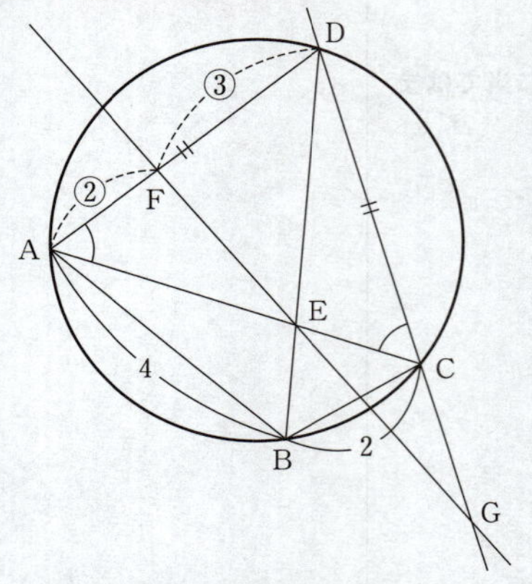

∠DAC と大きさが等しい角を求める.

△ACD は DA＝DC の二等辺三角形であるから,

$$\angle \mathrm{DAC} = \angle \mathrm{DCA} \quad \cdots ①$$

である.

また, 円周角の定理より,

$$\angle \mathrm{DAC} = \angle \mathrm{DBC}$$

← $\overset{\frown}{\mathrm{CD}}$ に対する円周角.

$$\angle \mathrm{DCA} = \angle \mathrm{ABD}$$

← $\overset{\frown}{\mathrm{AD}}$ に対する円周角.

である.

よって, ∠DAC の大きさが等しい角は, ① より,

∠DCA と ∠DBC と ∠ABD

←

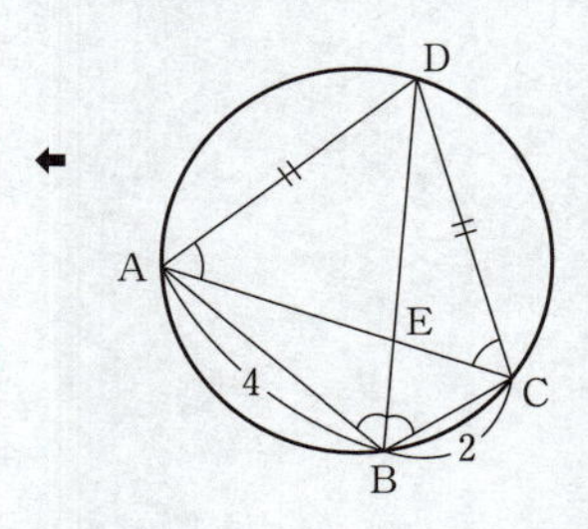

である. したがって, ア に当てはまるものは

⓪ である.

このことより, 線分 BE は ∠ABC の二等分線であるから, その性質より,

$$\frac{\mathrm{EC}}{\mathrm{AE}} = \frac{\mathrm{BC}}{\mathrm{BA}} = \frac{2}{4} = \frac{1}{2}$$

である.

← **角の二等分線の性質**

$a : b = m : n$.

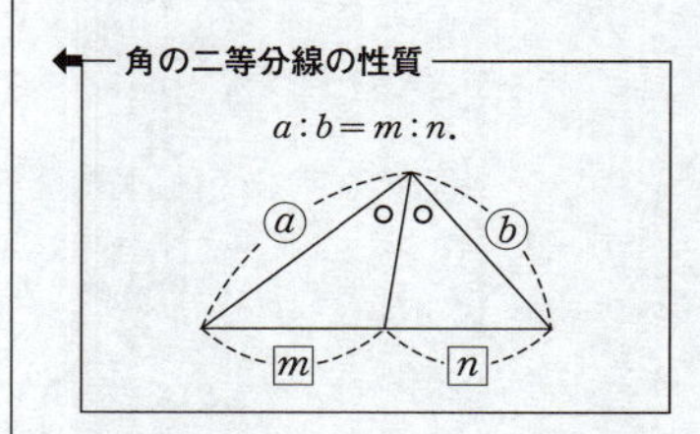

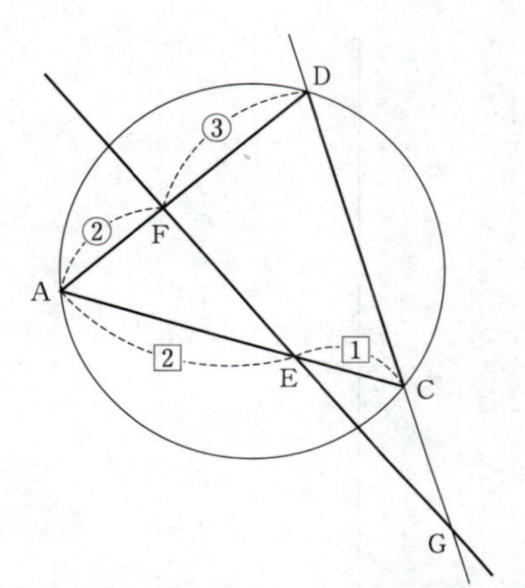

次に，△ACD と直線 FE に対して，メネラウスの定理を用いると，

$$\frac{CG}{GD}\cdot\frac{DF}{FA}\cdot\frac{AE}{EC}=1$$

すなわち，

$$\frac{CG}{GD}\cdot\frac{3}{2}\cdot\frac{2}{1}=1$$

であるから，

$$\frac{GC}{DG}=\frac{\boxed{1}}{\boxed{3}} \qquad \cdots ②$$

である．

(1)　直線 AB が点 G を通る場合の図は次のようになる．

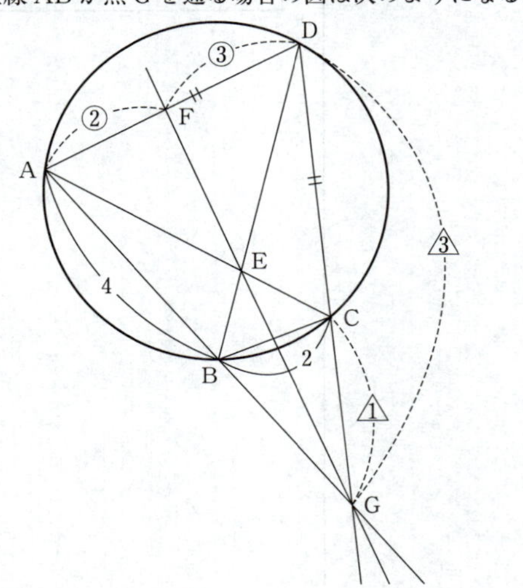

メネラウスの定理

$$\frac{AP}{PB}\cdot\frac{BR}{RC}\cdot\frac{CQ}{QA}=1.$$

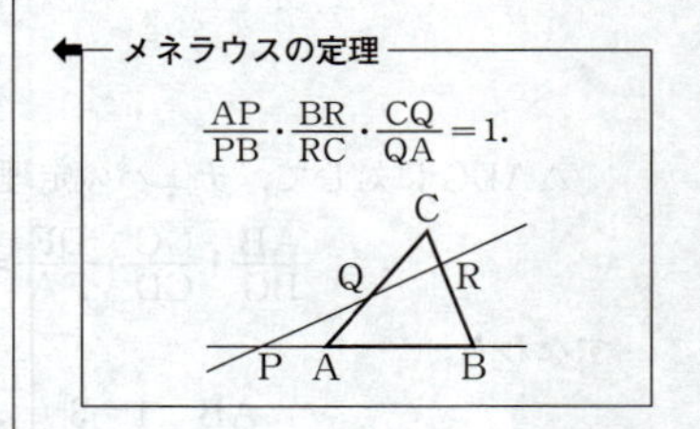

② より，

$$\frac{GC}{CD}=\frac{1}{2} \quad \cdots ③$$

である．

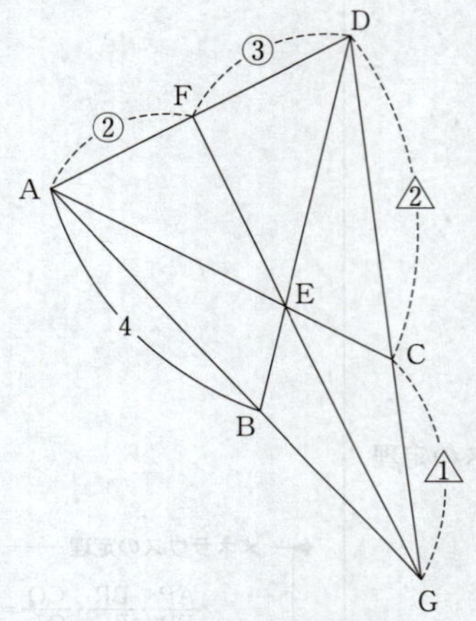

△ADG に対して，チェバの定理を用いると，

$$\frac{AB}{BG}\cdot\frac{GC}{CD}\cdot\frac{DF}{FA}=1$$

すなわち，

$$\frac{AB}{BG}\cdot\frac{1}{2}\cdot\frac{3}{2}=1$$

であるから，

$$\frac{AB}{BG}=\frac{4}{3}$$

である．

よって，AB＝4 より，

$$BG=\boxed{3}$$

である．

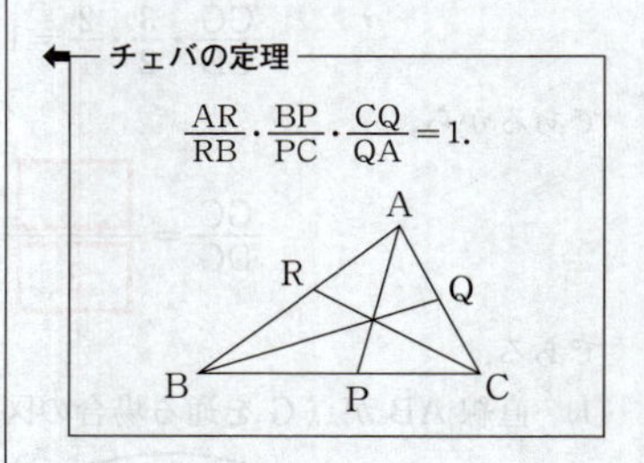

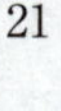

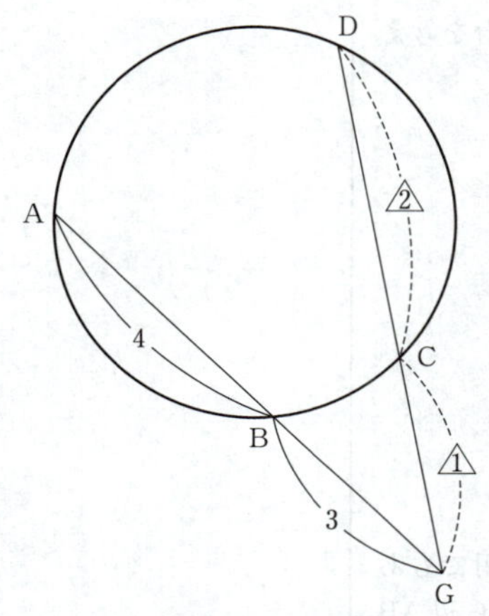

また，4点A，B，C，Dは同一円周上にあるから，方べきの定理を用いると，

$$\mathrm{GB}\cdot\mathrm{GA}=\mathrm{GC}\cdot\mathrm{GD}$$

$$\mathrm{GB}(\mathrm{GB}+\mathrm{BA})=\mathrm{GC}(\mathrm{GC}+\mathrm{CD})$$

である．

$x>0$ として，$\mathrm{DC}=2x$ とおくと，③より，$\mathrm{GC}=x$ であるから，

$$3(3+4)=x(x+2x)$$

$$3x^2=21$$

$$x^2=7$$

となり，$x>0$ より，

$$x=\sqrt{7}$$

である．

よって，

$$\mathrm{DC}=2x=\boxed{2}\sqrt{\boxed{7}}$$

である．

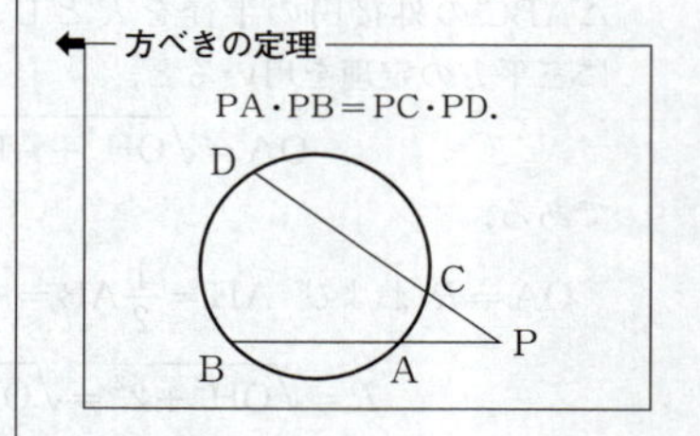

(2)　四角形 ABCD の外接円の直径が最小の場合を考える．

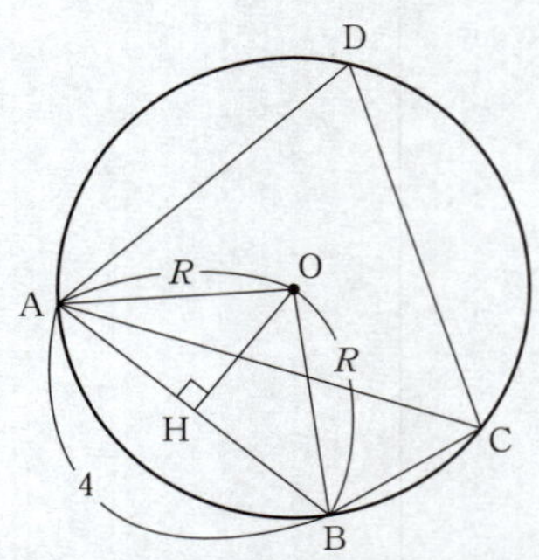

四角形 ABCD の外接円は △ABC の外接円でもある．△ABC の外接円の中心を O とし，O から辺 AB に下ろした垂線と辺 AB の交点を H とする．さらに，△ABC の外接円の半径を R とし，直角三角形 OAH に三平方の定理を用いると，

$$\mathrm{OA}=\sqrt{\mathrm{OH}^2+\mathrm{AH}^2}$$

である．

$\mathrm{OA}=R$ および $\mathrm{AH}=\frac{1}{2}\mathrm{AB}=\frac{1}{2}\cdot 4=2$ より，

$$R=\sqrt{\mathrm{OH}^2+2^2}=\sqrt{\mathrm{OH}^2+4}$$

である．

⬅ △OAH≡△OBH より，

$$\mathrm{AH}=\mathrm{BH}$$

であるから，

$$\mathrm{AH}=\frac{1}{2}\mathrm{AB}$$

である．

これより，R が最小となるのは，OH が最小のとき，つまり，点 O と点 H が一致するときであり，このようになるのは辺 AB が △ABC の外接円の直径になるときである．

よって，四角形 ABCD の外接円の直径が最小となる場合，四角形 ABCD の外接円の直径は，

$$\mathrm{AB}=\boxed{4}$$

である．

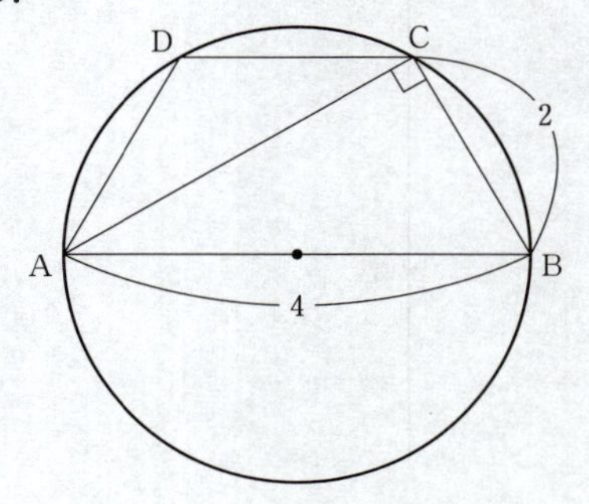

直角三角形ABCに着目すると，

$$\angle C=90^\circ,\ AB:BC=4:2=2:1$$

であるから，

$$\angle ABC=60^\circ,\ \angle BAC=\boxed{30}^\circ$$

である．

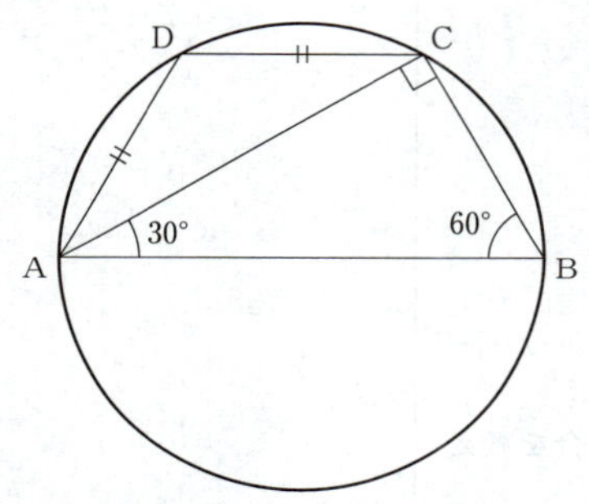

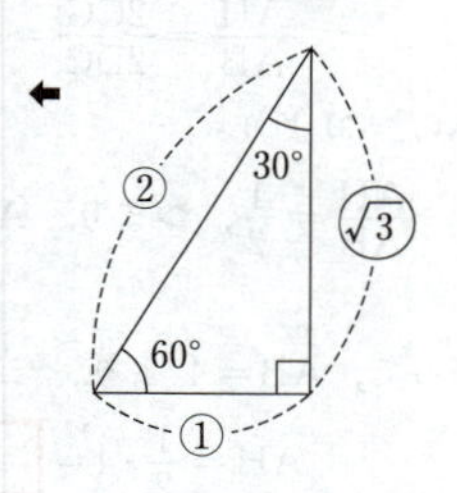

四角形ABCDは円に内接しているから，

$$\begin{aligned}\angle ADC&=180^\circ-\angle ABC\\&=180^\circ-60^\circ\\&=120^\circ\end{aligned}$$

であり，△ACDは DA＝DC の二等辺三角形であるから，

$$\begin{aligned}\angle ACD&=\frac{180^\circ-\angle ADC}{2}\\&=\frac{180^\circ-120^\circ}{2}\\&=30^\circ\end{aligned}$$

である．

円に内接する四角形の性質

対角の和は180°である．

(∠A＋∠C＝∠B＋∠D＝180°.)

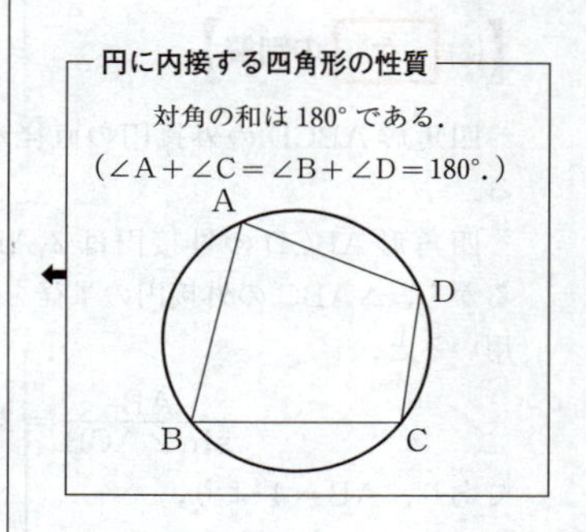

よって，∠BAC＝∠ACD＝30° となるから，

$$AB /\!/ DC \quad \cdots④$$

である．

← 錯角が等しいとき，2直線は平行である．

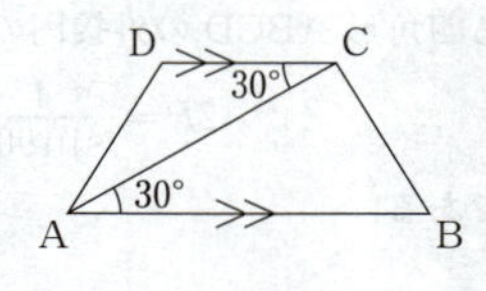

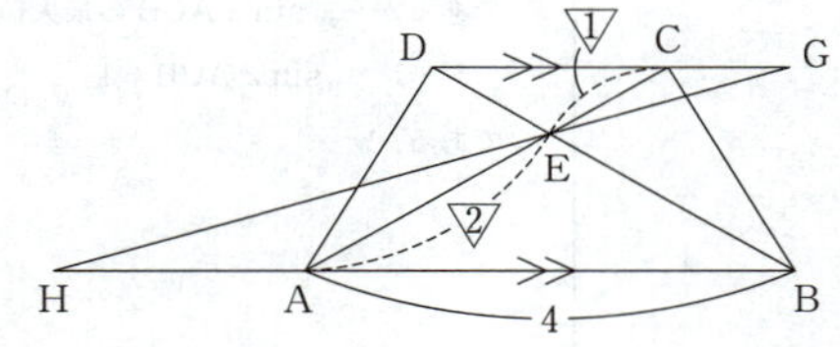

④より，

$$\triangle AEH\backsim\triangle CEG,\quad \triangle AEB\backsim\triangle CED$$

であり，AE：EC＝2：1 であるから

「△AEH と △CEG，および △AEB と △CED の相似比は 2：1」

である．

これより，

$$\frac{AH}{AB}=\frac{2CG}{2DC}=\frac{GC}{CD}$$

となるから，③ より

$$\frac{AH}{AB}=\frac{1}{2}, \text{ つまり } AH=\frac{1}{2}AB$$

である．

⬅ $\frac{GC}{CD}=\frac{1}{2}$. …③

したがって，AB＝4 より，

$$AH=\frac{1}{2}\cdot 4=\boxed{2}$$

である．

【(2) ケ の別解】

四角形 ABCD の外接円の直径が最小の場合を考える．

四角形 ABCD の外接円は △ABC の外接円でもあるから，△ABC の外接円の半径を R とし，正弦定理を用いると，

$$\frac{AB}{\sin\angle ACB}=2R$$

であり，AB＝4 より，

$$\frac{4}{\sin\angle ACB}=2R$$

（$2R$ は △ABC の外接円の直径および四角形 ABCD の外接円の直径）

である．

これより，$2R$ が最小となるのは，$\sin\angle ACB$ の値が最大のとき，つまり，$\angle ACB=90^\circ$ のときである．

⬅ $0^\circ<\angle ACB<180^\circ$ より，

$$0<\sin\angle ACB\leqq 1$$

であるから，$\sin\angle ACB$ の最大値は，

$$\sin\angle ACB=1$$

である．

よって，このときの △ABC の外接円の直径，すなわち四角形 ABCD の外接円の直径は，

$$2R=\frac{4}{\sin 90^\circ}=\boxed{4}$$

である．

数学Ⅱ・数学B

解答・採点基準

（100点満点）

問題番号(配点)	解答記号	正解	配点	自己採点
第1問 (30)	ア$\sqrt{イ}$	$4\sqrt{2}$	2	
	$\frac{ウエ}{オ}$	$\frac{-2}{3}$	2	
	カ	②	1	
	キ	③	1	
	ク	①	1	
	ケ	①	1	
	$t^2-コt+サ$	t^2-6t+7	2	
	シ	③	2	
	ス，セ	3，8	2	
	ソタ	−2	1	
	$\frac{\sin^2 2x}{チ}$	$\frac{\sin^2 2x}{4}$	3	
	$\frac{\pi}{ツ}$	$\frac{\pi}{4}$	2	
	$\frac{テ}{ト}$	$\frac{1}{4}$	2	
	ナ	3	2	
	ニ	1	2	
	$\frac{ヌ}{ネ}$	$\frac{4}{5}$	1	
	$\frac{ノハ}{ヒ}$	$\frac{-3}{5}$	1	
	$\frac{\sqrt{フ}}{ヘ}$	$\frac{\sqrt{5}}{5}$	2	
第1問　自己採点小計				

問題番号(配点)	解答記号	正解	配点	自己採点
第2問 (30)	$\frac{1}{ア}x^2+\frac{1}{イ}$	$\frac{1}{4}x^2+\frac{1}{2}$	2	
	$\frac{a^2}{ウ}+\frac{a}{エ}$	$\frac{a^2}{4}+\frac{a}{4}$	3	
	$\frac{オ}{カキ}$	$\frac{7}{12}$	3	
	$\frac{クケ}{コ}$	$\frac{-1}{2}$	2	
	$\frac{サシ}{スセ}$	$\frac{25}{48}$	3	
	±ソ	±1	2	
	±タ	±2	1	
	チ	2	2	
	ツ	①	2	
	$\frac{a^3}{テ}$	$\frac{a^3}{6}$	2	
	$\frac{a^2}{ト}$	$\frac{a^2}{2}$	2	
	$-\frac{a^3}{ナ}-\frac{a^2}{ニ}+\frac{a}{ヌ}$	$-\frac{a^3}{6}-\frac{a^2}{4}+\frac{a}{4}$	3	
	$\frac{ネノ+\sqrt{ハ}}{ヒ}$	$\frac{-1+\sqrt{3}}{2}$	3	
第2問　自己採点小計				
第3問 (20)	$\frac{ア}{イ}$	$\frac{5}{6}$	2	
	$a_{ウエ}$	a_{22}	2	
	$\frac{オ}{カ}k^2-\frac{キ}{ク}k+ケ$	$\frac{1}{2}k^2-\frac{3}{2}k+2$	2	
	$\frac{コ}{サ}k^2-\frac{シ}{ス}k$	$\frac{1}{2}k^2-\frac{1}{2}k$	2	
	$\frac{セソ}{タチ}$	$\frac{13}{15}$	4	
	$\frac{ツ}{テ}k-\frac{ト}{ナ}$	$\frac{1}{2}k-\frac{1}{2}$	2	
	$\frac{ニ}{ヌ}k^2-\frac{ネ}{ノ}k$	$\frac{1}{4}k^2-\frac{1}{4}k$	2	
	$\frac{ハヒフ}{ヘホ}$	$\frac{507}{10}$	4	
第3問　自己採点小計				

問題番号(配点)	解答記号	正解	配点	自己採点
第4問 (20)	ア	3	1	
	イ	2	1	
	$(ウs-エ)^2$	$(3s-1)^2$	2	
	$(オt-カ)^2$	$(2t-1)^2$	2	
	キ	2	1	
	$\frac{ク}{ケ}$	$\frac{1}{3}$	1	
	$\frac{コ}{サ}$	$\frac{1}{2}$	1	
	$\sqrt{シ}$	$\sqrt{2}$	1	
	ス	0	1	
	セソ°	90°	1	
	$\sqrt{タ}$	$\sqrt{2}$	2	
	$\frac{チ}{ツ}\overrightarrow{OA}+\frac{テ}{ト}\overrightarrow{OQ}$	$\frac{1}{3}\overrightarrow{OA}+\frac{2}{3}\overrightarrow{OQ}$	2	
	ナ:1	2:1	2	
	$\frac{\sqrt{ニ}}{ヌ}$	$\frac{\sqrt{2}}{3}$	2	
		第4問　自己採点小計		
第5問 (20)	−ア，イ，ウ	−2，2，6	1	
	$\frac{エ}{オ}$	$\frac{4}{9}$	1	
	カ	4	1	
	キ	1	1	
	$クn+ケY$	$-n+4Y$	1	
	コ	⓪	1	
	サ	①	1	
	シ	⑨	1	
	ス	⑧	2	
	セソタ	300	1	
	チツ	15	1	
	テ.トナ	2.00	2	
	0.ニヌネ	0.023	2	
	0.ノハヒ	0.380	2	
	0.フヘホ	0.420	2	
		第5問　自己採点小計		
		自己採点合計		

(注)
第1問，第2問は必答。
第3問～第5問のうちから2問選択。計4問を解答。

第1問　指数関数・対数関数，三角関数

［1］

(1)　$8^{\frac{5}{6}}=(2^3)^{\frac{5}{6}}=2^{\frac{5}{2}}=2^{2+\frac{1}{2}}=2^2\cdot 2^{\frac{1}{2}}=\boxed{4}\sqrt{\boxed{2}}$，

$$\log_{27}\frac{1}{9}=\frac{\log_3\frac{1}{9}}{\log_3 27}=\frac{\log_3 3^{-2}}{\log_3 3^3}=\frac{\boxed{-2}}{\boxed{3}}$$

である．

(2)　$y=2^x$ のグラフと $y=\left(\frac{1}{2}\right)^x=2^{-x}$ のグラフは y 軸に関して対称である．

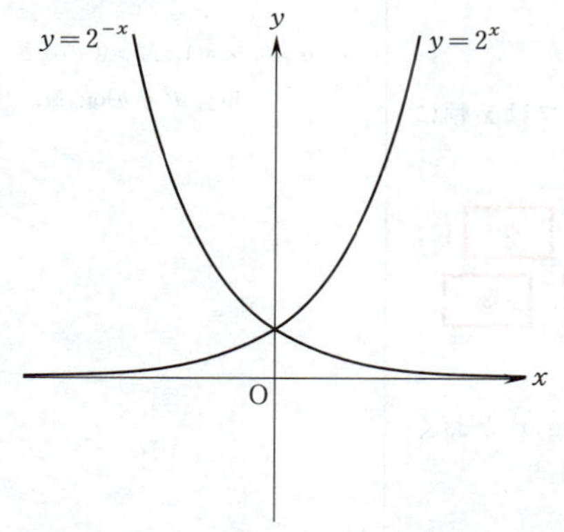

$y=2^x$ のグラフと $y=\log_2 x$，すなわち $x=2^y$ のグラフは直線 $y=x$ に関して対称である．

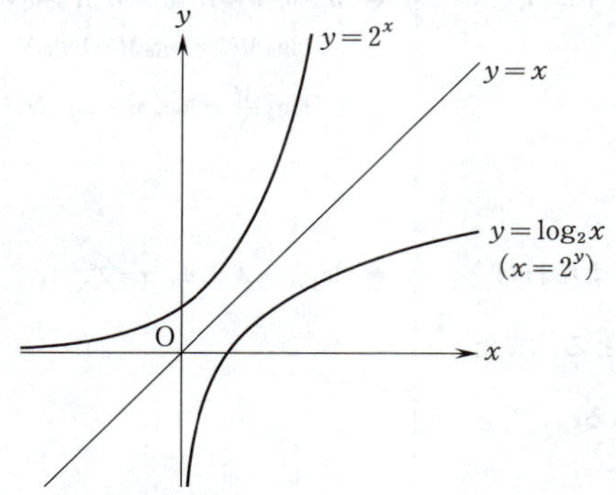

$y=\log_2 x$ のグラフと

$$y=\log_{\frac{1}{2}}x=\frac{\log_2 x}{\log_2\frac{1}{2}}=\frac{\log_2 x}{\log_2 2^{-1}}=-\log_2 x$$

のグラフは x 軸に関して対称である．

$a>0$，x，y が実数のとき
$$(a^x)^y=a^{xy}.$$

$a>0$，x，y が実数のとき
$$a^{x+y}=a^xa^y.$$

$a>0$，n は2以上の整数，m は整数のとき
$$a^{\frac{m}{n}}=\sqrt[n]{a^m}.$$

底の変換公式

a，b，c が正の数で，$a\neq1$，$c\neq1$ のとき
$$\log_a b=\frac{\log_c b}{\log_c a}.$$

$a>0$，x が実数のとき
$$\frac{1}{a^x}=a^{-x}.$$

$a>0$，$a\neq1$，$M>0$ のとき
$$\log_a M=x \iff a^x=M.$$

$y=f(x)$ のグラフと $y=f(-x)$ のグラフは，y 軸に関して対称である．

$y=f(x)$ のグラフと $x=f(y)$ のグラフは，直線 $y=x$ に関して対称である．

$y=f(x)$ のグラフと $y=-f(x)$ のグラフは，x 軸に関して対称である．

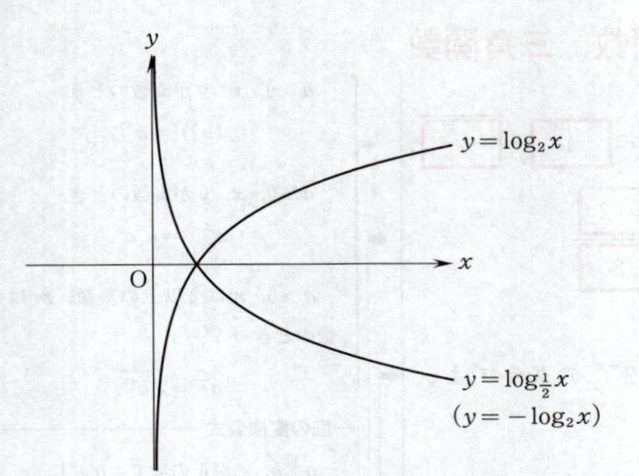

$y=\log_2 x$ のグラフと

$y=\log_2 \dfrac{1}{x}=\log_2 x^{-1}=-\log_2 x$ のグラフは x 軸に関して対称である.

← $a>0$, $a \neq 1$, $M>0$ のとき $\log_a M^p = p\log_a M$.

以上より, カ, キ, ク, ケ に, 当てはまるものはそれぞれ ②, ③, ①, ① である.

(3) x が $x>0$ の範囲を動くとき, $t=\log_2 x$ とおくと, t のとり得る値の範囲は実数全体であり

$$y=\left(\log_2 \frac{x}{4}\right)^2-4\log_4 x+3$$
$$=(\log_2 x-\log_2 4)^2-4\cdot\frac{\log_2 x}{\log_2 4}+3$$
$$=(t-2)^2-4\cdot\frac{t}{2}+3$$
$$=t^2-\boxed{6}\,t+\boxed{7}$$
$$=(t-3)^2-2$$

← $a>0$, $a \neq 1$, $M>0$, $N>0$ のとき
$\log_a MN=\log_a M+\log_a N$,
$\log_a \dfrac{M}{N}=\log_a M-\log_a N$.

であるから, y は $t=\boxed{3}$ のとき, すなわち $x=\boxed{8}$ のとき, 最小値 $\boxed{-2}$ をとる. また, シ に当てはまるものは ③ である.

← $\log_2 x=3$ より, $x=2^3$.

[2]

(1) $\cos^2 x-\sin^2 x+k\left(\dfrac{1}{\cos^2 x}-\dfrac{1}{\sin^2 x}\right)=0$ …①

を変形すると

$$\cos^2 x-\sin^2 x-k\cdot\frac{\cos^2 x-\sin^2 x}{\cos^2 x\sin^2 x}=0$$

$$\left(1-\frac{k}{\cos^2 x\sin^2 x}\right)(\cos^2 x-\sin^2 x)=0$$

となる．この両辺に $\sin^2 x\cos^2 x$ をかけ，2倍角の公式を用いて変形すると

$$(\sin^2 x\cos^2 x-k)(\cos^2 x-\sin^2 x)=0$$

$$\left(\frac{\sin^2 2x}{\boxed{4}}-k\right)\cos 2x=0 \qquad \cdots②$$

を得る．これより

$$\sin^2 2x=4k \quad \text{または} \quad \cos 2x=0$$

が成り立つ．

← **2倍角の公式**

$$\sin 2x=2\sin x\cos x,$$
$$\cos 2x=\cos^2 x-\sin^2 x$$
$$=2\cos^2 x-1$$
$$=1-2\sin^2 x.$$

$0<x<\dfrac{\pi}{2}$，すなわち $0<2x<\pi$ の範囲で，

$\cos 2x=0$ を満たすのは $2x=\dfrac{\pi}{2}$，すなわち $x=\dfrac{\pi}{4}$ のみであるから，k の値に関係なく，$x=\dfrac{\pi}{\boxed{4}}$ のときはつねに①が成り立つ．また，$0<x<\dfrac{\pi}{2}$，すなわち $0<2x<\pi$ の範囲で $0<\sin^2 2x\leqq 1$ であるから，$\sin^2 2x=4k$ を満たす x の個数は次の表のようになる．

$4k>1\ \left(k>\dfrac{1}{4}\right)$	0個
$0<4k<1\ \left(0<k<\dfrac{1}{4}\right)$	2個 $\left(2x\neq\dfrac{\pi}{2}，すなわち\ x\neq\dfrac{\pi}{4}\right)$
$4k=1\ \left(k=\dfrac{1}{4}\right)$	1個 $\left(2x=\dfrac{\pi}{2}，すなわち\ x=\dfrac{\pi}{4}\right)$

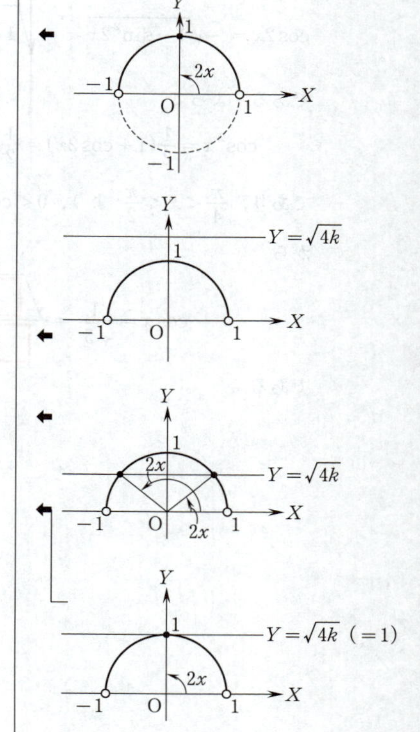

以上より，$k>\dfrac{\boxed{1}}{\boxed{4}}$ のとき，①を満たす x は $\dfrac{\pi}{4}$ のみである．$0<k<\dfrac{1}{4}$ のとき，①を満たす x の個数は $\boxed{3}$ 個であり，$k=\dfrac{1}{4}$ のときは①を満たす x は $\dfrac{\pi}{4}$ のみで $\boxed{1}$ 個である．

(2)　$k=\dfrac{4}{25}$ のとき

$$\sin^2 2x = 4k$$

は

$$\sin^2 2x = \frac{16}{25}$$

となる．$\frac{\pi}{4} < x < \frac{\pi}{2}$，すなわち $\frac{\pi}{2} < 2x < \pi$ より，

$0 < \sin 2x < 1$ であるから

$$\sin 2x = \frac{4}{5}$$

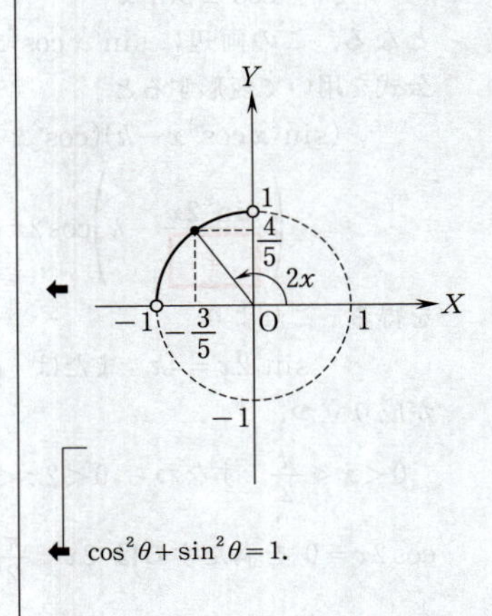

である．$\frac{\pi}{2} < 2x < \pi$ より，$-1 < \cos 2x < 0$ である

から

$$\cos 2x = -\sqrt{1 - \sin^2 2x} = -\sqrt{1 - \left(\frac{4}{5}\right)^2} = \frac{-3}{5}$$

である．よって

$$\cos^2 x = \frac{1}{2}(1 + \cos 2x) = \frac{1}{2}\left(1 - \frac{3}{5}\right) = \frac{1}{5}$$

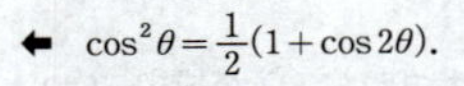

であり，$\frac{\pi}{4} < x < \frac{\pi}{2}$ より，$0 < \cos x < \frac{1}{\sqrt{2}}$ である

から

$$\cos x = \frac{1}{\sqrt{5}} = \frac{\sqrt{5}}{5}$$

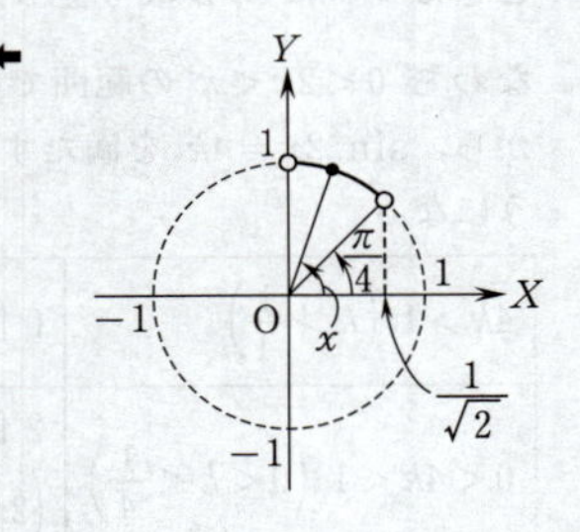

である．

第2問　微分法・積分法

$$C_1 : y = \frac{1}{2}x^2 + \frac{1}{2},$$

$$C_2 : y = \frac{1}{4}x^2.$$

(1)

実数 a に対して，2直線 $x=a$，$x=a+1$ と C_1，C_2 で囲まれた図形 D の面積 S は

$$S = \int_a^{a+1} \left\{ \left(\frac{1}{2}x^2 + \frac{1}{2} \right) - \frac{1}{4}x^2 \right\} dx$$

$$= \int_a^{a+1} \left(\frac{1}{\boxed{4}}x^2 + \frac{1}{\boxed{2}} \right) dx$$

$$= \left[\frac{1}{12}x^3 + \frac{1}{2}x \right]_a^{a+1}$$

$$= \frac{1}{12}\{(a+1)^3 - a^3\} + \frac{1}{2}\{(a+1) - a\}$$

$$= \frac{1}{12}(3a^2 + 3a + 1) + \frac{1}{2}$$

$$= \frac{a^2}{\boxed{4}} + \frac{a}{\boxed{4}} + \frac{\boxed{7}}{\boxed{12}}$$

$$= \frac{1}{4}\left(a + \frac{1}{2}\right)^2 + \frac{25}{48}$$

である．S は $a = \dfrac{\boxed{-1}}{\boxed{2}}$ で最小値 $\dfrac{\boxed{25}}{\boxed{48}}$ をとる．

(2)　C_1 の方程式において，$y=1$ とすると

$$1 = \frac{1}{2}x^2 + \frac{1}{2}$$

となり，これを満たす x の値は

面積

区間 $\alpha \leqq x \leqq \beta$ においてつねに $g(x) \leqq f(x)$ ならば2曲線 $y=f(x)$，$y=g(x)$ および直線 $x=\alpha$，$x=\beta$ で囲まれた部分の面積は

$$S = \int_\alpha^\beta \{f(x) - g(x)\}\,dx.$$

定積分

$$\int x^n\,dx = \frac{1}{n+1}x^{n+1} + C$$

($n=0, 1, 2, \cdots$，C は積分定数)

であり，$f(x)$ の原始関数の一つを $F(x)$ とすると

$$\int_\alpha^\beta f(x)\,dx = \Big[F(x)\Big]_\alpha^\beta = F(\beta) - F(\alpha).$$

$$x=\pm 1$$

であるから，直線 $y=1$ は，C_1 と $\left(\pm \boxed{\ 1\ }, 1\right)$ で交わる．

C_2 の方程式において，$y=1$ とすると

$$1=\frac{1}{4}x^2$$

となり，これを満たす x の値は

$$x=\pm 2$$

であるから，直線 $y=1$ は，C_2 と $\left(\pm \boxed{\ 2\ }, 1\right)$ で交わる．

a が $a \geqq 0$ の範囲を動くとき，4 点 $(a, 0)$, $(a+1, 0)$, $(a+1, 1)$, $(a, 1)$ を頂点とする正方形 R と(1)の図形 D の共通部分が空集合にならないのは，$0 \leqq a \leqq \boxed{\ 2\ }$ のときであり，R と D の共通部分は次の図の影の部分のようになる．

⬅ $0 \leqq a \leqq 2$ のとき，$1 \leqq a+1 \leqq 3$.

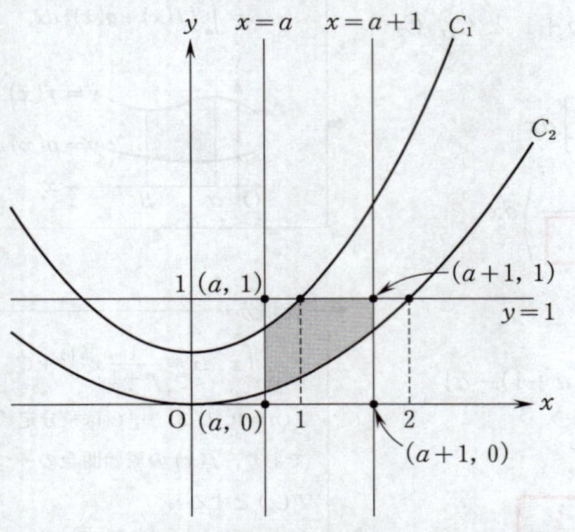

⬅ R と D の共通部分は D のうち，$0 \leqq y \leqq 1$ である部分．

$a>2$ のときは，次の図のように R と D の共通部分は空集合となる．

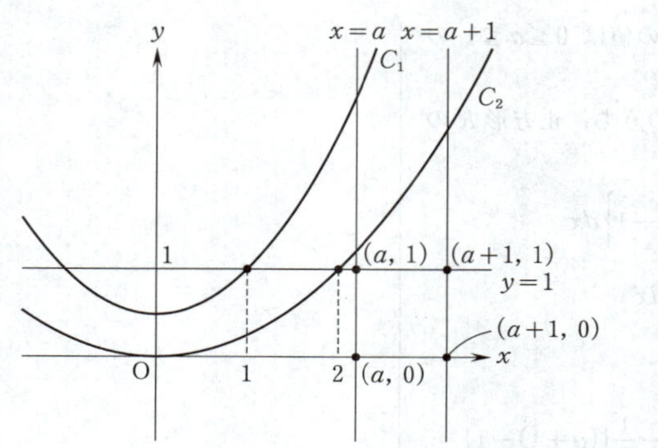

$1 \leqq a \leqq 2$ のとき，正方形 R は放物線 C_1 と x 軸の間にあり，この範囲で a が増加するとき，R と D の共通部分の面積 T は減少する．よって ツ に当てはまるものは ① である．

← D のうち，$0 \leqq y \leqq 1$ である部分が存在しない．

$a=1.3$ のとき

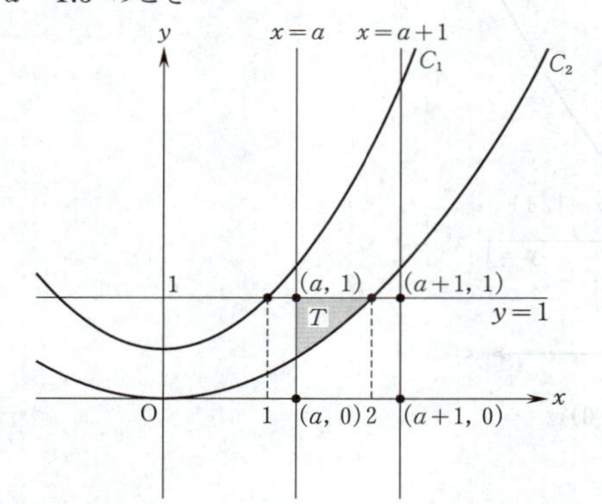

$a=1.7$ のとき

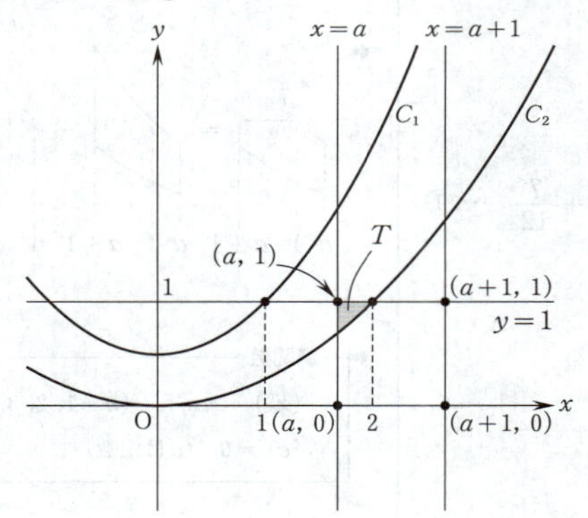

したがって，Tが最大になるaの値は $0 \leqq a \leqq 1$ の範囲にある．

$0 \leqq a \leqq 1$ のとき，(1)の図形Dのうち，正方形Rの外側にある部分の面積Uは

$$U=\int_1^{a+1}\left\{\left(\frac{1}{2}x^2+\frac{1}{2}\right)-1\right\}dx$$
$$=\int_1^{a+1}\left(\frac{1}{2}x^2-\frac{1}{2}\right)dx$$
$$=\left[\frac{1}{6}x^3-\frac{1}{2}x\right]_1^{a+1}$$
$$=\frac{1}{6}\{(a+1)^3-1^3\}-\frac{1}{2}\{(a+1)-1\}$$
$$=\frac{a^3}{\boxed{6}}+\frac{a^2}{\boxed{2}}$$

である．

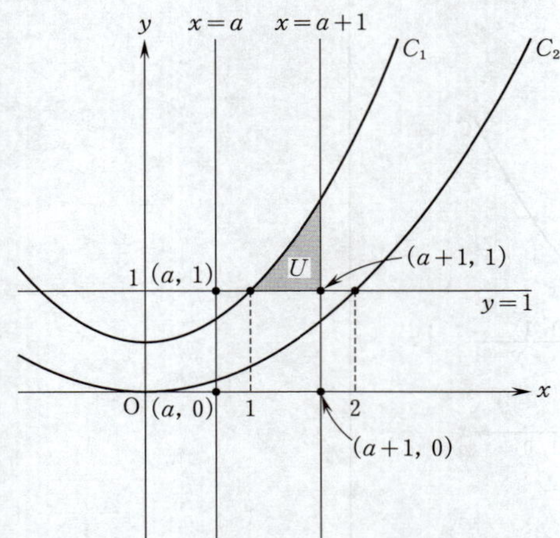

よって，$0 \leqq a \leqq 1$ において

$$T=S-U$$
$$=\left(\frac{a^2}{4}+\frac{a}{4}+\frac{7}{12}\right)-\left(\frac{a^3}{6}+\frac{a^2}{2}\right)$$
$$=-\frac{a^3}{\boxed{6}}-\frac{a^2}{\boxed{4}}+\frac{a}{\boxed{4}}+\frac{7}{12} \quad \cdots ①$$

である．① をaで微分すると

$$T'=-\frac{a^2}{2}-\frac{a}{2}+\frac{1}{4}$$
$$=-\frac{1}{4}(2a^2+2a-1)$$

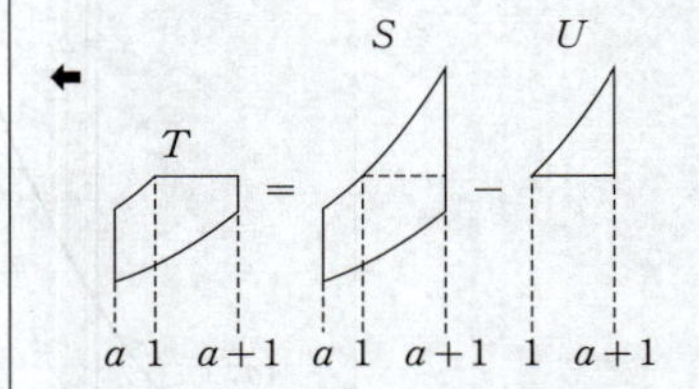

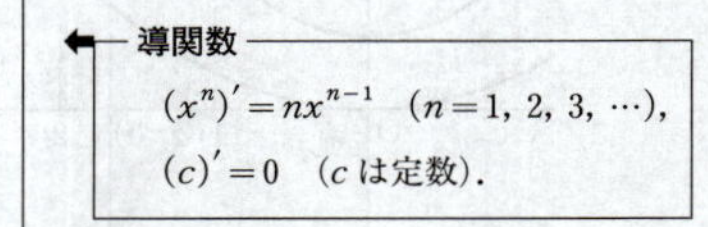

$(x^n)'=nx^{n-1}$　$(n=1, 2, 3, \cdots)$，
$(c)'=0$　(cは定数)．

$$= -\frac{1}{2}\left(a-\frac{-1-\sqrt{3}}{2}\right)\left(a-\frac{-1+\sqrt{3}}{2}\right)$$

であるから，$0 \leqq a \leqq 1$ における T の増減は次の表のようになる．

a	0	$\cdots$	$\frac{-1+\sqrt{3}}{2}$	$\cdots$	1
T'		$+$	0	$-$	
T		↗		↘	

以上より，T は

$$a=\frac{\boxed{-1}+\sqrt{\boxed{3}}}{\boxed{2}}$$

で最大値をとることがわかる．

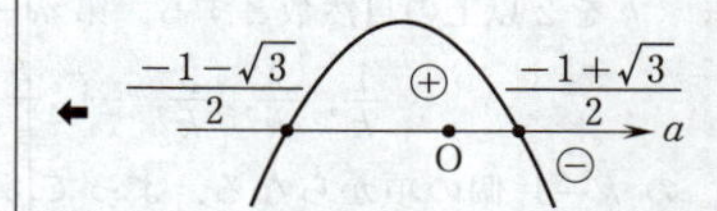

← T' の符号はグラフを利用するとわかりやすい．

第3問　数列

与えられた数列を次のように群に分ける．

$$\frac{1}{2}\,\Big|\,\frac{1}{3},\ \frac{2}{3}\,\Big|\,\frac{1}{4},\ \frac{2}{4},\ \frac{3}{4}\,\Big|\,\frac{1}{5},\ \cdots$$

第1群　第2群　　第3群　　第4群

k を2以上の自然数とする．第 $k-1$ 群は

$$\frac{1}{k},\ \frac{2}{k},\ \frac{3}{k},\ \cdots,\ \frac{k-1}{k}$$

の $k-1$ 個の項からなる．よって，第1群から第 $k-1$ 群に含まれる項の項数は

$$1+2+3+\cdots+(k-1)=\frac{1}{2}(k-1)k$$

である．

⬅ $\sum_{i=1}^{k} i=\frac{1}{2}k(k+1)$.

(1)
$$15 \leqq \frac{1}{2}(k-1)k$$

を満たす2以上の自然数で最小の k は6で，a_{15} は第5群の末項(第5項)である．よって，$a_{15}=\frac{5}{6}$ である．また，分母に初めて8が現れる項は第7群の初項の $\frac{1}{8}$ であり，これは第6群の末項(第6項)の次の項であるから

⬅ $k=6$ より，$k-1=5$.

⬅ $k=8$ より，$k-1=7$.

$$\frac{1}{2}\cdot 6\cdot 7+1=22$$

より，a_{22} である．

(2) k が3以上の自然数であるとき，数列 $\{a_n\}$ において $\frac{1}{k}$ が初めて現れる項を第 M_k 項とすると，$\frac{1}{k}$ は第 $k-1$ 群の初項であり，これは第 $k-2$ 群の末項(第 $k-2$ 項)の次の項であるから

⬅ $k=8$ のときが(1)の a_{22}.

$$M_k=\frac{1}{2}(k-2)(k-1)+1$$

$$=\frac{1}{2}k^2-\frac{3}{2}k+2$$

⬅ $k=8$ のとき $M_8=22$.

である．この式は $k=2$ のときも成り立つ．数列 $\{a_n\}$ において $\frac{k-1}{k}$ が初めて現れる項を第 N_k 項とすると，$\frac{k-1}{k}$ は第 $k-1$ 群の末項(第 $k-1$ 項)であるから

⬅ $k=6$ のときが(1)の a_{15}.

$$N_k=\frac{1}{2}(k-1)k$$

$$=\frac{\boxed{1}}{\boxed{2}}k^2-\frac{\boxed{1}}{\boxed{2}}k$$

← $k=6$ のとき $N_6=15$.

である．よって，a_{104} が第 $k-1$ 群に属しているとすると

$$\frac{1}{2}(k-2)(k-1)<104\leqq\frac{1}{2}(k-1)k \qquad \cdots ①$$

← $M_k-1<104\leqq N_k$.

が成り立つ．

$$\frac{1}{2}(15-2)(15-1)=91,\quad \frac{1}{2}(15-1)15=105$$

より，① を満たす自然数 k は 15 であり

$$104-91=13$$

であるから，a_{104} は第 14 群の第 13 項である．よって

$$a_{104}=\frac{\boxed{13}}{\boxed{15}}$$

である．

(3)　k が 2 以上の自然数であるとき，数列 $\{a_n\}$ の第 M_k 項から第 N_k 項までの和，すなわち第 $k-1$ 群に含まれる項の和は

$$\frac{1}{k}+\frac{2}{k}+\cdots+\frac{k-1}{k}$$

$$=\frac{1}{k}\{1+2+\cdots+(k-1)\}$$

$$=\frac{1}{k}\cdot\frac{1}{2}(k-1)k$$

$$=\frac{1}{2}(k-1)$$

$$=\frac{\boxed{1}}{\boxed{2}}k-\frac{\boxed{1}}{\boxed{2}}$$

である．したがって，数列 $\{a_n\}$ の初項から第 N_k 項までの和は

← 第 N_k 項は第 $k-1$ 群の末項.

$$\sum_{i=2}^{k}\frac{1}{2}(i-1)$$

$$=\frac{1}{2}\{1+2+\cdots+(k-1)\}$$

$$=\frac{1}{2}\cdot\frac{1}{2}(k-1)k$$

$$=\frac{1}{4}(k-1)k$$

$$=\frac{\boxed{1}}{\boxed{4}}k^2-\frac{\boxed{1}}{\boxed{4}}k$$

である．

← 第 $i-1$ 群に含まれる項の和が $\frac{1}{2}(i-1)$.

a_{103} は第 14 群の第 12 項，すなわち 14 群の最後から 3 番目の項であるから

← a_{104} は第 14 群の第 13 項.

$$\sum_{n=1}^{103}a_n$$

$$=\sum_{n=1}^{105}a_n-(a_{104}+a_{105})$$

$$=\frac{1}{4}\cdot(15-1)\cdot 15-\left(\frac{13}{15}+\frac{14}{15}\right)$$

$$=\frac{\boxed{507}}{\boxed{10}}$$

である．

← $a_{104}=\frac{13}{15}$.

← a_{105} は第 14 群の末項，すなわち数列 $\{a_n\}$ の第 N_{15} 項.

第4問　空間ベクトル

$|\overrightarrow{OA}|=3$, $|\overrightarrow{OB}|=|\overrightarrow{OC}|=2$,
$\angle AOB=\angle BOC=\angle COA=60°$,
$\overrightarrow{OA}=\vec{a}$, $\overrightarrow{OB}=\vec{b}$, $\overrightarrow{OC}=\vec{c}$.

(1) $\vec{a}\cdot\vec{b}=|\vec{a}||\vec{b}|\cos\angle AOB=3\cdot2\cdot\cos60°=\boxed{3}$,

$\vec{a}\cdot\vec{c}=|\vec{a}||\vec{c}|\cos\angle AOC=3\cdot2\cdot\cos60°=3$,

$\vec{b}\cdot\vec{c}=|\vec{b}||\vec{c}|\cos\angle BOC=2\cdot2\cdot\cos60°=\boxed{2}$

である．

← **内積**
$\vec{0}$ でない2つのベクトル $\vec{x}$ と $\vec{y}$ のなす角を θ ($0°\leqq\theta\leqq180°$) とすると
$$\vec{x}\cdot\vec{y}=|\vec{x}||\vec{y}|\cos\theta.$$
特に
$$\vec{x}\cdot\vec{x}=|\vec{x}||\vec{x}|\cos0°=|\vec{x}|^2$$

$0\leqq s\leqq1$, $0\leqq t\leqq1$ として

$$\overrightarrow{OP}=s\vec{a}$$
$$\overrightarrow{OQ}=(1-t)\vec{b}+t\vec{c}$$

より

$$\overrightarrow{PQ}=\overrightarrow{OQ}-\overrightarrow{OP}$$
$$=\{(1-t)\vec{b}+t\vec{c}\}-s\vec{a}$$
$$=-s\vec{a}+(1-t)\vec{b}+t\vec{c}$$

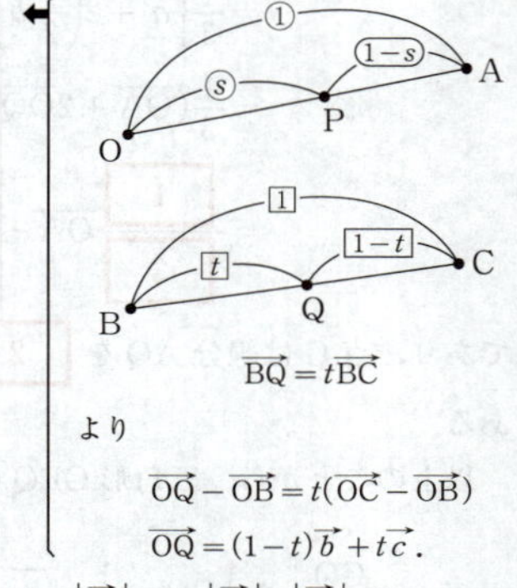

← $\overrightarrow{BQ}=t\overrightarrow{BC}$

より
$$\overrightarrow{OQ}-\overrightarrow{OB}=t(\overrightarrow{OC}-\overrightarrow{OB})$$
$$\overrightarrow{OQ}=(1-t)\vec{b}+t\vec{c}.$$

であるから

$$|\overrightarrow{PQ}|^2=|-s\vec{a}+(1-t)\vec{b}+t\vec{c}|^2$$
$$=s^2|\vec{a}|^2+(1-t)^2|\vec{b}|^2+t^2|\vec{c}|^2$$
$$-2s(1-t)\vec{a}\cdot\vec{b}+2(1-t)t\vec{b}\cdot\vec{c}-2st\vec{a}\cdot\vec{c}$$
$$=s^2\cdot3^2+(1-t)^2\cdot2^2+t^2\cdot2^2$$
$$-2s(1-t)\cdot3+2(1-t)t\cdot2-2st\cdot3$$
$$=9s^2-6s+4t^2-4t+4$$
$$=(\boxed{3}s-\boxed{1})^2+(\boxed{2}t-\boxed{1})^2+\boxed{2}$$

← $|\vec{a}|=3$, $|\vec{b}|=|\vec{c}|=2$, $\vec{a}\cdot\vec{b}=\vec{a}\cdot\vec{c}=3$, $\vec{b}\cdot\vec{c}=2$.

となる．したがって，$|\overrightarrow{PQ}|$ が最小となるのは

$s=\dfrac{\boxed{1}}{\boxed{3}}$, $t=\dfrac{\boxed{1}}{\boxed{2}}$ のときであり，このとき

← $0\leqq s\leqq1$, $0\leqq t\leqq1$ を満たす．

$|\overrightarrow{PQ}|=\sqrt{\boxed{2}}$ となる．

(2) 三角形ABCの重心をGとし，$|\overrightarrow{PQ}|=\sqrt{2}$ のとき，三角形GPQの面積を求める．

$$\overrightarrow{OA}\cdot\overrightarrow{PQ}=\vec{a}\cdot\{-s\vec{a}+(1-t)\vec{b}+t\vec{c}\}$$
$$=-s|\vec{a}|^2+(1-t)\vec{a}\cdot\vec{b}+t\vec{a}\cdot\vec{c}$$
$$=-\left(\frac{1}{3}\right)\cdot3^2+\left(1-\frac{1}{2}\right)\cdot3+\frac{1}{2}\cdot3$$

← $\overrightarrow{PQ}=-s\vec{a}+(1-t)\vec{b}+t\vec{c}$.

← $|\overrightarrow{PQ}|=\sqrt{2}$ のとき $s=\frac{1}{3}$, $t=\frac{1}{2}$.

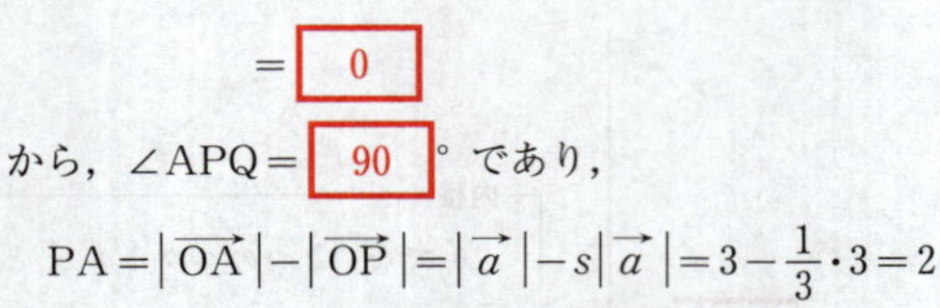

$= \boxed{0}$

から，$\angle \mathrm{APQ} = \boxed{90}°$ であり，

$$\mathrm{PA} = |\overrightarrow{\mathrm{OA}}| - |\overrightarrow{\mathrm{OP}}| = |\vec{a}| - s|\vec{a}| = 3 - \frac{1}{3}\cdot 3 = 2$$

である．したがって，三角形 APQ の面積は

$$\frac{1}{2}\cdot \mathrm{PA}\cdot \mathrm{PQ} = \frac{1}{2}\cdot 2\cdot \sqrt{2} = \sqrt{\boxed{2}}$$

である．また

$$\overrightarrow{\mathrm{OG}} = \frac{1}{3}(\vec{a} + \vec{b} + \vec{c})$$

$$= \frac{1}{3}\left\{\vec{a} + 2\left(\frac{1}{2}\vec{b} + \frac{1}{2}\vec{c}\right)\right\}$$

$$= \frac{1}{3}(\overrightarrow{\mathrm{OA}} + 2\overrightarrow{\mathrm{OQ}})$$

$$= \frac{\boxed{1}}{\boxed{3}}\overrightarrow{\mathrm{OA}} + \frac{\boxed{2}}{\boxed{3}}\overrightarrow{\mathrm{OQ}}$$

であり，点 G は線分 AQ を $\boxed{2}:1$ に内分する点である．

以上のことから，三角形 GPQ の面積は

$$\frac{\mathrm{GQ}}{\mathrm{AQ}}\cdot \triangle \mathrm{APQ} = \frac{1}{3}\cdot \sqrt{2} = \frac{\sqrt{\boxed{2}}}{\boxed{3}}$$

である．

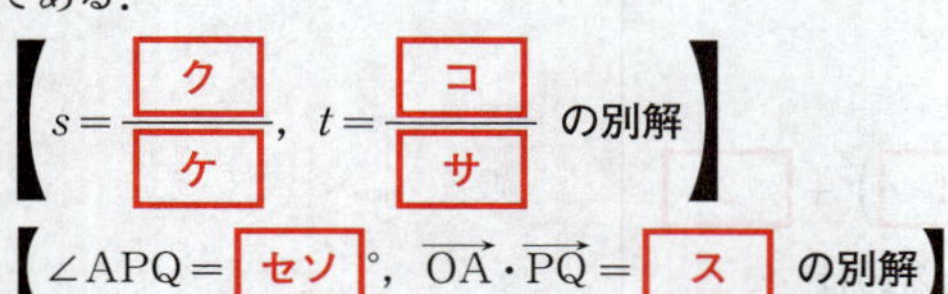

【$s = \dfrac{\boxed{ク}}{\boxed{ケ}}$，$t = \dfrac{\boxed{コ}}{\boxed{サ}}$ の別解】

【$\angle \mathrm{APQ} = \boxed{セソ}°$，$\overrightarrow{\mathrm{OA}}\cdot\overrightarrow{\mathrm{PQ}} = \boxed{ス}$ の別解】

$|\overrightarrow{\mathrm{PQ}}|$ が最小となるのは

$$\overrightarrow{\mathrm{PQ}} \perp \overrightarrow{\mathrm{OA}} \quad かつ \quad \overrightarrow{\mathrm{PQ}} \perp \overrightarrow{\mathrm{BC}}$$

となるときである．$\overrightarrow{\mathrm{PQ}} \perp \overrightarrow{\mathrm{OA}}$ より

$$\overrightarrow{\mathrm{PQ}}\cdot\overrightarrow{\mathrm{OA}} = 0$$

$$\{-s\vec{a} + (1-t)\vec{b} + t\vec{c}\}\cdot\vec{a} = 0$$

$$-s|\vec{a}|^2 + (1-t)\vec{b}\cdot\vec{a} + t\vec{c}\cdot\vec{a} = 0$$

$$-9s + 3(1-t) + 3t = 0$$

$$s = \frac{1}{3}$$

であり，このとき，$\overrightarrow{\mathrm{PQ}} \perp \overrightarrow{\mathrm{BC}}$ より

$$\overrightarrow{\mathrm{PQ}}\cdot\overrightarrow{\mathrm{BC}} = 0$$

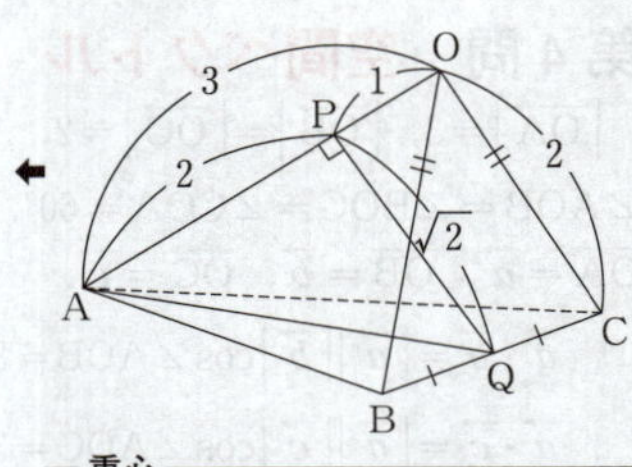

重心

三角形 ABC の重心を G とすると

$$\overrightarrow{\mathrm{OG}} = \frac{1}{3}(\overrightarrow{\mathrm{OA}} + \overrightarrow{\mathrm{OB}} + \overrightarrow{\mathrm{OC}}).$$

$t = \frac{1}{2}$ のとき $\overrightarrow{\mathrm{OQ}} = \frac{1}{2}\vec{b} + \frac{1}{2}\vec{c}$.

内分点

点 P が線分 AB を $m:n$ の比に内分するとき

$$\overrightarrow{\mathrm{OP}} = \frac{n\overrightarrow{\mathrm{OA}} + m\overrightarrow{\mathrm{OB}}}{m+n}$$

と表される．

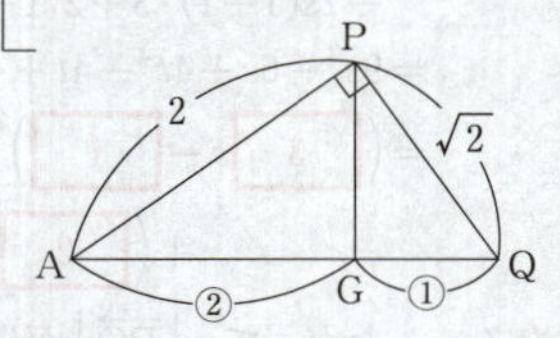

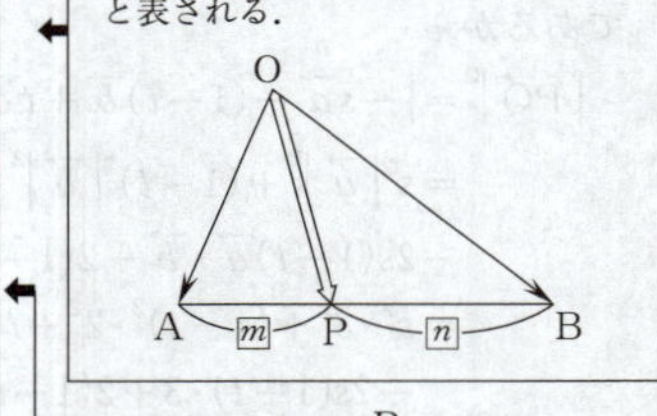

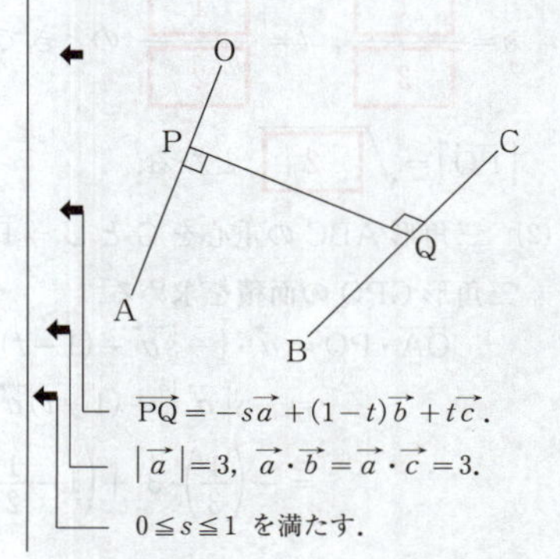

$\overrightarrow{\mathrm{PQ}} = -s\vec{a} + (1-t)\vec{b} + t\vec{c}$.

$|\vec{a}| = 3$，$\vec{a}\cdot\vec{b} = \vec{a}\cdot\vec{c} = 3$.

$0 \leqq s \leqq 1$ を満たす．

$$\{-s\vec{a}+(1-t)\vec{b}+t\vec{c}\}\cdot(\vec{b}-\vec{c})=0$$

$$-s\vec{a}\cdot\vec{b}+(1-t)|\vec{b}|^2+t\vec{c}\cdot\vec{b}+s\vec{a}\cdot\vec{c}-(1-t)\vec{b}\cdot\vec{c}-t|\vec{c}|^2=0$$

$$-1+4(1-t)+2t+1-2(1-t)-4t=0$$

← $|\vec{b}|=|\vec{c}|=2,\ \vec{a}\cdot\vec{b}=\vec{a}\cdot\vec{c}=3,\ \vec{b}\cdot\vec{c}=2.$

$$t=\frac{1}{2}$$

← $0\leqq t\leqq 1$ を満たす.

である.

$|\overrightarrow{PQ}|=\sqrt{2}$ のとき，$\overrightarrow{PQ}\perp\overrightarrow{OA}$，すなわち $\angle APQ=90°$ であるから，$\overrightarrow{OA}\cdot\overrightarrow{PQ}=0$ である.

←

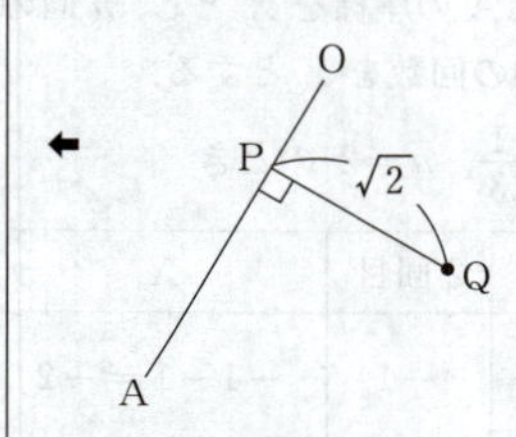

【$\overrightarrow{OG}=\dfrac{\boxed{チ}}{\boxed{ツ}}\overrightarrow{OA}+\dfrac{\boxed{テ}}{\boxed{ト}}\overrightarrow{OQ}$ の別解】

$|\overrightarrow{PQ}|=\sqrt{2}$ のとき，$t=\dfrac{1}{2}$ であるから，点Qは線分BCの中点である．よって，線分AQは三角形ABCの中線であり，三角形ABCの重心Gは線分AQを2:1に内分する．したがって

← $\overrightarrow{OQ}=\frac{1}{2}\vec{b}+\frac{1}{2}\vec{c}.$

←

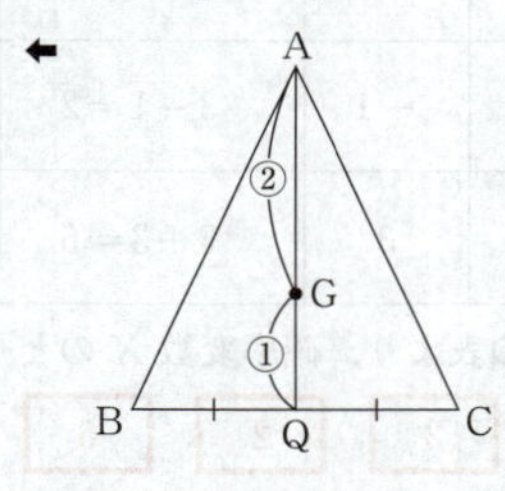

$$\overrightarrow{OG}=\frac{1}{3}\overrightarrow{OA}+\frac{2}{3}\overrightarrow{OQ}$$

である.

第5問　確率分布と統計的な推測

(1)　点Aは原点Oから出発して数直線上を n 回移動する．1回ごとに確率 p で正の向きに3だけ移動し，確率 $1-p$ で負の向きに1だけ移動する．n 回移動した後の点Aの座標を X とし，n 回の移動のうち正の向きの移動の回数を Y とする．

(1)　$p=\frac{1}{3}$，$n=2$ のとき

1回目	2回目	X	確率
-1	-1	$-1-1=-2$	$\left(1-\frac{1}{3}\right)^2=\frac{4}{9}$
-1	3	$-1+3=2$	$\left(1-\frac{1}{3}\right)\frac{1}{3}=\frac{2}{9}$
3	-1	$3-1=2$	$\frac{1}{3}\left(1-\frac{1}{3}\right)=\frac{2}{9}$
3	3	$3+3=6$	$\left(\frac{1}{3}\right)^2=\frac{1}{9}$

この表より，確率変数 X のとり得る値は，小さい順に $-$ 2 ，2 ，6 であり，これらの値をとる確率はそれぞれ $\frac{4}{9}$，$\frac{4}{9}$，$\frac{1}{9}$ である．

$X=2$ となる確率は，$2\cdot\frac{2}{9}=\frac{4}{9}$．

(2)　n 回移動したとき，X と Y の間に

$$X=3Y+(-1)(n-Y)$$
$$=-n+4Y$$

の関係が成り立つ．

確率変数 Y は二項分布 $B(n, p)$ に従うので，Y の平均(期待値) $E(Y)$ は np，分散 $V(Y)$ は $np(1-p)$ である．したがって コ ， サ に当てはまるものはそれぞれ ⓪ ，① である．X の平均 $E(X)$ は

$$E(X)=E(-n+4Y)=-n+4E(Y)=-n+4np$$

であり，X の分散 $V(X)$ は

$$V(X)=V(-n+4Y)=4^2V(Y)=16np(1-p)$$

である．したがって シ ， ス に当てはまるものはそれぞれ ⑨ ，⑧ である．

二項分布

n を自然数とする．

確率変数 X のとり得る値が

$$0,\ 1,\ 2,\ \cdots,\ n$$

であり，X の確率分布が

$$P(X=r)={}_nC_r p^r(1-p)^{n-r}$$
$$(r=0,\ 1,\ 2,\ \cdots,\ n)$$

であるとき，X の確率分布を二項分布といい，$B(n, p)$ で表す．

平均(期待値)

確率変数 X がとり得る値を x_1，x_2，…，x_n とし，X がこれらの値をとる確率をそれぞれ p_1，p_2，…，p_n とすると，平均(期待値) $E(X)$ は

$$E(X)=\sum_{k=1}^{n}x_k p_k.$$

分散

確率変数 X がとり得る値を x_1，x_2，…，x_n とし，X がこれらの値をとる確率をそれぞれ，p_1，p_2，…，p_n とすると，分散 $V(X)$ は，$E(X)=m$ として

$$V(X)=\sum_{k=1}^{n}(x_k-m)^2p_k \quad \cdots①$$

または

$$V(X)=E(X^2)-\{E(X)\}^2. \quad \cdots②$$

確率変数 X が二項分布 $B(n, p)$ に従うとき，X の平均(期待値) $E(X)$，分散 $V(X)$ は

$$E(X)=np,$$
$$V(X)=np(1-p)$$

である．

X が確率変数，a，b は定数とする．

$$E(aX+b)=aE(X)+b.$$
$$V(aX+b)=a^2V(X).$$

(3)　$p=\frac{1}{4}$，$n=1200$ のとき，(2)により，Y の平均は

$$1200\cdot\frac{1}{4}=\boxed{300},$$

標準偏差は

$$\sqrt{1200\cdot\frac{1}{4}\cdot\left(1-\frac{1}{4}\right)}=\boxed{15}$$

であり，(2)により

$$X=-1200+4Y$$

であるから

$$X\geqq 120$$

は

$$-1200+4Y\geqq 120$$

であり，これを変形すると

$$4(Y-300)\geqq 120$$

$$\frac{Y-300}{15}\geqq 2$$

となる．よって

$$P(X\geqq 120)=P\left(\frac{Y-300}{15}\geqq\boxed{2}.\boxed{00}\right)$$

である．$n=1200$ は十分に大きいので，$Z=\frac{Y-300}{15}$

とおくと，Z は近似的に標準正規分布に従う．よって，$p=\frac{1}{4}$ のとき，1200回移動した後の点Aの座標 X が120以上になる確率の近似値は正規分布表から

$$\begin{aligned}P(X\geqq 120)&=P(Z\geqq 2.00)\\&=1-P(Z\leqq 2.00)\\&=1-\{P(Z\leqq 0)+P(0\leqq Z\leqq 2.00)\}\\&=1-(0.5+0.4772)\\&=0.\boxed{023}\end{aligned}$$

である．

(4)　p の値がわからないとし，2400回移動した後の点Aの座標が $X=1440$ のとき，p に対する信頼度95%の信頼区間を求める．

n 回移動したときに Y がとる値を y とすると，(2)より

$$X=-2400+4Y$$

であるから

$$X=1440$$

は

←　$\sqrt{V(X)}$ を X の標準偏差という．

←　$\frac{120}{4\cdot 15}=2.$

←　標準正規分布
平均0，標準偏差1の正規分布 $N(0,\ 1)$ を標準正規分布という．

←　正規分布表より
$P(0\leqq Z\leqq 2.00)=0.4772,$
$P(Z\leqq 0)=0.5.$

$$-2400+4Y=1440$$

であり，これより

$$Y=960$$

となるから

$$y=960$$

である．$r=\dfrac{y}{n}$ とおくと，

$$r=\frac{960}{2400}=0.4$$

である．

n が十分に大きいならば，確率変数 $R=\dfrac{Y}{n}$ は近似的に平均 p，分散 $\dfrac{p(1-p)}{n}$ の正規分布に従う．

$n=2400$ は十分に大きいので，このことを利用し，分散を

$$\frac{r(1-r)}{n}=\frac{0.4(1-0.4)}{2400}=0.0001$$

で置き換えると，正規分布表から

$$P\left(-1.96\leqq\frac{0.4-p}{0.01}\leqq1.96\right)$$
$$=2P\left(0\leqq\frac{0.4-p}{0.01}\leqq1.96\right)$$
$$=2\cdot0.4750$$
$$=0.95$$

である．これより

$$P(0.4-1.96\cdot0.01\leqq p\leqq0.4+1.96\cdot0.01)=0.95$$

すなわち

$$P(0.3804\leqq p\leqq0.4196)=0.95$$

であるから，求める信頼区間は

$$0.\boxed{380}\leqq p\leqq0.\boxed{420}$$

である．

⬅ 標準偏差は $\sqrt{0.0001}=0.01$.

⬅ $\dfrac{0.4-p}{0.01}$ は近似的に標準正規分布に従う．

⬅ 正規分布表より

$P(0\leqq Z\leqq1.96)=0.4750$

数学Ⅰ・数学A
数学Ⅱ・数学B

（2015年１月実施）

	受験者数	平均点
数学Ⅰ・数学A	338,406	61.27
数学Ⅱ・数学B	301,184	39.31

数学Ⅰ・数学A

解答・採点基準

(100点満点)

問題番号(配点)	解答記号	正解	配点	自己採点
第1問 (20)	(ア，イ)	(1，3)	5	
	ウ，エ	③，1	5	
	オ，カ	②，2	5	
	$\frac{キク}{ケ}$	$\frac{-1}{2}$	2	
	$\frac{コサ}{シ}$	$\frac{13}{4}$	3	
	第1問　自己採点小計			
第2問 (25)	ア	①	4	
	イ	3	3	
	ウエ	29	3	
	オ	7	3	
	$\frac{\sqrt{カ}}{キ}$	$\frac{\sqrt{3}}{2}$	3	
	$\frac{ク\sqrt{ケ}}{コサ}$	$\frac{3\sqrt{3}}{14}$	3	
	$\frac{シ}{ス}$	$\frac{7}{2}$	3	
	セ	7	3	
	第2問　自己採点小計			
第3問 (15)	ア	④	3	
	イ，ウ，エ，オ	⓪，②，③，⑤ (解答の順序は問わない)	4	
	カ，キ	⓪，② (解答の順序は問わない)	6	
	ク	⑦	2	
	第3問　自己採点小計			
第4問 (20)	アイ	48	3	
	ウエ	12	2	
	オ	2	3	
	カ	4	3	
	キ	4	2	
	クケ	12	2	
	コサ	16	2	
	シス	26	3	
	第4問　自己採点小計			
第5問 (20)	$2^{ア}\cdot 3^{イ}\cdot ウ$	$2^{2}\cdot 3^{3}\cdot 7$	3	
	エオ	24	3	
	カキ	21	3	
	クケコ	126	3	
	サ	9	2	
	シスセ	103	2	
	ソタチツ	1701	4	
	第5問　自己採点小計			
第6問 (20)	アイ	10	3	
	$\sqrt{ウ}$	$\sqrt{5}$	3	
	$\frac{エオ}{カ}$	$\frac{10}{3}$	3	
	$\frac{キ}{ク}$	$\frac{3}{5}$	4	
	$ケ\sqrt{コ}$	$2\sqrt{5}$	4	
	$\frac{サ\sqrt{シ}}{ス}$	$\frac{5\sqrt{5}}{4}$	3	
	第6問　自己採点小計			
	自己採点合計			

(注)
第1問～第3問は必答。
第4問～第6問のうちから2問選択。計5問を解答。

第1問　2次関数

$$y=-x^2+2x+2. \qquad \cdots ①$$

①は,

$$y=-(x-1)^2+3$$

と変形できるから, ①のグラフの頂点の座標は,

$$(\boxed{1},\ \boxed{3})$$

である.

← 2次関数 $y=p(x-q)^2+r$ のグラフの頂点の座標は, $(q,\ r)$.

$y=f(x)$ のグラフは, ①のグラフを x 軸方向に p, y 軸方向に q だけ平行移動したものであるから, その頂点の座標は,

$$(p+1,\ q+3)$$

であり,

$$f(x)=-(x-p-1)^2+q+3$$

である.

← 平行移動をしても, x^2 の係数は変化しない.

(1)　$y=f(x)$ のグラフは, 上に凸で軸が直線 $x=p+1$ の放物線であるから, $2 \leqq x \leqq 4$ における $f(x)$ の最大値が $f(2)$ になるような p の値の範囲は,

$$p+1 \leqq 2$$

より,

$$p \leqq \boxed{1}$$

である. $\boxed{ウ}$ に当てはまるものは $\boxed{③}$ である.

←

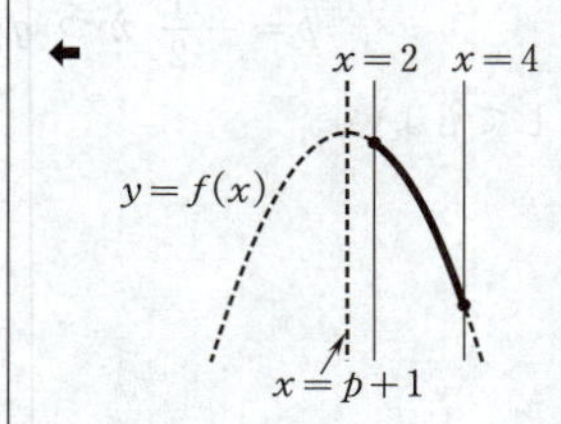

また, $2 \leqq x \leqq 4$ における $f(x)$ の最小値が $f(2)$ になるような p の値の範囲は,

$$p+1 \geqq \frac{2+4}{2}=3$$

より,

$$p \geqq \boxed{2}$$

である. $\boxed{オ}$ に当てはまるものは $\boxed{②}$ である.

←

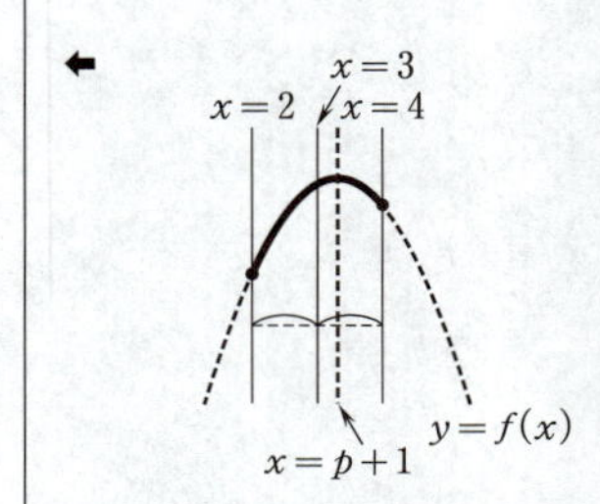

$p=2$ のとき, $x=2$ と $x=4$ で最小値をとるから, 最小値は $f(2)$ である ($f(4)$ でもある).

(2)　2次不等式 $f(x)>0$ の解が $-2<x<3$ となるのは,

$$f(-2)=0 \text{ かつ } f(3)=0$$

すなわち

$$-(-p-3)^2+q+3=0 \qquad \cdots ②$$

かつ

$$-(-p+2)^2+q+3=0 \qquad \cdots ③$$

のときである.

←

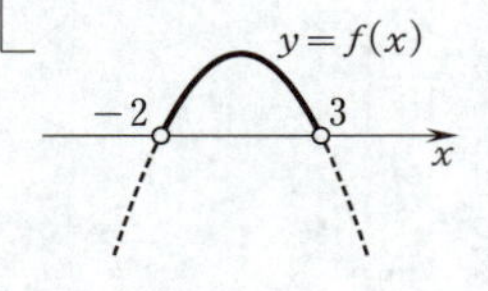

②−③より,

$$p = \frac{\boxed{-1}}{\boxed{2}}$$

であり，これと ③ より，

$$q = \frac{\boxed{13}}{\boxed{4}}$$

である．

（注）　$f(x)>0$ の解が $-2<x<3$ であるとき，

$$f(x) = -(x+2)(x-3)$$

$$-(x-p-1)^2+q+3 = -(x+2)(x-3)$$

すなわち

$$-x^2+2(p+1)x-(p+1)^2+q+3 = -x^2+x+6$$

であり，係数を比較すると，

$$2(p+1)=1 \text{ かつ } -(p+1)^2+q+3=6$$

である．

これより，

$$p=-\frac{1}{2} \text{ かつ } q=\frac{13}{4}$$

としてもよい．

第2問　集合と論理・図形と計量

〔1〕

(1)　命題「$(p_1$ かつ $p_2) \Longrightarrow (q_1$ かつ $q_2)$」の対偶は，

$$\overline{(q_1 \text{ かつ } q_2)} \Longrightarrow \overline{(p_1 \text{ かつ } p_2)}.$$

ド・モルガンの法則を用いて，

$$(\overline{q_1} \text{ または } \overline{q_2}) \Longrightarrow (\overline{p_1} \text{ または } \overline{p_2}).$$

よって，**ア** に当てはまるものは **①** である．

(2)　30以下の自然数 n のなかで，素数であるものは，

2，3，5，7，11，13，17，19，23，29

であり，$n+2$ も素数であるものは，

「3，5，11，17，29」　…①

である．

①が条件 $(p_1$ かつ $p_2)$ を満たす30以下の自然数である．

①のうち，条件 $(\overline{q_1}$ かつ $q_2)$ の否定

$(q_1$ または $\overline{q_2})$

すなわち

$n+1$ が5の倍数である，

または $n+1$ が6の倍数でない

を満たすものが求める反例であり，それは，

3 と **29**

である．

← 命題「$s \Longrightarrow t$」の対偶は，

$\overline{t} \Longrightarrow \overline{s}$.

← ド・モルガンの法則

$\overline{s \text{ かつ } t} \Longleftrightarrow \overline{s}$ または $\overline{t}$,

$\overline{s \text{ または } t} \Longleftrightarrow \overline{s}$ かつ $\overline{t}$.

← 命題「$s \Longrightarrow t$」の反例は，

条件「s かつ $\overline{t}$」

を満たすものである．

〔2〕

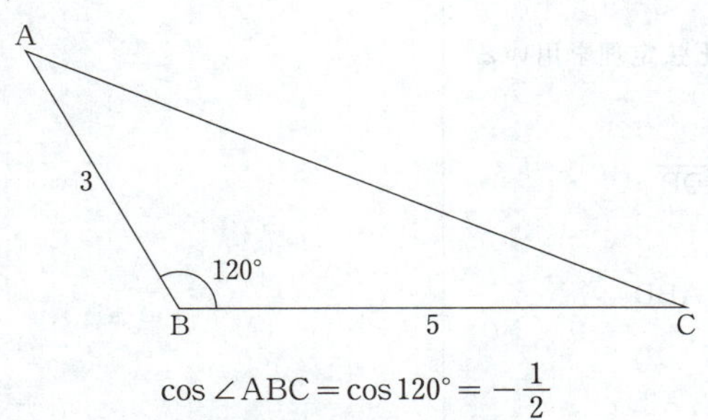

$$\cos\angle\text{ABC} = \cos 120^\circ = -\frac{1}{2}$$

であり，△ABC に余弦定理を用いると，

$$\begin{aligned}\text{AC}^2 &= \text{AB}^2 + \text{BC}^2 - 2\text{AB}\cdot\text{BC}\cos\angle\text{ABC}\\ &= 3^2 + 5^2 - 2\cdot3\cdot5\cdot\left(-\frac{1}{2}\right)\\ &= 49\end{aligned}$$

であるから，

余弦定理

← $b^2 = c^2 + a^2 - 2ca\cos B$.

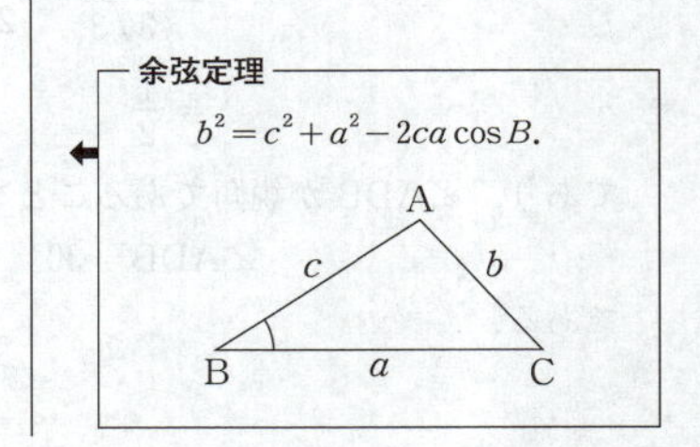

$$\mathrm{AC}=\boxed{7}$$

である．

また，

$$\sin\angle\mathrm{ABC}=\sin 120^\circ=\frac{\sqrt{\boxed{3}}}{\boxed{2}}$$

である．

さらに，△ABC に正弦定理を用いると，

$$\frac{\mathrm{AC}}{\sin\angle\mathrm{ABC}}=\frac{\mathrm{AB}}{\sin\angle\mathrm{BCA}}$$

であるから，

$$\sin\angle\mathrm{BCA}=\frac{\mathrm{AB}}{\mathrm{AC}}\sin\angle\mathrm{ABC}$$

$$=\frac{3}{7}\cdot\frac{\sqrt{3}}{2}$$

$$=\frac{\boxed{3}\sqrt{\boxed{3}}}{\boxed{14}}$$

である．

∠ADC が鋭角であるから，点 D は線分 BC の点 B の側への延長上にある．

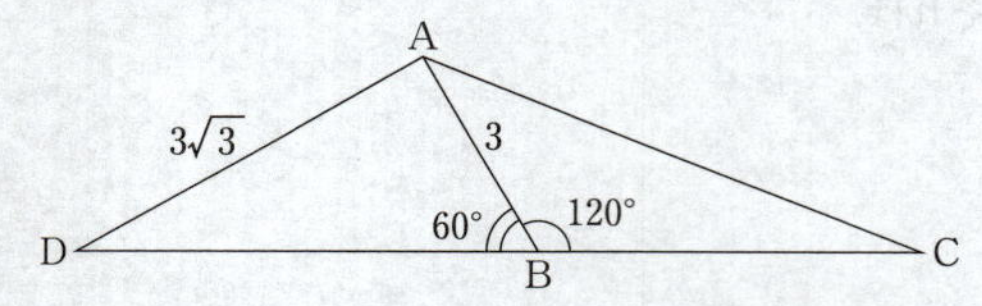

∠ABD＝60° であり，△ADB に正弦定理を用いると，

$$\frac{\mathrm{AD}}{\sin\angle\mathrm{ABD}}=\frac{\mathrm{AB}}{\sin\angle\mathrm{ADB}}$$

より，

$$\sin\angle\mathrm{ADB}=\frac{\mathrm{AB}}{\mathrm{AD}}\sin\angle\mathrm{ABD}$$

$$=\frac{3}{3\sqrt{3}}\cdot\frac{\sqrt{3}}{2}$$

$$=\frac{1}{2}$$

であり，∠ADB が鋭角であることを考慮すると，

$$\angle\mathrm{ADB}=30^\circ$$

である．

←正弦定理

$$\frac{a}{\sin A}=\frac{b}{\sin B}=\frac{c}{\sin C}=2R.$$

（R は外接円の半径）

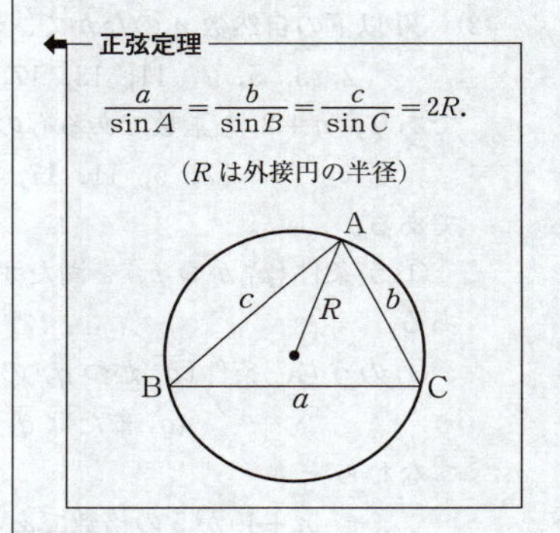

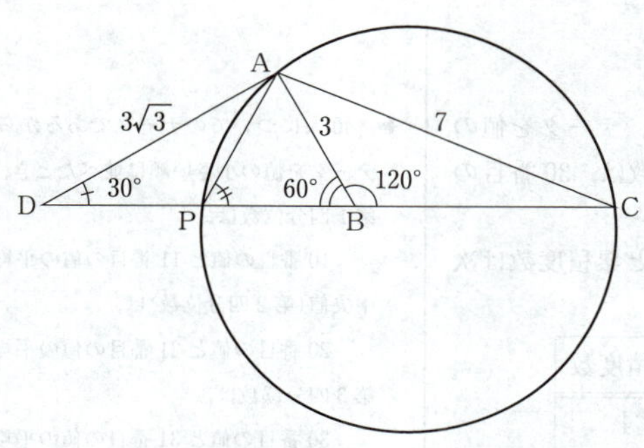

点Pは線分BD上にあるから，∠APCのとり得る値の範囲は，

$$30° \leqq \angle APC \leqq 120°$$

であり，sin∠APCのとり得る値の範囲は，

$$\frac{1}{2} \leqq \sin\angle APC \leqq 1$$

である．

⬅ sin∠APCが最小になるのは，∠APC＝30° のときであり，最大になるのは，∠APC＝90° のときである．

また，△APCに正弦定理を用いると，

$$\frac{AC}{\sin\angle APC} = 2R$$

であるから，

$$R = \frac{7}{2\sin\angle APC}$$

である．

ゆえに，Rのとり得る値の範囲は，

$$\frac{7}{2\cdot 1} \leqq R \leqq \frac{7}{2\cdot\frac{1}{2}}$$

すなわち

$$\frac{\boxed{7}}{\boxed{2}} \leqq R \leqq \boxed{7}$$

である．

第3問　データの分析

〔1〕

(1)　40人についてのデータであるから，データを値の小さい順に並べたとき，第3四分位数は，30番目の値と31番目の値の平均である．

ヒストグラムより，各階級の度数と累積度数は次のようになる．

階級	度数	累積度数
5m以上10m未満	1	1
10m以上15m未満	4	5
15m以上20m未満	6	11
20m以上25m未満	11	22
25m以上30m未満	9	31
30m以上35m未満	4	35
35m以上40m未満	3	38
40m以上45m未満	1	39
45m以上50m未満	1	40

よって，第3四分位数は，25m以上30m未満の階級に属する．すなわち **ア** に当てはまるものは **④** である．

← 40人についてのデータであるから，データを値の小さい順に並べたとき，
第1四分位数は，
　10番目の値と11番目の値の平均，
中央値(第2四分位数)は，
　20番目の値と21番目の値の平均，
第3四分位数は，
　30番目の値と31番目の値の平均
である．

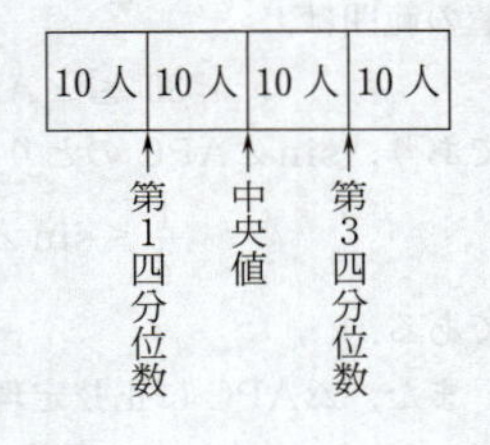

(2)　(1)より，第3四分位数は，25m以上30m未満の階級に属し，この条件を満たさない箱ひげ図は，

⓪，②，③．

第1四分位数は，10番目の値と11番目の値の平均であるから，15m以上20m未満の階級に属する．この条件を満たさない箱ひげ図は，

②，③，⑤．

よって，ヒストグラムと矛盾する箱ひげ図として，

⓪，②，③，⑤

がある．

ヒストグラムより，

　最小値は5m以上10m未満の階級，
　最大値は45m以上50m未満の階級

に属し，中央値は20番目と21番目の平均であるから，(1)の表より20m以上25m未満の階級に属する．①，④はこれらを満たす．

← 箱ひげ図からは，次の5つの情報が得られる．

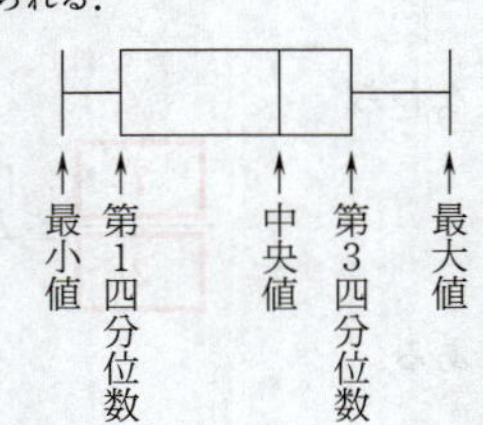

以上より，イ，ウ，エ，オ に当てはまるものは，

⓪，②，③，⑤

である．

(3)(i)　A－a について．

どの生徒の記録も下がったならば，第1四分位数は減少するが

最初の第1四分位数は，

15 m 以上 20 m 未満の階級，

a の第1四分位数は，

20 m 以上 25 m 未満の階級

であり，第1四分位数は増加している．

よって，A－a は矛盾している．

(ii)　B－b について．

どの生徒の記録も伸びたならば，

最小値，第1四分位数，中央値，

第3四分位数，最大値

はすべて増加するが，b の箱ひげ図はそのようになっており矛盾していない．

(iii)　C－c について．

上位 $\frac{1}{3}$ に入るすべての生徒の記録が伸びたならば，最大値は増加するが，

最初の最大値は，

45 m 以上 50 m 未満の階級，

c の最大値は，

40 m 以上 45 m 未満の階級

であり，最大値は減少している．

よって，C－c は矛盾している．

(iv)　D－d について．

上位 $\frac{1}{3}$ に入るすべての生徒の記録が伸び，下位 $\frac{1}{3}$ に入るすべての生徒の記録が下がったならば，

最小値と第1四分位数

は減少し，

第3四分位数と最大値

は増加するが，d の箱ひげ図はそのようになっており矛盾していない．

以上 (i)～(iv) より，カ，キ に当てはまる

ものは，

⓪，②

である．

〔2〕

1回目，2回目のデータの標準偏差がそれぞれ8.21，6.98であり，1回目のデータと2回目のデータの共分散が54.30であるから，1回目のデータと2回目のデータの相関係数は，

$$\frac{54.30}{8.21 \cdot 6.98} = = 0.947\cdots$$

である．

よって，ク に当てはまるものは ⑦ である．

相関係数

2つの変量 x，y について，それらの標準偏差をそれぞれ s_x，s_y とし，共分散を s_{xy} とすると，相関係数は，

$$\frac{s_{xy}}{s_x s_y}.$$

第4問　場合の数・確率

5枚の正方形を次のように左から順にA, B, C, D, Eとする.

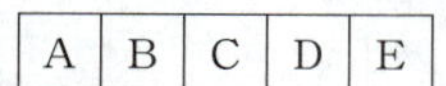

(1)　左から塗っていくとすると，Aの塗り方は3通りであり，B, C, D, Eの塗り方はそれぞれ2通りであるから，塗り方は全部で,

$$3\cdot2\cdot2\cdot2\cdot2=\boxed{48}\ (\text{通り})$$

ある.

← Bの色はAの色以外，Cの色はBの色以外，Dの色はCの色以外，Eの色はDの色以外.

(2)　左右対称となるのは，AとEの色が同じで，さらにBとDの色が同じときである.

よって，A, B, Cの塗り方を考えて，左右対称となる塗り方は,

$$3\cdot2\cdot2=\boxed{12}\ (\text{通り})$$

である.

(3)　青色と緑色の2色だけを用いる塗り方は,

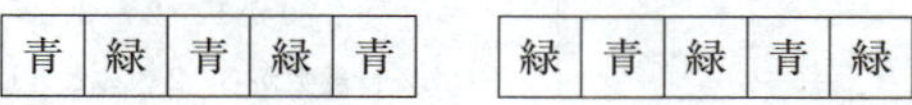

の $\boxed{2}$ 通りである.

(4)　赤色はA, C, Eに塗られる.

赤	B	赤	D	赤

B, Dの塗り方はそれぞれ2通りずつであるから，赤色に塗られる正方形が3枚である塗り方は,

$$2\cdot2=\boxed{4}\ (\text{通り})$$

である.

←

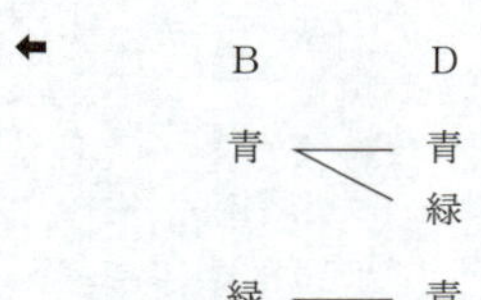

(5)　Aを赤色に塗るとき，B, C, D, Eの塗り方は，青と緑が交互に並ぶ2通りである.

Eを赤色に塗るときも同様に2通りである.

よって，どちらかの端の1枚が赤色に塗られる塗り方は,

$$2+2=\boxed{4}\ (\text{通り})\qquad\cdots①$$

である.

Bを赤色に塗るとき，Aの塗り方は2通り，「C, D, E」の塗り方は2通りである．よって，Bを赤色に塗る塗り方は,

$$2\cdot2=4\ (\text{通り})$$

である．Dを赤色に塗るときも同様に4通り.

←
A　　CDE
青 ＜ 青緑青 / 緑青緑
緑 ＜ 青緑青 / 緑青緑

Cを赤色に塗るとき，「A，B」の塗り方は2通り，「D，E」の塗り方は2通りである．よって，Cを赤色に塗る塗り方は，

$$2 \cdot 2 = 4 \text{（通り）}$$

である．

ゆえに，端以外の1枚が赤色に塗られる塗り方は，

$$4 + 4 + 4 = \boxed{12} \text{（通り）} \quad \cdots②$$

である．

したがって，赤色に塗られる正方形が1枚であるのは，①，② より，

$$4 + 12 = \boxed{16} \text{（通り）}$$

である．

(6) 赤色に塗られる正方形が4枚以上になることはないから，(1)，(3)，(4)，(5) より，赤色に塗られる正方形が2枚である塗り方は，

$$48 - (2 + 4 + 16) = \boxed{26} \text{（通り）}$$

である．

← 赤色に塗られる正方形の枚数は，
0か1か2か3
である．総数から，2枚のとき以外の塗り方の数を引けばよい．

第5問　整数の性質

(1)　a を素因数分解すると,

$$a=2^{\boxed{2}}\cdot 3^{\boxed{3}}\cdot\boxed{7}$$

である.

よって, a の正の約数の個数は,

$$(2+1)(3+1)(1+1)=\boxed{24}\ (\text{個})$$

である.

← $p^aq^br^c\cdots$ と素因数分解される自然数の正の約数の個数は,
$$(a+1)(b+1)(c+1)\cdots.$$

(2)　$\sqrt{am}$ が自然数となる最小の自然数 m は,

$$am=2^2\cdot 3^3\cdot 7m=2^2\cdot 3^4\cdot 7^2$$

より,

$$m=3\cdot 7=\boxed{21}$$

である.

← $\sqrt{am}$ が自然数となるのは,
$$am=(\text{自然数})^2$$
のとき.

自然数 k を用いて, $m=21k^2$ とするとき,

$$\sqrt{am}=\sqrt{2^2\cdot 3^4\cdot 7^2k^2}=\boxed{126}\,k$$

である.

(3)　$126=11\cdot 11+5,\ 11=5\cdot 2+1$ であるから,

$$11=(126-11\cdot 11)\cdot 2+1$$

← 126 を 11 で割ると, 商は 11 で余りは 5.
11 を 5 で割ると, 商は 2 で余りは 1.

すなわち

$$126\cdot(-2)-11\cdot(-23)=1. \qquad \cdots①$$

よって,

$$126k-11\ell=1 \qquad \cdots②$$

は, ②−① より,

$$126(k+2)-11(\ell+23)=0$$

すなわち

$$126(k+2)=11(\ell+23) \qquad \cdots③$$

と変形できる.

← x と y についての不定方程式
$$ax-by=c$$
は, 一組の解
$$(x,\ y)=(x_0,\ y_0)$$
を用いて,
$$a(x-x_0)=b(y-y_0)$$
と変形できる.
ここでは割り算を利用して, 一組の解
$$(k,\ \ell)=(-2,\ -23)$$
を求め, 利用した.

126 と 11 の最大公約数は, 11 と 5 の最大公約数と等しく, それは 1 である.

← 2つの自然数 a, b について, a を b で割ったときの商を q, 余りを r とすると, a と b の最大公約数は, b と r の最大公約数に等しい.
最大公約数が 1 であるから, 126 と 11 は互いに素である.

したがって, ③ より自然数 p を用いて $k+2=11p$ とおける. このとき ③ より $\ell+23=126p$ であり,

$$k=11p-2,\quad \ell=126p-23$$

である.

ゆえに, $k>0$ となる k, ℓ のうち k が最小のものは, $p=1$ として,

$$k=\boxed{9},\quad \ell=\boxed{103}$$

である.

(4)　$\sqrt{am}$ が 11 で割ると 1 余る自然数となるとき,

$$m=21k^2 \text{ かつ } k=11p-2 \text{（}p\text{ は自然数）}$$

より，

$$m=21(11p-2)^2$$

とおける．

ゆえに，求める最小の自然数 m は，$p=1$ として，

$$m=21\cdot 9^2=\boxed{1701}$$

である．

第6問　図形の性質

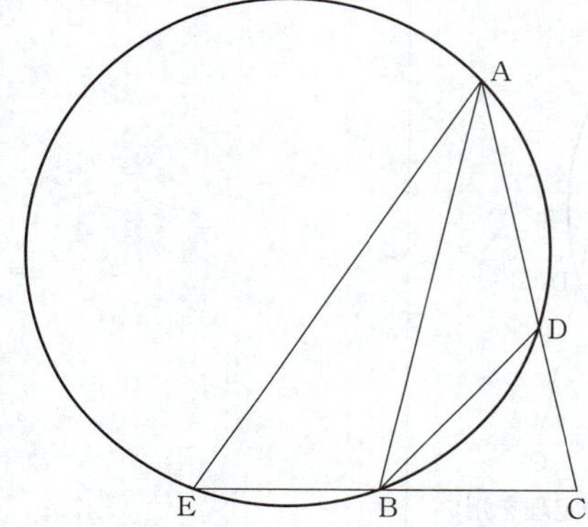

方べきの定理より，

$$CB \cdot CE = CD \cdot CA$$

であるから，

$$CA = 5,\quad CD = CA - AD = 5 - 3 = 2$$

より，

$$CB \cdot CE = 2 \cdot 5$$

すなわち

$$CE \cdot CB = \boxed{10}$$

である．

これと

$$CB = \sqrt{5},\ CE = CB + BE = \sqrt{5} + BE$$

より，

$$\sqrt{5}\left(\sqrt{5} + BE\right) = 10$$

であるから，

$$BE = \sqrt{\boxed{5}}$$

である．

したがって，B は線分 CE の中点であり，線分 AB は，△ACE の中線の1つである．

ゆえに，G は線分 AB を 2:1 に内分する点であり，

$$AG = \frac{2}{2+1}AB = \frac{2}{3} \cdot 5 = \frac{\boxed{10}}{\boxed{3}}$$

である．

← 方べきの定理

PA・PB＝PC・PD.

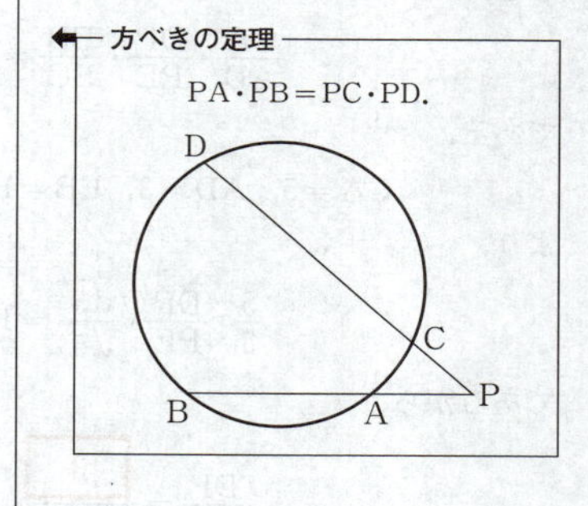

← 重心は中線を 2:1 に内分する．

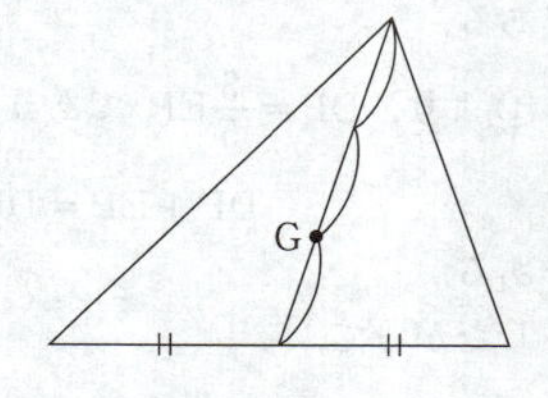

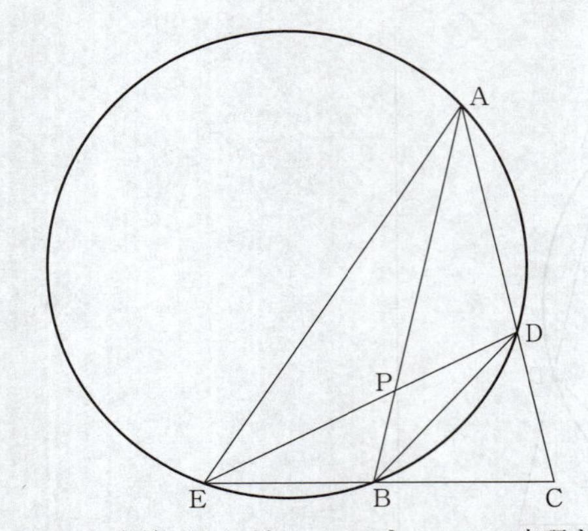

△CDE と直線 AB に対して，メネラウスの定理を用いると，

$$\frac{CA}{AD}\cdot\frac{DP}{PE}\cdot\frac{EB}{BC}=1$$

である．

$$CA=5,\ AD=3,\ EB=BC=\sqrt{5}$$

より，

$$\frac{5}{3}\cdot\frac{DP}{PE}\cdot\frac{\sqrt{5}}{\sqrt{5}}=1$$

であるから，

$$\frac{DP}{EP}=\frac{\boxed{3}}{\boxed{5}} \quad \cdots ①$$

である．

4 点 A，B，D，E は同一円周上にあるから，

$$\angle CAB=\angle CED$$

であり，さらに，

$$\angle ACB=\angle ECD$$

であるから，△ABC と △EDC は相似である．

よって，BA＝CA より，

$$DE=CE=\sqrt{5}+\sqrt{5}=\boxed{2}\sqrt{\boxed{5}} \quad \cdots ②$$

である．

① より，$DP=\frac{3}{5}EP$ であり，② より，

$$DP+EP=DE=2\sqrt{5}$$

である．

したがって，

$$\frac{3}{5}EP+EP=2\sqrt{5}$$

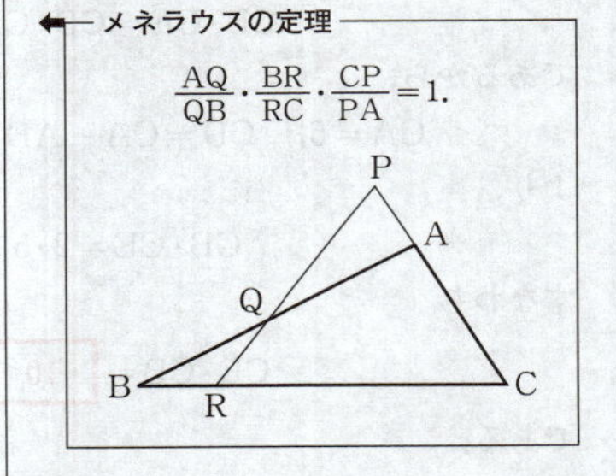

であり，

$$\mathrm{EP}=\frac{\boxed{5}\sqrt{\boxed{5}}}{\boxed{4}}$$

である．

数学Ⅱ・数学B

解答・採点基準

(100点満点)

問題番号(配点)	解答記号	正解	配点	自己採点
第1問 (30)	ア	2	1	
	イ	1	1	
	ウ	5	1	
	エ	4	1	
	オθ	6θ	2	
	$\frac{\pi}{カ}$, $\sqrt{キ}$	$\frac{\pi}{4}$, $\sqrt{5}$	2	
	ク	③	1	
	$\frac{\pi}{ケ}$	$\frac{\pi}{6}$	2	
	$\sqrt{コ}$	$\sqrt{3}$	1	
	$\frac{サ}{シ}\pi$	$\frac{2}{9}\pi$	3	
	ス, セソ	2, −3	3	
	タ, $\frac{チツ}{テ}$	2, $\frac{-2}{3}$	3	
	トナ	−2	2	
	ニ	2	2	
	$\sqrt{ヌ}$	$\sqrt{2}$	2	
	$\frac{ネノ}{ハ}$	$\frac{-5}{4}$	3	
	第1問　自己採点小計			
第2問 (30)	ア$+\frac{h}{イ}$	$a+\frac{h}{2}$	2	
	ウ	0	2	
	エ	a	1	
	オ$x-\frac{1}{カ}a^2$	$ax-\frac{1}{2}a^2$	3	
	$\frac{キ}{ク}$	$\frac{a}{2}$	1	
	$\frac{ケコ}{サ}x+\frac{シ}{ス}$	$\frac{-1}{a}x+\frac{1}{2}$	3	
	セ, ソ	1, 8	4	
	タ, チツ	3, 12	5	
	テ, トナ	3, 24	2	
	$\sqrt{ニ}$	$\sqrt{3}$	2	
	ヌ	1	2	
	$\frac{ネノ}{ハヒ}$	$\frac{-1}{12}$	3	
	第2問　自己採点小計			

問題番号(配点)	解答記号	正解	配点	自己採点
第3問 (20)	ア, イ, ウ, エ	4, 8, 6, 2	2	
	オ	⓪又は③	1	
	カ	8	2	
	$3\cdot 2^{キ}$	$3\cdot 2^{7}$	2	
	$\frac{ク}{ケ}$	$\frac{3}{2}$	1	
	$\frac{コ}{サ}$	$\frac{3}{2}$	1	
	$\frac{シ}{ス}$	$\frac{1}{2}$	1	
	$\frac{セ}{ソ}$	$\frac{1}{2}$	1	
	タ, チ	6, 6	3	
	ツ, テ	4, 4	2	
	トm^2-ナm	$2m^2-2m$	3	
	ニ, ヌネ	8, 13	1	
	第3問　自己採点小計			
第4問 (20)	$\frac{ア}{イ}$, ウ	$\frac{1}{3}$, 2	2	
	エ	−	1	
	$\frac{オ}{カ}$	$\frac{1}{2}$	1	
	キ	0	1	
	$\frac{ク}{ケ}$	$\frac{5}{4}$	2	
	$\frac{\sqrt{コ}}{サ}$	$\frac{\sqrt{7}}{3}$	1	
	$\frac{\sqrt{シス}}{セ}$	$\frac{\sqrt{21}}{4}$	1	
	$\frac{ソ\sqrt{タ}}{チツ}$	$\frac{7\sqrt{3}}{24}$	2	
	$\frac{テ}{ト}$	$\frac{7}{9}$	2	
	$\frac{ナ}{ニ}$	$\frac{1}{3}$	2	
	$\frac{ヌネ}{ノハ}\vec{a}+\frac{ヒ}{フ}\vec{b}$	$\frac{-7}{36}\vec{a}+\frac{7}{9}\vec{b}$	2	
	ヘホ	21	3	
	第4問　自己採点小計			

(注)　第3問[オ]については，⓪又は③を正解とする。

【大学入試センターの公表理由】

第3問全体で考えれば選択肢③が適切な解答である。しかし，(1)を独立の問題と考えたときは選択肢⓪も当てはまるため，これも正解とした。

問題番号(配点)	解答記号	正　解	配点	自己採点
第5問 (20)	$\frac{ア}{イウ}$	$\frac{1}{35}$	2	
	エオ	12	2	
	カキ	18	2	
	ク	4	2	
	$\frac{ケコ}{サ}$	$\frac{12}{7}$	3	
	$\frac{シス}{セソ}$	$\frac{24}{49}$	3	
	タ	③	2	
	チ.ツ	1.3	2	
	テ.ト	0.5	2	
	第5問　自己採点小計			
	自己採点合計			

(注)

第1問，第2問は必答。

第3問～第5問のうちから2問選択。計4問を解答。

第1問　三角関数，指数関数

〔1〕　$P(2\cos\theta,\ 2\sin\theta)$,
$Q(2\cos\theta+\cos 7\theta,\ 2\sin\theta+\sin 7\theta)$.

(1)　$OP=\sqrt{(2\cos\theta)^2+(2\sin\theta)^2}=$ 2 ,

PQ
$=\sqrt{\{(2\cos\theta+\cos 7\theta)-(2\cos\theta)\}^2+\{(2\sin\theta+\sin 7\theta)-(2\sin\theta)\}^2}$
$=\sqrt{\cos^2 7\theta+\sin^2 7\theta}$
$=$ 1

である．また
OQ^2
$=(2\cos\theta+\cos 7\theta)^2+(2\sin\theta+\sin 7\theta)^2$
$=4(\cos^2\theta+\sin^2\theta)+(\cos^2 7\theta+\sin^2 7\theta)$
$\qquad+4(\cos\theta\cos 7\theta+\sin\theta\sin 7\theta)$
$=$ 5 $+$ 4 $(\cos 7\theta\cos\theta+\sin 7\theta\sin\theta)$
$=5+4\cos(7\theta-\theta)$
$=5+4\cos($ 6 $\theta)$
である．

よって，$\dfrac{\pi}{8}\leqq\theta\leqq\dfrac{\pi}{4}$，すなわち，$\dfrac{3}{4}\pi\leqq 6\theta\leqq\dfrac{3}{2}\pi$ の範囲で $6\theta=\dfrac{3}{2}\pi$，すなわち，$\theta=\dfrac{\pi}{4}$ のとき，$\cos 6\theta$ は最大値0をとるから，このとき，
$OQ=\sqrt{5+4\cos 6\theta}$ は最大値 $\sqrt{5}$ をとる．

(2)　$\dfrac{\pi}{8}\leqq\theta\leqq\dfrac{\pi}{4}$ のとき，$\cos\theta\neq 0$ であるから，直線 OP の方程式は
$$y=\frac{2\sin\theta}{2\cos\theta}x$$
すなわち
$$(\sin\theta)x-(\cos\theta)y=0$$
である．したがって ク に当てはまるものは ③ である．

3点O，P，Qが一直線上にある，すなわち，Qが直線OP上にあるのは
$(\sin\theta)(2\cos\theta+\cos 7\theta)-(\cos\theta)(2\sin\theta+\sin 7\theta)=0$
が成り立つときであり，これを変形すると

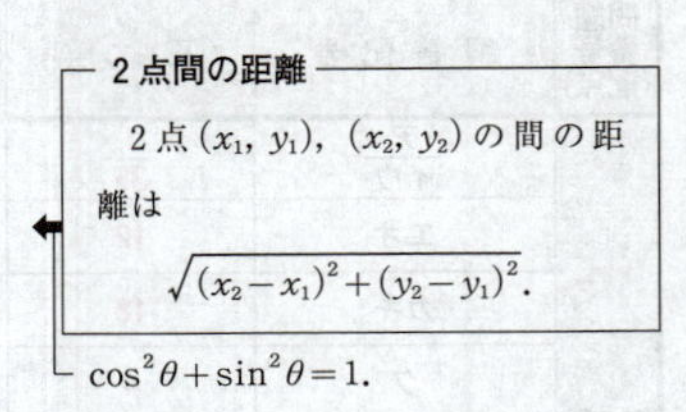
2点間の距離
2点 $(x_1,\ y_1)$，$(x_2,\ y_2)$ の間の距離は
$\sqrt{(x_2-x_1)^2+(y_2-y_1)^2}$.

$\cos^2\theta+\sin^2\theta=1$.

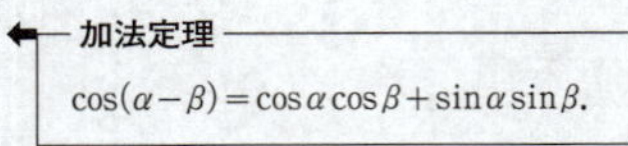
加法定理
$\cos(\alpha-\beta)=\cos\alpha\cos\beta+\sin\alpha\sin\beta$.

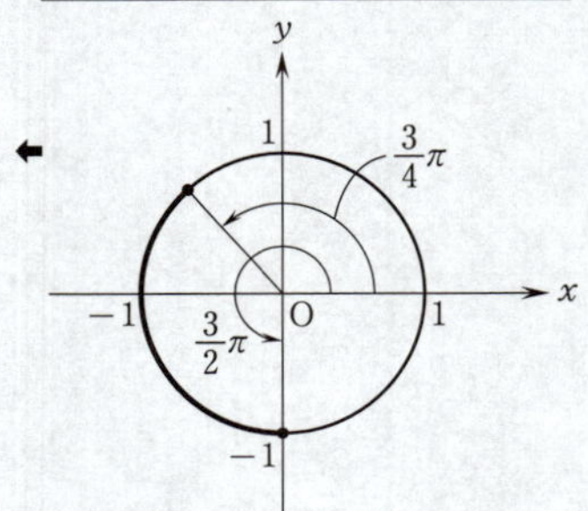

2点を通る直線の方程式
2点 $(x_1,\ y_1)$，$(x_2,\ y_2)$ $(x_1\neq x_2)$ を通る直線の方程式は
$$y=\frac{y_2-y_1}{x_2-x_1}(x-x_1)+y_1.$$

$$\sin\theta\cos7\theta-\cos\theta\sin7\theta=0$$
$$\sin(\theta-7\theta)=0$$
$$\sin(-6\theta)=0$$
$$\sin6\theta=0$$

加法定理
$\sin(\alpha-\beta)=\sin\alpha\cos\beta-\cos\alpha\sin\beta.$

← $\sin(-\theta)=-\sin\theta.$

となる．このとき，$\frac{\pi}{8}\leqq\theta\leqq\frac{\pi}{4}$，すなわち，

$\frac{3}{4}\pi\leqq6\theta\leqq\frac{3}{2}\pi$ より

$$6\theta=\pi$$
$$\theta=\frac{\pi}{\boxed{6}}$$

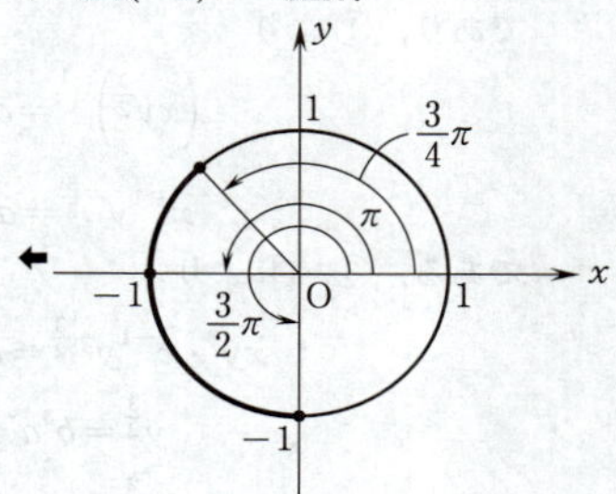

である．

(3)　∠OQP が直角となるのは
$$OP^2=OQ^2+PQ^2$$
が成り立つときであり，このとき
$$2^2=OQ^2+1^2$$
$$OQ^2=3$$
$$OQ=\sqrt{\boxed{3}}$$

← 三平方の定理．

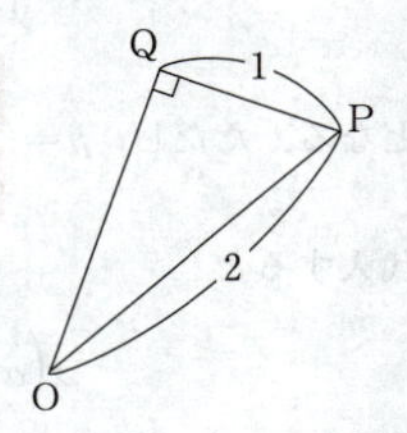

である．したがって，$\frac{\pi}{8}\leqq\theta\leqq\frac{\pi}{4}$，すなわち，

$\frac{3}{4}\pi\leqq6\theta\leqq\frac{3}{2}\pi$ の範囲で，∠OQP が直角となるのは
$$5+4\cos6\theta=3$$
が成り立つときであり，このとき

← $OQ^2=5+4\cos6\theta.$

$$\cos6\theta=-\frac{1}{2}$$
$$6\theta=\frac{4}{3}\pi$$

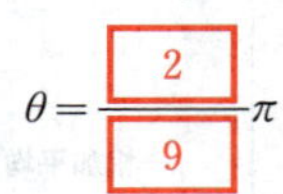

$$\theta=\frac{\boxed{2}}{\boxed{9}}\pi$$

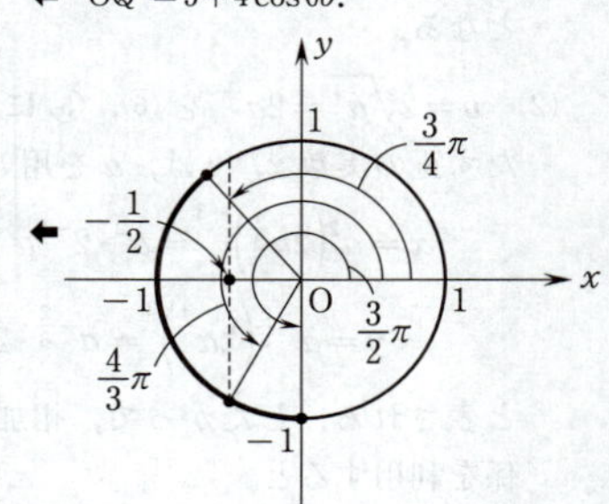

である．

〔2〕　a，b を正の実数とする．連立方程式
$$(*)\begin{cases}x\sqrt{y^3}=a\\ \sqrt[3]{x}\,y=b\end{cases}$$
すなわち
$$(*)\begin{cases}xy^{\frac{3}{2}}=a & \cdots①\\ x^{\frac{1}{3}}y=b & \cdots②\end{cases}$$
を満たす正の実数 x，y について考えよう．

← $a>0$，n は 2 以上の整数，m は整数のとき
$\sqrt[n]{a^m}=a^{\frac{m}{n}}.$

(1)　② より

$$\left(x^{\frac{1}{3}}y\right)^3=b^3$$

$$xy^3=b^3 \qquad \cdots ③$$

であり，① より

$$\left(xy^{\frac{3}{2}}\right)^{-1}=a^{-1}$$

$$x^{-1}y^{-\frac{3}{2}}=a^{-1} \qquad \cdots ④$$

である．③，④ より

$$xy^3\cdot x^{-1}y^{-\frac{3}{2}}=b^3\cdot a^{-1}$$

$$y^{\frac{3}{2}}=b^3a^{-1}$$

$$\left(y^{\frac{3}{2}}\right)^{\frac{2}{3}}=\left(b^3a^{-1}\right)^{\frac{2}{3}}$$

$$y=a^pb^{\boxed{2}} \qquad \cdots ⑤$$

となる．ただし，$p=\dfrac{\boxed{-2}}{\boxed{3}}$ である．これを ① に代入すると

$$x\left(a^{-\frac{2}{3}}b^2\right)^{\frac{3}{2}}=a$$

$$xa^{-1}b^3=a$$

$$xa^{-1}b^3\cdot ab^{-3}=a\cdot ab^{-3}$$

$$x=a^{\boxed{2}}b^{\boxed{-3}} \qquad \cdots ⑥$$

となる．

(2)　$b=2\sqrt[3]{a^4}=2a^{\frac{4}{3}}$ を ⑥，⑤ に代入すると，(*) を満たす正の実数 x，y は，a を用いて

$$x=a^2\left(2a^{\frac{4}{3}}\right)^{-3}=a^2\cdot 2^{-3}a^{-4}=2^{-3}a^{\boxed{-2}},$$

$$y=a^{-\frac{2}{3}}\left(2a^{\frac{4}{3}}\right)^2=a^{-\frac{2}{3}}\cdot 2^2a^{\frac{8}{3}}=2^2a^{\boxed{2}}$$

と表される．したがって，相加平均と相乗平均の関係を利用すると

$$x+y=2^{-3}a^{-2}+2^2a^2\geqq 2\sqrt{2^{-3}a^{-2}\cdot 2^2a^2}=\sqrt{2}$$

が成り立つ．等号成立条件は

$$x=y$$

より

$$2^{-3}a^{-2}=2^2a^2$$

$$2^{-3}a^{-2}\cdot 2^{-2}a^2=2^2a^2\cdot 2^{-2}a^2$$

$$a^4=2^{-5}$$

$a>0$，$b>0$，x が実数のとき
$a^xb^x=(ab)^x$.

$a>0$，x，y が実数のとき
$(a^x)^y=a^{xy}$.

$a>0$，x，y が実数のとき
$a^xa^y=a^{x+y}$.

$a\neq 0$ のとき，$a^0=1$.

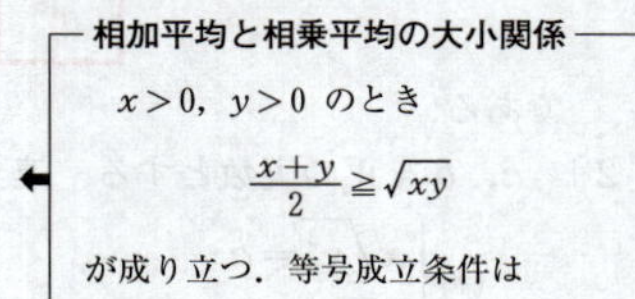

$$(a^4)^{\frac{1}{4}}=(2^{-5})^{\frac{1}{4}}$$
$$a=2^q$$

であり，このとき，$x+y$ は最小値 $\sqrt{\boxed{2}}$ をとることがわかる．ただし，$q=\dfrac{\boxed{-5}}{\boxed{4}}$ である．

第2問　微分法・積分法

(1)　関数 $f(x)=\frac{1}{2}x^2$ の $x=a$ における微分係数 $f'(a)$ を求めよう．h が0でないとき，x が a から $a+h$ まで変化するときの $f(x)$ の平均変化率は

$$\frac{f(a+h)-f(a)}{h}=\frac{\frac{1}{2}(a+h)^2-\frac{1}{2}a^2}{h}$$

$$=\boxed{a}+\frac{h}{\boxed{2}}$$

である．したがって，求める微分係数は

$$f'(a)=\lim_{h\to\boxed{0}}\left(a+\frac{h}{2}\right)=\boxed{a}$$

である．

(2)　点 $\mathrm{P}\left(a,\ \frac{1}{2}a^2\right)$ $(a>0)$ における $C:y=\frac{1}{2}x^2$ の接線 ℓ の方程式は

$$y=a(x-a)+\frac{1}{2}a^2=\boxed{a}x-\frac{1}{\boxed{2}}a^2 \quad \cdots ①$$

である．① において $y=0$ とすると

$$0=ax-\frac{1}{2}a^2$$

となり，$a\neq 0$ であるから

$$x=\frac{a}{2}$$

である．よって，直線 ℓ と x 軸との交点Qの座標は

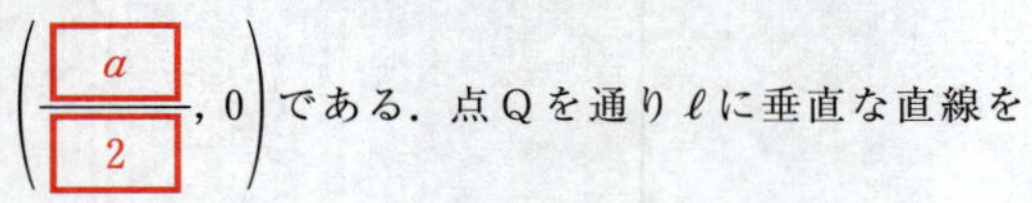

$\left(\frac{\boxed{a}}{\boxed{2}},\ 0\right)$ である．点Qを通り ℓ に垂直な直線を m とすると，m の方程式は

$$y=-\frac{1}{a}\left(x-\frac{a}{2}\right)=\frac{\boxed{-1}}{\boxed{a}}x+\frac{\boxed{1}}{\boxed{2}}$$

である．

平均変化率

曲線 $y=f(x)$ 上の2点 $(a,\ f(a))$，$(a+h,\ f(a+h))$ $(h\neq 0)$ を通る直線の傾きは $\frac{f(a+h)-f(a)}{h}$ であり，これを x が a から $a+h$ まで変化するときの平均変化率という．

微分係数

曲線 $y=f(x)$ 上の点 $(a,\ f(a))$ における接線の傾き $\lim_{h\to 0}\frac{f(a+h)-f(a)}{h}$ を $f(x)$ の $x=a$ における微分係数といい，$f'(a)$ で表す．

接線の方程式

曲線 $y=f(x)$ 上の点 $(t,\ f(t))$ における接線の方程式は

$$y-f(t)=f'(t)(x-t).$$

垂直条件

傾き m の直線と，傾き m' の直線が直交するための条件は

$$mm'=-1.$$

直線の方程式

点 $(a,\ b)$ を通り，傾き m の直線の方程式は

$$y=m(x-a)+b.$$

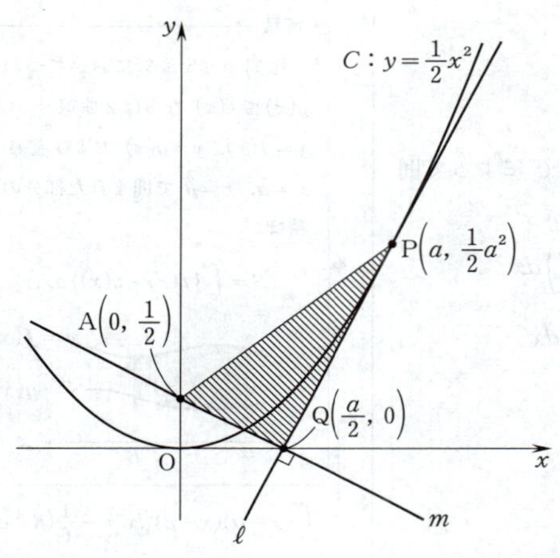

直線 m と y 軸との交点 A の座標は $\left(0,\ \frac{1}{2}\right)$ であり，

三角形 APQ の面積 S は

$$S=\frac{1}{2}\mathrm{QA}\cdot\mathrm{QP}$$

$$=\frac{1}{2}\sqrt{\left(0-\frac{a}{2}\right)^2+\left(\frac{1}{2}-0\right)^2}\sqrt{\left(a-\frac{a}{2}\right)^2+\left(\frac{1}{2}a^2-0\right)^2}$$

$$=\frac{1}{2}\sqrt{\frac{1}{4}(a^2+1)}\sqrt{\frac{1}{4}a^2(a^2+1)}$$

$$=\frac{a\left(a^2+\boxed{1}\right)}{\boxed{8}}$$

となる．

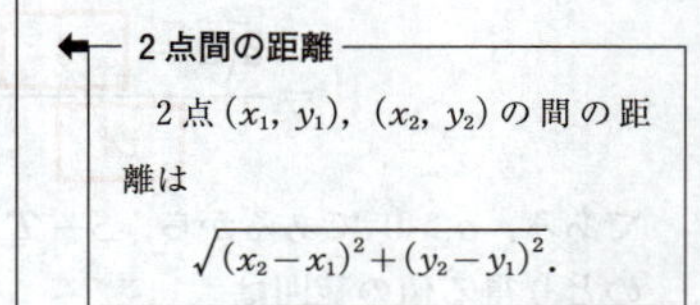

2 点間の距離

2 点 $(x_1,\ y_1)$，$(x_2,\ y_2)$ の間の距離は

$$\sqrt{(x_2-x_1)^2+(y_2-y_1)^2}.$$

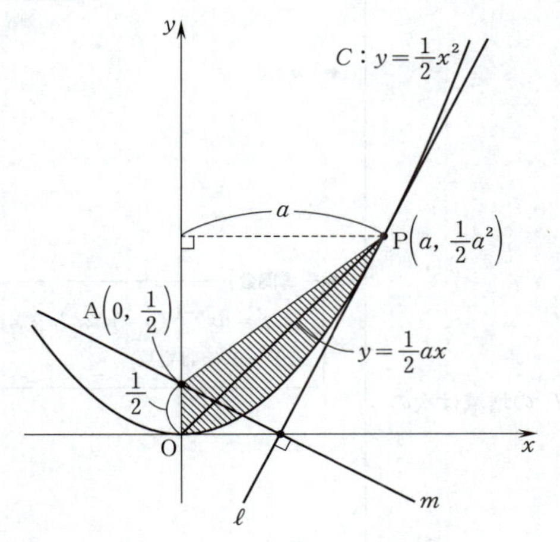

また，直線 OP の方程式は

$$y=\frac{\frac{1}{2}a^2}{a}x=\frac{1}{2}ax$$

であるから，y 軸と線分 AP および曲線 C によって囲まれた図形の面積 T は

$$\begin{aligned}T&=\triangle\mathrm{OAP}+\int_0^a\left(\frac{1}{2}ax-\frac{1}{2}x^2\right)dx\\&=\frac{1}{2}\cdot\frac{1}{2}\cdot a-\frac{1}{2}\int_0^a x(x-a)\,dx\\&=\frac{1}{4}a+\frac{1}{2}\cdot\frac{1}{6}(a-0)^3\\&=\frac{a\left(a^2+\boxed{3}\right)}{\boxed{12}}\end{aligned}$$

となる．

$a>0$ の範囲における $S-T$ の値について調べよう．

$$\begin{aligned}S-T&=\frac{a(a^2+1)}{8}-\frac{a(a^2+3)}{12}\\&=\frac{a\left(a^2-\boxed{3}\right)}{\boxed{24}}\end{aligned}$$

である．$a>0$ であるから，$S-T>0$ となるような a のとり得る値の範囲は

$$a^2-3>0$$
$$(a+\sqrt{3})(a-\sqrt{3})>0$$

より

$$a>\sqrt{\boxed{3}}$$

である．また

$$S-T=\frac{1}{24}(a^3-3a)$$

であるから，これを $g(a)$ とおくと

$$\begin{aligned}g'(a)&=\frac{1}{24}(3a^2-3)\\&=\frac{1}{8}(a+1)(a-1)\end{aligned}$$

である．よって，$a>0$ のときの $S-T$ の増減は次の表のようになる．

面積

区間 $\alpha\leqq x\leqq\beta$ においてつねに $g(x)\leqq f(x)$ ならば 2 曲線 $y=f(x)$，$y=g(x)$ および直線 $x=\alpha$，$x=\beta$ で囲まれた部分の面積は

$$S=\int_\alpha^\beta\{f(x)-g(x)\}\,dx.$$

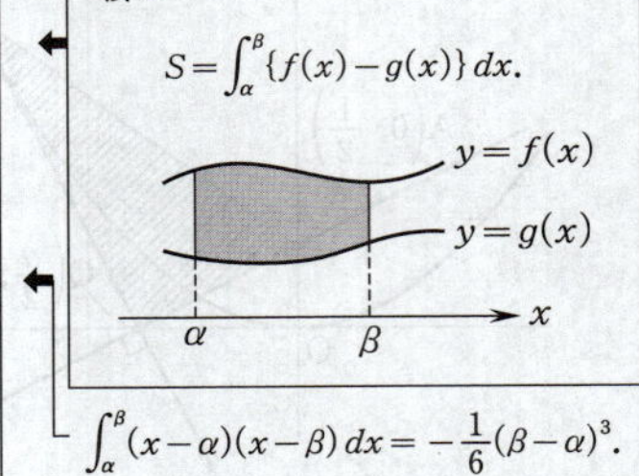

$$\int_\alpha^\beta(x-\alpha)(x-\beta)\,dx=-\frac{1}{6}(\beta-\alpha)^3.$$

$a>0$.

導関数

$(x^n)'=nx^{n-1}$ $(n=1,\ 2,\ 3,\ \cdots)$，
$(c)'=0$ （c は定数）．

a	(0)	$\cdots$	1	$\cdots$
$g'(a)$		$-$	0	$+$
$g(a)$		↘	$-\dfrac{1}{12}$	↗

これより，$a>0$ のとき，$S-T$ は $a=$ 1 で，最小値 $\dfrac{-1}{12}$ をとることがわかる．

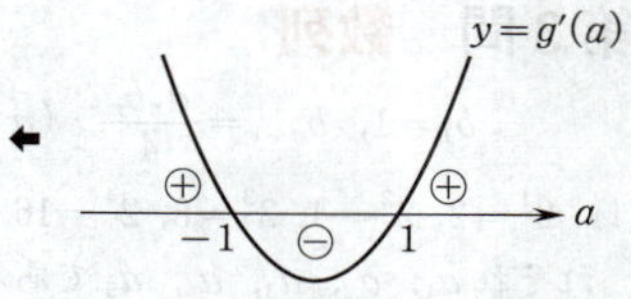

$g'(a)$ の符号は $y=g'(a)$ のグラフをかくとわかりやすい．

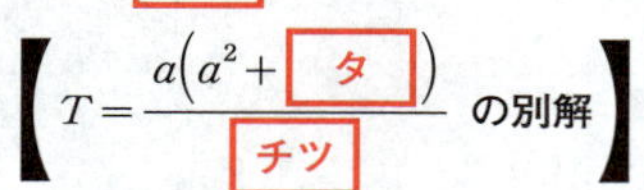

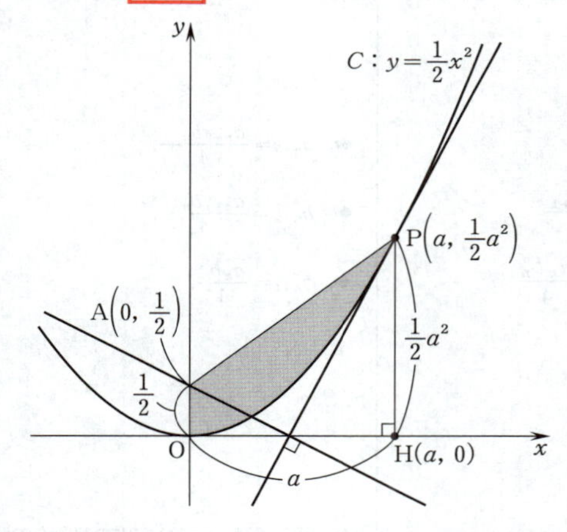

点Pを通り x 軸に垂直な直線と x 軸との交点をHとすると

$$
\begin{aligned}
T&=(\text{台形 OHPA の面積})-\int_0^a \frac{1}{2}x^2\,dx\\
&=\frac{1}{2}\left(\frac{1}{2}+\frac{1}{2}a^2\right)a-\left[\frac{1}{6}x^3\right]_0^a\\
&=\frac{a+a^3}{4}-\frac{a^3}{6}\\
&=\frac{a(a^2+3)}{12}.
\end{aligned}
$$

定積分

$$\int x^n\,dx=\frac{1}{n+1}x^{n+1}+C$$

($n=0,\ 1,\ 2,\ \cdots$, C は積分定数)

であり，$f(x)$ の原始関数の一つを $F(x)$ とすると

$$
\begin{aligned}
\int_\alpha^\beta f(x)\,dx&=\Big[F(x)\Big]_\alpha^\beta\\
&=F(\beta)-F(\alpha).
\end{aligned}
$$

第3問　数列

$$b_1=1,\ b_{n+1}=\frac{a_nb_n}{4}\quad (n=1,\ 2,\ 3,\ \cdots)\quad \cdots ①$$

(1)　$2^1=2,\ 2^2=4,\ 2^3=8,\ 2^4=16,\ 2^5=32$ の一の位がそれぞれ a_1, a_2, a_3, a_4, a_5 であるから，$a_1=2$,

$a_2=$ [4], $a_3=$ [8], $a_4=$ [6], $a_5=$ [2]

である．このことから，すべての自然数 n に対して，$a_{n+4}=a_n$ となることがわかる．したがって，[オ] に当てはまるものは [③] である．

← 詳しくは，pp. 30～31 の解説を参照.

(2)　数列 $\{b_n\}$ の一般項を求めよう．① を繰り返し用いることにより

$$\begin{aligned}b_{n+4}&=\frac{a_{n+3}b_{n+3}}{4}\\&=\frac{a_{n+3}}{4}\cdot\frac{a_{n+2}b_{n+2}}{4}\\&=\frac{a_{n+3}}{4}\cdot\frac{a_{n+2}}{4}\cdot\frac{a_{n+1}b_{n+1}}{4}\\&=\frac{a_{n+3}}{4}\cdot\frac{a_{n+2}}{4}\cdot\frac{a_{n+1}}{4}\cdot\frac{a_nb_n}{4}\\&=\frac{a_{n+3}a_{n+2}a_{n+1}a_n}{4^4}b_n\\&=\frac{a_{n+3}a_{n+2}a_{n+1}a_n}{2^{\boxed{8}}}b_n\end{aligned}$$

← $b_{n+3}=\frac{a_{n+2}b_{n+2}}{4}$.

← $b_{n+2}=\frac{a_{n+1}b_{n+1}}{4}$.

← $b_{n+1}=\frac{a_nb_n}{4}$.

が成り立つことがわかる．ここで

$$\begin{aligned}a_{n+3}a_{n+2}a_{n+1}a_n&=6\cdot8\cdot4\cdot2\\&=(3\cdot2)\cdot2^3\cdot2^2\cdot2\\&=3\cdot2^{\boxed{7}}\end{aligned}$$

← 詳しくは，pp. 30～31 の解説を参照.

であることから

$$\begin{aligned}b_{n+4}&=\frac{a_{n+3}a_{n+2}a_{n+1}a_n}{2^8}b_n\\&=\frac{3\cdot2^7}{2^8}b_n\\&=\frac{\boxed{3}}{\boxed{2}}b_n\end{aligned}\quad\cdots②$$

が成り立つ．また，① より

$$b_2=\frac{a_1b_1}{4}=\frac{2\cdot1}{4}=\frac{1}{2}$$

← $a_1=2,\quad b_1=1$.

$$b_3=\frac{a_2b_2}{4}=\frac{4\cdot\frac{1}{2}}{4}=\frac{1}{2}$$

$$b_4=\frac{a_3b_3}{4}=\frac{8\cdot\frac{1}{2}}{4}=1$$

である．これと ② より，自然数 k に対して

$$b_{4k-3}=\left(\frac{\boxed{3}}{\boxed{2}}\right)^{k-1}$$

$$b_{4k-2}=\frac{\boxed{1}}{\boxed{2}}\left(\frac{3}{2}\right)^{k-1}$$

$$b_{4k-1}=\frac{\boxed{1}}{\boxed{2}}\left(\frac{3}{2}\right)^{k-1}$$

$$b_{4k}=\left(\frac{3}{2}\right)^{k-1}$$

である．

← $a_2=4$.

← $a_3=8$.

← $1=b_1,\ b_5,\ b_9,\ \cdots,\ b_{4k-7},\ b_{4k-3}$.（各項 $\times\frac{3}{2}$）

← $\frac{1}{2}=b_2,\ b_6,\ b_{10},\ \cdots,\ b_{4k-6},\ b_{4k-2}$.（各項 $\times\frac{3}{2}$）

← $\frac{1}{2}=b_3,\ b_7,\ b_{11},\ \cdots,\ b_{4k-5},\ b_{4k-1}$.（各項 $\times\frac{3}{2}$）

← $1=b_4,\ b_8,\ b_{12},\ \cdots,\ b_{4k-4},\ b_{4k}$.（各項 $\times\frac{3}{2}$）

(3)

$$\begin{aligned}S_{4m}&=\sum_{j=1}^{4m}b_j\\&=(b_1+b_2+b_3+b_4)+(b_5+b_6+b_7+b_8)+\\&\qquad\cdots+(b_{4m-3}+b_{4m-2}+b_{4m-1}+b_{4m})\\&=\sum_{i=1}^{m}(b_{4i-3}+b_{4i-2}+b_{4i-1}+b_{4i})\\&=\sum_{i=1}^{m}\left\{\left(\frac{3}{2}\right)^{i-1}+\frac{1}{2}\left(\frac{3}{2}\right)^{i-1}+\frac{1}{2}\left(\frac{3}{2}\right)^{i-1}+\left(\frac{3}{2}\right)^{i-1}\right\}\\&=\sum_{i=1}^{m}\left(1+\frac{1}{2}+\frac{1}{2}+1\right)\left(\frac{3}{2}\right)^{i-1}\\&=\sum_{i=1}^{m}3\left(\frac{3}{2}\right)^{i-1}\\&=\frac{3\left\{\left(\frac{3}{2}\right)^m-1\right\}}{\frac{3}{2}-1}\\&=\boxed{6}\left(\frac{3}{2}\right)^m-\boxed{6}\end{aligned}$$

である．

等比数列の一般項

初項を a，公比を r とする等比数列 $\{a_n\}$ の一般項は

$$a_n=ar^{n-1}\ (n=1,\ 2,\ 3,\ \cdots).$$

等比数列の和

初項 a，公比 r，項数 n の等比数列の和は，$r\neq1$ のとき

$$\frac{a(r^n-1)}{r-1}.$$

(4)

$$\begin{aligned}b_{4k-3}b_{4k-2}b_{4k-1}b_{4k}&=\left(\frac{3}{2}\right)^{k-1}\cdot\frac{1}{2}\left(\frac{3}{2}\right)^{k-1}\cdot\frac{1}{2}\left(\frac{3}{2}\right)^{k-1}\cdot\left(\frac{3}{2}\right)^{k-1}\\&=\frac{1}{2^2}\left\{\left(\frac{3}{2}\right)^{k-1}\right\}^4\\&=\frac{1}{\boxed{4}}\left(\frac{3}{2}\right)^{\boxed{4}(k-1)}\end{aligned}$$

であることから

$$T_{4m}=(b_1b_2b_3b_4)(b_5b_6b_7b_8)(b_9b_{10}b_{11}b_{12})\cdots(b_{4m-3}b_{4m-2}b_{4m-1}b_{4m})$$
$$=\frac{1}{4}\left(\frac{3}{2}\right)^{4\cdot0}\cdot\frac{1}{4}\left(\frac{3}{2}\right)^{4\cdot1}\cdot\frac{1}{4}\left(\frac{3}{2}\right)^{4\cdot2}\cdot\cdots\cdot\frac{1}{4}\left(\frac{3}{2}\right)^{4(m-1)}$$
$$=\frac{1}{4^m}\left(\frac{3}{2}\right)^{4\{1+2+\cdots+(m-1)\}}$$
$$=\frac{1}{4^m}\left(\frac{3}{2}\right)^{4\cdot\frac{1}{2}(m-1)m}$$
$$=\frac{1}{4^m}\left(\frac{3}{2}\right)^{\boxed{2}m^2-\boxed{2}m}$$

である．また

$$T_{10}=(b_1b_2b_3b_4b_5b_6b_7b_8)b_9b_{10}$$
$$=T_8b_9b_{10}$$
$$=\frac{1}{4^2}\left(\frac{3}{2}\right)^{2\cdot2^2-2\cdot2}\cdot\left(\frac{3}{2}\right)^2\cdot\frac{1}{2}\left(\frac{3}{2}\right)^2$$
$$=\frac{1}{4^2\cdot2}\left(\frac{3}{2}\right)^{4+2+2}$$
$$=\frac{3^8}{2^{4+1+8}}$$
$$=\frac{3^{\boxed{8}}}{2^{\boxed{13}}}$$

である．

← $\sum_{k=1}^{n}k=\frac{1}{2}n(n+1)$.

← $T_8=T_{4\cdot2}$，$b_9=b_{4\cdot3-3}$，$b_{10}=b_{4\cdot3-2}$.

【オ，キ の解説】

2^n の一の位の数，すなわち，2^n を 10 で割ったときの余りを a_n とするとき，$2^n=10A_n+a_n$（A_n は 2^n を 10 で割ったときの商）と表すと

$$2^{n+4}-2^n=(10A_{n+4}+a_{n+4})-(10A_n+a_n)$$
$$=10(A_{n+4}-A_n)+a_{n+4}-a_n$$

であり

$$2^{n+4}-2^n=(2^4-1)2^n=15\cdot2^n$$
$$=15\cdot2\cdot2^{n-1}=10\cdot3\cdot2^{n-1}$$

は 10 で割り切れるから

$$a_{n+4}=a_n$$

が成り立つ．このことと

$$a_1=2,\ a_2=4,\ a_3=8,\ a_4=6$$

より

← 例えば，$2^5=10\cdot3+2$.

← $2^{n+4}=2^4\cdot2^n$

$$a_n=\begin{cases}2 & (n\text{を}4\text{で割った余りが}1\text{のとき})\\ 4 & (n\text{を}4\text{で割った余りが}2\text{のとき})\\ 8 & (n\text{を}4\text{で割った余りが}3\text{のとき})\\ 6 & (n\text{が}4\text{の倍数のとき})\end{cases}$$

← $2=a_1=a_5=a_9=\cdots$.
← $4=a_2=a_6=a_{10}=\cdots$.
← $8=a_3=a_7=a_{11}=\cdots$.
← $6=a_4=a_8=a_{12}=\cdots$.

となる．よって

$$a_{n+3}a_{n+2}a_{n+1}a_n$$
$$=\begin{cases}6\cdot8\cdot4\cdot2 & (n\text{を}4\text{で割った余りが}1\text{のとき})\\ 2\cdot6\cdot8\cdot4 & (n\text{を}4\text{で割った余りが}2\text{のとき})\\ 4\cdot2\cdot6\cdot8 & (n\text{を}4\text{で割った余りが}3\text{のとき})\\ 8\cdot4\cdot2\cdot6 & (n\text{が}4\text{の倍数のとき})\end{cases}$$

すなわち

$$a_{n+3}a_{n+2}a_{n+1}a_n=6\cdot8\cdot4\cdot2\quad(n\text{は自然数})$$

である．

第4問　平面ベクトル

(1)　点Pは辺ABを2:1に内分するから

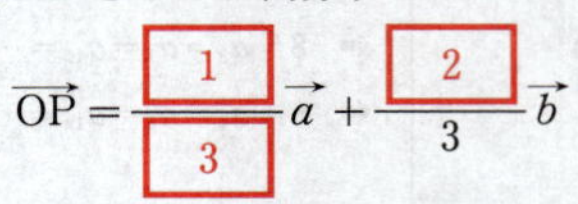

$$\overrightarrow{OP}=\frac{\boxed{1}}{\boxed{3}}\vec{a}+\frac{\boxed{2}}{3}\vec{b}$$

である．四角形OABCはひし形であるから

$$\overrightarrow{OB}=\overrightarrow{OA}+\overrightarrow{OC}$$

すなわち

$$\overrightarrow{OC}=\vec{b}-\vec{a}$$

であり，点Qは直線BC上にあるから，実数tを用いて

$$\overrightarrow{BQ}=t\overrightarrow{BC}$$

と表される．これより

$$\overrightarrow{OQ}-\overrightarrow{OB}=t(\overrightarrow{OC}-\overrightarrow{OB})$$

であるから

$$\begin{aligned}\overrightarrow{OQ}&=(1-t)\overrightarrow{OB}+t\overrightarrow{OC}\\&=(1-t)\vec{b}+t(\vec{b}-\vec{a})\\&=\boxed{-}\,t\vec{a}+\vec{b}\end{aligned}$$

である．四角形OABCは1辺の長さが1のひし形であり，$\angle AOC=120°$ であるから

$$|\vec{a}|=|\vec{b}|=1,\ \angle AOB=60°$$

である．よって

$$\vec{a}\cdot\vec{b}=1\cdot1\cdot\cos60°=\frac{\boxed{1}}{\boxed{2}}$$

である．また，$\overrightarrow{OP}\perp\overrightarrow{OQ}$ より，$\overrightarrow{OP}\cdot\overrightarrow{OQ}=\boxed{0}$ であり

$$\begin{aligned}\overrightarrow{OP}\cdot\overrightarrow{OQ}&=\left(\frac{1}{3}\vec{a}+\frac{2}{3}\vec{b}\right)\cdot(-t\vec{a}+\vec{b})\\&=-\frac{t}{3}|\vec{a}|^2+\left(\frac{1-2t}{3}\right)\vec{a}\cdot\vec{b}+\frac{2}{3}|\vec{b}|^2\\&=-\frac{t}{3}+\left(\frac{1-2t}{3}\right)\cdot\frac{1}{2}+\frac{2}{3}\\&=\frac{5-4t}{6}\end{aligned}$$

であるから

$$\frac{5-4t}{6}=0$$

が成り立つ．よって，$t=\dfrac{\boxed{5}}{\boxed{4}}$ である．

分点の公式

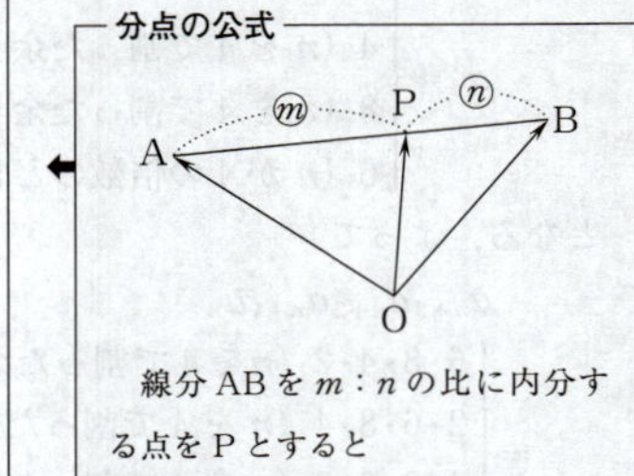

線分ABを$m:n$の比に内分する点をPとすると

$$\overrightarrow{OP}=\frac{n\overrightarrow{OA}+m\overrightarrow{OB}}{m+n}.$$

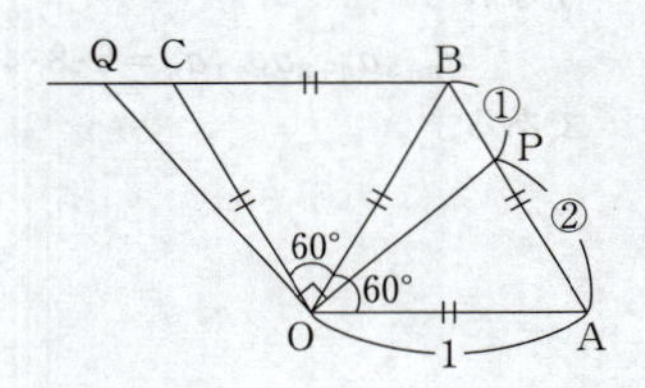

内積

$\vec{0}$でない2つのベクトル$\vec{x}$と$\vec{y}$のなす角をθ $(0°\leqq\theta\leqq180°)$とすると

$$\vec{x}\cdot\vec{y}=|\vec{x}||\vec{y}|\cos\theta.$$

特に，

$$\vec{x}\cdot\vec{x}=|\vec{x}||\vec{x}|\cos0°=|\vec{x}|^2.$$

これらのことから

$$\left|\overrightarrow{OP}\right|^2=\frac{1}{3^2}\left|\vec{a}+2\vec{b}\right|^2$$
$$=\frac{1}{3^2}\left(\left|\vec{a}\right|^2+4\vec{a}\cdot\vec{b}+4\left|\vec{b}\right|^2\right)$$
$$=\frac{1}{3^2}\left(1+4\cdot\frac{1}{2}+4\right)$$
$$=\frac{7}{3^2}$$

$$\left|\overrightarrow{OQ}\right|^2=\frac{1}{4^2}\left|-5\vec{a}+4\vec{b}\right|^2$$
$$=\frac{1}{4^2}\left(25\left|\vec{a}\right|^2-40\vec{a}\cdot\vec{b}+16\left|\vec{b}\right|^2\right)$$
$$=\frac{1}{4^2}\left(25-40\cdot\frac{1}{2}+16\right)$$
$$=\frac{21}{4^2}$$

← $\overrightarrow{OQ}=-t\vec{a}+\vec{b}=-\frac{5}{4}\vec{a}+\vec{b}$.

となるから，$\left|\overrightarrow{OP}\right|=\dfrac{\sqrt{\boxed{7}}}{\boxed{3}}$，$\left|\overrightarrow{OQ}\right|=\dfrac{\sqrt{\boxed{21}}}{\boxed{4}}$

である．

よって，三角形OPQの面積 S_1 は

$$S_1=\frac{1}{2}\left|\overrightarrow{OP}\right|\left|\overrightarrow{OQ}\right|=\frac{1}{2}\cdot\frac{\sqrt{7}}{3}\cdot\frac{\sqrt{21}}{4}$$
$$=\frac{\boxed{7}\sqrt{\boxed{3}}}{\boxed{24}}$$

である．

← 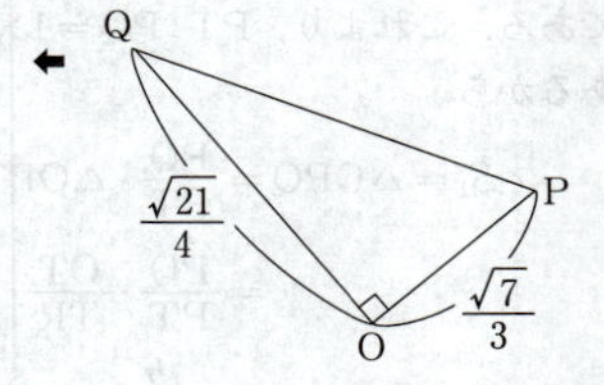

(2)　辺BCを1：3に内分する点がRであるから

$$\overrightarrow{OR}=\frac{3}{4}\overrightarrow{OB}+\frac{1}{4}\overrightarrow{OC}$$

であり，点Tは直線OR上の点であるから，実数 r を用いて

$$\overrightarrow{OT}=r\overrightarrow{OR}$$
$$=r\left(\frac{3}{4}\overrightarrow{OB}+\frac{1}{4}\overrightarrow{OC}\right)$$
$$=r\left\{\frac{3}{4}\vec{b}+\frac{1}{4}(\vec{b}-\vec{a})\right\}$$
$$=-\frac{r}{4}\vec{a}+r\vec{b}\qquad\cdots①$$

← 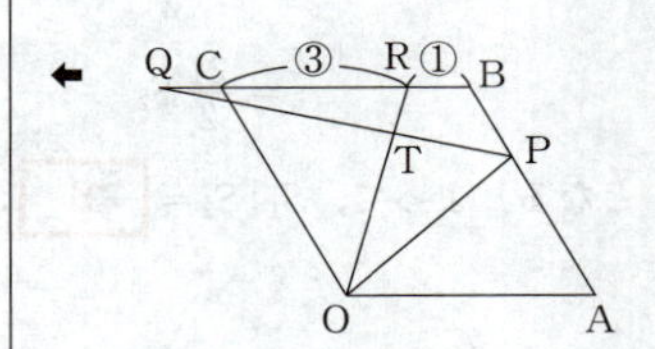

と表される．また，点Tは直線PQ上の点であるから，実数 s を用いて

$$\overrightarrow{PT}=s\overrightarrow{PQ}$$

と表される．これより

$$\overrightarrow{OT}-\overrightarrow{OP}=s(\overrightarrow{OQ}-\overrightarrow{OP})$$

であるから

$$\begin{aligned}\overrightarrow{OT}&=(1-s)\overrightarrow{OP}+s\overrightarrow{OQ}\\&=(1-s)\left(\frac{1}{3}\vec{a}+\frac{2}{3}\vec{b}\right)+s\left(-\frac{5}{4}\vec{a}+\vec{b}\right)\\&=\frac{4-19s}{12}\vec{a}+\frac{2+s}{3}\vec{b}\end{aligned}\quad\cdots②$$

と表される．$\vec{a}\neq\vec{0}$，$\vec{b}\neq\vec{0}$，$\vec{a}\not\parallel\vec{b}$ であるから，①，② より

$$-\frac{r}{4}=\frac{4-19s}{12},\quad r=\frac{2+s}{3}$$

が成り立つ．これを解くと $r=\dfrac{7}{9}$，$s=\dfrac{1}{3}$

となることがわかる．よって

$$\overrightarrow{OT}=\frac{-7}{36}\vec{a}+\frac{7}{9}\vec{b}=\frac{2}{3}\overrightarrow{OP}+\frac{1}{3}\overrightarrow{OQ}$$

$$=\frac{7}{9}\overrightarrow{OR}$$

である．これより，PT : PQ = 1 : 3，OT : TR = 7 : 2 であるから

$$\begin{aligned}S_1=\triangle OPQ&=\frac{PQ}{PT}\cdot\triangle OPT\\&=\frac{PQ}{PT}\cdot\frac{OT}{TR}\cdot\triangle PRT\\&=3\cdot\frac{7}{2}\cdot S_2\\&=\frac{21}{2}S_2\end{aligned}$$

となる．よって，$S_1:S_2=$ 21 :2 である．

ベクトルの相等

$\vec{x}\neq\vec{0}$，$\vec{y}\neq\vec{0}$，$\vec{x}\not\parallel\vec{y}$ のとき

$$s\vec{x}+t\vec{y}=s'\vec{x}+t'\vec{y}$$

$\iff s=s'$ かつ $t=t'$．

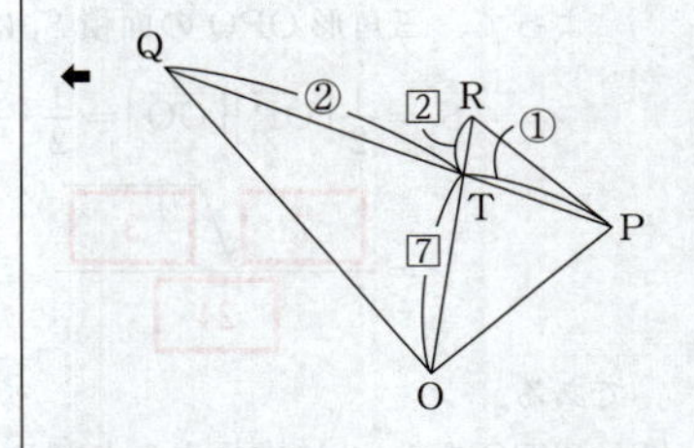

第5問　確率分布と統計的な推測

(1)　袋の中に白球が4個，赤球が3個，合計7個入っている．この袋の中から3個の球を取り出すとき，球の取り出し方は

$$ {}_7\mathrm{C}_3=\frac{7!}{3!4!}=35\ (通り) $$

である．取り出した白球の個数を W とする．
$W=k$ $(k=0,\ 1,\ 2,\ 3)$ のとき，取り出した赤球の個数は $3-k$ であるから，$W=k$ となるような球の取り出し方は

$$ {}_4\mathrm{C}_k\cdot{}_3\mathrm{C}_{3-k}=\frac{4!}{k!(4-k)!}\cdot\frac{3!}{(3-k)!k!}\ (通り) $$

である．よって，確率変数 W について

$$ P(W=k)=\frac{\dfrac{4!}{k!(4-k)!}\cdot\dfrac{3!}{(3-k)!k!}}{35} $$

であるから

$$ P(W=0)=\frac{\dfrac{4!}{4!}\cdot\dfrac{3!}{3!}}{35}=\frac{\boxed{1}}{\boxed{35}} $$

$$ P(W=1)=\frac{\dfrac{4!}{3!}\cdot\dfrac{3!}{2!}}{35}=\frac{\boxed{12}}{35} $$

$$ P(W=2)=\frac{\dfrac{4!}{2!2!}\cdot\dfrac{3!}{2!}}{35}=\frac{\boxed{18}}{35} $$

$$ P(W=3)=\frac{\dfrac{4!}{3!}\cdot\dfrac{3!}{3!}}{35}=\frac{\boxed{4}}{35} $$

であり，期待値(平均)は

$$ 0\cdot\frac{1}{35}+1\cdot\frac{12}{35}+2\cdot\frac{18}{35}+3\cdot\frac{4}{35}=\frac{\boxed{12}}{\boxed{7}}, $$

分散は

$$ 0^2\cdot\frac{1}{35}+1^2\cdot\frac{12}{35}+2^2\cdot\frac{18}{35}+3^2\cdot\frac{4}{35}-\left(\frac{12}{7}\right)^2=\frac{\boxed{24}}{\boxed{49}} $$

である．

(2)　確率変数 Z が標準正規分布に従うとき，正規分布表より

$$ \begin{aligned} P(-2.58\leqq Z\leqq 2.58)&=2P(0\leqq Z\leqq 2.58)\\ &=2\cdot 0.4951\\ &=0.9902 \end{aligned} $$

期待値(平均)

確率変数 X がとりうる値を x_1, x_2, $\cdots$, x_n とし，X がこれらの値をとる確率をそれぞれ p_1, p_2, $\cdots$, p_n とすると，期待値(平均) $E(X)$ は

$$ E(X)=\sum_{k=1}^{n}x_kp_k. $$

分散

確率変数 X がとりうる値を x_1, x_2, $\cdots$, x_n とし，X がこれらの値をとる確率をそれぞれ p_1, p_2, $\cdots$, p_n とすると，分散 $V(X)$ は
$E(X)=m$ として

$$ V(X)=\sum_{k=1}^{n}(x_k-m)^2p_k \quad \cdots① $$

または

$$ V(X)=E(X^2)-\{E(X)\}^2. \quad \cdots② $$

ここでは②を用いた．

p. 38.

である．したがって タ に当てはまるものは ③ である．

← 同様に考えると他の選択肢は不適．

(3)　母平均 m，母標準偏差 σ をもつ母集団から抽出された大きさ n の無作為標本の標本平均を $\overline{X}$ とし，

$Z=\dfrac{\overline{X}-m}{\dfrac{\sigma}{\sqrt{n}}}$ とすると，n が十分に大きいとき，Z は近似的に標準正規分布 $N(0,\ 1)$ に従う．正規分布表より

$$P(-1.96\leqq Z\leqq 1.96)=2P(0\leqq Z\leqq 1.96)=2\cdot 0.4750=0.95$$

← p. 38.

であるから

$$P\left(-1.96\leqq \frac{\overline{X}-m}{\dfrac{\sigma}{\sqrt{n}}}\leqq 1.96\right)=0.95$$

が成り立つ．これより

$$P\left(\overline{X}-1.96\cdot\frac{\sigma}{\sqrt{n}}\leqq m\leqq \overline{X}+1.96\cdot\frac{\sigma}{\sqrt{n}}\right)=0.95$$

であるから，母平均 m の信頼度(信頼係数) 95%の信頼区間の幅 L_1 は

$$L_1=\left(\overline{X}+1.96\cdot\frac{\sigma}{\sqrt{n}}\right)-\left(\overline{X}-1.96\cdot\frac{\sigma}{\sqrt{n}}\right)=2\cdot 1.96\cdot\frac{\sigma}{\sqrt{n}}$$

である．また，(2)より

$$P(-2.58\leqq Z\leqq 2.58)=0.9902$$

であるから，同様にして，信頼度(信頼係数) 99%の信頼区間の幅 L_2 は

$$L_2=2\cdot 2.58\cdot\frac{\sigma}{\sqrt{n}}$$

である．よって

$$\frac{L_2}{L_1}=\frac{2\cdot 2.58\cdot\dfrac{\sigma}{\sqrt{n}}}{2\cdot 1.96\cdot\dfrac{\sigma}{\sqrt{n}}}=\frac{2.58}{1.96}=\boxed{1}.\boxed{3}$$

が成り立つ．また，同じ母集団から，大きさ $4n$ の無作為標本を抽出して得られる母平均 m の信頼度 95%の信頼区間の幅 L_3 は，同様にして

$$L_3=2\cdot 1.96\cdot\frac{\sigma}{\sqrt{4n}}=2\cdot 1.96\cdot\frac{\sigma}{2\sqrt{n}}$$

であるから

$$\frac{L_3}{L_1}=\frac{2\cdot 1.96\cdot \frac{\sigma}{2\sqrt{n}}}{2\cdot 1.96\cdot \frac{\sigma}{\sqrt{n}}}=\frac{1}{2}=\boxed{0}.\boxed{5}$$

が成り立つ.

正 規 分 布 表

次の表は，標準正規分布の分布曲線における右図の灰色部分の面積の値をまとめたものである。

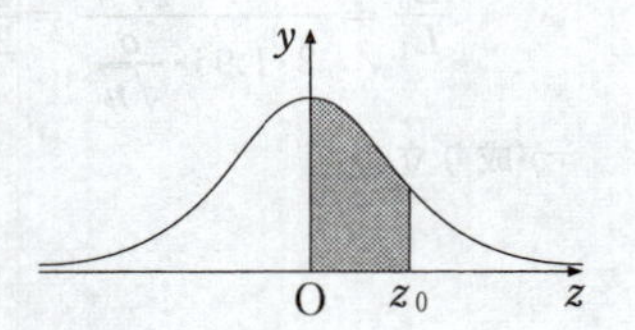

z_0	0.00	0.01	0.02	0.03	0.04	0.05	0.06	0.07	0.08	0.09
0.0	0.0000	0.0040	0.0080	0.0120	0.0160	0.0199	0.0239	0.0279	0.0319	0.0359
0.1	0.0398	0.0438	0.0478	0.0517	0.0557	0.0596	0.0636	0.0675	0.0714	0.0753
0.2	0.0793	0.0832	0.0871	0.0910	0.0948	0.0987	0.1026	0.1064	0.1103	0.1141
0.3	0.1179	0.1217	0.1255	0.1293	0.1331	0.1368	0.1406	0.1443	0.1480	0.1517
0.4	0.1554	0.1591	0.1628	0.1664	0.1700	0.1736	0.1772	0.1808	0.1844	0.1879
0.5	0.1915	0.1950	0.1985	0.2019	0.2054	0.2088	0.2123	0.2157	0.2190	0.2224
0.6	0.2257	0.2291	0.2324	0.2357	0.2389	0.2422	0.2454	0.2486	0.2517	0.2549
0.7	0.2580	0.2611	0.2642	0.2673	0.2704	0.2734	0.2764	0.2794	0.2823	0.2852
0.8	0.2881	0.2910	0.2939	0.2967	0.2995	0.3023	0.3051	0.3078	0.3106	0.3133
0.9	0.3159	0.3186	0.3212	0.3238	0.3264	0.3289	0.3315	0.3340	0.3365	0.3389
1.0	0.3413	0.3438	0.3461	0.3485	0.3508	0.3531	0.3554	0.3577	0.3599	0.3621
1.1	0.3643	0.3665	0.3686	0.3708	0.3729	0.3749	0.3770	0.3790	0.3810	0.3830
1.2	0.3849	0.3869	0.3888	0.3907	0.3925	0.3944	0.3962	0.3980	0.3997	0.4015
1.3	0.4032	0.4049	0.4066	0.4082	0.4099	0.4115	0.4131	0.4147	0.4162	0.4177
1.4	0.4192	0.4207	0.4222	0.4236	0.4251	0.4265	0.4279	0.4292	0.4306	0.4319
1.5	0.4332	0.4345	0.4357	0.4370	0.4382	0.4394	0.4406	0.4418	0.4429	0.4441
1.6	0.4452	0.4463	0.4474	0.4484	0.4495	0.4505	0.4515	0.4525	0.4535	0.4545
1.7	0.4554	0.4564	0.4573	0.4582	0.4591	0.4599	0.4608	0.4616	0.4625	0.4633
1.8	0.4641	0.4649	0.4656	0.4664	0.4671	0.4678	0.4686	0.4693	0.4699	0.4706
1.9	0.4713	0.4719	0.4726	0.4732	0.4738	0.4744	0.4750	0.4756	0.4761	0.4767
2.0	0.4772	0.4778	0.4783	0.4788	0.4793	0.4798	0.4803	0.4808	0.4812	0.4817
2.1	0.4821	0.4826	0.4830	0.4834	0.4838	0.4842	0.4846	0.4850	0.4854	0.4857
2.2	0.4861	0.4864	0.4868	0.4871	0.4875	0.4878	0.4881	0.4884	0.4887	0.4890
2.3	0.4893	0.4896	0.4898	0.4901	0.4904	0.4906	0.4909	0.4911	0.4913	0.4916
2.4	0.4918	0.4920	0.4922	0.4925	0.4927	0.4929	0.4931	0.4932	0.4934	0.4936
2.5	0.4938	0.4940	0.4941	0.4943	0.4945	0.4946	0.4948	0.4949	0.4951	0.4952
2.6	0.4953	0.4955	0.4956	0.4957	0.4959	0.4960	0.4961	0.4962	0.4963	0.4964
2.7	0.4965	0.4966	0.4967	0.4968	0.4969	0.4970	0.4971	0.4972	0.4973	0.4974
2.8	0.4974	0.4975	0.4976	0.4977	0.4977	0.4978	0.4979	0.4979	0.4980	0.4981
2.9	0.4981	0.4982	0.4982	0.4983	0.4984	0.4984	0.4985	0.4985	0.4986	0.4986
3.0	0.4987	0.4987	0.4987	0.4988	0.4988	0.4989	0.4989	0.4989	0.4990	0.4990

数学Ⅰ・数学A
数学Ⅱ・数学B

（2014年１月実施）

	受験者数	平均点
数学Ⅰ・数学A	391,273	62.08
数学Ⅱ・数学B	355,423	53.94

数学Ⅰ・数学A

解答・採点基準

（100点満点）

問題番号(配点)	解答記号	正解	配点	自己採点
第1問 (20)	ア	2	1	
	イ(ウエ＋$\sqrt{オ}$)	$2(-1+\sqrt{6})$	2	
	カ(キ－$\sqrt{ク}$)	$8(3-\sqrt{6})$	2	
	ケコ	16	2	
	a^4＋サa^3－シスa^2＋セa＋ソ＝0	$a^4+4a^3-16a^2+8a+4=0$	3	
	タチ	10	2	
	ツとテ	⓪と④または④と⓪	4	
	トとナ	①と④または④と①	4	
第1問　自己採点小計				
第2問 (25)	(アa, イa^2－ウa－エオ)	$(-a,\ 2a^2-6a-36)$	3	
	カ，キク	3，－1	2	
	ケ	4	2	
	コ	8	2	
	サシ	－3	1	
	ス，セ	③，③	1	
	ソ	6	1	
	タ	1	3	
	チツテ	－39	1	
	ト	6	3	
	ナニ	36	1	
	ヌネ	－3	2	
	ノ，ハ	③，①	1	
	$\frac{ヒフ}{ヘ}$	$\frac{-7}{3}$	2	
第2問　自己採点小計				

問題番号(配点)	解答記号	正解	配点	自己採点
第3問 (30)	ア	4	3	
	$\frac{イ}{ウ}$	$\frac{7}{8}$	3	
	$\frac{\sqrt{エオ}}{カ}$	$\frac{\sqrt{15}}{8}$	3	
	$\frac{キ\sqrt{クケ}}{コサ}$	$\frac{8\sqrt{15}}{15}$	3	
	$\frac{シ}{ス}$	$\frac{8}{3}$	4	
	$\frac{セ\sqrt{ソタ}}{チ}$	$\frac{2\sqrt{10}}{3}$	4	
	$\frac{ツ\sqrt{テト}}{ナ}$	$\frac{2\sqrt{10}}{5}$	4	
	$\frac{ニ}{ヌ}$	$\frac{5}{8}$	3	
	ネ	④	3	
第3問　自己採点小計				
第4問 (25)	ア	6	2	
	イ	6	2	
	ウエ	36	3	
	$\frac{オ}{カキクケ}$	$\frac{1}{1296}$	3	
	コ	6	3	
	サシ	30	3	
	ス	2	3	
	セソ	90	3	
	タチツ	156	3	
第4問　自己採点小計				
自己採点合計				

第1問　数と式・集合と論理

〔1〕

(1)
$$a=\frac{1+\sqrt{3}}{1+\sqrt{2}},\quad b=\frac{1-\sqrt{3}}{1-\sqrt{2}}$$

より，

$$ab=\frac{(1+\sqrt{3})(1-\sqrt{3})}{(1+\sqrt{2})(1-\sqrt{2})}$$

$$=\frac{1^2-(\sqrt{3})^2}{1^2-(\sqrt{2})^2}$$

← $(p+q)(p-q)=p^2-q^2$.

$$=\boxed{2}, \qquad \cdots①$$

$$a+b=\frac{(1+\sqrt{3})(1-\sqrt{2})+(1-\sqrt{3})(1+\sqrt{2})}{(1+\sqrt{2})(1-\sqrt{2})}$$

← 通分をした.

$$=\frac{(1-\sqrt{2}+\sqrt{3}-\sqrt{6})+(1+\sqrt{2}-\sqrt{3}-\sqrt{6})}{1^2-(\sqrt{2})^2}$$

$$=\boxed{2}\left(\boxed{-1}+\sqrt{\boxed{6}}\right), \qquad \cdots②$$

$$a^2+b^2=(a+b)^2-2ab$$

← $(a+b)^2=a^2+2ab+b^2$ より，$a^2+b^2=(a+b)^2-2ab$.

$$=4(-1+\sqrt{6})^2-2\cdot 2$$

$$=\boxed{8}\left(\boxed{3}-\sqrt{\boxed{6}}\right) \qquad \cdots③$$

である．

(2)
$$a^2+b^2+4(a+b)=8(3-\sqrt{6})+4\cdot 2(-1+\sqrt{6})$$

← ②，③を用いた．

$$=\boxed{16}$$

であり，これに①すなわち $b=\dfrac{2}{a}$ を代入すると，

$$a^2+\left(\frac{2}{a}\right)^2+4\left(a+\frac{2}{a}\right)=16$$

が成り立ち，両辺に a^2 を掛けることで，a は，

$$a^4+\boxed{4}a^3-\boxed{16}a^2+\boxed{8}a+\boxed{4}=0$$

を満たすことがわかる．

〔2〕

(1)　$5<\sqrt{n}<6$ より，$25<n<36$ であるから，

$$U=\{26,\ 27,\ 28,\ 29,\ 30,\ 31,\ 32,\ 33,\ 34,\ 35\}$$

であり，U の要素の個数は [10] 個である．

(2)

$$P=\{28,\ 32\},\ Q=\{30,\ 35\},$$
$$R=\{30\},\ S=\{28,\ 35\}$$

である．

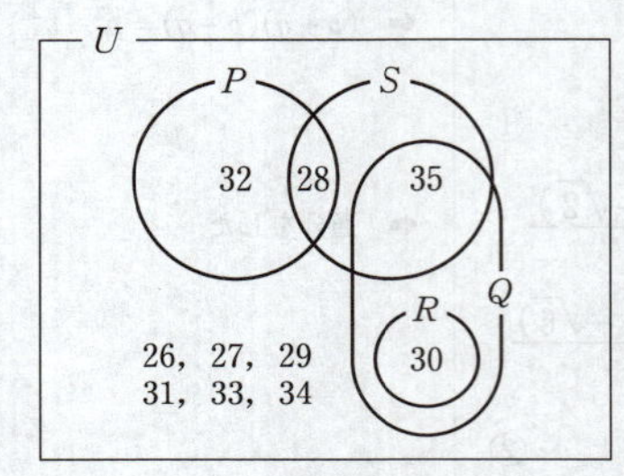

⬅ 全体集合 U とその部分集合 P，Q，R，S の関係を図にまとめた．

$$P\cap R=\phi,\ P\cap S=\{28\},\ Q\cap R=\{30\},$$
$$P\cap\overline{Q}=\{28,\ 32\},\ R\cap\overline{Q}=\phi$$

であるから，⓪～④で与えられた集合のうち，空集合であるものは⓪と④すなわち [ツ]，[テ] に当てはまるものは，[⓪]，[④] である．

⬅ 空集合 ϕ … 要素が1つもない集合．

(3)　$P\cup R=\{28,\ 30,\ 32\}$ であり，30 は $\overline{Q}$ に属さないから，

「$P\cup R\subset\overline{Q}$ は成り立たない．」

$S\cap\overline{Q}=\{28\}$，$P=\{28,\ 32\}$ であるから，

「$S\cap\overline{Q}\subset P$ は成り立つ．」

⬅ $X\subset Y$ が成り立つとき，X のすべての要素が Y の要素となっている．

$\overline{Q}\cap\overline{S}=\overline{Q\cup S}=\{26,\ 27,\ 29,\ 31,\ 32,\ 33,\ 34\}$ であり，32 は $\overline{P}$ に属さないから，

「$\overline{Q}\cap\overline{S}\subset\overline{P}$ は成り立たない．」

⬅ **ド・モルガンの法則**

$$\overline{A\cup B}=\overline{A}\cap\overline{B}.$$
$$\overline{A\cap B}=\overline{A}\cup\overline{B}.$$

$\overline{P}\cup\overline{Q}=\overline{P\cap Q}=U$ であり，28，35 は $\overline{S}$ に属さないから，

「$\overline{P}\cup\overline{Q}\subset\overline{S}$ は成り立たない．」

$\overline{R}\cap\overline{S}=\overline{R\cup S}=\{26,\ 27,\ 29,\ 31,\ 32,\ 33,\ 34\}$ であり，$\overline{Q}=\{26,\ 27,\ 28,\ 29,\ 31,\ 32,\ 33,\ 34\}$ であるから，

「$\overline{R}\cap\overline{S}\subset\overline{Q}$ は成り立つ．」

以上より，[ト]，[ナ] に当てはまるものは，[①]，[④] である．

第2問　2次関数

$$f(x)=x^2+2ax+3a^2-6a-36$$

とする．

$$f(x)=(x+a)^2+2a^2-6a-36$$

であるから，G の頂点の座標は，

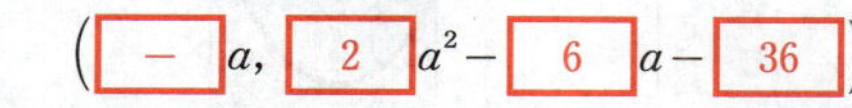

$$\left(\boxed{-}\,a,\ \boxed{2}\,a^2-\boxed{6}\,a-\boxed{36}\right) \quad \cdots ③$$

であり，

$$p=f(0)=3a^2-6a-36$$

である．

⬅ 2次関数 $y=p(x-q)^2+r$ のグラフの頂点の座標は，$(q,\ r)$．

⬅ y 軸は，直線 $x=0$．

(1)　$p=-27$ のとき，

$$3a^2-6a-36=-27$$

すなわち

$$3(a-3)(a+1)=0$$

より，

$$a=\boxed{3},\ \boxed{-1}$$

である．

$a=3$ のときの ① のグラフの頂点の座標は，

$$(-3,\ -36)$$

であり，$a=-1$ のときの ① のグラフの頂点の座標は，

$$(1,\ -28)$$

であるから，$a=3$ のときの ① のグラフを

$$x \text{ 軸方向に } 1-(-3)=\boxed{4},$$

$$y \text{ 軸方向に } -28-(-36)=\boxed{8}$$

だけ平行移動すると，$a=-1$ のときの ① のグラフに一致する．

⬅ ③ より．

⬅ ③ より．

⬅

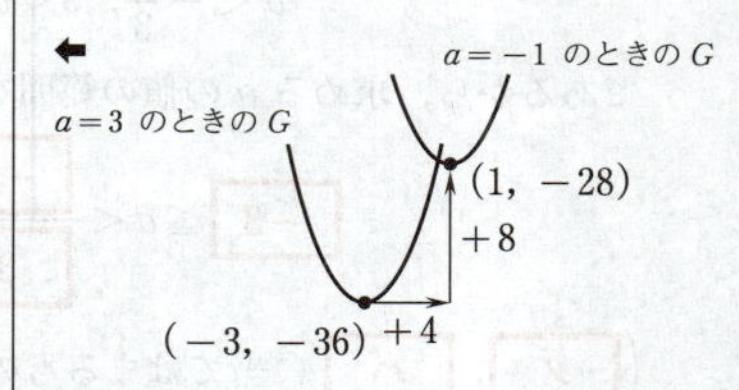

(2)　G は下に凸の放物線であるから，G が x 軸と共有点を持つような a の値の範囲を表す不等式は，

$$(G \text{ の頂点の } y \text{ 座標}) \leqq 0$$

より，

$$2a^2-6a-36 \leqq 0$$

すなわち

$$2(a+3)(a-6) \leqq 0$$

から，

$$\boxed{-3} \leqq a \leqq \boxed{6} \quad \cdots ②$$

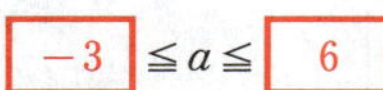

（ス，セ に当てはまるものはいずれも ③．）

⬅

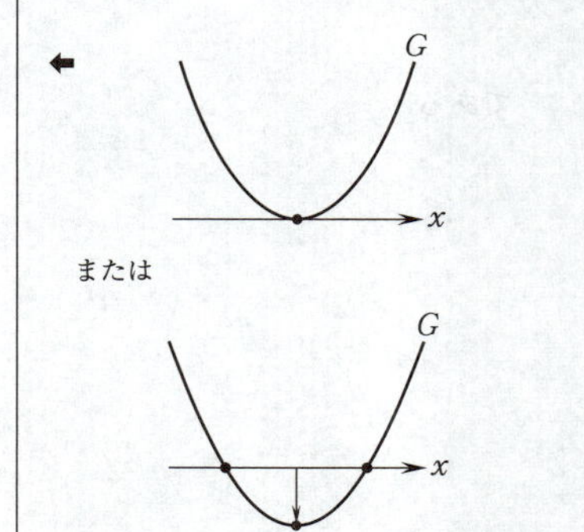

である．

$$p=3(a-1)^2-39$$

であるから，a が ② の範囲にあるとき，p は，

$a=$ 1 で最小値 -39

をとり，

$a=$ 6 で最大値 36

をとる．

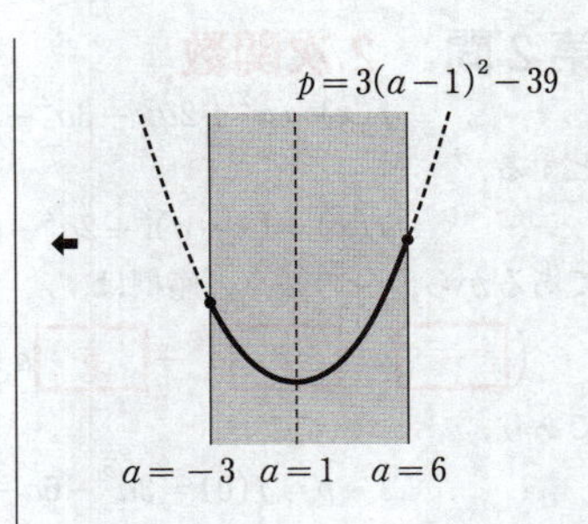

G が x 軸と共有点を持ち，さらにそのすべての共有点の x 座標が -1 より大きくなる条件は，G が下に凸の放物線であることに注意すると，

$$\begin{cases} ②, \\ -a>-1, \\ f(-1)>0 \end{cases}$$

すなわち

$$\begin{cases} -3\leqq a\leqq 6, \\ a<1, \\ 3a^2-8a-35>0 \end{cases} \quad \cdots ④$$

である．

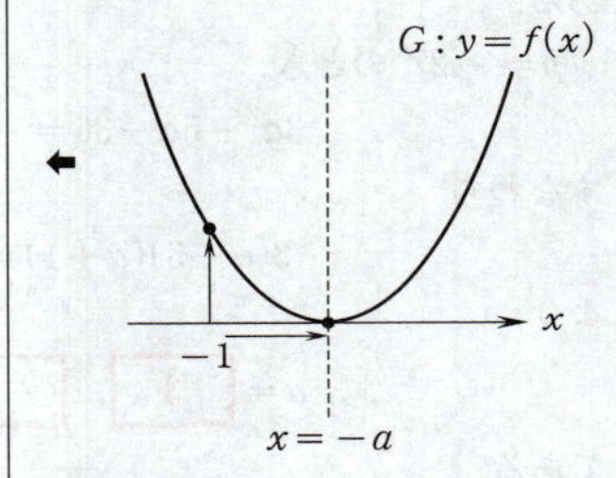

または

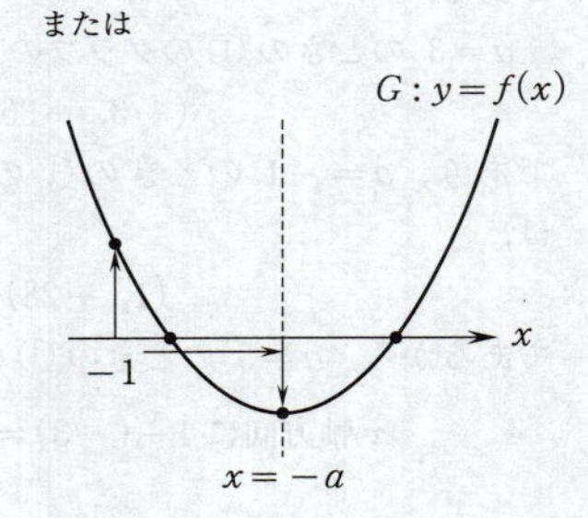

ここで，④ は，

$$(3a+7)(a-5)>0$$

より，

$$a<-\frac{7}{3},\ 5<a$$

であるから，求める a の値の範囲を表す不等式は，

$$-3\leqq a<\frac{-7}{3}$$

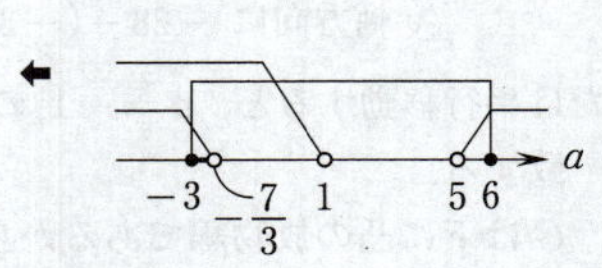

（ ノ ， ハ に当てはまるものはそれぞれ

③ ， ① ）

である．

第3問　図形と計量・平面図形

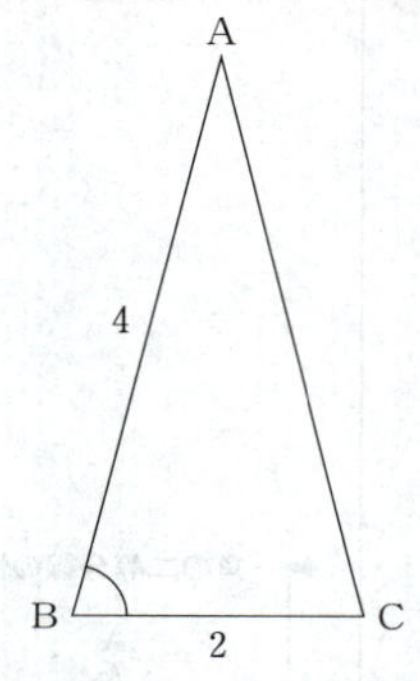

△ABCに余弦定理を用いると，

$$CA^2 = 4^2 + 2^2 - 2\cdot 4\cdot 2\cdot \frac{1}{4}$$
$$= 16$$

より，

$$CA = \boxed{4}$$

であり，

$$\cos\angle BAC = \frac{4^2+4^2-2^2}{2\cdot 4\cdot 4}$$
$$= \frac{\boxed{7}}{\boxed{8}}$$

である．

$$\sin\angle BAC = \sqrt{1-\left(\frac{7}{8}\right)^2}$$
$$= \frac{\sqrt{\boxed{15}}}{\boxed{8}}$$

であり，△ABCの外接円Oの半径をRとすると，正弦定理により，

$$2R = \frac{2}{\frac{\sqrt{15}}{8}}$$

すなわち

$$R = \frac{\boxed{8}\sqrt{\boxed{15}}}{\boxed{15}}$$

である．

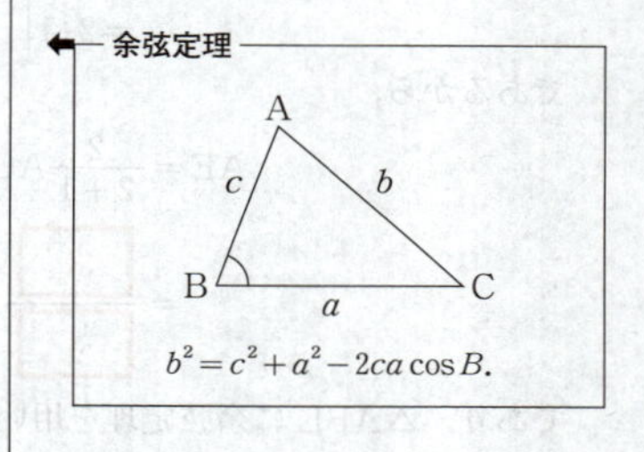

$b^2 = c^2 + a^2 - 2ca\cos B.$

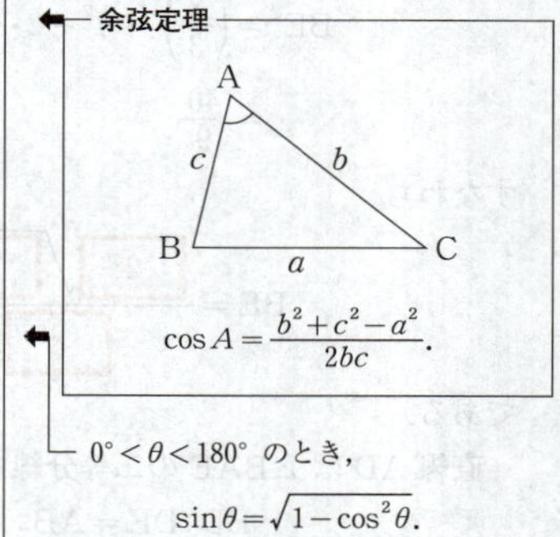

$\cos A = \dfrac{b^2+c^2-a^2}{2bc}.$

$0° < \theta < 180°$ のとき，

$\sin\theta = \sqrt{1-\cos^2\theta}.$

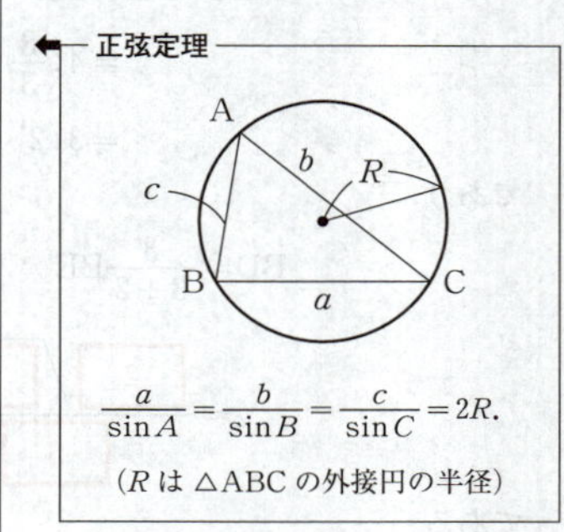

$\dfrac{a}{\sin A} = \dfrac{b}{\sin B} = \dfrac{c}{\sin C} = 2R.$

(Rは△ABCの外接円の半径)

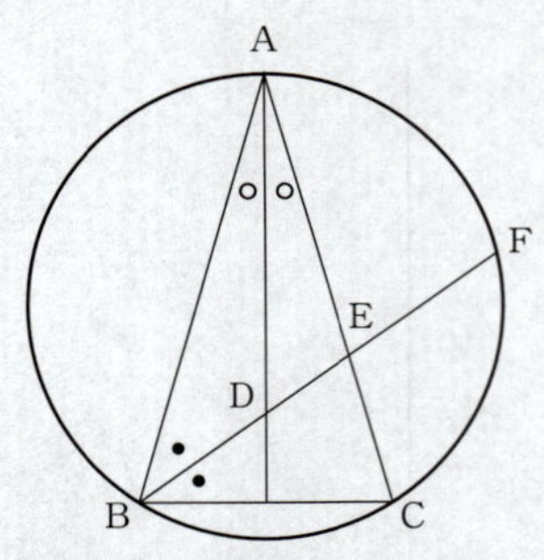

(1)　角の二等分線の性質により，

$$AE:EC=AB:BC$$
$$=2:1$$

であるから，

$$AE=\frac{2}{2+1}AC$$
$$=\frac{8}{3}$$

であり，△ABE に余弦定理を用いると，

$$BE^2=\left(\frac{8}{3}\right)^2+4^2-2\cdot\frac{8}{3}\cdot4\cdot\frac{7}{8}$$
$$=\frac{40}{9}$$

すなわち

$$BE=\frac{2\sqrt{10}}{3}$$

である．

直線 AD は ∠BAE の二等分線であるから，

$$BD:DE=AB:AE$$
$$=4:\frac{8}{3}$$
$$=3:2$$

であり，

$$BD=\frac{3}{3+2}BE$$
$$=\frac{2\sqrt{10}}{5}$$

である．

角の二等分線の性質

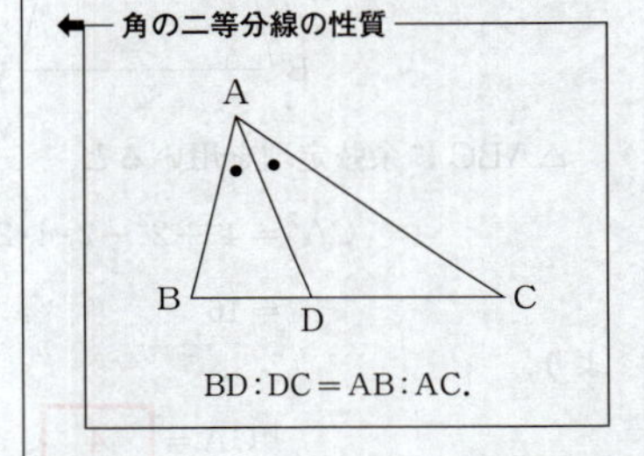

BD : DC＝AB : AC.

(2)

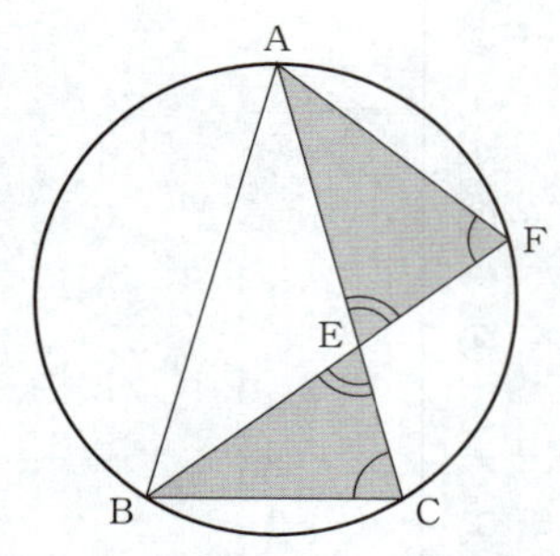

$\angle$BCE $=$ $\angle$AFE（弧 AB の円周角より），
$\angle$CEB $=$ $\angle$FEA（対頂角）より，

$$\triangle\text{EBC} \backsim \triangle\text{EAF}$$

であるから，

$$(\triangle\text{EBC の面積}):(\triangle\text{EAF の面積}) = \text{BE}^2 : \text{AE}^2$$

が成り立つ．

したがって，△EBC の面積は △EAF の面積の

$$\frac{\text{BE}^2}{\text{AE}^2} = \left(\frac{\text{BE}}{\text{AE}}\right)^2 = \left(\frac{\frac{2\sqrt{10}}{3}}{\frac{8}{3}}\right)^2 = \frac{\boxed{5}}{\boxed{8}}\ (\text{倍})$$

である．

← 2つの相似な図形において，相似比（対応する辺の長さの比）が

$$a:b$$

ならば，面積の比は，

$$a^2:b^2$$

である．

(3)

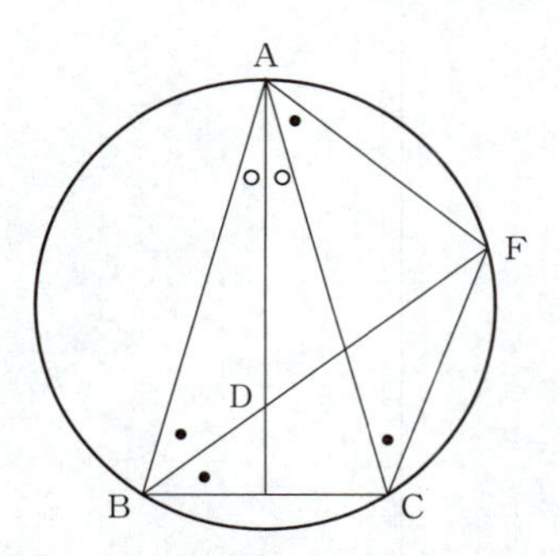

$\angle\text{BAC} = 2\alpha$，$\angle\text{ABC} = 2\beta$ とする．
直線 BF は $\angle$ABC の二等分線より，

$$\angle\text{FBA} = \angle\text{FBC} = \beta \quad \cdots ①$$

であるから，弧 FA と弧 FC の長さは等しく，さらに，

$$\mathrm{FA}=\mathrm{FC} \qquad \cdots ②$$

である．

弧 FC の円周角を考えて，

$$\angle \mathrm{FAC}=\angle \mathrm{FBC}=\beta \qquad \cdots ③$$

であり，直線 AD は ∠BAC の二等分線より，

$$\angle \mathrm{DAC}=\angle \mathrm{DAB}=\alpha \qquad \cdots ④$$

である．

③，④ より，

$$\begin{aligned}\angle \mathrm{DAF}&=\angle \mathrm{DAC}+\angle \mathrm{FAC}\\&=\alpha+\beta\end{aligned}$$

であり，①，④ と △ABD の外角を考えて，

$$\begin{aligned}\angle \mathrm{ADF}&=\angle \mathrm{DAB}+\angle \mathrm{FBA}\\&=\alpha+\beta\end{aligned}$$

であるから，

$$\angle \mathrm{DAF}=\angle \mathrm{ADF}$$

であり，

$$\mathrm{FA}=\mathrm{FD} \qquad \cdots ⑤$$

である．

②，⑤ より，FA＝FC＝FD であるから， ネ に当てはまるものは ④ である．

第4問　場合の数・確率

1，2，3，4，5，6の各矢印の方向の移動をそれぞれ

△1，△2，△3，△4，△5，△6

と表すことにする．

(1)　Aを出発し，4回移動してBにいる移動は，△3，△4をそれぞれ2回ずつ行えばよいから，このような移動の仕方は，

$$\frac{4!}{2!2!}=\boxed{6}\ (通り)$$

ある．

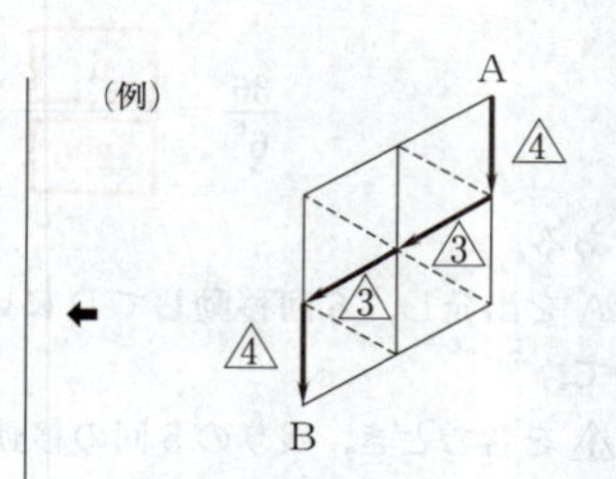

← △3 2コ，△4 2コを並べる同じものを含む順列．

(2)　Aから出発し，初めにどの移動を行うかで分けて考える．

(i)　△1，△2，△6のとき，3回の移動でCにいることはできない．

(ii)　△3のとき，残り2回の移動でCにいるためには，△4，△5をそれぞれ1回ずつ行えばよいから，このような移動の仕方は，

$$2!=2\ (通り)$$

ある．

(iii)　△4のとき，残り2回の移動でCにいるためには，△3，△5をそれぞれ1回ずつ行えばよいから，このような移動の仕方は，

$$2!=2\ (通り)$$

ある．

(iv)　△5のとき，残り2回の移動でCにいるためには，△3，△4をそれぞれ1回ずつ行えばよいから，このような移動の仕方は，

$$2!=2\ (通り)$$

ある．

(i)～(iv)より，求める移動の仕方は，

$$2+2+2=\boxed{6}\ (通り)$$

ある．

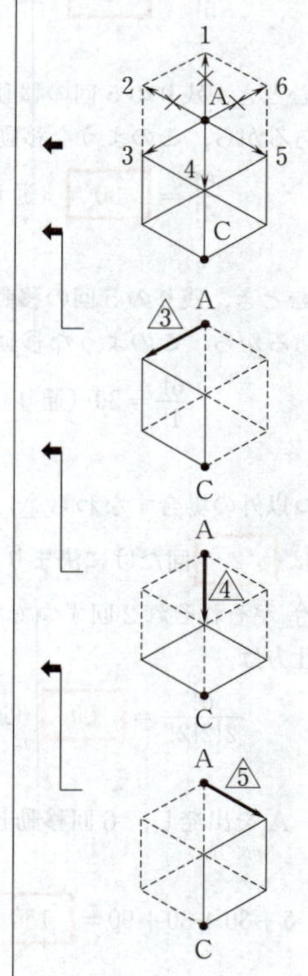

(3)　Aを出発し，3回の移動でCにいる移動の仕方とCを出発し，3回の移動でDにいる移動の仕方の場合の数は等しいから，求める移動の仕方は，

$$6\times6=\boxed{36}\ (通り)$$

ある．

さらに，6回の移動の仕方の総数は6^6通りあり，これらは同様に確からしいから，求める確率は，

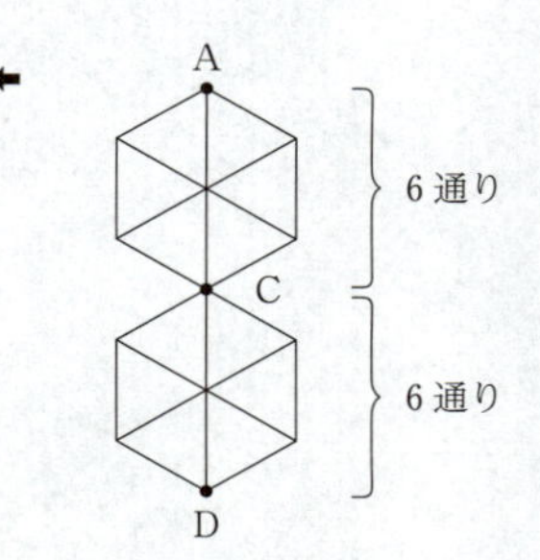

$$\frac{36}{6^6}=\frac{1}{1296}$$

である．

(4)　Aを出発し，6回移動してDにいる移動の仕方について，

・△1を含むとき，残りの5回の移動はすべて△4であるから，このような移動の仕方は，

$$\frac{6!}{5!}=6 \text{（通り）}$$

ある．

・△2を含むとき，残りの5回の移動は，△5が1回と△4が4回であるから，このような移動の仕方は，

$$\frac{6!}{4!}=30 \text{（通り）}$$

ある．

・△6を含むとき，残りの5回の移動は，△3が1回と△4が4回であるから，このような移動の仕方は，

$$\frac{6!}{4!}=30 \text{（通り）}$$

ある．

・上記3つ以外の場合すなわち△1，△2，△6を含まないとき，△4は 2 回だけに決まり，残りの4回の移動は，△3，△5がそれぞれ2回ずつであるから，このような移動の仕方は，

$$\frac{6!}{2!2!2!}=90 \text{（通り）}$$

ある．

よって，Aを出発し，6回移動してDにいる移動の仕方は，

$$6+30+30+90=156 \text{（通り）}$$

ある．

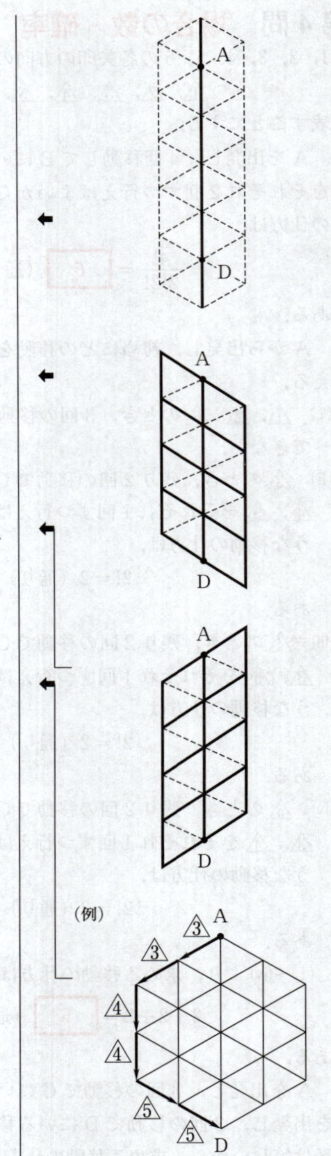

数学Ⅱ・数学B

解答・採点基準

（100点満点）

問題番号(配点)	解答記号	正解	配点	自己採点
第1問 (30)	$-\frac{ア}{イ}$	$-\frac{3}{4}$	2	
	ウp＋エq	$3p+4q$	2	
	|オp－カq|	$\|4p-3q\|$	2	
	キ	2	3	
	ク，ケ，コ	2，1，1	2	
	サ，シ，ス	4，2，4	2	
	セ	④	2	
	ソ	3	1	
	タ	8	1	
	$\frac{チ}{ツ}$	$\frac{2}{3}$	1	
	テ	1	1	
	ト	0	1	
	ナ	1	1	
	ニ	2	1	
	$\frac{ヌ}{ネ}$	$\frac{3}{2}$	1	
	ノハ	27	2	
	ヒ	5	2	
	フ	1	2	
	ヘ	6	1	
	第1問　自己採点小計			
第2問 (30)	ア$x^{イ}$	$3x^2$	2	
	ウ	0	2	
	エ	①	3	
	オ	3	3	
	カキ，ク	－1，1	3	
	ケb^2－コ	$3b^2-3$	2	
	サb^3－シb^2＋1	$2b^3-3b^2+1$	2	
	ス，$\frac{セソ}{タ}$	1，$\frac{-1}{2}$	3	
	$\frac{チツ}{テ}x+\frac{ト}{ナ}$	$\frac{-9}{4}x+\frac{1}{4}$	3	
	ニx^2－ヌx	$2x^2-4x$	3	
	ネノ	11	4	
	第2問　自己採点小計			
第3問 (20)	アイ	15	1	
	ウエ	28	2	
	オn＋カ	$4n+5$	2	
	キ$n^{ク}$＋ケn＋コ	$2n^2+3n+1$	2	
	$\frac{サ}{シス}$	$\frac{6}{35}$	1	
	セ，ソ，タ	2，1，5	2	
	チ，ツ	5，3	2	
	テ	3	2	
	ト	6	2	
	ナ，ニ	3，3	2	
	$\frac{ヌn}{ネn+ノ}$	$\frac{2n}{2n+3}$	2	
	第3問　自己採点小計			
第4問 (20)	(アイ，ウ，エ)	(－1，0，2)	2	
	オ	③	1	
	カ，キ	1，2	2	
	ク	2	2	
	ケ	0	1	
	コ	5	1	
	サシ	14	1	
	スセ	70	2	
	ソ	0	1	
	タ，$\frac{チツ}{テ}$	2，$\frac{-5}{3}$	2	
	$\frac{ト}{ナニ}$	$\frac{9}{35}$	2	
	$\frac{ヌ\sqrt{ネノ}}{ハヒ}$	$\frac{3\sqrt{70}}{35}$	2	
	フ	1	1	
	第4問　自己採点小計			

問題番号(配点)	解答記号	正解	配点	自己採点
第5問 (20)	アイ	14	1	
	ウエ.オカ	10.00	2	
	キク	32	1	
	ケ	4	2	
	コサ	18	1	
	シス	14	1	
	セ	⓪	2	
	ソタ.チ	15.0	2	
	ツ	5	2	
	テ	8	2	
	ト	④	2	
	ナ	①	2	
		第5問　自己採点小計		
第6問 (20)	ア，イ	4，2	1	
	ウ	②	2	
	エ	③	2	
	オ	6	2	
	カキ	97	2	
	クケコ，サ	110，④	2	
	シスセ	501	2	
	ソタチ	501	1	
	ツ，テ	②，⑧	2	
	ト	9	2	
	ナ	2	2	
		第6問　自己採点小計		
		自己採点合計		

(注)
第1問，第2問は必答。
第3問～第6問のうちから2問選択。計4問を解答。

第1問　図形と方程式，指数関数・対数関数

〔1〕

(1)　円 C の半径 r を求めよう．

点 $\mathrm{P}(p,\ q)$ を通り直線 $\ell: y=\dfrac{4}{3}x$ に垂直な直線の方程式は

$$y=-\frac{\boxed{3}}{\boxed{4}}(x-p)+q$$

なので，P から ℓ に引いた垂線と ℓ の交点 Q の x 座標は

$$\frac{4}{3}x=-\frac{3}{4}(x-p)+q$$

$$\left(\frac{4}{3}+\frac{3}{4}\right)x=\frac{3}{4}p+q$$

より

$$x=\frac{3}{25}\left(\boxed{3}\,p+\boxed{4}\,q\right)$$

であり，これを $y=\dfrac{4}{3}x$ に代入すると，Q の y 座標は

$$y=\frac{4}{25}(3p+4q)$$

である．

求める C の半径 r は，C の中心 P と ℓ の距離 PQ に等しいので

$$r=\sqrt{\left\{\frac{3}{25}(3p+4q)-p\right\}^2+\left\{\frac{4}{25}(3p+4q)-q\right\}^2}$$

$$=\sqrt{\left\{\frac{4}{25}(4p-3q)\right\}^2+\left\{\frac{3}{25}(4p-3q)\right\}^2}$$

$$=\sqrt{\frac{4^2+3^2}{25^2}(4p-3q)^2}$$

$$=\frac{1}{5}\left|\boxed{4}\,p-\boxed{3}\,q\right| \quad \cdots ①$$

垂直条件

傾き m の直線と，傾き m' の直線が直交するための条件は，

$$mm'=-1.$$

直線の方程式

点 $(a,\ b)$ を通り，傾き m の直線の方程式は

$$y=m(x-a)+b.$$

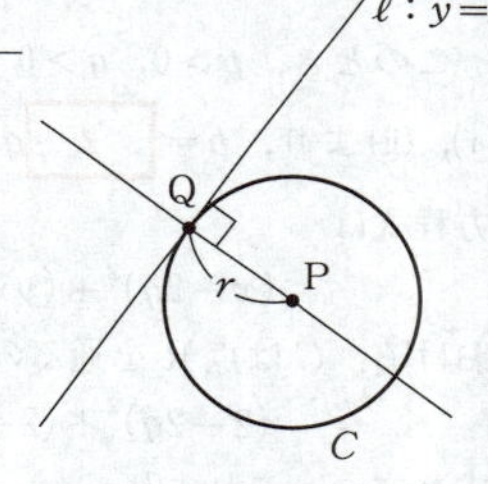

2点間の距離

2点 $(x_1,\ y_1)$，$(x_2,\ y_2)$ の間の距離は

$$\sqrt{(x_2-x_1)^2+(y_2-y_1)^2}.$$

(2)　円 C が，x 軸に接し，点 $\mathrm{R}(2,\ 2)$ を通る場合を考える．このとき，$p>0$，$q>0$ である．C の方程式を求めよう．

C は x 軸に接するので，C の半径 r は q に等しい．したがって，① により

$$\frac{1}{5}|4p-3q|=q.$$

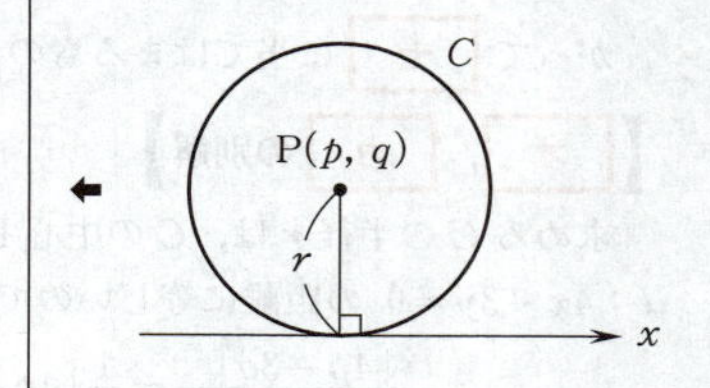

(i)　$4p-3q \geqq 0$ のとき

$$\frac{1}{5}(4p-3q)=q$$
$$4p-3q=5q$$
$$p=2q.$$

このとき，$p>0$，$q>0$ は成り立ち，さらに，$4p-3q=8q-3q=5q>0$ となり，$4p-3q \geqq 0$ は成り立っている．

(ii)　$4p-3q<0$ のとき

$$-\frac{1}{5}(4p-3q)=q$$
$$4p-3q=-5q$$
$$p=-\frac{1}{2}q.$$

このとき，$p>0$，$q>0$ が成り立たない．

(i)，(ii) より，$p=$ [2] q である．以上より，C の方程式は

$$(x-2q)^2+(y-q)^2=q^2$$

とおける．C は点 R を通るので

$$(2-2q)^2+(2-q)^2=q^2$$

が成り立つ．これより

$$q^2-3q+2=0$$
$$(q-1)(q-2)=0$$
$$q=1 \quad または \quad q=2.$$

よって，求める C の方程式は

$$\left(x-\boxed{2}\right)^2+\left(y-\boxed{1}\right)^2=\boxed{1} \quad \cdots ②$$

または

$$\left(x-\boxed{4}\right)^2+\left(y-\boxed{2}\right)^2=\boxed{4} \quad \cdots ③$$

である．

(3)　方程式 ② の表す円の中心を S(2, 1)，方程式 ③ の表す円の中心を T(4, 2) とおくと，直線 ST は原点 O を通り，点 O は線分 ST を 1：2 に外分する．したがって [セ] に当てはまるものは [④] である．

【[オ]，[カ] の別解】

求める C の半径 r は，C の中心 P$(p,\ q)$ と $\ell : 4x-3y=0$ の距離に等しいので

$$\frac{|4p-3q|}{\sqrt{4^2+(-3)^2}}=\frac{1}{5}|4p-3q|.$$

円の方程式

中心 $(a,\ b)$，半径 r の円の方程式は

$$(x-a)^2+(y-b)^2=r^2.$$

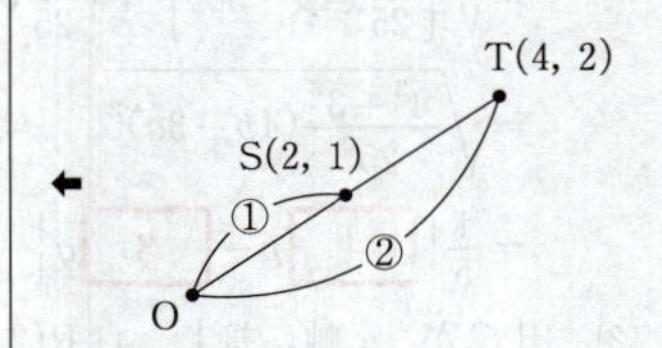

点と直線の距離

点 $(x_0,\ y_0)$ と直線 $ax+by+c=0$ の距離は

$$\frac{|ax_0+by_0+c|}{\sqrt{a^2+b^2}}$$

〔2〕
$$\log_2 m^3+\log_3 n^2 \leqq 3. \quad \cdots ④$$

$m=2,\ n=1$ のとき

$$\log_2 m^3+\log_3 n^2=\log_2 2^3+\log_3 1^2=3+0=\boxed{3}$$

であり，この $m,\ n$ の値の組は ④ を満たす．

$m=4,\ n=3$ のとき

$$\log_2 m^3+\log_3 n^2=\log_2 2^6+\log_3 3^2=6+2=\boxed{8}$$

であり，この $m,\ n$ の値の組は ④ を満たさない．

← $a>0,\ a\neq 1,\ p$ が実数のとき $\log_a a^p=p.$ $\log_a 1=0.$

← $4^3=(2^2)^3=2^6.$

不等式 ④ を満たす自然数 $m,\ n$ の組の個数を調べよう．④ は

$$\log_2 m^3+\log_3 n^2 \leqq 3$$
$$3\log_2 m+2\log_3 n \leqq 3$$
$$\log_2 m+\frac{\boxed{2}}{\boxed{3}}\log_3 n \leqq \boxed{1} \quad \cdots ⑤$$

と変形できる．

← $a>0,\ a\neq 1,\ R>0$ のとき $\log_a R^r=r\log_a R.$

n が自然数のとき，$\log_3 n$ のとり得る最小の値は $\log_3 1=\boxed{0}$ である．⑤ により

$$\frac{2}{3}\log_3 n \leqq 1-\log_2 m \quad \cdots ⑥$$

が成り立ち，左辺が 0 以上であるから，右辺も 0 以上である．よって，$\log_2 m \leqq 1$ でなければならない．

$\log_2 m \leqq 1$ により，$m=\boxed{1}$ または $m=\boxed{2}$ でなければならない．

$m=1$ の場合，⑤ すなわち，⑥ は

$$\frac{2}{3}\log_3 n \leqq 1-\log_2 1$$
$$\log_3 n \leqq \frac{\boxed{3}}{\boxed{2}}$$

となり

$$n \leqq 3^{\frac{3}{2}}$$
$$n^2 \leqq \boxed{27}$$

と変形できる．よって，$m=1$ のとき，⑤ を満たす自然数 n のとり得る値の範囲は $n \leqq \boxed{5}$ である．したがって，$m=1$ の場合，④ を満たす自然数 $m,\ n$ の組の個数は 5 である．

← $a>1,\ x>0$ のとき $\log_a x \leqq y \iff x \leqq a^y.$

← $\left(3^{\frac{3}{2}}\right)^2=3^3=27.$

← $(m,\ n)=(1,\ 1),\ (1,\ 2),\ (1,\ 3),\ (1,\ 4),\ (1,\ 5)$

同様にして，$m=2$ の場合，⑤ すなわち，⑥ は

$$\frac{2}{3}\log_3 n \leqq 1-\log_2 2$$

$$\log_3 n \leqq 0$$

となり

$$n \leqq 1$$

と変形できる．よって，$m=2$ の場合，④ を満たす自然数 m，n の組の個数は 1 である．

← $(m,\ n)=(2,\ 1)$

以上のことから，④ を満たす自然数 m，n の組の個数は

$$5+1= 6$$

である．

第2問　微分法・積分法

p を実数とし，$f(x)=x^3-px$ とする．

(1)　関数 $f(x)$ が極値をもつための p の条件を求めよう．

$f(x)$ の導関数は，$f'(x)=\boxed{3}x^{\boxed{2}}-p$ である．したがって，$f(x)$ が $x=a$ で極値をとるならば，

$3a^2-p=\boxed{0}$ が成り立つ．さらに，$x=a$ の前後での $f'(x)$ の符号の変化を考えることにより，p が条件 $p>0$ を満たす場合は，$f(x)$ は必ず極値をもつことがわかる．したがって $\boxed{エ}$ に当てはまるものは $\boxed{①}$ である．

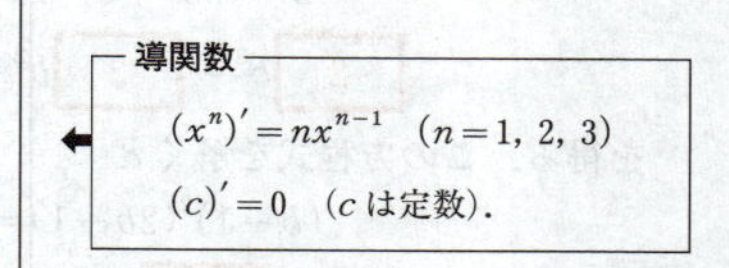

$p>0$ のとき

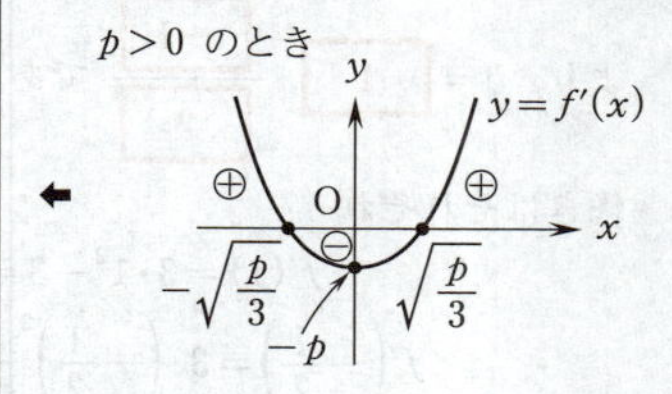

(2)　$f(x)$ が $x=\dfrac{p}{3}$ で極値をとることから

$$f'\left(\frac{p}{3}\right)=0 \quad かつ \quad p>0$$

$$3\left(\frac{p}{3}\right)^2-p=0 \quad かつ \quad p>0$$

$$p(p-3)=0 \quad かつ \quad p>0$$

が成り立つ．よって，$p=\boxed{3}$ である．このとき，

$$f(x)=x^3-3x$$

$$f'(x)=3x^2-3=3(x+1)(x-1)$$

となり，$f(x)$ の増減は次の表のようになる．

x	…	-1	…	1	…
$f'(x)$	$+$	0	$-$	0	$+$
$f(x)$	↗	2	↘	-2	↗

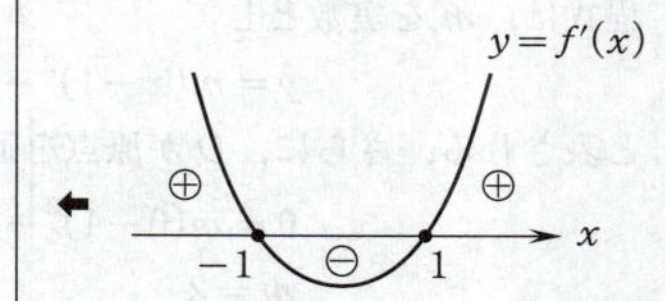

$f'(x)$ の符号はグラフを利用するとわかりやすい．

よって，$f(x)$ は $x=\boxed{-1}$ で極大値をとり，

$x=\boxed{1}$ で極小値をとる．また，$\mathrm{A}(1,\ -2)$ である．

$\dfrac{p}{3}=1$，$f(1)=1^3-3\cdot1=-2$

曲線 $C:y=f(x)$ の接線で，点Aを通り傾きが0でないものを ℓ とし，ℓ の方程式を求めよう．ℓ と C の接点の x 座標を b とすると，ℓ は点 $(b,\ f(b))$ における C の接線であるから，ℓ の方程式は b を用いて

$$y=f'(b)(x-b)+f(b)$$

$$y=\left(\boxed{3}b^2-\boxed{3}\right)(x-b)+f(b)$$

$$y=(3b^2-3)(x-b)+b^3-3b$$

$$y=(3b^2-3)x-2b^3 \qquad \cdots①$$

と表すことができる．また，ℓ は点 $\mathrm{A}(1,\ -2)$ を通る

接線の方程式

曲線 $y=f(x)$ 上の点 $(t,\ f(t))$ における接線の方程式は

$$y-f(t)=f'(t)(x-t).$$

から，① より，方程式

$$-2=(3b^2-3)\cdot 1-2b^3$$

$$\boxed{2}\,b^3-\boxed{3}\,b^2+1=0$$

を得る．この方程式を解くと

$$(b-1)^2(2b+1)=0$$

より，$b=\boxed{1},\ \dfrac{\boxed{-1}}{\boxed{2}}$ であるが，このとき，ℓ の傾きはそれぞれ

$$f'(1)=3\cdot 1^2-3=0,$$

$$f'\left(-\frac{1}{2}\right)=3\cdot\left(-\frac{1}{2}\right)^2-3=-\frac{9}{4}$$

となる．ℓ の傾きが0でないことから，$b=-\dfrac{1}{2}$ である．よって，ℓ の方程式は，① より

$$y=-\frac{9}{4}x-2\left(-\frac{1}{2}\right)^3$$

$$y=\frac{\boxed{-9}}{\boxed{4}}x+\frac{\boxed{1}}{\boxed{4}}$$

である．

D の頂点が点 A$(1,\ -2)$ であることから，D の方程式は，m を実数として

$$y=m(x-1)^2-2$$

と表される．さらに，D が原点を通ることから

$$0=m(0-1)^2-2$$

$$m=2$$

である．よって，D の方程式は

$$y=2(x-1)^2-2$$

$$=\boxed{2}\,x^2-\boxed{4}\,x$$

である．

ℓ と D の共有点の x 座標は

$$2x^2-4x=-\frac{9}{4}x+\frac{1}{4}$$

$$8x^2-7x-1=0$$

$$(8x+1)(x-1)=0$$

より

$$x=-\frac{1}{8},\ 1$$

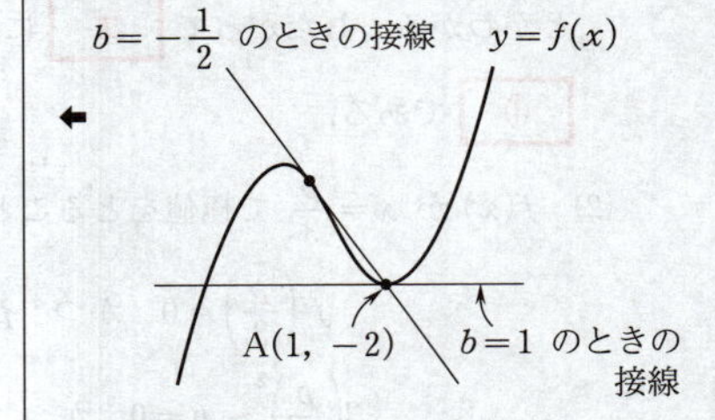

であるから，ℓ と D で囲まれた図形のうち，不等式 $x \geqq 0$ の表す領域に含まれる部分の面積 S は

$$\int_0^1 \left\{\left(-\frac{9}{4}x+\frac{1}{4}\right)-(2x^2-4x)\right\}dx$$

$$=-\frac{1}{4}\int_0^1 (8x^2-7x-1)\,dx$$

$$=-\frac{1}{4}\left[\frac{8}{3}x^3-\frac{7}{2}x^2-x\right]_0^1$$

$$=-\frac{1}{4}\left(\frac{8}{3}-\frac{7}{2}-1\right)$$

$$=\frac{\boxed{11}}{24}$$

である．

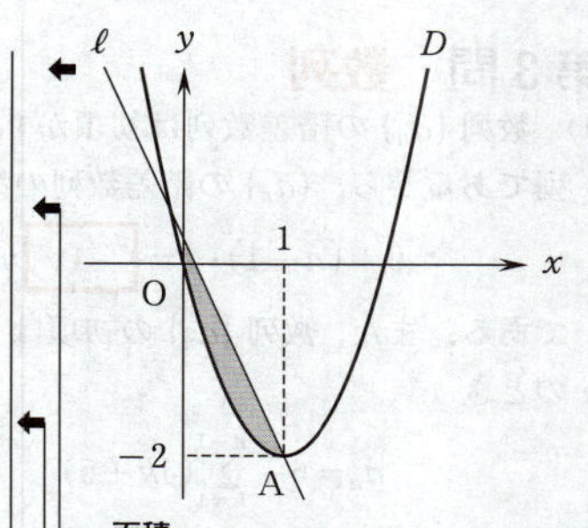

面積

区間 $\alpha \leqq x \leqq \beta$ においてつねに $g(x) \leqq f(x)$ ならば2曲線 $y=f(x)$，$y=g(x)$ および直線 $x=\alpha$，$x=\beta$ で囲まれた部分の面積は

$$S=\int_\alpha^\beta \{f(x)-g(x)\}\,dx.$$

定積分

$$\int x^n\,dx=\frac{1}{n+1}x^{n+1}+C,$$

($n=0$, 1, 2, C は積分定数)

であり，$f(x)$ の原始関数の一つを $F(x)$ とすると

$$\int_\alpha^\beta f(x)\,dx=\Big[F(x)\Big]_\alpha^\beta$$
$$=F(\beta)-F(\alpha).$$

第3問　数列

(1)　数列 $\{a_n\}$ の階差数列は初項が9，公差が4の等差数列であるから，$\{a_n\}$ の階差数列の第 n 項は

$$9+(n-1)\cdot 4=\boxed{4}\,n+\boxed{5}$$

である．また，数列 $\{a_n\}$ の初項は6であるから，$n\geqq 2$ のとき

$$a_n=6+\sum_{k=1}^{n-1}(4k+5)$$

$$=6+\frac{n-1}{2}\{9+4(n-1)+5\}$$

$$=2n^2+3n+1$$

である．これは $n=1$ のときも成り立つ．よって

$$a_n=\boxed{2}\,n^{\boxed{2}}+\boxed{3}\,n+\boxed{1} \quad \cdots ①$$

である．これより

$$a_2=2\cdot 2^2+3\cdot 2+1=\boxed{15}$$

$$a_3=2\cdot 3^2+3\cdot 3+1=\boxed{28}$$

である．

等差数列の一般項

初項を a，公差を d とする等差数列 $\{a_n\}$ の一般項は

$$a_n=a+(n-1)d.$$
$$(n=1,\ 2,\ 3,\ \cdots)$$

階差数列

数列 $\{a_n\}$ に対して

$$b_n=a_{n+1}-a_n\ (n=1,\ 2,\ 3,\ \cdots)$$

で定められる数列 $\{b_n\}$ を $\{a_n\}$ の階差数列という．このとき

$$a_n=a_1+\sum_{k=1}^{n-1}b_k\ (n=2,\ 3,\ \cdots)$$

が成り立つ．

等差数列の和

初項 a，末項 ℓ，項数 n の等差数列の和は

$$\frac{n}{2}(a+\ell).$$

(2)　数列 $\{b_n\}$ は，初項が $\frac{2}{5}$ で，漸化式

$$b_{n+1}=\frac{a_n}{a_{n+1}-1}b_n \quad \cdots ②$$

を満たしている．この式において，$n=1$ とすると

$$b_2=\frac{a_1}{a_2-1}b_1$$

$$=\frac{6}{15-1}\cdot\frac{2}{5}$$

$$=\frac{\boxed{6}}{\boxed{35}}$$

← $a_1=6,\ a_2=15.$

である．数列 $\{b_n\}$ の一般項と初項から第 n 項までの和 S_n を求めよう．

①，②により，すべての自然数 n に対して

$$b_{n+1}=\frac{2n^2+3n+1}{\{2(n+1)^2+3(n+1)+1\}-1}b_n$$

$$=\frac{(2n+1)(n+1)}{(2n+5)(n+1)}b_n$$

$$=\frac{\boxed{2}\,n+\boxed{1}}{2n+\boxed{5}}b_n \quad \cdots ③$$

が成り立つことがわかる．

ここで

$$c_n=(2n+1)b_n \qquad \cdots ④$$

とすると

$$b_n=\frac{c_n}{2n+1}$$

であるから，これを ③ に代入すると

$$\frac{c_{n+1}}{2(n+1)+1}=\frac{2n+1}{2n+5}\cdot\frac{c_n}{2n+1}$$

$$\frac{c_{n+1}}{2n+3}=\frac{c_n}{2n+5}$$

$$\left(2n+\boxed{5}\right)c_{n+1}=\left(2n+\boxed{3}\right)c_n$$

が成り立つことがわかる．さらに，これは

$$\{2(n+1)+3\}c_{n+1}=(2n+3)c_n$$

と表されるから

$$d_n=\left(2n+\boxed{3}\right)c_n \qquad \cdots ⑤$$

とおくと，すべての自然数 n に対して，$d_{n+1}=d_n$ が成り立つことがわかる．$c_1=(2\cdot1+1)b_1=3\cdot\frac{2}{5}=\frac{6}{5}$ より，$d_1=(2\cdot1+3)c_1=5\cdot\frac{6}{5}=\boxed{6}$ であるから，すべての自然数 n に対して，$d_n=6$ である．

← $d_1=d_2=d_3=\cdots$

← $b_1=\frac{2}{5}$

したがって，⑤ により

$$c_n=\frac{6}{2n+3}$$

であり，④ により

$$b_n=\frac{6}{(2n+1)(2n+3)}$$

である．また

$$b_n=\frac{\boxed{3}}{2n+1}-\frac{\boxed{3}}{2n+3}$$

← $\frac{3}{2n+1}-\frac{3}{2n+3}=\frac{3(2n+3)-3(2n+1)}{(2n+1)(2n+3)}=\frac{6}{(2n+1)(2n+3)}$

が成り立つことを利用すると，数列 $\{b_n\}$ の初項から第 n 項までの和 S_n は

$$S_n=b_1+b_2+b_3+\cdots+b_n$$

$$=\left(1-\frac{3}{5}\right)+\left(\frac{3}{5}-\frac{3}{7}\right)+\left(\frac{3}{7}-\frac{3}{9}\right)+\cdots+\left(\frac{3}{2n+1}-\frac{3}{2n+3}\right)$$

$$=1-\frac{3}{2n+3}$$

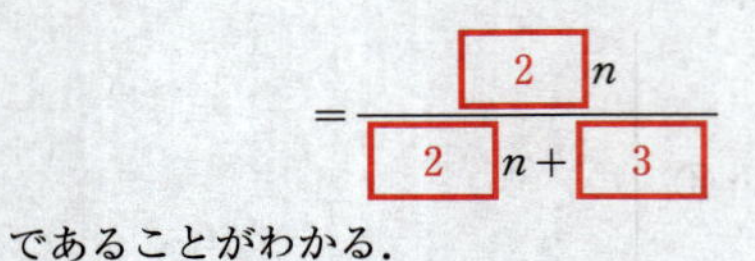

$$=\frac{\boxed{2}\,n}{\boxed{2}\,n+\boxed{3}}$$

であることがわかる.

第4問　空間ベクトル

O(0, 0, 0), A(3, 0, 0), B(3, 3, 0), C(0, 3, 0),

D(0, 0, 3), E(3, 0, 3), F(3, 3, 3), G(0, 3, 3)

(1)　四角形KLMNの面積を求めよう．

ODを2：1に内分する点がKであるから

$$\overrightarrow{OK}=\frac{2}{3}\overrightarrow{OD}=\frac{2}{3}(0,\ 0,\ 3)=(0,\ 0,\ 2)$$

であり，OAを1：2に内分する点がLであるから

$$\overrightarrow{OL}=\frac{1}{3}\overrightarrow{OA}=\frac{1}{3}(3,\ 0,\ 0)=(1,\ 0,\ 0)$$

である．よって

$$\overrightarrow{LK}=\overrightarrow{OK}-\overrightarrow{OL}=(0,\ 0,\ 2)-(1,\ 0,\ 0)$$
$$=(\boxed{-1},\ \boxed{0},\ \boxed{2})$$

となり，四角形KLMNが平行四辺形であることにより

$$\overrightarrow{LK}=\overrightarrow{MN}$$

である．したがって [オ] に当てはまるものは [③] である．

ここで，$M(3,\ 3,\ s)$，$N(t,\ 3,\ 3)$ と表すと，

$$\overrightarrow{MN}=\overrightarrow{ON}-\overrightarrow{OM}=(t,\ 3,\ 3)-(3,\ 3,\ s)$$
$$=(t-3,\ 0,\ 3-s)$$

であり，$\overrightarrow{LK}=\overrightarrow{MN}$，すなわち

$$(-1,\ 0,\ 2)=(t-3,\ 0,\ 3-s)$$

であるので

$$t-3=-1$$
$$3-s=2$$

が成り立つ．よって，$s=\boxed{1}$，$t=\boxed{2}$ となり，

M(3, 3, 1), N(2, 3, 3) である．NはFGを1：[2] に内分することがわかる．

また

$$\overrightarrow{LM}=\overrightarrow{OM}-\overrightarrow{OL}=(3,\ 3,\ 1)-(1,\ 0,\ 0)=(2,\ 3,\ 1)$$

より，$\overrightarrow{LK}$ と $\overrightarrow{LM}$ について

$$\overrightarrow{LK}\cdot\overrightarrow{LM}=(-1)\cdot 2+0\cdot 3+2\cdot 1=\boxed{0},$$

$$|\overrightarrow{LK}|=\sqrt{(-1)^2+0^2+2^2}=\sqrt{\boxed{5}},$$

$$|\overrightarrow{LM}|=\sqrt{2^2+3^2+1^2}=\sqrt{\boxed{14}}$$

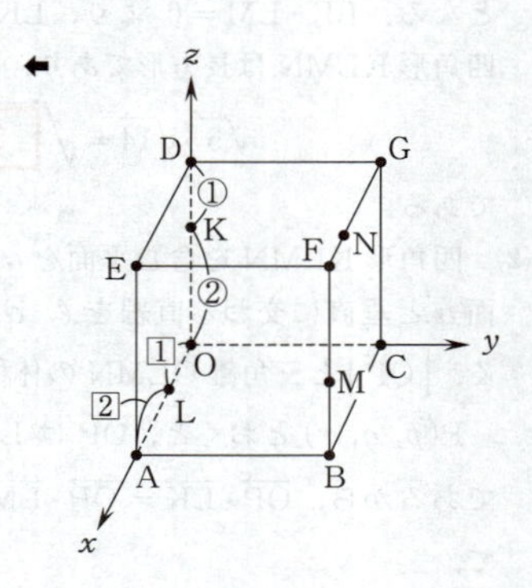

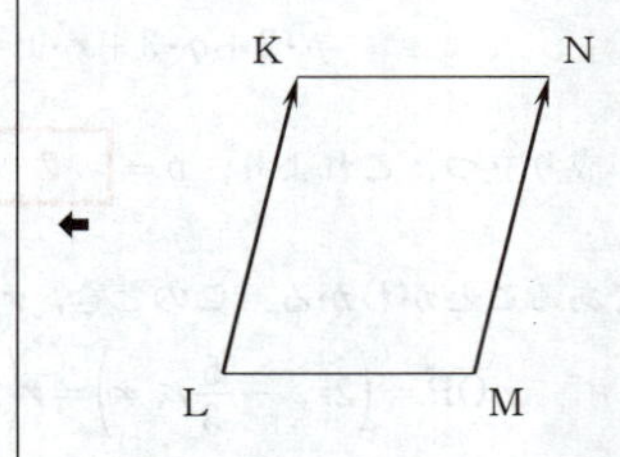

← F(3, 3, 3), G(0, 3, 3)

内積

$\vec{a}=(a_1,\ a_2,\ a_3)$,
$\vec{b}=(b_1,\ b_2,\ b_3)$

のとき

$\vec{a}\cdot\vec{b}=a_1b_1+a_2b_2+a_3b_3$.

ベクトルの大きさ

$\vec{a}=(a_1,\ a_2,\ a_3)$

のとき

$|\vec{a}|=\sqrt{a_1{}^2+a_2{}^2+a_3{}^2}$.

となる．$\overrightarrow{\mathrm{LK}}\cdot\overrightarrow{\mathrm{LM}}=0$ より，$\overrightarrow{\mathrm{LK}}\perp\overrightarrow{\mathrm{LM}}$ であるから，四角形KLMNは長方形であり，その面積は

$$\sqrt{5}\cdot\sqrt{14}=\sqrt{\boxed{70}}$$

である．

(2) 四角形KLMNを含む平面をαとし，点Oを通り平面αと垂直に交わる直線をℓ，αとℓの交点をPとする．$|\overrightarrow{\mathrm{OP}}|$と三角錐OLMNの体積を求めよう．

$\mathrm{P}(p,\ q,\ r)$ とおくと，$\overrightarrow{\mathrm{OP}}$ は $\overrightarrow{\mathrm{LK}}$ および $\overrightarrow{\mathrm{LM}}$ と垂直であるから，$\overrightarrow{\mathrm{OP}}\cdot\overrightarrow{\mathrm{LK}}=\overrightarrow{\mathrm{OP}}\cdot\overrightarrow{\mathrm{LM}}=\boxed{0}$ となるので，

$$p\cdot(-1)+q\cdot 0+r\cdot 2=0$$
$$p\cdot 2+q\cdot 3+r\cdot 1=0$$

が成り立つ．これより，$p=\boxed{2}\,r$，$q=\dfrac{\boxed{-5}}{\boxed{3}}r$

であることがわかる．このとき，$r\neq 0$ として

$$\overrightarrow{\mathrm{OP}}=\left(2r,\ -\frac{5}{3}r,\ r\right)=r\left(2,\ -\frac{5}{3},\ 1\right)$$

であり

$$\overrightarrow{\mathrm{PL}}=\overrightarrow{\mathrm{OL}}-\overrightarrow{\mathrm{OP}}=(1,\ 0,\ 0)-\left(2r,\ -\frac{5}{3}r,\ r\right)$$
$$=\left(1-2r,\ \frac{5}{3}r,\ -r\right)$$

である．$\overrightarrow{\mathrm{OP}}$ と $\overrightarrow{\mathrm{PL}}$ が垂直であることにより，$\overrightarrow{\mathrm{OP}}\cdot\overrightarrow{\mathrm{PL}}=0$ となるので

$$2(1-2r)+\left(-\frac{5}{3}\right)\cdot\frac{5}{3}r+1\cdot(-r)=0$$
$$9-35r=0$$
$$r=\frac{\boxed{9}}{\boxed{35}}$$

となる．よって

$$|\overrightarrow{\mathrm{OP}}|=\frac{9}{35}\sqrt{2^2+\left(-\frac{5}{3}\right)^2+1^2}=\frac{\boxed{3}\sqrt{\boxed{70}}}{\boxed{35}}$$

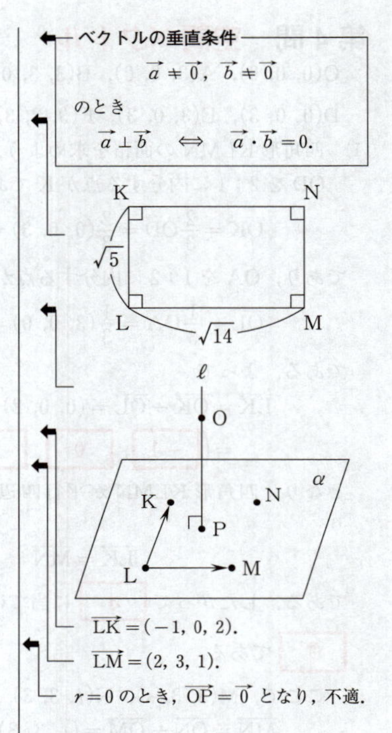

である．$|\overrightarrow{\mathrm{OP}}|$ は三角形LMNを底面とする三角錐OLMNの高さであり，三角形LMNの面積は四角形KLMNの面積の半分であるから，三角錐OLMNの体積は

$$\frac{1}{3}\cdot\triangle\mathrm{LMN}\cdot|\overrightarrow{\mathrm{OP}}|$$

$$=\frac{1}{3}\cdot\frac{1}{2}\sqrt{70}\cdot\frac{3\sqrt{70}}{35}$$

$$=\boxed{1}$$

である．

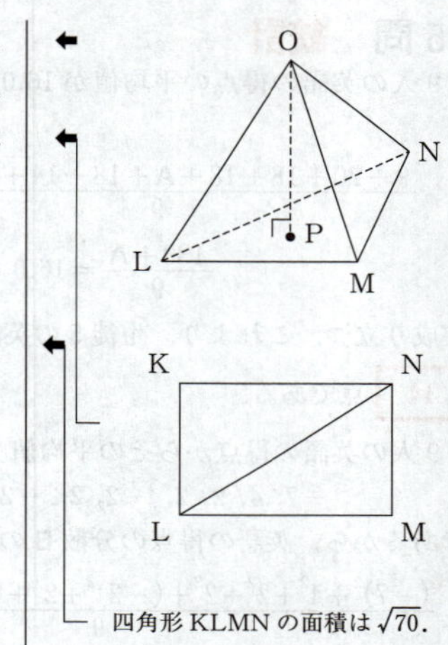

四角形KLMNの面積は $\sqrt{70}$．

第5問　統計

(1)　9人の英語の得点の平均値が16.0点であることにより

$$\frac{9+20+18+18+\mathsf{A}+18+14+15+18}{9}=16.0$$

$$\frac{130+\mathsf{A}}{9}=16.0$$

が成り立つ．これより，生徒5の英語の得点 A は

14 点である．

9人の英語の得点からその平均値16.0を引いた値は

$$-7,\ 4,\ 2,\ 2,\ -2,\ 2,\ -2,\ -1,\ 2 \quad \cdots ①$$

であるから，英語の得点の分散 B の値は

$$\frac{(-7)^2+4^2+2^2+2^2+(-2)^2+2^2+(-2)^2+(-1)^2+2^2}{9}$$

$=$ **10** . **00**

である．

9人の数学の得点の平均値が15.0点であるから

$$\frac{15+20+14+17+8+\mathsf{C}+\mathsf{D}+14+15}{9}=15.0$$

$$\frac{103+\mathsf{C}+\mathsf{D}}{9}=15.0$$

$$\mathsf{C}+\mathsf{D}=\boxed{32} \quad \cdots ②$$

である．

9人の数学の得点からその平均値15.0を引いた値は

$$0,\ 5,\ -1,\ 2,\ -7,\ \mathsf{C}-15,\ \mathsf{D}-15,\ -1,\ 0 \quad \cdots ③$$

である．次の表は①，③をまとめたものである．ただし，英語，数学の得点をそれぞれ変量 x，y とし，英語，数学の得点の平均値をそれぞれ $\overline{x}$，$\overline{y}$ とした．

平均値

変量 x がとる N 個の値を x_1，x_2，…，x_N とすると平均値 $\overline{x}$ は

$$\overline{x}=\frac{x_1+x_2+\cdots+x_N}{N}.$$

分散

変量 x がとる N 個の値を x_1，x_2，…，x_N とすると，分散 s^2 は，平均値を $\overline{x}$ として

$$s^2=\frac{1}{N}\sum_{k=1}^{N}(x_k-\overline{x})^2 \quad \cdots ①$$

または

$$s^2=\frac{1}{N}\sum_{k=1}^{N}{x_k}^2-\overline{x}^2. \quad \cdots ②$$

ここでは①を用いた．

	$x-\overline{x}$	$y-\overline{y}$	$(x-\overline{x})(y-\overline{y})$
生徒1	-7	0	0
生徒2	4	5	20
生徒3	2	-1	-2
生徒4	2	2	4
生徒5	-2	-7	14
生徒6	2	$\mathrm{C}-15$	$2\mathrm{C}-30$
生徒7	-2	$\mathrm{D}-15$	$-2\mathrm{D}+30$
生徒8	-1	-1	1
生徒9	2	0	0

この表より，英語と数学の得点の共分散は

$$\frac{0+20+(-2)+4+14+(2\mathrm{C}-30)+(-2\mathrm{D}+30)+1+0}{9}$$

$$=\frac{37+2(\mathrm{C}-\mathrm{D})}{9}$$

である．また，英語，数学の得点の分散の値がそれぞれ10.00，10.00であり，英語と数学の得点の相関係数の値が0.500であることから

$$\frac{37+2(\mathrm{C}-\mathrm{D})}{9\sqrt{10}\sqrt{10}}=0.500$$

$$\mathrm{C}-\mathrm{D}=\boxed{4} \qquad \cdots④$$

が成り立つ．②＋④，②－④ より，C は $\boxed{18}$ 点，D は $\boxed{14}$ 点である．

(2)　生徒5の英語の得点14と数学の得点8に対応する点は①，②には存在しない．生徒7の英語の得点14と数学の得点14に対応する点は③には存在しない，⓪は，9人の生徒の英語と数学の得点に対応する点が正しく存在している．したがって $\boxed{セ}$ に当てはまるものは $\boxed{⓪}$ である．

(3)　生徒1から生徒9までの9人の英語の得点の平均値が16.0点であるから，生徒1から生徒9までの9人の英語の得点の合計は

$$16.0\times9=144.0$$

である．よって，生徒1から生徒10までの10人の英語の得点の平均値 E は

共分散

N 組の資料

$(x_1,\ y_1),\ (x_2,\ y_2),\ \cdots,\ (x_N,\ y_N)$

が与えられているとき，x，y の平均値を $\overline{x}$，$\overline{y}$ とする．このとき，

$$s_{xy}=\frac{1}{N}\sum_{k=1}^{N}(x_k-\overline{x})(y_k-\overline{y})$$

を x と y の共分散という．

相関係数

変量 x の標準偏差を s_x，変量 y の標準偏差を s_y，x と y の共分散を s_{xy} とすると，相関係数 r は

$$r=\frac{s_{xy}}{s_x s_y}.$$

ただし，分散 s^2 の正の平方根 s を標準偏差という．

$$\frac{144.0+6}{10}=\boxed{15}.\boxed{0}\text{ 点}$$

である．

← 生徒 10 の英語の得点は 6.

生徒 1 から生徒 9 までの 9 人の数学の得点の平均値が 15.0 点であるから，生徒 1 から生徒 9 までの 9 人の数学の得点の合計は

$$15.0\times 9=135.0$$

である．これと，生徒 1 から生徒 10 までの 10 人の数学の得点の平均値が 14.0 点であることより

$$\frac{135.0+\mathsf{F}}{10}=14.0$$

が成り立つ．よって，生徒 10 の数学の得点 F は $\boxed{5}$ 点である．

(4)　英語，数学の得点をそれぞれ変量 x，y とし，英語，数学の得点の平均値をそれぞれ $\overline{x}$，$\overline{y}$ とする．10 人についての $\overline{x}$，$\overline{y}$ と残った 9 人についての $\overline{x}$，$\overline{y}$ はそれぞれ等しく

$$\overline{x}=15.0,\quad \overline{y}=14.0$$

である．10 人の x の合計を S，残った 9 人の x の合計を S'，転出した生徒の英語の得点を X とすると

$$\frac{S}{10}=\frac{S'}{9}=\overline{x}\quad\text{かつ}\quad S=S'+X$$

が成り立っている．これより

$$S=10\overline{x},$$
$$S'=9\overline{x},$$
$$X=10\overline{x}-9\overline{x}=\overline{x}=15.0$$

を得る．同様にして，10 人の y の合計は $10\overline{y}$，残った 9 人の y の合計は $9\overline{y}$，転出した生徒の数学の得点は $10\overline{y}-9\overline{y}=\overline{y}=14.0$ である．以上より，転出したのは生徒 $\boxed{8}$ である．

← 生徒 8 の英語，数学の得点はそれぞれ 15，14.

10 人の $(x-\overline{x})^2$ の合計を S_1，残った 9 人の $(x-\overline{x})^2$ の合計を S_1' とすると，転出した生徒 8 の x の値は 15 であるから

$$S_1=S_1'+(15-\overline{x})^2=S_1'$$

← $\overline{x}=15.0$.

が成り立つ．このとき

$$v=\frac{S_1}{10},\quad v'=\frac{S_1'}{9}=\frac{S_1}{9}$$

となるから

$$\frac{v'}{v}=\frac{\frac{S_1}{9}}{\frac{S_1}{10}}=\frac{10}{9}$$

が成り立つ．したがって [ト] に当てはまるものは

[④] である．

数学について，10人の得点の分散の値を w，残った9人の得点の分散の値を w' とすると，同様にして

$$\frac{w'}{w}=\frac{10}{9}$$

が成り立つ．

10人の $(x-\overline{x})(y-\overline{y})$ の合計を S_2，残った9人の $(x-\overline{x})(y-\overline{y})$ の合計を $S_2{}'$ とすると，転出した生徒8の x，y の値は15，14であるから

$$S_2=S_2{}'+(15-\overline{x})(14-\overline{y})=S_2{}'$$

← $\overline{x}=15.0$，$\overline{y}=14.0$，

が成り立つ．このとき

$$r=\frac{S_2}{10\sqrt{vw}},\ r'=\frac{S_2{}'}{9\sqrt{v'w'}}=\frac{S_2}{9\cdot\frac{10}{9}\sqrt{vw}}=\frac{S_2}{10\sqrt{vw}}$$

← $v'=\frac{10}{9}v$，$w'=\frac{10}{9}w$

となるから，

$$\frac{r'}{r}=\frac{\frac{S_2}{10\sqrt{vw}}}{\frac{S_2}{10\sqrt{vw}}}=1$$

が成り立つ．したがって [ナ] に当てはまるものは

[①] である．

第6問　コンピュータ

(1)　$N=6$ のとき，$N!$ を素因数分解すると

$$N!=6!$$
$$=1\times2\times3\times4\times5\times6$$
$$=1\times2\times3\times2^2\times5\times(2\times3)$$
$$=2^{\boxed{4}}\times3^{\boxed{2}}\times5$$

となる．6! は素因数2を4個，素因数3を2個，素因数5を1個もつ．

(2)　〔プログラム1〕の190行における C の値が素因数2の個数であり，150行で得られた M の値を順に足していったものが C であるから，160行では，C に M を足したものをあらためて C に代入すればよい．したがって［ウ］に当てはまるものは［②］である．

170行では，M が D より小さければ190行にいくようにすればよい．したがって［エ］に当てはまるものは［③］である．

← $M<D$ のとき，INT(M/D)=0 となる．

〔プログラム1〕において，変数 N に101を入力すると，170行における各変数の値は以下の表のように変化していく．

J	M	C
1	50	50
2	25	75
3	12	87
4	6	93
5	3	96
6	1	97

この表より，$M<D$ となるのは $J=6$ のときであるから，170行の「GOTO 190」が実行されるときの変数 J の値は［6］である．また，190行で出力される変数 C の値は［97］である．

← $97=50+25+12+6+3+1$.

正しく作成された〔プログラム1〕と流れ図は次のようになる．

〔プログラム１〕

```
100 INPUT PROMPT "N =":N
110 LET D=2
120 LET C=0
130 LET M=N
140 FOR J=1 TO N
150     LET M=INT(M/D)
160     LET C=C+M
170     IF M<D THEN GOTO 190
180 NEXT J
190 PRINT "素因数";D;"は";C;"個"
200 END
```

[流れ図]

開　始

N の値を入力

D に 2 を代入

C に 0 を代入

M に N の値を代入

J
1　TO　N

M に $INT(M/D)$ の値を代入

C に $C+M$ の値を代入

$M<D$ か？

はい

いいえ

J

素因数 D の個数 C の値を出力

終　了

← この流れ図での記号の意味

記号	意味
(平行四辺形)	入出力
(長方形)	処　理
(ひし形)	条件判断

記号（上部の角を切った六角形）と（下部の角を切った六角形）で囲まれた部分はループを表す.

(3) $N!$がもつ素因数5の個数を求めるためには，〔プログラム1〕の 110 行を，LET D=5 に変更すればよい．したがって サ に当てはまるものは ④ である．

← Dの値が，個数を求める素因数の値．

〔プログラム1〕において，変数Nに2014を入力すると，170行における各変数の値は以下の表のように変化していく．

J	M	C
1	402	402
2	80	482
3	16	498
4	3	501

この表より，2014! は素因数5を 501 個もつことがわかる．「10で割り切れること」と，「2で割り切れ，かつ，5で割り切れる」ことは同値であり，2014! がもつ素因数2の個数と5の個数では，2014! がもつ素因数5の個数の方が少ないから，2014! を10で割り切れる限り割り続けると， 501 回割れる．

← $501=402+80+16+3$.

← $\frac{2014}{2}=1007$ より，$D=2$ のとき，190行において $C>501$ とわかる．

(4) 112行においてDが素数ではないと判定されれば，113行から190行の操作を行わないようにすればよい．よって，112行ではDがKで割り切れるならば191行にいくようにすればよい．したがって， ツ ， テ に当てはまるものは，それぞれ ② ， ⑧ である．

← DがKで割り切れれば，Dは素数ではない．

〔プログラム2〕において，変数Nに26を入力すると，190行におけるDの値は，26以下の素数の値

2, 3, 5, 7, 11, 13, 17, 19, 23

を順に取っていくから，190行は 9 回実行される．

← 全部で9個．

150行において，$J=1$ のとき，$\frac{26}{D}$ の整数部分が3以上となるのは $D=2$, 3, 5, 7 のときであり，このとき，160行においてCも3以上となる．よって，190行においてもCは3以上である．

← 160 LET C=C+M

150行において，$J=1$ のとき，$\frac{26}{D}$ の整数部分が2

となるのは $D=11$，13 のときであり，このとき，160 行において $C=2$ となり，170 行において，$M<D$ となるから，190 行において $C=2$ である．

150 行において，$J=1$ のとき，$\frac{26}{D}$ の整数部分が 1 となるのは，$D=17$，19，23 のときであり，このとき，160 行において $C=1$ となり，170 行において，$M<D$ となるから，190 行において $C=1$ である．

以上より，190 行が実行される 9 回のうち，変数 C の値が 2 となるのは [2] 回である．

正しく作成された〔プログラム 2〕と流れ図は次のようになる．

〔プログラム 2〕

```
100 INPUT PROMPT "N=":N
110 FOR D=2 TO N
111     FOR K=2 TO D-1
112         IF D=INT (D/K)*K THEN GOTO 191
113     NEXT K
120     LET C=0
130     LET M=N
140     FOR J=1 TO N
150         LET M=INT(M/D)
160         LET C=C+M
170         IF M < D THEN GOTO 190
180     NEXT J
190     PRINT "素因数";D;"は";C;"個"
191 NEXT D
200 END
```

［流れ図］

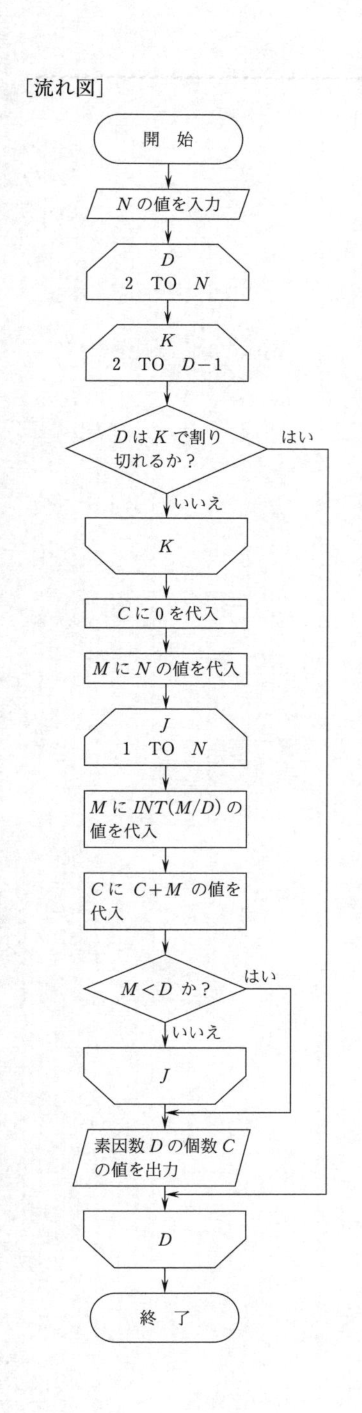

⬅ この流れ図での記号の意味

記号	意味
（平行四辺形）	入出力
（長方形）	処　理
（ひし形）	条件判断

記号（ループ始端）と（ループ終端）で囲まれた部分はループを表す．

MEMO

数学Ⅰ・数学A
数学Ⅱ・数学B

（2013年１月実施）

	受験者数	平均点
数学Ⅰ・数学A	398,447	51.20
数学Ⅱ・数学B	359,486	55.64

数学Ⅰ・数学A

解答・採点基準

(100点満点)

問題番号(配点)	解答記号	正解	配点	自己採点
第1問 (20)	$\dfrac{1}{(1+\sqrt{6})^2-ア}$	$\dfrac{1}{(1+\sqrt{6})^2-3}$	2	
	$\dfrac{\sqrt{6}-イ}{ウ}$	$\dfrac{\sqrt{6}-2}{4}$	3	
	$エ+オ\sqrt{6}$	$2+2\sqrt{6}$	2	
	$\dfrac{カ-\sqrt{6}}{キ}$	$\dfrac{4-\sqrt{6}}{2}$	3	
	ク	①	3	
	ケとコ	①と④または④と①	4*	
	サ	②	3	
	第1問　自己採点小計			
第2問 (25)	ア	4	3	
	$イt^2-ウエt+オカ$	$7t^2-16t+32$	3	
	$\dfrac{キ}{ク}$	$\dfrac{8}{7}$	3	
	$\dfrac{ケコサ}{シ}$	$\dfrac{160}{7}$	3	
	$\dfrac{ス}{セ}\leqq a\leqq\dfrac{ソ}{タ}$	$\dfrac{1}{7}\leqq a\leqq\dfrac{8}{7}$	3	
	$\dfrac{チ}{ツテ}$	$\dfrac{9}{14}$	3	
	$\dfrac{ト}{ナ}$	$\dfrac{5}{2}$	3	
	$\dfrac{ニヌ}{ネ}$	$\dfrac{-5}{4}$	2	
	$\dfrac{ノハヒ}{フ}$	$\dfrac{-25}{8}$	2	
	第2問　自己採点小計			

問題番号(配点)	解答記号	正解	配点	自己採点
第3問 (30)	$\sqrt{アイ}$	$\sqrt{10}$	3	
	$\dfrac{ウ\sqrt{エオ}}{カ}$	$\dfrac{3\sqrt{10}}{5}$	3	
	$\dfrac{キ}{ク}$	$\dfrac{4}{5}$	2	
	$\dfrac{ケコ}{サ}$	$\dfrac{24}{5}$	2	
	$\dfrac{シスセ}{ソタ}$	$\dfrac{216}{25}$	3	
	$\dfrac{チ}{ツ}$	$\dfrac{6}{5}$	3	
	$\dfrac{テト}{ナ}$	$\dfrac{12}{5}$	3	
	ニ	②	3	
	$\dfrac{ヌ\sqrt{ネノ}}{ハ}$	$\dfrac{6\sqrt{10}}{5}$	2	
	$\dfrac{\sqrt{ヒフ}}{ヘ}$	$\dfrac{\sqrt{10}}{5}$	3	
	ホ	②	3	
	第3問　自己採点小計			
第4問 (25)	アイウ	256	3	
	エオ	24	3	
	カ	6	2	
	キ	6	2	
	クケ	36	2	
	$\dfrac{コ}{サシ}$	$\dfrac{1}{64}$	2	
	$\dfrac{ス}{セソ}$	$\dfrac{9}{64}$	2	
	$\dfrac{タ}{チツ}$	$\dfrac{3}{16}$	3	
	$\dfrac{テ}{トナ}$	$\dfrac{9}{16}$	4	
	$\dfrac{ニ}{ヌ}$	$\dfrac{3}{2}$	2	
	第4問　自己採点小計			
	自己採点合計			

(注)

＊は，両方正解の場合は4点，片方のみ正解の場合は2点を与える。

第1問　数と式・集合と論理

〔1〕

$$A=\frac{1}{1+\sqrt{3}+\sqrt{6}},\ B=\frac{1}{1-\sqrt{3}+\sqrt{6}}$$ より，

$$AB=\frac{1}{(1+\sqrt{6})+\sqrt{3}}\cdot\frac{1}{(1+\sqrt{6})-\sqrt{3}}$$

$$=\frac{1}{(1+\sqrt{6})^2-\boxed{3}}$$

← $(a+b)(a-b)=a^2-b^2$ において，$a=1+\sqrt{6}$，$b=\sqrt{3}$ とした．

$$=\frac{1}{2(\sqrt{6}+2)}$$

$$=\frac{1\cdot(\sqrt{6}-2)}{2(\sqrt{6}+2)(\sqrt{6}-2)}$$

← 分母の有理化

$$=\frac{\sqrt{6}-\boxed{2}}{\boxed{4}}\quad\cdots①$$

であり，

$$\frac{1}{A}+\frac{1}{B}=(1+\sqrt{3}+\sqrt{6})+(1-\sqrt{3}+\sqrt{6})$$

$$=\boxed{2}+\boxed{2}\sqrt{6}\quad\cdots②$$

である．

ここで，

$$\frac{1}{A}+\frac{1}{B}=\frac{B+A}{AB}$$

すなわち

$$A+B=AB\left(\frac{1}{A}+\frac{1}{B}\right)$$

が成り立つから，これに ①，② を代入して，

$$A+B=\frac{\sqrt{6}-2}{4}\cdot(2+2\sqrt{6})$$

$$=\frac{(\sqrt{6}-2)(1+\sqrt{6})}{2}$$

$$=\frac{\boxed{4}-\sqrt{6}}{\boxed{2}}$$

となる．

〔2〕

(1)　命題「$r \Rightarrow (p$ または $q)$」の対偶は，

「$\overline{(p \text{ または } q)} \Rightarrow \overline{r}$」

すなわち

「$(\overline{p}$ かつ $\overline{q}) \Rightarrow \overline{r}$」

であるから，**ク** に当てはまるものは **①** である．

← 命題「$s \Rightarrow t$」の対偶は，「$\overline{t} \Rightarrow \overline{s}$」．

← **ド・モルガンの法則**

$\overline{s \cup t} = \overline{s} \cap \overline{t}$,

$\overline{s \cap t} = \overline{s} \cup \overline{t}$.

(2)　⓪～④のうち，条件（p または q），すなわち条件（「三つの内角がすべて異なる」または「直角三角形でない」）を満たすものは，

①，②，③，④

であり，このうち条件 r を満たさない，すなわち条件「45° の内角がある」を満たすものは，

①，④

である．

したがって，命題「$(p$ または $q) \Rightarrow r$」に対する反例となっている三角形は①と④であり，**ケ**，**コ** に当てはまるものは **①**，**④** である．

← 命題「$s \Rightarrow t$」に対する反例は，s を満たすが t を満たさないものである．

(3)　命題「$r \Rightarrow (p$ または $q)$」の対偶は，(1) の結果から

「$(\overline{p}$ かつ $\overline{q}) \Rightarrow \overline{r}$」

である．

ここで，条件（$\overline{p}$ かつ $\overline{q}$）は，

「三つの内角のうち等しい角がある」

かつ「直角三角形である」

であるから，条件（$\overline{p}$ かつ $\overline{q}$）を満たす三角形は，

直角二等辺三角形

であり，さらに，条件 $\overline{r}$ は，

「45° の内角がある」

であるから，

「$(\overline{p}$ かつ $\overline{q}) \Rightarrow \overline{r}$」は真

すなわち

「$r \Rightarrow (p$ または $q)$」は真

である．

←

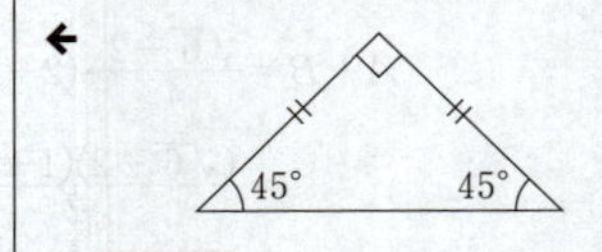

(2) の結果から，

「$(p$ または $q) \Rightarrow r$」は偽

である．

したがって，r は（p または q）であるための

② 十分条件であるが，必要条件ではない．

← 命題「$s \Rightarrow t$」と対偶「$\overline{t} \Rightarrow \overline{s}$」の真偽は一致する．

← 命題「$s \Rightarrow t$」が真のとき，s は t であるための十分条件，t は s であるための必要条件という．

第2問　2次関数

条件より，出発して t 秒後のP，Qの x 座標は，それぞれ

$$-8+2t,\ t$$

であるから，出発して t 秒後のP，Qの座標は，それぞれ

$$(-8+2t,\ 8-2t),\ (t,\ 10t).$$

← Pは直線 $y=-x$ 上，Qは直線 $y=10x$ 上にある．

点Pが原点Oに到達するのは，

$$-8+2t=0$$

← 直線 $y=-x$ は原点を通るから，(Pの x 座標)$=0$ を考えればよい．

すなわち

$$t=\boxed{4}$$

のときである．

以下，$0<t<4$ で考える．

(1)

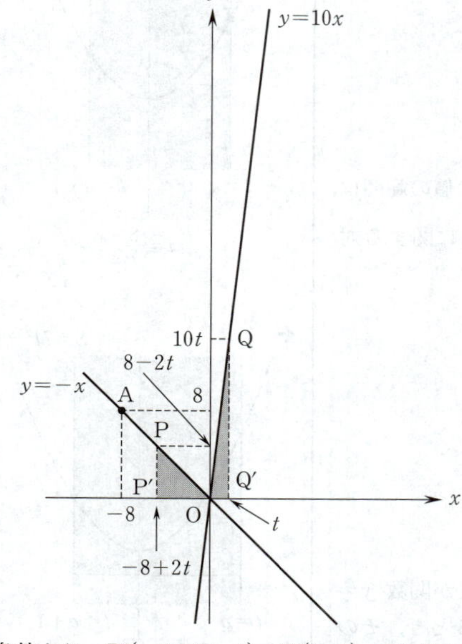

条件より，P′$(-8+2t,\ 0)$，Q′$(t,\ 0)$ であり，

$$S=\frac{1}{2}\mathrm{OP'}\cdot\mathrm{P'P}+\frac{1}{2}\mathrm{OQ'}\cdot\mathrm{Q'Q}$$

$$=\frac{1}{2}\{-(-8+2t)\}\cdot(8-2t)+\frac{1}{2}t\cdot 10t$$

$$=\boxed{7}\,t^2-\boxed{16}\,t+\boxed{32}$$

$$=7\left(t-\frac{8}{7}\right)^2+\frac{160}{7}.$$

← $0<t<4$ のとき，P′の x 座標は負であるから，

$$\mathrm{OP'}=|-8+2t|$$
$$=-(-8+2t).$$

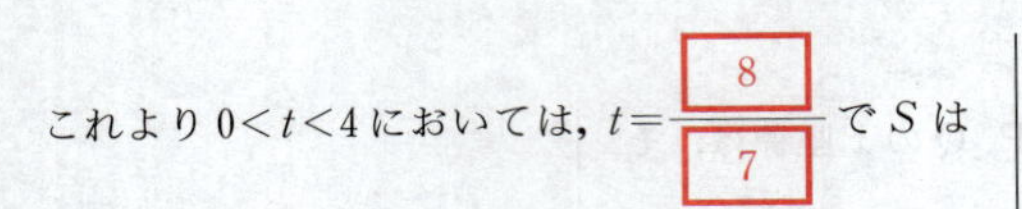

これより $0<t<4$ においては，$t=\dfrac{8}{7}$ で S は

最小値 $\dfrac{160}{7}$ をとる．

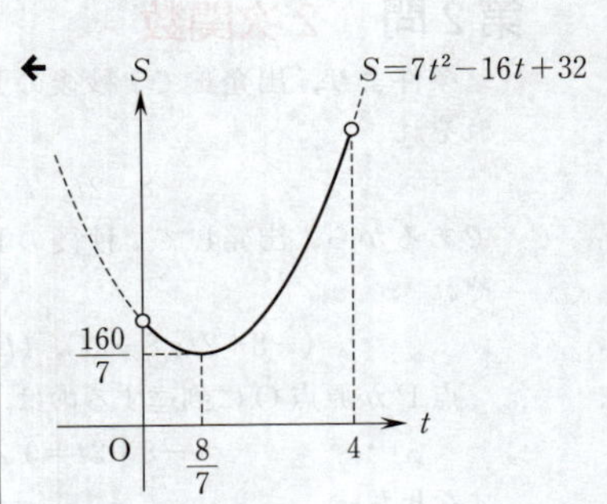

次に，$0<a<3$ とし，$a \leqq t \leqq a+1$ における S の最小・最大について考える．放物線 $S=7t^2-16t+32$ が下に凸であることに注意する．

(i)　S が $t=\dfrac{8}{7}$ で最小となるような a の値の範囲は，

$$a \leqq \frac{8}{7} \leqq a+1$$

$$a \leqq \frac{8}{7} \text{ かつ } \frac{8}{7} \leqq a+1$$

$$\frac{1}{7} \leqq a \leqq \frac{8}{7}$$

（$0<a<3$ を満たす）

である．

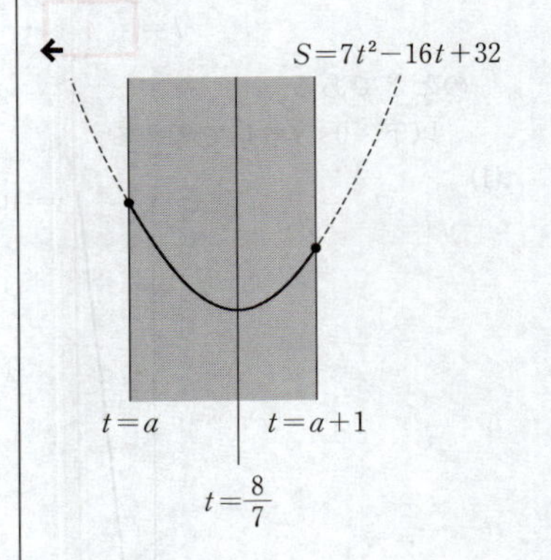

(ii)　S が $t=a$ で最大となるような a の値の範囲は，放物線 $S=7t^2-16t+32$ の軸 $t=\dfrac{8}{7}$ に関する対称性を考慮すると，

$$0<a<3 \text{ かつ } \frac{a+(a+1)}{2} \leqq \frac{8}{7}$$

$$0<a<3 \text{ かつ } a \leqq \frac{9}{14}$$

$$0<a \leqq \frac{9}{14}$$

である．

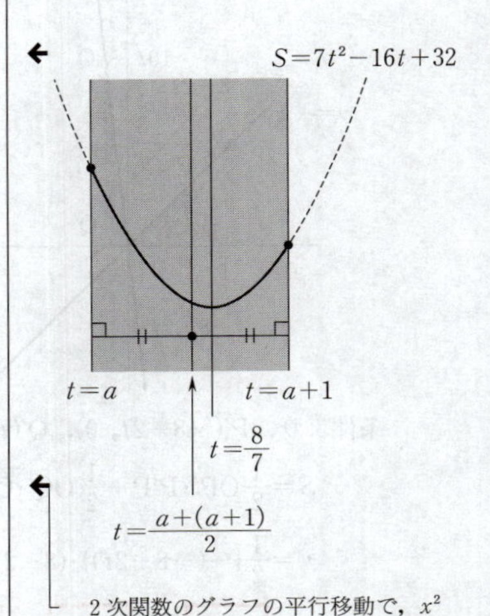

(2)　3点 O, P, Q を通る2次関数のグラフが関数 $y=2x^2$ のグラフを平行移動したものになるとき，そのグラフを表す関数は，

$$y=2x^2+bx+c \qquad \cdots ①$$

とおける．

← 2次関数のグラフの平行移動で，x^2 の項の係数は変わらない．

このグラフが O を通るから，

$$0=2\cdot 0^2+b\cdot 0+c$$

$$c=0$$

であり，このとき，① は，

$$y=2x^2+bx$$
$$=(2x+b)x \qquad \cdots②$$

である．

②のグラフがP，Qを通るから，

$$\begin{cases} 8-2t=\{2(-8+2t)+b\}(-8+2t), & \cdots③ \\ 10t=(2t+b)t & \cdots④ \end{cases}$$

が成り立ち，$0<t<4$ のとき，$-8+2t\neq 0$，$t\neq 0$ であるから，

$$\begin{cases} -1=2(-8+2t)+b, & \cdots③' \\ 10=2t+b & \cdots④' \end{cases}$$

← ③の両辺を $-8+2t$ で割った．
← ④の両辺を t で割った．

となる．

③′の辺々から，④′の辺々を引くと，

$$-11=-16+2t$$
$$t=\frac{5}{2}$$

であり，これを④′に代入して，

$$b=5$$

である．

このとき，②は，

$$y=2x^2+5x$$
$$=2\left(x+\frac{5}{4}\right)^2-\frac{25}{8} \qquad \cdots⑤$$

と変形されるから，関数⑤のグラフの頂点の座標は $\left(-\frac{5}{4},\ -\frac{25}{8}\right)$ であり，このグラフは，関数 $y=2x^2$ のグラフを，x 軸方向に $\frac{-5}{4}$，y 軸方向に $\frac{-25}{8}$ だけ平行移動したものである．

←
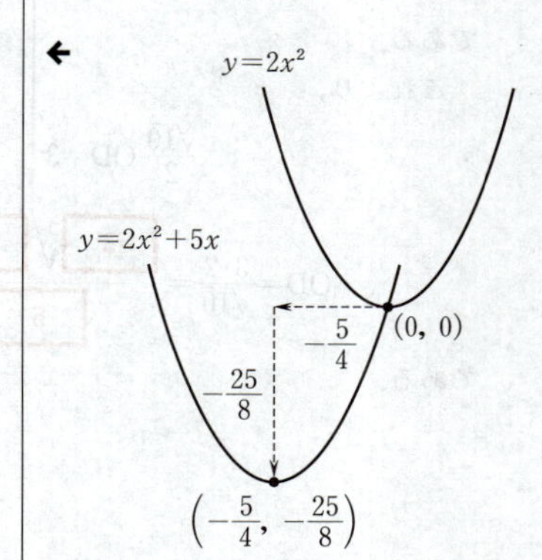

第3問　図形と計量・平面図形

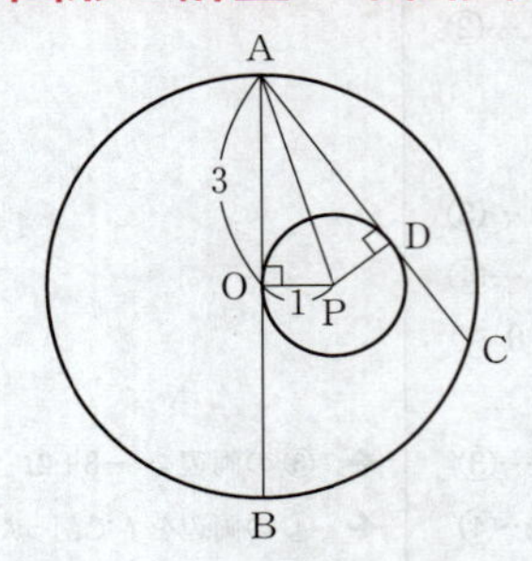

$\angle AOP=90°$ であるから，$\triangle AOP$ に三平方の定理を用いて，

$$AP^2=3^2+1^2$$

が成り立ち，$AP>0$ より，

$$AP=\sqrt{\boxed{10}}$$

である．

2直線 AO, AD はともに円 P の接線であるから，$\triangle AOP\equiv\triangle ADP$，$AP\perp OD$ であり，

$$(\text{四角形 OADP の面積})=\frac{1}{2}AP\cdot OD$$

$$=\frac{\sqrt{10}}{2}OD,$$

$$(\text{四角形 OADP の面積})=2(\text{三角形 AOP の面積})$$

$$=2\times\frac{1}{2}AO\cdot OP$$

$$=3$$

である．

これより，

$$\frac{\sqrt{10}}{2}OD=3$$

$$OD=\frac{3\cdot2}{\sqrt{10}}=\frac{\boxed{3}\sqrt{\boxed{10}}}{\boxed{5}}$$

である．

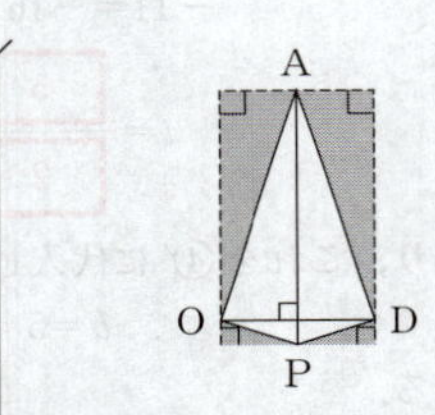

四角形 OADP の面積と網掛け部分の面積は等しい．

(別解)

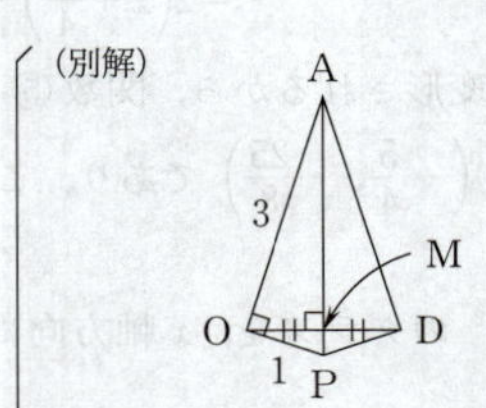

線分 OD と線分 AP の交点を M とすると，$\triangle AOP\backsim\triangle OMP$ であるから，

$$AO:AP=OM:OP$$

$$OM=\frac{AO\cdot OP}{AP}$$

$$=\frac{3}{\sqrt{10}}$$

であり，M は線分 OD の中点であるから，

$$OD=2OM$$

$$=\frac{3\sqrt{10}}{5}.$$

△OAD に余弦定理を用いて，

$$\cos\angle \mathrm{OAD}=\frac{3^2+3^2-\left(\frac{3\sqrt{10}}{5}\right)^2}{2\cdot 3\cdot 3}$$

$$=\frac{\boxed{4}}{\boxed{5}}$$

であり，線分 AB は円 O の直径であるから，∠ACB ＝90° である．よって，

$$\begin{aligned}\mathrm{AC}&=\mathrm{AB}\cos\angle \mathrm{BAC}\\&=6\cos\angle \mathrm{OAD}\\&=6\cdot\frac{4}{5}\\&=\frac{\boxed{24}}{\boxed{5}}\end{aligned}$$

である．

△ABC に三平方の定理を用いて，

$$6^2=\left(\frac{24}{5}\right)^2+\mathrm{BC}^2$$

$$\mathrm{BC}^2=\frac{6^2\cdot 3^2}{5^2}$$

であり，BC>0 より，

$$\mathrm{BC}=\frac{18}{5}$$

である．

△ABC の面積は，

$$\frac{1}{2}\mathrm{AC}\cdot\mathrm{BC}=\frac{1}{2}\cdot\frac{24}{5}\cdot\frac{18}{5}$$

$$=\frac{\boxed{216}}{\boxed{25}}$$

であり，△ABC の内接円の半径を r とすると，△ABC の面積は，

$$\frac{1}{2}(\mathrm{AB}+\mathrm{BC}+\mathrm{CA})r=\frac{1}{2}\left(6+\frac{18}{5}+\frac{24}{5}\right)r$$

$$=\frac{36}{5}r$$

であるから，

$$\frac{36}{5}r=\frac{216}{25}$$

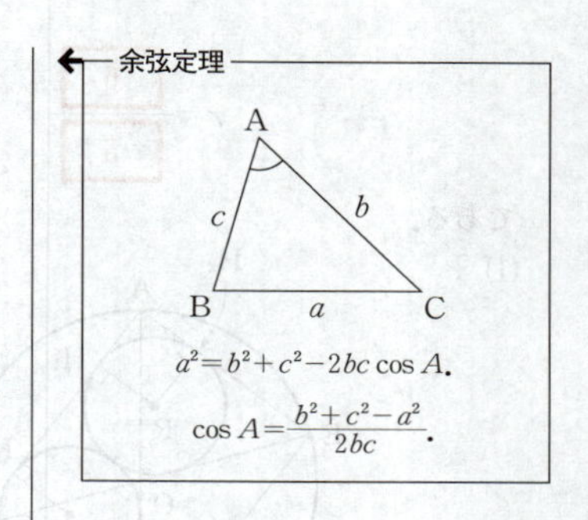

内接円の半径と面積

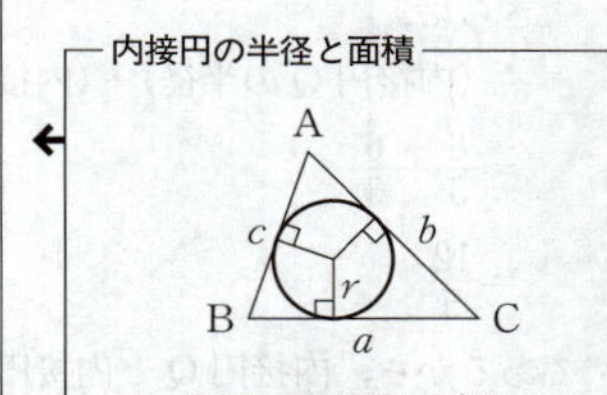

△ABC の内接円の半径を r とすると，

(△ABC の面積) $=\dfrac{1}{2}(a+b+c)r.$

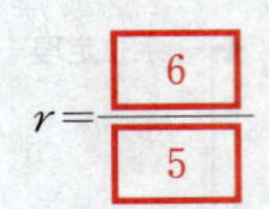

$$r=\frac{6}{5}$$

である．

(1)

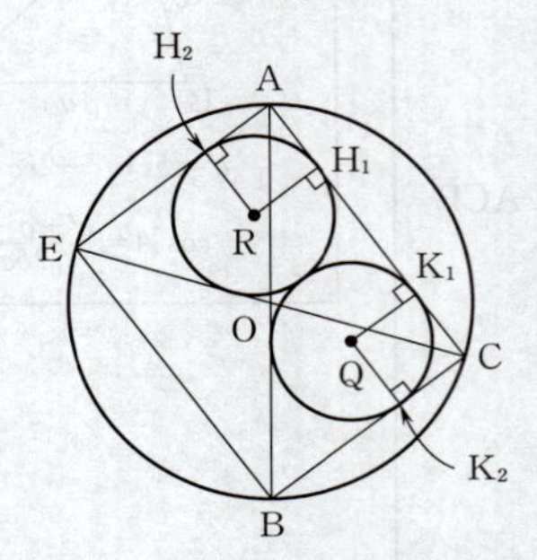

Q, R から辺 AC に引いた垂線と辺 AC との交点をそれぞれ K_1, H_1 とし，Q から辺 BC に引いた垂線と辺 BC との交点を K_2, R から辺 EA に引いた垂線と辺 EA との交点を H_2 とする．

$\triangle ABC\equiv\triangle CEA$，$\angle ACB=\angle CAE=90°$ であるから，

$$QK_1=QK_2=RH_1=RH_2=\frac{6}{5},$$

$$AH_1=RH_2,\ CK_1=QK_2$$

であり，

$$\begin{aligned}QR&=K_1H_1\\&=AC-AH_1-CK_1\\&=\frac{24}{5}-\frac{6}{5}-\frac{6}{5}\\&=\frac{12}{5}\end{aligned}$$

である．

さらに，

(内接円 Q の半径)＋(内接円 R の半径)

$$=\frac{6}{5}+\frac{6}{5}$$

$$=\frac{12}{5}$$

であるから，内接円 Q と内接円 R について，

(中心間の距離)＝(2 円の半径の和)

が成り立つ．

したがって，内接円Qと内接円Rは

② 外接する．

(2)

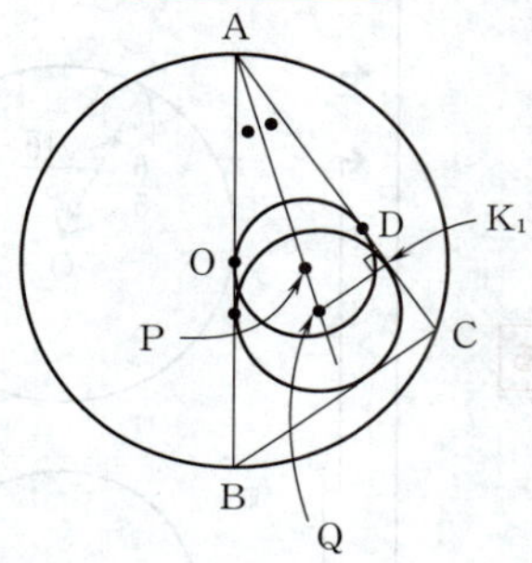

$$AK_1 = AC - CK_1$$
$$= \frac{24}{5} - \frac{6}{5}$$
$$= \frac{18}{5}$$

であり，直角三角形 AQK_1 に三平方の定理を用いて，

$$AQ^2 = \left(\frac{18}{5}\right)^2 + \left(\frac{6}{5}\right)^2$$
$$= \frac{6^2 \cdot 10}{5^2}$$

すなわち

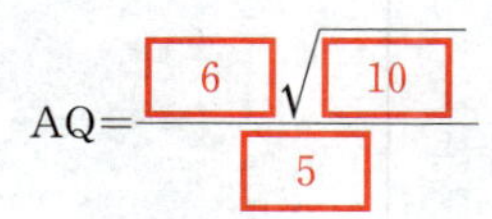

$$AQ = \frac{\boxed{6}\sqrt{\boxed{10}}}{\boxed{5}}$$

である．

$\triangle AOP \equiv \triangle ADP$ より，点Pは $\angle BAC$ の二等分線上にあり，また，Qは $\triangle ABC$ の内心より，点Qは $\angle BAC$ の二等分線上にある．

このことと $AP < AQ$ により，

$$PQ = AQ - AP$$
$$= \frac{6\sqrt{10}}{5} - \sqrt{10}$$
$$= \frac{\sqrt{\boxed{10}}}{\boxed{5}}$$

となる．

ここで，$9 < 10 < 16$ より，

$$3 < \sqrt{10} < 4$$

← **2つの円の外接**

2つの円 O_1, O_2 について，それぞれの半径を r_1, r_2 とするとき，

$O_1O_2 = r_1 + r_2 \Leftrightarrow$「円 O_1 と円 O_2 は外接する」.

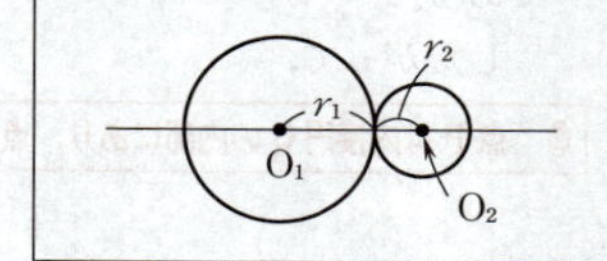

← 三角形の内心は，3つの内角の二等分線の交点である．

$$\frac{3}{5}<\frac{\sqrt{10}}{5}<\frac{4}{5}$$

であるから，

$$QP<\frac{6}{5}\ （内接円Qの半径），$$

$$PQ<1\ （円Pの半径）$$

である．

　したがって，

② 点Pは内接円Qの内部にあり，点Qは円Pの内部にある．

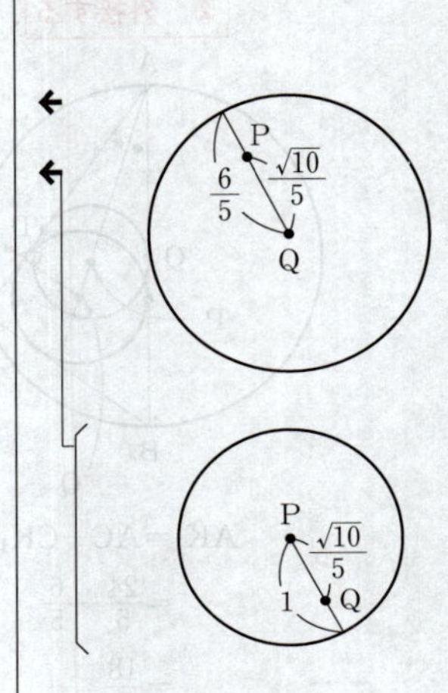

第4問　場合の数・確率

(1)　異なる4個のものから重複を許して4個取って並べる順列の総数が求めるものであるから，

$$4^4=\boxed{256}\ (個)$$

ある．

← 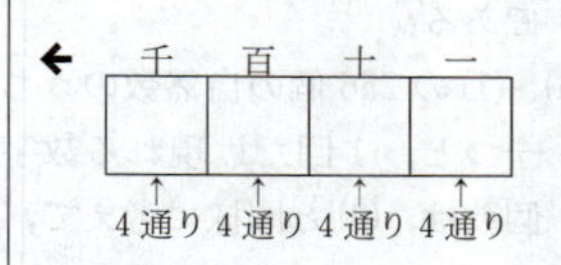

(2)　(1)の256個の自然数のうちで，1から4までの数字を重複なく使ってできるものは，異なる4個のものから異なる4個を取り出して並べる順列の総数を考えることにより，

$$4!=4\cdot3\cdot2\cdot1=\boxed{24}\ (個)$$

ある．

← 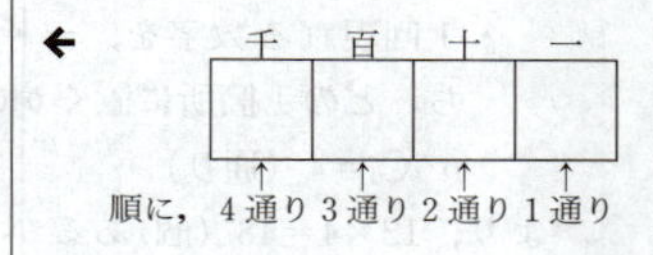

(3)　(1)の256個の自然数のうちで，異なる二つの数字を2回ずつ使ってできるものの個数を求める．

(i)　1から4までの数字から異なる二つを選ぶ選び方は，

$${}_4C_2=\frac{4\cdot3}{2\cdot1}=\boxed{6}\ (通り)$$

ある．

← 4個から2個取る組合せの総数．

(ii)　(i)で選んだ数字のうち小さい方を，一・十・百・千の位のうち，どの2箇所に置くかの決め方は，

$${}_4C_2=\frac{4\cdot3}{2\cdot1}=\boxed{6}\ (通り)$$

ある．小さい方の数字を置く場所を決めると，大きい方の数字を置く場所は残りの2箇所に決まる．

← 例えば(i)で1と3を選んだとすると，2つの1を一・十・百・千の位のうち，どの2箇所に置くかは，${}_4C_2=6$（通り）ある．例えば一の位と千の位に置いたとすると，2つの3を置く場所は，十の位と百の位の2箇所に決まる．

(iii)　(i)の数字の選び方6通りのそれぞれについて，(ii)の数字の置き方が6通りあるから，求める個数は，

$$6\times6=\boxed{36}\ (個)$$

である．

(4)(i)　(1)の256個の自然数のうち，四つの数字が四つとも同じ数字であるのは，

1111，2222，3333，4444

の4個あるから，得点が9点となる確率は，

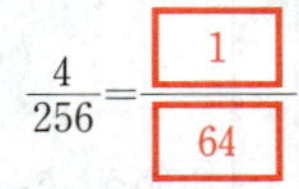

$$\frac{4}{256}=\frac{\boxed{1}}{\boxed{64}}$$

であり，2回現れる数字が二つあるのは，(3)の結果から，36個あるから，得点が3点となる確率は，

$$\frac{36}{256}=\frac{\boxed{9}}{\boxed{64}}$$

である．

(ii)　(1)の256個の自然数のうち，3回現れる数字が一つと，1回だけ現れる数字が一つであるものの個数は，(3)と同様に考えて，

・1から4までの数字から，3回現れる数字一つと1回だけ現れる数字一つの選び方
…$_4P_2=4\cdot3=12$（通り）

・1回現れる数字を，一・十・百・千の位のうち，どの1箇所に置くかの決め方
…$_4C_1=4$（通り）

より，$12\times4=48$（個）あるから，得点が2点となる確率は，

$$\frac{48}{256}=\frac{\boxed{3}}{\boxed{16}}$$

である．また，2回現れる数字が一つと，1回だけ現れる数字が二つであるものの個数は，(3)と同様に考えて，

・1から4までの数字から，2回現れる数字一つと1回だけ現れる数字二つの選び方
…$_4C_1\cdot{}_3C_2=12$（通り）

・1回現れる数字二つを，一・十・百・千の位のうち，どの2箇所に置くかの決め方
…$_4P_2=12$（通り）

より，$12\times12=144$（個）あるから，得点が1点となる確率は，

$$\frac{144}{256}=\frac{\boxed{9}}{\boxed{16}}$$

である．

(iii)　得点の期待値は，

$$9\times\frac{1}{64}+3\times\frac{9}{64}+2\times\frac{3}{16}+1\times\frac{9}{16}$$

$$=\frac{\boxed{3}}{\boxed{2}}\text{（点）}$$

である．

次頁の（参考）のように，得点が0点となる確率を$\frac{3}{32}$と求め，余事象の確率を考えて，

（得点が1点となる確率）

$$=1-\left(\frac{1}{64}+\frac{9}{64}+\frac{3}{16}+\frac{3}{32}\right)$$

$$=\frac{9}{16}$$

としてもよい．

期待値

値 X のとる値が

$$X=x_1,\ x_2,\ \cdots,\ x_n$$

であり，それぞれの値をとる確率が

$$p_1,\ p_2,\ \cdots,\ p_n$$

$$(p_1+p_2+\cdots+p_n=1)$$

であるとき，X の期待値 E は，

$$E=x_1p_1+x_2p_2+\cdots+x_np_n.$$

(参考)　(1)の256個の自然数のうち，数字の重複がないものの個数は，(2)の結果から，24個あるから，得点が0点となる確率は，

$$\frac{24}{256}=\frac{3}{32}$$

である．

数学Ⅱ・数学B

解答・採点基準

(100点満点)

問題番号(配点)	解答記号	正解	配点	自己採点
第1問 (30)	(ア, イ)	(4, 2)	1	
	(ウ, エオ)	(9, −3)	1	
	カキx+ク	$-2x+5$	3	
	x−ケ	$x-7$	2	
	コ, サ	4, 3	3	
	シス	25	2	
	セ	4	3	
	ソ	8	3	
	$\frac{\text{タチ}}{\text{ツ}}$	$\frac{49}{2}$	3	
	テ, トナ	1, 16	2	
	ニ	2	1	
	ヌネ	−1	2	
	ノ	0	2	
	ハ	4	2	
第1問 自己採点小計				
第2問 (30)	アイ	−a	2	
	ウ, エ	3, 3	3	
	オ	a	2	
	カ, キ	−, 3	3	
	ク, ケ, コ	a, 2, 2	3	
	サシ, ス	−2, 2	3	
	セ, ソ	2, 2	3	
	$\frac{\text{タチ}}{\text{ツ}}$, テ	$\frac{32}{3}$, 4	5	
	ト, ナ	4, 3	2	
	$\frac{\text{ニ}}{\text{ヌ}}$	$\frac{1}{4}$	3	
	$\frac{\text{ネ}}{\text{ノ}}$	$\frac{8}{3}$	1	
第2問 自己採点小計				
第3問 (20)	$\frac{\text{ア}}{\text{イ}}$	$\frac{3}{2}$	2	
	ウ, エ	2, 3	2	
	$\frac{\text{オ}}{\text{カ}}$	$\frac{3}{2}$	1	
	$\frac{\text{キ}}{\text{ク}}$, ケ	$\frac{9}{4}$, 3	2	
	$\frac{\text{コ}n}{\text{サ}}$	$\frac{3n}{2}$	1	
	シ	2	1	
	$\frac{\text{ス}}{\text{セ}}$	$\frac{5}{3}$	2	
	ソ	②	2	
	タ, チ	b, c	2	
	ツ, テ	b, b	2	
	ト, ナ, ニ	c, b, b	2	
	ヌ	3	1	
第3問 自己採点小計				
第4問 (20)	$\frac{\text{ア}}{\text{イ}}$	$\frac{2}{5}$	2	
	ウエ	20	1	
	オ	0	1	
	カ, キ, ク, ケ	5, 2, 4, 2	3	
	コ	3	2	
	$\frac{\text{サ}}{\text{シ}}$	$\frac{2}{3}$	2	
	$\frac{\text{ス}}{\text{セ}}$	$\frac{1}{2}$	1	
	$\frac{\text{ソ}}{\text{タ}}$, $\frac{\text{チ}}{\text{ツ}}$	$\frac{2}{3}$, $\frac{1}{6}$	3	
	テ	2	1	
	$\frac{\text{トナ}\sqrt{\text{ニ}}}{\text{ヌ}}$	$\frac{15\sqrt{7}}{2}$	2	
	$\frac{\text{ネ}\sqrt{\text{ノ}}}{\text{ハ}}$	$\frac{5\sqrt{7}}{2}$	2	
第4問 自己採点小計				

問題番号(配点)	解答記号	正　解	配点	自己採点
第5問 (20)	ア.イ	7.0	1	
	ウ.エオ	4.00	2	
	カ.キ	7.0	1	
	クケ	16	1	
	コ	2	1	
	サ，シ	9，7	2	
	ス	②	2	
	セ.ソタチ	0.200	2	
	ツテ.ト	12.4	1	
	ナニ.ヌネノ	−3.000	3	
	ハ	①	2	
	ヒ.フヘ	4.84	2	
第5問　自己採点小計				
第6問 (20)	アイ	50	2	
	ウ	⑥	2	
	エ	⑧	2	
	オ	⓪	2	
	カキクケ	2212	2	
	コ	⓪	2	
	サ	③	2	
	シ	2	2	
	スセ	27	2	
	ソ	①	2	
第6問　自己採点小計				
自己採点合計				

(注)

第1問，第2問は必答。

第3問～第6問のうちから2問選択。計4問を解答。

第1問　図形と方程式，指数関数・対数関数

〔1〕

(1)　2点A, Bの座標はそれぞれ(6, 0), (3, 3)であり，Pは線分ABを2：1に内分する点であるから，Pの座標は

$\left(\dfrac{1\cdot6+2\cdot3}{2+1}, \dfrac{1\cdot0+2\cdot3}{2+1}\right)$，すなわち$\left(\boxed{4}, \boxed{2}\right)$

である．

Qは線分ABを1：2に外分する点であるから，Qの座標は

$\left(\dfrac{-2\cdot6+1\cdot3}{1-2}, \dfrac{-2\cdot0+1\cdot3}{1-2}\right)$，すなわち$\left(\boxed{9}, \boxed{-3}\right)$

である．

(2)　直線OPの傾きは$\dfrac{2-0}{4-0}=\dfrac{1}{2}$であるから，線分OPの中点$\left(\dfrac{0+4}{2}, \dfrac{0+2}{2}\right)$，すなわち(2, 1)を通り，OPに垂直な直線の方程式は

$$y=-2(x-2)+1$$
$$=\boxed{-2}\,x+\boxed{5} \qquad \cdots①$$

である．直線PQの傾きは$\dfrac{-3-2}{9-4}=-1$であるから，線分PQの中点$\left(\dfrac{4+9}{2}, \dfrac{2+(-3)}{2}\right)$，すなわち$\left(\dfrac{13}{2}, -\dfrac{1}{2}\right)$を通り，PQに垂直な直線の方程式は

$$y=\left(x-\frac{13}{2}\right)-\frac{1}{2}$$
$$=x-\boxed{7} \qquad \cdots②$$

である．

直線①と直線②の交点のx座標は

$$-2x+5=x-7$$

より

$$x=4$$

であり，これを②に代入すると，y座標は

$$y=-3$$

である．3点O, P, Qを通る円Cの中心は2直線①, ②の交点(4, −3)であり，円Cの半径はこの中心と点Oの距離$\sqrt{4^2+(-3)^2}=5$であるから，円Cの方程式は

内分点と外分点

2点(x_1, y_1), (x_2, y_2)を結ぶ線分を$m：n$に内分する点の座標は

$$\left(\frac{nx_1+mx_2}{m+n}, \frac{ny_1+my_2}{m+n}\right)$$

であり，$m：n$に外分する点の座標は

$$\left(\frac{-nx_1+mx_2}{m-n}, \frac{-ny_1+my_2}{m-n}\right)$$

である．

直線の傾き

$x_1 \neq x_2$のとき，2点(x_1, y_1), (x_2, y_2)を通る直線の傾きは

$$\frac{y_2-y_1}{x_2-x_1}.$$

直交条件

傾きmの直線と，傾きm'の直線が直交するための条件は，

$$mm'=-1.$$

直線の方程式

点(a, b)を通り，傾きmの直線の方程式は

$$y=m(x-a)+b.$$

2点間の距離

2点(x_1, y_1), (x_2, y_2)の間の距離は

$$\sqrt{(x_2-x_1)^2+(y_2-y_1)^2}.$$

$$\left(x-\boxed{4}\right)^2+\left(y+\boxed{3}\right)^2=\boxed{25} \quad \cdots③$$

である．

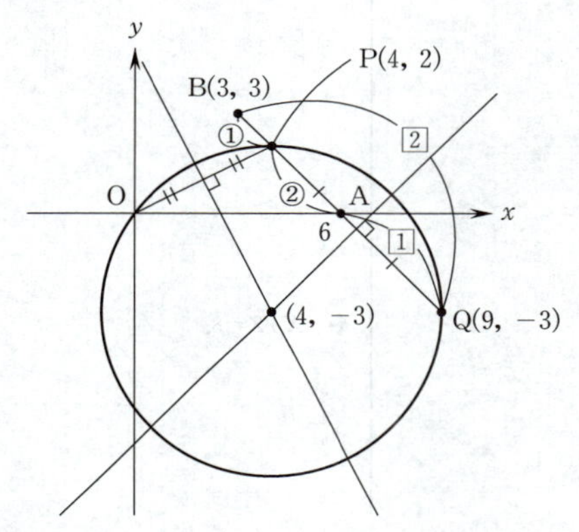

←**円の方程式**

中心 $(a,\ b)$，半径 r の円の方程式は

$$(x-a)^2+(y-b)^2=r^2.$$

(3)　③において $y=0$ とすると

$$(x-4)^2+3^2=25$$
$$(x-4)^2=16$$
$$x-4=\pm4$$
$$x=8,\ 0$$

となるから，円 C と x 軸の二つの交点のうち，点 O と異なる交点 R の座標は $(8,\ 0)$ である．よって，R は線分 OA を $\boxed{4}$ ：1 に外分する．

←

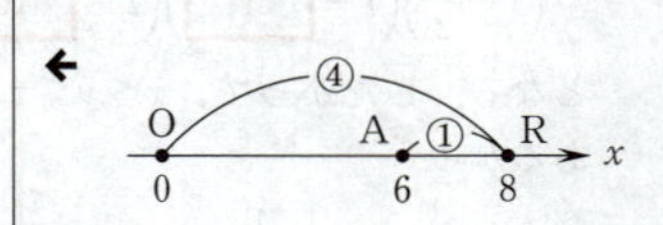

【 セ の別解】

円 C の中心を S，S を通り x 軸に垂直な直線と x 軸との交点を H とすると

$$\mathrm{OR}=2\mathrm{OH}=2\cdot4=8$$

となるから，R の座標は $(8,\ 0)$ である．よって，R は線分 OA を 4：1 に外分する．

←

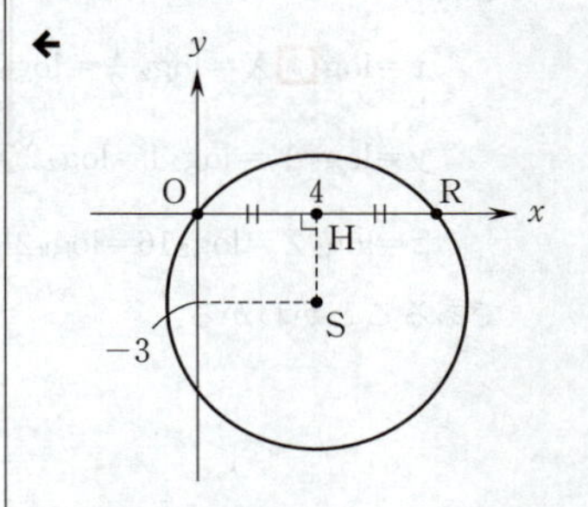

〔2〕

$$(*)\begin{cases} x+y+z=3 \\ 2^x+2^y+2^z=\dfrac{35}{2} \\ \dfrac{1}{2^x}+\dfrac{1}{2^y}+\dfrac{1}{2^z}=\dfrac{49}{16} \end{cases}$$

において，$X=2^x$，$Y=2^y$，$Z=2^z$ とおくと，(*) より

$$XYZ=2^x\cdot2^y\cdot2^z=2^{x+y+z}=2^3=\boxed{8}$$

← $a>0$，x，y が実数のとき，$a^xa^y=a^{x+y}$.

$$X+Y+Z=2^x+2^y+2^z=\frac{35}{2}$$

であり，また

$$\frac{1}{2^x}+\frac{1}{2^y}+\frac{1}{2^z}=\frac{49}{16}$$

より

$$\frac{1}{X}+\frac{1}{Y}+\frac{1}{Z}=\frac{49}{16}$$

$$\frac{YZ+ZX+XY}{XYZ}=\frac{49}{16}$$

$$\frac{YZ+ZX+XY}{8}=\frac{49}{16}$$

← $XYZ=8$.

$$XY+YZ+ZX=\frac{\boxed{49}}{\boxed{2}}$$

である．

この関係式を利用すると，t の 3 次式 $(t-X)(t-Y)(t-Z)$ は

$(t-X)(t-Y)(t-Z)$

$=t^3-(X+Y+Z)t^2+(XY+YZ+ZX)t-XYZ$

$=t^3-\frac{35}{2}t^2+\frac{49}{2}t-8$

$=\left(t-\frac{1}{2}\right)\left(t-\boxed{1}\right)\left(t-\boxed{16}\right)$

となる．したがって，$x\leqq y\leqq z$ より $X\leqq Y\leqq Z$ であるから

← $a>1$，$x\leqq y$ のとき，$a^x\leqq a^y$.

$$X=\frac{1}{2},\quad Y=1,\quad Z=16$$

となり

$x=\log_{\boxed{2}}X=\log_2\frac{1}{2}=\log_2 2^{-1}=\boxed{-1}$，

← $a>0$，p が実数のとき，$a^{-p}=\frac{1}{a^p}$.

$y=\log_2 Y=\log_2 1=\log_2 2^0=\boxed{0}$，

$z=\log_2 Z=\log_2 16=\log_2 2^4=\boxed{4}$

$a>0$，$a\neq1$，p が実数のとき $\log_a a^p=p$.

であることがわかる．

第2問　微分法・積分法

$$f(x)=x^3-3a^2x+a^3.\quad (a\text{ は正の実数})$$

$f(x)$ の導関数 $f'(x)$ は

$$f'(x)=3x^2-3a^2=3(x+a)(x-a)$$

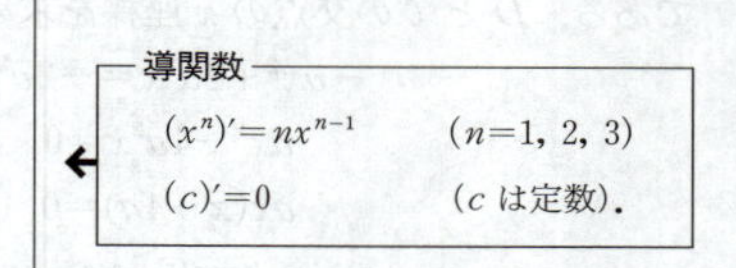
導関数
$(x^n)'=nx^{n-1}$　　$(n=1,\ 2,\ 3)$
$(c)'=0$　　$(c$ は定数$)$.

である．よって，$f(x)$ の増減は次の表のようになる．

x	$\cdots$	$-a$	$\cdots$	a	$\cdots$
$f'(x)$	$+$	0	$-$	0	$+$
$f(x)$	↗	極大	↘	極小	↗

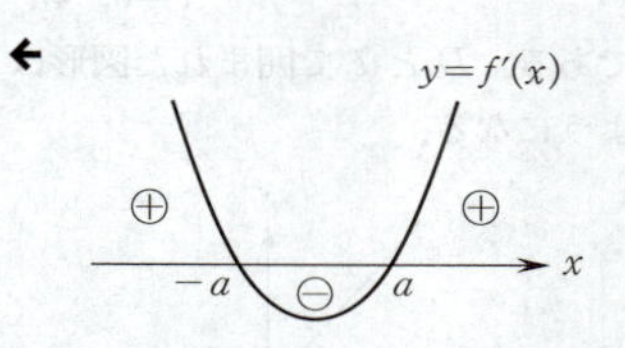

$f'(x)$ の符号は，$y=f'(x)$ のグラフをかくとわかりやすい．

よって，関数 $y=f(x)$ は，$x=\boxed{-a}$ で極大値

$$f(-a)=(-a)^3-3a^2(-a)+a^3=\boxed{3}\,a^{\boxed{3}}$$

をとり，$x=\boxed{a}$ で極小値

$$f(a)=a^3-3a^2\cdot a+a^3=\boxed{-}\,a^{\boxed{3}}$$

をとる．

2点 $(-a,\ 3a^3)$，$(a,\ -a^3)$ と原点を通る放物線 C は，原点を通ることより

$$y=px^2+qx \qquad \cdots①$$

と表せる．また，C は2点 $(-a,\ 3a^3)$，$(a,\ -a^3)$ を通るから

$$\begin{cases} 3a^3=pa^2-qa, & \cdots② \\ -a^3=pa^2+qa & \cdots③ \end{cases}$$

が成り立つ．これらを p，q について解くと

$$p=a,\quad q=-2a^2$$

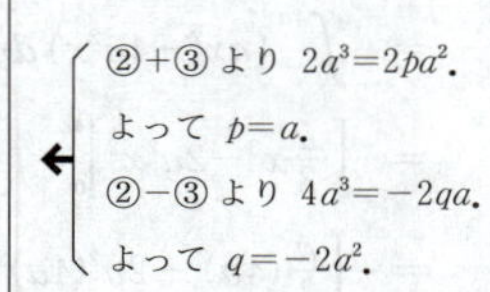
②+③ より $2a^3=2pa^2$.
よって $p=a$.
②−③ より $4a^3=-2qa$.
よって $q=-2a^2$.

となる．これを①に代入すると，C の方程式は

$$y=\boxed{a}\,x^2-\boxed{2}\,a^{\boxed{2}}x \qquad \cdots④$$

である．これを微分すると

$$y'=2ax-2a^2$$

となるから，原点における C の接線 ℓ の方程式は

$$y=\boxed{-2}\,a^{\boxed{2}}x$$

接線の方程式
曲線 $y=f(x)$ 上の点 $(t,\ f(t))$ における接線の方程式は
$$y-f(t)=f'(t)(x-t).$$

である．また，原点を通り ℓ に垂直な直線 m の方程式は

$$y=\frac{1}{\boxed{2}\,a^{\boxed{2}}}x$$

直交条件
傾き m の直線と，傾き m' の直線が直交するための条件は，
$$mm'=-1.$$

である．

x 軸に関して放物線 C と対称な放物線 D の方程式は，④より

$$y=-ax^2+2a^2x$$

である．D と ℓ の交点の x 座標を求めると

$$-ax^2+2a^2x=-2a^2x$$
$$ax^2-4a^2x=0$$
$$ax(x-4a)=0$$
$$x=0,\ 4a$$

である．D と ℓ で囲まれた図形は下図の網掛けの部分のようになる．

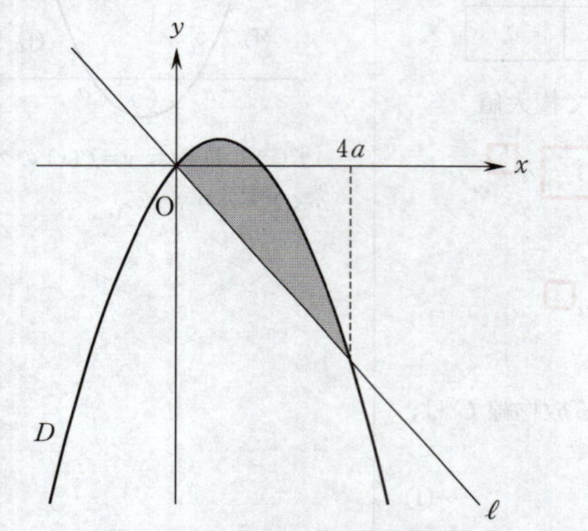

よって，D と ℓ で囲まれた図形の面積 S は

$$S=\int_0^{4a}\{(-ax^2+2a^2x)-(-2a^2x)\}\,dx$$
$$=-\int_0^{4a}(ax^2-4a^2x)\,dx$$
$$=-\left[\frac{a}{3}x^3-2a^2x^2\right]_0^{4a}$$
$$=-\left\{\frac{a}{3}(4a)^3-2a^2(4a)^2\right\}$$
$$=\frac{32}{3}a^4 \quad \cdots⑤$$

である．

放物線 C と直線 m の交点の x 座標を求めると

$$ax^2-2a^2x=\frac{1}{2a^2}x$$
$$ax^2-\left(2a^2+\frac{1}{2a^2}\right)x=0$$
$$ax^2-\left(\frac{4a^4+1}{2a^2}\right)x=0$$
$$ax\left(x-\frac{4a^4+1}{2a^3}\right)=0$$

面積

区間 $\alpha\leqq x\leqq\beta$ においてつねに $g(x)\leqq f(x)$ ならば2曲線 $y=f(x)$, $y=g(x)$ および直線 $x=\alpha$, $x=\beta$ で囲まれた部分の面積は

$$\int_\alpha^\beta\{f(x)-g(x)\}\,dx.$$

(図：$y=f(x)$, $y=g(x)$, O, α, β, x, y)

定積分

$$\int x^n\,dx=\frac{1}{n+1}x^{n+1}+C$$

($n=0,\ 1,\ 2$, C は積分定数)

であり，$f(x)$ の不定積分の一つを $F(x)$ とすると

$$\int_\alpha^\beta f(x)\,dx=\Big[F(x)\Big]_\alpha^\beta$$
$$=F(\beta)-F(\alpha).$$

$$x=0,\quad \frac{4a^{\boxed{4}}+1}{2a^{\boxed{3}}}$$

である．$u=\dfrac{4a^4+1}{2a^3}$ とおくと，C と m で囲まれた図形は下図の網掛けの部分のようになる．

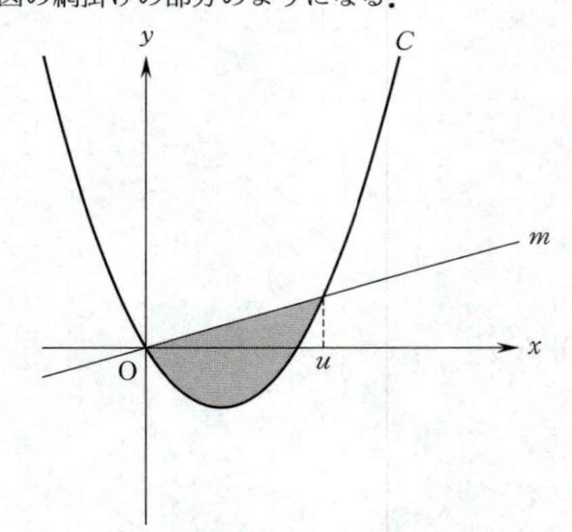

よって，C と m で囲まれた図形の面積 T は

$$\begin{aligned}
T&=\int_0^u \left\{\frac{1}{2a^2}x-(ax^2-2a^2x)\right\}dx\\
&=-\int_0^u \left(ax^2-\frac{4a^4+1}{2a^2}x\right)dx\\
&=-\int_0^u (ax^2-aux)\,dx\\
&=-\left[\frac{a}{3}x^3-\frac{a}{2}ux^2\right]_0^u\\
&=-\left(\frac{a}{3}u^3-\frac{a}{2}u^3\right)\\
&=\frac{a}{6}u^3 \qquad\cdots⑥
\end{aligned}$$

である．⑤, ⑥ より，$S=T$ となるのは

$$\frac{32}{3}a^4=\frac{a}{6}u^3$$

$$64a^3=u^3$$

$$(4a)^3-u^3=0$$

$$(4a-u)\{(4a)^2+4au+u^2\}=0 \qquad\cdots⑦$$

が成り立つときである．

$(4a)^2+4au+u^2=\left(4a+\dfrac{u}{2}\right)^2+\dfrac{3}{4}u^2>0$ であるから，

⑦ より

$$4a=u$$

$$4a=\frac{4a^4+1}{2a^3}$$

$$8a^4=4a^4+1$$

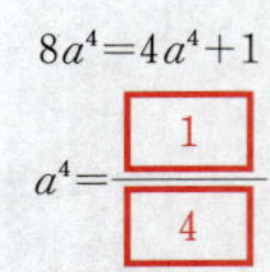

$$a^4=\frac{1}{4}$$

を得る．このとき，⑤より

$$S=\frac{32}{3}\cdot\frac{1}{4}=\frac{8}{3}$$

である．

【$S=\frac{\boxed{タチ}}{\boxed{ツ}}a^{\boxed{テ}}$ の別解】

$$S=\int_0^{4a}\{(-ax^2+2a^2x)-(-2a^2x)\}\,dx$$
$$=-\int_0^{4a}(ax^2-4a^2x)\,dx$$
$$=-a\int_0^{4a}x(x-4a)\,dx$$
$$=-\frac{-a}{6}(4a-0)^3$$
$$=\frac{32}{3}a^4.$$

← $\int_\alpha^\beta(x-\alpha)(x-\beta)\,dx=-\frac{1}{6}(\beta-\alpha)^3$.

【T を求める部分の別解】

$u=\frac{4a^4+1}{2a^3}$ とおくと

$$T=\int_0^u\left\{\frac{1}{2a^2}x-(ax^2-2a^2x)\right\}dx$$
$$=-\int_0^u\left(ax^2-\frac{4a^4+1}{2a^2}x\right)dx$$
$$=-\int_0^u(ax^2-aux)\,dx$$
$$=-a\int_0^u x(x-u)\,dx$$
$$=-\frac{-a}{6}(u-0)^3$$
$$=\frac{a}{6}u^3.$$

第3問　数列

(1)
$$p_{n+1}=\frac{1}{3}p_n+1 \quad \cdots①$$
から
$$p_{n+1}-\frac{\boxed{3}}{\boxed{2}}=\frac{1}{3}\left(p_n-\frac{3}{2}\right)$$
となる．これより，数列 $\left\{p_n-\frac{3}{2}\right\}$ は，初項 $p_1-\frac{3}{2}=3-\frac{3}{2}=\frac{3}{2}$，公比 $\frac{1}{3}$ の等比数列であるとわかる．よって
$$p_n-\frac{3}{2}=\frac{3}{2}\cdot\left(\frac{1}{3}\right)^{n-1}$$
$$p_n=\frac{1}{\boxed{2}\cdot\boxed{3}^{n-2}}+\frac{\boxed{3}}{\boxed{2}}$$
である．したがって，自然数 n に対して
$$\begin{aligned}\sum_{k=1}^{n}p_k&=\sum_{k=1}^{n}\left(\frac{1}{2\cdot3^{n-2}}+\frac{3}{2}\right)\\&=\sum_{k=1}^{n}\frac{1}{2\cdot3^{n-2}}+\frac{3}{2}\sum_{k=1}^{n}1\\&=\frac{\frac{1}{2\cdot3^{1-2}}\left(1-\frac{1}{3^n}\right)}{1-\frac{1}{3}}+\frac{3}{2}n\\&=\frac{\frac{3}{2}\left(1-\frac{1}{3^n}\right)}{\frac{2}{3}}+\frac{3}{2}n\\&=\frac{\boxed{9}}{\boxed{4}}\left(1-\frac{1}{\boxed{3}^n}\right)+\frac{\boxed{3}}{\boxed{2}}n\end{aligned}$$
である．

(2)
$$a_{n+3}=\frac{a_n+a_{n+1}}{a_{n+2}} \quad \cdots②$$
において，$n=1, 2, 3, 4$ とすると

漸化式
$$a_{n+1}=pa_n+q \quad (n=1, 2, 3, \cdots)$$
$(p, q$ は定数，$p\neq0, 1)$

は
$$\alpha=p\alpha+q$$
を満たす α を用いて
$$a_{n+1}-\alpha=p(a_n-\alpha)$$
と変形できる．

等比数列の一般項

初項を a，公比を r とする等比数列 $\{a_n\}$ の一般項は
$$a_n=a\cdot r^{n-1}. \quad (n=1, 2, 3, \cdots)$$

等比数列の和

初項 a，公比 r，項数 n の等比数列の和は，$r\neq1$ のとき
$$\frac{a(1-r^n)}{1-r}.$$

$$\sum_{k=1}^{n}1=n.$$

$$a_4=\frac{a_1+a_2}{a_3}=\frac{3+3}{3}=\boxed{2},$$

$$a_5=\frac{a_2+a_3}{a_4}=\frac{3+3}{2}=3,$$

$$a_6=\frac{a_3+a_4}{a_5}=\frac{3+2}{3}=\frac{\boxed{5}}{\boxed{3}},$$

$$a_7=\frac{a_4+a_5}{a_6}=\frac{2+3}{\frac{5}{3}}=3$$

← $a_1=3$, $a_2=3$, $a_3=3$.

である．$b_n=a_{2n-1}$ において，$n=1, 2, 3, 4$ とすると

$$b_1=a_1=3,$$
$$b_2=a_3=3,$$
$$b_3=a_5=3,$$
$$b_4=a_7=3$$

となるので

$$b_n=3 \quad (n=1,\ 2,\ 3,\ \cdots) \qquad \cdots③$$

と推定できる．

③ を示すためには，$b_1=3$ から，すべての自然数 n に対して

$$b_{n+1}=b_n \qquad \cdots④$$

であることを示せばよい．このことを「まず，$n=1$ のとき ④ が成り立つことを示し，次に，$n=k$ のとき ④ が成り立つと仮定すると，$n=k+1$ のときも ④ が成り立つことを示す方法」を用いて証明する．この方法を数学的帰納法という．したがって ソ に当てはまるものは ② である．

［I］ $n=1$ のとき，$b_1=3$，$b_2=3$ であることから ④ は成り立つ．

［II］ $n=k$ のとき，④ が成り立つ，すなわち

$$b_{k+1}=b_k \qquad \cdots⑤$$

と仮定する．$n=k+1$ のとき，② の n に $2k$ を代入して得られる等式と，$2k-1$ を代入して得られる等式は

$$a_{2k+3}=\frac{a_{2k}+a_{2k+1}}{a_{2k+2}},$$

$$a_{2k+2}=\frac{a_{2k-1}+a_{2k}}{a_{2k+1}}$$

であり，これらから

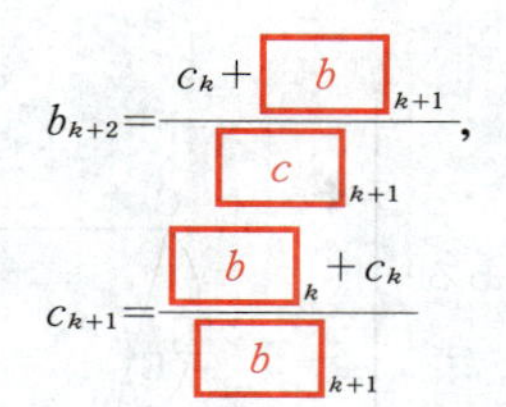

$$b_{k+2}=\frac{c_k+\boxed{b}_{k+1}}{\boxed{c}_{k+1}},$$

$$c_{k+1}=\frac{\boxed{b}_k+c_k}{\boxed{b}_{k+1}}$$

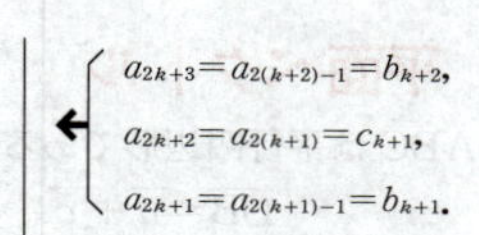

$$\begin{cases} a_{2k+3}=a_{2(k+2)-1}=b_{k+2}, \\ a_{2k+2}=a_{2(k+1)}=c_{k+1}, \\ a_{2k+1}=a_{2(k+1)-1}=b_{k+1}. \end{cases}$$

となるので，b_{k+2} は

$$\begin{aligned} b_{k+2}&=(c_k+b_{k+1})\frac{1}{c_{k+1}} \\ &=(c_k+b_{k+1})\frac{b_{k+1}}{b_k+c_k} \\ &=\frac{\left(\boxed{c}_k+\boxed{b}_{k+1}\right)\boxed{b}_{k+1}}{b_k+c_k} \end{aligned}$$

と表される．したがって，⑤ により，

$$\begin{aligned} b_{k+2}&=\frac{(c_k+b_{k+1})b_{k+1}}{b_k+c_k} \\ &=\frac{(c_k+b_k)b_{k+1}}{b_k+c_k} \\ &=b_{k+1} \end{aligned}$$

が成り立つので，④ は $n=k+1$ のときにも成り立つ．

[Ⅰ]，[Ⅱ] により，すべての自然数 n に対して ④ の成り立つことが証明された．したがって，③ が成り立つので，数列 $\{b_n\}$ の一般項は $b_n=3$ である．

次に，② の n を $2n-1$ に置き換えて得られる等式は

$$a_{2n+2}=\frac{a_{2n-1}+a_{2n}}{a_{2n+1}}$$

であり，これは

$$c_{n+1}=\frac{b_n+c_n}{b_{n+1}}$$

となる．これに $b_{n+1}=b_n=3$ を代入すると

$$c_{n+1}=\frac{3+c_n}{3}$$

$$c_{n+1}=\frac{1}{3}c_n+1$$

となり，$c_1=a_2=\boxed{3}$ であることと ① から，数列 $\{c_n\}$ の一般項は，(1) で求めた数列 $\{p_n\}$ の一般項と等しくなることがわかる．

第4問　平面ベクトル

四角形OABCは平行四辺形であるから

$$\overrightarrow{\mathrm{OB}}=\vec{a}+\vec{c}$$

と表される．Dは線分OAを3：2に内分する点であるから

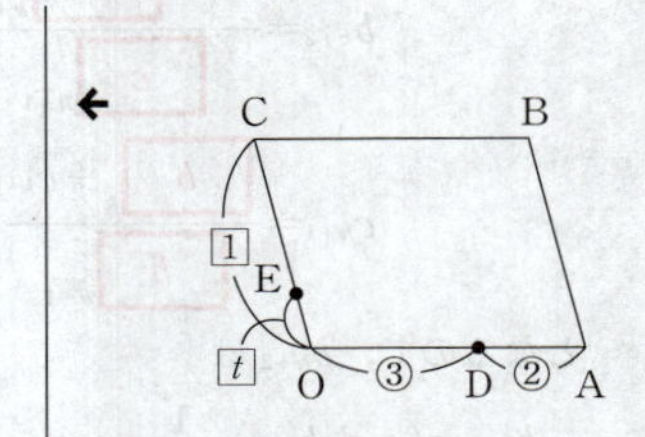

$$\overrightarrow{\mathrm{OD}}=\frac{3}{5}\vec{a}$$

と表される．

(1)

$$\overrightarrow{\mathrm{AE}}=\overrightarrow{\mathrm{OE}}-\overrightarrow{\mathrm{OA}}$$
$$=t\vec{c}-\vec{a},$$

← $\overrightarrow{\mathrm{OE}}=t\vec{c}$.

$$\overrightarrow{\mathrm{DB}}=\overrightarrow{\mathrm{OB}}-\overrightarrow{\mathrm{OD}}$$
$$=(\vec{a}+\vec{c})-\frac{3}{5}\vec{a}$$
$$=\frac{\boxed{2}}{\boxed{5}}\vec{a}+\vec{c},$$

$$\vec{a}\cdot\vec{c}=5\cdot4\cdot\cos\theta=\boxed{20}\cos\theta$$

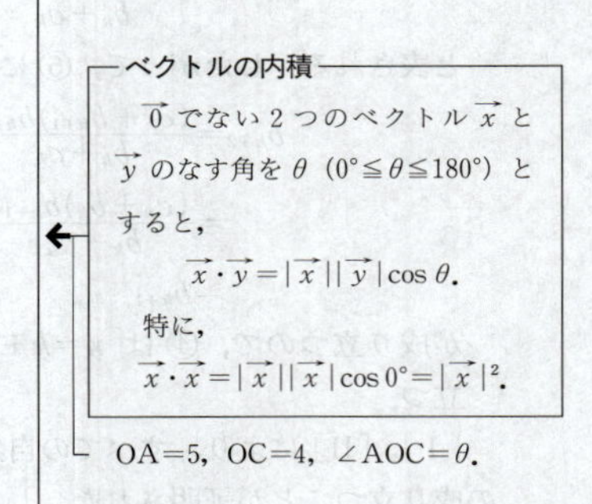

ベクトルの内積

$\vec{0}$ でない2つのベクトル $\vec{x}$ と $\vec{y}$ のなす角を θ $(0°\leqq\theta\leqq180°)$ とすると，

$$\vec{x}\cdot\vec{y}=|\vec{x}||\vec{y}|\cos\theta.$$

特に，

$$\vec{x}\cdot\vec{x}=|\vec{x}||\vec{x}|\cos0°=|\vec{x}|^2.$$

OA=5，OC=4，∠AOC=θ.

となるので

$$\overrightarrow{\mathrm{AE}}\cdot\overrightarrow{\mathrm{DB}}=(t\vec{c}-\vec{a})\cdot\left(\frac{2}{5}\vec{a}+\vec{c}\right)$$
$$=-\frac{2}{5}|\vec{a}|^2+t|\vec{c}|^2+\left(\frac{2}{5}t-1\right)\vec{a}\cdot\vec{c}$$
$$=-\frac{2}{5}\cdot5^2+t\cdot4^2+\left(\frac{2}{5}t-1\right)\cdot20\cos\theta$$
$$=8(\cos\theta+2)t-10(2\cos\theta+1)$$

となる．これと，$\overrightarrow{\mathrm{AE}}\cdot\overrightarrow{\mathrm{DB}}=\boxed{0}$ により

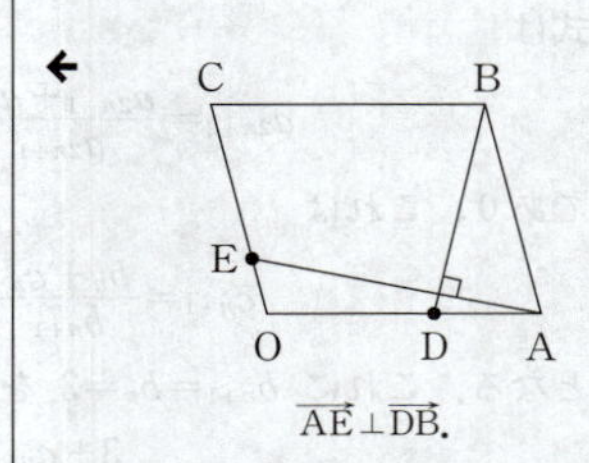

$\overrightarrow{\mathrm{AE}}\perp\overrightarrow{\mathrm{DB}}$.

$$8(\cos\theta+2)t-10(2\cos\theta+1)=0$$

が成り立ち，これより

$$t=\frac{\boxed{5}\left(\boxed{2}\cos\theta+1\right)}{\boxed{4}\left(\cos\theta+\boxed{2}\right)}\quad\cdots①$$

となる．

(2)　①の右辺の $\cos\theta$ を r に置き換えると

$$t=\frac{5(2r+1)}{4(r+2)}$$

となる．$-1<r<1$ なので，この分母 $4(r+2)$ は正である．したがって，条件 $0\leqq t\leqq1$ は

← $0<\theta<\pi$ より $-1<\cos\theta<1$.

← 点Eは線分OC上にある．

$$0\leqq\frac{5(2r+1)}{4(r+2)}\leqq1$$

$$0\leqq5(2r+1)\leqq4(r+2)\quad\cdots②$$

となる．r についての不等式②を解くと

$$0 \leqq 5(2r+1)$$

より

$$-\frac{1}{2} \leqq r$$

$$-\frac{1}{2} \leqq \cos\theta$$

となり

$$5(2r+1) \leqq 4(r+2)$$

より

$$r \leqq \frac{1}{2}$$

$$\cos\theta \leqq \frac{1}{2}$$

となるから，$0<\theta<\pi$ であることに注意すると，θ のとり得る値の範囲は

$$\frac{\pi}{\boxed{3}} \leqq \theta \leqq \frac{\boxed{2}}{\boxed{3}}\pi$$

であることがわかる．

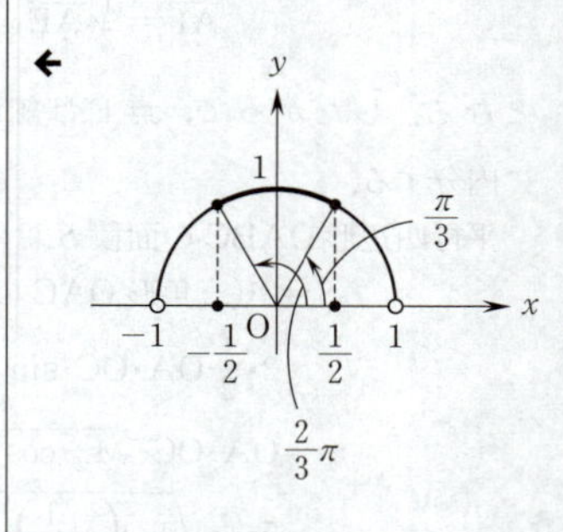

(3)　$\cos\theta = -\frac{1}{8}$ のとき，① により

$$t = \frac{5\left\{2\left(-\frac{1}{8}\right)+1\right\}}{4\left(-\frac{1}{8}+2\right)}$$

$$= \frac{\boxed{1}}{\boxed{2}}$$

となる．

　点Fは直線AE上にあるから，α を実数として，

$$\overrightarrow{AF} = \alpha\overrightarrow{AE} \qquad \cdots③$$

と表される．これを変形すると

$$\overrightarrow{OF} - \overrightarrow{OA} = \alpha(\overrightarrow{OE} - \overrightarrow{OA})$$

$$\overrightarrow{OF} = (1-\alpha)\overrightarrow{OA} + \alpha\overrightarrow{OE}$$

$$\overrightarrow{OF} = (1-\alpha)\vec{a} + \frac{\alpha}{2}\vec{c} \qquad \cdots④$$

← $\overrightarrow{OE} = t\vec{c} = \frac{1}{2}\vec{c}$.

と表される．また，点Fは直線BD上にあるから，β を実数として，$\overrightarrow{BF} = \beta\overrightarrow{BD}$ と表される．これを変形すると

$$\overrightarrow{OF} - \overrightarrow{OB} = \beta(\overrightarrow{OD} - \overrightarrow{OB})$$

$$\overrightarrow{OF} = (1-\beta)\overrightarrow{OB} + \beta\overrightarrow{OD}$$

$$\overrightarrow{OF} = (1-\beta)(\vec{a}+\vec{c}) + \frac{3\beta}{5}\vec{a}$$

← $\overrightarrow{OB} = \vec{a}+\vec{c}$，$\overrightarrow{OD} = \frac{3}{5}\vec{a}$.

$$\overrightarrow{\mathrm{OF}}=\left(1-\frac{2\beta}{5}\right)\vec{a}+(1-\beta)\vec{c} \qquad \cdots⑤$$

と表される．$\vec{a}\neq\vec{0}$，$\vec{c}\neq\vec{0}$，$\vec{a}\not\parallel\vec{c}$ であるから，④，⑤ より

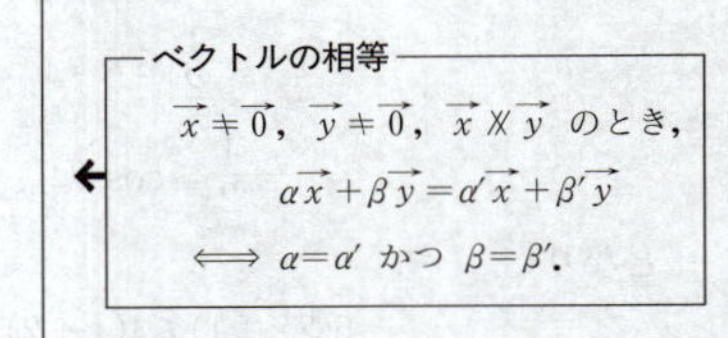

$$1-\alpha=1-\frac{2\beta}{5} \quad かつ \quad \frac{\alpha}{2}=1-\beta$$

が成り立つ．これより

$$\alpha=\frac{1}{3},\quad \beta=\frac{5}{6}$$

である．これを ④ または ⑤ に代入すると

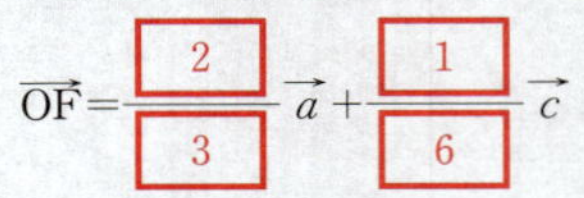

$$\overrightarrow{\mathrm{OF}}=\frac{2}{3}\vec{a}+\frac{1}{6}\vec{c}$$

となる．また，$\alpha=\frac{1}{3}$ を ③ に代入すると

$$\overrightarrow{\mathrm{AF}}=\frac{1}{3}\overrightarrow{\mathrm{AE}}$$

となる．したがって，点 F は線分 AE を 1：2 に内分する．

平行四辺形 OABC の面積 S は

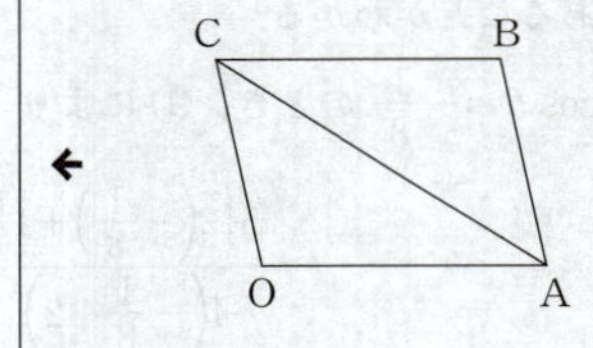

$$\begin{aligned}S&=2\cdot(\text{三角形 OAC の面積})\\&=2\cdot\frac{1}{2}\mathrm{OA}\cdot\mathrm{OC}\cdot\sin\theta\\&=\mathrm{OA}\cdot\mathrm{OC}\cdot\sqrt{1-\cos^2\theta}\\&=5\cdot4\cdot\sqrt{1-\left(-\frac{1}{8}\right)^2}\\&=\frac{15\sqrt{7}}{2}\end{aligned}$$

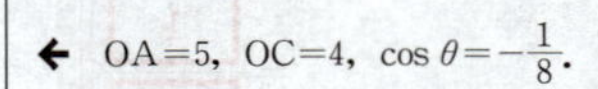

である．点 F は線分 AE を 1：2 に内分するから

$$\begin{aligned}&(\text{三角形 BEF の面積})\\&=\frac{2}{3}\cdot(\text{三角形 BEA の面積})\end{aligned}$$

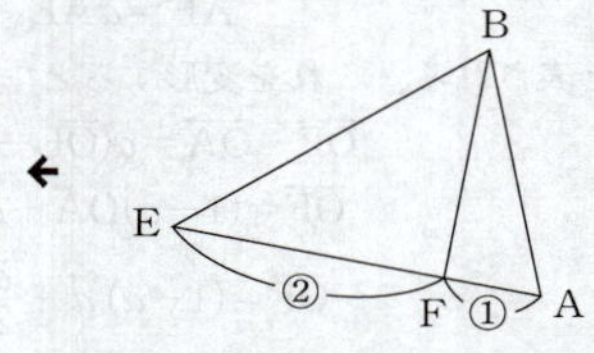

であり

$$\begin{aligned}&(\text{三角形 BEA の面積})\\&=(\text{三角形 BOA の面積})\\&=\frac{1}{2}\cdot(\text{平行四辺形 OABC の面積})\\&=\frac{1}{2}\cdot\frac{15\sqrt{7}}{2}\\&=\frac{15\sqrt{7}}{4}\end{aligned}$$

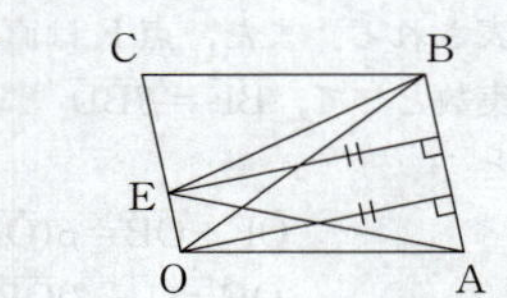

であるから

(三角形 BEF の面積)

$$=\frac{2}{3}\cdot\frac{15\sqrt{7}}{4}$$

$$=\frac{\boxed{5}\sqrt{\boxed{7}}}{\boxed{2}}$$

である.

第5問　統計

(1)　10人の国語の得点の平均値Aは

$$\frac{9+10+4+7+10+5+5+7+6+7}{10}=\boxed{7}.\boxed{0}\text{ 点}$$

である．

10人の国語の得点からその平均値7.0を引いた値は

$$2,\ 3,\ -3,\ 0,\ 3,\ -2,\ -2,\ 0,\ -1,\ 0 \quad \cdots①$$

であるから，国語の得点の分散Bの値は

$$\frac{2^2+3^2+(-3)^2+0^2+3^2+(-2)^2+(-2)^2+0^2+(-1)^2+0^2}{10}$$

$$=\boxed{4}.\boxed{00}$$

である．

10人の国語の得点を小さい方から数えたとき，5番目と6番目の値の平均値が国語の得点の中央値であるから，中央値は

$$\frac{7+7}{2}=\boxed{7}.\boxed{0}\text{ 点}$$

である．

(2)　10人の英語の得点の平均値が8.0点であるから

$$\frac{9+9+8+6+8+\mathsf{C}+8+9+\mathsf{D}+7}{10}=8.0$$

$$\frac{64+\mathsf{C}+\mathsf{D}}{10}=8.0$$

$$\mathsf{C}+\mathsf{D}=\boxed{16}$$

$$(\mathsf{C}-8)+(\mathsf{D}-8)=0$$

$$\mathsf{X}+\mathsf{Y}=0 \quad \cdots②$$

が成り立つ．ここで，X＝C−8，Y＝D−8 とした．

10人の英語の得点からその平均値8.0を引いた値は

$$1,\ 1,\ 0,\ -2,\ 0,\ \mathsf{C}-8,\ 0,\ 1,\ \mathsf{D}-8,\ -1 \quad \cdots③$$

であり，英語の得点の分散が1.00であることから

$$\frac{1^2+1^2+0^2+(-2)^2+0^2+(\mathsf{C}-8)^2+0^2+1^2+(\mathsf{D}-8)^2+(-1)^2}{10}$$

$$=1.00$$

$$\frac{8+(\mathsf{C}-8)^2+(\mathsf{D}-8)^2}{10}=1.00$$

$$(\mathsf{C}-8)^2+(\mathsf{D}-8)^2=\boxed{2}$$

$$\mathsf{X}^2+\mathsf{Y}^2=2 \quad \cdots④$$

が成り立つ．②，④ から Y を消去すると

$$\mathsf{X}^2+\mathsf{X}^2=2$$

平均値

変量 x がとる N 個の値を x_1, x_2, …, x_N とすると平均値 $\overline{x}$ は

$$\overline{x}=\frac{x_1+x_2+\cdots+x_N}{N}.$$

分散

変量 x がとる N 個の値を x_1, x_2, …, x_N とすると，分散 s^2 は，平均値を $\overline{x}$ として

$$s^2=\frac{1}{N}\sum_{k=1}^{N}(x_k-\overline{x})^2 \quad \cdots Ⓐ$$

または，

$$s^2=\frac{1}{N}\sum_{k=1}^{N}x_k{}^2-(\overline{x})^2. \quad \cdots Ⓑ$$

ここでは Ⓐ を用いた．

中央値

資料を大きさの順に並べたとき，その中央の値を中央値という．

資料の個数が偶数のときは，中央に並ぶ二つの資料の平均値を中央値とする．

$$X^2=1$$

となり，これと④より，

$$Y^2=1$$

である．C>D より，X>Y であるから

$$X=1,\ Y=-1$$

すなわち

$$C-8=1,\quad D-8=-1$$

である．よって，C, D の値は，それぞれ 9 点，7 点であることがわかる．

(3)　生徒番号 4 の国語の得点 7 と英語の得点 6 に対応する点は❸には存在しない．生徒番号 5 の国語の得点 10 と英語の得点 8 に対応する点は❶には存在しない．生徒番号 6 の国語の得点 5 と英語の得点 9 に対応する点は⓪には存在しない．❷は，10 人の生徒の国語と英語の得点に対応する点が正しく存在している．したがって ス に当てはまるものは ❷ である．

C=9，D=7 と①，③より，国語と英語の得点の共分散は

$$\frac{1}{10}\{2\cdot1+3\cdot1+(-3)\cdot0+0\cdot(-2)+3\cdot0+(-2)\cdot1+(-2)\cdot0+0\cdot1+(-1)\cdot(-1)+0\cdot(-1)\}=0.4$$

であり，国語と英語の得点の分散はそれぞれ 4.00，1.00 であるから，国語と英語の得点の相関係数の値は

$$\frac{0.4}{\sqrt{4.00}\sqrt{1.00}}=0.200$$

である．

(4)　国語の得点の平均値 $\overline{x}$ は 7.0 点であり，数学の得点の平均値 $\overline{y}$ は 5.4 点であるから，国語と数学の得点の合計の平均値 $\overline{w}$ は

$$\begin{aligned}\overline{w}&=\frac{1}{10}(w_1+w_2+\cdots+w_{10})\\&=\frac{1}{10}\{(x_1+y_1)+(x_2+y_2)+\cdots+(x_{10}+y_{10})\}\\&=\frac{1}{10}(x_1+x_2+\cdots+x_{10})+\frac{1}{10}(y_1+y_2+\cdots+y_{10})\\&=\overline{x}+\overline{y}\\&=7.0+5.4\\&=12.4\ \text{点}\end{aligned}$$

である．

共分散

N 組の資料

$(x_1,\ y_1),\ (x_2,\ y_2),\ \cdots,\ (x_N,\ y_N)$

が与えられているとき，x, y の平均値をそれぞれ $\overline{x}$, $\overline{y}$ とする．このとき，

$$s_{xy}=\frac{1}{N}\sum_{k=1}^{N}(x_k-\overline{x})(y_k-\overline{y})$$

を x と y の共分散という．

相関係数

変量 x の標準偏差を s_x，変量 y の標準偏差を s_y, x と y の共分散を s_{xy} とすると，相関係数 r は

$$r=\frac{s_{xy}}{s_xs_y}.$$

ただし，分散 s^2 の正の平方根 s を標準偏差という．

国語と数学の得点の相関係数が -0.125 であり，国語と数学の得点の分散がそれぞれ 4.00，1.44 であるから

$$\frac{\frac{T}{10}}{\sqrt{4.00}\sqrt{1.44}}=-0.125$$

← $\sqrt{1.44}=1.2$.

が成り立つ．これより

$$T=\boxed{-3}.\boxed{000}$$

である．分散 $s_w{}^2$ は

$$s_w{}^2=\frac{1}{10}\{(w_1-\overline{w})^2+(w_2-\overline{w})^2+\cdots+(w_{10}-\overline{w})^2\}$$

$$=\frac{1}{10}[\{(x_1+y_1)-(\overline{x}+\overline{y})\}^2+\{(x_2+y_2)-(\overline{x}+\overline{y})\}^2+\cdots+\{(x_{10}+y_{10})-(\overline{x}+\overline{y})\}^2]$$

← $\overline{w}=\overline{x}+\overline{y}$.

$$=\frac{1}{10}[\{(x_1-\overline{x})+(y_1-\overline{y})\}^2+\{(x_2-\overline{x})+(y_2-\overline{y})\}^2+\cdots+\{(x_{10}-\overline{x})+(y_{10}-\overline{y})\}^2]$$

$$=\frac{1}{10}[\{(x_1-\overline{x})^2+(y_1-\overline{y})^2+2(x_1-\overline{x})(y_1-\overline{y})\}+\{(x_2-\overline{x})^2+(y_2-\overline{y})^2+2(x_2-\overline{x})(y_2-\overline{y})\}+\cdots+\{(x_{10}-\overline{x})^2+(y_{10}-\overline{y})^2+2(x_{10}-\overline{x})(y_{10}-\overline{y})\}]$$

$$=\frac{1}{10}\{(x_1-\overline{x})^2+(x_2-\overline{x})^2+\cdots+(x_{10}-\overline{x})^2\}+\frac{1}{10}\{(y_1-\overline{y})^2+(y_2-\overline{y})^2+\cdots+(y_{10}-\overline{y})^2\}+\frac{2}{10}\{(x_1-\overline{x})(y_1-\overline{y})+(x_2-\overline{x})(y_2-\overline{y})+\cdots+(x_{10}-\overline{x})(y_{10}-\overline{y})\}$$

$$=s_x{}^2+s_y{}^2+\frac{1}{5}T$$

$$=4.00+1.44+\frac{1}{5}\cdot(-3.000)$$

$$=4.84$$

となる．したがって，分散 $s_w{}^2$ の値は $\boxed{4}.\boxed{84}$ であり，$\boxed{ハ}$ に当てはまるものは $\boxed{①}$ である．

第6問　コンピュータ

$N=a_{p-1}\times3^{p-1}+a_{p-2}\times3^{p-2}+\cdots+a_2\times3^2+a_1\times3+a_0$ …①

(1)　3進数表示1212である自然数は，①より

$$1\times3^3+2\times3^2+1\times3+2=\boxed{50}$$

である．

(2)〔プログラム1〕の140行では，NをXで割った商を出力すればよい．したがって ウ に当てはまるものは ⑥ である．

150行では，NをXで割ったときの余りをあらためてNに代入すればよい．したがって エ に当てはまるものは ⑧ である．

160行では，$\dfrac{X}{3}$をあらためてXに代入すればよい．したがって オ に当てはまるものは ⓪ である．

〔プログラム2〕において，変数Mに77を入力すると，130行における各変数の値は以下の表のように変化していく．

I	M	$M-INT(M/3)*3$
1	77	$77-3\times25=2$
2	25	$25-3\times8=1$
3	8	$8-3\times2=2$
4	2	$2-3\times0=2$

この表より，130行で出力される値は，2122である．〔プログラム2〕はNの3進数表示を下の位の数から順に出力するプログラムであるから，77の3進数表示は 2212 となる．

正しく作成された〔プログラム1〕と流れ図は次のようになる．

〔プログラム1〕

```
100 INPUT N
110 LET  P=INT (LOG10(N)/LOG10(3)) +1
120 LET  X=3^ (P-1)
130 FOR  I=1 TO P
140      PRINT INT(N/X)
150      LET N=N-INT(N/X)*X
160      LET X=X/3
170 NEXT I
180 END
```

〔流れ図〕

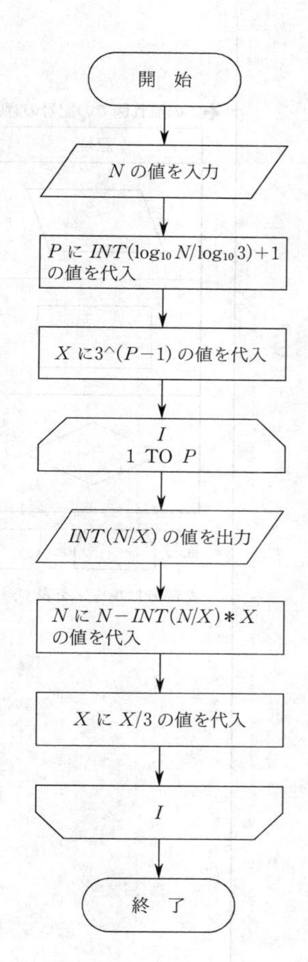

←この流れ図での記号の意味

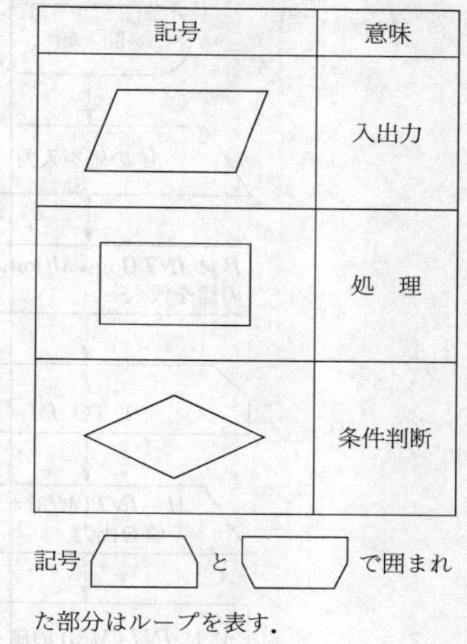

記号 と で囲まれた部分はループを表す．

〔プログラム 2〕の流れ図は次のようになる．

〔流れ図〕

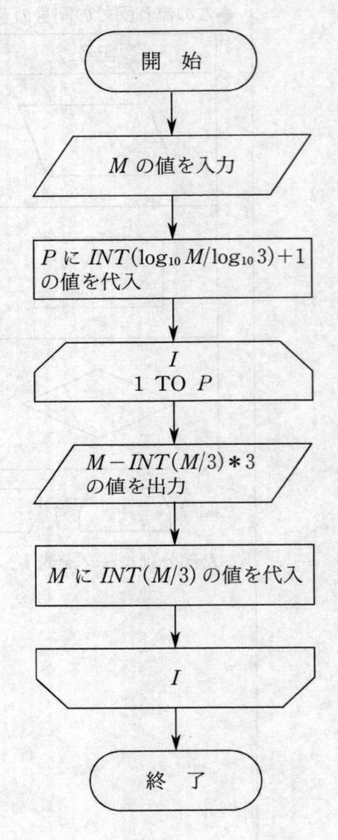

←この流れ図での記号の意味

記号	意味
	入出力
	処理
	条件判断

記号 と で囲まれた部分はループを表す．

(3) 〔プログラム 3〕の 130 行では，M に N の値を代入すればよい．したがって [コ] に当てはまるものは [⓪] である．200 行では，A と B の値が一致しなければ 240 行にいくようにすればよいので，[サ] に当てはまるものは [③] である．

〔プログラム 3〕において，変数 N に 436 を入力すると，$P=6$ より 120 行において X に $3^{6-1}=243$ が代入される．130 行において M に N の値，すなわち，436 が代入される．さらに，150 行から 190 行における各変数の値は以下の表のように変化していく．

I	A	N	X
1	1	$436-243\times1=193$	$243/3=81$
2	2	$193-81\times2=31$	$81/3=27$

I	B	M
1	$436-3\times145=1$	145
2	$145-3\times48=1$	48

この表より，$I=2$ のとき A と B の値は一致しないから，200 行の IF 文の判定により，240 行にいく．したがって，200 行の IF 文の判定は [2] 回実行され，IF 文の判定が最後に行われたときの X の値は [27] である．また，[ソ] に当てはまるものは [①] である．

正しく作成された〔プログラム 3〕と流れ図は次のようになる．

〔プログラム3〕

```
100 INPUT N
110 LET P=INT(LOG10(N)/LOG10(3))+1
120 LET X=3^(P-1)
130 LET M=N
140 FOR I=1 TO INT(P/2)
150     LET A=INT(N/X)
160     LET N=N-INT(N/X)*X
170     LET X=X/3
180     LET B=M-INT(M/3)*3
190     LET M=INT(M/3)
200     IF A<>B THEN GOTO 240
210 NEXT I
220 PRINT "一致する"
230 GOTO 250
240 PRINT "一致しない"
250 END
```

［流れ図］

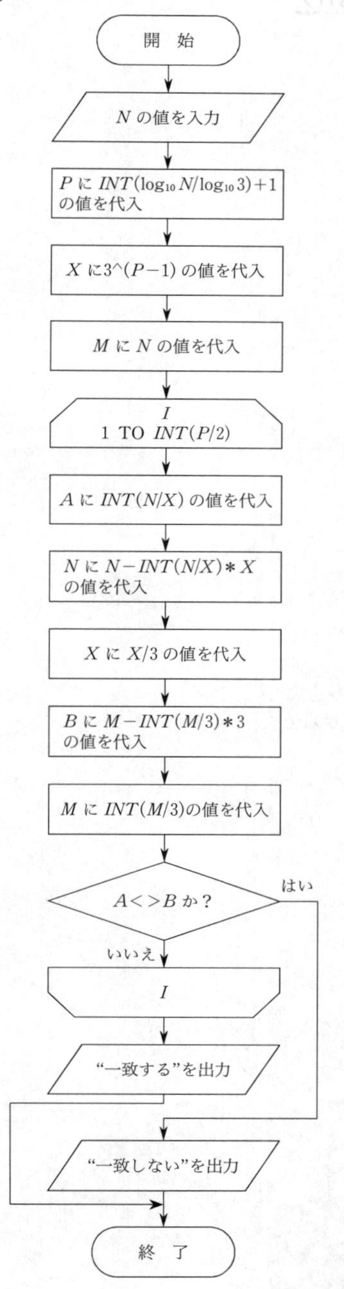

←この流れ図での記号の意味

記号	意味
（平行四辺形）	入出力
（長方形）	処　理
（ひし形）	条件判断

記号（ループ開始）と（ループ終了）で囲まれた部分はループを表す．

MEMO

2012

本試験

数学Ⅰ・数学A
数学Ⅱ・数学B

(2012年1月実施)

	受験者数	平均点
数学Ⅰ・数学A	384,818	69.97
数学Ⅱ・数学B	349,438	51.16

数学Ⅰ・数学A

解答・採点基準

（100点満点）

問題番号(配点)	解答記号	正解	配点	自己採点
第1問 (20)	アイ	-2	2	
	ウ	1	2	
	$\dfrac{-エ-a}{オ}$	$\dfrac{-1-a}{2}$	2	
	カ	4	1	
	キ	5	3	
	ク	②	2	
	ケ	⓪	3	
	コ	②	2	
	サ	①	3	
第1問　自己採点小計				
第2問 (25)	$(a+ア,\ a^2+イa+b+ウ)$	$(a+2,\ a^2+4a+b+4)$	4	
	$-a^2-エa-オカ$	$-a^2-8a-13$	3	
	$\dfrac{キク}{ケ}$	$\dfrac{-9}{4}$	3	
	$-コ-\sqrt{サ}$	$-4-\sqrt{3}$	3	
	シス	-3	2	
	セ	1	2	
	ソタチ	-13	4	
	ツ	4	2	
	テトナ	-16	2	
第2問　自己採点小計				

問題番号(配点)	解答記号	正解	配点	自己採点
第3問 (30)	$\dfrac{ア}{イ}$	$\dfrac{1}{3}$	3	
	$\dfrac{ウ\sqrt{エ}}{オ}$	$\dfrac{2\sqrt{2}}{3}$	3	
	$カ\sqrt{キ}$	$2\sqrt{2}$	3	
	$\dfrac{\sqrt{ク}}{ケ}$	$\dfrac{\sqrt{2}}{2}$	3	
	$\dfrac{\sqrt{コ}}{サ}$	$\dfrac{\sqrt{6}}{2}$	3	
	$\dfrac{\sqrt{シ}}{ス}$	$\dfrac{\sqrt{2}}{2}$	3	
	セ	③	4	
	$\dfrac{\sqrt{ソ}}{タ}$	$\dfrac{\sqrt{2}}{2}$	3	
	チ	1	2	
	$\dfrac{ツ}{テ}$	$\dfrac{1}{2}$	3	
第3問　自己採点小計				
第4問 (25)	アイウ	126	3	
	エオ	70	3	
	カキ	56	3	
	$\dfrac{ク}{ケ}$	$\dfrac{4}{9}$	2	
	$\dfrac{コ}{サシス}$	$\dfrac{1}{126}$	3	
	$\dfrac{セ}{ソタ}$	$\dfrac{8}{63}$	3	
	$\dfrac{チ}{ツ}$	$\dfrac{2}{7}$	3	
	$\dfrac{テ}{ト}$	$\dfrac{5}{3}$	5	
第4問　自己採点小計				
自己採点合計				

第1問　方程式と不等式・集合と論理

〔1〕

(1)　不等式 $|2x+1| \leqq 3$ の解は，

$$-3 \leqq 2x+1 \leqq 3$$
$$-4 \leqq 2x \leqq 2$$

← $|A| \leqq B \iff -B \leqq A \leqq B.$

より，

$$\boxed{-2} \leqq x \leqq \boxed{1}$$

である．

(2)　不等式

$$|2x+1| \leqq a \ (a>0) \qquad \cdots①$$

の解は，

$$-a \leqq 2x+1 \leqq a$$
$$-1-a \leqq 2x \leqq -1+a$$

より，

$$\frac{-\boxed{1}-a}{\boxed{2}} \leqq x \leqq \frac{-1+a}{2}$$

である．

(3)　$a=3$ のとき，不等式 ① の解は，

$$-2 \leqq x \leqq 1$$

であり，不等式 ① を満たす整数 x は，

$$x=-2,\ -1,\ 0,\ 1$$

であるから，

$$N=\boxed{4}$$

である．

a が増加すると $\dfrac{-1-a}{2}$ は減少し，$\dfrac{-1+a}{2}$ は増加するから，$a=1,\ 2$ のときに N が 4 より大きくなることはない．

$a=4$ のとき，不等式 ① の解は，

$$-\frac{5}{2} \leqq x \leqq \frac{3}{2}$$

であるから，

$$N=4$$

← $x=-2,\ -1,\ 0,\ 1.$

である．

$a=5$ のとき，不等式 ① の解は，

$$-3 \leqq x \leqq 2$$

であるから，

$$N=6$$

である．

　したがって，N が初めて4より大きくなるのは，

$$a=\boxed{5}$$

のときである．

〔2〕

(1)　p の否定 $\overline{p}$ は，ド・モルガンの法則より，

$$m \leqq k \text{ かつ } n \leqq k$$

であるから，$\boxed{ク}$ は②である．

(2)(i)　$k=1$ より，

$$p : m>1 \text{ または } n>1,$$
$$q : mn>1$$

である．

　それぞれの否定は，

$$\overline{p} : m \leqq 1 \text{ かつ } n \leqq 1,$$
$$\overline{q} : mn \leqq 1$$

であり，m, n が自然数であることから，

$$\overline{p} : m=1 \text{ かつ } n=1,$$
$$\overline{q} : m=1 \text{ かつ } n=1$$

となる．

　よって，

$$\overline{p} \Longleftrightarrow \overline{q} \text{ すなわち } p \Longleftrightarrow q$$

であり，p は q であるための

$\boxed{⓪\ 必要十分条件である}$.

(ii)　$k=2$ より，

$$p : m>2 \text{ または } n>2$$
$$q : mn>4$$
$$r : mn>2$$

である．

　それぞれの否定は，

$$\overline{p} : m \leqq 2 \text{ かつ } n \leqq 2$$
$$\overline{q} : mn \leqq 4$$
$$\overline{r} : mn \leqq 2$$

であり，m, n が自然数であることから，

← $x=-3,\ -2,\ -1,\ 0,\ 1,\ 2.$

← **ド・モルガンの法則**

$$\overline{s \cup t}=\overline{s} \cap \overline{t},$$
$$\overline{s \cap t}=\overline{s} \cup \overline{t}.$$

← 命題「$s \Longrightarrow t$」が真のとき，

　s は t であるための十分条件，

　t は s であるための必要条件

という．

　命題「$s \Longrightarrow t$」，「$t \Longrightarrow s$」がともに真のとき，

　s は t であるための必要十分条件

という．

$\overline{p}$: $(m, n)=(1, 1), (1, 2), (2, 1), (2, 2)$
$\overline{q}$: $(m, n)=(1, 1), (1, 2), (2, 1), (1, 3),$
$(3, 1), (1, 4), (4, 1), (2, 2)$
$\overline{r}$: $(m, n)=(1, 1), (1, 2), (2, 1)$
となる．

したがって，
「$\overline{r} \Longrightarrow \overline{p}$」は真，「$\overline{p} \Longrightarrow \overline{r}$」は偽
すなわち
「$p \Longrightarrow r$」は真，「$r \Longrightarrow p$」は偽
であるから，p は r であるための
② 十分条件であるが，必要条件でない．

← 命題「$s \Longrightarrow t$」と対偶「$\overline{t} \Longrightarrow \overline{s}$」の真偽は一致する．

また，
「$\overline{q} \Longrightarrow \overline{p}$」は偽，「$\overline{p} \Longrightarrow \overline{q}$」は真
すなわち
「$p \Longrightarrow q$」は偽，「$q \Longrightarrow p$」は真
であるから，p は q であるための
① 必要条件であるが，十分条件でない．

第2問　2次関数

$$y=-x^2+(2a+4)x+b \quad \cdots ①$$
$$=-\{x^2-2(a+2)x\}+b$$
$$=-\{x-(a+2)\}^2+(a+2)^2+b$$
$$=-\{x-(a+2)\}^2+a^2+4a+b+4$$

であるから，関数①のグラフ G の頂点の座標は，

$$\left(a+\boxed{2},\ a^2+\boxed{4}a+b+\boxed{4}\right)$$

である．

← 2次関数
$y=p(x-q)^2+r$
のグラフの頂点の座標は，
$(q,\ r)$.

頂点が直線 $y=-4x-1$ 上にあるから，

$$a^2+4a+b+4=-4(a+2)-1$$

← 点 $(x_0,\ y_0)$ が $y=f(x)$ のグラフ上にあるとき，
$y_0=f(x_0)$.

より，

$$b=-a^2-\boxed{8}a-\boxed{13} \quad \cdots ②$$

である．

(1)　②より，G の頂点の座標は，

$$(a+2,\ a^2+4a+(-a^2-8a-13)+4)$$

すなわち

$$(a+2,\ -4a-9)$$

となる．

G は上に凸な放物線であるから，G が x 軸と異なる2点で交わるような a の値の範囲は，

$$(G\text{ の頂点の }y\text{ 座標})=-4a-9>0$$

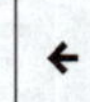

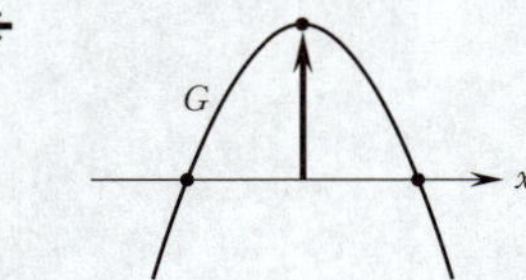

より，

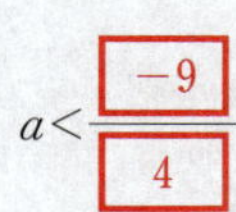

$$a<\frac{\boxed{-9}}{\boxed{4}}$$

である．

また，G が x 軸の正の部分と負の部分の両方で交わるような a の値の範囲は，

$$(G\text{ の }y\text{ 切片})=b=-a^2-8a-13>0$$

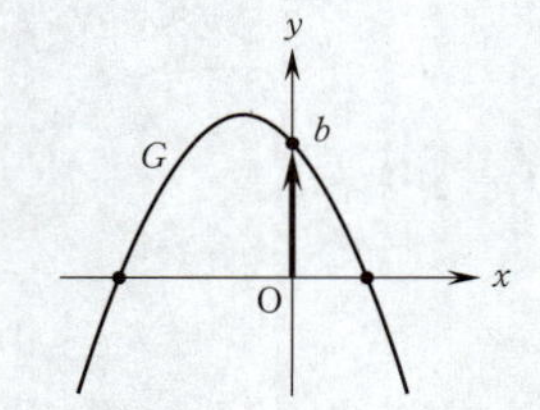

すなわち

$$a^2+8a+13<0$$

より，

$$-\boxed{4}-\sqrt{\boxed{3}}<a<-4+\sqrt{3}$$

である．

(2)　$$f(x)=-x^2+(2a+4)x+b$$

とおく．②より，

$$f(x)=-x^2+(2a+4)x-a^2-8a-13$$

である．

関数①すなわち $f(x)$ の $0\leqq x\leqq 4$ における最小値を m とおく．

G は上に凸な放物線であり，軸 $x=a+2$ に関する対称性を考慮すると

$a+2<2$ すなわち $a<0$ のとき，$m=f(4)$，

$2\leqq a+2$ すなわち $0\leqq a$ のとき，$m=f(0)$

である．

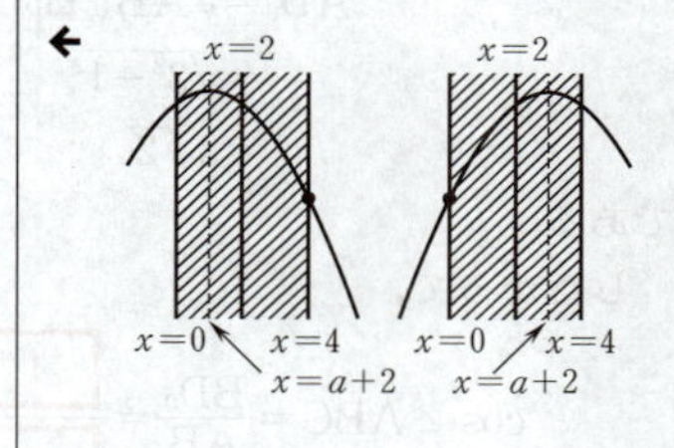

したがって，$m=-22$ となるのは，

$$a<0 \text{ かつ } f(4)=-a^2-13=-22$$

または

$$0\leqq a \text{ かつ } f(0)=-a^2-8a-13=-22$$

すなわち

$$a<0 \text{ かつ } (a+3)(a-3)=0$$

または

$$0\leqq a \text{ かつ } (a+9)(a-1)=0$$

より，

$$a=\boxed{-3} \text{ または } a=\boxed{1}$$

のときである．

$a=1$ のとき，G の頂点の座標は，$(3,\ -13)$ であるから，関数①すなわち $f(x)$ の $0\leqq x\leqq 4$ における最大値は，

$$f(3)=\boxed{-13}$$

である．

$a=-3$ のとき，G の頂点の座標は，$(-1,\ 3)$ であるから，$a=-3$ のときの G を

x 軸方向に $3-(-1)=\boxed{4}$，

y 軸方向に $(-13)-3=\boxed{-16}$

だけ平行移動すると，$a=1$ のときの G と一致する．

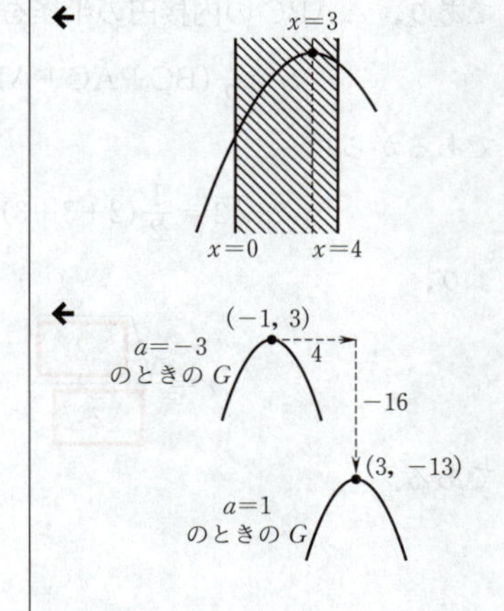

第3問　図形と計量・平面図形

△ABC は AB＝AC＝3, BC＝2 の二等辺三角形であるから，辺 BC の中点を D_0 とすると，

$$BD_0=1,\ \angle BD_0A=90^\circ$$

であり，三平方の定理を $\triangle ABD_0$ に用いると，

$$\begin{aligned}AD_0&=\sqrt{AB^2-BD_0{}^2}\\&=\sqrt{3^2-1^2}\\&=2\sqrt{2}\end{aligned}$$

である．

したがって，

$$\cos\angle ABC=\frac{BD_0}{AB}=\frac{\boxed{1}}{\boxed{3}},$$

$$\sin\angle ABC=\frac{AD_0}{AB}=\frac{\boxed{2}\sqrt{\boxed{2}}}{\boxed{3}}$$

である．

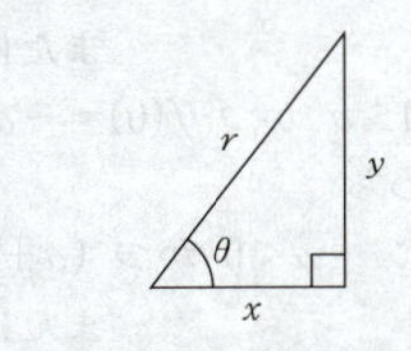

$\sin\theta=\dfrac{y}{r},\ \cos\theta=\dfrac{x}{r}.$

また，△ABC の面積を S とすると，

$$\begin{aligned}S&=\frac{1}{2}BC\cdot AD_0\\&=\frac{1}{2}\cdot2\cdot2\sqrt{2}\\&=\boxed{2}\sqrt{\boxed{2}}\end{aligned}$$

であり，△ABC の内接円の半径を r とすると，

$$S=\frac{1}{2}(BC+AC+AB)r$$

であるから，

$$2\sqrt{2}=\frac{1}{2}(2+3+3)r$$

より，

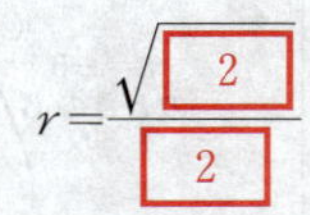

$$r=\frac{\sqrt{\boxed{2}}}{\boxed{2}}$$

である．

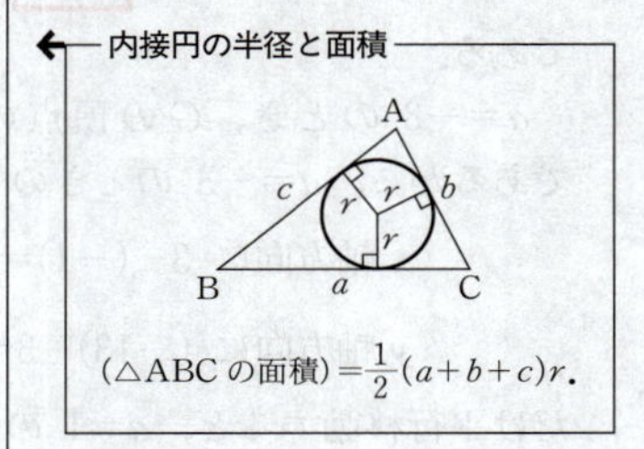

$(\triangle ABC\text{の面積})=\dfrac{1}{2}(a+b+c)r.$

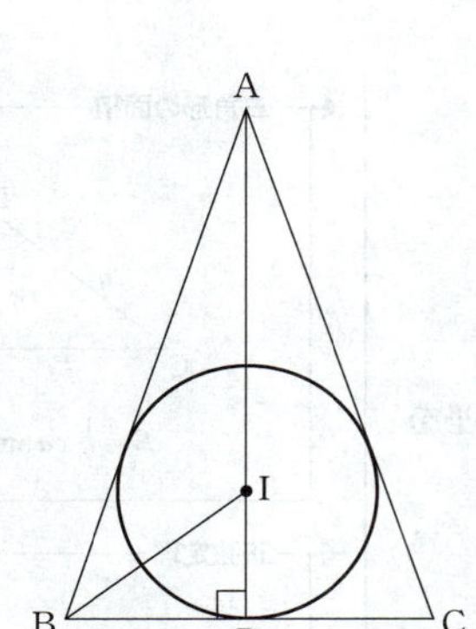

内接円の中心Iから点Bまでの距離IBは，$\triangle IBD_0$ に三平方の定理を用いることにより，

$$IB=\sqrt{BD_0{}^2+ID_0{}^2}$$
$$=\sqrt{1^2+\left(\frac{\sqrt{2}}{2}\right)^2}$$
$$=\frac{\sqrt{\boxed{6}}}{\boxed{2}}$$

となる．

(注)　$\cos\angle ABC$, $\sin\angle ABC$, 面積 S については，次のように求めてもよい．

$\triangle ABC$ に余弦定理を用いると，

$$\cos\angle ABC=\frac{AB^2+BC^2-AC^2}{2AB\cdot BC}$$
$$=\frac{3^2+2^2-3^2}{2\cdot 3\cdot 2}$$
$$=\frac{1}{3}$$

であり，

$$\sin\angle ABC=\sqrt{1-\cos^2\angle ABC}$$
$$=\sqrt{1-\left(\frac{1}{3}\right)^2}$$
$$=\frac{2\sqrt{2}}{3}$$

である．

また，

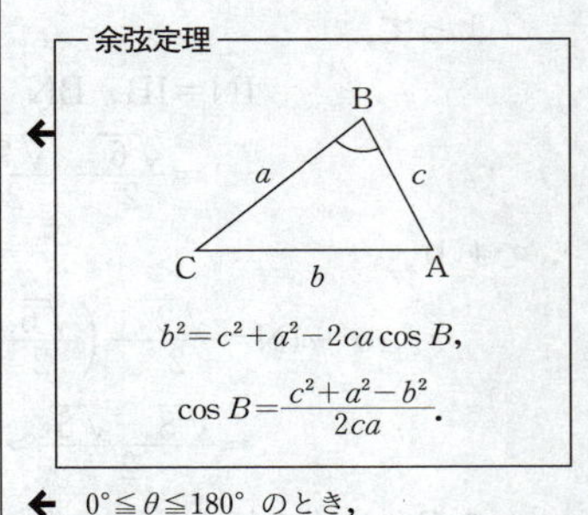

← $0°\leqq\theta\leqq 180°$ のとき，
$\sin\theta=\sqrt{1-\cos^2\theta}$.

$$S=\frac{1}{2}\text{AB}\cdot\text{BC}\sin\angle\text{ABC}$$
$$=\frac{1}{2}\cdot 3\cdot 2\cdot\frac{2\sqrt{2}}{3}$$
$$=2\sqrt{2}$$

である．

(1)　△PBQ の外接円の半径を R とし，正弦定理を用いると，直径 $2R$ は，

$$2R=\frac{\text{PQ}}{\sin\angle\text{PBQ}}$$
$$=\frac{\frac{2}{3}}{\frac{2\sqrt{2}}{3}}$$
$$=\frac{\sqrt{\boxed{2}}}{\boxed{2}}$$

である．

円 O と直線 IB の 2 交点のうち B でない方を N とする．BP＝BQ であり，直線 IB が ∠PBQ の二等分線であるから，線分 BN は円 O の直径である．

よって，

$$\text{IN}=\text{IB}-\text{BN}$$
$$=\frac{\sqrt{6}}{2}-\frac{\sqrt{2}}{2}$$

であり，

$$r-\text{IN}=\frac{\sqrt{2}}{2}-\left(\frac{\sqrt{6}}{2}-\frac{\sqrt{2}}{2}\right)$$
$$=\frac{\sqrt{8}-\sqrt{6}}{2}>0$$

より IN＜r であるから，点 N は円 I の内部にある．

ゆえに，円 I と円 O は異なる 2 点で交わる．すなわち セ は③である．

← 三角形の面積

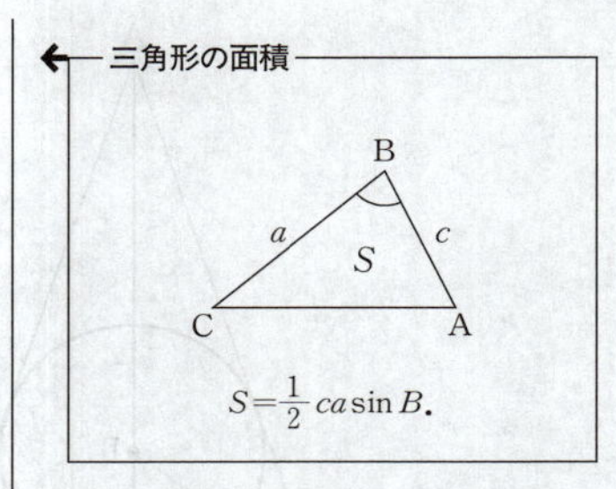

$$S=\frac{1}{2}ca\sin B.$$

← 正弦定理

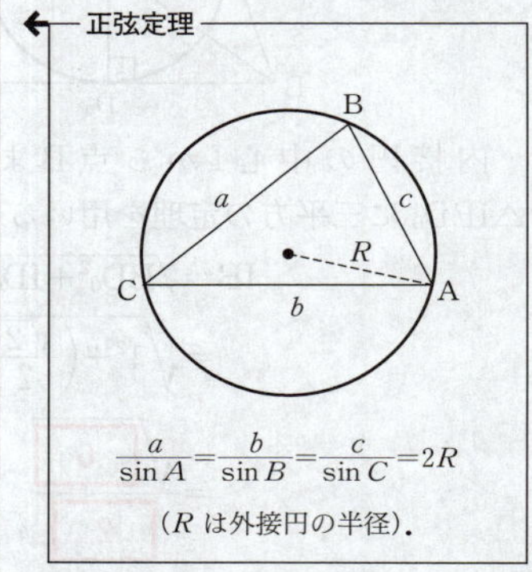

$$\frac{a}{\sin A}=\frac{b}{\sin B}=\frac{c}{\sin C}=2R$$

（R は外接円の半径）．

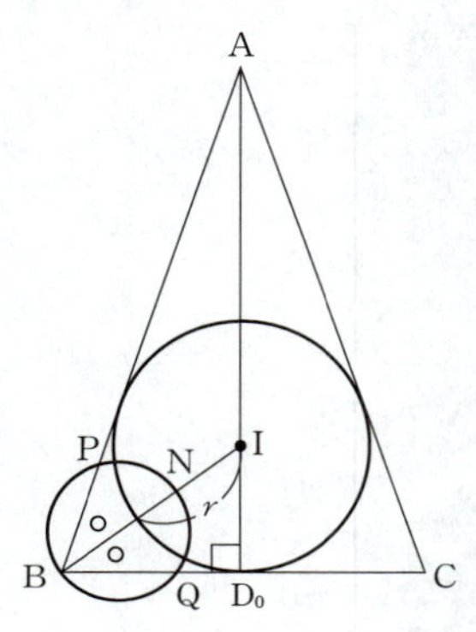

(2)

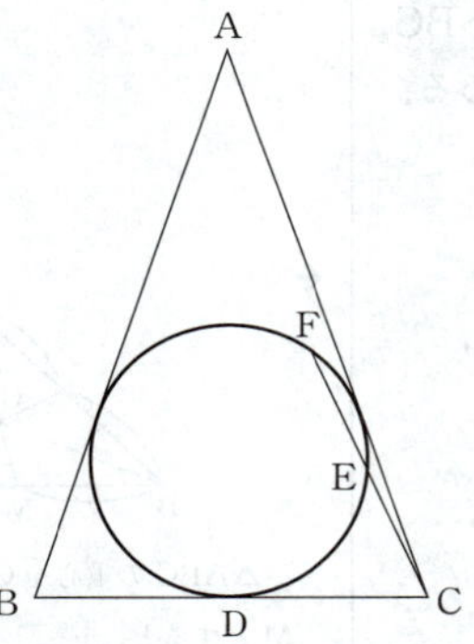

点Dは点D_0であり，方べきの定理より，

$$CE \cdot CF = CD^2$$

であるから，$CD=1$, $CF=\sqrt{2}$ より，

$$CE = \frac{CD^2}{CF} = \frac{1^2}{\sqrt{2}} = \frac{\sqrt{\boxed{2}}}{\boxed{2}}$$

である．

よって，$CE = \frac{1}{2}CF$ であるから，点Eは線分CFの中点であり，

$$\frac{EF}{CE} = \boxed{1}$$

である．

← 点Eと点Fの位置は，次図のような場合もある．

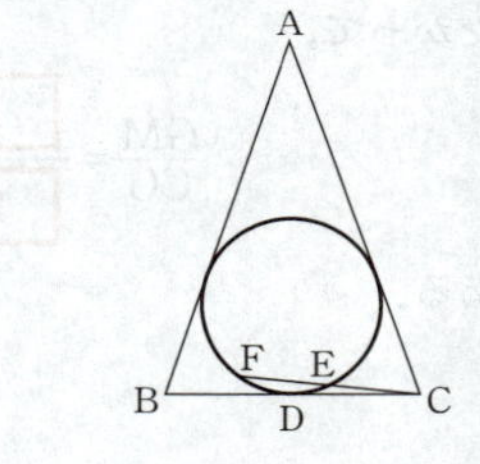

← 方べきの定理

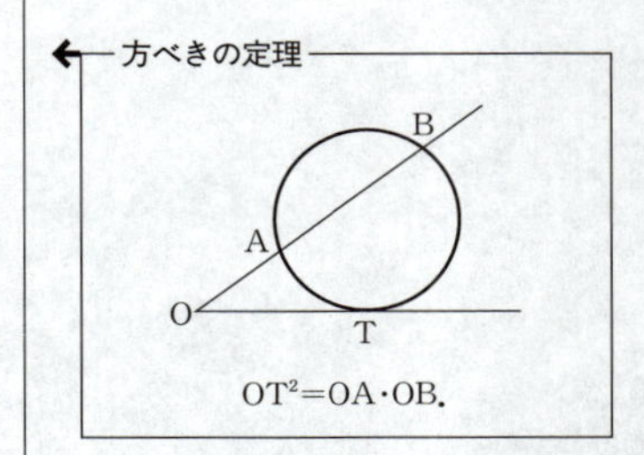

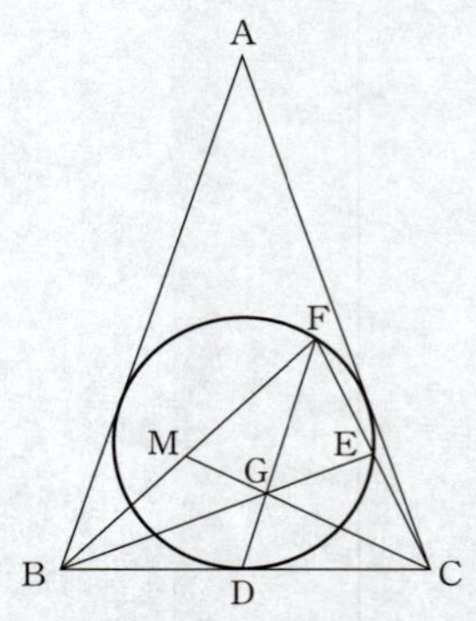

点 E は線分 CF の中点であり，点 D は線分 BC の中点であるから，点 G は△FBC の重心である．したがって，

$$\frac{\mathrm{GM}}{\mathrm{CG}}=\frac{1}{2}$$

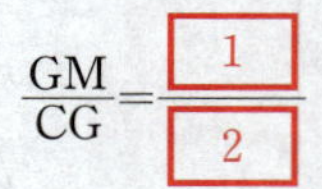

である．

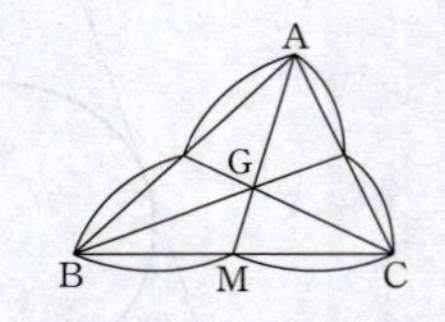

△ABC の重心を G，辺 BC の中点を M とすると，

AG：GM＝2：1．

第4問　場合の数・確率

異なる9枚のカードから5枚のカードを同時に取り出すから，取り出し方は全部で，

$$ {}_9C_5=\frac{9\cdot8\cdot7\cdot6\cdot5}{5\cdot4\cdot3\cdot2\cdot1}=\boxed{126}\text{通り} $$

ある．

(1)　取り出したカードの中に5と書かれたカードがある取り出し方は，5と書かれたカード以外の8枚のカードから4枚取り出すことを考えて，

$$ {}_8C_4=\frac{8\cdot7\cdot6\cdot5}{4\cdot3\cdot2\cdot1}=\boxed{70}\text{通り} $$

である．

5と書かれたカードがない取り出し方は，

$$ 126-70=\boxed{56}\text{通り} $$

である．

← 5と書かれたカード以外の8枚のカードから5枚のカードを取り出すことを考えて，

$$ {}_8C_5=56\text{通り} $$

としてもよい．

(2)　以下，数字kが書かれたカードを$\boxed{k}$で表す．

得点が0点となるのは，$\boxed{5}$を取り出さないときであるから，その確率は，

$$ \frac{56}{126}=\frac{\boxed{4}}{\boxed{9}} $$

である．

0点以外の得点は，1点，2点，3点，4点，5点である．

得点が1点となるのは，取り出したカードが，

$\boxed{5}$，$\boxed{6}$，$\boxed{7}$，$\boxed{8}$，$\boxed{9}$

のときであるから，確率は，

$$ \frac{\boxed{1}}{\boxed{126}} $$

である．

得点が2点となるのは，$\boxed{5}$以外に，

$\boxed{1}$，$\boxed{2}$，$\boxed{3}$，$\boxed{4}$から1枚，

$\boxed{6}$，$\boxed{7}$，$\boxed{8}$，$\boxed{9}$から3枚

取り出すときであるから，確率は，

← 得点が2点，すなわち$\boxed{5}$が2番目になるのは，5より小さい数字が書かれたカードが1枚だけ取り出されるとき．

$$\frac{{}_4\mathrm{C}_1\cdot{}_4\mathrm{C}_3}{126}=\frac{4\cdot4}{126}=\frac{16}{126}=\frac{\boxed{8}}{\boxed{63}}$$

である．

得点が 3 点となるのは，[5] 以外に，

[1], [2], [3], [4] から 2 枚，

[6], [7], [8], [9] から 2 枚

取り出すときであるから，確率は，

$$\frac{{}_4\mathrm{C}_2\cdot{}_4\mathrm{C}_2}{126}=\frac{6\cdot6}{126}=\frac{36}{126}=\frac{\boxed{2}}{\boxed{7}}$$

である．

得点が 4 点となるのは，[5] 以外に，

[1], [2], [3], [4] から 3 枚，

[6], [7], [8], [9] から 1 枚

取り出すときであるから，確率は，

$$\frac{{}_4\mathrm{C}_3\cdot{}_4\mathrm{C}_1}{126}=\frac{4\cdot4}{126}=\frac{16}{126}$$

である．

得点が 5 点となるのは，取り出したカードが，

[1], [2], [3], [4], [5]

のときであるから，確率は，

$$\frac{1}{126}$$

である．

よって，得点の期待値は，

$$0\cdot\frac{56}{126}+1\cdot\frac{1}{126}+2\cdot\frac{16}{126}$$

$$+3\cdot\frac{36}{126}+4\cdot\frac{16}{126}+5\cdot\frac{1}{126}=\frac{\boxed{5}}{\boxed{3}}$$

である．

←期待値

$X=x_1$ となる確率が p_1，

$X=x_2$ となる確率が p_2，

⋮

$X=x_n$ となる確率が p_n

$(p_1+p_2+\cdots+p_n=1)$

のとき，X の期待値は，

$x_1p_1+x_2p_2+\cdots+x_np_n$．

数学Ⅱ・数学B

解答・採点基準　（100点満点）

問題番号(配点)	解答記号	正　解	配点	自己採点
第1問 (30)	ア	2	1	
	イ	8	1	
	ウエ，オカ	17，66	2	
	キ	⓪	3	
	ク	6	2	
	ケ	8	2	
	コ	2	2	
	サ	6	2	
	シ	6	1	
	ス	5	1	
	セ，ソ	4，2	2	
	タ	3	1	
	チ，ツ	4，2	2	
	テ	5	1	
	$\frac{ト}{ナ}$	$\frac{3}{8}$	2	
	$\frac{ニヌ}{ネ}$	$\frac{11}{8}$	2	
	$\frac{ノ}{ハヒ}$	$\frac{3}{22}$	2	
	フ	①	1	
第1問　自己採点小計				
第2問 (30)	ア，イ，ウ	2，2，3	3	
	エ，オ	2，2	2	
	カキ，ク	−2，2	3	
	ケコ，サ	−2，2	1	
	シ	0	2	
	ス	0	2	
	$\frac{セ}{ソ}$	$\frac{1}{3}$	2	
	$\frac{タ}{チツ}$	$\frac{1}{27}$	2	
	テ	3	3	
	ト	0	2	
	$\frac{ナ}{ニ}$	$\frac{4}{9}$	3	
	ヌ，ネノ	4，10	5	
第2問　自己採点小計				

問題番号(配点)	解答記号	正　解	配点	自己採点
第3問 (20)	$\frac{アイ}{ウ}$	$\frac{-1}{3}$	1	
	エオ	−2	1	
	カキ，$\frac{ク}{ケ}$	−2，$\frac{5}{3}$	2	
	コ，$\frac{サ}{シ}$	−，$\frac{2}{3}$	2	
	ス	1	2	
	セ	4	2	
	ソ，タ	6，1	2	
	チ	2	2	
	ツ	1	2	
	テ	4	1	
	ト	4	1	
	ナ，ニ，ヌ，ネ	4，②，2，1	2	
第3問　自己採点小計				
第4問 (20)	ア	2	1	
	$\frac{イ}{ウ}$	$\frac{3}{4}$	1	
	エ，オ，カ	1，2，1	3	
	$\frac{キ}{ク}$	$\frac{2}{3}$	2	
	$\frac{ケ}{コ}$	$\frac{2}{3}$	2	
	$\frac{サ}{シ}$，ス，セ	$\frac{1}{3}$，2，2	1	
	ソ	2	1	
	タ	3	2	
	チ，$\frac{ツテ}{ト}$	2，$\frac{16}{3}$	2	
	$\frac{ナ}{ニ}$	$\frac{3}{2}$	3	
	$\frac{ヌ}{ネ}$	$\frac{1}{3}$	2	
第4問　自己採点小計				

問題番号(配点)	解答記号	正　解	配点	自己採点
第5問 (20)	ア	5	1	
	イ	8	1	
	ウ.エ	5.0	1	
	オ.カキ	1.60	2	
	ク	5	1	
	ケ.コサシ	0.625	3	
	スセソ	282	1	
	タ	8	1	
	チツ	42	1	
	テ，ト，ナ	4，2，2	2	
	ニ.ヌ	5.1	2	
	ネ.ノ	5.0	2	
	ハ	5	1	
	ヒ	3	1	
第5問　自己採点小計				
第6問 (20)	ア	①	2	
	イ	②	2	
	ウ	④	2	
	エ	⑤	2	
	オ	5	1	
	カ	4	1	
	キ	⓪	2	
	ク	④	1	
	ケ	⑤	2	
	コ	③	2	
	サ	2	1	
	シ	②	2	
第6問　自己採点小計				
自己採点合計				

(注)

第1問，第2問は必答。

第3問～第6問のうちから2問選択。計4問を解答。

第1問　指数関数・対数関数，三角関数

〔1〕

$a>0$，$a \neq 1$ として，不等式

$$2\log_a(8-x)>\log_a(x-2) \quad \cdots ①$$

すなわち

$$\log_a(8-x)^2>\log_a(x-2) \quad \cdots ①'$$

を考える．

（← $a>0$, $a \neq 1$, $M>0$, r が実数のとき $r\log_a M=\log_a M^r$.）

① において真数は正であるから

$$8-x>0 \text{ かつ } x-2>0$$

すなわち

$$\boxed{2}<x<\boxed{8}$$

が成り立つ．

底 a が $a<1$ を満たすとき，不等式 ①′ は

$$(8-x)^2<x-2$$

$$x^2-\boxed{17}x+\boxed{66}<0 \quad \cdots ②$$

となる．$\boxed{キ}$ に当てはまるものは $\boxed{⓪}$ である．

（← $0<a<1$, $M>0$, $N>0$ のとき $\log_a M>\log_a N \iff M<N$.）

② より

$$(x-6)(x-11)<0$$

$$6<x<11 \quad \cdots ②'$$

が得られる．

したがって，真数が正であることと ②′ から，$a<1$ のとき，不等式 ① を満たす x のとり得る値の範囲は

$$\boxed{6}<x<\boxed{8}$$

である．

（← $2<x<8$ かつ $6<x<11$ より $6<x<8$.）

底 a が $a>1$ を満たすとき，不等式 ①′ は

$$(8-x)^2>x-2$$

$$x^2-17x+66>0$$

$$(x-6)(x-11)>0$$

（← $a>1$, $M>0$, $N>0$ のとき $\log_a M>\log_a N \iff M>N$.）

となり

$$x<6 \text{ または } 11<x \quad \cdots ③$$

が得られる．

したがって，真数が正であることと ③ から，$a>1$ のとき，不等式 ① を満たす x のとり得る値の範囲は

$$\boxed{2}<x<\boxed{6}$$

である．

（← $2<x<8$ かつ「$x<6$ または $11<x$」より $2<x<6$.）

〔2〕

$0 \leqq \alpha \leqq \pi$ とし

$$\sin\alpha=\cos 2\beta \quad (0\leqq\beta\leqq\pi) \qquad \cdots(*)$$

を満たす β について考える．

$\alpha=\dfrac{\pi}{6}$ のとき，$(*)$ より

$$\cos 2\beta=\frac{1}{2} \quad (0\leqq\beta\leqq\pi)$$

$$2\beta=\frac{\pi}{3},\ \frac{5}{3}\pi$$

$$\beta=\frac{\pi}{\boxed{6}},\ \frac{\boxed{5}}{6}\pi.$$

α の各値に対して，β のとり得る値は二つある．そのうちの小さい方を β_1，大きい方を β_2 とし

$$y=\sin\left(\alpha+\frac{\beta_1}{2}+\frac{\beta_2}{3}\right)$$

が最大となる α の値とそのときの y の値を求める．

$t=\sin\alpha\ (0\leqq\alpha\leqq\pi)$ とおくと，$0\leqq t\leqq 1$．

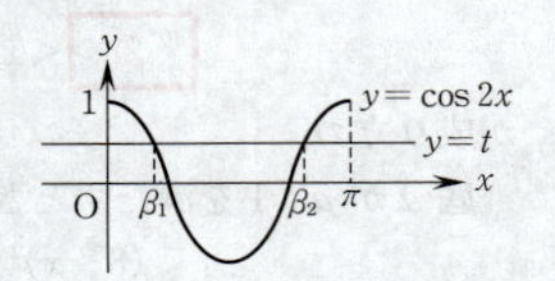

$\sin\alpha=\cos\left(\dfrac{\pi}{2}-\alpha\right)=\cos\left(\alpha-\dfrac{\pi}{2}\right)$ であるから，$(*)$ は

$$\cos\left(\frac{\pi}{2}-\alpha\right)=\cos 2\beta \quad (0\leqq\beta\leqq\pi) \qquad \cdots(**)$$

となり

$$\cos\left(\alpha-\frac{\pi}{2}\right)=\cos 2\beta \quad (0\leqq\beta\leqq\pi) \qquad \cdots(***)$$

ともなる．

加法定理より

$$\cos\left(\frac{\pi}{2}-\alpha\right)=\cos\frac{\pi}{2}\cos\alpha+\sin\frac{\pi}{2}\sin\alpha=\sin\alpha,$$

$$\cos\left(\alpha-\frac{\pi}{2}\right)=\cos\alpha\cos\frac{\pi}{2}+\sin\alpha\sin\frac{\pi}{2}=\sin\alpha.$$

$0\leqq\alpha<\dfrac{\pi}{2}$ のとき，$0<\dfrac{\pi}{2}-\alpha\leqq\dfrac{\pi}{2}$，$0\leqq 2\beta_1<2\beta_2\leqq 2\pi$

に注意すると，$(**)$ より

$$2\beta_1=\frac{\pi}{2}-\alpha,\ 2\beta_2=2\pi-\left(\frac{\pi}{2}-\alpha\right)$$

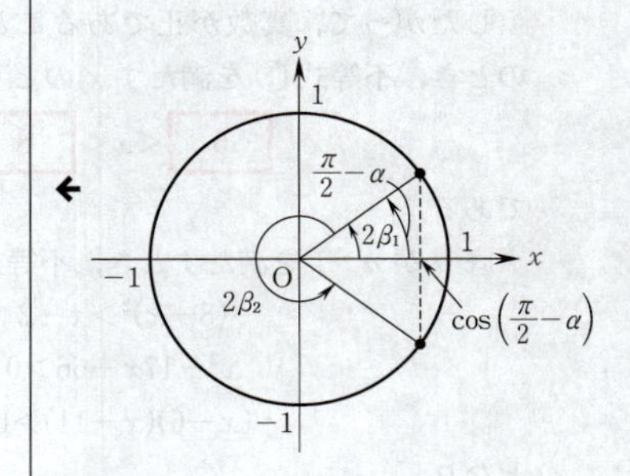

すなわち

$$\beta_1=\frac{\pi}{\boxed{4}}-\frac{\alpha}{\boxed{2}},\ \beta_2=\frac{\boxed{3}}{4}\pi+\frac{\alpha}{2}$$

となる．

$\dfrac{\pi}{2}\leqq\alpha\leqq\pi$ のとき，$0\leqq\alpha-\dfrac{\pi}{2}\leqq\dfrac{\pi}{2}$，$0\leqq 2\beta_1<2\beta_2\leqq 2\pi$

に注意すると，$(***)$ より

$$2\beta_1=\alpha-\frac{\pi}{2},\ 2\beta_2=2\pi-\left(\alpha-\frac{\pi}{2}\right)$$

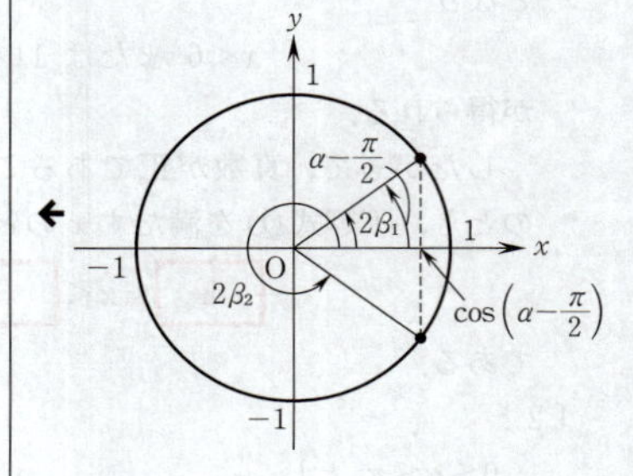

すなわち

$$\beta_1=-\frac{\pi}{\boxed{4}}+\frac{\alpha}{\boxed{2}},\ \beta_2=\frac{\boxed{5}}{4}\pi-\frac{\alpha}{2}$$

となる.

$0 \leqq \alpha < \frac{\pi}{2}$ のとき

$$\alpha+\frac{\beta_1}{2}+\frac{\beta_2}{3}=\alpha+\frac{\pi}{8}-\frac{\alpha}{4}+\frac{\pi}{4}+\frac{\alpha}{6}$$
$$=\frac{11}{12}\alpha+\frac{3}{8}\pi$$

← $\beta_1=\frac{\pi}{4}-\frac{\alpha}{2}$, $\beta_2=\frac{3}{4}\pi+\frac{\alpha}{2}$.

であるから

$$\frac{3}{8}\pi \leqq \alpha+\frac{\beta_1}{2}+\frac{\beta_2}{3}<\frac{5}{6}\pi$$

← $0 \leqq \alpha < \frac{\pi}{2}$ のとき
$$\frac{11}{12}\cdot 0+\frac{3}{8}\pi \leqq \frac{11}{12}\alpha+\frac{3}{8}\pi<\frac{11}{12}\cdot\frac{\pi}{2}+\frac{3}{8}\pi$$
$$\frac{3}{8}\pi \leqq \frac{11}{12}\alpha+\frac{3}{8}\pi<\frac{5}{6}\pi.$$

である.

$\frac{\pi}{2} \leqq \alpha \leqq \pi$ のとき

$$\alpha+\frac{\beta_1}{2}+\frac{\beta_2}{3}=\alpha-\frac{\pi}{8}+\frac{\alpha}{4}+\frac{5}{12}\pi-\frac{\alpha}{6}$$
$$=\frac{13}{12}\alpha+\frac{7}{24}\pi$$

← $\beta_1=-\frac{\pi}{4}+\frac{\alpha}{2}$, $\beta_2=\frac{5}{4}\pi-\frac{\alpha}{2}$.

であるから

$$\frac{5}{6}\pi \leqq \alpha+\frac{\beta_1}{2}+\frac{\beta_2}{3} \leqq \frac{11}{8}\pi$$

← $\frac{\pi}{2} \leqq \alpha \leqq \pi$ のとき
$$\frac{13}{12}\cdot\frac{\pi}{2}+\frac{7}{24}\pi \leqq \frac{13}{12}\alpha+\frac{7}{24}\pi \leqq \frac{13}{12}\cdot\pi+\frac{7}{24}\pi$$
$$\frac{5}{6}\pi \leqq \frac{13}{12}\alpha+\frac{7}{24}\pi \leqq \frac{11}{8}\pi.$$

である.

したがって，$0 \leqq \alpha \leqq \pi$ のとき

$$\frac{\boxed{3}}{\boxed{8}}\pi \leqq \alpha+\frac{\beta_1}{2}+\frac{\beta_2}{3} \leqq \frac{\boxed{11}}{\boxed{8}}\pi$$

である．y が最大となるのは

$$\alpha+\frac{\beta_1}{2}+\frac{\beta_2}{3}=\frac{\pi}{2}$$

すなわち

$$\frac{11}{12}\alpha+\frac{3}{8}\pi=\frac{\pi}{2} \quad \left(0 \leqq \alpha < \frac{\pi}{2}\right)$$

より $\alpha=\frac{\boxed{3}}{\boxed{22}}\pi$ のときである．このときの y の最大値は1である．フ に当てはまるものは ① である.

第２問　図形と式，微分法・積分法

$$\begin{cases} C : y=x^3, \\ D : y=x^2+px+q. \end{cases}$$

(1)　$g(x)=x^3$，$h(x)=x^2+px+q$ とおく．

$$g'(x)=3x^2,\ h'(x)=2x+p.$$

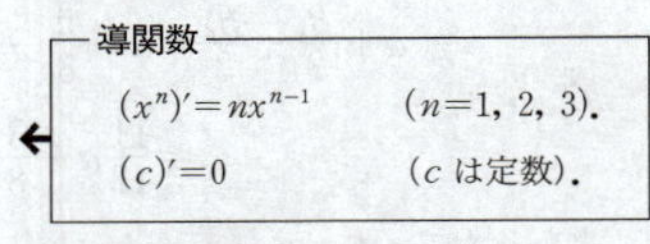

C 上の点 $\mathrm{P}(a,\ a^3)$ における C の接線の方程式は

$$y=3a^2(x-a)+a^3$$

すなわち

$$y=3a^{\boxed{2}}x-\boxed{2}a^{\boxed{3}}$$

である．

接線の方程式

点 $(a,\ g(a))$ における曲線 $y=g(x)$ の接線の方程式は

$$y=g'(a)(x-a)+g(a)$$

である．

放物線 D は点Pを通り，D のPにおける接線と，C のPにおける接線が一致することより

$$\begin{cases} g(a)=h(a), \\ g'(a)=h'(a) \end{cases}$$

であるから

$y=g(x)$ と $y=h(x)$ は，$x=a$ において，y 座標と接線の傾きが一致する．

$$\begin{cases} a^3=a^2+pa+q, \\ 3a^2=2a+p \end{cases}$$

すなわち

$$\begin{cases} p=3a^{\boxed{2}}-\boxed{2}a, \\ q=\boxed{-2}a^3+a^{\boxed{2}} \end{cases} \quad \cdots ①$$

となる．

以下では，p，q は ① を満たすので

$$h(x)=x^2+(3a^2-2a)x-2a^3+a^2$$

である．

(2)　放物線 D が y 軸上の点 $\mathrm{Q}(0,\ b)$ を通るとき

$$b=f(0)$$

より

$$b=\boxed{-2}a^3+a^{\boxed{2}} \quad \cdots ②$$

が成り立つ．与えられた b に対して，② を満たす a の値の個数を調べる．

そのために，$f(x)=-2x^3+x^2$ とおき，増減を調べる．ここで

$$\begin{aligned} f'(x)&=-6x^2+2x \\ &=-6x\left(x-\frac{1}{3}\right) \end{aligned}$$

であるから，$f(x)$ の増減は次のようになる．

x	$\cdots$	0	$\cdots$	$\frac{1}{3}$	$\cdots$
$f'(x)$	$-$	0	$+$	0	$-$
$f(x)$	↘	0	↗	$\frac{1}{27}$	↘

← $f'(x)$ の符号の変化は $y=f'(x)$ のグラフを描くとわかりやすい．

関数 $f(x)$ は，$x=$ 0 で極小値 0 をとり，

$x=\dfrac{1}{3}$ で極大値 $\dfrac{1}{27}$ をとる．

$y=f(x)$ のグラフは次のようになる．

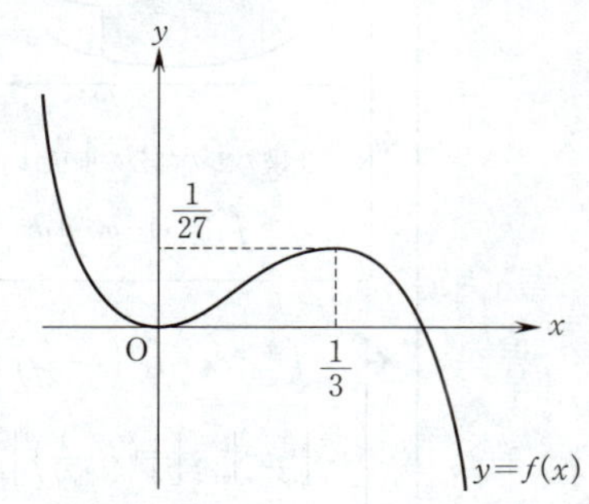

このグラフより，$0<b<\dfrac{1}{27}$ のとき，② を満たす a の値の個数は 3 であることがわかる．

← $0<b<\dfrac{1}{27}$ のとき，$y=f(a)$ と $y=b$ のグラフの共有点の個数が 3 である．

(3)

$$\begin{aligned} h(x)&=x^2+(3a^2-2a)x-2a^3+a^2 \\ &=\left(x+\frac{3a^2-2a}{2}\right)^2-\left(\frac{3a^2-2a}{2}\right)^2-2a^3+a^2 \\ &=\left(x+\frac{3a^2-2a}{2}\right)^2+\frac{-9a^4+4a^3}{4}. \end{aligned}$$

放物線 D の頂点が x 軸上にあるのは

$$\frac{-9a^4+4a^3}{4}=0$$

つまり $a=$ 0，$\dfrac{4}{9}$ の二つの場合である．

$a=0$ のときの放物線を D_1，$a=\dfrac{4}{9}$ のときの放物線を D_2 とする．

$$\begin{cases} D_1: y=x^2, \\ D_2: y=\left(x-\dfrac{4}{27}\right)^2 \end{cases}$$

であり，D_1 と D_2 の共有点の x 座標は

$$x^2=\left(x-\frac{4}{27}\right)^2$$

より $\frac{2}{27}$ である．

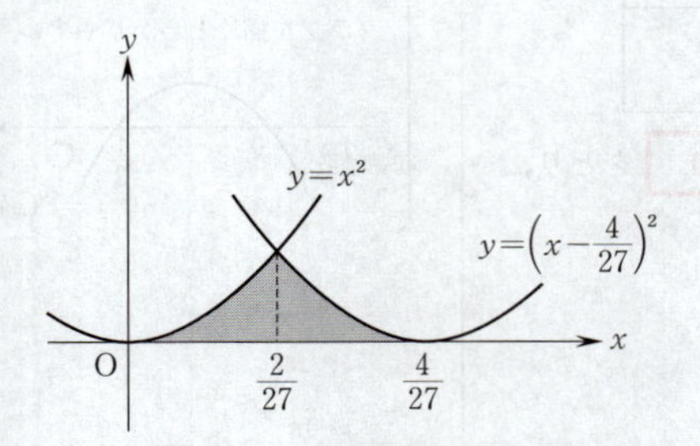

D_1，D_2 と x 軸で囲まれた図形の面積は

$$2\int_0^{\frac{2}{27}} x^2\,dx=2\left[\frac{1}{3}x^3\right]_0^{\frac{2}{27}}$$

$$=2\cdot\frac{1}{3}\left(\frac{2}{27}\right)^3$$

$$=\frac{2^{\boxed{4}}}{3^{\boxed{10}}}$$

である．

←$x^2=\left(x-\frac{4}{27}\right)^2$ より

$$x^2=x^2-\frac{8}{27}x+\left(\frac{4}{27}\right)^2$$

$$x=\frac{27}{8}\left(\frac{4}{27}\right)^2=\frac{2}{27}.$$

← **面積**

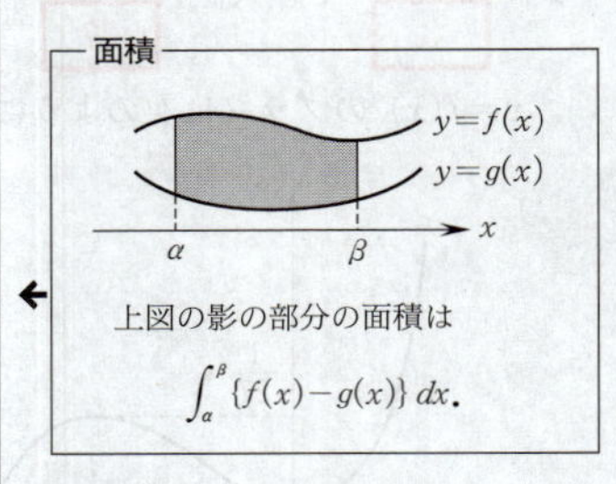

上図の影の部分の面積は

$$\int_\alpha^\beta \{f(x)-g(x)\}\,dx.$$

←
$$\int_0^{\frac{2}{27}} x^2\,dx+\int_{\frac{2}{27}}^{\frac{4}{27}}\left(x-\frac{4}{27}\right)^2 dx$$

$$=\left[\frac{1}{3}x^3\right]_0^{\frac{2}{27}}+\left[\frac{1}{3}\left(x-\frac{4}{27}\right)^3\right]_{\frac{2}{27}}^{\frac{4}{27}}$$

$$=\frac{1}{3}\left(\frac{2}{27}\right)^3+\frac{1}{3}\left(\frac{2}{27}\right)^3$$

$$=\frac{2^4}{3^{10}}$$

と計算することもできる．

第3問　数列

等差数列 $\{a_n\}$ の初項を a，公差を d とすると

$$a_n=a+(n-1)d$$

である．

$a_2=-\frac{7}{3}$，$a_5=-\frac{25}{3}$ より

$$\begin{cases} a+d=-\frac{7}{3}, \\ a+4d=-\frac{25}{3} \end{cases}$$

が成り立ち，これより $a=-\frac{1}{3}$，$d=-2$ を得る．

よって，$a_1=\frac{\boxed{-1}}{\boxed{3}}$ であり，$\{a_n\}$ の公差は $\boxed{-2}$

である．したがって

$$a_n=-\frac{1}{3}+(n-1)\cdot(-2)$$

$$=\boxed{-2}\,n+\frac{\boxed{5}}{\boxed{3}}\quad(n=1,\ 2,\ 3,\ \cdots)$$

であり

$$S_n=\sum_{k=1}^{n}a_k=\frac{1}{2}\cdot n\cdot\left(-\frac{1}{3}-2n+\frac{5}{3}\right)$$

$$=\boxed{-}\,n^2+\frac{\boxed{2}}{\boxed{3}}n\quad(n=1,\ 2,\ 3,\ \cdots)$$

である．

← **等差数列の和**

等差数列 $\{a_n\}$ の初項から第 n 項までの和 S_n は

$$S_n=\frac{1}{2}n(a_1+a_n).$$

数列 $\{b_n\}$ は

$$\sum_{k=1}^{n}b_k=\frac{4}{3}b_n+S_n\quad(n=1,\ 2,\ 3,\ \cdots)\qquad\cdots①$$

を満たす．

① で $n=1$ として

$$b_1=\frac{4}{3}b_1+S_1$$

$$=\frac{4}{3}b_1-\frac{1}{3}$$

← $S_1=a_1=-\frac{1}{3}$.

であるから $b_1=\boxed{1}$ である．

$\sum_{k=1}^{n+1}b_k=\sum_{k=1}^{n}b_k+b_{n+1}$ であることと ① より

$$\frac{4}{3}b_{n+1}+S_{n+1}=\frac{4}{3}b_n+S_n+b_{n+1}$$

← ① より

$$\begin{cases} \sum_{k=1}^{n}b_k=\frac{4}{3}b_n+S_n, \\ \sum_{k=1}^{n+1}b_k=\frac{4}{3}b_{n+1}+S_{n+1}. \end{cases}$$

であるから

$$b_{n+1}=4b_n-3(S_{n+1}-S_n)$$
$$=4b_n-3a_{n+1}$$
$$=4b_n-3\left\{-2(n+1)+\frac{5}{3}\right\}$$
$$=\boxed{4}\,b_n+\boxed{6}\,n+\boxed{1} \quad \cdots(*)$$
$$(n=1,\ 2,\ 3,\ \cdots)$$

が成り立つ．この等式は

$$b_{n+1}+\boxed{2}\,(n+1)+\boxed{1}=4(b_n+2n+1) \quad (n=1,\ 2,\ 3,\ \cdots)$$

と変形できる．ここで

$$c_n=b_n+2n+1 \quad (n=1,\ 2,\ 3,\ \cdots) \quad \cdots②$$

とおくと

$$c_{n+1}=4c_n,\ c_1=b_1+2+1=4$$

であるから，$\{c_n\}$ は $c_1=\boxed{4}$，公比 $\boxed{4}$ の等比数列である．よって

$$c_n=4\cdot4^{n-1}=4^n$$

である．これと ② より

$$4^n=b_n+2n+1$$

すなわち

$$b_n=\boxed{4}^{\boxed{n}}-\boxed{2}\,n-\boxed{1}$$

である．$\boxed{ニ}$ に当てはまるものは $\boxed{②}$ である．

← $S_{n+1}=a_1+a_2+\cdots+a_n+a_{n+1}$
$-)\ S_n\ =a_1+a_2+\cdots+a_n$
$S_{n+1}-S_n=a_{n+1}$.

← $(*)$ が
$b_{n+1}+\alpha(n+1)+\beta=4(b_n+\alpha n+\beta)$
すなわち
$b_{n+1}=4b_n+3\alpha n-\alpha+3\beta$
と変形できるのは，$3\alpha=6,\ -\alpha+3\beta=1$
つまり $\alpha=2,\ \beta=1$ のときである．

← $b_1=1$.

← **等比数列の一般項**

初項 a，公比 r の等比数列の一般項は

$$ar^{n-1}$$

である．

第4問　空間ベクトル

(1)

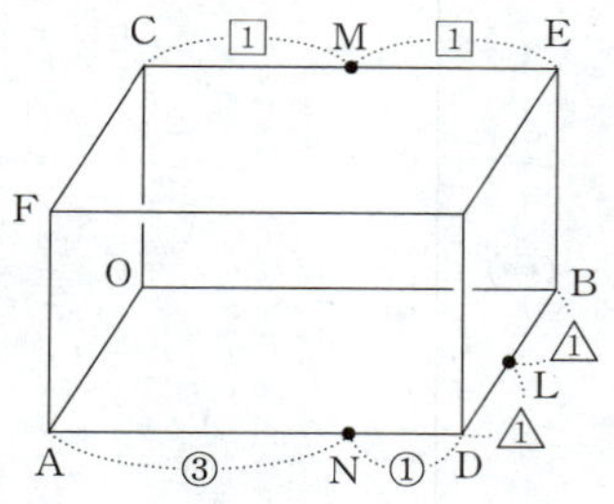

$\overrightarrow{OD}=\vec{a}+\vec{b}$, $\overrightarrow{OE}=\vec{b}+\vec{c}$, $\overrightarrow{OF}=\vec{a}+\vec{c}$　より

$$\overrightarrow{BD}=\overrightarrow{OD}-\overrightarrow{OB}=\vec{a},$$
$$\overrightarrow{AD}=\overrightarrow{OD}-\overrightarrow{OA}=\vec{b},$$
$$\overrightarrow{CE}=\overrightarrow{OE}-\overrightarrow{OC}=\vec{b}.$$

線分 BD の中点が L より

$$\overrightarrow{OL}=\overrightarrow{OB}+\overrightarrow{BL}$$
$$=\overrightarrow{OB}+\frac{1}{2}\overrightarrow{BD}$$
$$=\frac{1}{2}\vec{a}+\vec{b}.$$

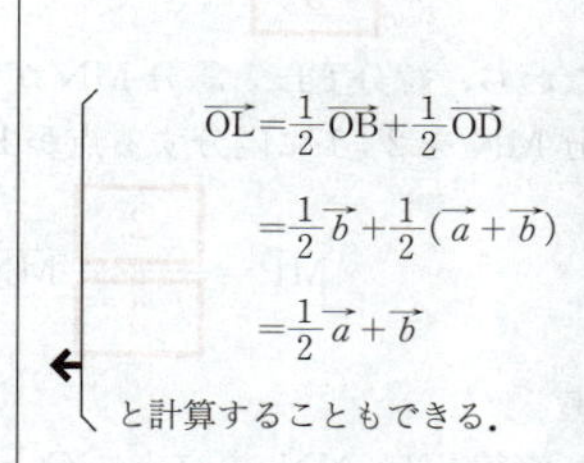

$$\overrightarrow{OL}=\frac{1}{2}\overrightarrow{OB}+\frac{1}{2}\overrightarrow{OD}$$
$$=\frac{1}{2}\vec{b}+\frac{1}{2}(\vec{a}+\vec{b})$$
$$=\frac{1}{2}\vec{a}+\vec{b}$$

と計算することもできる.

線分 CE の中点が M より

$$\overrightarrow{OM}=\overrightarrow{OC}+\overrightarrow{CM}$$
$$=\overrightarrow{OC}+\frac{1}{2}\overrightarrow{CE}$$
$$=\frac{1}{\boxed{2}}\vec{b}+\vec{c}.$$

線分 AD を 3：1 に内分する点が N より

$$\overrightarrow{ON}=\overrightarrow{OA}+\overrightarrow{AN}$$
$$=\overrightarrow{OA}+\frac{3}{4}\overrightarrow{AD}$$
$$=\vec{a}+\frac{\boxed{3}}{\boxed{4}}\vec{b}.$$

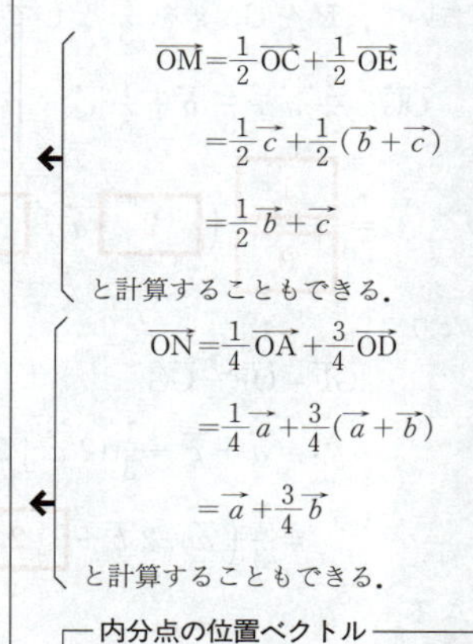

$$\overrightarrow{OM}=\frac{1}{2}\overrightarrow{OC}+\frac{1}{2}\overrightarrow{OE}$$
$$=\frac{1}{2}\vec{c}+\frac{1}{2}(\vec{b}+\vec{c})$$
$$=\frac{1}{2}\vec{b}+\vec{c}$$

と計算することもできる.

$$\overrightarrow{ON}=\frac{1}{4}\overrightarrow{OA}+\frac{3}{4}\overrightarrow{OD}$$
$$=\frac{1}{4}\vec{a}+\frac{3}{4}(\vec{a}+\vec{b})$$
$$=\vec{a}+\frac{3}{4}\vec{b}$$

と計算することもできる.

内分点の位置ベクトル

点 P が線分 AB を $m:n$ に内分するとき

$$\overrightarrow{OP}=\frac{n\overrightarrow{OA}+m\overrightarrow{OB}}{m+n}.$$

(2)　$0<s<1$ とし，線分 FL を $s:(1-s)$ に内分する点を P とする.

$$\overrightarrow{OP}=(1-s)\overrightarrow{OF}+s\overrightarrow{OL}$$
$$=(1-s)(\vec{a}+\vec{c})+s\left(\frac{1}{2}\vec{a}+\vec{b}\right)$$
$$=\left(\boxed{1}-\frac{s}{\boxed{2}}\right)\vec{a}+s\vec{b}+\left(\boxed{1}-s\right)\vec{c}$$
$$\cdots(*)$$

である.

また，$0<s'<1$ とし，線分 MN を $s':(1-s')$ に内分する点を P′ とする．

$$\overrightarrow{OP'}=(1-s')\overrightarrow{OM}+s'\overrightarrow{ON}$$
$$=(1-s')\left(\frac{1}{2}\vec{b}+\vec{c}\right)+s'\left(\vec{a}+\frac{3}{4}\vec{b}\right)$$
$$=s'\vec{a}+\left(\frac{1}{2}+\frac{s'}{4}\right)\vec{b}+(1-s')\vec{c} \qquad \cdots(**)$$

である．

ここで

$$1-\frac{s}{2}=s',\ s=\frac{1}{2}+\frac{s'}{4},\ 1-s=1-s'$$

← 左の3式が成立するとき，(*) と (**) が一致する．

すなわち $s=\dfrac{2}{3}$, $s'=\dfrac{2}{3}$ のとき P=P′ となる．

すなわち，線分 FL と線分 MN が交わる．このとき，線分 MN を 2：1 に内分する点が P となるから

← $\text{MP}:\text{PN}=s':(1-s')=\frac{2}{3}:\frac{1}{3}=2:1$.

$$\overrightarrow{MP}=\frac{2}{3}\overrightarrow{MN}$$

である．

(3)　2 直線 FL, MN の交点を G としているので，(*) において，P を G，s を $\frac{2}{3}$ として

$$\overrightarrow{OG}=\frac{2}{3}\vec{a}+\frac{2}{3}\vec{b}+\frac{1}{3}\vec{c}$$
$$=\frac{1}{3}\left(2\vec{a}+2\vec{b}+\vec{c}\right)$$

となり

$$\overrightarrow{GF}=\overrightarrow{OF}-\overrightarrow{OG}$$
$$=\vec{a}+\vec{c}-\frac{1}{3}(2\vec{a}+2\vec{b}+\vec{c})$$
$$=\frac{1}{3}\left(\vec{a}-2\vec{b}+2\vec{c}\right)$$

となる．

$|\vec{a}|=\sqrt{5}$, $|\vec{b}|=4$, $|\vec{c}|=\sqrt{3}$ とする．

$\overrightarrow{OA}\perp\overrightarrow{OB}$, $\overrightarrow{OB}\perp\overrightarrow{OC}$, $\overrightarrow{OC}\perp\overrightarrow{OA}$ より

$$\vec{a}\cdot\vec{b}=\vec{b}\cdot\vec{c}=\vec{c}\cdot\vec{a}=0$$

に注意して計算すると

$$|\overrightarrow{GF}|^2=\left|\frac{1}{3}(\vec{a}-2\vec{b}+2\vec{c})\right|^2$$
$$=\frac{1}{9}(|\vec{a}|^2+4|\vec{b}|^2+4|\vec{c}|^2)$$
$$=\frac{1}{9}\{(\sqrt{5})^2+4\cdot4^2+4(\sqrt{3})^2\}$$
$$=9$$

← $\vec{a}\cdot\vec{b}=\vec{b}\cdot\vec{c}=\vec{c}\cdot\vec{a}=0$ に注意.

となり

$$|\overrightarrow{GF}|=\boxed{3}$$

となる．また

$$|\overrightarrow{GM}|=2$$

である．

← 問題文中に $|\overrightarrow{GM}|=2$ と記されている．【注１】を参照．

次に，直線OC上に点Hをとり，実数 t を用いて，$\overrightarrow{OH}=t\vec{c}$ と表す．

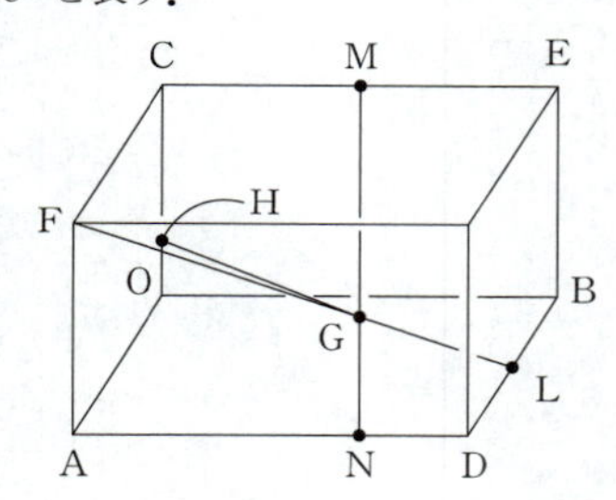

このとき

$$\overrightarrow{GH}=\overrightarrow{OH}-\overrightarrow{OG}$$
$$=t\vec{c}-\frac{1}{3}(2\vec{a}+2\vec{b}+\vec{c})$$
$$=\frac{1}{3}\{-2\vec{a}-2\vec{b}+(3t-1)\vec{c}\}$$

であるから

$$\overrightarrow{GF}\cdot\overrightarrow{GH}=\frac{1}{9}(\vec{a}-2\vec{b}+2\vec{c})\cdot\{-2\vec{a}-2\vec{b}+(3t-1)\vec{c}\}$$
$$=\frac{1}{9}\{-2|\vec{a}|^2+4|\vec{b}|^2+2(3t-1)|\vec{c}|^2\}$$
$$=\frac{1}{9}\{-2\cdot(\sqrt{5})^2+4\cdot4^2+2(3t-1)\cdot(\sqrt{3})^2\}$$
$$=\boxed{2}\,t+\frac{\boxed{16}}{\boxed{3}}\quad\cdots①$$

← $\vec{a}\cdot\vec{b}=\vec{b}\cdot\vec{c}=\vec{c}\cdot\vec{a}=0$ に注意.

であり

$$\overrightarrow{GM}\cdot\overrightarrow{GH}=2t+\frac{10}{3}\quad\cdots②$$

である．

← 問題文中に $\overrightarrow{GM}\cdot\overrightarrow{GH}=2t+\frac{10}{3}$ と記されている．【注２】を参照．

さらに，$\angle\mathrm{FGH}=\angle\mathrm{MGH}$ とするときに t の値を求める．$|\overrightarrow{\mathrm{GF}}|=3$, $|\overrightarrow{\mathrm{GM}}|=2$ と $\angle\mathrm{FGH}=\angle\mathrm{MGH}$ であることから

$$\begin{aligned}\overrightarrow{\mathrm{GF}}\cdot\overrightarrow{\mathrm{GH}}&=|\overrightarrow{\mathrm{GF}}||\overrightarrow{\mathrm{GH}}|\cos\angle\mathrm{FGH}\\&=\frac{3}{2}|\overrightarrow{\mathrm{GM}}||\overrightarrow{\mathrm{GH}}|\cos\angle\mathrm{MGH}\\&=\frac{\boxed{3}}{\boxed{2}}\overrightarrow{\mathrm{GM}}\cdot\overrightarrow{\mathrm{GH}}\qquad\cdots③\end{aligned}$$

が成り立つ．①，②，③ から

$$2t+\frac{16}{3}=\frac{3}{2}\left(2t+\frac{10}{3}\right)$$

なので

$$t=\frac{\boxed{1}}{\boxed{3}}$$

である．

【注1】

$$\begin{aligned}\overrightarrow{\mathrm{GM}}&=\overrightarrow{\mathrm{OM}}-\overrightarrow{\mathrm{OG}}\\&=\frac{1}{2}\vec{b}+\vec{c}-\frac{1}{3}(2\vec{a}+2\vec{b}+\vec{c})\\&=\frac{1}{6}(-4\vec{a}-\vec{b}+4\vec{c}).\end{aligned}$$

$$\begin{aligned}|\overrightarrow{\mathrm{GM}}|^2&=\frac{1}{36}(16|\vec{a}|^2+|\vec{b}|^2+16|\vec{c}|^2)\\&=\frac{1}{36}\{16\cdot(\sqrt{5})^2+4^2+16\cdot(\sqrt{3})^2\}\\&=4.\end{aligned}$$

← $\vec{a}\cdot\vec{b}=\vec{b}\cdot\vec{c}=\vec{c}\cdot\vec{a}=0$ に注意．

確かに $|\overrightarrow{\mathrm{GM}}|=2$ となる．

【注2】

$$\overrightarrow{\mathrm{GM}}=\frac{1}{6}(-4\vec{a}-\vec{b}+4\vec{c}),$$

$$\overrightarrow{\mathrm{GH}}=\frac{1}{3}\{-2\vec{a}-2\vec{b}+(3t-1)\vec{c}\}$$

より

$\overrightarrow{GM}\cdot\overrightarrow{GH}$

$=\frac{1}{18}(-4\vec{a}-\vec{b}+4\vec{c})\cdot\{-2\vec{a}-2\vec{b}+(3t-1)\vec{c}\}$

$=\frac{1}{18}\{8|\vec{a}|^2+2|\vec{b}|^2+4(3t-1)|\vec{c}|^2\}$ ← $\vec{a}\cdot\vec{b}=\vec{b}\cdot\vec{c}=\vec{c}\cdot\vec{a}=0$ に注意．

$=\frac{1}{18}\{8\cdot(\sqrt{5})^2+2\cdot4^2+4(3t-1)\cdot(\sqrt{3})^2\}$

$=\frac{1}{18}(36t+60)$

$=2t+\frac{10}{3}$．

確かに $\overrightarrow{GM}\cdot\overrightarrow{GH}=2t+\frac{10}{3}$ となる．

第5問　統計

(1)　Aクラス20人のうち，国語の得点が4点の生徒は **5** 人であり，英語の得点が国語の得点以下の生徒は **8** 人である．

国語(点)	英語(点)	人数
3	3	1
4	4	1
5	5	2
6	6	1
7	6	2
8	8	1
計		8

(2)　Aクラス20人の国語の得点の平均値Bは

$$\frac{1}{20}(3\times2+4\times5+5\times8+6\times2+7\times2+8\times1)$$
$$=\frac{100}{20}$$
$$=\boxed{5}.\boxed{0}\ (点)$$

であり，英語の得点の分散Cの値は

$$\frac{1}{20}\{(3-6)^2\times1+(4-6)^2\times2+(5-6)^2\times2$$
$$+(6-6)^2\times8+(7-6)^2\times5+(8-6)^2\times2\}$$
$$=\frac{32}{20}$$
$$=\boxed{1}.\boxed{60}$$

である．

平均値

変数 x がとる N 個の値を

$$x_1,\ x_2,\ \cdots,\ x_N$$

とすると平均値 $\overline{x}$ は

$$\overline{x}=\frac{1}{N}\sum_{k=1}^{N}x_k.$$

分散

変数 x がとる N 個の値を

$$x_1,\ x_2,\ \cdots,\ x_N$$

とすると，分散 s^2 は，平均値を $\overline{x}$ として

$$s^2=\frac{1}{N}\sum_{k=1}^{N}(x_k-\overline{x})^2 \quad \cdots①$$

または

$$s^2=\frac{1}{N}\sum_{k=1}^{N}x_k{}^2-(\overline{x})^2. \quad \cdots②$$

ここでは①を用いた．

(3)　Aクラスの20人のうち，国語の得点が平均値5.0点と異なり，かつ，英語の得点も平均値6.0点と異なる生徒は **5** 人である．

この5人の国語の得点を変量 y，英語の得点を変量 z とし，y と z の偏差などを調べると次の表のようになる．ここでは，y，z の平均値をそれぞれ $\overline{y}$，$\overline{z}$ と表している．

y	z	$y-\overline{y}$	$z-\overline{z}$	$(y-\overline{y})(z-\overline{z})$
3	3	-2	-3	6
3	4	-2	-2	4
4	4	-1	-2	2
6	8	1	2	2
8	8	3	2	6

$\overline{y}=5$，$\overline{z}=6$．

この表より，Aクラスの20人について，国語の得点と英語の得点の共分散の値は

$$\frac{1}{20}(6+4+2+2+6)=1$$

であるので，相関係数の値は

$$\frac{1}{\sqrt{1.60}\sqrt{1.60}}=\frac{1}{1.60}=\boxed{0}.\boxed{625}$$

共分散と相関係数

二つの変量 x，y に関する N 組のデータ

$$(x_1,\ y_1),\ (x_2,\ y_2),\ \cdots,\ (x_N,\ y_N)$$

に対し，x，y の平均値をそれぞれ $\overline{x}$，$\overline{y}$ とするとき

$$s_{xy}=\frac{1}{N}\sum_{k=1}^{N}(x_k-\overline{x})(y_k-\overline{y})$$

を x と y の共分散といい

$$r=\frac{s_{xy}}{s_xs_y}$$

を x と y の相関係数という．ただし，s_x，s_y はそれぞれ x，y の分散の正の平方根である．

である．

(4)　D，E，Fを除いた52人について，国語の得点の合計は

$1+2\times2+3\times3+4\times7+5\times11+6\times16$

$+7\times8+8\times3+9\times1=$ 282 (点)

であり，英語の得点の合計は288点である．

問題文中に記されているが，実際に
$3\times2+4\times8+5\times14+6\times18$
$+7\times8+8\times2=288$
となる．

したがって

$D+E+F=60-52=$ 8 ，

$4D+5E+8F=5.4\times60-282=$ 42 ，

$4D+4E+6F=5.4\times60-288=36$

となり，この連立方程式を解くことによって，D，E，Fの値はそれぞれ， 4 人， 2 人， 2 人であることがわかる．

(5)　英語の得点について，60人の平均値が5.4点，Aクラスの20人の平均値が6.0点であるから，60人からAクラスの20人を除いた40人の平均値を a とすると

$60\times5.4=20\times6.0+40\times a$

$324=120+40a$

より

$$a=\frac{324-120}{40}= \boxed{5}.\boxed{1}\ (点)$$

である．

英語の各得点について，60人からAクラスの20人を除いた40人について，人数を調べると次の表のようになる．

得点	人数
3	$2-1=1$
4	$14-2=12$
5	$14-2=12$
6	$20-8=12$
7	$8-5=3$
8	$2-2=0$

この表より，60人からAクラスの20人を除いた40人の英語の得点の中央値は 5 . 0 点である．

中央値

変量の値を大きさの順に並べたとき，その中央に位置する値をその変量の中央値という．資料の個数が偶数のときは，中央に近い2つの値の相加平均を中央値という．

(6)　60人のうち，国語の得点が x 点である生徒について，英語の得点の平均値 $M(x)$ と英語の得点の中央値 $N(x)$ を調べると次の表のようになる．

x	$M(x)$	$N(x)$
1	3	3
2	4	4
3	3.67	4
4	5	5
5	5.69	5
6	5.56	6
7	5.38	6
8	6.8	7
9	7	7

この表より，$M(x) \fallingdotseq N(x)$ となる x は 5 個ある．

一方，$M(x) < x$ かつ $N(x) < x$ となる x は 3 個ある．

第6問　コンピュータ

(1)　自然数 M と N に対し，

$$M\times(M+1)\times(M+2)\times\cdots\times(M+N-1)$$

が8で割り切れるかどうかを調べるのが〔プログラム1〕である．

そのために，120行でまず X の値を1とし，130行から150行のループで X の値を

$$M\times(M+1)\times(M+2)\times\cdots\times(M+N-1)$$

とすればよい．

ア に当てはまるものは ① であり，イ に当てはまるものは ② である．

160行では，X が8で割り切れるかどうかを判断し，割り切れた場合に，170行で「8で割り切れます」と表示させ，180行でプログラムを終了させる210行へジャンプさせればよい．

ウ に当てはまるものは ④ であり，エ に当てはまるものは ⑤ である．

正しく作成された〔プログラム1〕とその流れ図は次のようになる。

〔プログラム1〕

```
100 INPUT PROMPT "M=":M
110 INPUT PROMPT "N=":N
120 LET X=1
130 FOR I=0 TO N-1
140     LET X=X*(M+I)
150 NEXT I
160 IF X-INT(X/8)*8=0 THEN
170     PRINT "8で割り切れます"
180     GOTO 210
190 END IF
200 PRINT "8で割り切れません"
210 END
```

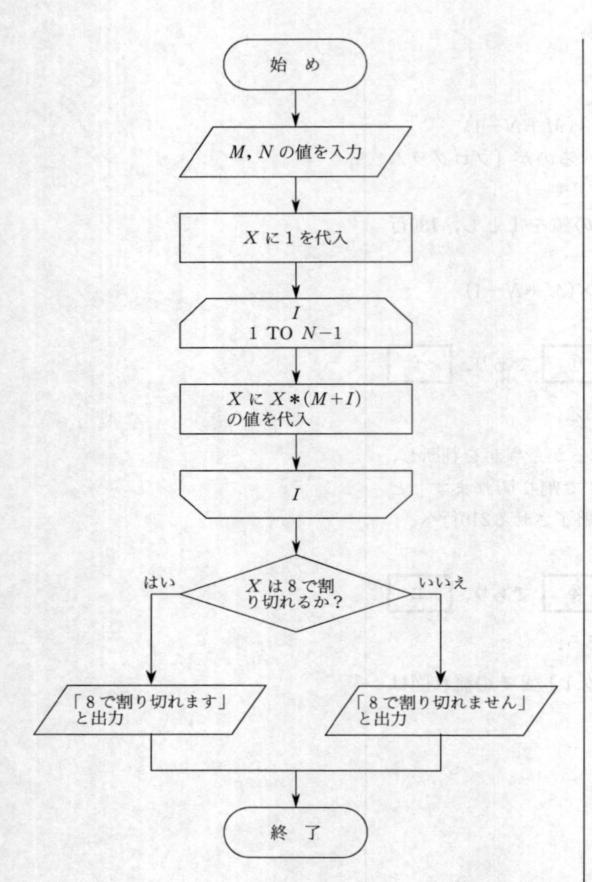

←この流れ図での記号の意味

記号	意味
（平行四辺形）	入出力
（長方形）	処 理
（ひし形）	条件判断

記号 （上端の角を切った形） と （下端の角を切った形） で囲まれた部分はループを表す.

(2)　自然数 M が与えられたとき，
$M(M+1)(M+2)\cdots(M+N-1)$ が 8 の倍数となるような最小の自然数 N は

$M=1$ のとき $N=4$,　← $1\cdot2\cdot3\cdot4$.
$M=2$ のとき $N=3$,　← $2\cdot3\cdot4$.
$M=3$ のとき $N=4$,　← $3\cdot4\cdot5\cdot6$.
$M=4$ のとき $N=3$,　← $4\cdot5\cdot6$.
⋮

である．よって，〔プログラム 1〕を実行したとき，「8 で割り切れます」と出力されるような変数 M，N の入力について，M+N の値の最小値は **5** である．

$$1,\ 1\cdot2,\ 1\cdot2\cdot3$$

は 8 で割り切れない．連続する 4 整数の積

$$M(M+1)(M+2)(M+3)$$

は，2 の倍数と 4 の倍数を 1 つずつ因数にもつので，必ず 8 で割り切れる．

← 例えば
$11\cdot12\cdot13\cdot14$.
（12：4 の倍数，14：2 の倍数）

よって，変数 M にどんな自然数を入力しても，つねに「8 で割り切れます」と出力されるような変数 N への入力のうち，最小の自然数は **4** である．

(3)　二つの自然数 M と L が与えられたとき，条件
「N は L 以下の自然数であり，かつ M から始まる N 個の連続する自然数の積

$$M\times(M+1)\times(M+2)\times\cdots\times(M+N-1)$$

は 2^N で割り切れるが 2^{N+1} では割り切れない」…(*)
を満たす N の個数を求める．そのために，〔プログラム 1〕を変更して，〔プログラム 2〕を作成する．

〔プログラム 2〕の112行では，カウンター C を 0 に設定すればよい． **キ** に当てはまるものは **⓪** である．

160行では，X が $k(=2^N)$ で割り切れれば，k を $k*2$ で置き換える170行の処理に進み，さらに X が $k(=2^{N+1})$ で割り切れなければ，カウンター C の値を 1 だけ増やす182行の処理に進めばよい．よって， **ク** に当てはまるものは **④**， **ケ** に当てはまるものは **⑤**， **コ** に当てはまるものは **③** である．

正しく作成された〔プログラム 2〕とその流れ図は次のようになる.

```
100 INPUT PROMPT "M=":M
110 INPUT PROMPT "L=":L
112 LET C=0
114 FOR N=1 TO L
120     LET X=1
130     FOR I=0 TO N-1
140         LET X=X*(M+I)
150     NEXT I
152     LET K=2^N
160     IF X-INT(X/K)*K=0 THEN
170         LET K=K*2
180         IF X-INT(X/K)*K>0 THEN
182             LET C=C+1
184         END IF
190     END IF
200 NEXT N
202 PRINT "求める個数は";C
210 END
```

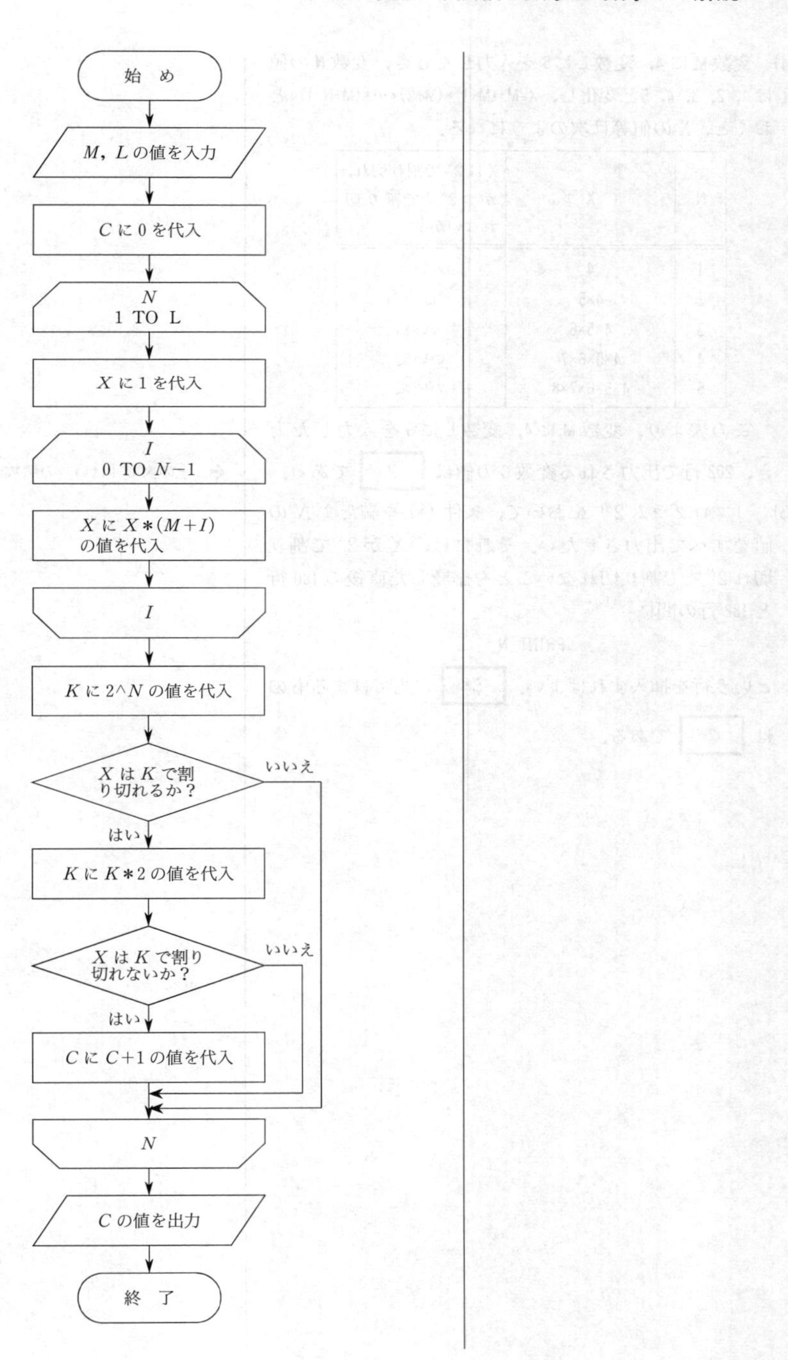

始　め
M, L の値を入力
C に 0 を代入
N
1 TO L
X に 1 を代入
I
0 TO N−1
X に X＊(M+I)
の値を代入
I
K に 2^N の値を代入
X は K で割
り切れるか？
いいえ
はい
K に K＊2 の値を代入
X は K で割り
切れないか？
いいえ
はい
C に C+1 の値を代入
N
C の値を出力
終　了

(4) 変数Mに4，変数Lに5を入力したとき，変数Nの値は1，2，3，4，5と変化し，X=M*(M+1)*(M+2)*…*(M+N-1) とおくと，Xの値等は次のようになる．

N	X	Xは2^Nで割れ切れ，かつ2^{N+1}で割り切れないか？
1	4	いいえ
2	4×5	はい
3	4×5×6	はい
4	4×5×6×7	いいえ
5	4×5×6×7×8	いいえ

この表より，変数Mに4，変数Lに5を入力したとき，202行で出力される変数Cの値は 2 である．

← 上の表で「はい」の個数が2である．

(5) 〔プログラム2〕において，条件(*)を満たすNの値をすべて出力させたい．それには，Xが2^Nで割り切れ2^{N+1}で割り切れないことを確認した直後の180行と182行の間に

```
PRINT N
```

という行を挿入すればよい． シ に当てはまるものは ② である．

MEMO

MEMO

MEMO

MEMO

MEMO

河合出版ホームページ
http://www.kawai-publishing.jp/
E-mail
kp@kawaijuku.jp

表紙デザイン　河野宗平

2022大学入学共通テスト
過去問レビュー
数学Ⅰ・A，Ⅱ・B

定　価　**本体980円＋税**
発　行　2021年5月20日

編　者　河合出版編集部

発行者　両角恭洋

発行所　**株式会社　河合出版**
［東　京］東京都渋谷区代々木1－21－10
〒151-0053　tel (03)5354-8241
fax(03)5354-8781
［名古屋］名古屋市東区葵3－24－2
〒461-0004　tel (052)930-6310
fax(052)936-6335

印刷所　協和オフセット印刷株式会社

製本所　望月製本所

ISBN 978-4-7772-2438-8

数学Ⅰ・数学A
数学Ⅱ・数学B
数学Ⅰ
数学Ⅱ

（2021年１月実施）

2021
第1日程

数学Ⅰ・数学A	70分	100点
数学Ⅱ・数学B	60分	100点
数学Ⅰ	70分	100点
数学Ⅱ	60分	100点

数学Ⅰ・数学A

問　題	選　択　方　法
第1問	必　　答
第2問	必　　答
第3問	いずれか2問を選択し，解答しなさい。
第4問	
第5問	

（注）この科目には，選択問題があります。（２ページ参照。）

第１問　（必答問題）（配点　30）

〔1〕 c を正の整数とする。x の２次方程式

$$2x^2+(4c-3)x+2c^2-c-11=0 \quad \cdots\cdots\cdots\cdots\cdots\cdots ①$$

について考える。

(1) $c=1$ のとき，① の左辺を因数分解すると

$$(\boxed{\text{ア}}x+\boxed{\text{イ}})(x-\boxed{\text{ウ}})$$

であるから，① の解は

$$x=-\frac{\boxed{\text{イ}}}{\boxed{\text{ア}}},\quad \boxed{\text{ウ}}$$

である。

(2) $c=2$ のとき，① の解は

$$x=\frac{-\boxed{\text{エ}}\pm\sqrt{\boxed{\text{オカ}}}}{\boxed{\text{キ}}}$$

であり，大きい方の解を α とすると

$$\frac{5}{\alpha}=\frac{\boxed{\text{ク}}+\sqrt{\boxed{\text{ケコ}}}}{\boxed{\text{サ}}}$$

である。また，$m<\dfrac{5}{\alpha}<m+1$ を満たす整数 m は $\boxed{\text{シ}}$ である。

（数学Ⅰ・数学Ａ第１問は次ページに続く。）

(3) 太郎さんと花子さんは，① の解について考察している。

太郎：① の解は c の値によって，ともに有理数である場合もあれば，ともに無理数である場合もあるね。c がどのような値のときに，解は有理数になるのかな。

花子：2 次方程式の解の公式の根号の中に着目すればいいんじゃないかな。

① の解が異なる二つの有理数であるような正の整数 c の個数は **ス** 個である。

(数学Ⅰ・数学A第1問は次ページに続く。)

〔2〕 右の図のように，△ABCの外側に辺AB，BC，CAをそれぞれ１辺とする正方形ADEB，BFGC，CHIAをかき，２点EとF，GとH，IとDをそれぞれ線分で結んだ図形を考える。以下において

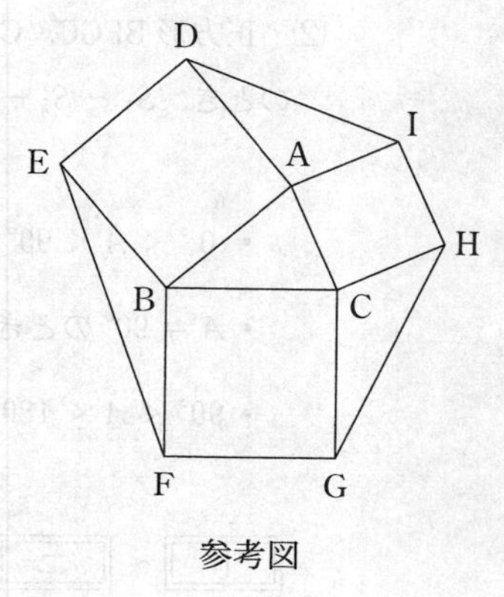

参考図

$BC = a$，$CA = b$，$AB = c$

$\angle CAB = A$，$\angle ABC = B$，$\angle BCA = C$

とする。

(1) $b = 6$，$c = 5$，$\cos A = \dfrac{3}{5}$ のとき，$\sin A = \dfrac{\boxed{セ}}{\boxed{ソ}}$ であり，

△ABCの面積は $\boxed{タチ}$，△AIDの面積は $\boxed{ツテ}$ である。

（数学Ⅰ・数学Ａ第１問は次ページに続く。）

(2) 正方形 BFGC，CHIA，ADEB の面積をそれぞれ S_1，S_2，S_3 とする。このとき，$S_1 - S_2 - S_3$ は

- $0° < A < 90°$ のとき，［ト］。
- $A = 90°$ のとき，［ナ］。
- $90° < A < 180°$ のとき，［ニ］。

［ト］～［ニ］の解答群(同じものを繰り返し選んでもよい。)

⓪ 0である
① 正の値である
② 負の値である
③ 正の値も負の値もとる

(3) △AID，△BEF，△CGH の面積をそれぞれ T_1，T_2，T_3 とする。このとき，［ヌ］である。

［ヌ］の解答群

⓪ $a < b < c$ ならば，$T_1 > T_2 > T_3$
① $a < b < c$ ならば，$T_1 < T_2 < T_3$
② A が鈍角ならば，$T_1 < T_2$ かつ $T_1 < T_3$
③ a，b，c の値に関係なく，$T_1 = T_2 = T_3$

(数学Ⅰ・数学A第1問は次ページに続く。)

(4)　△ABC，△AID，△BEF，△CGH のうち，外接円の半径が最も小さいものを求める。

$0° < A < 90°$ のとき，ID ［ネ］ BC であり

(△AID の外接円の半径) ［ノ］ (△ABC の外接円の半径)

であるから，外接円の半径が最も小さい三角形は

- $0° < A < B < C < 90°$ のとき，［ハ］である。
- $0° < A < B < 90° < C$ のとき，［ヒ］である。

［ネ］，［ノ］の解答群(同じものを繰り返し選んでもよい。)

⓪ <	① =	② >

［ハ］，［ヒ］の解答群(同じものを繰り返し選んでもよい。)

⓪ △ABC	① △AID	② △BEF	③ △CGH

第2問 （必答問題）（配点　30）

〔1〕 陸上競技の短距離100 m走では，100 mを走るのにかかる時間(以下，タイムと呼ぶ)は，1歩あたりの進む距離(以下，ストライドと呼ぶ)と1秒あたりの歩数(以下，ピッチと呼ぶ)に関係がある。ストライドとピッチはそれぞれ以下の式で与えられる。

$$\text{ストライド(m/歩)} = \frac{100\,(\text{m})}{\text{100 mを走るのにかかった歩数(歩)}}$$

$$\text{ピッチ(歩/秒)} = \frac{\text{100 mを走るのにかかった歩数(歩)}}{\text{タイム(秒)}}$$

ただし，100 mを走るのにかかった歩数は，最後の1歩がゴールラインをまたぐこともあるので，小数で表される。以下，単位は必要のない限り省略する。

例えば，タイムが10.81で，そのときの歩数が48.5であったとき，ストライドは$\dfrac{100}{48.5}$より約2.06，ピッチは$\dfrac{48.5}{10.81}$より約4.49である。

なお，小数の形で解答する場合は，**解答上の注意**にあるように，指定された桁数の一つ下の桁を四捨五入して答えよ。また，必要に応じて，指定された桁まで⓪にマークせよ。

(数学Ⅰ・数学A第2問は次ページに続く。)

(1) ストライドをx，ピッチをzとおく。ピッチは1秒あたりの歩数，ストライドは1歩あたりの進む距離なので，1秒あたりの進む距離すなわち平均速度は，xとzを用いて［ア］(m/秒)と表される。

これより，タイムと，ストライド，ピッチとの関係は

$$\text{タイム} = \frac{100}{\boxed{\text{ア}}} \quad \cdots\cdots\cdots\cdots ①$$

と表されるので，［ア］が最大になるときにタイムが最もよくなる。ただし，タイムがよくなるとは，タイムの値が小さくなることである。

［ア］の解答群

⓪ $x+z$	① $z-x$	② xz
③ $\frac{x+z}{2}$	④ $\frac{z-x}{2}$	⑤ $\frac{xz}{2}$

(数学Ⅰ・数学A第2問は次ページに続く。)

(2) 男子短距離 100 m 走の選手である太郎さんは，① に着目して，タイムが最もよくなるストライドとピッチを考えることにした。

次の表は，太郎さんが練習で 100 m を 3 回走ったときのストライドとピッチのデータである。

	1 回目	2 回目	3 回目
ストライド	2.05	2.10	2.15
ピッチ	4.70	4.60	4.50

また，ストライドとピッチにはそれぞれ限界がある。太郎さんの場合，ストライドの最大値は 2.40，ピッチの最大値は 4.80 である。

太郎さんは，上の表から，ストライドが 0.05 大きくなるとピッチが 0.1 小さくなるという関係があると考えて，ピッチがストライドの 1 次関数として表されると仮定した。このとき，ピッチ z はストライド x を用いて

$$z = \boxed{\text{イウ}}\,x + \frac{\boxed{\text{エオ}}}{5} \qquad \cdots\cdots\cdots ②$$

と表される。

② が太郎さんのストライドの最大値 2.40 とピッチの最大値 4.80 まで成り立つと仮定すると，x の値の範囲は次のようになる。

$$\boxed{\text{カ}}\,.\,\boxed{\text{キク}} \leqq x \leqq 2.40$$

(数学 I・数学 A 第 2 問は次ページに続く。)

$y=$ ア とおく。②を $y=$ ア に代入することにより，y を x の関数として表すことができる。太郎さんのタイムが最もよくなるストライドとピッチを求めるためには，カ．キク $\leqq x \leqq 2.40$ の範囲で y の値を最大にする x の値を見つければよい。このとき，y の値が最大になるのは $x=$ ケ．コサ のときである。

よって，太郎さんのタイムが最もよくなるのは，ストライドが ケ．コサ のときであり，このとき，ピッチは シ．スセ である。また，このときの太郎さんのタイムは，①により ソ である。

ソ については，最も適当なものを，次の⓪～⑤のうちから一つ選べ。

⓪　9.68	①　9.97	②　10.09
③　10.33	④　10.42	⑤　10.55

（数学Ⅰ・数学A第2問は次ページに続く。）

〔2〕 就業者の従事する産業は，勤務する事業所の主な経済活動の種類によって，第1次産業(農業，林業と漁業)，第2次産業(鉱業，建設業と製造業)，第3次産業(前記以外の産業)の三つに分類される。国の労働状況の調査(国勢調査)では，47の都道府県別に第1次，第2次，第3次それぞれの産業ごとの就業者数が発表されている。ここでは都道府県別に，就業者数に対する各産業に就業する人数の割合を算出したものを，各産業の「就業者数割合」と呼ぶことにする。

(数学Ⅰ・数学A第2問は 次ページに続く。)

(1)　図1は，1975年度から2010年度まで5年ごとの8個の年度(それぞれを時点という)における都道府県別の三つの産業の就業者数割合を箱ひげ図で表したものである。各時点の箱ひげ図は，それぞれ上から順に第1次産業，第2次産業，第3次産業のものである。

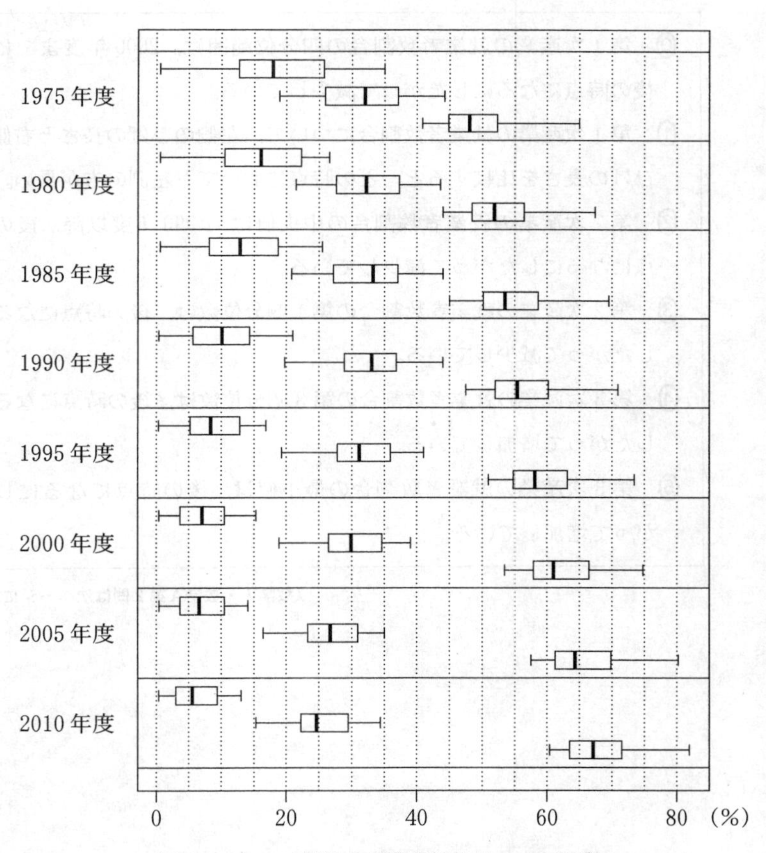

図1　三つの産業の就業者数割合の箱ひげ図

(出典：総務省のWebページにより作成)

(数学Ⅰ・数学A第2問は次ページに続く。)

次の⓪～⑤のうち，図1から読み取れることとして**正しくないもの**は

[タ] と [チ] である。

[タ]，[チ] の解答群(解答の順序は問わない。)

⓪　第1次産業の就業者数割合の四分位範囲は，2000年度までは，後の時点になるにしたがって減少している。

①　第1次産業の就業者数割合について，左側のひげの長さと右側のひげの長さを比較すると，どの時点においても左側の方が長い。

②　第2次産業の就業者数割合の中央値は，1990年度以降，後の時点になるにしたがって減少している。

③　第2次産業の就業者数割合の第1四分位数は，後の時点になるにしたがって減少している。

④　第3次産業の就業者数割合の第3四分位数は，後の時点になるにしたがって増加している。

⑤　第3次産業の就業者数割合の最小値は，後の時点になるにしたがって増加している。

(数学Ⅰ・数学A第2問は次ページに続く。)

(2) (1)で取り上げた8時点の中から5時点を取り出して考える。各時点における都道府県別の，第1次産業と第3次産業の就業者数割合のヒストグラムを一つのグラフにまとめてかいたものが，次ページの五つのグラフである。それぞれの右側の網掛けしたヒストグラムが第3次産業のものである。なお，ヒストグラムの各階級の区間は，左側の数値を含み，右側の数値を含まない。

- 1985年度におけるグラフは ツ である。
- 1995年度におけるグラフは テ である。

ツ ， テ については，最も適当なものを，次の⓪～④のうちから一つずつ選べ。ただし，同じものを繰り返し選んでもよい。

（数学Ⅰ・数学A第2問は次ページに続く。）

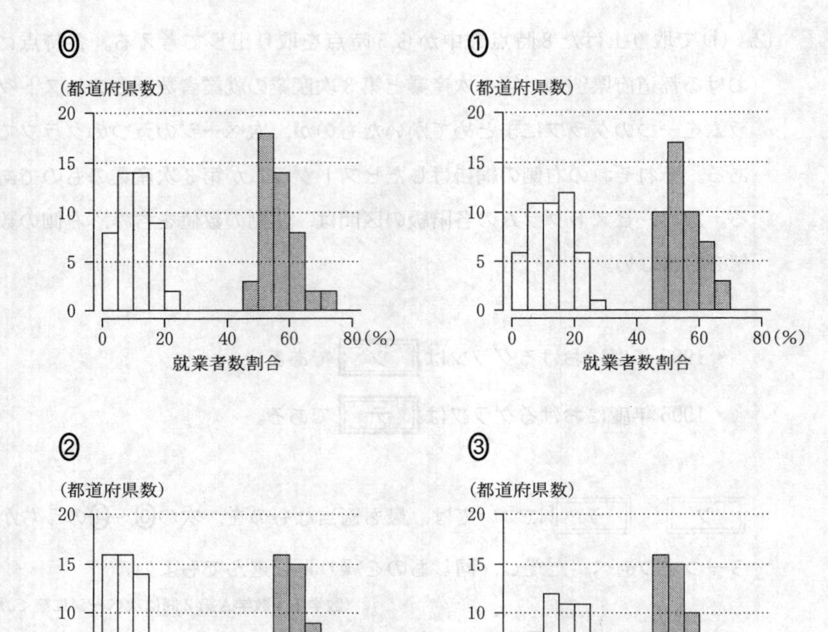

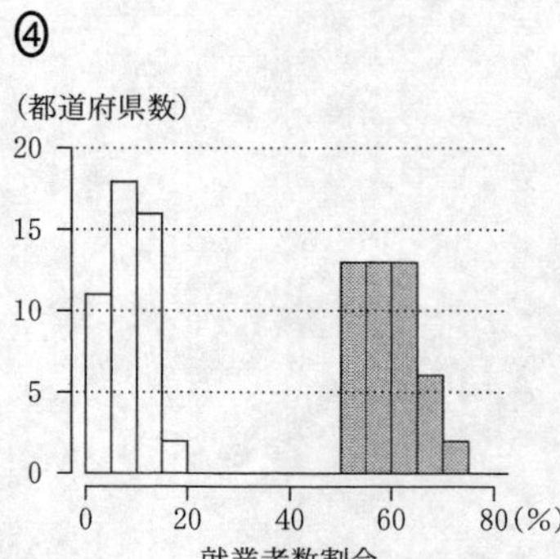

(出典：総務省の Web ページにより作成)

(数学Ⅰ・数学A第2問は次ページに続く。)

(3)　三つの産業から二つずつを組み合わせて都道府県別の就業者数割合の散布図を作成した。図2の散布図群は，左から順に1975年度における第1次産業(横軸)と第2次産業(縦軸)の散布図，第2次産業(横軸)と第3次産業(縦軸)の散布図，および第3次産業(横軸)と第1次産業(縦軸)の散布図である。また，図3は同様に作成した2015年度の散布図群である。

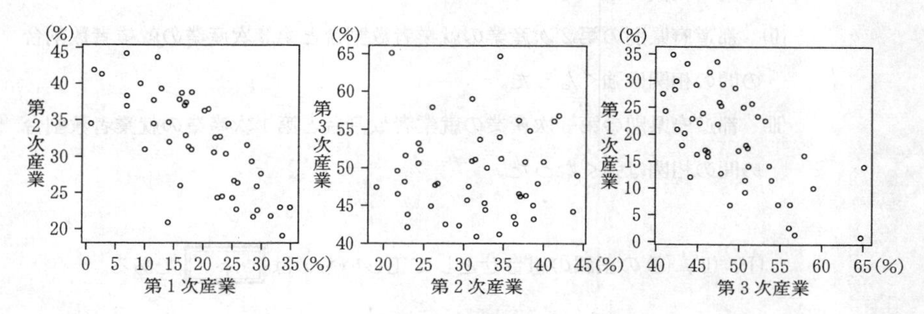

図2　1975年度の散布図群

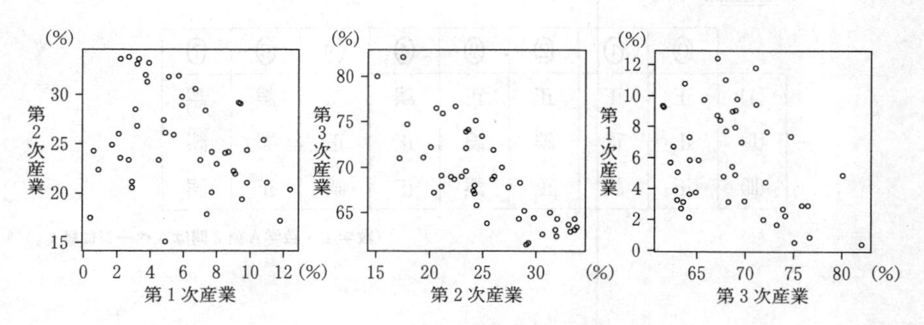

図3　2015年度の散布図群

(出典：図2，図3はともに総務省のWebページにより作成)

(数学Ⅰ・数学A第2問は次ページに続く。)

下の(Ⅰ), (Ⅱ), (Ⅲ)は, 1975年度を基準としたときの, 2015年度の変化を記述したものである。ただし, ここで「相関が強くなった」とは, 相関係数の絶対値が大きくなったことを意味する。

(Ⅰ) 都道府県別の第1次産業の就業者数割合と第2次産業の就業者数割合の間の相関は強くなった。

(Ⅱ) 都道府県別の第2次産業の就業者数割合と第3次産業の就業者数割合の間の相関は強くなった。

(Ⅲ) 都道府県別の第3次産業の就業者数割合と第1次産業の就業者数割合の間の相関は強くなった。

(Ⅰ), (Ⅱ), (Ⅲ)の正誤の組合せとして正しいものは ト である。

ト の解答群

	⓪	①	②	③	④	⑤	⑥	⑦
(Ⅰ)	正	正	正	正	誤	誤	誤	誤
(Ⅱ)	正	正	誤	誤	正	正	誤	誤
(Ⅲ)	正	誤	正	誤	正	誤	正	誤

(数学Ⅰ・数学A第2問は次ページに続く。)

(4)　各都道府県の就業者数の内訳として男女別の就業者数も発表されている。そこで，就業者数に対する男性・女性の就業者数の割合をそれぞれ「男性の就業者数割合」，「女性の就業者数割合」と呼ぶことにし，これらを都道府県別に算出した。図4は，2015年度における都道府県別の，第1次産業の就業者数割合（横軸）と，男性の就業者数割合（縦軸）の散布図である。

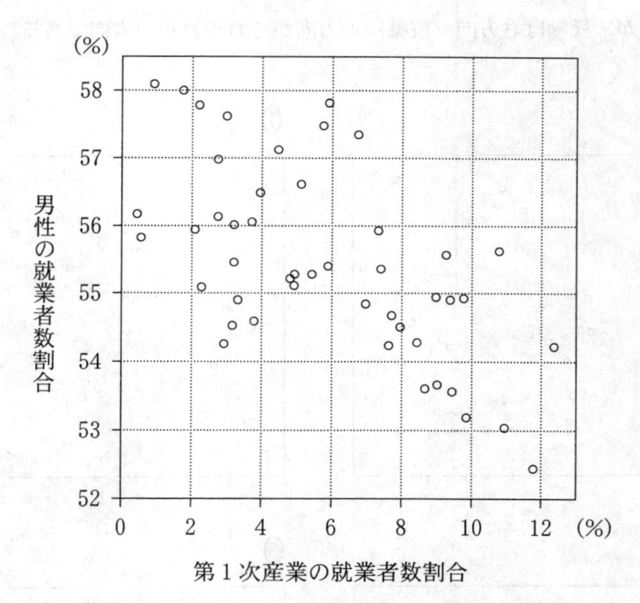

図4　都道府県別の，第1次産業の就業者数割合と，男性の就業者数割合の散布図

（出典：総務省のWebページにより作成）

（数学Ⅰ・数学A第2問は次ページに続く。）

各都道府県の，男性の就業者数と女性の就業者数を合計すると就業者数の全体となることに注意すると，2015 年度における都道府県別の，第 1 次産業の就業者数割合(横軸)と，女性の就業者数割合(縦軸)の散布図は ナ である。

ナ については，最も適当なものを，下の⓪〜③のうちから一つ選べ。なお，設問の都合で各散布図の横軸と縦軸の目盛りは省略しているが，横軸は右方向，縦軸は上方向がそれぞれ正の方向である。

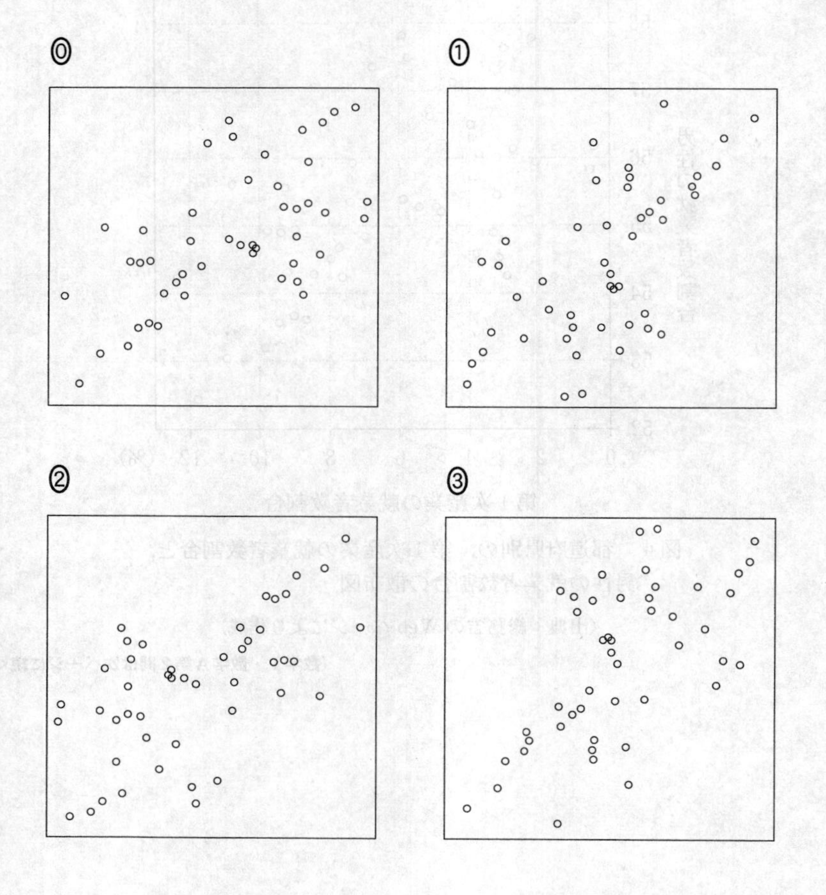

第3問～第5問は，いずれか2問を選択し，解答しなさい。

第3問 （選択問題）（配点　20）

中にくじが入っている箱が複数あり，各箱の外見は同じであるが，当たりくじを引く確率は異なっている。くじ引きの結果から，どの箱からくじを引いた可能性が高いかを，条件付き確率を用いて考えよう。

(1) 当たりくじを引く確率が $\frac{1}{2}$ である箱Aと，当たりくじを引く確率が $\frac{1}{3}$ である箱Bの二つの箱の場合を考える。

(i) 各箱で，くじを1本引いてはもとに戻す試行を3回繰り返したとき

箱Aにおいて，3回中ちょうど1回当たる確率は $\frac{\boxed{\text{ア}}}{\boxed{\text{イ}}}$ …①

箱Bにおいて，3回中ちょうど1回当たる確率は $\frac{\boxed{\text{ウ}}}{\boxed{\text{エ}}}$ …②

である。

(ii) まず，AとBのどちらか一方の箱をでたらめに選ぶ。次にその選んだ箱において，くじを1本引いてはもとに戻す試行を3回繰り返したところ，3回中ちょうど1回当たった。このとき，箱Aが選ばれる事象を A，箱Bが選ばれる事象を B，3回中ちょうど1回当たる事象を W とすると

$$P(A \cap W) = \frac{1}{2} \times \frac{\boxed{\text{ア}}}{\boxed{\text{イ}}},\ P(B \cap W) = \frac{1}{2} \times \frac{\boxed{\text{ウ}}}{\boxed{\text{エ}}}$$

である。$P(W) = P(A \cap W) + P(B \cap W)$ であるから，3回中ちょうど1回当たったとき，選んだ箱がAである条件付き確率 $P_W(A)$ は $\frac{\boxed{\text{オカ}}}{\boxed{\text{キク}}}$ となる。また，条件付き確率 $P_W(B)$ は $\frac{\boxed{\text{ケコ}}}{\boxed{\text{サシ}}}$ となる。

（数学Ⅰ・数学A第3問は次ページに続く。）

(2) (1)の $P_W(A)$ と $P_W(B)$ について，次の**事実**(＊)が成り立つ。

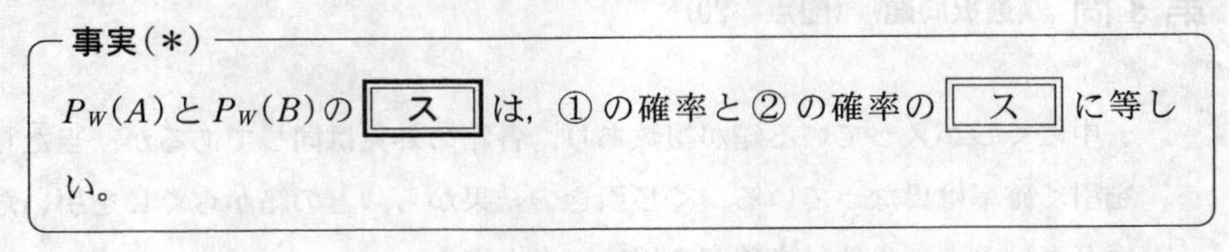

事実(＊)

$P_W(A)$ と $P_W(B)$ の［ス］は，① の確率と ② の確率の［ス］に等しい。

［ス］の解答群

⓪ 和	① 2乗の和	② 3乗の和	③ 比	④ 積

(3) 花子さんと太郎さんは**事実**(＊)について話している。

花子：**事実**(＊)はなぜ成り立つのかな？

太郎：$P_W(A)$ と $P_W(B)$ を求めるのに必要な $P(A \cap W)$ と $P(B \cap W)$ の計算で，①,② の確率に同じ数 $\frac{1}{2}$ をかけているからだよ。

花子：なるほどね。外見が同じ三つの箱の場合は，同じ数 $\frac{1}{3}$ をかけることになるので，同様のことが成り立ちそうだね。

当たりくじを引く確率が，$\frac{1}{2}$ である箱A，$\frac{1}{3}$ である箱B，$\frac{1}{4}$ である箱Cの三つの箱の場合を考える。まず，A，B，Cのうちどれか一つの箱をでたらめに選ぶ。次にその選んだ箱において，くじを1本引いてはもとに戻す試行を3回繰り返したところ，3回中ちょうど1回当たった。このとき，選んだ箱がAである条件付き確率は $\frac{\boxed{セソタ}}{\boxed{チツテ}}$ となる。

(数学Ⅰ・数学A第3問は次ページに続く。)

(4)

> 花子：どうやら箱が三つの場合でも，条件付き確率の［ス］は各箱で3回中ちょうど1回当たりくじを引く確率の［ス］になっているみたいだね。
>
> 太郎：そうだね。それを利用すると，条件付き確率の値は計算しなくても，その大きさを比較することができるね。

当たりくじを引く確率が，$\frac{1}{2}$である箱A，$\frac{1}{3}$である箱B，$\frac{1}{4}$である箱C，$\frac{1}{5}$である箱Dの四つの箱の場合を考える。まず，A，B，C，Dのうちどれか一つの箱をでたらめに選ぶ。次にその選んだ箱において，くじを1本引いてはもとに戻す試行を3回繰り返したところ，3回中ちょうど1回当たった。このとき，条件付き確率を用いて，どの箱からくじを引いた可能性が高いかを考える。可能性が高い方から順に並べると［ト］となる。

［ト］の解答群

⓪ A，B，C，D	① A，B，D，C	② A，C，B，D
③ A，C，D，B	④ A，D，B，C	⑤ B，A，C，D
⑥ B，A，D，C	⑦ B，C，A，D	⑧ B，C，D，A

第3問～第5問は，いずれか2問を選択し，解答しなさい。

第4問 （選択問題）（配点　20）

円周上に15個の点 P_0，P_1，…，P_{14} が反時計回りに順に並んでいる。最初，点 P_0 に石がある。さいころを投げて偶数の目が出たら石を反時計回りに5個先の点に移動させ，奇数の目が出たら石を時計回りに3個先の点に移動させる。この操作を繰り返す。例えば，石が点 P_5 にあるとき，さいころを投げて6の目が出たら石を点 P_{10} に移動させる。次に，5の目が出たら点 P_{10} にある石を点 P_7 に移動させる。

(1)　さいころを5回投げて，偶数の目が［ア］回，奇数の目が［イ］回出れば，点 P_0 にある石を点 P_1 に移動させることができる。このとき，$x=$［ア］，$y=$［イ］は，不定方程式 $5x-3y=1$ の整数解になっている。

（数学Ⅰ・数学A第4問は次ページに続く。）

(2)　不定方程式

$$5x - 3y = 8 \quad \cdots\cdots\cdots\cdots\cdots\cdots ①$$

のすべての整数解 x，y は，k を整数として

$$x = \boxed{ア} \times 8 + \boxed{ウ}\, k,\quad y = \boxed{イ} \times 8 + \boxed{エ}\, k$$

と表される。① の整数解 x，y の中で，$0 \leqq y < \boxed{エ}$ を満たすものは

$$x = \boxed{オ},\quad y = \boxed{カ}$$

である。したがって，さいころを $\boxed{キ}$ 回投げて，偶数の目が $\boxed{オ}$ 回，奇数の目が $\boxed{カ}$ 回出れば，点 P_0 にある石を点 P_8 に移動させることができる。

（数学Ⅰ・数学A第4問は次ページに続く。）

(3) (2)において，さいころを キ 回より少ない回数だけ投げて，点 P_0 にある石を点 P_8 に移動させることはできないだろうか。

(＊) 石を反時計回りまたは時計回りに 15 個先の点に移動させると元の点に戻る。

(＊)に注意すると，偶数の目が ク 回，奇数の目が ケ 回出れば，さいころを投げる回数が コ 回で，点 P_0 にある石を点 P_8 に移動させることができる。このとき， コ ＜ キ である。

(4) 点 P_1，P_2，…，P_{14} のうちから点を一つ選び，点 P_0 にある石をさいころを何回か投げてその点に移動させる。そのために必要となる，さいころを投げる最小回数を考える。例えば，さいころを 1 回だけ投げて点 P_0 にある石を点 P_2 へ移動させることはできないが，さいころを 2 回投げて偶数の目と奇数の目が 1 回ずつ出れば，点 P_0 にある石を点 P_2 へ移動させることができる。したがって，点 P_2 を選んだ場合には，この最小回数は 2 回である。

点 P_1，P_2，…，P_{14} のうち，この最小回数が最も大きいのは点 サ であり，その最小回数は シ 回である。

サ の解答群

⓪ P_{10}	① P_{11}	② P_{12}	③ P_{13}	④ P_{14}

第3問～第5問は，いずれか2問を選択し，解答しなさい。

第5問 （選択問題）（配点　20）

△ABCにおいて，AB＝3，BC＝4，AC＝5とする。

∠BACの二等分線と辺BCとの交点をDとすると

$$\mathrm{BD} = \frac{\boxed{\text{ア}}}{\boxed{\text{イ}}},\quad \mathrm{AD} = \frac{\boxed{\text{ウ}}\sqrt{\boxed{\text{エ}}}}{\boxed{\text{オ}}}$$

である。

また，∠BACの二等分線と△ABCの外接円Oとの交点で点Aとは異なる点をEとする。△AECに着目すると

$$\mathrm{AE} = \boxed{\text{カ}}\sqrt{\boxed{\text{キ}}}$$

である。

△ABCの2辺ABとACの両方に接し，外接円Oに内接する円の中心をPとする。円Pの半径をrとする。さらに，円Pと外接円Oとの接点をFとし，直線PFと外接円Oとの交点で点Fとは異なる点をGとする。このとき

$$\mathrm{AP} = \sqrt{\boxed{\text{ク}}}\,r,\quad \mathrm{PG} = \boxed{\text{ケ}} - r$$

と表せる。したがって，方べきの定理により$r = \dfrac{\boxed{\text{コ}}}{\boxed{\text{サ}}}$である。

（数学Ⅰ・数学A第5問は次ページに続く。）

△ABC の内心を Q とする。内接円 Q の半径は [シ] で，AQ = $\sqrt{[ス]}$

である。また，円 P と辺 AB との接点を H とすると，AH = $\frac{[セ]}{[ソ]}$ である。

以上から，点 H に関する次の(a)，(b)の正誤の組合せとして正しいものは

[タ] である。

(a) 点 H は 3 点 B，D，Q を通る円の周上にある。

(b) 点 H は 3 点 B，E，Q を通る円の周上にある。

[タ] の解答群

	⓪	①	②	③
(a)	正	正	誤	誤
(b)	正	誤	正	誤

数学Ⅱ・数学Ｂ

問　題	選　択　方　法
第１問	必　　答
第２問	必　　答
第３問	いずれか２問を選択し，解答しなさい。
第４問	
第５問	

（注）この科目には，選択問題があります。（29ページ参照。）

第１問　（必答問題）（配点　30）

〔１〕

(1)　次の**問題A**について考えよう。

> **問題A**　関数 $y = \sin\theta + \sqrt{3}\cos\theta \left(0 \leqq \theta \leqq \frac{\pi}{2}\right)$ の最大値を求めよ。

$$\sin\frac{\pi}{\boxed{\text{ア}}} = \frac{\sqrt{3}}{2},\ \cos\frac{\pi}{\boxed{\text{ア}}} = \frac{1}{2}$$

であるから，三角関数の合成により

$$y = \boxed{\text{イ}}\sin\left(\theta + \frac{\pi}{\boxed{\text{ア}}}\right)$$

と変形できる。よって，y は $\theta = \frac{\pi}{\boxed{\text{ウ}}}$ で最大値 $\boxed{\text{エ}}$ をとる。

(2)　p を定数とし，次の**問題B**について考えよう。

> **問題B**　関数 $y = \sin\theta + p\cos\theta \left(0 \leqq \theta \leqq \frac{\pi}{2}\right)$ の最大値を求めよ。

(i)　$p = 0$ のとき，y は $\theta = \frac{\pi}{\boxed{\text{オ}}}$ で最大値 $\boxed{\text{カ}}$ をとる。

（数学Ⅱ・数学Ｂ第１問は次ページに続く。）

(ii) $p>0$ のときは，加法定理

$$\cos(\theta-\alpha)=\cos\theta\cos\alpha+\sin\theta\sin\alpha$$

を用いると

$$y=\sin\theta+p\cos\theta=\sqrt{\boxed{\text{キ}}}\cos(\theta-\alpha)$$

と表すことができる。ただし，α は

$$\sin\alpha=\frac{\boxed{\text{ク}}}{\sqrt{\boxed{\text{キ}}}},\quad \cos\alpha=\frac{\boxed{\text{ケ}}}{\sqrt{\boxed{\text{キ}}}},\quad 0<\alpha<\frac{\pi}{2}$$

を満たすものとする。このとき，y は $\theta=$ $\boxed{\text{コ}}$ で最大値 $\sqrt{\boxed{\text{サ}}}$ をとる。

(iii) $p<0$ のとき，y は $\theta=$ $\boxed{\text{シ}}$ で最大値 $\boxed{\text{ス}}$ をとる。

$\boxed{\text{キ}}$ ～ $\boxed{\text{ケ}}$，$\boxed{\text{サ}}$，$\boxed{\text{ス}}$ の解答群(同じものを繰り返し選んでもよい。)

⓪ -1	① 1	② $-p$
③ p	④ $1-p$	⑤ $1+p$
⑥ $-p^2$	⑦ p^2	⑧ $1-p^2$
⑨ $1+p^2$	ⓐ $(1-p)^2$	ⓑ $(1+p)^2$

$\boxed{\text{コ}}$，$\boxed{\text{シ}}$ の解答群(同じものを繰り返し選んでもよい。)

⓪ 0	① α	② $\dfrac{\pi}{2}$

(数学Ⅱ・数学B第1問は次ページに続く。)

〔2〕 二つの関数 $f(x)=\dfrac{2^x+2^{-x}}{2}$，$g(x)=\dfrac{2^x-2^{-x}}{2}$ について考える。

(1) $f(0)=$ [セ]，$g(0)=$ [ソ] である。また，$f(x)$ は相加平均と相乗平均の関係から，$x=$ [タ] で最小値 [チ] をとる。

$g(x)=-2$ となる x の値は $\log_2\left(\sqrt{\boxed{ツ}}-\boxed{テ}\right)$ である。

(2) 次の①～④は，x にどのような値を代入してもつねに成り立つ。

$f(-x)=$ [ト] ……………………… ①

$g(-x)=$ [ナ] ……………………… ②

$\{f(x)\}^2-\{g(x)\}^2=$ [ニ] ……………………… ③

$g(2x)=$ [ヌ] $f(x)g(x)$ ……………………… ④

[ト]，[ナ] の解答群（同じものを繰り返し選んでもよい。）

⓪ $f(x)$	① $-f(x)$	② $g(x)$	③ $-g(x)$

（数学Ⅱ・数学B第1問は次ページに続く。）

(3)　花子さんと太郎さんは，$f(x)$ と $g(x)$ の性質について話している。

花子：①～④ は三角関数の性質に似ているね。

太郎：三角関数の加法定理に類似した式(A)～(D)を考えてみたけど，つねに成り立つ式はあるだろうか。

花子：成り立たない式を見つけるために，式(A)～(D)の β に何か具体的な値を代入して調べてみたらどうかな。

太郎さんが考えた式

$f(\alpha-\beta)=f(\alpha)g(\beta)+g(\alpha)f(\beta)$ ……………………… (A)

$f(\alpha+\beta)=f(\alpha)f(\beta)+g(\alpha)g(\beta)$ ……………………… (B)

$g(\alpha-\beta)=f(\alpha)f(\beta)+g(\alpha)g(\beta)$ ……………………… (C)

$g(\alpha+\beta)=f(\alpha)g(\beta)-g(\alpha)f(\beta)$ ……………………… (D)

(1)，(2)で示されたことのいくつかを利用すると，式(A)～(D)のうち，［ネ］以外の三つは成り立たないことがわかる。［ネ］は左辺と右辺をそれぞれ計算することによって成り立つことが確かめられる。

［ネ］の解答群

⓪ (A)	① (B)	② (C)	③ (D)

第2問　（必答問題）（配点　30）

(1)　座標平面上で，次の二つの2次関数のグラフについて考える。

$y = 3x^2 + 2x + 3$　…………………… ①

$y = 2x^2 + 2x + 3$　…………………… ②

①，②の2次関数のグラフには次の**共通点**がある。

共通点

- y 軸との交点の y 座標は［ア］である。
- y 軸との交点における接線の方程式は $y =$［イ］$x +$［ウ］である。

次の⓪～⑤の2次関数のグラフのうち，y 軸との交点における接線の方程式が $y =$［イ］$x +$［ウ］となるものは［エ］である。

［エ］の解答群

⓪　$y = 3x^2 - 2x - 3$	①　$y = -3x^2 + 2x - 3$
②　$y = 2x^2 + 2x - 3$	③　$y = 2x^2 - 2x + 3$
④　$y = -x^2 + 2x + 3$	⑤　$y = -x^2 - 2x + 3$

a，b，c を0でない実数とする。

曲線 $y = ax^2 + bx + c$ 上の点 $(0,$［オ］$)$ における接線を ℓ とすると，その方程式は $y =$［カ］$x +$［キ］である。

（数学Ⅱ・数学B第2問は次ページに続く。）

接線 ℓ と x 軸との交点の x 座標は $\dfrac{\boxed{クケ}}{\boxed{コ}}$ である。

a，b，c が正の実数であるとき，曲線 $y = ax^2 + bx + c$ と接線 ℓ および直線 $x = \dfrac{\boxed{クケ}}{\boxed{コ}}$ で囲まれた図形の面積を S とすると

$$S = \frac{ac^{\boxed{サ}}}{\boxed{シ}\, b^{\boxed{ス}}} \quad \cdots\cdots\cdots\cdots ③$$

である。

③において，$a = 1$ とし，S の値が一定となるように正の実数 b，c の値を変化させる。このとき，b と c の関係を表すグラフの概形は $\boxed{セ}$ である。

$\boxed{セ}$ については，最も適当なものを，次の⓪～⑤のうちから一つ選べ。

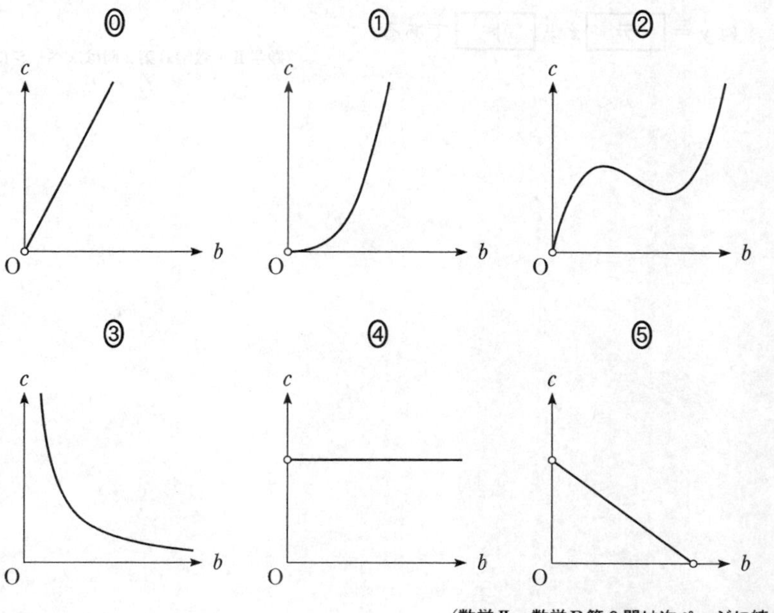

（数学Ⅱ・数学B第2問は次ページに続く。）

⑵　座標平面上で，次の三つの3次関数のグラフについて考える。

$y = 4x^3 + 2x^2 + 3x + 5$ ………………………… ④

$y = -2x^3 + 7x^2 + 3x + 5$ ………………………… ⑤

$y = 5x^3 - x^2 + 3x + 5$ ………………………… ⑥

④，⑤，⑥の3次関数のグラフには次の**共通点**がある。

共通点

- y 軸との交点の y 座標は［ソ］である。
- y 軸との交点における接線の方程式は $y =$［タ］$x +$［チ］である。

a，b，c，d を0でない実数とする。

曲線 $y = ax^3 + bx^2 + cx + d$ 上の点（0，［ツ］）における接線の方程式は $y =$［テ］$x +$［ト］である。

（数学Ⅱ・数学B第2問は次ページに続く。）

次に，$f(x) = ax^3 + bx^2 + cx + d$，$g(x) =$ テ $x +$ ト とし，$f(x) - g(x)$について考える。

$h(x) = f(x) - g(x)$とおく。a，b，c，dが正の実数であるとき，$y = h(x)$のグラフの概形は ナ である。

$y = f(x)$のグラフと$y = g(x)$のグラフの共有点のx座標は $\dfrac{\text{ニヌ}}{\text{ネ}}$ と ノ である。また，xが $\dfrac{\text{ニヌ}}{\text{ネ}}$ と ノ の間を動くとき，$|f(x) - g(x)|$の値が最大となるのは，$x = \dfrac{\text{ハヒフ}}{\text{ヘホ}}$ のときである。

ナ については，最も適当なものを，次の⓪～⑤のうちから一つ選べ。

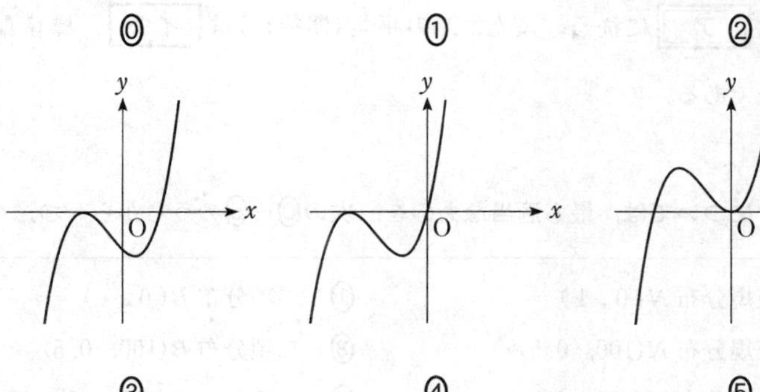

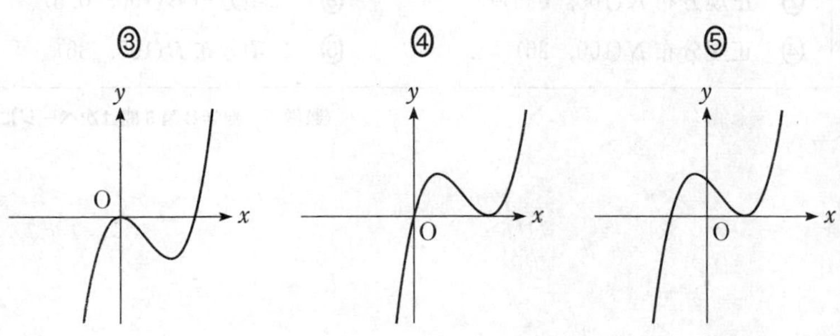

第３問～第５問は，いずれか２問を選択し，解答しなさい。

第３問　（選択問題）（配点　20）

以下の問題を解答するにあたっては，必要に応じて41ページの正規分布表を用いてもよい。

Q高校の校長先生は，ある日，新聞で高校生の読書に関する記事を読んだ。そこで，Q高校の生徒全員を対象に，直前の１週間の読書時間に関して，100人の生徒を無作為に抽出して調査を行った。その結果，100人の生徒のうち，この１週間に全く読書をしなかった生徒が36人であり，100人の生徒のこの１週間の読書時間(分)の平均値は204であった。Q高校の生徒全員のこの１週間の読書時間の母平均をm，母標準偏差を150とする。

(1)　全く読書をしなかった生徒の母比率を0.5とする。このとき，100人の無作為標本のうちで全く読書をしなかった生徒の数を表す確率変数をXとすると，Xは［ア］に従う。また，Xの平均(期待値)は［イウ］，標準偏差は［エ］である。

［ア］については，最も適当なものを，次の⓪～⑤のうちから一つ選べ。

⓪　正規分布$N(0,1)$	①　二項分布$B(0,1)$
②　正規分布$N(100,\ 0.5)$	③　二項分布$B(100,\ 0.5)$
④　正規分布$N(100,\ 36)$	⑤　二項分布$B(100,\ 36)$

（数学Ⅱ・数学Ｂ第３問は次ページに続く。）

(2) 標本の大きさ100は十分に大きいので，100人のうち全く読書をしなかった生徒の数は近似的に正規分布に従う。

全く読書をしなかった生徒の母比率を0.5とするとき，全く読書をしなかった生徒が36人以下となる確率をp_5とおく。p_5の近似値を求めると，$p_5 =$ オ である。

また，全く読書をしなかった生徒の母比率を0.4とするとき，全く読書をしなかった生徒が36人以下となる確率をp_4とおくと， カ である。

オ については，最も適当なものを，次の⓪～⑤のうちから一つ選べ。

⓪ 0.001	① 0.003	② 0.026
③ 0.050	④ 0.133	⑤ 0.497

カ の解答群

⓪ $p_4 < p_5$	① $p_4 = p_5$	② $p_4 > p_5$

(3) 1週間の読書時間の母平均mに対する信頼度95％の信頼区間を$C_1 \leqq m \leqq C_2$とする。標本の大きさ100は十分大きいことと，1週間の読書時間の標本平均が204，母標準偏差が150であることを用いると，$C_1 + C_2 =$ キクケ ，$C_2 - C_1 =$ コサ . シ であることがわかる。

また，母平均mとC_1，C_2については， ス 。

ス の解答群

⓪ $C_1 \leqq m \leqq C_2$が必ず成り立つ

① $m \leqq C_2$は必ず成り立つが，$C_1 \leqq m$が成り立つとは限らない

② $C_1 \leqq m$は必ず成り立つが，$m \leqq C_2$が成り立つとは限らない

③ $C_1 \leqq m$も$m \leqq C_2$も成り立つとは限らない

(数学Ⅱ・数学B第3問は次ページに続く。)

(4) Q 高校の図書委員長も，校長先生と同じ新聞記事を読んだため，校長先生が調査をしていることを知らずに，図書委員会として校長先生と同様の調査を独自に行った。ただし，調査期間は校長先生による調査と同じ直前の 1 週間であり，対象を Q 高校の生徒全員として 100 人の生徒を無作為に抽出した。その調査における，全く読書をしなかった生徒の数を n とする。

校長先生の調査結果によると全く読書をしなかった生徒は 36 人であり，[セ]。

[セ] の解答群

⓪ n は必ず 36 に等しい	① n は必ず 36 未満である
② n は必ず 36 より大きい	③ n と 36 との大小はわからない

(5) (4) の図書委員会が行った調査結果による母平均 m に対する信頼度 95 % の信頼区間を $D_1 \leqq m \leqq D_2$，校長先生が行った調査結果による母平均 m に対する信頼度 95 % の信頼区間を (3) の $C_1 \leqq m \leqq C_2$ とする。ただし，母集団は同一であり，1 週間の読書時間の母標準偏差は 150 とする。

このとき，次の⓪～⑤のうち，正しいものは [ソ] と [タ] である。

[ソ]，[タ] の解答群（解答の順序は問わない。）

⓪ $C_1 = D_1$ と $C_2 = D_2$ が必ず成り立つ。

① $C_1 < D_2$ または $D_1 < C_2$ のどちらか一方のみが必ず成り立つ。

② $D_2 < C_1$ または $C_2 < D_1$ となる場合もある。

③ $C_2 - C_1 > D_2 - D_1$ が必ず成り立つ。

④ $C_2 - C_1 = D_2 - D_1$ が必ず成り立つ。

⑤ $C_2 - C_1 < D_2 - D_1$ が必ず成り立つ。

（数学Ⅱ・数学B第 3 問は次ページに続く。）

正　規　分　布　表

次の表は，標準正規分布の分布曲線における右図の灰色部分の面積の値をまとめたものである。

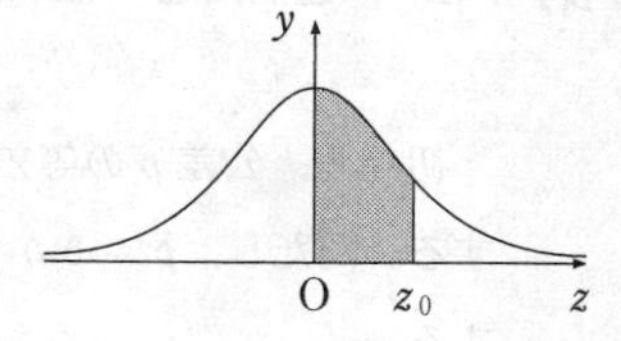

z_0	0.00	0.01	0.02	0.03	0.04	0.05	0.06	0.07	0.08	0.09
0.0	0.0000	0.0040	0.0080	0.0120	0.0160	0.0199	0.0239	0.0279	0.0319	0.0359
0.1	0.0398	0.0438	0.0478	0.0517	0.0557	0.0596	0.0636	0.0675	0.0714	0.0753
0.2	0.0793	0.0832	0.0871	0.0910	0.0948	0.0987	0.1026	0.1064	0.1103	0.1141
0.3	0.1179	0.1217	0.1255	0.1293	0.1331	0.1368	0.1406	0.1443	0.1480	0.1517
0.4	0.1554	0.1591	0.1628	0.1664	0.1700	0.1736	0.1772	0.1808	0.1844	0.1879
0.5	0.1915	0.1950	0.1985	0.2019	0.2054	0.2088	0.2123	0.2157	0.2190	0.2224
0.6	0.2257	0.2291	0.2324	0.2357	0.2389	0.2422	0.2454	0.2486	0.2517	0.2549
0.7	0.2580	0.2611	0.2642	0.2673	0.2704	0.2734	0.2764	0.2794	0.2823	0.2852
0.8	0.2881	0.2910	0.2939	0.2967	0.2995	0.3023	0.3051	0.3078	0.3106	0.3133
0.9	0.3159	0.3186	0.3212	0.3238	0.3264	0.3289	0.3315	0.3340	0.3365	0.3389
1.0	0.3413	0.3438	0.3461	0.3485	0.3508	0.3531	0.3554	0.3577	0.3599	0.3621
1.1	0.3643	0.3665	0.3686	0.3708	0.3729	0.3749	0.3770	0.3790	0.3810	0.3830
1.2	0.3849	0.3869	0.3888	0.3907	0.3925	0.3944	0.3962	0.3980	0.3997	0.4015
1.3	0.4032	0.4049	0.4066	0.4082	0.4099	0.4115	0.4131	0.4147	0.4162	0.4177
1.4	0.4192	0.4207	0.4222	0.4236	0.4251	0.4265	0.4279	0.4292	0.4306	0.4319
1.5	0.4332	0.4345	0.4357	0.4370	0.4382	0.4394	0.4406	0.4418	0.4429	0.4441
1.6	0.4452	0.4463	0.4474	0.4484	0.4495	0.4505	0.4515	0.4525	0.4535	0.4545
1.7	0.4554	0.4564	0.4573	0.4582	0.4591	0.4599	0.4608	0.4616	0.4625	0.4633
1.8	0.4641	0.4649	0.4656	0.4664	0.4671	0.4678	0.4686	0.4693	0.4699	0.4706
1.9	0.4713	0.4719	0.4726	0.4732	0.4738	0.4744	0.4750	0.4756	0.4761	0.4767
2.0	0.4772	0.4778	0.4783	0.4788	0.4793	0.4798	0.4803	0.4808	0.4812	0.4817
2.1	0.4821	0.4826	0.4830	0.4834	0.4838	0.4842	0.4846	0.4850	0.4854	0.4857
2.2	0.4861	0.4864	0.4868	0.4871	0.4875	0.4878	0.4881	0.4884	0.4887	0.4890
2.3	0.4893	0.4896	0.4898	0.4901	0.4904	0.4906	0.4909	0.4911	0.4913	0.4916
2.4	0.4918	0.4920	0.4922	0.4925	0.4927	0.4929	0.4931	0.4932	0.4934	0.4936
2.5	0.4938	0.4940	0.4941	0.4943	0.4945	0.4946	0.4948	0.4949	0.4951	0.4952
2.6	0.4953	0.4955	0.4956	0.4957	0.4959	0.4960	0.4961	0.4962	0.4963	0.4964
2.7	0.4965	0.4966	0.4967	0.4968	0.4969	0.4970	0.4971	0.4972	0.4973	0.4974
2.8	0.4974	0.4975	0.4976	0.4977	0.4977	0.4978	0.4979	0.4979	0.4980	0.4981
2.9	0.4981	0.4982	0.4982	0.4983	0.4984	0.4984	0.4985	0.4985	0.4986	0.4986
3.0	0.4987	0.4987	0.4987	0.4988	0.4988	0.4989	0.4989	0.4989	0.4990	0.4990

第3問～第5問は，いずれか2問を選択し，解答しなさい。

第4問 （選択問題）（配点 20）

初項3，公差pの等差数列を$\{a_n\}$とし，初項3，公比rの等比数列を$\{b_n\}$とする。ただし，$p \neq 0$かつ$r \neq 0$とする。さらに，これらの数列が次を満たすとする。

$$a_n b_{n+1} - 2a_{n+1}b_n + 3b_{n+1} = 0 \qquad (n = 1, 2, 3, \cdots) \cdots\cdots ①$$

(1) pとrの値を求めよう。自然数nについて，a_n，a_{n+1}，b_nはそれぞれ

$$a_n = \boxed{\text{ア}} + (n-1)p \cdots\cdots ②$$

$$a_{n+1} = \boxed{\text{ア}} + np \cdots\cdots ③$$

$$b_n = \boxed{\text{イ}}\, r^{n-1}$$

と表される。$r \neq 0$により，すべての自然数nについて，$b_n \neq 0$となる。$\dfrac{b_{n+1}}{b_n} = r$であることから，①の両辺をb_nで割ることにより

$$\boxed{\text{ウ}}\, a_{n+1} = r\left(a_n + \boxed{\text{エ}}\right) \cdots\cdots ④$$

が成り立つことがわかる。④に②と③を代入すると

$$\left(r - \boxed{\text{オ}}\right)pn = r\left(p - \boxed{\text{カ}}\right) + \boxed{\text{キ}} \cdots\cdots ⑤$$

となる。⑤がすべてのnで成り立つことおよび$p \neq 0$により，$r = \boxed{\text{オ}}$を得る。さらに，このことから，$p = \boxed{\text{ク}}$を得る。

以上から，すべての自然数nについて，a_nとb_nが正であることもわかる。

（数学Ⅱ・数学B第4問は次ページに続く。）

⑵　$p=$ ク ，$r=$ オ であることから，$\{a_n\}$，$\{b_n\}$の初項から第n項までの和は，それぞれ次の式で与えられる。

$$\sum_{k=1}^{n} a_k = \frac{\boxed{ケ}}{\boxed{コ}} n\left(n + \boxed{サ}\right)$$

$$\sum_{k=1}^{n} b_k = \boxed{シ}\left(\boxed{オ}^{\,n} - \boxed{ス}\right)$$

⑶　数列$\{a_n\}$に対して，初項3の数列$\{c_n\}$が次を満たすとする。

$$a_n c_{n+1} - 4a_{n+1}c_n + 3c_{n+1} = 0 \quad (n = 1, 2, 3, \cdots) \quad \cdots\cdots\cdots ⑥$$

a_nが正であることから，⑥を変形して，$c_{n+1} = \dfrac{\boxed{セ}\,a_{n+1}}{a_n + \boxed{ソ}}c_n$を得る。

さらに，$p=$ ク であることから，数列$\{c_n\}$は タ ことがわかる。

タ の解答群

⓪　すべての項が同じ値をとる数列である
①　公差が0でない等差数列である
②　公比が1より大きい等比数列である
③　公比が1より小さい等比数列である
④　等差数列でも等比数列でもない

⑷　q，uは定数で，$q \neq 0$とする。数列$\{b_n\}$に対して，初項3の数列$\{d_n\}$が次を満たすとする。

$$d_n b_{n+1} - q d_{n+1} b_n + u b_{n+1} = 0 \quad (n = 1, 2, 3, \cdots) \quad \cdots\cdots\cdots ⑦$$

$r=$ オ であることから，⑦を変形して，$d_{n+1} = \dfrac{\boxed{チ}}{q}(d_n + u)$

を得る。したがって，数列$\{d_n\}$が，公比が0より大きく1より小さい等比数列となるための必要十分条件は，$q >$ ツ かつ$u=$ テ である。

第3問～第5問は，いずれか2問を選択し，解答しなさい。

第5問 （選択問題）（配点　20）

1辺の長さが1の正五角形の対角線の長さを a とする。

(1)　1辺の長さが1の正五角形 $OA_1B_1C_1A_2$ を考える。

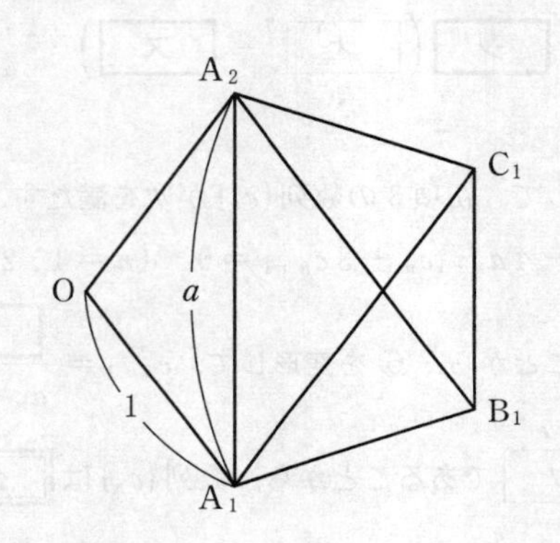

$\angle A_1C_1B_1 =$ **アイ** °，$\angle C_1A_1A_2 =$ アイ °となることから，$\overrightarrow{A_1A_2}$ と $\overrightarrow{B_1C_1}$ は平行である。ゆえに

$$\overrightarrow{A_1A_2} = \boxed{\text{ウ}}\,\overrightarrow{B_1C_1}$$

であるから

$$\overrightarrow{B_1C_1} = \frac{1}{\boxed{\text{ウ}}}\overrightarrow{A_1A_2} = \frac{1}{\boxed{\text{ウ}}}\left(\overrightarrow{OA_2} - \overrightarrow{OA_1}\right)$$

また，$\overrightarrow{OA_1}$ と $\overrightarrow{A_2B_1}$ は平行で，さらに，$\overrightarrow{OA_2}$ と $\overrightarrow{A_1C_1}$ も平行であることから

$$\begin{aligned}\overrightarrow{B_1C_1} &= \overrightarrow{B_1A_2} + \overrightarrow{A_2O} + \overrightarrow{OA_1} + \overrightarrow{A_1C_1}\\ &= -\boxed{\text{ウ}}\,\overrightarrow{OA_1} - \overrightarrow{OA_2} + \overrightarrow{OA_1} + \boxed{\text{ウ}}\,\overrightarrow{OA_2}\\ &= \left(\boxed{\text{エ}} - \boxed{\text{オ}}\right)\left(\overrightarrow{OA_2} - \overrightarrow{OA_1}\right)\end{aligned}$$

となる。したがって

$$\frac{1}{\boxed{\text{ウ}}} = \boxed{\text{エ}} - \boxed{\text{オ}}$$

が成り立つ。$a > 0$ に注意してこれを解くと，$a = \dfrac{1+\sqrt{5}}{2}$ を得る。

（数学Ⅱ・数学B第5問は次ページに続く。）

⑵　下の図のような，1辺の長さが1の正十二面体を考える。正十二面体とは，どの面もすべて合同な正五角形であり，どの頂点にも三つの面が集まっているへこみのない多面体のことである。

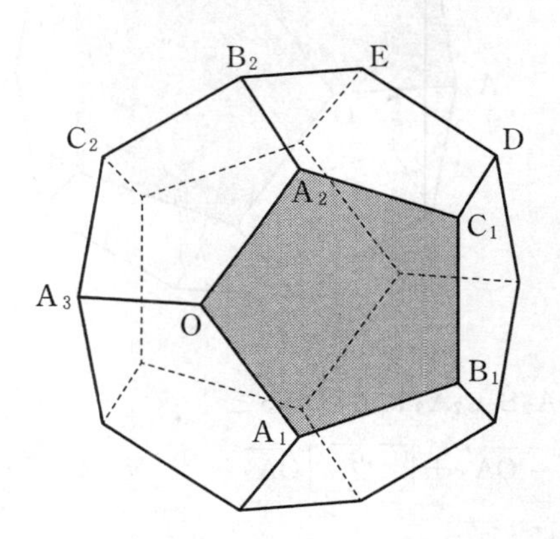

面 $OA_1B_1C_1A_2$ に着目する。$\overrightarrow{OA_1}$ と $\overrightarrow{A_2B_1}$ が平行であることから

$$\overrightarrow{OB_1} = \overrightarrow{OA_2} + \overrightarrow{A_2B_1} = \overrightarrow{OA_2} + \boxed{\text{ウ}}\,\overrightarrow{OA_1}$$

である。また

$$\left|\overrightarrow{OA_2} - \overrightarrow{OA_1}\right|^2 = \left|\overrightarrow{A_1A_2}\right|^2 = \frac{\boxed{\text{カ}} + \sqrt{\boxed{\text{キ}}}}{\boxed{\text{ク}}}$$

に注意すると

$$\overrightarrow{OA_1} \cdot \overrightarrow{OA_2} = \frac{\boxed{\text{ケ}} - \sqrt{\boxed{\text{コ}}}}{\boxed{\text{サ}}}$$

を得る。

（数学Ⅱ・数学B第5問は次ページに続く。）

補　足　説　明

ただし，$\boxed{\text{カ}}$ ～ $\boxed{\text{サ}}$ は，文字 a を用いない形で答えること。

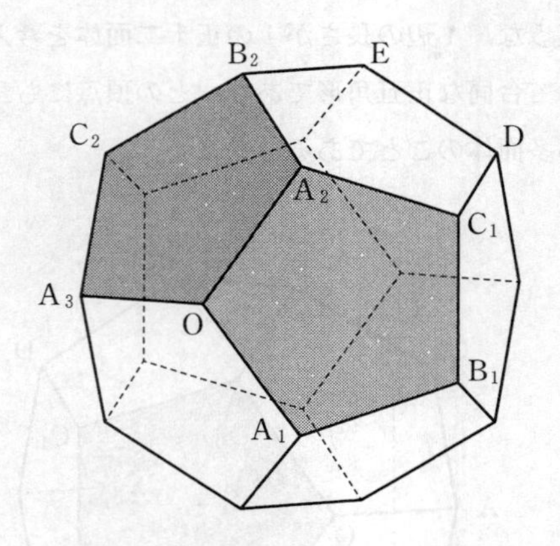

次に，面 $OA_2B_2C_2A_3$ に着目すると

$$\overrightarrow{OB_2} = \overrightarrow{OA_3} + \boxed{ウ}\ \overrightarrow{OA_2}$$

である。さらに

$$\overrightarrow{OA_2} \cdot \overrightarrow{OA_3} = \overrightarrow{OA_3} \cdot \overrightarrow{OA_1} = \frac{\boxed{ケ} - \sqrt{\boxed{コ}}}{\boxed{サ}}$$

が成り立つことがわかる。ゆえに

$$\overrightarrow{OA_1} \cdot \overrightarrow{OB_2} = \boxed{シ}, \quad \overrightarrow{OB_1} \cdot \overrightarrow{OB_2} = \boxed{ス}$$

である。

$\boxed{シ}$，$\boxed{ス}$ の解答群(同じものを繰り返し選んでもよい。)

⓪ 0	① 1	② -1	③ $\frac{1+\sqrt{5}}{2}$
④ $\frac{1-\sqrt{5}}{2}$	⑤ $\frac{-1+\sqrt{5}}{2}$	⑥ $\frac{-1-\sqrt{5}}{2}$	⑦ $-\frac{1}{2}$
⑧ $\frac{-1+\sqrt{5}}{4}$	⑨ $\frac{-1-\sqrt{5}}{4}$		

(数学Ⅱ・数学B第5問は次ページに続く。)

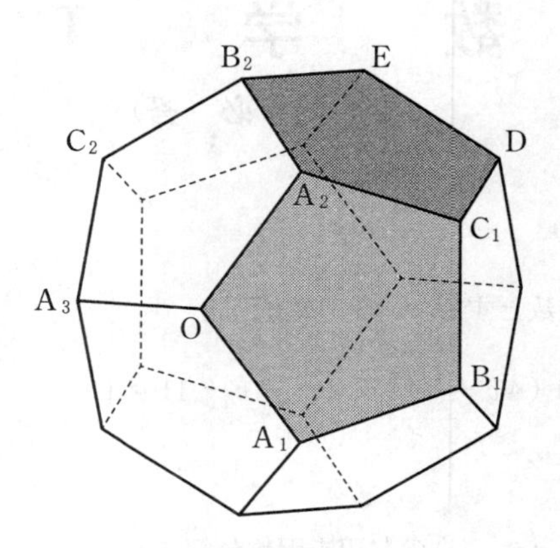

最後に，面 $A_2C_1DEB_2$ に着目する。

$$\overrightarrow{B_2D} = \boxed{\text{ウ}}\ \overrightarrow{A_2C_1} = \overrightarrow{OB_1}$$

であることに注意すると，４点 O，B_1，D，B_2 は同一平面上にあり，四角形 OB_1DB_2 は $\boxed{\text{セ}}$ ことがわかる。

$\boxed{\text{セ}}$ の解答群

⓪ 正方形である

① 正方形ではないが，長方形である

② 正方形ではないが，ひし形である

③ 長方形でもひし形でもないが，平行四辺形である

④ 平行四辺形ではないが，台形である

⑤ 台形でない

ただし，少なくとも一組の対辺が平行な四角形を台形という。

数　学　Ⅰ

（全　問　必　答）

第1問　（配点　20）

〔1〕　c を正の整数とする。x の2次方程式

$$2x^2 + (4c - 3)x + 2c^2 - c - 11 = 0 \quad \cdots\cdots\cdots ①$$

について考える。

(1)　$c = 1$ のとき，① の左辺を因数分解すると

$$\left(\boxed{\text{ア}}\,x + \boxed{\text{イ}}\right)\left(x - \boxed{\text{ウ}}\right)$$

であるから，① の解は

$$x = -\frac{\boxed{\text{イ}}}{\boxed{\text{ア}}},\quad \boxed{\text{ウ}}$$

である。

(2)　$c = 2$ のとき，① の解は

$$x = \frac{-\boxed{\text{エ}} \pm \sqrt{\boxed{\text{オカ}}}}{\boxed{\text{キ}}}$$

であり，大きい方の解を α とすると

$$\frac{5}{\alpha} = \frac{\boxed{\text{ク}} + \sqrt{\boxed{\text{ケコ}}}}{\boxed{\text{サ}}}$$

である。また，$m < \dfrac{5}{\alpha} < m + 1$ を満たす整数 m は $\boxed{\text{シ}}$ である。

（数学Ⅰ第1問は次ページに続く。）

(3)　太郎さんと花子さんは，①の解について考察している。

太郎：①の解はcの値によって，ともに有理数である場合もあれば，ともに無理数である場合もあるね。cがどのような値のときに，解は有理数になるのかな。

花子：2次方程式の解の公式の根号の中に着目すればいいんじゃないかな。

①の解が異なる二つの有理数であるような正の整数cの個数は［ス］個である。

（数学Ⅰ第1問は次ページに続く。）

〔２〕 Uを全体集合とし，A，B，CをUの部分集合とする。また，A，B，Cは

$$C = (A \cup B) \cap \overline{(A \cap B)}$$

を満たすとする。ただし，Uの部分集合Xに対し，$\overline{X}$はXの補集合を表す。

(1) U，A，Bの関係を図１のように表すと，$A \cap \overline{B}$は図２の斜線部分である。

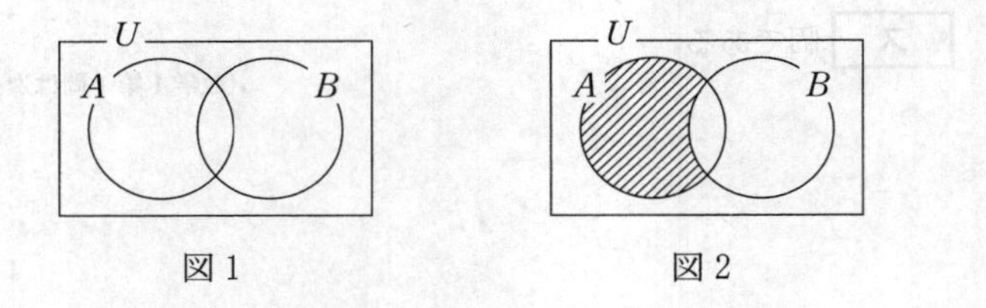

図１　　　　図２

このとき，Cは［セ］の斜線部分である。

［セ］については，最も適当なものを，次の⓪～③のうちから一つ選べ。

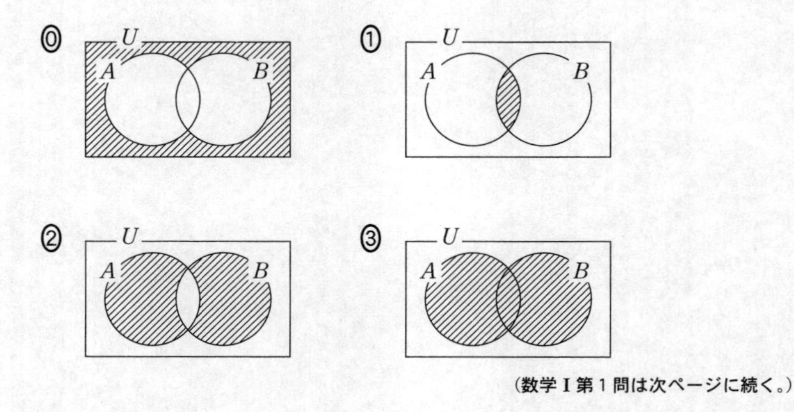

（数学Ⅰ第１問は次ページに続く。）

(2)　集合 U, A, C が

$U=\{x \mid x$ は15以下の正の整数$\}$

$A=\{x \mid x$ は15以下の正の整数で3の倍数$\}$

$C=\{2,\ 3,\ 5,\ 7,\ 9,\ 11,\ 13,\ 15\}$

であるとする。$A \cap B = A \cap \overline{C}$ であることに注意すると

$A \cap B = \{$ ソ , タチ $\}$

であることがわかる。また，B の要素は全部で ツ 個あり，そのうち最大のものは テト である。

さらに，U の要素 x について，条件 p，q を次のように定める。

p：x は $\overline{A} \cap B$ の要素である

q：x は5以上かつ15以下の素数である

このとき，p は q であるための ナ 。

ナ の解答群

⓪　必要条件であるが，十分条件ではない

①　十分条件であるが，必要条件ではない

②　必要十分条件である

③　必要条件でも十分条件でもない

第2問 （配点　30）

右の図のように，△ABCの外側に辺AB，BC，CAをそれぞれ1辺とする正方形ADEB，BFGC，CHIAをかき，2点EとF，GとH，IとDをそれぞれ線分で結んだ図形を考える。以下において

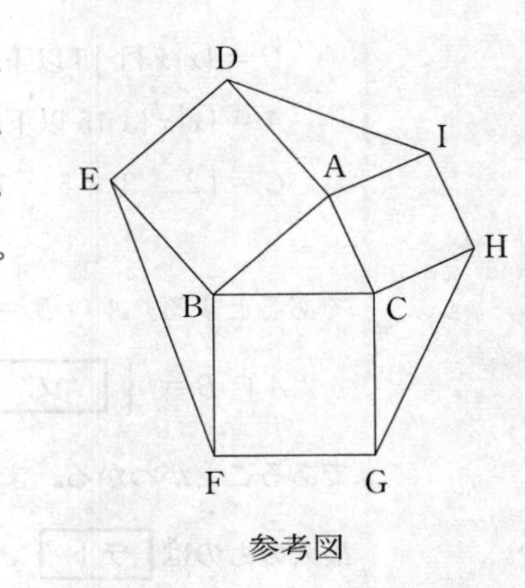

参考図

$\mathrm{BC} = a$，$\mathrm{CA} = b$，$\mathrm{AB} = c$

$\angle \mathrm{CAB} = A$，$\angle \mathrm{ABC} = B$，$\angle \mathrm{BCA} = C$

とする。

(1) $b = 6$，$c = 5$，$\cos A = \dfrac{3}{5}$ のとき，$\sin A = \dfrac{\boxed{\text{ア}}}{\boxed{\text{イ}}}$ であり，△ABCの面積は $\boxed{\text{ウエ}}$，△AIDの面積は $\boxed{\text{オカ}}$ である。また，正方形BFGCの面積は $\boxed{\text{キク}}$ である。

（数学Ⅰ第2問は次ページに続く。）

(2)　正方形 BFGC，CHIA，ADEB の面積をそれぞれ S_1，S_2，S_3 とする。このとき，$S_1 - S_2 - S_3$ は

- $0° < A < 90°$ のとき，［ケ］。
- $A = 90°$ のとき，［コ］。
- $90° < A < 180°$ のとき，［サ］。

［ケ］～［サ］の解答群(同じものを繰り返し選んでもよい。)

⓪　0 である
①　正の値である
②　負の値である
③　正の値も負の値もとる

(3)　△AID，△BEF，△CGH の面積をそれぞれ T_1，T_2，T_3 とする。このとき，［シ］である。

［シ］の解答群

⓪　$a < b < c$ ならば，$T_1 > T_2 > T_3$
①　$a < b < c$ ならば，$T_1 < T_2 < T_3$
②　A が鈍角ならば，$T_1 < T_2$ かつ $T_1 < T_3$
③　a，b，c の値に関係なく，$T_1 = T_2 = T_3$

(数学Ⅰ第2問は次ページに続く。)

(4) どのような△ABCに対しても，六角形DEFGHIの面積はb，c，Aを用いて

$$2\left\{b^2+c^2+bc\left(\boxed{\text{ス}}\right)\right\}$$

と表せる。

ス の解答群

⓪ $\sin A+\cos A$	① $\sin A-\cos A$	② $2\sin A+\cos A$
③ $2\sin A-\cos A$	④ $\sin A+2\cos A$	⑤ $\sin A-2\cos A$

（数学Ⅰ第2問は次ページに続く。）

⑸　△ABC, △AID, △BEF, △CGH のうち，外接円の半径が**最も小さい**ものを求める。

$0° < A < 90°$ のとき，ID [セ] BCであり

(△AID の外接円の半径) [ソ] (△ABC の外接円の半径)

であるから，外接円の半径が最も小さい三角形は

- $0° < A < B < C < 90°$ のとき， [タ] である。
- $0° < A < B < 90° < C$ のとき， [チ] である。

[セ] , [ソ] の解答群(同じものを繰り返し選んでもよい。)

⓪ <	① ＝	② >

[タ] , [チ] の解答群(同じものを繰り返し選んでもよい。)

⓪ △ABC	① △AID	② △BEF	③ △CGH

⑹　△ABC, △AID, △BEF, △CGH のうち，内接円の半径が**最も大きい**三角形は

- $0° < A < B < C < 90°$ のとき， [ツ] である。
- $0° < A < B < 90° < C$ のとき， [テ] である。

[ツ] , [テ] の解答群(同じものを繰り返し選んでもよい。)

⓪ △ABC	① △AID	② △BEF	③ △CGH

第3問 （配点　30）

〔1〕 k を実数とする。２次関数

$$y = 2x^2 - 4x + 5$$

のグラフを G とする。また，グラフ G を y 軸方向に k だけ平行移動したグラフを H とする。

(1) グラフ G の頂点の座標は（ ア ， イ ）である。

(2) グラフ H が x 軸と共有点をもたないような k の値の範囲は

$k >$ ウエ

である。

(3) $k = -5$ のとき，グラフ H を x 軸方向に１だけ平行移動したものは，$2 \leqq x \leqq 6$ の範囲で x 軸と オ 点で交わる。また，$k = -5$ のとき，グラフ H を x 軸方向に３だけ平行移動したものは，$2 \leqq x \leqq 6$ の範囲で x 軸と カ 点で交わる。

（数学Ⅰ第３問は次ページに続く。）

(4)　グラフHがx軸と異なる2点で交わるとき，その2点の間の距離は

$$\sqrt{\boxed{\text{キク}}\left(k+\boxed{\text{ケ}}\right)}$$

である。

したがって，グラフHをx軸方向に平行移動して，$2 \leqq x \leqq 6$の範囲でx軸と異なる2点で交わるようにできるとき，kのとり得る値の範囲は

$$\boxed{\text{コサシ}} \leqq k < \boxed{\text{スセ}}$$

である。

（数学Ⅰ第3問は次ページに続く。）

〔2〕 陸上競技の短距離100 m走では，100 mを走るのにかかる時間(以下，タイムと呼ぶ)は，1歩あたりの進む距離(以下，ストライドと呼ぶ)と1秒あたりの歩数(以下，ピッチと呼ぶ)に関係がある。ストライドとピッチはそれぞれ以下の式で与えられる。

$$\text{ストライド}(\text{m/歩})=\frac{100(\text{m})}{100\text{ m を走るのにかかった歩数}(\text{歩})}$$

$$\text{ピッチ}(\text{歩/秒})=\frac{100\text{ m を走るのにかかった歩数}(\text{歩})}{\text{タイム}(\text{秒})}$$

ただし，100 mを走るのにかかった歩数は，最後の1歩がゴールラインをまたぐこともあるので，小数で表される。以下，単位は必要のない限り省略する。

例えば，タイムが10.81で，そのときの歩数が48.5であったとき，ストライドは$\frac{100}{48.5}$より約2.06，ピッチは$\frac{48.5}{10.81}$より約4.49である。

なお，小数の形で解答する場合は，**解答上の注意**にあるように，指定された桁数の一つ下の桁を四捨五入して答えよ。また，必要に応じて，指定された桁まで⓪にマークせよ。

(数学Ⅰ第3問は次ページに続く。)

(1)　ストライドをx，ピッチをzとおく。ピッチは1秒あたりの歩数，ストライドは1歩あたりの進む距離なので，1秒あたりの進む距離すなわち平均速度は，xとzを用いて［ソ］(m/秒)と表される。

これより，タイム と，ストライド，ピッチとの関係は

$$タイム=\frac{100}{［ソ］} \quad \cdots\cdots\cdots\cdots\cdots\cdots\cdots\cdots\cdots ①$$

と表されるので，［ソ］が最大になるときにタイムが最もよくなる。ただし，タイムがよくなるとは，タイムの値が小さくなることである。

［ソ］の解答群

⓪ $x+z$	① $z-x$	② xz
③ $\frac{x+z}{2}$	④ $\frac{z-x}{2}$	⑤ $\frac{xz}{2}$

（数学Ⅰ第3問は次ページに続く。）

(2) 男子短距離 100 m 走の選手である太郎さんは，① に着目して，タイムが最もよくなるストライドとピッチを考えることにした。

次の表は，太郎さんが練習で 100 m を 3 回走ったときのストライドとピッチのデータである。

	1 回目	2 回目	3 回目
ストライド	2.05	2.10	2.15
ピッチ	4.70	4.60	4.50

また，ストライドとピッチにはそれぞれ限界がある。太郎さんの場合，ストライドの最大値は 2.40，ピッチの最大値は 4.80 である。

太郎さんは，上の表から，ストライドが 0.05 大きくなるとピッチが 0.1 小さくなるという関係があると考えて，ピッチがストライドの 1 次関数として表されると仮定した。このとき，ピッチ z はストライド x を用いて

$$z = \boxed{\text{タチ}}\,x + \frac{\boxed{\text{ツテ}}}{5} \quad \cdots\cdots\cdots\cdots ②$$

と表される。

② が太郎さんのストライドの最大値 2.40 とピッチの最大値 4.80 まで成り立つと仮定すると，x の値の範囲は次のようになる。

$$\boxed{\text{ト}}\,.\,\boxed{\text{ナニ}} \leqq x \leqq 2.40$$

（数学 I 第 3 問は次ページに続く。）

$y=$ ［ソ］とおく。②を $y=$ ［ソ］に代入することにより，y を x の関数として表すことができる。太郎さんのタイムが最もよくなるストライドとピッチを求めるためには，［ト］.［ナニ］$\leqq x \leqq 2.40$ の範囲で y の値を最大にする x の値を見つければよい。このとき，y の値が最大になるのは $x=$ ［ヌ］.［ネノ］のときである。

よって，太郎さんのタイムが最もよくなるのは，ストライドが［ヌ］.［ネノ］のときであり，このとき，ピッチは［ハ］.［ヒフ］である。また，このときの太郎さんのタイムは，①により［ヘ］である。

［ヘ］については，最も適当なものを，次の⓪～⑤のうちから一つ選べ。

⓪ 9.68	① 9.97	② 10.09
③ 10.33	④ 10.42	⑤ 10.55

第４問（配点　20）

就業者の従事する産業は，勤務する事業所の主な経済活動の種類によって，第1次産業（農業，林業と漁業），第２次産業（鉱業，建設業と製造業），第３次産業（前記以外の産業）の三つに分類される。国の労働状況の調査（国勢調査）では，47の都道府県別に第１次，第２次，第３次それぞれの産業ごとの就業者数が発表されている。ここでは都道府県別に，就業者数に対する各産業に就業する人数の割合を算出したものを，各産業の「就業者数割合」と呼ぶことにする。

(1) 図１は，2015年度における都道府県別の第２次産業の就業者数割合のヒストグラムである。なお，ヒストグラムの各階級の区間は，左側の数値を含み，右側の数値を含まない。

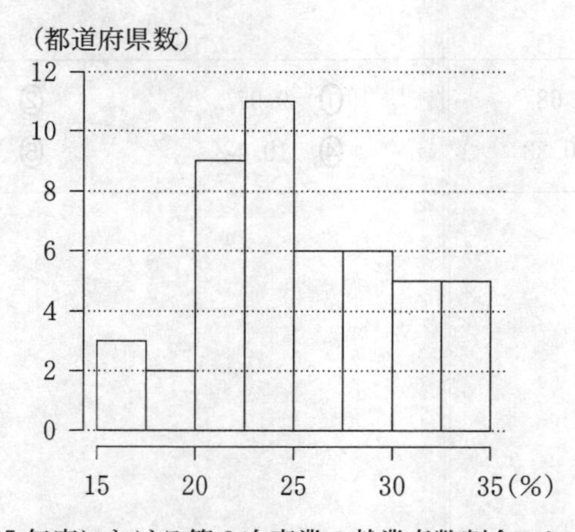

図１　2015年度における第２次産業の就業者数割合のヒストグラム

（出典：総務省のWebページにより作成）

（数学Ⅰ第４問は次ページに続く。）

図1のヒストグラムから次のことが読み取れる。

- 最頻値は階級 ア の階級値である。
- 中央値が含まれる階級は イ である。
- 第1四分位数が含まれる階級は ウ である。
- 第3四分位数が含まれる階級は エ である。
- 最大値が含まれる階級は オ である。

ア ～ オ の解答群(同じものを繰り返し選んでもよい。)

⓪	15.0 以上 17.5 未満	①	17.5 以上 20.0 未満
②	20.0 以上 22.5 未満	③	22.5 以上 25.0 未満
④	25.0 以上 27.5 未満	⑤	27.5 以上 30.0 未満
⑥	30.0 以上 32.5 未満	⑦	32.5 以上 35.0 未満

(数学Ⅰ第4問は次ページに続く。)

(2) 図2は，1975年度から2010年度まで5年ごとの8個の年度(それぞれを時点という)における都道府県別の三つの産業の就業者数割合を箱ひげ図で表したものである。各時点の箱ひげ図は，それぞれ上から順に第1次産業，第2次産業，第3次産業のものである。

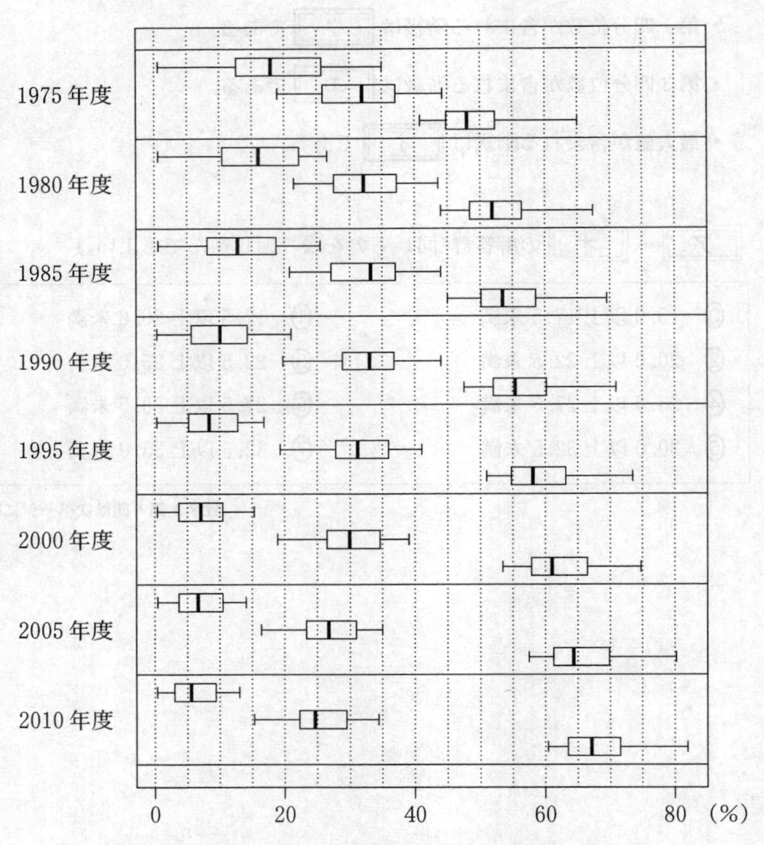

図2　三つの産業の就業者数割合の箱ひげ図

(出典：総務省のWebページにより作成)

(数学Ⅰ第4問は次ページに続く。)

次の⓪～⑤のうち，図2から読み取れることとして**正しくないもの**は **カ** と **キ** である。

カ，**キ** の解答群(解答の順序は問わない。)

⓪　第1次産業の就業者数割合の四分位範囲は，2000年度までは，後の時点になるにしたがって減少している。

①　第1次産業の就業者数割合について，左側のひげの長さと右側のひげの長さを比較すると，どの時点においても左側の方が長い。

②　第2次産業の就業者数割合の中央値は，1990年度以降，後の時点になるにしたがって減少している。

③　第2次産業の就業者数割合の第1四分位数は，後の時点になるにしたがって減少している。

④　第3次産業の就業者数割合の第3四分位数は，後の時点になるにしたがって増加している。

⑤　第3次産業の就業者数割合の最小値は，後の時点になるにしたがって増加している。

(数学Ⅰ第4問は次ページに続く。)

(3)　(2)で取り上げた8時点の中から5時点を取り出して考える。各時点における都道府県別の，第1次産業と第3次産業の就業者数割合のヒストグラムを一つのグラフにまとめてかいたものが，次ページの五つのグラフである。それぞれの右側の網掛けしたヒストグラムが第3次産業のものである。なお，ヒストグラムの各階級の区間は，左側の数値を含み，右側の数値を含まない。

- 1985年度におけるグラフは［ク］である。
- 1995年度におけるグラフは［ケ］である。

［ク］，［ケ］については，最も適当なものを，次の⓪～④のうちから一つずつ選べ。ただし，同じものを繰り返し選んでもよい。

（数学Ⅰ第4問は次ページに続く。）

⓪

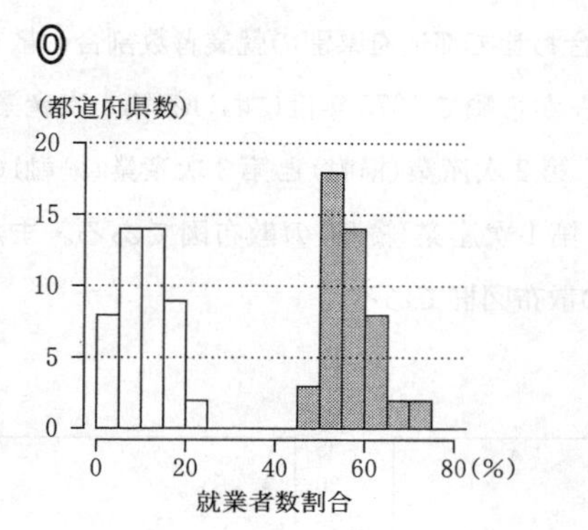

①

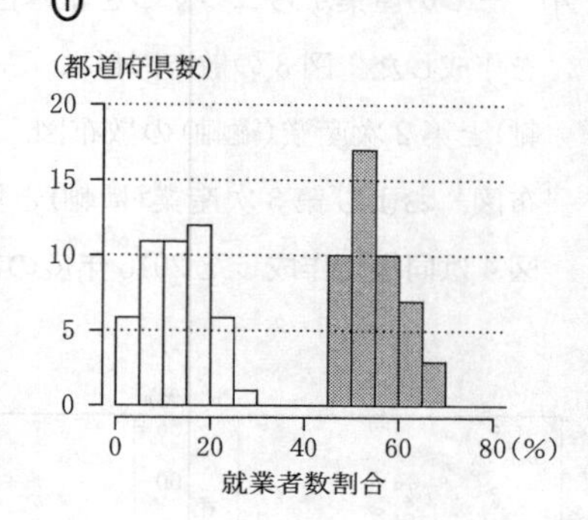

②

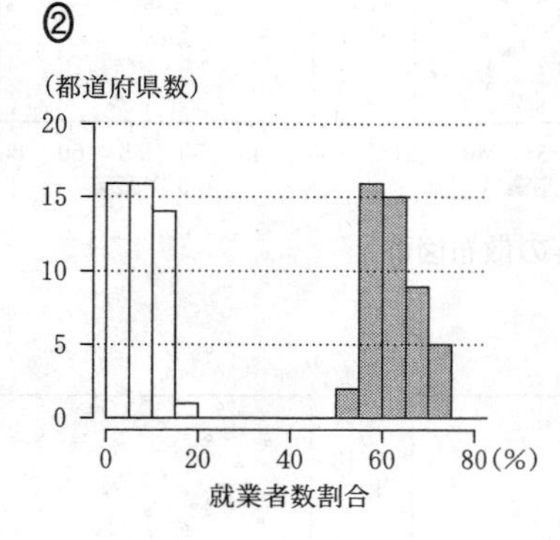

③

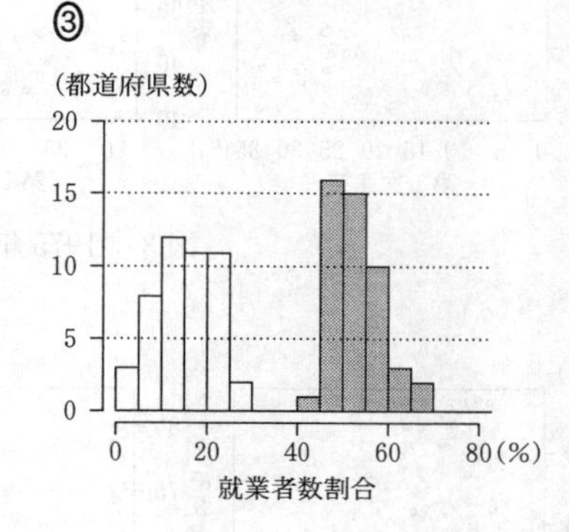

④

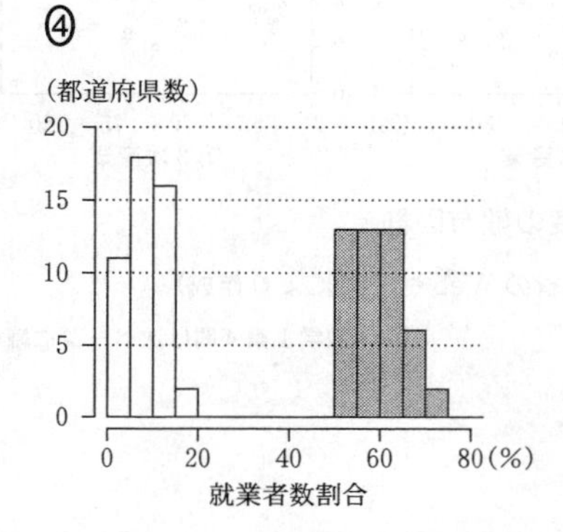

(出典：総務省の Web ページにより作成)

(数学Ⅰ第４問は次ページに続く。)

⑷　三つの産業から二つずつを組み合わせて都道府県別の就業者数割合の散布図を作成した。図3の散布図群は，左から順に1975年度における第1次産業（横軸）と第2次産業（縦軸）の散布図，第2次産業（横軸）と第3次産業（縦軸）の散布図，および第3次産業（横軸）と第1次産業（縦軸）の散布図である。また，図4は同様に作成した2015年度の散布図群である。

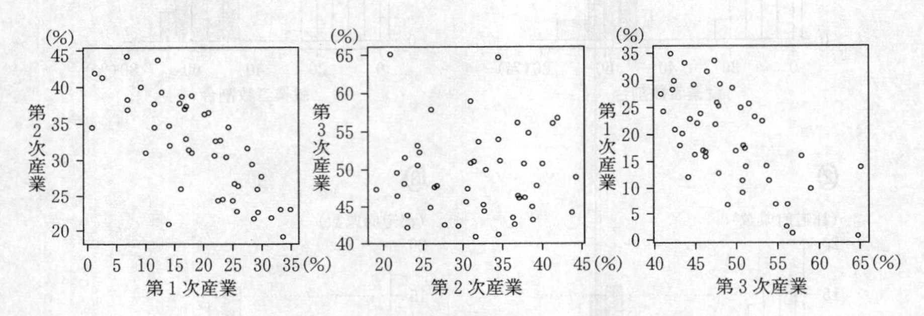

図3　1975年度の散布図群

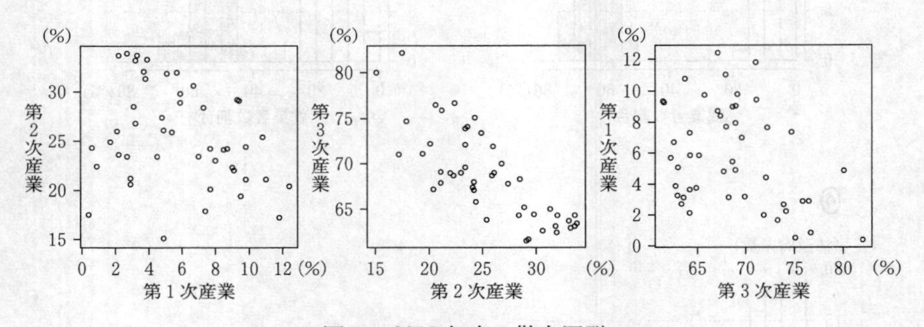

図4　2015年度の散布図群

（出典：図3，図4はともに総務省のWebページにより作成）

（数学Ⅰ第4問は次ページに続く。）

下の(Ⅰ), (Ⅱ), (Ⅲ)は，1975年度を基準としたときの，2015年度の変化を記述したものである。ただし，ここで「相関が強くなった」とは，相関係数の絶対値が大きくなったことを意味する。

(Ⅰ)　都道府県別の第1次産業の就業者数割合と第2次産業の就業者数割合の間の相関は強くなった。

(Ⅱ)　都道府県別の第2次産業の就業者数割合と第3次産業の就業者数割合の間の相関は強くなった。

(Ⅲ)　都道府県別の第3次産業の就業者数割合と第1次産業の就業者数割合の間の相関は強くなった。

(Ⅰ), (Ⅱ), (Ⅲ)の正誤の組合せとして正しいものは [コ] である。

[コ] の解答群

	⓪	①	②	③	④	⑤	⑥	⑦
(Ⅰ)	正	正	正	正	誤	誤	誤	誤
(Ⅱ)	正	正	誤	誤	正	正	誤	誤
(Ⅲ)	正	誤	正	誤	正	誤	正	誤

(数学Ⅰ第4問は次ページに続く。)

(5) 各都道府県の就業者数の内訳として男女別の就業者数も発表されている。そこで，就業者数に対する男性・女性の就業者数の割合をそれぞれ「男性の就業者数割合」，「女性の就業者数割合」と呼ぶことにし，これらを都道府県別に算出した。図5は，2015年度における都道府県別の，第1次産業の就業者数割合（横軸）と，男性の就業者数割合（縦軸）の散布図である。

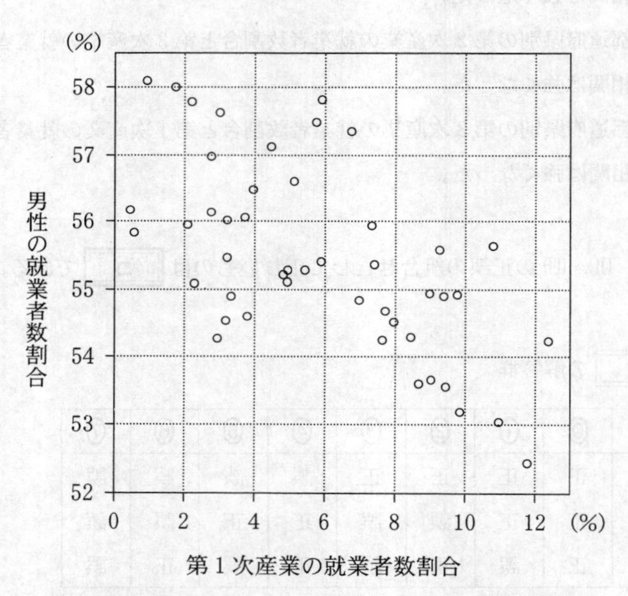

図5　都道府県別の，第1次産業の就業者数割合と，男性の就業者数割合の散布図

（出典：総務省のWebページにより作成）

（数学Ⅰ第4問は次ページに続く。）

各都道府県の，男性の就業者数と女性の就業者数を合計すると就業者数の全体となることに注意すると，2015 年度における都道府県別の，第 1 次産業の就業者数割合(横軸)と，女性の就業者数割合(縦軸)の散布図は［サ］である。

［サ］については，最も適当なものを，下の⓪～③のうちから一つ選べ。なお，設問の都合で各散布図の横軸と縦軸の目盛りは省略しているが，横軸は右方向，縦軸は上方向がそれぞれ正の方向である。

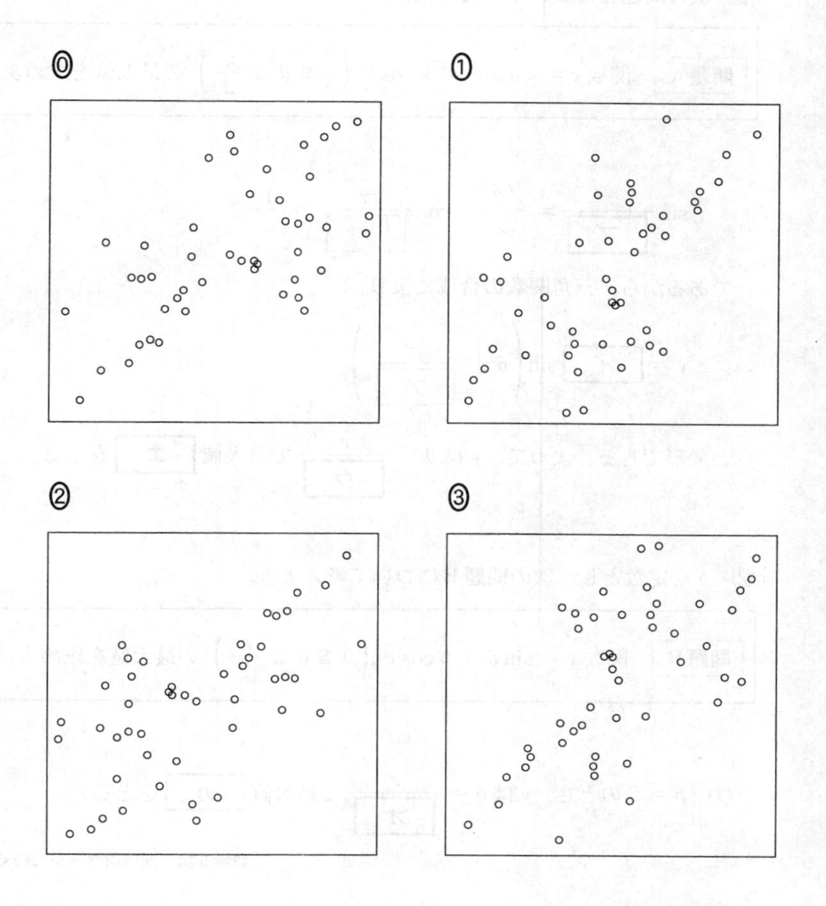

数　学　Ⅱ

（全　問　必　答）

第１問　（配点　30）

〔1〕

(1)　次の**問題A**について考えよう。

> **問題A**　関数 $y = \sin\theta + \sqrt{3}\cos\theta \left(0 \leqq \theta \leqq \dfrac{\pi}{2}\right)$ の最大値を求めよ。

$$\sin\frac{\pi}{\boxed{\text{ア}}} = \frac{\sqrt{3}}{2},\quad \cos\frac{\pi}{\boxed{\text{ア}}} = \frac{1}{2}$$

であるから，三角関数の合成により

$$y = \boxed{\text{イ}}\sin\left(\theta + \frac{\pi}{\boxed{\text{ア}}}\right)$$

と変形できる。よって，y は $\theta = \dfrac{\pi}{\boxed{\text{ウ}}}$ で最大値 $\boxed{\text{エ}}$ をとる。

(2)　p を定数とし，次の**問題B**について考えよう。

> **問題B**　関数 $y = \sin\theta + p\cos\theta \left(0 \leqq \theta \leqq \dfrac{\pi}{2}\right)$ の最大値を求めよ。

(i)　$p = 0$ のとき，y は $\theta = \dfrac{\pi}{\boxed{\text{オ}}}$ で最大値 $\boxed{\text{カ}}$ をとる。

（数学Ⅱ第１問は次ページに続く。）

(ii)　$p>0$ のときは，加法定理

$$\cos(\theta-\alpha)=\cos\theta\cos\alpha+\sin\theta\sin\alpha$$

を用いると

$$y=\sin\theta+p\cos\theta=\sqrt{\boxed{キ}}\cos(\theta-\alpha)$$

と表すことができる。ただし，α は

$$\sin\alpha=\frac{\boxed{ク}}{\sqrt{\boxed{キ}}},\ \cos\alpha=\frac{\boxed{ケ}}{\sqrt{\boxed{キ}}},\ 0<\alpha<\frac{\pi}{2}$$

を満たすものとする。このとき，y は $\theta=\boxed{コ}$ で最大値 $\sqrt{\boxed{サ}}$ をとる。

(iii)　$p<0$ のとき，y は $\theta=\boxed{シ}$ で最大値 $\boxed{ス}$ をとる。

$\boxed{キ}$ ～ $\boxed{ケ}$，$\boxed{サ}$，$\boxed{ス}$ の解答群（同じものを繰り返し選んでもよい。）

⓪　-1	①　1	②　$-p$
③　p	④　$1-p$	⑤　$1+p$
⑥　$-p^2$	⑦　p^2	⑧　$1-p^2$
⑨　$1+p^2$	ⓐ　$(1-p)^2$	ⓑ　$(1+p)^2$

$\boxed{コ}$，$\boxed{シ}$ の解答群（同じものを繰り返し選んでもよい。）

⓪　0	①　α	②　$\frac{\pi}{2}$

（数学Ⅱ第1問は次ページに続く。）

〔2〕 二つの関数 $f(x)=\dfrac{2^x+2^{-x}}{2}$, $g(x)=\dfrac{2^x-2^{-x}}{2}$ について考える。

(1) $f(0)=$ セ , $g(0)=$ ソ である。また，$f(x)$ は相加平均と相乗平均の関係から，$x=$ タ で最小値 チ をとる。

$g(x)=-2$ となる x の値は $\log_2\left(\sqrt{\boxed{ツ}}-\boxed{テ}\right)$ である。

(2) 次の①〜④は，x にどのような値を代入してもつねに成り立つ。

$f(-x)=$ ト ……………………… ①

$g(-x)=$ ナ ……………………… ②

$\{f(x)\}^2-\{g(x)\}^2=$ ニ ……………………… ③

$g(2x)=$ ヌ $f(x)g(x)$ ……………………… ④

ト ， ナ の解答群（同じものを繰り返し選んでもよい。）

⓪ $f(x)$	① $-f(x)$	② $g(x)$	③ $-g(x)$

（数学Ⅱ第１問は次ページに続く。）

(3)　花子さんと太郎さんは，$f(x)$ と $g(x)$ の性質について話している。

花子：①～④ は三角関数の性質に似ているね。
太郎：三角関数の加法定理に類似した式(A)～(D)を考えてみたけど，つねに成り立つ式はあるだろうか。
花子：成り立たない式を見つけるために，式(A)～(D)の β に何か具体的な値を代入して調べてみたらどうかな。

太郎さんが考えた式

$f(\alpha-\beta)=f(\alpha)g(\beta)+g(\alpha)f(\beta)$　…………………………　(A)

$f(\alpha+\beta)=f(\alpha)f(\beta)+g(\alpha)g(\beta)$　…………………………　(B)

$g(\alpha-\beta)=f(\alpha)f(\beta)+g(\alpha)g(\beta)$　…………………………　(C)

$g(\alpha+\beta)=f(\alpha)g(\beta)-g(\alpha)f(\beta)$　…………………………　(D)

(1), (2)で示されたことのいくつかを利用すると，式(A)～(D)のうち，［ネ］以外の三つは成り立たないことがわかる。［ネ］は左辺と右辺をそれぞれ計算することによって成り立つことが確かめられる。

［ネ］の解答群

⓪ (A)　① (B)　② (C)　③ (D)

第2問 (配点 30)

(1) 座標平面上で，次の二つの2次関数のグラフについて考える。

$y = 3x^2 + 2x + 3$ ……………………………… ①

$y = 2x^2 + 2x + 3$ ……………………………… ②

①，②の2次関数のグラフには次の**共通点**がある。

共通点

- y 軸との交点の y 座標は ア である。
- y 軸との交点における接線の方程式は $y =$ イ $x +$ ウ である。

次の⓪～⑤の2次関数のグラフのうち，y 軸との交点における接線の方程式が $y =$ イ $x +$ ウ となるものは エ である。

エ の解答群

⓪ $y = 3x^2 - 2x - 3$	① $y = -3x^2 + 2x - 3$
② $y = 2x^2 + 2x - 3$	③ $y = 2x^2 - 2x + 3$
④ $y = -x^2 + 2x + 3$	⑤ $y = -x^2 - 2x + 3$

a，b，c を0でない実数とする。

曲線 $y = ax^2 + bx + c$ 上の点 $\left(0,\ \text{オ}\right)$ における接線を ℓ とすると，その方程式は $y =$ カ $x +$ キ である。

(数学Ⅱ第2問は次ページに続く。)

接線 ℓ と x 軸との交点の x 座標は $\dfrac{\boxed{\text{クケ}}}{\boxed{\text{コ}}}$ である。

a，b，c が正の実数であるとき，曲線 $y = ax^2 + bx + c$ と接線 ℓ および直線 $x = \dfrac{\boxed{\text{クケ}}}{\boxed{\text{コ}}}$ で囲まれた図形の面積を S とすると

$$S = \frac{ac^{\boxed{\text{サ}}}}{\boxed{\text{シ}}\, b^{\boxed{\text{ス}}}} \quad \cdots\cdots\cdots\cdots\cdots\cdots\cdots\cdots\cdots\cdots ③$$

である。

③において，$a = 1$ とし，S の値が一定となるように正の実数 b，c の値を変化させる。このとき，b と c の関係を表すグラフの概形は $\boxed{\text{セ}}$ である。

$\boxed{\text{セ}}$ については，最も適当なものを，次の⓪～⑤のうちから一つ選べ。

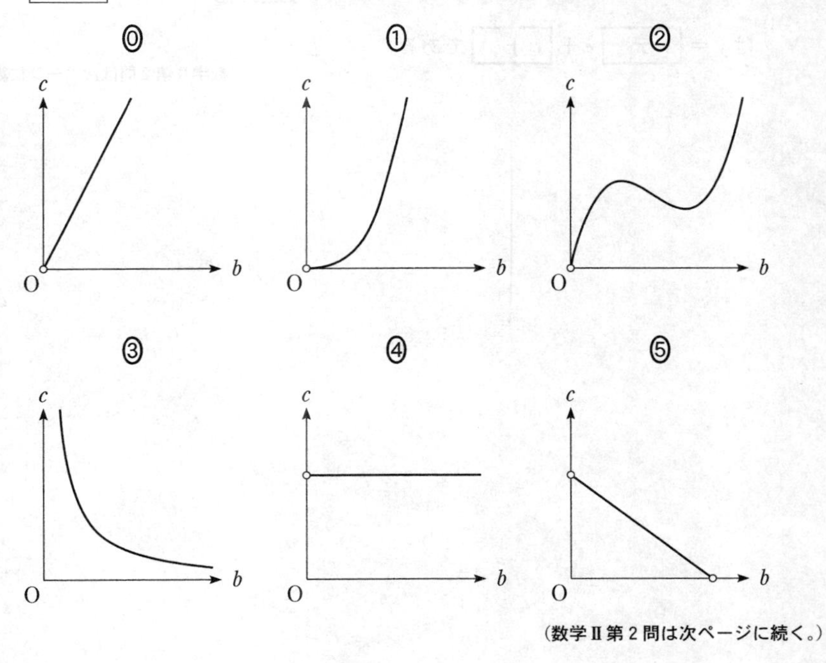

（数学Ⅱ第2問は次ページに続く。）

(2) 座標平面上で，次の三つの3次関数のグラフについて考える。

$y = 4x^3 + 2x^2 + 3x + 5$ ……………………… ④

$y = -2x^3 + 7x^2 + 3x + 5$ ……………………… ⑤

$y = 5x^3 - x^2 + 3x + 5$ ……………………… ⑥

④，⑤，⑥の3次関数のグラフには次の**共通点**がある。

共通点

- y 軸との交点の y 座標は［ソ］である。
- y 軸との交点における接線の方程式は $y =$［タ］$x +$［チ］である。

a，b，c，d を0でない実数とする。

曲線 $y = ax^3 + bx^2 + cx + d$ 上の点（0，［ツ］）における接線の方程式は $y =$［テ］$x +$［ト］である。

（数学Ⅱ第2問は次ページに続く。）

次に，$f(x)=ax^3+bx^2+cx+d$，$g(x)=$ [テ] $x+$ [ト] とし，
$f(x)-g(x)$について考える。

$h(x)=f(x)-g(x)$とおく。a，b，c，dが正の実数であるとき，$y=h(x)$のグラフの概形は [ナ] である。

$y=f(x)$のグラフと$y=g(x)$のグラフの共有点のx座標は $\dfrac{[ニヌ]}{[ネ]}$ と [ノ] である。また，xが $\dfrac{[ニヌ]}{[ネ]}$ と [ノ] の間を動くとき，
$|f(x)-g(x)|$の値が最大となるのは，$x=\dfrac{[ハヒフ]}{[ヘホ]}$ のときである。

[ナ] については，最も適当なものを，次の⓪～⑤のうちから一つ選べ。

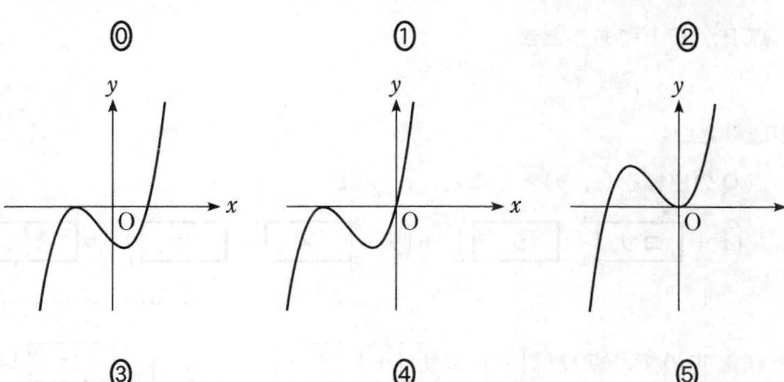

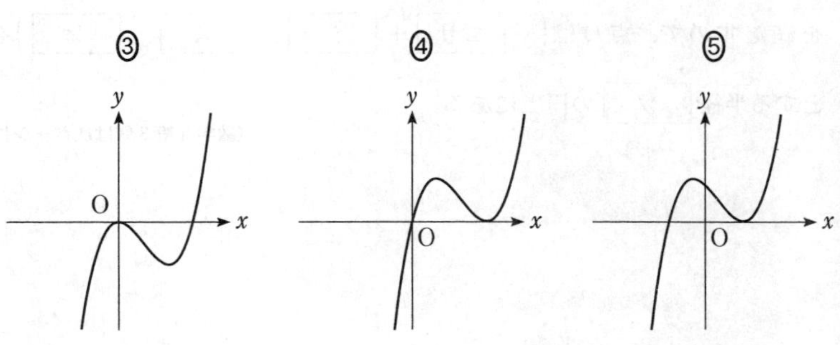

第3問 (配点　20)

a は $a > 1$ を満たす定数とする。また，座標平面上に点M(2，−1)がある。Mと異なる点P(s，t)に対して，点Qを，3点M，P，Qがこの順に同一直線上に並び，線分MQの長さが線分MPの長さの a 倍となるようにとる。

(1) 点Pは線分MQを1：(ア − イ)に内分する。よって，点Qの座標を(x，y)とすると

$$s = \frac{x + \boxed{\text{ウエ}} - \boxed{\text{オ}}}{\boxed{\text{カ}}}, \quad t = \frac{y - \boxed{\text{キ}} + \boxed{\text{ク}}}{\boxed{\text{ケ}}}$$

である。

(2) 座標平面上に原点Oを中心とする半径1の円 C がある。点Pが C 上を動くとき，点Qの軌跡を考える。

点Pが C 上にあるとき

$$s^2 + t^2 = 1$$

が成り立つ。

点Qの座標を(x，y)とすると，x，y は

$$\left(x + \boxed{\text{コサ}} - \boxed{\text{シ}}\right)^2 + \left(y - \boxed{\text{ス}} + \boxed{\text{セ}}\right)^2 = \boxed{\text{ソ}}^2 \quad \cdots\cdots ①$$

を満たすので，点Qは(− コサ ＋ シ ， ス − セ)を中心とする半径 ソ の円上にある。

(数学Ⅱ第3問は次ページに続く。)

(3)　kを正の定数とし，直線$\ell : x+y-k=0$と円$C : x^2+y^2=1$は接しているとする。このとき，$k=\sqrt{\boxed{タ}}$である。

点Pがℓ上を動くとき，点Q(x, y)の軌跡の方程式は

$$x+y+\left(\boxed{チ}-\sqrt{\boxed{ツ}}\right)a-\boxed{テ}=0 \quad \cdots\cdots\cdots\cdots ②$$

であり，点Qの軌跡はℓと平行な直線である。

(4)　(2)の①が表す円をC_a，(3)の②が表す直線をℓ_aとする。C_aの中心とℓ_aの距離は$\boxed{ト}$であり，C_aとℓ_aは$\boxed{ナ}$。

$\boxed{ト}$の解答群

⓪　$a+1$　①　$a-1$　②　a

③　$\dfrac{\sqrt{2}}{2}a$　④　$\dfrac{\sqrt{2}}{2}(a+1)$　⑤　$\dfrac{\sqrt{2}}{2}(a-1)$

⑥　$\dfrac{2+\sqrt{2}}{2}a$　⑦　$\dfrac{2-\sqrt{2}}{2}a$

$\boxed{ナ}$の解答群

⓪　aの値によらず，2点で交わる

①　aの値によらず，接する

②　aの値によらず，共有点をもたない

③　aの値によらず共有点をもつが，aの値によって，2点で交わる場合と接する場合がある

④　aの値によって，共有点をもつ場合と共有点をもたない場合がある

第4問　(配点　20)

k を実数とし，x の整式 $P(x)$ を

$$P(x) = x^4 + (k-1)x^2 + (6-2k)x + 3k$$

とする。

(1)　$k = 0$ とする。このとき

$$P(x) = x\left(x^3 - x + \boxed{\text{ア}}\right)$$

である。また，$P(-2) = \boxed{\text{イ}}$ である。これらのことにより，$P(x)$ は

$$P(x) = x\left(x + \boxed{\text{ウ}}\right)(x^2 - 2x + 3)$$

と因数分解できる。

また，方程式 $P(x) = 0$ の虚数解は $\boxed{\text{エ}} \pm \sqrt{\boxed{\text{オ}}}\, i$ である。

(2)　$k = 3$ とすると，$P(x)$ を $x^2 - 2x + 3$ で割ることにより

$$P(x) = \left(x^2 + \boxed{\text{カ}}\, x + \boxed{\text{キ}}\right)(x^2 - 2x + 3)$$

が成り立つことがわかる。

(数学II第4問は次ページに続く。)

(3)　(1)，(2)の結果を踏まえると，次の**予想**が立てられる。

予想

kがどのような実数であっても，$P(x)$はx^2-2x+3で割り切れる。

この**予想**が正しいとすると，ある実数m，nに対して

$$P(x)=(x^2+mx+n)(x^2-2x+3)$$

が成り立つ。この式のx^3の係数に着目することにより，$m=$ ［クの］ が得られる。また，定数項に着目することにより，$n=k$が得られる。

このとき，実際に

$$\left(x^2+\boxed{\text{ク}}\,x+k\right)(x^2-2x+3)$$

$$=x^4+(k-1)x^2+(6-2k)x+3k$$

が成り立つことが計算により確かめられ，この**予想**が正しいことがわかる。

(4)　方程式$P(x)=0$が実数解をもたないようなkの値の範囲は

$$k>\boxed{\text{ケ}}$$

である。

MEMO

数学Ⅰ・数学A
数学Ⅱ・数学B

（2020年１月実施）

数学Ⅰ・数学A　60分　100点
数学Ⅱ・数学B　60分　100点

数学Ⅰ・数学A

問　題	選　択　方　法
第1問	必　　答
第2問	必　　答
第3問	いずれか2問を選択し，解答しなさい。
第4問	
第5問	

（注）この科目には，選択問題があります。（２ページ参照。）

第１問 （必答問題）（配点　30）

〔1〕 aを定数とする。

(1) 直線$\ell : y = (a^2 - 2a - 8)x + a$の傾きが負となるのは，$a$の値の範囲が

$$\boxed{\text{アイ}} < a < \boxed{\text{ウ}}$$

のときである。

(2) $a^2 - 2a - 8 \neq 0$とし，(1)の直線ℓとx軸との交点のx座標をbとする。

$a > 0$の場合，$b > 0$となるのは$\boxed{\text{エ}} < a < \boxed{\text{オ}}$のときである。

$a \leqq 0$の場合，$b > 0$となるのは$a < \boxed{\text{カキ}}$のときである。

また，$a = \sqrt{3}$のとき

$$b = \frac{\boxed{\text{ク}}\sqrt{\boxed{\text{ケ}}} - \boxed{\text{コ}}}{\boxed{\text{サシ}}}$$

である。

（数学Ⅰ・数学A第１問は次ページに続く。）

〔2〕 自然数 n に関する三つの条件 p, q, r を次のように定める。

p : n は 4 の倍数である

q : n は 6 の倍数である

r : n は 24 の倍数である

条件 p, q, r の否定をそれぞれ $\overline{p}$, $\overline{q}$, $\overline{r}$ で表す。

条件 p を満たす自然数全体の集合を P とし，条件 q を満たす自然数全体の集合を Q とし，条件 r を満たす自然数全体の集合を R とする。自然数全体の集合を全体集合とし，集合 P, Q, R の補集合をそれぞれ $\overline{P}$, $\overline{Q}$, $\overline{R}$ で表す。

(1) 次の ス に当てはまるものを，下の⓪～⑤のうちから一つ選べ。

$32 \in$ ス である。

⓪ $P \cap Q \cap R$　　① $P \cap Q \cap \overline{R}$　　② $P \cap \overline{Q}$

③ $\overline{P} \cap Q$　　④ $\overline{P} \cap \overline{Q} \cap R$　　⑤ $\overline{P} \cap \overline{Q} \cap \overline{R}$

(数学Ⅰ・数学A第1問は次ページに続く。)

(2) 次の [タ] に当てはまるものを，下の⓪～④のうちから一つ選べ。

$P \cap Q$ に属する自然数のうち最小のものは [セソ] である。

また，[セソ] [タ] R である。

⓪ $=$　　① $\subset$　　② $\supset$　　③ $\in$　　④ $\notin$

(3) 次の [チ] に当てはまるものを，下の⓪～③のうちから一つ選べ。

自然数 [セソ] は，命題 [チ] の反例である。

⓪「(p かつ q) $\Longrightarrow \overline{r}$」　　①「($p$ または q) $\Longrightarrow \overline{r}$」

②「$r \Longrightarrow$ (p かつ q)」　　③「(p かつ q) $\Longrightarrow r$」

（数学Ⅰ・数学A第1問は次ページに続く。）

〔3〕 c を定数とする。2次関数 $y=x^2$ のグラフを，2点$(c,\ 0)$，$(c+4,\ 0)$ を通るように平行移動して得られるグラフを G とする。

(1) G をグラフにもつ2次関数は，c を用いて

$$y=x^2-2\left(c+\boxed{\text{ツ}}\right)x+c\left(c+\boxed{\text{テ}}\right)$$

と表せる。

2点$(3,\ 0)$，$(3,\ -3)$を両端とする線分と G が共有点をもつような c の値の範囲は

$$-\boxed{\text{ト}}\leqq c\leqq\boxed{\text{ナ}},\qquad \boxed{\text{ニ}}\leqq c\leqq\boxed{\text{ヌ}}$$

である。

(2) $\boxed{\text{ニ}}\leqq c\leqq\boxed{\text{ヌ}}$ の場合を考える。G が点$(3,\ -1)$を通るとき，G は2次関数 $y=x^2$ のグラフを x 軸方向に $\boxed{\text{ネ}}+\sqrt{\boxed{\text{ノ}}}$，$y$ 軸方向に $\boxed{\text{ハヒ}}$ だけ平行移動したものである。また，このとき G と y 軸との交点の y 座標は $\boxed{\text{フ}}+\boxed{\text{ヘ}}\sqrt{\boxed{\text{ホ}}}$ である。

第2問 （必答問題）（配点　30）

〔1〕 $\triangle$ABCにおいて，$BC = 2\sqrt{2}$ とする。$\angle$ACBの二等分線と辺ABの交点をDとし，$CD = \sqrt{2}$，$\cos \angle BCD = \dfrac{3}{4}$ とする。このとき，$BD = \boxed{ア}$ であり

$$\sin \angle ADC = \frac{\sqrt{\boxed{イウ}}}{\boxed{エ}}$$

である。$\dfrac{AC}{AD} = \sqrt{\boxed{オ}}$ であるから

$$AD = \boxed{カ}$$

である。また，$\triangle$ABCの外接円の半径は $\dfrac{\boxed{キ}\sqrt{\boxed{ク}}}{\boxed{ケ}}$ である。

（数学Ⅰ・数学A第2問は次ページに続く。）

〔2〕

(1) 次の [コ], [サ] に当てはまるものを，下の⓪～⑤のうちから一つずつ選べ。ただし，解答の順序は問わない。

99 個の観測値からなるデータがある。四分位数について述べた記述で，どのようなデータでも成り立つものは [コ] と [サ] である。

⓪ 平均値は第 1 四分位数と第 3 四分位数の間にある。

① 四分位範囲は標準偏差より大きい。

② 中央値より小さい観測値の個数は 49 個である。

③ 最大値に等しい観測値を 1 個削除しても第 1 四分位数は変わらない。

④ 第 1 四分位数より小さい観測値と，第 3 四分位数より大きい観測値とをすべて削除すると，残りの観測値の個数は 51 個である。

⑤ 第 1 四分位数より小さい観測値と，第 3 四分位数より大きい観測値とをすべて削除すると，残りの観測値からなるデータの範囲はもとのデータの四分位範囲に等しい。

(数学Ⅰ・数学A第 2 問は次ページに続く。)

(2)　図1は，平成27年の男の市区町村別平均寿命のデータを47の都道府県P1，P2，…，P47ごとに箱ひげ図にして，並べたものである。

次の(Ⅰ)，(Ⅱ)，(Ⅲ)は図1に関する記述である。

(Ⅰ)　四分位範囲はどの都道府県においても1以下である。

(Ⅱ)　箱ひげ図は中央値が小さい値から大きい値の順に上から下へ並んでいる。

(Ⅲ)　P1のデータのどの値とP47のデータのどの値とを比較しても1.5以上の差がある。

次の［シ］に当てはまるものを，下の⓪～⑦のうちから一つ選べ。

(Ⅰ)，(Ⅱ)，(Ⅲ)の正誤の組合せとして正しいものは［シ］である。

	⓪	①	②	③	④	⑤	⑥	⑦
(Ⅰ)	正	正	正	誤	正	誤	誤	誤
(Ⅱ)	正	正	誤	正	誤	正	誤	誤
(Ⅲ)	正	誤	正	正	誤	誤	正	誤

(数学Ⅰ・数学A第2問は次ページに続く。)

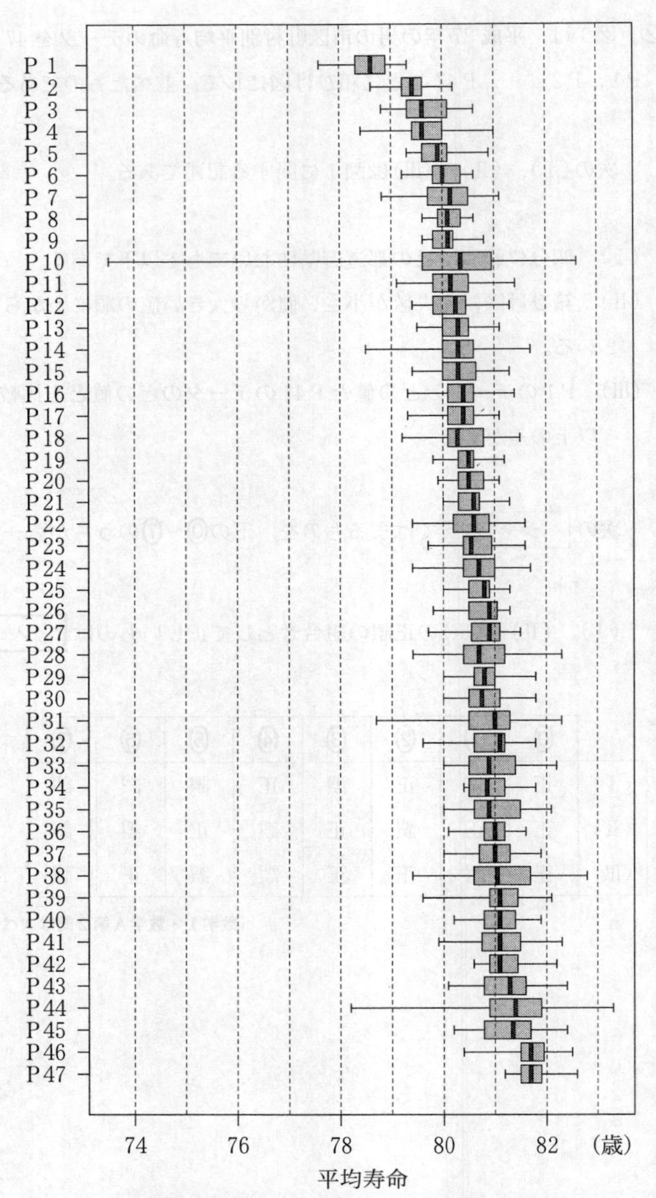

図1　男の市区町村別平均寿命の箱ひげ図
(出典：厚生労働省のWebページにより作成)

(数学Ⅰ・数学A第2問は次ページに続く。)

(3)　ある県は20の市区町村からなる。図2はその県の男の市区町村別平均寿命のヒストグラムである。なお，ヒストグラムの各階級の区間は，左側の数値を含み，右側の数値を含まない。

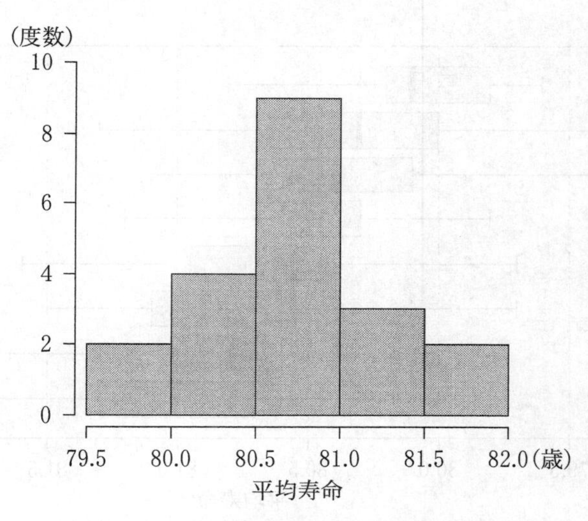

図2　市区町村別平均寿命のヒストグラム

(出典：厚生労働省のWebページにより作成)

(数学Ⅰ・数学A第2問は次ページに続く。)

次の　ス　に当てはまるものを，下の⓪～⑦のうちから一つ選べ。

図 2 のヒストグラムに対応する箱ひげ図は　ス　である。

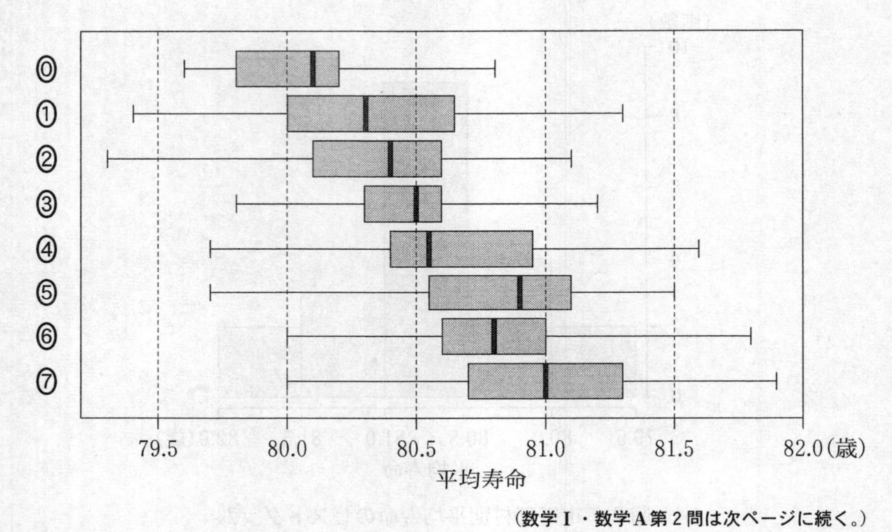

（数学Ⅰ・数学Ａ第２問は次ページに続く。）

(4) 図3は，平成27年の男の都道府県別平均寿命と女の都道府県別平均寿命の散布図である。2個の点が重なって区別できない所は黒丸にしている。図には補助的に切片が5.5から7.5まで0.5刻みで傾き1の直線を5本付加している。

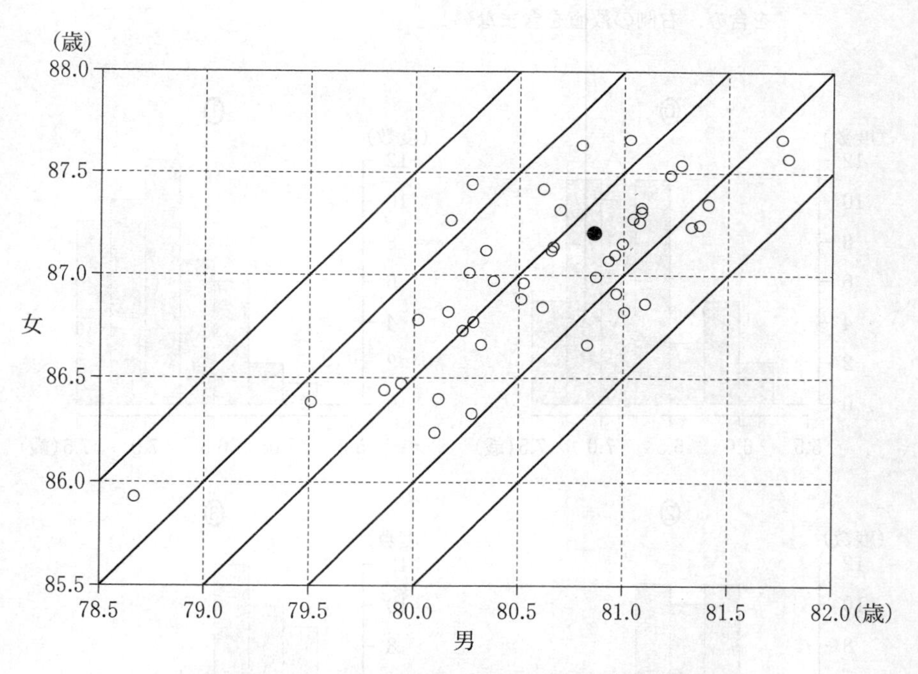

図3　男と女の都道府県別平均寿命の散布図

(出典：厚生労働省のWebページにより作成)

(数学Ⅰ・数学A第2問は次ページに続く。)

次の セ に当てはまるものを，下の⓪～③のうちから一つ選べ。

都道府県ごとに男女の平均寿命の差をとったデータに対するヒストグラムは セ である。なお，ヒストグラムの各階級の区間は，左側の数値を含み，右側の数値を含まない。

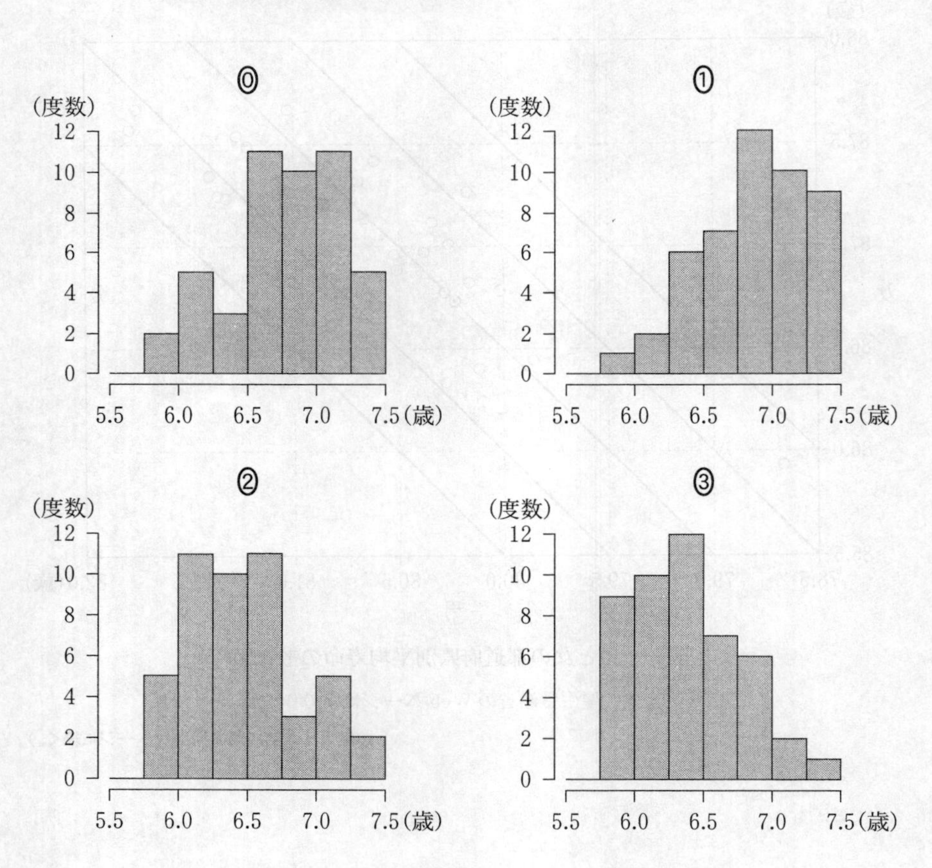

第3問～第5問は，いずれか2問を選択し，解答しなさい。

第3問 （選択問題）（配点　20）

〔1〕 次の ア ， イ に当てはまるものを，下の⓪～③のうちから一つずつ選べ。ただし，解答の順序は問わない。

正しい記述は ア と イ である。

⓪　1枚のコインを投げる試行を5回繰り返すとき，少なくとも1回は表が出る確率を p とすると，$p > 0.95$ である。

①　袋の中に赤球と白球が合わせて8個入っている。球を1個取り出し，色を調べてから袋に戻す試行を行う。この試行を5回繰り返したところ赤球が3回出た。したがって，1回の試行で赤球が出る確率は $\frac{3}{5}$ である。

②　箱の中に「い」と書かれたカードが1枚，「ろ」と書かれたカードが2枚，「は」と書かれたカードが2枚の合計5枚のカードが入っている。同時に2枚のカードを取り出すとき，書かれた文字が異なる確率は $\frac{4}{5}$ である。

③　コインの面を見て「オモテ(表)」または「ウラ(裏)」とだけ発言するロボットが2体ある。ただし，どちらのロボットも出た面に対して正しく発言する確率が0.9，正しく発言しない確率が0.1であり，これら2体は互いに影響されることなく発言するものとする。いま，ある人が1枚のコインを投げる。出た面を見た2体が，ともに「オモテ」と発言したときに，実際に表が出ている確率を p とすると，$p \leqq 0.9$ である。

（数学Ⅰ・数学A第3問は次ページに続く。）

〔2〕　1枚のコインを最大で5回投げるゲームを行う。このゲームでは，1回投げるごとに表が出たら持ち点に2点を加え，裏が出たら持ち点に -1 点を加える。はじめの持ち点は0点とし，ゲーム終了のルールを次のように定める。

- 持ち点が再び0点になった場合は，その時点で終了する。
- 持ち点が再び0点にならない場合は，コインを5回投げ終わった時点で終了する。

(1)　コインを2回投げ終わって持ち点が -2 点である確率は $\dfrac{\boxed{\text{ウ}}}{\boxed{\text{エ}}}$ である。また，コインを2回投げ終わって持ち点が1点である確率は $\dfrac{\boxed{\text{オ}}}{\boxed{\text{カ}}}$ である。

(2)　持ち点が再び0点になることが起こるのは，コインを $\boxed{\text{キ}}$ 回投げ終わったときである。コインを $\boxed{\text{キ}}$ 回投げ終わって持ち点が0点になる確率は $\dfrac{\boxed{\text{ク}}}{\boxed{\text{ケ}}}$ である。

(3)　ゲームが終了した時点で持ち点が4点である確率は $\dfrac{\boxed{\text{コ}}}{\boxed{\text{サシ}}}$ である。

(4)　ゲームが終了した時点で持ち点が4点であるとき，コインを2回投げ終わって持ち点が1点である条件付き確率は $\dfrac{\boxed{\text{ス}}}{\boxed{\text{セ}}}$ である。

第3問～第5問は，いずれか2問を選択し，解答しなさい。

第4問　（選択問題）（配点　20）

(1)　x を循環小数 $2.\dot{3}\dot{6}$ とする。すなわち

$$x = 2.363636\cdots\cdots$$

とする。このとき

$$100 \times x - x = 236.\dot{3}\dot{6} - 2.\dot{3}\dot{6}$$

であるから，x を分数で表すと

$$x = \frac{\boxed{\text{アイ}}}{\boxed{\text{ウエ}}}$$

である。

（数学Ⅰ・数学A第4問は次ページに続く。）

(2) 有理数 y は，7 進法で表すと，二つの数字の並び ab が繰り返し現れる循環小数 $2.\dot{a}\dot{b}_{(7)}$ になるとする。ただし，a，b は 0 以上 6 以下の**異なる**整数である。このとき

$$49 \times y - y = 2ab.\dot{a}\dot{b}_{(7)} - 2.\dot{a}\dot{b}_{(7)}$$

であるから

$$y = \frac{\boxed{\text{オカ}} + 7 \times a + b}{\boxed{\text{キク}}}$$

と表せる。

(i) y が，分子が奇数で分母が 4 である分数で表されるのは

$$y = \frac{\boxed{\text{ケ}}}{4} \quad \text{または} \quad y = \frac{\boxed{\text{コサ}}}{4}$$

のときである。$y = \dfrac{\boxed{\text{コサ}}}{4}$ のときは，$7 \times a + b = \boxed{\text{シス}}$ であるから

$$a = \boxed{\text{セ}}, \quad b = \boxed{\text{ソ}}$$

である。

(ii) $y - 2$ は，分子が 1 で分母が 2 以上の整数である分数で表されるとする。このような y の個数は，全部で $\boxed{\text{タ}}$ 個である。

第3問～第5問は，いずれか2問を選択し，解答しなさい。

第5問 （選択問題）（配点　20）

△ABCにおいて，辺BCを7：1に内分する点をDとし，辺ACを7：1に内分する点をEとする。線分ADと線分BEの交点をFとし，直線CFと辺ABの交点をGとすると

$$\frac{\mathrm{GB}}{\mathrm{AG}} = \boxed{\text{ア}}, \quad \frac{\mathrm{FD}}{\mathrm{AF}} = \frac{\boxed{\text{イ}}}{\boxed{\text{ウ}}}, \quad \frac{\mathrm{FC}}{\mathrm{GF}} = \frac{\boxed{\text{エ}}}{\boxed{\text{オ}}}$$

である。したがって

$$\frac{\triangle\mathrm{CDG}\text{の面積}}{\triangle\mathrm{BFG}\text{の面積}} = \frac{\boxed{\text{カ}}}{\boxed{\text{キク}}}$$

となる。

（数学Ⅰ・数学A第5問は次ページに続く。）

4点B，D，F，Gが同一円周上にあり，かつFD = 1のとき

AB = **ケコ**

である。さらに，$AE = 3\sqrt{7}$ とするとき，AE・AC = **サシ** であり

∠AEG = **ス**

である。 ス に当てはまるものを，次の⓪～③のうちから一つ選べ。

⓪ ∠BGE　　① ∠ADB　　② ∠ABC　　③ ∠BAD

数学Ⅱ・数学B

問　題	選　択　方　法
第1問	必　　答
第2問	必　　答
第3問	いずれか2問を選択し，解答しなさい。
第4問	
第5問	

（注）この科目には，選択問題があります。（21ページ参照。）

第１問 （必答問題）（配点　30）

〔1〕

(1)　$0 \leqq \theta < 2\pi$ のとき

$$\sin\theta > \sqrt{3}\cos\left(\theta - \frac{\pi}{3}\right) \quad \cdots\cdots\cdots\cdots ①$$

となる θ の値の範囲を求めよう。

加法定理を用いると

$$\sqrt{3}\cos\left(\theta - \frac{\pi}{3}\right) = \frac{\sqrt{\boxed{\text{ア}}}}{\boxed{\text{イ}}}\cos\theta + \frac{\boxed{\text{ウ}}}{\boxed{\text{イ}}}\sin\theta$$

である。よって，三角関数の合成を用いると，① は

$$\sin\left(\theta + \frac{\pi}{\boxed{\text{エ}}}\right) < 0$$

と変形できる。したがって，求める範囲は

$$\frac{\boxed{\text{オ}}}{\boxed{\text{カ}}}\pi < \theta < \frac{\boxed{\text{キ}}}{\boxed{\text{ク}}}\pi$$

である。

（数学Ⅱ・数学B第１問は次ページに続く。）

(2)　$0 \leqq \theta \leqq \frac{\pi}{2}$ とし，k を実数とする。$\sin\theta$ と $\cos\theta$ は x の2次方程式 $25x^2 - 35x + k = 0$ の解であるとする。このとき，解と係数の関係により $\sin\theta + \cos\theta$ と $\sin\theta\cos\theta$ の値を考えれば，$k =$ [ケコ] であることがわかる。

さらに，θ が $\sin\theta \geqq \cos\theta$ を満たすとすると，$\sin\theta = \frac{[サ]}{[シ]}$，$\cos\theta = \frac{[ス]}{[セ]}$ である。このとき，θ は [ソ] を満たす。[ソ] に当てはまるものを，次の⓪～⑤のうちから一つ選べ。

⓪　$0 \leqq \theta < \frac{\pi}{12}$　　①　$\frac{\pi}{12} \leqq \theta < \frac{\pi}{6}$　　②　$\frac{\pi}{6} \leqq \theta < \frac{\pi}{4}$

③　$\frac{\pi}{4} \leqq \theta < \frac{\pi}{3}$　　④　$\frac{\pi}{3} \leqq \theta < \frac{5}{12}\pi$　　⑤　$\frac{5}{12}\pi \leqq \theta \leqq \frac{\pi}{2}$

（数学Ⅱ・数学B第1問は次ページに続く。）

〔2〕

(1) t は正の実数であり，$t^{\frac{1}{3}}-t^{-\frac{1}{3}}=-3$ を満たすとする。このとき

$$t^{\frac{2}{3}}+t^{-\frac{2}{3}}=\boxed{\text{タチ}}$$

である。さらに

$$t^{\frac{1}{3}}+t^{-\frac{1}{3}}=\sqrt{\boxed{\text{ツテ}}},\ t-t^{-1}=\boxed{\text{トナニ}}$$

である。

（数学Ⅱ・数学B第１問は次ページに続く。）

(2) x, y は正の実数とする。連立不等式

$$\begin{cases} \log_3(x\sqrt{y}) \leqq 5 & \cdots\cdots ② \\ \log_{81}\dfrac{y}{x^3} \leqq 1 & \cdots\cdots ③ \end{cases}$$

について考える。

$X = \log_3 x$, $Y = \log_3 y$ とおくと，② は

$$\boxed{\text{ヌ}}\,X + Y \leqq \boxed{\text{ネノ}} \quad \cdots\cdots ④$$

と変形でき，③ は

$$\boxed{\text{ハ}}\,X - Y \geqq \boxed{\text{ヒフ}} \quad \cdots\cdots ⑤$$

と変形できる。

X, Y が ④ と ⑤ を満たすとき，Y のとり得る最大の整数の値は $\boxed{\text{ヘ}}$ である。また，x, y が ②，③ と $\log_3 y = \boxed{\text{ヘ}}$ を同時に満たすとき，x のとり得る最大の整数の値は $\boxed{\text{ホ}}$ である。

第２問　（必答問題）（配点　30）

$a>0$ とし，$f(x)=x^2-(4a-2)x+4a^2+1$ とおく。座標平面上で，放物線 $y=x^2+2x+1$ を C，放物線 $y=f(x)$ を D とする。また，ℓ を C と D の両方に接する直線とする。

(1)　ℓ の方程式を求めよう。

ℓ と C は点 $(t,\ t^2+2t+1)$ において接するとすると，ℓ の方程式は

$$y=\left(\boxed{\text{ア}}\,t+\boxed{\text{イ}}\right)x-t^2+\boxed{\text{ウ}} \quad \cdots\cdots\cdots\cdots ①$$

である。また，ℓ と D は点 $(s,\ f(s))$ において接するとすると，ℓ の方程式は

$$y=\left(\boxed{\text{エ}}\,s-\boxed{\text{オ}}\,a+\boxed{\text{カ}}\right)x-s^2+\boxed{\text{キ}}\,a^2+\boxed{\text{ク}} \quad \cdots\cdots\cdots\cdots ②$$

である。ここで，①と②は同じ直線を表しているので，$t=\boxed{\text{ケ}}$，$s=\boxed{\text{コ}}\,a$ が成り立つ。

したがって，ℓ の方程式は $y=\boxed{\text{サ}}\,x+\boxed{\text{シ}}$ である。

（数学Ⅱ・数学Ｂ第２問は次ページに続く。）

(2) 二つの放物線 C, D の交点の x 座標は [ス] である。

C と直線 ℓ, および直線 $x =$ [ス] で囲まれた図形の面積を S とすると,

$S = \dfrac{a^{[セ]}}{[ソ]}$ である。

(3) $a \geqq \dfrac{1}{2}$ とする。二つの放物線 C, D と直線 ℓ で囲まれた図形の中で $0 \leqq x \leqq 1$ を満たす部分の面積 T は, $a >$ [タ] のとき, a の値によらず

$$T = \frac{[チ]}{[ツ]}$$

であり, $\dfrac{1}{2} \leqq a \leqq$ [タ] のとき

$$T = -[テ]a^3 + [ト]a^2 - [ナ]a + \frac{[ニ]}{[ヌ]}$$

である。

(4) 次に, (2), (3) で定めた S, T に対して, $U = 2T - 3S$ とおく。a が $\dfrac{1}{2} \leqq a \leqq$ [タ] の範囲を動くとき, U は $a = \dfrac{[ネ]}{[ノ]}$ で最大値 $\dfrac{[ハ]}{[ヒフ]}$ をとる。

第3問～第5問は，いずれか2問を選択し，解答しなさい。

第3問 (選択問題)(配点 20)

数列$\{a_n\}$は，初項a_1が0であり，$n=1,\ 2,\ 3,\ \cdots$のとき次の漸化式を満たすものとする。

$$a_{n+1}=\frac{n+3}{n+1}\{3a_n+3^{n+1}-(n+1)(n+2)\}\ \cdots\cdots\cdots\cdots\ ①$$

(1) $a_2=$ ア である。

(2) $b_n=\dfrac{a_n}{3^n(n+1)(n+2)}$とおき，数列$\{b_n\}$の一般項を求めよう。

$\{b_n\}$の初項b_1は イ である。①の両辺を$3^{n+1}(n+2)(n+3)$で割ると

$$b_{n+1}=b_n+\frac{\boxed{ウ}}{\left(n+\boxed{エ}\right)\left(n+\boxed{オ}\right)}-\left(\frac{1}{\boxed{カ}}\right)^{n+1}$$

を得る。ただし， エ ＜ オ とする。

したがって

$$b_{n+1}-b_n=\left(\frac{\boxed{キ}}{n+\boxed{エ}}-\frac{\boxed{キ}}{n+\boxed{オ}}\right)-\left(\frac{1}{\boxed{カ}}\right)^{n+1}$$

である。

(数学Ⅱ・数学B第3問は次ページに続く。)

nを2以上の自然数とするとき

$$\sum_{k=1}^{n-1}\left(\frac{\boxed{キ}}{k+\boxed{エ}}-\frac{\boxed{キ}}{k+\boxed{オ}}\right)=\frac{1}{\boxed{ク}}\left(\frac{n-\boxed{ケ}}{n+\boxed{コ}}\right)$$

$$\sum_{k=1}^{n-1}\left(\frac{1}{\boxed{カ}}\right)^{k+1}=\frac{\boxed{サ}}{\boxed{シ}}-\frac{\boxed{ス}}{\boxed{セ}}\left(\frac{1}{\boxed{カ}}\right)^{n}$$

が成り立つことを利用すると

$$b_n=\frac{n-\boxed{ソ}}{\boxed{タ}\left(n+\boxed{チ}\right)}+\frac{\boxed{ス}}{\boxed{セ}}\left(\frac{1}{\boxed{カ}}\right)^{n}$$

が得られる。これは$n=1$のときも成り立つ。

(3)　(2)により，$\{a_n\}$の一般項は

$$a_n=\boxed{ツ}^{\,n-\boxed{テ}}\left(n^2-\boxed{ト}\right)+\frac{\left(n+\boxed{ナ}\right)\left(n+\boxed{ニ}\right)}{\boxed{ヌ}}$$

で与えられる。ただし，$\boxed{ナ}<\boxed{ニ}$とする。

このことから，すべての自然数nについて，a_nは整数となることがわかる。

(4)　kを自然数とする。a_{3k}，a_{3k+1}，a_{3k+2}を3で割った余りはそれぞれ$\boxed{ネ}$，$\boxed{ノ}$，$\boxed{ハ}$である。また，$\{a_n\}$の初項から第2020項までの和を3で割った余りは$\boxed{ヒ}$である。

第３問～第５問は，いずれか２問を選択し，解答しなさい。

第４問 （選択問題）（配点　20）

点Ｏを原点とする座標空間に２点

$$A(3,\ 3,\ -6),\quad B(2+2\sqrt{3},\ 2-2\sqrt{3},\ -4)$$

をとる。３点Ｏ，Ａ，Ｂの定める平面を α とする。また，α に含まれる点Ｃは

$$\overrightarrow{OA}\perp\overrightarrow{OC},\quad \overrightarrow{OB}\cdot\overrightarrow{OC}=24 \quad \cdots\cdots\text{①}$$

を満たすとする。

(1)　$|\overrightarrow{OA}|=$ [ア] $\sqrt{\text{[イ]}}$，$|\overrightarrow{OB}|=$ [ウ] $\sqrt{\text{[エ]}}$ であり，

$\overrightarrow{OA}\cdot\overrightarrow{OB}=$ [オカ] である。

(2)　点Ｃは平面 α 上にあるので，実数 s，t を用いて，$\overrightarrow{OC}=s\overrightarrow{OA}+t\overrightarrow{OB}$ と表すことができる。このとき，①から $s=\dfrac{\text{[キク]}}{\text{[ケ]}}$，$t=$ [コ] である。したがって，$|\overrightarrow{OC}|=$ [サ] $\sqrt{\text{[シ]}}$ である。

（数学Ⅱ・数学Ｂ第４問は次ページに続く。）

(3) $\overrightarrow{\mathrm{CB}} = \left(\boxed{\text{ス}},\ \boxed{\text{セ}},\ \boxed{\text{ソタ}}\right)$である。したがって，平面$\alpha$上の四角形OABCは$\boxed{\text{チ}}$。$\boxed{\text{チ}}$に当てはまるものを，次の⓪～④のうちから一つ選べ。ただし，少なくとも一組の対辺が平行な四角形を台形という。

⓪　正方形である

①　正方形ではないが，長方形である

②　長方形ではないが，平行四辺形である

③　平行四辺形ではないが，台形である

④　台形ではない

$\overrightarrow{\mathrm{OA}} \perp \overrightarrow{\mathrm{OC}}$であるので，四角形OABCの面積は$\boxed{\text{ツテ}}$である。

(4) $\overrightarrow{\mathrm{OA}} \perp \overrightarrow{\mathrm{OD}}$，$\overrightarrow{\mathrm{OC}} \cdot \overrightarrow{\mathrm{OD}} = 2\sqrt{6}$かつ$z$座標が1であるような点Dの座標は

$$\left(\boxed{\text{ト}} + \frac{\sqrt{\boxed{\text{ナ}}}}{\boxed{\text{ニ}}},\ \boxed{\text{ヌ}} - \frac{\sqrt{\boxed{\text{ネ}}}}{\boxed{\text{ノ}}},\ 1\right)$$

である。このとき$\angle\mathrm{COD} = \boxed{\text{ハヒ}}^\circ$である。

3点O，C，Dの定める平面をβとする。αとβは垂直であるので，三角形ABCを底面とする四面体DABCの高さは$\sqrt{\boxed{\text{フ}}}$である。したがって，四面体DABCの体積は$\boxed{\text{ヘ}}\sqrt{\boxed{\text{ホ}}}$である。

第3問～第5問は，いずれか2問を選択し，解答しなさい。

第5問 （選択問題）（配点　20）

以下の問題を解答するにあたっては，必要に応じて35ページの正規分布表を用いてもよい。

ある市の市立図書館の利用状況について調査を行った。

(1)　ある高校の生徒720人全員を対象に，ある1週間に市立図書館で借りた本の冊数について調査を行った。

その結果，1冊も借りなかった生徒が612人，1冊借りた生徒が54人，2冊借りた生徒が36人であり，3冊借りた生徒が18人であった。4冊以上借りた生徒はいなかった。

この高校の生徒から1人を無作為に選んだとき，その生徒が借りた本の冊数を表す確率変数をXとする。

このとき，Xの平均(期待値)は$E(X)=\dfrac{\boxed{ア}}{\boxed{イ}}$であり，$X^2$の平均は

$E(X^2)=\dfrac{\boxed{ウ}}{\boxed{エ}}$である。よって，$X$の標準偏差は$\sigma(X)=\dfrac{\sqrt{\boxed{オ}}}{\boxed{カ}}$である。

（数学Ⅱ・数学B第5問は次ページに続く。）

(2)　市内の高校生全員を母集団とし，ある1週間に市立図書館を利用した生徒の割合(母比率)をpとする。この母集団から600人を無作為に選んだとき，その1週間に市立図書館を利用した生徒の数を確率変数Yで表す。

$p = 0.4$のとき，Yの平均は$E(Y) =$ **キクケ** ，標準偏差は$\sigma(Y) =$ **コサ** になる。ここで，$Z = \dfrac{Y - \boxed{\text{キクケ}}}{\boxed{\text{コサ}}}$とおくと，標本数600は十分に大きいので，$Z$は近似的に標準正規分布に従う。このことを利用して，Yが215以下となる確率を求めると，その確率は0. **シス** になる。

また，$p = 0.2$のとき，Yの平均は キクケ の$\dfrac{1}{\boxed{\text{セ}}}$倍，標準偏差は コサ の$\dfrac{\sqrt{\boxed{\text{ソ}}}}{3}$倍である。

(数学Ⅱ・数学B第5問は次ページに続く。)

(3)　市立図書館に利用者登録のある高校生全員を母集団とする。1回あたりの利用時間(分)を表す確率変数を W とし，W は母平均 m，母標準偏差30の分布に従うとする。この母集団から大きさ n の標本 W_1，W_2，…，W_n を無作為に抽出した。

利用時間が60分をどの程度超えるかについて調査するために

$$U_1 = W_1 - 60,\ U_2 = W_2 - 60,\ \cdots,\ U_n = W_n - 60$$

とおくと，確率変数 U_1，U_2，…，U_n の平均と標準偏差はそれぞれ

$$E(U_1) = E(U_2) = \cdots = E(U_n) = m - \boxed{タチ}$$

$$\sigma(U_1) = \sigma(U_2) = \cdots = \sigma(U_n) = \boxed{ツテ}$$

である。

ここで，$t = m - 60$ として，t に対する信頼度95％の信頼区間を求めよう。この母集団から無作為抽出された100人の生徒に対して U_1，U_2，…，U_{100} の値を調べたところ，その標本平均の値が50分であった。標本数は十分大きいことを利用して，この信頼区間を求めると

$$\boxed{トナ}.\boxed{ニ} \leqq t \leqq \boxed{ヌネ}.\boxed{ノ}$$

になる。

(数学II・数学B第5問は次ページに続く。)

正　規　分　布　表

次の表は，標準正規分布の分布曲線における右図の灰色部分の面積の値をまとめたものである。

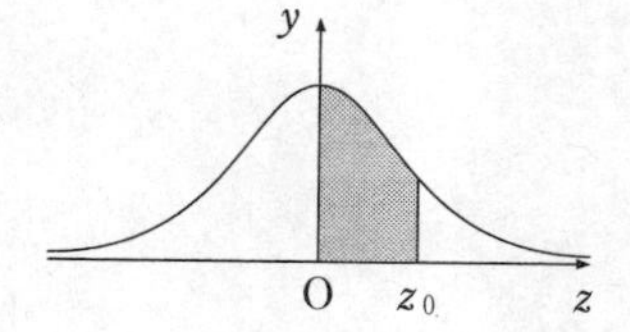

z_0	0.00	0.01	0.02	0.03	0.04	0.05	0.06	0.07	0.08	0.09
0.0	0.0000	0.0040	0.0080	0.0120	0.0160	0.0199	0.0239	0.0279	0.0319	0.0359
0.1	0.0398	0.0438	0.0478	0.0517	0.0557	0.0596	0.0636	0.0675	0.0714	0.0753
0.2	0.0793	0.0832	0.0871	0.0910	0.0948	0.0987	0.1026	0.1064	0.1103	0.1141
0.3	0.1179	0.1217	0.1255	0.1293	0.1331	0.1368	0.1406	0.1443	0.1480	0.1517
0.4	0.1554	0.1591	0.1628	0.1664	0.1700	0.1736	0.1772	0.1808	0.1844	0.1879
0.5	0.1915	0.1950	0.1985	0.2019	0.2054	0.2088	0.2123	0.2157	0.2190	0.2224
0.6	0.2257	0.2291	0.2324	0.2357	0.2389	0.2422	0.2454	0.2486	0.2517	0.2549
0.7	0.2580	0.2611	0.2642	0.2673	0.2704	0.2734	0.2764	0.2794	0.2823	0.2852
0.8	0.2881	0.2910	0.2939	0.2967	0.2995	0.3023	0.3051	0.3078	0.3106	0.3133
0.9	0.3159	0.3186	0.3212	0.3238	0.3264	0.3289	0.3315	0.3340	0.3365	0.3389
1.0	0.3413	0.3438	0.3461	0.3485	0.3508	0.3531	0.3554	0.3577	0.3599	0.3621
1.1	0.3643	0.3665	0.3686	0.3708	0.3729	0.3749	0.3770	0.3790	0.3810	0.3830
1.2	0.3849	0.3869	0.3888	0.3907	0.3925	0.3944	0.3962	0.3980	0.3997	0.4015
1.3	0.4032	0.4049	0.4066	0.4082	0.4099	0.4115	0.4131	0.4147	0.4162	0.4177
1.4	0.4192	0.4207	0.4222	0.4236	0.4251	0.4265	0.4279	0.4292	0.4306	0.4319
1.5	0.4332	0.4345	0.4357	0.4370	0.4382	0.4394	0.4406	0.4418	0.4429	0.4441
1.6	0.4452	0.4463	0.4474	0.4484	0.4495	0.4505	0.4515	0.4525	0.4535	0.4545
1.7	0.4554	0.4564	0.4573	0.4582	0.4591	0.4599	0.4608	0.4616	0.4625	0.4633
1.8	0.4641	0.4649	0.4656	0.4664	0.4671	0.4678	0.4686	0.4693	0.4699	0.4706
1.9	0.4713	0.4719	0.4726	0.4732	0.4738	0.4744	0.4750	0.4756	0.4761	0.4767
2.0	0.4772	0.4778	0.4783	0.4788	0.4793	0.4798	0.4803	0.4808	0.4812	0.4817
2.1	0.4821	0.4826	0.4830	0.4834	0.4838	0.4842	0.4846	0.4850	0.4854	0.4857
2.2	0.4861	0.4864	0.4868	0.4871	0.4875	0.4878	0.4881	0.4884	0.4887	0.4890
2.3	0.4893	0.4896	0.4898	0.4901	0.4904	0.4906	0.4909	0.4911	0.4913	0.4916
2.4	0.4918	0.4920	0.4922	0.4925	0.4927	0.4929	0.4931	0.4932	0.4934	0.4936
2.5	0.4938	0.4940	0.4941	0.4943	0.4945	0.4946	0.4948	0.4949	0.4951	0.4952
2.6	0.4953	0.4955	0.4956	0.4957	0.4959	0.4960	0.4961	0.4962	0.4963	0.4964
2.7	0.4965	0.4966	0.4967	0.4968	0.4969	0.4970	0.4971	0.4972	0.4973	0.4974
2.8	0.4974	0.4975	0.4976	0.4977	0.4977	0.4978	0.4979	0.4979	0.4980	0.4981
2.9	0.4981	0.4982	0.4982	0.4983	0.4984	0.4984	0.4985	0.4985	0.4986	0.4986
3.0	0.4987	0.4987	0.4987	0.4988	0.4988	0.4989	0.4989	0.4989	0.4990	0.4990

MEMO

数学Ⅰ・数学A
数学Ⅱ・数学B

（2020年１月実施）

数学Ⅰ・数学A　60分　100点
数学Ⅱ・数学B　60分　100点

追試験
2020

数学Ⅰ・数学A

問　題	選　択　方　法
第1問	必　　答
第2問	必　　答
第3問	いずれか2問を選択し，解答しなさい。
第4問	
第5問	

（注）この科目には，選択問題があります。(38ページ参照。)

第1問 （必答問題）（配点　30）

〔1〕　$(19+5\sqrt{13})(19-5\sqrt{13})=$ [アイ] であるから，$19-5\sqrt{13}$ は正の実数である。$19+5\sqrt{13}$ の正の平方根を α とし，$19-5\sqrt{13}$ の正の平方根を β とする。このとき

$$\alpha^2+\beta^2=\boxed{\text{ウエ}},\quad \alpha\beta=\boxed{\text{オ}}$$

であり

$$(\alpha+\beta)^2=\boxed{\text{カキ}},\quad (\alpha-\beta)^2=\boxed{\text{クケ}}$$

である。したがって

$$\alpha=\frac{\boxed{\text{コ}}\sqrt{\boxed{\text{サ}}}+\sqrt{\boxed{\text{シス}}}}{\boxed{\text{セ}}}$$

$$\beta=\frac{\boxed{\text{コ}}\sqrt{\boxed{\text{サ}}}-\sqrt{\boxed{\text{シス}}}}{\boxed{\text{セ}}}$$

である。

(数学Ⅰ・数学A第1問は 次ページに続く。)

〔2〕 a を定数とする。実数 x に関する二つの条件 p, q を次のように定める。

p : $-1 \leqq x \leqq 3$

q : $|x - a| > 3$

条件 p, q の否定をそれぞれ $\overline{p}$, $\overline{q}$ で表す。

(1) 命題「$p \Longrightarrow q$」が真であるような a の値の範囲は

である。

(2) $a =$ チ のとき, $x =$ ツ は命題「$\overline{p} \Longrightarrow q$」の反例である。

(数学Ⅰ・数学A第1問は次ページに続く。)

(3)　実数xに関する条件rを次のように定める。

$$r:\ 3 < x \leqq 4$$

次の［テ］に当てはまるものを，下の⓪～③のうちから一つ選べ。

$a=1$のとき，条件「$\overline{p}$ かつ $\overline{q}$」は条件rであるための［テ］。

⓪　必要条件であるが，十分条件ではない

①　十分条件であるが，必要条件ではない

②　必要十分条件である

③　必要条件でも十分条件でもない

（数学Ⅰ・数学A第1問は次ページに続く。）

〔3〕 a を4以上の定数とし，$f(x)=(x-a)(x-4)+4$ とおく。

(1) 2次関数 $y=f(x)$ の最小値は $\dfrac{\boxed{\text{トナ}}}{\boxed{\text{ニ}}}a^2+\boxed{\text{ヌ}}\,a$ である。

(2) 2次関数 $y=f(x)$ の $a-2\leqq x\leqq a+2$ における最大値は $\boxed{\text{ネ}}\,a$ である。

また，2次関数 $y=f(x)$ の $a-2\leqq x\leqq a+2$ における最小値は

$4\leqq a\leqq\boxed{\text{ノ}}$ のとき，$\dfrac{\boxed{\text{トナ}}}{\boxed{\text{ニ}}}a^2+\boxed{\text{ヌ}}\,a$ であり，

$\boxed{\text{ノ}}<a$ のとき，$\boxed{\text{ハヒ}}\,a+\boxed{\text{フヘ}}$ である。

第2問 （必答問題）（配点　30）

〔1〕 $\triangle$ABPにおいて，AP $= 6$，BP $= 2\sqrt{17}$，$\sin\angle\text{PAB} = \dfrac{2\sqrt{2}}{3}$，AB $<$ APとする。

次の［イ］に当てはまるものを，下の⓪～②のうちから一つ選べ。

AB $=$ ［ア］であり，$\angle$PABは［イ］である。

⓪ 鋭角　　① 直角　　② 鈍角

（数学Ⅰ・数学A第2問は次ページに続く。）

直線AB上に点Cを，3点A，B，Cがこの順に並び，かつ$\mathrm{CP} = 3\sqrt{17}$となるようにとる。このとき

$$\mathrm{AC} = \boxed{\text{ウ}}, \quad \mathrm{BC} = \boxed{\text{エ}}$$

である。したがって，△PBCの外接円の半径Rは

$$R = \frac{\boxed{\text{オカ}}\sqrt{\boxed{\text{キ}}}}{\boxed{\text{ク}}}$$

である。この外接円の中心をOとすると

$$\mathrm{AO}^2 - R^2 = \boxed{\text{ケコ}}$$

である。

（数学Ⅰ・数学A第2問は次ページに続く。）

〔2〕 高等学校(中等教育学校を含む)の卒業者のうち，大学または短期大学に進学した者の割合(以下，進学率)と，就職した者の割合(以下，就職率)が47の都道府県別に公表されている。

(1) 図1は2016年度における都道府県別の進学率のヒストグラムであり，図2は2016年度における都道府県別の就職率の箱ひげ図である。なお，ヒストグラムの各階級の区間は，左側の数値を含み，右側の数値を含まない。

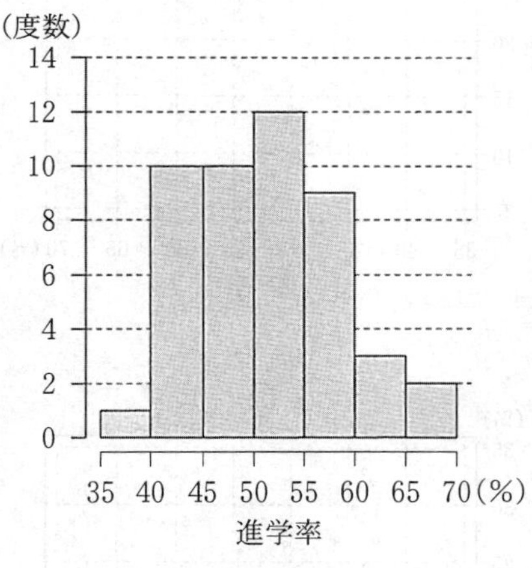

図1　2016年度における
進学率のヒストグラム

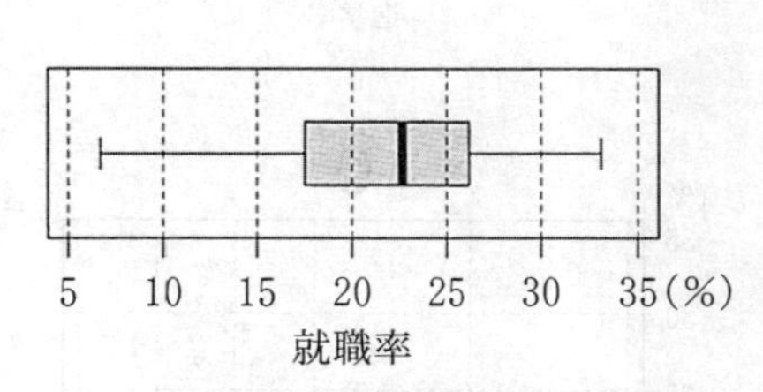

図2　2016年度における
就職率の箱ひげ図

(出典：文部科学省のWebページにより作成)

(数学Ⅰ・数学A第2問は次ページに続く。)

次の サ に当てはまるものを，下の⓪～③のうちから一つ選べ。

2016 年度における都道府県別の進学率(横軸)と就職率(縦軸)の散布図は サ である。

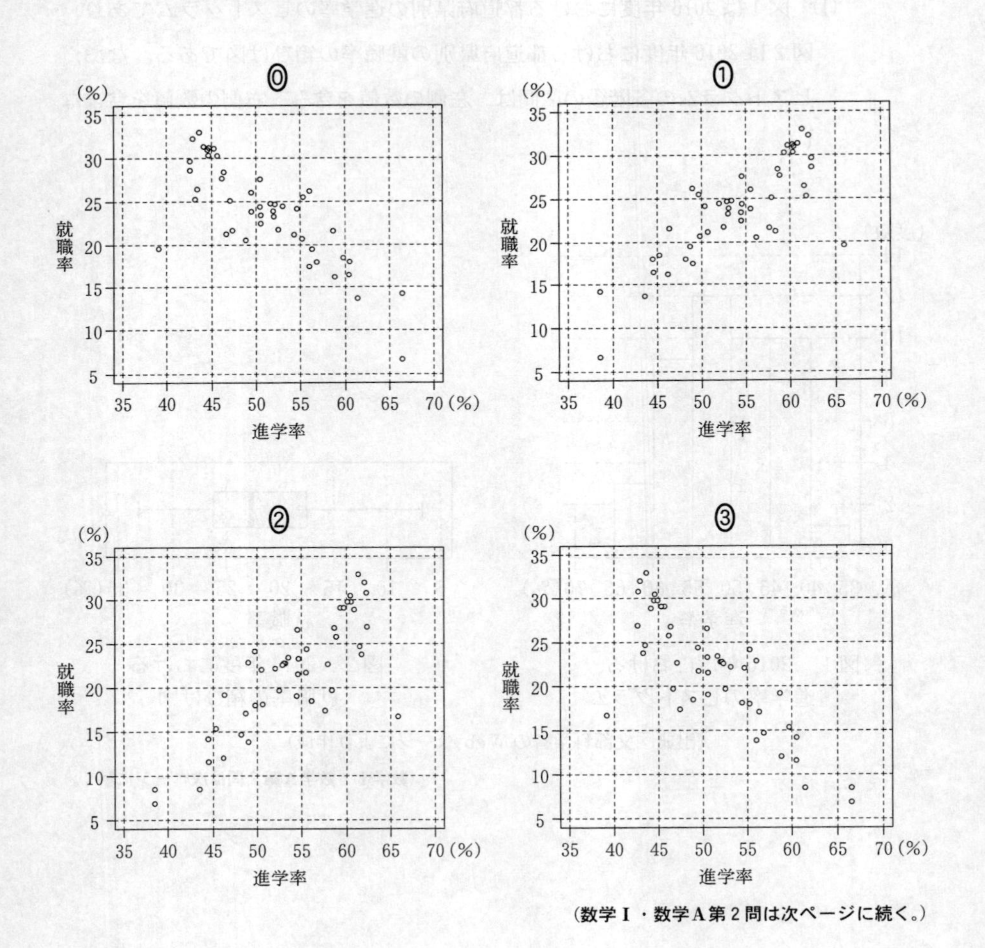

(数学Ⅰ・数学A第 2 問は次ページに続く。)

(2) 図3は，1973年度から2018年度まで，5年ごとの10個の年度(それぞれを時点という)における都道府県別の進学率(上側)と就職率(下側)を箱ひげ図で表したものである。ただし，設問の都合で1993年度における箱ひげ図は表示していない。

次の シ に当てはまるものを，下の⓪～④のうちから一つ選べ。

図3から読み取れることとして，正しい記述は シ である。

⓪ 1993年度を除く9時点すべてにおいて，進学率の左側のひげの長さと右側のひげの長さを比較すると，右側の方が長い。

① 2003年度，2008年度，2013年度，2018年度の4時点すべてにおいて，就職率の左側のひげの長さと右側のひげの長さを比較すると，左側の方が長い。

② 2003年度，2008年度，2013年度，2018年度の4時点すべてにおいて，就職率の四分位範囲は，それぞれの直前の時点より減少している。

③ 1993年度を除く時点ごとに進学率と就職率の四分位範囲を比較すると，つねに就職率の方が大きい。

④ 就職率について，1993年度を除くどの時点においても最大値は最小値の2倍以上である。

(数学Ⅰ・数学A第2問は次ページに続く。)

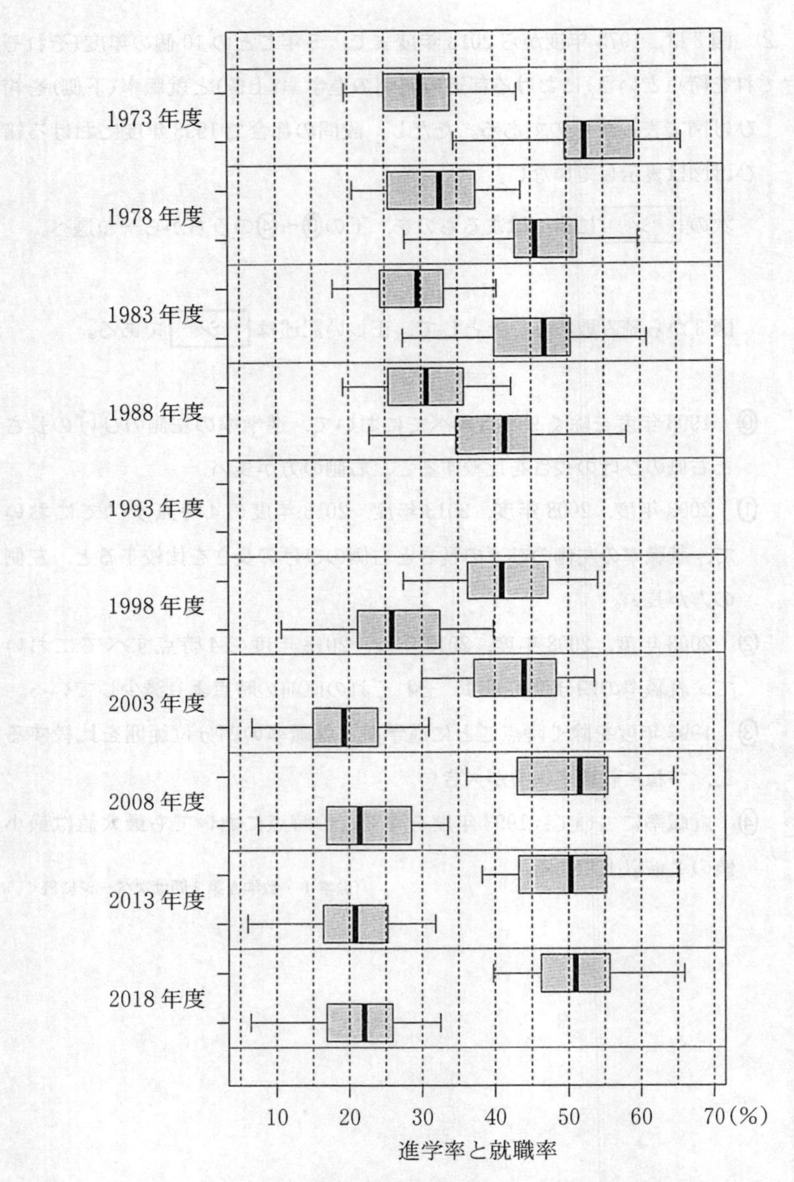

図3　進学率(上側)と就職率(下側)の箱ひげ図

(出典：文部科学省のWebページにより作成)

(数学Ⅰ・数学A第2問は次ページに続く。)

(3)　図4は，1993年度における都道府県別の進学率(横軸)と就職率(縦軸)の散布図である。

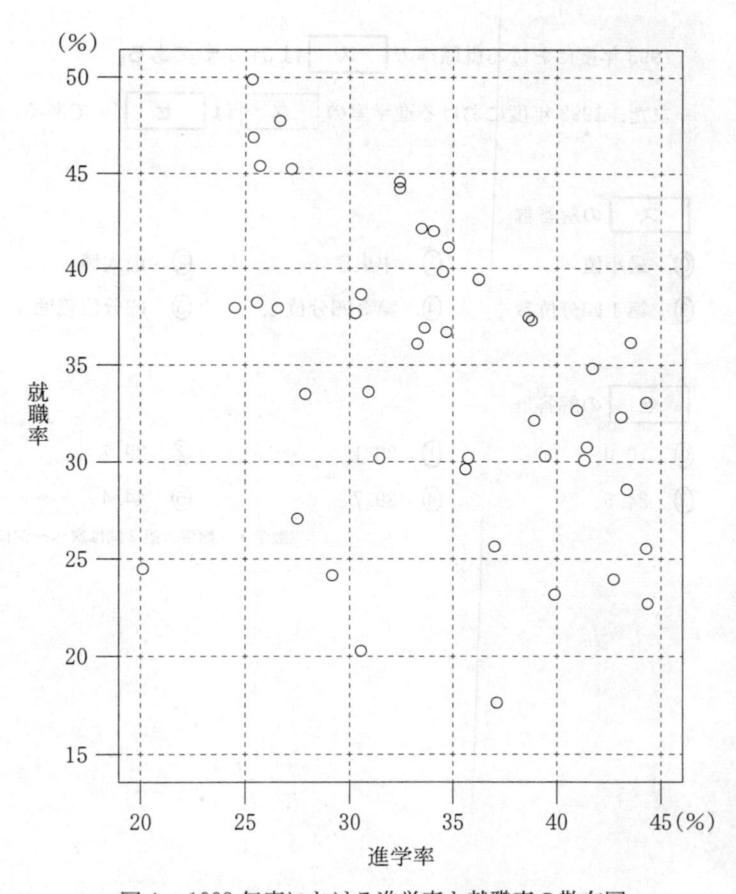

図4　1993年度における進学率と就職率の散布図

(出典：文部科学省のWebページにより作成)

(数学Ⅰ・数学A第2問は次ページに続く。)

次の ス ，セ に当てはまる最も適当なものを，それぞれの解答群から一つずつ選べ。

1993 年度における就職率の ス は 34.8 % である。

また，1993 年度における進学率の ス は セ % である。

ス の解答群

⓪ 最小値　① 中央値　② 最大値

③ 第 1 四分位数　④ 第 3 四分位数　⑤ 四分位範囲

セ の解答群

⓪ 10.0　① 20.1　② 29.7

③ 34.5　④ 39.7　⑤ 44.4

（数学Ⅰ・数学A第 2 問は次ページに続く。）

(4) 図4に示した1993年度における都道府県別の進学率と就職率の相関係数を計算したところ，-0.41であった。就職率が45％を超えている5都道府県を黒丸で示したのが図5である。

次の［ソ］に当てはまるものを，下の⓪～⑤のうちから一つ選べ。

就職率が45％を超えている5都道府県を除外したときの相関係数をrとおくと，［ソ］である。

⓪ $r < -0.41$　① $r = -0.41$　② $-0.41 < r < 0$

③ $r = 0$　④ $0 < r < 0.41$　⑤ $r \geqq 0.41$

（数学Ⅰ・数学A第2問は次ページに続く。）

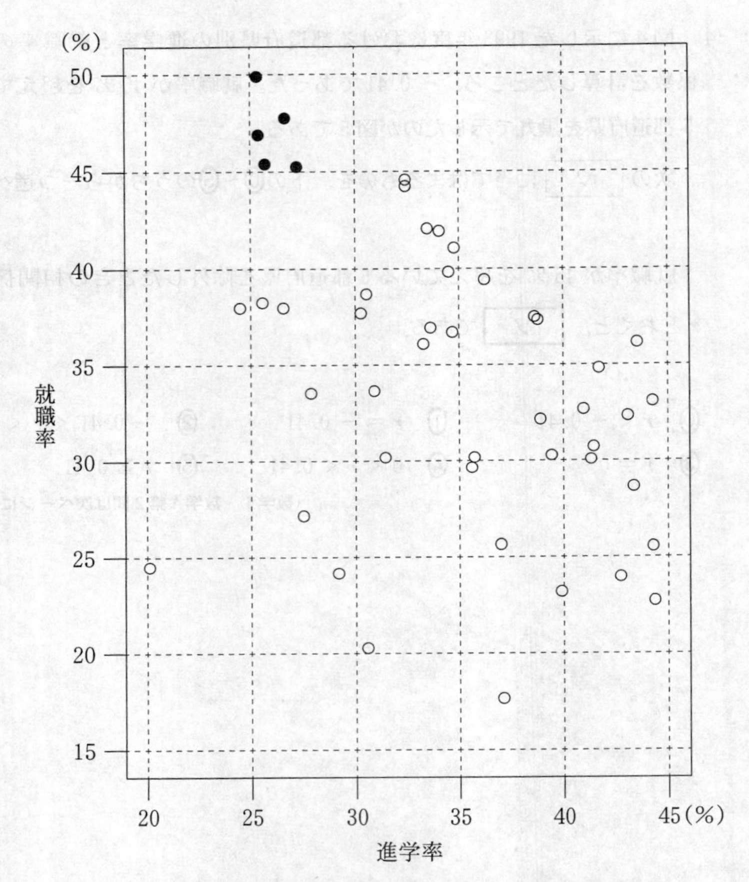

図 5　1993 年度における進学率と就職率の散布図

(数学Ⅰ・数学A第2問は次ページに続く。)

(5)　1993年度における進学率X，就職率Yについて，Xの平均値の2乗の値を求めたい。X^2の平均値，Yの平均値と標準偏差，XとYの共分散と相関係数は表1のとおりであった。ただし，XとYの共分散とは，Xの偏差とYの偏差の積の平均値である。なお，表1の数値は正確な値であり，四捨五入されていないものとする。

表1　2乗の平均値，平均値，標準偏差，共分散，および相関係数

X^2の平均値	Yの平均値	Yの標準偏差	XとYの共分散	XとYの相関係数
1223	34	7.6	-20	-0.41

また，必要であれば以下の事実を用いてもよい。

nを自然数とする。実数値のデータu_1，u_2，…，u_nに対して，平均値を$\overline{u}$，分散をs^2とおくと

$$s^2 = \frac{{u_1}^2 + {u_2}^2 + \cdots + {u_n}^2}{n} - (\overline{u})^2$$

が成り立つ。

Xの標準偏差は，小数第2位を四捨五入すると，［タ］.［チ］である。

次の［ツ］に当てはまる数値として最も近いものを，下の⓪～⑦のうちから一つ選べ。

Xの平均値の2乗の値は［ツ］である。

⓪　1122　　①　1156　　②　1182　　③　1223
④　1260　　⑤　1296　　⑥　1332　　⑦　1369

第3問～第5問は，いずれか2問を選択し，解答しなさい。

第3問 （選択問題）（配点　20）

つぼの中に6個の赤玉と4個の白玉の合計10個の玉が入っている。このつぼから，玉を1個ずつ10回続けて取り出す。ただし，一度取り出した玉はもとに戻さないものとする。

(1)　1回目と2回目に連続して赤玉が取り出される確率は $\dfrac{\boxed{\text{ア}}}{\boxed{\text{イ}}}$ である。

(2)　i を2から9までの整数とし，i 回目と $(i+1)$ 回目に連続して赤玉が取り出される確率 p_i を考える。同じ色の玉は区別しない場合，10個すべての玉の取り出し方は，取り出した玉を1列に並べる並べ方の総数に等しく，$\boxed{\text{ウエオ}}$ 通りである。それらのうち，8回目の取り出しを終えた時点で白玉がすべて取り出されている取り出し方は $\boxed{\text{カキ}}$ 通りである。よって，p_9 の値は $\dfrac{\boxed{\text{ク}}}{\boxed{\text{ケ}}}$ である。また，p_3 の値は $\dfrac{\boxed{\text{コ}}}{\boxed{\text{サ}}}$ である。

(3)　4回目の取り出しを終えた時点で赤玉が2個以上取り出されている確率は $\dfrac{\boxed{\text{シス}}}{\boxed{\text{セソ}}}$ である。よって，4回目の取り出しを終えた時点で赤玉が2個以上取り出されていたとき，1回目と2回目に連続して赤玉が取り出されている条件付き確率は $\dfrac{\boxed{\text{タチ}}}{\boxed{\text{ツテ}}}$ である。

（数学Ⅰ・数学A第3問は次ページに続く。）

⑷　4回目の取り出しを終えた時点で赤玉が2個以上取り出されていたとき，9回目と10回目に連続して赤玉が取り出される条件付き確率は $\dfrac{\boxed{トナ}}{\boxed{ニヌネ}}$ である。

⑸　つぼからまず3個の玉を同時に取り出して，玉の色は確認せずに印をつけてつぼに戻したのち，改めて玉を1個ずつ10回続けて取り出す。一度取り出した玉はもとに戻さない。9回目と10回目に連続して印のついた赤玉が取り出される確率は $\dfrac{\boxed{ノ}}{\boxed{ハヒ}}$ である。

第3問～第5問は，いずれか2問を選択し，解答しなさい。

第4問 （選択問題）（配点　20）

(1)　不定方程式

$$7x - 31y = 1 \quad \cdots\cdots\cdots\cdots ①$$

を満たす自然数 x，y の組の中で，x が最小のものは

$x =$ [ア]，　$y =$ [イ]

であり，不定方程式 ① のすべての整数解は，k を整数として

$x =$ [ウエ] $k +$ [ア]，　$y =$ [オ] $k +$ [イ]

と表せる。

（数学Ⅰ・数学A第4問は次ページに続く。）

(2)　自然数 n に対し，n^2 を［オ］で割った余りが［イ］となるのは，n を［オ］で割った余りが，［カ］または［キ］のときである。ただし，［カ］，［キ］の解答の順序は問わない。

(3)　不定方程式①の整数解 y のうち，ある自然数 n を用いて $y = n^2$ と表せるものを小さい方から四つ並べると

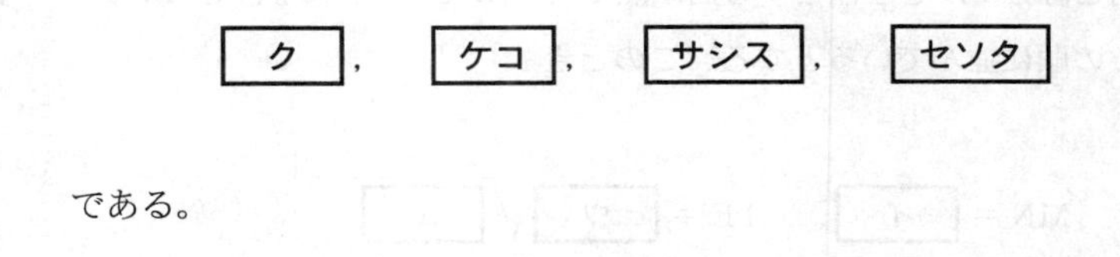

である。

(4)　$\sqrt{31(7x-1)}$ が整数であるような自然数 x のうち，$x \geqq 1000$ を満たす最小のものは［チツテト］である。x が［チツテト］のとき，$\sqrt{31(7x-1)}$ の値は［ナニヌ］である。

第3問～第5問は，いずれか2問を選択し，解答しなさい。

第5問 （選択問題）（配点　20）

△PBDの辺PB上に2点P，Bのいずれとも異なる点Aをとり，辺PD上に2点P，Dのいずれとも異なる点Cをとる。4点A，B，C，Dが同一円周上にあり，$\mathrm{AB}=2$，$\mathrm{PC}=2$，$\mathrm{PD}=12$ のとき，$\mathrm{PA}=$ ア である。

点Mを線分ABの中点とし，点Nを線分CDの中点とする。線分ABを直径とする円と線分CDを直径とする円が点Eで接していて，3点M，E，Nが一直線上にこの順に並んでいるとする。このとき

$$\mathrm{MN}=\boxed{\text{イ}},\quad \mathrm{PE}=\boxed{\text{ウ}}\sqrt{\boxed{\text{エ}}}$$

である。また

$$\cos\angle\mathrm{MPN}=\frac{\boxed{\text{オカ}}}{\boxed{\text{キク}}}$$

である。

（数学Ⅰ・数学A第5問は次ページに続く。）

線分 PN 上に点 F を直線 MF と直線 PN が垂直に交わるようにとり，線分 PM 上に点 G を直線 NG と直線 PM が垂直に交わるようにとる。このとき

$$\mathrm{PF} = \frac{\boxed{\text{ケコ}}}{\boxed{\text{サ}}}, \quad \mathrm{PG} = \frac{\boxed{\text{シス}}}{\boxed{\text{セ}}}$$

である。さらに，線分 MF と線分 NG の交点を J とする。このとき

$$\mathrm{JE} = \frac{\boxed{\text{ソ}}\sqrt{\boxed{\text{タ}}}}{\boxed{\text{チツ}}}$$

である。

数学Ⅱ・数学B

問　題	選 択 方 法
第１問	必　　　答
第２問	必　　　答
第３問	いずれか２問を選択し，解答しなさい。
第４問	
第５問	

（注）この科目には，選択問題があります。（60ページ参照。）

第１問　（必答問題）（配点　30）

〔1〕　関数 $y = -2^{2x} + 2^{x+4} - 48$ について考える。

(1)　$t = 2^x$ とおく。y を t の式で表すと

$$y = \boxed{\text{ア}}\left(t - \boxed{\text{イ}}\right)^2 + \boxed{\text{ウエ}}$$

となる。

$x = 1$ のとき，$y = \boxed{\text{オカキ}}$ である。$x \geqq 1$ のとき，y は $x = \boxed{\text{ク}}$ で最大値 $\boxed{\text{ケコ}}$ をとる。

(2)　$k > 1$ とする。x が $1 \leqq x \leqq k$ の範囲を動くとき，y の最小値が $\boxed{\text{オカキ}}$ であるような k の値の範囲は

$$1 < k \leqq \log_2 \boxed{\text{サシ}}$$

である。この範囲に含まれる最大の整数の値は $\boxed{\text{ス}}$ である。

（数学Ⅱ・数学B第１問は次ページに続く。）

(3) $y=0$ を満たす x は二つある。そのうちの小さい方は [セ] である。

また，大きい方は [ソ] を満たす。[ソ] に当てはまるものを，次の ⓪～⑨のうちから一つ選べ。ただし，$\log_{10}2=0.3010$，$\log_{10}3=0.4771$ とする。

⓪ $1<x<1.2$　① $1.2<x<1.3$　② $1.5<x<1.6$

③ $2.4<x<2.5$　④ $2.5<x<2.6$　⑤ $2.6<x<2.8$

⑥ $3.5<x<3.6$　⑦ $3.6<x<3.8$　⑧ $4.2<x<4.4$

⑨ $x>10$

（数学Ⅱ・数学B第１問は次ページに続く。）

〔2〕　関数 $f(x)=\sqrt{3}\cos\left(3x+\dfrac{\pi}{3}\right)+\sqrt{3}\cos 3x$ について考える。

(1)　三角関数の加法定理および合成を用いると

$$f(x)=-\frac{\boxed{\text{タ}}}{\boxed{\text{チ}}}\sin 3x+\frac{\boxed{\text{ツ}}\sqrt{\boxed{\text{テ}}}}{\boxed{\text{チ}}}\cos 3x$$

$$=\boxed{\text{ト}}\sin\left(3x+\frac{\boxed{\text{ナ}}}{\boxed{\text{ニ}}}\pi\right)$$

と表される。ただし，$0<\dfrac{\boxed{\text{ナ}}}{\boxed{\text{ニ}}}\pi\leqq 2\pi$ とする。

したがって，$f(x)$ の最大値は $\boxed{\text{ヌ}}$ である。また，$f(x)$ の正の周期のうち最小のものは $\dfrac{\boxed{\text{ネ}}}{\boxed{\text{ノ}}}\pi$ である。

（数学Ⅱ・数学B第1問は次ページに続く。）

(2) $f(x)$を$0 \leqq x \leqq 2\pi$の範囲で考えたとき，実数tに対して$f(x) = t$となるxの値の個数Nを調べよう。$3x + \dfrac{\boxed{ナ}}{\boxed{ニ}}\pi$のとり得る値の範囲に注意すると，次のことがわかる。

$|t| >$ ヌ のとき，$N =$ ハ である。

$t =$ ヌ のとき，$N =$ ヒ である。

$t = f(0)$のとき，$N =$ フ である。

$|t| <$ ヌ かつ$t \neq f(0)$のとき，$N =$ ヘ である。

$t = -$ ヌ のとき，$N =$ ホ である。

第2問 （必答問題）（配点　30）

a, b, cを実数とし，関数$f(x) = x^3 - 1$，$g(x) = x^3 + ax^2 + bx + c$を考える。座標平面上の曲線$y = f(x)$を$C_1$とし，曲線$y = g(x)$を$C_2$とする。$C_2$は点A$(-1,\ -2)$を通り，$C_2$のAにおける接線は$C_1$のAにおける接線と一致するものとする。

(1) 曲線C_1の点Aにおける接線をℓとする。$f'(-1) =$ [ア] により，ℓの方程式は$y =$ [イ] $x +$ [ウ] である。また，原点Oと直線ℓの距離は $\dfrac{\sqrt{\boxed{エオ}}}{\boxed{エオ}}$ である。

(2) 曲線C_2の点Aにおける接線は(1)の直線ℓと一致しているので，$g'(-1) =$ [カ] である。したがって，b, cをaを用いて表すと，$b =$ [キ] a, $c =$ [ク] $-$ [ケ] となる。

（数学Ⅱ・数学B第2問は次ページに続く。）

(3)　$a=-2$ のとき，関数 $g(x)$ は $x=\dfrac{\boxed{\text{コサ}}}{\boxed{\text{シ}}}$ で極大値 $\dfrac{\boxed{\text{スセソ}}}{\boxed{\text{タチ}}}$ をとり，

$x=\boxed{\text{ツ}}$ で極小値 $\boxed{\text{テトナ}}$ をとる。

(4)　$a<0$ とする。$-2\leqq x\leqq-1$ において，曲線 C_1 と C_2 および直線 $x=-2$ で囲まれた図形の面積を S_1 とする。また，$-1\leqq x\leqq 1$ において，曲線 C_1 と C_2 および直線 $x=1$ で囲まれた図形の面積を S_2 とする。このとき，$S=S_1+S_2$ とおくと，$S=\boxed{\text{ニ}}$ と表される。$\boxed{\text{ニ}}$ に当てはまるものを，次の⓪～③のうちから一つ選べ。

⓪ $\displaystyle\int_{-2}^{-1}\{g(x)-f(x)\}\,dx+\int_{-1}^{1}\{f(x)-g(x)\}\,dx$

① $\displaystyle\int_{-2}^{-1}\{f(x)-g(x)\}\,dx+\int_{-1}^{1}\{g(x)-f(x)\}\,dx$

② $\displaystyle\int_{-2}^{1}\{g(x)-f(x)\}\,dx$

③ $\displaystyle\int_{-2}^{1}\{f(x)-g(x)\}\,dx$

これを計算することにより，$S=\boxed{\text{ヌネ}}\,a$ となる。

第3問～第5問は，いずれか2問を選択し，解答しなさい。

第3問 （選択問題）（配点　20）

初項a_1が1であり，次の条件①，②によって定まる数列$\{a_n\}$を考えよう。

$$a_{2n} = a_n \qquad (n = 1, 2, 3, \cdots) \qquad \cdots\cdots ①$$

$$a_{2n+1} = a_n + a_{n+1} \qquad (n = 1, 2, 3, \cdots) \qquad \cdots\cdots ②$$

(1) ①により$a_2 = a_1$となるので$a_2 = 1$であり，②により$a_3 = a_1 + a_2$となるので$a_3 = 2$である。同様に

$a_4 =$ [ア]，$a_5 =$ [イ]，$a_6 =$ [ウ]，$a_7 =$ [エ]

である。

また，a_{18}については，$a_{18} = a_9$により$a_{18} =$ [オ] であり，a_{38}については，$a_{38} = a_{19} = a_9 + a_{10}$により$a_{38} =$ [カ] である。

(2) kを自然数とする。①により$\{a_n\}$の第$3 \cdot 2^k$項は [キ] である。

（数学Ⅱ・数学B第3問は次ページに続く。）

(3)　数列$\{a_n\}$の第3項以降を次のように群に分ける。ただし，第k群は2^k個の項からなるものとする。

$$a_3,\ a_4 \ \Big|\ a_5,\ a_6,\ a_7,\ a_8 \ \Big|\ a_9,\ \cdots,\ a_{16} \ \Big|\ a_{17},\ \cdots$$

第1群　　第2群　　第3群

2以上の自然数kに対して，$\sum_{j=1}^{k-1} 2^j =$ [ク]$^{[ケ]}$ − [コ] なので，第k群の最初の項は，$\{a_n\}$の第$\left([ク]^{[ケ]} + [サ]\right)$項であり，第$k$群の最後の項は，$\{a_n\}$の第[ク]$^{[シ]}$項である。ただし，[ケ]，[シ]については，当てはまるものを，次の⓪～④のうちから一つずつ選べ。同じものを選んでもよい。

⓪ $k-2$　　① $k-1$　　② k　　③ $k+1$　　④ $k+2$

第k群に含まれるすべての項の和をS_k，第k群に含まれるすべての奇数番目の項の和をT_k，第k群に含まれるすべての偶数番目の項の和をU_kとする。たとえば

$$S_1 = a_3 + a_4,\quad T_1 = a_3,\quad U_1 = a_4$$
$$S_2 = a_5 + a_6 + a_7 + a_8,\quad T_2 = a_5 + a_7,\quad U_2 = a_6 + a_8$$

であり

$S_1 =$ [ス]，　$S_2 =$ [セ]，　$T_2 =$ [ソ]，　$U_2 =$ [タ]

である。

（数学Ⅱ・数学B第3問は次ページに続く。）

(4)　(3)で定めた数列$\{S_k\}$，$\{T_k\}$，$\{U_k\}$の一般項をそれぞれ求めよう。

①により$U_{k+1}=$ [チ] となる。また，$\{a_n\}$の第2^k項と第2^{k+1}項が等しいことを用いると，②により$T_{k+1}=$ [ツ] となる。したがって，$S_{k+1}=T_{k+1}+U_{k+1}$を用いると，$S_{k+1}=$ [テ] となる。[チ]，[ツ]，[テ] に当てはまるものを，次の⓪〜⑨のうちから一つずつ選べ。ただし，同じものを繰り返し選んでもよい。

⓪　S_k　　①　S_k+3k　　②　T_k

③　U_k　　④　$2S_k$　　⑤　$2T_k$

⑥　$2T_k+2k-1$　　⑦　$2T_k+k(k+1)$　　⑧　$3S_k$

⑨　$3S_k+(k-1)(k-2)$

（数学Ⅱ・数学B第3問は次ページに続く。）

以上のことから

$S_k=$ ト ，$T_k=$ ナ ，$U_k=$ ニ

である。 ト ， ナ ， ニ に当てはまるものを，次の⓪〜ⓑのうちから一つずつ選べ。ただし，同じものを繰り返し選んでもよい。

⓪ $2k^2-4k+3$
① 3^{k-1}
② $2^{k+1}-2k-1$
③ $2^{k+2}-2k^2-5$
④ $4k^2-8k+6$
⑤ $2\cdot3^{k-1}$
⑥ $2^{k+2}-4k-2$
⑦ $2^{k+3}-4k^2-10$
⑧ $6k^2-12k+9$
⑨ 3^k
ⓐ $3\cdot2^{k+1}-6k-3$
ⓑ $3\cdot2^{k+2}-6k^2-15$

第3問～第5問は，いずれか2問を選択し，解答しなさい。

第4問　(選択問題)（配点　20）

1辺の長さが1のひし形ABCDにおいて，$\angle\mathrm{BAD} > 90^\circ$ とする。直線BC上に，点Cとは異なる点Eを，$|\overrightarrow{\mathrm{DE}}| = 1$ を満たすようにとる。以下，$\overrightarrow{\mathrm{AB}} = \vec{p}$，$\overrightarrow{\mathrm{AD}} = \vec{q}$ とし，$\vec{p}\cdot\vec{q} = x$ とおく。

(1)　$|\overrightarrow{\mathrm{BD}}|^2 = \boxed{\text{ア}} - \boxed{\text{イ}}\,x$ である。

(2)　$\overrightarrow{\mathrm{AD}}$ と $\overrightarrow{\mathrm{BE}}$ は平行なので，実数 s を用いて $\overrightarrow{\mathrm{AE}} = \vec{p} + s\vec{q}$ と表すことができる。$|\overrightarrow{\mathrm{DE}}| = 1$ であることと，点Eは点Cと異なる点であることにより，

$s = \boxed{\text{ウエ}}\,x + \boxed{\text{オ}}$ である。

(3)　$|\overrightarrow{\mathrm{BD}}| = |\overrightarrow{\mathrm{BE}}|$ を満たす x の値を求めよう。

(2)により，$\overrightarrow{\mathrm{AE}} = \vec{p} + \left(\boxed{\text{ウエ}}\,x + \boxed{\text{オ}}\right)\vec{q}$ である。$|\overrightarrow{\mathrm{BD}}| = |\overrightarrow{\mathrm{BE}}|$ と $\angle\mathrm{BAD} > 90^\circ$ により，$x = \dfrac{\boxed{\text{カ}} - \sqrt{\boxed{\text{キ}}}}{\boxed{\text{ク}}}$ が得られる。

したがって

$$\overrightarrow{\mathrm{AE}} = \vec{p} + \frac{\boxed{\text{ケ}} + \sqrt{\boxed{\text{コ}}}}{\boxed{\text{サ}}}\vec{q} \quad \cdots\cdots\cdots\cdots\cdots ①$$

である。

(数学Ⅱ・数学B第4問は次ページに続く。)

(4)　xを(3)で求めた値とし，点Fを直線ACに関して点Eと対称な点とする。$|\overrightarrow{EF}|$を求めよう。

点Bと点Dが直線ACに関して対称な点であることに注意すると，

①により，$\overrightarrow{AF}=\dfrac{\fbox{シ}+\sqrt{\fbox{ス}}}{\fbox{セ}}\vec{p}+\vec{q}$と表せる。したがって，

$\overrightarrow{EF}=\dfrac{\fbox{ソタ}+\sqrt{\fbox{チ}}}{\fbox{ツ}}\overrightarrow{DB}$である。

また，$|\overrightarrow{BD}|=|\overrightarrow{BE}|$であり，(2)により$\overrightarrow{BE}=\left(\fbox{ウエ}\,x+\fbox{オ}\right)\vec{q}$と

なるので，$|\overrightarrow{BD}|=\dfrac{\fbox{テ}+\sqrt{\fbox{ト}}}{\fbox{ナ}}$を得る。ゆえに，$|\overrightarrow{EF}|=\fbox{ニ}$

である。

(5)　xを(3)で求めた値とし，点Rを△ABDの外接円の中心とする。$\overrightarrow{AR}$を$\vec{p}$と$\vec{q}$を用いて表そう。

△ABDはAB＝ADを満たす二等辺三角形であるから，点Rは直線AC上にある。点Fを(4)で定めた点とし，線分ADの中点をMとする。(4)の結果を用いることにより，$\overrightarrow{AD}$と$\overrightarrow{FM}$は垂直であることが確かめられる。よって，点Rは直線ACと直線FMの交点であり，実数tを用いて$\overrightarrow{AR}=t\,\overrightarrow{AF}+(1-t)\overrightarrow{AM}$と表すことができる。$t$を求めることにより，

$\overrightarrow{AR}=\dfrac{\fbox{ヌ}+\sqrt{\fbox{ネ}}}{\fbox{ノハ}}\left(\vec{p}+\vec{q}\right)$が得られる。

第3問〜第5問は，いずれか2問を選択し，解答しなさい。

第5問 （選択問題）（配点　20）

以下の問題を解答するにあたっては，必要に応じて76ページの正規分布表を用いてもよい。

有権者数が1万人を超えるある地域において，選挙が実施された。

(1)　今回実施された選挙の有権者全員を対象として，今回の選挙と前回の選挙のそれぞれについて，投票したか，棄権した(投票しなかった)かを調査した。今回の選挙については

今回投票，今回棄権

の2通りのどちらであるかを調べ，前回の選挙については，選挙権がなかった者が含まれているので

前回投票，前回棄権，前回選挙権なし

の3通りのいずれであるかを調べた。この調査の結果は下の表のようになった。たとえば，この有権者全体において，今回棄権かつ前回投票の人の割合は10％であることを示している。このとき，今回投票かつ前回棄権の人の割合は **アイ** ％である。

	前回投票	前回棄権	前回選挙権なし
今回投票	45％	アイ ％	3％
今回棄権	10％	29％	1％

この有権者全体から無作為に1人を選ぶとき，今回投票の人が選ばれる確率は0. **ウエ** であり，前回投票の人が選ばれる確率は0. **オカ** である。

(数学Ⅱ・数学B第5問は次ページに続く。)

また，今回の有権者全体から 900 人を無作為に抽出したとき，その中で，今回棄権かつ前回投票の人数を表す確率変数を X とする。このとき，X は二項分布 $B\left(900,\ 0.\boxed{キク}\right)$ に従うので，X の平均(期待値)は $\boxed{ケコ}$，標準偏差は $\boxed{サ}.\boxed{シ}$ である。

次に，X が 105 以上になる確率を求めよう。$Z = \dfrac{X - \boxed{ケコ}}{\boxed{サ}.\boxed{シ}}$ とおくと，標本数は十分に大きいので，Z は近似的に標準正規分布に従う。よって，この確率は $0.\boxed{スセ}$ と求められる。

(数学Ⅱ・数学B第5問は次ページに続く。)

(2)　今回の有権者全体を母集団とし，支持する政党がある人の割合（母比率）p を推定したい。このとき，調査する有権者数について考えよう。

母集団から n 人を無作為に抽出したとき，その中で，支持する政党がある人の割合（標本比率）を確率変数 R で表すと，R は近似的に平均 p，標準偏差 $\sqrt{\dfrac{p(1-p)}{n}}$ の正規分布に従う。

実際に，n 人を無作為に抽出して得られた標本比率の値を r とすると，n が十分に大きいとすれば，標準偏差を $\sqrt{\dfrac{r(1-r)}{n}}$ で置き換えることにより，p に対する信頼度 95 % の信頼区間 $C \leqq p \leqq D$ を求めることができる。その信頼区間の幅は $L = D - C = 1.96 \times$ [ソ] になる。[ソ] に当てはまる最も適当なものを，次の⓪～⑤のうちから一つ選べ。

⓪ $\dfrac{\sqrt{r(1-r)}}{n}$　① $\dfrac{\sqrt{2r(1-r)}}{n}$　② $\dfrac{2\sqrt{r(1-r)}}{n}$

③ $\sqrt{\dfrac{r(1-r)}{n}}$　④ $\sqrt{\dfrac{2r(1-r)}{n}}$　⑤ $2\sqrt{\dfrac{r(1-r)}{n}}$

過去の調査から，母比率はおよそ 50 % と予想されることから，$r = 0.5$ とする。このとき，$L = 0.1$ になるような n の値を求めると，$n =$ [タチツ] であり，この n の値は十分に大きいと考えられる。ただし，$1.96^2 = 3.84$ として計算すること。

[タチツ] 人を調査して，p に対する信頼度 95 % の信頼区間を求めると，この信頼区間の幅 L は [テ]。[テ] に当てはまる最も適当なものを，次の⓪～②から一つ選べ。

⓪　r の値によって変化せず，一定である

①　r の値によって変化して，$r = 0.5$ のとき最大となる

②　r の値によって変化して，$r = 0.5$ のとき最小となる

（数学Ⅱ・数学B第5問は次ページに続く。）

正規分布表

次の表は，標準正規分布の分布曲線における右図の灰色部分の面積の値をまとめたものである。

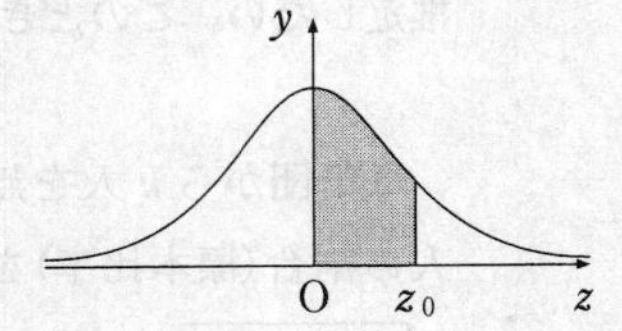

z_0	0.00	0.01	0.02	0.03	0.04	0.05	0.06	0.07	0.08	0.09
0.0	0.0000	0.0040	0.0080	0.0120	0.0160	0.0199	0.0239	0.0279	0.0319	0.0359
0.1	0.0398	0.0438	0.0478	0.0517	0.0557	0.0596	0.0636	0.0675	0.0714	0.0753
0.2	0.0793	0.0832	0.0871	0.0910	0.0948	0.0987	0.1026	0.1064	0.1103	0.1141
0.3	0.1179	0.1217	0.1255	0.1293	0.1331	0.1368	0.1406	0.1443	0.1480	0.1517
0.4	0.1554	0.1591	0.1628	0.1664	0.1700	0.1736	0.1772	0.1808	0.1844	0.1879
0.5	0.1915	0.1950	0.1985	0.2019	0.2054	0.2088	0.2123	0.2157	0.2190	0.2224
0.6	0.2257	0.2291	0.2324	0.2357	0.2389	0.2422	0.2454	0.2486	0.2517	0.2549
0.7	0.2580	0.2611	0.2642	0.2673	0.2704	0.2734	0.2764	0.2794	0.2823	0.2852
0.8	0.2881	0.2910	0.2939	0.2967	0.2995	0.3023	0.3051	0.3078	0.3106	0.3133
0.9	0.3159	0.3186	0.3212	0.3238	0.3264	0.3289	0.3315	0.3340	0.3365	0.3389
1.0	0.3413	0.3438	0.3461	0.3485	0.3508	0.3531	0.3554	0.3577	0.3599	0.3621
1.1	0.3643	0.3665	0.3686	0.3708	0.3729	0.3749	0.3770	0.3790	0.3810	0.3830
1.2	0.3849	0.3869	0.3888	0.3907	0.3925	0.3944	0.3962	0.3980	0.3997	0.4015
1.3	0.4032	0.4049	0.4066	0.4082	0.4099	0.4115	0.4131	0.4147	0.4162	0.4177
1.4	0.4192	0.4207	0.4222	0.4236	0.4251	0.4265	0.4279	0.4292	0.4306	0.4319
1.5	0.4332	0.4345	0.4357	0.4370	0.4382	0.4394	0.4406	0.4418	0.4429	0.4441
1.6	0.4452	0.4463	0.4474	0.4484	0.4495	0.4505	0.4515	0.4525	0.4535	0.4545
1.7	0.4554	0.4564	0.4573	0.4582	0.4591	0.4599	0.4608	0.4616	0.4625	0.4633
1.8	0.4641	0.4649	0.4656	0.4664	0.4671	0.4678	0.4686	0.4693	0.4699	0.4706
1.9	0.4713	0.4719	0.4726	0.4732	0.4738	0.4744	0.4750	0.4756	0.4761	0.4767
2.0	0.4772	0.4778	0.4783	0.4788	0.4793	0.4798	0.4803	0.4808	0.4812	0.4817
2.1	0.4821	0.4826	0.4830	0.4834	0.4838	0.4842	0.4846	0.4850	0.4854	0.4857
2.2	0.4861	0.4864	0.4868	0.4871	0.4875	0.4878	0.4881	0.4884	0.4887	0.4890
2.3	0.4893	0.4896	0.4898	0.4901	0.4904	0.4906	0.4909	0.4911	0.4913	0.4916
2.4	0.4918	0.4920	0.4922	0.4925	0.4927	0.4929	0.4931	0.4932	0.4934	0.4936
2.5	0.4938	0.4940	0.4941	0.4943	0.4945	0.4946	0.4948	0.4949	0.4951	0.4952
2.6	0.4953	0.4955	0.4956	0.4957	0.4959	0.4960	0.4961	0.4962	0.4963	0.4964
2.7	0.4965	0.4966	0.4967	0.4968	0.4969	0.4970	0.4971	0.4972	0.4973	0.4974
2.8	0.4974	0.4975	0.4976	0.4977	0.4977	0.4978	0.4979	0.4979	0.4980	0.4981
2.9	0.4981	0.4982	0.4982	0.4983	0.4984	0.4984	0.4985	0.4985	0.4986	0.4986
3.0	0.4987	0.4987	0.4987	0.4988	0.4988	0.4989	0.4989	0.4989	0.4990	0.4990

数学Ⅰ・数学A
数学Ⅱ・数学B

（2019年１月実施）

2019
本試験

数学Ⅰ・数学A　60分　100点
数学Ⅱ・数学B　60分　100点

数学Ⅰ・数学A

問　題	選　択　方　法
第1問	必　　　答
第2問	必　　　答
第3問	いずれか2問を選択し，解答しなさい。
第4問	
第5問	

（注）この科目には，選択問題があります。（2ページ参照。）

第1問 （必答問題）（配点　30）

〔1〕 a を実数とする。

$9a^2-6a+1=\left(\boxed{\text{ア}}\,a-\boxed{\text{イ}}\right)^2$ である。次に

$$A=\sqrt{9a^2-6a+1}+|a+2|$$

とおくと

$$A=\sqrt{\left(\boxed{\text{ア}}\,a-\boxed{\text{イ}}\right)^2}+|a+2|$$

である。

次の三つの場合に分けて考える。

- $a>\dfrac{1}{3}$ のとき，$A=\boxed{\text{ウ}}\,a+\boxed{\text{エ}}$ である。
- $-2\leqq a\leqq\dfrac{1}{3}$ のとき，$A=\boxed{\text{オカ}}\,a+\boxed{\text{キ}}$ である。
- $a<-2$ のとき，$A=-\boxed{\text{ウ}}\,a-\boxed{\text{エ}}$ である。

（数学Ⅰ・数学A第1問は次ページに続く。）

$A = 2a + 13$ となる a の値は

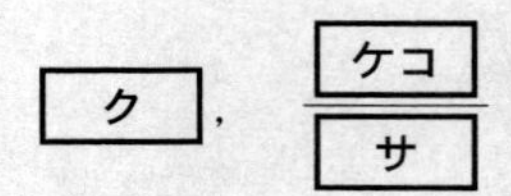

である。

（数学Ⅰ・数学A第1問は次ページに続く。）

〔2〕 二つの自然数 m, n に関する三つの条件 p, q, r を次のように定める。

p：m と n はともに奇数である

q：$3mn$ は奇数である

r：$m+5n$ は偶数である

また，条件 p の否定を $\overline{p}$ で表す。

(1) 次の シ ， ス に当てはまるものを，下の⓪～②のうちから一つずつ選べ。ただし，同じものを繰り返し選んでもよい。

二つの自然数 m, n が条件 $\overline{p}$ を満たすとする。このとき，m が奇数ならば n は シ 。また，m が偶数ならば n は ス 。

⓪ 偶数である

① 奇数である

② 偶数でも奇数でもよい

（数学Ⅰ・数学A第1問は次ページに続く。）

(2) 次の セ ， ソ ， タ に当てはまるものを，下の⓪～③のうちから一つずつ選べ。ただし，同じものを繰り返し選んでもよい。

p は q であるための セ 。

p は r であるための ソ 。

$\overline{p}$ は r であるための タ 。

⓪ 必要十分条件である

① 必要条件であるが，十分条件ではない

② 十分条件であるが，必要条件ではない

③ 必要条件でも十分条件でもない

（数学Ⅰ・数学A第1問は次ページに続く。）

〔3〕 a と b はともに正の実数とする。x の2次関数

$$y = x^2 + (2a - b)x + a^2 + 1$$

のグラフを G とする。

(1) グラフ G の頂点の座標は

$$\left(\frac{b}{\boxed{\text{チ}}} - a,\quad -\frac{b^2}{\boxed{\text{ツ}}} + ab + \boxed{\text{テ}} \right)$$

である。

(2) グラフ G が点$(-1, 6)$を通るとき，b のとり得る値の最大値は $\boxed{\text{ト}}$ であり，そのときの a の値は $\boxed{\text{ナ}}$ である。

$b = \boxed{\text{ト}}$，$a = \boxed{\text{ナ}}$ のとき，グラフ G は2次関数 $y = x^2$ のグラフを x 軸方向に $\dfrac{\boxed{\text{ニ}}}{\boxed{\text{ヌ}}}$，$y$ 軸方向に $\dfrac{\boxed{\text{ネノ}}}{\boxed{\text{ハ}}}$ だけ平行移動したものである。

第２問　（必答問題）（配点　30）

〔1〕　△ABCにおいて，AB＝3，BC＝4，AC＝2とする。

次の[エ]には，下の⓪～②のうちから当てはまるものを一つ選べ。

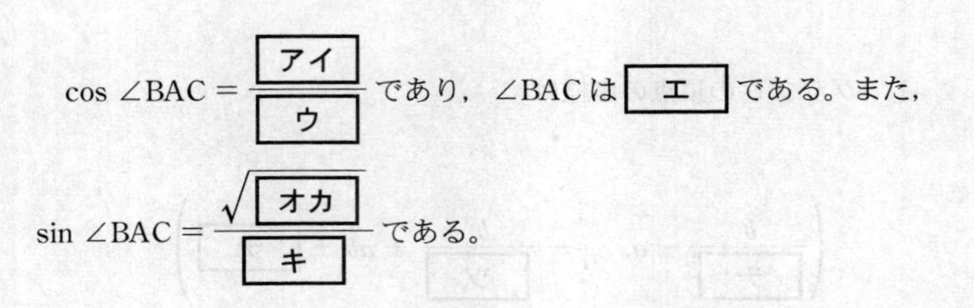

$\cos \angle BAC = \dfrac{\boxed{アイ}}{\boxed{ウ}}$であり，∠BACは[エ]である。また，

$\sin \angle BAC = \dfrac{\sqrt{\boxed{オカ}}}{\boxed{キ}}$である。

⓪　鋭角　　①　直角　　②　鈍角

（数学Ⅰ・数学A第２問は次ページに続く。）

線分ACの垂直二等分線と直線ABの交点をDとする。

$\cos\angle\mathrm{CAD} = \dfrac{\boxed{\text{ク}}}{\boxed{\text{ケ}}}$ であるから，$\mathrm{AD} = \boxed{\text{コ}}$ であり，△DBCの面積

は $\dfrac{\boxed{\text{サ}}\sqrt{\boxed{\text{シス}}}}{\boxed{\text{セ}}}$ である。

（数学Ⅰ・数学A第2問は次ページに続く。）

〔2〕 全国各地の気象台が観測した「ソメイヨシノ(桜の種類)の開花日」や，「モンシロチョウの初見日(初めて観測した日)」，「ツバメの初見日」などの日付を気象庁が発表している。気象庁発表の日付は普通の月日形式であるが，この問題では該当する年の1月1日を「1」とし，12月31日を「365」(うるう年の場合は「366」)とする「年間通し日」に変更している。例えば，2月3日は，1月31日の「31」に2月3日の3を加えた「34」となる。

(1) 図1は全国48地点で観測しているソメイヨシノの2012年から2017年までの6年間の開花日を，年ごとに箱ひげ図にして並べたものである。

図2はソメイヨシノの開花日の年ごとのヒストグラムである。ただし，順番は年の順に並んでいるとは限らない。なお，ヒストグラムの各階級の区間は，左側の数値を含み，右側の数値を含まない。

次の ソ ， タ に当てはまるものを，図2の⓪～⑤のうちから一つずつ選べ。

- 2013年のヒストグラムは ソ である。
- 2017年のヒストグラムは タ である。

(数学Ⅰ・数学A第2問は次ページに続く。)

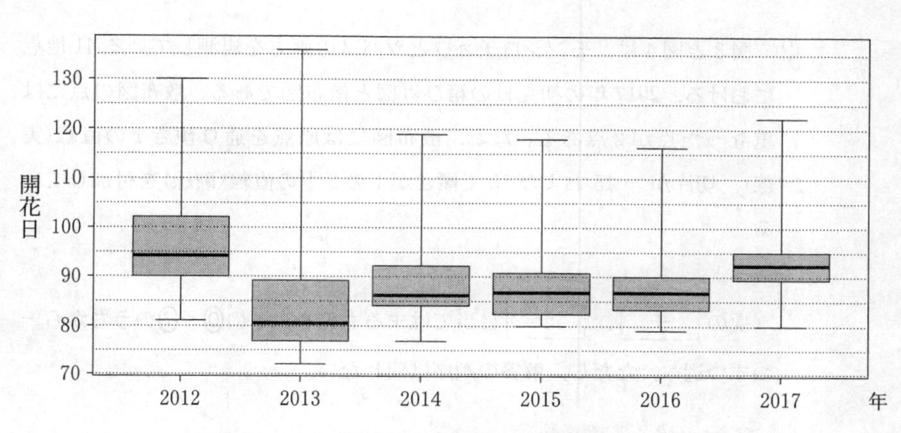

図１　ソメイヨシノの開花日の年別の箱ひげ図

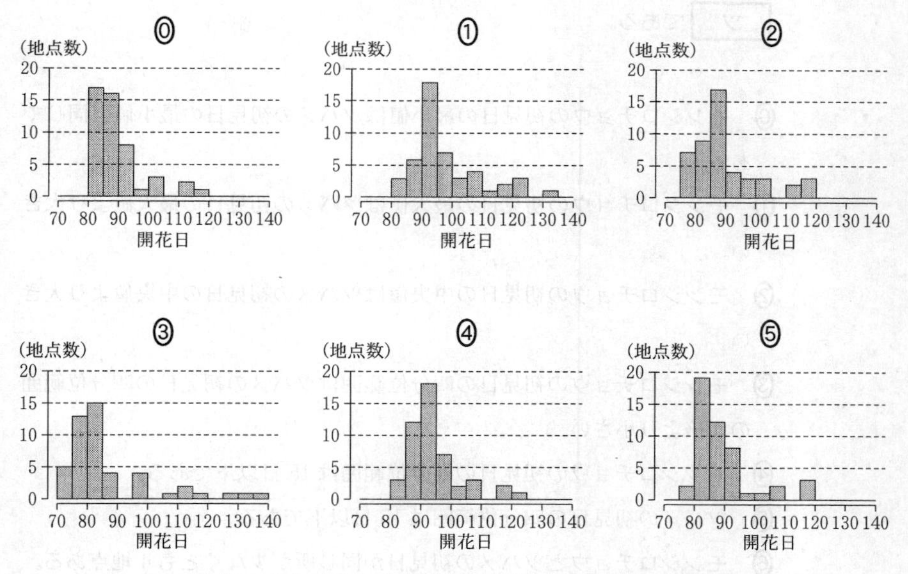

図２　ソメイヨシノの開花日の年別のヒストグラム

（出典：図１，図２は気象庁「生物季節観測データ」Webページにより作成）

（数学Ⅰ・数学A第２問は次ページに続く。）

⑵ 図3と図4は，モンシロチョウとツバメの両方を観測している41地点における，2017年の初見日の箱ひげ図と散布図である。散布図の点には重なった点が2点ある。なお，散布図には原点を通り傾き1の直線(実線)，切片が -15 および15で傾きが1の2本の直線(破線)を付加している。

次の チ ， ツ に当てはまるものを，下の⓪～⑦のうちから一つずつ選べ。ただし，解答の順序は問わない。

図3，図4から読み取れることとして**正しくないもの**は， チ ， ツ である。

⓪ モンシロチョウの初見日の最小値はツバメの初見日の最小値と同じである。

① モンシロチョウの初見日の最大値はツバメの初見日の最大値より大きい。

② モンシロチョウの初見日の中央値はツバメの初見日の中央値より大きい。

③ モンシロチョウの初見日の四分位範囲はツバメの初見日の四分位範囲の3倍より小さい。

④ モンシロチョウの初見日の四分位範囲は15日以下である。

⑤ ツバメの初見日の四分位範囲は15日以下である。

⑥ モンシロチョウとツバメの初見日が同じ所が少なくとも4地点ある。

⑦ 同一地点でのモンシロチョウの初見日とツバメの初見日の差は15日以下である。

(数学Ⅰ・数学A第2問は次ページに続く。)

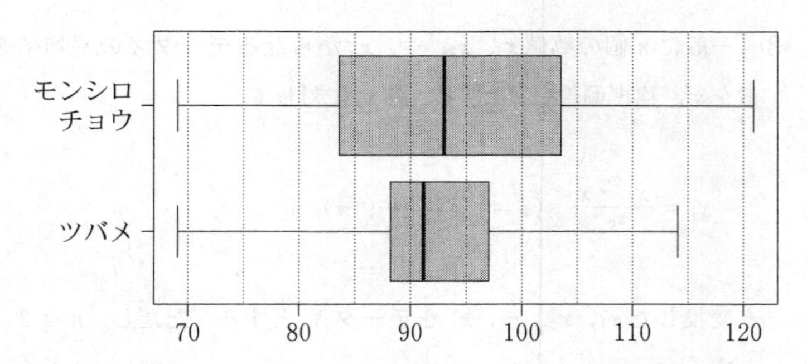

図3　モンシロチョウとツバメの初見日(2017年)の箱ひげ図

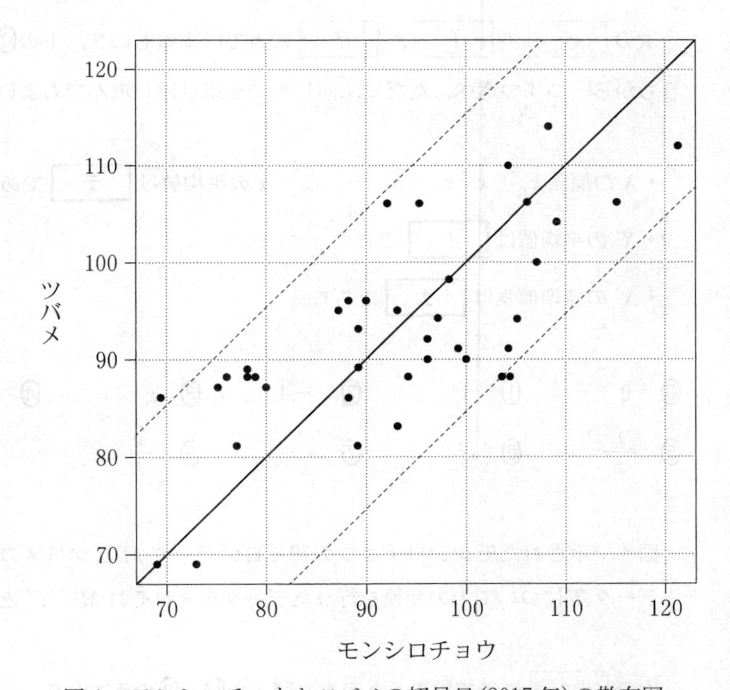

図4　モンシロチョウとツバメの初見日(2017年)の散布図

(出典：図3，図4は気象庁「生物季節観測データ」Webページにより作成)

(数学Ⅰ・数学A第2問は次ページに続く。)

(3)　一般に n 個の数値 x_1，x_2，…，x_n からなるデータ X の平均値を $\bar{x}$，分散を s^2，標準偏差を s とする。各 x_i に対して

$$x'_i = \frac{x_i - \bar{x}}{s} \quad (i = 1,\ 2,\ \cdots,\ n)$$

と変換した x'_1，x'_2，…，x'_n をデータ X' とする。ただし，$n \geqq 2$，$s > 0$ とする。

次の テ ，ト ，ナ に当てはまるものを，下の⓪～⑧のうちから一つずつ選べ。ただし，同じものを繰り返し選んでもよい。

- X の偏差 $x_1 - \bar{x}$，$x_2 - \bar{x}$，…，$x_n - \bar{x}$ の平均値は テ である。
- X' の平均値は ト である。
- X' の標準偏差は ナ である。

⓪ 0　① 1　② -1　③ $\bar{x}$　④ s

⑤ $\dfrac{1}{s}$　⑥ s^2　⑦ $\dfrac{1}{s^2}$　⑧ $\dfrac{\bar{x}}{s}$

図4で示されたモンシロチョウの初見日のデータ M とツバメの初見日のデータ T について上の変換を行ったデータをそれぞれ M'，T' とする。

次の ニ に当てはまるものを，図5の⓪～③のうちから一つ選べ。

変換後のモンシロチョウの初見日のデータ M' と変換後のツバメの初見日のデータ T' の散布図は，M' と T' の標準偏差の値を考慮すると ニ である。

(数学Ⅰ・数学A第2問は次ページに続く。)

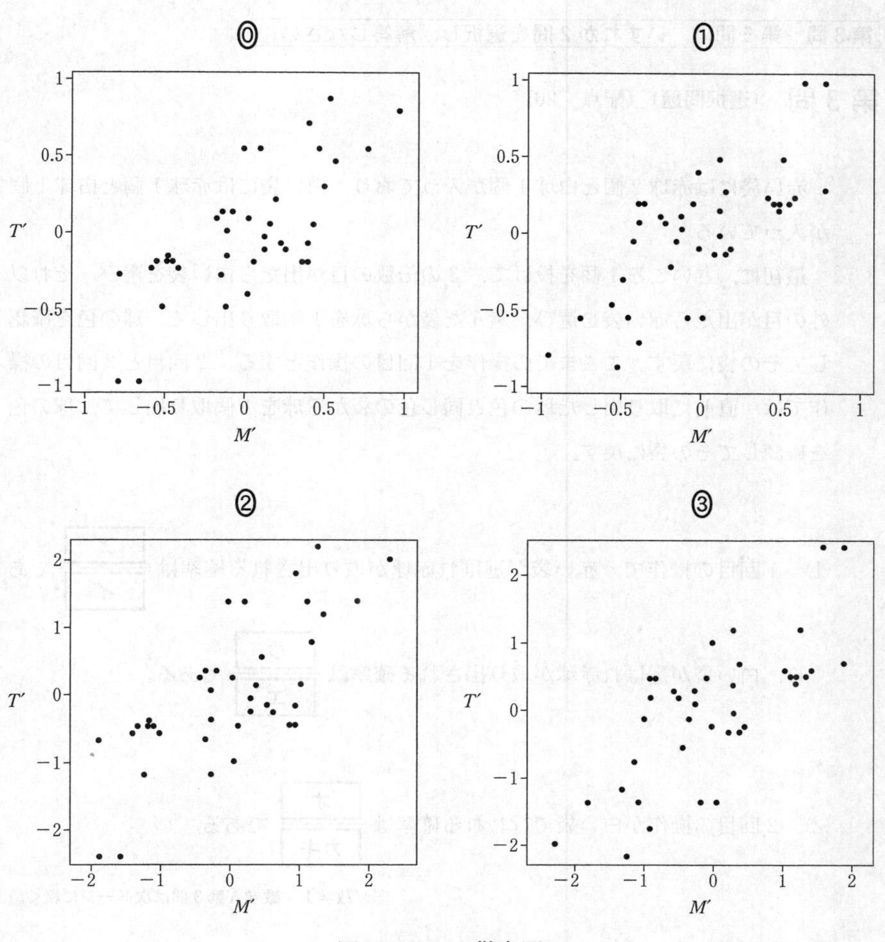

図５　四つの散布図

第3問～第5問は，いずれか2問を選択し，解答しなさい。

第3問 （選択問題）（配点　20）

赤い袋には赤球2個と白球1個が入っており，白い袋には赤球1個と白球1個が入っている。

最初に，さいころ1個を投げて，3の倍数の目が出たら白い袋を選び，それ以外の目が出たら赤い袋を選び，選んだ袋から球を1個取り出して，球の色を確認してその袋に戻す。ここまでの操作を1回目の操作とする。2回目と3回目の操作では，直前に取り出した球の色と同じ色の袋から球を1個取り出して，球の色を確認してその袋に戻す。

(1)　1回目の操作で，赤い袋が選ばれ赤球が取り出される確率は $\frac{\boxed{ア}}{\boxed{イ}}$ であり，白い袋が選ばれ赤球が取り出される確率は $\frac{\boxed{ウ}}{\boxed{エ}}$ である。

(2)　2回目の操作が白い袋で行われる確率は $\frac{\boxed{オ}}{\boxed{カキ}}$ である。

（数学Ⅰ・数学A第3問は次ページに続く。）

(3)　1回目の操作で白球を取り出す確率を p で表すと，2回目の操作で白球が取り出される確率は $\dfrac{\boxed{\text{ク}}}{\boxed{\text{ケ}}}p+\dfrac{1}{3}$ と表される。

よって，2回目の操作で白球が取り出される確率は $\dfrac{\boxed{\text{コサ}}}{\boxed{\text{シスセ}}}$ である。

同様に考えると，3回目の操作で白球が取り出される確率は $\dfrac{\boxed{\text{ソタチ}}}{\boxed{\text{ツテト}}}$ である。

(4)　2回目の操作で取り出した球が白球であったとき，その球を取り出した袋の色が白である条件付き確率は $\dfrac{\boxed{\text{ナニ}}}{\boxed{\text{ヌネ}}}$ である。

また，3回目の操作で取り出した球が白球であったとき，はじめて白球が取り出されたのが3回目の操作である条件付き確率は $\dfrac{\boxed{\text{ノハ}}}{\boxed{\text{ヒフヘ}}}$ である。

第3問～第5問は，いずれか2問を選択し，解答しなさい。

第4問 （選択問題）（配点　20）

(1)　不定方程式

$$49x-23y=1$$

の解となる自然数 x，y の中で，x の値が最小のものは

$$x=\boxed{\text{ア}}\,,\quad y=\boxed{\text{イウ}}$$

であり，すべての整数解は，k を整数として

$$x=\boxed{\text{エオ}}\,k+\boxed{\text{ア}}\,,\quad y=\boxed{\text{カキ}}\,k+\boxed{\text{イウ}}$$

と表せる。

(2)　49 の倍数である自然数 A と 23 の倍数である自然数 B の組 $(A,\ B)$ を考える。A と B の差の絶対値が 1 となる組 $(A,\ B)$ の中で，A が最小になるのは

$$(A,\ B)=\left(49\times\boxed{\text{ク}}\,,\quad 23\times\boxed{\text{ケコ}}\right)$$

である。また，A と B の差の絶対値が 2 となる組 $(A,\ B)$ の中で，A が最小になるのは

$$(A,\ B)=\left(49\times\boxed{\text{サ}}\,,\quad 23\times\boxed{\text{シス}}\right)$$

である。

（数学Ⅰ・数学A第4問は次ページに続く。）

(3)　連続する三つの自然数 a, $a+1$, $a+2$ を考える。

a と $a+1$ の最大公約数は 1

$a+1$ と $a+2$ の最大公約数は 1

a と $a+2$ の最大公約数は 1 または [セ]

である。

また，次の条件がすべての自然数 a で成り立つような自然数 m のうち，最大のものは $m=$ [ソ] である。

条件：$a(a+1)(a+2)$ は m の倍数である。

(4)　6762 を素因数分解すると

$$6762 = 2 \times \boxed{タ} \times 7^{\boxed{チ}} \times \boxed{ツテ}$$

である。

b を，$b(b+1)(b+2)$ が 6762 の倍数となる最小の自然数とする。このとき，b, $b+1$, $b+2$ のいずれかは $7^{\boxed{チ}}$ の倍数であり，また，b, $b+1$, $b+2$ のいずれかは [ツテ] の倍数である。したがって，$b=$ [トナニ] である。

第3問～第5問は，いずれか2問を選択し，解答しなさい。

第5問 （選択問題）（配点　20）

$\triangle$ABCにおいて，AB $= 4$，BC $= 7$，AC $= 5$とする。

このとき，$\cos \angle \mathrm{BAC} = -\dfrac{1}{5}$，$\sin \angle \mathrm{BAC} = \dfrac{2\sqrt{6}}{5}$である。

$\triangle$ABCの内接円の半径は$\dfrac{\sqrt{\boxed{\text{ア}}}}{\boxed{\text{イ}}}$である。

この内接円と辺ABとの接点をD，辺ACとの接点をEとする。

$$\mathrm{AD} = \boxed{\text{ウ}}, \quad \mathrm{DE} = \frac{\boxed{\text{エ}}\sqrt{\boxed{\text{オカ}}}}{\boxed{\text{キ}}}$$

である。

（数学Ⅰ・数学A第5問は次ページに続く。）

線分 BE と線分 CD の交点を P，直線 AP と辺 BC の交点を Q とする。

$$\frac{\mathrm{BQ}}{\mathrm{CQ}}=\frac{\boxed{\text{ク}}}{\boxed{\text{ケ}}}$$

であるから，$\mathrm{BQ}=\boxed{\text{コ}}$ であり，$\triangle\mathrm{ABC}$ の内心を I とすると

$$\mathrm{IQ}=\frac{\sqrt{\boxed{\text{サ}}}}{\boxed{\text{シ}}}$$

である。また，直線 CP と $\triangle\mathrm{ABC}$ の内接円との交点で D とは異なる点を F とすると

$$\cos\angle\mathrm{DFE}=\frac{\sqrt{\boxed{\text{スセ}}}}{\boxed{\text{ソ}}}$$

である。

数学Ⅱ・数学B

<table>
<tr><th>問　題</th><th>選　択　方　法</th></tr>
<tr><td>第1問</td><td>必　　　答</td></tr>
<tr><td>第2問</td><td>必　　　答</td></tr>
<tr><td>第3問</td><td rowspan="3">いずれか2問を選択し，解答しなさい。</td></tr>
<tr><td>第4問</td></tr>
<tr><td>第5問</td></tr>
</table>

（注）この科目には，選択問題があります。（22ページ参照。）

第1問　（必答問題）（配点　30）

〔1〕　関数 $f(\theta) = 3\sin^2\theta + 4\sin\theta\cos\theta - \cos^2\theta$ を考える。

(1)　$f(0) =$ アイ，$f\left(\dfrac{\pi}{3}\right) =$ ウ $+ \sqrt{\boxed{エ}}$ である。

(2)　2倍角の公式を用いて計算すると，$\cos^2\theta = \dfrac{\cos 2\theta + \boxed{オ}}{\boxed{カ}}$ となる。さらに，$\sin 2\theta$，$\cos 2\theta$ を用いて $f(\theta)$ を表すと

$$f(\theta) = \boxed{キ}\sin 2\theta - \boxed{ク}\cos 2\theta + \boxed{ケ} \quad \cdots\cdots\cdots\cdots ①$$

となる。

（数学Ⅱ・数学B第1問は次ページに続く。）

(3) θ が $0 \leqq \theta \leqq \pi$ の範囲を動くとき，関数 $f(\theta)$ のとり得る最大の整数の値 m とそのときの θ の値を求めよう。

三角関数の合成を用いると，① は

$$f(\theta) = \boxed{コ}\sqrt{\boxed{サ}}\sin\left(2\theta - \frac{\pi}{\boxed{シ}}\right) + \boxed{ケ}$$

と変形できる。したがって，$m = \boxed{ス}$ である。

また，$0 \leqq \theta \leqq \pi$ において，$f(\theta) = \boxed{ス}$ となる θ の値は，小さい順に，$\dfrac{\pi}{\boxed{セ}}$，$\dfrac{\pi}{\boxed{ソ}}$ である。

（数学Ⅱ・数学B第1問は次ページに続く。）

〔2〕 連立方程式

$$\begin{cases} \log_2(x+2) - 2\log_4(y+3) = -1 & \cdots\cdots ② \\ \left(\dfrac{1}{3}\right)^y - 11\left(\dfrac{1}{3}\right)^{x+1} + 6 = 0 & \cdots\cdots ③ \end{cases}$$

を満たす実数 x，y を求めよう。

真数の条件により，x，y のとり得る値の範囲は［タ］である。［タ］に当てはまるものを，次の⓪～⑤のうちから一つ選べ。ただし，対数 $\log_a b$ に対し，a を底といい，b を真数という。

⓪ $x > 0$，$y > 0$　① $x > 2$，$y > 3$　② $x > -2$，$y > -3$
③ $x < 0$，$y < 0$　④ $x < 2$，$y < 3$　⑤ $x < -2$，$y < -3$

底の変換公式により

$$\log_4(y+3) = \frac{\log_2(y+3)}{\boxed{チ}}$$

である。よって，② から

$$y = \boxed{ツ}\,x + \boxed{テ} \quad \cdots\cdots ④$$

が得られる。

(数学Ⅱ・数学B第1問は次ページに続く。)

次に，$t=\left(\frac{1}{3}\right)^x$ とおき，④ を用いて ③ を t の方程式に書き直すと

$$t^2-\boxed{\text{トナ}}\,t+\boxed{\text{ニヌ}}=0 \qquad \cdots\cdots ⑤$$

が得られる。また，x が $\boxed{\text{タ}}$ における x の範囲を動くとき，t のとり得る値の範囲は

$$\boxed{\text{ネ}}<t<\boxed{\text{ノ}} \qquad \cdots\cdots ⑥$$

である。

⑥ の範囲で方程式 ⑤ を解くと，$t=\boxed{\text{ハ}}$ となる。したがって，連立方程式 ②，③ を満たす実数 x，y の値は

$$x=\log_3\frac{\boxed{\text{ヒ}}}{\boxed{\text{フ}}},\quad y=\log_3\frac{\boxed{\text{ヘ}}}{\boxed{\text{ホ}}}$$

であることがわかる。

第2問 （必答問題）（配点　30）

p，qを実数とし，関数$f(x)=x^3+px^2+qx$は$x=-1$で極値2をとるとする。また，座標平面上の曲線$y=f(x)$をC，放物線$y=-kx^2$をD，放物線D上の点$(a,\ -ka^2)$をAとする。ただし，$k>0$，$a>0$である。

(1)　関数$f(x)$が$x=-1$で極値をとるので，$f'(-1)=$ ア である。これと$f(-1)=2$より，$p=$ イ ，$q=$ ウエ である。よって，$f(x)$は$x=$ オ で極小値 カキ をとる。

(2)　点Aにおける放物線Dの接線をℓとする。Dとℓおよびx軸で囲まれた図形の面積Sをaとkを用いて表そう。

ℓの方程式は

$$y=\boxed{\text{クケ}}\,kax+ka^{\boxed{\text{コ}}}\qquad\cdots\cdots ①$$

と表せる。ℓとx軸の交点のx座標は$\dfrac{\boxed{\text{サ}}}{\boxed{\text{シ}}}$であり，$D$と$x$軸および直線$x=a$で囲まれた図形の面積は$\dfrac{k}{\boxed{\text{ス}}}a^{\boxed{\text{セ}}}$である。よって，

$S=\dfrac{k}{\boxed{\text{ソタ}}}a^{\boxed{\text{セ}}}$である。

（数学Ⅱ・数学B第2問は次ページに続く。）

(3)　さらに，点Aが曲線 C 上にあり，かつ(2)の接線 ℓ が C にも接するとする。このときの(2)の S の値を求めよう。

Aが C 上にあるので，$k=\dfrac{\boxed{チ}}{\boxed{ツ}}-\boxed{テ}$ である。

ℓ と C の接点の x 座標を b とすると，ℓ の方程式は b を用いて

$$y=\boxed{ト}\left(b^2-\boxed{ナ}\right)x-\boxed{ニ}\,b^3 \quad \cdots\cdots\cdots\cdots\cdots\cdots\cdots\cdots\cdots ②$$

と表される。② の右辺を $g(x)$ とおくと

$$f(x)-g(x)=\left(x-\boxed{ヌ}\right)^2\left(x+\boxed{ネ}\,b\right)$$

と因数分解されるので，$a=-\boxed{ネ}\,b$ となる。① と ② の表す直線の傾きを比較することにより，$a^2=\dfrac{\boxed{ノハ}}{\boxed{ヒ}}$ である。

したがって，求める S の値は $\dfrac{\boxed{フ}}{\boxed{ヘホ}}$ である。

第3問～第5問は，いずれか2問を選択し，解答しなさい。

第3問 （選択問題）（配点　20）

初項が3，公比が4の等比数列の初項から第n項までの和をS_nとする。また，数列$\{T_n\}$は，初項が-1であり，$\{T_n\}$の階差数列が数列$\{S_n\}$であるような数列とする。

(1)　$S_2 =$ [アイ]，$T_2 =$ [ウ] である。

(2)　$\{S_n\}$と$\{T_n\}$の一般項は，それぞれ

$$S_n = \boxed{エ}^{\boxed{オ}} - \boxed{カ}$$

$$T_n = \frac{\boxed{キ}^{\boxed{ク}}}{\boxed{ケ}} - n - \frac{\boxed{コ}}{\boxed{サ}}$$

である。ただし，[オ] と [ク] については，当てはまるものを，次の⓪～④のうちから一つずつ選べ。同じものを選んでもよい。

⓪ $n-1$　　① n　　② $n+1$　　③ $n+2$　　④ $n+3$

（数学Ⅱ・数学B第3問は次ページに続く。）

(3) 数列$\{a_n\}$は，初項が-3であり，漸化式

$$na_{n+1} = 4(n+1)a_n + 8T_n \quad (n = 1, 2, 3, \cdots)$$

を満たすとする。$\{a_n\}$の一般項を求めよう。

そのために，$b_n = \dfrac{a_n + 2T_n}{n}$により定められる数列$\{b_n\}$を考える。$\{b_n\}$の初項は$\boxed{\text{シス}}$である。

$\{T_n\}$は漸化式

$$T_{n+1} = \boxed{\text{セ}}\,T_n + \boxed{\text{ソ}}\,n + \boxed{\text{タ}} \quad (n = 1, 2, 3, \cdots)$$

を満たすから，$\{b_n\}$は漸化式

$$b_{n+1} = \boxed{\text{チ}}\,b_n + \boxed{\text{ツ}} \quad (n = 1, 2, 3, \cdots)$$

を満たすことがわかる。よって，$\{b_n\}$の一般項は

$$b_n = \boxed{\text{テト}} \cdot \boxed{\text{チ}}^{\boxed{\text{ナ}}} - \boxed{\text{ニ}}$$

である。ただし，$\boxed{\text{ナ}}$については，当てはまるものを，次の⓪～④のうちから一つ選べ。

⓪ $n-1$　① n　② $n+1$　③ $n+2$　④ $n+3$

したがって，$\{T_n\}$，$\{b_n\}$の一般項から$\{a_n\}$の一般項を求めると

$$a_n = \frac{\boxed{\text{ヌ}}\left(\boxed{\text{ネ}}\,n + \boxed{\text{ノ}}\right)\boxed{\text{チ}}^{\boxed{\text{ナ}}} + \boxed{\text{ハ}}}{\boxed{\text{ヒ}}}$$

である。

第3問～第5問は，いずれか2問を選択し，解答しなさい。

第4問 （選択問題）（配点　20）

四角形ABCDを底面とする四角錐(すい)OABCDを考える。四角形ABCDは，辺ADと辺BCが平行で，AB = CD，∠ABC = ∠BCDを満たすとする。さらに，$\overrightarrow{OA}=\vec{a}$，$\overrightarrow{OB}=\vec{b}$，$\overrightarrow{OC}=\vec{c}$として

$$|\vec{a}|=1,\quad |\vec{b}|=\sqrt{3},\quad |\vec{c}|=\sqrt{5}$$
$$\vec{a}\cdot\vec{b}=1,\quad \vec{b}\cdot\vec{c}=3,\quad \vec{a}\cdot\vec{c}=0$$

であるとする。

(1)　∠AOC = [アイ]°により，三角形OACの面積は$\dfrac{\sqrt{[ウ]}}{[エ]}$である。

(2)　$\overrightarrow{BA}\cdot\overrightarrow{BC}=$ [オカ]，$|\overrightarrow{BA}|=\sqrt{[キ]}$，$|\overrightarrow{BC}|=\sqrt{[ク]}$であるから，∠ABC = [ケコサ]°である。さらに，辺ADと辺BCが平行であるから，∠BAD = ∠ADC = [シス]°である。よって，$\overrightarrow{AD}=$ [セ] $\overrightarrow{BC}$であり

$$\overrightarrow{OD}=\vec{a}-[ソ]\vec{b}+[タ]\vec{c}$$

と表される。また，四角形ABCDの面積は$\dfrac{[チ]\sqrt{[ツ]}}{[テ]}$である。

（数学Ⅱ・数学B第4問は次ページに続く。）

(3)　三角形 OAC を底面とする三角錐 BOAC の体積 V を求めよう。

3 点 O，A，C の定める平面 α 上に，点 H を $\overrightarrow{\mathrm{BH}} \perp \vec{a}$ と $\overrightarrow{\mathrm{BH}} \perp \vec{c}$ が成り立つようにとる。$|\overrightarrow{\mathrm{BH}}|$ は三角錐 BOAC の高さである。H は α 上の点であるから，実数 s，t を用いて $\overrightarrow{\mathrm{OH}} = s\vec{a} + t\vec{c}$ の形に表される。

$\overrightarrow{\mathrm{BH}} \cdot \vec{a} = \boxed{\text{ト}}$，$\overrightarrow{\mathrm{BH}} \cdot \vec{c} = \boxed{\text{ト}}$ により，$s = \boxed{\text{ナ}}$，$t = \dfrac{\boxed{\text{ニ}}}{\boxed{\text{ヌ}}}$

である。よって，$|\overrightarrow{\mathrm{BH}}| = \dfrac{\sqrt{\boxed{\text{ネ}}}}{\boxed{\text{ノ}}}$ が得られる。したがって，(1)により，

$V = \dfrac{\boxed{\text{ハ}}}{\boxed{\text{ヒ}}}$ であることがわかる。

(4)　(3)の V を用いると，四角錐 OABCD の体積は $\boxed{\text{フ}}$ V と表せる。さらに，

四角形 ABCD を底面とする四角錐 OABCD の高さは $\dfrac{\sqrt{\boxed{\text{ヘ}}}}{\boxed{\text{ホ}}}$ である。

第3問～第5問は，いずれか2問を選択し，解答しなさい。

第5問 （選択問題）（配点　20）

以下の問題を解答するにあたっては，必要に応じて36ページの正規分布表を用いてもよい。

(1)　ある食品を摂取したときに，血液中の物質Aの量がどのように変化するか調べたい。食品摂取前と摂取してから3時間後に，それぞれ一定量の血液に含まれる物質Aの量(単位はmg)を測定し，その変化量，すなわち摂取後の量から摂取前の量を引いた値を表す確率変数をXとする。Xの期待値(平均)は$E(X) = -7$，標準偏差は$\sigma(X) = 5$とする。

このとき，X^2の期待値は$E(X^2) =$ [アイ] である。

また，測定単位を変更して$W = 1000X$とすると，その期待値は$E(W) = -7 \times 10^{[ウ]}$，分散は$V(W) = 5^{[エ]} \times 10^{[オ]}$となる。

（数学Ⅱ・数学B第5問は次ページに続く。）

(2) (1)のXが正規分布に従うとするとき，物質Aの量が減少しない確率$P(X \geqq 0)$を求めよう。この確率は

$$P(X \geqq 0) = P\left(\frac{X+7}{5} \geqq \boxed{カ}.\boxed{キ}\right)$$

であるので，標準正規分布に従う確率変数をZとすると，正規分布表から，次のように求められる。

$$P\left(Z \geqq \boxed{カ}.\boxed{キ}\right) = 0.\boxed{クケ} \cdots\cdots ①$$

無作為に抽出された50人がこの食品を摂取したときに，物質Aの量が減少するか，減少しないかを考え，物質Aの量が減少しない人数を表す確率変数をMとする。Mは二項分布$B\left(50,\ 0.\boxed{クケ}\right)$に従うので，期待値は$E(M) = \boxed{コ}.\boxed{サ}$，標準偏差は$\sigma(M) = \sqrt{\boxed{シ}.\boxed{ス}}$となる。ただし，$0.\boxed{クケ}$は①で求めた小数第2位までの値とする。

(数学Ⅱ・数学B第5問は次ページに続く。)

(3)　(1)の食品摂取前と摂取してから3時間後に，それぞれ一定量の血液に含まれる別の物質Bの量(単位はmg)を測定し，その変化量，すなわち摂取後の量から摂取前の量を引いた値を表す確率変数をYとする。Yの母集団分布は母平均m，母標準偏差6をもつとする。mを推定するため，母集団から無作為に抽出された100人に対して物質Bの変化量を測定したところ，標本平均$\overline{Y}$の値は-10.2であった。

このとき，$\overline{Y}$の期待値は$E(\overline{Y})=m$，標準偏差は$\sigma(\overline{Y})=$ セ ． ソ である。$\overline{Y}$の分布が正規分布で近似できるとすれば，$Z=\dfrac{\overline{Y}-m}{\boxed{セ}.\boxed{ソ}}$は近似的に標準正規分布に従うとみなすことができる。

正規分布表を用いて$|Z|\leqq 1.64$となる確率を求めると0. タチ となる。このことを利用して，母平均mに対する信頼度 タチ ％の信頼区間，すなわち， タチ ％の確率でmを含む信頼区間を求めると， ツ となる。 ツ に当てはまる最も適当なものを，次の⓪～③のうちから一つ選べ。

⓪　$-11.7\leqq m\leqq -8.7$　　①　$-11.4\leqq m\leqq -9.0$

②　$-11.2\leqq m\leqq -9.2$　　③　$-10.8\leqq m\leqq -9.6$

(数学Ⅱ・数学B第5問は次ページに続く。)

正　規　分　布　表

次の表は，標準正規分布の分布曲線における右図の灰色部分の面積の値をまとめたものである。

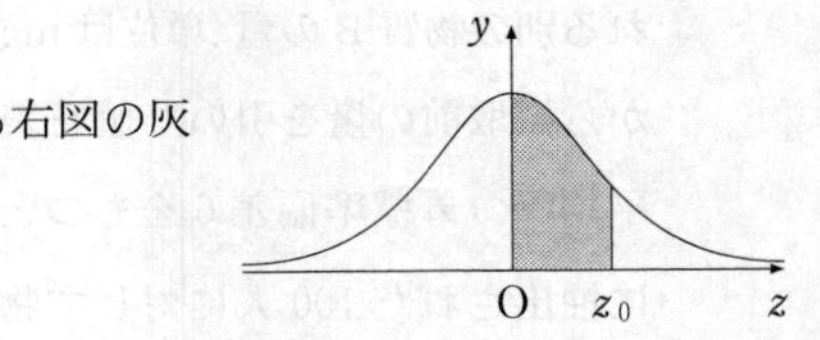

z_0	0.00	0.01	0.02	0.03	0.04	0.05	0.06	0.07	0.08	0.09
0.0	0.0000	0.0040	0.0080	0.0120	0.0160	0.0199	0.0239	0.0279	0.0319	0.0359
0.1	0.0398	0.0438	0.0478	0.0517	0.0557	0.0596	0.0636	0.0675	0.0714	0.0753
0.2	0.0793	0.0832	0.0871	0.0910	0.0948	0.0987	0.1026	0.1064	0.1103	0.1141
0.3	0.1179	0.1217	0.1255	0.1293	0.1331	0.1368	0.1406	0.1443	0.1480	0.1517
0.4	0.1554	0.1591	0.1628	0.1664	0.1700	0.1736	0.1772	0.1808	0.1844	0.1879
0.5	0.1915	0.1950	0.1985	0.2019	0.2054	0.2088	0.2123	0.2157	0.2190	0.2224
0.6	0.2257	0.2291	0.2324	0.2357	0.2389	0.2422	0.2454	0.2486	0.2517	0.2549
0.7	0.2580	0.2611	0.2642	0.2673	0.2704	0.2734	0.2764	0.2794	0.2823	0.2852
0.8	0.2881	0.2910	0.2939	0.2967	0.2995	0.3023	0.3051	0.3078	0.3106	0.3133
0.9	0.3159	0.3186	0.3212	0.3238	0.3264	0.3289	0.3315	0.3340	0.3365	0.3389
1.0	0.3413	0.3438	0.3461	0.3485	0.3508	0.3531	0.3554	0.3577	0.3599	0.3621
1.1	0.3643	0.3665	0.3686	0.3708	0.3729	0.3749	0.3770	0.3790	0.3810	0.3830
1.2	0.3849	0.3869	0.3888	0.3907	0.3925	0.3944	0.3962	0.3980	0.3997	0.4015
1.3	0.4032	0.4049	0.4066	0.4082	0.4099	0.4115	0.4131	0.4147	0.4162	0.4177
1.4	0.4192	0.4207	0.4222	0.4236	0.4251	0.4265	0.4279	0.4292	0.4306	0.4319
1.5	0.4332	0.4345	0.4357	0.4370	0.4382	0.4394	0.4406	0.4418	0.4429	0.4441
1.6	0.4452	0.4463	0.4474	0.4484	0.4495	0.4505	0.4515	0.4525	0.4535	0.4545
1.7	0.4554	0.4564	0.4573	0.4582	0.4591	0.4599	0.4608	0.4616	0.4625	0.4633
1.8	0.4641	0.4649	0.4656	0.4664	0.4671	0.4678	0.4686	0.4693	0.4699	0.4706
1.9	0.4713	0.4719	0.4726	0.4732	0.4738	0.4744	0.4750	0.4756	0.4761	0.4767
2.0	0.4772	0.4778	0.4783	0.4788	0.4793	0.4798	0.4803	0.4808	0.4812	0.4817
2.1	0.4821	0.4826	0.4830	0.4834	0.4838	0.4842	0.4846	0.4850	0.4854	0.4857
2.2	0.4861	0.4864	0.4868	0.4871	0.4875	0.4878	0.4881	0.4884	0.4887	0.4890
2.3	0.4893	0.4896	0.4898	0.4901	0.4904	0.4906	0.4909	0.4911	0.4913	0.4916
2.4	0.4918	0.4920	0.4922	0.4925	0.4927	0.4929	0.4931	0.4932	0.4934	0.4936
2.5	0.4938	0.4940	0.4941	0.4943	0.4945	0.4946	0.4948	0.4949	0.4951	0.4952
2.6	0.4953	0.4955	0.4956	0.4957	0.4959	0.4960	0.4961	0.4962	0.4963	0.4964
2.7	0.4965	0.4966	0.4967	0.4968	0.4969	0.4970	0.4971	0.4972	0.4973	0.4974
2.8	0.4974	0.4975	0.4976	0.4977	0.4977	0.4978	0.4979	0.4979	0.4980	0.4981
2.9	0.4981	0.4982	0.4982	0.4983	0.4984	0.4984	0.4985	0.4985	0.4986	0.4986
3.0	0.4987	0.4987	0.4987	0.4988	0.4988	0.4989	0.4989	0.4989	0.4990	0.4990

数学Ⅰ・数学A
数学Ⅱ・数学B

（2019年１月実施）

数学Ⅰ・数学A　60分　100点
数学Ⅱ・数学B　60分　100点

追試験
2019

数学Ⅰ・数学A

問題	選択方法
第1問	必　答
第2問	必　答
第3問	いずれか2問を選択し，解答しなさい。
第4問	
第5問	

（注）この科目には，選択問題があります。（38ページ参照。）

第1問　（必答問題）（配点　30）

〔1〕 a を実数とする。x の関数

$$f(x)=(1+\sqrt{2})x-\sqrt{3}\,a$$

を考える。

(1) $f(0)\leqq 6$ となるような a の値の範囲は

$$a \geqq \boxed{アイ}\sqrt{\boxed{ウ}}$$

であり，$f(6)\geqq 0$ となるような a の値の範囲は

$$a \leqq \boxed{エ}\sqrt{\boxed{オ}}+\boxed{カ}\sqrt{\boxed{キ}}$$

である。ただし，$\boxed{エ}\sqrt{\boxed{オ}}$，$\boxed{カ}\sqrt{\boxed{キ}}$ の解答の順序は問わない。

(2) 数直線において，実数 $\boxed{アイ}\sqrt{\boxed{ウ}}$ を表す点をPとし，実数 $\boxed{エ}\sqrt{\boxed{オ}}+\boxed{カ}\sqrt{\boxed{キ}}$ を表す点をQとするとき，線分PQの中点に対応する実数は $\sqrt{\boxed{ク}}$ である。

（数学Ⅰ・数学A第1問は次ページに続く。）

(3) 一般に，実数 u と，0 以上の実数 r に対し

$$|u| \leqq r \iff -r \leqq u \leqq r$$

が成り立つことに注意すると，$f(0) \leqq 6$ かつ $f(6) \geqq 0$ となるような a の値の範囲は，絶対値を含む不等式

$$\left|a - \sqrt{\boxed{\text{ケ}}}\right| \leqq \sqrt{\boxed{\text{コ}}} + \boxed{\text{サ}}\sqrt{\boxed{\text{シ}}}$$

を満たす a の値の範囲に一致する。

（数学Ⅰ・数学A第１問は次ページに続く。）

〔2〕 c を4以上の整数とする。整数 n に関する二つの条件 p, q を次のように定める。

$p : n^2 - 8n + 15 = 0$

$q : n > 2$ かつ $n < c$

(1) 次の ス , セ に当てはまるものを，下の⓪～⑤のうちから一つずつ選べ。ただし，同じものを繰り返し選んでもよい。

命題「$p \Longrightarrow q$」の逆は「 ス 」である。また，命題「$p \Longrightarrow q$」の対偶は「 セ 」である。

⓪ $n^2 - 8n + 15 \neq 0 \Longrightarrow (n \leqq 2$ または $n \geqq c)$

① $n^2 - 8n + 15 \neq 0 \Longrightarrow (n \leqq 2$ かつ $n \geqq c)$

② $(n \leqq 2$ または $n \geqq c) \Longrightarrow n^2 - 8n + 15 \neq 0$

③ $(n > 2$ かつ $n < c) \Longrightarrow n^2 - 8n + 15 \neq 0$

④ $(n \leqq 2$ または $n \geqq c) \Longrightarrow n^2 - 8n + 15 = 0$

⑤ $(n > 2$ かつ $n < c) \Longrightarrow n^2 - 8n + 15 = 0$

(数学Ⅰ・数学A第1問は次ページに続く。)

(2) 整数 c が 5 以上のとき，p は q であるための**必要条件ではない**。なぜならば，整数 c が 5 以上のとき，整数 $n =$ [ソ] はつねに命題「$q \Longrightarrow p$」の反例となるからである。

(3) 次の [タ] に当てはまるものを，下の⓪〜③のうちから一つ選べ。

整数 c が [タ] を満たすとき，p は q であるための**十分条件ではない**。

⓪ $c = 4$　　① $c > 5$　　② $c = 6$　　③ $c > 7$

(4) 整数全体の集合を全体集合とし，その部分集合 A，B を

$$A = \{k \mid k > 2\}, \quad B = \{k \mid k \geqq c\}$$

と定める。集合 A，B の補集合をそれぞれ $\overline{A}$，$\overline{B}$ で表す。

次の [チ] に当てはまるものを，下の⓪〜⑤のうちから一つ選べ。

整数 n に関する次の条件のうち，q と同値である条件は [チ] である。

⓪ $n \in A \cap B$　　① $n \in A \cap \overline{B}$　　② $n \in \overline{A} \cap B$
③ $n \in A \cup B$　　④ $n \in A \cup \overline{B}$　　⑤ $n \in \overline{A} \cup B$

（数学Ⅰ・数学A第1問は次ページに続く。）

〔3〕 a と b はいずれも 0 でない実数とする。x の方程式

$$bx^2 + 2(2a - b)x + b - 4a + 3 = 0 \quad \cdots\cdots\cdots\cdots ①$$

を考える。

(1) 方程式 ① が異なる二つの実数解をもつのは

$$b < \frac{\boxed{ツ}}{\boxed{テ}} a^2$$

のときである。このとき，二つの実数解は

$$x = \frac{b - \boxed{ト}\, a \pm \sqrt{\boxed{ツ}\, a^2 - \boxed{テ}\, b}}{b}$$

である。

(2) $b = a^2$ とする。方程式 ① が異なる二つの実数解をもち，それらの一方が正の解で他方が負の解であるような a の値の範囲は

$$\boxed{ナ} < a < \boxed{ニ}$$

である。また，方程式 ① が異なる二つの実数解をもち，それらがいずれも正の解であるような a の値の範囲は

$$a < \boxed{ヌ}, \quad a > \boxed{ネ}$$

である。

第２問　（必答問題）（配点　30）

〔1〕　△ABCにおいて，BC = 12，$\cos \angle ABC = \frac{1}{3}$，$\cos \angle ACB = \frac{7}{9}$とする。このとき

$$AB \cdot \cos \angle ABC + AC \cdot \cos \angle ACB = \boxed{\text{アイ}}, \quad \frac{AB}{AC} = \frac{\boxed{\text{ウ}}}{\boxed{\text{エ}}}$$

である。

（数学Ⅰ・数学A第２問は次ページに続く。）

したがって

AB = オ，　AC = カキ

であり，辺 BC の中点を D とすると AD = ク $\sqrt{\text{ケコ}}$ である。

（数学Ⅰ・数学A第2問は次ページに続く。）

〔2〕 疾病Aに関するいくつかのデータについて考える。

(1) 図1は，47都道府県の40歳以上69歳以下を対象とした「疾病Aの検診の受診率」のヒストグラムである。なお，ヒストグラムの各階級の区間は，左側の数値を含み，右側の数値を含まない。

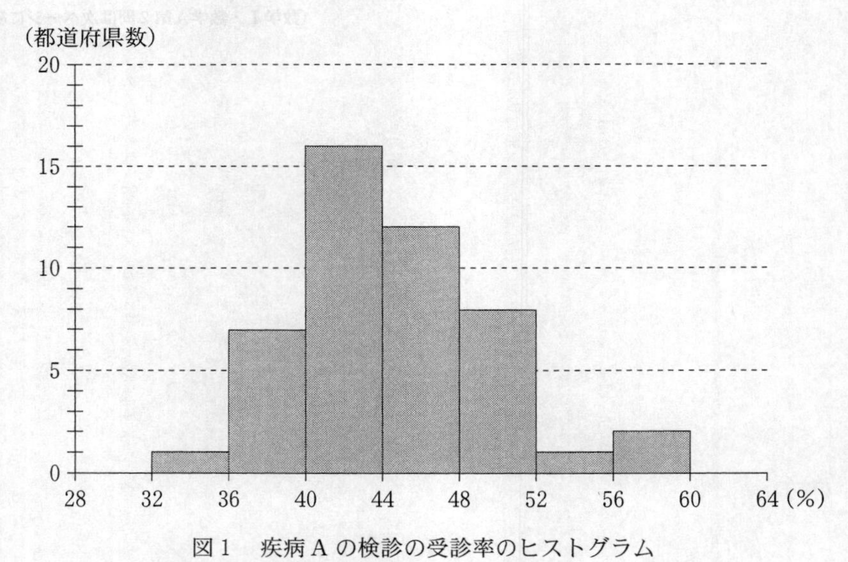

図1　疾病Aの検診の受診率のヒストグラム

(出典：国立がん研究センターWebページにより作成)

次の［サ］に当てはまるものを，下の⓪～⑤のうちから一つ選べ。

疾病Aの検診の受診率の中央値として図1のヒストグラムと**矛盾しないものは**［サ］である。

⓪ 16.0	① 24.0	② 35.6
③ 43.4	④ 44.7	⑤ 46.0

(数学Ⅰ・数学A第2問は次ページに続く。)

(2)　疾病Aの「調整済み死亡数」が毎年，都道府県ごとに算出されている。なお，この調整済み死亡数は年齢構成などを考慮した10万人あたりの死亡数であり，例えば5.3のように小数になることもある。

図2は，各都道府県の疾病Aによる調整済み死亡数Yを，年ごとに箱ひげ図にして並べたものである。

図2に関する次の記述(I)，(II)，(III)について正誤を判定する。

(I)　1996年から2009年までの間における各年のYの中央値は，前年より小さくなる年もあるが，この間は全体として増加する傾向にある。

(II)　Yの最大値が最も大きい年とYの最大値が最も小さい年とを比べた場合，これら二つの年における最大値の差は2以下である。

(III)　1996年と2014年で，Yが9以下の都道府県数を比べると，2014年は1996年の$\frac{1}{2}$以下である。

次の［シ］に当てはまるものを，下の⓪～⑦のうちから一つ選べ。

(I)，(II)，(III)の記述の正誤について正しい組合せは［シ］である。

	⓪	①	②	③	④	⑤	⑥	⑦
(I)	正	正	正	誤	正	誤	誤	誤
(II)	正	正	誤	正	誤	正	誤	誤
(III)	正	誤	正	正	誤	誤	正	誤

(数学Ⅰ・数学A第2問は次ページに続く。)

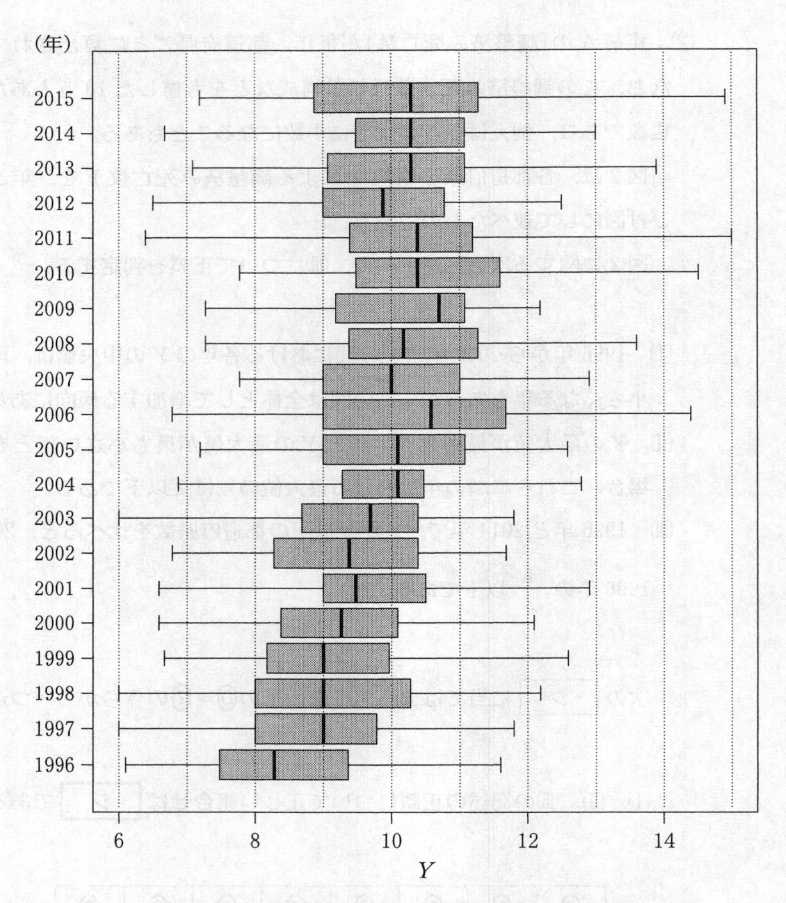

図2　年ごとの調整済み死亡数 Y の箱ひげ図

(出典：国立がん研究センター Web ページにより作成)

(数学Ⅰ・数学A第2問は次ページに続く。)

(3)　図 3 は，ある年の 47 都道府県の喫煙率 X と同じ年の調整済み死亡数 Y との関係を表している。

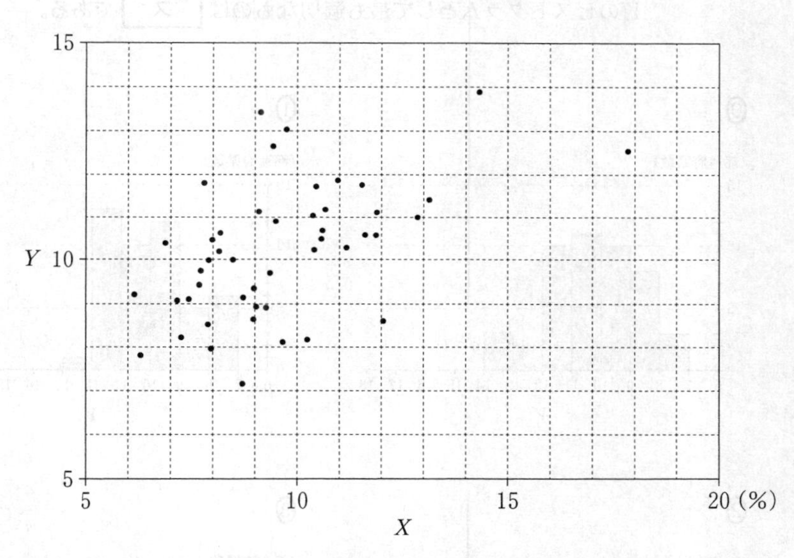

図 3　喫煙率 X と調整済み死亡数 Y の散布図

（出典：国立がん研究センター Web ページにより作成）

（数学Ⅰ・数学A第 2 問は次ページに続く。）

次の ス に当てはまるものを，下の⓪～③のうちから一つ選べ。

Y のヒストグラムとして最も適切なものは ス である。

⓪

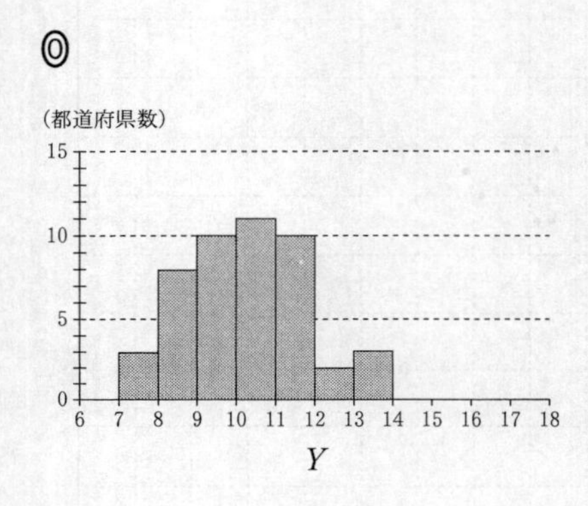

①

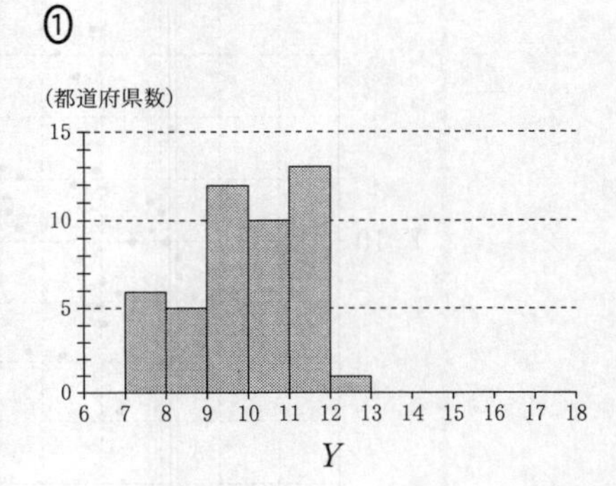

②

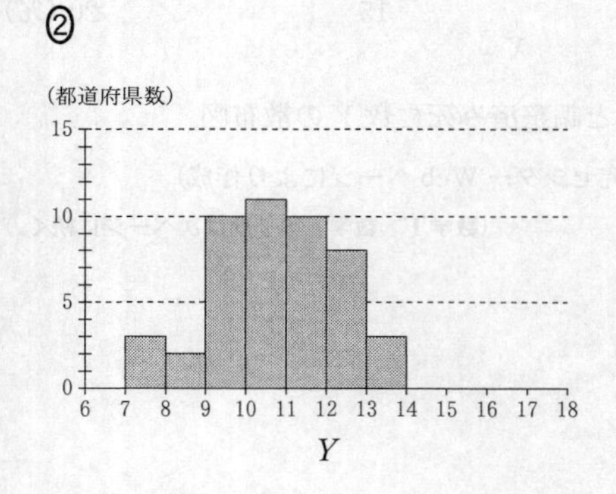

③

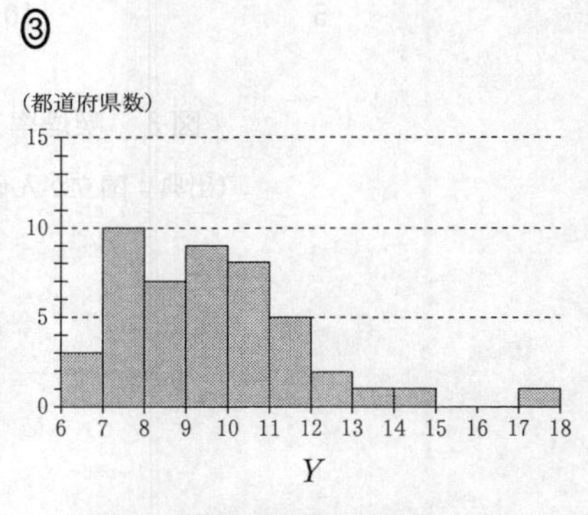

(数学Ⅰ・数学A第2問は次ページに続く。)

⑷　表1は，図3に表されている喫煙率 X と調整済み死亡数 Y の平均値，分散および共分散を計算したものである。ただし，共分散とは「X の偏差と Y の偏差の積の平均値」である。なお，表1の数値は四捨五入していない正確な値とする。

表1　平均値，分散，共分散

	平均値	分　散	共分散
X	9.6	4.8	1.75
Y	10.2	2.4	

喫煙率 X のとる値を x，調整済み死亡数 Y のとる値を y とする。次の x と y の関係式(＊)はデータの傾向を知るためによく使われる式である。

$$y - \bar{y} = \frac{s_{XY}}{{s_X}^2}(x - \bar{x}) \quad \cdots\cdots\cdots\cdots\cdots\cdots\cdots\cdots (＊)$$

ここで，$\bar{x}$，$\bar{y}$ はそれぞれ X，Y の平均値，${s_X}^2$ は X の分散，s_{XY} は X と Y の共分散を表す。

(数学Ⅰ・数学A第2問は次ページに続く。)

次の セ ， ソ ， タ それぞれに当てはまる数値として最も近いものを，下の⓪～⑨のうちから一つずつ選べ。

図3の散布図に対する関係式(＊)は $y=$ セ $x+$ ソ であり，図4はこの関係式を図3に当てはめたものである。

喫煙率が3％から20％の間では同じ傾向があると考えたとき，上で求めた式を用いると，喫煙率が4％であれば調整済み死亡数は タ である。

⓪ 0.36　① 0.53　② 0.80　③ 1.26　④ 2.77
⑤ 5.13　⑥ 6.74　⑦ 8.18　⑧ 8.87　⑨ 9.95

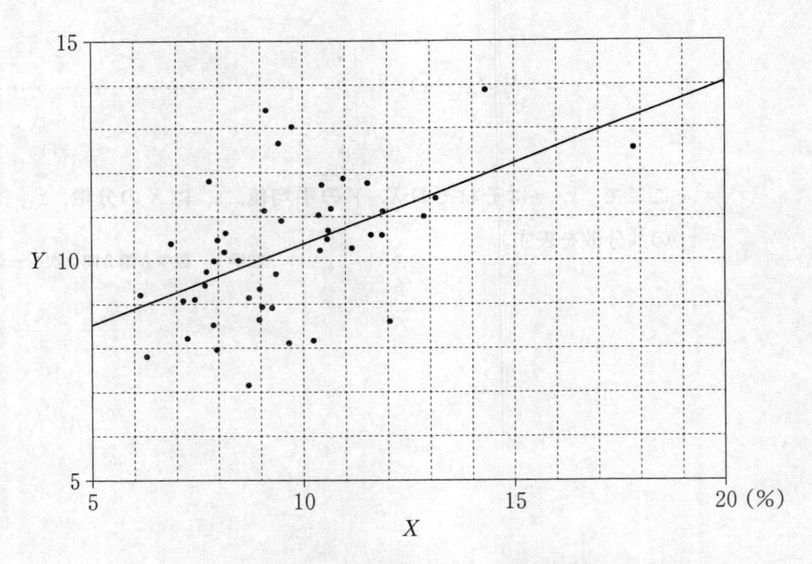

図4　図3に関係式を当てはめた図

第3問～第5問は，いずれか2問を選択し，解答しなさい。

第3問 （選択問題）（配点　20）

机が三つあり，各机の上には白のカードが1枚，各机の下には箱が一つ置かれている。いずれの箱の中にも白のカード1枚，青のカード2枚，合計3枚のカードが入っている。次の操作 S を行うため，各机の前に一人ずつ配置する。

S：机の下に置かれた箱の中から無作為に取り出したカード1枚と，同じ机の上に置かれたカードとを交換することを，3人が同時に行う。

この操作 S を2回繰り返す。また，状態 A，B を次のように定める。

A：すべての机の上に同色のカードが置かれている。
B：二つの机の上に同色のカードが置かれ，残りの一つの机の上には別の色のカードが置かれている。

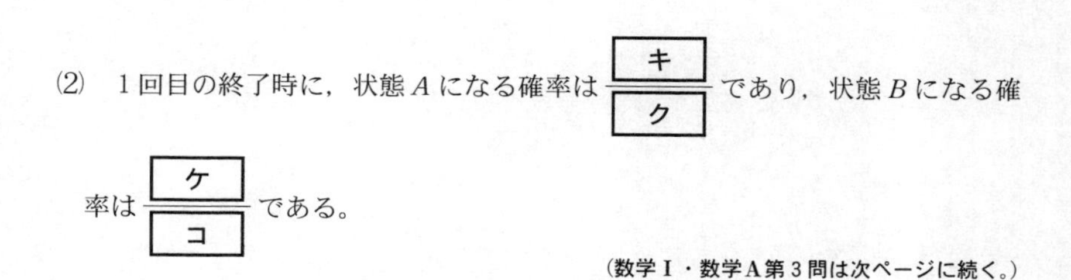

(1)　1回目の終了時に，すべての机の上に白のカードが置かれている確率は $\dfrac{\boxed{\text{ア}}}{\boxed{\text{イウ}}}$ であり，すべての机の上に青のカードが置かれている確率は $\dfrac{\boxed{\text{エ}}}{\boxed{\text{オカ}}}$ である。

(2)　1回目の終了時に，状態 A になる確率は $\dfrac{\boxed{\text{キ}}}{\boxed{\text{ク}}}$ であり，状態 B になる確率は $\dfrac{\boxed{\text{ケ}}}{\boxed{\text{コ}}}$ である。

（数学Ⅰ・数学A第3問は次ページに続く。）

(3)　1回目の終了時に二つの机の上に白のカードが置かれ，残りの一つの机の上に青のカードが置かれていたとき，2回目の終了時には状態 A になる条件付き確率は $\dfrac{\boxed{サ}}{\boxed{シ}}$ である。

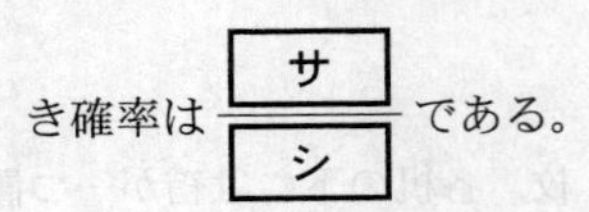

また，1回目の終了時に二つの机の上に青のカードが置かれ，残りの一つの机の上に白のカードが置かれていたとき，2回目の終了時には状態 A になる条件付き確率は $\dfrac{\boxed{サ}}{\boxed{シ}}$ である。

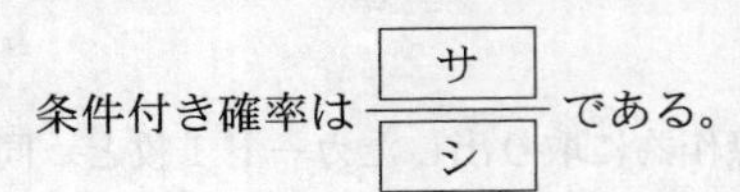

(4)　2回目の終了時に状態 A になる確率は $\dfrac{\boxed{ス}}{\boxed{セソ}}$ である。

(5)　2回目の終了時に状態 B になったとき，1回目の終了時も状態 B である条件付き確率は $\dfrac{\boxed{タ}}{\boxed{チツ}}$ である。

第3問～第5問は，いずれか2問を選択し，解答しなさい。

第4問　(選択問題)（配点　20）

560の約数で2の累乗であるもののうち，最大のものは16であり

$$560 = 16 \times \boxed{\text{アイ}} \quad \cdots\cdots ①$$

である。また

$$560 = 13 \times \boxed{\text{ウエ}} + 1 \quad \cdots\cdots ②$$

である。

(1)　①と②より，$x = \boxed{\text{アイ}}$，$y = \boxed{\text{ウエ}}$ は不定方程式

$$16x = 13y + 1$$

の一つの整数解となる。

c を整数とするとき，不定方程式

$$16x = 13y + c$$

のすべての整数解は，s を整数として

$$x = \boxed{\text{オカ}}\,s + \boxed{\text{アイ}}\,c, \quad y = \boxed{\text{キク}}\,s + \boxed{\text{ウエ}}\,c$$

と表せる。

（数学Ⅰ・数学A第4問は次ページに続く。）

以下の(2)，(3)，(4)では，560^2 で割った商が1であるような自然数 k を考え，k を 560^2 で割った余りを ℓ とし，さらに ℓ を560で割った商を q，余りを r とする。このとき

$$k = 560^2 + 560q + r$$

と表せる。

(2)　k が16の倍数であるのは，r が［ケコ］の倍数のときである。また，560^2 を13で割った余りは［サ］であるので，k が13の倍数であるのは，［サ］$+ q + r$ が［シス］の倍数のときである。

(3)　k は，16でも13でも割り切れるような最小のものとする。このとき，$q =$［セ］，$r =$［ソタ］である。

(4)　$\sqrt{k}$ が自然数となるとき，k は，0以上のある整数 m により

$$k = (560 + m)^2$$

と表せる。

k は，16でも13でも割り切れ，かつ $\sqrt{k}$ が自然数となるような最小のものとする。このとき，$m =$［チツ］であり，$q =$［テト］，$r =$［ナニヌ］である。

第3問～第5問は，いずれか2問を選択し，解答しなさい。

第5問 （選択問題）（配点　20）

$\triangle$ABCにおいて，$\mathrm{AB}=\sqrt{6}$，$\mathrm{BC}=4$，$\cos\angle\mathrm{ABC}=\dfrac{\sqrt{6}}{9}$とする。

辺BC上の点DをBD＝1となるようにとり，$\triangle$ACDの外接円と辺ABの交点で，点Aとは異なる点をEとする。このとき

$$\mathrm{BE}\cdot\mathrm{BA}=\boxed{\text{ア}}$$

であるから，$\mathrm{BE}=\dfrac{\boxed{\text{イ}}\sqrt{\boxed{\text{ウ}}}}{\boxed{\text{エ}}}$である。

線分ADと線分ECの交点をPとすると

$$\frac{\mathrm{AP}}{\mathrm{PD}}=\frac{\boxed{\text{オ}}}{\boxed{\text{カ}}}$$

である。$\mathrm{AD}=\dfrac{\sqrt{\boxed{\text{キク}}}}{\boxed{\text{ケ}}}$であるから，$\mathrm{PD}=\dfrac{\sqrt{\boxed{\text{コサ}}}}{\boxed{\text{シ}}}$である。また，

$\cos\angle\mathrm{ADB}=\dfrac{\sqrt{\boxed{\text{スセ}}}}{\boxed{\text{ソタ}}}$である。

（数学Ⅰ・数学A第5問は次ページに続く。）

次に，△AEP の外接円と直線 BP の交点で，点 P とは異なる点を L とする。

$$BP \cdot BL = \boxed{\text{チ}}$$

である。

$$BD \cdot BC = 4$$

であるから，$\tan \angle BLC = \boxed{\text{ツ}}\sqrt{\boxed{\text{テ}}}$ である。

数学Ⅱ・数学B

問　題	選　択　方　法
第1問	必　　答
第2問	必　　答
第3問	いずれか2問を選択し，解答しなさい。
第4問	
第5問	

(注) この科目には，選択問題があります。(59ページ参照。)

第1問 (必答問題) (配点 30)

〔1〕 aを実数とする。座標平面上で，点$(3, 1)$を中心とする半径1の円をCとし，直線$y = ax$をℓとする。

(1) 円Cの方程式は

$$x^2 + y^2 - \boxed{\text{ア}}\,x - \boxed{\text{イ}}\,y + \boxed{\text{ウ}} = 0$$

である。

(2) 円Cと直線ℓが接するのは

$$a = \boxed{\text{エ}},\quad \frac{\boxed{\text{オ}}}{\boxed{\text{カ}}}$$

のときである。

$a = \dfrac{\boxed{\text{オ}}}{\boxed{\text{カ}}}$ のとき，Cとℓの接点を通り，ℓに垂直な直線の方程式は

$$y = \frac{\boxed{\text{キク}}}{\boxed{\text{ケ}}}x + \boxed{\text{コ}}$$

である。ただし，$\boxed{\text{キク}}$，$\boxed{\text{ケ}}$，$\boxed{\text{コ}}$は，文字aを用いない形で答えること。

(数学Ⅱ・数学B第1問は次ページに続く。)

(3) 円 C と直線 ℓ が異なる 2 点 A，B で交わるとき，二つの交点を結ぶ線分 AB の長さは

$$\boxed{\text{サ}}\sqrt{\frac{\boxed{\text{シ}}\,a-\boxed{\text{ス}}\,a^2}{a^2+1}}$$

である。また，AB の長さが 2 となるのは

$$a=\frac{\boxed{\text{セ}}}{\boxed{\text{ソ}}}$$

のときである。

（数学Ⅱ・数学B第 1 問は次ページに続く。）

〔2〕

(1) $\log_2$ [タ] $= 0$，$\log_2$ [チ] $= 1$ である。また，100 以下の自然数 x で $\log_2 x$ が整数になるものは全部で [ツ] 個ある。

(2) $r = \log_2 3$ とおく。このとき，$\log_2 54$ を r を用いて表すと

$$\log_2 54 = \boxed{テ}\, r + \boxed{ト}$$

となる。また，$\log_2 5$ と $\dfrac{r+3}{2}$，$\log_{\frac{1}{2}} \dfrac{1}{\sqrt{3}}$ と r の大きさをそれぞれ比較すると

$$\log_2 5 \ \boxed{ナ}\ \frac{r+3}{2}, \qquad \log_{\frac{1}{2}} \frac{1}{\sqrt{3}} \ \boxed{ニ}\ r$$

である。[ナ]，[ニ] に当てはまるものを，次の⓪～②のうちから一つずつ選べ。ただし，同じものを選んでもよい。

⓪ <　　　① =　　　② >

（数学Ⅱ・数学B第1問は次ページに続く。）

(3) k を 3 以上の整数とする。$\log_k 2$ の値を調べよう。

$n \leqq \log_k 2 < n+1$ を満たす整数 n は [ヌ] である。

また，整数 m について，不等式 $\dfrac{m}{10} \leqq \log_k 2$ は [ネ] と書き直せることから，$\log_k 2$ を小数で表したときの小数第 1 位の数字を求めることができる。[ネ] に当てはまるものを，次の⓪～⑤のうちから一つ選べ。

⓪ $km \leqq 20$　　① $k^m \leqq 20$　　② $m^k \leqq 20$

③ $km \leqq 2^{10}$　　④ $k^m \leqq 2^{10}$　　⑤ $m^k \leqq 2^{10}$

たとえば，$\log_7 2$ の小数第 1 位の数字は [ノ] であり，$\log_k 2$ の小数第 1 位の数字が 2 となる k の値のうち最小のものは [ハヒ] であることがわかる。

第2問　（必答問題）（配点　30）

p, q, r を実数とし，$p > 0$ とする。関数 $f(x) = px^3 + qx$ は $x = 1$ で極値をとるとする。曲線 $y = f(x)$ を C，直線 $y = -x + r$ を ℓ とする。

(1) $f'(1) =$ [ア] であるから，$q =$ [イウ] p である。また，点 $(s,\ f(s))$ における曲線 C の接線は

$$y = \left(\boxed{エ}\, ps^2 - \boxed{オ}\, p \right) x - \boxed{カ}\, ps^3 \quad \cdots\cdots\cdots\cdots ①$$

と表せる。よって，C の接線の傾きは，$s =$ [キ] のとき最小値 [クケ] p をとる。

(2) 曲線 C と直線 $y = -x$ の共有点の個数は，[クケ] $p \geqq$ [コサ] のとき [シ] 個で，[クケ] $p <$ [コサ] のとき [ス] 個となる。

C と直線 ℓ の共有点の個数が，r の値によらず [セ] 個となるのは

$0 < p \leqq \dfrac{\boxed{ソ}}{\boxed{タ}}$ のときであり，$p > \dfrac{\boxed{ソ}}{\boxed{タ}}$ のときは C と ℓ の共有点の個数が，r の値によって1個，2個および3個の場合がある。

（数学Ⅱ・数学B第2問は次ページに続く。）

(3) $p > \dfrac{\boxed{\text{ソ}}}{\boxed{\text{タ}}}$ とし，曲線 C と直線 ℓ が3個の共有点をもつような r の値の範囲を p を用いて表そう。点 $(s,\ f(s))$ における C の接線の傾きが -1 となるのは $s = \pm\sqrt{\dfrac{\boxed{\text{チ}}\,p - \boxed{\text{ツ}}}{\boxed{\text{テ}}\,p}}$ のときである。したがって，傾きが -1 となる C の接線は2本あり，ℓ がこれらの接線のどちらかに一致するとき，C と ℓ の共有点は $\boxed{\text{ト}}$ 個となる。① を用いて，これら2本の接線と y 軸との交点を求めれば，C と ℓ が3個の共有点をもつような r の絶対値の範囲は

$$|r| < \frac{\boxed{\text{ナ}}\,p - \boxed{\text{ニ}}}{\boxed{\text{ヌ}}}\sqrt{\frac{\boxed{\text{チ}}\,p - \boxed{\text{ツ}}}{\boxed{\text{テ}}\,p}}$$

であることがわかる。

(4) u を1以上の実数とする。t が $t > u$ の範囲を動くとき，曲線 $y = x^2 - 1$ と x 軸および2直線 $x = u$，$x = t$ で囲まれた図形の面積が $f(t)$ とつねに等しいとする。このとき，$p = \dfrac{\boxed{\text{ネ}}}{\boxed{\text{ノ}}}$ であり，$u = \sqrt{\boxed{\text{ハ}}}$ となる。

第3問～第5問は，いずれか2問を選択し，解答しなさい。

第3問 （選択問題）（配点　20）

数列$\{a_n\}$を次のように定める。

$$a_1 = -5, \quad na_{n+1} = (n+2)a_n + 4(n+1) \quad (n = 1, 2, 3, \cdots)$$

(1)　$\{a_n\}$の一般項を求めよう。

$b_n = \dfrac{a_n}{n(n+1)}$ とおくと，$b_1 = \dfrac{\boxed{\text{アイ}}}{\boxed{\text{ウ}}}$ である。さらに，b_n と b_{n+1} は

関係式 $b_{n+1} - b_n = \dfrac{\boxed{\text{エ}}}{n\left(n + \boxed{\text{オ}}\right)}$ を満たす。

ここで，すべての自然数kに対して

$$\frac{\boxed{\text{エ}}}{k\left(k + \boxed{\text{オ}}\right)} = \boxed{\text{カ}}\left(\frac{1}{k} - \frac{1}{k + \boxed{\text{オ}}}\right)$$

が成り立つから，2以上の自然数nに対して

$$\sum_{k=1}^{n-1} \frac{\boxed{\text{エ}}}{k\left(k + \boxed{\text{オ}}\right)} = \frac{\boxed{\text{キ}}\,n^2 - n - \boxed{\text{ク}}}{n\left(n + \boxed{\text{ケ}}\right)}$$

である。これを用いて数列$\{b_n\}$の一般項を求めることにより

$$a_n = \frac{n^2 - \boxed{\text{コ}}\,n - \boxed{\text{サ}}}{\boxed{\text{シ}}}$$

であることがわかる。

（数学Ⅱ・数学B第3問は次ページに続く。）

(2)　数列$\{c_n\}$の初項から第n項までの和S_nが

$$S_n = n\left(\boxed{\text{シ}}\,a_n - 24\right)$$

で与えられるとき，$\{c_n\}$の一般項と，c_1からc_{10}までの各項の絶対値の和

$\displaystyle\sum_{n=1}^{10}|c_n|$を求めよう。

$c_1 = \boxed{\text{スセソ}}$である。また，$n \geqq 2$のとき

$$c_n = \left(n + \boxed{\text{タ}}\right)\left(\boxed{\text{チ}}\,n - \boxed{\text{ツテ}}\right) \cdots\cdots\cdots\cdots\cdots\cdots\text{①}$$

である。①は$n = 1$のときにも成り立つから，$\{c_n\}$の一般項は①である。

①から，$1 \leqq n \leqq \boxed{\text{ト}}$のとき$c_n < 0$であり，$n > \boxed{\text{ト}}$のとき

$c_n > 0$である。よって

$$\sum_{n=1}^{10}|c_n| = \boxed{\text{ナニ}}\,S_{\boxed{\text{ト}}} + S_{10} = \boxed{\text{ヌネノ}}$$

である。

第3問～第5問は，いずれか2問を選択し，解答しなさい。

第4問 （選択問題）（配点　20）

点Oを原点とする座標空間に3点P(0, 6, 3)，Q(4, −2, −5)，R(12, 0, −3)がある。3点O，P，Qの定める平面をαとし，α上で∠POQの二等分線ℓを考える。ℓ上に点Aを，$|\overrightarrow{\mathrm{OA}}| = 9$かつ$x$座標が正であるようにとる。また，$\alpha$上に点Hを，$\overrightarrow{\mathrm{HR}} \perp \overrightarrow{\mathrm{OP}}$，$\overrightarrow{\mathrm{HR}} \perp \overrightarrow{\mathrm{OQ}}$であるようにとる。

(1) $|\overrightarrow{\mathrm{OP}}| =$ ［ア］$\sqrt{［イ］}$，$|\overrightarrow{\mathrm{OQ}}| =$ ［ウ］$\sqrt{［エ］}$ であるから，Aの座標は(［オ］，［カ］，［キク］)であることがわかる。

(2) 点Hの座標と線分HRの長さを求めよう。$\overrightarrow{\mathrm{OP}} \perp \vec{n}$，$\overrightarrow{\mathrm{OQ}} \perp \vec{n}$であるベクトル$\vec{n} =$ (2，［ケコ］，［サ］)に対し，$\overrightarrow{\mathrm{HR}} = k\vec{n}$とおくと$\overrightarrow{\mathrm{OH}} = \overrightarrow{\mathrm{OR}} - k\vec{n}$である。$\overrightarrow{\mathrm{OH}} \cdot \vec{n} =$ ［シ］であるから，$k =$ ［ス］である。したがって，Hの座標は(［セ］，［ソ］，［タチ］)であり，HRの長さは［ツ］である。

（数学Ⅱ・数学B第4問は次ページに続く。）

(3)　平面α上で点Aを中心とする半径1の円Cを考える。点BがC上を動くとき，線分RBの長さの最大値と，そのときのBの座標を求めよう。

AとHの間の距離は［テ］である。よって，RBの長さの最大値は$\sqrt{［トナ］}$である。また，RBの長さが最大となるBは$\overrightarrow{\mathrm{HB}} = \dfrac{［ニ］}{［ヌ］}\overrightarrow{\mathrm{HA}}$を満たすから，求めるBの座標は

である。

第3問～第5問は，いずれか2問を選択し，解答しなさい。

第5問 （選択問題）（配点　20）

以下の問題を解答するにあたっては，必要に応じて73ページの正規分布表を用いてもよい。

全国規模の検定試験が毎年度行われており，この試験の満点は200点で，点数が100点以上の人が合格となる。今年度行われた第1回目の試験と第2回目の試験について考える。

(1)　第1回目の試験については，受験者全体での平均点が95点，標準偏差が20点であることだけが公表されている。受験者全体での点数の分布を正規分布とみなして，この試験の合格率を求めよう。試験の点数を表す確率変数をXとしたとき，$Z = \dfrac{X - \boxed{\text{アイ}}}{\boxed{\text{ウエ}}}$が標準正規分布に従うことを利用すると

$$P(X \geqq 100) = P\left(Z \geqq \boxed{\text{オ}}\,.\,\boxed{\text{カキ}}\right)$$

により，合格率は $\boxed{\text{クケ}}$ %である。

また，点数が受験者全体の上位10％の中に入る受験者の最低点はおよそ $\boxed{\text{コ}}$ である。$\boxed{\text{コ}}$ に当てはまる最も適当なものを，次の⓪～⑤のうちから一つ選べ。

⓪　116点	①　121点	②　126点
③　129点	④　134点	⑤　142点

（数学Ⅱ・数学B第5問は次ページに続く。）

(2) 第1回目の試験の受験者全体から無作為に19名を選んだとき，その中で点数が受験者全体の上位10％に入る人数を表す確率変数をYとする。

Yの分布を二項分布とみなすと，Yの期待値は［サ］．［シ］，分散は［ス］．［セソ］である。

また，$Y=1$となる確率をp_1，$Y=2$となる確率をp_2とする。このとき，$\dfrac{p_1}{p_2}=$［タ］である。［タ］に当てはまるものを，次の⓪～④のうちから一つ選べ。

⓪ $\dfrac{1}{9}$　① $\dfrac{1}{2}$　② 1　③ 2　④ 9

(数学Ⅱ・数学B第5問は次ページに続く。)

(3) 第2回目の試験の受験者全体の平均点と標準偏差はまだ公表されていない。第2回目の試験の受験者全体を母集団としたときの母平均 m を推定するため，この受験者から無作為に抽出された96名の点数を調べたところ，標本平均の値は99点であった。

母標準偏差の値を第1回目の試験と同じ20点であるとすると，標本平均の分布が正規分布で近似できることを用いて，m に対する信頼度95％の信頼区間は

$$\boxed{\text{チツ}} \leqq m \leqq \boxed{\text{テトナ}}$$

となり，この信頼区間の幅は $\boxed{\text{ニ}}$ である。ただし，$\sqrt{6}=2.45$ とする。

また，母標準偏差の値が15点であるとすると，m に対する信頼度95％の信頼区間の幅は $\boxed{\text{ヌ}}$ となる。

（数学Ⅱ・数学B第5問は次ページに続く。）

正　規　分　布　表

次の表は，標準正規分布の分布曲線における右図の灰色部分の面積の値をまとめたものである。

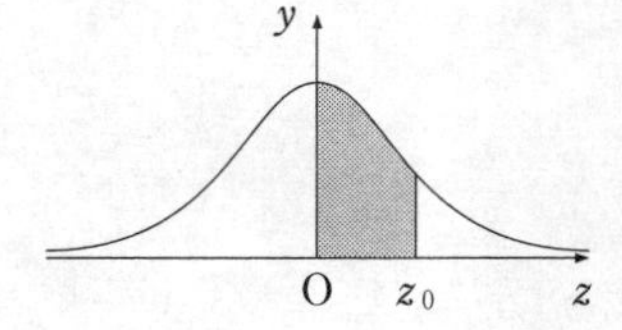

z_0	0.00	0.01	0.02	0.03	0.04	0.05	0.06	0.07	0.08	0.09
0.0	0.0000	0.0040	0.0080	0.0120	0.0160	0.0199	0.0239	0.0279	0.0319	0.0359
0.1	0.0398	0.0438	0.0478	0.0517	0.0557	0.0596	0.0636	0.0675	0.0714	0.0753
0.2	0.0793	0.0832	0.0871	0.0910	0.0948	0.0987	0.1026	0.1064	0.1103	0.1141
0.3	0.1179	0.1217	0.1255	0.1293	0.1331	0.1368	0.1406	0.1443	0.1480	0.1517
0.4	0.1554	0.1591	0.1628	0.1664	0.1700	0.1736	0.1772	0.1808	0.1844	0.1879
0.5	0.1915	0.1950	0.1985	0.2019	0.2054	0.2088	0.2123	0.2157	0.2190	0.2224
0.6	0.2257	0.2291	0.2324	0.2357	0.2389	0.2422	0.2454	0.2486	0.2517	0.2549
0.7	0.2580	0.2611	0.2642	0.2673	0.2704	0.2734	0.2764	0.2794	0.2823	0.2852
0.8	0.2881	0.2910	0.2939	0.2967	0.2995	0.3023	0.3051	0.3078	0.3106	0.3133
0.9	0.3159	0.3186	0.3212	0.3238	0.3264	0.3289	0.3315	0.3340	0.3365	0.3389
1.0	0.3413	0.3438	0.3461	0.3485	0.3508	0.3531	0.3554	0.3577	0.3599	0.3621
1.1	0.3643	0.3665	0.3686	0.3708	0.3729	0.3749	0.3770	0.3790	0.3810	0.3830
1.2	0.3849	0.3869	0.3888	0.3907	0.3925	0.3944	0.3962	0.3980	0.3997	0.4015
1.3	0.4032	0.4049	0.4066	0.4082	0.4099	0.4115	0.4131	0.4147	0.4162	0.4177
1.4	0.4192	0.4207	0.4222	0.4236	0.4251	0.4265	0.4279	0.4292	0.4306	0.4319
1.5	0.4332	0.4345	0.4357	0.4370	0.4382	0.4394	0.4406	0.4418	0.4429	0.4441
1.6	0.4452	0.4463	0.4474	0.4484	0.4495	0.4505	0.4515	0.4525	0.4535	0.4545
1.7	0.4554	0.4564	0.4573	0.4582	0.4591	0.4599	0.4608	0.4616	0.4625	0.4633
1.8	0.4641	0.4649	0.4656	0.4664	0.4671	0.4678	0.4686	0.4693	0.4699	0.4706
1.9	0.4713	0.4719	0.4726	0.4732	0.4738	0.4744	0.4750	0.4756	0.4761	0.4767
2.0	0.4772	0.4778	0.4783	0.4788	0.4793	0.4798	0.4803	0.4808	0.4812	0.4817
2.1	0.4821	0.4826	0.4830	0.4834	0.4838	0.4842	0.4846	0.4850	0.4854	0.4857
2.2	0.4861	0.4864	0.4868	0.4871	0.4875	0.4878	0.4881	0.4884	0.4887	0.4890
2.3	0.4893	0.4896	0.4898	0.4901	0.4904	0.4906	0.4909	0.4911	0.4913	0.4916
2.4	0.4918	0.4920	0.4922	0.4925	0.4927	0.4929	0.4931	0.4932	0.4934	0.4936
2.5	0.4938	0.4940	0.4941	0.4943	0.4945	0.4946	0.4948	0.4949	0.4951	0.4952
2.6	0.4953	0.4955	0.4956	0.4957	0.4959	0.4960	0.4961	0.4962	0.4963	0.4964
2.7	0.4965	0.4966	0.4967	0.4968	0.4969	0.4970	0.4971	0.4972	0.4973	0.4974
2.8	0.4974	0.4975	0.4976	0.4977	0.4977	0.4978	0.4979	0.4979	0.4980	0.4981
2.9	0.4981	0.4982	0.4982	0.4983	0.4984	0.4984	0.4985	0.4985	0.4986	0.4986
3.0	0.4987	0.4987	0.4987	0.4988	0.4988	0.4989	0.4989	0.4989	0.4990	0.4990

MEMO

数学Ⅰ・数学A
数学Ⅱ・数学B

（2018年１月実施）

数学Ⅰ・数学A　60分　100点
数学Ⅱ・数学B　60分　100点

数学Ⅰ・数学A

問　題	選　択　方　法
第１問	必　　答
第２問	必　　答
第３問	いずれか２問を選択し，解答しなさい。
第４問	
第５問	

（注）この科目には，選択問題があります。（2ページ参照。）

第1問（必答問題）（配点　30）

〔1〕 x を実数とし

$$A = x(x+1)(x+2)(5-x)(6-x)(7-x)$$

とおく。整数 n に対して

$$(x+n)(n+5-x) = x(5-x) + n^2 + \boxed{\text{ア}}\,n$$

であり，したがって，$X = x(5-x)$ とおくと

$$A = X\left(X + \boxed{\text{イ}}\right)\left(X + \boxed{\text{ウエ}}\right)$$

と表せる。

$x = \dfrac{5+\sqrt{17}}{2}$ のとき，$X = \boxed{\text{オ}}$ であり，$A = 2^{\boxed{\text{カ}}}$ である。

（数学Ⅰ・数学A第1問は次ページに続く。）

〔2〕

(1) 全体集合 U を $U=\{x \mid x$ は 20 以下の自然数$\}$ とし，次の部分集合 A，B，C を考える。

$A=\{x \mid x \in U$ かつ x は 20 の約数$\}$

$B=\{x \mid x \in U$ かつ x は 3 の倍数$\}$

$C=\{x \mid x \in U$ かつ x は偶数$\}$

集合 A の補集合を $\overline{A}$ と表し，空集合を $\varnothing$ と表す。

次の キ に当てはまるものを，下の⓪～③のうちから一つ選べ。

集合の関係

(a) $A \subset C$

(b) $A \cap B = \varnothing$

の正誤の組合せとして正しいものは キ である。

	⓪	①	②	③
(a)	正	正	誤	誤
(b)	正	誤	正	誤

（数学Ⅰ・数学A第1問は次ページに続く。）

次の ク に当てはまるものを，下の⓪〜③のうちから一つ選べ。

集合の関係

(c)　$(A \cup C) \cap B = \{6, 12, 18\}$

(d)　$(\overline{A} \cap C) \cup B = \overline{A} \cap (B \cup C)$

の正誤の組合せとして正しいものは **ク** である。

	⓪	①	②	③
(c)	正	正	誤	誤
(d)	正	誤	正	誤

(2)　実数 x に関する次の条件 p，q，r，s を考える。

$$p : |x-2| > 2, \quad q : x < 0, \quad r : x > 4, \quad s : \sqrt{x^2} > 4$$

次の ケ ， コ に当てはまるものを，下の⓪〜③のうちからそれぞれ一つ選べ。ただし，同じものを繰り返し選んでもよい。

q または r であることは，p であるための **ケ** 。また，s は r であるための **コ** 。

⓪　必要条件であるが，十分条件ではない

①　十分条件であるが，必要条件ではない

②　必要十分条件である

③　必要条件でも十分条件でもない

（数学Ⅰ・数学A第１問は次ページに続く。）

〔3〕 aを正の実数とし

$$f(x) = ax^2 - 2(a+3)x - 3a + 21$$

とする。2次関数 $y = f(x)$ のグラフの頂点の x 座標を p とおくと

$$p = \boxed{サ} + \frac{\boxed{シ}}{a}$$

である。

$0 \leqq x \leqq 4$ における関数 $y = f(x)$ の最小値が $f(4)$ となるような a の値の範囲は

$$0 < a \leqq \boxed{ス}$$

である。

また，$0 \leqq x \leqq 4$ における関数 $y = f(x)$ の最小値が $f(p)$ となるような a の値の範囲は

$$\boxed{セ} \leqq a$$

である。

したがって，$0 \leqq x \leqq 4$ における関数 $y = f(x)$ の最小値が1であるのは

$$a = \frac{\boxed{ソ}}{\boxed{タ}} \quad または \quad a = \frac{\boxed{チ} + \sqrt{\boxed{ツテ}}}{\boxed{ト}}$$

のときである。

第２問 （必答問題）（配点　30）

〔1〕 四角形ABCDにおいて，3辺の長さをそれぞれAB = 5，BC = 9，CD = 3，対角線ACの長さをAC = 6とする。このとき

$$\cos\angle ABC = \frac{\boxed{ア}}{\boxed{イ}},\quad \sin\angle ABC = \frac{\boxed{ウ}\sqrt{\boxed{エ}}}{\boxed{オ}}$$

である。

（数学Ⅰ・数学A第２問は次ページに続く。）

ここで，四角形ABCDは台形であるとする。

次の［カ］には下の⓪～②から，［キ］には③・④から当てはまるものを一つずつ選べ。

CD［カ］AB・sin ∠ABC であるから［キ］である。

⓪ <　　① ＝　　② >

③ 辺ADと辺BCが平行　　④ 辺ABと辺CDが平行

したがって

$$BD = \boxed{ク}\sqrt{\boxed{ケコ}}$$

である。

（数学Ⅰ・数学A第2問は次ページに続く。）

〔2〕 ある陸上競技大会に出場した選手の身長(単位はcm)と体重(単位はkg)のデータが得られた。男子短距離，男子長距離，女子短距離，女子長距離の四つのグループに分けると，それぞれのグループの選手数は，男子短距離が328人，男子長距離が271人，女子短距離が319人，女子長距離が263人である。

(1) 次ページの図1および図2は，男子短距離，男子長距離，女子短距離，女子長距離の四つのグループにおける，身長のヒストグラムおよび箱ひげ図である。

次の［サ］，［シ］に当てはまるものを，下の⓪～⑥のうちから一つずつ選べ。ただし，解答の順序は問わない。

図1および図2から読み取れる内容として正しいものは，［サ］，［シ］である。

⓪ 四つのグループのうちで範囲が最も大きいのは，女子短距離グループである。

① 四つのグループのすべてにおいて，四分位範囲は12未満である。

② 男子長距離グループのヒストグラムでは，度数最大の階級に中央値が入っている。

③ 女子長距離グループのヒストグラムでは，度数最大の階級に第1四分位数が入っている。

④ すべての選手の中で最も身長の高い選手は，男子長距離グループの中にいる。

⑤ すべての選手の中で最も身長の低い選手は，女子長距離グループの中にいる。

⑥ 男子短距離グループの中央値と男子長距離グループの第3四分位数は，ともに180以上182未満である。

(数学Ⅰ・数学A第2問は次ページに続く。)

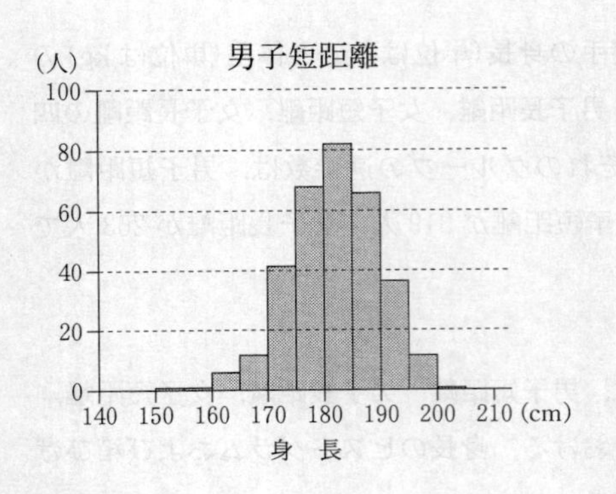

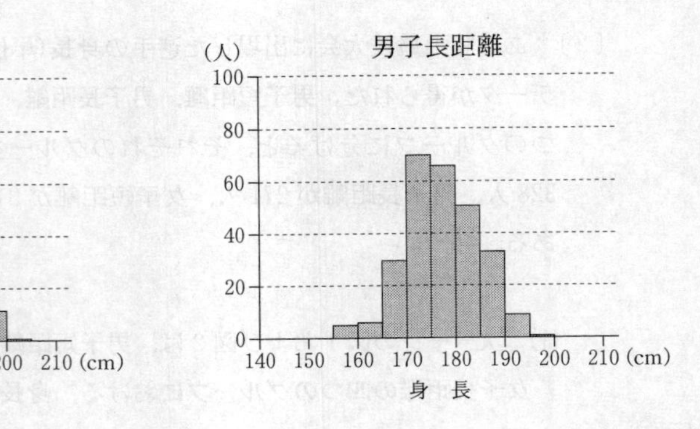

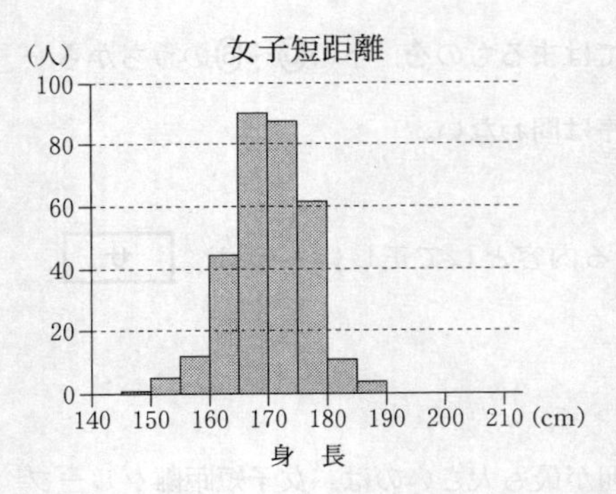

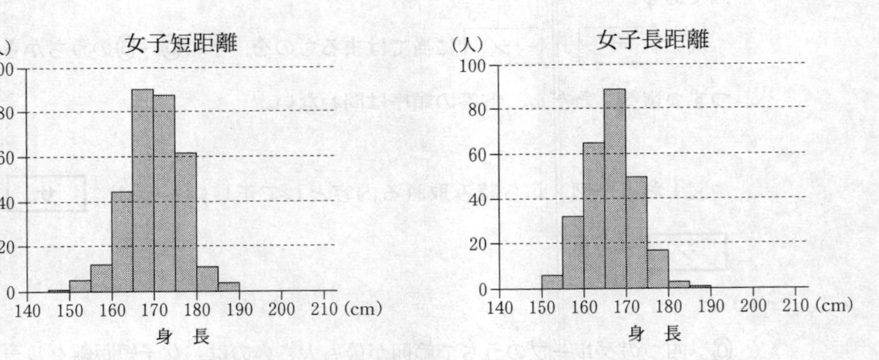

図1　身長のヒストグラム

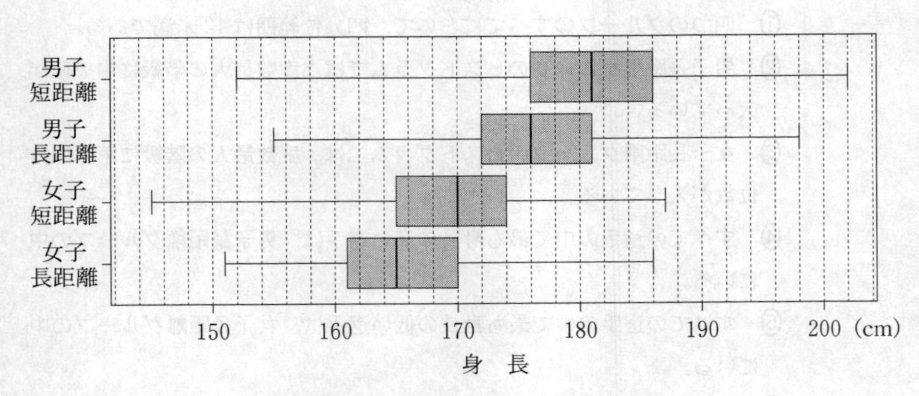

図2　身長の箱ひげ図

(出典：図1，図2はガーディアン社のWebページにより作成)

(数学Ⅰ・数学A第2問は次ページに続く。)

(2) 身長をH，体重をWとし，Xを$X=\left(\dfrac{H}{100}\right)^2$で，$Z$を$Z=\dfrac{W}{X}$で定義する。次ページの図3は，男子短距離，男子長距離，女子短距離，女子長距離の四つのグループにおけるXとWのデータの散布図である。ただし，原点を通り，傾きが15，20，25，30である四つの直線l_1，l_2，l_3，l_4も補助的に描いている。また，次ページの図4の(a)，(b)，(c)，(d)で示すZの四つの箱ひげ図は，男子短距離，男子長距離，女子短距離，女子長距離の四つのグループのいずれかの箱ひげ図に対応している。

次の［ス］，［セ］に当てはまるものを，下の⓪～⑤のうちから一つずつ選べ。ただし，解答の順序は問わない。

図3および図4から読み取れる内容として正しいものは，［ス］，［セ］である。

⓪ 四つのグループのすべてにおいて，XとWには負の相関がある。

① 四つのグループのうちでZの中央値が一番大きいのは，男子長距離グループである。

② 四つのグループのうちでZの範囲が最小なのは，男子長距離グループである。

③ 四つのグループのうちでZの四分位範囲が最小なのは，男子短距離グループである。

④ 女子長距離グループのすべてのZの値は25より小さい。

⑤ 男子長距離グループのZの箱ひげ図は(c)である。

(数学Ⅰ・数学A第2問は次ページに続く。)

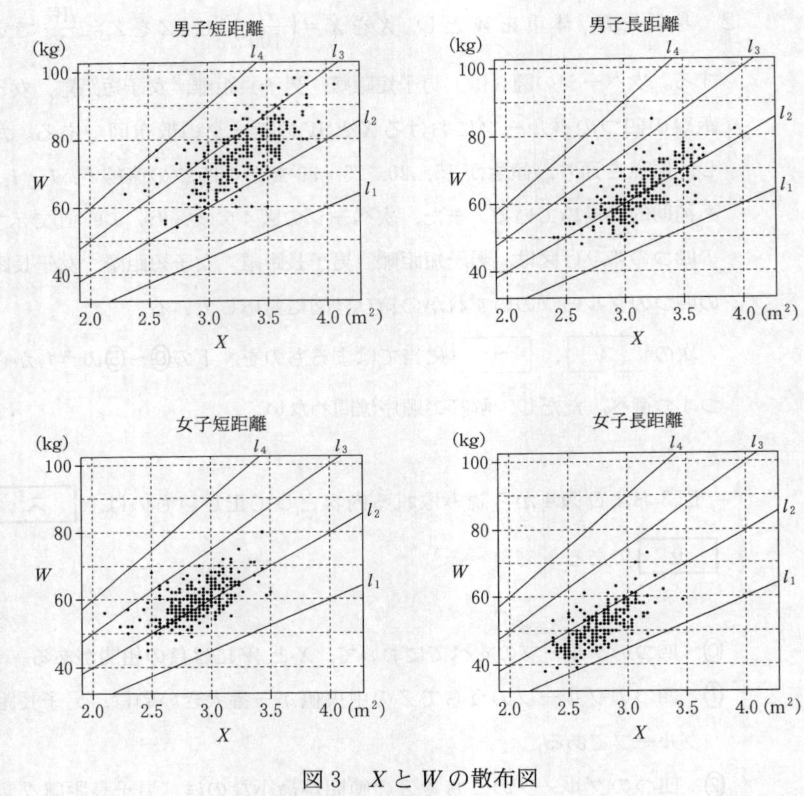

図3　X と W の散布図

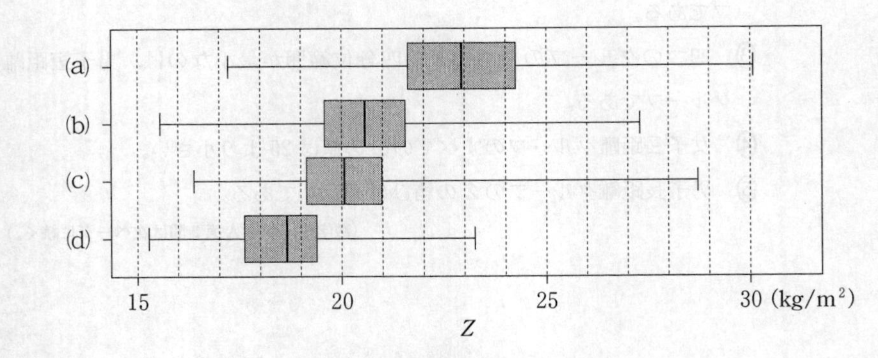

図4　Z の箱ひげ図

(出典：図3，図4はガーディアン社の Web ページにより作成)

(数学Ⅰ・数学A第2問は次ページに続く。)

(3)　nを自然数とする。実数値のデータx_1, x_2, …, x_nおよびw_1, w_2, …, w_nに対して，それぞれの平均値を

$$\overline{x}=\frac{x_1+x_2+\cdots+x_n}{n},\quad \overline{w}=\frac{w_1+w_2+\cdots+w_n}{n}$$

とおく。等式$(x_1+x_2+\cdots+x_n)\overline{w}=n\overline{x}\,\overline{w}$などに注意すると，偏差の積の和は

$$(x_1-\overline{x})(w_1-\overline{w})+(x_2-\overline{x})(w_2-\overline{w})+\cdots+(x_n-\overline{x})(w_n-\overline{w})$$
$$=x_1w_1+x_2w_2+\cdots+x_nw_n-\boxed{\text{ソ}}$$

となることがわかる。［ソ］に当てはまるものを，次の⓪～③のうちから一つ選べ。

⓪　$\overline{x}\,\overline{w}$　　①　$(\overline{x}\,\overline{w})^2$　　②　$n\overline{x}\,\overline{w}$　　③　$n^2\overline{x}\,\overline{w}$

第3問〜第5問は，いずれか2問を選択し，解答しなさい。

第3問 (選択問題)(配点 20)

一般に，事象 A の確率を $P(A)$ で表す。また，事象 A の余事象を $\overline{A}$ と表し，二つの事象 A，B の積事象を $A \cap B$ と表す。

大小2個のさいころを同時に投げる試行において

A を「大きいさいころについて，4の目が出る」という事象

B を「2個のさいころの出た目の和が7である」という事象

C を「2個のさいころの出た目の和が9である」という事象

とする。

(1) 事象 A，B，C の確率は，それぞれ

$$P(A)=\frac{\boxed{\text{ア}}}{\boxed{\text{イ}}},\quad P(B)=\frac{\boxed{\text{ウ}}}{\boxed{\text{エ}}},\quad P(C)=\frac{\boxed{\text{オ}}}{\boxed{\text{カ}}}$$

である。

(2) 事象 C が起こったときの事象 A が起こる条件付き確率は $\dfrac{\boxed{\text{キ}}}{\boxed{\text{ク}}}$ であり，

事象 A が起こったときの事象 C が起こる条件付き確率は $\dfrac{\boxed{\text{ケ}}}{\boxed{\text{コ}}}$ である。

(数学Ⅰ・数学A第3問は次ページに続く。)

(3)　次の $\boxed{サ}$，$\boxed{シ}$ に当てはまるものを，下の⓪～②のうちからそれぞれ一つ選べ。ただし，同じものを繰り返し選んでもよい。

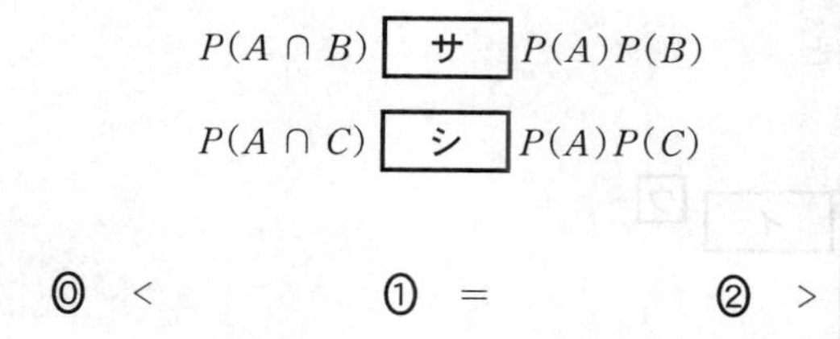

$$P(A \cap B) \ \boxed{サ}\ P(A)P(B)$$

$$P(A \cap C) \ \boxed{シ}\ P(A)P(C)$$

⓪ $<$　　　① $=$　　　② $>$

(4)　大小2個のさいころを同時に投げる試行を2回繰り返す。1回目に事象 $A \cap B$ が起こり，2回目に事象 $\overline{A} \cap C$ が起こる確率は $\dfrac{\boxed{ス}}{\boxed{セソタ}}$ である。三つの事象 A，B，C がいずれもちょうど1回ずつ起こる確率は $\dfrac{\boxed{チ}}{\boxed{ツテ}}$ である。

第3問～第5問は，いずれか2問を選択し，解答しなさい。

第4問 （選択問題）（配点　20）

(1)　144 を素因数分解すると

$$144 = 2^{\boxed{ア}} \times \boxed{イ}^{\boxed{ウ}}$$

であり，144 の正の約数の個数は $\boxed{エオ}$ 個である。

(2)　不定方程式

$$144x - 7y = 1$$

の整数解 x，y の中で，x の絶対値が最小になるのは

$$x = \boxed{カ}, \quad y = \boxed{キク}$$

であり，すべての整数解は，k を整数として

$$x = \boxed{ケ}k + \boxed{カ}, \quad y = \boxed{コサシ}k + \boxed{キク}$$

と表される。

（数学Ⅰ・数学A第4問は次ページに続く。）

(3) 144の倍数で，7で割ったら余りが1となる自然数のうち，正の約数の個数が18個である最小のものは144×［ス］であり，正の約数の個数が30個である最小のものは144×［セソ］である。

第３問～第５問は，いずれか２問を選択し，解答しなさい。

第５問 （選択問題）（配点　20）

$\triangle$ABC において AB $= 2$，AC $= 1$，$\angle$A $= 90°$ とする。

$\angle$A の二等分線と辺 BC との交点を D とすると，BD $= \dfrac{\boxed{\text{ア}}\sqrt{\boxed{\text{イ}}}}{\boxed{\text{ウ}}}$

である。

点 A を通り点 D で辺 BC に接する円と辺 AB との交点で A と異なるものを E

とすると，AB・BE $= \dfrac{\boxed{\text{エオ}}}{\boxed{\text{カ}}}$ であるから，BE $= \dfrac{\boxed{\text{キク}}}{\boxed{\text{ケ}}}$ である。

（数学Ⅰ・数学Ａ第５問は次ページに続く。）

次の［コ］には下の⓪～②から，［サ］には③・④から当てはまるものを一つずつ選べ。

$\frac{BE}{BD}$［コ］$\frac{AB}{BC}$であるから，直線ACと直線DEの交点は辺ACの端点［サ］の側の延長上にある。

⓪ <　　① ＝　　② >　　③ A　　④ C

その交点をFとすると，$\frac{CF}{AF} = \frac{［シ］}{［ス］}$であるから，$CF = \frac{［セ］}{［ソ］}$である。したがって，BFの長さが求まり，$\frac{CF}{AC} = \frac{BF}{AB}$であることがわかる。

次の［タ］には下の⓪～③から当てはまるものを一つ選べ。

点Dは△ABFの［タ］。

⓪ 外心である　　① 内心である　　② 重心である
③ 外心，内心，重心のいずれでもない

数学Ⅱ・数学B

問　題	選　択　方　法
第1問	必　　　答
第2問	必　　　答
第3問	いずれか2問を選択し，解答しなさい。
第4問	
第5問	

（注）この科目には，選択問題があります。（20ページ参照。）

第１問 （必答問題）（配点　30）

〔１〕

(1)　１ラジアンとは，［ア］のことである。［ア］に当てはまるものを，次の⓪～③のうちから一つ選べ。

⓪　半径が１，面積が１の扇形の中心角の大きさ
①　半径がπ，面積が１の扇形の中心角の大きさ
②　半径が１，弧の長さが１の扇形の中心角の大きさ
③　半径がπ，弧の長さが１の扇形の中心角の大きさ

(2)　144° を弧度で表すと $\frac{\boxed{イ}}{\boxed{ウ}}\pi$ ラジアンである。また，$\frac{23}{12}\pi$ ラジアンを度で表すと［エオカ］° である。

（数学Ⅱ・数学B第１問は次ページに続く。）

(3) $\frac{\pi}{2} \leqq \theta \leqq \pi$ の範囲で

$$2\sin\left(\theta + \frac{\pi}{5}\right) - 2\cos\left(\theta + \frac{\pi}{30}\right) = 1 \quad \cdots\cdots\cdots\cdots ①$$

を満たす θ の値を求めよう。

$x = \theta + \frac{\pi}{5}$ とおくと，① は

$$2\sin x - 2\cos\left(x - \frac{\pi}{\boxed{キ}}\right) = 1$$

と表せる。加法定理を用いると，この式は

$$\sin x - \sqrt{\boxed{ク}}\cos x = 1$$

となる。さらに，三角関数の合成を用いると

$$\sin\left(x - \frac{\pi}{\boxed{ケ}}\right) = \frac{1}{\boxed{コ}}$$

と変形できる。$x = \theta + \frac{\pi}{5}$，$\frac{\pi}{2} \leqq \theta \leqq \pi$ だから，$\theta = \frac{\boxed{サシ}}{\boxed{スセ}}\pi$ である。

（数学Ⅱ・数学B第１問は次ページに続く。）

〔2〕 c を正の定数として，不等式

$$x^{\log_3 x} \geqq \left(\frac{x}{c}\right)^3 \qquad \cdots\cdots\cdots ②$$

を考える。

3 を底とする ② の両辺の対数をとり，$t = \log_3 x$ とおくと

$$t^{\boxed{ソ}} - \boxed{タ}\,t + \boxed{タ}\log_3 c \geqq 0 \qquad \cdots\cdots\cdots ③$$

となる。ただし，対数 $\log_a b$ に対し，a を底といい，b を真数という。

$c = \sqrt[3]{9}$ のとき，② を満たす x の値の範囲を求めよう。③ により

$$t \leqq \boxed{チ},\quad t \geqq \boxed{ツ}$$

である。さらに，真数の条件を考えて

$$\boxed{テ} < x \leqq \boxed{ト},\quad x \geqq \boxed{ナ}$$

となる。

（数学Ⅱ・数学B第1問は次ページに続く。）

次に，②が$x >$ [テ] の範囲でつねに成り立つようなcの値の範囲を求めよう。

xが$x >$ [テ] の範囲を動くとき，tのとり得る値の範囲は [ニ] である。[ニ] に当てはまるものを，次の⓪～③のうちから一つ選べ。

⓪ 正の実数全体　　① 負の実数全体

② 実数全体　　③ 1以外の実数全体

この範囲のtに対して，③がつねに成り立つための必要十分条件は，

$\log_3 c \geqq \dfrac{\boxed{\text{ヌ}}}{\boxed{\text{ネ}}}$ である。すなわち，$c \geqq \sqrt[\boxed{\text{ノ}}]{\boxed{\text{ハヒ}}}$ である。

第2問 （必答問題）（配点　30）

〔1〕 $p>0$とする。座標平面上の放物線$y=px^2+qx+r$をCとし，直線$y=2x-1$をℓとする。Cは点A$(1,1)$においてℓと接しているとする。

(1) qとrを，pを用いて表そう。放物線C上の点Aにおける接線ℓの傾きは［ア］であることから，$q=$［イウ］$p+$［エ］がわかる。さらに，Cは点Aを通ることから，$r=p-$［オ］となる。

(2) $v>1$とする。放物線Cと直線ℓおよび直線$x=v$で囲まれた図形の面積Sは$S=\dfrac{p}{\boxed{カ}}\left(v^3-\boxed{キ}v^2+\boxed{ク}v-\boxed{ケ}\right)$である。

また，x軸とℓおよび2直線$x=1$，$x=v$で囲まれた図形の面積Tは，$T=v^{\boxed{コ}}-v$である。

$U=S-T$は$v=2$で極値をとるとする。このとき，$p=$［サ］であり，$v>1$の範囲で$U=0$となるvの値をv_0とすると，$v_0=\dfrac{\boxed{シ}+\sqrt{\boxed{ス}}}{\boxed{セ}}$である。$1<v<v_0$の範囲で$U$は［ソ］。

［ソ］に当てはまるものを，次の⓪～④のうちから一つ選べ。

⓪ つねに増加する　① つねに減少する　② 正の値のみをとる
③ 負の値のみをとる　④ 正と負のどちらの値もとる

$p=$［サ］のとき，$v>1$におけるUの最小値は［タチ］である。

（数学Ⅱ・数学B第2問は次ページに続く。）

〔2〕 関数$f(x)$は$x \geqq 1$の範囲でつねに$f(x) \leqq 0$を満たすとする。$t > 1$のとき，曲線$y = f(x)$とx軸および2直線$x = 1$，$x = t$で囲まれた図形の面積をWとする。tが$t > 1$の範囲を動くとき，Wは，底辺の長さが$2t^2 - 2$，他の2辺の長さがそれぞれ$t^2 + 1$の二等辺三角形の面積とつねに等しいとする。このとき，$x > 1$における$f(x)$を求めよう。

$F(x)$を$f(x)$の不定積分とする。一般に，$F'(x) =$ ツ ，$W =$ テ が成り立つ。 ツ ， テ に当てはまるものを，次の⓪～⑧のうちから一つずつ選べ。ただし，同じものを選んでもよい。

⓪ $-F(t)$　① $F(t)$　② $F(t) - F(1)$
③ $F(t) + F(1)$　④ $-F(t) + F(1)$　⑤ $-F(t) - F(1)$
⑥ $-f(x)$　⑦ $f(x)$　⑧ $f(x) - f(1)$

したがって，$t > 1$において

$$f(t) = \boxed{\text{トナ}}\, t^{\boxed{\text{ニ}}} + \boxed{\text{ヌ}}$$

である。よって，$x > 1$における$f(x)$がわかる。

第3問～第5問は，いずれか2問を選択し，解答しなさい。

第3問 （選択問題）（配点　20）

第4項が30，初項から第8項までの和が288である等差数列を$\{a_n\}$とし，$\{a_n\}$の初項から第n項までの和をS_nとする。また，第2項が36，初項から第3項までの和が156である等比数列で公比が1より大きいものを$\{b_n\}$とし，$\{b_n\}$の初項から第n項までの和をT_nとする。

(1)　$\{a_n\}$の初項は［アイ］，公差は［ウエ］であり

$$S_n = \boxed{\text{オ}}\, n^2 - \boxed{\text{カキ}}\, n$$

である。

(2)　$\{b_n\}$の初項は［クケ］，公比は［コ］であり

$$T_n = \boxed{\text{サ}}\left(\boxed{\text{シ}}^{\,n} - \boxed{\text{ス}}\right)$$

である。

（数学Ⅱ・数学B第3問は次ページに続く。）

(3) 数列$\{c_n\}$を次のように定義する。

$$c_n = \sum_{k=1}^{n} (n-k+1)(a_k - b_k)$$
$$= n(a_1 - b_1) + (n-1)(a_2 - b_2) + \cdots + 2(a_{n-1} - b_{n-1}) + (a_n - b_n)$$
$$(n = 1, 2, 3, \cdots)$$

たとえば

$$c_1 = a_1 - b_1, \qquad c_2 = 2(a_1 - b_1) + (a_2 - b_2)$$
$$c_3 = 3(a_1 - b_1) + 2(a_2 - b_2) + (a_3 - b_3)$$

である。数列$\{c_n\}$の一般項を求めよう。

$\{c_n\}$の階差数列を$\{d_n\}$とする。$d_n = c_{n+1} - c_n$であるから，$d_n =$ [セ] を満たす。[セ] に当てはまるものを，次の⓪～⑦のうちから一つ選べ。

⓪ $S_n + T_n$　① $S_n - T_n$　② $-S_n + T_n$
③ $-S_n - T_n$　④ $S_{n+1} + T_{n+1}$　⑤ $S_{n+1} - T_{n+1}$
⑥ $-S_{n+1} + T_{n+1}$　⑦ $-S_{n+1} - T_{n+1}$

したがって，(1)と(2)により

$$d_n = \boxed{ソ}\,n^2 - 2\cdot\boxed{タ}^{\,n+\boxed{チ}}$$

である。$c_1 = \boxed{ツテト}$ であるから，$\{c_n\}$の一般項は

$$c_n = \boxed{ナ}\,n^3 - \boxed{ニ}\,n^2 + n + \boxed{ヌ} - \boxed{タ}^{\,n+\boxed{ネ}}$$

である。

第3問～第5問は，いずれか2問を選択し，解答しなさい。

第4問（選択問題）（配点　20）

aを$0 < a < 1$を満たす定数とする。三角形ABCを考え，辺ABを1：3に内分する点をD，辺BCを$a:(1-a)$に内分する点をE，直線AEと直線CDの交点をFとする。$\overrightarrow{FA} = \vec{p}$，$\overrightarrow{FB} = \vec{q}$，$\overrightarrow{FC} = \vec{r}$とおく。

(1)　$\overrightarrow{AB} =$ **ア** であり

$$|\overrightarrow{AB}|^2 = |\vec{p}|^2 - \boxed{イ}\,\vec{p}\cdot\vec{q} + |\vec{q}|^2 \quad \cdots\cdots ①$$

である。ただし，**ア** については，当てはまるものを，次の⓪～③のうちから一つ選べ。

⓪ $\vec{p}+\vec{q}$　　① $\vec{p}-\vec{q}$　　② $\vec{q}-\vec{p}$　　③ $-\vec{p}-\vec{q}$

(2)　$\overrightarrow{FD}$を$\vec{p}$と$\vec{q}$を用いて表すと

$$\overrightarrow{FD} = \frac{\boxed{ウ}}{\boxed{エ}}\vec{p} + \frac{\boxed{オ}}{\boxed{カ}}\vec{q} \quad \cdots\cdots ②$$

である。

（数学Ⅱ・数学B第4問は次ページに続く。）

(3)　s，tをそれぞれ$\overrightarrow{\mathrm{FD}}=s\vec{r}$，$\overrightarrow{\mathrm{FE}}=t\vec{p}$となる実数とする。$s$と$t$を$a$を用いて表そう。

$\overrightarrow{\mathrm{FD}}=s\vec{r}$であるから，② により

$$\vec{q}=\boxed{\text{キク}}\,\vec{p}+\boxed{\text{ケ}}\,s\vec{r} \quad \cdots\cdots ③$$

である。また，$\overrightarrow{\mathrm{FE}}=t\vec{p}$であるから

$$\vec{q}=\frac{t}{\boxed{\text{コ}}-\boxed{\text{サ}}}\vec{p}-\frac{\boxed{\text{シ}}}{\boxed{\text{コ}}-\boxed{\text{サ}}}\vec{r} \quad \cdots\cdots ④$$

である。③ と ④ により

$$s=\frac{\boxed{\text{スセ}}}{\boxed{\text{ソ}}\left(\boxed{\text{コ}}-\boxed{\text{サ}}\right)},\quad t=\boxed{\text{タチ}}\left(\boxed{\text{コ}}-\boxed{\text{サ}}\right)$$

である。

(4)　$|\overrightarrow{\mathrm{AB}}|=|\overrightarrow{\mathrm{BE}}|$とする。$|\vec{p}|=1$のとき，$\vec{p}$と$\vec{q}$の内積を$a$を用いて表そう。

① により

$$|\overrightarrow{\mathrm{AB}}|^2=1-\boxed{\text{イ}}\,\vec{p}\cdot\vec{q}+|\vec{q}|^2$$

である。また

$$|\overrightarrow{\mathrm{BE}}|^2=\boxed{\text{ツ}}\left(\boxed{\text{コ}}-\boxed{\text{サ}}\right)^2+\boxed{\text{テ}}\left(\boxed{\text{コ}}-\boxed{\text{サ}}\right)\vec{p}\cdot\vec{q}+|\vec{q}|^2$$

である。したがって

$$\vec{p}\cdot\vec{q}=\frac{\boxed{\text{トナ}}-\boxed{\text{ニ}}}{\boxed{\text{ヌ}}}$$

である。

第3問～第5問は，いずれか2問を選択し，解答しなさい。

第5問 （選択問題）（配点　20）

以下の問題を解答するにあたっては，必要に応じて34ページの正規分布表を用いてもよい。

(1)　aを正の整数とする。2，4，6，…，$2a$の数字がそれぞれ一つずつ書かれたa枚のカードが箱に入っている。この箱から1枚のカードを無作為に取り出すとき，そこに書かれた数字を表す確率変数をXとする。このとき，

$X = 2a$となる確率は$\dfrac{\boxed{\text{ア}}}{\boxed{\text{イ}}}$である。

$a = 5$とする。Xの平均(期待値)は$\boxed{\text{ウ}}$，Xの分散は$\boxed{\text{エ}}$である。また，s，tは定数で$s > 0$のとき，$sX + t$の平均が20，分散が32となるようにs，tを定めると，$s = \boxed{\text{オ}}$，$t = \boxed{\text{カ}}$である。このとき，$sX + t$が20以上である確率は0.$\boxed{\text{キ}}$である。

（数学Ⅱ・数学B第5問は次ページに続く。）

(2) (1)の箱のカードの枚数 a は3以上とする。この箱から3枚のカードを同時に取り出し，それらのカードを横1列に並べる。この試行において，カードの数字が左から小さい順に並んでいる事象を A とする。このとき，事象 A の起こる確率は $\dfrac{\boxed{\text{ク}}}{\boxed{\text{ケ}}}$ である。

この試行を180回繰り返すとき，事象 A が起こる回数を表す確率変数を Y とすると，Y の平均 m は $\boxed{\text{コサ}}$，Y の分散 σ^2 は $\boxed{\text{シス}}$ である。ここで，事象 A が18回以上36回以下起こる確率の近似値を次のように求めよう。

試行回数180は大きいことから，Y は近似的に平均 $m = \boxed{\text{コサ}}$，標準偏差 $\sigma = \sqrt{\boxed{\text{シス}}}$ の正規分布に従うと考えられる。ここで，$Z = \dfrac{Y - m}{\sigma}$ とおくと，求める確率の近似値は次のようになる。

$$P(18 \leqq Y \leqq 36) = P\left(-\boxed{\text{セ}}.\boxed{\text{ソタ}} \leqq Z \leqq \boxed{\text{チ}}.\boxed{\text{ツテ}}\right)$$
$$= 0.\boxed{\text{トナ}}$$

(数学Ⅱ・数学B第5問は次ページに続く。)

(3)　ある都市での世論調査において，無作為に400人の有権者を選び，ある政策に対する賛否を調べたところ，320人が賛成であった。この都市の有権者全体のうち，この政策の賛成者の母比率pに対する信頼度95％の信頼区間を求めたい。

この調査での賛成者の比率（以下，これを標本比率という）は0.［ニ］である。標本の大きさが400と大きいので，二項分布の正規分布による近似を用いると，pに対する信頼度95％の信頼区間は

0.［ヌネ］$\leqq p \leqq$ 0.［ノハ］

である。

母比率pに対する信頼区間$A \leqq p \leqq B$において，$B - A$をこの信頼区間の幅とよぶ。以下，Rを標本比率とし，pに対する信頼度95％の信頼区間を考える。

上で求めた信頼区間の幅をL_1

標本の大きさが400の場合に$R = 0.6$が得られたときの信頼区間の幅をL_2

標本の大きさが500の場合に$R = 0.8$が得られたときの信頼区間の幅をL_3

とする。このとき，L_1，L_2，L_3について［ヒ］が成り立つ。［ヒ］に当てはまるものを，次の⓪～⑤のうちから一つ選べ。

⓪　$L_1 < L_2 < L_3$　　①　$L_1 < L_3 < L_2$　　②　$L_2 < L_1 < L_3$

③　$L_2 < L_3 < L_1$　　④　$L_3 < L_1 < L_2$　　⑤　$L_3 < L_2 < L_1$

（数学Ⅱ・数学B第5問は次ページに続く。）

正規分布表

次の表は，標準正規分布の分布曲線における右図の灰色部分の面積の値をまとめたものである。

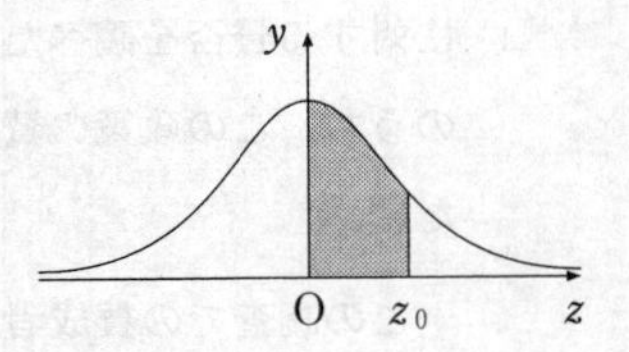

z_0	0.00	0.01	0.02	0.03	0.04	0.05	0.06	0.07	0.08	0.09
0.0	0.0000	0.0040	0.0080	0.0120	0.0160	0.0199	0.0239	0.0279	0.0319	0.0359
0.1	0.0398	0.0438	0.0478	0.0517	0.0557	0.0596	0.0636	0.0675	0.0714	0.0753
0.2	0.0793	0.0832	0.0871	0.0910	0.0948	0.0987	0.1026	0.1064	0.1103	0.1141
0.3	0.1179	0.1217	0.1255	0.1293	0.1331	0.1368	0.1406	0.1443	0.1480	0.1517
0.4	0.1554	0.1591	0.1628	0.1664	0.1700	0.1736	0.1772	0.1808	0.1844	0.1879
0.5	0.1915	0.1950	0.1985	0.2019	0.2054	0.2088	0.2123	0.2157	0.2190	0.2224
0.6	0.2257	0.2291	0.2324	0.2357	0.2389	0.2422	0.2454	0.2486	0.2517	0.2549
0.7	0.2580	0.2611	0.2642	0.2673	0.2704	0.2734	0.2764	0.2794	0.2823	0.2852
0.8	0.2881	0.2910	0.2939	0.2967	0.2995	0.3023	0.3051	0.3078	0.3106	0.3133
0.9	0.3159	0.3186	0.3212	0.3238	0.3264	0.3289	0.3315	0.3340	0.3365	0.3389
1.0	0.3413	0.3438	0.3461	0.3485	0.3508	0.3531	0.3554	0.3577	0.3599	0.3621
1.1	0.3643	0.3665	0.3686	0.3708	0.3729	0.3749	0.3770	0.3790	0.3810	0.3830
1.2	0.3849	0.3869	0.3888	0.3907	0.3925	0.3944	0.3962	0.3980	0.3997	0.4015
1.3	0.4032	0.4049	0.4066	0.4082	0.4099	0.4115	0.4131	0.4147	0.4162	0.4177
1.4	0.4192	0.4207	0.4222	0.4236	0.4251	0.4265	0.4279	0.4292	0.4306	0.4319
1.5	0.4332	0.4345	0.4357	0.4370	0.4382	0.4394	0.4406	0.4418	0.4429	0.4441
1.6	0.4452	0.4463	0.4474	0.4484	0.4495	0.4505	0.4515	0.4525	0.4535	0.4545
1.7	0.4554	0.4564	0.4573	0.4582	0.4591	0.4599	0.4608	0.4616	0.4625	0.4633
1.8	0.4641	0.4649	0.4656	0.4664	0.4671	0.4678	0.4686	0.4693	0.4699	0.4706
1.9	0.4713	0.4719	0.4726	0.4732	0.4738	0.4744	0.4750	0.4756	0.4761	0.4767
2.0	0.4772	0.4778	0.4783	0.4788	0.4793	0.4798	0.4803	0.4808	0.4812	0.4817
2.1	0.4821	0.4826	0.4830	0.4834	0.4838	0.4842	0.4846	0.4850	0.4854	0.4857
2.2	0.4861	0.4864	0.4868	0.4871	0.4875	0.4878	0.4881	0.4884	0.4887	0.4890
2.3	0.4893	0.4896	0.4898	0.4901	0.4904	0.4906	0.4909	0.4911	0.4913	0.4916
2.4	0.4918	0.4920	0.4922	0.4925	0.4927	0.4929	0.4931	0.4932	0.4934	0.4936
2.5	0.4938	0.4940	0.4941	0.4943	0.4945	0.4946	0.4948	0.4949	0.4951	0.4952
2.6	0.4953	0.4955	0.4956	0.4957	0.4959	0.4960	0.4961	0.4962	0.4963	0.4964
2.7	0.4965	0.4966	0.4967	0.4968	0.4969	0.4970	0.4971	0.4972	0.4973	0.4974
2.8	0.4974	0.4975	0.4976	0.4977	0.4977	0.4978	0.4979	0.4979	0.4980	0.4981
2.9	0.4981	0.4982	0.4982	0.4983	0.4984	0.4984	0.4985	0.4985	0.4986	0.4986
3.0	0.4987	0.4987	0.4987	0.4988	0.4988	0.4989	0.4989	0.4989	0.4990	0.4990

数学Ⅰ・数学A
数学Ⅱ・数学B

（2018年１月実施）

数学Ⅰ・数学A　60分　100点
数学Ⅱ・数学B　60分　100点

追試験
2018

数学Ⅰ・数学A

問題	選択方法
第1問	必答
第2問	必答
第3問	いずれか2問を選択し，解答しなさい。
第4問	
第5問	

（注）この科目には，選択問題があります。（36ページ参照。）

第1問 （必答問題）（配点　30）

〔1〕 $\alpha = \dfrac{4}{4-\sqrt{7}}$ とする。α の分母を有理化すると

$$\alpha = \frac{\boxed{\text{アイ}} + \boxed{\text{ウ}}\sqrt{\boxed{\text{エ}}}}{\boxed{\text{オ}}}$$

となる。

また，r を有理数とし

$$\beta = \frac{9-(r^2-3r)\sqrt{7}}{5}$$

とする。

(1) 一般に，$\sqrt{7}$ が無理数であることから，有理数 p，q に対して

$$p + q\sqrt{7} = 0 \iff p = q = \boxed{\text{カ}}$$

が成り立つ。

(2) $\alpha - \beta$ が有理数ならば，r は

$$\frac{\boxed{\text{ウ}}}{\boxed{\text{オ}}} + \frac{r^2-3r}{\boxed{\text{キ}}} = 0$$

を満たす。このとき

$$r = \frac{\boxed{\text{ク}}}{\boxed{\text{ケ}}} \quad \text{または} \quad r = \frac{\boxed{\text{コ}}}{\boxed{\text{サ}}}$$

である。ただし，$\dfrac{\boxed{\text{ク}}}{\boxed{\text{ケ}}}$ と $\dfrac{\boxed{\text{コ}}}{\boxed{\text{サ}}}$ の解答の順序は問わない。

（数学Ⅰ・数学A第1問は次ページに続く。）

〔2〕 aを正の実数とする。このとき，実数xに関する次の条件p，q，rを考える。

$$p:\ |x-1| \leqq a,\quad q:\ |x| \leqq \frac{5}{2},\quad r:\ x^2-2x \leqq a$$

(1) 次の シ ， ス に当てはまるものを，下の⓪～③のうちからそれぞれ一つ選べ。ただし，同じものを繰り返し選んでもよい。

$a=1$のとき，pはqであるための シ 。また，$a=3$のとき，pはqであるための ス 。

⓪ 必要条件であるが，十分条件ではない
① 十分条件であるが，必要条件ではない
② 必要十分条件である
③ 必要条件でも十分条件でもない

(2) 命題「$p \Longrightarrow q$」が真となるようなaの最大値は $\frac{\text{セ}}{\text{ソ}}$ である。

また，命題「$q \Longrightarrow p$」が真となるようなaの最小値は $\frac{\text{タ}}{\text{チ}}$ である。

(3) 命題「$r \Longrightarrow q$」が真となるようなaの最大値は $\frac{\text{ツ}}{\text{テ}}$ である。

（数学Ⅰ・数学A第1問は次ページに続く。）

〔3〕　実数aは2次不等式$a^2-3<a$を満たすとする。このときaのとり得る値の範囲は

$$\frac{\boxed{\text{ト}}-\sqrt{\boxed{\text{ナニ}}}}{\boxed{\text{ヌ}}}<a<\frac{\boxed{\text{ト}}+\sqrt{\boxed{\text{ナニ}}}}{\boxed{\text{ヌ}}}$$

である。

xの2次関数

$$f(x)=-x^2+1$$

を考える。

$a^2-3\leqq x\leqq a$における関数$y=f(x)$の最大値が1であるようなaの値の範囲は

$$\boxed{\text{ネ}}\leqq a\leqq\sqrt{\boxed{\text{ノ}}}$$

である。

また，$a^2-3\leqq x\leqq a$における関数$y=f(x)$の最大値が1で，最小値が$f(a)$であるようなaの値の範囲は

$$\frac{\boxed{\text{ハヒ}}+\sqrt{\boxed{\text{フヘ}}}}{\boxed{\text{ホ}}}\leqq a\leqq\sqrt{\boxed{\text{ノ}}}$$

である。

第２問 （必答問題）（配点　30）

〔1〕 $\triangle$ABC は AB = 4，BC = $10\sqrt{3}$，AC = 14 を満たす。

(1) $\cos \angle B = \dfrac{\sqrt{\boxed{ア}}}{\boxed{イ}}$ である。辺 BC 上に点 D を取り，$\triangle$ABD の外接円の半径を R とするとき，$\dfrac{AD}{R} = \boxed{ウ}$ であり，点 D を点 B から点 C まで移動させるとき，R の最小値は $\boxed{エ}$ である。ただし，点 D は点 B とは異なる点とする。

（数学Ⅰ・数学A第２問は次ページに続く。）

(2)　△ABD の外接円の中心が辺 BC 上にあるとき，

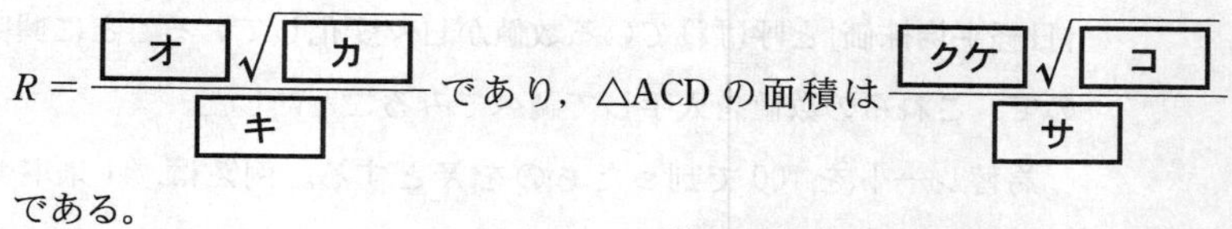

である。

（数学Ⅰ・数学A第2問は次ページに続く。）

〔2〕 高校生のＫさんは，ニュースで「為替レート（１米ドルは何円か）」および「日経平均株価」と呼ばれている数値が日々変化していることに興味をもったので，これらの数値を入手して調べてみることにした。

為替レートを 100 で割ったものを X とする。例えば，１米ドルが 123 円のとき X は 1.23 となる。また，日経平均株価を 10,000 で割ったものを Y とする。例えば，日経平均株価が 16,500 円のとき Y は 1.65 となる。

図１は，X，Y の日々の変化を描いたものである。ただし，土曜日，日曜日，祝日などデータのない日は除いている。全期間を次の二つの期間に分けて考察する。

期間Ａ：2013 年 １ 月 ４ 日～2014 年 11 月 28 日（468 日分のデータ）

期間Ｂ：2014 年 12 月 １ 日～2016 年 １ 月 29 日（284 日分のデータ）

図２は，期間Ａと期間Ｂにおける X，Y のデータの散布図である。

（数学Ⅰ・数学Ａ第２問は次ページに続く。）

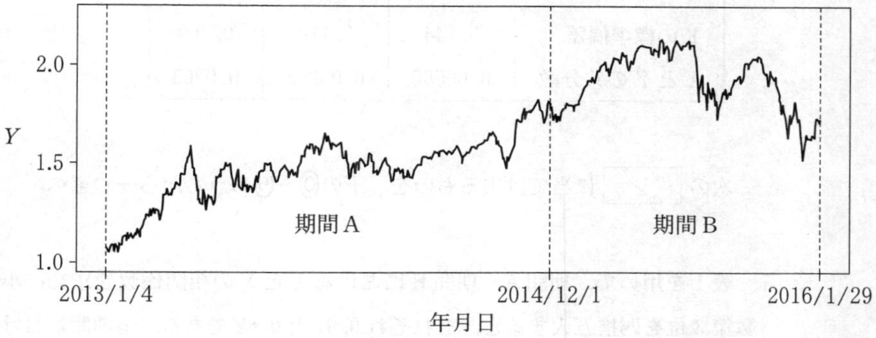

図1　X, Y の日々の変化

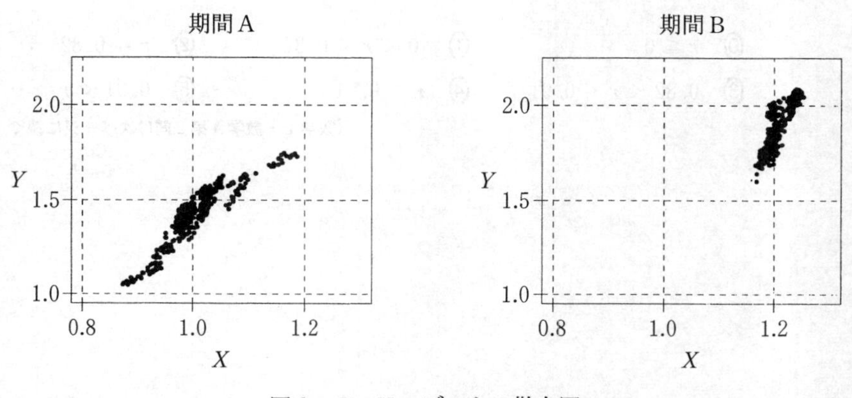

図2　X, Y のデータの散布図

(数学Ⅰ・数学A第2問は次ページに続く。)

(1) 表1は，XとYについて平均値，標準偏差および共分散を計算し，有効数字3桁で表したものである。ただし，XとYの共分散とは，Xの偏差とYの偏差の積の平均値である。

表1　平均値，標準偏差および共分散

	期間A	期間B	全期間
Xの平均値	1.01	1.21	1.08
Yの平均値	1.44	1.90	1.61
Xの標準偏差	0.0522	0.0209	0.105
Yの標準偏差	0.144	0.118	0.260
XとYの共分散	0.00685	0.00203	0.0263

次の［シ］に当てはまるものを，下の⓪～⑤のうちから一つ選べ。

表1を用いて，期間A，期間BにおけるXとYの相関係数を求め，小数第3位を四捨五入すると，それぞれ0.91と0.82である。全期間におけるXとYの相関係数をrとすると［シ］である。

⓪ $r \leqq 0$　① $0 < r < 0.82$　② $r = 0.82$
③ $0.82 < r < 0.91$　④ $r = 0.91$　⑤ $0.91 < r$

（数学Ⅰ・数学A第2問は次ページに続く。）

(2) Xのデータのt番目の値をx_tとする。期間Aに対応するのは$t=1$，2，…，468であり，期間Bに対応するのは$t=469$，470，…，752である。Xが日々どのように変化しているか調べるために，次の式によって定義されるu_tを計算する。

$$u_t = \frac{x_{t+1} - x_t}{x_t} \times 100$$

ただし，期間Aの最終日($t=468$)と期間Bの最終日($t=752$)についてはu_tを計算しない。u_1，…，u_{467}およびu_{469}，…，u_{751}をUのデータと呼ぶ。

図3および図4は，期間A，期間BにおけるUのデータのヒストグラムおよび箱ひげ図である。期間Aにおける中央値は0.0584であり，期間Bにおける中央値は0.0252であった。

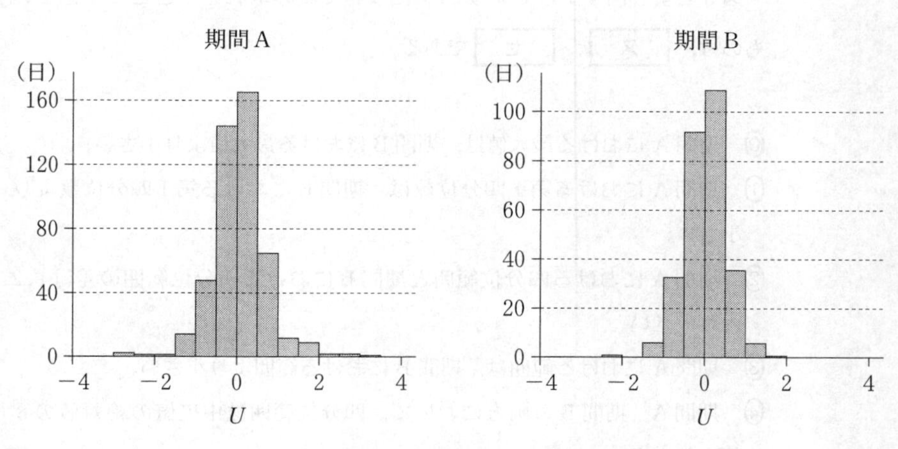

図3　Uのデータのヒストグラム

(数学Ⅰ・数学A第2問は次ページに続く。)

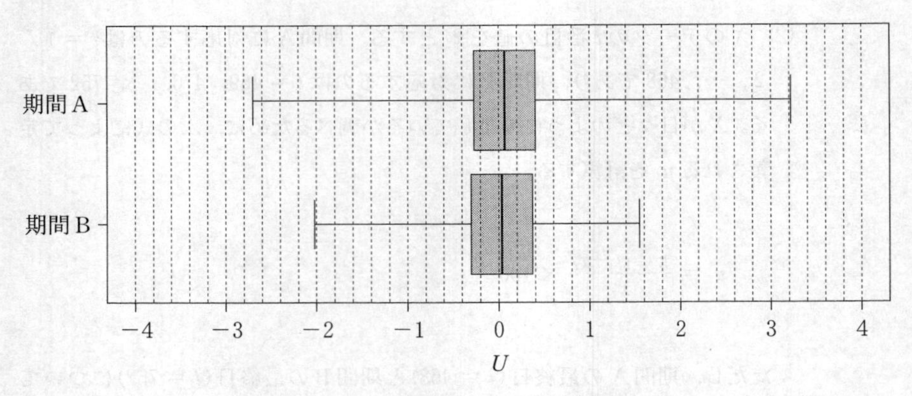

図4　Uのデータの箱ひげ図

次の ス ， セ に当てはまるものを，下の⓪～⑥のうちから一つずつ選べ。ただし，解答の順序は問わない。

図3および図4からUのデータについて読み取れることとして正しいものは， ス ， セ である。

⓪　期間Aにおける最大値は，期間Bにおける最大値より小さい。

①　期間Aにおける第1四分位数は，期間Bにおける第1四分位数より小さい。

②　期間Aにおける四分位範囲と期間Bにおける四分位範囲の差は0.2より大きい。

③　期間Aにおける範囲は，期間Bにおける範囲より小さい。

④　期間A，期間Bの両方において，四分位範囲は中央値の絶対値の8倍より大きい。

⑤　期間Aにおいて，第3四分位数は度数が最大の階級に入っている。

⑥　期間Bにおいて，第1四分位数は度数が最大の階級に入っている。

（数学Ⅰ・数学A第2問は次ページに続く。）

(3)　X，Y から X'，Y' を次の式によって定義する。

$$X' = aX + b, \quad Y' = cY + d$$

ただし，a，b，c，d は定数であり，$a \neq 0$ かつ $c \neq 0$ とする。

次の［ソ］に当てはまるものを，下の⓪～⑧のうちから一つ選べ。

X' と Y' の相関係数は，X と Y の相関係数の［ソ］倍である。

⓪　1　　①　a　　②　a^2

③　ac　　④　$\dfrac{ac}{|ac|}$　　⑤　b

⑥　b^2　　⑦　bd　　⑧　$|bd|$

（数学Ⅰ・数学A第2問は次ページに続く。）

(4) 次ページの図5の三つの散布図について考える。散布図1で表されるVとWの2種類のデータの相関係数，散布図2で表されるV'とW'の2種類のデータの相関係数，および散布図3で表されるV''とW''の2種類のデータの相関係数をそれぞれr_1，r_2およびr_3とする。これらは，小数第3位を四捨五入して小数第2位まで求めると，-0.76，0.10，0.98のいずれかであることがわかっている。

次の［タ］に当てはまるものを，下の⓪～⑤のうちから一つ選べ。

r_1，r_2およびr_3の値の組合せとして正しいものは［タ］である。

	⓪	①	②	③	④	⑤
r_1	-0.76	-0.76	0.10	0.10	0.98	0.98
r_2	0.10	0.98	-0.76	0.98	-0.76	0.10
r_3	0.98	0.10	0.98	-0.76	0.10	-0.76

(数学Ⅰ・数学A第2問は次ページに続く。)

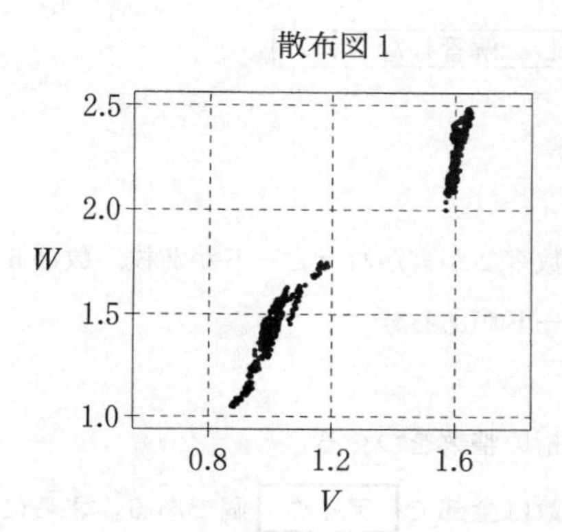
散布図1
2.5
2.0
1.5
1.0
W
0.8
1.2
1.6
V

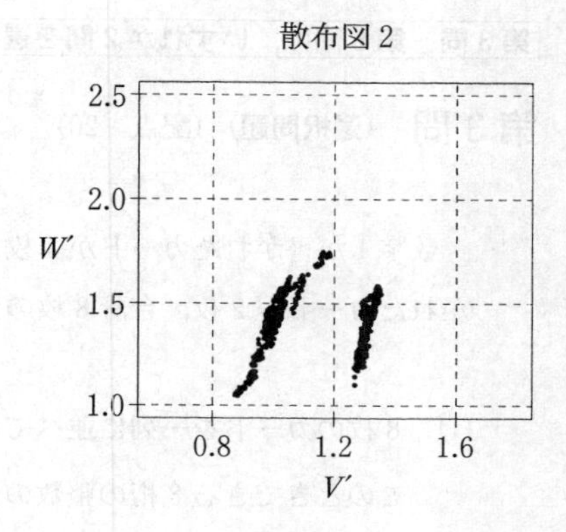
散布図2
2.5
2.0
1.5
1.0
W′
0.8
1.2
1.6
V′

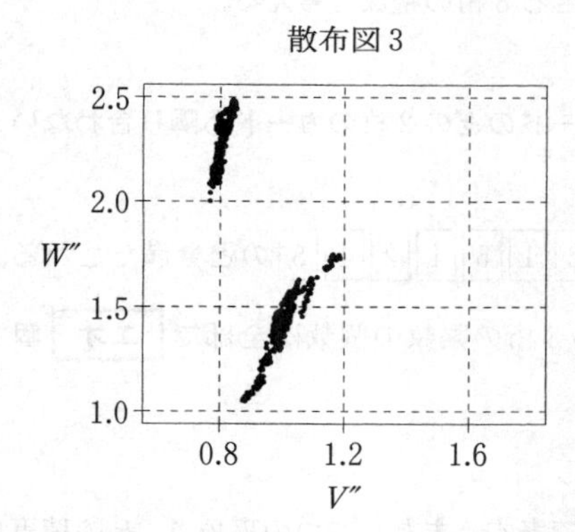
散布図3
2.5
2.0
1.5
1.0
W″
0.8
1.2
1.6
V″

図5　三つの散布図

第3問～第5問は，いずれか2問を選択し，解答しなさい。

第3問 （選択問題）（配点　20）

数字1が書かれたカードが4枚，数字2が書かれたカードが2枚，数字5が書かれたカードが2枚，合計8枚のカードがある。

(1)　8枚のカードを一列に並べて8桁の整数をつくる。

このときできる8桁の整数の個数は全部で **アイウ** 個である。さらに，次の条件(＊)が満たされるときにできる8桁の整数を考える。

(＊)　数字1が書かれた4枚のカードのどの2枚のカードも隣り合わない。

この条件(＊)は，例えば，1 2 1 5 1 2 1 5 のとき満たされる。条件(＊)が満たされるときにできる8桁の整数の個数は全部で **エオ** 個である。

(2)　一般に，事象 A の確率を $P(A)$ で表す。また，二つの事象 A，B の積事象を $A \cap B$ と表す。

8枚のカードからでたらめに3枚を取り出して袋に入れるという試行を T_1 とし，さらに，その3枚のカードが入った袋からでたらめに1枚のカードを取り出すという試行を T_2 とする。

試行 T_1 において，袋の中の数字5が書かれたカードの枚数が0枚である事象を A_0，1枚である事象を A_1，2枚である事象を A_2 とすると

$$P(A_0) = \frac{\boxed{カ}}{\boxed{キク}}, \quad P(A_1) = \frac{\boxed{ケコ}}{\boxed{サシ}}, \quad P(A_2) = \frac{\boxed{ス}}{\boxed{セソ}}$$

である。

（数学Ⅰ・数学A第3問は次ページに続く。）

試行 T_2 において数字 5 が書かれたカードが取り出されるという事象を B とすると

$$P(A_1 \cap B) = \frac{\boxed{\text{タ}}}{\boxed{\text{チツ}}}, \quad P(A_2 \cap B) = \frac{\boxed{\text{テ}}}{\boxed{\text{トナ}}}$$

である。

以上のことから，試行 T_2 において数字 5 が書かれたカードが取り出されたとき，袋の中にもう 1 枚の数字 5 が書かれたカードが入っている条件付き確率は $\dfrac{\boxed{\text{ニ}}}{\boxed{\text{ヌ}}}$ である。

第3問～第5問は，いずれか2問を選択し，解答しなさい。

第4問　（選択問題）（配点　20）

〔1〕　不定方程式

$$23x - 31y = 2$$

の解となる自然数 x，y の組で，x が最小になるのは

$x =$ **アイ**，　$y =$ **ウエ**

である。

$n = 31 \times$ ウエ とする。自然数 n^3 を 23 で割ると余りは **オカ** である。

（数学Ⅰ・数学A第4問は次ページに続く。）

〔2〕

(1)　10進法の分数 $\dfrac{\boxed{\text{キ}}}{9}$ を10進法の小数で表すと循環小数 $0.\dot{5}$ となり，3進法の小数で表すと有限小数 $0.\boxed{\text{クケ}}_{(3)}$ となる。

(2)　ある有理数 x を2進法で表すと循環小数 $0.\dot{1}\dot{0}_{(2)}$ となった。このとき，$4x$ を2進法で表すと $\boxed{\text{コサ}}.\dot{1}\dot{0}_{(2)}$ となる。2進法の $\boxed{\text{コサ}}_{(2)}$ を10進法で表すと $\boxed{\text{シ}}$ となるので，$4x-x$ を10進法で表すと $\boxed{\text{シ}}$ となる。したがって，x を10進法の分数で表すと $\dfrac{\boxed{\text{ス}}}{\boxed{\text{セ}}}$ となる。

(3)　3進法で表すと小数第3位までで終わる有理数 x のうち，$x^2 < \dfrac{1}{7}$ を満たす最大の x を3進法で表すと $0.\boxed{\text{ソタチ}}_{(3)}$ となる。

第３問～第５問は，いずれか２問を選択し，解答しなさい。

第５問 （選択問題）（配点　20）

〔1〕 円に内接する四角形ABCDの辺ABの端点Aの側の延長と辺CDの端点Dの側の延長が点Pで交わるとする。さらに，$PA = x$，$PB = \sqrt{10}$ および $PD = 1$ とする。このとき

$$CD = \sqrt{\boxed{\text{アイ}}}\,x - \boxed{\text{ウ}}$$

である。

対角線ACとBDの交点をQ，直線PQと辺BCの交点をRとし

$$\frac{RC}{BR} = 2$$

とする。このとき

$$x = \frac{\boxed{\text{エ}}\sqrt{\boxed{\text{オカ}}}}{\boxed{\text{キ}}}$$

である。

（数学Ⅰ・数学A第５問は次ページに続く。）

〔2〕　一般の凸多面体(へこみのない多面体)の頂点の数 v，辺の数 e，面の数 f について $v-e+f$ の値を考える。例えば，立方体の場合で考えると，この値は［ク］である。

以下では $v:e=2:5$ かつ $f=38$ であるような凸多面体について考える。オイラーの多面体定理により $v-e+f=$［ク］であることがわかるので，$v=$［ケコ］，$e=$［サシ］である。

さらに，この凸多面体は x 個の正三角形の面と y 個の正方形の面で構成されていて，各頂点に集まる辺の数はすべて同じ ℓ であるとする。このとき $3x+4y=$［スセソ］であることから $x=$［タチ］であり，さらに $\ell=$［ツ］である。

数学Ⅱ・数学B

問　題	選 択 方 法
第1問	必　　答
第2問	必　　答
第3問	いずれか2問を選択し，解答しなさい。
第4問	
第5問	

（注）この科目には，選択問題があります。（56ページ参照。）

第１問　（必答問題）（配点　30）

〔1〕 座標平面上に点A(1, 0)，P($\cos 2\theta$, $\sin 2\theta$)，Q($2\cos 3\theta$, $2\sin 3\theta$)をとる。θが$\frac{\pi}{3} \leqq \theta < \pi$の範囲を動くとき，$AP^2 + PQ^2$の最大値と最小値を求めよう。

AP^2は

$$AP^2 = \boxed{ア} - \boxed{イ}\cos 2\theta$$
$$= \boxed{ウ} - \boxed{エ}\cos^2\theta$$

である。また，PQ^2は

$$PQ^2 = \boxed{オ} - \boxed{カ}\cos\theta$$

である。

（数学Ⅱ・数学B第１問は次ページに続く。）

$\frac{\pi}{3} \leqq \theta < \pi$ であるから，$\boxed{\text{キク}} < \cos\theta \leqq \dfrac{\boxed{\text{ケ}}}{\boxed{\text{コ}}}$ である。したがって，$\mathrm{AP}^2 + \mathrm{PQ}^2$ は，$\theta = \dfrac{\boxed{\text{サ}}}{\boxed{\text{シ}}}\pi$ のとき最大値 $\boxed{\text{スセ}}$ をとり，$\theta = \dfrac{\pi}{\boxed{\text{ソ}}}$ のとき最小値 $\boxed{\text{タ}}$ をとる。

(数学Ⅱ・数学B第１問は次ページに続く。)

〔2〕 a を定数とする。x の方程式

$$4^{x+a} - 2^{x+a} + a = 0 \quad \cdots\cdots\cdots\cdots ①$$

がただ一つの解をもつとき，その解を求めよう。

(1) $X = 2^x$ とおくと，X のとり得る値の範囲は [チ] である。[チ] に当てはまるものを，次の⓪～③のうちから一つ選べ。

⓪ $X \geqq 0$　　① $X > 0$　　② $X \geqq 1$　　③ $X > 1$

また，① を X を用いて表すと，X の 2 次方程式

$$2^{\boxed{ツテ}} X^2 - 2^{\boxed{ト}} X + a = 0 \quad \cdots\cdots\cdots\cdots ②$$

となる。この 2 次方程式の判別式を D とすると

$$D = 2^{\boxed{ツテ}} \left(\boxed{ナ} - \boxed{ニ} a \right)$$

である。

（数学Ⅱ・数学B第 1 問は次ページに続く。）

(2)　$a = \dfrac{\boxed{ナ}}{\boxed{ニ}}$ のとき，② は $\boxed{チ}$ の範囲でただ一つの解をもつ。したがって，① もただ一つの解をもち，その解は $x = \dfrac{\boxed{ヌネ}}{\boxed{ノ}}$ である。

(3)　$a \neq \dfrac{\boxed{ナ}}{\boxed{ニ}}$ のとき，② が $\boxed{チ}$ の範囲でただ一つの解をもつための必要十分条件は，$\boxed{ハ}$ である。$\boxed{ハ}$ に当てはまるものを，次の⓪～⑤のうちから一つ選べ。

⓪　$a > 0$　　①　$a < 0$

②　$a \geqq 0$　　③　$a \leqq 0$

④　$a > \dfrac{\boxed{ナ}}{\boxed{ニ}}$　　⑤　$a < \dfrac{\boxed{ナ}}{\boxed{ニ}}$

$\boxed{ハ}$ のとき，① もただ一つの解をもち，その解は

$$x = \boxed{ヒ}\,a - \boxed{フ} + \log_2\left(\boxed{ヘ} + \sqrt{\boxed{ナ} - \boxed{ニ}\,a}\right)$$

である。

第2問 （必答問題）（配点　30）

aを正の実数とし，放物線$y=3x^2$をC_1，放物線$y=2x^2+a^2$をC_2とする。C_1とC_2の二つの共有点をx座標の小さい順にA，Bとする。また，C_1とC_2の両方に第1象限で接する直線をℓとする。

(1)　Bの座標をaを用いて表すと$\left(\boxed{ア},\ \boxed{イ}a^{\boxed{ウ}}\right)$である。

直線ℓと二つの放物線C_1，C_2の接点のx座標をそれぞれs，tとおく。ℓは$x=s$でC_1と接するので，ℓの方程式は

$$y=\boxed{エ}sx-\boxed{オ}s^{\boxed{カ}}$$

と表せる。同様に，ℓは$x=t$でC_2と接するので，ℓの方程式は

$$y=\boxed{キ}tx-\boxed{ク}t^{\boxed{カ}}+a^2$$

とも表せる。これらにより，s，tは

$$s=\frac{\sqrt{\boxed{ケ}}}{\boxed{コ}}a,\quad t=\frac{\sqrt{\boxed{ケ}}}{\boxed{サ}}a$$

である。

放物線C_1の$s\leqq x\leqq\boxed{ア}$の部分，放物線C_2の$\boxed{ア}\leqq x\leqq t$の部分，x軸，および2直線$x=s$，$x=t$で囲まれた図形の面積は

$$\frac{\boxed{シ}\sqrt{\boxed{ス}}-\boxed{セ}}{\boxed{ソ}}a^{\boxed{タ}}$$

である。

（数学Ⅱ・数学B第2問は次ページに続く。）

(2)　実数 p，q，r に対し，関数 $f(x)=x^3+px^2+qx+r$ を考える。$f(x)$ は $x=-4$ で極値をとるとする。また，曲線 $y=f(x)$ は点A，Bおよび原点を通るとする。

このとき，$p=$ [チ]，$q=$ [ツテト]，$r=$ [ナ] であり，$f(x)$ の極小値は [ニヌネ] である。

また，$a=$ [ノ] $\sqrt{[ハ]}$ であり，曲線 $y=f(x)$ と放物線 C_2 の共有点のうち，A，Bと異なる点の座標は $\left([ヒフ],\ [ヘホ]\right)$ である。

第3問～第5問は，いずれか2問を選択し，解答しなさい。

第3問 （選択問題）（配点　20）

s を定数とし，数列 $\{a_n\}$ を次のように定義する。

$$a_1 = \frac{1}{2}, \quad a_{n+1} = \frac{2a_n + s}{a_n + 2} \quad (n = 1, 2, 3, \cdots) \quad \cdots\cdots\cdots ①$$

(1)　$s = 4$ とする。$a_2 = $ [ア]，$a_{100} = $ [イ] である。

(2)　$s = 0$ とする。$b_n = \dfrac{1}{a_n}$ とおくと，$b_1 = $ [ウ] である。さらに，b_n と b_{n+1} は関係式 $b_{n+1} = b_n + \dfrac{\boxed{エ}}{\boxed{オ}}$ を満たすから，$\{a_n\}$ の一般項は

$$a_n = \frac{\boxed{カ}}{n + \boxed{キ}}$$

である。

(3)　$s = 1$ とする。$c_n = \dfrac{1 + a_n}{1 - a_n}$ とおくと，$c_1 = $ [ク] である。さらに，c_n と c_{n+1} の関係式を求め，数列 $\{c_n\}$ の一般項を求めることにより，$\{a_n\}$ の一般項は

$$a_n = \boxed{ケ} - \frac{\boxed{コ}}{\boxed{サ}^{\boxed{シ}} + 1}$$

であることがわかる。ただし，[シ] については，当てはまるものを，次の⓪～④のうちから一つ選べ。

⓪ $n - 2$　　① $n - 1$　　② n　　③ $n + 1$　　④ $n + 2$

（数学Ⅱ・数学B第3問は次ページに続く。）

(4)　(3)の数列$\{c_n\}$について

$$\sum_{k=1}^{n} c_k c_{k+1} = \frac{\boxed{\text{スセ}}}{\boxed{\text{ソ}}}\left(\boxed{\text{タ}}^{\,n} - 1\right)$$

である。

次に，(3)の数列$\{a_n\}$について考える。$s = 1$であることに注意して，①の漸化式を変形すると

$$a_n a_{n+1} = \boxed{\text{チ}}\,(a_n - a_{n+1}) + \boxed{\text{ツ}}$$

である。ゆえに

$$\sum_{k=1}^{n} a_k a_{k+1} = \boxed{\text{テ}} + \frac{\boxed{\text{ト}}}{\boxed{\text{サ}}^{\boxed{\text{ナ}}} + \boxed{\text{ニ}}}$$

である。ただし，テ と ナ については，当てはまるものを，次の⓪～④のうちから一つずつ選べ。同じものを選んでもよい。

⓪　$n - 2$　　①　$n - 1$　　②　n　　③　$n + 1$　　④　$n + 2$

第3問～第5問は，いずれか2問を選択し，解答しなさい。

第4問 （選択問題）（配点　20）

点Oを原点とする座標空間に4点A(6，−1，1)，B(1，6，2)，P(2，−1，−1)，Q(0，1，−1)がある。3点O，P，Qを通る平面をαとし，$\overrightarrow{OP}=\vec{p}$，$\overrightarrow{OQ}=\vec{q}$とおく。平面$\alpha$上に点Mをとり，$|\overrightarrow{AM}|+|\overrightarrow{MB}|$が最小となるときの点Mの座標を求めよう。

(1) $|\vec{p}|=\sqrt{\boxed{ア}}$，$|\vec{q}|=\sqrt{\boxed{イ}}$である。また，$\vec{p}$と$\vec{q}$のなす角は$\boxed{ウエ}^\circ$である。

(2) $\vec{p}$および$\vec{q}$と垂直であるベクトルの一つとして

$$\vec{n}=\left(1,\ \boxed{オ},\ \boxed{カ}\right)$$

をとる。

$\overrightarrow{OA}$を実数r，s，tを用いて$\overrightarrow{OA}=r\vec{n}+s\vec{p}+t\vec{q}$の形に表したときの$r$，$s$，$t$を求めよう。

$\overrightarrow{OA}\cdot\vec{n}=\boxed{キ}$，$\vec{n}\cdot\vec{n}=\boxed{ク}$，$\vec{n}\perp\vec{p}$，$\vec{n}\perp\vec{q}$であることから，$r=\boxed{ケ}$となる。また，$\overrightarrow{OA}\cdot\vec{p}$，$\overrightarrow{OA}\cdot\vec{q}$を考えることにより，$s=\boxed{コ}$，$t=\boxed{サシ}$であることがわかる。

同様に，$\overrightarrow{OB}$を実数u，v，wを用いて$\overrightarrow{OB}=u\vec{n}+v\vec{p}+w\vec{q}$の形に表したとき，$u=\boxed{ス}$である。

（数学Ⅱ・数学B第4問は次ページに続く。）

(3) r, s, tを(2)で求めた値であるとし，点Cは$\overrightarrow{\mathrm{OC}}=-r\vec{n}+s\vec{p}+t\vec{q}$となる点とする。Cの座標は

$$\left(\boxed{\text{セ}},\ \boxed{\text{ソタ}},\ \boxed{\text{チツ}}\right)$$

である。また，線分BCと平面αとの交点は，BCを3：$\boxed{\text{テ}}$に内分する。

$\vec{n}\perp\vec{p}$, $\vec{n}\perp\vec{q}$, $\overrightarrow{\mathrm{OA}}=r\vec{n}+s\vec{p}+t\vec{q}$, $\overrightarrow{\mathrm{OC}}=-r\vec{n}+s\vec{p}+t\vec{q}$であることにより，線分ACは平面$\alpha$に垂直であり，その中点は$\alpha$上にある。よって，$\alpha$上の点Mについて，$|\overrightarrow{\mathrm{AM}}|=|\overrightarrow{\mathrm{CM}}|$が成り立ち，$|\overrightarrow{\mathrm{AM}}|+|\overrightarrow{\mathrm{MB}}|$が最小となるMは線分BC上にある。したがって，求めるMの座標は

$$\left(\frac{\boxed{\text{ト}}}{\boxed{\text{ナ}}},\ \frac{\boxed{\text{ニヌ}}}{\boxed{\text{ネ}}},\ \boxed{\text{ノハ}}\right)$$

である。

第3問～第5問は，いずれか2問を選択し，解答しなさい。

第5問　（選択問題）（配点　20）

以下の問題を解答するにあたっては，必要に応じて70ページの正規分布表を用いてもよい。

ある菓子工場で製造している菓子1個あたりの重さ(単位はg)を表す確率変数をXとし，Xは平均m，標準偏差σの正規分布$N(m,\ \sigma^2)$に従っているとする。

(1)　平均mが50.2で，標準偏差σが0.4のとき，この菓子工場で製造される菓子1個あたりの重さが50g未満となる確率は，$Z=\dfrac{X-m}{\sigma}$が標準正規分布に従うので

$$P(X<50)=P\left(Z<-\boxed{\text{ア}}.\boxed{\text{イ}}\right)=0.\boxed{\text{ウエ}}$$

である。

(2)　標準偏差σが0.4のとき，製造される菓子1個あたりの重さが50g未満となる確率が0.04となるようにmの値を定めることを考える。まず，標準正規分布に従う確率変数Zについて，$P(Z<z)$が最も0.04に近い値をとるzを正規分布表から求めると$P\left(Z<-\boxed{\text{オ}}.\boxed{\text{カキ}}\right)=0.0401$であることがわかり，$z=-\boxed{\text{オ}}.\boxed{\text{カキ}}$となる。よって

$$P\left(Z<-\boxed{\text{オ}}.\boxed{\text{カキ}}\right)=P(X<50)$$

と考えることにより，mを$\boxed{\text{クケ}}.\boxed{\text{コ}}$とすればよい。

（数学Ⅱ・数学B第5問は次ページに続く。）

(3) この菓子工場では，製造された菓子を無作為に9個選び箱に詰めて1個の商品としている。9個の菓子の重さ(単位はg)を表す確率変数をX_1，X_2，…，X_9とし，平均mは50.2，標準偏差σは0.4，また，箱の重さはすべて同じで80gとする。商品1個あたりの重さ(単位はg)を表す確率変数をYとすると，Yの平均は サシス . セ ，Yの標準偏差は ソ . タ である。

X_1，X_2，…，X_9の標本平均$\overline{X}$が50未満である確率を求めよう。標本平均の分布が正規分布であることを利用すると，$\overline{X}$の標準偏差が$\dfrac{0.4}{\boxed{チ}}$であるので，確率は0. ツテ となる。

(数学Ⅱ・数学B第5問は次ページに続く。)

(4)　この菓子工場では，新しい機械を導入した。新しい機械については，標準偏差σは0.2であるが，平均mはわかっていない。mを推定するために，この機械で100個の菓子を試験的に製造したところ，それらの菓子の重さの標本平均は50.10 gであった。このとき，mに対する信頼度95 %の信頼区間は

50. トナ $\leqq m \leqq$ 50. ニヌ

となる。

平均mに対する信頼区間$A \leqq m \leqq B$において，$B - A$をこの信頼区間の幅とよぶ。信頼度と標準偏差σは変わらないものとして，上で求めた信頼区間の幅を半分にするには，標本の大きさを ネ にすればよい。 ネ に当てはまるものを，次の⓪～⑤のうちから一つ選べ。

⓪　25　　①　50　　②　150
③　200　　④　300　　⑤　400

（数学Ⅱ・数学B第5問は次ページに続く。）

正 規 分 布 表

次の表は，標準正規分布の分布曲線における右図の灰色部分の面積の値をまとめたものである。

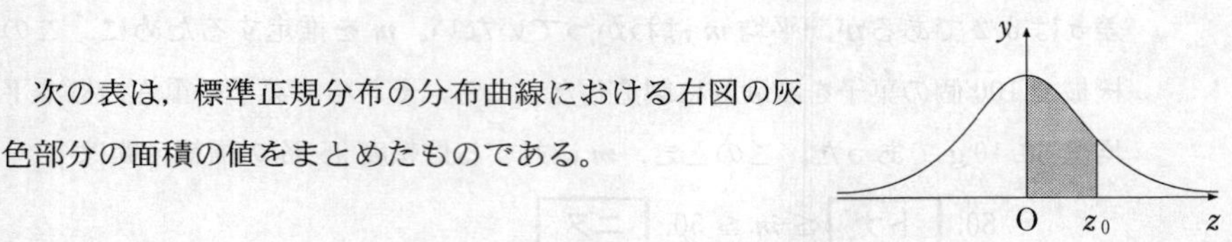

z_0	0.00	0.01	0.02	0.03	0.04	0.05	0.06	0.07	0.08	0.09
0.0	0.0000	0.0040	0.0080	0.0120	0.0160	0.0199	0.0239	0.0279	0.0319	0.0359
0.1	0.0398	0.0438	0.0478	0.0517	0.0557	0.0596	0.0636	0.0675	0.0714	0.0753
0.2	0.0793	0.0832	0.0871	0.0910	0.0948	0.0987	0.1026	0.1064	0.1103	0.1141
0.3	0.1179	0.1217	0.1255	0.1293	0.1331	0.1368	0.1406	0.1443	0.1480	0.1517
0.4	0.1554	0.1591	0.1628	0.1664	0.1700	0.1736	0.1772	0.1808	0.1844	0.1879
0.5	0.1915	0.1950	0.1985	0.2019	0.2054	0.2088	0.2123	0.2157	0.2190	0.2224
0.6	0.2257	0.2291	0.2324	0.2357	0.2389	0.2422	0.2454	0.2486	0.2517	0.2549
0.7	0.2580	0.2611	0.2642	0.2673	0.2704	0.2734	0.2764	0.2794	0.2823	0.2852
0.8	0.2881	0.2910	0.2939	0.2967	0.2995	0.3023	0.3051	0.3078	0.3106	0.3133
0.9	0.3159	0.3186	0.3212	0.3238	0.3264	0.3289	0.3315	0.3340	0.3365	0.3389
1.0	0.3413	0.3438	0.3461	0.3485	0.3508	0.3531	0.3554	0.3577	0.3599	0.3621
1.1	0.3643	0.3665	0.3686	0.3708	0.3729	0.3749	0.3770	0.3790	0.3810	0.3830
1.2	0.3849	0.3869	0.3888	0.3907	0.3925	0.3944	0.3962	0.3980	0.3997	0.4015
1.3	0.4032	0.4049	0.4066	0.4082	0.4099	0.4115	0.4131	0.4147	0.4162	0.4177
1.4	0.4192	0.4207	0.4222	0.4236	0.4251	0.4265	0.4279	0.4292	0.4306	0.4319
1.5	0.4332	0.4345	0.4357	0.4370	0.4382	0.4394	0.4406	0.4418	0.4429	0.4441
1.6	0.4452	0.4463	0.4474	0.4484	0.4495	0.4505	0.4515	0.4525	0.4535	0.4545
1.7	0.4554	0.4564	0.4573	0.4582	0.4591	0.4599	0.4608	0.4616	0.4625	0.4633
1.8	0.4641	0.4649	0.4656	0.4664	0.4671	0.4678	0.4686	0.4693	0.4699	0.4706
1.9	0.4713	0.4719	0.4726	0.4732	0.4738	0.4744	0.4750	0.4756	0.4761	0.4767
2.0	0.4772	0.4778	0.4783	0.4788	0.4793	0.4798	0.4803	0.4808	0.4812	0.4817
2.1	0.4821	0.4826	0.4830	0.4834	0.4838	0.4842	0.4846	0.4850	0.4854	0.4857
2.2	0.4861	0.4864	0.4868	0.4871	0.4875	0.4878	0.4881	0.4884	0.4887	0.4890
2.3	0.4893	0.4896	0.4898	0.4901	0.4904	0.4906	0.4909	0.4911	0.4913	0.4916
2.4	0.4918	0.4920	0.4922	0.4925	0.4927	0.4929	0.4931	0.4932	0.4934	0.4936
2.5	0.4938	0.4940	0.4941	0.4943	0.4945	0.4946	0.4948	0.4949	0.4951	0.4952
2.6	0.4953	0.4955	0.4956	0.4957	0.4959	0.4960	0.4961	0.4962	0.4963	0.4964
2.7	0.4965	0.4966	0.4967	0.4968	0.4969	0.4970	0.4971	0.4972	0.4973	0.4974
2.8	0.4974	0.4975	0.4976	0.4977	0.4977	0.4978	0.4979	0.4979	0.4980	0.4981
2.9	0.4981	0.4982	0.4982	0.4983	0.4984	0.4984	0.4985	0.4985	0.4986	0.4986
3.0	0.4987	0.4987	0.4987	0.4988	0.4988	0.4989	0.4989	0.4989	0.4990	0.4990

2017 本試験

数学Ⅰ・数学A
数学Ⅱ・数学B

（2017年１月実施）

数学Ⅰ・数学A　60分　100点
数学Ⅱ・数学B　60分　100点

数学Ⅰ・数学A

問　題	選 択 方 法
第1問	必　　答
第2問	必　　答
第3問	いずれか2問を選択し，解答しなさい。
第4問	
第5問	

（注）この科目には，選択問題があります。（2ページ参照。）

第1問　（必答問題）（配点　30）

〔1〕　x は正の実数で，$x^2+\dfrac{4}{x^2}=9$ を満たすとする。このとき

$$\left(x+\frac{2}{x}\right)^2=\boxed{\text{アイ}}$$

であるから，$x+\dfrac{2}{x}=\sqrt{\boxed{\text{アイ}}}$ である。さらに

$$x^3+\frac{8}{x^3}=\left(x+\frac{2}{x}\right)\left(x^2+\frac{4}{x^2}-\boxed{\text{ウ}}\right)$$
$$=\boxed{\text{エ}}\sqrt{\boxed{\text{オカ}}}$$

である。また

$$x^4+\frac{16}{x^4}=\boxed{\text{キク}}$$

である。

（数学Ⅰ・数学A第1問は次ページに続く。）

〔2〕 実数 x に関する2つの条件 p，q を

p： $x=1$

q： $x^2=1$

とする。また，条件 p，q の否定をそれぞれ $\overline{p}$，$\overline{q}$ で表す。

(1) 次の [ケ]，[コ]，[サ]，[シ] に当てはまるものを，下の⓪～③のうちから一つずつ選べ。ただし，同じものを繰り返し選んでもよい。

q は p であるための [ケ]。

$\overline{p}$ は q であるための [コ]。

(p または $\overline{q}$) は q であるための [サ]。

($\overline{p}$ かつ q) は q であるための [シ]。

⓪ 必要条件だが十分条件でない

① 十分条件だが必要条件でない

② 必要十分条件である

③ 必要条件でも十分条件でもない

(数学Ⅰ・数学A第1問は次ページに続く。)

(2)　実数 x に関する条件 r を

r： $x > 0$

とする。次の [ス] に当てはまるものを，下の⓪～⑦のうちから一つ選べ。

3つの命題

A：「(p かつ q) $\Longrightarrow r$」

B：「$q \Longrightarrow r$」

C：「$\overline{q} \Longrightarrow \overline{p}$」

の真偽について正しいものは [ス] である。

⓪　A は真，B は真，C は真
①　A は真，B は真，C は偽
②　A は真，B は偽，C は真
③　A は真，B は偽，C は偽
④　A は偽，B は真，C は真
⑤　A は偽，B は真，C は偽
⑥　A は偽，B は偽，C は真
⑦　A は偽，B は偽，C は偽

（数学Ⅰ・数学A第1問は次ページに続く。）

〔3〕 aを定数とし，$g(x)=x^2-2(3a^2+5a)x+18a^4+30a^3+49a^2+16$ とおく。2次関数$y=g(x)$のグラフの頂点は

$$\left(\boxed{セ}a^2+\boxed{ソ}a,\ \boxed{タ}a^4+\boxed{チツ}a^2+\boxed{テト} \right)$$

である。

aが実数全体を動くとき，頂点のx座標の最小値は$-\dfrac{\boxed{ナニ}}{\boxed{ヌネ}}$である。

次に，$t=a^2$とおくと，頂点のy座標は

$$\boxed{タ}t^2+\boxed{チツ}t+\boxed{テト}$$

と表せる。したがって，aが実数全体を動くとき，頂点のy座標の最小値は $\boxed{ノハ}$ である。

第2問 （必答問題）（配点　30）

〔1〕 △ABCにおいて，$AB = \sqrt{3} - 1$，$BC = \sqrt{3} + 1$，$\angle ABC = 60^\circ$ とする。

(1) $AC = \sqrt{\boxed{\text{ア}}}$ であるから，△ABCの外接円の半径は $\sqrt{\boxed{\text{イ}}}$ であり

$$\sin \angle BAC = \frac{\sqrt{\boxed{\text{ウ}}} + \sqrt{\boxed{\text{エ}}}}{\boxed{\text{オ}}}$$

である。ただし，$\boxed{\text{ウ}}$，$\boxed{\text{エ}}$ の解答の順序は問わない。

(2) 辺AC上に点Dを，△ABDの面積が $\dfrac{\sqrt{2}}{6}$ になるようにとるとき

$$AB \cdot AD = \frac{\boxed{\text{カ}}\sqrt{\boxed{\text{キ}}} - \boxed{\text{ク}}}{\boxed{\text{ケ}}}$$

であるから，$AD = \dfrac{\boxed{\text{コ}}}{\boxed{\text{サ}}}$ である。

（数学Ⅰ・数学A第2問は次ページに続く。）

〔2〕 スキージャンプは，飛距離および空中姿勢の美しさを競う競技である。選手は斜面を滑り降り，斜面の端から空中に飛び出す。飛距離 D(単位は m)から得点 X が決まり，空中姿勢から得点 Y が決まる。ある大会における 58 回のジャンプについて考える。

(1) 得点 X，得点 Y および飛び出すときの速度 V(単位は km/h)について，図 1 の 3 つの散布図を得た。

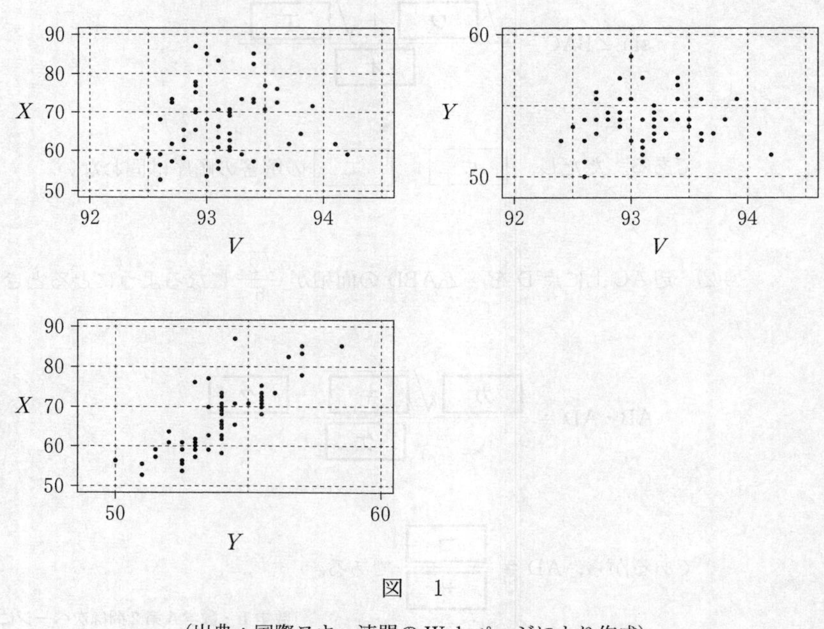

図 1

(出典：国際スキー連盟の Web ページにより作成)

(数学Ⅰ・数学A第 2 問は次ページに続く。)

次の シ ， ス ， セ に当てはまるものを，下の⓪～⑥のうちから一つずつ選べ。ただし，解答の順序は問わない。

図1から読み取れることとして正しいものは， シ ， ス ， セ である。

⓪ X と V の間の相関は，X と Y の間の相関より強い。

① X と Y の間には正の相関がある。

② V が最大のジャンプは，X も最大である。

③ V が最大のジャンプは，Y も最大である。

④ Y が最小のジャンプは，X は最小ではない。

⑤ X が 80 以上のジャンプは，すべて V が 93 以上である。

⑥ Y が 55 以上かつ V が 94 以上のジャンプはない。

（数学Ⅰ・数学A第2問は次ページに続く。）

(2) 得点 X は，飛距離 D から次の計算式によって算出される。

$$X = 1.80 \times (D - 125.0) + 60.0$$

次の ソ ， タ ， チ にそれぞれ当てはまるものを，下の⓪～⑥のうちから一つずつ選べ。ただし，同じものを繰り返し選んでもよい。

- X の分散は，D の分散の ソ 倍になる。
- X と Y の共分散は，D と Y の共分散の タ 倍である。ただし，共分散は，2つの変量のそれぞれにおいて平均値からの偏差を求め，偏差の積の平均値として定義される。
- X と Y の相関係数は，D と Y の相関係数の チ 倍である。

⓪ -125　① -1.80　② 1　③ 1.80
④ 3.24　⑤ 3.60　⑥ 60.0

（数学Ⅰ・数学A第2問は次ページに続く。）

(3) 58回のジャンプは29名の選手が2回ずつ行ったものである。1回目の$X+Y$(得点Xと得点Yの和)の値に対するヒストグラムと2回目の$X+Y$の値に対するヒストグラムは図2のA，Bのうちのいずれかである。また，1回目の$X+Y$の値に対する箱ひげ図と2回目の$X+Y$の値に対する箱ひげ図は図3のa，bのうちのいずれかである。ただし，1回目の$X+Y$の最小値は108.0であった。

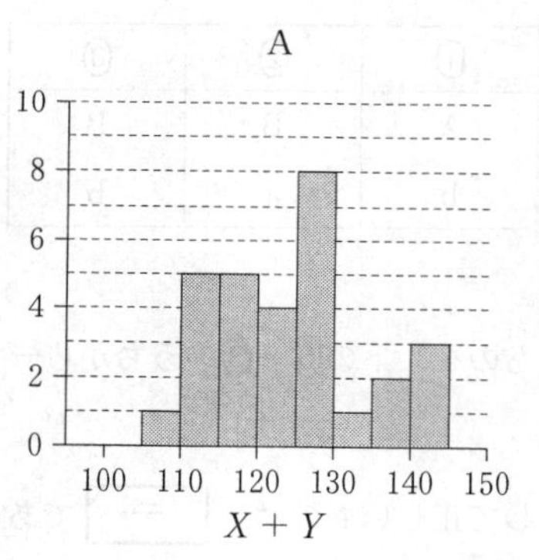

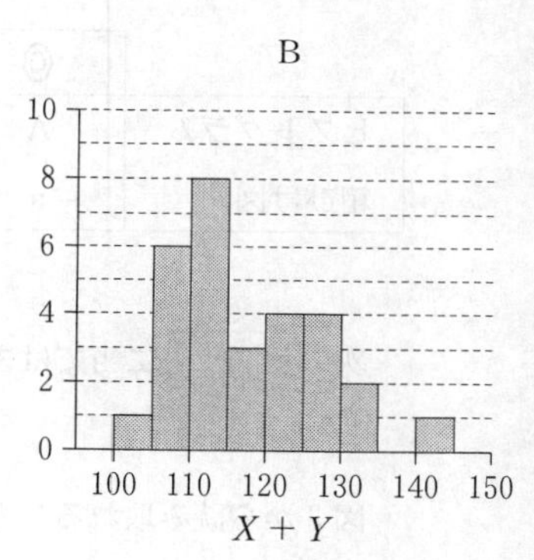

図　2

(出典：国際スキー連盟のWebページにより作成)

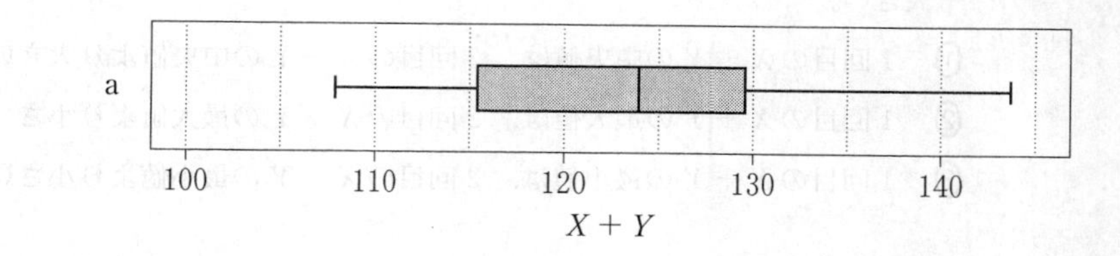

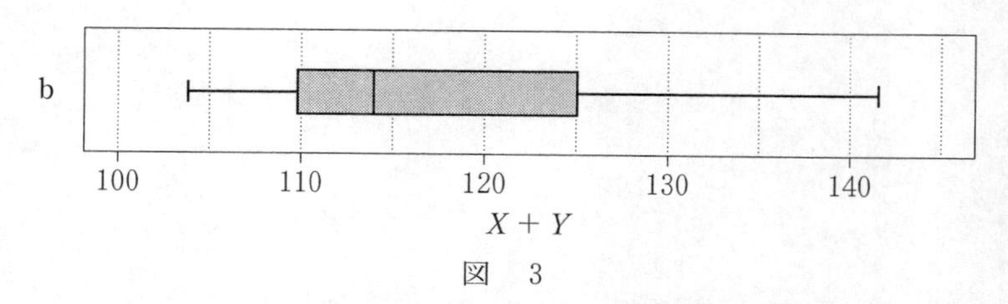

図　3

(出典：国際スキー連盟のWebページにより作成)

(数学Ⅰ・数学A第2問は次ページに続く。)

次の ツ に当てはまるものを，下の表の⓪〜③のうちから一つ選べ。

1 回目の $X+Y$ の値について，ヒストグラムおよび箱ひげ図の組合せとして正しいものは， ツ である。

	⓪	①	②	③
ヒストグラム	A	A	B	B
箱ひげ図	a	b	a	b

次の テ に当てはまるものを，下の⓪〜③のうちから一つ選べ。

図 3 から読み取れることとして正しいものは， テ である。

⓪ 1 回目の $X+Y$ の四分位範囲は，2 回目の $X+Y$ の四分位範囲より大きい。

① 1 回目の $X+Y$ の中央値は，2 回目の $X+Y$ の中央値より大きい。

② 1 回目の $X+Y$ の最大値は，2 回目の $X+Y$ の最大値より小さい。

③ 1 回目の $X+Y$ の最小値は，2 回目の $X+Y$ の最小値より小さい。

第3問～第5問は，いずれか2問を選択し，解答しなさい。

第3問 （選択問題）（配点　20）

あたりが2本，はずれが2本の合計4本からなるくじがある。A，B，Cの3人がこの順に1本ずつくじを引く。ただし，1度引いたくじはもとに戻さない。

(1)　A，Bの少なくとも一方があたりのくじを引く事象 E_1 の確率は，

$\dfrac{\boxed{\text{ア}}}{\boxed{\text{イ}}}$ である。

(2)　次の ウ ， エ ， オ に当てはまるものを，下の⓪～⑤のうちから一つずつ選べ。ただし，解答の順序は問わない。

A，B，Cの3人で2本のあたりのくじを引く事象 E は，3つの排反な事象 ウ ， エ ， オ の和事象である。

⓪　Aがはずれのくじを引く事象
①　Aだけがはずれのくじを引く事象
②　Bがはずれのくじを引く事象
③　Bだけがはずれのくじを引く事象
④　Cがはずれのくじを引く事象
⑤　Cだけがはずれのくじを引く事象

また，その和事象の確率は $\dfrac{\boxed{\text{カ}}}{\boxed{\text{キ}}}$ である。

(3)　事象 E_1 が起こったときの事象 E の起こる条件付き確率は，$\dfrac{\boxed{\text{ク}}}{\boxed{\text{ケ}}}$ である。

（数学Ⅰ・数学A第3問は次ページに続く。）

(4) 次の コ , サ , シ に当てはまるものを，下の⓪～⑤のうちから一つずつ選べ。ただし，解答の順序は問わない。

B，Cの少なくとも一方があたりのくじを引く事象 E_2 は，3つの排反な事象 コ , サ , シ の和事象である。

⓪ Aがはずれのくじを引く事象
① Aだけがはずれのくじを引く事象
② Bがはずれのくじを引く事象
③ Bだけがはずれのくじを引く事象
④ Cがはずれのくじを引く事象
⑤ Cだけがはずれのくじを引く事象

また，その和事象の確率は $\frac{ス}{セ}$ である。他方，A，Cの少なくとも一方があたりのくじをひく事象 E_3 の確率は，$\frac{ソ}{タ}$ である。

(5) 次の チ に当てはまるものを，下の⓪～⑥のうちから一つ選べ。

事象 E_1 が起こったときの事象 E の起こる条件付き確率 p_1，事象 E_2 が起こったときの事象 E の起こる条件付き確率 p_2，事象 E_3 が起こったときの事象 E の起こる条件付き確率 p_3 の間の大小関係は，チ である。

⓪ $p_1 < p_2 < p_3$　① $p_1 > p_2 > p_3$　② $p_1 < p_2 = p_3$
③ $p_1 > p_2 = p_3$　④ $p_1 = p_2 < p_3$　⑤ $p_1 = p_2 > p_3$
⑥ $p_1 = p_2 = p_3$

第3問～第5問は，いずれか2問を選択し，解答しなさい。

第4問 （選択問題）（配点　20）

(1) 百の位の数が3，十の位の数が7，一の位の数がaである3桁(けた)の自然数を$37a$と表記する。

$37a$が4で割り切れるのは

$$a = \boxed{\text{ア}},\quad \boxed{\text{イ}}$$

のときである。ただし，$\boxed{\text{ア}}$，$\boxed{\text{イ}}$の解答の順序は問わない。

(2) 千の位の数が7，百の位の数がb，十の位の数が5，一の位の数がcである4桁の自然数を$7b5c$と表記する。

$7b5c$が4でも9でも割り切れるb，cの組は，全部で$\boxed{\text{ウ}}$個ある。これらのうち，$7b5c$の値が最小になるのは$b = \boxed{\text{エ}}$，$c = \boxed{\text{オ}}$のときで，$7b5c$の値が最大になるのは$b = \boxed{\text{カ}}$，$c = \boxed{\text{キ}}$のときである。

また，$7b5c = (6 \times n)^2$となるb，cと自然数nは

$$b = \boxed{\text{ク}},\quad c = \boxed{\text{ケ}},\quad n = \boxed{\text{コサ}}$$

である。

（数学Ⅰ・数学A第4問は次ページに続く。）

(3) 1188の正の約数は全部で **シス** 個ある。

これらのうち，2の倍数は **セソ** 個，4の倍数は **タ** 個ある。

1188のすべての正の約数の積を2進法で表すと，末尾には0が連続して **チツ** 個並ぶ。

第3問〜第5問は，いずれか2問を選択し，解答しなさい。

第5問 （選択問題）（配点　20）

△ABCにおいて，AB = 3，BC = 8，AC = 7とする。

(1) 辺AC上に点DをAD = 3となるようにとり，△ABDの外接円と直線BCの交点でBと異なるものをEとする。このとき，BC・CE = [アイ] であるから，$\mathrm{CE} = \dfrac{[ウ]}{[エ]}$ である。

直線ABと直線DEの交点をFとするとき，$\dfrac{\mathrm{BF}}{\mathrm{AF}} = \dfrac{[オカ]}{[キ]}$ であるから，

$\mathrm{AF} = \dfrac{[クケ]}{[コ]}$ である。

（数学Ⅰ・数学A第5問は次ページに続く。）

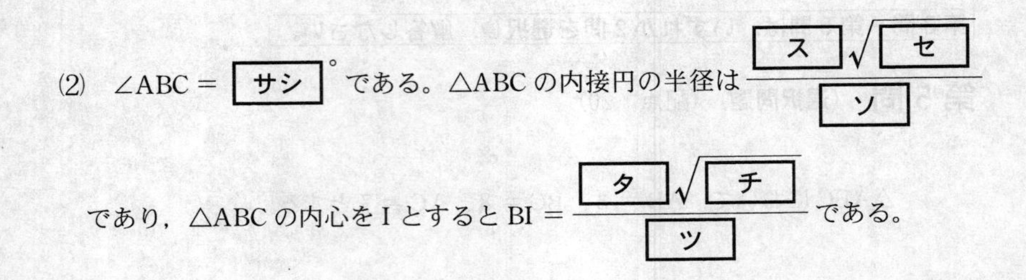

(2)　∠ABC ＝ $\boxed{\text{サシ}}$°である。△ABC の内接円の半径は $\dfrac{\boxed{\text{ス}}\sqrt{\boxed{\text{セ}}}}{\boxed{\text{ソ}}}$

であり，△ABC の内心を I とすると BI ＝ $\dfrac{\boxed{\text{タ}}\sqrt{\boxed{\text{チ}}}}{\boxed{\text{ツ}}}$ である。

数学Ⅱ・数学B

問　題	選　択　方　法
第１問	必　　　答
第２問	必　　　答
第３問	いずれか２問を選択し，解答しなさい。
第４問	
第５問	

（注）この科目には，選択問題があります。（19ページ参照。）

第１問　（必答問題）（配点　30）

〔1〕　連立方程式

$$\begin{cases} \cos 2\alpha + \cos 2\beta = \dfrac{4}{15} & \cdots\cdots\cdots\cdots ① \\ \cos\alpha\cos\beta = -\dfrac{2\sqrt{15}}{15} & \cdots\cdots\cdots\cdots ② \end{cases}$$

を考える。ただし，$0 \leqq \alpha \leqq \pi$，$0 \leqq \beta \leqq \pi$であり，$\alpha < \beta$かつ

$$|\cos\alpha| \geqq |\cos\beta| \quad \cdots\cdots\cdots\cdots ③$$

とする。このとき，$\cos\alpha$と$\cos\beta$の値を求めよう。

2倍角の公式を用いると，①から

$$\cos^2\alpha + \cos^2\beta = \frac{\boxed{\text{アイ}}}{\boxed{\text{ウエ}}}$$

が得られる。また，②から，$\cos^2\alpha\cos^2\beta = \dfrac{\boxed{\text{オ}}}{15}$である。

（数学Ⅱ・数学Ｂ第１問は次ページに続く。）

したがって，条件 ③ を用いると

$$\cos^2\alpha = \frac{\boxed{カ}}{\boxed{キ}}, \quad \cos^2\beta = \frac{\boxed{ク}}{\boxed{ケ}}$$

である。よって，② と条件 $0 \leqq \alpha \leqq \pi$，$0 \leqq \beta \leqq \pi$，$\alpha < \beta$ から

$$\cos\alpha = \frac{\boxed{コ}\sqrt{\boxed{サ}}}{\boxed{シ}}, \quad \cos\beta = \frac{\boxed{ス}\sqrt{\boxed{セ}}}{\boxed{ソ}}$$

である。

（数学Ⅱ・数学B第１問は次ページに続く。）

〔2〕 座標平面上に点$\mathrm{A}\left(0,\ \dfrac{3}{2}\right)$をとり，関数$y = \log_2 x$のグラフ上に2点$\mathrm{B}(p,\ \log_2 p)$，$\mathrm{C}(q,\ \log_2 q)$をとる。線分ABを1：2に内分する点がCであるとき，p，qの値を求めよう。

真数の条件により，$p >$ [タ]，$q >$ [タ] である。ただし，対数$\log_a b$に対し，aを底といい，bを真数という。

線分ABを1：2に内分する点の座標は，pを用いて

$$\left(\frac{\boxed{チ}}{\boxed{ツ}}p,\quad \frac{\boxed{テ}}{\boxed{ト}}\log_2 p + \boxed{ナ}\right)$$

と表される。これがCの座標と一致するので

$$\begin{cases} \dfrac{\boxed{チ}}{\boxed{ツ}}p = q & \cdots\cdots④ \\ \dfrac{\boxed{テ}}{\boxed{ト}}\log_2 p + \boxed{ナ} = \log_2 q & \cdots\cdots⑤ \end{cases}$$

が成り立つ。

(数学Ⅱ・数学B第1問は次ページに続く。)

⑤は

$$p = \frac{\boxed{ニ}}{\boxed{ヌ}} q^{\boxed{ネ}} \quad \cdots\cdots\cdots ⑥$$

と変形できる。④と⑥を連立させた方程式を解いて，$p >$ タ ，$q >$ タ に注意すると

$$p = \boxed{ノ}\sqrt{\boxed{ハ}}, \quad q = \boxed{ヒ}\sqrt{\boxed{フ}}$$

である。

また，Cの y 座標 $\log_2\left(\boxed{ヒ}\sqrt{\boxed{フ}}\right)$ の値を，小数第2位を四捨五入して小数第1位まで求めると， ヘ である。 ヘ に当てはまるものを，次の⓪～ⓑのうちから一つ選べ。ただし，$\log_{10} 2 = 0.3010$，$\log_{10} 3 = 0.4771$，$\log_{10} 7 = 0.8451$ とする。

⓪ 0.3　① 0.6　② 0.9　③ 1.3　④ 1.6　⑤ 1.9
⑥ 2.3　⑦ 2.6　⑧ 2.9　⑨ 3.3　ⓐ 3.6　ⓑ 3.9

第２問 (必答問題) (配点 30)

Oを原点とする座標平面上の放物線 $y = x^2 + 1$ を C とし，点$(a,\ 2a)$をPとする。

(1) 点Pを通り，放物線 C に接する直線の方程式を求めよう。

C 上の点$(t,\ t^2 + 1)$における接線の方程式は

$$y = \boxed{ア}\,tx - t^2 + \boxed{イ}$$

である。この直線がPを通るとすると，t は方程式

$$t^2 - \boxed{ウ}\,at + \boxed{エ}\,a - \boxed{オ} = 0$$

を満たすから，$t = \boxed{カ}\,a - \boxed{キ}$，$\boxed{ク}$ である。よって，$a \neq \boxed{ケ}$ のとき，Pを通る C の接線は２本あり，それらの方程式は

$$y = \left(\boxed{コ}\,a - \boxed{サ}\right)x - \boxed{シ}\,a^2 + \boxed{ス}\,a \quad \cdots\cdots\cdots ①$$

と

$$y = \boxed{セ}\,x$$

である。

(2) (1)の方程式①で表される直線を ℓ とする。ℓ と y 軸との交点を $\mathrm{R}(0,\ r)$ とすると，$r = -\boxed{シ}\,a^2 + \boxed{ス}\,a$ である。$r > 0$ となるのは，$\boxed{ソ} < a < \boxed{タ}$ のときであり，このとき，三角形OPRの面積 S は

$$S = \boxed{チ}\left(a^{\boxed{ツ}} - a^{\boxed{テ}}\right)$$

となる。

(数学Ⅱ・数学B第２問は次ページに続く。)

ソ $< a <$ タ のとき，S の増減を調べると，S は $a = \dfrac{\boxed{\text{ト}}}{\boxed{\text{ナ}}}$

で最大値 $\dfrac{\boxed{\text{ニ}}}{\boxed{\text{ヌネ}}}$ をとることがわかる。

(3) ソ $< a <$ タ のとき，放物線 C と(2)の直線 ℓ および2直線 $x = 0$，$x = a$ で囲まれた図形の面積を T とすると

$$T = \frac{\boxed{\text{ノ}}}{\boxed{\text{ハ}}}a^3 - \boxed{\text{ヒ}}\,a^2 + \boxed{\text{フ}}$$

である。$\dfrac{\boxed{\text{ト}}}{\boxed{\text{ナ}}} \leqq a <$ タ の範囲において，T は へ 。 へ に当てはまるものを，次の⓪～⑤のうちから一つ選べ。

⓪ 減少する

① 極小値をとるが，極大値はとらない

② 増加する

③ 極大値をとるが，極小値はとらない

④ 一定である

⑤ 極小値と極大値の両方をとる

第3問～第5問は，いずれか2問を選択し，解答しなさい。

第3問 （選択問題）（配点　20）

以下において考察する数列の項は，すべて実数であるとする。

(1)　等比数列$\{s_n\}$の初項が1，公比が2であるとき

$$s_1s_2s_3 = \boxed{\text{ア}}, \quad s_1 + s_2 + s_3 = \boxed{\text{イ}}$$

である。

(2)　$\{s_n\}$を初項x，公比rの等比数列とする。a，bを実数(ただし$a \neq 0$)とし，$\{s_n\}$の最初の3項が

$$s_1s_2s_3 = a^3 \quad \cdots\cdots ①$$

$$s_1 + s_2 + s_3 = b \quad \cdots\cdots ②$$

を満たすとする。このとき

$$xr = \boxed{\text{ウ}} \quad \cdots\cdots ③$$

である。さらに，②，③を用いてr，a，bの満たす関係式を求めると

$$\boxed{\text{エ}}\,r^2 + \left(\boxed{\text{オ}} - \boxed{\text{カ}}\right)r + \boxed{\text{キ}} = 0 \quad \cdots\cdots ④$$

を得る。④を満たす実数rが存在するので

$$\boxed{\text{ク}}\,a^2 + \boxed{\text{ケ}}\,ab - b^2 \leqq 0 \quad \cdots\cdots ⑤$$

である。

逆に，a，bが⑤を満たすとき，③，④を用いてr，xの値を求めることができる。

（数学Ⅱ・数学B第3問は次ページに続く。）

(3)　$a=64$, $b=336$ のとき，(2)の条件 ①，② を満たし，公比が1より大きい等比数列 $\{s_n\}$ を考える。③，④ を用いて $\{s_n\}$ の公比 r と初項 x を求めると，

$r=$ **コ** ，$x=$ **サシ** である。

$\{s_n\}$ を用いて，数列 $\{t_n\}$ を

$$t_n = s_n \log_{\boxed{コ}} s_n \quad (n=1,\ 2,\ 3,\ \cdots)$$

と定める。このとき，$\{t_n\}$ の一般項は $t_n = \left(n + \boxed{ス}\right)\cdot \boxed{コ}^{\,n+\boxed{セ}}$ である。$\{t_n\}$ の初項から第 n 項までの和 U_n は，$U_n - \boxed{コ}\,U_n$ を計算することにより

$$U_n = \frac{\boxed{ソ}\,n + \boxed{タ}}{\boxed{チ}} \cdot \boxed{コ}^{\,n+\boxed{ツ}} - \frac{\boxed{テト}}{\boxed{ナ}}$$

であることがわかる。

第3問～第5問は，いずれか2問を選択し，解答しなさい。

第4問　(選択問題)　(配点　20)

座標平面上に点A(2，0)をとり，原点Oを中心とする半径が2の円周上に点B，C，D，E，Fを，点A，B，C，D，E，Fが順に正六角形の頂点となるようにとる。ただし，Bは第1象限にあるとする。

(1)　点Bの座標は$\left(\boxed{\text{ア}},\ \sqrt{\boxed{\text{イ}}}\right)$，点Dの座標は$\left(-\boxed{\text{ウ}},\ 0\right)$である。

(2)　線分BDの中点をMとし，直線AMと直線CDの交点をNとする。$\overrightarrow{\mathrm{ON}}$を求めよう。

$\overrightarrow{\mathrm{ON}}$は実数$r$，$s$を用いて，$\overrightarrow{\mathrm{ON}}=\overrightarrow{\mathrm{OA}}+r\,\overrightarrow{\mathrm{AM}}$，$\overrightarrow{\mathrm{ON}}=\overrightarrow{\mathrm{OD}}+s\,\overrightarrow{\mathrm{DC}}$と2通りに表すことができる。ここで

$$\overrightarrow{\mathrm{AM}}=\left(-\frac{\boxed{\text{エ}}}{\boxed{\text{オ}}},\ \frac{\sqrt{\boxed{\text{カ}}}}{\boxed{\text{キ}}}\right)$$

$$\overrightarrow{\mathrm{DC}}=\left(\boxed{\text{ク}},\ \sqrt{\boxed{\text{ケ}}}\right)$$

であるから

$$r=\frac{\boxed{\text{コ}}}{\boxed{\text{サ}}},\quad s=\frac{\boxed{\text{シ}}}{\boxed{\text{ス}}}$$

である。よって

$$\overrightarrow{\mathrm{ON}}=\left(-\frac{\boxed{\text{セ}}}{\boxed{\text{ソ}}},\ \frac{\boxed{\text{タ}}\sqrt{\boxed{\text{チ}}}}{\boxed{\text{ツ}}}\right)$$

である。

(数学Ⅱ・数学B第4問は次ページに続く。)

(3)　線分 BF 上に点 P をとり，その y 座標を a とする。点 P から直線 CE に引いた垂線と，点 C から直線 EP に引いた垂線との交点を H とする。

$\overrightarrow{\mathrm{EP}}$ が

$$\overrightarrow{\mathrm{EP}} = \left(\boxed{\text{テ}},\quad \boxed{\text{ト}} + \sqrt{\boxed{\text{ナ}}} \right)$$

と表せることにより，H の座標を a を用いて表すと

$$\left(\frac{\boxed{\text{ニ}}\, a^{\boxed{\text{ヌ}}} + \boxed{\text{ネ}}}{\boxed{\text{ノ}}},\quad \boxed{\text{ハ}} \right)$$

である。

さらに，$\overrightarrow{\mathrm{OP}}$ と $\overrightarrow{\mathrm{OH}}$ のなす角を θ とする。$\cos\theta = \dfrac{12}{13}$ のとき，a の値は

$$a = \pm \frac{\boxed{\text{ヒ}}}{\boxed{\text{フヘ}}}$$

である。

第3問～第5問は，いずれか2問を選択し，解答しなさい。

第5問 （選択問題）（配点　20）

以下の問題を解答するにあたっては，必要に応じて33ページの正規分布表を用いてもよい。

(1)　1回の試行において，事象Aの起こる確率がp，起こらない確率が$1-p$であるとする。この試行をn回繰り返すとき，事象Aの起こる回数をWとする。確率変数Wの平均(期待値) mが$\dfrac{1216}{27}$，標準偏差σが$\dfrac{152}{27}$であるとき，

$n=$ アイウ ，$p=\dfrac{\text{エ}}{\text{オカ}}$ である。

（数学Ⅱ・数学B第5問は次ページに続く。）

(2)　(1)の反復試行において，W が 38 以上となる確率の近似値を求めよう。

いま

$$P(W \geqq 38) = P\left(\frac{W-m}{\sigma} \geqq -\boxed{\text{キ}}.\boxed{\text{クケ}}\right)$$

と変形できる。ここで，$Z = \dfrac{W-m}{\sigma}$ とおき，W の分布を正規分布で近似すると，正規分布表から確率の近似値は次のように求められる。

$$P\left(Z \geqq -\boxed{\text{キ}}.\boxed{\text{クケ}}\right) = 0.\boxed{\text{コサ}}$$

（数学Ⅱ・数学B第５問は次ページに続く。）

(3) 連続型確率変数Xのとり得る値xの範囲が$s \leqq x \leqq t$で，確率密度関数が$f(x)$のとき，Xの平均$E(X)$は次の式で与えられる。

$$E(X) = \int_s^t x f(x)\,dx$$

aを正の実数とする。連続型確率変数Xのとり得る値xの範囲が$-a \leqq x \leqq 2a$で，確率密度関数が

$$f(x) = \begin{cases} \dfrac{2}{3a^2}(x+a) & (-a \leqq x \leqq 0 \text{のとき}) \\ \dfrac{1}{3a^2}(2a-x) & (0 \leqq x \leqq 2a \text{のとき}) \end{cases}$$

であるとする。このとき，$a \leqq X \leqq \dfrac{3}{2}a$ となる確率は$\dfrac{\boxed{シ}}{\boxed{ス}}$である。

また，Xの平均は$\dfrac{\boxed{セ}}{\boxed{ソ}}$である。さらに，$Y = 2X + 7$とおくと，$Y$の平均は$\dfrac{\boxed{タチ}}{\boxed{ツ}} + \boxed{テ}$である。

（数学Ⅱ・数学B第5問は次ページに続く。）

正規分布表

次の表は，標準正規分布の分布曲線における右図の灰色部分の面積の値をまとめたものである。

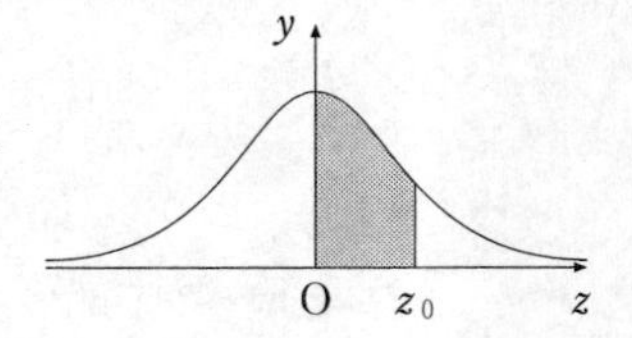

z_0	0.00	0.01	0.02	0.03	0.04	0.05	0.06	0.07	0.08	0.09
0.0	0.0000	0.0040	0.0080	0.0120	0.0160	0.0199	0.0239	0.0279	0.0319	0.0359
0.1	0.0398	0.0438	0.0478	0.0517	0.0557	0.0596	0.0636	0.0675	0.0714	0.0753
0.2	0.0793	0.0832	0.0871	0.0910	0.0948	0.0987	0.1026	0.1064	0.1103	0.1141
0.3	0.1179	0.1217	0.1255	0.1293	0.1331	0.1368	0.1406	0.1443	0.1480	0.1517
0.4	0.1554	0.1591	0.1628	0.1664	0.1700	0.1736	0.1772	0.1808	0.1844	0.1879
0.5	0.1915	0.1950	0.1985	0.2019	0.2054	0.2088	0.2123	0.2157	0.2190	0.2224
0.6	0.2257	0.2291	0.2324	0.2357	0.2389	0.2422	0.2454	0.2486	0.2517	0.2549
0.7	0.2580	0.2611	0.2642	0.2673	0.2704	0.2734	0.2764	0.2794	0.2823	0.2852
0.8	0.2881	0.2910	0.2939	0.2967	0.2995	0.3023	0.3051	0.3078	0.3106	0.3133
0.9	0.3159	0.3186	0.3212	0.3238	0.3264	0.3289	0.3315	0.3340	0.3365	0.3389
1.0	0.3413	0.3438	0.3461	0.3485	0.3508	0.3531	0.3554	0.3577	0.3599	0.3621
1.1	0.3643	0.3665	0.3686	0.3708	0.3729	0.3749	0.3770	0.3790	0.3810	0.3830
1.2	0.3849	0.3869	0.3888	0.3907	0.3925	0.3944	0.3962	0.3980	0.3997	0.4015
1.3	0.4032	0.4049	0.4066	0.4082	0.4099	0.4115	0.4131	0.4147	0.4162	0.4177
1.4	0.4192	0.4207	0.4222	0.4236	0.4251	0.4265	0.4279	0.4292	0.4306	0.4319
1.5	0.4332	0.4345	0.4357	0.4370	0.4382	0.4394	0.4406	0.4418	0.4429	0.4441
1.6	0.4452	0.4463	0.4474	0.4484	0.4495	0.4505	0.4515	0.4525	0.4535	0.4545
1.7	0.4554	0.4564	0.4573	0.4582	0.4591	0.4599	0.4608	0.4616	0.4625	0.4633
1.8	0.4641	0.4649	0.4656	0.4664	0.4671	0.4678	0.4686	0.4693	0.4699	0.4706
1.9	0.4713	0.4719	0.4726	0.4732	0.4738	0.4744	0.4750	0.4756	0.4761	0.4767
2.0	0.4772	0.4778	0.4783	0.4788	0.4793	0.4798	0.4803	0.4808	0.4812	0.4817
2.1	0.4821	0.4826	0.4830	0.4834	0.4838	0.4842	0.4846	0.4850	0.4854	0.4857
2.2	0.4861	0.4864	0.4868	0.4871	0.4875	0.4878	0.4881	0.4884	0.4887	0.4890
2.3	0.4893	0.4896	0.4898	0.4901	0.4904	0.4906	0.4909	0.4911	0.4913	0.4916
2.4	0.4918	0.4920	0.4922	0.4925	0.4927	0.4929	0.4931	0.4932	0.4934	0.4936
2.5	0.4938	0.4940	0.4941	0.4943	0.4945	0.4946	0.4948	0.4949	0.4951	0.4952
2.6	0.4953	0.4955	0.4956	0.4957	0.4959	0.4960	0.4961	0.4962	0.4963	0.4964
2.7	0.4965	0.4966	0.4967	0.4968	0.4969	0.4970	0.4971	0.4972	0.4973	0.4974
2.8	0.4974	0.4975	0.4976	0.4977	0.4977	0.4978	0.4979	0.4979	0.4980	0.4981
2.9	0.4981	0.4982	0.4982	0.4983	0.4984	0.4984	0.4985	0.4985	0.4986	0.4986
3.0	0.4987	0.4987	0.4987	0.4988	0.4988	0.4989	0.4989	0.4989	0.4990	0.4990

MEMO

数学Ⅰ・数学A
数学Ⅱ・数学B

（2017年１月実施）

数学Ⅰ・数学A　60分　100点
数学Ⅱ・数学B　60分　100点

追試験
2017

数学Ⅰ・数学A

問　題	選　択　方　法
第1問	必　　答
第2問	必　　答
第3問	いずれか2問を選択し，解答しなさい。
第4問	
第5問	

（注）この科目には，選択問題があります。（36ページ参照。）

第1問　（必答問題）（配点　30）

〔1〕

(1)　$k=\dfrac{6}{\sqrt{3}+1}$ とする。分母を有理化すると

$$k=\boxed{\text{ア}}\sqrt{\boxed{\text{イ}}}-\boxed{\text{ウ}}$$

となる。また，k の整数部分は $\boxed{\text{エ}}$ である。

(2)　x に関する不等式

$$6\geqq|(\sqrt{3}+1)x-12|$$

を解くと

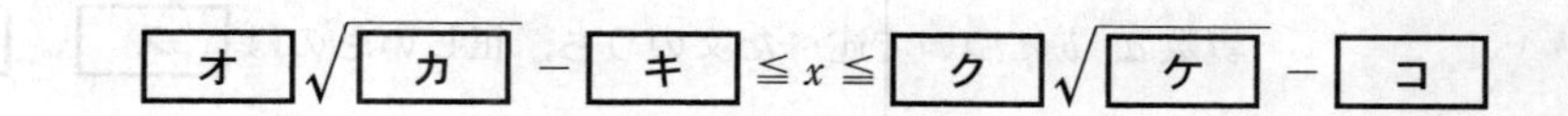

$$\boxed{\text{オ}}\sqrt{\boxed{\text{カ}}}-\boxed{\text{キ}}\leqq x\leqq\boxed{\text{ク}}\sqrt{\boxed{\text{ケ}}}-\boxed{\text{コ}}$$

となり，この不等式を満たす整数は全部で $\boxed{\text{サ}}$ 個ある。

（数学Ⅰ・数学A第1問は次ページに続く。）

〔2〕

(1) 次の シ に当てはまるものを，下の⓪～③のうちから一つ選べ。

命題A「a が無理数で $1 + a^2 = b^2$ ならば，b は無理数である」

命題B「a が有理数で $1 + a^2 = b^2$ ならば，b は有理数である」

の真偽について正しいものは， シ である。

⓪ 命題Aは真，命題Bは真
① 命題Aは真，命題Bは偽
② 命題Aは偽，命題Bは真
③ 命題Aは偽，命題Bは偽

(2) 次の ス ， セ に当てはまるものを，下の⓪～③のうちから一つずつ選べ。ただし，解答の順序は問わない。

実数 a，b について述べた文のうち，正しいものは ス ， セ である。

⓪ $a - 1 \leqq b \leqq a + 1$ は，$a = b$ であるための十分条件である。
① $a - 2 \leqq b \leqq a + 2$ は，$a - 1 \leqq b \leqq a + 1$ であるための必要条件である。
② 命題「$a - 1 \leqq b \leqq a + 1 \Longrightarrow (a = 1$ かつ $b = 1)$」の逆は「$(a = 1$ または $b = 1) \Longrightarrow a - 1 \leqq b \leqq a + 1$」である。
③ 命題「$a - 1 \leqq b \leqq a + 1 \Longrightarrow (a = 1$ かつ $b = 1)$」の対偶は「$(a \neq 1$ または $b \neq 1) \Longrightarrow (a - 1 > b$ または $b > a + 1)$」である。

（数学Ⅰ・数学A第1問は次ページに続く。）

〔3〕 aを定数とし，次の2つの関数を考える。

$$f(x)=(1-2a)x^2+2x-a-2$$
$$g(x)=(a+1)x^2+ax-1$$

(1) 関数$y=g(x)$のグラフが直線になるのは，$a=$ ソタ のときである。このとき，関数$y=f(x)$のグラフとx軸との交点のx座標は

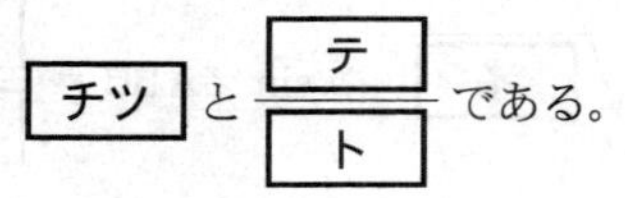

(2) 方程式$f(x)+g(x)=0$がただ1つの実数解をもつのは，aの値が

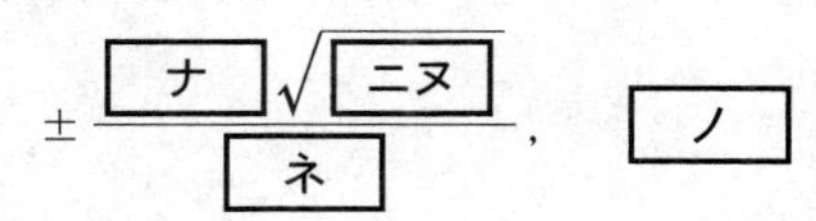

のときである。

第2問　(必答問題)（配点　30）

〔1〕　点Aを中心とする半径1の円がある。点Aから距離2の位置にある点Bから円Aに接線を1本引く。その接線と円Aとの接点をCとし，点Dを線分CDが円Aの直径となるようにとる。

このとき

$$BC = \sqrt{\boxed{ア}}, \quad BD = \sqrt{\boxed{イ}}, \quad \sin \angle ABC = \frac{\boxed{ウ}}{\boxed{エ}}$$

である。

(数学Ⅰ・数学A第2問は次ページに続く。)

また，△ABD の外接円の半径は $\dfrac{\sqrt{\boxed{\text{オカ}}}}{\boxed{\text{キ}}}$ である。その外接円の中心

を O とすると，$\cos \angle \mathrm{BOD} = \dfrac{\boxed{\text{クケ}}}{\boxed{\text{コ}}}$，$\dfrac{\sin \angle \mathrm{AOC}}{\sin \angle \mathrm{COD}} = \dfrac{\boxed{\text{サ}}}{\boxed{\text{シ}}}$ である。

（数学Ⅰ・数学A第２問は次ページに続く。）

〔2〕 1組から3組の生徒100人に対し，テストを3回行った。1回目と2回目のテストは100点満点，3回目は200点満点である。

(1) 次の表1および図1は，1回目のテストの組ごとの得点に対する度数分布表および箱ひげ図である。

表 1

階　　級	1組	2組	3組
45点以上50点未満	5	3	4
50点以上55点未満	4	4	2
55点以上60点未満	3	5	10
60点以上65点未満	7	1	7
65点以上70点未満	7	13	4
70点以上75点未満	7	6	5
75点以上80点未満	1	1	1
合　　計	34	33	33

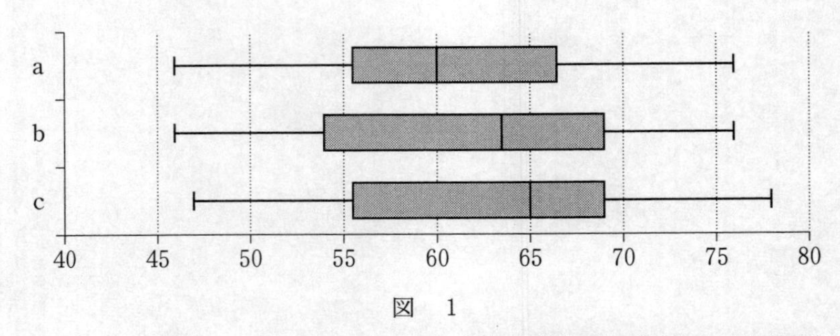

図 1

(数学Ⅰ・数学A第2問は次ページに続く。)

次の ス に当てはまるものを，下の⓪～⑤のうちから一つ選べ。

1組から3組の1回目のテストの結果と対応する図1の箱ひげ図の組合せは ス である。

	⓪	①	②	③	④	⑤
1組	a	a	b	b	c	c
2組	b	c	a	c	a	b
3組	c	b	c	a	b	a

（数学Ⅰ・数学A第2問は次ページに続く。）

(2)　次の表2は，1回目のテストの得点と2回目のテストの得点の標準偏差と共分散の値であり，図2は，この2つのテストの得点の散布図と箱ひげ図である。ただし，表2の数値は正確な値であり，四捨五入されていないものとする。また，図2の散布図の点は重なっていることもある。

表　2

	標準偏差	共分散
1回目の得点	8.4	25.0
2回目の得点	5.2	

(共分散とは，1回目の得点の偏差と2回目の得点の偏差の積の平均値である。)

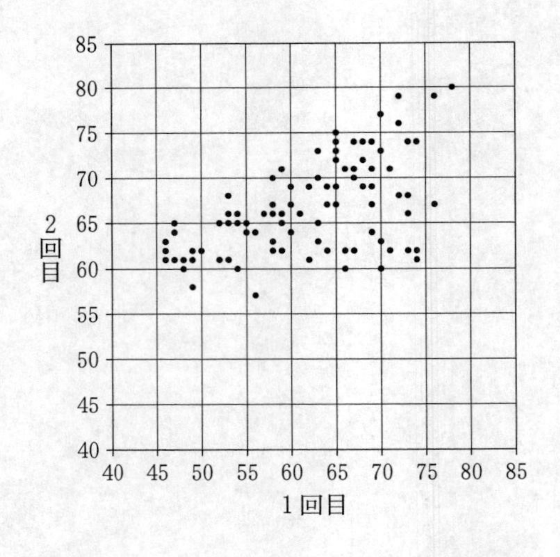

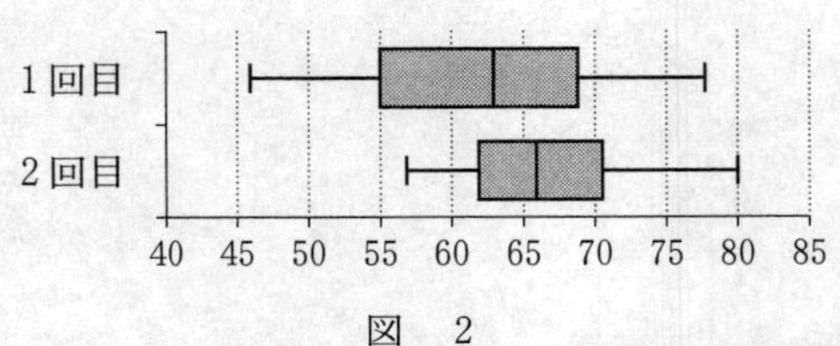

図　2

(数学Ⅰ・数学A第2問は次ページに続く。)

次の セ ， ソ に当てはまるものを，下の⓪～⑤のうちから一つずつ選べ。ただし，解答の順序は問わない。

表2および図2の散布図と箱ひげ図について述べた文として**誤っている**ものは， セ ， ソ である。

⓪ 四分位範囲は，2回目の得点のほうが小さい。

① 表2から1回目の得点と2回目の得点の相関係数を計算すると，0.65以上になる。

② 1回目の得点が55点未満であった生徒は全員，1回目の得点より2回目の得点のほうが高い。

③ 2回目の得点が70点以上であった生徒は，25人以上いる。

④ 2回目の得点が1回目の得点より10点以上高い生徒は全員，1回目の得点が55点未満である。

⑤ 65点以上の得点をとった生徒の人数は，1回目のテストより2回目のテストのほうが多い。

（数学Ⅰ・数学A第2問は次ページに続く。）

(3) 次の表 3 は，1 回目のテストの得点と 3 回目のテストの得点の平均点と標準偏差の値であり，図 3 は，この 2 つのテストの得点の散布図である。ただし，表 3 の数値は正確な値であり、四捨五入されていないものとする。また，図 3 の散布図の点は重なっていることもある。

表　3

	平均点	標準偏差
1 回目の得点	61.9	8.4
3 回目の得点	133.3	26.0

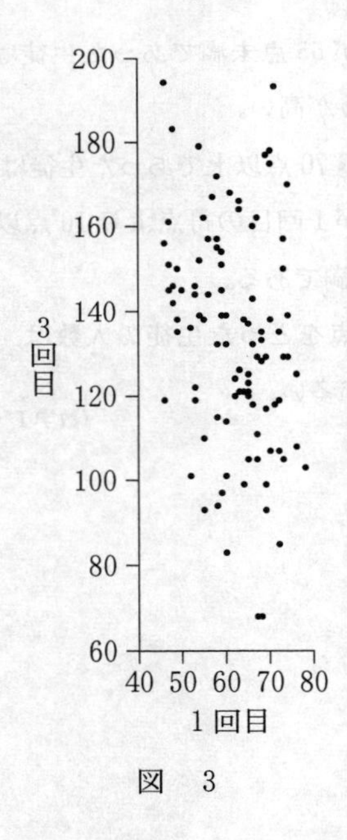

図　3

ここで，2 つのテストの得点をそれぞれ，次の計算式により新しい得点に換算した。

$$新しい得点 = 50 + 10 \times \frac{得点の偏差}{標準偏差} \quad \cdots\cdots\cdots\cdots \quad (*)$$

（数学Ⅰ・数学A第 2 問は次ページに続く。）

次の［タ］に当てはまるものを，下の⓪～③のうちから一つ選べ。

1回目の得点を式(＊)により換算した新しい得点と3回目の得点を式(＊)により換算した新しい得点の散布図は［タ］である。

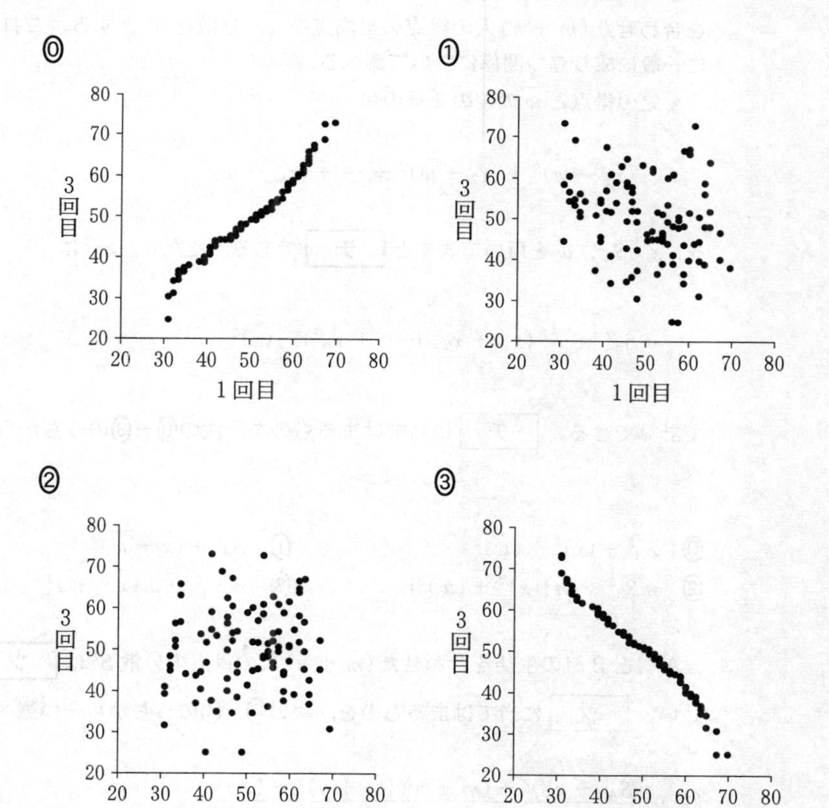

(数学Ⅰ・数学A第2問は次ページに続く。)

〔3〕 A 組 m 人と B 組 n 人の生徒に対して行ったテストの得点を

A 組　$x_1,\ x_2,\ \cdots,\ x_m$
B 組　$y_1,\ y_2,\ \cdots,\ y_n$

と書く。各組の平均点を $\overline{x},\ \overline{y}$，分散を $S_A{}^2,\ S_B{}^2$ とする。また，A 組と B 組を合わせた $(m+n)$ 人の得点の平均点を $\overline{w}$，分散を S^2 とする。これらの間に一般に成り立つ関係について調べる。

A 組の得点と $\overline{w}$ の差の 2 乗の和

$$(x_1-\overline{w})^2+(x_2-\overline{w})^2+\cdots+(x_m-\overline{w})^2$$

を，$\overline{x},\ S_A{}^2,\ \overline{w}$ を用いて表すと **チ** である。ただし，$S_A{}^2$ は

$$S_A{}^2=\frac{1}{m}(x_1{}^2+x_2{}^2+\cdots+x_m{}^2)-(\overline{x})^2$$

で計算できる。 チ に当てはまるものを，次の⓪～③のうちから一つ選べ。

⓪ $S_A{}^2+(\overline{x})^2+(\overline{w})^2$　　① $S_A{}^2+(\overline{x}-\overline{w})^2$
② $mS_A{}^2+m\{(\overline{x})^2+(\overline{w})^2\}$　　③ $mS_A{}^2+m(\overline{x}-\overline{w})^2$

A 組と B 組の生徒を合わせた $(m+n)$ 人の得点の分散 S^2 は **ツ** に等しい。 ツ に当てはまるものを，次の⓪～④のうちから一つ選べ。

⓪ $\dfrac{mS_A{}^2+nS_B{}^2+(m+n)\{(\overline{x}+\overline{y})^2-(\overline{w})^2\}}{m+n}$

① $\dfrac{mS_A{}^2+nS_B{}^2-(m+n)\{(\overline{x})^2+(\overline{y})^2-(\overline{w})^2\}}{m+n}$

② $\dfrac{mS_A{}^2+nS_B{}^2-\{m(\overline{x})^2+n(\overline{y})^2\}+(m+n)(\overline{w})^2}{m+n}$

③ $\dfrac{mS_A{}^2+nS_B{}^2+m(\overline{x})^2+n(\overline{y})^2+(m+n)(\overline{w})^2}{m+n}$

④ $\dfrac{mS_A{}^2+nS_B{}^2+m(\overline{x})^2+n(\overline{y})^2-(m+n)(\overline{w})^2}{m+n}$

第3問～第5問は，いずれか2問を選択し，解答しなさい。

第3問　（選択問題）（配点　20）

〔1〕 壺(つぼ)の中に1から4までの数字が一つずつ書かれた4枚のカードが入っている。この壺からカードを1枚取り出し，その数字を見てもとの壺に戻す試行を行う。

(1) この試行を2回行うとき，2回続けて数字1が取り出される確率は

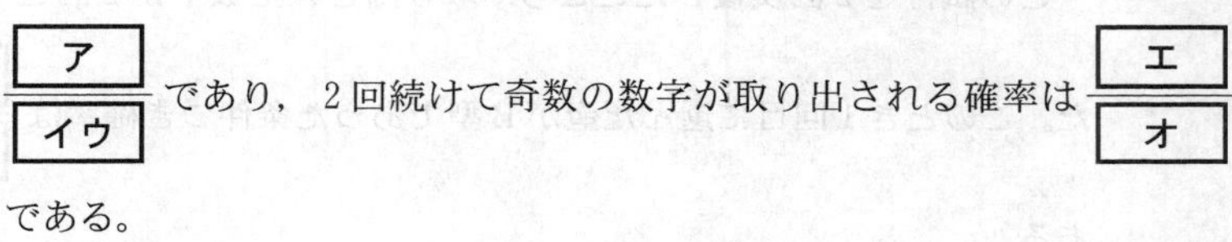

$\dfrac{\boxed{ア}}{\boxed{イウ}}$ であり，2回続けて奇数の数字が取り出される確率は $\dfrac{\boxed{エ}}{\boxed{オ}}$

である。

(2) この試行を4回行うとき，数字1が少なくとも2回取り出される確率は

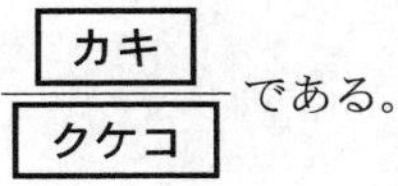

$\dfrac{\boxed{カキ}}{\boxed{クケコ}}$ である。

(3) この試行を繰り返すとき，1回目から4回目までに取り出された数字に，1から4までのすべての数字が現れる確率は $\dfrac{\boxed{サ}}{\boxed{シス}}$ である。また，4回繰り返してもどれかの数字が現れないという条件のもとで，更に，もう1度試行を行うと1から4までのすべての数字が現れる条件つき

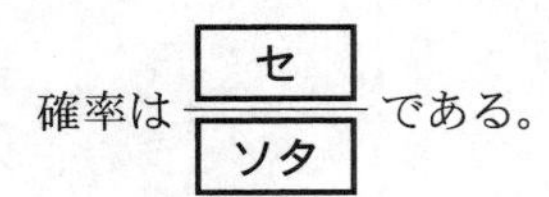

確率は $\dfrac{\boxed{セ}}{\boxed{ソタ}}$ である。

（数学Ⅰ・数学A第3問は次ページに続く。）

〔2〕 壺を3個用意し，そのうち2個の壺には，それぞれ，1から4までの数字が一つずつ書かれた4枚のカードが入っている。残りの1個の壺には，数字1の書かれたカードが2枚，数字2，3の書かれたカードがそれぞれ1枚入っている。はじめの2個の壺をA型の壺，残り1個の壺をB型の壺と呼ぶ。ただし，これらの壺は外から見て区別できない。

これら3個の壺から1個をでたらめに選び，更にそこからカードを1枚取り出しその数字を記録してもとの壺に戻す，という試行を行う。

この試行を2回反復したところ，取り出された数字が2回とも1であった。このとき1回目に選んだ壺がB型であった条件つき確率は $\dfrac{\boxed{チ}}{\boxed{ツ}}$ である。

第3問〜第5問は，いずれか2問を選択し，解答しなさい。

第4問　(選択問題)(配点　20)

(1)　不定方程式

$$21x+13=16y+12=96z+28$$

の整数解 x，y，z を求めるためには，2つの不定方程式

$$21x+13=16y+12 \quad \cdots\cdots ①$$

$$16y+12=96z+28 \quad \cdots\cdots ②$$

の共通の整数解を求めればよい。まず，① の整数解 x，y のうち，$|x|$ が最小になるのは $x=$ **ア**，$y=$ **イ** であり，① のすべての解は s を整数として

$x=$ ア $+$ **ウエ** s，　$y=$ イ $+$ **オカ** s

と表される。次にこれらのうち，② を満たすものを求める。

(数学Ⅰ・数学A第4問は次ページに続く。)

②に $y = \boxed{\text{イ}} + \boxed{\text{オカ}}\, s$ を代入すると

$$\boxed{\text{キ}}\, z - \boxed{\text{ク}}\, s = 1 \qquad \cdots\cdots\cdots\cdots\cdots ③$$

となる。③の整数解 z, s のうち, $|z|$ が最小になるのは

$z = \boxed{\text{ケコ}}$, $s = \boxed{\text{サシ}}$ であり, ③のすべての解は t を整数として

$$z = \boxed{\text{ケコ}} + \boxed{\text{ス}}\, t, \quad s = \boxed{\text{サシ}} + \boxed{\text{セ}}\, t$$

と表される。よって, ①, ②の共通解は

$$x = \boxed{\text{ソタチ}} + \boxed{\text{ツテ}}\, t$$
$$y = \boxed{\text{トナニ}} + \boxed{\text{ヌネ}}\, t$$
$$z = \boxed{\text{ケコ}} + \boxed{\text{ス}}\, t$$

である。

(2) 自然数 n は, 21 で割ると 13 余り, 16 で割ると 12 余り, 96 で割ると 28 余るとする。このとき, x, y, z をそれぞれの商とすると

$$n = 21x + 13 = 16y + 12 = 96z + 28$$

を満たす。このような n のうち, 最小のものは $\boxed{\text{ノハヒ}}$ である。

第3問～第5問は，いずれか2問を選択し，解答しなさい。

第5問 （選択問題）（配点　20）

二等辺三角形ABCにおいて，AB = AC = 2，BC = 3とする。

直線AC上に，Cとは異なる点Dを∠ABC = ∠ABDを満たすようにとると，$\dfrac{\mathrm{AD}}{\mathrm{BD}} = \dfrac{\boxed{\text{ア}}}{\boxed{\text{イ}}}$である。△ABDと△BCDにおいて，∠ABD = ∠BCDで∠Dは共通であるから，$\dfrac{\mathrm{BD}}{\mathrm{CD}} = \dfrac{\boxed{\text{ウ}}}{\boxed{\text{エ}}}$である。$\dfrac{\mathrm{AD}}{\mathrm{CD}} = \dfrac{\mathrm{AD}}{\mathrm{BD}} \cdot \dfrac{\mathrm{BD}}{\mathrm{CD}}$に着目すると，$\mathrm{CD} = \dfrac{\boxed{\text{オカ}}}{\boxed{\text{キ}}}$である。

△BCDの外接円をOとし，点Bにおける円Oの接線と直線ACとの交点をEとすると，点Eは辺ACのAの側の延長上にある。このとき

$$\angle \mathrm{DBE} = \frac{\boxed{\text{ク}}}{\boxed{\text{ケ}}} \angle \mathrm{ABE}$$

であるから，$\dfrac{\mathrm{DE}}{\mathrm{BE}} = \dfrac{\boxed{\text{コ}}}{\boxed{\text{サ}}}$である。

（数学Ⅰ・数学A第5問は次ページに続く。）

また，線分 BE は線分 [シ] と同じ長さである。[シ] に当てはまるものを，次の⓪～④のうちから一つ選べ。

⓪ AB　① AD　② AE　③ BC　④ CD

したがって，$\mathrm{DE} = \dfrac{\boxed{\text{スセ}}}{\boxed{\text{ソ}}}$ である。

辺 BC の中点を M とし，線分 EM と線分 BD の交点を F とすると

$$\frac{\mathrm{FM}}{\mathrm{EF}} = \frac{\boxed{\text{タ}}}{\boxed{\text{チツ}}}$$

である。

数学Ⅱ・数学B

問　題	選　択　方　法
第1問	必　　答
第2問	必　　答
第3問	いずれか2問を選択し，解答しなさい。
第4問	
第5問	

（注）この科目には，選択問題があります。（55ページ参照。）

第１問　（必答問題）（配点　30）

〔1〕　$0 \leqq \alpha \leqq \dfrac{\pi}{2}$，$0 \leqq \beta \leqq \dfrac{\pi}{2}$ および関係式

$$2\cos^2(\beta-\alpha) = 3\sin(\beta-\alpha) \quad \cdots\cdots\cdots\cdots ①$$

を満たす α，β に対して，$y = 4\sin^2\beta - 4\cos^2\alpha$ とおく。

(1)　$t = \sin(\beta-\alpha)$ とおくと，① から $t = \dfrac{\boxed{ア}}{\boxed{イ}}$ であることがわかる。

$0 \leqq \alpha \leqq \dfrac{\pi}{2}$，$0 \leqq \beta \leqq \dfrac{\pi}{2}$ であるから，$\beta - \alpha = \dfrac{\pi}{\boxed{ウ}}$ である。

（数学Ⅱ・数学B第１問は次ページに続く。）

(2) (1)により $\beta = \alpha + \dfrac{\pi}{\boxed{ウ}}$ であるから，加法定理を用いて，y を α で

表すと

$$y = \boxed{エ} - \boxed{オ}\cos^2\alpha + \boxed{カ}\sqrt{\boxed{キ}}\sin\alpha\cos\alpha \quad \cdots ②$$

となる。このことから，$y = \boxed{エ}$ となるのは，$\alpha = \dfrac{\pi}{\boxed{ク}}$，

$\beta = \dfrac{\pi}{\boxed{ケ}}$ のときである。

(3) 2倍角の公式を用いると，② は

$$y = \sqrt{\boxed{コ}}\sin 2\alpha - \boxed{サ}\cos 2\alpha$$

となる。さらに，三角関数の合成を用いると

$$y = \boxed{シ}\sqrt{\boxed{ス}}\sin\left(2\alpha - \frac{\pi}{\boxed{セ}}\right)$$

と変形できる。このことから，$y = -\sqrt{3}$ となるのは，$\alpha = \dfrac{\pi}{\boxed{ソタ}}$，

$\beta = \dfrac{\pi}{\boxed{チ}}$ のときである。

（数学Ⅱ・数学B第1問は次ページに続く。）

〔2〕 p, q, x, y は実数とし，関係式

$$p=\log_3\left\{3^x-\left(\frac{1}{3}\right)^x\right\},\quad q=\log_3\left\{3^y-\left(\frac{1}{3}\right)^y\right\}$$

を満たすとする。

(1) 真数の条件により，$x>$ [ツ]，$y>$ [ツ] である。ただし，対数 $\log_a b$ に対し，a を底といい，b を真数という。

また，$x<y$ であるとき

3^x [テ] 3^y，　$\left(\frac{1}{3}\right)^x$ [ト] $\left(\frac{1}{3}\right)^y$，　p [ナ] q

が成り立つ。[テ]，[ト]，[ナ] に当てはまるものを，次の⓪～②のうちから一つずつ選べ。ただし，同じものを繰り返し選んでもよい。

⓪ ＜　　① ＝　　② ＞

（数学Ⅱ・数学B第1問は次ページに続く。）

(2) $x = \log_3 4$ のとき，$p = \log_3$ ニ $-$ ヌ $\log_3 2 +$ ネ である。また，$p = \log_3 4$ のとき，$x = \log_3\left(\text{ノ} + \sqrt{\text{ハ}}\right)$ である。

(3) 関係式 $y = 2x - 1$，$q = 2p - 1$ が成り立つとき，$x = \dfrac{\log_3 \text{ヒ}}{\text{フ}}$ である。

第2問 （必答問題）（配点　30）

関数 $f(x) = x^3 - 5x^2 + 3x - 4$ について考える。

(1) 関数 $f(x)$ の増減を調べよう。$f(x)$ の導関数は

$$f'(x) = \boxed{ア}x^2 - \boxed{イウ}x + \boxed{エ}$$

であり，$f(x)$ は $x = \dfrac{\boxed{オ}}{\boxed{カ}}$ で極大値，$x = \boxed{キ}$ で極小値をとる。よって，$x \geqq 0$ の範囲における $f(x)$ の最小値は $\boxed{クケコ}$ である。

また，方程式 $f(x) = 0$ の異なる実数解の個数は $\boxed{サ}$ 個である。

(2) 曲線 $y = f(x)$ 上の点 $(0,\ f(0))$ における接線を ℓ とすると，ℓ の方程式は $y = \boxed{シ}x - \boxed{ス}$ である。また，放物線 $y = x^2 + px + q$ を C とし，C は点 $\left(a,\ \boxed{シ}a - \boxed{ス}\right)$ で ℓ と接しているとする。このとき，p，q は a を用いて

$$p = \boxed{セソ}a + \boxed{タ},\quad q = a^{\boxed{チ}} - \boxed{ツ}$$

と表される。

（数学Ⅱ・数学B第2問は次ページに続く。）

(3)　(2)の放物線 C は，$0 \leqq x \leqq 1$ の範囲では，x 軸とただ1点 $(\beta,\ 0)$ で交わり，$0 < \beta < 1$ であるとする。このとき，$g(x) = x^2 + px + q$ とおけば

$$g(0)g(1) = a\left(a + \boxed{\text{テ}}\right)\left(a - \boxed{\text{ト}}\right)^2 < 0$$

である。$\left(a - \boxed{\text{ト}}\right)^2$ は負にならないので，a の値の範囲は

$\boxed{\text{ナニ}} < a < \boxed{\text{ヌ}}$ であり，$g(0)\ \boxed{\text{ネ}}\ 0$，$g(1)\ \boxed{\text{ノ}}\ 0$ である。ただし，$\boxed{\text{ネ}}$ と $\boxed{\text{ノ}}$ については，当てはまるものを，次の⓪～②のうちから一つずつ選べ。同じものを選んでもよい。

⓪　$<$　　　①　$=$　　　②　$>$

放物線 C の $0 \leqq x \leqq \beta$ の部分と，x 軸および y 軸で囲まれた図形の面積を S とする。また，C の $\beta \leqq x \leqq 1$ の部分と，x 軸および直線 $x = 1$ で囲まれた図形の面積を T とする。このとき，a の値によらず，$\displaystyle\int_0^1 g(x)\,dx = \boxed{\text{ハ}}$ が成り立つ。$\boxed{\text{ハ}}$ に当てはまるものを，次の⓪～⑦のうちから一つ選べ。

⓪　$S + T$　　　①　$\dfrac{S+T}{2}$　　　②　$2S + T$　　　③　$2T + S$

④　$S - T$　　　⑤　$T - S$　　　⑥　$2S - T$　　　⑦　$2T - S$

したがって，$S = T$ となる a の値を求めると，$a = \dfrac{\boxed{\text{ヒ}} - \sqrt{\boxed{\text{フヘ}}}}{\boxed{\text{ホ}}}$ である。

第3問～第5問は，いずれか2問を選択し，解答しなさい。

第3問 （選択問題）（配点 20）

次の(I)，(II)で定められる数列$\{a_n\}$を考える。

(I) $a_1 = 1$，$a_2 = 4$

(II) $n = 1, 2, 3, \cdots$に対して

$$(n+1)a_{n+2} - (3n+2)a_{n+1} + 2na_n = 4n+2 \quad \cdots\cdots\cdots ①$$

である。

(1) $a_3 =$ [アイ] である。

(2) $\{a_n\}$の一般項，および初項から第n項までの和S_nを求めよう。

①の左辺は

$$(n+1)a_{n+2} - (3n+2)a_{n+1} + 2na_n$$
$$= (n+1)\left(a_{n+2} - \boxed{ウ}\,a_{n+1}\right) - n\left(a_{n+1} - \boxed{ウ}\,a_n\right)$$

となる。よって

$$(n+1)\left(a_{n+2} - \boxed{ウ}\,a_{n+1}\right) - n\left(a_{n+1} - \boxed{ウ}\,a_n\right) = 4n+2$$

である。したがって，$b_n = n\left(a_{n+1} - \boxed{ウ}\,a_n\right)$とおくと，$\{b_n\}$の階差数列は初項 [エ]，公差 [オ] の等差数列であり，$\{b_n\}$の一般項は$b_n = \boxed{カ}\,n^{\boxed{キ}}$である。ゆえに

$$a_{n+1} - \boxed{ウ}\,a_n = \frac{1}{n} \cdot \boxed{カ}\,n^{\boxed{キ}} \quad \cdots\cdots\cdots ②$$

を得る。

（数学II・数学B第3問は次ページに続く。）

$c_n = a_{n+1} - a_n$ とおくと，② から，$c_{n+1} -$ ウ $c_n =$ クである。

$c_{n+1} +$ ケ $=$ ウ (${c_n +}$ ケ) により，数列 {$c_n +$ ケ} は初項 コ，公比 ウ の等比数列である。

したがって，$\{a_n\}$ の一般項は

$a_n =$ サ ・ シ ^ス^ $-$ セ $n -$ ソ

である。ただし，ス については，当てはまるものを，次の⓪～④のうちから一つ選べ。

⓪ $n-2$　① $n-1$　② n　③ $n+1$　④ $n+2$

また，$\{a_n\}$ の初項から第 n 項までの和 S_n は

$S_n =$ タ ・ チ ^ツ^ $- n^2 -$ テ $n -$ ト

である。ただし，ツ については，当てはまるものを，次の⓪～④のうちから一つ選べ。

⓪ $n-2$　① $n-1$　② n　③ $n+1$　④ $n+2$

第3問～第5問は，いずれか2問を選択し，解答しなさい。

第4問 （選択問題）（配点　20）

座標空間において4点 A(2，0，0)，B(1，1，0)，C(1，0，1)，D(x, y, z) を考える。

(1) 三つのベクトル $\overrightarrow{DA}$, $\overrightarrow{DB}$, $\overrightarrow{DC}$ について

$\overrightarrow{DA}\cdot\overrightarrow{DB}-\overrightarrow{DB}\cdot\overrightarrow{DC}=$ [ア] ……………………… ①

$\overrightarrow{DB}\cdot\overrightarrow{DC}-\overrightarrow{DC}\cdot\overrightarrow{DA}=$ [イ] ……………………… ②

である。[ア]，[イ] に当てはまるものを，次の⓪～⑧のうちから一つずつ選べ。ただし，同じものを選んでもよい。

⓪ $x-y-1$　　① $y-z-1$　　② $z-x-1$
③ $x-y$　　④ $y-z$　　⑤ $z-x$
⑥ $x-y+1$　　⑦ $y-z+1$　　⑧ $z-x+1$

(2) $AB=BC=CA=\sqrt{[ウ]}$ により，三角形ABCは正三角形である。以下，4点A，B，C，Dが，正四面体の四つの頂点になるとする。このときの x, y, z の値を求めよう。ただし，$x>1$ とする。

ベクトル $\overrightarrow{DA}$, $\overrightarrow{DB}$, $\overrightarrow{DC}$ の大きさは，いずれも $\sqrt{[エ]}$ であり，どの二つのベクトルのなす角も [オカ]° である。よって，$\overrightarrow{DA}\cdot\overrightarrow{DB}=\overrightarrow{DB}\cdot\overrightarrow{DC}=\overrightarrow{DC}\cdot\overrightarrow{DA}=$ [キ] となる。このことと①，②および $|\overrightarrow{DA}|=|\overrightarrow{DB}|=|\overrightarrow{DC}|=\sqrt{[エ]}$ により，$(x, y, z)=$ ([ク], [ケ], [コ]) となる。

（数学Ⅱ・数学B第4問は次ページに続く。）

(3)　$(x,\ y,\ z)=\left(\boxed{\text{ク}},\ \boxed{\text{ケ}},\ \boxed{\text{コ}}\right)$のときを考える。線分ABの中点をP，線分DAを1：2に内分する点をQ，線分DCを$t:(1-t)$ $(0<t<1)$に内分する点をRとする。三角形PQRの面積Sが最小になるときのtの値を求めよう。

$$|\overrightarrow{\mathrm{PQ}}|^2=\frac{\boxed{\text{サシ}}}{\boxed{\text{スセ}}},\quad |\overrightarrow{\mathrm{PR}}|^2=\boxed{\text{ソ}}\,t^2-\boxed{\text{タ}}\,t+\frac{\boxed{\text{チ}}}{\boxed{\text{ツ}}}$$

であり，$\overrightarrow{\mathrm{PQ}}$と$\overrightarrow{\mathrm{PR}}$のなす角を$\theta$とすると，$S=\dfrac{1}{2}|\overrightarrow{\mathrm{PQ}}||\overrightarrow{\mathrm{PR}}|\sin\theta$なので

$$\begin{aligned}4S^2&=|\overrightarrow{\mathrm{PQ}}|^2|\overrightarrow{\mathrm{PR}}|^2\sin^2\theta\\&=|\overrightarrow{\mathrm{PQ}}|^2|\overrightarrow{\mathrm{PR}}|^2-|\overrightarrow{\mathrm{PQ}}|^2|\overrightarrow{\mathrm{PR}}|^2\cos^2\theta\\&=t^2-\frac{\boxed{\text{テ}}}{\boxed{\text{ト}}}t+\frac{\boxed{\text{ナ}}}{\boxed{\text{ニヌ}}}\end{aligned}$$

である。よって，Sは$t=\dfrac{\boxed{\text{ネ}}}{\boxed{\text{ノハ}}}$のとき最小になる。

第3問～第5問は，いずれか2問を選択し，解答しなさい。

第5問 （選択問題）（配点　20）

$0 < p < 1$とする。袋の中に白球がp，赤球が$1-p$の割合で，全部でm個入っているものとする。

以下の問題を解答するにあたっては，必要に応じて69ページの正規分布表を用いてもよい。

(1)　$p = \frac{3}{5}$とする。この袋の中から1個の球を取り出し袋の中へ戻すという試行を4回繰り返すとき，白球の出る回数を表す確率変数をWとする。Wの平均(期待値)は$\frac{\boxed{アイ}}{\boxed{ウ}}$，$W$の分散は$\frac{\boxed{エオ}}{\boxed{カキ}}$である。

さらに

$$X = (\text{白球の出る回数}) - (\text{赤球の出る回数})$$

とするとき

$$X = \boxed{ク}\,W - \boxed{ケ}$$

が成り立つ。このことを利用して，Xの平均は$\frac{\boxed{コ}}{\boxed{サ}}$，$X$の分散は$\frac{\boxed{シス}}{\boxed{セソ}}$であることがわかる。

（数学Ⅱ・数学B第5問は次ページに続く。）

(2)　$m = 10$，$p = \frac{3}{5}$ とする。この袋の中から同時に 4 個の球を取り出すとき，

白球の個数を表す確率変数を Y とする。このとき

$$P(Y = 0) = \frac{\boxed{タ}}{\boxed{チツテ}}, \quad P(Y = 1) = \frac{\boxed{ト}}{\boxed{ナニ}}$$

である。同様に Y のとり得る他の値に対する確率を求めてから，Y の平均を

計算すると $\frac{\boxed{ヌネ}}{\boxed{ノ}}$ であることがわかる。

（数学Ⅱ・数学B第5問は次ページに続く。）

(3) 以下では，p の値がわからないとする。

この袋の中から1個の球を取り出し袋の中へ戻すという試行を n 回繰り返す(以下，これを n 回の復元抽出という)。n 回の復元抽出を行ったとき，白球の出る回数を確率変数 W で表し，$R=\dfrac{W}{n}$ とおく。n が十分大きいとき，確率変数 R は近似的に平均 p，分散 $\dfrac{p(1-p)}{n}$ の正規分布に従う。W のとる値を w とし，$r=\dfrac{w}{n}$ とおくと，R が近似的に従う正規分布の分散 $\dfrac{p(1-p)}{n}$ を $\dfrac{r(1-r)}{n}$ で置き換えることにより，p に対する信頼度(信頼係数)95 % の信頼区間 $A \leqq p \leqq B$ を求めることができる。このとき，$B-A$ を信頼区間の幅とよぶ。以下，信頼度 95 % を固定して考え，n は十分に大きいとする。

n 回の復元抽出を行って信頼区間を作るとき，信頼区間の幅が最大となる r の値は $r=0.$ ハ が得られたときである。このときの信頼区間の幅を L_1 とする。また，n 回の復元抽出を行って，$r=0.8$ が得られたときの信頼区間の幅を L_2 とする。このとき，$\dfrac{L_2}{L_1}=$ ヒ . フ である。

(数学Ⅱ・数学B第5問は次ページに続く。)

正　規　分　布　表

次の表は，標準正規分布の分布曲線における右図の灰色部分の面積の値をまとめたものである。

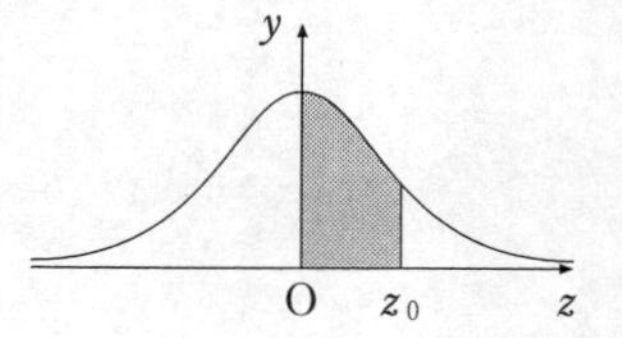

z_0	0.00	0.01	0.02	0.03	0.04	0.05	0.06	0.07	0.08	0.09
0.0	0.0000	0.0040	0.0080	0.0120	0.0160	0.0199	0.0239	0.0279	0.0319	0.0359
0.1	0.0398	0.0438	0.0478	0.0517	0.0557	0.0596	0.0636	0.0675	0.0714	0.0753
0.2	0.0793	0.0832	0.0871	0.0910	0.0948	0.0987	0.1026	0.1064	0.1103	0.1141
0.3	0.1179	0.1217	0.1255	0.1293	0.1331	0.1368	0.1406	0.1443	0.1480	0.1517
0.4	0.1554	0.1591	0.1628	0.1664	0.1700	0.1736	0.1772	0.1808	0.1844	0.1879
0.5	0.1915	0.1950	0.1985	0.2019	0.2054	0.2088	0.2123	0.2157	0.2190	0.2224
0.6	0.2257	0.2291	0.2324	0.2357	0.2389	0.2422	0.2454	0.2486	0.2517	0.2549
0.7	0.2580	0.2611	0.2642	0.2673	0.2704	0.2734	0.2764	0.2794	0.2823	0.2852
0.8	0.2881	0.2910	0.2939	0.2967	0.2995	0.3023	0.3051	0.3078	0.3106	0.3133
0.9	0.3159	0.3186	0.3212	0.3238	0.3264	0.3289	0.3315	0.3340	0.3365	0.3389
1.0	0.3413	0.3438	0.3461	0.3485	0.3508	0.3531	0.3554	0.3577	0.3599	0.3621
1.1	0.3643	0.3665	0.3686	0.3708	0.3729	0.3749	0.3770	0.3790	0.3810	0.3830
1.2	0.3849	0.3869	0.3888	0.3907	0.3925	0.3944	0.3962	0.3980	0.3997	0.4015
1.3	0.4032	0.4049	0.4066	0.4082	0.4099	0.4115	0.4131	0.4147	0.4162	0.4177
1.4	0.4192	0.4207	0.4222	0.4236	0.4251	0.4265	0.4279	0.4292	0.4306	0.4319
1.5	0.4332	0.4345	0.4357	0.4370	0.4382	0.4394	0.4406	0.4418	0.4429	0.4441
1.6	0.4452	0.4463	0.4474	0.4484	0.4495	0.4505	0.4515	0.4525	0.4535	0.4545
1.7	0.4554	0.4564	0.4573	0.4582	0.4591	0.4599	0.4608	0.4616	0.4625	0.4633
1.8	0.4641	0.4649	0.4656	0.4664	0.4671	0.4678	0.4686	0.4693	0.4699	0.4706
1.9	0.4713	0.4719	0.4726	0.4732	0.4738	0.4744	0.4750	0.4756	0.4761	0.4767
2.0	0.4772	0.4778	0.4783	0.4788	0.4793	0.4798	0.4803	0.4808	0.4812	0.4817
2.1	0.4821	0.4826	0.4830	0.4834	0.4838	0.4842	0.4846	0.4850	0.4854	0.4857
2.2	0.4861	0.4864	0.4868	0.4871	0.4875	0.4878	0.4881	0.4884	0.4887	0.4890
2.3	0.4893	0.4896	0.4898	0.4901	0.4904	0.4906	0.4909	0.4911	0.4913	0.4916
2.4	0.4918	0.4920	0.4922	0.4925	0.4927	0.4929	0.4931	0.4932	0.4934	0.4936
2.5	0.4938	0.4940	0.4941	0.4943	0.4945	0.4946	0.4948	0.4949	0.4951	0.4952
2.6	0.4953	0.4955	0.4956	0.4957	0.4959	0.4960	0.4961	0.4962	0.4963	0.4964
2.7	0.4965	0.4966	0.4967	0.4968	0.4969	0.4970	0.4971	0.4972	0.4973	0.4974
2.8	0.4974	0.4975	0.4976	0.4977	0.4977	0.4978	0.4979	0.4979	0.4980	0.4981
2.9	0.4981	0.4982	0.4982	0.4983	0.4984	0.4984	0.4985	0.4985	0.4986	0.4986
3.0	0.4987	0.4987	0.4987	0.4988	0.4988	0.4989	0.4989	0.4989	0.4990	0.4990

MEMO

2016
本試験

数学Ⅰ・数学A
数学Ⅱ・数学B

（2016年１月実施）

数学Ⅰ・数学A　60分　100点
数学Ⅱ・数学B　60分　100点

数学Ⅰ・数学A

<table>
<tr><th>問　題</th><th>選　択　方　法</th></tr>
<tr><td>第1問</td><td>必　　答</td></tr>
<tr><td>第2問</td><td>必　　答</td></tr>
<tr><td>第3問</td><td rowspan="3">いずれか2問を選択し，解答しなさい。</td></tr>
<tr><td>第4問</td></tr>
<tr><td>第5問</td></tr>
</table>

（注）この科目には，選択問題があります。（２ページ参照。）

第１問 （必答問題）（配点　30）

〔1〕 aを実数とする。xの関数

$$f(x)=(1+2a)(1-x)+(2-a)x$$

を考える。

$$f(x)=\left(-\boxed{\text{ア}}\,a+\boxed{\text{イ}}\right)x+2a+1$$

である。

(1)　$0 \leqq x \leqq 1$における$f(x)$の最小値は，

$a \leqq \dfrac{\boxed{\text{イ}}}{\boxed{\text{ア}}}$のとき，$\boxed{\text{ウ}}\,a+\boxed{\text{エ}}$であり，

$a > \dfrac{\boxed{\text{イ}}}{\boxed{\text{ア}}}$のとき，$\boxed{\text{オ}}\,a+\boxed{\text{カ}}$である。

(2)　$0 \leqq x \leqq 1$において，常に$f(x) \geqq \dfrac{2(a+2)}{3}$となる$a$の値の範囲は，

$\dfrac{\boxed{\text{キ}}}{\boxed{\text{ク}}} \leqq a \leqq \dfrac{\boxed{\text{ケ}}}{\boxed{\text{コ}}}$である。

（数学Ⅰ・数学A第１問は次ページに続く。）

〔2〕 次の問いに答えよ。必要ならば，$\sqrt{7}$ が無理数であることを用いてよい。

(1) A を有理数全体の集合，B を無理数全体の集合とする。空集合を$\varnothing$と表す。

次の(i)～(iv)が真の命題になるように，［サ］～［セ］に当てはまるものを，下の⓪～⑤のうちから一つずつ選べ。ただし，同じものを繰り返し選んでもよい。

(i) A ［サ］ $\{0\}$　　(ii) $\sqrt{28}$ ［シ］ B

(iii) $A=\{0\}$ ［ス］ A　　(iv) $\varnothing=A$ ［セ］ B

⓪ $\in$　① $\ni$　② $\subset$　③ $\supset$　④ $\cap$　⑤ $\cup$

(2) 実数 x に対する条件 p，q，r を次のように定める。

p：x は無理数
q：$x+\sqrt{28}$ は有理数
r：$\sqrt{28}\,x$ は有理数

次の［ソ］，［タ］に当てはまるものを，下の⓪～③のうちから一つずつ選べ。ただし，同じものを繰り返し選んでもよい。

p は q であるための［ソ］。

p は r であるための［タ］。

⓪ 必要十分条件である
① 必要条件であるが，十分条件でない
② 十分条件であるが，必要条件でない
③ 必要条件でも十分条件でもない

（数学Ⅰ・数学A第1問は次ページに続く。）

〔3〕 a を1以上の定数とし，x についての連立不等式

$$\begin{cases} x^2+(20-a^2)x-20a^2 \leqq 0 & \cdots\cdots\cdots\cdots\cdots\cdots\cdots\cdots ① \\ x^2+4ax \geqq 0 & \cdots\cdots\cdots\cdots\cdots\cdots\cdots\cdots ② \end{cases}$$

を考える。このとき，不等式①の解は［チツテ］$\leqq x \leqq a^2$ である。また，不等式②の解は $x \leqq$［トナ］a，［ニ］$\leqq x$ である。

この連立不等式を満たす負の実数が存在するような a の値の範囲は

$1 \leqq a \leqq$［ヌ］

である。

第２問 （必答問題）（配点　30）

〔1〕 $\triangle$ABCの辺の長さと角の大きさを測ったところ，$AB = 7\sqrt{3}$ および $\angle ACB = 60^\circ$ であった。したがって，$\triangle$ABCの外接円Oの半径は［ア］である。

外接円Oの，点Cを含む弧AB上で点Pを動かす。

(1) $2PA = 3PB$ となるのは $PA =$ ［イ］$\sqrt{［ウエ］}$ のときである。

(2) $\triangle$PABの面積が最大となるのは $PA =$ ［オ］$\sqrt{［カ］}$ のときである。

(3) $\sin\angle PBA$ の値が最大となるのは $PA =$ ［キク］のときであり，このとき$\triangle$PABの面積は $\dfrac{［ケコ］\sqrt{［サ］}}{［シ］}$ である。

（数学Ⅰ・数学A第２問は次ページに続く。）

〔2〕 次の4つの散布図は，2003年から2012年までの120か月の東京の月別データをまとめたものである。それぞれ，1日の最高気温の月平均(以下，平均最高気温)，1日あたり平均降水量，平均湿度，最高気温25℃以上の日数の割合を横軸にとり，各世帯の1日あたりアイスクリーム平均購入額(以下，購入額)を縦軸としてある。

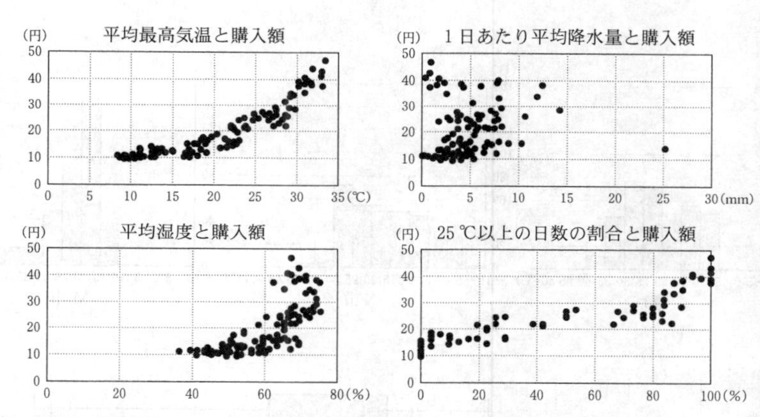

出典：総務省統計局(2013)『家計調査年報』，『過去の気象データ』(気象庁Webページ)などにより作成

次の［ス］，［セ］に当てはまるものを，下の⓪～④のうちから一つずつ選べ。ただし，解答の順序は問わない。

これらの散布図から読み取れることとして正しいものは，［ス］と［セ］である。

⓪ 平均最高気温が高くなるほど購入額は増加する傾向がある。
① 1日あたり平均降水量が多くなるほど購入額は増加する傾向がある。
② 平均湿度が高くなるほど購入額の散らばりは小さくなる傾向がある。
③ 25℃以上の日数の割合が80％未満の月は，購入額が30円を超えていない。
④ この中で正の相関があるのは，平均湿度と購入額の間のみである。

(数学Ⅰ・数学A第2問は次ページに続く。)

〔3〕 世界4都市(東京，O市，N市，M市)の2013年の365日の各日の最高気温のデータについて考える。

(1) 次のヒストグラムは，東京，N市，M市のデータをまとめたもので，この3都市の箱ひげ図は下のa，b，cのいずれかである。

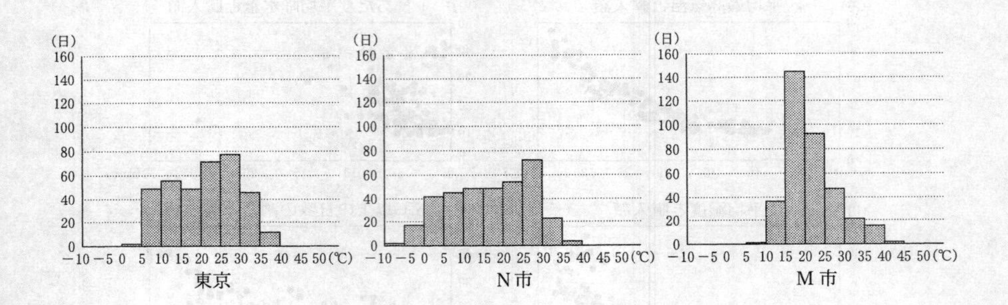

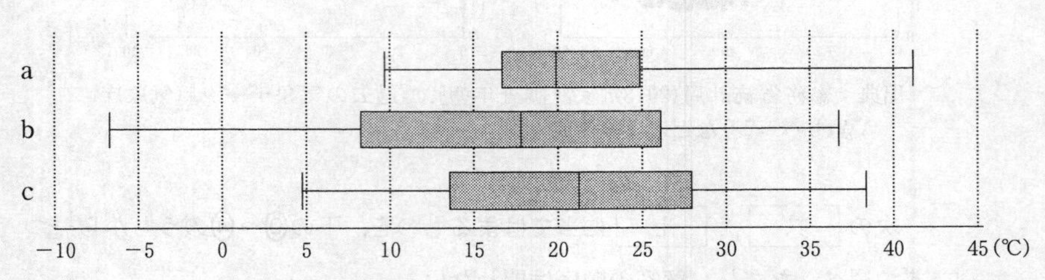

出典：『過去の気象データ』(気象庁Webページ)などにより作成

次の ソ に当てはまるものを，下の⓪～⑤のうちから一つ選べ。

都市名と箱ひげ図の組合せとして正しいものは， ソ である。

⓪ 東京—a, N市—b, M市—c
① 東京—a, N市—c, M市—b
② 東京—b, N市—a, M市—c
③ 東京—b, N市—c, M市—a
④ 東京—c, N市—a, M市—b
⑤ 東京—c, N市—b, M市—a

(数学Ⅰ・数学A第2問は次ページに続く。)

⑵ 次の3つの散布図は，東京，O市，N市，M市の2013年の365日の各日の最高気温のデータをまとめたものである。それぞれ，O市，N市，M市の最高気温を縦軸にとり，東京の最高気温を横軸にとってある。

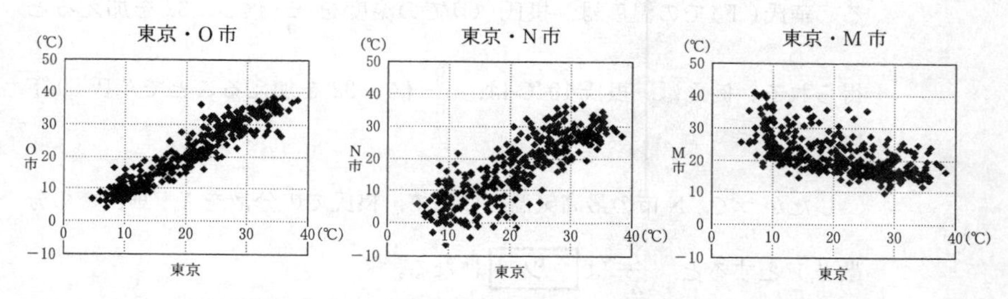

出典：『過去の気象データ』(気象庁 Web ページ)などにより作成

次の タ ， チ に当てはまるものを，下の⓪〜④のうちから一つずつ選べ。ただし，解答の順序は問わない。

これらの散布図から読み取れることとして正しいものは， タ と チ である。

⓪ 東京とN市，東京とM市の最高気温の間にはそれぞれ正の相関がある。

① 東京とN市の最高気温の間には正の相関，東京とM市の最高気温の間には負の相関がある。

② 東京とN市の最高気温の間には負の相関，東京とM市の最高気温の間には正の相関がある。

③ 東京とO市の最高気温の間の相関の方が，東京とN市の最高気温の間の相関より強い。

④ 東京とO市の最高気温の間の相関の方が，東京とN市の最高気温の間の相関より弱い。

(数学Ⅰ・数学A第2問は次ページに続く。)

(3) 次の ツ ， テ ， ト に当てはまるものを，下の⓪～⑨のうちから一つずつ選べ。ただし，同じものを繰り返し選んでもよい。

N市では温度の単位として摂氏(℃)のほかに華氏(°F)も使われている。華氏(°F)での温度は，摂氏(℃)での温度を$\frac{9}{5}$倍し，32を加えると得られる。例えば，摂氏10℃は，$\frac{9}{5}$倍し32を加えることで華氏50°Fとなる。

したがって，N市の最高気温について，摂氏での分散をX，華氏での分散をYとすると，$\frac{Y}{X}$は ツ になる。

東京(摂氏)とN市(摂氏)の共分散をZ，東京(摂氏)とN市(華氏)の共分散をWとすると，$\frac{W}{Z}$は テ になる(ただし，共分散は2つの変量のそれぞれの偏差の積の平均値)。

東京(摂氏)とN市(摂氏)の相関係数をU，東京(摂氏)とN市(華氏)の相関係数をVとすると，$\frac{V}{U}$は ト になる。

⓪ $-\frac{81}{25}$　① $-\frac{9}{5}$　② -1　③ $-\frac{5}{9}$　④ $-\frac{25}{81}$

⑤ $\frac{25}{81}$　⑥ $\frac{5}{9}$　⑦ 1　⑧ $\frac{9}{5}$　⑨ $\frac{81}{25}$

第3問～第5問は，いずれか2問を選択し，解答しなさい。

第3問 （選択問題）（配点　20）

赤球4個，青球3個，白球5個，合計12個の球がある。これら12個の球を袋の中に入れ，この袋からAさんがまず1個取り出し，その球をもとに戻さずに続いてBさんが1個取り出す。

(1)　AさんとBさんが取り出した2個の球のなかに，赤球か青球が少なくとも1個含まれている確率は $\dfrac{\boxed{アイ}}{\boxed{ウエ}}$ である。

(2)　Aさんが赤球を取り出し，かつBさんが白球を取り出す確率は $\dfrac{\boxed{オ}}{\boxed{カキ}}$ である。これより，Aさんが取り出した球が赤球であったとき，Bさんが取り出した球が白球である条件付き確率は $\dfrac{\boxed{ク}}{\boxed{ケコ}}$ である。

（数学Ⅰ・数学A第3問は次ページに続く。）

(3) Aさんは1球取り出したのち，その色を見ずにポケットの中にしまった。Bさんが取り出した球が白球であることがわかったとき，Aさんが取り出した球も白球であった条件付き確率を求めたい。

Aさんが赤球を取り出し，かつBさんが白球を取り出す確率は $\dfrac{\boxed{オ}}{\boxed{カキ}}$ であり，Aさんが青球を取り出し，かつBさんが白球を取り出す確率は $\dfrac{\boxed{サ}}{\boxed{シス}}$ である。同様に，Aさんが白球を取り出し，かつBさんが白球を取り出す確率を求めることができ，これらの事象は互いに排反であるから，Bさんが白球を取り出す確率は $\dfrac{\boxed{セ}}{\boxed{ソタ}}$ である。

よって，求める条件付き確率は $\dfrac{\boxed{チ}}{\boxed{ツテ}}$ である。

第3問～第5問は，いずれか2問を選択し，解答しなさい。

第4問 （選択問題）（配点　20）

(1)　不定方程式

$$92x + 197y = 1$$

をみたす整数 x，y の組の中で，x の絶対値が最小のものは

$x =$ アイ ，　$y =$ ウエ

である。不定方程式

$$92x + 197y = 10$$

をみたす整数 x，y の組の中で，x の絶対値が最小のものは

$x =$ オカキ ，　$y =$ クケ

である。

（数学Ⅰ・数学A第4問は次ページに続く。）

(2)　2 進法で $11011_{(2)}$ と表される数を 4 進法で表すと [コサシ]$_{(4)}$ である。

次の⓪～⑤の 6 進法の小数のうち，10 進法で表すと有限小数として表せるのは，[ス]，[セ]，[ソ] である。ただし，解答の順序は問わない。

⓪　$0.3_{(6)}$　　①　$0.4_{(6)}$

②　$0.33_{(6)}$　　③　$0.43_{(6)}$

④　$0.033_{(6)}$　　⑤　$0.043_{(6)}$

第3問〜第5問は，いずれか2問を選択し，解答しなさい。

第5問 （選択問題）（配点　20）

四角形ABCDにおいて，AB＝4，BC＝2，DA＝DCであり，4つの頂点A，B，C，Dは同一円周上にある。対角線ACと対角線BDの交点をE，線分ADを2：3の比に内分する点をF，直線FEと直線DCの交点をGとする。

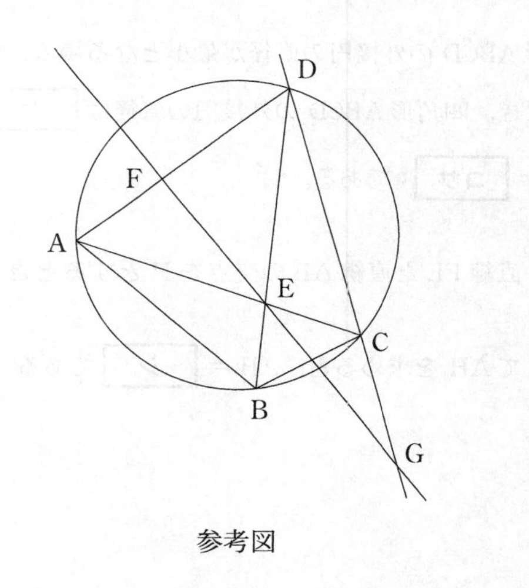

参考図

次の［ア］には，下の⓪〜④のうちから当てはまるものを一つ選べ。

∠ABCの大きさが変化するとき四角形ABCDの外接円の大きさも変化することに注意すると，∠ABCの大きさがいくらであっても，∠DACと大きさが等しい角は，∠DCAと∠DBCと［ア］である。

⓪　∠ABD　　①　∠ACB　　②　∠ADB
③　∠BCG　　④　∠BEG

このことより $\dfrac{\mathrm{EC}}{\mathrm{AE}}=\dfrac{\boxed{イ}}{\boxed{ウ}}$ である。次に，△ACDと直線FEに着目すると，$\dfrac{\mathrm{GC}}{\mathrm{DG}}=\dfrac{\boxed{エ}}{\boxed{オ}}$ である。

（数学Ⅰ・数学A第5問は次ページに続く。）

(1) 直線ABが点Gを通る場合について考える。

このとき，△AGDの辺AG上に点Bがあるので，BG = [カ] である。

また，直線ABと直線DCが点Gで交わり，4点A，B，C，Dは同一円周上にあるので，DC = [キ] $\sqrt{[ク]}$ である。

(2) 四角形ABCDの外接円の直径が最小となる場合について考える。

このとき，四角形ABCDの外接円の直径は [ケ] であり，

∠BAC = [コサ]° である。

また，直線FEと直線ABの交点をHとするとき，$\dfrac{GC}{DG} = \dfrac{[エ]}{[オ]}$ の関係に着目してAHを求めると，AH = [シ] である。

数学Ⅱ・数学B

問　題	選　択　方　法
第1問	必　　答
第2問	必　　答
第3問	いずれか2問を選択し，解答しなさい。
第4問	
第5問	

（注）この科目には，選択問題があります。（17ページ参照。）

第１問　（必答問題）（配点　30）

〔1〕

(1)　$8^{\frac{5}{6}} = \boxed{\text{ア}}\sqrt{\boxed{\text{イ}}}$，$\log_{27}\dfrac{1}{9} = \dfrac{\boxed{\text{ウエ}}}{\boxed{\text{オ}}}$ である。

(2)　$y = 2^x$ のグラフと $y = \left(\dfrac{1}{2}\right)^x$ のグラフは $\boxed{\text{カ}}$ である。

$y = 2^x$ のグラフと $y = \log_2 x$ のグラフは $\boxed{\text{キ}}$ である。

$y = \log_2 x$ のグラフと $y = \log_{\frac{1}{2}} x$ のグラフは $\boxed{\text{ク}}$ である。

$y = \log_2 x$ のグラフと $y = \log_2 \dfrac{1}{x}$ のグラフは $\boxed{\text{ケ}}$ である。

$\boxed{\text{カ}}$ ～ $\boxed{\text{ケ}}$ に当てはまるものを，次の⓪～③のうちから一つずつ選べ。ただし，同じものを繰り返し選んでもよい。

⓪　同一のもの　　　①　x 軸に関して対称

②　y 軸に関して対称　　　③　直線 $y = x$ に関して対称

（数学Ⅱ・数学B第１問は次ページに続く。）

(3)　$x > 0$ の範囲における関数 $y = \left(\log_2 \dfrac{x}{4}\right)^2 - 4\log_4 x + 3$ の最小値を求めよう。

$t = \log_2 x$ とおく。このとき，$y = t^2 -$ [コ] $t +$ [サ] である。また，x が $x > 0$ の範囲を動くとき，t のとり得る値の範囲は [シ] である。[シ] に当てはまるものを，次の⓪～③のうちから一つ選べ。

⓪　$t > 0$　　①　$t > 1$

②　$t > 0$ かつ $t \neq 1$　　③　実数全体

したがって，y は $t =$ [ス] のとき，すなわち $x =$ [セ] のとき，最小値 [ソタ] をとる。

(数学Ⅱ・数学B第1問は次ページに続く。)

〔2〕 k を正の定数として

$$\cos^2 x - \sin^2 x + k\left(\frac{1}{\cos^2 x} - \frac{1}{\sin^2 x}\right) = 0 \quad \cdots\cdots ①$$

を満たす x について考える。

(1) $0 < x < \dfrac{\pi}{2}$ の範囲で ① を満たす x の個数について考えよう。

① の両辺に $\sin^2 x \cos^2 x$ をかけ，2 倍角の公式を用いて変形すると

$$\left(\frac{\sin^2 2x}{\boxed{\text{チ}}} - k\right)\cos 2x = 0 \quad \cdots\cdots ②$$

を得る。したがって，k の値に関係なく，$x = \dfrac{\pi}{\boxed{\text{ツ}}}$ のときはつねに

① が成り立つ。また，$0 < x < \dfrac{\pi}{2}$ の範囲で $0 < \sin^2 2x \leqq 1$ であるか

ら，$k > \dfrac{\boxed{\text{テ}}}{\boxed{\text{ト}}}$ のとき，① を満たす x は $\dfrac{\pi}{\boxed{\text{ツ}}}$ のみである。一方，

$0 < k < \dfrac{\boxed{\text{テ}}}{\boxed{\text{ト}}}$ のとき，① を満たす x の個数は $\boxed{\text{ナ}}$ 個であり，

$k = \dfrac{\boxed{\text{テ}}}{\boxed{\text{ト}}}$ のときは $\boxed{\text{ニ}}$ 個である。

（数学Ⅱ・数学B第１問は次ページに続く。）

(2) $k=\dfrac{4}{25}$とし，$\dfrac{\pi}{4}<x<\dfrac{\pi}{2}$の範囲で①を満たす$x$について考えよう。

②により$\sin 2x=\dfrac{\boxed{\text{ヌ}}}{\boxed{\text{ネ}}}$であるから

$$\cos 2x=\dfrac{\boxed{\text{ノハ}}}{\boxed{\text{ヒ}}}$$

である。したがって

$$\cos x=\dfrac{\sqrt{\boxed{\text{フ}}}}{\boxed{\text{ヘ}}}$$

である。

第2問 （必答問題）（配点 30）

座標平面上で，放物線 $y=\dfrac{1}{2}x^2+\dfrac{1}{2}$ を C_1 とし，放物線 $y=\dfrac{1}{4}x^2$ を C_2 とする。

(1) 実数 a に対して，2直線 $x=a$，$x=a+1$ と C_1，C_2 で囲まれた図形 D の面積 S は

$$S=\int_a^{a+1}\left(\frac{1}{\boxed{\text{ア}}}x^2+\frac{1}{\boxed{\text{イ}}}\right)dx$$

$$=\frac{a^2}{\boxed{\text{ウ}}}+\frac{a}{\boxed{\text{エ}}}+\frac{\boxed{\text{オ}}}{\boxed{\text{カキ}}}$$

である。S は $a=\dfrac{\boxed{\text{クケ}}}{\boxed{\text{コ}}}$ で最小値 $\dfrac{\boxed{\text{サシ}}}{\boxed{\text{スセ}}}$ をとる。

(2) 4点 $(a, 0)$，$(a+1, 0)$，$(a+1, 1)$，$(a, 1)$ を頂点とする正方形を R で表す。a が $a \geqq 0$ の範囲を動くとき，正方形 R と(1)の図形 D の共通部分の面積を T とおく。T が最大となる a の値を求めよう。

直線 $y=1$ は，C_1 と $\left(\pm\boxed{\text{ソ}}, 1\right)$ で，C_2 と $\left(\pm\boxed{\text{タ}}, 1\right)$ で交わる。

したがって，正方形 R と図形 D の共通部分が空集合にならないのは，$0 \leqq a \leqq \boxed{\text{チ}}$ のときである。

（数学Ⅱ・数学B第2問は次ページに続く。）

[ソ] $\leqq a \leqq$ [チ] のとき，正方形 R は放物線 C_1 と x 軸の間にあり，この範囲で a が増加するとき，T は [ツ]。[ツ] に当てはまるものを，次の⓪～②のうちから一つ選べ。

⓪　増加する　　　　①　減少する　　　　②　変化しない

したがって，T が最大になる a の値は，$0 \leqq a \leqq$ [ソ] の範囲にある。

$0 \leqq a \leqq$ [ソ] のとき，(1)の図形 D のうち，正方形 R の外側にある部分の面積 U は

$$U = \frac{a^3}{\boxed{テ}} + \frac{a^2}{\boxed{ト}}$$

である。よって，$0 \leqq a \leqq$ [ソ] において

$$T = -\frac{a^3}{\boxed{ナ}} - \frac{a^2}{\boxed{ニ}} + \frac{a}{\boxed{ヌ}} + \frac{\boxed{オ}}{\boxed{カキ}} \quad \cdots\cdots\cdots ①$$

である。① の右辺の増減を調べることにより，T は

$$a = \frac{\boxed{ネノ} + \sqrt{\boxed{ハ}}}{\boxed{ヒ}}$$

で最大値をとることがわかる。

第3問〜第5問は，いずれか2問を選択し，解答しなさい。

第3問 (選択問題)(配点　20)

真分数を分母の小さい順に，分母が同じ場合には分子の小さい順に並べてできる数列

$$\frac{1}{2},\ \frac{1}{3},\ \frac{2}{3},\ \frac{1}{4},\ \frac{2}{4},\ \frac{3}{4},\ \frac{1}{5},\ \cdots$$

を$\{a_n\}$とする。真分数とは，分子と分母がともに自然数で，分子が分母より小さい分数のことであり，上の数列では，約分できる形の分数も含めて並べている。以下の問題に分数形で解答する場合は，**解答上の注意**にあるように，それ以上約分できない形で答えよ。

(1) $a_{15}=\dfrac{\boxed{\text{ア}}}{\boxed{\text{イ}}}$ である。また，分母に初めて8が現れる項は，$a_{\boxed{\text{ウエ}}}$ である。

(2) kを2以上の自然数とする。数列$\{a_n\}$において，$\dfrac{1}{k}$が初めて現れる項を第M_k項とし，$\dfrac{k-1}{k}$が初めて現れる項を第N_k項とすると

$$M_k=\frac{\boxed{\text{オ}}}{\boxed{\text{カ}}}k^2-\frac{\boxed{\text{キ}}}{\boxed{\text{ク}}}k+\boxed{\text{ケ}}$$

$$N_k=\frac{\boxed{\text{コ}}}{\boxed{\text{サ}}}k^2-\frac{\boxed{\text{シ}}}{\boxed{\text{ス}}}k$$

である。よって，$a_{104}=\dfrac{\boxed{\text{セソ}}}{\boxed{\text{タチ}}}$ である。

(数学Ⅱ・数学B第3問は次ページに続く。)

(3)　k を 2 以上の自然数とする。数列 $\{a_n\}$ の第 M_k 項から第 N_k 項までの和は，

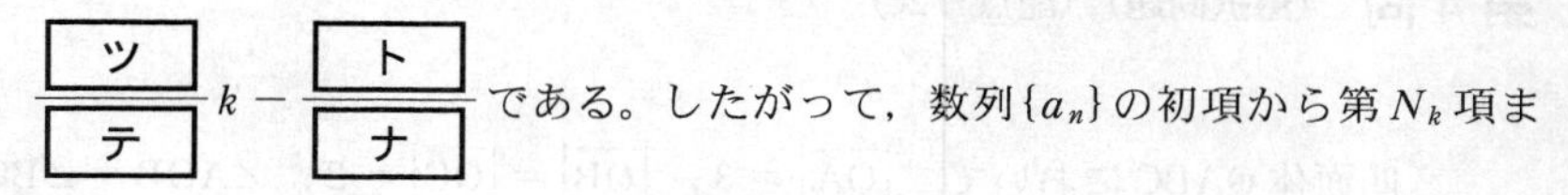

$\dfrac{\boxed{\text{ツ}}}{\boxed{\text{テ}}}k-\dfrac{\boxed{\text{ト}}}{\boxed{\text{ナ}}}$ である。したがって，数列 $\{a_n\}$ の初項から第 N_k 項までの和は

$$\frac{\boxed{\text{ニ}}}{\boxed{\text{ヌ}}}k^2-\frac{\boxed{\text{ネ}}}{\boxed{\text{ノ}}}k$$

である。よって

$$\sum_{n=1}^{103} a_n=\frac{\boxed{\text{ハヒフ}}}{\boxed{\text{ヘホ}}}$$

である。

第3問～第5問は，いずれか2問を選択し，解答しなさい。

第4問　（選択問題）（配点　20）

四面体OABCにおいて，$|\overrightarrow{\mathrm{OA}}|=3$，$|\overrightarrow{\mathrm{OB}}|=|\overrightarrow{\mathrm{OC}}|=2$，$\angle\mathrm{AOB}=\angle\mathrm{BOC}=\angle\mathrm{COA}=60^\circ$ であるとする。また，辺OA上に点Pをとり，辺BC上に点Qをとる。以下，$\overrightarrow{\mathrm{OA}}=\vec{a}$，$\overrightarrow{\mathrm{OB}}=\vec{b}$，$\overrightarrow{\mathrm{OC}}=\vec{c}$ とおく。

(1)　$0\leqq s\leqq 1$，$0\leqq t\leqq 1$ であるような実数 s，t を用いて $\overrightarrow{\mathrm{OP}}=s\vec{a}$，$\overrightarrow{\mathrm{OQ}}=(1-t)\vec{b}+t\vec{c}$ と表す。$\vec{a}\cdot\vec{b}=\vec{a}\cdot\vec{c}=$ [ア]，$\vec{b}\cdot\vec{c}=$ [イ] であることから

$$|\overrightarrow{\mathrm{PQ}}|^2=\left(\boxed{\text{ウ}}\,s-\boxed{\text{エ}}\right)^2+\left(\boxed{\text{オ}}\,t-\boxed{\text{カ}}\right)^2+\boxed{\text{キ}}$$

となる。したがって，$|\overrightarrow{\mathrm{PQ}}|$ が最小となるのは $s=\dfrac{\boxed{\text{ク}}}{\boxed{\text{ケ}}}$，$t=\dfrac{\boxed{\text{コ}}}{\boxed{\text{サ}}}$ のときであり，このとき $|\overrightarrow{\mathrm{PQ}}|=\sqrt{\boxed{\text{シ}}}$ となる。

（数学Ⅱ・数学B第4問は次ページに続く。）

(2) 三角形ABCの重心をGとする。$|\overrightarrow{PQ}| = \sqrt{\boxed{シ}}$ のとき，三角形GPQの面積を求めよう。

$\overrightarrow{OA} \cdot \overrightarrow{PQ} = \boxed{ス}$ から，$\angle APQ = \boxed{セソ}^\circ$ である。したがって，三角形APQの面積は $\sqrt{\boxed{タ}}$ である。また

$$\overrightarrow{OG} = \frac{\boxed{チ}}{\boxed{ツ}}\overrightarrow{OA} + \frac{\boxed{テ}}{\boxed{ト}}\overrightarrow{OQ}$$

であり，点Gは線分AQを $\boxed{ナ}$ ：1に内分する点である。

以上のことから，三角形GPQの面積は $\dfrac{\sqrt{\boxed{ニ}}}{\boxed{ヌ}}$ である。

第3問～第5問は，いずれか2問を選択し，解答しなさい。

第5問 （選択問題）（配点　20）

n を自然数とする。原点Oから出発して数直線上を n 回移動する点Aを考える。点Aは，1回ごとに，確率 p で正の向きに3だけ移動し，確率 $1-p$ で負の向きに1だけ移動する。ここで，$0<p<1$ である。n 回移動した後の点Aの座標を X とし，n 回の移動のうち正の向きの移動の回数を Y とする。

以下の問題を解答するにあたっては，必要に応じて31ページの正規分布表を用いてもよい。

(1) $p=\frac{1}{3}$，$n=2$ のとき，確率変数 X のとり得る値は，小さい順に $-$ ア ，イ ，ウ であり，これらの値をとる確率は，それぞれ $\frac{\text{エ}}{\text{オ}}$，$\frac{\text{カ}}{\text{オ}}$，$\frac{\text{キ}}{\text{オ}}$ である。

（数学Ⅱ・数学B第5問は次ページに続く。）

(2) n 回移動したとき，X と Y の間に

$$X = \boxed{\text{ク}}\,n + \boxed{\text{ケ}}\,Y$$

の関係が成り立つ。

確率変数 Y の平均(期待値)は $\boxed{\text{コ}}$ ，分散は $\boxed{\text{サ}}$ なので，X の平均は $\boxed{\text{シ}}$ ，分散は $\boxed{\text{ス}}$ である。$\boxed{\text{コ}}$ ～ $\boxed{\text{ス}}$ に当てはまるものを，次の⓪～ⓑのうちから一つずつ選べ。ただし，同じものを繰り返し選んでもよい。

⓪ np　　① $np(1-p)$　　② $\dfrac{p(1-p)}{n}$

③ $2np$　　④ $2np(1-p)$　　⑤ $p(1-p)$

⑥ $4np$　　⑦ $4np(1-p)$　　⑧ $16np(1-p)$

⑨ $4np-n$　　ⓐ $4np(1-p)-n$　　ⓑ $16np(1-p)-n$

(数学Ⅱ・数学B第5問は次ページに続く。)

(3)　$p=\frac{1}{4}$ のとき，1200 回移動した後の点 A の座標 X が 120 以上になる確率の近似値を求めよう。

(2)により，Y の平均は $\boxed{\text{セソタ}}$，標準偏差は $\boxed{\text{チツ}}$ であり，求める確率は次のようになる。

$$P(X \geqq 120)=P\left(\frac{Y-\boxed{\text{セソタ}}}{\boxed{\text{チツ}}} \geqq \boxed{\text{テ}}.\boxed{\text{トナ}}\right)$$

いま，標準正規分布に従う確率変数を Z とすると，$n=1200$ は十分に大きいので，求める確率の近似値は正規分布表から次のように求められる。

$$P\left(Z \geqq \boxed{\text{テ}}.\boxed{\text{トナ}}\right)=0.\boxed{\text{ニヌネ}}$$

(4)　p の値がわからないとする。2400 回移動した後の点 A の座標が $X=1440$ のとき，p に対する信頼度 95 % の信頼区間を求めよう。

n 回移動したときに Y がとる値を y とし，$r=\frac{y}{n}$ とおくと，n が十分に大きいならば，確率変数 $R=\frac{Y}{n}$ は近似的に平均 p，分散 $\frac{p(1-p)}{n}$ の正規分布に従う。

$n=2400$ は十分に大きいので，このことを利用し，分散を $\frac{r(1-r)}{n}$ で置き換えることにより，求める信頼区間は

$$0.\boxed{\text{ノハヒ}} \leqq p \leqq 0.\boxed{\text{フヘホ}}$$

となる。

（数学Ⅱ・数学B第5問は次ページに続く。）

正 規 分 布 表

次の表は，標準正規分布の分布曲線における右図の灰色部分の面積の値をまとめたものである。

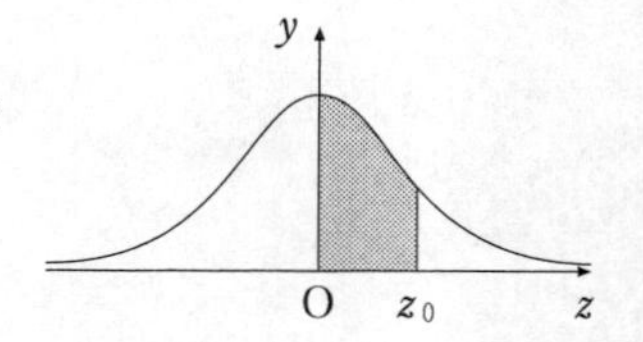

z_0	0.00	0.01	0.02	0.03	0.04	0.05	0.06	0.07	0.08	0.09
0.0	0.0000	0.0040	0.0080	0.0120	0.0160	0.0199	0.0239	0.0279	0.0319	0.0359
0.1	0.0398	0.0438	0.0478	0.0517	0.0557	0.0596	0.0636	0.0675	0.0714	0.0753
0.2	0.0793	0.0832	0.0871	0.0910	0.0948	0.0987	0.1026	0.1064	0.1103	0.1141
0.3	0.1179	0.1217	0.1255	0.1293	0.1331	0.1368	0.1406	0.1443	0.1480	0.1517
0.4	0.1554	0.1591	0.1628	0.1664	0.1700	0.1736	0.1772	0.1808	0.1844	0.1879
0.5	0.1915	0.1950	0.1985	0.2019	0.2054	0.2088	0.2123	0.2157	0.2190	0.2224
0.6	0.2257	0.2291	0.2324	0.2357	0.2389	0.2422	0.2454	0.2486	0.2517	0.2549
0.7	0.2580	0.2611	0.2642	0.2673	0.2704	0.2734	0.2764	0.2794	0.2823	0.2852
0.8	0.2881	0.2910	0.2939	0.2967	0.2995	0.3023	0.3051	0.3078	0.3106	0.3133
0.9	0.3159	0.3186	0.3212	0.3238	0.3264	0.3289	0.3315	0.3340	0.3365	0.3389
1.0	0.3413	0.3438	0.3461	0.3485	0.3508	0.3531	0.3554	0.3577	0.3599	0.3621
1.1	0.3643	0.3665	0.3686	0.3708	0.3729	0.3749	0.3770	0.3790	0.3810	0.3830
1.2	0.3849	0.3869	0.3888	0.3907	0.3925	0.3944	0.3962	0.3980	0.3997	0.4015
1.3	0.4032	0.4049	0.4066	0.4082	0.4099	0.4115	0.4131	0.4147	0.4162	0.4177
1.4	0.4192	0.4207	0.4222	0.4236	0.4251	0.4265	0.4279	0.4292	0.4306	0.4319
1.5	0.4332	0.4345	0.4357	0.4370	0.4382	0.4394	0.4406	0.4418	0.4429	0.4441
1.6	0.4452	0.4463	0.4474	0.4484	0.4495	0.4505	0.4515	0.4525	0.4535	0.4545
1.7	0.4554	0.4564	0.4573	0.4582	0.4591	0.4599	0.4608	0.4616	0.4625	0.4633
1.8	0.4641	0.4649	0.4656	0.4664	0.4671	0.4678	0.4686	0.4693	0.4699	0.4706
1.9	0.4713	0.4719	0.4726	0.4732	0.4738	0.4744	0.4750	0.4756	0.4761	0.4767
2.0	0.4772	0.4778	0.4783	0.4788	0.4793	0.4798	0.4803	0.4808	0.4812	0.4817
2.1	0.4821	0.4826	0.4830	0.4834	0.4838	0.4842	0.4846	0.4850	0.4854	0.4857
2.2	0.4861	0.4864	0.4868	0.4871	0.4875	0.4878	0.4881	0.4884	0.4887	0.4890
2.3	0.4893	0.4896	0.4898	0.4901	0.4904	0.4906	0.4909	0.4911	0.4913	0.4916
2.4	0.4918	0.4920	0.4922	0.4925	0.4927	0.4929	0.4931	0.4932	0.4934	0.4936
2.5	0.4938	0.4940	0.4941	0.4943	0.4945	0.4946	0.4948	0.4949	0.4951	0.4952
2.6	0.4953	0.4955	0.4956	0.4957	0.4959	0.4960	0.4961	0.4962	0.4963	0.4964
2.7	0.4965	0.4966	0.4967	0.4968	0.4969	0.4970	0.4971	0.4972	0.4973	0.4974
2.8	0.4974	0.4975	0.4976	0.4977	0.4977	0.4978	0.4979	0.4979	0.4980	0.4981
2.9	0.4981	0.4982	0.4982	0.4983	0.4984	0.4984	0.4985	0.4985	0.4986	0.4986
3.0	0.4987	0.4987	0.4987	0.4988	0.4988	0.4989	0.4989	0.4989	0.4990	0.4990

MEMO

数学Ⅰ・数学A
数学Ⅱ・数学B

（2015年１月実施）

数学Ⅰ・数学A　60分　100点
数学Ⅱ・数学B　60分　100点

2015
本試験

数学Ⅰ・数学A

問　題	選　択　方　法
第１問	必　　答
第２問	必　　答
第３問	必　　答
第４問	いずれか２問を選択し，解答しなさい。
第５問	
第６問	

(注)この科目には，選択問題があります。(2ページ参照。)

第1問 (必答問題)(配点　20)

2次関数

$$y = -x^2 + 2x + 2 \quad \cdots\cdots ①$$

のグラフの頂点の座標は(ア , イ)である。また

$$y = f(x)$$

は x の2次関数で，そのグラフは，①のグラフを x 軸方向に p，y 軸方向に q だけ平行移動したものであるとする。

(1) 下の ウ ， オ には，次の⓪～④のうちから当てはまるものを一つずつ選べ。ただし，同じものを繰り返し選んでもよい。

⓪ $>$　　① $<$　　② $\geqq$　　③ $\leqq$　　④ $\neq$

$2 \leqq x \leqq 4$ における $f(x)$ の最大値が $f(2)$ になるような p の値の範囲は

p ウ エ

であり，最小値が $f(2)$ になるような p の値の範囲は

p オ カ

である。

(数学Ⅰ・数学A第1問は次ページに続く。)

(2)　2次不等式 $f(x) > 0$ の解が $-2 < x < 3$ になるのは

$$p = \frac{\boxed{キク}}{\boxed{ケ}}, \quad q = \frac{\boxed{コサ}}{\boxed{シ}}$$

のときである。

第２問 （必答問題）（配点　25）

〔1〕 条件 p_1, p_2, q_1, q_2 の否定をそれぞれ $\overline{p_1}$, $\overline{p_2}$, $\overline{q_1}$, $\overline{q_2}$ と書く。

(1) 次の [ア] に当てはまるものを，下の⓪～③のうちから一つ選べ。

命題「$(p_1$ かつ $p_2) \Longrightarrow (q_1$ かつ $q_2)$」の対偶は [ア] である。

⓪ $(\overline{p_1}$ または $\overline{p_2}) \Longrightarrow (\overline{q_1}$ または $\overline{q_2})$

① $(\overline{q_1}$ または $\overline{q_2}) \Longrightarrow (\overline{p_1}$ または $\overline{p_2})$

② $(\overline{q_1}$ かつ $\overline{q_2}) \Longrightarrow (\overline{p_1}$ かつ $\overline{p_2})$

③ $(\overline{p_1}$ かつ $\overline{p_2}) \Longrightarrow (\overline{q_1}$ かつ $\overline{q_2})$

(2) 自然数 n に対する条件 p_1, p_2, q_1, q_2 を次のように定める。

p_1：n は素数である

p_2：$n+2$ は素数である

q_1：$n+1$ は5の倍数である

q_2：$n+1$ は6の倍数である

30以下の自然数 n のなかで [イ] と [ウエ] は

命題「$(p_1$ かつ $p_2) \Longrightarrow (\overline{q_1}$ かつ $q_2)$」

の反例となる。

（数学Ⅰ・数学A第２問は次ページに続く。）

〔2〕 △ABCにおいて，AB = 3，BC = 5，∠ABC = 120°とする。

このとき，AC = [オ]，$\sin\angle ABC = \dfrac{\sqrt{[カ]}}{[キ]}$であり，

$\sin\angle BCA = \dfrac{[ク]\sqrt{[ケ]}}{[コサ]}$である。

直線BC上に点Dを，AD = $3\sqrt{3}$ かつ∠ADCが鋭角，となるようにとる。点Pを線分BD上の点とし，△APCの外接円の半径をRとすると，Rのとり得る値の範囲は$\dfrac{[シ]}{[ス]} \leqq R \leqq$ [セ]である。

第3問 （必答問題）（配点　15）

〔1〕 ある高校3年生1クラスの生徒40人について，ハンドボール投げの飛距離のデータを取った。次の図1は，このクラスで最初に取ったデータのヒストグラムである。

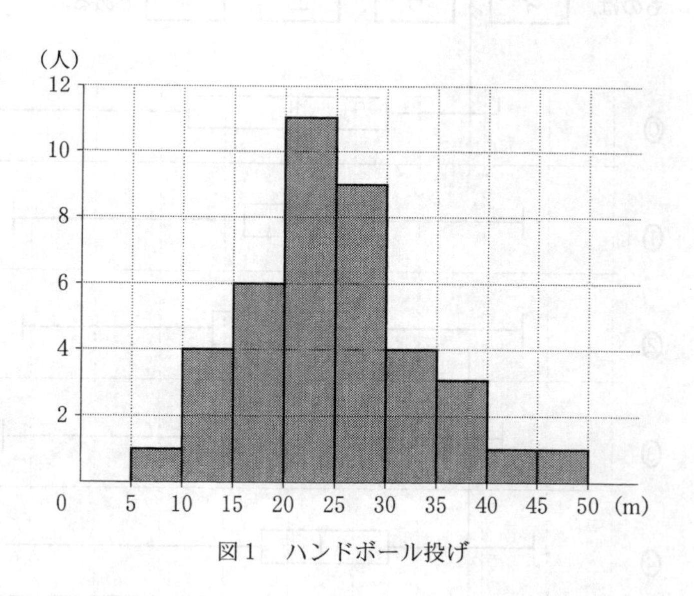

図1　ハンドボール投げ

(1) 次の［ア］に当てはまるものを，下の⓪～⑧のうちから一つ選べ。

この40人のデータの第3四分位数が含まれる階級は，［ア］である。

⓪ 5m以上10m未満　　① 10m以上15m未満
② 15m以上20m未満　　③ 20m以上25m未満
④ 25m以上30m未満　　⑤ 30m以上35m未満
⑥ 35m以上40m未満　　⑦ 40m以上45m未満
⑧ 45m以上50m未満

（数学Ⅰ・数学A第3問は次ページに続く。）

(2)　次の［イ］～［オ］に当てはまるものを，下の⓪～⑤のうちから一つずつ選べ。ただし，［イ］～［オ］の解答の順序は問わない。

このデータを箱ひげ図にまとめたとき，図１のヒストグラムと**矛盾する**ものは，［イ］，［ウ］，［エ］，［オ］である。

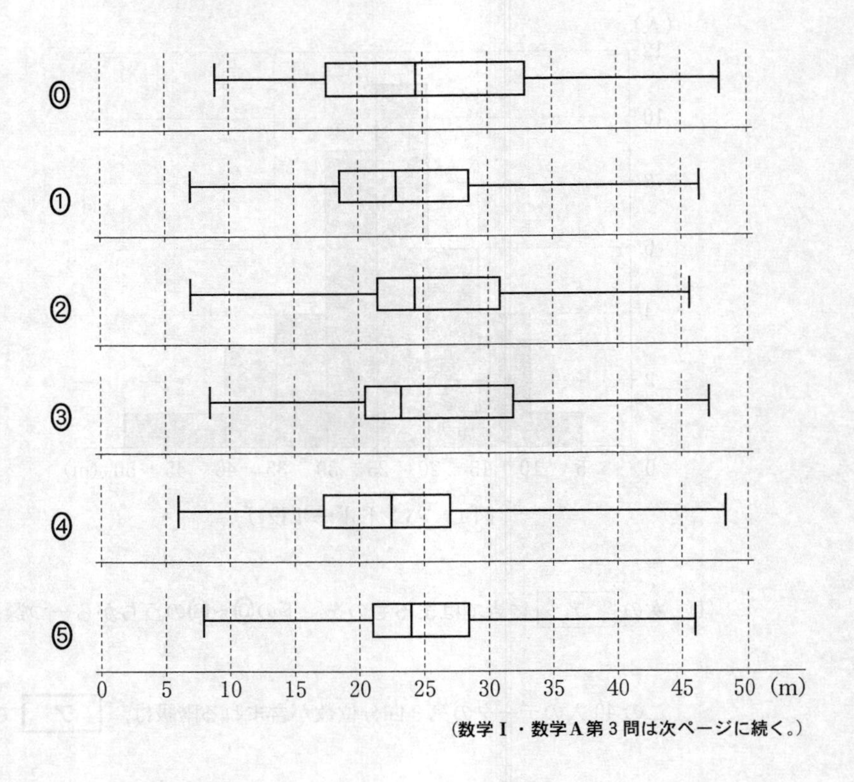

（数学Ⅰ・数学A第３問は次ページに続く。）

(3)　次の文章中の［カ］，［キ］に入れるものとして最も適当なものを，下の⓪～③のうちから一つずつ選べ。ただし，［カ］，［キ］の解答の順序は問わない。

後日，このクラスでハンドボール投げの記録を取り直した。次に示したA～Dは，最初に取った記録から今回の記録への変化の分析結果を記述したものである。a～dの各々が今回取り直したデータの箱ひげ図となる場合に，⓪～③の組合せのうち分析結果と箱ひげ図が**矛盾するものは**，**［カ］**，**［キ］**である。

⓪　A－a　　①　B－b　　②　C－c　　③　D－d

A：どの生徒の記録も下がった。
B：どの生徒の記録も伸びた。
C：最初に取ったデータで上位$\frac{1}{3}$に入るすべての生徒の記録が伸びた。
D：最初に取ったデータで上位$\frac{1}{3}$に入るすべての生徒の記録は伸び，下位$\frac{1}{3}$に入るすべての生徒の記録は下がった。

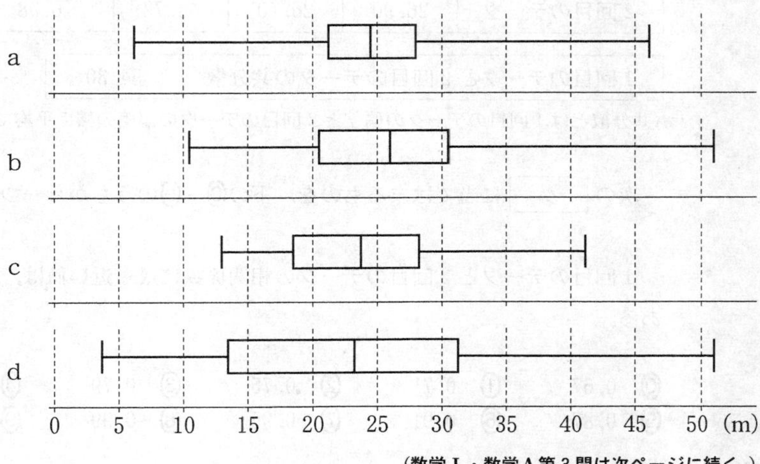

（数学Ⅰ・数学A第3問は次ページに続く。）

〔2〕 ある高校2年生40人のクラスで一人2回ずつハンドボール投げの飛距離のデータを取ることにした。次の図2は，1回目のデータを横軸に，2回目のデータを縦軸にとった散布図である。なお，一人の生徒が欠席したため，39人のデータとなっている。

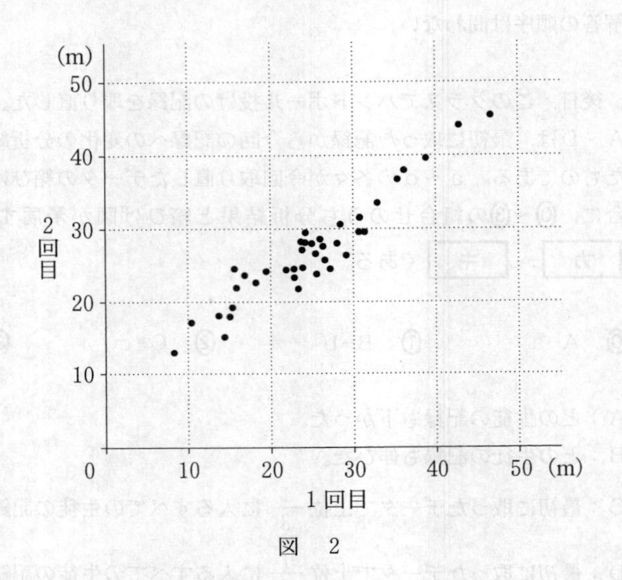

図 2

	平均値	中央値	分　散	標準偏差
1回目のデータ	24.70	24.30	67.40	8.21
2回目のデータ	26.90	26.40	48.72	6.98

1回目のデータと2回目のデータの共分散	54.30

(共分散とは1回目のデータの偏差と2回目のデータの偏差の積の平均である)

次の［ク］に当てはまるものを，下の⓪～⑨のうちから一つ選べ。

1回目のデータと2回目のデータの相関係数に最も近い値は，［ク］である。

⓪ 0.67　① 0.71　② 0.75　③ 0.79　④ 0.83
⑤ 0.87　⑥ 0.91　⑦ 0.95　⑧ 0.99　⑨ 1.03

第4問～第6問は，いずれか2問を選択し，解答しなさい。

第4問　（選択問題）（配点　20）

同じ大きさの5枚の正方形の板を一列に並べて，図のような掲示板を作り，壁に固定する。赤色，緑色，青色のペンキを用いて，隣り合う正方形どうしが異なる色となるように，この掲示板を塗り分ける。ただし，塗り分ける際には，3色のペンキをすべて使わなければならないわけではなく，2色のペンキだけで塗り分けることがあってもよいものとする。

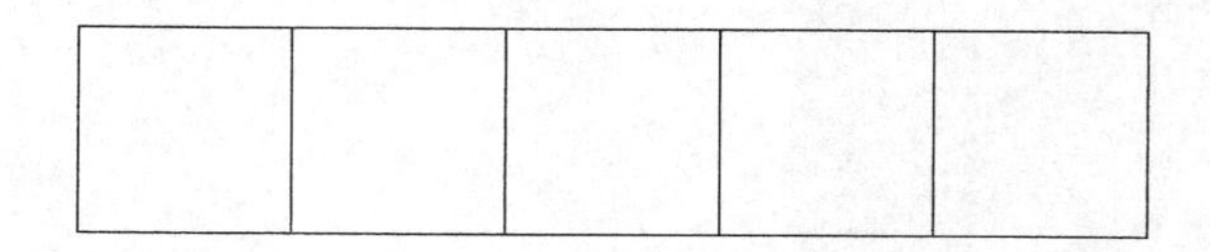

(1)　このような塗り方は，全部で **アイ** 通りある。

(2)　塗り方が左右対称となるのは，**ウエ** 通りある。

(3)　青色と緑色の2色だけで塗り分けるのは，**オ** 通りある。

(4)　赤色に塗られる正方形が3枚であるのは，**カ** 通りある。

（数学Ⅰ・数学A第4問は次ページに続く。）

⑸　赤色に塗られる正方形が 1 枚である場合について考える。

- どちらかの端の 1 枚が赤色に塗られるのは，［キ］通りある。
- 端以外の 1 枚が赤色に塗られるのは，［クケ］通りある。

よって，赤色に塗られる正方形が 1 枚であるのは，［コサ］通りある。

⑹　赤色に塗られる正方形が 2 枚であるのは，［シス］通りある。

第4問～第6問は，いずれか2問を選択し，解答しなさい。

第5問 （選択問題）（配点　20）

以下では，$a = 756$ とし，m は自然数とする。

(1) a を素因数分解すると

$$a = 2^{\boxed{ア}} \cdot 3^{\boxed{イ}} \cdot \boxed{ウ}$$

である。

a の正の約数の個数は $\boxed{エオ}$ 個である。

(2) $\sqrt{am}$ が自然数となる最小の自然数 m は $\boxed{カキ}$ である。$\sqrt{am}$ が自然数となるとき，m はある自然数 k により，$m = \boxed{カキ}\, k^2$ と表される数であり，そのときの $\sqrt{am}$ の値は $\boxed{クケコ}\, k$ である。

（数学Ⅰ・数学A第5問は次ページに続く。）

(3)　次に，自然数 k により [クケコ] k と表される数で，11 で割った余りが 1 となる最小の k を求める。1 次不定方程式

[クケコ] $k - 11\ell = 1$

を解くと，$k > 0$ となる整数解 $(k,\ \ell)$ のうち k が最小のものは，

$k =$ [サ]，$\ell =$ [シスセ] である。

(4)　$\sqrt{am}$ が 11 で割ると 1 余る自然数となるとき，そのような自然数 m のなかで最小のものは [ソタチツ] である。

第4問～第6問は，いずれか2問を選択し，解答しなさい。

第6問 （選択問題）（配点　20）

△ABCにおいて，AB = AC = 5，BC = $\sqrt{5}$ とする。辺AC上に点Dを AD = 3となるようにとり，辺BCのBの側の延長と△ABDの外接円との交点でBと異なるものをEとする。

CE・CB = アイ であるから，BE = $\sqrt{\boxed{ウ}}$ である。

△ACEの重心をGとすると，AG = $\dfrac{\boxed{エオ}}{\boxed{カ}}$ である。

ABとDEの交点をPとすると

$$\frac{DP}{EP} = \frac{\boxed{キ}}{\boxed{ク}} \quad \cdots\cdots\cdots ①$$

である。

（数学Ⅰ・数学A第6問は次ページに続く。）

△ABC と△EDC において，点 A，B，D，E は同一円周上にあるので

∠CAB＝∠CED で，∠C は共通であるから

$$\mathrm{DE} = \boxed{\text{ケ}}\sqrt{\boxed{\text{コ}}} \quad \cdots\cdots\cdots\cdots\cdots\cdots ②$$

である。

①，② から，$\mathrm{EP} = \dfrac{\boxed{\text{サ}}\sqrt{\boxed{\text{シ}}}}{\boxed{\text{ス}}}$ である。

数学Ⅱ・数学B

問　題	選　択　方　法
第１問	必　　答
第２問	必　　答
第３問	いずれか２問を選択し，解答しなさい。
第４問	
第５問	

(注) この科目には，選択問題があります。(17ページ参照。)

第1問 (必答問題) (配点 30)

〔1〕 O を原点とする座標平面上の 2 点 $P(2\cos\theta,\ 2\sin\theta)$，$Q(2\cos\theta + \cos 7\theta,\ 2\sin\theta + \sin 7\theta)$を考える。ただし，$\dfrac{\pi}{8} \leqq \theta \leqq \dfrac{\pi}{4}$とする。

(1) $OP =$ ア，$PQ =$ イ である。また

$$OQ^2 = \boxed{ウ} + \boxed{エ}(\cos 7\theta\cos\theta + \sin 7\theta\sin\theta)$$
$$= \boxed{ウ} + \boxed{エ}\cos\left(\boxed{オ}\theta\right)$$

である。

よって，$\dfrac{\pi}{8} \leqq \theta \leqq \dfrac{\pi}{4}$ の範囲で，OQ は $\theta = \dfrac{\pi}{\boxed{カ}}$ のとき最大値 $\sqrt{\boxed{キ}}$ をとる。

(数学Ⅱ・数学B第1問は次ページに続く。)

(2)　3点O，P，Qが一直線上にあるようなθの値を求めよう。

直線OPを表す方程式は［ク］である。［ク］に当てはまるものを，次の⓪～③のうちから一つ選べ。

⓪　$(\cos\theta)x+(\sin\theta)y=0$　　①　$(\sin\theta)x+(\cos\theta)y=0$

②　$(\cos\theta)x-(\sin\theta)y=0$　　③　$(\sin\theta)x-(\cos\theta)y=0$

このことにより，$\frac{\pi}{8}\leqq\theta\leqq\frac{\pi}{4}$の範囲で，3点O，P，Qが一直線上にあるのは$\theta=\frac{\pi}{\boxed{ケ}}$のときであることがわかる。

(3)　∠OQPが直角となるのは$\mathrm{OQ}=\sqrt{\boxed{コ}}$のときである。したがって，$\frac{\pi}{8}\leqq\theta\leqq\frac{\pi}{4}$の範囲で，∠OQPが直角となるのは$\theta=\frac{\boxed{サ}}{\boxed{シ}}\pi$のときである。

（数学Ⅱ・数学B第1問は次ページに続く。）

〔2〕 a, b を正の実数とする。連立方程式

$$(*)\begin{cases} x\sqrt{y^3}=a \\ \sqrt[3]{x}\ y=b \end{cases}$$

を満たす正の実数 x, y について考えよう。

(1) 連立方程式(＊)を満たす正の実数 x, y は

$$x=a^{\boxed{\text{ス}}}b^{\boxed{\text{セソ}}},\quad y=a^{p}b^{\boxed{\text{タ}}}$$

となる。ただし

$$p=\frac{\boxed{\text{チツ}}}{\boxed{\text{テ}}}$$

である。

(数学Ⅱ・数学B第1問は次ページに続く。)

(2) $b = 2\sqrt[3]{a^4}$ とする。a が $a > 0$ の範囲を動くとき，連立方程式(＊)を満たす正の実数 x，y について，$x + y$ の最小値を求めよう。

$b = 2\sqrt[3]{a^4}$ であるから，(＊)を満たす正の実数 x，y は，a を用いて

$$x = 2^{\boxed{\text{セソ}}} a^{\boxed{\text{トナ}}}, \quad y = 2^{\boxed{\text{タ}}} a^{\boxed{\text{ニ}}}$$

と表される。したがって，相加平均と相乗平均の関係を利用すると，

$x + y$ は $a = 2^q$ のとき最小値 $\sqrt{\boxed{\text{ヌ}}}$ をとることがわかる。ただし

$$q = \frac{\boxed{\text{ネノ}}}{\boxed{\text{ハ}}}$$

である。

第2問 (必答問題) (配点 30)

(1) 関数 $f(x)=\frac{1}{2}x^2$ の $x=a$ における微分係数 $f'(a)$ を求めよう。h が 0 でないとき，x が a から $a+h$ まで変化するときの $f(x)$ の平均変化率は $\boxed{\text{ア}}+\frac{h}{\boxed{\text{イ}}}$ である。したがって，求める微分係数は

$$f'(a)=\lim_{h\to\boxed{\text{ウ}}}\left(\boxed{\text{ア}}+\frac{h}{\boxed{\text{イ}}}\right)=\boxed{\text{エ}}$$

である。

(2) 放物線 $y=\frac{1}{2}x^2$ を C とし，C 上に点 $\mathrm{P}\left(a,\ \frac{1}{2}a^2\right)$ をとる。ただし，$a>0$ とする。点Pにおける C の接線 ℓ の方程式は

$$y=\boxed{\text{オ}}\,x-\frac{1}{\boxed{\text{カ}}}a^2$$

である。直線 ℓ と x 軸との交点Qの座標は $\left(\frac{\boxed{\text{キ}}}{\boxed{\text{ク}}},\ 0\right)$ である。点Qを通り ℓ に垂直な直線を m とすると，m の方程式は

$$y=\frac{\boxed{\text{ケコ}}}{\boxed{\text{サ}}}x+\frac{\boxed{\text{シ}}}{\boxed{\text{ス}}}$$

である。

(数学Ⅱ・数学B第2問は次ページに続く。)

直線 m と y 軸との交点を A とする。三角形 APQ の面積を S とおくと

$$S = \frac{a\left(a^2 + \boxed{\text{セ}}\right)}{\boxed{\text{ソ}}}$$

となる。また，y 軸と線分 AP および曲線 C によって囲まれた図形の面積を T とおくと

$$T = \frac{a\left(a^2 + \boxed{\text{タ}}\right)}{\boxed{\text{チツ}}}$$

となる。

$a > 0$ の範囲における $S - T$ の値について調べよう。

$$S - T = \frac{a\left(a^2 - \boxed{\text{テ}}\right)}{\boxed{\text{トナ}}}$$

である。$a > 0$ であるから，$S - T > 0$ となるような a のとり得る値の範囲は $a > \sqrt{\boxed{\text{ニ}}}$ である。また，$a > 0$ のときの $S - T$ の増減を調べると，$S - T$ は $a = \boxed{\text{ヌ}}$ で最小値 $\dfrac{\boxed{\text{ネノ}}}{\boxed{\text{ハヒ}}}$ をとることがわかる。

第３問～第５問は，いずれか２問を選択し，解答しなさい。

第３問 （選択問題）（配点　20）

自然数 n に対し，2^n の一の位の数を a_n とする。また，数列 $\{b_n\}$ は

$$b_1 = 1,\quad b_{n+1} = \frac{a_n b_n}{4} \quad (n = 1,\ 2,\ 3,\ \cdots) \quad \cdots\cdots\cdots\cdots\cdots ①$$

を満たすとする。

(1) $a_1 = 2$，$a_2 = \boxed{ア}$，$a_3 = \boxed{イ}$，$a_4 = \boxed{ウ}$，$a_5 = \boxed{エ}$ である。このことから，すべての自然数 n に対して，$a_{\boxed{オ}} = a_n$ となることがわかる。$\boxed{オ}$ に当てはまるものを，次の⓪～④のうちから一つ選べ。

⓪ $5n$　　① $4n+1$　　② $n+3$　　③ $n+4$　　④ $n+5$

(2) 数列 $\{b_n\}$ の一般項を求めよう。① を繰り返し用いることにより

$$b_{n+4} = \frac{a_{n+3}\,a_{n+2}\,a_{n+1}\,a_n}{2^{\boxed{カ}}}\,b_n \quad (n = 1,\ 2,\ 3,\ \cdots)$$

が成り立つことがわかる。ここで，$a_{n+3}\,a_{n+2}\,a_{n+1}\,a_n = 3 \cdot 2^{\boxed{キ}}$ であることから，$b_{n+4} = \dfrac{\boxed{ク}}{\boxed{ケ}}\,b_n$ が成り立つ。このことから，自然数 k に対して

$$b_{4k-3} = \left(\frac{\boxed{コ}}{\boxed{サ}}\right)^{k-1},\quad b_{4k-2} = \frac{\boxed{シ}}{\boxed{ス}}\left(\frac{\boxed{コ}}{\boxed{サ}}\right)^{k-1}$$

$$b_{4k-1} = \frac{\boxed{セ}}{\boxed{ソ}}\left(\frac{\boxed{コ}}{\boxed{サ}}\right)^{k-1},\quad b_{4k} = \left(\frac{\boxed{コ}}{\boxed{サ}}\right)^{k-1}$$

である。

（数学Ⅱ・数学Ｂ第３問は次ページに続く。）

(3)　$S_n = \sum_{j=1}^{n} b_j$ とおく。自然数 m に対して

$$S_{4m} = \boxed{タ}\left(\frac{\boxed{コ}}{\boxed{サ}}\right)^m - \boxed{チ}$$

である。

(4)　積 $b_1 b_2 \cdots b_n$ を T_n とおく。自然数 k に対して

$$b_{4k-3}\, b_{4k-2}\, b_{4k-1}\, b_{4k} = \frac{1}{\boxed{ツ}}\left(\frac{\boxed{コ}}{\boxed{サ}}\right)^{\boxed{テ}(k-1)}$$

であることから，自然数 m に対して

$$T_{4m} = \frac{1}{\boxed{ツ}^{\,m}}\left(\frac{\boxed{コ}}{\boxed{サ}}\right)^{\boxed{ト}m^2 - \boxed{ナ}m}$$

である。また，T_{10} を計算すると，$T_{10} = \dfrac{3^{\boxed{ニ}}}{2^{\boxed{ヌネ}}}$ である。

第3問～第5問は，いずれか2問を選択し，解答しなさい。

第4問 （選択問題）（配点　20）

1辺の長さが1のひし形OABCにおいて，$\angle AOC = 120^\circ$ とする。辺ABを2：1に内分する点をPとし，直線BC上に点Qを $\overrightarrow{OP} \perp \overrightarrow{OQ}$ となるようにとる。以下，$\overrightarrow{OA} = \vec{a}$，$\overrightarrow{OB} = \vec{b}$ とおく。

(1)　三角形OPQの面積を求めよう。$\overrightarrow{OP} = \dfrac{\boxed{ア}}{\boxed{イ}}\vec{a} + \dfrac{\boxed{ウ}}{\boxed{イ}}\vec{b}$ である。実数 t を用いて $\overrightarrow{OQ} = (1-t)\overrightarrow{OB} + t\overrightarrow{OC}$ と表されるので，$\overrightarrow{OQ} = \boxed{エ}\,t\vec{a} + \vec{b}$ である。ここで，$\vec{a}\cdot\vec{b} = \dfrac{\boxed{オ}}{\boxed{カ}}$，$\overrightarrow{OP}\cdot\overrightarrow{OQ} = \boxed{キ}$ であることから，$t = \dfrac{\boxed{ク}}{\boxed{ケ}}$ である。

これらのことから，$|\overrightarrow{OP}| = \dfrac{\sqrt{\boxed{コ}}}{\boxed{サ}}$，$|\overrightarrow{OQ}| = \dfrac{\sqrt{\boxed{シス}}}{\boxed{セ}}$ である。

よって，三角形OPQの面積 S_1 は，$S_1 = \dfrac{\boxed{ソ}\sqrt{\boxed{タ}}}{\boxed{チツ}}$ である。

（数学Ⅱ・数学B第4問は次ページに続く。）

⑵　辺BCを1：3に内分する点をRとし，直線ORと直線PQとの交点をTとする。$\overrightarrow{OT}$を$\vec{a}$と$\vec{b}$を用いて表し，三角形OPQと三角形PRTの面積比を求めよう。

Tは直線OR上の点であり，直線PQ上の点でもあるので，実数r，sを用いて

$$\overrightarrow{OT} = r\,\overrightarrow{OR} = (1-s)\overrightarrow{OP} + s\,\overrightarrow{OQ}$$

と表すと，$r = \dfrac{\boxed{テ}}{\boxed{ト}}$，$s = \dfrac{\boxed{ナ}}{\boxed{ニ}}$となることがわかる。よって，

$$\overrightarrow{OT} = \frac{\boxed{ヌネ}}{\boxed{ノハ}}\vec{a} + \frac{\boxed{ヒ}}{\boxed{フ}}\vec{b}$$ である。

上で求めたr，sの値から，三角形OPQの面積S_1と，三角形PRTの面積S_2との比は，$S_1 : S_2 = \boxed{ヘホ} : 2$である。

第3問～第5問は，いずれか2問を選択し，解答しなさい。

第5問 （選択問題）（配点 20）

以下の問題を解答するにあたっては，必要に応じて31ページの正規分布表を用いてもよい。

また，小数の形で解答する場合，指定された桁数の一つ下の桁を四捨五入し，解答せよ。途中で割り切れた場合，指定された桁まで⓪にマークすること。

(1) 袋の中に白球が4個，赤球が3個入っている。この袋の中から同時に3個の球を取り出すとき，白球の個数を W とする。確率変数 W について

$$P(W=0)=\frac{\boxed{ア}}{\boxed{イウ}},\quad P(W=1)=\frac{\boxed{エオ}}{\boxed{イウ}}$$

$$P(W=2)=\frac{\boxed{カキ}}{\boxed{イウ}},\quad P(W=3)=\frac{\boxed{ク}}{\boxed{イウ}}$$

であり，期待値（平均）は $\frac{\boxed{ケコ}}{\boxed{サ}}$，分散は $\frac{\boxed{シス}}{\boxed{セソ}}$ である。

（数学Ⅱ・数学B第5問は次ページに続く。）

(2)　確率変数 Z が標準正規分布に従うとき

$$P\left(-\boxed{\text{タ}} \leqq Z \leqq \boxed{\text{タ}}\right) = 0.99$$

が成り立つ。$\boxed{\text{タ}}$ に当てはまる最も適切なものを，次の⓪～③のうちから一つ選べ。

⓪　1.64　　①　1.96　　②　2.33　　③　2.58

（数学Ⅱ・数学B第5問は次ページに続く。）

(3) 母標準偏差 σ の母集団から，大きさ n の無作為標本を抽出する。ただし，n は十分に大きいとする。この標本から得られる母平均 m の信頼度（信頼係数）95 % の信頼区間を $A \leqq m \leqq B$ とし，この信頼区間の幅 L_1 を $L_1 = B - A$ で定める。

この標本から得られる信頼度 99 % の信頼区間を $C \leqq m \leqq D$ とし，この信頼区間の幅 L_2 を $L_2 = D - C$ で定めると

$$\frac{L_2}{L_1} = \boxed{\text{チ}}.\boxed{\text{ツ}}$$

が成り立つ。また，同じ母集団から，大きさ $4n$ の無作為標本を抽出して得られる母平均 m の信頼度 95 % の信頼区間を $E \leqq m \leqq F$ とし，この信頼区間の幅 L_3 を $L_3 = F - E$ で定める。このとき

$$\frac{L_3}{L_1} = \boxed{\text{テ}}.\boxed{\text{ト}}$$

が成り立つ。

（数学Ⅱ・数学B第5問は次ページに続く。）

正　規　分　布　表

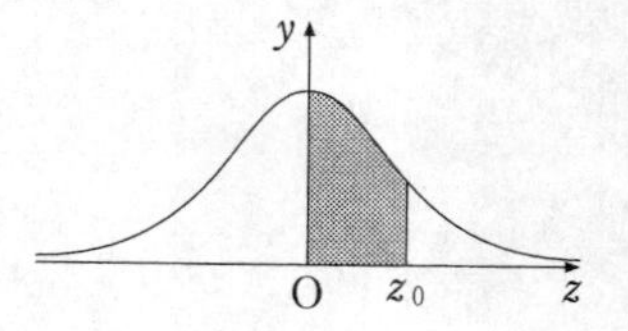

次の表は，標準正規分布の分布曲線における右図の灰色部分の面積の値をまとめたものである。

z_0	0.00	0.01	0.02	0.03	0.04	0.05	0.06	0.07	0.08	0.09
0.0	0.0000	0.0040	0.0080	0.0120	0.0160	0.0199	0.0239	0.0279	0.0319	0.0359
0.1	0.0398	0.0438	0.0478	0.0517	0.0557	0.0596	0.0636	0.0675	0.0714	0.0753
0.2	0.0793	0.0832	0.0871	0.0910	0.0948	0.0987	0.1026	0.1064	0.1103	0.1141
0.3	0.1179	0.1217	0.1255	0.1293	0.1331	0.1368	0.1406	0.1443	0.1480	0.1517
0.4	0.1554	0.1591	0.1628	0.1664	0.1700	0.1736	0.1772	0.1808	0.1844	0.1879
0.5	0.1915	0.1950	0.1985	0.2019	0.2054	0.2088	0.2123	0.2157	0.2190	0.2224
0.6	0.2257	0.2291	0.2324	0.2357	0.2389	0.2422	0.2454	0.2486	0.2517	0.2549
0.7	0.2580	0.2611	0.2642	0.2673	0.2704	0.2734	0.2764	0.2794	0.2823	0.2852
0.8	0.2881	0.2910	0.2939	0.2967	0.2995	0.3023	0.3051	0.3078	0.3106	0.3133
0.9	0.3159	0.3186	0.3212	0.3238	0.3264	0.3289	0.3315	0.3340	0.3365	0.3389
1.0	0.3413	0.3438	0.3461	0.3485	0.3508	0.3531	0.3554	0.3577	0.3599	0.3621
1.1	0.3643	0.3665	0.3686	0.3708	0.3729	0.3749	0.3770	0.3790	0.3810	0.3830
1.2	0.3849	0.3869	0.3888	0.3907	0.3925	0.3944	0.3962	0.3980	0.3997	0.4015
1.3	0.4032	0.4049	0.4066	0.4082	0.4099	0.4115	0.4131	0.4147	0.4162	0.4177
1.4	0.4192	0.4207	0.4222	0.4236	0.4251	0.4265	0.4279	0.4292	0.4306	0.4319
1.5	0.4332	0.4345	0.4357	0.4370	0.4382	0.4394	0.4406	0.4418	0.4429	0.4441
1.6	0.4452	0.4463	0.4474	0.4484	0.4495	0.4505	0.4515	0.4525	0.4535	0.4545
1.7	0.4554	0.4564	0.4573	0.4582	0.4591	0.4599	0.4608	0.4616	0.4625	0.4633
1.8	0.4641	0.4649	0.4656	0.4664	0.4671	0.4678	0.4686	0.4693	0.4699	0.4706
1.9	0.4713	0.4719	0.4726	0.4732	0.4738	0.4744	0.4750	0.4756	0.4761	0.4767
2.0	0.4772	0.4778	0.4783	0.4788	0.4793	0.4798	0.4803	0.4808	0.4812	0.4817
2.1	0.4821	0.4826	0.4830	0.4834	0.4838	0.4842	0.4846	0.4850	0.4854	0.4857
2.2	0.4861	0.4864	0.4868	0.4871	0.4875	0.4878	0.4881	0.4884	0.4887	0.4890
2.3	0.4893	0.4896	0.4898	0.4901	0.4904	0.4906	0.4909	0.4911	0.4913	0.4916
2.4	0.4918	0.4920	0.4922	0.4925	0.4927	0.4929	0.4931	0.4932	0.4934	0.4936
2.5	0.4938	0.4940	0.4941	0.4943	0.4945	0.4946	0.4948	0.4949	0.4951	0.4952
2.6	0.4953	0.4955	0.4956	0.4957	0.4959	0.4960	0.4961	0.4962	0.4963	0.4964
2.7	0.4965	0.4966	0.4967	0.4968	0.4969	0.4970	0.4971	0.4972	0.4973	0.4974
2.8	0.4974	0.4975	0.4976	0.4977	0.4977	0.4978	0.4979	0.4979	0.4980	0.4981
2.9	0.4981	0.4982	0.4982	0.4983	0.4984	0.4984	0.4985	0.4985	0.4986	0.4986
3.0	0.4987	0.4987	0.4987	0.4988	0.4988	0.4989	0.4989	0.4989	0.4990	0.4990

MEMO

数学Ⅰ・数学A
数学Ⅱ・数学B

（2014年１月実施）

数学Ⅰ・数学A　60分　100点
数学Ⅱ・数学B　60分　100点

	問題番号		解答記号		現行課程での範囲
数学Ⅰ・数学A	第１問	〔１〕	ア～ソ	数と式	Ⅰ
		〔２〕	タチ	集合の要素の個数	A
			ツ～ナ	集合	Ⅰ
	第２問		ア～ヘ	２次関数	Ⅰ
	第３問		ア～サ,ニヌ	図形と計量	Ⅰ
			シ～ナ,ネ	平面図形	A
	第４問		ア～ツ	場合の数・確率	A

	問題番号		解答記号		現行課程での範囲
数学Ⅱ・数学B	第１問	〔１〕	ア～セ	図形と方程式	Ⅱ
		〔２〕	ソ～ヘ	指数関数・対数関数	Ⅱ
	第２問		ア～ノ	微分法・積分法	Ⅱ
	第３問		ア～ノ	数列	B
	第４問		ア～フ	ベクトル	B
	第５問		ア～ナ	統計	Ⅰ
	第６問		ア～ナ	コンピュータ	範囲外

数学Ⅰ・数学A

(全　問　必　答)

第1問　(配点　20)

〔1〕 $a=\dfrac{1+\sqrt{3}}{1+\sqrt{2}}$, $b=\dfrac{1-\sqrt{3}}{1-\sqrt{2}}$ とおく。

(1) $ab=$ [ア]

$a+b=$ [イ] ([ウエ] $+\sqrt{\text{[オ]}}$)

$a^2+b^2=$ [カ] ([キ] $-\sqrt{\text{[ク]}}$)

である。

(2) $ab=$ [ア] と $a^2+b^2+4(a+b)=$ [ケコ] から，a は

a^4+ [サ] a^3- [シス] a^2+ [セ] $a+$ [ソ] $=0$

を満たすことがわかる。

(数学Ⅰ・数学A第1問は次ページに続く。)

〔2〕 集合Uを$U=\{n \mid n$は$5<\sqrt{n}<6$を満たす自然数$\}$で定め，また，Uの部分集合P，Q，R，Sを次のように定める。

$P=\{n \mid n \in U$かつnは4の倍数$\}$

$Q=\{n \mid n \in U$かつnは5の倍数$\}$

$R=\{n \mid n \in U$かつnは6の倍数$\}$

$S=\{n \mid n \in U$かつnは7の倍数$\}$

全体集合をUとする。集合Pの補集合を$\overline{P}$で表し，同様にQ，R，Sの補集合をそれぞれ$\overline{Q}$，$\overline{R}$，$\overline{S}$で表す。

(1) Uの要素の個数は **タチ** 個である。

(2) 次の⓪～④で与えられた集合のうち，空集合であるものは **ツ** ，**テ** である。

ツ ，テ に当てはまるものを，次の⓪～④のうちから一つずつ選べ。ただし，ツ ，テ の解答の順序は問わない。

⓪ $P \cap R$　① $P \cap S$　② $Q \cap R$　③ $P \cap \overline{Q}$　④ $R \cap \overline{Q}$

(3) 集合Xが集合Yの部分集合であるとき，$X \subset Y$と表す。このとき，次の⓪～④のうち，部分集合の関係について成り立つものは **ト** ，**ナ** である。

ト ，ナ に当てはまるものを，次の⓪～④のうちから一つずつ選べ。ただし，ト ，ナ の解答の順序は問わない。

⓪ $P \cup R \subset \overline{Q}$　① $S \cap \overline{Q} \subset P$　② $\overline{Q} \cap \overline{S} \subset \overline{P}$

③ $\overline{P} \cup \overline{Q} \subset \overline{S}$　④ $\overline{R} \cap \overline{S} \subset \overline{Q}$

第2問 (配点 25)

a を定数とし，x の2次関数

$$y = x^2 + 2ax + 3a^2 - 6a - 36 \quad \cdots\cdots\cdots\cdots\cdots\cdots\cdots\cdots ①$$

のグラフを G とする。G の頂点の座標は

$$\left(\boxed{\text{ア}}\, a,\ \boxed{\text{イ}}\, a^2 - \boxed{\text{ウ}}\, a - \boxed{\text{エオ}} \right)$$

である。G と y 軸との交点の y 座標を p とする。

(1) $p = -27$ のとき，a の値は $a = \boxed{\text{カ}}$，$\boxed{\text{キク}}$ である。$a = \boxed{\text{カ}}$ のときの①のグラフを x 軸方向に $\boxed{\text{ケ}}$，y 軸方向に $\boxed{\text{コ}}$ だけ平行移動すると，$a = \boxed{\text{キク}}$ のときの①のグラフに一致する。

(数学Ⅰ・数学A第2問は次ページに続く。)

(2) 下の $\boxed{\text{ス}}$，$\boxed{\text{セ}}$，$\boxed{\text{ノ}}$，$\boxed{\text{ハ}}$ には，次の⓪～③のうちから当てはまるものを一つずつ選べ。ただし，同じものを繰り返し選んでもよい。

⓪ $>$　　① $<$　　② $\geqq$　　③ $\leqq$

G が x 軸と共有点を持つような a の値の範囲を表す不等式は

$$\boxed{\text{サシ}}\ \boxed{\text{ス}}\ a\ \boxed{\text{セ}}\ \boxed{\text{ソ}} \quad \cdots\cdots\cdots\cdots\cdots ②$$

である。a が②の範囲にあるとき，p は，$a=\boxed{\text{タ}}$ で最小値 $\boxed{\text{チツテ}}$ をとり，$a=\boxed{\text{ト}}$ で最大値 $\boxed{\text{ナニ}}$ をとる。

G が x 軸と共有点を持ち，さらにそのすべての共有点の x 座標が -1 より大きくなるような a の値の範囲を表す不等式は

$$\boxed{\text{ヌネ}}\ \boxed{\text{ノ}}\ a\ \boxed{\text{ハ}}\ \frac{\boxed{\text{ヒフ}}}{\boxed{\text{ヘ}}}$$

である。

第3問 (配点 30)

$\triangle$ABCは，AB $=4$，BC $=2$，$\cos\angle\text{ABC} = \dfrac{1}{4}$ を満たすとする。このとき

$$\text{CA} = \boxed{\text{ア}},\quad \cos\angle\text{BAC} = \frac{\boxed{\text{イ}}}{\boxed{\text{ウ}}},\quad \sin\angle\text{BAC} = \frac{\sqrt{\boxed{\text{エオ}}}}{\boxed{\text{カ}}}$$

であり，$\triangle$ABCの外接円Oの半径は $\dfrac{\boxed{\text{キ}}\sqrt{\boxed{\text{クケ}}}}{\boxed{\text{コサ}}}$ である。$\angle$ABCの二等分線と$\angle$BACの二等分線の交点をD，直線BDと辺ACの交点をE，直線BDと円Oとの交点でBと異なる交点をFとする。

(1) このとき

$$\text{AE} = \frac{\boxed{\text{シ}}}{\boxed{\text{ス}}},\quad \text{BE} = \frac{\boxed{\text{セ}}\sqrt{\boxed{\text{ソタ}}}}{\boxed{\text{チ}}},\quad \text{BD} = \frac{\boxed{\text{ツ}}\sqrt{\boxed{\text{テト}}}}{\boxed{\text{ナ}}}$$

となる。

(2) $\triangle$EBCの面積は$\triangle$EAFの面積の $\dfrac{\boxed{\text{ニ}}}{\boxed{\text{ヌ}}}$ 倍である。

(数学Ⅰ・数学A第3問は次ページに続く。)

(3)　角度に注目すると，線分 FA，FC，FD の関係で正しいのは［ネ］であることが分かる。

［ネ］に当てはまるものを，次の⓪～⑤のうちから一つ選べ。

⓪　FA ＜ FC ＝ FD

①　FA ＝ FC ＜ FD

②　FC ＜ FA ＝ FD

③　FD ＜ FC ＜ FA

④　FA ＝ FC ＝ FD

⑤　FD ＜ FC ＝ FA

第４問 （配点　25）

下の図は，ある町の街路図の一部である。

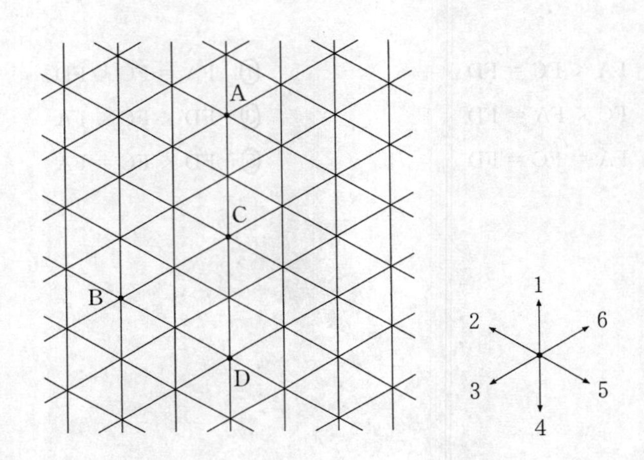

ある人が，交差点Ａから出発し，次の規則に従って，交差点から隣の交差点への移動を繰り返す。

① 街路上のみを移動する。

② 出発前にサイコロを投げ，出た目に応じて上図の１～６の矢印の方向の隣の交差点に移動する。

③ 交差点に達したら，再びサイコロを投げ，出た目に応じて図の１～６の矢印の方向の隣の交差点に移動する。（一度通った道を引き返すこともできる。）

④ 交差点に達するたびに，③ と同じことを繰り返す。

（数学Ⅰ・数学Ａ第４問は次ページに続く。）

(1)　交差点Aを出発し，4回移動して交差点Bにいる移動の仕方について考える。この場合，3の矢印の方向の移動と4の矢印の方向の移動をそれぞれ2回ずつ行うので，このような移動の仕方は［ア］通りある。

(2)　交差点Aを出発し，3回移動して交差点Cにいる移動の仕方は［イ］通りある。

(3)　交差点Aを出発し，6回移動することを考える。このとき，交差点Aを出発し，3回の移動が終わった時点で交差点Cにいて，次に3回移動して交差点Dにいる移動の仕方は［ウエ］通りあり，その確率は$\dfrac{［オ］}{［カキクケ］}$である。

(4)　交差点Aを出発し，6回移動して交差点Dにいる移動の仕方について考える。

- 1の矢印の向きの移動を含むものは［コ］通りある。
- 2の矢印の向きの移動を含むものは［サシ］通りある。
- 6の矢印の向きの移動を含むものも［サシ］通りある。
- 上記3つ以外の場合，4の矢印の向きの移動は［ス］回だけに決まるので，移動の仕方は［セソ］通りある。

よって，交差点Aを出発し，6回移動して交差点Dにいる移動の仕方は［タチツ］通りある。

数学Ⅱ・数学B

問　題	選　択　方　法
第 1 問	必　　答
第 2 問	必　　答
第 3 問	いずれか 2 問を選択し，解答しなさい。
第 4 問	
第 5 問	
第 6 問	

（注）この科目には，選択問題があります。（10ページ参照。）

第1問　（必答問題）（配点　30）

〔1〕 Oを原点とする座標平面において，点P$(p,\ q)$を中心とする円Cが，方程式$y=\dfrac{4}{3}x$で表される直線ℓに接しているとする。

(1) 円Cの半径rを求めよう。

点Pを通り直線ℓに垂直な直線の方程式は

$$y=-\frac{\boxed{ア}}{\boxed{イ}}(x-p)+q$$

なので，Pからℓに引いた垂線とℓの交点Qの座標は

$$\left(\frac{3}{25}\left(\boxed{ウ}\,p+\boxed{エ}\,q\right),\quad \frac{4}{25}\left(\boxed{ウ}\,p+\boxed{エ}\,q\right)\right)$$

となる。

求めるCの半径rは，Pとℓの距離PQに等しいので

$$r=\frac{1}{5}\left|\boxed{オ}\,p-\boxed{カ}\,q\right| \quad \cdots\cdots\cdots\cdots\cdots ①$$

である。

（数学Ⅱ・数学B第1問は次ページに続く。）

⑵　円 C が，x 軸に接し，点 R(2，2) を通る場合を考える。このとき，$p>0$，$q>0$ である。C の方程式を求めよう。

C は x 軸に接するので，C の半径 r は q に等しい。したがって，①により，$p=$ [キ] q である。

C は点 R を通るので，求める C の方程式は

$$\left(x-\boxed{ク}\right)^2+\left(y-\boxed{ケ}\right)^2=\boxed{コ}\quad\cdots\cdots\cdots\cdots\text{②}$$

または

$$\left(x-\boxed{サ}\right)^2+\left(y-\boxed{シ}\right)^2=\boxed{ス}\quad\cdots\cdots\cdots\cdots\text{③}$$

であることがわかる。ただし，[コ] < [ス] とする。

⑶　方程式②の表す円の中心を S，方程式③の表す円の中心を T とおくと，直線 ST は原点 O を通り，点 O は線分 ST を [セ] する。[セ] に当てはまるものを，次の⓪～⑤のうちから一つ選べ。

⓪　1：1に内分　　①　1：2に内分　　②　2：1に内分
③　1：1に外分　　④　1：2に外分　　⑤　2：1に外分

(数学Ⅱ・数学B第1問は次ページに続く。)

〔2〕 自然数 m, n に対して，不等式

$$\log_2 m^3 + \log_3 n^2 \leqq 3 \qquad \cdots\cdots ④$$

を考える。

$m = 2$, $n = 1$ のとき，$\log_2 m^3 + \log_3 n^2 =$ [ソ] であり，この m, n の値の組は ④ を満たす。

$m = 4$, $n = 3$ のとき，$\log_2 m^3 + \log_3 n^2 =$ [タ] であり，この m, n の値の組は ④ を満たさない。

不等式 ④ を満たす自然数 m, n の組の個数を調べよう。④ は

$$\log_2 m + \frac{\fbox{チ}}{\fbox{ツ}} \log_3 n \leqq \fbox{テ} \qquad \cdots\cdots ⑤$$

と変形できる。

n が自然数のとき，$\log_3 n$ のとり得る最小の値は [ト] であるから，⑤ により，$\log_2 m \leqq$ [テ] でなければならない。$\log_2 m \leqq$ [テ] により，$m =$ [ナ] または $m =$ [ニ] でなければならない。ただし，[ナ] $<$ [ニ] とする。

(数学Ⅱ・数学B第1問は次ページに続く。)

$m=$ [ナ] の場合，⑤は，$\log_3 n \leqq \dfrac{\boxed{ヌ}}{\boxed{ネ}}$ となり，$n^2 \leqq$ [ノハ] と変形できる。よって，$m=$ [ナ] のとき，⑤を満たす自然数 n のとり得る値の範囲は $n \leqq$ [ヒ] である。したがって，$m=$ [ナ] の場合，④を満たす自然数 m，n の組の個数は [ヒ] である。

同様にして，$m=$ [ニ] の場合，④を満たす自然数 m，n の組の個数は [フ] である。

以上のことから，④を満たす自然数 m，n の組の個数は [ヘ] である。

第2問 （必答問題）（配点　30）

pを実数とし，$f(x) = x^3 - px$とする。

(1) 関数$f(x)$が極値をもつためのpの条件を求めよう。$f(x)$の導関数は，

$f'(x) = $ ア $x^{\text{イ}} - p$である。したがって，$f(x)$が$x = a$で極値をとるならば，ア $a^{\text{イ}} - p = $ ウ が成り立つ。さらに，$x = a$の前後での$f'(x)$の符号の変化を考えることにより，pが条件 エ を満たす場合は，$f(x)$は必ず極値をもつことがわかる。 エ に当てはまるものを，次の⓪～④のうちから一つ選べ。

⓪ $p = 0$　　① $p > 0$　　② $p \geqq 0$　　③ $p < 0$　　④ $p \leqq 0$

(2) 関数$f(x)$が$x = \dfrac{p}{3}$で極値をとるとする。また，曲線$y = f(x)$をCとし，C上の点$\left(\dfrac{p}{3},\ f\left(\dfrac{p}{3}\right)\right)$をAとする。

$f(x)$が$x = \dfrac{p}{3}$で極値をとることから，$p = $ オ であり，$f(x)$は$x = $ カキ で極大値をとり，$x = $ ク で極小値をとる。

（数学Ⅱ・数学B第2問は次ページに続く。）

曲線 C の接線で，点Aを通り傾きが0でないものを ℓ とする。ℓ の方程式を求めよう。ℓ と C の接点の x 座標を b とすると，ℓ は点 $(b,\ f(b))$ における C の接線であるから，ℓ の方程式は b を用いて

$$y=\left(\boxed{\text{ケ}}\,b^2-\boxed{\text{コ}}\right)(x-b)+f(b)$$

と表すことができる。また，ℓ は点Aを通るから，方程式

$$\boxed{\text{サ}}\,b^3-\boxed{\text{シ}}\,b^2+1=0$$

を得る。この方程式を解くと，$b=\boxed{\text{ス}}$，$\dfrac{\boxed{\text{セソ}}}{\boxed{\text{タ}}}$ であるが，ℓ の傾きが0でないことから，ℓ の方程式は

$$y=\frac{\boxed{\text{チツ}}}{\boxed{\text{テ}}}x+\frac{\boxed{\text{ト}}}{\boxed{\text{ナ}}}$$

である。

点Aを頂点とし，原点を通る放物線を D とする。ℓ と D で囲まれた図形のうち，不等式 $x \geqq 0$ の表す領域に含まれる部分の面積 S を求めよう。D の方程式は

$$y=\boxed{\text{ニ}}\,x^2-\boxed{\text{ヌ}}\,x$$

であるから，定積分を計算することにより，$S=\dfrac{\boxed{\text{ネノ}}}{24}$ となる。

第3問～第6問は，いずれか2問を選択し，解答しなさい。

第3問　（選択問題）（配点　20）

数列$\{a_n\}$の初項は6であり，$\{a_n\}$の階差数列は初項が9，公差が4の等差数列である。

(1)　$a_2 = \boxed{\text{アイ}}$，$a_3 = \boxed{\text{ウエ}}$である。数列$\{a_n\}$の一般項を求めよう。$\{a_n\}$の階差数列の第n項が$\boxed{\text{オ}}\,n + \boxed{\text{カ}}$であるから，数列$\{a_n\}$の一般項は

$$a_n = \boxed{\text{キ}}\,n^{\boxed{\text{ク}}} + \boxed{\text{ケ}}\,n + \boxed{\text{コ}} \quad \cdots\cdots\cdots\cdots\cdots\cdots\cdots\cdots ①$$

である。

(2)　数列$\{b_n\}$は，初項が$\dfrac{2}{5}$で，漸化式

$$b_{n+1} = \frac{a_n}{a_{n+1} - 1}\,b_n \quad (n = 1,\ 2,\ 3,\ \cdots) \quad \cdots\cdots\cdots\cdots\cdots\cdots\cdots ②$$

を満たすとする。$b_2 = \dfrac{\boxed{\text{サ}}}{\boxed{\text{シス}}}$である。数列$\{b_n\}$の一般項と初項から第$n$項までの和$S_n$を求めよう。

①，②により，すべての自然数nに対して

$$b_{n+1} = \frac{\boxed{\text{セ}}\,n + \boxed{\text{ソ}}}{\boxed{\text{セ}}\,n + \boxed{\text{タ}}}\,b_n \quad \cdots\cdots\cdots\cdots\cdots\cdots\cdots\cdots\cdots ③$$

が成り立つことがわかる。

（数学Ⅱ・数学B第3問は次ページに続く。）

ここで

$$c_n = \left(\boxed{\text{セ}}\,n + \boxed{\text{ソ}}\right)b_n \quad \cdots\cdots\cdots\cdots\cdots ④$$

とするとき，③を c_n と c_{n+1} を用いて変形すると，すべての自然数 n に対して

$$\left(\boxed{\text{セ}}\,n + \boxed{\text{チ}}\right)c_{n+1} = \left(\boxed{\text{セ}}\,n + \boxed{\text{ツ}}\right)c_n$$

が成り立つことがわかる。これにより

$$d_n = \left(\boxed{\text{セ}}\,n + \boxed{\text{テ}}\right)c_n \quad \cdots\cdots\cdots\cdots\cdots ⑤$$

とおくと，すべての自然数 n に対して，$d_{n+1} = d_n$ が成り立つことがわかる。

$d_1 = \boxed{\text{ト}}$ であるから，すべての自然数 n に対して，$d_n = \boxed{\text{ト}}$ である。

したがって，④と⑤により，数列 $\{b_n\}$ の一般項は

$$b_n = \frac{\boxed{\text{ト}}}{\left(\boxed{\text{セ}}\,n + \boxed{\text{ソ}}\right)\left(\boxed{\text{セ}}\,n + \boxed{\text{テ}}\right)}$$

である。また

$$b_n = \frac{\boxed{\text{ナ}}}{\boxed{\text{セ}}\,n + \boxed{\text{ソ}}} - \frac{\boxed{\text{ニ}}}{\boxed{\text{セ}}\,n + \boxed{\text{テ}}}$$

が成り立つことを利用すると，数列 $\{b_n\}$ の初項から第 n 項までの和 S_n は

$$S_n = \frac{\boxed{\text{ヌ}}\,n}{\boxed{\text{ネ}}\,n + \boxed{\text{ノ}}}$$

であることがわかる。

第3問〜第6問は，いずれか2問を選択し，解答しなさい。

第4問　（選択問題）（配点　20）

座標空間において，立方体 OABC–DEFG の頂点を

$$O(0,\ 0,\ 0),\ A(3,\ 0,\ 0),\ B(3,\ 3,\ 0),\ C(0,\ 3,\ 0),$$
$$D(0,\ 0,\ 3),\ E(3,\ 0,\ 3),\ F(3,\ 3,\ 3),\ G(0,\ 3,\ 3)$$

とし，OD を 2：1 に内分する点を K，OA を 1：2 に内分する点を L とする。BF 上の点 M，FG 上の点 N および K，L の 4 点は同一平面上にあり，四角形 KLMN は平行四辺形であるとする。

(1)　四角形 KLMN の面積を求めよう。ベクトル $\overrightarrow{LK}$ を成分で表すと

$$\overrightarrow{LK} = \left(\boxed{\text{アイ}},\ \boxed{\text{ウ}},\ \boxed{\text{エ}}\right)$$

となり，四角形 KLMN が平行四辺形であることにより，$\overrightarrow{LK} = \boxed{\text{オ}}$ である。$\boxed{\text{オ}}$ に当てはまるものを，次の⓪〜③のうちから一つ選べ。

⓪ $\overrightarrow{ML}$　　① $\overrightarrow{LM}$　　② $\overrightarrow{NM}$　　③ $\overrightarrow{MN}$

ここで，M(3，3，s)，N(t，3，3)と表すと，$\overrightarrow{LK} = \boxed{\text{オ}}$ であるので，$s = \boxed{\text{カ}}$，$t = \boxed{\text{キ}}$ となり，N は FG を 1：$\boxed{\text{ク}}$ に内分することがわかる。

また，$\overrightarrow{LK}$ と $\overrightarrow{LM}$ について

$$\overrightarrow{LK}\cdot\overrightarrow{LM} = \boxed{\text{ケ}},\quad |\overrightarrow{LK}| = \sqrt{\boxed{\text{コ}}},\quad |\overrightarrow{LM}| = \sqrt{\boxed{\text{サシ}}}$$

となるので，四角形 KLMN の面積は $\sqrt{\boxed{\text{スセ}}}$ である。

（数学Ⅱ・数学B第4問は次ページに続く。）

(2) 四角形KLMNを含む平面をαとし，点Oを通り平面αと垂直に交わる直線をℓ，αとℓの交点をPとする。$|\overrightarrow{\mathrm{OP}}|$と三角錐(すい)OLMNの体積を求めよう。

P$(p,\ q,\ r)$とおくと，$\overrightarrow{\mathrm{OP}}$は$\overrightarrow{\mathrm{LK}}$および$\overrightarrow{\mathrm{LM}}$と垂直であるから，

$\overrightarrow{\mathrm{OP}}\cdot\overrightarrow{\mathrm{LK}}=\overrightarrow{\mathrm{OP}}\cdot\overrightarrow{\mathrm{LM}}=\boxed{\text{ソ}}$となるので，$p=\boxed{\text{タ}}\,r$，$q=\dfrac{\boxed{\text{チツ}}}{\boxed{\text{テ}}}r$

であることがわかる。$\overrightarrow{\mathrm{OP}}$と$\overrightarrow{\mathrm{PL}}$が垂直であることにより$r=\dfrac{\boxed{\text{ト}}}{\boxed{\text{ナニ}}}$とな

り，$|\overrightarrow{\mathrm{OP}}|$を求めると

$$|\overrightarrow{\mathrm{OP}}|=\frac{\boxed{\text{ヌ}}\sqrt{\boxed{\text{ネノ}}}}{\boxed{\text{ハヒ}}}$$

である。$|\overrightarrow{\mathrm{OP}}|$は三角形LMNを底面とする三角錐OLMNの高さであるから，

三角錐OLMNの体積は$\boxed{\text{フ}}$である。

第3問～第6問は，いずれか2問を選択し，解答しなさい。

第5問 （選択問題）（配点　20）

次の表は，あるクラスの生徒9人に対して行われた英語と数学のテスト(各20点満点)の得点をまとめたものである。ただし，テストの得点は整数値である。また，表の数値はすべて正確な値であり，四捨五入されていないものとする。

	英　語	数　学
生徒1	9	15
生徒2	20	20
生徒3	18	14
生徒4	18	17
生徒5	A	8
生徒6	18	C
生徒7	14	D
生徒8	15	14
生徒9	18	15
平均値	16.0	15.0
分　散	B	10.00
相関係数	0.500	

以下，小数の形で解答する場合，指定された桁(けた)数の一つ下の桁を四捨五入し，解答せよ。途中で割り切れた場合，指定された桁まで⓪にマークすること。

(数学Ⅱ・数学B第5問は次ページに続く。)

(1)　生徒5の英語の得点Aは アイ 点であり，9人の英語の得点の分散Bの値は ウエ . オカ である。また，9人の数学の得点の平均値が15.0点であることと，英語と数学の得点の相関係数の値が0.500であることから，生徒6の数学の得点Cと生徒7の数学の得点Dの関係式

C＋D＝ キク

C－D＝ ケ

が得られる。したがって，Cは コサ 点，Dは シス 点である。

(2)　9人の英語と数学の得点の相関図（散布図）として適切なものは セ である。 セ に当てはまるものを，次の⓪～③のうちから一つ選べ。

⓪

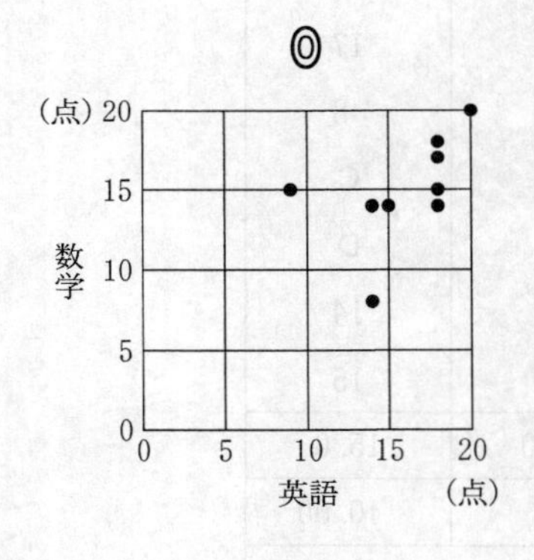

①

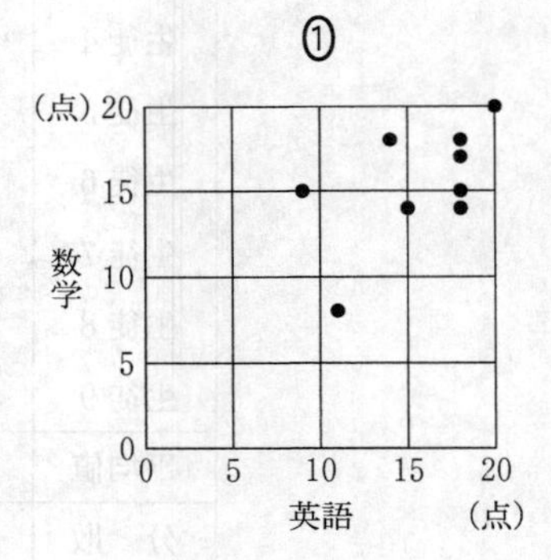

②

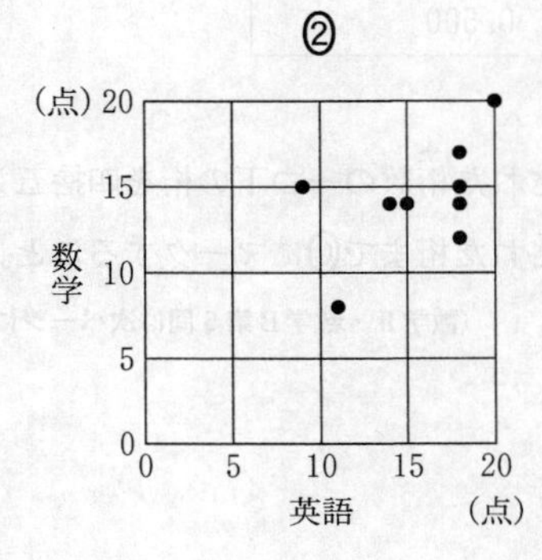

③

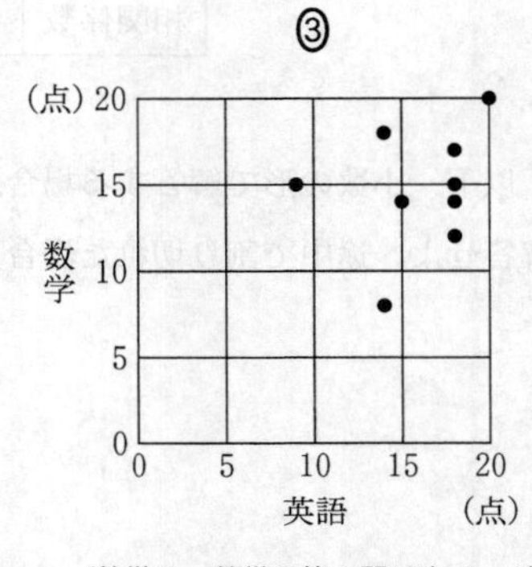

（数学Ⅱ・数学B第5問は次ページに続く。）

(3) 生徒10が転入したので，その生徒に対して同じテストを行った。次の表は，はじめの9人の生徒に生徒10を加えた10人の得点をまとめたものである。ただし，表の数値はすべて正確な値であり，四捨五入されていないものとする。

	英　語	数　学
生徒1	9	15
生徒2	20	20
生徒3	18	14
生徒4	18	17
生徒5	A	8
生徒6	18	C
生徒7	14	D
生徒8	15	14
生徒9	18	15
生徒10	6	F
平均値	E	14.0
分　散	18.00	18.00
相関係数	0.750	

10人の英語の得点の平均値Eは［ソタ］.［チ］点であり，生徒10の数学の得点Fは［ツ］点である。

(数学Ⅱ・数学B第5問は次ページに続く。)

(4) 生徒10が転入した後で1人の生徒が転出した。残った9人の生徒について，英語の得点の平均値は10人の平均値と同じ [ソタ] . [チ] 点，数学の得点の平均値は10人の平均値と同じ14.0点であった。転出したのは生徒 [テ] である。また，英語について，10人の得点の分散の値を v，残った9人の得点の分散の値を v' とすると

$$\frac{v'}{v} = \boxed{\text{ト}}$$

が成り立つ。さらに，10人についての英語と数学の得点の相関係数の値を r，残った9人についての英語と数学の得点の相関係数の値を r' とすると

$$\frac{r'}{r} = \boxed{\text{ナ}}$$

が成り立つ。 [ト] ， [ナ] に当てはまるものを，次の⓪～⑤のうちから一つずつ選べ。ただし，同じものを選んでもよい。

⓪ -1　　① 1　　② $\frac{9}{10}$

③ $\left(\frac{9}{10}\right)^2$　　④ $\frac{10}{9}$　　⑤ $\left(\frac{10}{9}\right)^2$

第3問～第6問は，いずれか2問を選択し，解答しなさい。

第6問 （選択問題）（配点　20）

2以上の自然数Nに対して，1からNまでの自然数の積

$$N\,! = 1 \times 2 \times \cdots \times N$$

の素因数分解を考える。

(1)　$N = 6$のとき，$N\,!$の素因数分解は$6\,! = 2^{\boxed{ア}} \times 3^{\boxed{イ}} \times 5$である。6！は，素因数2を ア 個，素因数3を イ 個，素因数5を1個もつ。

(2)　$N\,!$がもつ素因数2の個数を求める方法について考えよう。

まず，$\dfrac{N}{2}$の整数部分をMとおく。N以下の自然数の中には，M個の偶数2，4，…，$2M$がある。その他の奇数の積をQとおくと，$N\,!$は次のように表すことができる。

$$N\,! = Q \times 2 \times 4 \times \cdots \times 2M = Q \times 2^M \times M\,!$$

したがって，$N\,!$は少なくともM個の素因数2をもつことがわかる。さらに，$M\,!$がもつ素因数2の個数を求めるために，$N\,!$に対する手順を$M\,!$に対して再び用いることができる。

つまり，$N\,!$がもつ素因数2の個数を求めるためには，Nから$\dfrac{N}{2}$の整数部分であるMを求め，Mを改めてNと考えて，同じ手順を用いて新しくMを求める，という手順の繰り返しを$M < 2$となるまで行えばよい。この手順の繰り返しで求められたすべてのMの和が，$N\,!$がもつ素因数2の個数である。

たとえば，$N = 13$の場合には，$\dfrac{13}{2} = 6.5$であるから，$M = 6$となる。この手順を繰り返してMを求めた結果は，NからMを求める手順を矢印(→)で表すと，次のようにまとめられる。

13 → **6** → **3** → **1**

太字で表された6，3，1が，この手順を繰り返して求められたMの値である。それらの和$6 + 3 + 1 = 10$が，13！のもつ素因数2の個数である。

（数学Ⅱ・数学B第6問は次ページに続く。）

この手順にしたがって，2以上の自然数 N を入力して，$N!$ がもつ素因数2の個数を出力する〔プログラム1〕を作成した。ただし，INT(X)はXを超えない最大の整数を表す関数である。

〔プログラム1〕

```
100 INPUT PROMPT "N=":N
110 LET D=2
120 LET C=0
130 LET M=N
140 FOR J=1 TO N
150     LET M=INT(M/D)
160     LET [ ウ ]
170     IF [ エ ] THEN GOTO 190
180 NEXT J
190 PRINT "素因数";D;"は";C;"個"
200 END
```

〔プログラム1〕の [ウ] に当てはまるものを，次の⓪～③のうちから一つ選べ。

⓪ C=C+1　　① C=M　　② C=C+M　　③ C=C+M+1

[エ] に当てはまるものを，次の⓪～④のうちから一つ選べ。

⓪ M>=D　　① M=D　　② M<=D　　③ M<D　　④ M>D

〔プログラム1〕を実行し，変数Nに101を入力する。170行の「GOTO 190」が実行されるときの変数Jの値は [オ] である。また，190行で出力される変数Cの値は [カキ] である。

（数学II・数学B第6問は次ページに続く。）

(3) N！がもつ素因数2の個数を求める方法は，他の素因数の個数についても同様に適用できる。たとえば，N！がもつ素因数5の個数を求める場合は，まず，$\frac{N}{5}$の整数部分をMとおく。N以下の自然数の中にはM個の5の倍数があるので，N！は少なくともM個の素因数5をもつ。また，これらのM個の5の倍数を5で割った商は1，2，…，Mである。M！の中の素因数5の個数を求めるためには，MをNと考えて，同じ手順を繰り返せばよい。

したがって，N！がもつ素因数5の個数を求めるためには，〔プログラム1〕の **クケコ** 行を **サ** に変更すればよい。**サ** に当てはまるものを，次の⓪〜⑤のうちから一つ選べ。

⓪ INPUT PROMPT "N=":N　　① INPUT PROMPT "C=":C
② INPUT PROMPT "M=":M　　③ LET C=5
④ LET D=5　　⑤ LET M=D

変更した〔プログラム1〕を実行することにより，2014！は素因数5を **シスセ** 個もつことがわかる。したがって，2014！がもつ素因数2の個数と素因数5の個数について考えることにより，2014！を10で割り切れる限り割り続けると，**ソタチ** 回割れることがわかる。

(4) N以下のすべての素数が，N！の素因数として含まれる。その個数は，素数2や素数5の場合と同様に求められる。N以下のすべての素因数について，N！がもつ素因数とその個数を順に出力するように，〔プログラム1〕を変更して〔プログラム2〕を作成した。行番号に下線が引かれた行は，変更または追加された行である。

ただし，繰り返し処理「FOR K=A TO B〜NEXT K」において，AがBより大きい場合，この繰り返し処理は実行されず次の処理に進む。

(数学Ⅱ・数学B第6問は次ページに続く。)

〔プログラム２〕

```
100 INPUT PROMPT "N=":N
110 FOR D=2 TO N
111   FOR K=2 TO D-1
112     IF [ ツ ] THEN [ テ ]
113   NEXT K
120   LET C=0
130   LET M=N
140   FOR J=1 TO N
150     LET M=INT(M/D)
160     LET [ ウ ]
170     IF [ エ ] THEN GOTO 190
180   NEXT J
190   PRINT "素因数";D;"は";C;"個"
191 NEXT D
200 END
```

（110, 111, 112, 113, 191 行の行番号には下線が引かれている）

〔プログラム２〕の 111 行から 113 行までの処理は，D が素数であるかどうかを判定するためのものである。［ツ］，［テ］に当てはまるものを，次の⓪～⑧のうちから一つずつ選べ。ただし，同じものを選んでもよい。

⓪ INT(D/K)=1	① INT(D/K)>1	② D=INT(D/K)*K
③ D<>INT(D/K)*K	④ GOTO 120	⑤ GOTO 130
⑥ GOTO 180	⑦ GOTO 190	⑧ GOTO 191

〔プログラム２〕を実行し，変数 N に 26 を入力したとき，190 行は［ト］回実行される。［ト］回のうち，変数 C の値が 2 となるのは［ナ］回である。

2013 本試験

数学Ⅰ・数学A
数学Ⅱ・数学B

（2013年１月実施）

数学Ⅰ・数学A　60分　100点
数学Ⅱ・数学B　60分　100点

	問題番号		解答記号		現行課程での範囲
数学Ⅰ・数学A	第１問	〔１〕	ア～キ	数と式	Ⅰ
		〔２〕	ク～サ	集合と論理	Ⅰ
	第２問		ア～フ	２次関数	Ⅰ
	第３問		ア～タ	図形と計量	Ⅰ
			チ～ホ	平面図形	A
	第４問		ア～ナ	場合の数・確率	A
			ニヌ	期待値	B

	問題番号		解答記号		現行課程での範囲
数学Ⅱ・数学B	第１問	〔１〕	ア～セ	図形と方程式	Ⅱ
		〔２〕	ソ～ハ	指数関数・対数関数	Ⅱ
	第２問		ア～ノ	微分法・積分法	Ⅱ
	第３問		ア～ヌ	数列	B
	第４問		ア～ハ	ベクトル	B
	第５問		ア～ヘ	統計	Ⅰ
	第６問		ア～ソ	コンピュータ	範囲外

数学Ⅰ・数学A

（全　問　必　答）

第１問　（配点　20）

〔1〕　$A=\dfrac{1}{1+\sqrt{3}+\sqrt{6}}$，　$B=\dfrac{1}{1-\sqrt{3}+\sqrt{6}}$ とする。

このとき

$$AB=\frac{1}{(1+\sqrt{6})^2-\boxed{\text{ア}}}=\frac{\sqrt{6}-\boxed{\text{イ}}}{\boxed{\text{ウ}}}$$

であり，また

$$\frac{1}{A}+\frac{1}{B}=\boxed{\text{エ}}+\boxed{\text{オ}}\sqrt{6}$$

である。以上により

$$A+B=\frac{\boxed{\text{カ}}-\sqrt{6}}{\boxed{\text{キ}}}$$

となる。

（数学Ⅰ・数学A第１問は次ページに続く。）

〔2〕　三角形に関する条件 p, q, r を次のように定める。

p：三つの内角がすべて異なる

q：直角三角形でない

r：45° の内角は一つもない

条件 p の否定を $\overline{p}$ で表し，同様に $\overline{q}$, $\overline{r}$ はそれぞれ条件 q, r の否定を表すものとする。

(1)　命題「$r \Longrightarrow$ (p または q)」の対偶は「 **ク** $\Longrightarrow \overline{r}$」である。

ク に当てはまるものを，次の⓪～③のうちから一つ選べ。

⓪　(p かつ q)　　①　($\overline{p}$ かつ $\overline{q}$)

②　($\overline{p}$ または q)　　③　($\overline{p}$ または $\overline{q}$)

(2)　次の⓪～④のうち，命題「(p または q) $\Longrightarrow r$」に対する反例となっている三角形は **ケ** と **コ** である。

ケ と コ に当てはまるものを，⓪～④のうちから一つずつ選べ。ただし， ケ と コ の解答の順序は問わない。

⓪　直角二等辺三角形

①　内角が 30°, 45°, 105° の三角形

②　正三角形

③　三辺の長さが 3 ， 4 ， 5 の三角形

④　頂角が 45° の二等辺三角形

(3)　r は (p または q) であるための **サ** 。

サ に当てはまるものを，次の⓪～③のうちから一つ選べ。

⓪　必要十分条件である

①　必要条件であるが，十分条件ではない

②　十分条件であるが，必要条件ではない

③　必要条件でも十分条件でもない

第2問 (配点 25)

座標平面上にある点Pは，点A$(-8, 8)$から出発して，直線$y = -x$上をx座標が1秒あたり2増加するように一定の速さで動く。また，同じ座標平面上にある点Qは，点PがAを出発すると同時に原点Oから出発して，直線$y = 10x$上をx座標が1秒あたり1増加するように一定の速さで動く。出発してからt秒後の2点P，Qを考える。点PがOに到達するのは$t =$ ア のときである。以下，$0 < t <$ ア で考える。

(1) 点Pとx座標が等しいx軸上の点をP′，点Qとx座標が等しいx軸上の点をQ′とおく。△OPP′と△OQQ′の面積の和Sをtで表せば

$$S = \boxed{イ}\,t^2 - \boxed{ウエ}\,t + \boxed{オカ}$$

となる。これより$0 < t <$ ア においては，$t = \dfrac{\boxed{キ}}{\boxed{ク}}$で$S$は最小値

$\dfrac{\boxed{ケコサ}}{\boxed{シ}}$をとる。

(数学Ⅰ・数学A第2問は次ページに続く。)

次に，a を $0 < a < \boxed{ア} - 1$ を満たす定数とする。以下，$a \leqq t \leqq a + 1$ における S の最小・最大について考える。

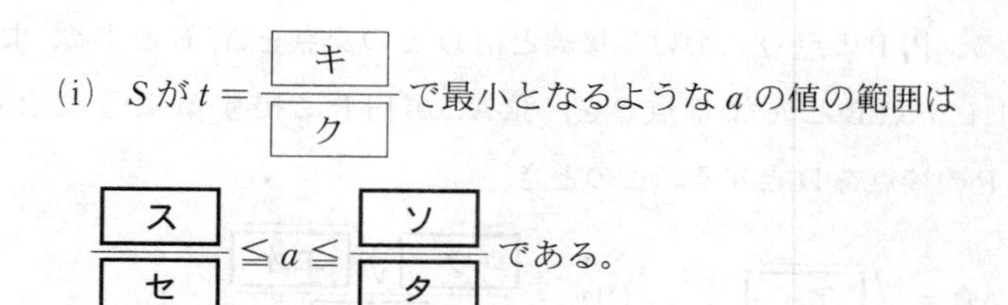

(i)　S が $t = \dfrac{\boxed{キ}}{\boxed{ク}}$ で最小となるような a の値の範囲は

$\dfrac{\boxed{ス}}{\boxed{セ}} \leqq a \leqq \dfrac{\boxed{ソ}}{\boxed{タ}}$ である。

(ii)　S が $t = a$ で最大となるような a の値の範囲は $0 < a \leqq \dfrac{\boxed{チ}}{\boxed{ツテ}}$ である。

(2)　3点O，P，Qを通る2次関数のグラフが関数 $y = 2x^2$ のグラフを平行移動したものになるのは，$t = \dfrac{\boxed{ト}}{\boxed{ナ}}$ のときであり，x 軸方向に $\dfrac{\boxed{ニヌ}}{\boxed{ネ}}$，$y$ 軸方向に $\dfrac{\boxed{ノハヒ}}{\boxed{フ}}$ だけ平行移動すればよい。

第3問 (配点 30)

点Oを中心とする半径3の円Oと，点Oを通り，点Pを中心とする半径1の円Pを考える。円Pの点Oにおける接線と円Oとの交点をA, Bとする。また，円Oの周上に，点Bと異なる点Cを，弦ACが円Pに接するようにとる。弦ACと円Pの接点をDとする。このとき

$$\mathrm{AP}=\sqrt{\boxed{\text{アイ}}},\qquad \mathrm{OD}=\frac{\boxed{\text{ウ}}\sqrt{\boxed{\text{エオ}}}}{\boxed{\text{カ}}}$$

である。さらに，$\cos\angle\mathrm{OAD}=\dfrac{\boxed{\text{キ}}}{\boxed{\text{ク}}}$であり，$\mathrm{AC}=\dfrac{\boxed{\text{ケコ}}}{\boxed{\text{サ}}}$である。

$\triangle\mathrm{ABC}$の面積は$\dfrac{\boxed{\text{シスセ}}}{\boxed{\text{ソタ}}}$であり，$\triangle\mathrm{ABC}$の内接円の半径は$\dfrac{\boxed{\text{チ}}}{\boxed{\text{ツ}}}$である。

(数学Ⅰ・数学A第3問は次ページに続く。)

(1)　円Oの周上に，点Eを線分CEが円Oの直径となるようにとる。△ABCの内接円の中心をQとし，△CEAの内接円の中心をRとする。このとき，

QR $=\dfrac{\boxed{\text{テト}}}{\boxed{\text{ナ}}}$ である。したがって，内接円Qと内接円Rは $\boxed{\text{ニ}}$ 。

$\boxed{\text{ニ}}$ に当てはまるものを，次の⓪～③のうちから一つ選べ。

⓪　内接する　　①　異なる2点で交わる

②　外接する　　③　共有点を持たない

(2)　AQ $=\dfrac{\boxed{\text{ヌ}}\sqrt{\boxed{\text{ネノ}}}}{\boxed{\text{ハ}}}$ であるから，PQ $=\dfrac{\sqrt{\boxed{\text{ヒフ}}}}{\boxed{\text{ヘ}}}$ となる。

したがって，$\boxed{\text{ホ}}$ 。

$\boxed{\text{ホ}}$ に当てはまるものを，次の⓪～③のうちから一つ選べ。

⓪　点Pは内接円Qの周上にある

①　点Qは円Pの周上にある

②　点Pは内接円Qの内部にあり，点Qは円Pの内部にある

③　点Pは内接円Qの内部にあり，点Qは円Pの外部にある

第4問 (配点 25)

(1) 1から4までの数字を，重複を許して並べてできる4桁(けた)の自然数は，全部で アイウ 個ある。

(2) (1)の アイウ 個の自然数のうちで，1から4までの数字を重複なく使ってできるものは エオ 個ある。

(3) (1)の アイウ 個の自然数のうちで，1331のように，異なる二つの数字を2回ずつ使ってできるものの個数を，次の考え方に従って求めよう。

(i) 1から4までの数字から異なる二つを選ぶ。この選び方は カ 通りある。

(ii) (i)で選んだ数字のうち小さい方を，一・十・百・千の位のうち，どの2箇所に置くか決める。置く2箇所の決め方は キ 通りある。小さい方の数字を置く場所を決めると，大きい方の数字を置く場所は残りの2箇所に決まる。

(iii) (i)と(ii)より，求める個数は クケ 個である。

(数学Ⅰ・数学A第4問は次ページに続く。)

(4) (1)の $\boxed{\text{アイウ}}$ 個の自然数を，それぞれ別々のカードに書く。できた $\boxed{\text{アイウ}}$ 枚のカードから1枚引き，それに書かれた数の四つの数字に応じて，得点を次のように定める。

• 四つとも同じ数字のとき	9点
• 2回現れる数字が二つあるとき	3点
• 3回現れる数字が一つと，1回だけ現れる数字が一つあるとき	2点
• 2回現れる数字が一つと，1回だけ現れる数字が二つあるとき	1点
• 数字の重複がないとき	0点

(i) 得点が9点となる確率は $\dfrac{\boxed{\text{コ}}}{\boxed{\text{サシ}}}$，得点が3点となる確率は $\dfrac{\boxed{\text{ス}}}{\boxed{\text{セソ}}}$ である。

(ii) 得点が2点となる確率は $\dfrac{\boxed{\text{タ}}}{\boxed{\text{チツ}}}$，得点が1点となる確率は $\dfrac{\boxed{\text{テ}}}{\boxed{\text{トナ}}}$ である。

(iii) 得点の期待値は $\dfrac{\boxed{\text{ニ}}}{\boxed{\text{ヌ}}}$ 点である。

数学Ⅱ・数学B

<table>
<tr><th>問　題</th><th>選　択　方　法</th></tr>
<tr><td>第１問</td><td>必　　答</td></tr>
<tr><td>第２問</td><td>必　　答</td></tr>
<tr><td>第３問</td><td rowspan="4">いずれか２問を選択し，
解答しなさい。</td></tr>
<tr><td>第４問</td></tr>
<tr><td>第５問</td></tr>
<tr><td>第６問</td></tr>
</table>

（注）　この科目には，選択問題があります。（10ページ参照。）

第１問　（必答問題）（配点　30）

〔1〕　Oを原点とする座標平面上に2点A(6, 0)，B(3, 3)をとり，線分ABを2：1に内分する点をP，1：2に外分する点をQとする。3点O, P, Qを通る円をCとする。

(1)　Pの座標は（ ア ， イ ）であり，Qの座標は（ ウ ， エオ ）である。

(2)　円Cの方程式を次のように求めよう。線分OPの中点を通り，OPに垂直な直線の方程式は

$y =$ カキ $x +$ ク

であり，線分PQの中点を通り，PQに垂直な直線の方程式は

$y = x -$ ケ

である。

（数学Ⅱ・数学B第１問は次ページに続く。）

これらの2直線の交点が円 C の中心であることから，円 C の方程式は

$$\left(x-\boxed{\text{コ}}\right)^2+\left(y+\boxed{\text{サ}}\right)^2=\boxed{\text{シス}}$$

であることがわかる。

(3) 円 C と x 軸の二つの交点のうち，点Oと異なる交点をRとすると，Rは線分OAを $\boxed{\text{セ}}$ ：1に外分する。

(数学Ⅱ・数学B第1問は次ページに続く。)

〔2〕 連立方程式

$$(*)\begin{cases} x+y+z=3 \\ 2^x+2^y+2^z=\dfrac{35}{2} \\ \dfrac{1}{2^x}+\dfrac{1}{2^y}+\dfrac{1}{2^z}=\dfrac{49}{16} \end{cases}$$

を満たす実数 x，y，z を求めよう。ただし，$x \leqq y \leqq z$ とする。

$X=2^x$，$Y=2^y$，$Z=2^z$ とおくと，$x \leqq y \leqq z$ により $X \leqq Y \leqq Z$ である。
(*)から，X，Y，Z の関係式

$$\begin{cases} XYZ=\boxed{\text{ソ}} \\ X+Y+Z=\dfrac{35}{2} \\ XY+YZ+ZX=\dfrac{\boxed{\text{タチ}}}{\boxed{\text{ツ}}} \end{cases}$$

が得られる。

(数学Ⅱ・数学B第1問は次ページに続く。)

この関係式を利用すると，t の 3 次式 $(t-X)(t-Y)(t-Z)$ は

$$(t-X)(t-Y)(t-Z)=t^3-(X+Y+Z)t^2+(XY+YZ+ZX)t-XYZ$$

$$=t^3-\frac{35}{2}t^2+\frac{\boxed{\text{タチ}}}{\boxed{\text{ツ}}}t-\boxed{\text{ソ}}$$

$$=\left(t-\frac{1}{2}\right)\left(t-\boxed{\text{テ}}\right)\left(t-\boxed{\text{トナ}}\right)$$

となる。したがって，$X \leqq Y \leqq Z$ により

$$X=\frac{1}{2},\ Y=\boxed{\text{テ}},\ Z=\boxed{\text{トナ}}$$

となり，$x=\log_{\boxed{\text{ニ}}}X$，$y=\log_{\boxed{\text{ニ}}}Y$，$z=\log_{\boxed{\text{ニ}}}Z$ から

$$x=\boxed{\text{ヌネ}},\ y=\boxed{\text{ノ}},\ z=\boxed{\text{ハ}}$$

であることがわかる。

第2問 （必答問題）（配点　30）

a を正の実数として，x の関数 $f(x)$ を

$$f(x) = x^3 - 3a^2x + a^3$$

とする。

関数 $y = f(x)$ は，$x = \boxed{アイ}$ で極大値 $\boxed{ウ}\,a^{\boxed{エ}}$ をとり，$x = \boxed{オ}$ で極小値 $\boxed{カ}\,a^{\boxed{キ}}$ をとる。このとき，2点

$$\left(\boxed{アイ},\ \boxed{ウ}\,a^{\boxed{エ}}\right),\ \left(\boxed{オ},\ \boxed{カ}\,a^{\boxed{キ}}\right)$$

と原点を通る放物線

$$y = \boxed{ク}\,x^2 - \boxed{ケ}\,a^{\boxed{コ}}x$$

を C とする。原点における C の接線 ℓ の方程式は

$$y = \boxed{サシ}\,a^{\boxed{ス}}x$$

である。また，原点を通り ℓ に垂直な直線 m の方程式は

$$y = \frac{1}{\boxed{セ}\,a^{\boxed{ソ}}}x$$

である。

（数学Ⅱ・数学B第2問は次ページに続く。）

x 軸に関して放物線 C と対称な放物線

$$y = -\boxed{\text{ク}}\,x^2 + \boxed{\text{ケ}}\,a^{\boxed{\text{コ}}}\,x$$

を D とする。D と ℓ で囲まれた図形の面積 S は

$$S = \frac{\boxed{\text{タチ}}}{\boxed{\text{ツ}}}\,a^{\boxed{\text{テ}}}$$

である。

放物線 C と直線 m の交点の x 座標は，0 と $\dfrac{4a^{\boxed{\text{ト}}}+1}{2a^{\boxed{\text{ナ}}}}$ である。C と m で囲まれた図形の面積を T とする。$S=T$ となるのは $a^{\boxed{\text{テ}}} = \dfrac{\boxed{\text{ニ}}}{\boxed{\text{ヌ}}}$ のときであり，このとき，$S = \dfrac{\boxed{\text{ネ}}}{\boxed{\text{ノ}}}$ である。

第3問～第6問は，いずれか2問を選択し，解答しなさい。

第3問 （選択問題）（配点　20）

(1)　数列$\{p_n\}$は次を満たすとする。

$$p_1 = 3,\ p_{n+1} = \frac{1}{3}p_n + 1 \qquad (n = 1, 2, 3, \cdots) \quad \cdots\cdots\cdots\cdots ①$$

数列$\{p_n\}$の一般項と，初項から第n項までの和を求めよう。まず，①から

$$p_{n+1} - \frac{\boxed{ア}}{\boxed{イ}} = \frac{1}{3}\left(p_n - \frac{\boxed{ア}}{\boxed{イ}}\right) \qquad (n = 1, 2, 3, \cdots)$$

となるので，数列$\{p_n\}$の一般項は

$$p_n = \frac{1}{\boxed{ウ} \cdot \boxed{エ}^{n-2}} + \frac{\boxed{オ}}{\boxed{カ}}$$

である。したがって，自然数nに対して

$$\sum_{k=1}^{n} p_k = \frac{\boxed{キ}}{\boxed{ク}}\left(1 - \frac{1}{\boxed{ケ}^{n}}\right) + \frac{\boxed{コ}\,n}{\boxed{サ}}$$

である。

(2)　正の数からなる数列$\{a_n\}$は，初項から第3項が$a_1 = 3$，$a_2 = 3$，$a_3 = 3$であり，すべての自然数nに対して

$$a_{n+3} = \frac{a_n + a_{n+1}}{a_{n+2}} \quad \cdots\cdots\cdots\cdots\cdots\cdots ②$$

を満たすとする。また，数列$\{b_n\}$，$\{c_n\}$を，自然数nに対して，$b_n = a_{2n-1}$，$c_n = a_{2n}$で定める。数列$\{b_n\}$，$\{c_n\}$の一般項を求めよう。まず，②から

$$a_4 = \frac{a_1 + a_2}{a_3} = \boxed{シ},\ a_5 = 3,\ a_6 = \frac{\boxed{ス}}{\boxed{セ}},\ a_7 = 3$$

である。したがって，$b_1 = b_2 = b_3 = b_4 = 3$となるので

$$b_n = 3 \qquad (n = 1, 2, 3, \cdots) \quad \cdots\cdots\cdots\cdots\cdots ③$$

と推定できる。

(数学Ⅱ・数学B第3問は次ページに続く。)

③を示すためには，$b_1=3$ から，すべての自然数 n に対して

$$b_{n+1}=b_n \qquad \cdots\cdots\cdots\cdots ④$$

であることを示せばよい。このことを「まず，$n=1$ のとき④が成り立つことを示し，次に，$n=k$ のとき④が成り立つと仮定すると，$n=k+1$ のときも④が成り立つことを示す方法」を用いて証明しよう。この方法を $\boxed{\text{ソ}}$ という。$\boxed{\text{ソ}}$ に当てはまるものを，次の⓪～③のうちから一つ選べ。

⓪ 組立除法　　① 弧度法　　② 数学的帰納法　　③ 背理法

［Ⅰ］ $n=1$ のとき，$b_1=3$，$b_2=3$ であることから④は成り立つ。

［Ⅱ］ $n=k$ のとき，④が成り立つ，すなわち

$$b_{k+1}=b_k \qquad \cdots\cdots\cdots\cdots ⑤$$

と仮定する。$n=k+1$ のとき，②の n に $2k$ を代入して得られる等式と，$2k-1$ を代入して得られる等式から

$$b_{k+2}=\frac{c_k+\boxed{\text{タ}}_{k+1}}{\boxed{\text{チ}}_{k+1}},\quad c_{k+1}=\frac{\boxed{\text{ツ}}_k+c_k}{\boxed{\text{テ}}_{k+1}}$$

となるので，b_{k+2} は

$$b_{k+2}=\frac{\left(\boxed{\text{ト}}_k+\boxed{\text{ナ}}_{k+1}\right)\boxed{\text{ニ}}_{k+1}}{b_k+c_k}$$

と表される。したがって，⑤により，$b_{k+2}=b_{k+1}$ が成り立つので，④は $n=k+1$ のときにも成り立つ。

［Ⅰ］，［Ⅱ］により，すべての自然数 n に対して④の成り立つことが証明された。したがって，③が成り立つので，数列 $\{b_n\}$ の一般項は $b_n=3$ である。

次に，②の n を $2n-1$ に置き換えて得られる等式と③から

$$c_{n+1}=\frac{1}{3}c_n+1 \qquad (n=1,2,3,\cdots)$$

となり，$c_1=\boxed{\text{ヌ}}$ であることと①から，数列 $\{c_n\}$ の一般項は，(1)で求めた数列 $\{p_n\}$ の一般項と等しくなることがわかる。

第3問〜第6問は，いずれか2問を選択し，解答しなさい。

第4問 （選択問題）（配点　20）

OA = 5，OC = 4，∠AOC = θ である平行四辺形 OABC において，線分 OA を3：2に内分する点をDとする。また，点Aを通り直線BDに垂直な直線と直線OCの交点をEとする。ただし，$0 < \theta < \pi$ とする。

以下，$\overrightarrow{OA} = \vec{a}$，$\overrightarrow{OC} = \vec{c}$ とおき，実数 t を用いて $\overrightarrow{OE} = t\vec{c}$ と表す。

(1)　t を $\cos\theta$ を用いて表そう。

$$\overrightarrow{AE} = t\vec{c} - \vec{a},\ \overrightarrow{DB} = \frac{\boxed{ア}}{\boxed{イ}}\vec{a} + \vec{c},\ \vec{a}\cdot\vec{c} = \boxed{ウエ}\cos\theta$$

となるので，$\overrightarrow{AE}\cdot\overrightarrow{DB} = \boxed{オ}$ により

$$t = \frac{\boxed{カ}\left(\boxed{キ}\cos\theta + 1\right)}{\boxed{ク}\left(\cos\theta + \boxed{ケ}\right)} \quad \cdots\cdots\cdots\cdots\cdots ①$$

となる。

(2)　点Eは線分OC上にあるとする。θ のとり得る値の範囲を求めよう。ただし，線分OCは両端の点O，Cを含むものとする。以下，$r = \cos\theta$ とおく。

点Eが線分OC上にあることから，$0 \leqq t \leqq 1$ である。$-1 < r < 1$ なので，①の右辺の $\cos\theta$ を r に置き換えた分母 $\boxed{ク}\left(r + \boxed{ケ}\right)$ は正である。したがって，条件 $0 \leqq t \leqq 1$ は

$$0 \leqq \boxed{カ}\left(\boxed{キ}r + 1\right) \leqq \boxed{ク}\left(r + \boxed{ケ}\right) \quad \cdots\cdots ②$$

となる。

（数学Ⅱ・数学B第4問は次ページに続く。）

r についての不等式 ② を解くことにより，θ のとり得る値の範囲は

$$\frac{\pi}{\boxed{\text{コ}}} \leqq \theta \leqq \frac{\boxed{\text{サ}}}{\boxed{\text{シ}}}\pi$$

であることがわかる。

(3)　$\cos\theta = -\dfrac{1}{8}$ とする。直線 AE と直線 BD の交点を F とし，三角形 BEF の面積を求めよう。① により，$t = \dfrac{\boxed{\text{ス}}}{\boxed{\text{セ}}}$ となり

$$\overrightarrow{\mathrm{OF}} = \frac{\boxed{\text{ソ}}}{\boxed{\text{タ}}}\vec{a} + \frac{\boxed{\text{チ}}}{\boxed{\text{ツ}}}\vec{c}$$

となる。したがって，点 F は線分 AE を 1 : $\boxed{\text{テ}}$ に内分する。このことと，平行四辺形 OABC の面積は $\dfrac{\boxed{\text{トナ}}\sqrt{\boxed{\text{ニ}}}}{\boxed{\text{ヌ}}}$ であることから，三角形 BEF の面積は $\dfrac{\boxed{\text{ネ}}\sqrt{\boxed{\text{ノ}}}}{\boxed{\text{ハ}}}$ である。

第3問〜第6問は，いずれか2問を選択し，解答しなさい。

第5問　（選択問題）（配点　20）

次の表は，あるクラスの生徒10人に対して行われた国語と英語の小テスト(各10点満点)の得点をまとめたものである。ただし，小テストの得点は整数値をとり，C＞Dである。また，表の数値はすべて正確な値であり，四捨五入されていない。

番　号	国　語	英　語
生徒1	9	9
生徒2	10	9
生徒3	4	8
生徒4	7	6
生徒5	10	8
生徒6	5	C
生徒7	5	8
生徒8	7	9
生徒9	6	D
生徒10	7	7
平均値	A	8.0
分　散	B	1.00

以下，小数の形で解答する場合，指定された桁(けた)数の一つ下の桁を四捨五入し，解答せよ。途中で割り切れた場合，指定された桁まで⓪にマークすること。

(1)　10人の国語の得点の平均値Aは［ア］.［イ］点である。また，国語の得点の分散Bの値は［ウ］.［エオ］である。さらに，国語の得点の中央値は［カ］.［キ］点である。

(数学Ⅱ・数学B第5問は次ページに続く。)

⑵　10 人の英語の得点の平均値が 8.0 点，分散が 1.00 であることから，CとDの間には関係式

$$\mathrm{C}+\mathrm{D}=\boxed{\text{クケ}}$$

$$(\mathrm{C}-8)^2+(\mathrm{D}-8)^2=\boxed{\text{コ}}$$

が成り立つ。上の連立方程式と条件C＞Dにより，C，Dの値は，それぞれ $\boxed{\text{サ}}$ 点，$\boxed{\text{シ}}$ 点であることがわかる。

⑶　10 人の国語と英語の得点の相関図（散布図）として適切なものは $\boxed{\text{ス}}$ であり，国語と英語の得点の相関係数の値は $\boxed{\text{セ}}.\boxed{\text{ソタチ}}$ である。ただし，$\boxed{\text{ス}}$ については，当てはまるものを，次の⓪～③のうちから一つ選べ。

⓪

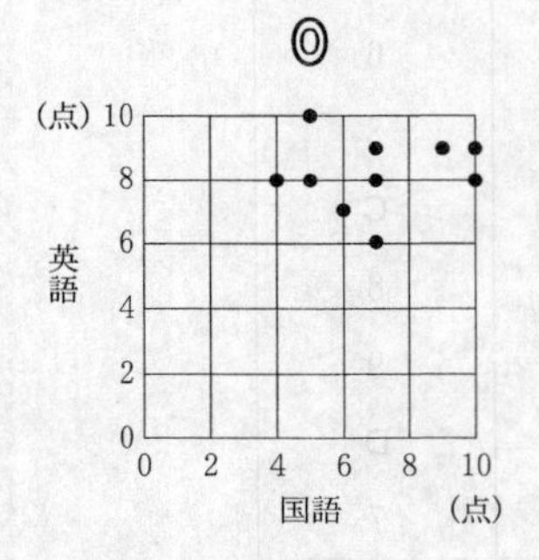

①

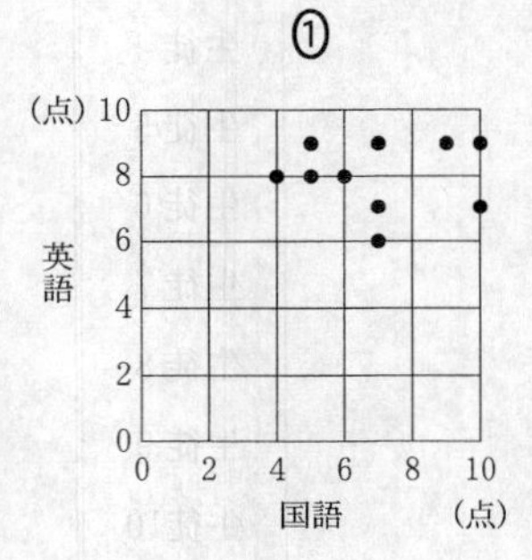

②

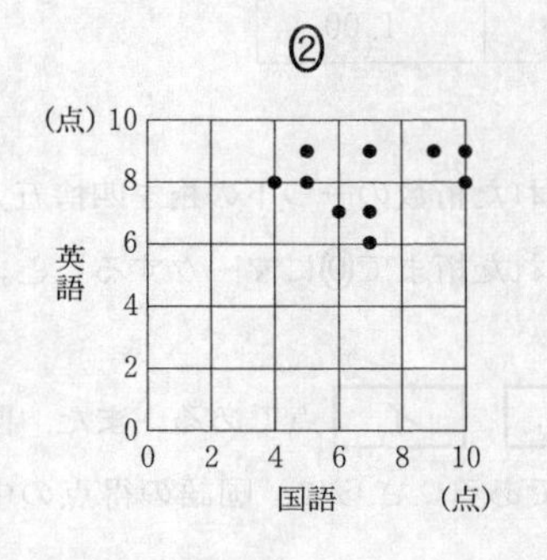

③

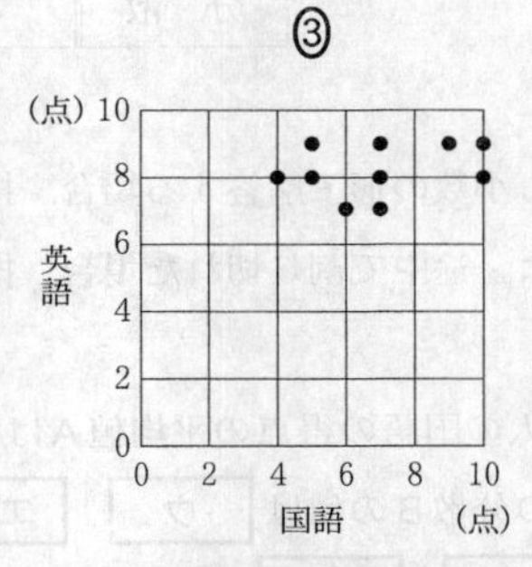

（数学Ⅱ・数学B第５問は次ページに続く。）

(4) 同じ10人に対して数学の小テスト(10点満点)を行ったところ，数学の得点の平均値はちょうど5.4点であり，分散はちょうど1.44であった。また，国語と数学の得点の相関係数はちょうど-0.125であった。

ここで，kを1から10までの自然数として，生徒kの国語の得点をx_k，数学の得点をy_k，国語と数学の得点の合計$x_k + y_k$をw_kで表す。このとき，国語と数学の得点の合計w_1，w_2，…，w_{10}の平均値は［ツテ］.［ト］点である。

(数学Ⅱ・数学B第5問は次ページに続く。)

次に，国語と数学の得点の合計 w_1，w_2，…，w_{10} の分散を以下の手順で求めよう。国語の得点の平均値を $\overline{x}$，分散を $s_x{}^2$，数学の得点の平均値を $\overline{y}$，分散を $s_y{}^2$，国語と数学の得点の合計の平均値を $\overline{w}$，分散を $s_w{}^2$ で表す。このとき

$$T=(x_1-\overline{x})(y_1-\overline{y})+(x_2-\overline{x})(y_2-\overline{y})+\cdots+(x_{10}-\overline{x})(y_{10}-\overline{y})$$

とおくと，国語と数学の得点の相関係数は -0.125 であるから

$$T=\boxed{\text{ナニ}}.\boxed{\text{ヌネノ}}$$

である。また，k を 1 から 10 までの自然数として，$(w_k-\overline{w})^2$ は

$$\begin{aligned}(w_k-\overline{w})^2&=\{(x_k+y_k)-(\overline{x}+\overline{y})\}^2\\&=\{(x_k-\overline{x})+(y_k-\overline{y})\}^2\end{aligned}$$

と変形できる。これを利用して，分散 $s_w{}^2$ は

$$\begin{aligned}s_w{}^2&=\frac{(w_1-\overline{w})^2+(w_2-\overline{w})^2+\cdots+(w_{10}-\overline{w})^2}{10}\\&=s_x{}^2+s_y{}^2+\boxed{\text{ハ}}\,T\end{aligned}$$

と表すことができるので，分散 $s_w{}^2$ の値は $\boxed{\text{ヒ}}.\boxed{\text{フヘ}}$ である。ただし，$\boxed{\text{ハ}}$ については，当てはまるものを，次の⓪～③のうちから一つ選べ。

⓪ $\frac{1}{2}$　　① $\frac{1}{5}$　　② $\frac{1}{10}$　　③ $\frac{1}{20}$

第3問～第6問は，いずれか2問を選択し，解答しなさい。

第6問 （選択問題）（配点　20）

自然数Nを，0または1または2のいずれかの値をとるa_0，a_1，…，a_{p-1}を用いて

$$N = a_{p-1} \times 3^{p-1} + a_{p-2} \times 3^{p-2} + \cdots + a_2 \times 3^2 + a_1 \times 3 + a_0 \quad \cdots ①$$

と表すとき，数字の列$a_{p-1}a_{p-2}\cdots a_2a_1a_0$を$N$の3進数表示とよび，$p$をこの3進数表示の桁(けた)数とよぶ。ただし，$a_{p-1}$は0ではないとする。たとえば

$$35 = 1 \times 3^3 + 0 \times 3^2 + 2 \times 3 + 2$$

であるから，35の3進数表示は1022であり，その桁数は4である。また，自然数1から10の3進数表示は以下のようになる。

自然数N	1	2	3	4	5	6	7	8	9	10
Nの3進数表示	1	2	10	11	12	20	21	22	100	101

3進数表示がp桁の自然数Nは$3^{p-1} \leqq N < 3^p$を満たすので，常用対数をとることにより，pとNの関係式

$$p - 1 \leqq \frac{\log_{10} N}{\log_{10} 3} < p \quad \cdots\cdots\cdots\cdots\cdots ②$$

が成り立つことがわかる。

(1)　3進数表示が1212である自然数は［アイ］である。

（数学Ⅱ・数学B第6問は次ページに続く。）

(2) 自然数 N を与え，その３進数表示を求めよう。①の N を 3^{p-1} で割った商が a_{p-1} であることに着目して，N の３進数表示 $a_{p-1}a_{p-2}\cdots a_2a_1a_0$ を**上の位の数から順に**出力する〔プログラム１〕を作成した。また，①の N を３で割った余りが a_0 であることに着目して，N の３進数表示 $a_{p-1}a_{p-2}\cdots a_2a_1a_0$ を**下の位の数から順に**出力する〔プログラム２〕を作成した。ただし，INT(X) は X を超えない最大の整数を表す関数である。また，LOG10(X) は X の常用対数を表す関数であり，②により，いずれのプログラムにおいても，110 行は入力された自然数 N または M の３進数表示の桁数を P に代入している。

〔プログラム１〕

```
100 INPUT N
110 LET P=INT(LOG10(N)/LOG10(3))+1
120 LET X=3^(P-1)
130 FOR I=1 TO P
140     PRINT [ ウ ]
150     LET N=[ エ ]
160     LET X=[ オ ]
170 NEXT I
180 END
```

〔プログラム２〕

```
100 INPUT M
110 LET P=INT(LOG10(M)/LOG10(3))+1
120 FOR I=1 TO P
130     PRINT M-INT(M/3)*3
140     LET M=INT(M/3)
150 NEXT I
160 END
```

[ウ]，[エ]，[オ] に当てはまるものを，次の⓪～⑧のうちから一つずつ選べ。ただし，同じものを繰り返し選んでもよい。

⓪ X/3　　① N/3　　② X/N
③ INT(N/3)　　④ N-INT(N/3)　　⑤ N-INT(N/3)*3
⑥ INT(N/X)　　⑦ N-INT(N/X)　　⑧ N-INT(N/X)*X

〔プログラム２〕を実行して変数 M に 77 を入力すると，$\frac{\log_{10} 77}{\log_{10} 3} = 3.95\cdots$ であることから，110 行では P に 4 が代入される。130 行で出力される値を並べることにより，自然数 77 の３進数表示は [カキクケ] となる。

（数学II・数学B第６問は次ページに続く。）

(3)　与えられた自然数 N の 3 進数表示 $a_{p-1}a_{p-2}\cdots a_2a_1a_0$ が，これを逆に並べた数字の列 $a_0a_1a_2\cdots a_{p-2}a_{p-1}$ と一致するかどうかを調べ，その結果を出力する〔プログラム 3〕を作成した。たとえば，〔プログラム 3〕を実行して変数 N に 202 を入力すると，202 は 3 進数表示が 21111 であるから「一致しない」と出力される。また，変数 N に 203 を入力すると，203 は 3 進数表示が 21112 であるから「一致する」と出力される。

〔プログラム 3〕

```
100 INPUT N
110 LET P=INT(LOG10(N)/LOG10(3))+1
120 LET X=3^(P-1)
130 [ コ ]
140 FOR I=1 TO INT(P/2)
150    LET A=[ ウ ]
160    LET N=[ エ ]
170    LET X=[ オ ]
180    LET B=M-INT(M/3)*3
190    LET M=INT(M/3)
200    [ サ ]
210 NEXT I
220 PRINT "一致する"
230 GOTO 250
240 PRINT "一致しない"
250 END
```

(数学Ⅱ・数学B第 6 問は次ページに続く。)

〔プログラム3〕の **コ** に当てはまるものを，次の⓪～⑤のうちから一つ選べ。

⓪ LET M=N　① LET M=P　② LET M=X
③ LET N=M　④ LET N=P　⑤ LET N=X

サ に当てはまるものを，次の⓪～③のうちから一つ選べ。

⓪ IF A=B THEN GOTO 220　① IF A<>B THEN GOTO 220
② IF A=B THEN GOTO 240　③ IF A<>B THEN GOTO 240

〔プログラム3〕を実行して変数Nに436を入力すると，$\dfrac{\log_{10} 436}{\log_{10} 3} = 5.53\cdots$ であることから，110行ではPに6が代入され，200行のIF文の判定は **シ** 回実行される。200行のIF文の判定が最後に行われたときのXの値は **スセ** であり，その後， **ソ** 。 **ソ** に当てはまるものを，次の⓪～③のうちから一つ選べ。

⓪ 220行が実行され，240行は実行されない
① 240行が実行され，220行は実行されない
② 220行と240行の両方が実行される
③ 220行と240行はいずれも実行されない

数学Ⅰ・数学A
数学Ⅱ・数学B

（2012年１月実施）

数学Ⅰ・数学A　60分　100点
数学Ⅱ・数学B　60分　100点

	問題番号		解答記号		現行課程での範囲
数学Ⅰ・数学A	第１問	〔１〕	ア～キ	不等式	Ⅰ
		〔２〕	ク～サ	集合と論理	Ⅰ
	第２問		ア～ナ	２次関数	Ⅰ
	第３問		ア～キ，シス	図形と計量	Ⅰ
			ク～サ，セ～テ	平面図形	A
	第４問		ア～ツ	場合の数・確率	A
			テト	期待値	B

	問題番号		解答記号		現行課程での範囲
数学Ⅱ・数学B	第１問	〔１〕	ア～サ	指数関数・対数関数	Ⅱ
		〔２〕	シ～フ	三角関数	Ⅱ
	第２問		ア～ノ	微分法・積分法	Ⅱ
	第３問		ア～ネ	数列	B
	第４問		ア～ネ	ベクトル	B
	第５問		ア～ヒ	統計	Ⅰ
	第６問		ア～シ	コンピュータ	範囲外

数学Ⅰ・数学A

(全　問　必　答)

第1問　(配点　20)

〔1〕

(1)　不等式 $|2x+1| \leqq 3$ の解は $\boxed{\text{アイ}} \leqq x \leqq \boxed{\text{ウ}}$ である。

以下，a を自然数とする。

(2)　不等式

$$|2x+1| \leqq a \qquad \cdots\cdots\cdots\cdots ①$$

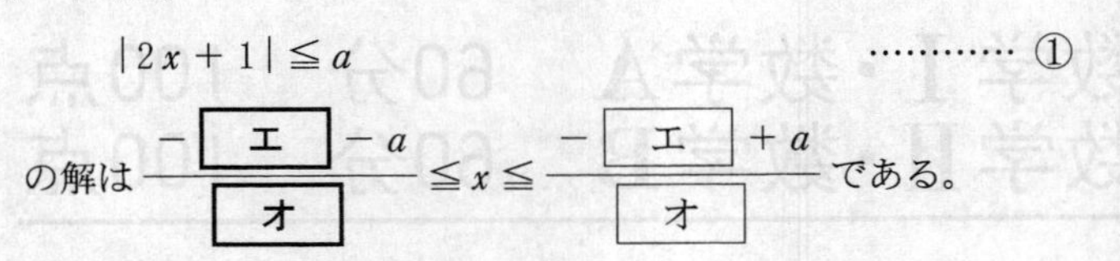

の解は $\dfrac{-\boxed{\text{エ}}-a}{\boxed{\text{オ}}} \leqq x \leqq \dfrac{-\boxed{\text{エ}}+a}{\boxed{\text{オ}}}$ である。

(3)　不等式①を満たす整数 x の個数を N とする。$a=3$ のとき，$N=\boxed{\text{カ}}$ である。また，a が 4，5，6，… と増加するとき，N が初めて $\boxed{\text{カ}}$ より大きくなるのは，$a=\boxed{\text{キ}}$ のときである。

(数学Ⅰ・数学A第1問は次ページに続く。)

〔2〕 k を定数とする。自然数 m, n に関する条件 p, q, r を次のように定める。

$p : m > k$ または $n > k$

$q : mn > k^2$

$r : mn > k$

(1) 次の [ク] に当てはまるものを，下の⓪〜③のうちから一つ選べ。

p の否定 $\overline{p}$ は [ク] である。

⓪ $m > k$ または $n > k$

① $m > k$ かつ $n > k$

② $m \leqq k$ かつ $n \leqq k$

③ $m \leqq k$ または $n \leqq k$

(2) 次の [ケ] 〜 [サ] に当てはまるものを，下の⓪〜③のうちから一つずつ選べ。ただし，同じものを繰り返し選んでもよい。

(i) $k = 1$ とする。

p は q であるための [ケ]。

(ii) $k = 2$ とする。

p は r であるための [コ]。

p は q であるための [サ]。

⓪ 必要十分条件である

① 必要条件であるが，十分条件でない

② 十分条件であるが，必要条件でない

③ 必要条件でも十分条件でもない

第2問 (配点　25)

a，b を定数として2次関数

$$y = -x^2 + (2a+4)x + b \quad \cdots\cdots\cdots\cdots ①$$

について考える。関数①のグラフ G の頂点の座標は

$$\left(a + \boxed{\text{ア}},\ a^2 + \boxed{\text{イ}}\,a + b + \boxed{\text{ウ}}\right)$$

である。以下，この頂点が直線 $y = -4x - 1$ 上にあるとする。このとき，

$$b = -a^2 - \boxed{\text{エ}}\,a - \boxed{\text{オカ}}$$

である。

(数学Ⅰ・数学A第2問は次ページに続く。)

(1) グラフ G が x 軸と異なる2点で交わるような a の値の範囲は

$$a < \frac{\boxed{キク}}{\boxed{ケ}}$$

である。また，G が x 軸の正の部分と負の部分の両方で交わるような a の値の範囲は

$$-\boxed{コ} - \sqrt{\boxed{サ}} < a < -\boxed{コ} + \sqrt{\boxed{サ}}$$

である。

(2) 関数 ① の $0 \leqq x \leqq 4$ における最小値が -22 となるのは

$$a = \boxed{シス} \text{ または } a = \boxed{セ}$$

のときである。また $a = \boxed{セ}$ のとき，関数 ① の $0 \leqq x \leqq 4$ における最大値は $\boxed{ソタチ}$ である。

一方，$a = \boxed{シス}$ のときの ① のグラフを x 軸方向に $\boxed{ツ}$，y 軸方向に $\boxed{テトナ}$ だけ平行移動すると，$a = \boxed{セ}$ のときのグラフと一致する。

第3問 (配点 30)

△ABCにおいて，AB＝AC＝3，BC＝2であるとき

$$\cos\angle ABC = \frac{\boxed{ア}}{\boxed{イ}}, \qquad \sin\angle ABC = \frac{\boxed{ウ}\sqrt{\boxed{エ}}}{\boxed{オ}}$$

であり，△ABCの面積は $\boxed{カ}\sqrt{\boxed{キ}}$，△ABCの内接円Iの半径は

$\dfrac{\sqrt{\boxed{ク}}}{\boxed{ケ}}$ である。

また，円Iの中心から点Bまでの距離は $\dfrac{\sqrt{\boxed{コ}}}{\boxed{サ}}$ である。

(数学Ⅰ・数学A第3問は次ページに続く。)

(1) 辺AB上の点Pと辺BC上の点Qを，BP＝BQかつ$\mathrm{PQ}=\dfrac{2}{3}$となるようにとる。このとき，△PBQの外接円Oの直径は$\dfrac{\sqrt{\boxed{\text{シ}}}}{\boxed{\text{ス}}}$であり，円Iと円Oは $\boxed{\text{セ}}$ 。ただし， $\boxed{\text{セ}}$ には次の⓪～④から当てはまるものを一つ選べ。

⓪ 重なる(一致する)　① 内接する　② 外接する
③ 異なる2点で交わる　④ 共有点をもたない

(2) 円I上に点Eと点Fを，3点C，E，Fが一直線上にこの順に並び，かつ，$\mathrm{CF}=\sqrt{2}$となるようにとる。このとき

$$\mathrm{CE}=\frac{\sqrt{\boxed{\text{ソ}}}}{\boxed{\text{タ}}},\quad \frac{\mathrm{EF}}{\mathrm{CE}}=\boxed{\text{チ}}$$

である。

さらに，円Iと辺BCとの接点をD，線分BEと線分DFとの交点をG，線分CGの延長と線分BFとの交点をMとする。このとき，$\dfrac{\mathrm{GM}}{\mathrm{CG}}=\dfrac{\boxed{\text{ツ}}}{\boxed{\text{テ}}}$である。

第4問　（配点　25）

1から9までの数字が一つずつ書かれた9枚のカードから5枚のカードを同時に取り出す。このようなカードの取り出し方は **アイウ** 通りある。

(1)　取り出した5枚のカードの中に5と書かれたカードがある取り出し方は **エオ** 通りであり，5と書かれたカードがない取り出し方は **カキ** 通りである。

（数学Ⅰ・数学A第4問は次ページに続く。）

(2)　次のように得点を定める。

- 取り出した5枚のカードの中に5と書かれたカードがない場合は，得点を0点とする。
- 取り出した5枚のカードの中に5と書かれたカードがある場合，この5枚を書かれている数の小さい順に並べ，5と書かれたカードが小さい方からk番目にあるとき，得点をk点とする。

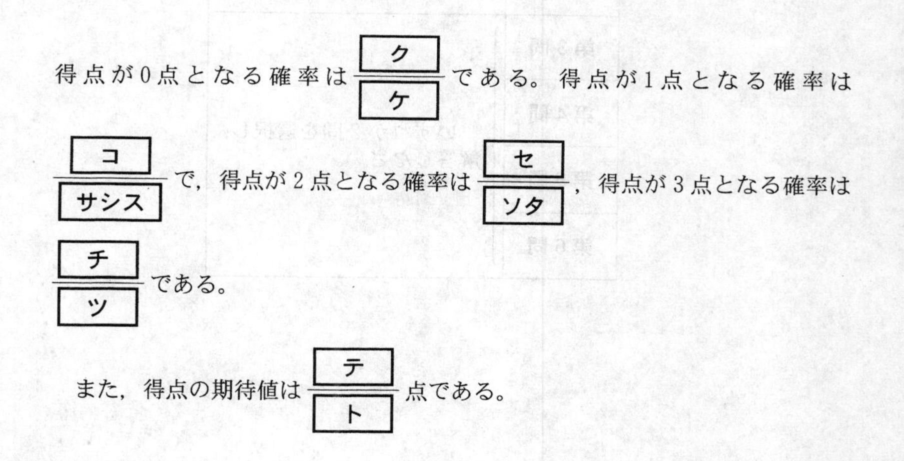

得点が0点となる確率は$\dfrac{\boxed{ク}}{\boxed{ケ}}$である。得点が1点となる確率は$\dfrac{\boxed{コ}}{\boxed{サシス}}$で，得点が2点となる確率は$\dfrac{\boxed{セ}}{\boxed{ソタ}}$，得点が3点となる確率は$\dfrac{\boxed{チ}}{\boxed{ツ}}$である。

また，得点の期待値は$\dfrac{\boxed{テ}}{\boxed{ト}}$点である。

数学Ⅱ・数学B

問　題	選 択 方 法
第1問	必　　答
第2問	必　　答
第3問	いずれか2問を選択し，解答しなさい。
第4問	
第5問	
第6問	

（注）　この科目には，選択問題があります。（10ページ参照。）

第１問　（必答問題）（配点　30）

〔1〕　$a > 0$，$a \neq 1$ として，不等式

$$2\log_a(8 - x) > \log_a(x - 2) \quad \cdots\cdots ①$$

を満たす x の値の範囲を求めよう。

真数は正であるから，［ア］$< x <$［イ］が成り立つ。ただし，対数 $\log_a b$ に対し，a を底といい，b を真数という。

底 a が $a < 1$ を満たすとき，不等式①は

$$x^2 - \boxed{\text{ウエ}}\,x + \boxed{\text{オカ}}\ \boxed{\text{キ}}\ 0 \quad \cdots\cdots ②$$

となる。ただし，［キ］については，当てはまるものを，次の⓪～②のうちから一つ選べ。

⓪ ＜　　　① ＝　　　② ＞

（数学II・数学B第１問は次ページに続く。）

したがって，真数が正であることと②から，$a<1$ のとき，不等式①を満たす x のとり得る値の範囲は $\boxed{\text{ク}}<x<\boxed{\text{ケ}}$ である。

同様にして，$a>1$ のときには，不等式①を満たす x のとり得る値の範囲は $\boxed{\text{コ}}<x<\boxed{\text{サ}}$ であることがわかる。

（数学Ⅱ・数学B第１問は次ページに続く。）

〔2〕　$0 \leqq \alpha \leqq \pi$として

$$\sin\alpha = \cos 2\beta$$

を満たすβについて考えよう。ただし，$0 \leqq \beta \leqq \pi$とする。

たとえば，$\alpha = \dfrac{\pi}{6}$のとき，βのとり得る値は$\dfrac{\pi}{\boxed{シ}}$と$\dfrac{\boxed{ス}}{\boxed{シ}}\pi$の二つである。

このように，αの各値に対して，βのとり得る値は二つある。そのうちの小さい方をβ_1，大きい方をβ_2とし

$$y = \sin\left(\alpha + \frac{\beta_1}{2} + \frac{\beta_2}{3}\right)$$

が最大となるαの値とそのときのyの値を求めよう。

β_1，β_2をαを用いて表すと，$0 \leqq \alpha < \dfrac{\pi}{2}$のときは

$$\beta_1 = \frac{\pi}{\boxed{セ}} - \frac{\alpha}{\boxed{ソ}},\quad \beta_2 = \frac{\boxed{タ}}{\boxed{セ}}\pi + \frac{\alpha}{\boxed{ソ}}$$

となり，$\dfrac{\pi}{2} \leqq \alpha \leqq \pi$のときは

$$\beta_1 = -\frac{\pi}{\boxed{チ}} + \frac{\alpha}{\boxed{ツ}},\quad \beta_2 = \frac{\boxed{テ}}{\boxed{チ}}\pi - \frac{\alpha}{\boxed{ツ}}$$

となる。

（数学Ⅱ・数学B第1問は次ページに続く。）

したがって，$\alpha+\frac{\beta_1}{2}+\frac{\beta_2}{3}$ のとり得る値の範囲は

$$\frac{\boxed{\text{ト}}}{\boxed{\text{ナ}}}\pi \leqq \alpha+\frac{\beta_1}{2}+\frac{\beta_2}{3} \leqq \frac{\boxed{\text{ニヌ}}}{\boxed{\text{ネ}}}\pi$$

である。よって，y が最大となる α の値は $\frac{\boxed{\text{ノ}}}{\boxed{\text{ハヒ}}}\pi$ であり，そのときの

y の値は $\boxed{\text{フ}}$ であることがわかる。$\boxed{\text{フ}}$ に当てはまるものを，次の

⓪～③のうちから一つ選べ。

⓪ $\frac{1}{2}$　　① 1　　② $\frac{\sqrt{2}}{2}$　　③ $\frac{\sqrt{3}}{2}$

第2問　(必答問題)（配点　30）

座標平面上で曲線 $y = x^3$ を C とし，放物線 $y = x^2 + px + q$ を D とする。

(1)　曲線 C 上の点 $\mathrm{P}(a,\ a^3)$ における C の接線の方程式は

$$y = 3a^{\boxed{\text{ア}}}x - \boxed{\text{イ}}\,a^{\boxed{\text{ウ}}}$$

である。放物線 D は点 P を通り，D の P における接線と，C の P における接線が一致するとする。このとき，p と q を a を用いて表すと

$$\begin{cases} p = 3a^{\boxed{\text{エ}}} - \boxed{\text{オ}}\,a \\ q = \boxed{\text{カキ}}\,a^3 + a^{\boxed{\text{ク}}} \end{cases} \quad \cdots\cdots\cdots\cdots\cdots\cdots ①$$

となる。

以下，p，q は ① を満たすとする。

（数学Ⅱ・数学B第2問は次ページに続く。）

(2) 放物線 D が y 軸上の与えられた点 Q(0 , b)を通るとき

$$b = \boxed{\text{ケコ}}\,a^3 + a^{\boxed{\text{サ}}} \quad \cdots\cdots\cdots\cdots\cdots\cdots ②$$

が成り立つ。与えられた b に対して，② を満たす a の値の個数を調べよう。

そのために，関数

$$f(x) = \boxed{\text{ケコ}}\,x^3 + x^{\boxed{\text{サ}}}$$

の増減を調べる。関数 $f(x)$ は，$x = \boxed{\text{シ}}$ で極小値 $\boxed{\text{ス}}$ をとり，

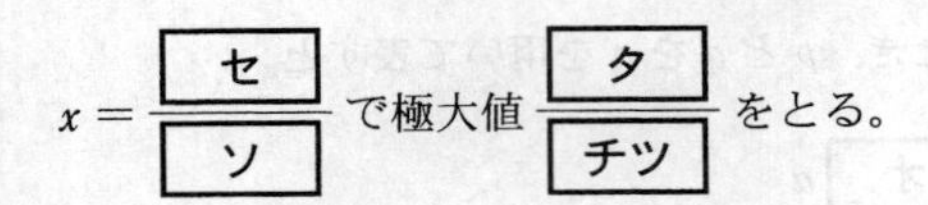

$x = \dfrac{\boxed{\text{セ}}}{\boxed{\text{ソ}}}$ で極大値 $\dfrac{\boxed{\text{タ}}}{\boxed{\text{チツ}}}$ をとる。

関数 $y = f(x)$ のグラフをかくことにより，$\boxed{\text{ス}} < b < \dfrac{\boxed{\text{タ}}}{\boxed{\text{チツ}}}$ のとき，② を満たす a の値の個数は $\boxed{\text{テ}}$ であることがわかる。

(3) 放物線 D の頂点が x 軸上にあるのは，$a = \boxed{\text{ト}}$，$\dfrac{\boxed{\text{ナ}}}{\boxed{\text{ニ}}}$ の二つの場合である。$a = \boxed{\text{ト}}$ のときの放物線を D_1，$a = \dfrac{\boxed{\text{ナ}}}{\boxed{\text{ニ}}}$ のときの放物線を D_2 とする。D_1，D_2 と x 軸で囲まれた図形の面積は $\dfrac{2^{\boxed{\text{ヌ}}}}{3^{\boxed{\text{ネノ}}}}$ である。

第3問～第6問は，いずれか2問を選択し，解答しなさい。

第3問 （選択問題）（配点　20）

$\{a_n\}$を$a_2=-\dfrac{7}{3}$，$a_5=-\dfrac{25}{3}$である等差数列とし，自然数nに対して，

$S_n=\sum_{k=1}^{n}a_k$とおく。

$a_1=\dfrac{\boxed{\text{アイ}}}{\boxed{\text{ウ}}}$であり，$\{a_n\}$の公差は$\boxed{\text{エオ}}$である。したがって

$$a_n=\boxed{\text{カキ}}\,n+\frac{\boxed{\text{ク}}}{\boxed{\text{ケ}}}\qquad(n=1,2,3,\cdots)$$

$$S_n=\boxed{\text{コ}}\,n^2+\frac{\boxed{\text{サ}}}{\boxed{\text{シ}}}\,n\qquad(n=1,2,3,\cdots)$$

である。

（数学Ⅱ・数学B第3問は次ページに続く。）

次に，数列$\{b_n\}$は

$$\sum_{k=1}^{n} b_k = \frac{4}{3} b_n + S_n \qquad (n=1,\ 2,\ 3,\ \cdots) \quad \cdots\cdots ①$$

を満たすとする。数列$\{b_n\}$の一般項を求めよう。①から，$b_1 =$ ［ス］であ

る。さらに，$\sum_{k=1}^{n+1} b_k = \sum_{k=1}^{n} b_k + b_{n+1}$に注意して，①を利用すると

$$b_{n+1} = \boxed{セ}\, b_n + \boxed{ソ}\, n + \boxed{タ} \qquad (n=1,\ 2,\ 3,\ \cdots)$$

が成り立ち，この等式は

$$b_{n+1} + \boxed{チ}(n+1) + \boxed{ツ}$$
$$= \boxed{セ}\left(b_n + \boxed{チ}\, n + \boxed{ツ}\right) \qquad (n=1,\ 2,\ 3,\ \cdots)$$

と変形できる。ここで

$$c_n = b_n + \boxed{チ}\, n + \boxed{ツ} \qquad (n=1,\ 2,\ 3,\ \cdots) \quad \cdots\cdots ②$$

とおくと，$\{c_n\}$は，$c_1 =$ ［テ］，公比が［ト］の等比数列であるから，

②により

$$b_n = \boxed{ナ}^{\boxed{ニ}} - \boxed{ヌ}\, n - \boxed{ネ} \qquad (n=1,\ 2,\ 3,\ \cdots)$$

である。ただし，［ニ］については，当てはまるものを，次の⓪～④のうちから一つ選べ。

⓪ $n-2$　① $n-1$　② n　③ $n+1$　④ $n+2$

第3問～第6問は，いずれか2問を選択し，解答しなさい。

第4問　（選択問題）（配点　20）

空間に異なる4点O，A，B，Cを，$\overrightarrow{OA} \perp \overrightarrow{OB}$，$\overrightarrow{OB} \perp \overrightarrow{OC}$，$\overrightarrow{OC} \perp \overrightarrow{OA}$となるようにとり，$\overrightarrow{OA} = \vec{a}$，$\overrightarrow{OB} = \vec{b}$，$\overrightarrow{OC} = \vec{c}$とおく。さらに，3点D，E，Fを，$\overrightarrow{OD} = \vec{a} + \vec{b}$，$\overrightarrow{OE} = \vec{b} + \vec{c}$，$\overrightarrow{OF} = \vec{a} + \vec{c}$となるようにとり，線分BDの中点をL，線分CEの中点をMとし，線分ADを3：1に内分する点をNとする。

(1)　$\overrightarrow{OM}$，$\overrightarrow{ON}$は，$\vec{a}$，$\vec{b}$，$\vec{c}$を用いて

$$\overrightarrow{OM} = \frac{1}{\boxed{\text{ア}}}\vec{b} + \vec{c}, \quad \overrightarrow{ON} = \vec{a} + \frac{\boxed{\text{イ}}}{\boxed{\text{ウ}}}\vec{b}$$

と表される。

(2)　2直線FL，MNが交わることを確かめよう。$0 < s < 1$とし，線分FLを$s:(1-s)$に内分する点をPとする。$\overrightarrow{OP}$は，sと$\vec{a}$，$\vec{b}$，$\vec{c}$を用いて

$$\overrightarrow{OP} = \left(\boxed{\text{エ}} - \frac{s}{\boxed{\text{オ}}}\right)\vec{a} + s\vec{b} + \left(\boxed{\text{カ}} - s\right)\vec{c}$$

と表される。$s = \dfrac{\boxed{\text{キ}}}{\boxed{\text{ク}}}$のとき，$\overrightarrow{MP} = \dfrac{\boxed{\text{ケ}}}{\boxed{\text{コ}}}\overrightarrow{MN}$となるので，M，N，Pは一直線上にある。よって，2直線FL，MNは交わることがわかる。

（数学Ⅱ・数学B第4問は次ページに続く。）

(3)　2直線FL，MNの交点をGとする。$\overrightarrow{OG}$，$\overrightarrow{GF}$は，$\vec{a}$，$\vec{b}$，$\vec{c}$を用いて

$$\overrightarrow{OG} = \frac{\boxed{サ}}{\boxed{シ}}\left(\boxed{ス}\,\vec{a} + \boxed{セ}\,\vec{b} + \vec{c}\right)$$

$$\overrightarrow{GF} = \frac{\boxed{サ}}{\boxed{シ}}\left(\vec{a} - \boxed{セ}\,\vec{b} + \boxed{ソ}\,\vec{c}\right)$$

と表される。

$|\vec{a}| = \sqrt{5}$，$|\vec{b}| = 4$，$|\vec{c}| = \sqrt{3}$とする。このとき，$|\overrightarrow{GF}| = \boxed{タ}$，$|\overrightarrow{GM}| = 2$となる。

次に，直線OC上に点Hをとり，実数tを用いて，$\overrightarrow{OH} = t\,\vec{c}$と表す。$\overrightarrow{GF}\cdot\overrightarrow{GH}$，$\overrightarrow{GM}\cdot\overrightarrow{GH}$は，$t$を用いて

$$\overrightarrow{GF}\cdot\overrightarrow{GH} = \boxed{チ}\,t + \frac{\boxed{ツテ}}{\boxed{ト}} \quad\cdots\cdots\cdots\cdots ①$$

$$\overrightarrow{GM}\cdot\overrightarrow{GH} = 2t + \frac{10}{3} \quad\cdots\cdots\cdots\cdots ②$$

と表される。

さらに，$\angle FGH = \angle MGH$とする。このときのtの値を求めよう。

$|\overrightarrow{GF}| = \boxed{タ}$，$|\overrightarrow{GM}| = 2$と$\angle FGH = \angle MGH$であることから

$$\overrightarrow{GF}\cdot\overrightarrow{GH} = \frac{\boxed{ナ}}{\boxed{ニ}}\,\overrightarrow{GM}\cdot\overrightarrow{GH} \quad\cdots\cdots\cdots\cdots ③$$

が成り立つ。①，②，③から，$t = \dfrac{\boxed{ヌ}}{\boxed{ネ}}$である。

第3問～第6問は，いずれか2問を選択し，解答しなさい。

第5問 （選択問題）（配点　20）

　ある高等学校のAクラスには全部で20人の生徒がいる。次の表は，その20人の生徒の国語と英語のテストの結果をまとめたものである。表の横軸は国語の得点を，縦軸は英語の得点を表し，表中の数値は，国語の得点と英語の得点の組み合わせに対応する人数を表している。ただし，得点は0以上10以下の整数値をとり，空欄は0人であることを表している。たとえば，国語の得点が7点で英語の得点が6点である生徒の人数は2である。

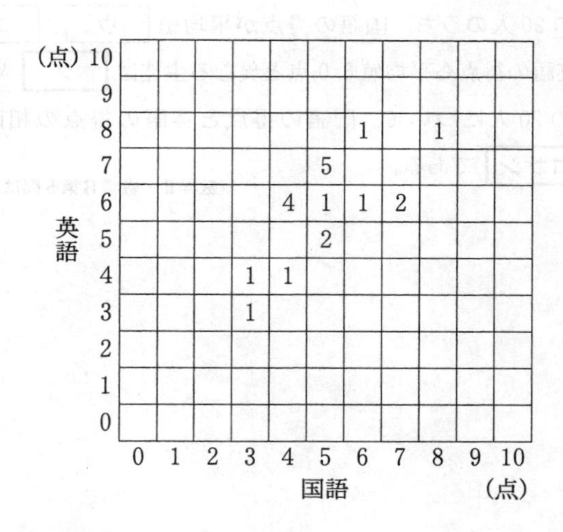

英語（点）＼国語（点）	0	1	2	3	4	5	6	7	8	9	10
10											
9											
8							1		1		
7						5					
6					4	1	1	2			
5						2					
4				1	1						
3				1							
2											
1											
0											

　また，次の表は，Aクラスの20人について，上の表の国語と英語の得点の平均値と分散をまとめたものである。ただし，表の数値はすべて正確な値であり，四捨五入されていない。

	国　語	英　語
平均値	B	6.0
分　散	1.60	C

（数学Ⅱ・数学B第5問は次ページに続く。）

以下，小数の形で解答する場合，指定された桁数の一つ下の桁を四捨五入し，解答せよ。途中で割り切れた場合，指定された桁まで⓪にマークすること。

(1) Aクラスの20人のうち，国語の得点が4点の生徒は [ア] 人であり，英語の得点が国語の得点以下の生徒は [イ] 人である。

(2) Aクラスの20人について，国語の得点の平均値Bは [ウ]．[エ] 点であり，英語の得点の分散Cの値は [オ]．[カキ] である。

(3) Aクラスの20人のうち，国語の得点が平均値 [ウ]．[エ] 点と異なり，かつ，英語の得点も平均値6.0点と異なる生徒は [ク] 人である。

Aクラスの20人について，国語の得点と英語の得点の相関係数の値は [ケ]．[コサシ] である。

(数学Ⅱ・数学B第5問は次ページに続く。)

次の表は，Aクラスの20人に他のクラスの40人を加えた60人の生徒について，前の表と同じ国語と英語のテストの結果をまとめたものである。この60人について，国語の得点の平均値も英語の得点の平均値も，それぞれちょうど5.4点である。

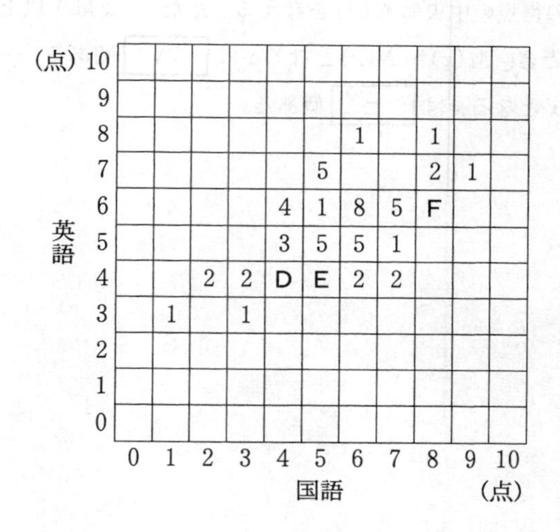

(4)　上の表でD，E，Fを除いた人数は52人である。その52人について，国語の得点の合計は［スセソ］点であり，英語の得点の合計は288点である。

したがって，連立方程式

$$\mathrm{D}+\mathrm{E}+\mathrm{F}=\boxed{タ}$$

$$4\mathrm{D}+5\mathrm{E}+8\mathrm{F}=\boxed{チツ}$$

$$4\mathrm{D}+4\mathrm{E}+6\mathrm{F}=36$$

を解くことによって，D，E，Fの値は，それぞれ，［テ］人，［ト］人，［ナ］人であることがわかる。

(数学Ⅱ・数学B第5問は次ページに続く。)

(5) 60 人から A クラスの 20 人を除いた 40 人について，英語の得点の平均値は [ニ].[ヌ] 点であり，中央値は [ネ].[ノ] 点である。

(6) 60 人のうち，国語の得点が x 点である生徒について，英語の得点の平均値 $M(x)$ と英語の得点の中央値 $N(x)$ を考える。ただし，x は 1 以上 9 以下の整数とする。このとき，$M(x) \neq N(x)$ となる x は [ハ] 個ある。一方，$M(x) < x$ かつ $N(x) < x$ となる x は [ヒ] 個ある。

第3問～第6問は，いずれか2問を選択し，解答しなさい。

第6問　（選択問題）（配点　20）

与えられた二つの自然数MとNについて，Mから始まるN個の連続する自然数の積$M \times (M+1) \times (M+2) \times \cdots \times (M+N-1)$が8で割り切れるかどうかを調べ，その結果を出力する〔プログラム1〕を作成した。ただし，INT(X)はXを超えない最大の整数を表す関数である。

〔プログラム1〕

```
100 INPUT PROMPT "M=":M
110 INPUT PROMPT "N=":N
120 [ア]
130 FOR I=0 TO [イ]
140    LET X=X*(M+I)
150 NEXT I
160 IF [ウ] THEN
170    PRINT "8で割り切れます"
180    [エ]
190 END IF
200 PRINT "8で割り切れません"
210 END
```

（数学Ⅱ・数学B第6問は次ページに続く。）

(1) 〔プログラム 1〕の **ア** に当てはまるものを，次の⓪～⑤のうちから一つ選べ。

⓪ LET X=0　　① LET X=1　　② LET X=M
③ LET X=M+N-1　　④ LET N=M　　⑤ LET N=M+N

イ に当てはまるものを，次の⓪～⑤のうちから一つ選べ。

⓪ M-1　　① M　　② N-1
③ N　　④ M+N-1　　⑤ M+N

ウ に当てはまるものを，次の⓪～⑤のうちから一つ選べ。

⓪ N-INT(N/8)*8<0　　① N-INT(N/8)*8=0　　② N-INT(N/8)*8>0
③ X-INT(X/8)*8<0　　④ X-INT(X/8)*8=0　　⑤ X-INT(X/8)*8>0

エ に当てはまるものを，次の⓪～⑤のうちから一つ選べ。

⓪ LET X=X+1　　① LET M=M+1　　② LET X=X/8
③ GOTO 150　　④ GOTO 200　　⑤ GOTO 210

(2) 〔プログラム 1〕を実行したとき，「8で割り切れます」と出力されるような変数 M，N への入力について，M+N の値の最小値は **オ** である。

また，変数 M にどんな自然数を入力しても，つねに「8で割り切れます」と出力されるような変数 N への入力がある。このような変数 N への入力のうち，最小の自然数は **カ** である。

(数学Ⅱ・数学B第6問は次ページに続く。)

二つの自然数MとLが与えられたとき，条件

「NはL以下の自然数であり，かつMから始まるN個の連続する自然数の積$M\times(M+1)\times(M+2)\times\cdots\times(M+N-1)$は$2^N$で割り切れるが$2^{N+1}$では割り切れない」　………(＊)

を満たすNの個数を求めたい。そのために，〔プログラム１〕を変更して，〔プログラム２〕を作成した。ただし，100行と，120行から150行まで，190行，210行は変更していない。

〔プログラム２〕

```
100 INPUT PROMPT "M=":M
110 INPUT PROMPT "L=":L
112 [ キ ]
114 FOR N=1 TO L
120   [ ア ]
130   FOR I=0 TO [ イ ]
140     LET X=X*(M+I)
150   NEXT I
152   LET K=2^N
160   IF [ ク ] THEN
170     LET K=K*2
180     IF [ ケ ] THEN
182     [ コ ]
184     END IF
190   END IF
200 NEXT N
202 PRINT "求める個数は";C
210 END
```

（数学Ⅱ・数学B第６問は次ページに続く。）

(3) 〔プログラム 2〕の キ に当てはまるものを，次の⓪～⑤のうちから一つ選べ。

⓪ LET C=0　① LET C=M-1　② LET C=L-1
③ LET C=1　④ LET C=M　⑤ LET C=L

ク ， ケ に当てはまるものを，次の⓪～⑤のうちから一つずつ選べ。ただし，同じものを選んでもよい。

⓪ N-INT(N/K)*K<0　① N-INT(N/K)*K=0　② N-INT(N/K)*K>0
③ X-INT(X/K)*K<0　④ X-INT(X/K)*K=0　⑤ X-INT(X/K)*K>0

コ に当てはまるものを，次の⓪～⑤のうちから一つ選べ。

⓪ LET X=X+1　① LET N=N+1　② LET K=K*2
③ LET C=C+1　④ GOTO 200　⑤ GOTO 210

(4) 〔プログラム 2〕を実行し，変数 M に 4，変数 L に 5 を入力したとき，202 行で出力される変数 C の値は サ である。

(5) 〔プログラム 2〕において，条件(*)を満たす N の値をすべて出力するためには，たとえば， シ に

PRINT N

という行を挿入すればよい。 シ に当てはまるものを，次の⓪～③のうちから一つ選べ。

⓪ 110 行と 112 行の間　① 150 行と 152 行の間
② 180 行と 182 行の間　③ 200 行と 202 行の間

MEMO

2022大学入学共通テスト過去問レビュー

——どこよりも詳しく丁寧な解説——

書名			掲載年度										数学Ⅰ・Ⅱ，地歴A				掲載回数
			21	20	19	18	17	16	15	14	13	12	21	20	19	18	
英語		本試	●	●	●	●	●	●	●	●	●	●	リスニング				10年15回
		追試		●	●	●	●										
数学Ⅰ・A Ⅱ・B	Ⅰ・A	本試	●	●	●	●	●	●	●	●	●	●	●				10年30回
		追試		●	●	●	●										
	Ⅱ・B	本試	●	●	●	●	●	●	●	●	●	●	●				
		追試		●	●	●	●										
国語		本試	●	●	●	●	●	●	●	●	●	●					10年14回
		追試		●	●	●	●										
物理基礎・物理	物理基礎	本試	●	●	●	●	●	●	●								10年25回
		追試		●	●	●	●										
	物理	本試	●	●	●	●	●	●	●	●	●	●					
		追試		●	●	●	●										
化学基礎・化学	化学基礎	本試	●	●	●	●	●	●	●								10年25回
		追試		●	●	●	●										
	化学	本試	●	●	●	●	●	●	●	●	●	●					
		追試		●	●	●	●										
生物基礎・生物	生物基礎	本試	●	●	●	●	●	●	●								10年25回
		追試		●	●	●	●										
	生物	本試	●	●	●	●	●	●	●	●	●	●					
		追試		●	●	●	●										
地学基礎・地学	地学基礎	本試	●	●	●	●	●	●	●								10年25回
		追試		●	●	●	●										
	地学	本試	●	●	●	●	●	●	●	●	●	●					
		追試		●	●	●	●										
日本史B		本試	●	●	●	●	●	●	●	●	●	●	●	●	●	●	10年14回
		追試															
世界史B		本試	●	●	●	●	●	●	●	●	●	●	●	●	●	●	10年14回
		追試															
地理B		本試	●	●	●	●	●	●	●	●	●	●	●	●	●	●	10年14回
		追試															
現代社会		本試	●	●	●	●	●	●	●								7年7回
		追試															
倫理，政治・経済	倫理	本試	●	●	●	●	●	●	●								7年21回
		追試															
	政治・経済	本試	●	●	●	●	●	●	●								
		追試															
	倫理，政治・経済	本試	●	●	●	●	●	●	●								
		追試															

・2021年度本試は第１日程を収録。［英語（リーディング，リスニング）］［数学Ⅰ・A，Ⅱ・B］［国語］については第２日程の問題と解答も収録。

・［英語（リスニング）］は音声CDおよび無料音声ダウンロード付き。

KAWAI PUBLISHING